建设工程消防设计审查验收标准条文摘编

通用标准分册1

孙 旋 主编

中国建筑工业出版社

图书在版编目（CIP）数据

建设工程消防设计审查验收标准条文摘编. 2, 通用标准分册. 1 / 孙旋 主编. — 北京：中国建筑工业出版社，2021.12

ISBN 978-7-112-26987-7

Ⅰ. ①建… Ⅱ. ①孙… Ⅲ. ①建筑工程－消防－工程验收－国家标准－汇编－中国 Ⅳ. ①TU892－65

中国版本图书馆 CIP 数据核字（2021）第 260690 号

目 录

1.1 综合与建筑防火专业领域 ·· 1
1. 《建筑设计防火规范》GB 50016—2014（2018 年版） ·· 2
2. 《建筑内部装修设计防火规范》GB 50222—2017 ··· 40
3. 《建筑内部装修防火施工及验收规范》GB 50354—2005 ··· 45
4. 《防灾避难场所设计规范》GB 51143—2015 ··· 48
5. 《灾区过渡安置点防火标准》GB 51324—2019 ·· 51
6. 《城市消防规划规范》GB 51080—2015 ··· 56
7. 《城市消防站设计规范》GB 51054—2014 ··· 57
8. 《建设工程施工现场消防安全技术规范》GB 50720—2011 ·· 58
9. 《建设工程施工现场供用电安全规范》GB 50194—2014 ··· 63
10. 《消防电梯制造与安装安全规范》GB 26465—2011 ··· 64
11. 《建筑消防设施检测技术规程》XF 503—2004 ·· 65
12. 《消防产品现场检查判定规则》XF 588—2012 ·· 75
13. 《住宿与生产储存经营合用场所消防安全技术要求》XF 703—2007 ································ 117
14. 《人员密集场所消防安全评估导则》XF/T 1369—2016 ·· 118
15. 《城市消防站建设标准》建标 152—2017 ··· 120
16. 《消防训练基地建设标准》建标 190—2018 ·· 124

1.2 消防给水与灭火专业领域 ·· 125
17. 《消防给水及消火栓系统技术规范》GB 50974—2014 ·· 126
18. 《自动喷水灭火系统设计规范》GB 50084—2017 ·· 162
19. 《自动喷水灭火系统施工及验收规范》GB 50261—2017 ·· 177
20. 《固定消防炮灭火系统设计规范》GB 50338—2003 ··· 199
21. 《固定消防炮灭火系统施工与验收规范》GB 50498—2009 ··· 204
22. 《水喷雾灭火系统技术规范》GB 50219—2014 ··· 220
23. 《细水雾灭火系统技术规范》GB 50898—2013 ··· 238
24. 《气体灭火系统设计规范》GB 50370—2005 ·· 258
25. 《气体灭火系统施工及验收规范》GB 50263—2007 ·· 267
26. 《泡沫灭火系统技术标准》GB 50151—2021 ·· 278
27. 《二氧化碳灭火系统设计规范》GB 50193—93（2010 年版） ······································ 309
28. 《干粉灭火系统设计规范》GB 50347—2004 ·· 317
29. 《卤代烷 1301 灭火系统设计规范》GB 50163—92 ··· 322
30. 《卤代烷 1211 灭火系统设计规范》GBJ 110—87 ··· 336
31. 《建筑灭火器配置设计规范》GB 50140—2005 ··· 341
32. 《建筑灭火器配置验收及检查规范》GB 50444—2008 ··· 348

33.《建筑给水排水设计标准》GB 50015—2019 354
34.《建筑给水排水及采暖工程施工质量验收规范》GB 50242—2002 356
35.《给水排水管道工程施工及验收规范》GB 50268—2008 357

1.1 综合与建筑防火专业领域

1. 《建筑设计防火规范》GB 50016—2014（2018年版）

1 总　则

1.0.1 为了预防建筑火灾，减少火灾危害，保护人身和财产安全，制定本规范。

1.0.2 本规范适用于下列新建、扩建和改建的建筑：
1　厂房；
2　仓库；
3　民用建筑；
4　甲、乙、丙类液体储罐（区）；
5　可燃、助燃气体储罐（区）；
6　可燃材料堆场；
7　城市交通隧道。

人民防空工程、石油和天然气工程、石油化工工程和火力发电厂与变电站等的建筑防火设计，当有专门的国家标准时，宜从其规定。

1.0.3 本规范不适用于火药、炸药及其制品厂房（仓库）、花炮厂房（仓库）的建筑防火设计。

1.0.4 同一建筑内设置多种使用功能场所时，不同使用功能场所之间应进行防火分隔，该建筑及其各功能场所的防火设计应根据本规范的相关规定确定。

1.0.5 建筑防火设计应遵循国家的有关方针政策，针对建筑及其火灾特点，从全局出发，统筹兼顾，做到安全适用、技术先进、经济合理。

1.0.6 建筑高度大于250m的建筑，除应符合本规范的要求外，尚应结合实际情况采取更加严格的防火措施，其防火设计应提交国家消防主管部门组织专题研究、论证。

1.0.7 建筑防火设计除应符合本规范的规定外，尚应符合国家现行有关标准的规定。

2 术语、符号

2.1 术　语

2.1.1 高层建筑　high-rise building
建筑高度大于27m的住宅建筑和建筑高度大于24m的非单层厂房、仓库和其他民用建筑。
注：建筑高度的计算应符合本规范附录A的规定。

2.1.2 裙房　podium
在高层建筑主体投影范围外，与建筑主体相连且建筑高度不大于24m的附属建筑。

2.1.3 重要公共建筑　important public building
发生火灾可能造成重大人员伤亡、财产损失和严重社会影响的公共建筑。

2.1.4 商业服务网点　commercial facilities
设置在住宅建筑的首层或首层及二层，每个分隔单元建筑面积不大于300m²的商店、邮政所、储蓄所、理发店等小型营业性用房。

2.1.5 高架仓库　high rack storage
货架高度大于7m且采用机械化操作或自动化控制的货架仓库。

2.1.6 半地下室　semi-basement
房间地面低于室外设计地面的平均高度大于该房间平均净高1/3，且不大于1/2者。

2.1.7 地下室　basement
房间地面低于室外设计地面的平均高度大于该房间平均净高1/2者。

2.1.8 明火地点　open flame location
室内外有外露火焰或赤热表面的固定地点（民用建筑内的灶具、电磁炉等除外）。

2.1.9 散发火花地点　sparking site
有飞火的烟囱或进行室外砂轮、电焊、气焊、气割等作业的固定地点。

2.1.10 耐火极限　fire resistance rating
在标准耐火试验条件下，建筑构件、配件或结构从受到火的作用时起，至失去承载能力、完整性或隔热性时止所用时间，用小时表示。

2.1.11 防火隔墙　fire partition wall
建筑内防止火灾蔓延至相邻区域且耐火极限不低于规定要求的不燃性墙体。

2.1.12 防火墙　fire wall
防止火灾蔓延至相邻建筑或相邻水平防火分区且耐火极限不低于3.00h的不燃性墙体。

2.1.13 避难层（间）　refuge floor（room）
建筑内用于人员暂时躲避火灾及其烟气危害的楼层（房间）。

2.1.14 安全出口　safety exit
供人员安全疏散用的楼梯间和室外楼梯的出入口或直通室内外安全区域的出口。

2.1.15 封闭楼梯间　enclosed staircase
在楼梯间入口处设置门，以防止火灾的烟和热气进入的楼梯间。

2.1.16 防烟楼梯间　smoke-proof staircase
在楼梯间入口处设置防烟的前室、开敞式阳台或凹廊（统称前室）等设施，且通向前室和楼梯间的门均为防火门，以防止火灾的烟和热气进入的楼梯间。

2.1.17 避难走道　exit passageway
采取防烟措施且两侧设置耐火极限不低于3.00h的防火隔墙，用于人员安全通行至室外的走道。

2.1.18 闪点　flash point
在规定的试验条件下，可燃性液体或固体表面产生的蒸气与空气形成的混合物，遇火源能够闪燃的液体或固体的最低温度（采用闭杯法测定）。

2.1.19 爆炸下限 lower explosion limit

可燃的蒸气、气体或粉尘与空气组成的混合物，遇火源即能发生爆炸的最低浓度。

2.1.20 沸溢性油品 boil-over oil

含水并在燃烧时可产生热波作用的油品。

2.1.21 防火间距 fire separation distance

防止着火建筑在一定时间内引燃相邻建筑，便于消防扑救的间隔距离。

注：防火间距的计算方法应符合本规范附录B的规定。

2.1.22 防火分区 fire compartment

在建筑内部采用防火墙、楼板及其他防火分隔设施分隔而成，能在一定时间内防止火灾向同一建筑的其余部分蔓延的局部空间。

2.1.23 充实水柱 full water spout

从水枪喷嘴起至射流90%的水柱水量穿过直径380mm圆孔处的一段射流长度。

2.2 符　号

A——泄压面积；
C——泄压比；
D——储罐的直径；
DN——管道的公称直径；
ΔH——建筑高差；
L——隧道的封闭段长度；
N——人数；
n——座位数；
K——爆炸特征指数；
V——建筑物、堆场的体积，储罐、瓶组的容积或容量；
W——可燃材料堆场或粮食筒仓、席穴囤、土圆仓的储量。

3 厂房和仓库

3.1 火灾危险性分类

3.1.1 生产的火灾危险性应根据生产中使用或产生的物质性质及其数量等因素划分，可分为甲、乙、丙、丁、戊类，并应符合表3.1.1的规定。

表3.1.1 生产的火灾危险性分类

生产的火灾危险性类别	使用或产生下列物质生产的火灾危险性特征
甲	1. 闪点小于28℃的液体； 2. 爆炸下限小于10%的气体； 3. 常温下能自行分解或在空气中氧化能导致迅速自燃或爆炸的物质； 4. 常温下受到水或空气中水蒸气的作用，能产生可燃气体并引起燃烧或爆炸的物质； 5. 遇酸、受热、撞击、摩擦、催化以及遇有机物或硫黄等易燃的无机物，极易引起燃烧或爆炸的强氧化剂； 6. 受撞击、摩擦或与氧化剂、有机物接触时能引起燃烧或爆炸的物质； 7. 在密闭设备内操作温度不小于物质本身自燃点的生产

续表3.1.1

生产的火灾危险性类别	使用或产生下列物质生产的火灾危险性特征
乙	1. 闪点不小于28℃，但小于60℃的液体； 2. 爆炸下限不小于10%的气体； 3. 不属于甲类的氧化剂； 4. 不属于甲类的易燃固体； 5. 助燃气体； 6. 能与空气形成爆炸性混合物的浮游状态的粉尘、纤维、闪点不小于60℃的液体雾滴
丙	1. 闪点不小于60℃的液体； 2. 可燃固体
丁	1. 对不燃烧物质进行加工，并在高温或熔化状态下经常产生强辐射热、火花或火焰的生产； 2. 利用气体、液体、固体作为燃料或将气体、液体进行燃烧作其他用的各种生产； 3. 常温下使用或加工难燃烧物质的生产
戊	常温下使用或加工不燃烧物质的生产

3.1.2 同一座厂房或厂房的任一防火分区内有不同火灾危险性生产时，厂房或防火分区内的生产火灾危险性类别应按火灾危险性较大的部分确定；当生产过程中使用或产生易燃、可燃物的量较少，不足以构成爆炸或火灾危险时，可按实际情况确定；当符合下述条件之一时，可按火灾危险性较小的部分确定：

1 火灾危险性较大的生产部分占本层或本防火分区建筑面积的比例小于5%或丁、戊类厂房内的油漆工段小于10%，且发生火灾事故时不足以蔓延至其他部位或火灾危险性较大的生产部分采取了有效的防火措施；

2 丁、戊类厂房内的油漆工段，当采用封闭喷漆工艺，封闭喷漆空间内保持负压、油漆工段设置可燃气体探测报警系统或自动抑爆系统，且油漆工段占所在防火分区建筑面积的比例不大于20%。

3.1.3 储存物品的火灾危险性应根据储存物品的性质和储存物品中的可燃物数量等因素划分，可分为甲、乙、丙、丁、戊类，并应符合表3.1.3的规定。

表3.1.3 储存物品的火灾危险性分类

储存物品的火灾危险性类别	储存物品的火灾危险性特征
甲	1. 闪点小于28℃的液体； 2. 爆炸下限小于10%的气体，受到水或空气中水蒸气的作用能产生爆炸下限小于10%气体的固体物质； 3. 常温下能自行分解或在空气中氧化能导致迅速自燃或爆炸的物质； 4. 常温下受到水或空气中水蒸气的作用，能产生可燃气体并引起燃烧或爆炸的物质； 5. 遇酸、受热、撞击、摩擦以及遇有机物或硫黄等易燃的无机物，极易引起燃烧或爆炸的强氧化剂； 6. 受撞击、摩擦或与氧化剂、有机物接触时能引起燃烧或爆炸的物质

续表 3.1.3

储存物品的火灾危险性类别	储存物品的火灾危险性特征
乙	1. 闪点不小于28℃，但小于60℃的液体； 2. 爆炸下限不小于10%的气体； 3. 不属于甲类的氧化剂； 4. 不属于甲类的易燃固体； 5. 助燃气体； 6. 常温下与空气接触能缓慢氧化，积热不散引起自燃的物品
丙	1. 闪点不小于60℃的液体； 2. 可燃固体
丁	难燃烧物品
戊	不燃烧物品

3.1.4 同一座仓库或仓库的任一防火分区内储存不同火灾危险性物品时，仓库或防火分区的火灾危险性应按火灾危险性最大的物品确定。

3.1.5 丁、戊类储存物品仓库的火灾危险性，当可燃包装重量大于物品本身重量1/4或可燃包装体积大于物品本身体积的1/2时，应按丙类确定。

3.2 厂房和仓库的耐火等级

3.2.1 厂房和仓库的耐火等级可分为一、二、三、四级，相应建筑构件的燃烧性能和耐火极限，除本规范另有规定外，不应低于表3.2.1的规定。

表3.2.1 不同耐火等级厂房和仓库建筑构件的燃烧性能和耐火极限（h）

构件名称		耐火等级			
		一级	二级	三级	四级
墙	防火墙	不燃性 3.00	不燃性 3.00	不燃性 3.00	不燃性 3.00
	承重墙	不燃性 3.00	不燃性 2.50	不燃性 2.00	难燃性 0.50
	楼梯间和前室的墙 电梯井的墙	不燃性 2.00	不燃性 2.00	不燃性 1.50	难燃性 0.50
	疏散走道两侧的隔墙	不燃性 1.00	不燃性 1.00	不燃性 0.50	难燃性 0.25
	非承重外墙 房间隔墙	不燃性 0.75	不燃性 0.50	不燃性 0.50	难燃性 0.25
柱		不燃性 3.00	不燃性 2.50	不燃性 2.00	难燃性 0.50
梁		不燃性 2.00	不燃性 1.50	不燃性 1.00	难燃性 0.50
楼板		不燃性 1.50	不燃性 1.00	不燃性 0.75	难燃性 0.50
屋顶承重构件		不燃性 1.50	不燃性 1.00	难燃性 0.50	可燃性
疏散楼梯		不燃性 1.50	不燃性 1.00	不燃性 0.75	可燃性
吊顶（包括吊顶搁栅）		不燃性 0.25	难燃性 0.25	难燃性 0.15	可燃性

注：二级耐火等级建筑内采用不燃材料的吊顶，其耐火极限不限。

3.2.2 高层厂房，甲、乙类厂房的耐火等级不应低于二级，建筑面积不大于300m²的独立甲、乙类单层厂房可采用三级耐火等级的建筑。

3.2.3 单、多层丙类厂房和多层丁、戊类厂房的耐火等级不应低于三级。

使用或产生丙类液体的厂房和有火花、赤热表面、明火的丁类厂房，其耐火等级均不应低于二级，当为建筑面积不大于500m²的单层丙类厂房或建筑面积不大于1000m²的单层丁类厂房时，可采用三级耐火等级的建筑。

3.2.4 使用或储存特殊贵重的机器、仪表、仪器等设备或物品的建筑，其耐火等级不应低于二级。

3.2.5 锅炉房的耐火等级不应低于二级，当为燃煤锅炉房且锅炉的总蒸发量不大于4t/h时，可采用三级耐火等级的建筑。

3.2.6 油浸变压器室、高压配电装置室的耐火等级不应低于二级，其他防火设计应符合现行国家标准《火力发电厂与变电站设计防火规范》GB 50229等标准的规定。

3.2.7 高架仓库、高层仓库、甲类仓库、多层乙类仓库和储存可燃液体的多层丙类仓库，其耐火等级不应低于二级。

单层乙类仓库，单层丙类仓库，储存可燃固体的多层丙类仓库和多层丁、戊类仓库，其耐火等级不应低于三级。

3.2.8 粮食筒仓的耐火等级不应低于二级；二级耐火等级的粮食筒仓可采用钢板仓。

粮食平房仓的耐火等级不应低于三级；二级耐火等级的散装粮食平房仓可采用无防火保护的金属承重构件。

3.2.9 甲、乙类厂房和甲、乙、丙类仓库内的防火墙，其耐火极限不应低于4.00h。

3.2.10 一、二级耐火等级单层厂房（仓库）的柱，其耐火极限分别不应低于2.50h和2.00h。

3.2.11 采用自动喷水灭火系统全保护的一级耐火等级单、多层厂房（仓库）的屋顶承重构件，其耐火极限不应低于1.00h。

3.2.12 除甲、乙类仓库和高层仓库外，一、二级耐火等级建筑的非承重外墙，当采用不燃性墙体时，其耐火极限不应低于0.25h；当采用难燃性墙体时，不应低于0.50h。

4层及4层以下的一、二级耐火等级丁、戊类地上厂房（仓库）的非承重外墙，当采用不燃性墙体时，其耐火极限不限。

3.2.13 二级耐火等级厂房（仓库）内的房间隔墙，当采用难燃性墙体时，其耐火极限应提高0.25h。

3.2.14 二级耐火等级多层厂房和多层仓库内采用预应力钢筋混凝土的楼板，其耐火极限不应低于0.75h。

3.2.15 一、二级耐火等级厂房（仓库）的上人平屋顶，其屋面板的耐火极限分别不应低于1.50h和1.00h。

3.2.16 一、二级耐火等级厂房（仓库）的屋面板应采用不燃材料。

屋面防水层宜采用不燃、难燃材料，当采用可燃防水材料且铺设在可燃、难燃保温材料上时，防水材料或可燃、难燃保温材料应采用不燃材料作防护层。

3.2.17 建筑中的非承重外墙、房间隔墙和屋面板，当确需采用金属夹芯板材时，其芯材应为不燃材料，且耐火极限应符合本规范有关规定。

3.2.18 除本规范另有规定外，以木柱承重且墙体采用不燃材料的厂房（仓库），其耐火等级可按四级确定。

3.2.19 预制钢筋混凝土构件的节点外露部位，应采取防火保护措施，且节点的耐火极限不应低于相应构件的耐火极限。

3.3 厂房和仓库的层数、面积和平面布置

3.3.1 除本规范另有规定外，厂房的层数和每个防火分区的最大允许建筑面积应符合表3.3.1的规定。

表3.3.1 厂房的层数和每个防火分区的最大允许建筑面积

生产的火灾危险性类别	厂房的耐火等级	最多允许层数	每个防火分区的最大允许建筑面积（m²）			
			单层厂房	多层厂房	高层厂房	地下或半地下厂房（包括地下或半地下室）
甲	一级	宜采用单层	4000	3000	—	—
	二级		3000	2000	—	—
乙	一级	不限	5000	4000	2000	—
	二级	6	4000	3000	1500	—
丙	一级	不限	不限	6000	3000	500
	二级	不限	8000	4000	2000	500
	三级	2	3000	2000	—	—
丁	一、二级	不限	不限	不限	4000	1000
	三级	3	4000	2000	—	—
	四级	1	1000	—	—	—
戊	一、二级	不限	不限	不限	6000	1000
	三级	3	5000	3000	—	—
	四级	1	1500	—	—	—

注：1 防火分区之间应采用防火墙分隔。除甲类厂房外的一、二级耐火等级厂房，当其防火分区的建筑面积大于本表规定，且设置防火墙确有困难时，可采用防火卷帘或防火分隔水幕分隔。采用防火卷帘时，应符合本规范第6.5.3条的规定；采用防火分隔水幕时，应符合现行国家标准《自动喷水灭火系统设计规范》GB 50084的规定。

2 除麻纺厂房外，一级耐火等级的多层纺织厂房和二级耐火等级的单、多层纺织厂房，其每个防火分区的最大允许建筑面积可按本表的规定增加0.5倍，但厂房内的原棉开包、清花车间与厂房内其他部位之间均应采用耐火极限不低于2.50h的防火隔墙分隔，需要开设门、窗、洞口时，应设置甲级防火门、窗。

3 一、二级耐火等级的单、多层造纸生产联合厂房，其每个防火分区的最大允许建筑面积可按本表的规定增加1.5倍。一、二级耐火等级的湿式造纸联合厂房，当纸机烘缸罩内设置自动灭火系统，完成工段设置有效灭火设施保护时，其每个防火分区的最大允许建筑面积可按工艺要求确定。

4 一、二级耐火等级的谷物筒仓工作塔，当每层工作人数不超过2人时，其层数不限。

5 一、二级耐火等级卷烟生产联合厂房内的原料、备料及成组配方、制丝、储丝和卷接包、辅料周转、成品暂存、二氧化碳膨胀烟丝等生产用房应划分独立的防火分隔单元，当工艺条件许可时，应采用防火墙进行分隔。其中制丝、储丝和卷接包车间可划分为一个防火分区，且每个防火分区的最大允许建筑面积可按工艺要求确定，但制丝、储丝及卷接包车间之间应采用耐火极限不低于2.00h的防火隔墙和1.00h的楼板进行分隔。厂房内各水平和竖向防火分隔之间的开口应采取防止火灾蔓延的措施。

6 厂房内的操作平台、检修平台，当使用人数少于10人时，平台的面积可不计入所在防火分区的建筑面积内。

7 "—"表示不允许。

3.3.2 除本规范另有规定外，仓库的层数和面积应符合表3.3.2的规定。

表3.3.2 仓库的层数和面积

储存物品的火灾危险性类别		仓库的耐火等级	最多允许层数	每座仓库的最大允许占地面积和每个防火分区的最大允许建筑面积（m²）						地下或半地下仓库（包括地下或半地下室）
				单层仓库		多层仓库		高层仓库		
				每座仓库	防火分区	每座仓库	防火分区	每座仓库	防火分区	防火分区
甲	3、4项	一级	1	180	60	—	—	—	—	—
	1、2、5、6项	一、二级	1	750	250	—	—	—	—	—
乙	1、3、4项	一、二级	3	2000	500	900	300	—	—	—
		三级	1	500	250	—	—	—	—	—
	2、5、6项	一、二级	5	2800	700	1500	500	—	—	—
		三级	1	900	300	—	—	—	—	—
丙	1项	一、二级	5	4000	1000	2800	700	—	—	150
		三级	1	1200	400	—	—	—	—	—
	2项	一、二级	不限	6000	1500	4800	1200	4000	1000	300
		三级	3	2100	700	1200	400	—	—	—
丁		一、二级	不限	不限	3000	不限	1500	4800	1200	500
		三级	3	3000	1000	1500	500	—	—	—
		四级	1	2100	700	—	—	—	—	—
戊		一、二级	不限	不限	不限	不限	2000	6000	1500	1000
		三级	3	3000	1000	2100	700	—	—	—
		四级	1	2100	700	—	—	—	—	—

注：1 仓库内的防火分区之间必须采用防火墙分隔，甲、乙类仓库内防火分区之间的防火墙不应开设门、窗、洞口；地下或半地下仓库（包括地下或半地下室）的最大允许占地面积，不应大于相应类别地上仓库的最大允许占地面积。
2 石油库区内的桶装油品仓库应符合现行国家标准《石油库设计规范》GB 50074的规定。
3 一、二级耐火等级的煤均化库，每个防火分区的最大允许建筑面积不应大于12000m²。
4 独立建造的硝酸铵仓库、电石仓库、聚乙烯等高分子制品仓库、尿素仓库、配煤仓库、造纸厂的独立成品仓库，当建筑的耐火等级不低于二级时，每座仓库的最大允许占地面积和每个防火分区的最大允许建筑面积可按本表的规定增加1.0倍。
5 一、二级耐火等级粮食平房仓的最大允许占地面积不应大于12000m²，每个防火分区的最大允许建筑面积不应大于3000m²；三级耐火等级粮食平房仓的最大允许占地面积不应大于3000m²，每个防火分区的最大允许建筑面积不应大于1000m²。
6 一、二级耐火等级且占地面积不大于2000m²的单层棉花库房，其防火分区的最大允许建筑面积不应大于2000m²。
7 一、二级耐火等级冷库的最大允许占地面积和防火分区的最大允许建筑面积，应符合现行国家标准《冷库设计规范》GB 50072的规定。
8 "—"表示不允许。

3.3.3 厂房内设置自动灭火系统时，每个防火分区的最大允许建筑面积可按本规范第3.3.1条的规定增加1.0倍。当丁、戊类的地上厂房内设置自动灭火系统时，每个防火分区的最大允许建筑面积不限。厂房内局部设置自动灭火系统时，其防火分区的增加面积可按该局部面积的1.0倍计算。

仓库内设置自动灭火系统时，除冷库的防火分区外，每座仓库的最大允许占地面积和每个防火分区的最大允许建筑面积可按本规范第3.3.2条的规定增加1.0倍。

3.3.4 甲、乙类生产场所（仓库）不应设置在地下或半地下。

3.3.5 员工宿舍严禁设置在厂房内。

办公室、休息室等不应设置在甲、乙类厂房内，确需贴邻本厂房时，其耐火等级不应低于二级，并应采用耐火极限不低于3.00h的防爆墙与厂房分隔，且应设置独立的安全出口。

办公室、休息室设置在丙类厂房内时，应采用耐火极限不低于2.50h的防火隔墙和1.00h的楼板与其他部位分隔，并应至少设置1个独立的安全出口。如隔墙上需开设相互连通的门时，应采用乙级防火门。

3.3.6 厂房内设置中间仓库时，应符合下列规定：
1 甲、乙类中间仓库应靠外墙布置，其储量不宜超过1昼夜的需要量；
2 甲、乙、丙类中间仓库应采用防火墙和耐火极限不低于1.50h的不燃性楼板与其他部位分隔；
3 丁、戊类中间仓库应采用耐火极限不低于2.00h的防火隔墙和1.00h的楼板与其他部位分隔；
4 仓库的耐火等级和面积应符合本规范第3.3.2条和第3.3.3条的规定。

3.3.7 厂房内的丙类液体中间储罐应设置在单独房间内，其容量不应大于5m³。设置中间储罐的房间，应采用耐火极限不低于3.00h的防火隔墙和1.50h的楼板与其他部位分隔，房间门应采用甲级防火门。

3.3.8 变、配电站不应设置在甲、乙类厂房内或贴邻，且不应设置在爆炸性气体、粉尘环境的危险区域内。供甲、乙类厂房专用的10kV及以下的变、配电站，当采用无门、窗、洞口的防火墙分隔时，可一面贴邻，并应符合现行国家标准

《爆炸危险环境电力装置设计规范》GB 50058 等标准的规定。

乙类厂房的配电站确需在防火墙上开窗时，应采用甲级防火窗。

3.3.9 员工宿舍严禁设置在仓库内。

办公室、休息室等严禁设置在甲、乙类仓库内，也不应贴邻。

办公室、休息室设置在丙、丁类仓库内时，应采用耐火极限不低于 2.50h 的防火隔墙和 1.00h 的楼板与其他部位分隔，并应设置独立的安全出口。隔墙上需开设相互连通的门时，应采用乙级防火门。

3.3.10 物流建筑的防火设计应符合下列规定：

1 当建筑功能以分拣、加工等作业为主时，应按本规范有关厂房的规定确定，其中仓储部分应按中间仓库确定。

2 当建筑功能以仓储为主或建筑难以区分主要功能时，应按本规范有关仓库的规定确定，但当分拣等作业区采用防火墙与储存区完全分隔时，作业区和储存区的防火要求可分别按本规范有关厂房和仓库的规定确定。其中，当分拣等作业区采用防火墙与储存区完全分隔且符合下列条件时，除自动化控制的丙类高架仓库外，储存区的防火分区最大允许建筑面积和储存区部分建筑的最大允许占地面积，可按本规范表 3.3.2（不含注）的规定增加 3.0 倍：

1）储存除可燃液体、棉、麻、丝、毛及其他纺织品、泡沫塑料等物品外的丙类物品且建筑的耐火等级不低于一级；

2）储存丁、戊类物品且建筑的耐火等级不低于二级；

3）建筑内全部设置自动水灭火系统和火灾自动报警系统。

3.3.11 甲、乙类厂房（仓库）内不应设置铁路线。

需要出入蒸汽机车和内燃机车的丙、丁、戊类厂房（仓库），其屋顶应采用不燃材料或采取其他防火措施。

3.4 厂房的防火间距

3.4.1 除本规范另有规定外，厂房之间及与乙、丙、丁、戊类仓库、民用建筑等的防火间距不应小于表 3.4.1 的规定，与甲类仓库的防火间距应符合本规范第 3.5.1 条的规定。

表 3.4.1 厂房之间及与乙、丙、丁、戊类仓库、民用建筑等的防火间距（m）

名称			甲类厂房	乙类厂房（仓库）			丙、丁、戊类厂房（仓库）				民用建筑				
			单、多层	单、多层		高层	单、多层			高层	裙房，单、多层			高层	
			一、二级	一、二级	三级	一、二级	一、二级	三级	四级	一、二级	一、二级	三级	四级	一类	二类
甲类厂房	单、多层	一、二级	12	12	14	13	12	14	16	13	25			50	
乙类厂房	单、多层	一、二级	12	10	12	13	10	12	14	13	25			50	
		三级	14	12	14	15	12	14	16	15					
	高层	一、二级	13	13	15	13	13	15	17	13					
丙类厂房	单、多层	一、二级	12	10	12	13	10	12	14	13	10	12	14	20	15
		三级	14	12	14	15	12	14	16	15	12	14	16	25	20
		四级	16	14	16	17	14	16	18	17	14	16	18	25	20
	高层	一、二级	13	13	15	13	13	15	17	13	13	15	17	20	15
丁、戊类厂房	单、多层	一、二级	12	10	12	13	10	12	14	13	10	12	14	15	13
		三级	14	12	14	15	12	14	16	15	12	14	16	18	15
		四级	16	14	16	17	14	16	18	17	14	16	18	18	15
	高层	一、二级	13	13	15	13	13	15	17	13	13	15	17	15	13
室外变、配电站	变压器总油量（t）	≥5, ≤10	25	25	25	25	12	15	20	12	15	20	25	20	
		>10, ≤50					15	20	25	15	20	25	30	25	
		>50					20	25	30	20	25	30	35	30	

注：1 乙类厂房与重要公共建筑的防火间距不宜小于 50m；与明火或散发火花地点，不宜小于 30m。单、多层戊类厂房之间及与戊类仓库的防火间距可按本表的规定减少 2m，与民用建筑的防火间距可将戊类厂房等同民用建筑按本规范第 5.2.2 条的规定执行。为丙、丁、戊类厂房服务而单独设置的生活用房应按民用建筑确定，与所属厂房的防火间距不应小于 6m。确需相邻布置时，应符合本表注 2、3 的规定。

2 两座厂房相邻较高一面外墙为防火墙，或相邻两座高度相同的一、二级耐火等级建筑中相邻一侧外墙为防火墙且屋顶的耐火极限不低于 1.00h 时，其防火间距不限，但甲类厂房之间不应小于 4m。两座丙、丁、戊类厂房相邻两面外墙均为不燃墙体，当无外露的可燃性屋檐，每面外墙上的门、窗、洞口面积之和各不大于外墙面积的 5%，且门、窗、洞口不正对开设时，其防火间距可按本表的规定减少 25%。甲、乙类厂房（仓库）不应与本规范第 3.3.5 条规定外的其他建筑贴邻。

3 两座一、二级耐火等级的厂房，当相邻较低一面外墙为防火墙且较低一座厂房的屋顶无天窗、屋顶的耐火极限不低于 1.00h，或相邻较高一面外墙的门、窗等开口部位设置甲级防火门、窗或防火分隔水幕或按本规范第 6.5.3 条的规定设置防火卷帘时，甲、乙类厂房之间的防火间距不应小于 6m；丙、丁、戊类厂房之间的防火间距不应小于 4m。

4 发电厂内的主变压器，其油量可按单台确定。

5 耐火等级低于四级的既有厂房，其耐火等级可按四级确定。

6 当丙、丁、戊类厂房与丙、丁、戊类仓库相邻时，应符合本表注 2、3 的规定。

3.4.2 甲类厂房与重要公共建筑的防火间距不应小于50m，与明火或散发火花地点的防火间距不应小于30m。

3.4.3 散发可燃气体、可燃蒸气的甲类厂房与铁路、道路等的防火间距不应小于表3.4.3的规定，但甲类厂房所属厂内铁路装卸线当有安全措施时，防火间距不受表3.4.3规定的限制。

表3.4.3 散发可燃气体、可燃蒸气的甲类厂房与铁路、道路等的防火间距（m）

名称	厂外铁路线中心线	厂内铁路线中心线	厂外道路路边	厂内道路路边	
				主要	次要
甲类厂房	30	20	15	10	5

3.4.4 高层厂房与甲、乙、丙类液体储罐，可燃、助燃气体储罐，液化石油气储罐，可燃材料堆场（除煤和焦炭场外）的防火间距，应符合本规范第4章的规定，且不应小于13m。

3.4.5 丙、丁、戊类厂房与民用建筑的耐火等级均为一、二级时，丙、丁、戊类厂房与民用建筑的防火间距可适当减小，但应符合下列规定：

　　1 当较高一面外墙为无门、窗、洞口的防火墙，或比相邻较低一座建筑屋面高15m及以下范围内的外墙为无门、窗、洞口的防火墙时，其防火间距不限；

　　2 相邻较低一面外墙为防火墙，且屋顶无天窗或洞口、屋顶的耐火极限不低于1.00h，或相邻较高一面外墙为防火墙，且墙上开口部位采取了防火措施，其防火间距可适当减小，但不应小于4m。

3.4.6 厂房外附设化学易燃物品的设备，其外壁与相邻厂房室外附设设备的外壁或相邻厂房外墙的防火间距，不应小于本规范第3.4.1条的规定。用不燃材料制作的室外设备，可按一、二级耐火等级建筑确定。

　　总容量不大于15m³的丙类液体储罐，当直埋于厂房外墙外，且面向储罐一面4.0m范围内的外墙为防火墙时，其防火间距不限。

3.4.7 同一座"U"形或"山"形厂房中相邻两翼之间的防火间距，不宜小于本规范第3.4.1条的规定，但当厂房的占地面积小于本规范第3.3.1条规定的每个防火分区最大允许建筑面积时，其防火间距可为6m。

3.4.8 除高层厂房和甲类厂房外，其他类别的数座厂房占地面积之和小于本规范第3.3.1条规定的防火分区最大允许建筑面积（按其中较小者确定，但防火分区的最大允许建筑面积不限者，不应大于10000m²）时，可成组布置。当厂房建筑高度不大于7m时，组内厂房之间的防火间距不应小于4m；当厂房建筑高度大于7m时，组内厂房之间的防火间距不应小于6m。

　　组与组或组与相邻建筑的防火间距，应根据相邻两座中耐火等级较低的建筑，按本规范第3.4.1条的规定确定。

3.4.9 一级汽车加油站、一级汽车加气站和一级汽车加油加气合建站不应布置在城市建成区内。

3.4.10 汽车加油、加气站和加油加气合建站的分级，汽车加油、加气站和加油加气合建站及其加油（气）机、储油（气）罐等与站外明火或散发火花地点、建筑、铁路、道路的防火间距以及站内各建筑或设施之间的防火间距，应符合现行国家标准《汽车加油加气站设计与施工规范》GB 50156的规定。

3.4.11 电力系统电压为35kV～500kV且每台变压器容量不小于10MV·A的室外变、配电站以及工业企业的变压器总油量大于5t的室外降压变电站，与其他建筑的防火间距不应小于本规范第3.4.1条和第3.5.1条的规定。

3.4.12 厂区围墙与厂区内建筑的间距不宜小于5m，围墙两侧建筑的间距应满足相应建筑的防火间距要求。

3.5 仓库的防火间距

3.5.1 甲类仓库之间及与其他建筑、明火或散发火花地点、铁路、道路等的防火间距不应小于表3.5.1的规定。

表3.5.1 甲类仓库之间及与其他建筑、明火或散发火花地点、铁路、道路等的防火间距（m）

名称		甲类仓库（储量，t）			
		甲类储存物品第3、4项		甲类储存物品第1、2、5、6项	
		≤5	>5	≤10	>10
高层民用建筑、重要公共建筑		50			
裙房、其他民用建筑、明火或散发火花地点		30	40	25	30
甲类仓库		20	20	20	20
厂房和乙、丙、丁、戊类仓库	一、二级	15	20	12	15
	三级	20	25	15	20
	四级	25	30	20	25
电力系统电压为35kV～500kV且每台变压器容量不小于10MV·A的室外变、配电站，工业企业的变压器总油量大于5t的室外降压变电站		30	40	25	30
厂外铁路线中心线		40			
厂内铁路线中心线		30			
厂外道路路边		20			
厂内道路路边	主要	10			
	次要	5			

注：甲类仓库之间的防火间距，当第3、4项物品储量不大于2t，第1、2、5、6项物品储量不大于5t时，不应小于12m。甲类仓库与高层仓库的防火间距不应小于13m。

3.5.2 除本规范另有规定外,乙、丙、丁、戊类仓库之间及与民用建筑的防火间距,不应小于表3.5.2的规定。

表3.5.2 乙、丙、丁、戊类仓库之间及与民用建筑的防火间距(m)

名称			乙类仓库			丙类仓库				丁、戊类仓库			
			单、多层		高层	单、多层			高层	单、多层			高层
			一、二级	三级	一、二级	一、二级	三级	四级	一、二级	一、二级	三级	四级	一、二级
乙、丙、丁、戊类仓库	单、多层	一、二级	10	12	13	10	12	14	13	10	12	14	13
		三级	12	14	15	12	14	16	15	12	14	16	15
		四级	14	16	17	14	16	18	17	14	16	18	17
	高层	一、二级	13	15	13	13	15	17	13	13	15	17	13
民用建筑	裙房,单、多层	一、二级	25			10	12	14	13	10	12	14	13
		三级				12	14	16	15	12	14	16	15
		四级				14	16	18	17	14	16	18	17
	高层	一类	50			20	25	25	20	15	18	18	15
		二类				15	20	20	15	13	15	15	13

注: 1 单、多层戊类仓库之间的防火间距,可按本表的规定减少2m。
2 两座仓库的相邻外墙均为防火墙时,防火间距可以减小,但丙类仓库,不应小于6m;丁、戊类仓库,不应小于4m。两座仓库相邻较高一面外墙为防火墙,或相邻两座高度相同的一、二级耐火等级建筑中相邻任一侧外墙为防火墙且屋顶的耐火极限不低于1.00h,且总占地面积不大于本规范第3.3.2条一座仓库的最大允许占地面积规定时,其防火间距不限。
3 除乙类第6项物品外的乙类仓库,与民用建筑的防火间距不宜小于25m,与重要公共建筑的防火间距不应小于50m,与铁路、道路等的防火间距不宜小于表3.5.1中甲类仓库与铁路、道路等的防火间距。

3.5.3 丁、戊类仓库与民用建筑的耐火等级均为一、二级时,仓库与民用建筑的防火间距可适当减小,但应符合下列规定:

1 当较高一面外墙为无门、窗、洞口的防火墙,或比相邻较低一座建筑屋面高15m及以下范围内的外墙为无门、窗、洞口的防火墙时,其防火间距不限;

2 相邻较低一面外墙为防火墙,且屋顶无天窗或洞口、屋顶耐火极限不低于1.00h,或相邻较高一面外墙为防火墙,且墙上开口部位采取了防火措施,其防火间距可适当减小,但不应小于4m。

3.5.4 粮食筒仓与其他建筑、粮食筒仓组之间的防火间距,不应小于表3.5.4的规定。

表3.5.4 粮食筒仓与其他建筑、粮食筒仓组之间的防火间距(m)

名称	粮食总储量 W(t)	粮食立筒仓			粮食浅圆仓		其他建筑		
		W≤40000	40000<W≤50000	W>50000	W≤50000	W>50000	一、二级	三级	四级
粮食立筒仓	500<W≤10000	15					10	15	20
	10000<W≤40000		20	25	20	25	15	20	25
	40000<W≤50000	20					20	25	30
	W>50000	25					25	30	—
粮食浅圆仓	W≤50000	20	20	25	20	25	20	25	—
	W>50000	25					25	30	—

注: 1 当粮食立筒仓、粮食浅圆仓与工作塔、接收塔、发放站为一个完整工艺单元的组群时,组内各建筑之间的防火间距不受本表限制。
2 粮食浅圆仓组内每个独立仓的储量不应大于10000t。

3.5.5 库区围墙与库区内建筑的间距不宜小于5m,围墙两侧建筑的间距应满足相应建筑的防火间距要求。

3.6 厂房和仓库的防爆

3.6.2 有爆炸危险的厂房或厂房内有爆炸危险的部位应设置泄压设施。

3.6.3 泄压设施宜采用轻质屋面板、轻质墙体和易于泄压的门、窗等,应采用安全玻璃等在爆炸时不产生尖锐碎片的材料。

泄压设施的设置应避开人员密集场所和主要交通道路,并宜靠近有爆炸危险的部位。

作为泄压设施的轻质屋面板和墙体的质量不宜大于60kg/m²。

屋顶上的泄压设施应采取防冰雪积聚措施。

3.6.4 厂房的泄压面积宜按下式计算,但当厂房的长径比大于3时,宜将建筑划分为长径比不大于3的多个计算段,各计算段中的公共截面不得作为泄压面积：

$$A = 10CV^{\frac{2}{3}} \quad (3.6.4)$$

式中：A——泄压面积（m^2）；
V——厂房的容积（m^3）；
C——泄压比，可按表 3.6.4 选取（m^2/m^3）。

表 3.6.4　厂房内爆炸性危险物质的类别与泄压比规定值（m^2/m^3）

厂房内爆炸性危险物质的类别	C 值
氨、粮食、纸、皮革、铅、铬、铜等 $K_尘 < 10MPa \cdot m \cdot s^{-1}$ 的粉尘	≥0.030
木屑、炭屑、煤粉、锑、锡等 $10MPa \cdot m \cdot s^{-1} \leq K_尘 \leq 30MPa \cdot m \cdot s^{-1}$ 的粉尘	≥0.055
丙酮、汽油、甲醇、液化石油气、甲烷、喷漆间或干燥室、苯酚树脂、铝、镁、锆等 $K_尘 > 30MPa \cdot m \cdot s^{-1}$ 的粉尘	≥0.110
乙烯	≥0.160
乙炔	≥0.200
氢	≥0.250

注：1　长径比为建筑平面几何外形尺寸中的最长尺寸与其横截面周长的积和 4.0 倍的建筑横截面积之比。
2　$K_尘$ 是指粉尘爆炸指数。

3.6.5　散发较空气轻的可燃气体、可燃蒸气的甲类厂房，宜采用轻质屋面板作为泄压面积。顶棚应尽量平整、无死角，厂房上部空间应通风良好。

3.6.6　散发较空气重的可燃气体、可燃蒸气的甲类厂房和有粉尘、纤维爆炸危险的乙类厂房，应符合下列规定：
　　1　应采用不发火花的地面。采用绝缘材料作整体面层时，应采取防静电措施。
　　2　散发可燃粉尘、纤维的厂房，其内表面应平整、光滑，并易于清扫。
　　3　厂房内不宜设置地沟，确需设置时，其盖板应严密，地沟内应采取防止可燃气体、可燃蒸气和粉尘、纤维在地沟积聚的有效措施，且应在与相邻厂房连通处采用防火材料密封。

3.6.8　有爆炸危险的甲、乙类厂房的总控制室应独立设置。

3.6.9　有爆炸危险的甲、乙类厂房的分控制室宜独立设置，当贴邻外墙设置时，应采用耐火极限不低于 3.00h 的防火隔墙与其他部位分隔。

3.6.10　有爆炸危险区域内的楼梯间、室外楼梯或有爆炸危险的区域与相邻区域连通处，应设置门斗等防护措施。门斗的隔墙应为耐火极限不应低于 2.00h 的防火隔墙，门应采用甲级防火门并应与楼梯间的门错位设置。

3.6.11　使用和生产甲、乙、丙类液体的厂房，其管、沟不应与相邻厂房的管、沟相通，下水道应设置隔油设施。

3.6.12　甲、乙、丙类液体仓库应设置防止液体流散的设施。遇湿会发生燃烧爆炸的物品仓库应采取防止水浸渍的措施。

3.6.13　有粉尘爆炸危险的筒仓，其顶部盖板应设置必要的泄压设施。
　　粮食筒仓工作塔和上通廊的泄压面积应按本规范第 3.6.4 条的规定计算确定。有粉尘爆炸危险的其他粮食储存设施应采取防爆措施。

3.7　厂房的安全疏散

3.7.1　厂房的安全出口应分散布置。每个防火分区或一个防火分区的每个楼层，其相邻 2 个安全出口最近边缘之间的水平距离不应小于 5m。

3.7.2　厂房内每个防火分区或一个防火分区内的每个楼层，其安全出口的数量应经计算确定，且不应少于 2 个；当符合下列条件时，可设置 1 个安全出口：
　　1　甲类厂房，每层建筑面积不大于 100m^2，且同一时间的作业人数不超过 5 人；
　　2　乙类厂房，每层建筑面积不大于 150m^2，且同一时间的作业人数不超过 10 人；
　　3　丙类厂房，每层建筑面积不大于 250m^2，且同一时间的作业人数不超过 20 人；
　　4　丁、戊类厂房，每层建筑面积不大于 400m^2，且同一时间的作业人数不超过 30 人；
　　5　地下或半地下厂房（包括地下或半地下室），每层建筑面积不大于 50m^2，且同一时间的作业人数不超过 15 人。

3.7.3　地下或半地下厂房（包括地下或半地下室），当有多个防火分区相邻布置，并采用防火墙分隔时，每个防火分区可利用防火墙上通向相邻防火分区的甲级防火门作为第二安全出口，但每个防火分区必须至少有 1 个直通室外的独立安全出口。

3.7.4　厂房内任一点至最近安全出口的直线距离不应大于表 3.7.4 的规定。

表 3.7.4　厂房内任一点至最近安全出口的直线距离（m）

生产的火灾危险性类别	耐火等级	单层厂房	多层厂房	高层厂房	地下或半地下厂房（包括地下或半地下室）
甲	一、二级	30	25	—	—
乙	一、二级	75	50	30	—
丙	一、二级	80	60	40	30
	三级	60	40	—	—
丁	一、二级	不限	不限	50	45
	三级	60	50	—	—
	四级	50	—	—	—
戊	一、二级	不限	不限	75	60
	三级	100	75	—	—
	四级	60	—	—	—

3.7.5　厂房内疏散楼梯、走道、门的各自总净宽度，应根据疏散人数按每 100 人的最小疏散净宽度不小于表 3.7.5 的规定计算确定。但疏散楼梯的最小净宽度不宜小于 1.10m，疏散走道的最小净宽度不宜小于 1.40m，门的最小净宽度不宜小于 0.90m。当每层疏散人数不相等时，疏散楼梯的总净宽度应分层计算，下层楼梯总净宽度应按该层及以上疏散人数最多一层的疏散人数计算。

表 3.7.5　厂房内疏散楼梯、走道和门的每 100 人最小疏散净宽度

厂房层数（层）	1～2	3	≥4
最小疏散净宽度（m/百人）	0.60	0.80	1.00

首层外门的总净宽度应按该层及以上疏散人数最多一层的疏散人数计算，且该门的最小净宽度不应小于1.20m。

3.7.6 高层厂房和甲、乙、丙类多层厂房的疏散楼梯应采用封闭楼梯间或室外楼梯。建筑高度大于32m且任一层人数超过10人的厂房，应采用防烟楼梯间或室外楼梯。

3.8 仓库的安全疏散

3.8.1 仓库的安全出口应分散布置。每个防火分区或一个防火分区的每个楼层，其相邻2个安全出口最近边缘之间的水平距离不应小于5m。

3.8.2 每座仓库的安全出口不应少于2个，当一座仓库的占地面积不大于300m²时，可设置1个安全出口。仓库内每个防火分区通向疏散走道、楼梯或室外的出口不宜少于2个，当防火分区的建筑面积不大于100m²时，可设置1个出口。通向疏散走道或楼梯的门应为乙级防火门。

3.8.3 地下或半地下仓库（包括地下或半地下室）的安全出口不应少于2个；当建筑面积不大于100m²时，可设置1个安全出口。

地下或半地下仓库（包括地下或半地下室），当有多个防火分区相邻布置并采用防火墙分隔时，每个防火分区可利用防火墙上通向相邻防火分区的甲级防火门作为第二安全出口，但每个防火分区必须至少有1个直通室外的安全出口。

3.8.4 冷库、粮食筒仓、金库的安全疏散设计应分别符合现行国家标准《冷库设计规范》GB 50072和《粮食钢板筒仓设计规范》GB 50322等标准的规定。

3.8.5 粮食筒仓上层面积小于1000m²，且作业人数不超过2人时，可设置1个安全出口。

3.8.6 仓库、筒仓中符合本规范第6.4.5条规定的室外金属梯，可作为疏散楼梯，但筒仓室外楼梯平台的耐火极限不应低于0.25h。

3.8.7 高层仓库的疏散楼梯应采用封闭楼梯间。

3.8.8 除一、二级耐火等级的多层戊类仓库外，其他仓库内供垂直运输物品的提升设施宜设置在仓库外，确需设置在仓库内时，应设置在井壁的耐火极限不低于2.00h的井筒内。室内外提升设施通向仓库的入口应设置乙级防火门或符合本规范第6.5.3条规定的防火卷帘。

4 甲、乙、丙类液体、气体储罐（区）和可燃材料堆场

4.1 一般规定

4.1.1 甲、乙、丙类液体储罐区，液化石油气储罐区，可燃、助燃气体储罐区和可燃材料堆场等，应布置在城市（区域）的边缘或相对独立的安全地带，并宜布置在城市（区域）全年最小频率风向的上风侧。

甲、乙、丙类液体储罐（区）宜布置在地势较低的地带。当布置在地势较高的地带时，应采取安全防护设施。

液化石油气储罐（区）宜布置在地势平坦、开阔等不易积存液化石油气的地带。

4.1.2 桶装、瓶装甲类液体不应露天存放。

4.1.3 液化石油气储罐组或储罐区的四周应设置高度不小于1.0m的不燃性实体防护墙。

4.1.4 甲、乙、丙类液体储罐区，液化石油气储罐区，可燃、助燃气体储罐区和可燃材料堆场，应与装卸区、辅助生产区及办公区分开布置。

4.1.5 甲、乙、丙类液体储罐，液化石油气储罐，可燃、助燃气体储罐和可燃材料堆垛，与架空电力线的最近水平距离应符合本规范第10.2.1条的规定。

4.2 甲、乙、丙类液体储罐（区）的防火间距

4.2.1 甲、乙、丙类液体储罐（区）和乙、丙类液体桶装堆场与其他建筑的防火间距，不应小于表4.2.1的规定。

表4.2.1 甲、乙、丙类液体储罐（区）和乙、丙类液体桶装堆场与其他建筑的防火间距（m）

类别	一个罐区或堆场的总容量 V（m³）	建筑物				室外变、配电站
		一、二级		三级	四级	
		高层民用建筑	裙房，其他建筑			
甲、乙类液体储罐（区）	1≤V<50	40	12	15	20	30
	50≤V<200	50	15	20	25	35
	200≤V<1000	60	20	25	30	40
	1000≤V<5000	70	25	30	40	50
丙类液体储罐（区）	5≤V<250	40	12	15	20	24
	250≤V<1000	50	15	20	25	28
	1000≤V<5000	60	20	25	30	32
	5000≤V<25000	70	25	30	40	40

注： 1 当甲、乙类液体储罐和丙类液体储罐布置在同一储罐区时，罐区的总容量可按1m³甲、乙类液体相当于5m³丙类液体折算。
 2 储罐防火堤外侧基脚线至相邻建筑的距离不应小于10m。
 3 甲、乙、丙类液体的固定顶储罐区或半露天堆场，乙、丙类液体桶装堆场与甲类厂房（仓库）、民用建筑的防火间距，应按本表的规定增加25%，且甲、乙类液体的固定顶储罐区或半露天堆场，乙、丙类液体桶装堆场与甲类厂房（仓库）、裙房、单、多层民用建筑的防火间距不应小于25m，与明火或散发火花地点的防火间距应按本表有关四级耐火等级建筑物的规定增加25%。
 4 浮顶储罐区或闪点大于120℃的液体储罐区与其他建筑的防火间距，可按本表的规定减少25%。
 5 当数个储罐区布置在同一库区内时，储罐区之间的防火间距不应小于本表相应容量的储罐区与四级耐火等级建筑物防火间距的较大值。
 6 直埋地下的甲、乙、丙类液体卧式罐，当单罐容量不大于50m³，总容量不大于200m³时，与建筑物的防火间距可按本表规定减少50%。
 7 室外变、配电站指电力系统电压为35kV～500kV且每台变压器容量不小于10MV·A的室外变、配电站和工业企业的变压器总油量大于5t的室外降压变电站。

4.2.2 甲、乙、丙类液体储罐之间的防火间距不应小于表4.2.2的规定。

表4.2.2 甲、乙、丙类液体储罐之间的防火间距（m）

类别			固定顶储罐			浮顶储罐或设置充氮保护设备的储罐	卧式储罐
			地上式	半地下式	地下式		
甲、乙类液体储罐	单罐容量 V（m³）	V≤1000	0.75D	0.5D	0.4D	0.4D	≥0.8m
		V>1000	0.6D				
丙类液体储罐			不限	0.4D	不限	不限	—

注：1 D为相邻较大立式储罐的直径（m），矩形储罐的直径为长边与短边之和的一半。
2 不同液体、不同形式储罐之间的防火间距不应小于本表规定的较大值。
3 两排卧式储罐之间的防火间距不应小于3m。
4 当单罐容量不大于1000m³且采用固定冷却系统时，甲、乙类液体的地上式固定顶储罐之间的防火间距不应小于0.6D。
5 地上式储罐同时设置液下喷射泡沫灭火系统、固定冷却水系统和扑救防火堤内液体火灾的泡沫灭火设施时，储罐之间的防火间距可适当减小，但不宜小于0.4D。
6 闪点大于120℃的液体，当单罐容量大于1000m³时，储罐之间的防火间距不应小于5m；当单罐容量不大于1000m³时，储罐之间的防火间距不应小于2m。

4.2.3 甲、乙、丙类液体储罐成组布置时，应符合下列规定：
1 组内储罐的单罐容量和总容量不应大于表4.2.3的规定。

表4.2.3 甲、乙、丙类液体储罐分组布置的最大容量

类别	单罐最大容量（m³）	一组罐最大容量（m³）
甲、乙类液体	200	1000
丙类液体	500	3000

2 组内储罐的布置不应超过两排。甲、乙类液体立式储罐之间的防火间距不应小于2m，卧式储罐之间的防火间距不应小于0.8m；丙类液体储罐之间的防火间距不限。
3 储罐组之间的防火间距应根据组内储罐的形式和总容量折算为相同类别的标准单罐，按本规范第4.2.2条的规定确定。

4.2.4 甲、乙、丙类液体的地上式、半地下式储罐区，其每个防火堤内宜布置火灾危险性类别相同或相近的储罐。沸溢性油品储罐不应与非沸溢性油品储罐布置在同一防火堤内。地上式、半地下式储罐不应与地下式储罐布置在同一防火堤内。

4.2.5 甲、乙、丙类液体的地上式、半地下式储罐或储罐组，其四周应设置不燃性防火堤。防火堤的设置应符合下列规定：
2 防火堤的有效容量不应小于其中最大储罐的容量。对于浮顶罐，防火堤的有效容量可为其中最大储罐容量的一半。
3 防火堤内侧基脚线至立式储罐外壁的水平距离不应小于罐壁高度的一半。防火堤内侧基脚线至卧式储罐的水平距离不应小于3m。
4 防火堤的设计高度应比计算高度高出0.2m，且应为1.0m～2.2m，在防火堤的适当位置应设置便于灭火救援人员进出防火堤的踏步。
5 沸溢性油品的地上式、半地下式储罐，每个储罐均应设置一个防火堤或防火隔堤。
6 含油污水排水管应在防火堤的出口处设置水封设施，雨水排水管应设置阀门等封闭、隔离装置。

4.2.6 甲类液体半露天堆场，乙、丙类液体桶装堆场和闪点大于120℃的液体储罐（区），当采取了防止液体流散的设施时，可不设置防火堤。

4.2.7 甲、乙、丙类液体储罐与其泵房、装卸鹤管的防火间距不应小于表4.2.7的规定。

表4.2.7 甲、乙、丙类液体储罐与其泵房、装卸鹤管的防火间距（m）

液体类别和储罐形式		泵房	铁路或汽车装卸鹤管
甲、乙类液体储罐	拱顶罐	15	20
	浮顶罐	12	15
丙类液体储罐		10	12

注：1 总容量不大于1000m³的甲、乙类液体储罐和总容量不大于5000m³的丙类液体储罐，其防火间距可按本表的规定减少25%。
2 泵房、装卸鹤管与储罐防火堤外侧基脚线的距离不应小于5m。

4.2.8 甲、乙、丙类液体装卸鹤管与建筑物、厂内铁路线的防火间距不应小于表4.2.8的规定。

表4.2.8 甲、乙、丙类液体装卸鹤管与建筑物、厂内铁路线的防火间距（m）

名称	建筑物			厂内铁路线	泵房
	一、二级	三级	四级		
甲、乙类液体装卸鹤管	14	16	18	20	8
丙类液体装卸鹤管	10	12	14	10	

注：装卸鹤管与其直接装卸用的甲、乙、丙类液体装卸铁路线的防火间距不限。

4.2.9 甲、乙、丙类液体储罐与铁路、道路的防火间距不应小于表4.2.9的规定。

表4.2.9 甲、乙、丙类液体储罐与铁路、道路的防火间距（m）

名称	厂外铁路线中心线	厂内铁路线中心线	厂外道路路边	厂内道路路边	
				主要	次要
甲、乙类液体储罐	35	25	20	15	10
丙类液体储罐	30	20	15	10	5

4.2.10 零位罐与所属铁路装卸线的距离不应小于6m。

4.2.11 石油库的储罐（区）与建筑的防火间距，石油库内的储罐布置和防火间距以及储罐与泵房、装卸鹤管等库内建筑的防火间距，应符合现行国家标准《石油库设计规范》GB 50074 的规定。

4.3 可燃、助燃气体储罐（区）的防火间距

4.3.1 可燃气体储罐与建筑物、储罐、堆场等的防火间距应符合下列规定：

1 湿式可燃气体储罐与建筑物、储罐、堆场等的防火间距不应小于表4.3.1的规定。

2 固定容积的可燃气体储罐与建筑物、储罐、堆场等的防火间距不应小于表4.3.1的规定。

3 干式可燃气体储罐与建筑物、储罐、堆场等的防火间距：当可燃气体的密度比空气大时，应按表4.3.1的规定增加25%；当可燃气体的密度比空气小时，可按表4.3.1的规定确定。

4 湿式或干式可燃气体储罐的水封井、油泵房和电梯间等附属设施与该储罐的防火间距，可按工艺要求布置。

表 4.3.1 湿式可燃气体储罐与建筑物、储罐、堆场等的防火间距（m）

名 称		湿式可燃气体储罐（总容积V，m³）				
		V<1000	1000≤V<10000	10000≤V<50000	50000≤V<100000	100000≤V<300000
甲类仓库 甲、乙、丙类液体储罐 可燃材料堆场 室外变、配电站 明火或散发火花的地点		20	25	30	35	40
高层民用建筑		25	30	35	40	45
裙房，单、多层民用建筑		18	20	25	30	35
其他建筑	一、二级	12	15	20	25	30
	三级	15	20	25	30	35
	四级	20	25	30	35	40

注：固定容积可燃气体储罐的总容积按储罐几何容积（m³）和设计储存压力（绝对压力，10^5Pa）的乘积计算。

5 容积不大于20m³的可燃气体储罐与其使用厂房的防火间距不限。

4.3.2 可燃气体储罐（区）之间的防火间距应符合下列规定：

1 湿式可燃气体储罐或干式可燃气体储罐之间及湿式与干式可燃气体储罐的防火间距，不应小于相邻较大罐直径的1/2。

2 固定容积的可燃气体储罐之间的防火间距不应小于相邻较大罐直径的2/3。

3 固定容积的可燃气体储罐与湿式或干式可燃气体储罐的防火间距，不应小于相邻较大罐直径的1/2。

4 数个固定容积的可燃气体储罐的总容积大于200000m³时，应分组布置。卧式储罐组之间的防火间距不应小于相邻较大罐长度的一半；球形储罐组之间的防火间距不应小于相邻较大罐直径，且不应小于20m。

4.3.3 氧气储罐与建筑物、储罐、堆场等的防火间距应符合下列规定：

1 湿式氧气储罐与建筑物、储罐、堆场等的防火间距不应小于表4.3.3的规定。

表 4.3.3 湿式氧气储罐与建筑物、储罐、堆场等的防火间距（m）

名 称		湿式氧气储罐（总容积V，m³）		
		V≤1000	1000<V≤50000	V>50000
明火或散发火花地点		25	30	35
甲、乙、丙类液体储罐，可燃材料堆场，甲类仓库，室外变、配电站		20	25	30
民用建筑		18	20	25
其他建筑	一、二级	10	12	14
	三级	12	14	16
	四级	14	16	18

注：固定容积氧气储罐的总容积按储罐几何容积（m³）和设计储存压力（绝对压力，10^5Pa）的乘积计算。

2 氧气储罐之间的防火间距不应小于相邻较大罐直径的1/2。

3 氧气储罐与可燃气体储罐的防火间距不应小于相邻较大罐的直径。

4 固定容积的氧气储罐与建筑物、储罐、堆场等的防火间距不应小于表4.3.3的规定。

5 氧气储罐与其制氧厂房的防火间距可按工艺布置要求确定。

6 容积不大于50m³的氧气储罐与其使用厂房的防火间距不限。

注：1m³液氧折合标准状态下800m³气态氧。

4.3.4 液氧储罐与建筑物、储罐、堆场等的防火间距应符合本规范第4.3.3条相应容积湿式氧气储罐防火间距的规定。液氧储罐与其泵房的间距不宜小于3m。总容积小于或等于3m³的液氧储罐与其使用建筑的防火间距应符合下列规定：

1 当设置在独立的一、二级耐火等级的专用建筑物内时，其防火间距不应小于10m；

2 当设置在独立的一、二级耐火等级的专用建筑物内，且面向使用建筑物一侧采用无门窗洞口的防火墙隔开时，其防火间距不限；

3 当低温储存的液氧储罐采取了防火措施时，其防火间距不应小于5m。

医疗卫生机构中的医用液氧储罐气源站的液氧储罐应符合下列规定：

1 单罐容积不应大于5m³，总容积不宜大于20m³；

2 相邻储罐之间的距离不应小于最大储罐直径的0.75倍；

3 医用液氧储罐与医疗卫生机构外建筑的防火间距应符合本规范第4.3.3条的规定，与医疗卫生机构内建筑的防火间距应符合现行国家标准《医用气体工程技术规范》GB 50751的规定。

4.3.5 液氧储罐周围5m范围内不应有可燃物和沥青路面。

4.3.6 可燃、助燃气体储罐与铁路、道路的防火间距不应小于表4.3.6的规定。

表4.3.6 可燃、助燃气体储罐与铁路、道路的防火间距（m）

名称	厂外铁路线中心线	厂内铁路线中心线	厂外道路路边	厂内道路路边	
				主要	次要
可燃、助燃气体储罐	25	20	15	10	5

4.3.7 液氢、液氨储罐与建筑物、储罐、堆场等的防火间距可按本规范第4.4.1条相应容积液化石油气储罐防火间距的规定减少25%确定。

4.3.8 液化天然气气化站的液化天然气储罐（区）与站外建筑等的防火间距不应小于表4.3.8的规定，与表4.3.8未规定的其他建筑的防火间距，应符合现行国家标准《城镇燃气设计规范》GB 50028的规定。

表4.3.8 液化天然气气化站的液化天然气储罐（区）与站外建筑等的防火间距（m）

名称	液化天然气储罐（区）（总容积V，m³）							集中放散装置的天然气放散总管
	V≤10	10<V≤30	30<V≤50	50<V≤200	200<V≤500	500<V≤1000	1000<V≤2000	
单罐容积V（m³）	V≤10	V≤30	V≤50	V≤200	V≤500	V≤1000	V≤2000	
居住区、村镇和重要公共建筑（最外侧建筑物的外墙）	30	35	45	50	70	90	110	45
工业企业（最外侧建筑物的外墙）	22	25	27	30	35	40	50	20
明火或散发火花地点，室外变、配电站	30	35	45	50	55	60	70	30
其他民用建筑，甲、乙类液体储罐，甲、乙类仓库，甲、乙类厂房，秸秆、芦苇、打包废纸等材料堆场	27	32	40	45	50	55	65	25
丙类液体储罐，可燃气体储罐，丙、丁类厂房，丙、丁类仓库	25	27	32	35	40	45	55	20
公路（路边） 高速，Ⅰ、Ⅱ级，城市快速	20			25				15
公路（路边） 其他	15			20				10
架空电力线（中心线）	1.5倍杆高						1.5倍杆高，但35kV及以上架空电力线不应小于40m	2.0倍杆高
架空通信线（中心线） Ⅰ、Ⅱ级	1.5倍杆高	30			40			1.5倍杆高
架空通信线（中心线） 其他	1.5倍杆高							
铁路（中心线） 国家线	40	50	60	70	80			40
铁路（中心线） 企业专用线	25			30		35		30

注：居住区、村镇指1000人或300户及以上者；当少于1000人或300户时，相应防火间距应按本表有关其他民用建筑的要求确定。

4.4 液化石油气储罐（区）的防火间距

4.4.1 液化石油气供应基地的全压式和半冷冻式储罐（区），与明火或散发火花地点和基地外建筑等的防火间距不应小于表4.4.1的规定，与表4.4.1未规定的其他建筑的防火间距应符合现行国家标准《城镇燃气设计规范》GB 50028的规定。

表4.4.1 液化石油气供应基地的全压式和半冷冻式储罐（区）与
明火或散发火花地点和基地外建筑等的防火间距（m）

名 称		液化石油气储罐（区）（总容积V，m³）						
		30<V≤50	50<V≤200	200<V≤500	500<V≤1000	1000<V≤2500	2500<V≤5000	5000<V≤10000
单罐容积V（m³）		V≤20	V≤50	V≤100	V≤200	V≤400	V≤1000	V>1000
居住区、村镇和重要公共建筑（最外侧建筑物的外墙）		45	50	70	90	110	130	150
工业企业（最外侧建筑物的外墙）		27	30	35	40	50	60	75
明火或散发火花地点，室外变、配电站		45	50	55	60	70	80	120
其他民用建筑，甲、乙类液体储罐，甲、乙类仓库，甲、乙类厂房，秸秆、芦苇、打包废纸等材料堆场		40	45	50	55	65	75	100
丙类液体储罐，可燃气体储罐，丙、丁类厂房，丙、丁类仓库		32	35	40	45	55	65	80
助燃气体储罐，木材等材料堆场		27	30	35	40	50	60	75
其他建筑	一、二级	18	20	22	25	30	40	50
	三级	22	25	27	30	40	50	60
	四级	27	30	35	40	50	60	75
公路（路边）	高速，Ⅰ、Ⅱ级	20	25					30
	Ⅲ、Ⅳ级	15	20					25
架空电力线（中心线）		应符合本规范第10.2.1条的规定						
架空通信线（中心线）	Ⅰ、Ⅱ级	30	40					
	Ⅲ、Ⅳ级	1.5倍杆高						
铁路（中心线）	国家线	60	70		80			100
	企业专用线	25	30		35			40

注：1 防火间距应按本表储罐区的总容积或单罐容积的较大者确定。
    2 当地下液化石油气储罐的单罐容积不大于50m³，总容积不大于400m³时，其防火间距可按本表的规定减少50%。
    3 居住区、村镇指1000人或300户及以上者；当少于1000人或300户时，相应防火间距应按本表有关其他民用建筑的要求确定。

4.4.2 液化石油气储罐之间的防火间距不应小于相邻较大罐的直径。

数个储罐的总容积大于3000m³时，应分组布置，组内储罐宜采用单排布置。组与组相邻储罐之间的防火间距不应小于20m。

4.4.3 液化石油气储罐与所属泵房的防火间距不应小于15m。当泵房面向储罐一侧的外墙采用无门、窗、洞口的防火墙时，防火间距可减至6m。液化石油气泵露天设置在储罐区内时，储罐与泵的防火间距不限。

4.4.4 全冷冻式液化石油气储罐、液化石油气气化站、混气站的储罐与周围建筑的防火间距，应符合现行国家标准《城镇燃气设计规范》GB 50028的规定。

工业企业内总容积不大于10m³的液化石油气气化站、混气站的储罐，当设置在专用的独立建筑内时，建筑外墙与相邻厂房及其附属设备的防火间距可按甲类厂房有关防火间距的规定确定。当露天设置时，与建筑物、储罐、堆场等的防火间距应符合现行国家标准《城镇燃气设计规范》GB 50028的规定。

4.4.5 Ⅰ、Ⅱ级瓶装液化石油气供应站瓶库与站外建筑等的防火间距不应小于表4.4.5的规定。瓶装液化石油气供应站的分级及总存瓶容积不大于1m³的瓶装供应站瓶库的设置，应合现行国家标准《城镇燃气设计规范》GB 50028的规定。

表4.4.5　Ⅰ、Ⅱ级瓶装液化石油气供应站瓶库与站外建筑等的防火间距（m）

名　　称	Ⅰ级		Ⅱ级	
瓶库的总存瓶容积V（m³）	6＜V≤10	10＜V≤20	1＜V≤3	3＜V≤6
明火或散发火花地点	30	35	20	25
重要公共建筑	20	25	12	15
其他民用建筑	10	15	6	8
主要道路路边	10	10	8	8
次要道路路边	5	5	5	5

注：总存瓶容积应按实瓶个数与单瓶几何容积的乘积计算。

4.5 可燃材料堆场的防火间距

4.5.1 露天、半露天可燃材料堆场与建筑物的防火间距不应小于表4.5.1的规定。

表4.5.1　露天、半露天可燃材料堆场与建筑物的防火间距（m）

名　　称	一个堆场的总储量	建筑物		
		一、二级	三级	四级
粮食席穴囤 W（t）	10≤W＜5000	15	20	25
	5000≤W＜20000	20	25	30
粮食土圆仓 W（t）	500≤W＜10000	10	15	20
	10000≤W＜20000	15	20	25
棉、麻、毛、化纤、百货 W（t）	10≤W＜500	10	15	20
	500≤W＜1000	15	20	25
	1000≤W＜5000	20	25	30
秸秆、芦苇、打包废纸等 W（t）	10≤W＜5000	15	20	25
	5000≤W＜10000	20	25	30
	W≥10000	25	30	40
木材等 V（m³）	50≤V＜1000	10	15	20
	1000≤V＜10000	15	20	25
	V≥10000	20	25	30
煤和焦炭 W（t）	100≤W＜5000	6	8	10
	W≥5000	8	10	12

注：露天、半露天秸秆、芦苇、打包废纸等材料堆场，与甲类厂房（仓库）、民用建筑的防火间距应根据建筑物的耐火等级分别按本表的规定增加25%且不应小于25m，与室外变、配电站的防火间距不应小于50m，与明火或散发火花地点的防火间距应按本表四级耐火等级建筑物的相应规定增加25%。

当一个木材堆场的总储量大于25000m³或一个秸秆、芦苇、打包废纸等材料堆场的总储量大于20000t时，宜分设堆场。各堆场之间的防火间距不应小于相邻较大堆场与四级耐火等级建筑物的防火间距。

不同性质物品堆场之间的防火间距，不应小于本表相应储量堆场与四级耐火等级建筑物防火间距的较大值。

4.5.2 露天、半露天可燃材料堆场与甲、乙、丙类液体储罐的防火间距，不应小于本规范表4.2.1和表4.5.1中相应储量堆场与四级耐火等级建筑物防火间距的较大值。

4.5.3 露天、半露天秸秆、芦苇、打包废纸等材料堆场与铁路、道路的防火间距不应小于表4.5.3的规定，其他可燃材料堆场与铁路、道路的防火间距可根据材料的火灾危险性按类比原则确定。

表4.5.3　露天、半露天可燃材料堆场与铁路、道路的防火间距（m）

名称	厂外铁路线中心线	厂内铁路线中心线	厂外道路路边	厂内道路路边	
				主要	次要
秸秆、芦苇、打包废纸等材料堆场	30	20	15	10	5

5 民用建筑

5.1 建筑分类和耐火等级

5.1.1 民用建筑根据其建筑高度和层数可分为单、多层民用建筑和高层民用建筑。高层民用建筑根据其建筑高度、使用功能和楼层的建筑面积可分为一类和二类。民用建筑的分类应符合表5.1.1的规定。

表5.1.1　民用建筑的分类

名称	高层民用建筑		单、多层民用建筑
	一类	二类	
住宅建筑	建筑高度大于54m的住宅建筑（包括设置商业服务网点的住宅建筑）	建筑高度大于27m，但不大于54m的住宅建筑（包括设置商业服务网点的住宅建筑）	建筑高度不大于27m的住宅建筑（包括设置商业服务网点的住宅建筑）
公共建筑	1. 建筑高度大于50m的公共建筑；2. 建筑高度24m以上部分任一楼层建筑面积大于1000m²的商店、展览、电信、邮政、财贸金融建筑和其他多种功能组合的建筑；3. 医疗建筑、重要公共建筑、<u>独立建造的老年人照料设施</u>；4. 省级及以上的广播电视和防灾指挥调度建筑、网局级和省级电力调度建筑；5. 藏书超过100万册的图书馆、书库	除一类高层公共建筑外的其他高层公共建筑	1. 建筑高度大于24m的单层公共建筑；2. 建筑高度不大于24m的其他公共建筑

注：1　表中未列入的建筑，其类别应根据本表类比确定。
　　2　除本规范另有规定外，宿舍、公寓等非住宅类居住建筑的防火要求，应符合本规范有关公共建筑的规定。
　　3　除本规范另有规定外，裙房的防火要求应符合本规范有关高层民用建筑的规定。

5.1.2 民用建筑的耐火等级可分为一、二、三、四级。除本规范另有规定外，不同耐火等级建筑相应构件的燃烧性能和耐火极限不应低于表5.1.2的规定。

表 5.1.2 不同耐火等级建筑相应构件的燃烧性能和耐火极限（h）

构件名称		耐火等级			
		一级	二级	三级	四级
墙	防火墙	不燃性 3.00	不燃性 3.00	不燃性 3.00	不燃性 3.00
	承重墙	不燃性 3.00	不燃性 2.50	不燃性 2.00	难燃性 0.50
	非承重外墙	不燃性 1.00	不燃性 1.00	不燃性 0.50	可燃性
	楼梯间和前室的墙、电梯井的墙、住宅建筑单元之间的墙和分户墙	不燃性 2.00	不燃性 2.00	不燃性 1.50	难燃性 0.50
	疏散走道两侧的隔墙	不燃性 1.00	不燃性 1.00	不燃性 0.50	难燃性 0.25
	房间隔墙	不燃性 0.75	不燃性 0.50	难燃性 0.50	难燃性 0.25
柱		不燃性 3.00	不燃性 2.50	不燃性 2.00	难燃性 0.50
梁		不燃性 2.00	不燃性 1.50	不燃性 1.00	难燃性 0.50
楼板		不燃性 1.50	不燃性 1.00	不燃性 0.50	可燃性
屋顶承重构件		不燃性 1.50	不燃性 1.00	可燃性 0.50	可燃性
疏散楼梯		不燃性 1.50	不燃性 1.00	不燃性 0.50	可燃性
吊顶（包括吊顶搁栅）		不燃性 0.25	难燃性 0.25	难燃性 0.15	可燃性

注：1 除本规范另有规定外，以木柱承重且墙体采用不燃材料的建筑，其耐火等级应按四级确定。
2 住宅建筑构件的耐火极限和燃烧性能可按现行国家标准《住宅建筑规范》GB 50368 的规定执行。

5.1.3 民用建筑的耐火等级应根据其建筑高度、使用功能、重要性和火灾扑救难度等确定，并应符合下列规定：

1 地下或半地下建筑（室）和一类高层建筑的耐火等级不应低于一级；

2 单、多层重要公共建筑和二类高层建筑的耐火等级不应低于二级。

5.1.3A 除木结构建筑外，老年人照料设施的耐火等级不应低于三级。

5.1.4 建筑高度大于 100m 的民用建筑，其楼板的耐火极限不应低于 2.00h。

一、二级耐火等级建筑的上人平屋顶，其屋面板的耐火极限分别不应低于 1.50h 和 1.00h。

5.1.5 一、二级耐火等级建筑的屋面板应采用不燃材料。

屋面防水层宜采用不燃、难燃材料，当采用可燃防水材料且铺设在可燃、难燃保温材料上时，防水材料或可燃、难燃保温材料应采用不燃材料作防护层。

5.1.6 二级耐火等级建筑内采用难燃性墙体的房间隔墙，其耐火极限不应低于 0.75h；当房间的建筑面积不大于 100m² 时，房间隔墙可采用耐火极限不低于 0.50h 的难燃性墙体或耐火极限不低于 0.30h 的不燃性墙体。

二级耐火等级多层住宅建筑内采用预应力钢筋混凝土的楼板，其耐火极限不应低于 0.75h。

5.1.7 建筑中的非承重外墙、房间隔墙和屋面板，当确需采用金属夹芯板材时，其芯材应为不燃材料，且耐火极限应符合本规范有关规定。

5.1.8 二级耐火等级建筑内采用不燃材料的吊顶，其耐火极限不限。

三级耐火等级的医疗建筑、中小学校的教学建筑、老年人照料设施及托儿所、幼儿园的儿童用房和儿童游乐厅等儿童活动场所的吊顶，应采用不燃材料；当采用难燃材料时，其耐火极限不应低于 0.25h。

二、三级耐火等级建筑内门厅、走道的吊顶应采用不燃材料。

5.1.9 建筑内预制钢筋混凝土构件的节点外露部位，应采取防火保护措施，且节点的耐火极限不应低于相应构件的耐火极限。

5.2 总平面布局

5.2.1 在总平面布局中，应合理确定建筑的位置、防火间距、消防车道和消防水源等，不宜将民用建筑布置在甲、乙类厂（库）房，甲、乙、丙类液体储罐，可燃气体储罐和可燃材料堆场的附近。

5.2.2 民用建筑之间的防火间距不应小于表 5.2.2 的规定，与其他建筑的防火间距，除应符合本节规定外，尚应符合本规范其他章的有关规定。

表 5.2.2 民用建筑之间的防火间距（m）

建筑类别		高层民用建筑	裙房和其他民用建筑		
		一、二级	一、二级	三级	四级
高层民用建筑	一、二级	13	9	11	14
裙房和其他民用建筑	一、二级	9	6	7	9
	三级	11	7	8	10
	四级	14	9	10	12

注：1 相邻两座单、多层建筑，当相邻外墙为不燃性墙体且无外露的可燃性屋檐，每面外墙上无防火保护的门、窗、洞口不正对开设且该门、窗、洞口的面积之和不大于外墙面积的 5% 时，其防火间距可按本表的规定减少 25%。

2 两座建筑相邻较高一面外墙为防火墙，或高出相邻较低一座一、二级耐火等级建筑的屋面 15m 及以下范围内的外墙为防火墙时，其防火间距不限。

3 相邻两座高度相同的一、二级耐火等级建筑中相邻任一侧外墙为防火墙，屋顶的耐火极限不低于 1.00h 时，其防火间距不限。

4 相邻两座建筑中较低一座建筑的耐火等级不低于二级，相邻较低一面外墙为防火墙且屋顶无天窗，屋顶的耐火极限不低于 1.00h 时，其防火间距不应小于 3.5m；对于高层建筑，不应小于 4m。

5 相邻两座建筑中较低一座建筑的耐火等级不低于二级且屋顶无天窗，相邻较高一面外墙高出较低一座建筑的屋面 15m 及以下范围内的开口部位设置甲级防火门、窗，或设置符合现行国家标准《自动喷水灭火系统设计规范》GB 50084 规定的防火分隔水幕或本规范第 6.5.3 条规定的防火卷帘时，其防火间距不应小于 3.5m；对于高层建筑，不应小于 4m。

6 相邻建筑通过连廊、天桥或底部的建筑物等连接时，其间距不应小于本表的规定。

7 耐火等级低于四级的既有建筑，其耐火等级可按四级确定。

5.2.3 民用建筑与单独建造的变电站的防火间距应符合本规范第3.4.1条有关室外变、配电站的规定，但与单独建造的终端变电站的防火间距，可根据变电站的耐火等级按本规范第5.2.2条有关民用建筑的规定确定。

民用建筑与10kV及以下的预装式变电站的防火间距不应小于3m。

民用建筑与燃油、燃气或燃煤锅炉房的防火间距应符合本规范第3.4.1条有关丁类厂房的规定，但与单台蒸汽锅炉的蒸发量不大于4t/h或单台热水锅炉的额定热功率不大于2.8MW的燃煤锅炉房的防火间距，可根据锅炉房的耐火等级按本规范第5.2.2条有关民用建筑的规定确定。

5.2.4 除高层民用建筑外，数座一、二级耐火等级的住宅建筑或办公建筑，当建筑物的占地面积总和不大于2500m²时，可成组布置，但组内建筑物之间的间距不宜小于4m。组与组或组与相邻建筑物的防火间距不应小于本规范第5.2.2条的规定。

5.2.5 民用建筑与燃气调压站、液化石油气气化站或混气站、城市液化石油气供应站瓶库等的防火间距，应符合现行国家标准《城镇燃气设计规范》GB 50028的规定。

5.2.6 建筑高度大于100m的民用建筑与相邻建筑的防火间距，当符合本规范第3.4.5条、第3.5.3条、第4.2.1条和第5.2.2条允许减小的条件时，仍不应减小。

5.3 防火分区和层数

5.3.1 除本规范另有规定外，不同耐火等级建筑的允许建筑高度或层数、防火分区最大允许建筑面积应符合表5.3.1的规定。

表5.3.1 不同耐火等级建筑的允许建筑高度或层数、防火分区最大允许建筑面积

名称	耐火等级	允许建筑高度或层数	防火分区的最大允许建筑面积（m²）	备注
高层民用建筑	一、二级	按本规范第5.1.1条确定	1500	对于体育馆、剧场的观众厅，防火分区的最大允许建筑面积可适当增加
单、多层民用建筑	一、二级	按本规范第5.1.1条确定	2500	
	三级	5层	1200	
	四级	2层	600	
地下或半地下建筑（室）	一级		500	设备用房的防火分区最大允许建筑面积不应大于1000m²

注：1 表中规定的防火分区最大允许建筑面积，当建筑内设置自动灭火系统时，可按本表的规定增加1.0倍；局部设置时，防火分区的增加面积可按该局部面积的1.0倍计算。
   2 裙房与高层建筑主体之间设置防火墙时，裙房的防火分区可按单、多层建筑的要求确定。

5.3.1A 独立建造的一、二级耐火等级老年人照料设施的建筑高度不宜大于32m，不应大于54m；独立建造的三级耐火等级老年人照料设施，不应超过2层。

5.3.2 建筑内设置自动扶梯、敞开楼梯等上、下层相连通的开口时，其防火分区的建筑面积应按上、下层相连通的建筑面积叠加计算；当叠加计算后的建筑面积大于本规范第5.3.1条的规定时，应划分防火分区。

建筑内设置中庭时，其防火分区的建筑面积应按上、下层相连通的建筑面积叠加计算；当叠加计算后的建筑面积大于本规范第5.3.1条的规定时，应符合下列规定：

1 与周围连通空间应进行防火分隔：采用防火隔墙时，其耐火极限不应低于1.00h；采用防火玻璃墙时，其耐火隔热性和耐火完整性不应低于1.00h，采用耐火完整性不低于1.00h的非隔热性防火玻璃墙时，应设置自动喷水灭火系统进行保护；采用防火卷帘时，其耐火极限不应低于3.00h，并应符合本规范第6.5.3条的规定；与中庭相连通的门、窗，应采用火灾时能自行关闭的甲级防火门、窗；

2 高层建筑内的中庭回廊应设置自动喷水灭火系统和火灾自动报警系统；

3 中庭应设置排烟设施；

4 中庭内不应布置可燃物。

5.3.3 防火分区之间应采用防火墙分隔，确有困难时，可采用防火卷帘等防火分隔设施分隔。采用防火卷帘分隔时，应符合本规范第6.5.3条的规定。

5.3.4 一、二级耐火等级建筑内的商店营业厅、展览厅，当设置自动灭火系统和火灾自动报警系统并采用不燃或难燃装修材料时，其每个防火分区的最大允许建筑面积应符合下列规定：

1 设置在高层建筑内时，不应大于4000m²；

2 设置在单层建筑或仅设置在多层建筑的首层内时，不应大于10000m²；

3 设置在地下或半地下时，不应大于2000m²。

5.3.5 总建筑面积大于20000m²的地下或半地下商店，应采用无门、窗、洞口的防火墙、耐火极限不低于2.00h的楼板分隔为多个建筑面积不大于20000m²的区域。相邻区域确需局部连通时，应采用下沉式广场等室外开敞空间、防火隔间、避难走道、防烟楼梯间等方式进行连通，并应符合下列规定：

1 下沉式广场等室外开敞空间应能防止相邻区域的火灾蔓延和便于安全疏散，并应符合本规范第6.4.12条的规定；

2 防火隔间的墙应为耐火极限不低于3.00h的防火隔墙，并应符合本规范第6.4.13条的规定；

3 避难走道应符合本规范第6.4.14条的规定；

4 防烟楼梯间的门应采用甲级防火门。

5.3.6 餐饮、商店等商业设施通过有顶棚的步行街连接，且步行街两侧的建筑需利用步行街进行安全疏散时，应符合下列规定：

1 步行街两侧建筑的耐火等级不应低于二级。

2 步行街两侧建筑相对面的最近距离不应小于本规范对相应高度建筑的防火间距要求且不应小于9m。步行街的端部在各层均不宜封闭，确需封闭时，应在外墙上设置可开启的门窗，且可开启门窗的面积不应小于该部位外墙面积的一半。步行街的长度不宜大于300m。

3 步行街两侧建筑的商铺之间应设置耐火极限不低于 2.00h 的防火隔墙，每间商铺的建筑面积不宜大于 300m²。

4 步行街两侧建筑的商铺，其面向步行街一侧的围护构件的耐火极限不应低于 1.00h，并宜采用实体墙，其门、窗应采用乙级防火门、窗；当采用防火玻璃墙（包括门、窗）时，其耐火隔热性和耐火完整性不应低于 1.00h；当采用耐火完整性不低于 1.00h 的非隔热性防火玻璃墙（包括门、窗）时，应设置闭式自动喷水灭火系统进行保护。相邻商铺之间面向步行街一侧应设置宽度不小于 1.0m、耐火极限不低于 1.00h 的实体墙。

当步行街两侧的建筑为多个楼层时，每层面向步行街一侧的商铺均应设置防止火灾竖向蔓延的措施，并应符合本规范第 6.2.5 条的规定；设置回廊或挑檐时，其出挑宽度不应小于 1.2m；步行街两侧的商铺在上部各层需设置回廊和连接天桥时，应保证步行街上部各层楼板的开口面积不应小于步行街地面面积的 37%，且开口宜均匀布置。

5 步行街两侧建筑内的疏散楼梯应靠外墙设置并宜直通室外，确有困难时，可在首层直接通至步行街；首层商铺的疏散门可直接通至步行街，步行街内任一点到达最近室外安全地点的步行距离不应大于 60m。步行街两侧建筑二层及以上各层商铺的疏散门至该层最近疏散楼梯口或其他安全出口的直线距离不应大于 37.5m。

6 步行街的顶棚材料应采用不燃或难燃材料，其承重结构的耐火极限不应低于 1.00h。步行街内不应布置可燃物。

7 步行街的顶棚下檐距地面的高度不应小于 6.0m，顶棚应设置自然排烟设施并宜采用常开式的排烟口，且自然排烟口的有效面积不应小于步行街地面面积的 25%。常闭式自然排烟设施应能在火灾时手动和自动开启。

8 步行街两侧建筑的商铺外应每隔 30m 设置 DN65 的消火栓，并应配备消防软管卷盘或消防水龙，商铺内应设置自动喷水灭火系统和火灾自动报警系统；每层回廊均应设置自动喷水灭火系统。步行街内宜设置自动跟踪定位射流灭火系统。

9 步行街两侧建筑的商铺内外均应设疏散照明、灯光疏散指示标志和消防应急广播系统。

5.4 平 面 布 置

5.4.1 民用建筑的平面布置应结合建筑的耐火等级、火灾危险性、使用功能和安全疏散等因素合理布置。

5.4.2 除为满足民用建筑使用功能所设置的附属库房外，民用建筑内不应设置生产车间和其他库房。

经营、存放和使用甲、乙类火灾危险性物品的商店、作坊和储藏间，严禁附设在民用建筑内。

5.4.3 商店建筑、展览建筑采用三级耐火等级建筑时，不应超过 2 层；采用四级耐火等级建筑时，应为单层。营业厅、展览厅设置在三级耐火等级的建筑内时，应布置在首层或二层；设置在四级耐火等级的建筑内时，应布置在首层。

营业厅、展览厅不应设置在地下三层及以下楼层。地下或半地下营业厅、展览厅不应经营、储存和展示甲、乙类火灾危险性物品。

5.4.4 托儿所、幼儿园的儿童用房和儿童游乐厅等儿童活动场所宜设置在独立的建筑内，且不应设置在地下或半地下；当采用一、二级耐火等级的建筑时，不应超过 3 层；采用三级耐火等级的建筑时，不应超过 2 层；采用四级耐火等级的建筑时，应为单层；确需设置在其他民用建筑内时，应符合下列规定：

1 设置在一、二级耐火等级的建筑内时，应布置在首层、二层或三层；

2 设置在三级耐火等级的建筑内时，应布置在首层或二层；

3 设置在四级耐火等级的建筑内时，应布置在首层；

4 设置在高层建筑内时，应设置独立的安全出口和疏散楼梯。

5.4.4A 老年人照料设施宜独立设置。当老年人照料设施与其他建筑上、下组合时，老年人照料设施宜设置在建筑的下部，并应符合下列规定：

1 老年人照料设施部分的建筑层数、建筑高度或所在楼层位置的高度应符合本规范第 5.3.1A 条的规定；

2 老年人照料设施部分应与其他场所进行防火分隔，防火分隔应符合本规范第 6.2.2 条的规定。

5.4.4B 当老年人照料设施中的老年人公共活动用房、康复与医疗用房设置在地下、半地下时，应设置在地下一层，每间用房的建筑面积不应大于 200m² 且使用人数不应大于 30 人。

老年人照料设施中的老年人公共活动用房、康复与医疗用房设置在地上四层及以上时，每间用房的建筑面积不应大于 200m² 且使用人数不应大于 30 人。

5.4.5 医院和疗养院的住院部分不应设置在地下或半地下。

医院和疗养院的住院部分采用三级耐火等级建筑时，不应超过 2 层；采用四级耐火等级建筑时，应为单层；设置在三级耐火等级的建筑内时，应布置在首层或二层；设置在四级耐火等级的建筑内时，应布置在首层。

医院和疗养院的病房楼内相邻护理单元之间应采用耐火极限不低于 2.00h 的防火隔墙分隔，隔墙上的门应采用乙级防火门，设置在走道上的防火门应采用常开防火门。

5.4.6 教学建筑、食堂、菜市场采用三级耐火等级建筑时，不应超过 2 层；采用四级耐火等级建筑时，应为单层；设置在三级耐火等级的建筑内时，应布置在首层或二层；设置在四级耐火等级的建筑内时，应布置在首层。

5.4.7 剧场、电影院、礼堂宜设置在独立的建筑内；采用三级耐火等级建筑时，不应超过 2 层；确需设置在其他民用建筑内时，至少应设置 1 个独立的安全出口和疏散楼梯，并应符合下列规定：

1 应采用耐火极限不低于 2.00h 的防火隔墙和甲级防火门与其他区域分隔。

2 设置在一、二级耐火等级的建筑内时，观众厅宜布置在首层、二层或三层；确需布置在四层及以上楼层时，一个厅、室的疏散门不应少于 2 个，且每个观众厅的建筑面积不宜大于 400m²。

3 设置在三级耐火等级的建筑内时，不应布置在三层及以上楼层。

4 设置在地下或半地下时，宜设置在地下一层，不应设置在地下三层及以下楼层。

5 设置在高层建筑内时，应设置火灾自动报警系统及自动喷水灭火系统等自动灭火系统。

5.4.8 建筑内的会议厅、多功能厅等人员密集的场所，宜布置在首层、二层或三层。设置在三级耐火等级的建筑内时，不应布置在三层及以上楼层。确需布置在一、二级耐火等级建筑的其他楼层时，应符合下列规定：

  1 一个厅、室的疏散门不应少于2个，且建筑面积不宜大于400m²；

  2 设置在地下或半地下时，宜设置在地下一层，不应设置在地下三层及以下楼层；

  3 设置在高层建筑内时，应设置火灾自动报警系统和自动喷水灭火系统等自动灭火系统。

5.4.9 歌舞厅、录像厅、夜总会、卡拉OK厅（含具有卡拉OK功能的餐厅）、游艺厅（含电子游艺厅）、桑拿浴室（不包括洗浴部分）、网吧等歌舞娱乐放映游艺场所（不含剧场、电影院）的布置应符合下列规定：

  1 不应布置在地下二层及以下楼层；

  4 确需布置在地下一层时，地下一层的地面与室外出入口地坪的高差不应大于10m；

  5 确需布置在地下或四层及以上楼层时，一个厅、室的建筑面积不应大于200m²；

  6 厅、室之间及与建筑的其他部位之间，应采用耐火极限不低于2.00h的防火隔墙和1.00h的不燃性楼板分隔，设置在厅、室墙上的门和该场所与建筑内其他部位相通的门均应采用乙级防火门。

5.4.10 除商业服务网点外，住宅建筑与其他使用功能的建筑合建时，应符合下列规定：

  1 住宅部分与非住宅部分之间，应采用耐火极限不低于2.00h且无门、窗、洞口的防火隔墙和1.50h的不燃性楼板完全分隔；当为高层建筑时，应采用无门、窗、洞口的防火墙和耐火极限不低于2.00h的不燃性楼板完全分隔。建筑外墙上、下层开口之间的防火措施应符合本规范第6.2.5条的规定。

  2 住宅部分与非住宅部分的安全出口和疏散楼梯应分别独立设置；为住宅部分服务的地上车库应设置独立的疏散楼梯或安全出口，地下车库的疏散楼梯应按本规范第6.4.4条的规定进行分隔。

  3 住宅部分和非住宅部分的安全疏散、防火分区和室内消防设施配置，可根据各自的建筑高度分别按照本规范有关住宅建筑和公共建筑的规定执行；该建筑的其他防火设计应根据建筑的总高度和建筑规模按本规范有关公共建筑的规定执行。

5.4.11 设置商业服务网点的住宅建筑，其居住部分与商业服务网点之间应采用耐火极限不低于2.00h且无门、窗、洞口的防火隔墙和1.50h的不燃性楼板完全分隔，住宅部分和商业服务网点部分的安全出口和疏散楼梯应分别独立设置。

  商业服务网点中每个分隔单元之间应采用耐火极限不低于2.00h且无门、窗、洞口的防火隔墙相互分隔，当每个分隔单元任一层建筑面积大于200m²时，该层应设置2个安全出口或疏散门。每个分隔单元内的任一点至最近直通室外的出口的直线距离不应大于本规范表5.5.17中有关多层其他建筑位于袋形走道两侧或尽端的疏散门至最近安全出口的最大直线距离。

  注：室内楼梯的距离可按其水平投影长度的1.50倍计算。

5.4.12 燃油或燃气锅炉、油浸变压器、充有可燃油的高压电容器和多油开关等，宜设置在建筑外的专用房间内；确需贴邻民用建筑布置时，应采用防火墙与所贴邻的建筑分隔，且不应贴邻人员密集场所，该专用房间的耐火等级不应低于二级；确需布置在民用建筑内时，不应布置在人员密集场所的上一层、下一层或贴邻，并应符合下列规定：

  1 燃油或燃气锅炉房、变压器室应设置在首层或地下一层的靠外墙部位，但常（负）压燃油或燃气锅炉可设置在地下二层或屋顶上。设置在屋顶上的常（负）压燃气锅炉，距离通向屋面的安全出口不应小于6m。

  采用相对密度（与空气密度的比值）不小于0.75的可燃气体为燃料的锅炉，不得设置在地下或半地下。

  2 锅炉房、变压器室的疏散门均应直通室外或安全出口。

  3 锅炉房、变压器室等与其他部位之间应采用耐火极限不低于2.00h的防火隔墙和1.50h的不燃性楼板分隔。在隔墙和楼板上不应开设洞口，确需在隔墙上设置门、窗，应采用甲级防火门、窗。

  4 锅炉房内设置储油间时，其总储存量不应大于1m³，且储油间应采用耐火极限不低于3.00h的防火隔墙与锅炉间分隔；确需在防火隔墙上设置门时，应采用甲级防火门。

  5 变压器室之间、变压器室与配电室之间，应设置耐火极限不低于2.00h的防火隔墙。

  6 油浸变压器、多油开关室、高压电容器室，应设置防止油品流散的设施。油浸变压器下面应设置能储存变压器全部油量的事故储油设施。

  7 应设置火灾报警装置。

  8 应设置与锅炉、变压器、电容器和多油开关等的容量及建筑规模相适应的灭火设施，当建筑内其他部位设置自动喷水灭火系统时，应设置自动喷水灭火系统。

  9 锅炉的容量应符合现行国家标准《锅炉房设计规范》GB 50041的规定。油浸变压器的总容量不应大于1260kV·A，单台容量不应大于630kV·A。

  10 燃气锅炉房应设置爆炸泄压设施。燃油或燃气锅炉房应设置独立的通风系统，并应符合本规范第9章的规定。

5.4.13 布置在民用建筑内的柴油发电机房应符合下列规定：

  2 不应布置在人员密集场所的上一层、下一层或贴邻。

  3 应采用耐火极限不低于2.00h的防火隔墙和1.50h的不燃性楼板与其他部位分隔，门应采用甲级防火门。

  4 机房内设置储油间时，其总储存量不应大于1m³，储油间应采用耐火极限不低于3.00h的防火隔墙与发电机间分隔；确需在防火隔墙上开门时，应设置甲级防火门。

  5 应设置火灾报警装置。

  6 应设置与柴油发电机容量和建筑规模相适应的灭火设施，当建筑内其他部位设置自动喷水灭火系统时，机房内应设置自动喷水灭火系统。

5.4.14 供建筑内使用的丙类液体燃料，其储罐应布置在建筑外，并应符合下列规定：

  1 当总容量不大于15m³，且直埋于建筑附近、面向油罐一面4.0m范围内的建筑外墙为防火墙时，储罐与建筑的防火间距不限；

  2 当总容量大于15m³时，储罐的布置应符合本规范第

4.2节的规定；

3 当设置中间罐时，中间罐的容量不应大于1m³，并应设置在一、二级耐火等级的单独房间内，房间门应采用甲级防火门。

5.4.15 设置在建筑内的锅炉、柴油发电机，其燃料供给管道应符合下列规定：

1 在进入建筑物前和设备间内的管道上均应设置自动和手动切断阀；

2 储油间的油箱应密闭且应设置通向室外的通气管，通气管应设置带阻火器的呼吸阀，油箱的下部应设置防止油品流散的设施；

3 燃气供给管道的敷设应符合现行国家标准《城镇燃气设计规范》GB 50028的规定。

5.4.16 高层民用建筑内使用可燃气体燃料时，应采用管道供气。使用可燃气体的房间或部位宜靠外墙设置，并应符合现行国家标准《城镇燃气设计规范》GB 50028的规定。

5.4.17 建筑采用瓶装液化石油气瓶组供气时，应符合下列规定：

1 应设置独立的瓶组间；

2 瓶组间不应与住宅建筑、重要公共建筑和其他高层公共建筑贴邻，液化石油气气瓶的总容积不大于1m³的瓶组间与所服务的其他建筑贴邻时，应采用自然气化方式供气；

3 液化石油气气瓶的总容积大于1m³、不大于4m³的独立瓶组间，与所服务建筑的防火间距应符合本规范表5.4.17的规定；

表5.4.17 液化石油气气瓶的独立瓶组间与
所服务建筑的防火间距（m）

名 称	液化石油气气瓶的独立瓶组间的总容积 V（m³）	
	$V \leqslant 2$	$2 < V \leqslant 4$
明火或散发火花地点	25	30
重要公共建筑、一类高层民用建筑	15	20
裙房和其他民用建筑	8	10
道路（路边）主要	10	
道路（路边）次要	5	

注：气瓶总容积应按配置气瓶个数与单瓶几何容积的乘积计算。

4 在瓶组间的总出气管道上应设置紧急事故自动切断阀；

5 瓶组间应设置可燃气体浓度报警装置；

6 其他防火要求应符合现行国家标准《城镇燃气设计规范》GB 50028的规定。

5.5 安全疏散和避难

Ⅰ 一般要求

5.5.1 民用建筑应根据其建筑高度、规模、使用功能和耐火等级等因素合理设置安全疏散和避难设施。安全出口和疏散门的位置、数量、宽度及疏散楼梯间的形式，应满足人员安全疏散的要求。

5.5.2 建筑内的安全出口和疏散门应分散布置，且建筑内每个防火分区或一个防火分区的每个楼层、每个住宅单元每层相邻两个安全出口以及每个房间相邻两个疏散门最近边缘之间的水平距离不应小于5m。

5.5.3 建筑的楼梯间宜通至屋面，通向屋面的门或窗应向外开启。

5.5.4 自动扶梯和电梯不应计作安全疏散设施。

5.5.5 除人员密集场所外，建筑面积不大于500m²、使用人数不超过30人且埋深不大于10m的地下或半地下建筑（室），当需要设置2个安全出口时，其中一个安全出口可利用直通室外的金属竖向梯。

除歌舞娱乐放映游艺场所外，防火分区建筑面积不大于200m²的地下或半地下设备间、防火分区建筑面积不大于50m²且经常停留人数不超过15人的其他地下或半地下建筑（室），可设置1个安全出口或1部疏散楼梯。

除本规范另有规定外，建筑面积不大于200m²的地下或半地下设备间、建筑面积不大于50m²且经常停留人数不超过15人的其他地下或半地下房间，可设置1个疏散门。

5.5.6 直通建筑内附设汽车库的电梯，应在汽车库部分设置电梯候梯厅，并应采用耐火极限不低于2.00h的防火隔墙和乙级防火门与汽车库分隔。

5.5.7 高层建筑直通室外的安全出口上方，应设置挑出宽度不小于1.0m的防护挑檐。

Ⅱ 公共建筑

5.5.8 公共建筑内每个防火分区或一个防火分区的每个楼层，其安全出口的数量应经计算确定，且不应少于2个。设置1个安全出口或1部疏散楼梯的公共建筑应符合下列条件之一：

1 除托儿所、幼儿园外，建筑面积不大于200m²且人数不超过50人的单层公共建筑或多层公共建筑的首层；

2 除医疗建筑，老年人照料设施，托儿所、幼儿园的儿童用房，儿童游乐厅等儿童活动场所和歌舞 娱乐放映游艺场所等外，符合表5.5.8规定的公共建筑。

表5.5.8 设置1部疏散楼梯的公共建筑

耐火等级	最多层数	每层最大建筑面积（m²）	人 数
一、二级	3层	200	第二、三层的人数之和不超过50人
三级	3层	200	第二、三层的人数之和不超过25人
四级	2层	200	第二层人数不超过15人

5.5.9 一、二级耐火等级公共建筑内的安全出口全部直通室外确有困难的防火分区，可利用通向相邻防火分区的甲级防火门作为安全出口，但应符合下列要求：

1 利用通向相邻防火分区的甲级防火门作为安全出口时，应采用防火墙与相邻防火分区进行分隔；

2 建筑面积大于1000m²的防火分区，直通室外的安全出口不应少于2个；建筑面积不大于1000m²的防火分区，直通室外的安全出口不应少于1个；

3 该防火分区通向相邻防火分区的疏散净宽度不应大于其按本规范第5.5.21条规定计算所需疏散总净宽度的30%，

建筑各层直通室外的安全出口总净宽度不应小于按照本规范第5.5.21条规定计算所需疏散总净宽度。

5.5.10 高层公共建筑的疏散楼梯，当分散设置确有困难且从任一疏散门至最近疏散楼梯间入口的距离不大于10m时，可采用剪刀楼梯间，但应符合下列规定：

  1 楼梯间应为防烟楼梯间；

  2 梯段之间应设置耐火极限不低于1.00h的防火隔墙；

  3 楼梯间的前室应分别设置。

5.5.11 设置不少于2部疏散楼梯的一、二级耐火等级多层公共建筑，如顶层局部升高，当高出部分的层数不超过2层、人数之和不超过50人且每层建筑面积不大于200m²时，高出部分可设置1部疏散楼梯，但至少应另外设置1个直通建筑主体上人平屋面的安全出口，且上人屋面应符合人员安全疏散的要求。

5.5.12 一类高层公共建筑和建筑高度大于32m的二类高层公共建筑，其疏散楼梯应采用防烟楼梯间。

  裙房和建筑高度不大于32m的二类高层公共建筑，其疏散楼梯应采用封闭楼梯间。

  注：当裙房与高层建筑主体之间设置防火墙时，裙房的疏散楼梯可按本规范有关单、多层建筑的要求确定。

5.5.13 下列多层公共建筑的疏散楼梯，除与敞开式外廊直接相连的楼梯间外，均应采用封闭楼梯间：

  1 医疗建筑、旅馆及类似使用功能的建筑；

  2 设置歌舞娱乐放映游艺场所的建筑；

  3 商店、图书馆、展览建筑、会议中心及类似使用功能的建筑；

  4 6层及以上的其他建筑。

5.5.13A 老年人照料设施的疏散楼梯或疏散楼梯间宜与敞开式外廊直接连通，不能与敞开式外廊直接连通的室内疏散楼梯应采用封闭楼梯间。建筑高度大于24m的老年人照料设施，其室内疏散楼梯应采用防烟楼梯间。

  建筑高度大于32m的老年人照料设施，宜在32m以上部分增设能连通老年人居室和公共活动场所的连廊，各层连廊应直接与疏散楼梯、安全出口或室外避难场地连通。

5.5.14 公共建筑内的客、货电梯宜设置电梯候梯厅，不宜直接设置在营业厅、展览厅、多功能厅等场所内。老年人照料设施内的非消防电梯应采取防烟措施，当火灾情况下需用于辅助人员疏散时，该电梯及其设置应符合本规范有关消防电梯及其设置的要求。

5.5.15 公共建筑内房间的疏散门数量应经计算确定且不应少于2个。除托儿所、幼儿园、老年人照料设施、医疗建筑、教学建筑内位于走道尽端的房间外，符合下列条件之一的房间可设置1个疏散门：

  1 位于两个安全出口之间或袋形走道两侧的房间，对于托儿所、幼儿园、老年人照料设施，建筑面积不大于50m²；对于医疗建筑、教学建筑，建筑面积不大于75m²；对于其他建筑或场所，建筑面积不大于120m²。

  2 位于走道尽端的房间，建筑面积小于50m²且疏散门的净宽度不小于0.90m，或由房间内任一点至疏散门的直线距离不大于15m、建筑面积不大于200m²且疏散门的净宽度不小于1.40m。

  3 歌舞娱乐放映游艺场所内建筑面积不大于50m²且经常停留人数不超过15人的厅、室。

5.5.16 剧场、电影院、礼堂和体育馆的观众厅或多功能厅，其疏散门的数量应经计算确定且不应少于2个，并应符合下列规定：

  1 对于剧场、电影院、礼堂的观众厅或多功能厅，每个疏散门的平均疏散人数不应超过250人；当容纳人数超过2000人时，其超过2000人的部分，每个疏散门的平均疏散人数不应超过400人。

5.5.17 公共建筑的安全疏散距离应符合下列规定：

  1 直通疏散走道的房间疏散门至最近安全出口的直线距离不应大于表5.5.17的规定。

表5.5.17 直通疏散走道的房间疏散门至最近安全出口的直线距离（m）

名称			位于两个安全出口之间的疏散门			位于袋形走道两侧或尽端的疏散门		
			一、二级	三级	四级	一、二级	三级	四级
托儿所、幼儿园 老年人照料设施			25	20	15	20	15	10
歌舞娱乐放映游艺场所			25	20	15	9	—	—
医疗建筑	单、多层		35	30	25	20	15	10
	高层	病房部分	24	—	—	12	—	—
		其他部分	30	—	—	15	—	—
教学建筑	单、多层		35	30	25	22	20	10
	高层		30	—	—	15	—	—
高层旅馆、展览建筑			30	—	—	15	—	—
其他建筑	单、多层		40	35	25	22	20	15
	高层		40	—	—	20	—	—

  注：1 建筑内开向敞开式外廊的房间疏散门至最近安全出口的直线距离可按本表的规定增加5m。

    2 直通疏散走道的房间疏散门至最近敞开楼梯间的直线距离，当房间位于两个楼梯间之间时，应按本表的规定减少5m；当房间位于袋形走道两侧或尽端时，应按本表的规定减少2m。

    3 建筑物内全部设置自动喷水灭火系统时，其安全疏散距离可按本表的规定增加25%。

2 楼梯间应在首层直通室外，确有困难时，可在首层采用扩大的封闭楼梯间或防烟楼梯间前室。当层数不超过4层且未采用扩大的封闭楼梯间或防烟楼梯间前室时，可将直通室外的门设置在离楼梯间不大于15m处。

3 房间内任一点至房间直通疏散走道的疏散门的直线距离，不应大于表5.5.17规定的袋形走道两侧或尽端的疏散门至最近安全出口的直线距离。

4 一、二级耐火等级建筑内疏散门或安全出口不少于2个的观众厅、展览厅、多功能厅、餐厅、营业厅等，其室内任一点至最近疏散门或安全出口的直线距离不应大于30m；当疏散门不能直通室外地面或疏散楼梯间时，应采用长度不大于10m的疏散走道通至最近的安全出口。当该场所设置自动喷水灭火系统时，室内任一点至最近安全出口的安全疏散距离可分别增加25%。

5.5.18 除本规范另有规定外，公共建筑内疏散门和安全出口的净宽度不应小于0.90m，疏散走道和疏散楼梯的净宽度不应小于1.10m。

高层公共建筑内楼梯间的首层疏散门、首层疏散外门、疏散走道和疏散楼梯的最小净宽度应符合表5.5.18的规定。

表5.5.18 高层公共建筑内楼梯间的首层疏散门、首层疏散外门、疏散走道和疏散楼梯的最小净宽度（m）

建筑类别	楼梯间的首层疏散门、首层疏散外门	走道		疏散楼梯
		单面布房	双面布房	
高层医疗建筑	1.30	1.40	1.50	1.30
其他高层公共建筑	1.20	1.30	1.40	1.20

5.5.19 人员密集的公共场所、观众厅的疏散门不应设置门槛，其净宽度不应小于1.40m，且紧靠门口内外各1.40m范围内不应设置踏步。

人员密集的公共场所的室外疏散通道的净宽度不应小于3.00m，并应直接通向宽敞地带。

5.5.20 剧场、电影院、礼堂、体育馆等场所的疏散走道、疏散楼梯、疏散门、安全出口的各自总净宽度，应符合下列规定：

1 观众厅内疏散走道的净宽度应按每100人不小于0.60m计算，且不应小于1.00m；边走道的净宽度不宜小于0.80m。

布置疏散走道时，横走道之间的座位排数不宜超过20排；纵走道之间的座位数：剧场、电影院、礼堂等，每排不宜超过22个；体育馆，每排不宜超过26个；前后排座椅的排距不小于0.90m时，可增加1.0倍，但不得超过50个；仅一侧有纵走道时，座位数应减少一半。

2 剧场、电影院、礼堂等场所供观众疏散的所有内门、外门、楼梯和走道的各自总净宽度，应根据疏散人数按每100人的最小疏散净宽度不小于表5.5.20-1的规定计算确定。

表5.5.20-1 剧场、电影院、礼堂等场所每100人所需最小疏散净宽度（m/百人）

观众厅座位数（座）		≤2500	≤1200
耐火等级		一、二级	三级
疏散部位	门和走道 平坡地面	0.65	0.85
	门和走道 阶梯地面	0.75	1.00
	楼梯	0.75	1.00

3 体育馆供观众疏散的所有内门、外门、楼梯和走道的各自总净宽度，应根据疏散人数按每100人的最小疏散净宽度不小于表5.5.20-2的规定计算确定。

表5.5.20-2 体育馆每100人所需最小疏散净宽度（m/百人）

观众厅座位数范围（座）		3000～5000	5001～10000	10001～20000
疏散部位	门和走道 平坡地面	0.43	0.37	0.32
	门和走道 阶梯地面	0.50	0.43	0.37
	楼梯	0.50	0.43	0.37

注：本表中对应较大座位数范围按规定计算的疏散总宽度，不应小于对应相邻较小座位数范围按其最多座位数计算的疏散总宽度。对于观众厅座位数少于3000个的体育馆，计算供观众疏散的所有内门、外门、楼梯和走道的各自总净宽度时，每100人的最小疏散净宽度不应小于表5.5.20-1的规定。

4 有等场需要的入场门不应作为观众厅的疏散门。

5.5.21 除剧场、电影院、礼堂、体育馆外的其他公共建筑，其房间疏散门、安全出口、疏散走道和疏散楼梯的各自总净宽度，应符合下列规定：

1 每层的房间疏散门、安全出口、疏散走道和疏散楼梯的各自总净宽度，应根据疏散人数按每100人的最小疏散净宽度不小于表5.5.21-1的规定计算确定。当每层疏散人数不等时，疏散楼梯的总净宽度可分层计算，地上建筑内下层楼梯的总净宽度应按该层及以上疏散人数最多一层的人数计算；地下建筑内上层楼梯的总净宽度应按该层及以下疏散人数最多一层的人数计算。

表5.5.21-1 每层的房间疏散门、安全出口、疏散走道和疏散楼梯的每100人最小疏散净宽度（m/百人）

建筑层数		建筑的耐火等级		
		一、二级	三级	四级
地上楼层	1层～2层	0.65	0.75	1.00
	3层	0.75	1.00	—
	≥4层	1.00	1.25	—
地下楼层	与地面出入口地面的高差ΔH≤10m	0.75	—	—
	与地面出入口地面的高差ΔH>10m	1.00	—	—

2 地下或半地下人员密集的厅、室和歌舞娱乐放映游艺场所，其房间疏散门、安全出口、疏散走道和疏散楼梯的各自总净宽度，应根据疏散人数按每100人不小于1.00m计算确定。

3 首层外门的总净宽度应按该建筑疏散人数最多一层的人数计算确定，不供其他楼层人员疏散的外门，可按本层的疏散人数计算确定。

4 歌舞娱乐放映游艺场所中录像厅的疏散人数，应根据厅、室的建筑面积按不小于 1.0 人/m² 计算；其他歌舞娱乐放映游艺场所的疏散人数，应根据厅、室的建筑面积按不小于 0.5 人/m² 计算。

5 有固定座位的场所，其疏散人数可按实际座位数的 1.1 倍计算。

6 展览厅的疏散人数应根据展览厅的建筑面积和人员密度计算，展览厅内的人员密度不宜小于 0.75 人/m²。

7 商店的疏散人数应按每层营业厅的建筑面积乘以表 5.5.21-2 规定的人员密度计算。对于建材商店、家具和灯饰展示建筑，其人员密度可按表 5.5.21-2 规定值的 30% 确定。

表 5.5.21-2　商店营业厅内的人员密度（人/m²）

楼层位置	地下第二层	地下第一层	地上第一、二层	地上第三层	地上第四层及以上各层
人员密度	0.56	0.60	0.43~0.60	0.39~0.54	0.30~0.42

5.5.22　人员密集的公共建筑不宜在窗口、阳台等部位设置封闭的金属栅栏，确需设置时，应能从内部易于开启；窗口、阳台等部位宜根据其高度设置适用的辅助疏散逃生设施。

5.5.23　建筑高度大于 100m 的公共建筑，应设置避难层（间）。避难层（间）应符合下列规定：

1 第一个避难层（间）的楼地面至灭火救援场地地面的高度不应大于 50m，两个避难层（间）之间的高度不宜大于 50m。

2 通向避难层（间）的疏散楼梯应在避难层分隔、同层错位或上下层断开。

3 避难层（间）的净面积应能满足设计避难人数避难的要求，并宜按 5.0 人/m² 计算。

4 避难层可兼作设备层。设备管道宜集中布置，其中的易燃、可燃液体或气体管道应集中布置，设备管道区应采用耐火极限不低于 3.00h 的防火隔墙与避难区分隔。管道井和设备间应采用耐火极限不低于 2.00h 的防火隔墙与避难区分隔，管道井和设备间的门不应直接开向避难区；确需直接开向避难区时，与避难层区出入口的距离不应小于 5m，且应采用甲级防火门。

避难间内不应设置易燃、可燃液体或气体管道，不应设除外窗、疏散门之外的其他开口。

5 避难层应设置消防电梯出口。

6 应设置消火栓和消防软管卷盘。

7 应设置消防专线电话和应急广播。

8 在避难层（间）进入楼梯间的入口处和疏散楼梯通向避难层（间）的出口处，应设置明显的指示标志。

9 应设置直接对外的可开启窗口或独立的机械防烟设施，外窗应采用乙级防火窗。

5.5.24　高层病房楼应在二层及以上的病房楼层和洁净手术部设置避难间。避难间应符合下列规定：

1 避难间服务的护理单元不应超过 2 个，其净面积应按每个护理单元不小于 25.0m² 确定。

2 避难间兼作其他用途时，应保证人员的避难安全，且不得减少可供避难的净面积。

3 应靠近楼梯间，并应采用耐火极限不低于 2.00h 的防火隔墙和甲级防火门与其他部位分隔。

4 应设置消防专线电话和消防应急广播。

5 避难间的入口处应设置明显的指示标志。

6 应设置直接对外的可开启窗口或独立的机械防烟设施，外窗应采用乙级防火窗。

<u>**5.5.24A**　3 层及 3 层以上总建筑面积大于 3000m²（包括设置在其他建筑内三层及以上楼层）的老年人照料设施，应在二层及以上各层老年人照料设施部分的每座疏散楼梯间的相邻部位设置 1 间避难间；当老年人照料设施设置与疏散楼梯或安全出口直接连通的开敞式外廊、与疏散走道直接连通且符合人员避难要求的室外平台等时，可不设避难间。避难间内可供避难的净面积不应小于 12m²，避难间可利用疏散楼梯间的前室或消防电梯的前室，其他要求应符合本规范第 5.5.24 条的规定。</u>

<u>供失能老年人使用且层数大于 2 层的老年人照料设施，应按核定使用人数配备简易防毒面具。</u>

Ⅲ　住宅建筑

5.5.25　住宅建筑安全出口的设置应符合下列规定：

1 建筑高度不大于 27m 的建筑，当每个单元任一层的建筑面积大于 650m²，或任一户门至最近安全出口的距离大于 15m 时，每个单元每层的安全出口不应少于 2 个；

2 建筑高度大于 27m、不大于 54m 的建筑，当每个单元任一层的建筑面积大于 650m²，或任一户门至最近安全出口的距离大于 10m 时，每个单元每层的安全出口不应少于 2 个；

3 建筑高度大于 54m 的建筑，每个单元每层的安全出口不应少于 2 个。

5.5.26　建筑高度大于 27m，但不大于 54m 的住宅建筑，每个单元设置一座疏散楼梯时，疏散楼梯应通至屋面，且单元之间的疏散楼梯应能通过屋面连通，户门应采用乙级防火门。当不能通至屋面或不能通过屋面连通时，应设置 2 个安全出口。

5.5.27　住宅建筑的疏散楼梯设置应符合下列规定：

1 建筑高度不大于 21m 的住宅建筑可采用敞开楼梯间；与电梯井相邻布置的疏散楼梯应采用封闭楼梯间，当户门采用乙级防火门时，仍可采用敞开楼梯间。

2 建筑高度大于 21m、不大于 33m 的住宅建筑应采用封闭楼梯间；当户门采用乙级防火门时，可采用敞开楼梯间。

3 建筑高度大于 33m 的住宅建筑应采用防烟楼梯间。户门不宜直接开向前室，确有困难时，每层开向同一前室的户门不应大于 3 樘且应采用乙级防火门。

5.5.28　住宅单元的疏散楼梯，当分散设置确有困难且任一户门至最近疏散楼梯间入口的距离不大于 10m 时，可采用剪刀楼梯间，但应符合下列规定：

1 应采用防烟楼梯间。

2 梯段之间应设置耐火极限不低于 1.00h 的防火隔墙。

3 楼梯间的前室不宜共用；共用时，前室的使用面积不应小于 6.0m²。

4 楼梯间的前室或共用前室不宜与消防电梯的前室合用；楼梯间的共用前室与消防电梯的前室合用时，合用前室的使用面积不应小于 12.0m²，且短边不应小于 2.4m。

5.5.29 住宅建筑的安全疏散距离应符合下列规定：

1 直通疏散走道的户门至最近安全出口的直线距离不应大于表 5.5.29 的规定。

表 5.5.29 住宅建筑直通疏散走道的户门
至最近安全出口的直线距离（m）

住宅建筑类别	位于两个安全出口之间的户门			位于袋形走道两侧或尽端的户门		
	一、二级	三级	四级	一、二级	三级	四级
单、多层	40	35	25	22	20	15
高层	40	—	—	20	—	—

注：1 开向敞开式外廊的户门至最近安全出口的最大直线距离可按本表的规定增加 5m。
　　2 直通疏散走道的户门至最近敞开楼梯间的直线距离，当户门位于两个楼梯间之间时，应按本表的规定减少 5m；当户门位于袋形走道两侧或尽端时，应按本表的规定减少 2m。
　　3 住宅建筑内全部设置自动喷水灭火系统时，其安全疏散距离可按本表的规定增加 25%。
　　4 跃廊式住宅的户门至最近安全出口的距离，应从户门算起，小楼梯的一段距离可按其水平投影长度的 1.50 倍计算。

2 楼梯间应在首层直通室外，或在首层采用扩大的封闭楼梯间或防烟楼梯间前室。层数不超过 4 层时，可将直通室外的门设置在离楼梯间不大于 15m 处。

3 户内任一点至直通疏散走道的户门的直线距离不应大于表 5.5.29 规定的袋形走道两侧或尽端的疏散门至最近安全出口的最大直线距离。

注：跃层式住宅，户内楼梯的距离可按其梯段水平投影长度的 1.50 倍计算。

5.5.30 住宅建筑的户门、安全出口、疏散走道和疏散楼梯的各自总净宽度应经计算确定，且户门和安全出口的净宽度不应小于 0.90m，疏散走道、疏散楼梯和首层疏散外门的净宽度不应小于 1.10m。建筑高度不大于 18m 的住宅中一边设置栏杆的疏散楼梯，其净宽度不应小于 1.0m。

5.5.31 建筑高度大于 100m 的住宅建筑应设置避难层，避难层的设置应符合本规范 5.5.23 条有关避难层的要求。

5.5.32 建筑高度大于 54m 的住宅建筑，每户应有一间房间符合下列规定：

1 应靠外墙设置，并应设置可开启外窗；
2 内、外墙体的耐火极限不应低于 1.00h，该房间的门宜采用乙级防火门，外窗的耐火完整性不宜低于 1.00h。

6 建 筑 构 造

6.1 防 火 墙

6.1.1 防火墙应直接设置在建筑的基础或框架、梁等承重结构上，框架、梁等承重结构的耐火极限不应低于防火墙的耐火极限。

防火墙应从楼地面基层隔断至梁、楼板或屋面板的底面基层。当高层厂房（仓库）屋顶承重结构和屋面板的耐火极限低于 1.00h，其他建筑屋顶承重结构和屋面板的耐火极限低于 0.50h 时，防火墙应高出屋面 0.5m 以上。

6.1.2 防火墙横截面中心线水平距离天窗端面小于 4.0m，且天窗端面为可燃性墙体时，应采取防止火势蔓延的措施。

6.1.3 建筑外墙为难燃性或可燃性墙体时，防火墙应凸出墙的外表面 0.4m 以上，且防火墙两侧的外墙均应为宽度均不小于 2.0m 的不燃性墙体，其耐火极限不应低于外墙的耐火极限。

建筑外墙为不燃性墙体时，防火墙可不凸出墙的外表面，紧靠防火墙两侧的门、窗、洞口之间最近边缘的水平距离不应小于 2.0m；采取设置乙级防火窗等防止火灾水平蔓延的措施时，该距离不限。

6.1.4 建筑内的防火墙不宜设置在转角处，确需设置时，内转角两侧墙上的门、窗、洞口之间最近边缘的水平距离不应小于 4.0m；采取设置乙级防火窗等防止火灾水平蔓延的措施时，该距离不限。

6.1.5 防火墙上不应开设门、窗、洞口，确需开设时，应设置不可开启或火灾时能自动关闭的甲级防火门、窗。

可燃气体和甲、乙、丙类液体的管道严禁穿过防火墙。防火墙内不应设置排气道。

6.1.6 除本规范第 6.1.5 条规定外的其他管道不宜穿过防火墙，确需穿过时，应采用防火封堵材料将墙与管道之间的空隙紧密填实，穿过防火墙处的管道保温材料，应采用不燃材料；当管道为难燃及可燃材料时，应在防火墙两侧的管道上采取防火措施。

6.1.7 防火墙的构造应能在防火墙任意一侧的屋架、梁、楼板等受到火灾的影响而破坏时，不会导致防火墙倒塌。

6.2 建筑构件和管道井

6.2.1 剧场等建筑的舞台与观众厅之间的隔墙应采用耐火极限不低于 3.00h 的防火隔墙。

舞台上部与观众厅闷顶之间的隔墙可采用耐火极限不低于 1.50h 的防火隔墙，隔墙上的门应采用乙级防火门。

舞台下部的灯光操作室和可燃物储藏室应采用耐火极限不低于 2.00h 的防火隔墙与其他部位分隔。

电影放映室、卷片室应采用耐火极限不低于 1.50h 的防火隔墙与其他部位分隔，观察孔和放映孔应采取防火分隔措施。

6.2.2 医疗建筑内的手术室或手术部、产房、重症监护室、贵重精密医疗装备用房、储藏间、实验室、胶片室等，附设在建筑内的托儿所、幼儿园的儿童用房和儿童游乐厅等儿童活动场所、老年人照料设施，应采用耐火极限不低于 2.00h 的防火隔墙和 1.00h 的楼板与其他场所或部位分隔，墙上必须设置的门、窗应采用乙级防火门、窗。

6.2.3 建筑内的下列部位应采用耐火极限不低于 2.00h 的防火隔墙与其他部位分隔，墙上的门、窗应采用乙级防火门、窗，确有困难时，可采用防火卷帘，但应符合本规范第 6.5.3 条的规定：

1 甲、乙类生产部位和建筑内使用丙类液体的部位；

2 厂房内有明火和高温的部位；

3 甲、乙、丙类厂房（仓库）内布置有不同火灾危险性类别的房间；

4 民用建筑内的附属库房，剧场后台的辅助用房；

5 除居住建筑中套内的厨房外，宿舍、公寓建筑中的公共厨房和其他建筑内的厨房；

6 附设在住宅建筑内的机动车库。

6.2.4 建筑内的防火隔墙应从楼地面基层隔断至梁、楼板或屋面板的底面基层。住宅分户墙和单元之间的墙应隔断至梁、楼板或屋面板的底面基层，屋面板的耐火极限不应低于0.50h。

6.2.5 除本规范另有规定外，建筑外墙上、下层开口之间应设置高度不小于1.2m的实体墙或挑出宽度不小于1.0m、长度不小于开口宽度的防火挑檐；当室内设置自动喷水灭火系统时，上、下层开口之间的实体墙高度不应小于0.8m。当上、下层开口之间设置实体墙确有困难时，可设置防火玻璃墙，但高层建筑的防火玻璃墙的耐火完整性不应低于1.00h，多层建筑的防火玻璃墙的耐火完整性不应低于0.50h。外窗的耐火完整性不应低于防火玻璃墙的耐火完整性要求。

住宅建筑外墙上相邻户开口之间的墙体宽度不应小于1.0m；小于1.0m时，应在开口之间设置突出外墙不小于0.6m的隔板。

实体墙、防火挑檐和隔板的耐火极限和燃烧性能，均不应低于相应耐火等级建筑外墙的要求。

6.2.6 建筑幕墙应在每层楼板外沿处采取符合本规范第6.2.5条规定的防火措施，幕墙与每层楼板、隔墙处的缝隙应采用防火封堵材料封堵。

6.2.7 附设在建筑内的消防控制室、灭火设备室、消防水泵房和通风空气调节机房、变配电室等，应采用耐火极限不低于2.00h的防火隔墙和1.50h的楼板与其他部位分隔。

设置在丁、戊类厂房内的通风机房，应采用耐火极限不低于1.00h的防火隔墙和0.50h的楼板与其他部位分隔。

通风、空气调节机房和变配电室开向建筑内的门应采用甲级防火门，消防控制室和其他设备房开向建筑内的门应采用乙级防火门。

6.2.8 冷库、低温环境生产场所采用泡沫塑料等可燃材料作墙体内的绝热层时，宜采用不燃绝热材料在每层楼板处做水平防火分隔。防火分隔部位的耐火极限不应低于楼板的耐火极限。冷库阁楼层和墙体的可燃绝热层宜采用不燃性墙体分隔。

冷库、低温环境生产场所采用泡沫塑料作内绝热层时，绝热层的燃烧性能不应低于B_1级，且绝热层的表面应采用不燃材料做防护层。

冷库的库房与加工车间贴邻建造时，应采用防火墙分隔，当确需开设相互连通的开口时，应采取防火隔间等措施进行分隔，隔间两侧的门应为甲级防火门。当冷库的氨压缩机房与加工车间贴邻时，应采用不开门窗洞口的防火墙分隔。

6.2.9 建筑内的电梯井等竖向井应符合下列规定：

1 电梯井应独立设置，井内严禁敷设可燃气体和甲、乙、丙类液体管道，不应敷设与电梯无关的电缆、电线等。电梯井的井壁除设置电梯门、安全逃生门和通气孔洞外，不应设置其他开口。

2 电缆井、管道井、排烟道、排气道、垃圾道等竖向井道，应分别独立设置。井壁的耐火极限不应低于1.00h，井壁上的检查门应采用丙级防火门。

3 建筑内的电缆井、管道井应在每层楼板处采用不低于楼板耐火极限的不燃材料或防火封堵材料封堵。

建筑内的电缆井、管道井与房间、走道等相连通的孔隙应采用防火封堵材料封堵。

4 建筑内的垃圾道宜靠外墙设置，垃圾道的排气口应直接开向室外，垃圾斗应采用不燃材料制作，并应能自行关闭。

5 电梯层门的耐火极限不应低于1.00h，并应符合现行国家标准《电梯层门耐火试验 完整性、隔热性和热通量测定法》GB/T 27903规定的完整性和隔热性要求。

6.2.10 户外电致发光广告牌不应直接设置在有可燃、难燃材料的墙体上。

户外广告牌的设置不应遮挡建筑的外窗，不应影响外部灭火救援行动。

6.3 屋顶、闷顶和建筑缝隙

6.3.1 在三、四级耐火等级建筑的闷顶内采用可燃材料作绝热层时，屋顶不应采用冷摊瓦。

闷顶内的非金属烟囱周围0.5m、金属烟囱0.7m范围内，应采用不燃材料作绝热层。

6.3.2 层数超过2层的三级耐火等级建筑内的闷顶，应在每个防火隔断范围内设置老虎窗，且老虎窗的间距不宜大于50m。

6.3.3 内有可燃物的闷顶，应在每个防火隔断范围内设置净宽度和净高度均不小于0.7m的闷顶入口；对于公共建筑，每个防火隔断范围内的闷顶入口不宜少于2个。闷顶入口宜布置在走廊中靠近楼梯间的部位。

6.3.4 变形缝内的填充材料和变形缝的构造基层应采用不燃材料。

电线、电缆、可燃气体和甲、乙、丙类液体的管道不宜穿过建筑内的变形缝，确需穿过时，应在穿过处加设不燃材料制作的套管或采取其他防变形措施，并应采用防火封堵材料封堵。

6.3.5 防烟、排烟、供暖、通风和空气调节系统中的管道及建筑内的其他管道，在穿越防火隔墙、楼板和防火墙处的孔隙应采用防火封堵材料封堵。

风管穿过防火隔墙、楼板和防火墙时，穿越处风管上的防火阀、排烟防火阀两侧各2.0m范围内的风管应采用耐火风管或风管外壁应采取防火保护措施，且耐火极限不应低于该防火分隔体的耐火极限。

6.3.7 建筑屋顶上的开口与邻近建筑或设施之间，应采取防止火灾蔓延的措施。

6.4 疏散楼梯间和疏散楼梯等

6.4.1 疏散楼梯间应符合下列规定：

1 楼梯间应能天然采光和自然通风，并宜靠外墙设置。靠外墙设置时，楼梯间、前室及合用前室外墙上的窗口与两侧门、窗、洞口最近边缘的水平距离不应小于1.0m。

2 楼梯间内不应设置烧水间、可燃材料储藏室、垃圾道。

3 楼梯间内不应有影响疏散的凸出物或其他障碍物。

4 封闭楼梯间、防烟楼梯间及其前室，不应设置卷帘。

5 楼梯间内不应设置甲、乙、丙类液体管道。

6 封闭楼梯间、防烟楼梯间及其前室内禁止穿过或设置可燃气体管道。敞开楼梯间内不应设置可燃气体管道，当住宅建筑的敞开楼梯间内确需设置可燃气体管道和可燃气体计量表时，应采用金属管和设置切断气源的阀门。

6.4.2 封闭楼梯间除应符合本规范第6.4.1条的规定外，尚应符合下列规定：

1 不能自然通风或自然通风不能满足要求时，应设置机械加压送风系统或采用防烟楼梯间。

2 除楼梯间的出入口和外窗外，楼梯间的墙上不应开设其他门、窗、洞口。

3 高层建筑、人员密集的公共建筑、人员密集的多层丙类厂房、甲、乙类厂房，其封闭楼梯间的门应采用乙级防火门，并应向疏散方向开启；其他建筑，可采用双向弹簧门。

4 楼梯间的首层可将走道和门厅等包括在楼梯间内形成扩大的封闭楼梯间，但应采用乙级防火门等与其他走道和房间分隔。

6.4.3 防烟楼梯间除应符合本规范第6.4.1条的规定外，尚应符合下列规定：

1 应设置防烟设施。

2 前室可与消防电梯间前室合用。

3 前室的使用面积：公共建筑、高层厂房（仓库），不应小于6.0m²；住宅建筑，不应小于4.5m²。

与消防电梯间前室合用时，合用前室的使用面积：公共建筑、高层厂房（仓库），不应小于10.0m²；住宅建筑，不应小于6.0m²。

4 疏散走道通向前室以及前室通向楼梯间的门应采用乙级防火门。

5 除住宅建筑的楼梯间前室外，防烟楼梯间和前室内的墙上不应开设除疏散门和送风口外的其他门、窗、洞口。

6 楼梯间的首层可将走道和门厅等包括在楼梯间前室内形成扩大的前室，但应采用乙级防火门等与其他走道和房间分隔。

6.4.4 除通向避难层错位的疏散楼梯外，建筑内的疏散楼梯间在各层的平面位置不应改变。

除住宅建筑套内的自用楼梯外，地下或半地下建筑（室）的疏散楼梯间，应符合下列规定：

1 室内地面与室外出入口地坪高差大于10m或3层及以上的地下、半地下建筑（室），其疏散楼梯应采用防烟楼梯间；其他地下或半地下建筑（室），其疏散楼梯应采用封闭楼梯间。

2 应在首层采用耐火极限不低于2.00h的防火隔墙与其他部位分隔并应直通室外，确需在隔墙上开门时，应采用乙级防火门。

3 建筑的地下或半地下部分与地上部分不应共用楼梯间，确需共用楼梯间时，应在首层采用耐火极限不低于2.00h的防火隔墙和乙级防火门将地下或半地下部分与地上部分的连通部位完全分隔，并应设置明显的标志。

6.4.5 室外疏散楼梯应符合下列规定：

1 栏杆扶手的高度不应小于1.10m，楼梯的净宽度不应小于0.90m。

2 倾斜角度不应大于45°。

3 梯段和平台均应采用不燃材料制作。平台的耐火极限不应低于1.00h，梯段的耐火极限不应低于0.25h。

4 通向室外楼梯的门应采用乙级防火门，并应向外开启。

5 除疏散门外，楼梯周围2m内的墙面上不应设置门、窗、洞口。疏散门不应正对梯段。

6.4.6 用作丁、戊类厂房内第二安全出口的楼梯可采用金属梯，但其净宽度不应小于0.90m，倾斜角度不应大于45°。

丁、戊类高层厂房，当每层工作平台上的人数不超过2人且各层工作平台上同时工作的人数总和不超过10人时，其疏散楼梯可采用敞开楼梯或利用净宽度不小于0.90m、倾斜角度不大于60°的金属梯。

6.4.7 疏散用楼梯和疏散通道上的阶梯不宜采用螺旋楼梯和扇形踏步；确需采用时，踏步上、下两级所形成的平面角度不应大于10°，且每级离扶手250mm处的踏步深度不应小于220mm。

6.4.9 高度大于10m的三级耐火等级建筑应设置通至屋顶的室外消防梯。室外消防梯不应面对老虎窗，宽度不应小于0.6m，且宜从离地面3.0m高处设置。

6.4.10 疏散走道在防火分区处应设置常开甲级防火门。

6.4.11 建筑内的疏散门应符合下列规定：

1 民用建筑和厂房的疏散门，应采用向疏散方向开启的平开门，不应采用推拉门、卷帘门、吊门、转门和折叠门。除甲、乙类生产车间外，人数不超过60人且每樘门的平均疏散人数不超过30人的房间，其疏散门的开启方向不限。

2 仓库的疏散门应采用向疏散方向开启的平开门，但丙、丁、戊类仓库首层靠墙的外侧可采用推拉门或卷帘门。

3 开向疏散楼梯或疏散楼梯间的门，当其完全开启时，不应减少楼梯平台的有效宽度。

4 人员密集场所内平时需要控制人员随意出入的疏散门和设置门禁系统的住宅、宿舍、公寓建筑的外门，应保证火灾时不需使用钥匙等任何工具即能从内部易于打开，并应在显著位置设置具有使用提示的标识。

6.4.12 用于防火分隔的下沉式广场等室外开敞空间，应符合下列规定：

1 分隔后的不同区域通向下沉式广场等室外开敞空间的开口最近边缘之间的水平距离不应小于13m。室外开敞空间除用于人员疏散外不得用于其他商业或可能导致火灾蔓延的用途，其中用于疏散的净面积不应小于169m²。

2 下沉式广场等室外开敞空间内应设置不少于1部直通地面的疏散楼梯。当连接下沉广场的防火分区需利用下沉广场进行疏散时，疏散楼梯的总净宽度不应小于任一防火分区通向室外开敞空间的设计疏散总净宽度。

3 确需设置防风雨篷时，防风雨篷不应完全封闭，四周开口部位应均匀布置，开口的面积不应小于该空间地面面积的25%，开口高度不应小于1.0m；开口设置百叶时，百叶的有效排烟面积可按百叶通风口面积的60%计算。

6.4.13 防火隔间的设置应符合下列规定：

1 防火隔间的建筑面积不应小于6.0m²；

2 防火隔间的门应采用甲级防火门；

3 不同防火分区通向防火隔间的门不应计入安全出口，门的最小间距不应小于 4m；

4 防火隔间内部装修材料的燃烧性能应为 A 级；

5 不应用于除人员通行外的其他用途。

6.4.14 避难走道的设置应符合下列规定：

1 避难走道防火隔墙的耐火极限不应低于 3.00h，楼板的耐火极限不应低于 1.50h。

2 避难走道直通地面的出口不应少于 2 个，并应设置在不同方向；当避难走道仅与一个防火分区相通且该防火分区至少有 1 个直通室外的安全出口时，可设置 1 个直通地面的出口。任一防火分区通向避难走道的门至该避难走道最近直通地面的出口的距离不应大于 60m。

3 避难走道的净宽度不应小于任一防火分区通向该避难走道的设计疏散总净宽度。

4 避难走道内部装修材料的燃烧性能应为 A 级。

5 防火分区至避难走道入口处应设置防烟前室，前室的使用面积不应小于 6.0m²，开向前室的门应采用甲级防火门，前室开向避难走道的门应采用乙级防火门。

6 避难走道内应设置消火栓、消防应急照明、应急广播和消防专线电话。

6.5 防火门、窗和防火卷帘

6.5.1 防火门的设置应符合下列规定：

1 设置在建筑内经常有人通行处的防火门宜采用常开防火门。常开防火门应能在火灾时自行关闭，并应具有信号反馈的功能。

2 除允许设置常开防火门的位置外，其他位置的防火门均应采用常闭防火门。常闭防火门应在其明显位置设置"保持防火门关闭"等提示标识。

3 除管井检修门和住宅的户门外，防火门应具有自行关闭功能。双扇防火门应具有按顺序自行关闭的功能。

4 除本规范第 6.4.11 条第 4 款的规定外，防火门应能在其内外两侧手动开启。

5 设置在建筑变形缝附近时，防火门应设置在楼层较多的一侧，并应保证防火门开启时门扇不跨越变形缝。

6 防火门关闭后应具有防烟性能。

7 甲、乙、丙级防火门应符合现行国家标准《防火门》GB 12955 的规定。

6.5.2 设置在防火墙、防火隔墙上的防火窗，应采用不可开启的窗扇或具有火灾时能自行关闭的功能。

防火窗应符合现行国家标准《防火窗》GB 16809 的有关规定。

6.5.3 防火分隔部位设置防火卷帘时，应符合下列规定：

1 除中庭外，当防火分隔部位的宽度不大于 30m 时，防火卷帘的宽度不应大于 10m；当防火分隔部位的宽度大于 30m 时，防火卷帘的宽度不应大于该部位宽度的 1/3，且不应大于 20m。

2 防火卷帘应具有火灾时靠自重自动关闭功能。

3 除本规范另有规定外，防火卷帘的耐火极限不应低于本规范对所设置部位墙体的耐火极限要求。

当防火卷帘的耐火极限符合现行国家标准《门和卷帘的耐火试验方法》GB/T 7633 有关耐火完整性和耐火隔热性的判定条件时，可不设置自动喷水灭火系统保护。

当防火卷帘的耐火极限仅符合现行国家标准《门和卷帘的耐火试验方法》GB/T 7633 有关耐火完整性的判定条件时，应设置自动喷水灭火系统保护。自动喷水灭火系统的设计应符合现行国家标准《自动喷水灭火系统设计规范》GB 50084 的规定，但火灾延续时间不应小于该防火卷帘的耐火极限。

4 防火卷帘应具有防烟性能，与楼板、梁、墙、柱之间的空隙应采用防火封堵材料封堵。

5 需在火灾时自动降落的防火卷帘，应具有信号反馈的功能。

6 其他要求，应符合现行国家标准《防火卷帘》GB 14102 的规定。

6.6 天桥、栈桥和管沟

6.6.1 天桥、跨越房屋的栈桥以及供输送可燃材料、可燃气体和甲、乙、丙类液体的栈桥，均应采用不燃材料。

6.6.2 输送有火灾、爆炸危险物质的栈桥不应兼作疏散通道。

6.6.4 连接两座建筑物的天桥、连廊，应采取防止火灾在两座建筑间蔓延的措施。当仅供通行的天桥、连廊采用不燃材料，且建筑物通向天桥、连廊的出口符合安全出口的要求时，该出口可作为安全出口。

6.7 建筑保温和外墙装饰

6.7.1 建筑的内、外保温系统，宜采用燃烧性能为 A 级的保温材料，不宜采用 B₂ 级保温材料，严禁采用 B₃ 级保温材料；设置保温系统的基层墙体或屋面板的耐火极限应符合本规范的有关规定。

6.7.2 建筑外墙采用内保温系统时，保温系统应符合下列规定：

1 对于人员密集场所，用火、燃油、燃气等具有火灾危险性的场所以及各类建筑内的疏散楼梯间、避难走道、避难间、避难层等场所或部位，应采用燃烧性能为 A 级的保温材料。

2 对于其他场所，应采用低烟、低毒且燃烧性能不低于 B_1 级的保温材料。

3 保温系统应采用不燃材料做防护层。采用燃烧性能为 B_1 级的保温材料时，防护层的厚度不应小于 10mm。

6.7.3 建筑外墙采用保温材料与两侧墙体构成无空腔复合保温结构体时，该结构体的耐火极限应符合本规范的有关规定；当保温材料的燃烧性能为 B_1、B_2 级时，保温材料两侧的墙体应采用不燃材料且厚度均不应小于 50mm。

6.7.4 设置人员密集场所的建筑，其外墙外保温材料的燃烧性能应为 A 级。

6.7.4A 除本规范第 6.7.3 条规定的情况外，下列老年人照料设施的内、外墙体和屋面保温材料应采用燃烧性能为 A 级的保温材料：

1 独立建造的老年人照料设施；

2 与其他建筑组合建造且老年人照料设施部分的总建筑面积大于 500m² 的老年人照料设施。

6.7.5 与基层墙体、装饰层之间无空腔的建筑外墙外保温系统，其保温材料应符合下列规定：

1 住宅建筑：
　　1）建筑高度大于100m时，保温材料的燃烧性能应为A级；
　　2）建筑高度大于27m，但不大于100m时，保温材料的燃烧性能不应低于B_1级；
　　3）建筑高度不大于27m时，保温材料的燃烧性能不应低于B_2级。
2 除住宅建筑和设置人员密集场所的建筑外，其他建筑：
　　1）建筑高度大于50m时，保温材料的燃烧性能应为A级；
　　2）建筑高度大于24m，但不大于50m时，保温材料的燃烧性能不应低于B_1级；
　　3）建筑高度不大于24m时，保温材料的燃烧性能不应低于B_2级。

6.7.6 除设置人员密集场所的建筑外，与基层墙体、装饰层之间有空腔的建筑外墙外保温系统，其保温材料应符合下列规定：
1 建筑高度大于24m时，保温材料的燃烧性能应为A级；
2 建筑高度不大于24m时，保温材料的燃烧性能不应低于B_1级。

6.7.7 除本规范第6.7.3条规定的情况外，当建筑的外墙外保温系统按本节规定采用燃烧性能为B_1、B_2级的保温材料时，应符合下列规定：
1 除采用B_1级保温材料且建筑高度不大于24m的公共建筑或采用B_1级保温材料且建筑高度不大于27m的住宅建筑外，建筑外墙上门、窗的耐火完整性不应低于0.50h。
2 应在保温系统中每层设置水平防火隔离带。防火隔离带应采用燃烧性能为A级的材料，防火隔离带的高度不应小于300mm。

6.7.8 建筑的外墙外保温系统应采用不燃材料在其表面设置防护层，防护层应将保温材料完全包覆。除本规范第6.7.3条规定的情况外，当按本节规定采用B_1、B_2级材料时，防护层厚度首层不应小于15mm，其他层不应小于5mm。

6.7.9 建筑外墙外保温系统与基层墙体、装饰层之间的空腔，应在每层楼板处采用防火封堵材料封堵。

6.7.10 建筑的屋面外保温系统，当屋面板的耐火极限不低于1.00h时，保温材料的燃烧性能不应低于B_2级；当屋面板的耐火极限低于1.00h时，不应低于B_1级。采用B_1、B_2级保温材料的外保温系统应采用不燃材料作防护层，防护层的厚度不应小于10mm。

当建筑的屋面和外墙外保温系统均采用B_1、B_2级保温材料时，屋面与外墙之间应采用宽度不小于500mm的不燃材料设置防火隔离带进行分隔。

6.7.11 电气线路不应穿越或敷设在燃烧性能为B_1或B_2级的保温材料中；确需穿越或敷设时，应采取穿金属管并在金属管周围采用不燃隔热材料进行防火隔离等防火保护措施。设置开关、插座等电器配件的部位周围应采取不燃隔热材料进行防火隔离等防火保护措施。

6.7.12 建筑外墙的装饰层应采用燃烧性能为A级的材料，但建筑高度不大于50m时，可采用B_1级材料。

7 灭火救援设施

7.1 消防车道

7.1.1 街区内的道路应考虑消防车的通行，道路中心线间的距离不宜大于160m。

当建筑物沿街道部分的长度大于150m或总长度大于220m时，应设置穿过建筑物的消防车道。确有困难时，应设置环形消防车道。

7.1.2 高层民用建筑，超过3000个座位的体育馆，超过2000个座位的会堂，占地面积大于3000m²的商店建筑、展览建筑等单、多层公共建筑应设置环形消防车道，确有困难时，可沿建筑的两个长边设置消防车道；对于高层住宅建筑和山坡地或河道边临空建造的高层民用建筑，可沿建筑的一个长边设置消防车道，但该长边所在建筑立面应为消防车登高操作面。

7.1.3 工厂、仓库区内应设置消防车道。

高层厂房，占地面积大于3000m²的甲、乙、丙类厂房和占地面积大于1500m²的乙、丙类仓库，应设置环形消防车道，确有困难时，应沿建筑物的两个长边设置消防车道。

7.1.4 有封闭内院或天井的建筑物，当内院或天井的短边长度大于24m时，宜设置进入内院或天井的消防车道；当该建筑物沿街时，应设置连通街道和内院的人行通道（可利用楼梯间），其间距不宜大于80m。

7.1.5 在穿过建筑物或进入建筑物内院的消防车道两侧，不应设置影响消防车通行或人员安全疏散的设施。

7.1.6 可燃材料露天堆场区，液化石油气储罐区，甲、乙、丙类液体储罐区和可燃气体储罐区，应设置消防车道。消防车道的设置应符合下列规定：

2 占地面积大于30000m²的可燃材料堆场，应设置与环形消防车道相通的中间消防车道，消防车道的间距不宜大于150m。液化石油气储罐区，甲、乙、丙类液体储罐区和可燃气体储罐区内的环形消防车道之间宜设置连通的消防车道。

3 消防车道的边缘距离可燃材料堆垛不应小于5m。

7.1.7 供消防车取水的天然水源和消防水池应设置消防车道。消防车道的边缘距离取水点不宜大于2m。

7.1.8 消防车道应符合下列要求：
1 车道的净宽度和净空高度均不应小于4.0m；
2 转弯半径应满足消防车转弯的要求；
3 消防车道与建筑之间不应设置妨碍消防车操作的树木、架空管线等障碍物。

7.1.9 环形消防车道至少应有两处与其他车道连通。尽头式消防车道应设置回车道或回车场，回车场的面积不应小于12m×12m；对于高层建筑，不宜小于15m×15m；供重型消防车使用时，不宜小于18m×18m。

消防车道的路面、救援操作场地、消防车道和救援操作场地下面的管道和暗沟等，应能承受重型消防车的压力。

消防车道可利用城乡、厂区道路等，但该道路应满足消防车通行、转弯和停靠的要求。

7.1.10 消防车道不宜与铁路正线平交，确需平交时，应设置备用车道,且两车道的间距不应小于一列火车的长度。

7.2 救援场地和入口

7.2.1 高层建筑应至少沿一个长边或周边长度的1/4且不小于一个长边长度的底边连续布置消防车登高操作场地,该范围内的裙房进深不应大于4m。

建筑高度不大于50m的建筑,连续布置消防车登高操作场地确有困难时,可间隔布置,但间隔距离不宜大于30m,且消防车登高操作场地的总长度仍应符合上述规定。

7.2.2 消防车登高操作场地应符合下列规定:

1 场地与厂房、仓库、民用建筑之间不应设置妨碍消防车操作的树木、架空管线等障碍物和车库出入口。

2 场地的长度和宽度分别不应小于15m和10m。对于建筑高度大于50m的建筑,场地的长度和宽度分别不应小于20m和10m。

3 场地及其下面的建筑结构、管道和暗沟等,应能承受重型消防车的压力。

4 场地应与消防车道连通,场地靠建筑外墙一侧的边缘距离建筑外墙不宜小于5m,且不应大于10m,场地的坡度不宜大于3%。

7.2.3 建筑物与消防车登高操作场地相对应的范围内,应设置直通室外的楼梯或直通楼梯间的入口。

7.2.4 厂房、仓库、公共建筑的外墙应在每层的适当位置设置可供消防救援人员进入的窗口。

7.2.5 供消防救援人员进入的窗口的净高度和净宽度均不应小于1.0m,下沿距室内地面不宜大于1.2m,间距不宜大于20m且每个防火分区不应少于2个,设置位置应与消防车登高操作场地相对应。窗口的玻璃应易于破碎,并应设置可在室外易于识别的明显标志。

7.3 消防电梯

7.3.1 下列建筑应设置消防电梯:

1 建筑高度大于33m的住宅建筑;

2 一类高层公共建筑和建筑高度大于32m的二类高层公共建筑、5层及以上且总建筑面积大于3000m²(包括设置在其他建筑内五层及以上楼层)的老年人照料设施;

3 设置消防电梯的建筑的地下或半地下室,埋深大于10m且总建筑面积大于3000m²的其他地下或半地下建筑(室)。

7.3.2 消防电梯应分别设置在不同防火分区内,且每个防火分区不应少于1台。

7.3.5 除设置在仓库连廊、冷库穿堂或谷物筒仓工作塔内的消防电梯外,消防电梯应设置前室,并应符合下列规定:

1 前室宜靠外墙设置,并应在首层直通室外或经过长度不大于30m的通道通向室外;

2 前室的使用面积不应小于6.0m²,前室的短边不应小于2.4m;与防烟楼梯间合用的前室,其使用面积尚应符合本规范第5.5.28条和第6.4.3条的规定;

3 除前室的出入口、前室内设置的正压送风口和本规范第5.5.27条规定的户门外,前室内不应开设其他门、窗、洞口;

4 前室或合用前室的门应采用乙级防火门,不应设置卷帘。

7.3.6 消防电梯井、机房与相邻电梯井、机房之间应设置耐火极限不低于2.00h的防火隔墙,隔墙上的门应采用甲级防火门。

7.3.7 消防电梯的井底应设置排水设施,排水井的容量不应小于2m³,排水泵的排水量不应小于10L/s。消防电梯间前室的门口宜设置挡水设施。

7.3.8 消防电梯应符合下列规定:

1 应能每层停靠;

2 电梯的载重量不应小于800kg;

4 电梯的动力与控制电缆、电线、控制面板应采取防水措施;

5 在首层的消防电梯入口处应设置供消防队员专用的操作按钮;

6 电梯轿厢的内部装修应采用不燃材料;

7 电梯轿厢内部应设置专用消防对讲电话。

7.4 直升机停机坪

7.4.2 直升机停机坪应符合下列规定:

1 设置在屋顶平台上时,距离设备机房、电梯机房、水箱间、共用天线等突出物不应小于5m;

2 建筑通向停机坪的出口不应少于2个,每个出口的宽度不宜小于0.90m;

3 四周应设置航空障碍灯,并应设置应急照明;

4 在停机坪的适当位置应设置消火栓;

5 其他要求应符合国家现行航空管理有关标准的规定。

8 消防设施的设置

8.1 一般规定

8.1.1 消防给水和消防设施的设置应根据建筑的用途及其重要性、火灾危险性、火灾特性和环境条件等因素综合确定。

8.1.2 城镇(包括居住区、商业区、开发区、工业区等)应沿可通行消防车的街道设置市政消火栓系统。

民用建筑、厂房、仓库、储罐(区)和堆场周围应设置室外消火栓系统。

用于消防救援和消防车停靠的屋面上,应设置室外消火栓系统。

> 注:耐火等级不低于二级且建筑体积不大于3000m³的戊类厂房,居住区人数不超过500人且建筑层数不超过两层的居住区,可不设置室外消火栓系统。

8.1.3 自动喷水灭火系统、水喷雾灭火系统、泡沫灭火系统和固定消防炮灭火系统等系统以及下列建筑的室内消火栓给水系统应设置消防水泵接合器:

1 超过5层的公共建筑;

2 超过4层的厂房或仓库;

3 其他高层建筑;

4 超过2层或建筑面积大于10000m²的地下建筑(室)。

8.1.4 甲、乙、丙类液体储罐(区)内的储罐应设置移动水枪或固定水冷却设施。高度大于15m或单罐容积大于2000m³的甲、乙、丙类液体地上储罐,宜采用固定水冷却设施。

8.1.5 总容积大于50m³或单罐容积大于20m³的液化石油

气储罐（区）应设置固定水冷却设施，埋地的液化石油气储罐可不设置固定喷水冷却装置。总容积不大于50m³或单罐容积不大于20m³的液化石油气储罐（区），应设置移动式水枪。

8.1.6 消防水泵房的设置应符合下列规定：

1 单独建造的消防水泵房，其耐火等级不应低于二级；

2 附设在建筑内的消防水泵房，不应设置在地下三层及以下或室内地面与室外出入口地坪高差大于10m的地下楼层；

3 疏散门应直通室外或安全出口。

8.1.7 设置火灾自动报警系统和需要联动控制的消防设备的建筑（群）应设置消防控制室。消防控制室的设置应符合下列规定：

1 单独建造的消防控制室，其耐火等级不应低于二级；

3 不应设置在电磁场干扰较强及其他可能影响消防控制设备正常工作的房间附近；

4 疏散门应直通室外或安全出口。

5 消防控制室内的设备构成及其对建筑消防设施的控制与显示功能以及向远程监控系统传输相关信息的功能，应符合现行国家标准《火灾自动报警系统设计规范》GB 50116和《消防控制室通用技术要求》GB 25506的规定。

8.1.8 消防水泵房和消防控制室应采取防水淹的技术措施。

8.1.9 设置在建筑内的防排烟风机应设置在不同的专用机房内，有关防火分隔措施应符合本规范第6.2.7条的规定。

8.1.10 高层住宅建筑的公共部位和公共建筑内应设置灭火器，其他住宅建筑的公共部位宜设置灭火器。

厂房、仓库、储罐（区）和堆场，应设置灭火器。

8.1.11 建筑外墙设置有玻璃幕墙或采用火灾时可能脱落的墙体装饰材料或构造时，供灭火救援用的水泵接合器、室外消火栓等室外消防设施，应设置在距离建筑外墙相对安全的位置或采取安全防护措施。

8.1.12 设置在建筑室内外供人员操作或使用的消防设施，均应设置区别于环境的明显标志。

8.1.13 有关消防系统及设施的设计，应符合现行国家标准《消防给水及消火栓系统技术规范》GB 50974、《自动喷水灭火系统设计规范》GB 50084、《火灾自动报警系统设计规范》GB 50116等标准的规定。

8.2 室内消火栓系统

8.2.1 下列建筑或场所应设置室内消火栓系统：

1 建筑占地面积大于300m²的厂房和仓库；

2 高层公共建筑和建筑高度大于21m的住宅建筑；

注：建筑高度不大于27m的住宅建筑，设置室内消火栓系统确有困难时，可只设置干式消防竖管和不带消火栓箱的DN65的室内消火栓。

3 体积大于5000m³的车站、码头、机场的候车（船、机）建筑、展览建筑、商店建筑、旅馆建筑、医疗建筑、老年人照料设施和图书馆建筑等单、多层建筑；

4 特等、甲等剧场，超过800个座位的其他等级的剧场和电影院等以及超过1200个座位的礼堂、体育馆等单、多层建筑；

5 建筑高度大于15m或体积大于10000m³的办公建筑、教学建筑和其他单、多层民用建筑。

8.2.4 人员密集的公共建筑、建筑高度大于100m的建筑和建筑面积大于200m²的商业服务网点内应设置消防软管卷盘或轻便消防水龙。高层住宅建筑的户内宜配置轻便消防水龙。

老年人照料设施内应设置与室内供水系统直接连接的消防软管卷盘，消防软管卷盘的设置间距不应大于30.0m。

8.3 自动灭火系统

8.3.1 除本规范另有规定和不宜用水保护或灭火的场所外，下列厂房或生产部位应设置自动灭火系统，并宜采用自动喷水灭火系统：

1 不小于50000纱锭的棉纺厂的开包、清花车间，不小于5000锭的麻纺厂的分级、梳麻车间，火柴厂的烤梗、筛选部位；

2 占地面积大于1500m²或总建筑面积大于3000m²的单、多层制鞋、制衣、玩具及电子等类似生产的厂房；

3 占地面积大于1500m²的木器厂房；

4 泡沫塑料厂的预发、成型、切片、压花部位；

5 高层乙、丙类厂房；

6 建筑面积大于500m²的地下或半地下丙类厂房。

8.3.2 除本规范另有规定和不宜用水保护或灭火的仓库外，下列仓库应设置自动灭火系统，并宜采用自动喷水灭火系统：

1 每座占地面积大于1000m²的棉、毛、丝、麻、化纤、毛皮及其制品的仓库；

注：单层占地面积不大于2000m²的棉花库房，可不设置自动喷水灭火系统。

2 每座占地面积大于600m²的火柴仓库；

3 邮政建筑内建筑面积大于500m²的空邮袋库；

4 可燃、难燃物品的高架仓库和高层仓库；

5 设计温度高于0℃的高架冷库，设计温度高于0℃且每个防火分区建筑面积大于1500m²的非高架冷库；

6 总建筑面积大于500m²的可燃物品地下仓库；

7 每座占地面积大于1500m²或总建筑面积大于3000m²的其他单层或多层丙类物品仓库。

8.3.3 除本规范另有规定和不宜用水保护或灭火的场所外，下列高层民用建筑或场所应设置自动灭火系统，并宜采用自动喷水灭火系统：

1 一类高层公共建筑（除游泳池、溜冰场外）及其地下、半地下室；

2 二类高层公共建筑及其地下、半地下室的公共活动用房、走道、办公室和旅馆的客房、可燃物品库房、自动扶梯底部；

3 高层民用建筑内的歌舞娱乐放映游艺场所；

4 建筑高度大于100m的住宅建筑。

8.3.4 除本规范另有规定和不适用水保护或灭火的场所外，下列单、多层民用建筑或场所应设置自动灭火系统，并宜采用自动喷水灭火系统：

1 特等、甲等剧场，超过1500个座位的其他等级的剧场，超过2000个座位的会堂或礼堂，超过3000个座位的体育馆，超过5000人的体育场的室内人员休息室与器材间等；

2 任一层建筑面积大于1500m²或总建筑面积大于3000m²的展览、商店、餐饮和旅馆建筑以及医院中同样建筑规模的病房楼、门诊楼和手术部；

3 设置送回风道（管）的集中空气调节系统且总建筑面积大于3000m²的办公建筑等；

4 藏书量超过50万册的图书馆；

5 大、中型幼儿园，老年人照料设施；
6 总建筑面积大于500m²的地下或半地下商店；
7 设置在地下或半地下或地上四层及以上楼层的歌舞娱乐放映游艺场所（除游泳场所外），设置在首层、二层和三层且任一层建筑面积大于300m²的地上歌舞娱乐放映游艺场所（除游泳场所外）。

8.3.5 根据本规范要求难以设置自动喷水灭火系统的展览厅、观众厅等人员密集的场所和丙类生产车间、库房等高大空间场所，应设置其他自动灭火系统，并宜采用固定消防炮等灭火系统。

8.3.7 下列建筑或部位应设置雨淋自动喷水灭火系统：
1 火柴厂的氯酸钾压碾厂房，建筑面积大于100m²且生产或使用硝化棉、喷漆棉、火胶棉、赛璐珞胶片、硝化纤维的厂房；
2 乒乓球厂的轧坯、切片、磨球、分球检验部位；
3 建筑面积大于60m²或储存量大于2t的硝化棉、喷漆棉、火胶棉、赛璐珞胶片、硝化纤维的仓库；
4 日装瓶数量大于3000瓶的液化石油气储配站的灌瓶间、实瓶库；
5 特等、甲等剧场、超过1500个座位的其他等级剧场和超过2000个座位的会堂或礼堂的舞台葡萄架下部；
6 建筑面积不小于400m²的演播室，建筑面积不小于500m²的电影摄影棚。

8.3.8 下列场所应设置自动灭火系统，并宜采用水喷雾灭火系统：
1 单台容量在40MV·A及以上的厂矿企业油浸变压器，单台容量在90MV·A及以上的电厂油浸变压器，单台容量在125MV·A及以上的独立变电站油浸变压器；
2 飞机发动机试验台的试车部位；
3 充可燃油并设置在高层民用建筑内的高压电容器和多油开关室。
注：设置在室内的油浸变压器、充可燃油的高压电容器和多油开关室，可采用细水雾灭火系统。

8.3.9 下列场所应设置自动灭火系统，并宜采用气体灭火系统：
1 国家、省级或人口超过100万的城市广播电视发射塔内的微波机房、分米波机房、米波机房、变配电室和不间断电源（UPS）室；
2 国际电信局、大区中心、省中心和一万路以上的地区中心内的长途程控交换机房、控制室和信令转接点室；
3 两万线以上的市话汇接局和六万门以上的市话端局内的程控交换机房、控制室和信令转接点室；
4 中央及省级公安、防灾和网局级以上的电力等调度指挥中心内的通信机房和控制室；
5 A、B级电子信息系统机房内的主机房和基本工作间的已记录磁（纸）介质库；
6 中央和省级广播电视中心内建筑面积不小于120m²的音像制品库房；
7 国家、省级或藏书量超过100万册的图书馆内的特藏库；中央和省级档案馆内的珍藏库和非纸质档案库；大、中型博物馆内的珍品库房；一级纸绢质文物的陈列室；
8 其他特殊重要设备室。
注：1 本条第1、4、5、8款规定的部位，可采用细水雾灭火系统。
2 当有备用主机和备用已记录磁（纸）介质，且设置在不同建筑内或同一建筑内的不同防火分区内时，本条第5款规定的部位可采用预作用自动喷水灭火系统。

8.3.10 甲、乙、丙类液体储罐的灭火系统设置应符合下列规定：
1 单罐容量大于1000m³的固定顶罐应设置固定式泡沫灭火系统；
2 罐壁高度小于7m或容量不大于200m³的储罐可采用移动式泡沫灭火系统；
3 其他储罐宜采用半固定泡沫灭火系统；
4 石油库、石油化工、石油天然气工程中甲、乙、丙类液体储罐的灭火系统设置，应符合现行国家标准《石油库设计规范》GB 50074等标准的规定。

8.3.11 餐厅建筑面积大于1000m²的餐馆或食堂，其烹饪操作间的排油烟罩及烹饪部位应设置自动灭火装置，并应在燃气或燃油管道上设置与自动灭火装置联动的自动切断装置。
食品工业加工场所内有明火作业或高温食用油的食品加工部位宜设置自动灭火装置。

8.4 火灾自动报警系统

8.4.1 下列建筑或场所应设置火灾自动报警系统：
1 任一层建筑面积大于1500m²或总建筑面积大于3000m²的制鞋、制衣、玩具、电子等类似用途的厂房；
2 每座占地面积大于1000m²的棉、毛、丝、麻、化纤及其制品的仓库，占地面积大于500m²或总建筑面积大于1000m²的卷烟仓库；
3 任一层建筑面积大于1500m²或总建筑面积大于3000m²的商店、展览、财贸金融、客运和货运等类似用途的建筑，总建筑面积大于500m²的地下或半地下商店；
4 图书或文物的珍藏库，每座藏书超过50万册的图书馆，重要的档案馆；
5 地市级及以上广播电视建筑、邮政建筑、电信建筑，城市或区域性电力、交通和防灾等指挥调度建筑；
6 特等、甲等剧场，座位数超过1500个的其他等级的剧场或电影院，座位数超过2000个的会堂或礼堂，座位数超过3000个的体育馆；
7 大、中型幼儿园的儿童用房等场所，老年人照料设施，任一层建筑面积大于1500m²或总建筑面积大于3000m²的疗养院的病房楼、旅馆建筑和其他儿童活动场所，不少于200床位的医院门诊楼、病房楼和手术部等；
8 歌舞娱乐放映游艺场所；
9 净高大于2.6m且可燃物较多的技术夹层，净高大于0.8m且有可燃物的闷顶或吊顶内；
10 电子信息系统的主机房及其控制室、记录介质库，特殊贵重或火灾危险性大的机器、仪表、仪器设备室、贵重物品库房；
11 二类高层公共建筑内建筑面积大于50m²的可燃物品库房和建筑面积大于500m²的营业厅；
12 其他一类高层公共建筑；
13 设置机械排烟、防烟系统，雨淋或预作用自动喷水灭火系统，固定消防水炮灭火系统、气体灭火系统等需与火灾自动报警系统联锁动作的场所或部位。

注：老年人照料设施中的老年人用房及其公共走道，均应设置火灾探测器和声警报装置或消防广播。

8.4.2 建筑高度大于100m的住宅建筑，应设置火灾自动报警系统。

建筑高度大于54m但不大于100m的住宅建筑，其公共部位应设置火灾自动报警系统，套内宜设置火灾探测器。

建筑高度不大于54m的高层住宅建筑，其公共部位宜设置火灾自动报警系统。当设置需联动控制的消防设施时，公共部位应设置火灾自动报警系统。

高层住宅建筑的公共部位应设置具有语音功能的火灾声警报装置或应急广播。

8.4.3 建筑内可能散发可燃气体、可燃蒸气的场所应设置可燃气体报警装置。

8.5 防烟和排烟设施

8.5.1 建筑的下列场所或部位应设置防烟设施：
1 防烟楼梯间及其前室；
2 消防电梯间前室或合用前室；
3 避难走道的前室、避难层（间）。

建筑高度不大于50m的公共建筑、厂房、仓库和建筑高度不大于100m的住宅建筑，当其防烟楼梯间的前室或合用前室符合下列条件之一时，楼梯间可不设置防烟系统：
1 前室或合用前室采用敞开的阳台、凹廊；
2 前室或合用前室具有不同朝向的可开启外窗，且可开启外窗的面积满足自然排烟口的面积要求。

8.5.2 厂房或仓库的下列场所或部位应设置排烟设施：
1 人员或可燃物较多的丙类生产场所，丙类厂房内建筑面积大于300m²且经常有人停留或可燃物较多的地上房间；
2 建筑面积大于5000m²的丁类生产车间；
3 占地面积大于1000m²的丙类仓库；
4 高度大于32m的高层厂房（仓库）内长度大于20m的疏散走道，其他厂房（仓库）内长度大于40m的疏散走道。

8.5.3 民用建筑的下列场所或部位应设置排烟设施：
1 设置在一、二、三层且房间建筑面积大于100m²的歌舞娱乐放映游艺场所，设置在四层及以上楼层、地下或半地下的歌舞娱乐放映游艺场所；
2 中庭；
3 公共建筑内建筑面积大于100m²且经常有人停留的地上房间；
4 公共建筑内建筑面积大于300m²且可燃物较多的地上房间；
5 建筑内长度大于20m的疏散走道。

8.5.4 地下或半地下建筑（室）、地上建筑内的无窗房间，当总建筑面积大于200m²或一个房间建筑面积大于50m²，且经常有人停留或可燃物较多时，应设置排烟设施。

9 供暖、通风和空气调节

9.1 一般规定

9.1.1 供暖、通风和空气调节系统应采取防火措施。
9.1.2 甲、乙类厂房内的空气不应循环使用。

丙类厂房内含有燃烧或爆炸危险粉尘、纤维的空气，在循环使用前应经净化处理，并应使空气中的含尘浓度低于其爆炸下限的25%。

9.1.3 为甲、乙类厂房服务的送风设备与排风设备应分别布置在不同通风机房内，且排风设备不应和其他房间的送、排风设备布置在同一通风机房内。

9.1.4 民用建筑内空气中含有容易起火或爆炸危险物质的房间，应设置自然通风或独立的机械通风设施，且其空气不应循环使用。

9.1.5 当空气中含有比空气轻的可燃气体时，水平排风管全长应顺气流方向向上坡度敷设。

9.1.6 可燃气体管道和甲、乙、丙类液体管道不应穿过通风机房和通风管道，且不应紧贴通风管道的外壁敷设。

9.2 供 暖

9.2.1 在散发可燃粉尘、纤维的厂房内，散热器表面平均温度不应超过82.5℃。输煤廊的散热器表面平均温度不应超过130℃。

9.2.2 甲、乙类厂房（仓库）内严禁采用明火和电热散热器供暖。

9.2.3 下列厂房应采用不循环使用的热风供暖：
1 生产过程中散发的可燃气体、蒸气、粉尘或纤维与供暖管道、散热器表面接触能引起燃烧的厂房；
2 生产过程中散发的粉尘受到水、水蒸气的作用能引起自燃、爆炸或产生爆炸性气体的厂房。

9.2.4 供暖管道不应穿过存在与供暖管道接触能引起燃烧或爆炸的气体、蒸气或粉尘的房间，确需穿过时，应采用不燃材料隔热。

9.2.5 供暖管道与可燃物之间应保持一定距离，并应符合下列规定：
1 当供暖管道的表面温度大于100℃时，不应小于100mm或采用不燃材料隔热；
2 当供暖管道的表面温度不大于100℃时，不应小于50mm或采用不燃材料隔热。

9.2.6 建筑内供暖管道和设备的绝热材料应符合下列规定：
1 对于甲、乙类厂房（仓库），应采用不燃材料；
2 对于其他建筑，宜采用不燃材料，不得采用可燃材料。

9.3 通风和空气调节

9.3.1 通风和空气调节系统，横向宜按防火分区设置，竖向不宜超过5层。当管道设置防止回流设施或防火阀时，管道布置可不受此限制。竖向风管应设置在管井内。

9.3.2 厂房内有爆炸危险场所的排风管道，严禁穿过防火墙和有爆炸危险的房间隔墙。

9.3.4 空气中含有易燃、易爆危险物质的房间，其送、排风系统应采用防爆型的通风设备。当送风机布置在单独分隔的通风机房内且送风干管上设置防止回流设施时，可采用普通型的通风设备。

9.3.5 含有燃烧和爆炸危险粉尘的空气，在进入排风机前应采用不产生火花的除尘器进行处理。对于遇水可能形成爆炸的粉尘，严禁采用湿式除尘器。

9.3.6 处理有爆炸危险粉尘的除尘器、排风机的设置应与其他普通型的风机、除尘器分开设置，并宜按单一粉尘分组布置。

9.3.7 净化有爆炸危险粉尘的干式除尘器和过滤器宜布置在厂房外的独立建筑内，建筑外墙与所属厂房的防火间距不应小于10m。

具备连续清灰功能，或具有定期清灰功能且风量不大于15000m³/h、集尘斗的储尘量小于60kg的干式除尘器和过滤器，可布置在厂房内的单独房间内，但应采用耐火极限不低于3.00h的防火隔墙和1.50h的楼板与其他部位分隔。

9.3.8 净化或输送有爆炸危险粉尘和碎屑的除尘器、过滤器或管道，均应设置泄压装置。

净化有爆炸危险粉尘的干式除尘器和过滤器应布置在系统的负压段上。

9.3.9 排除有燃烧或爆炸危险气体、蒸气和粉尘的排风系统，应符合下列规定：

  1 排风系统应设置导除静电的接地装置；

  2 排风设备不应布置在地下或半地下建筑（室）内；

  3 排风管应采用金属管道，并应直接通向室外安全地点，不应暗设。

9.3.10 排除和输送温度超过80℃的空气或其他气体以及易燃碎屑的管道，与可燃或难燃物体之间的间隙不应小于150mm，或采用厚度不小于50mm的不燃材料隔热；当管道上下布置时，表面温度较高者应布置在上面。

9.3.11 通风、空气调节系统的风管在下列部位应设置公称动作温度为70℃的防火阀：

  1 穿越防火分区处；

  2 穿越通风、空气调节机房的房间隔墙和楼板处；

  3 穿越重要或火灾危险性大的场所的房间隔墙和楼板处；

  4 穿越防火分隔处的变形缝两侧；

  5 竖向风管与每层水平风管交接处的水平管段上。

  注：当建筑内每个防火分区的通风、空气调节系统均独立设置时，水平风管与竖向总管的交接处可不设置防火阀。

9.3.12 公共建筑的浴室、卫生间和厨房的竖向排风管，应采取防止回流措施并宜在支管上设置公称动作温度为70℃的防火阀。

公共建筑内厨房的排油烟管道宜按防火分区设置，且在与竖向排风管连接的支管处应设置公称动作温度为150℃的防火阀。

9.3.13 防火阀的设置应符合下列规定：

  2 防火阀暗装时，应在安装部位设置方便维护的检修口；

  3 在防火阀两侧各2.0m范围内的风管及其绝热材料应采用不燃材料；

  4 防火阀应符合现行国家标准《建筑通风和排烟系统用防火阀门》GB 15930的规定。

9.3.14 除下列情况外，通风、空气调节系统的风管应采用不燃材料：

  1 接触腐蚀性介质的风管和柔性接头可采用难燃材料；

  2 体育馆、展览馆、候机（车、船）建筑（厅）等大空间建筑，单、多层办公建筑和丙、丁、戊类厂房内通风、空气调节系统的风管，当不跨越防火分区且在穿越房间隔墙处设置防火阀时，可采用难燃材料。

9.3.15 设备和风管的绝热材料、用于加湿器的加湿材料、消声材料及其粘结剂，宜采用不燃材料，确有困难时，可采用难燃材料。

风管内设置电加热器时，电加热器的开关应与风机的启停联锁控制。电加热器前后各0.8m范围内的风管和穿过有高温、火源等容易起火间房的风管，均应采用不燃材料。

9.3.16 燃油或燃气锅炉房应设置自然通风或机械通风设施。燃气锅炉房应选用防爆型的事故排风机。当采取机械通风时，机械通风设施应设置导除静电的接地装置，通风量应符合下列规定：

  1 燃油锅炉房的正常通风量应按换气次数不少于3次/h确定，事故排风量应按换气次数不少于6次/h确定；

  2 燃气锅炉房的正常通风量应按换气次数不少于6次/h确定，事故排风量应按换气次数不少于12次/h确定。

10 电 气

10.1 消防电源及其配电

10.1.1 下列建筑物的消防用电应按一级负荷供电：

  1 建筑高度大于50m的乙、丙类厂房和丙类仓库；

  2 一类高层民用建筑。

10.1.2 下列建筑物、储罐（区）和堆场的消防用电应按二级负荷供电：

  1 室外消防用水量大于30L/s的厂房（仓库）；

  2 室外消防用水量大于35L/s的可燃材料堆场、可燃气体储罐（区）和甲、乙类液体储罐（区）；

  3 粮食仓库及粮食筒仓；

  4 二类高层民用建筑；

  5 座位数超过1500个的电影院、剧场，座位数超过3000个的体育馆，任一层建筑面积大于3000m²的商店和展览建筑，省（市）级及以上的广播电视、电信和财贸金融建筑，室外消防用水量大于25L/s的其他公共建筑。

10.1.3 除本规范第10.1.1条和第10.1.2条外的建筑物、储罐（区）和堆场等的消防用电，可按三级负荷供电。

10.1.4 消防用电按一、二级负荷供电的建筑，当采用自备发电设备作备用电源时，自备发电设备应设置自动和手动启动装置。当采用自动启动方式时，应能保证在30s内供电。

不同级别负荷的供电电源应符合现行国家标准《供配电系统设计规范》GB 50052的规定。

10.1.5 建筑内消防应急照明和灯光疏散指示标志的备用电源的连续供电时间应符合下列规定：

  1 建筑高度大于100m的民用建筑，不应小于1.50h；

  2 医疗建筑、老年人照料设施、总建筑面积大于100000m²的公共建筑和总建筑面积大于20000m²的地下、半地下建筑，不应少于1.00h；

  3 其他建筑，不应少于0.50h。

10.1.6 消防用电设备应采用专用的供电回路，当建筑内的生产、生活用电被切断时，应仍能保证消防用电。

备用消防电源的供电时间和容量，应满足该建筑火灾延续时间内各消防用电设备的要求。

10.1.8 消防控制室、消防水泵房、防烟和排烟风机房的消防用电设备及消防电梯等的供电，应在其配电线路的最末一级配电箱处设置自动切换装置。

10.1.9 按一、二级负荷供电的消防设备，其配电箱应独立设置；按三级负荷供电的消防设备，其配电箱宜独立设置。

消防配电设备应设置明显标志。

10.1.10 消防配电线路应满足火灾时连续供电的需要，其敷设应符合下列规定：

1 明敷时（包括敷设在吊顶内），应穿金属导管或采用封闭式金属槽盒保护，金属导管或封闭式金属槽盒应采取防火保护措施；当采用阻燃或耐火电缆并敷设在电缆井、沟内时，可不穿金属导管或采用封闭式金属槽盒保护；当采用矿物绝缘类不燃性电缆时，可直接明敷。

2 暗敷时，应穿管并应敷设在不燃性结构内且保护层厚度不应小于30mm。

3 消防配电线路宜与其他配电线路分开敷设在不同的电缆井、沟内；确有困难需敷设在同一电缆井、沟内时，应分别布置在电缆井、沟的两侧，且消防配电线路应采用矿物绝缘类不燃性电缆。

10.2 电力线路及电器装置

10.2.1 架空电力线与甲、乙类厂房（仓库），可燃材料堆垛，甲、乙、丙类液体储罐，液化石油气储罐，可燃、助燃气体储罐的最近水平距离应符合表10.2.1的规定。

35kV及以上架空电力线与单罐容积大于200m³或总容积大于1000m³液化石油气储罐（区）的最近水平距离不应小于40m。

表10.2.1 架空电力线与甲、乙类厂房（仓库）、可燃材料堆垛等的最近水平距离（m）

名　　称	架空电力线
甲、乙类厂房（仓库），可燃材料堆垛，甲、乙类液体储罐，液化石油气储罐，可燃、助燃气体储罐	电杆（塔）高度的1.5倍
直埋地下的甲、乙类液体储罐和可燃气体储罐	电杆（塔）高度的0.75倍
丙类液体储罐	电杆（塔）高度的1.2倍
直埋地下的丙类液体储罐	电杆（塔）高度的0.6倍

10.2.2 电力电缆不应和输送甲、乙、丙类液体管道、可燃气体管道、热力管道敷设在同一管沟内。

10.2.3 配电线路不得穿越通风管道内腔或直接敷设在通风管道外壁上，穿金属导管保护的配电线路可紧贴通风管道外壁敷设。

配电线路敷设在有可燃物的闷顶、吊顶内时，应采取穿金属导管、采用封闭式金属槽盒等防火保护措施。

10.2.4 开关、插座和照明灯具靠近可燃物时，应采取隔热、散热等防火措施。

卤钨灯和额定功率不小于100W的白炽灯泡的吸顶灯、槽灯、嵌入式灯，其引入线应采用瓷管、矿棉等不燃材料作隔热保护。

额定功率不小于60W的白炽灯、卤钨灯、高压钠灯、金属卤化物灯、荧光高压汞灯（包括电感镇流器）等，不应直接安装在可燃物体上或采取其他防火措施。

10.2.5 可燃材料仓库内宜使用低温照明灯具，并应对灯具的发热部件采取隔热等防火措施，不应使用卤钨灯等高温照明灯具。

配电箱及开关应设置在仓库外。

10.2.6 爆炸危险环境电力装置的设计应符合现行国家标准《爆炸危险环境电力装置设计规范》GB 50058的规定。

10.2.7 老年人照料设施的非消防用电负荷应设置电气火灾监控系统。下列建筑或场所的非消防用电负荷宜设置电气火灾监控系统：

1 建筑高度大于50m的乙、丙类厂房和丙类仓库，室外消防用水量大于30L/s的厂房（仓库）；

2 一类高层民用建筑；

3 座位数超过1500个的电影院、剧场，座位数超过3000个的体育馆，任一层建筑面积大于3000m²的商店和展览建筑，省（市）级及以上的广播电视、电信和财贸金融建筑，室外消防用水量大于25L/s的其他公共建筑；

4 国家级文物保护单位的重点砖木或木结构的古建筑。

10.3 消防应急照明和疏散指示标志

10.3.1 除建筑高度小于27m的住宅建筑外，民用建筑、厂房和丙类仓库的下列部位应设置疏散照明：

1 封闭楼梯间、防烟楼梯间及其前室、消防电梯间的前室或合用前室、避难走道、避难层（间）；

2 观众厅、展览厅、多功能厅和建筑面积大于200m²的营业厅、餐厅、演播室等人员密集的场所；

3 建筑面积大于100m²的地下或半地下公共活动场所；

4 公共建筑内的疏散走道；

5 人员密集的厂房内的生产场所及疏散走道。

10.3.2 建筑内疏散照明的地面最低水平照度应符合下列规定：

1 对于疏散走道，不应低于1.0 lx。

2 对于人员密集场所、避难层（间），不应低于3.0 lx；对于老年人照料设施、病房楼或手术部的避难间，不应低于10.0 lx。

3 对于楼梯间、前室或合用前室、避难走道，不应低于5.0 lx；对于人员密集场所、老年人照料设施、病房楼或手术部内的楼梯间、前室或合用前室、避难走道，不应低于10.0 lx。

10.3.3 消防控制室、消防水泵房、自备发电机房、配电室、防排烟机房以及发生火灾时仍需正常工作的消防设备房应设置备用照明，其作业面的最低照度不应低于正常照明的照度。

10.3.4 疏散照明灯具应设置在出口的顶部、墙面的上部或顶棚上；备用照明灯具应设置在墙面的上部或顶棚上。

10.3.5 公共建筑、建筑高度大于54m的住宅建筑、高层厂房（库房）和甲、乙、丙类单、多层厂房，应设置灯光疏散指示标志，并应符合下列规定：

1 应设置在安全出口和人员密集的场所的疏散门的正上方。

2 应设置在疏散走道及其转角处距地面高度1.0m以下的墙面或地面上。灯光疏散指示标志的间距不应大于20m；对于袋形走道，不应大于10m；在走道转角区，不应大于1.0m。

10.3.6 下列建筑或场所应在疏散走道和主要疏散路径的地

面上增设能保持视觉连续的灯光疏散指示标志或蓄光疏散指示标志：

  1 总建筑面积大于8000m²的展览建筑；
  2 总建筑面积大于5000m²的地上商店；
  3 总建筑面积大于500m²的地下或半地下商店；
  4 歌舞娱乐放映游艺场所；
  5 座位数超过1500个的电影院、剧场，座位数超过3000个的体育馆、会堂或礼堂；
  6 车站、码头建筑和民用机场航站楼中建筑面积大于3000m²的候车、候船厅和航站楼的公共区。

10.3.7 建筑内设置的消防疏散指示标志和消防应急照明灯具，除应符合本规范的规定外，还应符合现行国家标准《消防安全标志》GB 13495和《消防应急照明和疏散指示系统》GB 17945的规定。

11 木结构建筑

11.0.1 木结构建筑的防火设计可按本章的规定执行。建筑构件的燃烧性能和耐火极限应符合表11.0.1的规定。

表11.0.1 木结构建筑构件的燃烧性能和耐火极限

构件名称	燃烧性能和耐火极限（h）
防火墙	不燃性 3.00
承重墙，住宅建筑单元之间的墙和分户墙，楼梯间的墙	难燃性 1.00
电梯井的墙	不燃性 1.00
非承重外墙，疏散走道两侧的隔墙	难燃性 0.75
房间隔墙	难燃性 0.50
承重柱	可燃性 1.00
梁	可燃性 1.00
楼板	难燃性 0.75
屋顶承重构件	可燃性 0.50
疏散楼梯	难燃性 0.50
吊顶	难燃性 0.15

注：1 除本规范另有规定外，当同一座木结构建筑存在不同高度的屋顶时，较低部分的屋顶承重构件和屋面不应采用可燃性构件，采用难燃性屋顶承重构件时，其耐火极限不应低于0.75h。
   2 轻型木结构建筑的屋顶，除防水层、保温层及屋面板外，其他部分均应视为屋顶承重构件，且不应采用可燃性构件，耐火极限不应低于0.50h。
   3 当建筑的层数不超过2层、防火墙间的建筑面积小于600m²且防火墙间的建筑长度小于60m时，建筑构件的燃烧性能和耐火极限可按本规范有关四级耐火等级建筑的要求确定。

11.0.2 建筑采用木骨架组合墙体时，应符合下列规定：
  1 建筑高度不大于18m的住宅建筑、建筑高度不大于24m的办公建筑和丁、戊类厂房（库房）的房间隔墙和非承重外墙可采用木骨架组合墙体，其他建筑的非承重外墙不得采用木骨架组合墙体；
  2 墙体填充材料的燃烧性能应为A级；
  3 木骨架组合墙体的燃烧性能和耐火极限应符合表11.0.2的规定，其他要求应符合现行国家标准《木骨架组合墙体技术规范》GB/T 50361的规定。

表11.0.2 木骨架组合墙体的燃烧性能和耐火极限（h）

构件名称	建筑物的耐火等级或类型				
	一级	二级	三级	木结构建筑	四级
非承重外墙	不允许	难燃性 1.25	难燃性 0.75	难燃性 0.75	无要求
房间隔墙	难燃性 1.00	难燃性 0.75	难燃性 0.50	难燃性 0.50	难燃性 0.25

11.0.3 甲、乙、丙类厂房（库房）不应采用木结构建筑或木结构组合建筑。丁、戊类厂房（库房）和民用建筑，当采用木结构建筑或木结构组合建筑时，其允许层数和允许建筑高度应符合表11.0.3-1的规定，木结构建筑中防火墙间的允许建筑长度和每层最大允许建筑面积应符合表11.0.3-2的规定。

表11.0.3-1 木结构建筑或木结构组合建筑的允许层数和允许建筑高度

木结构建筑的形式	普通木结构建筑	轻型木结构建筑	胶合木结构建筑	木结构组合建筑
允许层数（层）	2	3	1	3	7
允许建筑高度（m）	10	10	不限	15	24

表11.0.3-2 木结构建筑中防火墙间的允许建筑长度和每层最大允许建筑面积

层数（层）	防火墙间的允许建筑长度（m）	防火墙间的每层最大允许建筑面积（m²）
1	100	1800
2	80	900
3	60	600

注：1 当设置自动喷水灭火系统时，防火墙间的允许建筑长度和每层最大允许建筑面积可按本表的规定增加1.0倍，对于丁、戊类地上厂房，防火墙间的每层最大允许建筑面积不限。
   2 体育场馆等高大空间建筑，其建筑高度和建筑面积可适当增加。

11.0.4 老年人照料设施，托儿所、幼儿园的儿童用房和活动场所设置在木结构建筑内时，应布置在首层或二层。

商店、体育馆和丁、戊类厂房（库房）应采用单层木结构建筑。

11.0.5 除住宅建筑外，建筑内发电机间、配电间、锅炉间的设置及其防火要求，应符合本规范第5.4.12条～第5.4.15条和第6.2.3条～第6.2.6条的规定。

11.0.6 设置在木结构住宅建筑内的机动车库、发电机间、配电间、锅炉间，应采用耐火极限不低于2.00h的防火隔墙和1.00h的不燃性楼板与其他部位分隔，不宜开设与室内相通的门、窗、洞口，确需开设时，可开设一樘不直通卧室的单扇乙级防火门。机动车库的建筑面积不宜大于60m²。

11.0.7 民用木结构建筑的安全疏散设计应符合下列规定：

1 建筑的安全出口和房间疏散门的设置，应符合本规范第5.5节的规定。当木结构建筑的每层建筑面积小于200m²且第二层和第三层的人数之和不超过25人时，可设置1部疏散楼梯。

2 房间直通疏散走道的疏散门至最近安全出口的直线距离不应大于表11.0.7-1的规定。

表11.0.7-1 房间直通疏散走道的疏散门至最近安全出口的直线距离（m）

名　称	位于两个安全出口之间的疏散门	位于袋形走道两侧或尽端的疏散门
托儿所、幼儿园、老年人照料设施	15	10
歌舞娱乐放映游艺场所	15	6
医院和疗养院建筑、教学建筑	25	12
其他民用建筑	30	15

3 房间内任一点至该房间直通疏散走道的疏散门的直线距离，不应大于表11.0.7-1中有关袋形走道两侧或尽端的疏散门至最近安全出口的直线距离。

4 建筑内疏散走道、安全出口、疏散楼梯和房间疏散门的净宽度，应根据疏散人数按每100人的最小疏散净宽度不小于表11.0.7-2的规定计算确定。

表11.0.7-2 疏散走道、安全出口、疏散楼梯和房间疏散门每100人的最小疏散净宽度（m/百人）

层　数	地上1层~2层	地上3层
每100人的疏散净宽度	0.75	1.00

11.0.8 丁、戊类木结构厂房内任意一点至最近安全出口的疏散距离分别不应大于50m和60m，其他安全疏散要求应符合本规范第3.7节的规定。

11.0.9 管道、电气线路敷设在墙体内或穿过楼板、墙体时，应采取防火保护措施，与墙体、楼板之间的缝隙应采用防火封堵材料填塞密实。

住宅建筑内厨房的明火或高温部位及排油烟管道等，应采用防火隔热措施。

11.0.10 民用木结构建筑之间及其与其他民用建筑的防火间距不应小于表11.0.10的规定。

民用木结构建筑与厂房（仓库）等建筑的防火间距、木结构厂房（仓库）之间及其与其他民用建筑的防火间距，应符合本规范第3、4章有关四级耐火等级建筑的规定。

表11.0.10 民用木结构建筑之间及其与其他民用建筑的防火间距（m）

建筑耐火等级或类别	一、二级	三级	木结构建筑	四级
木结构建筑	8	9	10	11

注：1　两座木结构建筑之间或木结构建筑与其他民用建筑之间，外墙均无任何门、窗、洞口时，防火间距可为4m；外墙上的门、窗、洞口不正对且开口面积之和不大于外墙面积的10%时，防火间距可按本表的规定减少25%。

2　当相邻建筑外墙有一面为防火墙，或建筑物之间设置防火墙且墙体截断不燃性屋面或高出难燃性、可燃性屋面不低于0.5m时，防火间距不限。

11.0.11 木结构墙体、楼板及封闭吊顶或屋顶下的密闭空间内应采取防火分隔措施，且水平分隔长度或宽度均不应大于20m，建筑面积不应大于300m²，墙体的竖向分隔高度不应大于3m。

轻型木结构建筑的每层楼梯梁处应采取防火分隔措施。

11.0.12 木结构建筑与钢结构、钢筋混凝土结构或砌体结构等其他结构类型组合建造时，应符合下列规定：

1 竖向组合建造时，木结构部分的层数不应超过3层并应设置在建筑的上部，木结构部分与其他结构部分宜采用耐火极限不低于1.00h的不燃性楼板分隔。

水平组合建造时，木结构部分与其他结构部分宜采用防火墙分隔。

2 当木结构部分与其他结构部分之间按上款规定进行了防火分隔时，木结构部分和其他部分的防火设计，可分别执行本规范对木结构建筑和其他结构建筑的规定；其他情况，建筑的防火设计应执行本规范有关木结构建筑的规定。

3 室内消防给水应根据建筑的总高度、体积或层数和用途按本规范第8章和国家现行有关标准的规定确定，室外消防给水应按本规范有关四级耐火等级建筑的规定确定。

11.0.13 总建筑面积大于1500m²的木结构公共建筑应设置火灾自动报警系统，木结构住宅建筑内应设置火灾探测与报警装置。

11.0.14 木结构建筑的其他防火设计应执行本规范有关四级耐火等级建筑的规定，防火构造要求除应符合本规范的规定外，尚应符合现行国家标准《木结构设计规范》GB 50005等标准的规定。

12 城市交通隧道

12.1 一般规定

12.1.1 城市交通隧道（以下简称隧道）的防火设计应综合考虑隧道内的交通组成、隧道的用途、自然条件、长度等因素。

12.1.2 单孔和双孔隧道应按其封闭段长度和交通情况分为一、二、三、四类，并应符合表12.1.2的规定。

表12.1.2 单孔和双孔隧道分类

用途	一类	二类	三类	四类
	隧道封闭段长度L（m）			
可通行危险化学品等机动车	L>1500	500<L≤1500	L≤500	—
仅限通行非危险化学品等机动车	L>3000	1500<L≤3000	500<L≤1500	L≤500
仅限人行或通行非机动车	—	L>1500	L≤1500	—

12.1.3 隧道承重结构体的耐火极限应符合下列规定：

1 一、二类隧道和通行机动车的三类隧道，其承重结构体耐火极限的测定应符合本规范附录C的规定；对于一、二类隧道，火灾升温曲线应采用本规范附录C第C.0.1条规定的 RABT 标准升温曲线，耐火极限分别不应低于 2.00h 和 1.50h；对于通行机动车的三类隧道，火灾升温曲线应采用本规范附录 C 第 C.0.1 条规定的 HC 标准升温曲线，耐火极限不应低于 2.00h。

    2 其他类别隧道承重结构体耐火极限的测定应符合现行国家标准《建筑构件耐火试验方法 第 1 部分：通用要求》GB/T 9978.1 的规定；对于三类隧道，耐火极限不应低于 2.00h；对于四类隧道，耐火极限不限。

12.1.4 隧道内的地下设备用房、风井和消防救援出入口的耐火等级应为一级，地面的重要设备用房、运营管理中心及其他地面附属用房的耐火等级不应低于二级。

12.1.5 除嵌缝材料外，隧道的内部装修应采用不燃材料。

12.1.6 通行机动车的双孔隧道，其车行横通道或车行疏散通道的设置应符合下列规定：

    2 非水底隧道应设置车行横通道或车行疏散通道。车行横通道的间隔和隧道通向车行疏散通道入口的间隔不宜大于 1000m。

    3 车行横通道应沿垂直隧道长度方向布置，并应通向相邻隧道；车行疏散通道应沿隧道长度方向布置在双孔中间，并应直通隧道外。

    4 车行横通道和车行疏散通道的净宽度不应小于 4.0m，净高度不应小于 4.5m。

    5 隧道与车行横通道或车行疏散通道的连通处，应采取防火分隔措施。

12.1.7 双孔隧道应设置人行横通道或人行疏散通道，并应符合下列规定：

    2 人行疏散横通道应沿垂直双孔隧道长度方向布置，并应通向相邻隧道。人行疏散通道应沿隧道长度方向布置在双孔中间，并应直通隧道外。

    3 人行横通道可利用车行横通道。

    4 人行横通道或人行疏散通道的净宽度不应小于 1.2m，净高度不应小于 2.1m。

    5 隧道与人行横通道或人行疏散通道的连通处，应采取防火分隔措施，门应采用乙级防火门。

12.1.9 隧道内的变电站、管廊、专用疏散通道、通风机房及其他辅助用房等，应采取耐火极限不低于 2.00h 的防火隔墙和乙级防火门等分隔措施与车行隧道分隔。

12.1.10 隧道内地下设备用房的每个防火分区的最大允许建筑面积不应大于 1500m²，每个防火分区的安全出口数量不应少于 2 个，与车道或其他防火分区相通的出口可作为第二安全出口，但必须至少设置 1 个直通室外的安全出口；建筑面积不大于 500m² 且无人值守的设备用房可设置 1 个直通室外的安全出口。

12.2 消防给水和灭火设施

12.2.1 在进行城市交通的规划和设计时，应同时设计消防给水系统。四类隧道和行人或通行非机动车辆的三类隧道，可不设置消防给水系统。

12.2.2 消防给水系统的设置应符合下列规定：

    1 消防水源和供水管网应符合国家现行有关标准的规定。

    2 消防用水量应按隧道的火灾延续时间和隧道全线同一时间发生一次火灾计算确定。一、二类隧道的火灾延续时间不应小于 3.0h；三类隧道，不应小于 2.0h。

    3 隧道内的消防用水量应按同时开启所有灭火设施的用水量之和计算。

    4 隧道内宜设置独立的消防给水系统。严寒和寒冷地区的消防给水管道及室外消火栓应采取防冻措施；当采用干式给水系统时，应在管网的最高部位设置自动排气阀，管道的充水时间不宜大于 90s。

    5 隧道内的消火栓用水量不应小于 20L/s，隧道外的消火栓用水量不应小于 30L/s。对于长度小于 1000m 的三类隧道，隧道内、外的消火栓用水量可分别为 10L/s 和 20L/s。

    6 管道内的消防供水压力应保证用水量达到最大时，最不利点处的水枪充实水柱不小于 10.0m。消火栓栓口处的出水压力大于 0.5MPa 时，应设置减压设施。

    7 在隧道出入口处应设置消防水泵接合器和室外消火栓。

    8 隧道内消火栓的间距不应大于 50m，消火栓的栓口距地面高度宜为 1.1m。

    9 设置消防水泵供水设施的隧道，应在消火栓箱内设置消防水泵启动按钮。

    10 应在隧道单侧设置室内消火栓箱，消火栓箱内应配置 1 支喷嘴口径 19mm 的水枪、1 盘长 25m、直径 65mm 的水带，并宜配置消防软管卷盘。

12.2.3 隧道内应设置排水设施。排水设施应考虑排除渗水、雨水、隧道清洗等水量和灭火时的消防用水量，并应采取防止事故时可燃液体或有害液体沿隧道漫流的措施。

12.2.4 隧道内应设置 ABC 类灭火器，并应符合下列规定：

    1 通行机动车的一、二类隧道和通行机动车并设置 3 条及以上车道的三类隧道，在隧道两侧均应设置灭火器，每个设置点不应少于 4 具；

    2 其他隧道，可在隧道一侧设置灭火器，每个设置点不应少于 2 具；

    3 灭火器设置点的间距不应大于 100m。

12.3 通风和排烟系统

12.3.1 通行机动车的一、二、三类隧道应设置排烟设施。

12.3.3 机械排烟系统与隧道的通风系统宜分开设置。合用时，合用的通风系统应具备在火灾时快速转换的功能，并应符合机械排烟系统的要求。

12.3.4 隧道内设置的机械排烟系统应符合下列规定：

    1 采用全横向和半横向通风方式时，可通过排风管道排烟。

    2 采用纵向排烟方式时，应能迅速组织气流、有效排烟，其排烟风速应根据隧道内的最不利火灾规模确定，且纵向气流的速度不应小于 2m/s，并应大于临界风速。

    3 排烟风机和烟气流经的风阀、消声器、软接等辅助设备，应能承受设计的隧道火灾烟气排放温度，并应能在 250℃ 下连续正常运行不小于 1.0h。排烟管道的耐火极限不应低于 1.00h。

12.3.5 隧道的避难设施内应设置独立的机械加压送风系统，其送风的余压值应为 30Pa～50Pa。

12.3.6 隧道内用于火灾排烟的射流风机，应至少备用一组。

12.4 火灾自动报警系统

12.4.1 隧道入口外100m～150m处,应设置隧道内发生火灾时能提示车辆禁入隧道的警报信号装置。

12.4.2 一、二类隧道应设置火灾自动报警系统,通行机动车的三类隧道宜设置火灾自动报警系统。火灾自动报警系统的设置应符合下列规定:

1 应设置火灾自动探测装置;

2 隧道出入口和隧道内每隔100m～150m处,应设置报警电话和报警按钮;

3 应设置火灾应急广播或应每隔100m～150m处设置发光警报装置。

12.4.3 隧道用电缆通道和主要设备用房内应设置火灾自动报警系统。

12.4.4 对于可能产生屏蔽的隧道,应设置无线通信等保证灭火时通信联络畅通的设施。

12.4.5 封闭段长度超过1000m的隧道宜设置消防控制室,消防控制室的建筑防火要求应符合本规范第8.1.7条和第8.1.8条的规定。

隧道内火灾自动报警系统的设计应符合现行国家标准《火灾自动报警系统设计规范》GB 50116的规定。

12.5 供电及其他

12.5.1 一、二类隧道的消防用电应按一级负荷要求供电;三类隧道的消防用电应按二级负荷要求供电。

12.5.2 隧道的消防电源及其供电、配电线路等的其他要求应符合本规范第10.1节的规定。

12.5.3 隧道两侧、人行横通道和人行疏散通道上应设置疏散照明和疏散指示标志,其设置高度不宜大于1.5m。

一、二类隧道内疏散照明和疏散指示标志的连续供电时间不应小于1.5h;其他隧道,不应小于1.0h。其他要求可按本规范第10章的规定确定。

12.5.4 隧道内严禁设置可燃气体管道;电缆线槽应与其他管道分开敷设。当设置10kV及以上的高压电缆时,应采用耐火极限不低于2.00h的防火分隔体与其他区域分隔。

12.5.5 隧道内设置的各类消防设施均应采取与隧道内环境条件相适应的保护措施,并应设置明显的发光指示标志。

附录A 建筑高度和建筑层数的计算方法

A.0.1 建筑高度的计算应符合下列规定:

1 建筑屋面为坡屋面时,建筑高度应为建筑室外设计地面至其檐口与屋脊的平均高度。

2 建筑屋面为平屋面(包括有女儿墙的平屋面)时,建筑高度应为建筑室外设计地面至其屋面面层的高度。

3 同一座建筑有多种形式的屋面时,建筑高度应按上述方法分别计算后,取其中最大值。

4 对于台阶式地坪,当位于不同高程地坪上的同一建筑之间有防火墙分隔,各自有符合规范规定的安全出口,且可沿建筑的两个长边设置贯通式或尽头式消防车道时,可分别计算各自的建筑高度。否则,应按其中建筑高度最大者确定该建筑的建筑高度。

5 局部突出屋顶的瞭望塔、冷却塔、水箱间、微波天线间或设施、电梯机房、排风和排烟机房以及楼梯出口小间等辅助用房占屋顶面积不大于1/4者,可不计入建筑高度。

6 对于住宅建筑,设置在底部且室内高度不大于2.2m的自行车库、储藏室、敞开空间,室内外高差或建筑的地下或半地下室的顶板面高出室外设计地面的高度不大于1.5m的部分,可不计入建筑高度。

A.0.2 建筑层数应按建筑的自然层数计算,下列空间可不计入建筑层数:

1 室内顶板面高出室外设计地面的高度不大于1.5m的地下或半地下室;

2 设置在建筑底部且室内高度不大于2.2m的自行车库、储藏室、敞开空间;

3 建筑屋顶上突出的局部设备用房、出屋面的楼梯间等。

附录B 防火间距的计算方法

B.0.1 建筑物之间的防火间距应按相邻建筑外墙的最近水平距离计算,当外墙有凸出的可燃或难燃构件时,应从其凸出部分外缘算起。

建筑物与储罐、堆场的防火间距,应为建筑外墙至储罐外壁或堆场中相邻堆垛外缘的最近水平距离。

B.0.2 储罐之间的防火间距应为相邻两储罐外壁的最近水平距离。

储罐与堆场的防火间距为储罐外壁至堆场中相邻堆垛外缘的最近水平距离。

B.0.3 堆场之间的防火间距应为两堆场中相邻堆垛外缘的最近水平距离。

B.0.4 变压器之间的防火间距应为相邻变压器外壁的最近水平距离。

变压器与建筑物、储罐、堆场的防火间距,应为变压器外壁至建筑外墙、储罐外壁或相邻堆垛外缘的最近水平距离。

B.0.5 建筑物、储罐或堆场与道路、铁路的防火间距,应为建筑外墙、储罐外壁或相邻堆垛外缘距道路最近一侧路边或铁路中心线的最小水平距离。

附录C 隧道内承重结构体的耐火极限试验升温曲线和相应的判定标准

C.0.1 RABT和HC标准升温曲线应符合现行国家标准《建筑构件耐火试验可供选择和附加的试验程序》GB/T 26784的规定。

C.0.2 耐火极限判定标准应符合下列规定:

1 当采用HC标准升温曲线测试时,耐火极限的判定标准为:受火后,当距离混凝土底表面25mm处钢筋的温度超过250℃,或者混凝土表面的温度超过380℃时,则判定为达到耐火极限。

2 当采用RABT标准升温曲线测试时,耐火极限的判定标准为:受火后,当距离混凝土底表面25mm处钢筋的温度超过300℃,或者混凝土表面的温度超过380℃时,则判定为达到耐火极限。

2.《建筑内部装修设计防火规范》GB 50222—2017

1 总则

1.0.1 为规范建筑内部装修设计，减少火灾危害，保护人身和财产安全，制定本规范。

1.0.2 本规范适用于工业和民用建筑的内部装修防火设计，不适用于古建筑和木结构建筑的内部装修防火设计。

1.0.3 建筑内部装修设计应积极采用不燃性材料和难燃性材料，避免采用燃烧时产生大量浓烟或有毒气体的材料，做到安全适用，技术先进，经济合理。

1.0.4 建筑内部装修防火设计除执行本规范的规定外，尚应符合国家现行有关标准的规定。

2 术语

2.0.1 建筑内部装修 interior decoration of buildings

为满足功能需求，对建筑内部空间所进行的修饰、保护及固定设施安装等活动。

2.0.2 装饰织物 decorative fabric

满足建筑内部功能需求，由棉、麻、丝、毛等天然纤维及其他合成纤维制作的纺织品，如窗帘、帷幕等。

2.0.3 隔断 partition

建筑内部固定的、不到顶的垂直分隔物。

2.0.4 固定家具 fixed furniture

与建筑结构固定在一起或不易改变位置的家具。如建筑内部的壁橱、壁柜、陈列台、大型货架等。

3 装修材料的分类和分级

3.0.1 装修材料按其使用部位和功能，可划分为顶棚装修材料、墙面装修材料、地面装修材料、隔断装修材料、固定家具、装饰织物、其他装修装饰材料七类。

注：其他装修装饰材料系指楼梯扶手、挂镜线、踢脚板、窗帘盒、暖气罩等。

3.0.2 装修材料按其燃烧性能应划分为四级，并应符合本规范表3.0.2的规定。

表 3.0.2 装修材料燃烧性能等级

等级	装修材料燃烧性能
A	不燃性
B_1	难燃性
B_2	可燃性
B_3	易燃性

3.0.3 装修材料的燃烧性能等级应按现行国家标准《建筑材料及制品燃烧性能分级》GB 8624 的有关规定，经检测确定。

3.0.4 安装在金属龙骨上燃烧性能达到 B_1 级的纸面石膏板、矿棉吸声板，可作为A级装修材料使用。

3.0.5 单位面积质量小于 $300g/m^2$ 的纸质、布质壁纸，当直接粘贴在A级基材上时，可作为 B_1 级装修材料使用。

3.0.6 施涂于A级基材上的无机装修涂料，可作为A级装修材料使用；施涂于A级基材上，湿涂覆比小于 $1.5kg/m^2$，且涂层干膜厚度不大于 1.0mm 的有机装修涂料，可作为 B_1 级装修材料使用。

3.0.7 当使用多层装修材料时，各层装修材料的燃烧性能等级均应符合本规范的规定。复合型装修材料的燃烧性能等级应进行整体检测确定。

4 特别场所

4.0.1 建筑内部装修不应擅自减少、改动、拆除、遮挡消防设施、疏散指示标志、安全出口、疏散出口、疏散走道和防火分区、防烟分区等。

4.0.2 建筑内部消火栓箱门不应被装饰物遮掩，消火栓箱门四周的装修材料颜色应与消火栓箱门的颜色有明显区别或在消火栓箱门表面设置发光标志。

4.0.3 疏散走道和安全出口的顶棚、墙面不应采用影响人员安全疏散的镜面反光材料。

4.0.4 地上建筑的水平疏散走道和安全出口的门厅，其顶棚应采用A级装修材料，其他部位应采用不低于 B_1 级的装修材料；地下民用建筑的疏散走道和安全出口的门厅，其顶棚、墙面和地面均应采用A级装修材料。

4.0.5 疏散楼梯间和前室的顶棚、墙面和地面均应采用A级装修材料。

4.0.6 建筑物内设有上下层相连通的中庭、走马廊、开敞楼梯、自动扶梯时，其连通部位的顶棚、墙面应采用A级装修材料，其他部位应采用不低于 B_1 级的装修材料。

4.0.7 建筑内部变形缝（包括沉降缝、伸缩缝、抗震缝等）两侧基层的表面装修应采用不低于 B_1 级的装修材料。

4.0.8 无窗房间内部装修材料的燃烧性能等级除A级外，应在表 5.1.1、表 5.2.1、表 5.3.1、表 6.0.1、表 6.0.5 规定的基础上提高一级。

4.0.9 消防水泵房、机械加压送风排烟机房、固定灭火系统钢瓶间、配电室、变压器室、发电机房、储油间、通风和空调机房等，其内部所有装修均应采用A级装修材料。

4.0.10 消防控制室等重要房间，其顶棚和墙面应采用A级装修材料，地面及其他装修应采用不低于 B_1 级的装修材料。

4.0.11 建筑物内的厨房，其顶棚、墙面、地面均应采用A级装修材料。

4.0.12 经常使用明火器具的餐厅、科研试验室，其装修材料的燃烧性能等级除A级外，应在表 5.1.1、表 5.2.1、表 5.3.1、表 6.0.1、表 6.0.5 规定的基础上提高一级。

4.0.13 民用建筑内的库房或贮藏间,其内部所有装修除应符合相应场所规定外,且应采用不低于 B_1 级的装修材料。

4.0.14 展览性场所装修设计应符合下列规定:
　　1 展台材料应采用不低于 B_1 级的装修材料。
　　2 在展厅设置电加热设备的餐饮操作区内,与电加热设备贴邻的墙面、操作台均应采用 A 级装修材料。
　　3 展台与卤钨灯等高温照明灯具贴邻部位的材料应采用 A 级装修材料。

4.0.15 住宅建筑装修设计尚应符合下列规定:
　　1 不应改动住宅内部烟道、风道。

4.0.16 照明灯具及电气设备、线路的高温部位,当靠近非 A 级装修材料或构件时,应采取隔热、散热等防火保护措施,与窗帘、帷幕、幕布、软包等装修材料的距离不应小于 500mm;灯饰应采用不低于 B_1 级的材料。

4.0.17 建筑内部的配电箱、控制面板、接线盒、开关、插座等不应直接安装在低于 B_1 级的装修材料上;用于顶棚和墙面装修的木质类板材,当内部含有电器、电线等物体时,应采用不低于 B_1 级的材料。

4.0.18 当室内顶棚、墙面、地面和隔断装修材料内部安装电加热供暖系统时,室内采用的装修材料和绝热材料的燃烧性能等级应为 A 级。当室内顶棚、墙面、地面和隔断装修材料内部安装水暖(或蒸汽)供暖系统时,其顶棚采用的装修材料和绝热材料的燃烧性能应为 A 级,其他部位的装修材料和绝热材料的燃烧性能不应低于 B_1 级,且尚应符合本规范有关公共场所的规定。

4.0.19 建筑内部不宜设置采用 B_3 级装饰材料制成的壁挂、布艺等,当需要设置时,不应靠近电气线路、火源或热源,或采取隔离措施。

4.0.20 本规范未明确规定的场所,其内部装修应按本规范有关规定类比执行。

5 民用建筑

5.1 单层、多层民用建筑

5.1.1 单层、多层民用建筑内部各部位装修材料的燃烧性能等级,不应低于本规范表 5.1.1 的规定。

表 5.1.1 单层、多层民用建筑内部各部位装修材料的燃烧性能等级

序号	建筑物及场所	建筑规模、性质	装修材料燃烧性能等级							
			顶棚	墙面	地面	隔断	固定家具	装饰织物		其他装修装饰材料
								窗帘	帷幕	
1	候机楼的候机大厅、贵宾候机室、售票厅、商店、餐饮场所等	—	A	A	B_1	B_1	B_1	B_1	—	B_1
2	汽车站、火车站、轮船客运站的候车(船)室、商店、餐饮场所等	建筑面积>10000m²	A	A	B_1	B_1	B_1	B_1	—	B_2
		建筑面积≤10000m²	A	B_1	B_1	B_1	B_1	B_1	—	B_2
3	观众厅、会议厅、多功能厅、等候厅等	每个厅建筑面积>400m²	A	A	B_1	B_1	B_1	B_1	B_1	B_1
		每个厅建筑面积≤400m²	A	B_1	B_1	B_1	B_1	B_1	B_2	B_2
4	体育馆	>3000 座位	A	A	B_1	B_1	B_1	B_1	B_1	B_2
		≤3000 座位	A	B_1	B_1	B_2	B_1	B_1	B_2	B_2
5	商店的营业厅	每层建筑面积>1500m² 或总建筑面积>3000m²	A	B_1	B_1	B_1	B_1	B_1	—	B_2
		每层建筑面积≤1500m² 或总建筑面积≤3000m²	A	B_1	B_1	B_1	B_1	B_1	—	B_2
6	宾馆、饭店的客房及公共活动用房等	设置送回风道(管)的集中空气调节系统	A	B_1	B_1	B_2	B_2	B_2	—	B_2
		其他	B_1	B_1	B_2	B_2	B_2	B_2	—	—
7	养老院、托儿所、幼儿园的居住及活动场所	—	A	A	B_1	B_2	B_1	B_1	—	B_2
8	医院的病房区、诊疗区、手术区	—	A	A	B_1	B_2	B_1	B_1	—	B_2
9	教学场所、教学实验场所	—	A	B_1	B_2	B_2	B_2	B_2	B_2	B_2

续表 5.1.1

序号	建筑物及场所	建筑规模、性质	装修材料燃烧性能等级							
			顶棚	墙面	地面	隔断	固定家具	装饰织物		其他装修装饰材料
								窗帘	帷幕	
10	纪念馆、展览馆、博物馆、图书馆、档案馆、资料馆等的公众活动场所	—	A	B_1	B_1	B_1	B_2	B_1	—	B_2
11	存放文物、纪念展览物品、重要图书、档案、资料的场所	—	A	A	B_1	B_1	B_2	B_1	—	B_2
12	歌舞娱乐游艺场所	—	A	B_1	B_1	B_1	B_1	B_1	B_1	B_1
13	A、B级电子信息系统机房及装有重要机器、仪器的房间	—	A	A	B_1	B_1	B_1	B_1	B_1	B_1
14	餐饮场所	营业面积>100m²	A	B_1	B_1	B_2	B_1	B_1	—	B_2
		营业面积≤100m²	B_1	B_1	B_1	B_2	B_2	B_2	—	B_2
15	办公场所	设置送回风道（管）的集中空气调节系统	A	B_1	B_1	B_1	B_1	B_1	—	B_2
		其他	B_1	B_2	B_2	B_2	B_2	—	—	—
16	其他公共场所	—	B_1	B_2	B_2	B_2	B_2	—	—	—
17	住宅	—	B_1	B_1	B_1	B_1	B_2	B_2	—	B_2

5.1.2 除本规范第4章规定的场所和本规范表5.1.1中序号为11~13规定的部位外，单层、多层民用建筑内面积小于100m²的房间，当采用耐火极限不低于2.00h的防火隔墙和甲级防火门、窗与其他部位分隔时，其装修材料的燃烧性能等级可在本规范表5.1.1的基础上降低一级。

5.1.3 除本规范第4章规定的场所和本规范表5.1.1中序号为11~13规定的部位外，当单层、多层民用建筑需做内部装修的空间内装有自动灭火系统时，除顶棚外，其内部装修材料的燃烧性能等级可在本规范表5.1.1规定的基础上降低一级；当同时装有火灾自动报警装置和自动灭火系统时，其装修材料的燃烧性能等级可在本规范表5.1.1规定的基础上降低一级。

5.2 高层民用建筑

5.2.1 高层民用建筑内部各部位装修材料的燃烧性能等级，不应低于本规范表5.2.1的规定。

表5.2.1 高层民用建筑内部各部位装修材料的燃烧性能等级

序号	建筑物及场所	建筑规模、性质	装修材料燃烧性能等级								
			顶棚	墙面	地面	隔断	固定家具	装饰织物			其他装修装饰材料
								窗帘	帷幕	床罩	家具包布	
1	候机楼的候机大厅、贵宾候机室、售票厅、商店、餐饮场所等	—	A	A	B_1	B_1	B_1	B_1	—	—	B_1
2	汽车站、火车站、轮船客运站的候车（船）室、商店、餐饮场所等	建筑面积>10000m²	A	A	B_1	B_1	B_1	B_1	—	—	B_2
		建筑面积≤10000m²	B_1	B_1	B_1	B_1	B_1	B_1	—	—	B_2
3	观众厅、会议厅、多功能厅、等候厅等	每个厅建筑面积>400m²	A	A	B_1	B_1	B_1	B_1	—	B_1	B_1
		每个厅建筑面积≤400m²	A	B_1	B_1	B_1	B_1	B_1	—	B_1	B_1
4	商店的营业厅	每层建筑面积>1500m²或总建筑面积>3000m²	A	B_1	B_1	B_1	B_1	B_1	—	—	B_2
		每层建筑面积≤1500m²或总建筑面积≤3000m²	B_1	B_1	B_1	B_1	B_1	B_1	—	—	B_2
5	宾馆、饭店的客房及公共活动用房等	一类建筑	A	B_1	B_1	B_1	B_1	B_1	B_1	B_1	B_1
		二类建筑	A	B_1	B_1	B_2	B_2	B_2	B_2	B_2	B_2

续表 5.2.1

序号	建筑物及场所	建筑规模、性质	装修材料燃烧性能等级									
			顶棚	墙面	地面	隔断	固定家具	装饰织物				其他装修装饰材料
								窗帘	帷幕	床罩	家具包布	
6	养老院、托儿所、幼儿园的居住及活动场所	—	A	A	B_1	B_1	B_2	B_1	—	B_2	B_2	B_1
7	医院的病房区、诊疗区、手术区	—	A	A	B_1	B_1	B_2	B_1	B_1	—	B_2	B_1
8	教学场所、教学实验场所	—	A	B_1	B_2	B_2	B_2	B_1	B_1	—	B_1	B_2
9	纪念馆、展览馆、博物馆、图书馆、档案馆、资料馆等的公众活动场所	一类建筑	A	B_1	B_1	B_1	B_2	B_1	B_1	—	B_2	B_2
		二类建筑	A	B_1	B_2	B_2	B_2	B_2	B_2	—	B_2	B_2
10	存放文物、纪念展览物品、重要图书、档案、资料的场所	—	A	A	B_1	B_1	B_2	B_1	—	—	B_2	B_1
11	歌舞娱乐游艺场所	—	A	B_1	B_1	B_1	B_1	B_1	B_1	B_1	B_1	B_1
12	A、B级电子信息系统机房及装有重要机器、仪器的房间	—	A	A	B_1	B_1	B_1	B_1	B_1	—	B_1	B_1
13	餐饮场所	—	A	B_1	B_1	B_1	B_1	B_1	—	—	B_2	B_2
14	办公场所	一类建筑	A	B_1	B_1	B_1	B_1	B_1	—	—	B_1	B_1
		二类建筑	A	B_1	B_2	B_2	B_2	B_2	—	—	B_2	B_2
15	电信楼、财贸金融楼、邮政楼、广播电视楼、电力调度楼、防灾指挥调度楼	一类建筑	A	A	B_1	B_1	B_1	B_1	—	—	B_1	B_1
		二类建筑	A	B_1	B_2	B_2	B_2	B_2	—	—	B_2	B_2
16	其他公共场所	—	A	B_1	B_1	B_2	B_2	B_2	B_2	—	B_2	B_2
17	住宅	—	A	B_1	B_1	B_1	B_1	B_1	—	—	B_1	B_1

5.2.2 除本规范第4章规定的场所和本规范表5.2.1中序号为10～12规定的部位外，高层民用建筑的裙房内面积小于500㎡的房间，当设有自动灭火系统，并且采用耐火极限不低于2.00h的防火隔墙和甲级防火门、窗与其他部位分隔时，顶棚、墙面、地面装修材料的燃烧性能等级可在本规范表5.2.1规定的基础上降低一级。

5.2.3 除本规范第4章规定的场所和本规范表5.2.1中序号为10～12规定的部位外，以及大于400㎡的观众厅、会议厅和100m以上的高层民用建筑外，当设有火灾自动报警装置和自动灭火系统时，除顶棚外，其内部装修材料的燃烧性能等级可在本规范表5.2.1规定的基础上降低一级。

5.2.4 电视塔等特殊高层建筑的内部装修，装饰织物应采用不低于B_1级的材料，其他均应采用A级装修材料。

5.3 地下民用建筑

5.3.1 地下民用建筑内部各部位装修材料的燃烧性能等级，不应低于本规范表5.3.1的规定。

表5.3.1 地下民用建筑内部各部位装修材料的燃烧性能等级

序号	建筑物及场所	装修材料燃烧性能等级						
		顶棚	墙面	地面	隔断	固定家具	装饰织物	其他装修装饰材料
1	观众厅、会议厅、多功能厅、等候厅等，商店的营业厅	A	A	A	B_1	B_1	B_1	B_2
2	宾馆、饭店的客房及公共活动用房等	A	B_1	B_1	B_1	B_1	B_1	B_2
3	医院的诊疗区、手术区	A	A	B_1	B_1	B_1	B_1	B_2
4	教学场所、教学实验场所	A	A	B_1	B_2	B_2	B_1	B_2

续表 5.3.1

序号	建筑物及场所	装修材料燃烧性能等级						
		顶棚	墙面	地面	隔断	固定家具	装饰织物	其他装修装饰材料
5	纪念馆、展览馆、博物馆、图书馆、档案馆、资料馆等的公众活动场所	A	A	B_1	B_1	B_1	B_1	B_1
6	存放文物、纪念展览物品、重要图书、档案、资料的场所	A	A	A	A	A	B_1	B_1
7	歌舞娱乐游艺场所	A	A	B_1	B_1	B_1	B_1	B_1
8	A、B级电子信息系统机房及装有重要机器、仪器的房间	A	A	B_1	B_1	B_1	B_1	B_1
9	餐饮场所	A	A	B_1	B_1	B_1	B_1	B_1
10	办公场所	A	A	B_1	B_1	B_2	B_2	B_2
11	其他公共场所	A	B_1	B_1	B_2	B_2	B_2	B_2
12	汽车库、修车库	A	A	B_1	A	A	—	—

注：地下民用建筑系指单层、多层、高层民用建筑的地下部分，单独建造在地下的民用建筑以及平战结合的地下人防工程。

5.3.2 除本规范第4章规定的场所和本规范表5.3.1中序号为6~8规定的部位外，单独建造的地下民用建筑的地上部分，其门厅、休息室、办公室等内部装修材料的燃烧性能等级可在本规范表5.3.1的基础上降低一级。

6 厂房仓库

6.0.1 厂房内部各部位装修材料的燃烧性能等级，不应低于本规范表6.0.1的规定。

表6.0.1 厂房内部各部位装修材料的燃烧性能等级

序号	厂房及车间的火灾危险性和性质	建筑规模	装修材料燃烧性能等级						
			顶棚	墙面	地面	隔断	固定家具	装饰织物	其他装修装饰材料
1	甲、乙类厂房 丙类厂房中的甲、乙类生产车间 有明火的丁类厂房、高温车间	—	A	A	A	A	A	B_1	B_1
2	劳动密集型丙类生产车间或厂房 火灾荷载较高的丙类生产车间或厂房 洁净车间	单、多层	A	A	B_1	B_1	B_1	B_2	B_2
		高层	A	A	A	B_1	B_1	B_1	B_1
3	其他丙类生产车间或厂房	单、多层	A	B_1	B_2	B_2	B_2	B_2	B_2
		高层	A	B_1	B_1	B_1	B_1	B_1	B_1
4	丙类厂房	地下	A	A	A	A	A	B_1	B_1
5	无明火的丁类厂房 戊类厂房	单、多层	B_1	B_2	B_2	B_2	B_2	B_2	B_2
		高层	B_1	B_1	B_2	B_2	B_2	B_1	B_1
		地下	A	A	B_1	B_1	B_1	B_1	B_1

6.0.2 除本规范第4章规定的场所和部位外，当单层、多层丙、丁、戊类厂房内同时设有火灾自动报警和自动灭火系统时，除顶棚外，其装修材料的燃烧性能等级可在本规范表6.0.1规定的基础上降低一级。

6.0.3 当厂房的地面为架空地板时，其地面应采用不低于B_1级的装修材料。

6.0.4 附设在工业建筑内的办公、研发、餐厅等辅助用房，当采用现行国家标准《建筑设计防火规范》GB 50016规定的防火分隔和疏散设施时，其内部装修材料的燃烧性能等级可按民用建筑的规定执行。

6.0.5 仓库内部各部位装修材料的燃烧性能等级，不应低于本规范表6.0.5的规定。

表6.0.5 仓库内部各部位装修材料的燃烧性能等级

序号	仓库类别	建筑规模	装修材料燃烧性能等级			
			顶棚	墙面	地面	隔断
1	甲、乙类仓库	—	A	A	A	A
2	丙类仓库	单层及多层仓库	A	B_1	B_1	B_1
		高层及地下仓库	A	A	A	A
		高架仓库	A	A	A	A
3	丁、戊类仓库	单层及多层仓库	A	B_1	B_1	B_1
		高层及地下仓库	A	A	A	B_1

3. 《建筑内部装修防火施工及验收规范》 GB 50354—2005

1 总 则

1.0.1 为防止和减少建筑火灾危害,保证建筑内部装修工程防火施工质量符合防火设计要求,制定本规范。

1.0.2 本规范适用于工业与民用建筑内部装修工程的防火施工与验收。本规范不适用于古建筑和木结构建筑的内部装修工程的防火施工与验收。

1.0.3 建筑内部装修工程的防火施工与验收,应按装修材料种类划分为纺织织物子分部装修工程、木质材料子分部装修工程、高分子合成材料子分部装修工程、复合材料子分部装修工程及其他材料子分部装修工程。

1.0.4 建筑内部装修工程的防火施工与验收,除执行本规范的规定外,尚应符合现行国家有关标准的规定。

2 基本规定

2.0.1 建筑内部装修工程防火施工(简称装修施工)应按照批准的施工图设计文件和本规范的有关规定进行。

2.0.2 装修施工应按设计要求编写施工方案。施工现场管理应具备相应的施工技术标准、健全的施工质量管理体系和工程质量检验制度,并应按本规范附录A的要求填写有关记录。

2.0.3 装修施工前,应对各部位装修材料的燃烧性能进行技术交底。

2.0.4 进入施工现场的装修材料应完好,并应核查其燃烧性能或耐火极限、防火性能型式检验报告、合格证书等技术文件是否符合防火设计要求。核查、检验时,应按本规范附录B的要求填写进场验收记录。

2.0.5 装修材料进入施工现场后,应按本规范的有关规定,在监理单位或建设单位监督下,由施工单位有关人员现场取样,并应由具备相应资质的检验单位进行见证取样检验。

2.0.6 装修施工过程中,装修材料应远离火源,并应指派专人负责施工现场的防火安全。

2.0.7 装修施工过程中,应对各装修部位的施工过程作详细记录。记录表的格式应符合本规范附录C的要求。

2.0.8 建筑工程内部装修不得影响消防设施的使用功能。装修施工过程中,当确需变更防火设计时,应经原设计单位或具有相应资质的设计单位按有关规定进行。

2.0.9 装修施工过程中,应分阶段对所选用的防火装修材料按本规范的规定进行抽样检验。对隐蔽工程的施工,应在施工过程中及完工后进行抽样检验。现场进行阻燃处理、喷涂、安装作业的施工,应在相应的施工作业完成后进行抽样检验。

3 纺织织物子分部装修工程

3.0.2 纺织织物施工应检查下列文件和记录:

1 纺织织物燃烧性能等级的设计要求;

2 纺织织物燃烧性能型式检验报告、进场验收记录和抽样检验报告;

3 现场对纺织织物进行阻燃处理的施工记录及隐蔽工程验收记录。

3.0.3 下列材料进场应进行见证取样检验:

1 B_1、B_2级纺织织物;

2 现场对纺织织物进行阻燃处理所使用的阻燃剂。

3.0.4 下列材料应进行抽样检验:

1 现场阻燃处理后的纺织织物,每种取 $2m^2$ 检验燃烧性能;

2 施工过程中受湿浸、燃烧性能可能受影响的纺织织物,每种取 $2m^2$ 检验燃烧性能。

Ⅰ 主控项目

3.0.5 纺织织物燃烧性能等级应符合设计要求。

检验方法:检查进场验收记录或阻燃处理记录。

3.0.6 现场进行阻燃施工时,应检查阻燃剂的用量、适用范围、操作方法。阻燃施工过程中,应使用计量合格的称量器具,并严格按使用说明书的要求进行施工。阻燃剂必须完全浸透织物纤维,阻燃剂干含量应符合检验报告或说明书的要求。

检验方法:检查施工记录。

3.0.7 现场进行阻燃处理的多层纺织织物,应逐层进行阻燃处理。

检验方法:检查施工记录。隐蔽层检查隐蔽工程验收记录。

Ⅱ 一般项目

3.0.8 纺织织物进行阻燃处理过程中,应保持施工区段的洁净;现场处理的纺织织物不应受污染。

检验方法:检查施工记录。

3.0.9 阻燃处理后的纺织织物外观、颜色、手感等应无明显异常。

检验方法:观察。

4 木质材料子分部装修工程

4.0.2 木质材料施工应检查下列文件和记录:

1 木质材料燃烧性能等级的设计要求;

2 木质材料燃烧性能型式检验报告、进场验收记录和抽样检验报告;

3 现场对木质材料进行阻燃处理的施工记录及隐蔽工程验收记录。

4.0.3 下列材料进场应进行见证取样检验:

1 B_1级木质材料;

2 现场进行阻燃处理所使用的阻燃剂及防火涂料。

4.0.4 下列材料应进行抽样检验：

1 现场阻燃处理后的木质材料，每种取 $4m^2$ 检验燃烧性能；

2 表面进行加工后的 B_1 级木质材料，每种取 $4m^2$ 检验燃烧性能。

Ⅰ 主控项目

4.0.5 木质材料燃烧性能等级应符合设计要求。

检验方法：检查进场验收记录或阻燃处理施工记录。

4.0.6 木质材料进行阻燃处理前，表面不得涂刷油漆。

检验方法：检查施工记录。

4.0.7 木质材料在进行阻燃处理时，木质材料含水率不应大于12％。

检验方法：检查施工记录。

4.0.8 现场进行阻燃施工时，应检查阻燃剂的用量、适用范围、操作方法。阻燃施工过程中，应使用计量合格的称量器具，并严格按使用说明书的要求进行施工。

检验方法：检查施工记录。

4.0.9 木质材料涂刷或浸渍阻燃剂时，应对木质材料所有表面都进行涂刷或浸渍，涂刷或浸渍后的木材阻燃剂的干含量应符合检验报告或说明书的要求。

检验方法：检查施工记录及隐蔽工程验收记录。

4.0.10 木质材料表面粘贴装饰表面或阻燃饰面时，应先对木质材料进行阻燃处理。

检验方法：检查隐蔽工程验收记录。

4.0.11 木质材料表面进行防火涂料处理时，应对木质材料的所有表面进行均匀涂刷，且不应少于2次，第二次涂刷应在第一次涂层表面干后进行；涂刷防火涂料用量不应少于 $500g/m^2$。

检验方法：观察，检查施工记录。

Ⅱ 一般项目

4.0.12 现场进行阻燃处理时，应保持施工区段的洁净，现场处理的木质材料不应受污染。

检验方法：检查施工记录。

4.0.13 木质材料在涂刷防火涂料前应清理表面，且表面不应有水、灰尘或油污。

检验方法：检查施工记录。

4.0.14 阻燃处理后的木质材料表面应无明显返潮及颜色异常变化。

检验方法：观察。

5 高分子合成材料子分部装修工程

5.0.2 高分子合成材料施工应检查下列文件和记录：

1 高分子合成材料燃烧性能等级的设计要求；

2 高分子合成材料燃烧性能型式检验报告、进场验收记录和抽样检验报告；

3 现场对泡沫塑料进行阻燃处理的施工记录及隐蔽工程验收记录。

5.0.3 下列材料进场应进行见证取样检验：

1 B_1、B_2 级高分子合成材料；

2 现场进行阻燃处理所使用的阻燃剂及防火涂料。

5.0.4 现场阻燃处理后的泡沫塑料应进行抽样检验，每种取 $0.1m^3$ 检验燃烧性能。

Ⅰ 主控项目

5.0.5 高分子合成材料燃烧性能等级应符合设计要求。

检验方法：检查进场验收记录。

5.0.6 B_1、B_2 级高分子合成材料，应按设计要求进行施工。

检验方法：观察。

5.0.7 对具有贯穿孔的泡沫塑料进行阻燃处理时，应检查阻燃剂的用量、适用范围、操作方法。阻燃施工过程中，应使用计量合格的称量器具，并按使用说明书的要求进行施工。必须使泡沫塑料被阻燃剂浸透，阻燃剂干含量应符合检验报告或说明书的要求。

检验方法：检查施工记录及抽样检验报告。

5.0.8 顶棚内采用泡沫塑料时，应涂刷防火涂料。防火涂料宜选用耐火极限大于30min的超薄型钢结构防火涂料或一级饰面型防火涂料，湿涂覆比值应大于 $500g/m^2$。涂刷应均匀，且涂刷不应少于2次。

检验方法：观察并检查施工记录。

5.0.9 塑料电工套管的施工应满足以下要求：

1 B_2 级塑料电工套管不得明敷；

2 B_1 级塑料电工套管明敷时，应明敷在A级材料表面；

3 塑料电工套管穿过 B_1 级以下（含 B_1 级）的装修材料时，应采用A级材料或防火封堵密封件严密封堵。

检验方法：观察并检查施工记录。

Ⅱ 一般项目

5.0.10 对具有贯穿孔的泡沫塑料进行阻燃处理时，应保持施工区段的洁净，避免其他工种施工。

检验方法：观察并检查施工记录。

5.0.11 泡沫塑料经阻燃处理后，不应降低其使用功能，表面不应出现明显的盐析、返潮和变硬等现象。

检验方法：观察。

5.0.12 泡沫塑料进行阻燃处理过程中，应保持施工区段的洁净；现场处理的泡沫塑料不应受污染。

检验方法：观察并检查施工记录。

6 复合材料子分部装修工程

6.0.2 复合材料施工应检查下列文件和记录：

1 复合材料燃烧性能等级的设计要求；

2 复合材料燃烧性能型式检验报告、进场验收记录和抽样检验报告；

3 现场对复合材料进行阻燃处理的施工记录及隐蔽工程验收记录。

6.0.3 下列材料进场应进行见证取样检验：

1 B_1、B_2 级复合材料；

2 现场进行阻燃处理所使用的阻燃剂及防火涂料。

6.0.4 现场阻燃处理后的复合材料应进行抽样检验，每种取 $4m^2$ 检验燃烧性能。

主控项目

6.0.5 复合材料燃烧性能等级应符合设计要求。

检验方法：检查进场验收记录。

6.0.6 复合材料应按设计要求进行施工，饰面层内的芯材不得暴露。

检验方法：观察。

6.0.7 采用复合保温材料制作的通风管道，复合保温材料的芯材不得暴露。当复合保温材料芯材的燃烧性能不能达到 B_1 级时，应在复合材料表面包覆玻璃纤维布等不燃性材料，并应在其表面涂刷饰面型防火涂料。防火涂料湿涂覆比值应大于 $500g/m^2$，且至少涂刷 2 次。

检验方法：检查施工记录。

7 其他材料子分部装修工程

7.0.2 其他材料施工应检查下列文件和记录：

1 材料燃烧性能等级的设计要求；

2 材料燃烧性能型式检验报告、进场验收记录和抽样检验报告；

3 现场对材料进行阻燃处理的施工记录及隐蔽工程验收记录。

7.0.3 下列材料进场应进行见证取样检验：

1 B_1、B_2 级材料；

2 现场进行阻燃处理所使用的阻燃剂及防火涂料。

7.0.4 现场阻燃处理后的复合材料应进行抽样检验。

主控项目

7.0.5 材料燃烧性能等级应符合设计要求。

检验方法：检查进场验收记录。

7.0.6 防火门的表面加装贴面材料或其他装修时，不得减小门框和门的规格尺寸，不得降低防火门的耐火性能，所用贴面材料的燃烧性能等级不应低于 B_1 级。

检验方法：检查施工记录。

7.0.7 建筑隔墙或隔板、楼板的孔洞需要封堵时，应采用防火堵料严密封堵。采用防火堵料封堵孔洞、缝隙及管道井和电缆竖井时，应根据孔洞、缝隙及管道井和电缆竖井所在位置的墙板或楼板的耐火极限要求选用防火堵料。

检验方法：观察并检查施工记录。

7.0.8 用于其他部位的防火堵料应根据施工现场情况选用，其施工方式应与检验时的方式一致。防火堵料施工后必须严密填实孔洞、缝隙。

检验方法：观察并检查施工记录。

7.0.9 采用阻火圈的部位，不得对阻火圈进行包裹，阻火圈应安装牢固。

检验方法：观察并检查施工记录。

7.0.10 电气设备及灯具的施工应满足以下要求：

1 当有配电箱及电控设备的房间内使用了低于 B_1 级的材料进行装修时，配电箱必须采用不燃材料制作；

2 配电箱的壳体和底板应采用 A 级材料制作。配电箱不应直接安装在低于 B_1 级的装修材料上；

3 动力、照明、电热器等电气设备的高温部位靠近 B_1 级以下（含 B_1 级）材料或导线穿越 B_1 级以下（含 B_1 级）装修材料时，应采用瓷管或防火封堵密封件分隔，并用岩棉、玻璃棉等 A 级材料隔热；

4 安装在 B_1 级以下（含 B_1 级）装修材料内的配件，如插座、开关等，必须采用防火封堵密封件或具有良好隔热性能的 A 级材料隔绝；

5 灯具直接安装在 B_1 级以下（含 B_1 级）的材料上时，应采取隔热、散热等措施；

6 灯具的发热表面不得靠近 B_1 级以下（含 B_1 级）的材料。

检验方法：观察并检查施工记录。

8 工程质量验收

8.0.1 建筑内部装修工程防火验收（简称工程验收）应检查下列文件和记录：

1 建筑内部装修防火设计审核文件、申请报告、设计图纸、装修材料的燃烧性能设计要求、设计变更通知单、施工单位的资质证明等；

2 进场验收记录，包括所用装修材料的清单、数量、合格证及防火性能型式检验报告；

3 装修施工过程的施工记录；

4 隐蔽工程施工防火验收记录和工程质量事故处理报告等；

5 装修施工过程中所用防火装修材料的见证取样检验报告；

6 装修施工过程中的抽样检验报告，包括隐蔽工程的施工过程中及完工后的抽样检验报告；

7 装修施工过程中现场进行涂刷、喷涂等阻燃处理的抽样检验报告。

8.0.2 工程质量验收应符合下列要求：

1 技术资料应完整；

2 所用装修材料或产品的见证取样检验结果应满足设计要求；

3 装修施工过程中的抽样检验结果，包括隐蔽工程的施工过程中及完工后的抽样检验结果应符合设计要求；

4 现场进行阻燃处理、喷涂、安装作业的抽样检验结果应符合设计要求；

5 施工过程中的主控项目检验结果应全部合格；

6 施工过程中的一般项目检验结果合格率应达到 80%。

8.0.3 工程质量验收应由建设单位项目负责人组织施工单位项目负责人、监理工程师和设计单位项目负责人等进行。

8.0.4 工程质量验收可对主控项目进行抽查。当有不合格项时，应对不合格项进行整改。

8.0.5 工程质量验收时，应按本规范附录 D 的要求填写有关记录。

8.0.6 当装修施工的有关资料经审查全部合格、施工过程全部符合要求、现场检查或抽样检测结果全部合格时，工程验收应为合格。

8.0.7 建设单位应建立建筑内部装修工程防火施工及验收档案。档案应包括防火施工及验收全过程的有关文件和记录。

4.《防灾避难场所设计规范》GB 51143—2015

1 总 则

1.0.2 本规范适用于新建、扩建和改建的防灾避难场所的设计。

1.0.3 防灾避难场所设计除应符合本规范外,尚应符合国家现行有关标准的规定。

2 术 语

2.0.1 防灾避难场所 disaster mitigation emergency congregate shelter

配置应急保障基础设施、应急辅助设施及应急保障设备和物资,用于因灾害产生的避难人员生活保障及集中救援的避难场地及避难建筑。简称避难场所。

2.0.2 紧急避难场所 emergency evacuation and embarkation shelter

用于避难人员就近紧急或临时避难的场所,也是避难人员集合并转移到固定避难场所的过渡性场所。

2.0.3 固定避难场所 resident emergency congregate shelter

具备避难宿住功能和相应配套设施,用于避难人员固定避难和进行集中性救援的避难场所。

2.0.4 中心避难场所 central emergency congregate shelter

具备服务于城镇或城镇分区的城市级救灾指挥、应急物资储备分发、综合应急医疗卫生救护、专业救灾队驻扎等功能的固定避难场所。

2.0.5 避难场所责任区 area of emergency congregate sheltering service

避难场所的应急避难宿住功能指定服务范围,该服务范围内的避难人员被指定使用场所内的应急避难宿住设施和相应的配套应急设施。

2.0.6 避难单元 sheltering space unit

避难场所中,根据避难人数、设施配置、自然分隔和避难功能等要素所划分的独立成体系的空间单元。

2.0.7 避难场地 emergency congregate sheltering site

避难场所内可供应急避难或临时搭建工程设施的空旷场地。

2.0.8 避难建筑 emergency congregate sheltering structure

避难场所内为避难人员提供宿住或休息和其他应急保障及使用功能的建筑。

2.0.9 应急设施 emergency facilities

避难场所配置的,用于保障抢险救援和避难人员生活的工程设施,包括应急保障基础设施和应急辅助设施。

2.0.10 应急保障基础设施 emergency function—ensuring infrastructures for disaster response

在灾害发生前,避难场所已经设置的,能保障应急救援和抢险避难的应急供电、供水、交通、通信等基础设施。

2.0.11 应急辅助设施 supplementary facilities for emergency response

为避难单元配置的,用于保障应急保障基础设施和避难单元运行的配套工程设施,以及满足避难人员基本生活需要的公共卫生间、盥洗室、医疗卫生室、办公室、值班室、会议室、开水间等应急公共服务设施。

2.0.12 应急保障设备和物资 equipment and commodities for emergency response

用于保障应急保障基础设施和应急辅助设施运行以及避难人员基本生活的相关设备和物资。

2.0.13 避难场所开放时间 open-up phase of disasters emergency congregate shelter

避难场所的避难功能自启用至关闭所经历的时间。

2.0.14 有效避难面积 effective and safe area for emergency congregate sheltering

避难场所内除服务于城镇或城镇分区的城市级应急指挥、医疗卫生救护、物资储备及分发、专业救灾队伍驻扎等应急功能占用的面积之外,用于人员安全避难的避难宿住区及其配套应急设施的面积。

2.0.15 单人平均净使用面积 per capita net sheltering area

供单个避难人员宿住或休息的空间在水平地面的人均投影面积。

2.0.16 设定防御标准 criteria for scenario disaster prevention

避难场所设计所需依据的高于一般工程抗灾设防标准的设防水准或灾害影响水平。用于确定防灾布局、防护措施和用地避让措施以及应急保障基础设施和应急辅助设施的规模、布局及相应防灾措施。

2.0.17 避难容量 sheltering accommodation capacity

与各种设施的容量、数量、用地面积相匹配的可容纳责任区避难人员的数量。

2.0.18 避难宿住区 sheltering accommodation area

固定避难场所中,用于避难人员宿住、由避难宿住单元和配套设施组成的功能片区,简称宿住区。

2.0.19 避难宿住单元 sheltering accommodation unit

固定避难场所中,采用常态设施和缓冲区分割、用于避难人员住宿的避难单元,简称宿住单元。

3 基 本 规 定

3.1 一 般 规 定

3.1.1 防灾避难场所设计应遵循"以人为本、安全可靠、因地制宜、平灾结合、易于通达、便于管理"的原则。

3.1.2 避难场所设计时,应根据城乡规划、防灾规划和应急预案的避难要求以及现状条件分析评估结果,复核避难容量,确定空间布局,设置应急保障基础设施,进行各类功能区设计，配置应急辅助设施及应急保障设备和物资，并应制定建设时序及应急启用转换方案。

3.3 应急保障要求

3.3.11 避难场所设计应按本规范附录 B 确定应急设施的建设类型和应急保障设备和物资的利用方式，并宜将下列工程设施作为永久保障型和紧急转换型应急设施：
　　6 应急消防工程设施；
　　7 应急照明工程设施；
　　9 应急广播设施。

4 避难场所设置

4.1 场地选择

4.1.3 避难场所场址选择应符合现行国家标准《建筑抗震设计规范》GB 50011、《岩土工程勘察规范》GB 50021、《城市抗震防灾规划标准》GB 50413 的有关规定，并应符合下列规定：
　　4 避难场所用地应避开易燃、易爆、有毒危险物品存放点、严重污染源以及其他易发生次生灾害的区域，距次生灾害危险源的距离应满足国家现行有关标准对重大危险源和防火的要求，有火灾或爆炸危险源时，应设防火安全带；
　　5 避难场所内的应急功能区与周围易燃建筑等一般火灾危险源之间应设置不小于 30m 的防火安全带，距易燃易爆工厂、仓库、供气厂、储气站等重大火灾或爆炸危险源的距离不应小于 1000m。

4.2 紧急避难场所

4.2.2 紧急避难场所宜设置应急休息区，且宜根据避难人数适当分隔为避难单元，并应符合下列规定：
　　2 缓冲区的宽度应根据其分隔聚集避难人数确定，且人数小于等于 2000 人时，不宜小于 3m；人数大于 2000 人且小于等于 8000 人时，不宜小于 6m；人数大于 8000 人且小于等于 20000 人时，不宜小于 12m。

5 总体设计

5.1 一般规定

5.1.1 避难场所总体设计应开展综合防灾评估，进行责任区设计、应急功能设计、总体布局设计和应急交通设计，并应符合消防和疏散要求。

5.3 总体布局设计

5.3.6 避难场所内需要保证车辆和人员通行的应急通道与两侧建（构）筑物之间的安全间距，应大于建筑（构）筑物倒塌或破坏影响范围加 1m 与相邻建筑防火间距中的较大者；当有可靠抗灾设计保证建（构）筑物不会发生倒塌或破坏时，应大于两侧建筑防止坠落物安全距离之和加 1m 与防火间距中的较大者。

5.5 消防与疏散

5.5.1 中心避难场所和固定避难场所应设置应急消防水源，配置消防设施，并应符合下列规定：
　　1 中心避难场所的消防用水量应按不少于 2 次火灾、每次灭火用水量不小于 10 L/s、火灾持续时间不小于 1.0h 设计；
　　2 固定避难场所当宿住区的避难人数大于等于 3.5 万人时，消防用水量应按不少于 2 次火灾、每次灭火用水量不小于 10L/s、火灾持续时间不小于 1.0h 设计；其他情况应按不少于 1 次火灾、每次灭火用水量不小于 10L/s、火灾持续时间不小于 1.0h 设计。

5.5.2 对于避难场所的防火安全疏散距离，当避难场所有可靠的应急消防水源和消防设施时不应大于 50m，其他情况不应大于 40m。对于婴幼儿、高龄老人、行动困难的残疾人和伤病员等特定群体的专门避难区的防火安全疏散距离不应大于 20m，当避难场所有可靠的应急消防水源和消防设施时不应大于 25m。

5.5.3 避难场所内消防通道设置应符合下列规定：
　　1 供消防车取水的天然水源和消防水池应设置消防取水平台，并应链接车道；
　　2 消防车道的净宽度和净空高度不应小于 4.0m。

5.5.4 避难场所内消防通道设置尚应符合下列规定：
　　2 避难场所内可供消防车通行的尽端式通道的长度不宜大于 120m，并应设置长度和宽度均不小于 12m 的回车场地。

5.5.5 避难场所的室外消防设施的服务范围应符合现行国家标准《建筑设计防火规范》GB 50016 的有关规定，并应满足灾后避难期间消防扑救的需要。

6 避难场地设计

6.1 避难宿住区

6.1.3 避难宿住区宜按避难人数和宿住面积规模划分为组、组团、单元等三级，并应符合下列规定：
　　1 每个宿住组内应按现行国家标准《建筑灭火器配置设计规范》GB 50140 的规定配置灭火器。

6.1.4 当避难宿住区采用帐篷布置时，应符合下列规定：
　　1 避难宿住区的避难人数不宜超过 64000 人，宿住面积不宜大于 70000m²，占地面积规模不宜超过 120hm²。避难宿住区与其他设施的最小安全间距不应小于 16m；
　　3 避难宿住区内每个防火分区的最大宿住面积不应大于 4500m²，每个防火分区的占地面积不应大于 6400m²，边长不应大于 80m，防火分区之间的间距不应小于 4m；
　　5 帐篷宿住组的间距不应小于帐篷高度的 0.8 倍，帐篷宿住组团的间距不应小于两侧帐篷高度 0.8 倍之和；
　　6 宿住单元之间宜利用通道等进行分隔，且间距不应小于 7m。

6.1.5 宿住单元的疏散通道总宽度应按宿住人数确定，平坡地面不应小于每百人 0.32m，阶梯地面不应小于每百人 0.37m。

6.2 专业救灾队伍场地

6.2.4 每处专业救灾队伍场地应单独划分避难单元，并应配备消防设施。

6.2.5 专业救灾队伍场地应按 Ⅱ 级应急功能保障级别预留供电、供水设施接口。

6.3 应急医疗卫生救护

6.3.4 中心避难场所和长期固定避难场所的城市级应急医疗卫生救护区应按Ⅰ级应急功能保障级别预留供电、供水设施接口；其他避难场所中独立设置的应急医疗救护场地应按Ⅱ级应急功能保障级别预留供电、供水设施接口。

6.4 直升机使用区

6.4.3 直升机使用区应设置消防栓及消防灭火设备。

6.4.4 起降坪的出口不应少于2个，且每个出口的宽度不宜小于1.5m。

7 避难建筑设计

7.1 一般规定

7.1.1 避难建筑的场地应符合下列规定：

4 避难建筑周边场地应设置不少于2个安全疏散出入口，出入口处应设置与避难人数相应的集散空间，并符合本规范5.4.3条的规定。

7.1.4 避难建筑应进行防火设计，并应符合现行国家标准《建筑设计防火规范》GB 50016中关于人员密集场所的有关规定。

7.1.5 避难建筑耐火等级不应低于二级；避难建筑应至少设2个安全疏散出口；多层避难建筑应至少设2个安全疏散楼梯。

7.2 建筑设计

7.2.6 避难建筑的出入门应向疏散方向开启，并应易于从内部打开，防火安全出口数量、宽度和总宽度应根据避难人数按照现行国家标准《建筑设计防火规范》GB 50016的要求确定，并应符合下列规定：

1 防火安全出口的有效宽度不小于1.10m；安全出口门不应设置门槛；

2 避难建筑通往周边场地防火疏散的安全出口的总净宽度和疏散通道的总净宽度按所有使用人员计算不应小于每百人0.65m。

8 避难设施设计

8.1 电 气

8.1.3 避难场所的电力负荷应分别按避难时和平时用电负荷的重要性、供电连续性及中断电源后可能造成的损失或影响程度分为一级负荷、二级负荷和三级负荷，并应符合下列规定：

1 平时电力负荷分级应符合现行国家标准《供配电系统设计规范》GB 50052的规定。

2 避难时常用设备电力负荷分级应符合表8.1.3的规定。

表8.1.3 避难时常用设备电力负荷分级

类 别	设备名称	负荷等级
应急医疗卫生救护	应急通信设备 应急发电机组配套的附属设备 主要医疗救护房间内的设备和照明 应急照明	一级

续表8.1.3

类 别	设备名称	负荷等级
应急医疗卫生救护	辅助医疗救护房间内的设备和照明 医疗必须用的空调、电热设备 应急供水设备 正常照明	二级
	不属于一级和二级负荷的其他负荷	三级
应急指挥及专业救灾队伍	应急通信设备 应急发电机组配套的附属设备 应急照明	一级
	应急供水设备 完成抢险救援任务必需的用电设备 正常照明	二级
	不属于一级和二级负荷的其他负荷	三级
避难宿住管理办公	应急通信设备 应急发电机组配套的附属设备 应急照明	一级
	应急供水设备 正常照明	二级
	不属于一级和二级负荷的其他负荷	三级

8.1.4 避难场所供电系统设计应符合下列规定：

1 每个避难单元应设置电源配电柜或配电箱；

2 通信、防灾报警、照明、动力等应分别设置独立回路；

3 各供电系统电源和应急发电机组应分列运行；

4 不同等级的电力负荷应各有独立回路；

5 单相用电设备应均匀地分配在三相回路中。

8.1.6 避难场所的避难时照明应有正常照明和应急照明，并应符合下列规定：

1 照明光源宜采用高效节能荧光灯、金属卤素灯、LED灯或白炽灯，并应满足照明场所的照度、显色度和防眩光等要求；

2 应急照明应符合下列规定：

  1）疏散照明应由疏散指示与标志照明和疏散通道照明组成，疏散通道照明的地面照度标准值不应低于5lx；

  2）安全照明的照度标准值不应低于正常照明照度标准值的5%；

  3）备用照明的照度标准值不应低于正常照明照度标准值的10%。

附录C 避难场所应急启用转换评估

C.0.2 避难场所应急启用转换评估包括下列内容：

3 确定消防设施、应急交通、应急供水、应急物资、应急医疗卫生救护、避难警告标志及安全出口等安全设施和基本生活设施的建设类型。

C.0.4 可列入紧急转换类型、紧急引入类型的建（构）筑物应符合下列规定：

3 应确定消防设施、危险区划定及警告标志等基本安全设施和安全出口、应急交通、应急供水及应急物资供应等基本生活设施。

5.《灾区过渡安置点防火标准》GB 51324—2019

1 总 则

1.0.2 本标准适用于自然灾害灾区过渡安置点的防火设计、火灾预防、消防站及灭火救援装备配置。

1.0.4 灾区过渡安置点的建设除应符合本标准的规定外，尚应符合国家现行有关标准的规定。

3 灾区应急避难场所

3.0.1 灾区应急避难场所应设置在公园、绿地、广场、操场、体育场、停车场和其他安全的开阔地带。

3.0.2 灾区应急避难场所与次生灾害源的距离应符合国家现行有关危险化学品重大危险源和防火标准的规定。

灾区应急避难场所与易燃建筑区、可燃堆场等一般次生火灾危险源之间应设置宽度不小于 30m 的防火隔离带；与甲、乙类火灾危险性厂房、仓库、储气站以及可燃液体、可燃气体储罐（区）等重大次生火灾或爆炸危险源的距离不应小于 1000m。

3.0.4 灾区应急避难场所内应按不同使用功能进行分区，并应按相关规定配备应急供水、应急供电、应急通信广播等应急设施，设置明显标识。

3.0.5 帐篷和篷布房区应划分防火分隔区，每一防火分隔区的占地面积不宜大于 600m²，防火分隔区内的人行通道净宽度不应小于 2m，防火分隔区之间的防火间距不宜小于 12m。

3.0.6 医疗、公共厨房和炊事集中点等帐篷和篷布房应划分为独立的防火分隔区，与其他帐篷和篷布房之间的防火间距不应小于 12m。

3.0.7 帐篷篷布的阻燃性能应符合现行行业标准《救灾帐篷》MZ/T 011 的规定。搭设篷布房采用的橡胶或塑料双面涂层化纤篷布，其阻燃性能应符合现行行业标准《阻燃篷布通用技术条件》GA 91 的规定。

3.0.8 灾区应急避难场所应统一敷设电气线路并采取相应的防火措施。帐篷和篷布房内不得使用大功率电热器具和额定功率大于 60W 的白炽灯等发热量大的照明灯具。

3.0.9 灾区应急避难场所的疏散通道应设置消防应急照明灯具和疏散指示标志。应急照明的地面最低水平照度不应低于 3.0lx。

3.0.10 帐篷和篷布房内使用明火时，应采取隔热、散热与防护等防火措施。在严寒和寒冷地区确需在帐篷和篷布房内设置火炉时，应采用设置烟囱的封闭式火炉，并应在火炉烟囱穿越篷布处采用不燃性隔热材料做防火保护，烟囱口宜加装防火帽或挡板。

4 临时聚居点

4.1 规划选址

4.1.1 临时聚居点应结合灾后重建规划要求设置在交通条件便利、场地相对平整、方便受灾群众恢复生产和生活的安全区域，应优先选用既有的广场、操场、公园、空旷地，不宜占用农田，并应避免对生态脆弱区域造成破坏。

4.1.2 临时聚居点的选定应符合下列要求：
1 应避开地震活动断层和可能发生洪涝、山体滑坡和崩塌、泥石流、地面塌陷等次生灾害区域以及生产、储存易燃易爆危险品的工厂、仓库；
2 应避开水库和堰塞湖泄洪区、濒险水库下游地段；
3 应避开现状危房、高大建筑物、重大污染源、高压输电走廊、高压燃气管道、可燃材料堆场及其影响范围；
4 应远离大树、铁塔和高压电杆等易受雷击的物体。

4.1.3 临时聚居点不应设置在饮用水水源保护区、名胜古迹、历史文化遗产和自然遗产等保护区域内，不宜设置在自然保护区和风景名胜区的核心重要保护区域内。

4.1.4 临时聚居点宜靠近水源、供水设施以及干线公路，并应至少有 2 条宽度不小于 4m 的道路与外部联系。

4.2 总平面布局

4.2.1 每个临时聚居点建设的过渡安置房不宜超过 1000 间（套）。临时聚居点之间的防火间距不应小于 30m。

4.2.2 临时聚居点内应划分防火分隔区布置过渡安置房。幼儿园、托儿所、学校、医疗等公共服务设施和公共厨房或炊事集中点等用房应独立划分防火分隔区。

4.2.3 过渡安置房宜以山墙拼接横向成行。单层过渡安置房每行拼接长度不应大于 60m，多层过渡安置房每行拼接长度不应大于 40m；宜组合若干纵向成列布置为一个防火分隔区。每个防火分隔区的最大允许建筑面积不应大于 2500m²，防火分隔区内过渡安置房的数量不应大于 100 间（套）。

4.2.4 防火分隔区之间的防火间距不应小于 5m。防火分隔区内两行过渡安置房之间的行距及山墙之间的间距不宜小于 3m；确有困难时，设置房间门的墙面与相邻过渡安置房的行距不应小于 2m，不设置房间门的墙面与相邻过渡安置房的行距不宜小于 1m。

4.2.5 临时聚居点内主要道路的净宽度和净空高度均不应小于 4m。

4.2.6 临时聚居点内搭建的帐篷和篷布房应符合本标准第 3 章的规定，与其他过渡安置房之间的防火间距不应小于 12m。

4.3 建筑防火

4.3.1 过渡安置房宜采用单层建筑。受用地条件限制必须建造多层建筑时，不应超过2层，且楼梯间应与敞开式外廊直接相连，其建筑内的安全疏散应符合现行国家标准《建筑设计防火规范》GB 50016的规定。

4.3.2 过渡安置房宜采用预制装配式构件。墙体、楼板、屋面板均应采用不燃性环保板材，耐火极限均不应低于1.00h，板材产烟特性等级、燃烧滴落物/微粒等级、烟气毒性等级分别不应低于s1、d0、t0级；承重结构及锚固件和疏散楼梯均应采用不燃性材料，耐火极限均不应低于1.00h。

4.3.3 严寒、寒冷及其他有冰冻可能的地区，过渡安置房保温材料的燃烧性能宜为A级，且燃烧时不应有熔融滴落物；严禁采用燃烧性能低于B_1级的保温材料。保温材料应与两侧墙体及屋面板材构成无空腔的复合保温结构。

4.3.4 屋面防水层的燃烧性能宜为A级，严禁采用燃烧性能低于B_1级的防水材料。当采用B_1级防水层时，应采用不燃性材料做防护层。

4.3.5 电气线路不应敷设在燃烧性能低于A级的保温材料中。确需局部穿越燃烧性能为B_1级的保温材料时，应穿金属管并在金属管周围采用不燃性材料进行防火保护。

4.4 电气及防雷

4.4.1 临时聚居点电气设备及电气线路选型、敷设应符合国家现行有关标准中的相应防火技术要求，用电负荷应根据灾区的气候和技术经济条件合理确定，每套过渡安置房的用电负荷不宜大于2kW。

4.4.2 配电箱宜设置在室外并应采取防雨措施。室内线路及进户线应采用铜芯线穿金属管或B_1级电线电缆套管明敷，配电箱、电器插座应固定在不燃材料上，开关和照明灯具靠近可燃物时，应采取隔热、散热等防火措施。电源进线断路器应具有漏电保护功能。

4.4.3 学校、幼儿园、托儿所、医疗等公共服务设施的公共活动房间、疏散走道和室外疏散通道应设置消防应急照明灯具和疏散指示标志。应急照明的地面最低水平照度不应低于3.0lx。

4.4.4 临时聚居点应采取防雷措施。

5 防火、灭火及装备

5.1 火灾预防

5.1.1 过渡安置点的消防安全应由其管理单位负责，依法履行消防安全职责。

5.1.2 设置50间（套）以上过渡安置房的临时聚居点应作为消防安全重点管理对象，监督部门和管理单位应当定期开展消防安全检查，接到消防安全投诉后应立即核查处理。

5.1.3 Ⅰ类灾区应急避难场所和过渡安置房数量在1000间（套）及以上的临时聚居点应设置消防执勤室。Ⅱ类灾区应急避难场所和过渡安置房数量在50至999间（套）之间的临时聚居点，应设置消防执勤点。

5.1.4 消防执勤室和消防执勤点应统一制作标牌，设置消防宣传栏、管理人员联系卡、消防组织结构图和意见箱。

5.1.5 Ⅰ类、Ⅱ类灾区应急避难场所和临时聚居点应建立义务消防组织。

5.1.6 过渡安置点管理单位应组织防火巡查并做好记录。一旦发现火灾，应立即报告，迅速组织疏散并实施扑救。防火巡查记录应按本标准附录A填制。

5.1.7 火灾扑灭后，过渡安置点管理单位应保护现场，接受事故调查，如实提供事故情况，协助调查火灾原因，核定火灾损失，查明火灾事故责任。

5.1.8 Ⅰ类灾区应急避难场所和临时聚居点全员消防安全教育活动每季度不应少于1次。

5.1.9 Ⅰ类灾区应急避难场所和临时聚居点应建立消防档案。

5.2 消防设施

5.2.1 过渡安置点应至少设置2个方向的对外疏散出口，Ⅰ类灾区应急避难场所对外疏散出口不应少于4个。对外疏散出口的净宽度不应小于4m，并应设置明显标识。

5.2.2 Ⅰ类灾区应急避难场所应设置环形消防车道，Ⅱ类灾区应急避难场所宜设置环形消防车道；临时聚居点内应结合主要道路设置环形消防车道。环形消防车道的净宽度和净空高度均不应小于4m，中心线间距不应大于160m，坡度不宜大于8%。

5.2.3 有市政供水管网的过渡安置点应沿内部主要道路设置室外消火栓和消火栓箱。室外消火栓间距不应大于120m，保护半径不应大于150m，出流量不应小于10L/s，最不利消火栓供水压力不应小于0.10MPa。消火栓箱内应配置DN65有内衬里、长度不超过25m的消防水带和φ19mm的消防水枪。

5.2.4 市政供水水量或水压不能满足消防用水要求的临时聚居点，应设置消防水池，并应配备2台以上手抬机动消防泵和相应的水带、水枪。

5.2.5 无市政供水管网或设置消防给水管网确有困难的过渡安置点，应利用天然水源作为消防水源或设置消防水池，并应配备2台以上手抬机动消防泵和相应的水带、水枪。

5.2.7 除高位消防水池外，消防水池的保护半径不宜大于150m，且宜毗邻主要道路布置，应加盖并设置安全警示标志。消防水池应设置消防车和手抬机动消防泵取水口，有效容积不应小于36m^3，吸水高度不应大于6m；兼作生活用水贮水池时，应有可靠的补水和消防贮水不作他用的技术措施。

5.2.8 消防水源利用天然水源时，应设置取水码头，吸水高度不应大于6m。

5.2.9 严寒、寒冷及其他有冰冻可能的灾区过渡安置点，消防给水系统应采取防冻措施。

5.2.10 过渡安置点应在位置明显和便于取用的地点确定灭火器设置点。每10间（套）过渡安置房、占地面积每300m^2的帐篷和篷布房区应至少确定1个灭火器设置点。每个灭火器设置点应按表5.2.10的规定配置灭火器。

表5.2.10 灭火器配置标准

保护对象	型号	数量（具）	最大保护距离（m）
帐篷、篷布房、既有永久性建筑	MF/ABC4	2	20

续表 5.2.10

保护对象	型号	数量（具）	最大保护距离（m）
中学、小学、幼儿园、托儿所、医疗等公共服务设施	MF/ABC4	2	20
除公共服务设施外的其他过渡安置房	MF/ABC1	3	25
使用罐装液化石油气的公共厨房	MF/ABC4	2	12

5.2.11 中小学、幼儿园、托儿所、医疗等公共服务设施的建筑内宜设置独立式感烟火灾探测报警器。使用罐装液化石油气的公共厨房内应设置独立式燃气报警装置和燃气自动切断装置。

5.3 消防站及装备

5.3.1 过渡安置房数量在1000间（套）及以上的临时聚居点应设置消防站。消防站用房防火性能不应低于本标准有关过渡安置房的要求。

5.3.3 消防站建筑不应超过2层。消防站与其他过渡安置房的防火间距不应小于5m，与帐篷和篷布房的防火间距不应小于12m。

5.3.4 消防站应设置明显标识。消防站应满足灭火、抢险救援和执勤备战的基本需要，具备执勤人员住宿、办公、生活、学习和器材存放等基本功能。

5.3.5 消防站应设置消防车停车坪，停车坪宜做硬化处理。使用期3个月以上的停车坪应搭建车棚，并应符合下列要求：

1 车棚内消防车外缘之间的净距不应小于2.0m；消防车外缘至边墙、柱子表面的距离不应小于1.0m；消防车外缘至后墙表面的距离不应小于2.5m；消防车外缘至前门垛的距离不应小于1.0m；车棚的净高不应小于车高加0.3m。

2 车棚内每个车位都应设独立的大门，门的宽度不应小于车宽加1.0m，高度不应小于车高加0.3m。

5.3.6 消防站的消防车配备标准不应低于表5.3.6的规定。

表 5.3.6 消防车配备标准

临时聚居点规模	消防车（辆）
过渡安置房≥10000间（套）	2
其他	1

注：消防车含随车器材及相关抢险救援装备。

5.3.7 消防站的装备器材配备标准不应低于表5.3.7的规定。仅设消防执勤点的临时聚居点，应配备手抬机动消防泵、手动破拆工具、水枪、水带和消防员基本防护装备。

表 5.3.7 装备器材配备标准

装备器材	单位	过渡安置房≥10000间（套）	1000间（套）≤过渡安置房＜10000间（套）	其他
手抬机动消防泵	台	2	1	1
背负式细水雾灭火装置	台	2	2	1
金属切割器	台	2	2	1
消防斧	柄/人	1	1	1
消防员基本防护装备	项	18	18	18
备用水带	m	1000	600	600
移动照明灯组	组	1	1	1
便携式强光照明灯	只/人	1	1	1
车载台	部/车	1	1	1
手持对讲机	部/车	4	2	2
手持扩音器	只	2	1	1
MF/ABC5 灭火器	具	10	6	6

注：1 18项消防员基本防护装备同《城市消防站建设标准》（建标152）附录二附表2-1中的二级普通消防站配备标准。
2 通讯设施应与消防站无线联网。

附录 A 过渡安置点防火巡查记录表

A.0.1 过渡安置点防火巡查记录表应符合附表A的规定。

附表 A 过渡安置点防火巡查记录表　　编号：

安置点名称					巡查人员			巡查时间		年　月　日	
占地面积					总搭建面积			安置户数/人数		/	
总平面布局	灾区应急避难场所		类别	□Ⅰ类　□Ⅱ类　□Ⅲ类			过渡安置房是否超过1000套			□是	□否
			应急设施	□供水　□供电　□应急通信广播			相邻临时聚居点间防火间距是否大于30m			□是	□否
			距离重大次生火灾或爆炸危险源是否大于1000m		□是　□否	临时聚居点	公共服务设施是否划分独立的防火分隔区			□是	□否
			距离一般次生火灾危险源是否大于30m		□是　□否		一个防火分隔区建筑面积是否大于2500m²			□是	□否
		帐篷和篷布房区	一个防火分隔区占地面积是否大于600m²		□是　□否		防火分隔区之间的防火间距是否大于5m			□是	□否
			医疗、公共厨房、炊事集中点等是否划分为独立的防火分隔区		□是　□否		一个防火分隔区内过渡安置房数量是否大于100间（套）			□是	□否
			医疗、公共厨房、炊事集中点等与帐篷和篷布房之间的防火间距是否大于12m		□是　□否		两行过渡安置房之间的行距是否大于3m			□是	□否
			防火分隔区之间防火间距是否大于12m		□是　□否		单层过渡安置房拼接长度是否大于60m			□是	□否
							多层过渡安置房拼接长度是否大于40m			□是	□否
安全疏散	灾区应急避难场所防火分隔区内人行通道净宽度是否大于2m					□是　□否	临时聚居点内主要道路净宽度和净空高度是否大于4m			□是	□否
	对外疏散出口数量是否少于2个					□是　□否	Ⅰ类灾区应急避难场所对外疏散出口数是否少于4个			□是	□否
消防设施	Ⅰ类、Ⅱ类灾区应急避难场所及临时聚居点是否设置环形消防车道				□是　□否	消防车道净宽度和净空高度是否小于4m	□是　□否	消防车道中心线间距是否大于160m		□是	□否
	消防给水	□消火栓	数量___个	间距是否大于120m	□是　□否	是否配置相应的水带、水枪				□是	□否
		□天然水源	数量___处	是否设置取水码头	□是　□否	是否配置不少于2台手抬机动消防泵和相应的水带、水枪				□是	□否
		□消防水池	数量___个	有效容积是否小于36m³	□是　□否						
	灭火器	占地面积每300m²的帐篷和篷布房区是否确定一个以上设置点			□是　□否	每个设置点是否少于2具灭火器				□是	□否
		每10间（套）过渡安置房是否确定一个以上设置点			□是　□否						
建筑防火电气设施	过渡安置房墙体、楼板、屋面板是否采用耐火极限不低于1.00h的不燃性环保板材									□是	□否
	过渡安置房承重结构及锚固件和疏散楼梯是否采用耐火极限不低于1.00h的不燃性材料									□是	□否
	过渡安置房保温材料的燃烧性能是否为A级									□是	□否
	每套过渡安置房的用电负荷是否大于2kW					□是　□否	配电箱、电器插座是否固定在不燃材料上			□是	□否
	电源进线断路器是否具有漏电保护功能					□是　□否	室内线路及进户线是否采用铜芯线穿金属管或B₁级电线电缆套管明敷			□是	□否
	开关和照明灯具靠近可燃物是否采取隔热、散热措施					□是　□否	公共服务设施的公共活动用房、疏散走道和室外疏散通道是否设置应急照明灯具和疏散指示标志			□是	□否

续附表 A

安全管理	有无搭建棚户或在道路、通道上堆放物资，占用防火间距、影响人员疏散和灭火救援的情形	□有 □无	有无确需使用明火但未采取隔热、散热等防火措施的情形	□有 □无
	有无在帐篷和篷布房内使用大功率电热器具或 60W 以上白炽灯、卤钨灯等情形	□有 □无	有无电器产品、电气线路安装敷设不符合安全规定的情形	□有 □无
	有无在帐篷和篷布房或过渡安置房内使用、存储液化石油气等易燃易爆危险品的情形	□有 □无	有无使用蚊香、电热灭蚊器、蜡烛等但未采取防火措施的情形	□有 □无
	有无灶具与帐篷和篷布房或过渡安置房墙板未保持安全距离的情形	□有 □无	有无液化气、天然气灶具阀门或管线漏气的情形	□有 □无
	有无消防设施老化、过期、故障、组件缺失或被圈占、埋压、遮挡、损毁、停用等情形	□有 □无	有无过渡安置房擅自改变使用性质的情形	□有 □无
其他				
备注				

注：具体内容可根据实际情况调整。

6.《城市消防规划规范》GB 51080—2015

3 城市消防安全布局

3.0.2 易燃易爆危险品场所或设施的消防安全应符合下列规定：

1 易燃易爆危险品场所或设施应按国家现行相关标准的规定控制规模，并应根据消防安全的要求合理布局。

2 易燃易爆危险品场所或设施应设置在城市的边缘或相对独立的安全地带；大、中型易燃易爆危险品场所或设施应设置在城市建设用地边缘的独立安全地区，不得设置在城市常年主导风向的上风向、主要水源的上游或其他危及公共安全的地区。对周边地区有重大安全影响的易燃易爆危险品场所或设施，应设置防灾缓冲地带和可靠的安全设施。

3 易燃易爆危险品场所或设施与相邻建筑、设施、交通线等的安全距离应符合国家现行有关标准的规定。城市建设用地范围内新建易燃易爆危险品生产、储存、装卸、经营场所或设施的安全距离，应控制在其总用地范围内。

4 城市建设用地范围内应控制汽车加油站、加气站和加油加气合建站的规模和布局，并应符合现行国家标准《汽车加油加气站设计与施工规范》GB 50156、《建筑设计防火规范》GB 50016 的有关规定。

5 城市燃气系统应统筹规划，区域性输油管道和压力大于 1.6MPa 的高压燃气管道不得穿越军事设施、国家重点文物保护单位、其他易燃易爆危险品场所或设施用地、机场（机场专用输油管除外）、非危险品车站和港口码头；城市输油、输气管线与周围建筑和设施之间的安全距离应符合国家现行有关标准的规定。

6 合理安排易燃易爆危险品运输线路及通行时段。

7 现有影响城市消防安全的易燃易爆危险品场所或设施，应结合城市更新改造，进行调整规模、技术改造、搬迁或拆除等。构成重大隐患的，应采取停用、搬迁或拆除等措施，并应纳入近期建设规划。

7.《城市消防站设计规范》GB 51054—2014

4 建筑设计

4.1 一般要求

4.1.1 消防站业务用房和业务附属用房的门和通道设置应有利于快速出动。

4.1.7 消防站的建筑耐火等级不应低于二级。

4.1.8 消防站内建筑的防火设计应符合现行国家标准《建筑设计防火规范》GB 50016 的有关规定。

4.1.9 消防站建筑物位于抗震设防烈度为 6 度～9 度地区的,应按乙类建筑进行抗震设计,并应按本地区设防烈度提高 1 度采取抗震构造措施。其中,位于抗震设防烈度 8 度～9 度地区消防站建筑的消防车库的框架、门框、大门等影响消防车出动的重点部位应按现行国家标准《建筑抗震设计规范》GB 50011 的有关规定进行抗震变形验算。

4.1.10 消防站的建筑外观应主题鲜明,造型应庄重简洁,宜采用体现消防站特点的装修风格,具有明确的标识性与可识别性,并应与周边环境相协调。

4.1.11 消防站的内装修应适应消防员生活和业务训练的需要,并宜采用色彩明快和容易清洗的装修材料。

8.《建设工程施工现场消防安全技术规范》GB 50720—2011

3 总平面布局

3.1 一般规定

3.1.1 临时用房、临时设施的布置应满足现场防火、灭火及人员安全疏散的要求。

3.1.2 下列临时用房和临时设施应纳入施工现场总平面布局：
 1 施工现场的出入口、围墙、围挡。
 2 场内临时道路。
 3 给水管网或管路和配电线路敷设或架设的走向、高度。
 4 施工现场办公用房、宿舍、发电机房、变配电房、可燃材料库房、易燃易爆危险品库房、可燃材料堆场及其加工场、固定动火作业场等。
 5 临时消防车道、消防救援场地和消防水源。

3.1.3 施工现场出入口的设置应满足消防车通行的要求，并宜布置在不同方向，其数量不宜少于2个。当确有困难只能设置1个出入口时，应在施工现场内设置满足消防车通行的环形道路。

3.1.4 施工现场临时办公、生活、生产、物料存贮等功能区宜相对独立布置，防火间距应符合本规范第3.2.1条和第3.2.2条的规定。

3.1.5 固定动火作业场应布置在可燃材料堆场及其加工场、易燃易爆危险品库房等全年最小频率风向的上风侧，并宜布置在临时办公用房、宿舍、可燃材料库房、在建工程等全年最小频率风向的上风侧。

3.1.6 易燃易爆危险品库房应远离明火作业区、人员密集区和建筑物相对集中区。

3.1.7 可燃材料堆场及其加工场、易燃易爆危险品库房不应布置在架空电力线下。

3.2 防火间距

3.2.1 易燃易爆危险品库房与在建工程的防火间距不应小于15m，可燃材料堆场及其加工场、固定动火作业场与在建工程的防火间距不应小于10m，其他临时用房、临时设施与在建工程的防火间距不应小于6m。

3.2.2 施工现场主要临时用房、临时设施的防火间距不应小于表3.2.2的规定，当办公用房、宿舍成组布置时，其防火间距可适当减小，但应符合下列规定：
 1 每组临时用房的栋数不应超过10栋，组与组之间的防火间距不应小于8m。
 2 组内临时用房之间的防火间距不应小于3.5m，当建筑构件燃烧性能等级为A级时，其防火间距可减少到3m。

表3.2.2 施工现场主要临时用房、临时设施的防火间距（m）

间距 名称	办公用房、宿舍	发电机房、变配电房	可燃材料库房	厨房操作间、锅炉房	可燃材料堆场及其加工场	固定动火作业场	易燃易爆危险品库房
办公用房、宿舍	4	4	5	5	7	7	10
发电机房、变配电房	4	4	5	5	7	7	10
可燃材料库房	5	5	5	5	7	7	10
厨房操作间、锅炉房	5	5	5	5	7	7	10
可燃材料堆场及其加工场	7	7	7	7	7	10	10
固定动火作业场	7	7	7	7	10	10	12
易燃易爆危险品库房	10	10	10	10	10	12	12

注：1 临时用房、临时设施的防火间距应按临时房外墙外边线或堆场、作业场、作业棚边线间的最小距离计算，当临时用房外墙有突出可燃构件时，应从其突出可燃构件的外缘算起；
 2 两栋临时用房相邻较高一面的外墙为防火墙时，防火间距不限；
 3 本表未规定的，可按同等火灾危险性的临时用房、临时设施的防火间距确定。

4 建筑防火

4.1 一般规定

4.1.1 临时用房和在建工程应采取可靠的防火分隔和安全疏散等防火技术措施。

4.1.2 临时用房的防火设计应根据其使用性质及火灾危险性等情况进行确定。

4.1.3 在建工程防火设计应根据施工性质、建筑高度、建筑规模及结构特点等情况进行确定。

4.2 临时用房防火

4.2.1 宿舍、办公用房的防火设计应符合下列规定：

　　1 建筑构件的燃烧性能等级应为 A 级。当采用金属夹芯板材时，其芯材的燃烧性能等级应为 A 级。

　　2 建筑层数不应超过 3 层，每层建筑面积不应大于 $300m^2$。

　　3 层数为 3 层或每层建筑面积大于 $200m^2$ 时，应设置至少 2 部疏散楼梯，房间疏散门至疏散楼梯的最大距离不应大于 25m。

　　4 单面布置用房时，疏散走道的净宽度不应小于 1.0m；双面布置用房时，疏散走道的净宽度不应小于 1.5m。

　　5 疏散楼梯的净宽度不应小于疏散走道的净宽度。

　　6 宿舍房间的建筑面积不应大于 $30m^2$，其他房间的建筑面积不宜大于 $100m^2$。

　　7 房间内任一点至最近疏散门的距离不应大于 15m，房门的净宽度不应小于 0.8m；房间建筑面积超过 $50m^2$ 时，房门的净宽度不应小于 1.2m。

　　8 隔墙应从楼地面基层隔断至顶板基层底面。

4.2.2 发电机房、变配电房、厨房操作间、锅炉房、可燃材料库房及易燃易爆危险品库房的防火设计应符合下列规定：

　　1 建筑构件的燃烧性能等级应为 A 级。

　　2 层数应为 1 层，建筑面积不应大于 $200m^2$。

　　3 可燃材料库房单个房间的建筑面积不应超过 $30m^2$，易燃易爆危险品库房单个房间的建筑面积不应超过 $20m^2$。

　　4 房间内任一点至最近疏散门的距离不应大于 10m，房门的净宽度不应小于 0.8m。

4.2.3 其他防火设计应符合下列规定：

　　1 宿舍、办公用房不应与厨房操作间、锅炉房、变配电房等组合建造。

　　2 会议室、文化娱乐室等人员密集的房间应设置在临时用房的第一层，其疏散门应向疏散方向开启。

4.3 在建工程防火

4.3.1 在建工程作业场所的临时疏散通道应采用不燃、难燃材料建造，并应与在建工程结构施工同步设置，也可利用在建工程施工完毕的水平结构、楼梯。

4.3.2 在建工程作业场所临时疏散通道的设置应符合下列规定：

　　1 耐火极限不应低于 0.5h。

　　2 设置在地面上的临时疏散通道，其净宽度不应小于 1.5m；利用在建工程施工完毕的水平结构、楼梯作临时疏散通道时，其净宽度不宜小于 1.0m；用于疏散的爬梯及设置在脚手架上的临时疏散通道，其净宽度不应小于 0.6m。

　　3 临时疏散通道为坡道，且坡度大于 25°时，应修建楼梯或台阶踏步或设置防滑条。

　　4 临时疏散通道不宜采用爬梯，确需采用时，应采取可靠固定措施。

　　5 临时疏散通道的侧面为临空面时，应沿临空面设置高度不小于 1.2m 的防护栏杆。

　　6 临时疏散通道设置在脚手架上时，脚手架应采用不燃材料搭设。

　　7 临时疏散通道应设置明显的疏散指示标识。

　　8 临时疏散通道应设置照明设施。

4.3.3 既有建筑进行扩建、改建施工时，必须明确划分施工区和非施工区。施工区不得营业、使用和居住；非施工区继续营业、使用和居住时，应符合下列规定：

　　1 施工区和非施工区之间应采用不开设门、窗、洞口的耐火极限不低于 3.0h 的不燃烧体隔墙进行防火分隔。

　　2 非施工区内的消防设施应完好和有效，疏散通道应保持畅通，并应落实日常值班及消防安全管理制度。

　　3 施工区的消防安全应配有专人值守，发生火情应能立即处置。

　　4 施工单位应向居住和使用者进行消防宣传教育，告知建筑消防设施、疏散通道的位置及使用方法，同时应组织疏散演练。

　　5 外脚手架搭设不应影响安全疏散、消防车正常通行及灭火救援操作，外脚手架搭设长度不应超过该建筑物外立面周长的 1/2。

4.3.4 外脚手架、支模架的架体宜采用不燃或难燃材料搭设，下列工程的外脚手架、支模架的架体应采用不燃材料搭设：

　　1 高层建筑。

　　2 既有建筑改造工程。

4.3.5 下列安全防护网应采用阻燃型安全防护网：

　　1 高层建筑外脚手架的安全防护网。

　　2 既有建筑外墙改造时，其外脚手架的安全防护网。

　　3 临时疏散通道的安全防护网。

4.3.6 作业场所应设置明显的疏散指示标志，其指示方向应指向最近的临时疏散通道入口。

4.3.7 作业层的醒目位置应设置安全疏散示意图。

5 临时消防设施

5.1 一般规定

5.1.1 施工现场应设置灭火器、临时消防给水系统和应急照明等临时消防设施。

5.1.2 临时消防设施应与在建工程的施工同步设置。房屋建筑工程中，临时消防设施的设置与在建工程主体结构施工进度的差距不应超过 3 层。

5.1.3 在建工程可利用已具备使用条件的永久性消防设施作为临时消防设施。当永久性消防设施无法满足使用要求时，应增设临时消防设施，并应符合本规范第 5.2～5.4 节的有关规定。

5.1.4 施工现场的消火栓泵应采用专用消防配电线路。专用消防配电线路应自施工现场总配电箱的总断路器上端接入,且应保持不间断供电。

5.1.6 临时消防给水系统的贮水池、消火栓泵、室内消防竖管及水泵接合器等应设置醒目标识。

5.3 临时消防给水系统

5.3.1 施工现场或其附近应设置稳定、可靠的水源,并应能满足施工现场临时消防用水的需要。

消防水源可采用市政给水管网或天然水源。当采用天然水源时,应采取确保冰冻季节、枯水期最低水位时顺利取水的措施,并应满足临时消防用水量的要求。

5.3.2 临时消防用水量应为临时室外消防用水量与临时室内消防用水量之和。

5.3.3 临时室外消防用水量应按临时用房和在建工程的临时室外消防用水量的较大者确定,施工现场火灾次数可按同时发生1次确定。

5.3.4 临时用房建筑面积之和大于1000m² 或在建工程单体体积大于10000m³ 时,应设置临时室外消防给水系统。当施工现场处于市政消火栓150m保护范围内,且市政消火栓的数量满足室外消防用水量要求时,可不设置临时室外消防给水系统。

5.3.5 临时用房的临时室外消防用水量不应小于表5.3.5的规定。

表5.3.5 临时用房的临时室外消防用水量

临时用房的建筑面积之和	火灾延续时间(h)	消火栓用水量(L/s)	每支水枪最小流量(L/s)
1000m²<面积≤5000m²	1	10	5
面积>5000m²	1	15	5

5.3.6 在建工程的临时室外消防用水量不应小于表5.3.6的规定。

表5.3.6 在建工程的临时室外消防用水量

在建工程(单体)体积	火灾延续时间(h)	消火栓用水量(L/s)	每支水枪最小流量(L/s)
10000m³<体积≤30000m³	1	15	5
面积>30000m³	2	20	5

5.3.7 施工现场临时室外消防给水系统的设置应符合下列规定:

1 给水管网宜布置成环状。

2 临时室外消防给水干管的管径,应根据施工现场临时消防用水量和干管内水流计算速度计算确定,且不应小于DN100。

3 室外消火栓应沿在建工程、临时用房和可燃材料堆场及其加工场均匀布置,与在建工程、临时用房和可燃材料堆场及其加工场的外边线的距离不应小于5m。

4 消火栓的间距不应大于120m。

5 消火栓的最大保护半径不应大于150m。

5.3.8 建筑高度大于24m 或单体体积超过30000m³ 的在建工程,应设置临时室内消防给水系统。

5.3.9 在建工程的临时室内消防用水量不应小于表5.3.9的规定。

表5.3.9 在建工程的临时室内消防用水量

建筑高度、在建工程体积(单体)	火灾延续时间(h)	消火栓用水量(L/s)	每支水枪最小流量(L/s)
24m<建筑高度≤50m 或30000m³<体积≤50000m³	1	10	5
建筑高度>50m 或体积>50000m³	1	15	5

5.3.10 在建工程临时室内消防竖管的设置应符合下列规定:

1 消防竖管的设置位置应便于消防人员操作,其数量不应少于2根,当结构封顶时,应将消防竖管设置成环状。

2 消防竖管的管径应根据在建工程临时消防用水量、竖管内水流计算速度计算确定,且不应小于DN100。

5.3.11 设置室内消防给水系统的在建工程,应设置消防水泵接合器。消防水泵接合器应设置在室外便于消防车取水的部位,与室外消火栓或消防水池取水口的距离宜为15m~40m。

5.3.12 设置临时室内消防给水系统的在建工程,各结构层均应设置室内消火栓接口及消防软管接口,并应符合下列规定:

1 消火栓接口及软管接口应设置在位置明显且易于操作的部位。

2 消火栓接口的前端应设置截止阀。

3 消火栓接口或软管接口的间距,多层建筑不应大于50m,高层建筑不应大于30m。

5.3.13 在建工程结构施工完毕的每层楼梯处应设置消防水枪、水带及软管,且每个设置点不应少于2套。

5.3.14 高度超过100m的在建工程,应在适当楼层增设临时中转水池及加压水泵。中转水池的有效容积不应少于10m³,上、下两个中转水池的高差不宜超过100m。

5.3.15 临时消防给水系统的给水压力应满足消防水枪充实水柱长度不小于10m的要求;给水压力不能满足要求时,应设置消火栓泵,消火栓泵不应少于2台,且应互为备用;消火栓泵宜设置自动启动装置。

5.3.16 当外部消防水源不能满足施工现场的临时消防用水量要求时,应在施工现场设置临时贮水池。临时贮水池宜设置在便于消防车取水的部位,其有效容积不应小于施工现场火灾延续时间内一次灭火的全部消防用水量。

5.3.17 施工现场临时消防给水系统应与施工现场生产、生活给水系统合并设置,但应设置将生产、生活用水转为消防用水的应急阀门。应急阀门不应超过2个,且应设置在易于操作的场所,并应设置明显标识。

5.3.18 严寒和寒冷地区的现场临时消防给水系统应采取防冻措施。

5.4 应急照明

5.4.1 施工现场的下列场所应配备临时应急照明：
 1 自备发电机房及变配电房。
 2 水泵房。
 3 无天然采光的作业场所及疏散通道。
 4 高度超过100m的在建工程的室内疏散通道。
 5 发生火灾时仍需坚持工作的其他场所。

5.4.2 作业场所应急照明的照度不应低于正常工作所需照度的90%，疏散通道的照度值不应小于0.5lx。

5.4.3 临时消防应急照明灯具宜选用自备电源的应急照明灯具，自备电源的连续供电时间不应小于60min。

6 防火管理

6.1 一般规定

6.1.1 施工现场的消防安全管理应由施工单位负责。

实行施工总承包时，应由总承包单位负责。分包单位应向总承包单位负责，并应服从总承包单位的管理，同时应承担国家法律、法规规定的消防责任和义务。

6.1.2 监理单位应对施工现场的消防安全管理实施监理。

6.1.3 施工单位应根据建设项目规模、现场消防安全管理的重点，在施工现场建立消防安全管理组织机构及义务消防组织，并应确定消防安全负责人和消防安全管理人员，同时应落实相关人员的消防安全管理责任。

6.1.4 施工单位应针对施工现场可能导致火灾发生的施工作业及其他活动，制订消防安全管理制度。消防安全管理制度应包括下列主要内容：
 1 消防安全教育与培训制度。
 2 可燃及易燃易爆危险品管理制度。
 3 用火、用电、用气管理制度。
 4 消防安全检查制度。
 5 应急预案演练制度。

6.1.5 施工单位应编制施工现场防火技术方案，并应根据现场情况变化及时对其修改、完善。防火技术方案应包括下列主要内容：
 1 施工现场重大火灾危险源辨识。
 2 施工现场防火技术措施。
 3 临时消防设施、临时疏散设施配备。
 4 临时消防设施和消防警示标识布置图。

6.1.6 施工单位应编制施工现场灭火及应急疏散预案。灭火及应急疏散预案应包括下列主要内容：
 1 应急灭火处置机构及各级人员应急处置职责。
 2 报警、接警处置的程序和通讯联络的方式。
 3 扑救初起火灾的程序和措施。
 4 应急疏散及救援的程序和措施。

6.1.7 施工人员进场时，施工现场的消防安全管理人员应向施工人员进行消防安全教育和培训。消防安全教育和培训应包括下列内容：
 1 施工现场消防安全管理制度、防火技术方案、灭火及应急疏散预案的主要内容。
 2 施工现场临时消防设施的性能及使用、维护方法。
 3 扑灭初起火灾及自救逃生的知识和技能。
 4 报警、接警的程序和方法。

6.1.8 施工作业前，施工现场的施工管理人员应向作业人员进行消防安全技术交底。消防安全技术交底应包括下列主要内容：
 1 施工过程中可能发生火灾的部位或环节。
 2 施工过程应采取的防火措施及应配备的临时消防设施。
 3 初起火灾的扑救方法及注意事项。
 4 逃生方法及路线。

6.1.9 施工过程中，施工现场的消防安全负责人应定期组织消防安全管理人员对施工现场的消防安全进行检查。消防安全检查应包括下列主要内容：
 1 可燃物及易燃易爆危险品的管理是否落实。
 2 动火作业的防火措施是否落实。
 3 用火、用电、用气是否存在违章操作，电、气焊及保温防水施工是否执行操作规程。
 4 临时消防设施是否完好有效。
 5 临时消防车道及临时疏散设施是否畅通。

6.1.10 施工单位应依据灭火及应急疏散预案，定期开展灭火及应急疏散的演练。

6.1.11 施工单位应做好并保存施工现场消防安全管理的相关文件和记录，并应建立现场消防安全管理档案。

6.2 可燃物及易燃易爆危险品管理

6.2.1 用于在建工程的保温、防水、装饰及防腐等材料的燃烧性能等级应符合设计要求。

6.2.2 可燃材料及易燃易爆危险品应按计划限量进场。进场后，可燃材料宜存放于库房内，露天存放时，应分类成垛堆放，垛高不应超过2m，单垛体积不应超过50m³，垛与垛之间的最小间距不应小于2m，且应采用不燃或难燃材料覆盖；易燃易爆危险品应分类专库储存，库房内应通风良好，并应设置严禁明火标志。

6.2.3 室内使用油漆及其有机溶剂、乙二胺、冷底子油等易挥发产生易燃气体的物资作业时，应保持良好通风，作业场所严禁明火，并应避免产生静电。

6.2.4 施工产生的可燃、易燃建筑垃圾或余料，应及时清理。

6.3 用火、用电、用气管理

6.3.1 施工现场用火应符合下列规定：
 1 动火作业应办理动火许可证；动火许可证的签发人收到动火申请后，应前往现场查验并确认动火作业的防火措施落实后，再签发动火许可证。
 2 动火操作人员应具有相应资格。
 3 焊接、切割、烘烤或加热等动火作业前，应对作业现场的可燃物进行清理；作业现场及其附近无法移走的可燃物应采用不燃材料对其覆盖或隔离。
 4 施工作业安排时，宜将动火作业安排在使用可燃建筑材料的施工作业前进行。确需在使用可燃建筑材料的施工作业之后进行动火作业时，应采取可靠的防火措施。

    5 裸露的可燃材料上严禁直接进行动火作业。

    6 焊接、切割、烘烤或加热等动火作业应配备灭火器材，并应设置动火监护人进行现场监护，每个动火作业点均应设置 1 个监护人。

    7 五级（含五级）以上风力时，应停止焊接、切割等室外动火作业；确需动火作业时，应采取可靠的挡风措施。

    8 动火作业后，应对现场进行检查，并应在确认无火灾危险后，动火操作人员再离开。

    9 具有火灾、爆炸危险的场所严禁明火。

    10 施工现场不应采用明火取暖。

    11 厨房操作间炉灶使用完毕后，应将炉火熄灭，排油烟机及油烟管道应定期清理油垢。

6.3.2 施工现场用电应符合下列规定：

    1 施工现场供用电设施的设计、施工、运行和维护应符合现行国家标准《建设工程施工现场供用电安全规范》GB 50194 的有关规定。

    2 电气线路应具有相应的绝缘强度和机械强度，严禁使用绝缘老化或失去绝缘性能的电气线路，严禁在电气线路上悬挂物品。破损、烧焦的插座、插头应及时更换。

    3 电气设备与可燃、易燃易爆危险品和腐蚀性物品应保持一定的安全距离。

    4 有爆炸和火灾危险的场所，应按危险场所等级选用相应的电气设备。

    5 配电屏上每个电气回路应设置漏电保护器、过载保护器，距配电屏 2m 范围内不应堆放可燃物，5m 范围内不应设置可能产生较多易燃、易爆气体、粉尘的作业区。

    6 可燃材料库房不应使用高热灯具，易燃易爆危险品库房内应使用防爆灯具。

    8 电气设备不应超负荷运行或带故障使用。

    9 严禁私自改装现场供用电设施。

    10 应定期对电气设备和线路的运行及维护情况进行检查。

6.3.3 施工现场用气应符合下列规定：

    1 储装气体的罐瓶及其附件应合格、完好和有效；严禁使用减压器及其他附件缺损的氧气瓶，严禁使用乙炔专用减压器、回火防止器及其他附件缺损的乙炔瓶。

    2 气瓶运输、存放、使用时，应符合下列规定：

      1) 气瓶应保持直立状态，并采取防倾倒措施，乙炔瓶严禁横躺卧放。

      2) 严禁碰撞、敲打、抛掷、滚动气瓶。

      3) 气瓶应远离火源，与火源的距离不应小于 10m，并应采取避免高温和防止曝晒的措施。

      4) 燃气储装瓶罐应设置防静电装置。

    3 气瓶应分类储存，库房内应通风良好；空瓶和实瓶同库存放时，应分开放置，空瓶和实瓶的间距不应小于 1.5m。

    4 气瓶使用时，应符合下列规定：

      1) 使用前，应检查气瓶及气瓶附件的完好性，检查连接气路的气密性，并采取避免气体泄漏的措施，严禁使用已老化的橡皮软管。

      2) 氧气瓶与乙炔瓶的工作间距不应小于 5m，气瓶与明火作业点的距离不应小于 10m。

      3) 冬季使用气瓶，气瓶的瓶阀、减压器等发生冻结时，严禁用火烘烤或用铁器敲击瓶阀，严禁猛拧减压器的调节螺丝。

      4) 氧气瓶内剩余气体的压力不应小于 0.1MPa。

      5) 气瓶用后应及时归库。

6.4 其他防火管理

6.4.1 施工现场的重点防火部位或区域应设置防火警示标识。

6.4.2 施工单位应做好施工现场临时消防设施的日常维护工作，对已失效、损坏或丢失的消防设施应及时更换、修复或补充。

6.4.3 临时消防车道、临时疏散通道、安全出口应保持畅通，不得遮挡、挪动疏散指示标识，不得挪用消防设施。

6.4.4 施工期间，不应拆除临时消防设施及临时疏散设施。

6.4.5 施工现场严禁吸烟。

9. 《建设工程施工现场供用电安全规范》GB 50194—2014

6 配电设施

6.1 一般规定

6.1.3 消防等重要负荷应由总配电箱专用回路直接供电,并不得接入过负荷保护和剩余电流保护器。

6.1.4 消防泵、施工升降机、塔式起重机、混凝土输送泵等大型设备应设专用配电箱。

10.《消防电梯制造与安装安全规范》GB 26465—2011

5 安全要求和/或防护措施

5.11 消防服务通讯系统

5.11.1 消防电梯应有交互式双向语音通讯的对讲系统或类似的装置,当消防电梯处于阶段1和阶段2时,用于消防电梯轿厢与下列地点之间通讯:

a) 消防员入口层;

b) 消防电梯机房或 EN81-1:1998/A2:2004 和 EN81-2:1998/A2:2004 所规定的无机房电梯的紧急操作屏处。如果是在机房内,只有通过按压麦克风的控制按钮才能使其有效。

5.11.2 轿厢内和消防员入口层的通讯设备应是内置式麦克风和扬声器,不能用手持式电话。

11. 《建筑消防设施检测技术规程》XF 503—2004

1 范围

本标准规定了检查和测试建筑消防设施的技术要求，并提供了方法。

本标准适用于建筑消防设施的检查和测试。

3 术语和定义

GB/T 4718—1996、GB/T 14107—1993 确定的以及下列术语和定义适用于本标准。

3.1
建筑消防设施 fire equipment in building

建筑物、构筑物中设置的用于火灾报警、灭火、人员疏散、防火分隔、灭火救援行动等设施的总称。

4 技术要求

4.1 一般要求

4.1.1 各消防设施的组件和设备应符合设计选型，并应具有出厂产品合格证，消防产品应具有符合法定市场准入规则的证明文件。灭火剂应在有效期内。

4.1.2 各消防设施的组件、设备的永久性铭牌和按规定设置的标志，其文字和数据应齐全、符号应清晰、色标应正确。

4.1.3 系统组件、设备、管道、线槽、支吊架等应完好无损、无锈蚀，设备、管道应无泄漏现象，导线和电缆的连接、绝缘性能、接地电阻等应符合设计要求。

4.1.4 检测用的仪器、仪表等，应按国家现行有关规定计量检定合格。

4.2 消防供配电设施

4.2.1 消防配电

4.2.1.1 消防设备配电箱应有区别于其他配电箱的明显标志，不同消防设备的配电箱应有明显区分标识。配电箱上的仪表、指示灯的显示应正常，开关及控制按钮应灵活可靠。

4.2.1.2 切换备用电源的控制方式及操作程序应符合设计要求。

4.2.2 自备发电机组

4.2.2.1 发电机

4.2.2.1.1 仪表、指示灯及开关按钮等应完好，显示应正常。

4.2.2.1.2 自动启动并达到额定转速并发电的时间不应大于30s，发电机运行及输出功率、电压、频率、相位的显示均应正常。

4.2.2.1.3 机房通风设施运行正常。

4.2.2.2 储油设施

4.2.2.2.1 储油箱内的油量应能满足发电机运行 3～8h 的用量，油位显示应正常。

4.2.2.2.2 燃油标号应正确。

4.3 火灾自动报警系统

4.3.1 火灾探测器

4.3.1.1 点型感烟探测器

应在试验烟气作用下动作，向火灾报警控制器输出火警信号，并启动探测器报警确认灯；探测器报警确认灯应在手动复位前予以保持。

4.3.1.2 线型光束感烟探测器

当对射光束的减光值达到 1.0dB～10dB 时，应在 30s 内向火灾报警控制器输出火警信号，启动探测器报警确认灯。

4.3.1.3 点型、线型感温探测器

应在试验热源作用下动作，向火灾报警控制器输出火警信号；点型探测器报警应启动探测器报警确认灯，并应在手动复位前予以保持。

4.3.1.4 火焰（或感光）探测器

应在试验光源作用下，在规定的响应时间内动作，并向火灾报警控制器输出火警信号；具有报警确认灯的探测器应同时启动报警确认灯，并应在手动复位前予以保持。

4.3.1.5 可燃气体探测器

应符合 GB 15322—1994 的 4.1、4.6 要求。

4.3.2 手动报警按钮

被触发时，应向报警控制器输出火警信号，同时启动按钮的报警确认灯；应能手动复位。

4.3.3 火灾报警控制器

4.3.3.1 火灾报警控制器（区域、集中、通用）

4.3.3.1.1 火灾报警功能、故障报警功能、自检功能、显示与计时功能等，应符合 GB 4717—1993 4.2.1.2～4.2.1.6 的相关要求。

4.3.3.1.2 主电源断电时应自动转换至备用电源供电，主电源恢复后应自动转换为主电源供电，并应分别显示主、备电源的状态。

4.3.3.2 火灾显示盘

应符合 GB 17429—1998 的 3.2.1.2 要求。

4.3.3.3 消防联动控制设备

4.3.3.3.1 应符合 GB 16806—1997 的 4.2.4、4.2.5、4.2.6 要求。

4.3.3.3.2 消防联动控制设备与输入/输出模块间的连线发生断路、短路时，应能在 100s 内发出与火灾报警信号有明显区别的声、光故障信号。

4.3.3.4 可燃气体报警控制器

4.3.3.4.1 可燃气体报警功能、故障报警功能、本机自检功能、显示与计时功能等，应符合 GB 16808—1997 的 3.2.2、3.2.4～3.2.6 的相关规定。

4.3.3.4.2 主电源断电时应自动转换至备用电源供电，主电源恢复后应自动转换为主电源供电，并应分别显示主、备电

源状态。

4.3.4 火灾警报装置

4.3.4.1 应在接收火灾报警控制器输出的控制信号后,发出声警报或声、光警报。

4.3.4.2 环境噪声大于60dB的场所,声警报的声压级应高于背景噪声15dB。

4.4 消防供水

4.4.1 消防水池

4.4.1.1 水位及消防用水不被他用的设施应正常。

4.4.1.2 补水设施应正常。

4.4.1.3 寒冷地区防冻措施完好。

4.4.2 消防水箱

4.4.2.1 水位及消防用水不被他用的设施应正常。

4.4.2.2 消防出水管上的止回阀关闭时应严密。

4.4.2.3 寒冷地区防冻措施应完好。

4.4.3 稳压泵、增压泵及气压水罐

4.4.3.1 进出口阀门应常开。

4.4.3.2 启动运行应正常;启泵与停泵压力应符合设定值;压力表显示应正常。

4.4.4 消防水泵

4.4.4.1 消防水泵应有注明系统名称和编号的标志牌。

4.4.4.2 进出口阀门应常开,标志牌应正确。

4.4.4.3 压力表、试水阀及防超压装置等均应正常。

4.4.4.4 启动运行应正常,应向消防控制设备反馈水泵状态的信号。

4.4.5 水泵控制柜

4.4.5.1 应有注明所属系统及编号的标志。

4.4.5.2 按钮、指示灯及仪表应正常,应能按钮启停每台水泵。

4.4.5.3 主泵不能正常投入运行时,应自动切换启动备用泵。

4.4.6 水泵接合器

4.4.6.1 应有注明所属系统和区域的标志牌。

4.4.6.2 控制阀应常开,且启闭灵活;单向阀安装方向应正确,止回阀应严密关闭。

4.4.6.3 寒冷地区防冻措施应完好。

4.5 消火栓、消防炮

4.5.1 室内消火栓

4.5.1.1 消火栓箱应有明显标志。

4.5.1.2 消火栓箱组件应齐全,箱门应开关灵活,开度应符合要求。

4.5.1.3 消火栓的阀门应启闭灵活,栓口位置应便于连接水带。

4.5.2 室外消火栓

4.5.2.1 阀门应启闭灵活。

4.5.2.2 地下式消火栓应有明显标志,井内应无积水。

4.5.2.3 寒冷地区防冻措施应完好。

4.5.3 消防炮

4.5.3.1 控制阀应启闭灵活。

4.5.3.2 回转与仰俯操作应灵活,操作角度应符合设定值,定位机构应可靠。

4.5.4 启泵按钮

4.5.4.1 外观完好,有透明罩保护,并配有击碎工具。

4.5.4.2 被触发时,应直接启动消防泵,同时确认灯显示。

4.5.4.3 按钮手动复位,确认灯随之复位。

4.5.5 系统功能

4.5.5.1 室内消火栓

4.5.5.1.1 消火栓栓口处的静水压力应符合设计要求,且不应大于0.8MPa。

4.5.5.1.2 触发启泵按钮时,消防水泵应启动。

4.5.5.1.3 消防水泵启动后,栓口出水压力应符合设计要求,且不应大于0.5MPa。

4.5.5.2 消防炮

触发启泵按钮时,消防水泵应启动;出水压力应符合设计要求。

4.6 自动喷水灭火系统

湿式、干式、预作用系统应设置在自动控制状态。

4.6.1 报警阀组

4.6.1.1 湿式报警阀组

4.6.1.1.1 应有注明系统名称和保护区域的标志牌,压力表显示应符合设定值。

4.6.1.1.2 控制阀应全部开启,并用锁具固定手轮,启闭标志应明显;采用信号阀时,反馈信号应正确。

4.6.1.1.3 报警阀等组件应灵敏可靠;压力开关动作应向消防控制设备反馈信号。

4.6.1.2 干式报警阀组

4.6.1.2.1 应符合4.6.1.1。

4.6.1.2.2 空气压缩机和气压控制装置状态应正常;压力表显示应符合设定值。

4.6.1.3 预作用报警阀组

4.6.1.3.1 应符合4.6.1.1。

4.6.1.3.2 配有充气装置时,应符合4.6.1.2.2。

4.6.1.3.3 电磁阀的启闭及反馈信号应灵敏可靠。

4.6.1.4 雨淋报警阀组

4.6.1.4.1 应符合4.6.1.1和4.6.1.3.3。

4.6.1.4.2 配置传动管时,传动管的压力表显示应符合设定值;气压传动管的供气装置应符合4.6.1.2.2条。

4.6.2 水流指示器

4.6.2.1 应有明显标志。

4.6.2.2 信号阀应全开,并应反馈启闭信号。

4.6.2.3 水流指示器的启动与复位应灵敏可靠,并同时反馈信号。

4.6.3 喷头

4.6.3.1 应符合设计选型。

4.6.3.2 闭式喷头玻璃泡色标应符合设计要求。

4.6.3.3 不得有变形和附着物、悬挂物。

4.6.4 末端试水装置

阀门、试水接头、压力表和排水管应正常。

4.6.5 系统功能

4.6.5.1 湿式系统

4.6.5.1.1 开启末端试水装置后,出水压力不应低于0.05MPa。水流指示器、报警阀、压力开关应动作。

4.6.5.1.2 报警阀动作后,距水力警铃3m远处的声压级不应低于70dB。

4.6.5.1.3 应在开启末端试水装置后 5min 内自动启动消防水泵。

4.6.5.1.4 消防控制设备应显示水流指示器、压力开关及消防水泵的反馈信号。

4.6.5.2 干式系统

4.6.5.2.1 开启末端试水装置阀门后，报警阀、压力开关应动作，联动启动排气阀入口电动阀与消防水泵，水流指示器报警。

4.6.5.2.2 报警阀动作后，距水力警铃 3m 远处的声压级不应低于 70dB。

4.6.5.2.3 开启末端试水装置后 1min，其出水压力不应低于 0.05MPa。

4.6.5.2.4 消防控制设备应显示水流指示器、压力开关、电动阀及消防水泵的反馈信号。

4.6.5.3 预作用系统

4.6.5.3.1 火灾报警控制器确认火灾后，应自动启动雨淋阀、排气阀入口电动阀及消防水泵；水流指示器、压力开关应动作，距水力警铃 3m 远处的声压级不应低于 70dB。

4.6.5.3.2 火灾报警控制器确认火灾后 2min，末端试水装置的出水压力不应低于 0.05MPa。

4.6.5.3.3 消防控制设备应显示电磁阀、电动阀、水流指示器及消防水泵的反馈信号。

4.6.5.4 雨淋系统

4.6.5.4.1 应能自动和手动启动消防水泵和雨淋阀。

4.6.5.4.2 当采用传动管控制的系统时，传动管泄压后，应联动消防水泵和雨淋阀。

4.6.5.4.3 压力开关应动作，距水力警铃 3m 远处的声压级不得低于 70dB。

4.6.5.4.4 消防控制设备应显示电磁阀、消防水泵与压力开关的反馈信号。

4.6.5.4.5 并联设置多台雨淋阀组的系统，逻辑控制关系应符合设计要求。

4.6.5.5 水幕系统

4.6.5.5.1 自动控制的系统应符合 4.6.5.4.1～4.6.5.4.3。

4.6.5.5.2 人为操作的系统，控制阀的启闭应灵活可靠。

4.6.5.6 水喷雾系统

应符合 4.6.5.4。

4.7 泡沫灭火系统

4.7.1 供水设施、启泵按钮

应符合 4.4 条、4.5.4。

4.7.2 泡沫液贮罐

4.7.2.1 罐体或铭牌、标志牌上应清晰注明泡沫灭火剂的型号、配比浓度、泡沫灭火剂的有效日期和储量。

4.7.2.2 储罐的配件应齐全完好，液位计、呼吸阀、安全阀及压力表状态应正常。

4.7.3 比例混合器

4.7.3.1 应符合设计选型；液流方向应正确。

4.7.3.2 阀门启闭应灵活，压力表应正常。

4.7.4 泡沫产生器

4.7.4.1 应符合设计选型。

4.7.4.2 吸气孔、发泡网及暴露的泡沫喷射口，不得有杂物进入或堵塞；泡沫出口附近不得有阻挡泡沫喷射及泡沫流淌的障碍物。

4.7.5 泡沫栓

阀门启闭应灵活。

4.7.6 泡沫喷头

应符合设计选型，吸气孔、发泡网不应堵塞。

4.7.7 系统功能

应能按设定的控制方式正常启动泡沫消防泵，比例混合器、泡沫产生器、泡沫枪，以及喷发的泡沫应正常。

4.8 气体灭火系统

4.8.1 瓶组与储罐

4.8.1.1 组件应固定牢固，手动操作装置的铅封应完好，压力表的显示应正常。

4.8.1.2 应注明灭火剂名称，储瓶应有编号，驱动装置和选择阀应有分区标志牌，选择阀手动启闭应灵活。

4.8.1.3 储瓶的称重装置应正常，并应有原始重量标记。

4.8.1.4 二氧化碳储瓶及储罐，应在灭火剂的损失量达到设定值时发出报警信号。

4.8.1.5 低压二氧化碳储罐的制冷装置应正常运行，控制的温度和压力应符合设定值。

4.8.2 喷嘴

喷口方向应正确、并应无堵塞现象。

4.8.3 气体灭火控制器

4.8.3.1 应符合 4.3.3.1。

4.8.3.2 自动、手动转换功能应正常，无论装置处于自动或手动状态，手动操作启动均应有效。

4.8.3.3 装置所处状态应有明显的标志或灯光显示，反馈信号显示应正常。

4.8.4 系统功能

4.8.4.1 防护区内和入口处的声光报警装置，入口处的安全标志、紧急启停按钮应正常。

4.8.4.2 火灾报警控制器确认火灾报警后的延时启动时间应符合设定值。

4.8.4.3 应符合 GB 50263—1997 的 5.4.2 要求。

4.9 机械加压送风系统

4.9.1 控制柜

4.9.1.1 应有注明系统名称和编号的标志。

4.9.1.2 仪表、指示灯显示应正常，开关及控制按钮应灵活可靠。

4.9.1.3 应有手动、自动切换装置。

4.9.2 风机

4.9.2.1 应有注明系统名称和编号的标志。

4.9.2.2 传动皮带的防护罩、新风入口的防护网应完好。

4.9.2.3 启动运转平稳，叶轮旋转方向正确，无异常振动与声响。

4.9.3 送风阀

4.9.3.1 安装牢固。

4.9.3.2 开启与复位操作应灵活可靠，关闭时应严密，反馈信号应正确。

4.9.4 系统功能

4.9.4.1 应能自动和手动启动相应区域的送风阀、送风机，并向火灾报警控制器反馈信号。

4.9.4.3 防烟楼梯间的余压值应为 40Pa～50Pa，前室、合用前室的余压值应为25Pa~30Pa。

4.10 机械排烟系统
4.10.1 控制柜
同4.9.1。
4.10.2 风机
同4.9.2。
4.10.3 排烟阀、排烟防火阀、电动排烟窗
同4.9.3。
4.10.4 系统功能
4.10.4.1 应能自动和手动启动相应区域排烟阀、排烟风机，并向火灾报警控制器反馈信号。设有补风的系统，应在启动排烟风机的同时启动送风机。

4.10.4.2 排烟口的风速不宜大于10m/s，排烟量应符合设计要求。

4.10.4.3 当通风与排烟合用风机时，应能自动切换到高速运行状态。

4.10.4.4 电动排烟窗系统，应具有直接启动或联动控制开启功能。

4.11 应急照明和疏散指示标志
4.11.1 应急照明
4.11.1.1 应牢固、无遮挡，状态指示灯正常。

4.11.1.2 切断正常供电电源后，应急工作状态的持续时间不应低于表1规定。

表1 应急照明工作状态的持续时间

建筑类别	应急疏散照明工作状态的持续时间/min	消防应急照明工作状态的持续时间/min
建筑高度超过100m的高层建筑	≥30	≥90
其他建筑	≥20	≥90

4.11.1.3 疏散照明的地面照度不应低于0.5lx，地下工程疏散照明的地面照度不应低于5.0lx。

4.11.1.4 配电室、消防控制室、消防水泵房、防烟排烟机房、消防用电的蓄电池室、自备发电机房、电话总机房以及发生火灾时仍需坚持工作的其他房间，其工作面的照度，不应低于正常照明时的照度。

4.11.2 疏散指示标志
4.11.2.1 应牢固、无遮挡，疏散方向的指示应正确清晰。

4.11.2.2 自发光疏散指示标志，当正常光源变暗后，应自发光，其亮度应符合GB 15630—1995的6.10.4.3的要求，持续时间不应低于20min。

4.11.2.3 灯光疏散指示标志，状态指示灯应正常。工作状态时，灯前通道地面中心的照度不应低于1.0lx。切断正常供电电源后，应急工作状态的持续时间不应低于表2规定。

表2 应急工作状态的持续时间表

建筑类别	应急工作状态的持续时间/min
建筑高度超过100m的高层建筑	≥30
其他建筑	≥20

4.12 应急广播系统
4.12.1 扩音机
4.12.1.1 仪表、指示灯显示正常，开关和控制按钮动作灵活。

4.12.1.2 监听功能正常。

4.12.2 扬声器
外观完好，音质清晰。

4.12.3 系统功能
4.12.3.1 应能用话筒播音。

4.12.3.2 应在火灾报警后，按设定的控制程序自动启动火灾应急广播。

4.12.3.3 火灾应急广播与公共广播合用时，应符合GB 50116—1998的5.4.3的规定。

4.12.3.4 播音区域应正确、音质应清晰。环境噪声大于60dB的场所，火灾应急广播应高于背景噪声15dB。

4.13 消防专用电话
4.13.1 消防专用电话分机应以直通方式呼叫。

4.13.2 消防控制室应能接受插孔电话的呼叫。

4.13.3 消防控制室、消防值班室、企业消防站等处应设外线电话。

4.13.4 通话音质应清晰。

4.14 防火分隔设施
4.14.1 防火门
4.14.1.1 组件齐全完好，应启闭灵活、关闭严密。

4.14.1.2 防火门应能自动闭合，双扇防火门应按顺序关闭；关闭后应能从内、外两侧人为开启。

4.14.1.3 常闭防火门开启后应能自动闭合。

4.14.1.4 电动常开防火门，应在火灾报警后自动关闭并反馈信号。

4.14.1.5 设置在疏散通道上、并设有出入口控制系统的防火门，应能自动和手动解除出入口控制系统。

4.14.2 防火卷帘
4.14.2.1 组件应齐全完好，紧固件应无松动现象。

4.14.2.2 现场手动、远程手动、自动控制和机械操作应正常，关闭时应严密。

4.14.2.3 运行时应平稳顺畅、无卡涩现象。

4.14.2.4 安装在疏散通道上的防火卷帘，应在一个相关探测器报警后下降至距地面1.8m处停止；另一个相关探测器报警后，卷帘应继续下降至地面，并向火灾报警控制器反馈信号。

4.14.2.5 仅用于防火分隔的防火卷帘，火灾报警后，应直接下降至地面，并应向火灾报警控制器反馈信号。

4.14.3 电动防火阀
4.14.3.1 应完好无损，开启与复位应灵活可靠，关闭时应严密。

4.14.3.2 应在相关火灾探测器动作后自动关闭并反馈信号。

4.15 消防电梯
4.15.1 首层的消防电梯迫降按钮，应用透明罩保护，当触发按钮时，能控制消防电梯下降至首层，此时其他楼层按钮不能呼叫控制消防电梯，只能在轿厢内控制。

4.15.2 轿厢内的专用对讲电话应正常。

4.15.3 从首层到顶层的运行时间不应超过60s。

4.15.4 联动控制的消防电梯，应由消防控制设备手动和自

动控制电梯回落首层,并接收反馈信号。

4.16 灭火器

4.16.1 选型、数量及放置地点应符合设计要求。

4.16.2 应在有效期内使用,经过维修的应有维修标志;报废年限应符合 GA 95—1995 的 5.2 要求。

4.16.3 筒体应无明显锈蚀和凹凸等损伤,手柄、插销、铅封、压力表等组件应齐全完好;灭火器型号标识应清晰、完整。

4.16.4 压力表指针应在绿色区域范围内。

5 检测方法

5.1 一般要求

5.1.1 检查各消防设施组件和设备的铭牌、标志、出厂产品合格证、消防产品的符合法定市场准入规则的证明文件、消防电梯的检测合格证、灭火剂的有效期等。

5.1.2 检查检测用仪器、仪表、量具等的计量检定合格证及有效期。

5.1.3 查看系统组件和设备、管道、线槽及支吊架等的外观,以及设备和管道有无泄漏现象。

5.1.4 检查采用绝缘电阻测试仪测量的导线和电缆的线间、线对地间绝缘电阻值的记录;检查采用接地电阻测试仪测量的系统接地电阻值的记录。

5.1.5 采用核对方式检查时,应与设计、验收等相关技术文件对比。

5.1.6 应逐项记录各消防设施的检测结果及仪表显示的数据,填写检测记录表,并与上一次检测的记录表对比。表3给出了检测记录表的基本样式。

5.1.7 检测过程中采用对讲设备进行联络,完成检测后将各消防设施恢复至正常警戒状态。

表3 建筑消防设施检测记录表

建筑物名称			检测时间	
建筑消防设施类别	□1 消防供配电设施 □5 自动喷水灭火系统 □9 机械排烟系统 □13 消防分隔设施	□2 火灾自动报警系统 □6 泡沫灭火系统 □10 应急照明和疏散指示标志 □14 消防电梯	□3 消防给水设施 □7 气体灭火系统 □11 应急广播系统 □15 灭火器	□4 消火栓和消防炮 □8 机械加压送风系统 □12 消防专用电话 (注:请在相关项前的"□"内划"√")
检测项目	检测部位	检测内容		检测结果
备注:				
			建筑消防设施检测记录人:	

5.2 消防供配电设施

5.2.1 消防配电

5.2.1.1 查看消防控制室及各消防设施最末一级配电箱的标志,以及仪表、指示灯、开关、控制按钮。

5.2.1.2 核对配电箱控制方式及操作程序并进行试验:

5.2.1.2.1 自动控制方式下,手动切断消防主电源,观察备用消防电源的投入及指示灯的显示。

5.2.1.2.2 人为控制方式下,在低压配电室应先切断消防主电源,后闭合备用消防电源,观察备用消防电源的投入及指示灯的显示。

5.2.1.2.3 查看最末一级配电箱运行情况。

5.2.2 自备发电机组

5.2.2.1 发电机

5.2.2.1.1 查看发电机铭牌。

5.2.2.1.2 自动控制方式启动发电机并用秒表计时,30s后核对仪表的显示及数据、并观察机组的运行状况,试验时间不应超过10min。

5.2.2.1.3 手动控制方式启动发电机,查看输出指标及信号。

5.2.2.1.4 查看发电机房通风设施。

5.2.2.2 储油设施

5.2.2.2.1 查看油位计及油位,按发电机的用油量核对储油箱内的储油量。

5.2.2.2.2 核对燃油标号。

5.3 火灾自动报警系统

5.3.1 火灾探测器

5.3.1.1 点型感烟探测器

5.3.1.1.1 采用发烟装置向探测器施放烟气,查看探测器报警确认灯以及火灾报警控制器的火警信号显示。

5.3.1.1.2 消除探测器内及周围烟雾,报警控制器手动复位，观察探测器报警确认灯在复位前后的变化情况。

5.3.1.2 线型光束感烟探测器

5.3.1.2.1 按照 GB 14003—1992 附录 A 中表 A1 选用滤光片：

a) 减光值<1.0dB；
b) 在减光值为 1.0dB～10.0dB 之间依次变换滤光片；
c) 减光值大于 10dB。

5.3.1.2.2 分别将上述不同减光值的滤光片，置于相向的发射与接收器件之间、并尽量靠近接收器的光路上，同时用秒表开始计时。在不改变滤光片设置位置的情况下，查看 30s 内火灾报警控制器的火警信号、探测器报警确认灯的动作情况。

5.3.1.3 点型、线型感温探测器

5.3.1.3.1 点型感温探测器

5.3.1.3.1.1 可复位点型感温探测器，使用温度不低于54℃的热源加热，查看探测器报警确认灯和火灾报警控制器火警信号显示；移开加热源，手动复位火灾报警控制器，查看探测器报警确认灯在复位前后的变化情况。

5.3.1.3.1.2 不可复位点型感温探测器，采用线路模拟的方式试验。

5.3.1.3.2 线型感温探测器

5.3.1.3.2.1 可恢复型线型感温探测器，在距离终端盒0.3m 以外的部位，使用 55℃～145℃的热源加热，查看火灾报警控制器火警信号显示。

5.3.1.3.2.2 不可恢复型线型感温探测器，采用线路模拟的方式试验。

5.3.1.4 火焰（或感光）探测器

5.3.1.4.1 在探测器监测视角范围内、距离探测器（0.55～1.00)m 处，放置紫外光波长<280nm 或红外光波长>850nm 光源，查看探测器报警确认灯和火灾报警控制器火警信号显示；

5.3.1.4.2 撤消光源后，查看探测器的复位功能。

5.3.1.5 可燃气体探测器

5.3.1.5.1 试验气体的选择应符合 GB 15322—1994 的 5.1.6 要求。

5.3.1.5.2 向探测器释放对应的试验气体，观察报警响应时限内报警控制器的显示情况。

5.3.2 手动报警按钮

5.3.2.1 触发按钮，查看火灾报警控制器火警信号显示和按钮的报警确认灯。

5.3.2.2 先复位手动按钮，后复位火灾报警控制器，查看火灾报警控制器和按钮的报警确认灯。

5.3.3 火灾自动报警控制器

5.3.3.1 火灾报警控制器

5.3.3.1.1 触发自检键，对面板上所有的指示灯、显示器和音响器件进行功能自检。

5.3.3.1.2 切断主电源，查看备用直流电源自动投入和主、备电源的状态显示情况。

5.3.3.1.3 在备用直流电源供电状态下，进行断路故障报警及火警优先功能、二次报警功能检测：

5.3.3.1.3.1 模拟探测器、手动报警按钮断路故障，查看故障显示。

5.3.3.1.3.2 断路故障报警期间，采用发烟装置或温度不低于54℃的热源，先后向同一回路中两个探测器释放烟气或加热，查看火灾报警控制器的火警信号、报警部位显示及记录。每个探测器检测后，只消音，不复位。

5.3.3.1.4 用万用表测量火灾报警控制器的联动输出信号。

5.3.3.1.5 系统复位，恢复到正常警戒状态。

5.3.3.2 火灾报警显示盘

在火灾报警控制器的检测过程中，同时查看火灾显示盘的显示。

5.3.3.3 消防联动控制设备

5.3.3.3.1 对面板上所有的指示灯、显示器和音响器件进行功能自检。

5.3.3.3.2 切断主电源，查看备用直流电源自动投入和主、备电源的状态显示情况。

5.3.3.3.3 在备用直流电源供电状态下，进行下列检测：

5.3.3.3.3.1 核对消防控制设备的联动控制功能和逻辑控制程序。

5.3.3.3.3.2 在接线端子处，模拟消防联动控制设备与输入/输出模块间连线的断路、短路故障并用秒表计时，查看声、光故障报警信号。

5.3.3.3.3.3 远程手动启动各联动控制消防设备，查看控制信号的传输；系统复位。

5.3.3.3.4 恢复至正常警戒状态。

5.3.3.4 可燃气体报警控制器

5.3.3.4.1 试验气体的选择应符合 GB 15322—1994 的 5.1.6 要求。

5.3.3.4.2 触发自检键，对面板上所有的指示灯、显示器和音响器件进行功能自检。

5.3.3.4.3 切断主电源，查看备用直流电源自动投入和主、备电源的状态显示情况。

5.3.3.4.4 在备用直流电源供电状态下，进行下列检测：

5.3.3.4.4.1 模拟可燃气体探测器断路故障，查看故障显示，恢复系统警戒状态。

5.3.3.4.4.2 向非故障回路的可燃气体探测器施加试验气体，查看报警信号及报警部位显示；

5.3.3.4.4.3 触发消音键，查看报警信号显示。

5.3.3.4.5 系统复位，恢复到正常警戒状态。

5.3.4 火灾警报装置

5.3.4.1 使用数字声级计测量背景噪音的最大声强。

5.3.4.2 输入控制信号，测量声警报的声强，具有光警报功能的，查看光警报。

5.4 消防给水

5.4.1 消防水池

5.4.1.1 查看水位及消防用水不被他用的设施。

5.4.1.2 查看补水设施；寒冷地区查看防冻设施。

5.4.2 消防水箱

5.4.2.1 查看水位及消防用水不被他用的设施。

5.4.2.2 消防水泵启动后，查看水位是否上升。

5.4.2.3 寒冷地区查看防冻设施。

5.4.3 稳压泵、增压泵及气压水罐

5.4.3.1 查看进出口阀门开启程度。

5.4.3.2 核对启泵与停泵压力，查看运行情况。

5.4.4 消防水泵
5.4.4.1 查看水泵和阀门的标志。
5.4.4.2 转动阀门手轮，检查阀门状态。
5.4.4.3 在泵房控制柜处启动水泵，查看运行情况。
5.4.4.4 在消防控制室启动水泵，查看运行及反馈信号。
5.4.5 水泵控制柜
5.4.5.1 查看仪表、指示灯、控制按钮和标识。
5.4.5.2 模拟主泵故障，查看自动切换启动备用泵情况，同时查看仪表及指示灯显示。
5.4.6 水泵接合器
5.4.6.1 查看标志牌、止回阀。
5.4.6.2 转动手轮查看控制阀及泄水阀。
5.4.6.3 寒冷地区查看防冻措施。
5.4.6.4 用消防车等加压设施供水时，查看系统压力变化。
5.5 消火栓、消防炮
5.5.1 室内消火栓
5.5.1.1 查看标志、箱体、组件及箱门。
5.5.1.2 查看栓口位置。
5.5.2 室外消火栓
5.5.2.1 查看消火栓外观。
5.5.2.2 出口处安装压力表，打开阀门，查看出水压力。
5.5.2.3 寒冷地区查看防冻措施。
5.5.3 消防炮（水炮、泡沫炮）
5.5.3.1 查看外观，转动手轮，查看入口控制阀。
5.5.3.2 人为操作消防炮，查看回转与仰俯角度及定位机构。
5.5.4 启泵按钮
5.5.4.1 查看外观和配件。
5.5.4.2 触发按钮后，查看消防泵启动情况、按钮确认灯和反馈信号显示情况。
5.5.5 系统功能
5.5.5.1 室内消火栓
5.5.5.1.1 选择最不利处消火栓，连接压力表及闷盖，开启消火栓，测量栓口静水压力。
5.5.5.1.2 连接水带、水枪，触发启泵按钮，查看消防泵启动和信号显示，测量栓口静水压力。
5.5.5.1.3 按设计出水量开启消火栓，测量最不利处消火栓出水压力。
5.5.5.1.4 按设计出水量开启消火栓，测量最有利处消火栓出水压力。
5.5.5.1.5 系统恢复正常状态。
5.5.5.2 消防炮
5.5.5.2.1 触发启泵按钮，查看消防泵启动和信号显示，记录炮入口压力表数值。
5.5.5.2.2 具有自动或远程控制功能的消防炮，根据设计要求检测消防炮的回转、仰俯与定位控制。
5.6 自动喷水灭火系统
开始检测前，查看系统的控制方式。
5.6.1 报警阀组
5.6.1.1 湿式报警阀组
5.6.1.1.1 查看外观、标志牌、压力表；
5.6.1.1.2 查看控制阀，查看锁具或信号阀及其反馈信号。

5.6.1.1.3 打开试验阀，查看压力开关、水力警铃动作情况及反馈信号。
5.6.1.1.4 恢复正常状态。
5.6.1.2 干式报警阀组
5.6.1.2.1 同 5.6.1.1.1～5.6.1.1.3。
5.6.1.2.2 缓慢开启试验阀小流量排气，空气压缩机启动后关闭试验阀，查看空气压缩机的运行情况、核对启停压力。
5.6.1.2.3 恢复正常状态。
5.6.1.3 预作用报警阀组
5.6.1.3.1 同 5.6.1.1.1、5.6.1.1.2。
5.6.1.3.2 充气装置按 5.6.1.2.2 检验。
5.6.1.3.3 关闭报警阀入口控制阀，消防控制设备输出电磁阀控制信号，查看电磁阀动作情况及反馈信号。
5.6.1.3.4 恢复正常状态。
5.6.1.4 雨淋报警阀组
5.6.1.4.1 同 5.6.1.1.1、5.6.1.1.2。
5.6.1.4.2 电磁阀按 5.6.1.3.3 检验。
5.6.1.4.3 当系统采用传动管控制时，核对传动管压力设定值；气压传动管的供气装置按 5.6.1.2.2 检验。
5.6.1.4.4 恢复正常状态。
5.6.2 水流指示器
5.6.2.1 查看标志及信号阀。
5.6.2.2 开启末端试水装置，查看消防控制设备报警信号；关闭末端试水装置，查看复位信号。
5.6.3 喷头
查看外观。
5.6.4 末端试水装置
查看阀门、压力表、试水接头及排水管。
5.6.5 系统功能
5.6.5.1 湿式系统
5.6.5.1.1 开启最不利处末端试水装置，查看压力表显示；查看水流指示器、压力开关和消防水泵的动作情况及反馈信号。
5.6.5.1.2 测量自开启末端试水装置至消防水泵投入运行的时间。
5.6.5.1.3 用声级计测量水力警铃声强值。
5.6.5.1.4 系统恢复正常。
5.6.5.2 干式系统
5.6.5.2.1 开启最不利处末端试水装置控制阀，查看水流指示器、压力开关和消防水泵、电动阀的动作情况及反馈信号，以及排气阀的排气情况。
5.6.5.2.2 测量自开启末端试水装置到出水压力达到 0.05MPa 的时间。
5.6.5.2.3 系统恢复正常。
5.6.5.3 预作用系统
5.6.5.3.1 先后触发防护区内两个火灾探测器，查看电磁阀、电动阀、消防水泵和水流指示器、压力开关的动作情况及反馈信号，以及排气阀的排气情况。
5.6.5.3.2 报警后 2min 打开末端试水装置，测量出水压力。
5.6.5.3.3 用声级计测量水力警铃声强值。
5.6.5.3.4 系统恢复正常。
5.6.5.4 雨淋系统

5.6.5.4.1 并联设置多台雨淋阀的系统,核对控制雨淋阀的逻辑关系。

5.6.5.4.2 先后触发防护区内两个火灾探测器或为传动管泄压,查看电磁阀、消防水泵及压力开关的动作情况及反馈信号。

5.6.5.4.3 用声级计测量水力警铃声强值。

5.6.5.4.4 不宜进行实际喷水的场所,应在试验前关严雨淋阀出口控制阀。

5.6.5.4.5 系统恢复正常。

5.6.5.5 水幕系统

5.6.5.5.1 自动控制系统同5.6.5.4.2～5.6.5.4.5。

5.6.5.5.2 人为操作系统查看控制阀及压力表。

5.6.5.6 水喷雾系统

同5.6.5.4。

5.7 泡沫灭火系统

5.7.1 水池、消防水泵及泡沫消防泵、启泵按钮

同5.4.1、5.4.4、5.4.5、5.5.4。

5.7.2 泡沫液贮罐

按照4.7.2逐项查看。

5.7.3 比例混合器

按照4.7.3逐项查看。

5.7.4 泡沫产生器

按照4.7.4逐项查看。

5.7.5 泡沫栓

查看外观,用消火栓扳手开闭阀门。

5.7.6 泡沫喷头

查看吸气孔、发泡网。

5.7.7 系统功能

5.7.7.1 按设定的控制方式启动泡沫消防泵,查看泡沫消防泵、比例混合器、泡沫枪、泡沫产生器的压力表显示、以及泡沫枪、泡沫产生器的发泡情况。

5.7.7.2 不宜实际喷泡沫的系统,在试验泡沫栓上连接泡沫枪或泡沫产生器、打开试验泡沫栓后,按5.7.7.1试验。

5.7.7.3 冲洗设备和管道后,将系统复位。

5.8 气体灭火系统

5.8.1 瓶组与储罐

5.8.1.1 查看外观、铅封、压力表和标志牌及称重装置。

5.8.1.2 操作选择阀的手动装置,打开后再复位。

5.8.1.3 对二氧化碳灭火系统,按灭火剂储瓶内二氧化碳的设计储存量,设定允许的最大损失量。采用拉力计,向储瓶施加与最大允许损失量相等的向上拉力,查看检漏装置能否发出报警信号。

5.8.1.4 对低压二氧化碳储罐,查看制冷装置及温度计。

5.8.2 喷嘴

查看外观。

5.8.3 气体灭火控制器

5.8.3.1 对面板上所有的指示灯、显示器和音响器件进行功能自检。

5.8.3.2 将控制方式设定在手动,然后转换为自动,分别查看控制器的显示。

5.8.3.3 切断主电源,查看备用直流电源的自动投入和主、备电源的状态显示情况。

5.8.3.4 在备用直流电源供电状态下,模拟下列故障并查看控制器的显示:

5.8.3.4.1 火灾探测器断路。

5.8.3.4.2 启动钢瓶的启动信号线断路。

5.8.3.4.3 选择阀后主管道上压力讯号器的接线短路。

5.8.3.5 故障报警期间,采用发烟装置或温度不低于54℃的热源,先后向同一回路中两个探测器施放烟气或加热,查看火灾报警控制器的显示和记录,用万用表测量联动输出信号。

5.8.3.6 断路状态下,查看继电器输出触点,并用万用表测量触点"C"与"NC"间、"C"与"NO"间的电压。

5.8.3.7 全部复位,恢复到正常警戒状态。

5.8.4 系统功能

5.8.4.1 查看防护区内的声光报警装置,入口处的安全标志、声光报警装置,以及紧急启、停按钮。

5.8.4.2 系统设定在自动控制状态,拆开该防护区启动钢瓶的启动信号线、并与万用表连接。将万用表调节至直流电压档后,触发该防护区的紧急启动按钮并用秒表开始计时,测量延时启动时间,查看防护区内声光报警装置、通风设施、以及入口处声光报警装置等的动作情况,查看气体灭火控制器与消防控制室显示的反馈信号。完成试验后将系统恢复至警戒状态。

5.8.4.3 先后触发防护区内两个火灾探测器,查看气体灭火控制器的显示。在延时启动时间内,触发紧急停止按钮,达到延时启动时间后查看万用表的显示及相关联动设备。完成试验后将系统恢复至警戒状态。

5.8.4.4 当进行喷气试验时,应符合GB 50263—1997的5.4.3要求。

5.9 机械加压送风系统

5.9.1 控制柜

5.9.1.1 查看标志、仪表、指示灯、开关和控制按钮。

5.9.1.2 按钮启停每台风机,查看仪表及指示灯显示。

5.9.2 风机

5.9.2.1 查看外观和标志牌。

5.9.2.2 控制室远程手动启、停风机,查看运行及信号反馈情况。

5.9.3 送风阀

5.9.3.1 查看外观。

5.9.3.2 手动、电动开启,手动复位,查看动作和信号反馈情况。

5.9.4 系统功能

5.9.4.1 自动控制方式下,分别触发两个相关的火灾探测器,查看相应送风阀、送风机的动作和信号反馈情况。

5.9.4.2 采用微压计,在保护区域的顶层、中间层及最下层,测量防烟楼梯间、前室、合用前室的余压。

5.9.4.3 全部复位,恢复到正常警戒状态。

5.10 机械排烟系统

5.10.1 控制柜

同5.9.1。

5.10.2 风机

同5.9.2。

5.10.3 排烟阀、排烟防火阀、电动排烟窗

同5.9.3。

5.10.4 系统功能

5.10.4.1 自动控制方式下，分别触发两个相关的两个火灾探测器，查看相应排烟阀、排烟风机、送风机的动作和信号反馈情况。通风与排烟合用系统，同时查看风机运行状态的转换情况。

5.10.4.2 采用风速仪，按下列方法测量排烟风口的风速：

5.10.4.2.1 小截面风口（风口面积小于 0.3m²），可采用 5 个测点，见图 1 所示。

5.10.4.2.2 当风口面积大于 0.3m² 时，对于矩形风口，见图 2 所示，按风口断面的大小划分成若干个面积相等的矩形，测点布置在图每个小矩形的中心，小矩形每边的长度为 200mm 左右；对于条形风口见图 3 所示，在高度方向上，至少安排两个测点，沿其长度方向上，可取 4~6 个测点；对于圆形风罩，见图 4 所示，并至少取 5 个测点，测点间距≤200mm。

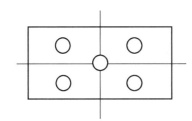

图 1　小截面风口测点布置

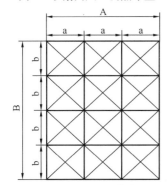

图 2　矩形风口测点布置

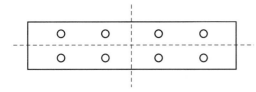

图 3　条缝形风口测点布置

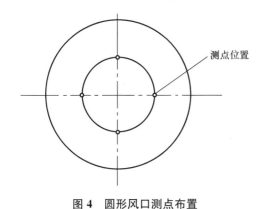

图 4　圆形风口测点布置

5.10.4.2.3 若风口气流偏斜时，可临时安装一截长度为 0.5m~1m，断面尺寸与风口相同的短管进行测定。

5.10.4.3 按下列公式计算排烟风口的平均风速：

$$V_p = (V_1 + V_2 + V_3 + \cdots\cdots V_n)/n$$

式中：

V_p——风口平均风速，单位为米/秒（m/s）；

V_1、V_2、V_3、……V_n——各测点风速，单位为米/秒（m/s）；

n——测点总数。

5.10.4.4 按下列公式计算排烟量。

$$L = 3600 V_p \cdot F$$

式中：

L——排烟量，单位为立方米每小时（m³/h）；

V_p——排烟口平均风速，单位为米每秒（m/s）；

F——排烟口的有效面积，单位为平方米（m²）。

5.10.4.5 分别触发两个相关的火灾探测器或触发手动报警按钮，查看相应区域电动排烟窗动作情况及反馈信号。

5.10.4.6 全部复位，恢复到正常警戒状态。

5.11 应急照明和疏散指示标志

5.11.1 应急照明

5.11.1.1 查看外观。

5.11.1.2 按下列方法切断正常供电电源，用秒表测量应急工作状态的持续时间：

5.11.1.2.1 自带电源型和子母电源型切断其主供电电源。

5.11.1.2.2 集中电源型切断其控制器主电源。

5.11.1.2.3 接在消防配电线路上的应急照明灯具，切断非消防电源。

5.11.1.3 使用照度计，测量两个疏散照明灯之间地面中心的照度；达到规定的应急工作状态持续时间时，重复测量上述测点的照度。

5.11.1.4 配电室、消防控制室、消防水泵房、防烟排烟机房、消防用电的蓄电池室、自备发电机房、电话总机房以及发生火灾时仍需坚持工作的其他房间，使用照度计测量正常照明时的工作面照度；切断正常照明后，测量应急照明时工作面的最低照度。

5.11.1.5 系统复位。

5.11.2 疏散指示标志

5.11.2.1 查看外观和位置，核对指示方向。

5.11.2.2 关闭正常照明，查看发光疏散指示标志的自发光情况，测试亮度。

5.11.2.3 切断正常供电电源，在灯光疏散指示标志前通道中心处，用照度计测量地面照度；达到规定的应急工作状态持续时间时，重复测量上述测点的照度。

5.11.2.4 系统复位。

5.12 应急广播系统

5.12.1 扩音机

5.12.1.1 查看仪表、指示灯、开关和控制按钮。

5.12.1.2 用话筒播音，检查监听效果。

5.12.2 扬声器

检查外观及音响效果。

5.12.3 系统功能

5.12.3.1 在消防控制室用话筒对所选区域播音，检查音响效果。

5.12.3.2 自动控制方式下，分别触发两个相关的火灾探测器或触发手动报警按钮后，核对启动火灾应急广播的区域、检查音响效果。

5.12.3.3 公共广播扩音机处于关闭和播放状态下，自动和手动强制切换火灾应急广播。

5.12.3.4 用声级计测试启动火灾应急广播前的环境噪音，当大于60dB时，重复测量启动火灾应急广播后扬声器播音范围内最远点的声压级，并与环境噪音对比。

5.13 消防专用电话

5.13.1 用消防专用电话通话，检查通话效果。

5.13.2 用插孔电话呼叫消防控制室，检查通话效果。

5.13.3 查看消防控制室、消防值班室、企业消防站等处的外线电话。

5.14 防火分隔设施

5.14.1 防火门

5.14.1.1 查看外观、关闭效果，双扇门的关闭顺序。

5.14.1.2 关闭后，分别从内外两侧开启。

5.14.1.3 开启常闭防火门，查看关闭效果。

5.14.1.4 分别触发两个相关的火灾探测器，查看相应区域电动常开防火门的关闭效果及反馈信号。

5.14.1.5 疏散通道上设有出入口控制系统的防火门，自动或远程手动输出控制信号，查看出入口控制系统的解除情况及反馈信号。

5.14.1.6 全部复位，恢复正常状态。

5.14.2 防火卷帘

5.14.2.1 查看外观。

5.14.2.2 按下列方式操作，查看卷帘运行情况反馈信号后复位。

5.14.2.2.1 机械操作卷帘升降。

5.14.2.2.2 触发手动控制按钮。

5.14.2.2.3 消防控制室手动输出遥控信号。

5.14.2.2.4 分别触发两个相关的火灾探测器。

5.14.2.3 恢复至正常状态。

5.14.3 电动防火阀

5.14.3.1 查看外观。

5.14.3.2 手动开启后复位。

5.14.3.3 分别触发两个相关的火灾探测器，查看动作情况和反馈信号后复位。

5.15 消防电梯

5.15.1 触发首层的迫降按钮，查看消防电梯运行情况。

5.15.2 在轿厢内用专用对讲电话通话，并控制轿厢的升降。

5.15.3 用秒表测量自首层升至顶层的运行时间。

5.15.4 具有联动功能的消防电梯，分别触发两个相关的火灾探测器，查看电梯的动作情况和反馈信号。

5.15.5 触发消防控制设备远程控制按钮，重复试验。

5.15.6 恢复正常状态。

5.16 灭火器

5.16.1 查看放置地点，核对选型及数量。

5.16.2 查看生产日期、维修标志、外观及压力表，核对使用有效期。

12.《消防产品现场检查判定规则》XF 588—2012

1 范围

本标准规定了消防产品现场检查的术语和定义、基本规定、市场准入检查、产品质量现场检查和判定规则。

本标准适用于消防产品质量监督机构对消防产品的现场检查和判定。

3 术语和定义

GB/T 5907 界定的以及下列术语和定义适用于本文件。

3.1
市场准入检查 market admittance inspection

针对产品是否符合国家有关市场准入规定所进行的检查。

3.2
产品质量现场检查 field inspection of product quality

针对产品的一些关键性能,在现场采用相应检查方法进行的产品质量检查。

4 基本规定

4.1 检查类别

4.1.1 消防产品现场检查包括市场准入检查和产品质量现场检查两类。

4.2 检查条件

4.2.1 检查人员应经专业培训具备相应的能力,熟悉消防产品监督管理的规定、产品标准和本标准的要求,能够熟练使用现场检测器具,独立做出现场检查判定。

4.2.2 产品质量现场检查所使用的计量器具,应符合本标准规定的测量范围和精度要求,并经校准和(或)检定合格。消防产品质量现场检测基本器具参见附录A。

4.2.3 产品质量现场检查的环境条件应符合产品使用环境的要求。检查过程中应采取措施防止样品意外损坏或误动作造成伤害。

4.3 样品抽取

4.3.1 被检查样品应在现场随机抽取,样品应处于正常、完好状态,并经被检查方确认。

4.3.2 样品数量应根据被检查产品的品种、基数合理确定,一般为1~3件,同时抽封相同数量的样品留存备查。

4.3.3 经现场检查判定为不合格的,其备用样品应当作为证据予以保存。

4.3.4 对第6章未包含的消防产品以及不适宜进行现场检查判定的消防产品,可在现场随机抽取样品,送法定消防产品质量检验机构检验,同时抽封相同数量的样品留存备查。抽取的样品应按规定经被检查方、产品生产者确认。

4.4 检查记录

4.4.1 检查时,应按照《消防产品监督管理规定》的要求填写消防产品监督检查记录。检查的项目应逐项记录,不合格情况的描述应清晰明了,语言简洁规范,数据准确可靠。

4.4.2 消防产品监督检查记录应由检查人员、被检查方管理人员签字确认;被检查方管理人员对检查记录有异议或者拒绝签字时,应在检查记录中注明。

4.5 检查判定

4.5.1 检查判定结论应按照第7章规定的判定规则给出。检查没有发现不合格时,应在消防产品监督检查记录中注明未发现不合格。对判定为不合格的消防产品,应出具消防产品现场检查判定不合格通知书。

4.5.2 现场检查所依据的标准修订发布并实施的,对在实施日期后生产的消防产品,第6章规定的产品质量现场检查项目应按新修订的标准进行质量判定。

5 市场准入检查

消防产品的市场准入应符合有关法律法规和产业政策的规定。市场准入检查项目、要求及不合格情况见表1。

表1

检查项目	要求	不合格情况
强制性产品认证	纳入强制性产品认证目录的消防产品,应依法获得强制性产品认证证书	未获得有效的强制性产品认证证书擅自生产、销售、使用的
技术鉴定	新研制的尚未制定国家标准、行业标准的消防产品,应依法获得消防产品技术鉴定证书	未获得有效的技术鉴定证书擅自生产、销售、使用的
机动车公告	国产消防车、消防摩托车产品应列入工业信息化部《道路机动车辆生产企业及产品公告》	未列入公告擅自生产、销售的
产品一致性核查	消防产品的外观、标志、规格型号、结构部件、材料、性能参数、生产厂名、厂址与产地、产品实物等应与强制性产品认证证书、技术鉴定证书及其型式检验报告相一致	消防产品的外观、标志、规格型号、结构部件、材料、性能参数、生产厂名、厂址与产地、产品实物等与强制性产品认证证书、技术鉴定证书及其型式检验报告中的描述不一致的

6 产品质量现场检查

6.1 产品检验情况检查

消防产品质量应当按照相关法律法规、强制性国家标准或者行业标准的规定，经型式检验和出厂检验合格。产品检验情况检查项目、要求及不合格情况见表2。

表2

检查项目	要求	不合格情况
产品检验情况	按照相关法律法规、强制性国家标准或者行业标准的规定需要进行型式检验和出厂检验的消防产品，应具备型式检验合格的检验报告和出厂检验合格的证明文件	未获得有效的型式检验合格报告擅自生产、销售、使用的
		无出厂检验合格证明文件擅自出厂、销售、使用的

6.2 火灾报警设备

6.2.1 点型感烟火灾探测器

6.2.1.1 检查项目

检查项目、技术要求和不合格情况见表3。

表3

检查项目	技术要求	不合格情况
功能检查	当被监视区域烟参数达到报警条件时，点型感烟火灾探测器应输出火灾报警信号，红色报警确认灯应点亮，并保持至被复位	未输出火灾报警信号
		红色报警确认灯未点亮
		报警确认灯不能保持至被复位

6.2.1.2 检查方法

6.2.1.2.1 确认点型感烟火灾探测器与火灾报警控制器连接正确并接通电源，处于正常监视状态。用加烟器向点型感烟火灾探测器施加烟气，观察火灾报警控制器的显示状态和点型感烟火灾探测器的报警确认灯状态。

6.2.1.2.2 复位火灾报警控制器，观察点型感烟火灾探测器的报警确认灯状态。

6.2.1.3 检测器具

加烟器：能够向点型感烟火灾探测器施加试验烟。

注：试验烟可由蚊香、棉绳、香烟等材料阴燃产生。

6.2.2 点型感温火灾探测器

6.2.2.1 检查项目

检查项目、技术要求和不合格情况见表4。

表4

检查项目	技术要求	不合格情况
功能检查	当被监视区域温度参数达到报警条件时，点型感温火灾探测器应输出火灾报警信号，红色报警确认灯应点亮，并保持至被复位	未输出火灾报警信号
		红色报警确认灯未点亮
		报警确认灯不能保持至被复位

6.2.2.2 检查方法

6.2.2.2.1 确认点型感温火灾探测器与火灾报警控制器连接正确并接通电源，处于正常监视状态。用热风机向点型感温火灾探测器的感温元件加热，观察火灾报警控制器的显示状态和点型感温火灾探测器的报警确认灯状态。

6.2.2.2.2 复位火灾报警控制器，观察点型感温火灾探测器的报警确认灯状态。

6.2.2.3 检测器具

热风机：能产生使点型感温火灾探测器报警的热气流。

注：GB 4716—2005规定，点型感温火灾探测器按典型应用温度分为A1、A2、B、C、D、E和G中的一类或多类，并主要根据对升温速率响应性能不同分为S型和R型。应根据探测器的类别及S型或R型的特点施加满足其动作条件的温度。在检测前，应充分了解探测器的类别和类型，特别是对典型应用温度较高的C、D、E和G类探测器和具有差温特性的S型探测器。

6.2.3 点型红外火焰探测器

6.2.3.1 检查项目

检查项目、技术要求和不合格情况见表5。

表5

检查项目	技术要求	不合格情况
功能检查	当被监视区域发生火灾并产生火焰，达到报警条件时，点型红外火焰探测器应输出火灾报警信号，红色报警确认灯应点亮，并保持至被复位	未输出火灾报警信号
		红色报警确认灯未点亮
		报警确认灯不能保持至被复位

6.2.3.2 检查方法

6.2.3.2.1 确认点型红外火焰探测器与火灾报警控制器连接正确并接通电源，处于正常监视状态。将火焰光源（如打火机、蜡烛，火焰高度4cm左右）置于距离探测器正前方1m

处,静止或抖动,观察火灾报警控制器的显示状态和点型红外火焰探测器的报警确认灯状态。也可利用生产厂商提供的现场测试光源按其技术要求进行检查。

6.2.3.2.2 复位火灾报警控制器,观察点型红外火焰探测器的报警确认灯状态。

6.2.3.3 检测器具

打火机或蜡烛。

6.2.4 点型紫外火焰探测器

6.2.4.1 检查项目

检查项目、技术要求和不合格情况见表6。

表6

检查项目	技术要求	不合格情况
功能检查	当被监视区域发生火灾并产生火焰,达到报警条件时,点型紫外火焰探测器应输出火灾报警信号,红色报警确认灯应点亮,并保持至被复位	未输出火灾报警信号
		红色报警确认灯未点亮
		报警确认灯不能保持至被复位

6.2.4.2 检查方法

6.2.4.2.1 确认点型紫外火焰探测器与火灾报警控制器连接正确并接通电源,处于正常监视状态。将火焰光源(如打火机、蜡烛)置于距离探测器正前方1m处,观察火灾报警控制器的显示状态和点型紫外火焰探测器的报警确认灯状态。

6.2.4.2.2 复位火灾报警控制器,观察点型紫外火焰探测器的报警确认灯状态。

6.2.4.3 器具

打火机或蜡烛。

6.2.5 独立式感烟火灾探测报警器

6.2.5.1 检查项目

检查项目、技术要求和不合格情况见表7。

表7

检查项目	技术要求	不合格情况
功能检查	当被监视区域烟参数达到报警条件时,独立式感烟火灾探测报警器应发出声、光火灾报警信号	达到报警条件时未发出声、光火灾报警信号
	应具有自检功能,自检时应发出声、光火灾报警信号	无自检功能;或自检时未发出声、光火灾报警信号

6.2.5.2 检查方法

6.2.5.2.1 确认独立式感烟火灾探测报警器按制造商规定的供电方式供电,处于正常监视状态。用加烟器向独立式感烟火灾探测报警器施加烟气,观察独立式感烟火灾探测报警器的声、光报警状态。

6.2.5.2.2 操作独立式感烟火灾探测报警器的自检机构,观察独立式感烟火灾探测报警器的声、光报警状态。

6.2.5.3 检测器具

加烟器:能够向独立式感烟火灾探测报警器施加试验烟。

注:试验烟可由蚊香、棉绳、香烟等材料阴燃产生。

6.2.6 吸气式感烟火灾探测器

6.2.6.1 检查项目

检查项目、技术要求和不合格情况见表8。

表8

检查项目	技术要求	不合格情况
功能检查	当被监视区域烟参数达到报警条件时,吸气式感烟火灾探测器应发出火灾报警信号,红色报警确认灯应点亮,并保持至被复位	未发出火灾报警信号
		红色报警确认灯未点亮
		报警确认灯不能保持至被复位
	探测报警型吸气式感烟火灾探测器应具有手动检查其面板所有指示灯、显示器的功能	无手动自检功能。

6.2.6.2 检查方法

6.2.6.2.1 确认探测型吸气式感烟火灾探测器与火灾报警控制器正确连接并接通电源,处于正常监视状态。用加烟器向吸气式感烟火灾探测器施加烟气,观察火灾报警控制器的显示状态和吸气式感烟火灾探测器的报警确认灯状态。

6.2.6.2.2 确认探测报警型吸气式感烟火灾探测器按制造商规定的供电方式供电,处于正常监视状态。用加烟器向吸气式感烟火灾探测器施加烟气,观察吸气式感烟火灾探测器的声、光报警状态。

6.2.6.2.3 操作探测报警型吸气式感烟火灾探测器的手动自检机构,观察吸气式感烟火灾探测器面板的指示灯、显示器状态。

6.2.6.3 检测器具

加烟器:能够向吸气式感烟火灾探测器施加试验烟。

注:试验烟可由蚊香、棉绳、香烟等材料阴燃产生。

6.2.7 线型光束感烟火灾探测器

6.2.7.1 检查项目

检查项目、技术要求和不合格情况见表9。

表 9

检查项目	技术要求	不合格情况
功能检查	当被监视区域烟参数（用滤光片模拟试验）达到报警条件时，线型光束感烟火灾探测器应输出火灾报警信号，红色报警确认灯应点亮，并保持至被复位。	未输出火灾报警信号
		红色报警确认灯未点亮
		报警确认灯不能保持至被复位
	线型光束感烟火灾探测器的响应阈值应不小于 0.5dB，不大于 10dB	响应阈值小于 0.5dB 或大于 10dB

6.2.7.2 检查方法

6.2.7.2.1 确认线型光束感烟火灾探测器与火灾报警控制器连接正确并接通电源，处于正常监视状态。将减光值为 0.4dB 的滤光片置于线型光束感烟火灾探测器的光路中并尽可能靠近接收器，观察火灾报警控制器的显示状态和线型光束感烟火灾探测器的报警确认灯状态。如果 30s 内发出火灾报警信号，记录其响应阈值小于 0.5dB，结束试验。

6.2.7.2.2 将减光值为 10.0dB 的滤光片置于线型光束感烟火灾探测器的光路中并尽可能靠近接收器，观察火灾报警控制器的显示状态和线型光束感烟火灾探测器的报警确认灯状态。如果 30s 内未发出火灾报警信号，记录其响应阈值大于 10.0dB。

6.2.7.3 检测器具

滤光片：减光值分别为 0.4dB 和 10.0dB；

秒表：测量范围为 0s～60s。

6.2.8 点型复合式火灾探测器

点型复合式火灾探测器的产品质量现场检查，应根据其复合的火灾探测器种类，分别按照每种探测器对应的检查项目、技术要求和检查方法进行，不合格情况应保持一致。

6.2.9 手动火灾报警按钮

6.2.9.1 检查项目

检查项目、技术要求和不合格情况见表10。

表 10

检查项目	技术要求	不合格情况
功能检查	按下手动火灾报警按钮的启动零件，手动火灾报警按钮应输出火灾报警信号，红色报警确认灯应点亮，并保持至被复位	未输出火灾报警信号
		红色报警确认灯未点亮
		报警确认灯不能保持至被复位

6.2.9.2 检查方法

6.2.9.2.1 确认手动火灾报警按钮与火灾报警控制器连接正确并接通电源，处于正常监视状态。按下手动火灾报警按钮的启动零件，观察火灾报警控制器的显示状态和手动火灾报警按钮的报警确认灯状态。

6.2.9.2.2 更换或复位手动火灾报警按钮的启动零件，复位火灾报警控制器，观察手动火灾报警按钮的报警确认灯状态。

6.2.10 可燃气体探测器

6.2.10.1 检查项目

检查项目、技术要求和不合格情况见表11。

表 11

检查项目	技术要求	不合格情况
功能检查	可燃气体探测器在被监视区域内的可燃气体浓度达到报警设定值时，应能发出报警信号	未发出报警信号

6.2.10.2 检查方法

6.2.10.2.1 确认点型可燃气体探测器与可燃气体报警控制器连接正确并接通电源，处于正常监视状态。向点型可燃气体探测器施加与其探测气体种类一致的、合适浓度的可燃气体，观察可燃气体报警控制器的显示状态。

6.2.10.2.2 确认独立式或便携式可燃气体探测器按制造商规定的供电方式供电，处于正常监视状态。向可燃气体探测器施加与其探测气体种类一致的、合适浓度的可燃气体，观察探测器的声、光报警状态。

6.2.10.3 检测器具

针对产品不同，配备符合要求浓度的、贮存在便于携带的贮气瓶（或袋）中的试验气体。

注：可燃气体探测器常用试验气体如甲烷的报警浓度上限为50%LEL、丙烷的报警浓度上限为50%LEL、氢气的报警浓度上限为1250×10^{-6}（体积分数）。

6.2.11 火灾报警控制器

6.2.11.1 检查项目

检查项目、技术要求和不合格情况见表12。

表 12

检查项目	技术要求	不合格情况
基本功能	火灾报警控制器应能直接或间接地接收来自火灾探测器及其他火灾报警触发器件的火灾报警信号,发出火灾报警声、光信号,指示火灾发生部位,记录火灾报警时间,并予以保持,直至手动复位	未发出火灾报警声、光信号
		不能指示火灾发生部位
		不能记录火灾报警时间
		火灾报警信号不能保持至复位

6.2.11.2 检查方法

6.2.11.2.1 确认火灾报警控制器与火灾探测器和手动火灾报警按钮连接正确并接通电源,处于正常监视状态。使火灾探测器或手动火灾报警按钮发出火灾报警信号,观察控制器发出火灾报警声、光信号(包括火警总指示、部位或探测区指示等)情况及计时、打印情况。

6.2.11.2.2 复位火灾报警控制器,观察火灾报警信号状态。

6.2.12 火灾显示盘

6.2.12.1 检查项目

检查项目、技术要求和不合格情况见表 13。

表 13

检查项目	技术要求	不合格情况
基本功能	火灾显示盘应能接收来自火灾报警控制器的火灾报警信号,发出声、光报警信号,指示火灾发生部位,并予以保持	不能接收来自火灾报警控制器的火灾报警信号
		不能发出声、光报警信号
		不能指示火灾发生部位
		声、光报警信号不能保持至复位

6.2.12.2 检查方法

确认火灾显示盘与连接了火灾报警触发器件的火灾报警控制器连接正确并接通电源,处于正常监视状态。通过火灾报警触发器件使火灾报警控制器发出火灾报警信号,观察火灾显示盘声、光报警信号及部位指示情况。

6.2.13 可燃气体报警控制器

6.2.13.1 检查项目

检查项目、技术要求和不合格情况见表 14。

表 14

检查项目	技术要求	不合格情况
基本功能	可燃气体报警控制器应具有可燃气体浓度显示功能	无浓度显示功能
	可燃气体报警控制器应能直接或间接地接收来自可燃气体探测器的报警信号,发出报警声、光信号,指示报警部位,记录报警时间,并予以保持,直至手动复位	未发出报警声、光信号
		不能指示报警部位
		不能记录报警时间
		报警信号不能保持至复位

6.2.13.2 检查方法

6.2.13.2.1 确认可燃气体报警控制器与可燃气体探测器连接正确并接通电源,处于正常监视状态。观察可燃气体报警控制器的浓度显示情况。

6.2.13.2.2 使可燃气体探测器发出报警信号,观察可燃气体报警控制器发出报警声、光信号(包括部位或探测区指示等)情况及计时、打印情况。

6.2.13.2.3 观察报警信号保持情况,复位可燃气体报警控制器。

6.2.14 火灾声和/或光警报器

6.2.14.1 检查项目

检查项目、技术要求和不合格情况见表 15。

表 15

检查项目	技术要求	不合格情况
功能检查	火灾声和/或光警报器的声信号至少在一个方向上 3m 处的声压级应不小于 75dB(A 计权);光信号在 100lx～500lx 环境光线下,25m 处应清晰可见	声信号的声压级小于 75dB(A 计权);光信号 25m 处不清晰可见

6.2.14.2 检查方法

确认火灾声和/或光警报器按制造商规定的供电方式供电,使其发出火灾声和/或光警报信号,在其 3m 水平处用声级计(A 计权)测量其声压级,在 25m 处观察其光信号。

6.2.14.3 检测器具

声级计：测量范围为 0 dB～120 dB（A 计权）；
照度计：测量范围为 0 lx～500 lx。

6.2.15 消防联动控制器

6.2.15.1 检查项目

检查项目、技术要求和不合格情况见表16。

表 16

检查项目	技术要求	不合格情况
基本功能	消防联动控制器应能直接或间接控制其连接的各类消防设备	不能直接或间接控制其连接的各类消防设备
	应能以手动方式完成控制功能	不能以手动方式完成控制功能
	消防联动控制器发出启动信号后，应有光指示（包括点亮启动总指示灯），指示启动设备名称和部位，记录启动时间和启动设备总数	发出启动信号后，无光指示（包括未点亮启动总指示灯）
		不能指示启动设备名称和部位
		未记录启动时间和启动设备总数

6.2.15.2 检查方法

6.2.15.2.1 确认消防联动控制器直接或通过模块与受控设备连接（应选择启动后不会造成损失的受控设备进行试验），接通电源，处于正常监视状态。

6.2.15.2.2 手动操作消防联动控制器启动该设备，观察消防联动控制器状态和负载启动情况。

6.2.16 气体灭火控制器

6.2.16.1 检查项目

检查项目、技术要求和不合格情况见表17。

表 17

检查项目	技术要求	不合格情况
基本功能	气体灭火控制器应能直接或间接控制其连接的气体灭火设备和相关设备	不能直接或间接控制其连接的各类消防设备
	气体灭火控制器接收启动控制信号后，应能按预置逻辑完成以下功能： a) 发出声、光信号，记录时间，声信号应能手动消除，当再次有启动控制信号输入时，应能再次启动； b) 启动声光警报器； c) 进入延时，延时期间应有延时光指示，显示延时时间和保护区域，关闭保护区域的防火门、窗和防火阀等，停止通风空调系统； d) 延时结束后，发出启动喷洒控制信号，并有光指示，启动保护区域的喷洒光警报器； e) 气体喷洒阶段应发出相应的声、光信号并保持至复位，记录时间	不能按预置逻辑完成各项功能

6.2.16.2 检查方法

6.2.16.2.1 确认气体灭火控制器配接制造商提供的受其控制设备或负载（应选择启动后不会造成损失的受控设备进行试验），接通电源，处于正常监视状态

6.2.16.2.2 通过启动和停止按键（按钮）使气体灭火控制器接收启动控制信号后，观察并记录气体灭火控制器状态（启动控制信号、延时信号、启动喷洒控制信号、气体喷洒信号）、显示延时时间和保护区域、负载启动、记录时间情况并检查试样是否能按预置逻辑工作。

6.2.17 消防电气控制装置

6.2.17.1 检查项目

检查项目、技术要求和不合格情况见表18。

表 18

检查项目	技术要求	不合格情况
基本功能	消防电气控制装置应具有手动和自动控制方式，并能接收来自消防联动控制器的联动控制信号，在自动工作状态下，执行预定的动作，控制受控设备进入预定的工作状态	无手动或自动控制方式
		不能接收来自消防联动控制器的联动控制信号，或在自动工作状态下不能执行预定的动作，控制受控设备进入预定的工作状态
	消防电气控制装置应能以手动方式控制受控设备进入预定的工作状态	不能以手动方式控制受控设备进入预定的工作状态

6.2.17.2 检查方法

6.2.17.2.1 确认消防电气控制装置与制造商提供的受其控制设备或负载连接，接通电源，处于正常监视状态。将消防电气控制装置设定为自动控制方式，操作消防联动控制器向消防电气控制装置发出联动控制信号，观察并记录执行预定动作情况、负载的运行情况、声、光指示情况。

6.2.17.2.2 将消防电气控制装置设定为手动控制方式，通过手动操作发出控制信号，观察并记录执行预定动作情况、负载的运行情况和相应指示灯的点亮情况。

6.2.18 消防设备应急电源

6.2.18.1 检查项目

检查项目、技术要求和不合格情况见表19。

表 19

检查项目	技术要求	不合格情况
功能检查	消防设备应急电源在主电源断电时应在5s内自动转换到电池组供电	不能在5s内自动转换到电池组供电
	当主电源恢复正常时，应自动转换到主电源供电	当主电源恢复正常时，不能自动转换到主电源供电

6.2.18.2 检查方法

6.2.18.2.1 接通主电源，确认消防设备应急电源处于正常监视状态。断开主电源，观察并记录消防设备应急电源的转换时间。

6.2.18.2.2 恢复主电源，观察消防设备应急电源是否自动转换到主电源供电。

6.2.18.3 检测器具

秒表：测量范围为0s～60s。

6.2.19 消防应急广播设备

6.2.19.1 检查项目

检查项目、技术要求和不合格情况见表20。

表 20

检查项目	技术要求	不合格情况
基本功能	消防应急广播设备应能同时向一个或多个指定区域广播信息，并能显示处于应急广播状态的广播分区	不能同时向一个或多个指定区域广播信息
		不能显示处于应急广播状态的广播分区
	消防应急广播设备应能通过传声器进行应急广播	不能通过传声器进行应急广播

6.2.19.2 检查方法

6.2.19.2.1 确认消防应急广播设备接通电源，处于正常监视状态。通过手动控制方式启动应急广播和选择两个以上广播分区，观察试样进入应急广播状态。检查试样的状态指示、广播分区的显示情况。

6.2.19.2.2 通过传声器进行应急广播，检查广播情况。

6.2.20 消防电话

6.2.20.1 检查项目

检查项目、技术要求和不合格情况见表21。

表 21

检查项目	技术要求	不合格情况
基本功能	消防电话总机应能为消防电话分机和消防电话插孔供电	消防电话总机不能为消防电话分机和消防电话插孔供电
	消防电话总机应能与消防电话分机进行全双工通话	消防电话总机不能与消防电话分机进行全双工通话
	收到消防电话分机呼叫时，消防电话总机应显示该消防电话分机的呼叫状态。消防电话总机与消防电话分机接通后，消防电话总机显示该消防电话分机为通话状态	收到消防电话分机呼叫时，消防电话总机不能显示该消防电话分机的呼叫状态
		消防电话总机与消防电话分机接通后。消防电话总机不能显示该消防电话分机为通话状态
	消防电话总机应能呼叫任意一部消防电话分机，并能同时呼叫至少两部消防电话分机	消防电话总机不能呼叫任意一部消防电话分机，不能同时呼叫至少两部消防电话分机
	消防电话分机的正常监视状态应有光指示。消防电话分机与消防电话总机应能进行全双工通话	消防电话分机的正常监视状态无光指示。消防电话分机与消防电话总机不能进行全双工通话
	消防电话插孔正常状态时应有光指示。消防电话插孔接上消防电话分机后，消防电话分机应能与消防电话总机进行全双工通话	消防电话插孔正常状态时无光指示。消防电话插孔接上消防电话分机后，消防电话分机不能与消防电话总机进行全双工通话

6.2.20.2 检查方法

6.2.20.2.1 将消防电话总机与至少三部消防电话分机和消防电话插孔连接，使消防电话总机与所连的消防电话分机、消防电话插孔处于正常监视状态。将一部消防电话分机摘机，使消防电话总机与消防电话分机处于通话状态，观察并记录声、光指示情况以及消防电话分机部位显示情况；将电话分机挂机，观察并记录消防电话总机的显示情况。再将消防电话分机摘机呼叫消防电话总机，观察并记录消防电话总机的声、光指示情况。

6.2.20.2.2 将消防电话总机置于与其中一部消防电话分机通话状态，操作消防电话总机，呼叫另一部消防电话分机，该消防电话分机摘机后，观察并记录消防电话总机与两部消防电话分机通话情况。

6.2.21 传输设备

6.2.21.1 检查项目

检查项目、技术要求和不合格情况见表22。

表22

检查项目	技术要求	不合格情况
基本功能	传输设备应能接收来自火灾报警控制器的火灾报警信息，并发出火灾报警光信号	不能接收来自火灾报警控制器的火灾报警信息，或不能发出火灾报警光信号
	传输设备应将来自火灾报警控制器的火灾报警信息传送给监控中心	不能将来自火灾报警控制器的火灾报警信息传送给监控中心

6.2.21.2 检查方法

6.2.21.2.1 确认传输设备与制造商提供的火灾报警控制器连接正确，接通电源，使其处于正常监视状态，并在传输设备与监控中心设备之间建立正常传输连接。

6.2.21.2.2 使火灾报警控制器发出火灾报警信息，观察并记录试样发出的火灾报警光信号、信息传输成功指示情况。

6.2.22 消防控制室图形显示装置

6.2.22.1 检查项目

检查项目、技术要求和不合格情况见表23。

表23

检查项目	技术要求	不合格情况
基本功能	消防控制室图形显示装置应至少采用中文标注和中文界面	未采用中文标注和中文界面
	消防控制室图形显示装置应能接收火灾报警控制器和消防联动控制器发出的火灾报警信号和/或联动控制信号，并进入火灾报警和/或联动状态，显示相应信息	不能接收火灾报警控制器和消防联动控制器发出的火灾报警信号和/或联动控制信号；或不能进入火灾报警和/或联动状态，显示相应信息
	消防控制室图形显示装置不能对控制器进行复位、系统设定以及联动设备的启动和停止等控制操作	能对火灾报警控制器和消防联动控制器进行复位、系统设定以及联动设备的启动和停止等控制操作
	消防控制室图形显示装置应能显示建筑总平面布局图、每个保护对象的建筑平面图、系统图	不能显示建筑总平面布局图、每个保护对象的建筑平面图、系统图

6.2.22.2 检查方法

6.2.22.2.1 将消防控制室图形显示装置与制造商提供的火灾报警控制器和消防联动控制器连接，接通电源，使其处于正常监视状态。

6.2.22.2.2 使控制器发出火灾报警信号和/或联动控制信号，期间观察消防控制室图形显示装置显示状态。

6.2.23 模块

6.2.23.1 检查项目

检查项目、技术要求和不合格情况见表24。

表24

检查项目	技术要求	不合格情况
基本功能	输入、输出模块在接收到制造商规定的信号后应动作，并点亮动作指示灯	接收到规定的信号后未动作；或动作后未点亮动作指示灯
	中继模块在制造商规定的条件下应能正常工作，其性能应满足制造商规定的要求	不能正常工作；或性能不满足规定要求

6.2.23.2 检查方法

6.2.23.2.1 将模块与制造商提供的消防联动控制器及负载连接，接通电源，使其处于正常监视状态。

6.2.23.2.2 对输入、输出模块按制造商的规定输入相应的输入或输出信号，记录时间并观察状态；对中继模块按制造商规定的条件进行工作，检查其性能。

6.2.24 消防电动装置

6.2.24.1 检查项目

检查项目、技术要求和不合格情况见表25。

表25

检查项目	技术要求	不合格情况
基本功能	消防电动装置应能接收制造商规定的启动信号执行驱动	接收到启动信号后未执行驱动

6.2.24.2 检查方法

使消防电动装置处于正常监视状态后,给其施加制造商规定的启动信号,观察并记录试样的工作状态。

6.2.25 消火栓按钮

6.2.25.1 检查项目

检查项目、技术要求和不合格情况见表26。

表26

检查项目	技术要求	不合格情况
功能检查	按下消火栓按钮的启动零件,应发出启动信号,点亮红色启动确认灯,并保持至启动状态被复位。接收到回答信号后,点亮绿色回答确认灯	未发出启动信号
		启动确认灯未点亮
		启动确认灯不能保持至被复位
		回答确认灯未点亮

6.2.25.2 检查方法

6.2.25.2.1 确认消火栓按钮与控制和指示设备连接正确并接通电源,处于正常监视状态。按下消火栓按钮的启动零件,观察控制和指示设备的显示状态和消火栓按钮的启动、回答确认灯状态。

6.2.25.2.2 更换或复位消火栓按钮的启动零件,复位控制和指示设备,观察消火栓按钮的确认灯状态。

6.2.26 防火卷帘控制器

6.2.26.1 检查项目

检查项目、技术要求和不合格情况见表27。

表27

检查项目	技术要求	不合格情况
基本功能	防火卷帘控制器应能通过手动和自动控制方式控制防火卷帘执行上升、停止、下降动作,并发出卷帘动作声、光指示信号	不能手动控制防火卷帘执行上升、停止、下降动作
		不能自动控制防火卷帘执行上升、停止、下降动作
		未发出卷帘动作声、光指示信号
	防火卷帘控制器的电源部分应具有主电源和备用电源转换装置;当主电源断电时,能自动转换到备用电源;主电源恢复时,能自动转换到主电源;应有主、备电源工作状态指示	无主电源和备用电源转换装置
		主电源断电时,不能自动转换到备用电源
		主电源恢复时,不能自动转换到主电源
		无主、备电源工作状态指示
	防火卷帘控制器的备用电源应能提供控制器控制速放控制装置完成卷帘自重垂降、控制卷帘在中限位停止、延时后降至下限位置所需的电源	备用电源不能提供控制器控制速放控制装置完成卷帘自重垂降、控制卷帘在中限位停止、延时后降至下限位置所需的电源

6.2.26.2 检查方法

6.2.26.2.1 确认防火卷帘控制器与卷门机或模拟卷门机负载连接正确并接通电源,处于正常监视状态。操作手动控制装置的上升、停止、下降按钮,或输入各种控制信号,观察动作和指示情况。

6.2.26.2.2 切断防火卷帘控制器的主电源,使其由备用电源供电,再恢复主电源,检查主、备电源的转换、状态的指示情况。

6.2.26.2.3 切断防火卷帘控制器的主电源和卷门机的电源,使控制器在备用电源供电的情况下,检查并记录控制速放控制装置动作情况。

6.3 自动喷水灭火设备

6.3.1 洒水喷头

6.3.1.1 检查项目

检查项目、技术要求和不合格情况见表28。

表28

检查项目	技术要求	不合格情况
整体要求	洒水喷头应保证其不能轻易地调整、拆卸和重装	洒水喷头可以轻易地调整、拆卸和重装
外观	洒水喷头应无明显的磕碰伤痕或损坏	溅水盘、框架破裂或破损
		玻璃球破裂
标志	洒水喷头应至少标有型号规格、生产年份、生产商的名称(代号);玻璃球的色标、温标正确	无标志或标志内容不全
		色标、温标错误
	对边墙型洒水喷头还应标明水流方向	水平边墙型洒水喷头缺少水流方向
	隐蔽式洒水喷头的盖板上应标有"不可涂覆"等字样	隐蔽式洒水喷头的盖板上未标有"不可涂覆"等字样
质量偏差	喷头的质量与合格检验报告描述的质量的偏差不应超过5%	喷头的质量与合格检验报告描述的质量的偏差超过5%

6.3.1.2 检查方法
6.3.1.2.1 整体要求
利用工具（螺丝刀）拧洒水喷头的顶丝，检查顶丝是否可以轻易旋开；用手转动溅水盘检查是否出现松动现象。
6.3.1.2.2 外观
对照型式检验报告及其他相关技术资料对洒水喷头进行外观检查。检查洒水喷头的溅水盘、框架是否出现破裂或破损；检查玻璃球是否出现破裂。
6.3.1.2.3 标志
检查洒水喷头是否标有型号规格、生产年份、生产商的名称（代号）；玻璃球的色标、温标是否正确；边墙型洒水喷头是否标示水流方向，隐蔽式洒水喷头的盖板上是否标有"不可涂覆"等字样。
6.3.1.2.4 质量偏差
抽取3个喷头，其中带运输护帽的喷头应摘下护帽进行检查。使用精度不低于0.1g天平测量每只喷头的质量，与喷头合格检验报告描述的质量相比较，计算每只喷头的质量偏差。

6.3.1.3 检测器具
螺丝刀、天平。

6.3.2 湿式报警阀、延迟器、水力警铃
6.3.2.1 检查项目
检查项目、技术要求和不合格情况见表29。

表29

检查项目	技术要求	不合格情况
外观、标志	表面应无裂纹等现象；应设标志牌，阀体上应有水流指示方向指示，并为永久性标识；安装在湿式报警阀报警口和延迟器之间的控制阀，应明显标志出其启闭状态	表面有明显裂纹等现象
		无标志牌；阀体上无水流方向指示或水流指示方向错误、水流方向指示标志不是永久性标识
		安装在湿式报警阀报警口和延迟器之间的控制阀，没有明显标志出其启闭状态
结构	阀体上应设有放水口，放水口公称直径不应小于20mm	无放水口
		放水口公称直径小于20mm
	在湿式报警阀报警口和延迟器之间应设置控制阀，并能在开启位置锁紧	在湿式报警阀报警口和延迟器之间没有设置控制阀、没有在开启位置锁紧的装置或机构
	湿式报警阀应设置报警试验管路，当湿式报警阀处于伺应状态时，阀瓣组件无须启动应能手动检验报警装置功能	没有设置在不开启阀门的情况下检验报警装置的检验设施
	阀瓣开启后应能复位	阀瓣开启后不能复位
水力警铃	水力警铃不进行调整和润滑，应能正常工作；铃锤能够转动并能发出声音	水力警铃铃锤不能转动
		铃锤能够转动，但不能发出声音

6.3.2.2 检查方法
6.3.2.2.1 外观和标志
检查湿式报警阀、延迟器、水力警铃表面有无砂眼裂纹等现象；有无标志牌，阀体上是否有水流指示方向指示，指示方向是否错误，是否为永久性标识；安装在湿式报警阀报警口和延迟器之间的控制阀，是否明显标志出其启闭状态。
6.3.2.2.2 结构
结构检查方法：
a) 检查是否有放水口，使用卡尺检查放水口公称直径；
b) 目测在湿式报警阀报警口和延迟器之间是否设置控制阀，并能在开启位置锁紧；
c) 安装在管路上处于伺应状态的湿式阀，手动开启报警试验管路上的控制阀门，观察压力开关和水力警铃是否动作；
d) 手动将湿式报警阀阀瓣开启到最大位置，然后松手放开，观察阀瓣是否能够复位，有无翘起现象。
6.3.2.2.3 水力警铃
手动检查铃锤是否能够灵活转动，是否能发出声音。

6.3.2.3 检测器具
游标卡尺。

6.3.3 干式报警阀
6.3.3.1 项目
检查项目、技术要求和不合格情况见表30。

表30

检查项目	技术要求	不合格情况
标志	应设标志牌，阀体上应有水流方向指示且应为永久性标识	无标志牌；阀体上无水流方向或水流指示方向错误；水流指示方向不是永久性标识
结构	阀体上应设有泄水口，泄水口公称直径不应小于20mm	无泄水口、泄水口通径小于20mm
	应设置自动排水阀	无自动排水阀
	在阀体的阀瓣组件的供水侧，应设有在不开启阀门的情况下检验报警装置的检验设施	没有设置在不开启阀门的情况下检验报警装置的检验设施

6.3.3.2 检查方法
6.3.3.2.1 标志
检查有无标志牌，阀体上是否有水流方向指示，指示方向是否错误，是否为永久性标识等。
6.3.3.2.2 结构
结构检查方法：
a) 目测是否有泄水阀，使用游标卡尺检查泄水阀公称直径；
b) 目测是否有自动排水阀；
c) 安装在管路上处于伺应状态的干式报警阀，手动开启报警试验管路上的控制阀门，观察压力开关和水力警铃是否动作。

6.3.3.3 检测器具
游标卡尺。

6.3.4 雨淋报警阀
6.3.4.1 检查项目
检查项目、技术要求和不合格情况见表31。
6.3.4.2 检查方法
6.3.4.2.1 标志
检查有无标志牌，阀体上有无水流方向指示，指示方向是否错误，是否为永久性标识。

表31

检查项目	技术要求	不合格情况
标志	应设标志牌，阀体上应有水流指示方向指示，应为永久性标识	无标志牌；阀体上无水流方向或水流指示方向错误；水流指示方向不是永久性标识
结构	阀体上应设有放水口，放水口公称直径不应小 20mm	无放水口
		放水口公称直径小于 20mm
	应设置自动排水阀	无自动排水阀
	阀体阀瓣组件的供水侧，应设有在不开启阀门的情况下检验报警装置的设施	没有设置在不开启阀门的情况下检验报警装置的检验设施
	应设防复位锁止机构	无防复位锁止机构
电磁阀	采用电磁阀启动时，控制腔上应设置电磁阀，电磁阀应能正常动作	未设置电磁阀；电磁阀不能动作
紧急手动控制	控制腔上应装有紧急手动控制阀及手动控制盒；紧急手动控制阀应能正常启动雨淋报警阀；手动控制盒上应有紧急操作指示	无紧急手动控制阀及手动控制盒
		紧急手动控制阀不能正常启动雨淋报警阀
		手动控制盒上无紧急操作指示

6.3.4.2.2 结构
结构检查方法：
a) 目测是否有放水阀，使用卡尺检查放水口公称直径；
b) 目测是否有自动排水阀；
c) 安装在管路上处于伺应状态的雨淋报警阀，手动开启报警试验管路上的控制阀门，观察压力开关和水力警铃是否动作。
6.3.4.2.3 电磁阀
电磁阀检查方法：
a) 目测采用电磁阀启动的，控制腔上是否安装电磁阀；
b) 雨淋报警阀没有安装在管路上时，给电磁阀施加额定工作电压，观察是否动作。
6.3.4.2.4 紧急手动控制
紧急手动控制检查方法：
a) 目测控制腔上是否装有紧急手动控制阀及手动控制盒；
b) 雨淋报警阀处于伺应状态时，关闭管网干管上的控制阀，按控制盒上的操作指示打开紧急手动控制阀，观察能否正常启动雨淋报警阀；
c) 目测手动控制盒上有无紧急操作指示。
6.3.4.3 检测器具
游标卡尺、24V 直流电源/220V 交流电源。

6.3.5 水流指示器
6.3.5.1 检查项目
检查项目、技术要求和不合格情况见表32。

表32

检查项目	技术要求	不合格情况
标志	应有标志牌，标志内容齐全并应清晰耐久	无标志牌；或标志内容不齐全、不清晰耐久
	应有水流指示方向并且水流指示方向标识正确	无水流指示方向或水流指示方向错误；水流指示方向不是永久性标识
	桨片不应残缺损坏	桨片残缺损坏
动作性能（延迟时间）	应有灵敏度信号输出	无灵敏度信号输出
	具有延迟功能的水流指示器，其延迟时间应在 2s～90s 范围内	具有延迟功能的水流指示器，其延迟时间不在 2s～90s 范围内
		具有延迟功能的水流指示器，其延迟时间不可调节

6.3.5.2 检查方法
6.3.5.2.1 标志
检查有无标志牌，标志内容是否齐全并清晰耐久；有无水流指示方向并且水流指示方向标识是否正确、是否为永久性标志；桨片是否完好无损。
6.3.5.2.2 动作性能和延迟功能检查
6.3.5.2.2.1 不需要提供24V电源的水流指示器
对于没有延迟功能的水流指示器，将万用表连接水流指示器的输出接线，将水流指示器桨片沿着箭头指示方向推到底，观察万用表是否有通、断信号变化。

对于有延迟功能的水流指示器，将万用表连接水流指示器的输出接线，将水流指示器桨片沿着箭头指示方向推到底，同时启动秒表，观察万用表是否有通、断信号变化；万用表动作后同时停止秒表，观察记录动作时间是否在 2s~90s 范围内。

6.3.5.2.2.2 需要提供24V电源、带延迟功能的水流指示器
首先按使用说明书将24V电源与水流指示器的电源输入接线连好，然后将万用表连接水流指示器的输出接线，将水流指示器桨片沿着箭头指示方向推到底，观察万用表是否有通、断信号变化；万用表动作后同时停止秒表，观察记录动作时间是否在 2s~90s 范围内。

6.3.5.3 检测器具
秒表、万用表、24V直流电源/220V交流电源。

6.3.6 消防压力开关
6.3.6.1 检查项目
检验项目、技术要求和不合格情况见表33。

表33

检查项目	技术要求	不合格情况
外观与标志	结构不应有严重松动	结构严重松动
	应有标识铭牌，电气参数等内容齐全	无标识铭牌或电气参数等内容不全
动作性能	压力开关应动作可靠	不动作

6.3.6.2 检查方法
6.3.6.2.1 外观
检查压力开关结构是否严重松动。
6.3.6.2.2 标志
检查压力开关是否有标志铭牌。
6.3.6.2.3 动作性能
打开压力开关，将其常开或常闭触点用万用表连接，并使压力开关动作检查压力开关的常开或常闭触点能否可靠通断。

6.3.6.3 检测器具
万用表。

6.3.7 水雾喷头
6.3.7.1 项目
检查项目、技术要求和不合格情况见表34。

表34

检查项目	技术要求	不合格情况	
外观	水雾喷头应无机械损伤，无明显变形	撞击式水雾喷头	溅水盘、框架破裂、破损
		离心式水雾喷头	喷头本体、离心导流叶片破裂、破损
		闭式水雾喷头	玻璃球损坏。溅水盘、框架破裂、破损
标志	水雾喷头应在明显部位做永久性标志，其内容至少应包括规格型号、生产厂商代号或商标、生产年份等	无标志或标志内容；标志不是永久性标志	
质量偏差	喷头的质量与合格检验报告描述的质量的偏差不应超过5%	喷头的质量与合格检验报告描述的质量的偏差超过5%	

6.3.7.2 检查方法
6.3.7.2.1 外观
对照检验报告、认证证书以及其他相关技术资料对水雾喷头进行外观检查。检查水雾喷头的溅水盘、框架或喷头本体、离心导流叶片是否出现破裂或破损；对闭式水雾喷头检查玻璃球是否出现损坏。
6.3.7.2.2 标志
检查水雾喷头上是否有永久性标志、标志内容是否正确、完整。
6.3.7.2.3 质量偏差
抽取3个喷头，其中带运输护帽的喷头应摘下护帽进行检查。使用精度不低于0.1g天平测量每只喷头的质量，与喷头合格检验报告描述的质量相比较，计算每只喷头的质量偏差。

6.3.7.3 检测器具
螺丝刀、天平。

6.3.8 沟槽式管接件
6.3.8.1 检查项目
检查项目、技术要求和不合格情况见表35。
6.3.8.2 检查方法
6.3.8.2.1 外观、标志
用目测检查沟槽式管接件壳体和橡胶密封圈的外观、标志及铸件质量等。
6.3.8.2.2 结构尺寸
用游标卡尺检查结构尺寸等。
6.3.8.2.3 橡胶密封圈
6.3.8.2.3.1 检查密封圈材质代号并与合格检验报告上的材质代号核对。

表35

检查项目	技术要求	不合格情况
外观、标志	壳体外观应无裂纹等现象	壳体外观有裂纹等现象
	橡胶密封圈密封面上不应有气泡、杂质、裂口等缺陷	橡胶密封圈密封面上有气泡、杂质、裂口等缺陷或橡胶密封圈残缺损坏
	壳体、橡胶密封圈标志内容齐全并应清晰耐久	壳体、橡胶密封圈标志中无型号规格参数或参数不全、不清晰耐久
结构尺寸	沟槽式管接件内、外径尺寸应与型号规格相符合	沟槽式管接件内、外径尺寸与产品型号规格不相符或尺寸规格偏差超出标准要求
橡胶密封圈	采用的橡胶材料与合格检验报告应一致；使用后橡胶密封圈不应出现渗漏和变形	采用的橡胶材料与合格检验报告上的不一致；使用后橡胶密封圈出现渗漏和变形

6.3.8.2.3.2 检查密封圈是否出现渗漏和变形现象。

6.3.8.3 检测器具

游标卡尺。

6.4 气体灭火设备

6.4.1 卤代烷和惰性气体灭火系统

6.4.1.1 检查项目

检查项目、技术要求和不合格情况见表36。

表36

检查项目	技术要求	不合格情况
系统构成与外观标志	系统应包括容器、容器阀、单向阀、选择阀（适用于组合分配系统）、驱动装置、集流管、连接管、喷嘴、信号反馈装置、安全泄放装置、控制盘、检漏装置、低泄高封阀（适用于具有驱动气体瓶组的系统）、减压装置（惰性气体灭火系统）部件	组成部件不全
	灭火剂贮存容器的外表正面标注灭火剂名称，驱动气瓶标出驱动气体名称	未标注灭火剂名称或驱动气体名称
	系统警示标志应牢固地设置在系统明显部位，对于惰性气体灭火系统警示标志的内容为"本系统动作时喷嘴会喷放出高压气体"，对于七氟丙烷灭火系统、三氟甲烷灭火系统警示标志的内容为"本系统灭火时会分解产生一定量的氟化氢气体"	无警示标志或警示标志内容不正确
	选择阀、单向阀应有介质流动方向的标示	无介质流动方向标示
灭火剂瓶组	灭火剂瓶组（容器或容器阀上）应设灭火剂取样口	未设灭火剂取样口
容器公称工作压力	容器的标志中的公称工作压力（WP）值应大于或等于系统最大工作压力值	公称工作压力（WP）值小于系统最大工作压力值
容器阀	应有手动操作机构	无手动操作机构
选择阀	应有手动操作机构，手动应能打开选择阀	无手动操作机构，手动不能打开选择阀
驱动装置	在额定工作电压下应能正常动作	不能动作
控制盘	控制及显示功能应符合 GB 25972—2010 中 5.13.3 的规定	功能不全或功能不符合标准要求
检漏装置	应设置检漏装置	无检漏装置
	称重装置应具有报警功能	无报警功能
	压力显示器应分红区和绿区，测量范围上限应不小于最大工作压力的1.1倍，压力显示应在绿区范围内	压力显示器不符合要求
集流管	应有安全泄放装置	无安全泄放装置
瓶组	应设安全泄放装置	无安全泄放装置
低泄高封阀设置要求	组合分配系统的集流管上应安装低泄高封阀。驱动气体控制管路上应安装低泄高封阀	未设低泄高封阀

6.4.1.2 检查方法

6.4.1.2.1 系统构成与外观标志

6.4.1.2.1.1 检查系统是否包括容器、容器阀、单向阀、选择阀（适用于组合分配系统）、驱动装置、集流管、连接管、喷嘴、信号反馈装置、安全泄放装置、控制盘、检漏装置、低泄高封阀（适用于具有驱动气体瓶组的系统）、减压装置

（惰性气体灭火系统）部件。

6.4.1.2.1.2 检查灭火剂贮存容器的外表正面是否标注灭火药剂名称；驱动气瓶是否标出驱动气体名称。

6.4.1.2.1.3 检查系统警示标志的内容是否符合标准要求。

6.4.1.2.1.4 检查选择阀、单向阀是否有介质流动方向的标示。

6.4.1.2.2 容器公称工作压力

检查容器的标志，标志中的公称工作压力（WP）值是否大于或等于系统最大工作压力值。

6.4.1.2.3 容器阀

检查容器阀是否有手动操作机构。

6.4.1.2.4 选择阀

检查选择阀是否有手动操作机构，用手操作选择阀手动机构，检查是否能打开选择阀。

6.4.1.2.5 驱动器

6.4.1.2.5.1 对于电磁型驱动器，应将电磁型驱动器从被驱动的阀门上卸下，向电磁型驱动器施加额定工作电压，检查电磁阀能否动作可靠。试验后应将电磁阀复位后安装在被驱动的阀门上。

6.4.1.2.5.2 对于电爆型驱动器，在具有备用电爆元件的前提下进行本项检查。将电爆型驱动器卸下，施加额定工作电压，检查电爆型驱动器是否动作可靠。试验后应换上新的电爆元件。

6.4.1.2.6 控制盘

6.4.1.2.6.1 检查前应断开系统启动回路，可用等效负载代替。

6.4.1.2.6.2 检查控制盘是否有自动、手动启动灭火系统功能，自动状态、手动状态有无明显标志，是否能相互转换。无论控制盘处于自动或手动状态，手动操作启动是否始终有效。

6.4.1.2.6.3 控制盘是否有延迟启动功能，延迟时间0s～30s是否连续可调，如采用分档调节时，每档间隔是否大于5s。

6.4.1.2.6.4 在控制盘设置"紧急启动"按键时，该键是否有避免人员误触及的保护措施；设置"紧急中断"按键时，按键是否置于易操作部位。

6.4.1.2.6.5 控制盘是否有灭火系统启动后的灭火剂喷洒情况的反馈信号显示功能。

6.4.1.2.6.6 控制盘是否提供控制外部设备的接线端子。

6.4.1.2.7 检漏装置

采用称重装置检漏的，将灭火剂瓶组轻轻抬起，观察检漏装置是否能发出声、光报警；采用压力显示器检漏的，观察示值是否在绿区范围，压力显示器的测量上限是否满足要求。

6.4.1.2.8 集流管

检查是否有安全泄放装置。

6.4.1.2.9 低泄高封阀

根据系统特点检查是否设低泄高封阀。

6.4.1.3 检测器具

24V电源或220V电源（根据零部件的要求选择电源）。

6.4.2 高压二氧化碳灭火系统

6.4.2.1 检查项目

检查项目、技术要求和不合格情况见表37。

6.4.2.2 检查方法

6.4.2.2.1 容器公称工作压力

检查容器的标志，标志中的公称工作压力（WP）值是否大于或等于系统最大工作压力值。

6.4.2.2.2 手动操作性能

检查容器阀是否具有手动操作机构。

用手操作选择阀手动机构，是否能打开选择阀。

6.4.2.2.3 驱动器

6.4.2.2.3.1 对于电磁型驱动器，将电磁型驱动器的电磁阀卸下，施加额定工作电压启动电磁阀，检查电磁阀能否动作可靠。试验后应将电磁阀复原。

6.4.2.2.3.2 对于电爆型驱动器，在有备用电爆元件的前提下进行本项检查。将电爆型驱动器卸下，施加额定工作电压，检查电爆型驱动器是否动作可靠。试验后应换上新的电爆元件。

6.4.2.2.4 系统标志

检查标志是否齐全；检查灭火剂贮存容器外表正面是否有"CO_2"或"二氧化碳"字样。

6.4.2.2.5 系统检漏装置要求

采用称重装置检漏的，将灭火剂瓶组轻轻抬起，检查检漏装置是否能发出声、光报警；光报警颜色是否符合要求。

6.4.2.2.6 安全泄放装置

检查贮存灭火剂的容器（或容器阀）上是否设泄放装置。

6.4.2.2.7 低泄高封阀

根据系统特点检查是否设低泄高封阀。

6.4.2.2.8 介质流向标识检查

检查选择阀、单向阀阀体上是否有永久性介质流向箭头。

6.4.2.2.9 压力显示器检查

检查压力显示器标度盘是否按要求设置红绿分区、分区是否合理、是否刻度和数字标识、标度盘标志是否齐全。

表37

检查项目	技术要求	不合格情况
系统构成与外观标志	系统应包括容器、容器阀、单向阀、选择阀（适用于组合分配系统）、驱动装置、集流管、连接管、喷嘴、信号反馈装置、安全泄放装置、控制盘、检漏装置、低泄高封阀（适用于具有驱动气体瓶组的系统）、减压装置（惰性气体灭火系统）部件	组成部件不全
	在灭火剂贮存容器的外表正面标注"CO_2"或"二氧化碳"标记。字迹应明显、清晰。驱动气瓶亦应标出驱动气体名称	未标注灭火剂名称或驱动气体名称
	标志应牢固地设置在系统明显部位，注明、系统名称、型号规格、执行标准代号、灭火剂总量、工作温度范围、生产单位、产品编号、出厂日期等内容	标志内容不全

续表37

检查项目	技术要求	不合格情况
容器公称工作压力	贮存灭火剂容器的公称工作压力不应小于系统的最大工作压力；驱动气体贮存容器的公称工作压力不应小于驱动气体瓶组的最大工作压力	公称工作压力不符合要求
容器阀手动操作	容器阀应具有手动操作机构	无手动操作机构
选择阀标志和手动操作	在选择阀明显部位应永久性标出介质流动方向	未永久性标出介质流动方向
	应有手动操作机构，选择阀应能手动打开	无手动操作机构，不能手动打开
单向阀标志	在单向阀明显部位应永久性标出介质流动方向	未永久性标出介质流动方向
驱动器动作性能	驱动器在额定工作电压下应正常动作	不能动作
称重装置报警功能	应设置称重检漏装置	无检漏装置
	称重检漏装置应有声光报警，光报警颜色应为黄色	无声光报警，光报警颜色非黄色
压力显示器标度盘要求	标度盘的零位、贮存压力、最大工作压力、最小工作压力和测量范围上限的位置应有刻度和数字标志	相应位置无刻度和数字标志
	标度盘的最大工作压力与最小工作压力范围用绿色表示，零位至最小工作压力范围、最大工作压力至测量上限范围用红色表示	无颜色分区或颜色分区不符合要求
	标度盘上应标出生产单位或商标、产品适用介质、法定计量单位（MPa）、制造年月或产品编号、计量标志等	标志不全
液位装置报警功能	应设置液位检漏装置	无液位检漏装置
	液位检漏装置应有声光报警，光报警颜色应为黄色	无声光报警、光报警颜色非黄色
安全泄放装置设置要求	灭火剂瓶组和驱动气体瓶组上应设置的安全泄放装置；组合分配系统集流管上应设置安全泄放装置	未设安全泄放装置
低泄高封阀设置要求	组合分配系统的集流管上应安装低泄高封阀；驱动气体控制管路上应安装低泄高封阀	未设低泄高封阀
控制盘	控制及显示功能应符合GB 16669—2010中5.13.3的规定	功能不全或功能不符合标准要求

6.4.2.2.10 控制盘

6.4.2.2.10.1 检查前应断开系统启动回路，可用等效负载代替。

6.4.2.2.10.2 检查控制盘是否有自动、手动启动灭火系统功能，自动状态、手动状态有无明显标志，是否能相互转换。无论控制盘处于自动或手动状态，手动操作启动是否始终有效。

6.4.2.2.10.3 控制盘是否有延迟启动功能，延迟时间0s～30s是否连续可调，如采用分档调节时，每档间隔是否大于5s。

6.4.2.2.10.4 在控制盘设置"紧急启动"按键时，该键是否有避免人员误触及的保护措施；设置"紧急中断"按键时，按键是否置于易操作部位。

6.4.2.2.10.5 控制盘是否有灭火系统启动后的灭火剂喷洒情况的反馈信号显示功能。

6.4.2.2.10.6 控制盘是否提供控制外部设备的接线端子。

6.4.2.3 检测器具

24V电源或220V电源（根据零部件的要求选择电源）。

6.4.3 固定灭火系统控制装置

6.4.3.1 检查项目

检查项目、技术要求和不合格情况见表38。

6.4.3.2 检查方法

6.4.3.2.1 首先确认固定灭火控制装置配接驱动装置的驱动电压，并在至少两个不同部位或不同区域配接负载，接通电源，处于正常监视状态。使控制装置发出驱动信号，观察控制装置的状态和负载启动情况。

6.4.3.2.2 手动操作控制装置的自检机构，观察所有指示灯（器）的指示情况。

6.4.3.2.3 将与控制装置连接的某个负载断开，观察控制装置的声、光故障信号。

6.4.3.2.4 对具有火灾报警功能的控制装置，通过火灾报警触发器件使控制装置处于报警状态和故障状态，并观察相应的声、光信号。

6.4.3.2.5 对具有手、自动转换功能的控制装置，使装置处于自动状态，然后手动启动，观察负载启动情况和控制装置状态指示情况。

6.4.3.2.6 切断控制装置的主电源，使其由备用电源供电，再恢复主电源，检查控制装置的主备电源的转换情况、状态指示情况。

表 38

检查项目	技术要求	不合格情况
基本功能	固定灭火系统控制装置应能为驱动装置等部件提供电源，应能直接或间接通过控制部件使驱动装置动作	控制装置不能为驱动装置等部件提供电源
		控制装置不能直接或间接通过控制部件使驱动装置动作
	控制装置应能够对其主要连接部件连通状态进行自动检测，当这些连线发生断路时应能自动发出声、光故障信号	控制装置不能对其主要连接部件连通状态进行自动检测
		控制装置能够对其主要连接部件连通状态进行自动检测，但当这些连线发生断路时不能自动发出声、光故障信号
	控制装置在执行自检功能期间，受其控制的设备均不应动作	控制装置在执行自检功能期间，受其控制的设备动作
	具有火灾报警功能的控制装置，应能： a) 接收火灾探测器及其他火灾报警触发器件的火灾报警信号，发出声、光报警信号，显示火灾发生部位； b) 当控制装置内部，控制装置与其连接的部件间发生故障时，在100s内发出与火灾报警信号有明显区别的声、光故障信号； c) 在控制装置复位之后光报警、故障信号方可手动消除； d) 手动消除声报警、故障信号； e) 声报警、故障信号手动消除后，再次有火灾报警、故障信号输入时，可再启动	不能接收火灾报警信号，发出声、光报警信号并显示火灾发生部位
		控制装置与其连接的部件间发生故障时，不能在100s内发出与火灾报警信号有明显区别的声、光故障信号
		在控制装置复位之前光报警、故障信号能手动消除
		不能手动消除声报警、故障信号
		声报警、故障信号手动消除后，再次有火灾报警、故障信号输入时，不能再启动
	具有手动、自动转换功能的控制装置，控制装置所处状态应有明显的标志或灯光显示；无论控制装置处于自动或手动状态，手动操作启动消防设备始终有效	所处状态无明显的标志或灯光显示
		处于自动状态手动操作启动消防设备无效
	控制装置的供电应采用互相独立的主、备两种电源，并可自动切换；主、备电源均有工作状态指示	主、备电源不可自动切换
		主备电源无工作状态指示

6.4.4 热气溶胶灭火装置

6.4.4.1 检查项目

检查项目、技术要求和不合格情况见表39。

表 39

检查项目	技术要求	不合格情况
外观	铭牌内容应符合 GA 499.1 的要求	内容不齐全
	铭牌应牢固地设置在灭火装置的明显部位	铭牌未牢固设置在装置明显部位
材料	灭火装置的外壳应进行防腐蚀处理	未进行防腐蚀处理
装置使用有效期	灭火装置应在使用有效期内	灭火装置未在使用有效期内
控制装置	应具有"检修开关"，其光信号为黄色	无检修开关
		检修开关的指示灯颜色不是黄色
	控制装置能对灭火装置电引发器进行定期巡检的功能且巡检周期可调，对电引发器的断路和短路故障进行报警	不对电引发器进行定期巡检
		巡检周期不可调
		对电引发器的断路和短路故障不能报警
远程启动按钮	配套使用的按钮应具有避免人员误启动的措施	无避免人员误启动的措施
联动性能	组成联动系统的各灭火装置规格应一致	灭火装置规格不一致

6.4.4.2 检查方法

6.4.4.2.1 外观

目测检查。

6.4.4.2.2 材料和联动性能

目测检查。

6.4.4.2.3 装置的使用有效期

检查装置的铭牌，查看灭火装置是否在使用有效期内。

6.4.4.2.4 控制装置

检查装置是否具有"检修开关"，其光信号显示是否为黄色。

6.4.4.2.5 远程启动按钮
检查配套使用的按钮是否具有避免人员误启动的措施。

6.4.5 低压二氧化碳灭火系统

6.4.5.1 检查项目
检查项目、技术要求和不合格情况见表40。

表40

检查项目	技术要求	不合格情况
灭火剂贮存容器制造资质	灭火剂贮存容器应按GB 150规定，由国家锅炉压力容器安全监察机构认可的单位和人员进行设计、制造、检验和验收	无压力容器安全监察机构出具的监检证书
		压力容器制造单位无资质
灭火剂贮存容器安全要求	灭火剂贮存容器应设置安全阀	灭火剂贮存容器未设置安全阀
检修阀开关状态标志	检修阀应具有开启状态的指示标志和锁住机构	无开启状态的指示标志和锁住机构
容器超压泄放阀的设置	贮存装置上应设有容器超压泄放阀	未设容器超压泄放阀
	容量不超过20000kg的贮存装置应装设至少两个容器超压泄放阀，容量超过20000kg的贮存装置应成对装设四个容器超压泄放阀	容器超压泄放阀设置数量不符合要求
	容器超压泄放阀与灭火剂贮存容器间应设置检修阀	未设置检修阀
	容器超压泄放阀应垂直安装，并与灭火剂贮存容器最高液面以上的气相空间相通	安装不符合要求
灭火剂量显示装置	装置应具有灭火剂量显示装置，液位计、秤重装置应能直接或间接显示容器内的实际液位（适用时）	无灭火剂量显示装置；或不能直接或间接显示容器内的实际液位
总控阀阀位指示和开关方向	球阀或蝶阀结构的总控阀应有阀位指示标志（"开"和"关"或"OPEN"和"CLOSE"），指示标志应清晰、易见；利用手轮开启的阀门，在手轮上应标有开关方向	球阀或蝶阀结构的总控阀无阀位指示标志（"开"和"关"或"OPEN"和"CLOSE"），指示标志应清晰、易见
		利用手轮开启的阀门，在手轮上未标有开关方向
报警装置设置	贮存装置上应设有高、低压力报警装置；光报警信号应为红色，在一般光线下，距3m处清晰可见	高、低压力报警装置不符合要求
	贮存装置上应设有高、低液位报警装置；光报警信号应为红色，在一般光线下，距3m处清晰可见	高、低液位报警装置不符合要求
系统构成	系统至少由贮存装置、总控阀、驱动器、喷嘴、管路超压泄放装置、信号反馈装置、控制器等部件构成	系统构成不完整
	铭牌内容应符合GB 19572要求	铭牌内容不符合GB 19572要求
	灭火剂贮存容器外表面应标有"低压二氧化碳"或"LOW PRESSURE CARBON DIOXIDE"字样，字迹应明显、清晰	灭火剂贮存容器外表面无"低压二氧化碳"或"LOW PRESSURE CARBON DIOXIDE"字样，字迹不明显、清晰
	选择阀上应有永久标志，标明被防护区的名称或代号	无永久标志，或未标明被防护区的名称或代号

6.4.5.2 检查方法

6.4.5.2.1 灭火剂贮存容器

6.4.5.2.1.1 资质检查
检查灭火剂贮存容器有无压力容器安全监察机构出具的监检证书，压力容器制造单位有无资质。

6.4.5.2.1.2 安全要求
检查灭火剂贮存容器是否设置安全阀。

6.4.5.2.2 检修阀开关状态标志
检查检修阀是否具有开启状态的指示标志，并有锁住机构。正常运行状态下，检修阀处于开启状态，锁住机构应确保其他操作人员不能使检修阀关闭。

6.4.5.2.3 容器超压泄放阀的设置
检查贮存装置上是否设有容器超压泄放阀；容器超压泄放阀的数量设置是否满足标准要求；检查容器超压泄放阀与灭火剂贮存容器间是否设置检修阀；容器超压泄放阀是否垂直安装，并与灭火剂贮存容器最高液面以上的气相空间相通。

6.4.5.2.4 灭火剂量显示装置
检查装置是否具有灭火剂量显示装置。液位计、秤重装置是否能直接或间接显示容器内的实际液位（适用时）。

6.4.5.2.5 总控阀阀位指示和开关方向
检查球阀或蝶阀结构的总控阀有无阀位指示标志（"开"和"关"或"OPEN"和"CLOSE"），指示标志是否清晰、易见。利用手轮开启的阀门,在手轮上是否标有开关方向。

6.4.5.2.6 报警装置的设置

6.4.5.2.6.1 检查贮存装置上是否设有高、低压力报警装置;光报警信号是否为红色,在一般光线下,距3m处是否清晰可见。

6.4.5.2.6.2 检查贮存装置上是否设有高、低液位报警装置;光报警信号是否为红色,在一般光线下,距3m处是否清晰可见。

6.4.5.2.7 系统构成

6.4.5.2.7.1 检查系统是否至少由贮存装置、总控阀、驱动器、喷嘴、管路超压泄放装置、信号反馈装置、控制器等部件构成。

6.4.5.2.7.2 检查系统铭牌内容是否符合 GB 19572 要求。

6.4.5.2.7.3 检查灭火剂贮存容器外表面是否标有"低压二氧化碳"或"LOW PRESSURE CARBON DIOXIDE"字样,字迹是否明显、清晰。

6.4.5.2.7.4 检查选择阀上是否有永久标志,标明被防护区的名称或代号。

6.4.5.3 检查器具

秒表。

6.4.6 悬挂式气体灭火装置

6.4.6.1 检查项目

检查项目、技术要求和不合格情况见表 41。

表 41

检查项目	技术要求	不合格情况
外观	标牌应牢固地设置在灭火装置的明显部位,标牌标注的内容应为:a) 生产单位;b) 产品名称;c) 产品型号;d) 贮存压力;e) 出厂日期及产品编号;f) 灭火剂充装量;g) 使用温度范围;h) 执行标准代号;i) 装置的应用方式(局部应用还是全淹没应用);j) 装置有效使用期	无标牌或标注内容与检验报告不符
灭火装置容器公称工作压力	灭火装置容器的公称工作压力应不低于装置的最大工作压力	灭火装置容器的公称工作压力低于装置的最大工作压力
喷嘴标志	在喷嘴明显部位应永久性标出:生产单位或商标、喷嘴型号、代号或等效单孔直径	无标志或标志不是永久性的;标志内容不全
感温释放组件	灭火装置使用玻璃球或易熔元件作为启动和释放机构时,感温释放组件的公称动作温度应符合 GB 5135.1 的规定	感温释放组件的公称动作温度不符合规定
电爆型驱动器	采用电爆型驱动器驱动的灭火装置应设双电爆型驱动器	设置单电爆型驱动器
压力显示器	测量范围上限应不小于最大工作压力的1.1倍	测量范围上限不符合要求
压力显示器	标度盘的零位、贮存压力、最大工作压力、最小工作压力和测量范围上限的位置应有刻度和数字标志	相应位置无刻度和数字标志
压力显示器	标度盘的最大工作压力与最小工作压力范围用绿色表示;零位至最小工作压力范围、最大工作压力至测量上限范围用红色表示	相应范围未用颜色表示;相应范围未用正确颜色表示
压力显示器	标度盘上应标出:生产单位或商标、产品适用介质、法定计量单位(MPa)、计量标志等	标度盘上应标出内容不全
信号反馈装置	具有联动启动功能的灭火装置应设信号反馈装置	无信号反馈装置

6.4.6.2 检查方法

6.4.6.2.1 外观

检查外观、是否有标牌,标牌内容是否齐全。

6.4.6.2.2 灭火装置容器公称工作压力

检查灭火装置容器的公称工作压力是否低于装置的最大工作压力。

6.4.6.2.3 喷嘴标志

检查在喷嘴明显部位是否永久性标出要求内容。

6.4.6.2.4 感温释放组件外观

检查感温释放组件公称动作温度与颜色标志是否符合要求。

6.4.6.2.5 电爆型驱动器

检查是否设有双电爆型驱动器。

6.4.6.2.6 压力显示器

目测检查。

6.4.6.2.7 信号反馈装置

对于具有联动启动功能的装置是否设有信号反馈装置。

6.4.7 柜式气体灭火装置

6.4.7.1 检查项目

检查项目、技术要求和不合格情况见表 42。

表 42

检查项目	技术要求	不合格情况
外观	装置的铭牌应设置在明显部位,标示内容应符合 GB 16670 要求	铭牌内容不符合 GB 16670 要求

续表42

检查项目		技术要求	不合格情况
灭火剂瓶组标志		灭火剂瓶组外表正面应标注灭火剂名称或商品名称、灭火剂充装量	灭火剂瓶组无标志或内容不完整
容器公称工作压力		容器的公称工作压力（WP值）应不低于相应系统的最大工作压力	容器的公称工作压力（WP值）不符合要求
检漏部件	总要求	灭火剂瓶组和驱动气体瓶组（适用时）应设检漏部件	无检漏装置
	称重部件	称重部件应标出：生产单位或商标、型号规格、称重范围等	称重部件无标志
	压力显示器	压力显示器标度盘应满足GB 16670要求	压力显示器标度盘不符合GB 16670要求

6.4.7.2 检查方法

6.4.7.2.1 外观质量

6.4.7.2.1.1 检查装置各构成部件是否有明显的加工缺陷或机械损伤，部件外表面是否进行防腐蚀处理，防腐涂层、镀层是否完整、均匀。

6.4.7.2.1.2 检查装置的铭牌是否设置在明显部位，标示内容是否符合GB 16670要求。

6.4.7.2.2 灭火剂瓶组标志

检查灭火剂瓶组外表正面是否标注灭火剂名称或商品名称、灭火剂充装量。

6.4.7.2.3 容器公称工作压力

检查容器的公称工作压力（WP值）是否不低于相应系统的最大工作压力。

6.4.7.2.4 检漏部件

6.4.7.2.4.1 检查灭火剂瓶组和驱动气体瓶组（适用时）是否设检漏部件。

6.4.7.2.4.2 检查称重部件标志是否标出：生产单位或商标、型号规格、称重范围等。

6.4.7.2.4.3 检查压力显示器标度盘是否满足GB 16670要求。

6.4.8 厨房设备灭火装置

6.4.8.1 检查项目

检查项目、技术要求和不合格情况见表43。

表43

检查项目	技术要求	不合格情况
装置部件与外观标志	装置应包括容器、容器阀、燃气联动阀、水流联动阀（具有此功能的）、减压阀（设计上有的）、连接管、喷嘴、控制盘、感温器、驱动装置等部件，零部件应齐全	部件不全
	灭火剂贮存容器的外表面应用中文标注出灭火剂名称、灭火剂充装质量及灭火剂有效使用期；驱动气瓶应标出驱动气体名称和充装质量（或压力）	灭火剂贮存容器的外表面未用中文标注出灭火剂名称、灭火剂充装质量及灭火剂有效使用期；或驱动气瓶未标出驱动气体名称和充装质量（或压力）
	在装置的明显部位应设置耐久性铭牌，铭牌上应标注出产品名称、型号、执行标准代号、贮存压力、灭火剂类别、灭火剂充装量、使用温度范围、生产单位、出厂日期等内容	未设置铭牌或铭牌内容不全
启动方式	机械启动式的装置应具有自动启动和机械应急启动功能；电启动式的装置应具有自动启动、手动启动和机械应急启动功能	启动方式不全
	机械应急启动的操作机构应有防止误动作的措施	无防止误动作的措施
	机械应急启动的操作机构防止误动作的措施应用文字或图形符号标明操作方法	未标明操作方法
喷嘴结构	喷嘴应设有防止喷孔被外界物质堵塞用的保护帽，并应配过滤器防止杂物堵塞喷孔，喷射时保护帽不应影响喷嘴正常喷射	喷嘴无保护帽或保护帽损坏
		未配防止杂物堵塞喷孔的过滤器
		喷射时保护帽不能正常脱离喷嘴
驱动器	在额定工作电压下应能正常动作	不能正常动作

6.4.8.2 检查方法

6.4.8.2.1 装置部件与外观标志

6.4.8.2.1.1 检查装置是否包括容器、容器阀、燃气联动阀、水流联动阀（具有此功能的）、减压阀（设计上有的）、连接管、喷嘴、控制盘、感温器、驱动装置等部件。

6.4.8.2.1.2 检查灭火剂贮存容器的外表面是否用中文标注出灭火剂名称、灭火剂充装质量及灭火剂有效使用期。驱动气瓶是否标出驱动气体名称和充装质量（或压力）。

6.4.8.2.1.3 检查装置的铭牌是否标注有产品名称、型号、执行标准代号、贮存压力、灭火剂类别、灭火剂充装量、使用温度范围、生产单位、出厂日期等内容。

6.4.8.2.2 启动方式

6.4.8.2.2.1 检查机械启动式的装置是否具有自动启动和机械应急启动功能。

6.4.8.2.2.2 检查电启动式的装置是否具有自动启动、手动启动和机械应急启动功能。

6.4.8.2.2.3 检查机械应急启动的操作机构是否有防止误动作的措施。

6.4.8.2.2.4 检查机械应急启动的操作机构是否用文字或图形符号标明操作方法。

6.4.8.2.3 喷嘴结构

6.4.8.2.3.1 检查喷嘴是否设有防止喷孔被外界物质堵塞用的保护帽，是否配有防止杂物堵塞喷孔的过滤器。

6.4.8.2.3.2 检查喷射时保护帽是否能正常脱离喷嘴

6.4.8.2.4 驱动器

6.4.8.2.4.1 对于电磁型驱动器，应将电磁型驱动器从被驱动的阀门上卸下，向电磁型驱动器施加额定工作电压，检查电磁阀能否动作可靠。试验后应将电磁阀复位后安装在被驱动的阀门上。

6.4.8.2.4.2 对于电爆型驱动器，在具有备用电爆元件的前提下进行本项检查。将电爆型驱动器卸下，施加额定工作电压，检查电爆型驱动器是否动作可靠。试验后应换上新的电爆元件。

6.4.8.3 检测器具

24V电源或220V电源（根据零部件的要求选择电源）。

6.5 干粉灭火设备

6.5.1 干粉灭火系统

6.5.1.1 检查项目

检查项目、技术要求和不合格情况见表44。

表44

检查项目	技术要求	不合格情况
系统结构要求和铭牌	系统应设有自动、手动和机械应急操作三种启动方式	启动方式不全
	系统管道应设有吹扫装置。吹扫装置应设置在干粉贮存容器出口释放装置后，应靠近出口释放装置	未设吹扫装置或设置位置不符合要求
	干粉灭火系统显著位置应设置永久性铭牌，铭牌上标明：系统名称、型号规格、驱动气体类型、系统最大工作压力、工作温度范围、执行标准代号、生产单位、出厂日期及其它注意事项	标志内容不全
干粉贮存容器	干粉贮存容器外表面颜色应为红色	颜色非红色
容器阀手动操作	容器阀应具有手动操作机构	无手动操作机构
单向阀标志	在单向阀明显部位应永久性标出介质流动方向	未永久性标出介质流动方向
驱动装置动作性能	驱动器在额定工作电压下应正常动作	不能动作
安全防护装置	干粉贮存容器、容器阀、集流管上应设有安全阀或膜片式安全泄放装置等安全防护装置	无安全保护装置
称重装置报警功能	应设置检漏装置	无检漏装置
压力显示器标度盘要求	标度盘的零位、贮存压力、最大工作压力、最小工作压力和测量范围上限的位置应有刻度和数字标志	相应位置无刻度和数字标志
	标度盘的最大工作压力与最小工作压力范围用绿色表示，零位至最小工作压力范围、最大工作压力至测量上限范围用红色表示	无颜色分区或颜色分区不符合要求
	标度盘上应标出生产单位或商标、产品适用介质、法定计量单位（MPa）、制造年月或产品编号、计量标志等	标志不全
压力显示器防粉堵要求	贮压型干粉灭火系统的压力显示装置应具有防止粉堵的有效保护措施	无防止粉堵的有效保护措施
选择阀标志	在选择阀明显部位应永久性标出介质流动方向	未永久性标出介质流动方向
材料	喷嘴、干粉喷枪喷射部分的材料应由耐腐蚀金属材料制造	喷嘴、干粉喷枪的材料采用非金属材料制造
喷嘴防尘帽	管道喷嘴端应加防尘帽以防潮气和杂物进入管道内	无防尘帽

6.5.1.2 检查方法
6.5.1.2.1 系统铭牌标志检查
检查系统是否有永久性标志,标志内容是否符合标准要求。
6.5.1.2.2 介质流向标识检查
检查单向阀、选择阀阀体上是否有永久性介质流动方向标识。
6.5.1.2.3 结构检查
6.5.1.2.3.1 检查系统是否设有自动、手动和机械应急操作三种启动形式。
6.5.1.2.3.2 检查系统管道是否设有吹扫装置,设置是否符合要求。
6.5.1.2.3.3 检查喷嘴端否有防尘帽。
6.5.1.2.3.4 检查压力显示装置是否具有防止粉堵的有效保护措施。
6.5.1.2.4 安全防护装置
检查干粉贮存容器、容器阀、集流管上是否设有安全保护装置。
6.5.1.2.5 材料
检查喷嘴、干粉喷枪的材料是否由耐腐蚀材料制造,其中喷孔部分是否由耐腐蚀的金属材料制造。
6.5.1.2.6 手动操作性能

检查容器阀是否具有手动操作;用手操作选择阀手动机构,是否能打开选择阀。
6.5.1.2.7 驱动器
6.5.1.2.7.1 对于电磁型驱动器,将电磁型驱动器的电磁阀卸下,施加额定工作电压启动电磁阀,检查电磁阀能否动作可靠。试验后应将电磁阀复原。
6.5.1.2.7.2 对于电爆型驱动器,在有备用电爆元件的前提下进行本项检查。将电爆型驱动器卸下,施加额定工作电压,检查电爆型驱动器是否动作可靠。试验后应换上新的电爆元件。
6.5.1.2.8 系统检漏装置要求
采用称重装置检漏的,将灭火剂瓶组轻轻抬起,检查检漏装置是否能发出报警。
6.5.1.2.9 压力显示器检查
检查压力显示器标度盘是否要求设置红绿分区、分区是否合理、是否刻度和数字标识、标度盘标志是否齐全。
6.5.1.3 检测器具
24V电源或220V电源(根据零部件的要求选择电源)。
6.5.2 悬挂式干粉灭火装置
6.5.2.1 检查项目
检查项目、技术要求和不合格情况见表45。

表 45

检查项目	技术要求	不合格情况
铭牌	标牌应清晰、耐久的设置在灭火装置的明显部位;标牌标注的内容应为:a)制造厂名或商标;b)产品名称;c)产品型号;d)贮存压力;e)产品编号;f)灭火剂种类;g)使用温度范围;h)执行标准;i)灭火能力;j)装置有效使用期;k)灭火装置安装要求;l)灭火剂使用有效期	无标牌或标牌内容不全
压力显示器(贮压式)	压力显示器工作温度应不小于规定的温度范围	工作温度不符合要求
	压力显示器最大量程为灭火装置工作压力的(1.5~2.5)倍	测量范围上限不符合要求
	标度盘的零位、贮存压力、最大工作压力、最小工作压力和测量范围上限的位置应有刻度和数值标志	相应位置无刻度和数字标志
	标度盘的最大工作压力与最小工作压力范围用绿色表示,零位至工作压力下限用红色表示,最大工作压力至测量上限范围用黄色表示	相应范围未用颜色表示;相应范围未用正确颜色表示
	标度盘上应标出制造厂名或商标	标度盘上应标出内容不全
泄压装置	装置应设有释放内部压力的泄压机构	未设有释放内部压力的泄压机构
感温释放组件外观	灭火装置使用玻璃球或易熔元件作为启动和释放机构时,感温释放组件的公称动作温度和颜色标志应符合 GB 5135.1 的规定	感温释放组件的公称动作温度不符合 5135.1 的规定;感温释放组件的色标不符合 5135.1 的规定
信号反馈装置	具有联动启动功能的灭火装置应设信号反馈装置	无信号反馈装置

6.5.2.2 检查方法
6.5.2.2.1 铭牌
检查是否有标牌,标牌内容是否齐全。
6.5.2.2.2 压力显示器
目测检查。
6.5.2.2.3 泄压装置
检查装置是否具有泄压装置。

6.5.2.2.4 温释放组件外观
检查感温释放组件公称动作温度与色标是否符合要求。
6.5.2.2.5 信号反馈装置
对于具有联动启动功能的装置检查是否设有信号反馈装置。
6.6 消防给水设备
6.6.1 消防泵及泵组

6.6.1.1 检查项目

检查项目、技术要求和不合格情况见表46。

表46

检查项目	技术要求	不合格情况
材料要求	泵壳应采用铸铁、铸钢、铸铝或铸铜等其他铸造合金	零部件的材质不符合规定
	轴应采用不锈钢或相当的抗腐蚀性材料	
	叶轮和放水旋塞应采用抗腐蚀性材料制成	
结构要求	消防泵体上应铸出表示旋转方向的箭头	泵体上没有铸出表示旋转方向的箭头
	各操纵手柄应设置指示牌,指示牌由抗腐蚀材料制成	各操纵手柄没有设置指示牌、指示牌由非抗腐蚀材料制成
	应配有有效的、与消防泵额定压力相适应的压力表	压力表的量程与消防泵额定压力不相适应,或压力表已失效

6.6.1.2 检查方法

6.6.1.2.1 目测检查泵壳、叶轮、轴、放水旋塞的材料。

6.6.1.2.2 目测检查泵的旋转方向、压力表的量程与检定有效期,操纵机构指示牌的设置及其材质。

6.6.2 消防气压给水设备和消防增压稳压给水设备

6.6.2.1 检查项目

检查项目、技术要求和不合格情况见表47。

表47

检查项目	技术要求	不合格情况
设备标识	设备标志牌应符合 GB 27898.1 或 GB 27898.3 要求	设备标志牌不符合要求
	设备给水管道应喷涂标识水流方向的箭头	设备给水管道未喷涂标识水流方向的箭头
消防运行状态启动方式	设备应具备通过操控柜设置的紧急启动装置(按钮)手动操作启动消防运行状态的功能	操控柜未设置紧急启动装置(按钮)
	设备应具备手动远程操控器(按钮)紧急启动消防运行状态的功能	设备不具备手动远程操控器(按钮)
消防运行状态退出方式	采用手动方式启动消防泵组时、停机应手动操作	手动操作不能停机
	设备应具备消防泵组手动紧急停机操控器(按钮)退出消防的方式	不具备消防泵组手动紧急停机操控器(按钮)退出消防的方式
运行记录	设备操控柜内应设置运行记录装置	设备操控柜内未设置运行记录装置
	记录信息内容至少应包括设备出水口压力、报警及故障发生的类别和时间、消防泵组工作状态等	记录信息内容不全面
稳压泵停泵	稳压泵组应采用交替运行方式,投入消防运行状态后,稳压泵应停止工作	消防状态下稳压泵继续工作
止气装置	止气装置的动作应准确可靠,止气装置动作后设备出水口不应有气体泄漏	无止气装置
		止气装置动作后,仍有气体流出
供水能力	设备在消防工作压力下的流量应不低于其型号规格标示的消防工作流量;有效水容积、缓冲水容积、补充水容积应满足型号规格要求	在消防工作压力下低于消防工作流量
		有效水容积、缓冲水容积、补充水容积不满足型号规格要求
倒流防止器	从市政管网取水的设备,进水口端应安装倒流防止器	从市政管网取水的设备,进水口端未安装倒流防止器

6.6.2.2 检查方法

6.6.2.2.1 检查设备标志牌是否符合标准要求;检查给水管道是否喷涂标识水流方向的箭头。

6.6.2.2.2 试验期间关闭设备与主供水管网的控制阀门,将设备控制柜处于停止位置,打开试水管阀门,将气压水罐水位排放至止气水位,检查止气装置动作是否准确,动作后是否有气体流出。同时检查有效水容积、缓冲水容积、补充水容积等内容。试验后将设备恢复正常工作状态。

6.6.2.2.3 试验期间关闭设备与主供水管网的控制阀门,采用手动紧急方式使设备启动进入消防状态,观察控制柜声光指示和水泵运行状态是否良好,启动是否正常;使设备处于自动控制方式下,在设备接线端子排上给入设计要求的消防信号源启动设备进入消防状态,观察控制柜声光指示和水泵运行状态是否良好,启动是否正常。试验后将设备恢复正常工作状态。手动方式启动消防泵组时，检查能否手动停机。

6.6.2.2.4 试验期间关闭设备与主供水管网的控制阀门，将流量计固定于试水管路，调节阀门使设备压力稳定于消防工作压力，检查消防工作流量。

6.6.2.2.5 检查操控柜是否设置紧急启动装置（按钮），是否设置运行记录装置，运行记录内容是否全面。

6.6.2.2.6 检查设备是否具备手动远程操控器（按钮）紧急启动消防运行状态的功能和消防泵组手动紧急停机操控器（按钮）退出消防的方式。

6.6.2.2.7 检查从市政管网取水的设备，进水口端是否安装有倒流防止器。

6.6.2.3 检测器具

超声波流量计、秒表。

6.6.3 消防恒压给水设备

6.6.3.1 检查项目

检查项目、技术要求和不合格情况见表48。

表48

检查项目	技术要求	不合格情况
设备标识	设备标志牌应符合 GB 27898.2 的要求	设备标志牌不符合标准要求
	设备给水管道应喷涂标识水流方向的箭头	设备给水管道未喷涂标识水流方向的箭头
消防运行状态启动方式	设备应具备通过操控柜设置的紧急启动装置（按钮）手动操作启动消防运行状态的功能	操控柜未设置紧急启动装置（按钮）
	设备应具备手动远程操控器（按钮）紧急启动消防运行状态的功能	设备不具备手动远程操控器（按钮）
消防运行状态退出方式	采用手动方式启动消防泵组时，停机应手动操作	手动操作不能停机
	设备应具备消防泵组手动紧急停机操控器（按钮）退出消防的方式	不具备消防泵组手动紧急停机操控器（按钮）退出消防的方式
运行记录	设备操控柜内应设置运行记录装置	设备操控柜内未设置运行记录装置
	记录信息内容至少应包括设备出水口压力、报警及故障发生的类别和时间、消防泵组工作状态等	记录信息内容不全面
变频器故障	采用变频器控制消防泵的设备，当变频器故障时，消防泵组应自动转工频方式运行	不具备该功能
倒流防止器	消防与生活（生产）共用设备消防出水口应独立设置。生活（生产）管网出水口根据需要设置，减压装置，消防出水口处应安装倒流防止器	消防与生活（生产）共用设备，消防出水口处未安装倒流防止器
变频器额定功率	变频器额定功率应与泵组配用电机的额定功率相匹配	变频器额定功率与泵组配用电机的额定功率不匹配
供水能力	设备在消防工作压力下的流量应不低于其型号规格标示的消防工作流量	在消防工作压力下低于消防工作流量

6.6.3.2 检查方法

6.6.3.2.1 短接变频器故障端子输出故障信号或调整变频器设定参数使之超出规定范围，使变频器运行时产生故障保护，然后通过设备远程启动端子输入消防信号，观察消防泵组是否自动转工频运转工作。

6.6.3.2.2 检查设备标志牌是否符合标准要求；检查给水管道是否喷涂标识水流方向的箭头。

6.6.3.2.3 试验期间关闭设备与主供水管网的控制阀门，采用手动紧急方式使设备启动进入消防状态，观察控制柜声光指示和水泵运行状态是否良好，启动是否正常；使设备处于自动控制方式下，在设备接线端子排上给入设计要求的消防信号源启动设备进入消防状态，观察控制柜声光指示和水泵运行状态是否良好，启动是否正常。试验后将设备恢复正常工作状态。手动方式启动消防泵组时，检查能否手动停机。

6.6.3.2.4 试验期间关闭设备与主供水管网的控制阀门，将流量计固定于试水管路，调节阀门使设备压力稳定于消防工作压力，检查消防工作流量。

6.6.3.2.5 检查操控柜是否设置紧急启动装置（按钮），是否设置运行记录装置，运行记录内容是否全面。

6.6.3.2.6 检查设备是否具备手动远程操控器（按钮）紧急启动消防运行状态的功能和消防泵组手动紧急停机操控器（按钮）退出消防的方式。

6.6.3.2.7 检查消防与生活（生产）共用设备，消防出水口处是否安装倒流防止器。

6.6.3.2.8 检查变频器额定功率是否与泵组配用电机的额定功率相匹配。

6.6.3.3 检测器具

超声波流量计。

6.7 灭火器

6.7.1 手提式灭火器

6.7.1.1 检查项目　　　　　　　　　　　　　　　　　　　　　　　检查项目、技术要求和不合格情况见表49

表49

检查项目		技术要求	不合格情况
外观检查	标识内容	标识内容应有：灭火器名称、型号、灭火种类代号、灭火级别、使用温度、使用方法（图形和文字）、驱动气体名称和数量（或压力）、筒体生产连续序号（也可用钢印打在底圈或颈圈等部位）、制造厂名称等	标识内容不全
	筒体	符合GA 95规定的报废要求和报废期限的灭火器，应报废	符合GA 95规定的报废要求和报废期限
	筒体钢印	灭火器的底圈或颈圈等部分，应有该灭火器的水压试验压力值、出厂年份的钢印	筒体没有钢印或内容不全
	结构	灭火器不应倒置开启和使用	需倒置开启和使用
主要部件	压力指示器	贮压式灭火器应装压力指示器（二氧化碳灭火器除外）	贮压式灭火器没有安装压力指示器（二氧化碳灭火器除外）
		压力指示器的指针应指示在绿色区域范围内	压力指示器的指针不在绿色区域范围内
		压力指示器20℃时的工作压力值应与该灭火器标志上所标的20℃时的充装压力相同	压力指示器上的工作压力值与标志上所标的充装压力不一致
		压力指示器的种类应与该灭火器的种类相符（表盘上应有字母：干粉灭火器为"F"；水、泡沫灭火剂为"S"；洁净气体灭火剂为"J"）	压力指示器的种类与该灭火器的种类不相符
	喷射软管	充装量大于3kg（L）的灭火器应配有喷射软管	充装量大于3kg（L）的灭火器没有配喷射软管
		喷射软管的长度应不小于400mm（不包括软管两端的接头）	喷射软管的长度小于400mm
	保险机构	应安装保险装置；保险装置的铅封（塑料带、线封）应完好无损	没有安装保险装置或保险装置失效；或保险装置的铅封（塑料带、线封）损坏或脱落
	阀或器头	应有间歇喷射机构	无间歇喷射机构
		二氧化碳灭火器应有超压保护装置	无超压保护装置

6.7.1.2 检查方法

6.7.1.2.1 用目测检查手提式灭火器的外观和主要部件。

6.7.1.2.2 用钢卷尺测量喷射软管的长度。

6.7.1.3 检测器具

钢卷尺：最小分辨率为1mm，量程不小于400mm。

6.7.2 推车式灭火器

6.7.2.1 检查项目

检查项目、技术要求和不合格情况见表50。

表50

检查项目		技术要求	不合格情况
外观检查	标识内容	标识内容中应有：灭火器名称、型号、灭火种类代号、灭火级别、使用温度、驱动气体名称和数量（或压力）、灭火器使用说明（图形或文字）、制造厂名称等	标识内容不全
		符合GA 95规定的报废要求和报废期限的推车式灭火器、应报废	符合GA 95规定的报废要求和报废期限
主要部件	压力指示器	贮压式灭火器须装压力指示器（二氧化碳灭火器除外）	贮压式灭火器没有安装压力指示器（二氧化碳灭火器除外）
		压力指示器的指针应指示在绿色区域范围内	压力指示器的指针不在绿色区域范围内
		压力指示器20℃时的工作压力值应与该灭火器标志上所标的20℃时的充装压力相同	压力指示器上的工作压力值与标志上所标的充装压力不一致
		压力指示器的种类应与该灭火器的种类相符（表盘上应有字母：干粉灭火器为"F"；水、泡沫灭火剂为"S"；洁净气体灭火剂为"J"）	压力指示器的种类与该灭火器的种类不相符

续表50

检查项目		技术要求	不合格情况
主要部件	喷射软管	应配有喷射软管,喷射软管的长度应不小于4m(不包括软管两端的接头和喷射枪)	没有配喷射软管,或喷射软管的长度小于4m
	保险机构	应安装保险装置;保险装置的铅封(塑料带封)应完好无损	没有安装保险装置或保险装置失效;或保险装置的铅封(塑料带封)损坏或脱落
	喷射枪	在喷射软管前端,应装有可间歇喷射的喷射枪(推车式二氧化碳灭火器除外)	没有装可间歇喷射的喷射枪(推车式二氧化碳灭火器除外)
		喷射枪应具有能保证灭火器在行走时不脱落的夹持装置	没有喷射枪的夹持装置,或夹持装置失效
		旋转式开启的喷射枪的枪体上应有指示开启方法的永久性标记	没有指示开启方法的永久性标记
	行驶机构	行驶机构应有足够的通过性能,在推(拉)过程中,灭火器整体的最低位置(除轮子外)与地面之间的间距不小于100mm	灭火器整体的最低位置(除轮子外)与地面之间的间距小于100mm
	器头	推车式二氧化碳灭火器应有超压保护装置	无超压保护装置

6.7.2.2 检查方法

6.7.2.2.1 用目测检查推车式灭火器的标志内容和主要部件。

6.7.2.2.2 用钢卷尺测量喷射软管的长度和行驶机构的离地间距。

6.7.2.3 检测器具

钢卷尺:最小分辨率为1mm,量程不小于4m;
钢直尺:最小分辨率为1mm,量程不小于100mm

6.7.3 简易式灭火器

6.7.3.1 检查项目

检查项目、技术要求和不合格情况见表51。

表51

检查项目		技术要求	不合格情况
外观检查	标志内容	标志内容应有:灭火器名称、型号、灭火剂别和种类、使用方法(用文字或图形说明)、使用温度、出厂年月、保质期、灭火器制造厂名称等	标志内容不全
		应有"灭火器一经开启,不应重复使用、充装"的警示性文字说明	没有警示性文字说明
	筒体外观	灭火器的筒体表面不应有变形、碰伤、划痕等缺陷	筒体表面有变形、碰伤、划痕等缺陷
结构检查	压力指示器	装有压力指示器的简易式灭火器,压力指示器的种类应与该灭火器的种类相符(表盘上应有字母:干粉灭火剂为"F";水、泡沫灭火剂为"S";洁净气体灭火剂为"J")	压力指示器的种类与该灭火器的种类不相符
		压力指示器的指针应在绿色区域范围内	压力指示器的指针不在绿色区域范围内
		压力指示器上20℃时的工作压力值不应大于1.0MPa	压力指示器上20℃时的工作压力值大于1.0MPa
	筒体外径	有手提把的简易式灭火器的筒体外径不应超过85mm	有手提把的简易式灭火器的筒体外径超过85mm
		无手提把的简易式灭火器的筒体外径不应超过75mm	无手提把的简易式灭火器的筒体外径超过75mm
	保险机构	有手提把的简易式灭火器应有保险装置(保险销),保险装置(保险销)的铅封(塑料带封)应完好无损	没有保险装置(保险销)或保险销、铅封(塑料带封)损坏或脱落
		无手提把的简易式灭火器,其喷射操作部位应有保护盖或其他保护装置	喷射操作部位没有保护盖或其他保护装置

6.7.3.2 检查方法

6.7.3.2.1 用目测检查简易式灭火器的外观和结构。

6.7.3.2.2 用卡尺测量筒体外径。

6.7.3.3 检测器具

卡尺:最小分辨率不大于0.1mm,量程不小于85mm。

6.8 消火栓

6.8.1 室内消火栓

6.8.1.1 检查项目

检查项目、技术要求和不合格情况见表52。

表 52

检查项目	技术要求	不合格情况
外观与标志	栓体内表面应涂防锈漆，无严重锈蚀	栓体内部未涂防锈漆或严重锈蚀
	应在栓体或栓盖上铸出型号、规格和商标	标志不全或标志为非铸出
结构和参数	进水口及出水口与固定接口连接部位应为圆柱管螺纹	进水口及出水口与固定接口连接部位的螺纹非圆柱管螺纹
	固定接口的型式应为 KN 型	固定接口的型式非 KN 型
手轮	手轮轮缘上应明显地铸出表示开关方向的箭头和字样	手轮开关方向标注错误
		手轮开关方向未标注或为非铸出
材料	阀座材料强度及耐腐蚀性能不低于黄铜	无阀座或阀座材料强度及耐腐蚀性能性能低于黄铜
	阀杆螺母材料强度及耐腐蚀性能不低于黄铜	无阀杆螺母或阀杆螺母材料强度及耐腐蚀性能性能低于黄铜
	阀杆材料力学及耐腐蚀性能性能不低于铅黄铜	阀杆材料力学及耐腐蚀性能低于铅黄铜
	旋转型室内消火栓旋转部位的材料应采用铜合金或奥氏体不锈钢等耐腐蚀材料	旋转部位的材料非钢合金或奥氏体不锈钢
阀杆升降性能	阀杆升降应平稳、灵活，不应有卡阻和松动现象	不借助工具室内消火栓阀杆无法开启
		将手轮开启至最大位置，阀瓣脱落

6.8.1.2 检查方法

6.8.1.2.1 目测检查室内消火栓的外观与标志、结构和参数、手轮、材料等。

6.8.1.2.2 用螺纹规检查进水口及出水口与固定接口连接部位的螺纹。

6.8.1.2.3 用手转动手轮，以直观和手感检查阀杆升降及阀瓣开启的情况。

6.8.1.3 检测器具

螺纹塞规、螺纹环规。

6.8.2 室外消火栓

6.8.2.1 检查项目

检查项目、技术要求和不合格情况见表 53。

表 53

检查项目	技术要求	不合格情况
外观质量和标志	铸铁件、铸铜件表面应光滑，无明显的砂眼、气孔、裂纹等缺陷	铸件质量不符合要求
	室外消火栓上部外露部分应涂红色漆，其色泽应光滑均匀、无龟裂、划伤和碰伤	阀体外部漆膜严重破损
	阀体内表面应涂防锈漆或采用其它防腐处理	阀体内表面未涂防锈漆或严重锈蚀
	外表面醒目处应清晰地铸出型号、规格、商标或厂名等永久性标志	标志不全或标志为非铸出
消防接口	水带连接口和吸水管连接口应使用机械性能不低于 HPb59 的铅黄铜或不锈钢制造	接口本体材料不符合要求
排放余水装置	应有自动排放余水装置	无自动排放余水装置
	阀门处于最大开启位置时或当水压大于等于 0.1MP 时，排放余水装置不应有渗漏现象	有渗漏现象

6.8.2.2 检查方法

目测和手动检查室外消火栓外观质量和标志、消防接口的本体材料以及排放余水装置。

6.8.3 消防水泵接合器

6.8.3.1 检查项目

检查项目、技术要求和不合格情况见表 54。

6.8.3.2 检查方法

目测检查消防水泵接合器外观质量和标志、基本功能和消防接口的本体材料。

6.8.4 消火栓箱

6.8.4.1 检查项目

检查项目、技术要求和不合格情况见表 55。

表 54

检查项目	技术要求	不合格情况
外观质量和标志	铸件表面应无结疤、毛刺、裂纹和缩孔等缺陷	铸件质量不符合要求
	外部漆膜应光滑、平整、色泽一致，无气泡、流痕、皱纹等缺陷，无明显碰、划等现象	阀体外部漆膜严重破损
	阀体内表面应涂防锈漆	阀体内部未涂防锈漆或严重锈蚀
	应在阀体或阀盖上铸出型号、规格和商标	标志不全或标志非铸出
消防接口	外螺纹固定接口的本体材料应由钢质材料制造	接口本体非钢质材料
基本功能	消防水泵接合器应具有安全排放、止回、截断等功能	无安全排放、止回、截断等功能

表 55

检查项目	技术要求	不合格情况
标志	箱门正面应以直观、醒目、匀整的字体标注"消火栓"字样	箱门正面未标注"消火栓"字样
器材的配置	箱内消防器材的配置应符合GB 14561的规定	箱内消防器材的配置与GB 14561规定和检验合格报告不一致
连接性能	消防水带与接口之间的连接应牢固可靠	消防水带与接口的连接不牢固
	室内消火栓与消防水带、消防水带与消防水枪之间通过接口连接应牢固可靠	室内消火栓与消防水带、消防水带与消防水枪之间通过接口无法连接
箱门	应设置门锁或箱门关紧装置。设置门锁的栓箱，除箱门安装玻璃者以及能被击碎的透明材料外，均应设置箱门紧急开启的手动机构，保证在没有钥匙的情况下开启灵活、可靠。	未设置门锁或箱门关紧装置
		箱门为全钢型且设置门锁型式，但未设置箱门紧急开启的手动机构
	箱门开启角度不应小于160°	箱门开启角度小于160°
水带安置	盘卷式消火栓箱的水带盘从挂臂上取出应无卡阻	盘卷消火栓不借助工具水带盘无法从挂臂上取出
	托架式消火栓箱的水带托架应转动灵活，水带从托架中拉出无卡阻	托架式消火栓箱水带从托架中取出有卡阻
电器设备	控制按钮至少应有一对常开和一对常闭触点	启动控制按钮消防控制中心无信号或不能启动消防水泵
	指示灯光应为红色	无指示灯或指示灯不亮

6.8.4.2 检查方法

6.8.4.2.1 目测检查消火栓箱标志、器材的配置、器材的性能、连接性能、箱门、水带安置和电器设备。

6.8.4.2.2 将箱内的室内消火栓、消防水带、消防水枪连接，检查是否牢靠。检查消防水带与接口的连接是否牢靠。

6.8.4.2.3 用锤击碎控制按钮玻璃或拧下压盖，检查触点是否接通，即消防控制中心是否有信号或消防水泵是否启动，指示灯是否亮。

6.8.5 消防软管卷盘

6.8.5.1 检查项目

检查项目、技术要求和不合格情况见表56。

表 56

检查项目	技术要求	不合格情况
外观质量	卷盘表面应进行耐腐蚀处理，漆层应均匀	卷盘表面严重腐蚀
软管质量	软管外表应无破损、划伤	软管外表有严重的破损或划伤
软管长度	软管长度不应小于软管标称长度1m	软管长度小于软管标称长度1m以上
密封性能	额定工作压力下任何部位均不应渗漏	密封部位有渗漏
结构要求	卷盘旋转部分应能绕转臂的固定轴向外作水平摆动，摆动角应不小于90°	卷盘旋转部分不能绕转臂的固定轴向外作水平摆动；或摆动角小于90°
	卷盘进口阀的开启和关闭方向应有明显的标志	卷盘进口阀的开启和关闭方向无明显的标志
	卷盘进口阀顺时针方向为关闭	关闭方向为逆时针方向
转动性能	软管卷盘转动的启动力矩应不大于20N·m	卷盘不能转动

101

6.8.5.2 检查方法

6.8.5.2.1 目测检查消防软管卷盘外观质量、软管质量和结构要求,用钢卷尺测软管长度,用直角尺测卷盘摆动角。

6.8.5.2.2 向消防软管卷盘通水至额定工作压力,观察各连接部位的密封情况。

6.8.5.2.3 将消防软管卷盘旋转轴固定,用测力计拉动软管,计算启动力矩,观察卷盘能否转动。

6.8.5.3 检验仪器

钢卷尺:最小分辨率为1mm,量程不小于40m;
直角尺。

6.9 消防接口

6.9.1 检查项目

检查项目、技术要求和不合格情况见表57。

表57

检查项目	技术要求	不合格情况
标志检查	接口表面应有型号、规格、商标或厂名等永久性标志	接口表面没有或缺少型号、规格、商标或厂名等永久性标志
外表面防腐处理	接口表面应进行阳极氧化处理或静电喷塑防腐处理	接口表面没有进行规定的防腐处理
抗跌落性能	接口作跌落试验后,不应出现断裂现象且能正常操作使用	跌落试验后出现断裂现象,或不能正常操作使用
注:消防接口包括内扣式消防接口、卡式消防接口、螺纹式消防接口		

6.9.2 检查方法

6.9.2.1 目测检查消防接口的标志和表面防腐处理情况。

6.9.2.2 跌落试验:内扣式接口以扣爪垂直朝下的位置、卡式接口和螺纹式接口以接口的轴线呈水平状态,从离地1.5m±0.05m高处(从接口的最低点算起)自由跌落到混凝土地面上五次。接口坠落五次后,目测和进行连接检查。

6.9.3 检测器具

钢卷尺:最小分辨率为1mm,量程不小于1.5m。

6.10 消防水带

6.10.1 检查项目

检查项目、技术要求和不合格情况见表58。

表58

检查项目	技术要求							不合格情况
单位长度质量 g/m	内径 mm	公称压力/MPa						
		0.8	1.0	1.3	1.6	2.0	2.5	
	Φ25	≤180						消防水带单位长度重量不符合要求
	Φ40	≤280						
	Φ50	≤380						
	Φ65	≤480						
	Φ80	≤600						
	Φ100	≤1100						
水带长度	消防水带长度不应小于水带标称长度1m							水带长度小于水带标称长度1m以上
注1:消防水带包括有衬里消防水带、消防湿水带。 注2:水带长度和单位长度质量不包括消防接口								

6.10.2 检查方法

6.10.2.1 水带长度检查:用钢卷尺测量水带长度。

6.10.2.2 用电子秤称量整卷水带质量(干燥的),用钢卷尺测量整卷水带长度,用公式(1)计算水带单位长度质量:

$$\rho = m/l \quad (1)$$

式中:

ρ——水带单位长度质量,单位为克每米(g/m);

m——整卷水带质量,单位为克(g);

l——整卷水带长度,单位为米(m)。

6.10.3 检验器具

钢卷尺:最小分辨率为1mm,量程不小于40m;
电子秤:最小分辨率为10g,量程不小于30kg。

6.11 消防枪炮

6.11.1 消防水枪

6.11.1.1 检查项目

检查项目、技术要求和不合格情况见表59。

表 59

检查项目	技术要求					不合格情况
结构要求	水枪类型	手柄指示位置功能规定				手柄指示位置的功能不符合规定
		指向水枪出口	垂直水枪轴线	指向水枪进口	顺时针旋转	
	直流水枪	—	—	—	—	
	直流开关水枪a	开	关	—	—	在水枪各功能位置没有规定的限位功能
	球阀转换式直流喷雾水枪、球阀转换式多用水枪b	直流	关	喷雾	—	
	带有弓形手柄的导流式直流喷雾水枪c	关	—	开	—	
	直流喷雾水枪、直流开花水枪	—	—	—	关	
抗跌落性能	水枪作跌落试验后，不应出现破裂现象且能正常操作使用					跌落试验后出现破裂或不能正常操作使用
材料及表面质量	水枪应采用耐腐蚀材料制造或其材料经防腐蚀处理，满足相应使用环境和介质的防腐要求					未采用耐腐蚀材料制造，或其材料未经防腐蚀处理
	铸件表面应无结疤、裂纹及孔眼，铝制件表面应作阳极氧化处理					铸件表面有铸造缺陷；或铝制件表面未作阳极氧化处理

a 直流开关水枪在"开"、"关"这两个位置应有限位功能。
b 球阀转换式直流喷雾水枪、球阀转换式多用水枪在"直流"和"喷雾"位置应有限位功能。
c 带有弓形手柄的导流式直流喷雾水枪在"开"、"关"这两个位置应有限位功能

6.11.1.2 检查方法

6.11.1.2.1 目测检查消防水枪各操纵机构动作及限位的情况、指示标记、材料及表面质量。直流喷雾水枪、直流开花水枪，其调节喷雾角和开花角的旋转开关的旋转方向可从水枪的进水口观察。

6.11.1.2.2 水枪跌落试验：水枪以喷嘴垂直朝上、喷嘴垂直朝下（旋转开关处于关闭位置）以及水枪轴线处于水平（若有开关时，开关处于水枪水平轴线之下并处于关闭位置）三个位置，从离地 2.0m±0.02m 高处（从水枪的最低点算起）自由落到混凝土地面上。水枪于每个位置跌落两次后进行检查。

6.11.1.3 检测器具

钢卷尺：最小分辨率为1mm，量程不小于2m。

6.11.2 消防炮

6.11.2.1 检查项目

检查项目、技术要求和不合格情况见表60。

表 60

检查项目	技术要求	不合格情况
材料要求	消防炮应采用耐腐蚀材料制造，或其材料经防腐蚀处理	消防炮的材质未采用耐腐蚀材料制造；或其材料未经防腐蚀处理
操纵性能	消防炮的俯仰回转机构、水平回转机构、各控制手柄（轮）应操作灵活	俯仰回转机构、水平回转机构、各控制手柄（轮）操作不灵活，有卡阻现象
	消防炮的传动机构应安全可靠	传动机构不安全可靠
	消防炮的俯仰回转机构应具有自锁功能或锁紧装置	俯仰回转机构没有自锁功能或锁紧装置

6.11.2.2 检查方法

6.11.2.2.1 目测检查消防炮的各相关零部件的材料。

6.11.2.2.2 手动操作检查消防炮各动作机构的情况。

6.12 建筑耐火构件

6.12.1 防火门

6.12.1.1 检查项目

检查项目、技术要求和不合格情况见表61。

表 61

检查项目	技术要求	不合格情况
外观	外观应完整，无破损，表面装饰层均匀、平整、光滑；标志应符合 GB 12955 规定	外观不完整，有破损，表面装饰层不均匀、平整、光滑；标志不符合 GB 12955 规定

续表 61

检查项目		技术要求	不合格情况
外观		木质部分割角、拼缝应严实平整，胶合板不允许刨透表层单板	木质部分割角、拼缝不严实平整，胶合板刨透表层单板
外观		钢质部分表面应平整、光洁，无明显凹痕或机械损伤，焊接应牢固，焊点分布均匀，不应有假焊、烧穿、漏焊等现象	钢质部分表面不平整、光洁，有明显凹痕或机械损伤，焊接不牢固，焊点分布不均匀，有假焊、烧穿、漏焊等现象
规格尺寸	型号规格	应符合型式检验报告所涵盖产品型号规格	不符合型式检验报告所涵盖产品型号规格
规格尺寸	外形尺寸	外形尺寸应小于等于型式检验报告中门的外形尺寸	外形尺寸大于相应检验报告中门的外形尺寸
规格尺寸	门扇厚度	门扇厚度应与型式检验报告中的门扇厚度相同，其极限偏差符合 GB 12955 规定	门扇厚度与相应检验报告中的门扇厚度不同，且其极限偏差超出 GB 12955 规定
规格尺寸	门框侧壁宽度	门框侧壁宽度应与型式检验报告中的门框侧壁宽度相同，其极限偏差符合 GB 12955 规定	门框侧壁宽度与型式检验报告中的门框侧壁宽度不同，且其极限偏差超出 GB 12955 规定
规格尺寸	防火玻璃透光尺寸	防火玻璃透光尺寸应小于等于型式检验报告中受检样品相同部位的防火玻璃透光尺寸	防火玻璃透光尺寸大于型式检验报告中受检样品相同部位的防火玻璃透光尺寸
规格尺寸	防火玻璃厚度	防火玻璃厚度应与型式检验报告中的防火门所安装防火玻璃的厚度相同，其极限偏差符合 GB 15763.1 规定	防火玻璃厚度与相应检验报告中的防火门所安装防火玻璃的厚度不同，且其极限偏差超出 GB 15763.1 规定
门扇和门框结构及填充材料		门扇和门框结构及填充材料的种类及相应参数应与型式检验报告中受检样品相同	门扇和门框的结构和填充材料的种类及相应参数与型式检验报告中受检样品不同
防火闭门器		应有法定检验机构出具的合格检验报告，其性能应不低于型式检验报告中受检样品所配套使用的产品	无法定检验机构出具的合格检验报告，或其性能低于型式检验报告中受检样品所配套使用的产品
耐火五金附件（防火锁、防火合页、防火顺序器、防火插销等）		应有法定检验机构出具的合格检验报告，其性能应不低于型式检验报告中受检样品所配套使用的产品	无法定检验机构出具的合格检验报告，或其性能低于型式检验报告中受检样品所配套使用的产品
防火玻璃		应有法定检验机构出具的合格检验报告，且防火玻璃的耐火性能指标应大于等于该防火门耐火性能的要求	无法定检验机构出具的合格检验报告，或防火玻璃检验报告的耐火性能指标低于该防火门耐火性能的要求
防火密封条		防火门应设置防火密封条，密封条应平直、无拱起	防火门未设置防火密封条，或密封条不平直、有拱起
防火密封条		应有法定检验机构出具的合格检验报告，且防火密封条的耐火性能指标大于等于该防火门耐火性能的要求，其型号规格应与型式检验报告中受检样品所配套使用的相一致	没有法定检验机构出具的合格检验报告；或防火密封条的耐火性能指标低于该防火门耐火性能的要求；其型号规格与型式检验报告中受检样品所配套使用的不一致
灵活性		门扇应开启灵活，无卡阻现象	门扇开启不灵活，有卡阻现象
可靠性		防火门各部位应牢固，无严重变形，能可靠关闭	防火门有松动、脱落及严重变形现象，不能可靠关闭

6.12.1.2 检查方法

6.12.1.2.1 外观质量

用目测的方法检查外观表面是否完整，有无破损，是否均匀、平整、光滑；割角、拼缝是否严实平整；钢板表面是否有凹痕或机械损伤，是否有假焊、漏焊、烧穿等现象。

6.12.1.2.2 规格尺寸

用游标卡尺测量门扇厚度、门框侧壁宽度、玻璃厚度，用卷尺测量外形尺寸、玻璃透光尺寸，与型式检验报告相对照。

6.12.1.2.3 门扇和门框结构及填充材料

破拆门扇和门框后，用目测的方法检查门扇内部结构及门扇内部所填充的材料类型、门框结构及门框内填充材料类型，核对是否与型式检验报告中的内容相一致，用游标卡尺测量材料的相应参数。

6.12.1.2.4 防火闭门器、耐火五金附件

6.12.1.2.4.1 检查防火门上所用防火闭门器、耐火五金附件的检验报告是否是法定检验机构出具的合格检验报告。

6.12.1.2.4.2 检查规格型号是否与型式检验报告中受检防

火门样品所配套使用的相一致；或对照合格检验报告，核对其性能是否低于型式检验报告中受检样品所配套使用的产品。

6.12.1.2.5 防火玻璃

6.12.1.2.5.1 检查防火门上所用防火玻璃的耐火性能检验报告，是否是法定检验机构出具的合格检验报告。

6.12.1.2.5.2 检查防火玻璃的透光尺寸，是否小于等于型式检验报告中受检防火门样品相同部位的防火玻璃透光尺寸。

6.12.1.2.5.3 测量防火玻璃的厚度，是否与型式检验报告中受检防火门样品所安装防火玻璃的厚度相同，其极限偏差是否符合 GB 15763.1 中的相应规定。

6.12.1.2.5.4 检查防火玻璃的耐火性能指标是否大于等于该防火门耐火性能的要求。

6.12.1.2.6 密封条

6.12.1.2.6.1 检查防火门上所用防火密封条的检验报告是否是法定检验机构出具的合格检验报告。

6.12.1.2.6.2 检查防火密封条是否平直、无拱起。

6.12.1.2.6.3 检查防火门所采用防火密封条的耐火性能指标是否大于等于该防火门耐火性能的要求。

6.12.1.2.6.4 检查防火密封条的型号规格，是否与型式检验报告中受检防火门样品所配套使用的相一致。

6.12.1.2.7 灵活性

检查门扇开启是否灵活、有无卡阻现象。

6.12.1.2.8 可靠性

检查防火门各部位是否牢固，是否有严重变形，能否可靠关闭。

6.12.1.3 检测器具

游标卡尺、卷尺、破拆工具。

6.12.2 防火卷帘

6.12.2.1 检查项目

检查项目、技术要求和不合格情况见表62。

表 62

检查项目	技术要求	不合格情况
外观质量	防火卷帘应有永久性标牌，内容应正确完整	无永久性标牌或内容错误
	金属零部件表面不允许有裂纹、压坑及明显的凹凸、锤痕、毛刺、孔洞等缺陷，表面应作防锈处理	金属零部件表面有裂纹、压坑及明显的凹凸、锤痕、毛刺、孔洞等缺陷，表面未作防锈处理
	无机纤维复合帘面不应有撕裂、缺角、挖补、破洞、倾斜、跳线、断线、经纬纱密度明显不匀及色差等缺陷	无机纤维复合帘面有撕裂、缺角、挖补、破洞、倾斜、跳线、断线、经纬纱密度明显不匀及色差较大等缺陷
	夹板应平直，夹持应牢固；基布的经向是帘面的受力方向	夹板不平直，夹持不牢固；或基布的经向不是帘面的受力方向
	各零部件的组装、拼接处不应有错位；焊接处应牢固，外观应平整；不应有夹渣、漏焊、疏松等现象	各零部件的组装、拼接处有错位；或焊接处不牢固，外观不平整；或有夹渣、漏焊、疏松等现象
	所有紧固件应紧牢	紧固件不紧牢
材料	座板厚度大于等于 3.0mm（叠加后）	座板厚度小于 3.0mm（叠加后）
	夹板厚度大于等于 3.0mm（成型后）	夹板厚度小于 3.0mm（成型后）
	无机纤维复合卷帘 基布燃烧性能不低于 A 级	基布燃烧性能低于 A 级
	无机纤维复合卷帘 装饰布燃烧性能不低于 B_1 级	装饰布燃烧性能低于 B_1 级
钢质帘板	钢质防火卷帘帘板两端挡板或防窜机构应装配牢固，卷帘运行时相邻帘板窜动量不应大于 2mm	钢质防火卷帘帘板两端挡板或防窜机构应装配不牢固，卷帘运行时相邻帘板窜动量大于 2mm
	钢质帘板应平直，装配成卷帘后不应有孔洞或缝隙存在	钢质帘板不平直，装配成卷帘后有孔洞或缝隙存在
	钢质帘板两端应设防风钩	钢质帘板两端未设防风钩
无机纤维复合帘面	帘面拼接缝的个数每米内各层累计不应超过三条，接缝应避免重叠；帘面上的受力缝应采用双线缝制，拼接缝的搭接量不应小于 20mm，非受力缝的拼接缝搭接量不应小于 10mm	帘面拼接缝的个数每米内各层累计超过三条，接缝重叠；或帘面上的受力缝未采用双线缝制，拼接缝搭接量小于 20mm，非受力缝的拼接缝搭接量小于 10mm
	帘面应沿帘布纬向每隔一定的间距设置不锈钢丝（绳）；沿帘布经向应设置夹板，帘面每隔 300mm～500mm 应设置一道钢质夹板	帘面沿帘布纬向未设置不锈钢丝（绳）；或沿帘布经向未设置夹板，帘面设置钢质夹板的距离不在 300mm～500mm 以内
	夹板两端应设防风钩	夹板两端未设防风钩

续表62

检查项目	技术要求			不合格情况
导轨	帘板嵌入导轨深度（mm）	卷帘两侧导轨间距离（B）	每端嵌入深度	帘板嵌入导轨深度低于标准要求
		B<3000	≥45	
		3000≤B<5000	≥50	
		5000≤B<9000	≥60	
	卷帘两侧导轨间距离每增加1000mm，每端嵌入深度应增加10mm			
电动卷门机、控制箱	应具有限位开关，卷帘启闭至上下限位时，应能自动停止；重复定位误差应小于20mm			未设限位开关，卷帘启闭至上下限位时，未能自动停止；或重复定位误差大于20mm
	应具有手动启闭性能			不具有手动启闭性能
	应具有自重下降性能，速度应为恒速			不具有自重下降性能或速度不为恒速
	卷帘应具有在任何位置停止的性能			卷帘不具有在任何位置停止的性能
	使用手动速放装置时的臂力不应大于70N			使用手动速放装置时的臂力大于70N
防烟性能	导轨和门楣应设置有防烟装置；其与帘面均匀紧密贴合，贴合面长度不应小于导轨和门楣长度的80%			导轨和门楣未设置有防烟装置；或其与帘面未均匀紧密贴合，贴合面长度小于导轨和门楣长度的80%
帘板运行	卷帘运行时无倾斜，能平行升降			卷帘运行时倾斜，不能平行升降
运行平稳性能	帘面在导轨内运行应平稳，不应有脱轨和明显的倾斜现象；双帘面卷帘的两个帘面应同时升降，高度差不应大于50mm			帘面在导轨内运行不平稳，具有脱轨和明显的倾斜现象，或双帘面卷帘的两个帘面未能同时升降，高度差大于50mm
电动启闭和自重下降运行速度	垂直卷帘电动启、闭的运行速度应为2m/min~6.5m/min。自重下降速度不应大于9.5m/min；侧向卷帘电动启、闭的运行速度不应小于6.5m/min；水平卷帘电动启、闭的运行速度应为2m/min~6.5m/min			卷帘电动启、闭的运行速度和自重下降速度不在标准要求范围以内
两步关闭性能	卷帘下降至卷帘洞口高度的中位处时，延时5s~60s（或给以触发信号），应继续关闭至全闭			卷帘下降至卷帘洞口高度的中位处时，延时5s~60s后（或给以触发信号后）不能继续关闭至全闭
温控释放性能	卷帘应装配温控释放装置，感温元件周围温度达到73℃±0.5℃，释放装置动作，卷帘应依自重下降关闭			无温控释放装置；或加热温控释放装置感温元件，使其周围温度达到73℃以上时，释放装置未动作，卷帘未依自重下降关闭

6.12.2.2 检查方法

6.12.2.2.1 外观质量

采用目测及手触摸相结合的方法进行检验。

6.12.2.2.2 材料

用游标卡尺测量原材料厚度。检查无机纤维复合卷帘基布和装饰布的检验报告。

6.12.2.2.3 帘板运行

采用目测的方法进行检验。

6.12.2.2.4 无机纤维复合帘面

无机纤维复合帘面拼接缝处的搭接量采用直尺测量，夹板的间距采用直尺或钢卷尺测量，其他性能采用目测检验。

6.12.2.2.5 导轨

帘板嵌入导轨深度采用直尺测量，测量点为每根导轨距其底部200mm处，取较小值。其他性能采用目测检验。

6.12.2.2.6 电动卷门机、控制箱

用直尺、管形测力计及目测进行测量。

6.12.2.2.7 防烟性能

导轨内和门楣的防烟装置用塞尺测量。当卷帘关闭后，用0.1mm的塞尺测量帘板或帘面表面与防烟装置之间的缝隙，若塞尺不能穿透防烟装置，表明帘板或帘面表面与防烟装置紧密贴合。

6.12.2.2.8 运行平稳性能

采用目测的方法进行检验。双帘面卷帘的两个帘面的高度差采用钢卷尺进行检验。

6.12.2.2.9 电动启闭和自重下降运行速度

采用钢卷尺、秒表进行检验。

6.12.2.2.10 两步关闭性能

采用目测的方法进行检验。延时时间采用秒表进行检验。

6.12.2.2.11 温控释放性能

卷帘开启至上限，切断电源，加热温控释放装置感温元件使其周围温度达到73℃以上，观察释放装置是否动作。

6.12.2.3 检测器具

秒表、游标卡尺、塞尺、直尺或钢卷尺、管形测力计；测温计：精度为0.1℃。

6.12.3 防火阀和排烟防火阀

6.12.3.1 检查项目

检查项目、技术要求和不合格情况见表63。

表63

检查项目	技术要求	不合格情况
配件	阀的执行机构应是经国家认可授权的检验机构检测合格的产品	阀的执行机构无经国家认可授权的检验机构检测合格的报告
	执行机构中的温感器元件上应标明其公称动作温度，并与产品要求不一致	执行机构中的温感器元件上未标明其公称动作温度 标明的公称动作温度与产品要求不一致
外观	阀上的标牌应牢固，标识应清晰、准确	无标牌；或标牌不牢固，标识不清晰、准确
	各零部件的表面应平整，不应有裂纹、压坑及明显的凹凸、锤痕、毛刺、孔洞等缺陷	各零部件的表面不平整，有裂纹、压坑及明显的凹凸、锤痕、毛刺、孔洞等缺陷
	阀的焊缝应光滑、平整，不应有虚焊、气孔、夹渣、疏松等缺陷	阀的焊缝不光滑、平整，有虚焊、气孔、夹渣、疏松等缺陷
	金属阀各零部件的表面均应作防锈、防腐处理，经处理后的表面应光滑、平整，涂层、镀层应牢固，不应有剥落、镀层开裂、以及漏漆或流淌现象	金属阀各零部件的表面未作防锈、防腐处理；或经防锈、防腐处理后的表面不光滑、平整，涂层、镀层不牢固，有剥落、镀层开裂、以及漏漆或流淌现象
公差	阀的线性尺寸公差应符合GB/T 1804—2000中所规定的c级公差等级	阀的线性尺寸公差不符合GB/T 1804—2000中所规定的c级公差等级
驱动转矩	防火阀或排烟防火阀叶片关闭力在主动轴上所产生的驱动转矩应大于等于叶片关闭时主动轴上所需转矩的2.5倍	叶片关闭力在主动轴上所产生的驱动转矩小于叶片关闭时主动轴上所需转矩的2.5倍
复位功能	阀应具备复位功能，其操作应方便、灵活、可靠	无复位功能；或其操作不方便、灵活、可靠
手动控制功能（具备时）	手动操作应方便、灵活、可靠	手动操作不方便、灵活、可靠
	手动关闭操作力应小于70N	手动关闭操作力大于等于70N
电动控制功能（具备时）	具有远距离复位功能的阀，当通电动作后，应具有显示阀叶片位置的信号输出	具有远距离复位功能的阀，当通电动作后，无显示阀叶片位置的信号输出
	阀执行机构中电控电路的工作电压采用DC24V的额定工作电压时，其额定工作电流应不大于0.7 A	阀执行机构中电控电路的工作电压采用DC 24V的额定工作电压时，其额定工作电流大于0.7A
	在实际电源电压低于额定工作电压15%和高于额定工作电压10%时，阀应能正常进行电控操作	在实际电源电压低于额定工作电压15%和高于额定工作电压10%时，阀不能正常进行电控操作
绝缘性能	阀有绝缘要求的外部带电端子与阀体之间的绝缘电阻在常温下应大于20MΩ	阀有绝缘要求的外部带电端子与阀体之间的绝缘电阻在常温下小于等于20MΩ
关闭可靠性	10次关闭操作中，防火阀或排烟防火阀应能从开启位置灵活、可靠地关闭；各零部件应无明显变形、磨损及其它影响其密封性能的损伤	10次关闭操作中，阀不能从开启位置灵活可靠地关闭；或零部件有明显变形、磨损及其它影响其密封性能的损伤
火灾时关闭可靠性	温感器动作后，防火阀或排烟防火阀应自动、可靠关闭	阀不能自动、可靠关闭

6.12.3.2 检查方法

6.12.3.2.1 配件

检查阀所用执行机构的检验报告是否是法定检验机构出具的合格检验报告。目测执行机构温感器上是否标明其公称动作温度。

6.12.3.2.2 外观

用目测的方法检查外观，检查阀上有无标牌，固定是否牢固，标识是否清晰、准确；各零部件的表面是否平整，是否有裂纹、压坑及明显的凹凸、锤痕、毛刺、孔洞等缺陷；阀的焊缝是否光滑、平整，是否有虚焊、气孔、夹渣、疏松等缺陷；金属阀各零部件的表面是否作防锈、防腐处理，经处理后的表面是否光滑、平整，涂层、镀层是否牢固，是否有剥落、镀层开裂、以及漏漆或流淌现象。

6.12.3.2.3 公差

用钢卷尺测量阀的线性尺寸（公称尺寸），检验其公差值是否符合标准规定要求。

6.12.3.2.4 驱动转矩

将阀固定，卸去产生关闭力的重锤、弹簧、电机或气动件等，用测力计牵动叶片的主叶片轴，使其从全开状态到全关状态，读取叶片关闭时主叶片轴上所需的最大拉力，用钢卷尺或游标卡尺测量力臂,计算最大转矩。再测量出重锤、弹簧、电机或气动件等实际施加在阀主叶片轴上驱动转矩。最后计算出阀主叶片轴的驱动转矩与所需转矩之比值。

6.12.3.2.5 复位功能

根据阀的复位方式输入电控信号或手动操作阀的复位机构,目测阀的复位情况。

6.12.3.2.6 手动控制

对于具有手动控制功能的阀,使阀处于全开状态,用测力计与手动操作的手柄、拉绳或按钮相连,拉动测力计使阀关闭,读取叶片关闭时的最大拉力。整个测量过程,目测阀手动操作是否方便、灵活、可靠。

6.12.3.2.7 电动控制

对于具有电动控制功能的阀,使阀处于开启状态,接通执行机构中的电路,使阀关闭,用万用表测量叶片所处位置的输出信号(可能是开关信号或电压信号)。

使阀处于开启状态,输入额定工作电压,用万用表测量额定工作电流。

调节电源电压到额定工作电压的110%,接通电路,目测阀是否能立即灵活可靠关闭;调节电源电压到额定工作电压的85%,接通电路,目测阀是否能立即灵活可靠关闭。

6.12.3.2.8 绝缘性能

将兆欧表连接到阀的外部带电端子和机壳之间,摇动兆欧表,读取电阻值。

6.12.3.2.9 关闭可靠性

操纵阀的执行机构,使阀叶片关闭。如此反复操作共10次。对于具有几种不同启闭方式的防火阀或排烟防火阀,每种启闭方式均应进行10次操作。

整个测量过程中,目测阀能否从开启位置灵活可靠地关闭,并目测阀零部件是否有明显变形、磨损及其它影响其密封性能的损伤。

6.12.3.2.10 火灾时关闭可靠性

使阀处于开启位置,利用酒精灯或其它火源烧灼阀的温度熔断器,目测熔断器能否熔断,阀能否灵活可靠的关闭。

6.12.3.3 检测器具

电源(DC 24V或AC 220V)、钢卷尺、拉力计、万用表、兆欧表、酒精灯或其它火源。

6.12.4 排烟阀

6.12.4.1 检查项目

检查项目、技术要求和不合格情况见表64

表64

检查项目	技术要求	不合格情况
配件	排烟阀的执行机构应是经法定检验机构检测合格的产品	阀的执行机构未经法定检验机构检测合格
外观	阀上的标牌应牢固,标识应清晰、准确	无标牌;或标牌不牢固,标识不清晰、准确
	各零部件的表面应平整,不应有裂纹、压坑及明显的凹凸、锤痕、毛刺、孔洞等缺陷	各零部件的表面不平整,有裂纹、压坑及明显的凹凸、锤痕、毛刺、孔洞等缺陷
	阀的焊缝应光滑、平整,不应有虚焊、气孔、夹渣、疏松等缺陷	阀的焊缝不光滑、平整,有虚焊、气孔、夹渣、疏松等缺陷
	金属阀各零部件的表面均应作防锈、防腐处理;经处理后的表面应光滑、平整,涂层、镀层应牢固,不应有剥落、镀层开裂、以及漏漆或流淌现象	金属阀各零部件的表面未作防锈、防腐处理;或经防锈、防腐处理后的表面不光滑、平整,涂层、镀层不牢固,有剥落、镀层开裂、以及漏漆或流淌现象
公差	阀的线性尺寸公差应符合GB/T 1804—2000中所规定的c级公差等级	阀的线性尺寸公差不符合GB/T 1804—2000中所规定的c级公差等级
复位功能	阀应具备复位功能,其操作应方便、灵活、可靠	不具备复位功能;或其操作不方便、灵活、可靠
手动控制	排烟阀应具备手动开启方式;手动操作应方便、灵活、可靠	不具备手动开启方式;或手动操作不方便、灵活、可靠
	手动开启操作力应小于70N	手动开启操作力大于等于70N
电动控制	排烟阀应具备电动开启方式,并能灵活、可靠地开启;具有远距离复位功能的阀,当通电动作后,应具有显示阀叶片位置的信号输出	阀不具备电动开启方式;或不能灵活、可靠地开启
		具有远距离复位功能的阀,当通电动作后,无显示阀叶片位置的信号输出
	阀执行机构中电控电路的工作电压采用DC24V的额定工作电压时,其额定工作电流应不大于0.7A	阀执行机构中电控电路的工作电压采用DC24V的额定工作电压时;或其额定工作电流大于0.7A
	在实际电源电压低于额定工作电压。15%和高于额定工作电压10%时,阀应能正常进行电控操作	在实际电源电压低于额定工作电压15%和高于额定工作电压10%时,阀不能正常进行电控操作
绝缘性能	阀有绝缘要求的外部带电端子与阀体之间的绝缘电阻在常温下应大于20MΩ	阀有绝缘要求的外部带电端子与阀体之间的绝缘电阻在常温下小于等于20MΩ

续表64

检查项目	技术要求	不合格情况
开启可靠性	经10次开启试验后，各零部件应无明显变形、磨损及其它影响其密封性能的损伤；电动与手动操作排烟阀，均应立即、可靠启闭	经10次开启试验后，零部件有明显变形、磨损及其它影响其密封性能的损伤；或电动与手动操作排烟阀，不能立即、可靠启闭

6.12.4.2 检查方法

6.12.4.2.1 配件

检查阀所用执行机构的检验报告是否是法定检验机构出具的合格检验报告。

6.12.4.2.2 外观

用目测的方法检查外观，检查阀上有无标牌，固定是否牢固，标识是否清晰、准确；各零部件的表面是否平整，是否有裂纹、压坑及明显的凹凸、锤痕、毛刺、孔洞等缺陷；阀的焊缝是否光滑、平整，是否有虚焊、气孔、夹渣、疏松等缺陷；金属阀各零部件的表面是否作防锈、防腐处理，经处理后的表面是否光滑、平整，涂层、镀层是否牢固，是否有剥落、镀层开裂、以及漏漆或流淌现象。

6.12.4.2.3 公差

用钢卷尺测量阀的线性尺寸（公称尺寸），检验其公差值是否符合标准规定要求。

6.12.4.2.4 复位功能

根据阀的复位方式输入电控信号或手动操作阀的复位机构，目测阀的复位情况。

6.12.4.2.5 手动控制

使阀处于关闭状态，用测力计与手动操作的手柄、拉绳或按钮相连，拉动测力计使阀开启，读取叶片开启时的最大拉力。整个测量过程中，目测阀手动操作是否方便、灵活、可靠。

6.12.4.2.6 电动控制

使阀处于关闭状态，接通执行机构中的电路，使阀开启，用万用表测量叶片所处位置的输出信号（可是开关信号或电压信号）。

使阀处于关闭状态，输入额定工作电压，用万用表测量额定工作电流。

调节电源电压到额定工作电压的110%，接通电路，目测阀是否能立即灵活、可靠开启；调节电源电压到额定工作电压的85%，接通电路，目测阀是否能立即灵活、可靠开启。

6.12.4.2.7 绝缘性能

将兆欧表连接到阀的外部带电端子和机壳之间，摇动兆欧表，读取电阻值。

6.12.4.2.8 开启可靠性

使阀处于关闭状态，电动和手动开启阀各10次。整个测量过程中，目测阀能否从关闭位置灵活可靠地开启，并目测阀零部件是否有明显变形、磨损及其它影响其密封性能的损伤。

6.12.4.3 检测器具

电源（DC 24V或AC 220V）、钢卷尺、拉力计、万用表、兆欧表。

6.12.5 防火玻璃

6.12.5.1 检查项目

检查项目、技术要求和不合格情况见表65。

表65

检查项目	技术要求		不合格情况
复合防火玻璃厚度允许偏差/mm	玻璃的总厚度（d） $5 \leqslant d < 11$	厚度允许偏差±1.0	厚度超出偏差
	玻璃的总厚度（d） $11 \leqslant d < 17$	厚度允许偏差±1.0	厚度超出偏差
	玻璃的总厚度（d） $17 \leqslant d < 35$	厚度允许偏差±1.5	厚度超出偏差
	玻璃的总厚度（d） $d \geqslant 35$	厚度允许偏差±2.0	厚度超出偏差
单片防火玻璃厚度允许偏差/mm	玻璃厚度5、6	厚度允许偏差±0.2	厚度超出偏差
	玻璃厚度8、10、12	厚度允许偏差±0.3	厚度超出偏差
	玻璃厚度15	厚度允许偏差±0.5	厚度超出偏差
	玻璃厚度19	厚度允许偏差±0.7	厚度超出偏差
复合防火玻璃外观质量（周边15mm范围不作要求）	气泡	直径300mm圆内允许长0.5mm～1.0mm的气泡1个	直径300mm圆内长0.5mm～1.0mm的气泡多于1个
	胶合层杂质	直径500mm圆内允许长2.0mm以下的杂质2个	直径500mm圆内长2.0mm以下的杂质多于2个
	裂痕	不应存在裂痕	存在裂痕
	爆边	每米边长允许有长度不超过20mm、自边部向玻璃表面延伸深度不超过厚度一半的爆边4个	每米边长有长度不超过20mm、自边部向玻璃表面延伸深度不超过厚度一半的爆边大于4个
	叠差、裂纹、脱胶	脱胶、裂纹不允许存在，总叠差不应大于3mm	存在脱胶、裂纹，总叠差大于3mm

续表 65

检查项目	技术要求		不合格情况
单片防火玻璃外观质量	爆边	不应存在爆边	存在爆边
	划伤	宽度≤0.1mm，长度≤50mm 的轻微划伤，每平方米面积内不超过 4 条	宽度≤0.1mm，长度≤50mm 的轻微划伤，每平方米面积内超过 4 条
		0.1mm<宽度≤0.5mm，长度≤50mm 的轻微划伤，每平方米面积内不超过 1 条	0.1mm<宽度≤0.5mm，长度≤50mm 的轻微划伤，每平方米面积内超过 1 条
	结石、裂纹、缺角	不应存在结石、裂纹、缺角	存在结石、裂纹、缺角
弯曲度	弓形弯曲度不应超过 0.3%		弓形弯曲度超过 0.3%
	波形弯曲度不应超过 0.2%		波形弯曲度超过 0.2%

6.12.5.2 检查方法

6.12.5.2.1 尺寸及厚度的测量

尺寸用最小刻度为 1mm 的钢直尺或钢卷尺测量。厚度用千分尺或与此同等精度的器具测量玻璃四边中点，测量结果以四点平均值表示，数值精确到 0.1mm

6.12.5.2.2 外观质量

在良好的自然光及散射光照条件下，在距玻璃的正面 600mm 处进行目视检查。缺陷的尺寸以能清楚观察到的最大边缘为限。采用分度值为 1mm 的金属直尺和或最小分度值为 0.01mm 的读数显微镜测量缺陷的尺寸。

6.12.5.2.3 弯曲度

将玻璃垂直立放，水平放置直尺贴紧试样表面进行测量，弓形时以弧的高度与弦的长度之比的百分率表示；波形时，用波谷到波峰的高与波峰到波峰（或波谷到波谷）的距离之比的百分率表示。

6.12.5.3 检测器具

游标卡尺、钢卷尺、千分尺、钢直尺。

6.13 避难逃生产品

6.13.1 消防梯

6.13.1.1 检查项目

检查项目、技术要求和不合格情况见表 66。

表 66

检查项目	技术要求	不合格情况
外形尺寸	工作状态外形尺寸不应超出 GA 137 规定的允许偏差	工作状态外形尺寸超出允许偏差
	存放状态外形尺寸不应超出 GA 137 规定的允许偏差	存放状态外形尺寸超出允许偏差
质量	不应超出 GA 137 规定的允许质量	超出 GA 137 规定的允许质量
整梯要求	梯蹬与侧板不应松动、加镣；金属梯应有防滑措施	梯蹬与侧板松动、加镣；或金属梯无防滑措施
	紧固件应垂直旋紧，不应有突出的钉头锋口和毛刺等缺陷	紧固件松动，有突出的钉头锋口和毛刺等缺陷
	外表应光滑无毛刺，表面应涂有不导电的涂料保护，金属零件应镀锌或镀铬，或刷涂黑色磁漆	外表有毛刺，表面未涂有不导电的涂料保护，金属零件未镀锌、镀铬或刷涂黑色磁漆
	展开和缩合应灵活可靠，不应有卡阻现象，限位装置应可靠	展开和缩合不灵活有卡阻现象，无限位装置或该装置不可靠
	大于等于 12m 的消防梯应装有支撑杆，牢靠固定在最下面的梯节上	大于等于 12m 的消防梯在最下面的梯节上未装有支撑杆

6.13.1.2 检查方法

6.13.1.2.1 用钢卷尺和衡器进行外形尺寸、质量参数测量。

6.13.1.2.2 用目测和徒手操纵的方法进行整梯要求项目的检查。

6.13.1.3 检测器具

钢卷尺：最小分辨率为 1mm，量程不小于 20m；
衡器：最小分辨率为 0.5kg，量程不小于 100kg

6.13.2 消防过滤式自救呼吸器

6.13.2.1 检查项目

检查项目、技术要求和不合格情况见表 67。

表 67

检查项目	技术要求	不合格情况
结构	消防过滤式自救呼吸器应由防护头罩、过滤装置和面罩组成	组成部件不全
	防护头罩应采用具有反光特性的材料制成或设置环绕头部一周的反光标志	防护头罩未采用具有反光特性的材料或未设置环绕头部一周的反光标志
	过滤装置和防护头罩间的连接应牢固可靠	过滤装置和防护头罩间的连接不牢固可靠
	呼吸器的密封一经打开，应不能恢复原样	呼吸器的密封打开后，可恢复原样

续表 67

检查项目	技术要求	不合格情况
标志内容	应有生产日期和有效期	没有生产日期和有效期
滤毒罐填充情况	用于摇动滤毒罐,不应听到有松动的声响	用手摇动滤毒罐,可听到有松动的声响
注:必要时,可破坏呼吸器的密封包装,但该样品不可再使用		

6.13.2.2 检查方法

6.13.2.2.1 目测检查消防过滤式自救呼吸器的部件组成、防护头罩的反光特性、标志内容。

6.13.2.2.2 用手摇动滤毒罐,是否听到有松动的声响。检查过滤装置和防护头罩间的连接情况,看是否牢固可靠。

6.13.2.2.3 拆开呼吸器的密封包装,展开后检查是否不能恢复原状。

6.13.3 消防应急灯具

6.13.3.1 检查项目

检查项目、技术要求和不合格情况见表 68。

表 68

检查项目	技术要求	不合格情况
基本功能	消防应急灯具在主电源切断后在 5s 内应能转入应急状态。主电源恢复后,应自动恢复到主电工作状态;不应设影响应急功能的开关	主电源切断后 5s 内未转入应急状态 主电源恢复后,不能自动恢复到主电工作状态 设置了影响应急功能的开关
放电试验	消防应急灯具的应急工作时间应不小于该设置场所国家工程建设消防技术标准规定的应急照明时间	应急工作时间小于规定的应急照明时间
	消防应急灯具应有过放电保护;电池放电终止电压应不小于额定电压的 80%	无过放电保护 电池放电终止电压小于额定电压的 80%

6.13.3.2 检查方法

6.13.3.2.1 基本功能

接通消防应急灯具的主电源,使其处于主电工作状态。切断试样的主电源,观察试样应急转换情况,并检查有无影响应急功能的开关。

再次接通消防应急灯具的主电源,观察其是否能自动恢复到主电工作状态。

6.13.3.2.2 放电试验

使充电 24h 后的消防应急灯具处于应急状态,记录放电时间,用直流电压表测量在过放电保护启动瞬间电池(组)两端电压,与额定电压比较。

6.13.3.3 检测器具

计时装置:测量范围为 0min～120min;

直流电压表:测量范围为 0V～220V。

6.13.4 消防安全标志

6.13.4.1 检查项目

检查项目、技术要求和不合格情况见表 69。

表 69

检查项目	技术要求	不合格情况
外观	正方形标志边长、长方形标志短边长、圆环标志内径尺寸、三角形标志内边尺寸应满足 GB 13495 的要求	正方形标志边长、长方形标志短边长、圆环标志内径尺寸、三角形标志内边尺寸不满足 GB 13495 要求
	标志所用安全色应满足 GB 13495 要求	标志所用安全色不满足 GB 13495 要求
	标志中应以图形符号为主体	标志中无图形符号
	标志文字辅助标志、方向辅助标志应满足 GB 13495 要求	标志文字辅助标志、方向辅助标志不满足 GB 13495 要求
	方向辅助标志所指示位置应与实际位置一致	方向辅助标志所指示位置与实际位置不一致

6.13.4.2 检查方法

用目测和钢直尺检查外观。

6.13.4.3 检测器具

钢直尺:最小分度值不大于 1mm。

6.14 防火阻燃材料

6.14.1 饰面型防火涂料

6.14.1.1 检查项目

检查项目、技术要求和不合格情况见表 70。

表 70

检查项目	技术要求	不合格情况
外观	涂层表面无开裂、脱粉现象	涂层表面开裂、脱粉
涂层厚度/mm	≥0.5	<0.5
泡层高度/mm	≥10	<10

— 111 —

6.14.1.2 检查方法
6.14.1.2.1 外观
目测涂层表面有无裂纹。用黑色平绒布轻擦涂层表面5次，观察黑色平绒布是否变色。
6.14.1.2.2 涂层厚度
随机抽取已涂刷涂料的试件一块。选3个测点用精度为0.02mm的游标卡尺测量试件涂刷涂料后和涂刷前的厚度，用公式（2）计算单点涂层厚度，涂层厚度为三个测试点厚度的平均值：

$$\delta = \delta_1 - \delta_2 \quad \cdots\cdots (2)$$

式中：
δ_1——试件（含涂层厚度）厚度，单位为毫米（mm）；
δ_2——刮去涂层的基材厚度，单位为毫米（mm）；
δ——涂层厚度，单位为毫米（mm）。

6.14.1.2.3 泡层高度
随机抽取已涂刷涂料的试件三块，其尺寸均不小于150mm×150mm。将试件放在试验支架上，涂刷防火涂料的一面向下。点燃酒精灯，酒精灯外焰应完全接触涂刷涂料的一面，供火时间不低于20min。停止供火后，用精度为0.02mm的游标卡尺测量泡层高度，结果以3个测试值的平均值表示。

6.14.1.3 检测器具
游标卡尺、酒精灯、试验支架。

6.14.2 厚型钢结构防火涂料
6.14.2.1 检查项目
检查项目、技术要求和不合格情况见表71。

表71

检查项目	技术要求	不合格情况
外观	涂层无开裂、脱落	涂层开裂，脱落
涂层厚度/mm	对需满足的耐火极限，现场已施工涂层厚度不低于型式检验合格报告描述的对应厚度	已施工涂层厚度低于型式检验合格报告描述的对应厚度
在容器中的状态	呈均匀粉末状，无结块	颗粒大小不均匀、非粉末状、有结块

6.14.2.2 检查方法
6.14.2.2.1 外观
目测涂层有无开裂、脱落。
6.14.2.2.2 涂层厚度
现场选取至少五个不同的涂层部位，用测厚仪分别测量其厚度。涂层厚度为测点厚度的平均值。与型式检验报告描述的厚度相比较。
6.14.2.2.3 在容器中的状态
用搅拌器搅拌容器内的试样或按规定的比例调配多组分涂料的试样，观察涂料颗粒大小是否均匀、有无结块。

6.14.2.3 检测器具
刀片、测厚仪。

6.14.3 薄型（膨胀型）钢结构防火涂料
6.14.3.1 检查项目
检查项目、技术要求和不合格情况见表72。

表72

检查项目	技术要求	不合格情况
外观	涂层无开裂、脱落、脱粉	涂层开裂、脱落、脱粉
涂层厚度/mm	对需满足的耐火极限，现场已施工涂层厚度不低于型式检验合格报告描述的对应厚度	已施工涂层厚度低于型式检验合格报告描述的对应厚度
在容器中的状态	经搅拌后呈均匀液态或稠厚流体状态，无结块	搅拌后有结块
膨胀倍数（K）	≥5	<5

6.14.3.2 检查方法
6.14.3.2.1 外观
目测涂层有无开裂、脱落；用黑色平绒布轻擦涂层表面5次，观察平绒布是否变色。
6.14.3.2.2 涂层厚度
现场选取至少五个不同的涂层部位，用测厚仪分别测量其厚度，涂层厚度为测点厚度的平均值。与型式检验合格报告描述的厚度相比较。
6.14.3.2.3 在容器中的状态
用搅拌器搅拌容器内的试样或按规定的比例调配多组分涂料的试样，观察涂料搅拌后是否均匀、有无结块。
6.14.3.2.4 膨胀倍数
在已施工涂料的构件上，随机选取三个不同的涂层部位，分别用磁性测厚仪测量其厚度δ_1。然后点燃2L汽油喷灯分别对准选定的三个位置，喷灯外焰应充分接触涂层，供火时间不低于10min。停止供火后观察涂层是否膨胀发泡，用精度为游标卡尺测量其发泡层厚度δ_2。膨胀倍数按公式（3）求得，结果以三个测试值的平均值表示：

$$K = \frac{\delta_2}{\delta_1} \quad \cdots\cdots (3)$$

式中：
K——膨胀倍数；
δ_1——试验前涂层厚度，单位为毫米（mm）；
δ_2——试验后涂料发泡层厚度，单位为毫米（mm）。

6.14.3.3 检测器具
游标卡尺、刀片、磁性测厚仪、2L汽油喷灯。

6.14.4 超薄型钢结构防火涂料

6.14.4.1 检查项目

检查项目、技术要求和不合格情况见表73。

表73

检查项目	技术要求	不合格情况
外观	涂层无开裂、脱落、脱粉	涂层开裂、脱落、脱粉
涂层厚度/mm	对需满足的耐火极限，现场已施工涂层厚度不低于型式检验合格报告描述的对应厚度	已施工涂层厚度低于型式检验合格报告描述的对应厚度
在容器中的状态	经搅拌后呈均匀细腻状态、无结块	经搅拌后未呈均匀细腻状态、有结块
膨胀倍数（K）	≥10	<10

6.14.4.2 检查方法

6.14.4.2.1 外观

目测涂层有无开裂、脱落；用黑色平绒布轻擦涂层表面5次，观察平绒布是否变色。

6.14.4.2.2 涂层厚度

选取至少五个不同的涂层部位，用磁性测厚仪分别测量其厚度，涂层厚度为测点厚度的平均值。与型式检验合格报告描述的厚度相比较。

6.14.4.2.3 在容器中的状态

用搅拌器搅拌容器内的试样或按规定的比例调配多组分涂料的试样，观察涂料是否均匀、有无结块。

6.14.4.2.4 膨胀倍数

在已施工涂料的构件上，随机选取三个不同的涂层部位，用磁性测厚仪测量其厚度δ_1。然后点燃2L汽油喷灯分别对准选定的三个位置，喷灯外焰应充分接触涂层，供火时间不低于5min。停止供火后用游标卡尺测量其发泡层厚度δ_2。膨胀倍数按公式（4）求得，结果以三个测试值的平均值表示：

$$K = \frac{\delta_2}{\delta_1} \quad \cdots\cdots\cdots\cdots (4)$$

式中：

K——膨胀倍数；

δ_1——试验前涂层厚度，单位为毫米（mm）；

δ_2——试验后涂料发泡层厚度，单位为毫米（mm）。

6.14.4.3 检测器具

游标卡尺、刀片、磁性测厚仪、2L汽油喷灯。

6.14.5 电缆防火涂料

6.14.5.1 检查项目

检查项目、技术要求和不合格情况见表74。

6.14.5.2 检查方法

6.14.5.2.1 外观

用黑色平绒布轻擦涂层表面5次，观察黑色平绒布是否变色。

6.14.5.2.2 裂纹

目测涂层表面有无裂纹。

表74

检查项目	技术要求	不合格情况
外观	涂层表面无脱粉现象	涂层表面有脱粉现象
裂纹	涂层表面无裂纹	涂层表面有裂纹
涂层厚度/mm	≥0.8	<0.8
膨胀倍数（K）	≥10	<10

6.14.5.2.3 涂层厚度

在施工现场，用刀片在已涂刷电缆防火涂料的电缆上随机选取三个位置轻轻剥取涂层3块，用精度为0.02mm的游标卡尺分别测其厚度，涂层厚度为3个测量厚度的平均值。

6.14.5.2.4 膨胀倍数

在施工现场，用刀片在已涂刷电缆防火涂料的电缆上随机轻轻剥取涂层三块，其尺寸不小于10mm×10mm，分别用精度为0.02mm的游标卡尺测其厚度δ_1。将涂层放在试验支架的金属网上，点燃酒精灯，酒精灯外焰应充分接触涂层，供火时间不低于20min。停止供火后，分别用游标卡尺测量其相应发泡层的厚度δ_2。膨胀倍数按公式（5）求得，结果以三个测试值的平均值表示：

$$K = \frac{\delta_2}{\delta_1} \quad \cdots\cdots\cdots\cdots (5)$$

式中：

K——膨胀倍数；

δ_1——试验前涂层厚度，单位为毫米（mm）；

δ_2——试验后涂料发泡层厚度，单位为毫米（mm）。

涂料的膨胀倍数为3个试样膨胀倍数的平均值。

6.14.5.3 检测器具

刀片、游标卡尺、酒精灯、试验支架、金属网。

6.14.6 混凝土构件防火涂料、隧道防火涂料

6.14.6.1 检查项目

检查项目、技术要求和不合格情况见表75。

表75

检查项目	技术要求	不合格情况
外观	涂层无开裂、脱落	涂层开裂，脱落
厚度	对需满足的耐火极限，现场已施工涂层厚度不低于型式检验合格报告描述的对应厚度	已施工涂层厚度低于型式检验合格报告描述的对应厚度
在容器中的状态	呈均匀稠厚液体，无结块	非均匀稠厚液体，有结块

6.14.6.2 检查方法
6.14.6.2.1 外观
目测涂层有无开裂、脱落。
6.14.6.2.2 厚度
选取至少五个不同的涂层部位，用测厚仪分别测量其厚度，涂层厚度为测点厚度的平均值。
6.14.6.2.3 在容器中的状态
用搅拌器搅拌容器内的试样或按规定的比例调配多组分涂料的试样，观察涂料是否为均匀稠厚液体、有无结块。
6.14.6.3 检测器具
刀片、测厚仪。
6.14.7 无机防火堵料
6.14.7.1 检查项目
检查项目、技术要求和不合格情况见表76。

表76

检查项目	技术要求	不合格情况
外观	均匀粉末固体，无结块	有结块
裂缝	施工后不应产生贯穿性裂缝；产生的非贯穿性裂缝宽度应小于等于1mm	施工后产生贯穿性裂缝；产生的非贯穿性裂缝宽度大于1mm

6.14.7.2 检查方法
6.14.7.2.1 外观
采用目测与手触摸结合的方法进行。
6.14.7.2.2 裂缝
采用目测的方法观察已施工样品表面是否有贯穿性裂缝产生。用塞尺或精度为0.02mm的游标卡尺测量非贯穿性裂缝宽度，测量结果取其最大值。
6.14.7.3 检测器具
塞尺、游标卡尺。
6.14.8 有机防火堵料
6.14.8.1 检查项目
检查项目、技术要求和不合格情况见表77。

表77

检查项目	技术要求	不合格情况
外观质量	塑性固体、具有一定柔韧性	没有柔韧性（≥5℃时）

6.14.8.2 检查方法
采用目测与手触摸结合的方法进行。
6.14.9 阻火包
6.14.9.1 检查项目
检查项目、技术要求和不合格情况见表78。

表78

检查项目	技术要求	不合格情况
外观	包体完整，无破损	包体不完整、有破损
抗跌落性	三个完整的阻火包从5m高处自由下落到混凝土水平地面上，应至少二个包体无破损	出现大于一个破损

6.14.9.2 检查方法
6.14.9.2.1 外观
采用目测的方法进行。
6.14.9.2.2 抗跌落性
分别将三个完整的阻火包从5m高处自由下落到混凝土水平地面上，观察包体是否破损。
6.14.10 塑料管道阻火圈
6.14.10.1 检查项目
检查项目、技术要求和不合格情况见表79。

表79

检查项目	技术要求	不合格情况
壳体	不应出现缺角、断裂、脱焊等现象；表面不应出现肉眼可见锈迹和锈点；有覆盖层的其覆盖层不应出现开裂、剥落或脱皮等现象	出现缺角、断裂、脱焊等现象，或表面出现肉眼可见锈迹和锈点；或有覆盖层的其覆盖层出现开裂、剥落或脱皮等现象
阻燃膨胀芯材	不应出现粉化现象，遇高温芯材应膨胀发泡	出现粉化现象，或遇高温芯材未膨胀发泡

6.14.10.2 检查方法
6.14.10.2.1 壳体
采用目测方法进行。
6.14.10.2.2 阻燃膨胀芯材
目测外观是否出现粉化现象。
从阻火圈中取出干燥的膨胀芯材，将试件放在试验支架上，点燃酒精灯，酒精灯外焰应完全接触芯材，供火时间不低于30min。停止供火后目测芯材是否膨胀发泡。
6.14.10.3 检测器具
酒精灯、试验支架。
6.14.11 水基型阻燃处理剂
6.14.11.1 检查项目
检查项目、技术要求和不合格情况见表80。

表80

检查项目	技术指标	不合格情况
阻燃性能	织物试样：损毁长度平均值小于等于150mm，离火后每个试样上的火焰均能在5s内自熄	损毁长度平均值大于150mm，且离火后，5s内不能自熄
	木材试样：燃烧剩余长度平均值大于等于150mm，离火后每个试样上的火焰均能在30s内自熄	燃烧剩余长度平均值小于150mm，且离火后，30s内不能自熄

6.14.11.2 检查方法
6.14.11.2.1 织物用阻燃剂：将涤棉布浸于阻燃剂中，浸透

后水平摊放自然凉干,将其裁剪为 20mm×200mm 的试样,共 3 条。用夹子夹住试样的一端,垂直悬挂,在另一端施加长度为 20mm±5mm 的火焰 10s;离火后观察是否至少有 2 条试样上的明火能在 5s 以内自熄,测量毁损长度平均值是否大于 150mm。

6.14.11.2.2 木材用阻燃剂:将 3mm 厚的杉木薄板在阻燃剂中浸泡 30min 后自然凉干,将浸渍后的木材制成 10mm×200mm×3mm 的试样,共 3 根。用夹子夹住试样的一端,垂直悬挂,在另一端施加长度为 25mm±5mm 的火焰 60s;离火后观察是否至少有 2 根试样上的明火能在 30s 以内自熄,观察测量燃烧剩余长度平均值是否小于 150mm。

6.14.11.3 检测器具

钢直尺:测量范围为 0mm~300mm

秒表:测量范围为 0s~100s

6.14.12 电缆用阻燃包带

6.14.12.1 项目

检查项目、技术要求和不合格情况见表 81。

表 81

检查项目	技术要求	不合格情况
外观对象	表面平整,不应有分层、鼓泡、凹凸	表面不平,有分层、鼓泡、凹凸
阻燃性能	离火后,每个试样上的火焰均能在 10s 内自熄	离火后,10s 内不能自熄

6.14.12.2 检查方法

6.14.12.2.1 外观

外观用目视检查,观察表面是否平整,有无分层、鼓泡、凹凸等现象。

6.14.12.2.2 阻燃性能

用刀片在已绕包阻燃包带的电缆上随机轻轻剥取包带一块,长度为 100mm,剥取中不应损伤电缆。用夹子夹住试样的一端,垂直悬挂,施加长度为 20mm±5mm 的火焰 10s,离火后观察试样上的火焰是否能在 10s 以内自熄。

6.14.12.3 检测器具

刀片、钢直尺。

6.14.13 阻燃材料及制品

6.14.13.1 检查对象

检查对象、技术要求和不合格情况见表 82。

6.14.13.2 检查方法

6.14.13.2.1 墙面天花材料

现场从制品上取三块 250mm×90mm 的试样,用夹子夹住试样的一端,试样呈 45°的角度,在其下端中心处施加长度为 30mm±5mm 的火焰 30s,观察火焰高度和燃烧滴落物状况。对于有外部保护层的保温、吸音泡沫材料,在试验时,应保持外保护层状态。

6.14.13.2.2 铺地材料

现场从制品上取三块 250mm×90mm 的试样,用夹子夹住试样的一端,试样呈 45°的角度,在其下端中心处施加长度为 30mm±5mm 的火焰 15s,观察火焰高度和燃烧滴落物状况。对于绒簇材料为丙纶的纺织地毯,则需要特别测试,应抽样送法定消防产品质量质检机构进行检验。

表 82

检查对象		技术要求	不合格情况
墙面天花材料	阻燃木制品	火焰高度小于 150mm,离火后每个试样上的火焰均应在 30s 内自熄	火焰高度超过 150mm,或离火后 30s 内不能自熄
	阻燃泡沫制品	火焰高度小于 150mm,且不应出现燃烧滴落物和离火后观察任何一个试样的火焰能在 30s 内自熄	火焰高度超过 150mm、出现燃烧滴落物,或离火后 30s 内不能自熄
	阻燃塑料制品	火焰高度小于 150mm,且不应出现燃烧滴落物和离火后观察任何一个试样的火焰能在 30s 内自熄	火焰高度超过 150mm、出现燃烧滴落物,或离火后 30s 内不能自熄
	阻燃织物复合制品	火焰高度小于 150mm,且不应出现燃烧滴落物和离火后观察任何一个试样的火焰能在 30s 内自熄	火焰高度超过 150mm、出现燃烧滴落物,或离火后 30s 内不能自熄
铺地材料	阻燃纺织地毯	火焰高度小于 150mm,且不应出现燃烧滴落物和离火后观察任何一个试样的火焰能在 5s 内自熄	火焰高度超过 150mm、出现燃烧滴落物,或离火后 5s 内不能自熄
	阻燃塑胶地板	火焰高度小于 150mm,且不应出现燃烧滴落物和离火后观察任何一个试样的火焰能在 5s 内自熄	火焰高度超过 150mm、出现燃烧滴落物,或离火后 5s 内不能自熄

6.14.13.3 检测器具

钢直尺;

秒表:测量范围为 0s~100s。

7 判定规则

7.1 市场准入检查判定规则

市场准入检查结果出现第 5 章表 1 中任一不合格情况时,判定该产品为不合格。

7.2 产品质量现场检查判定规则

产品质量现场检查结果出现第 6 章规定的该种产品任一不合格情况时,判定该产品为不合格。

附录 A
(资料性附录)
消防产品质量现场检测基本器具

消防产品质量现场检测基本器具清单见表 A.1。

表 A.1

序号	器具名称	技术指标	检定周期 y	校验周期 y
1	加烟器	能够向点型感烟火灾探测器施加试验烟或气溶胶。试验烟可由蚊香、棉绳、香烟等材料阴燃产生		
2	热风机	能产生使点型感温火灾探测器报警的热气流。进行试验时，气流温度应大于85℃或达到感温探测器报警条件		1
3	光源	打火机或蜡烛，火焰高度4cm左右		
4	秒表		1	
5	滤光片	减光值分别为0.4dB和10.0dB各一片		1
6	试验气体	甲烷的浓度为50%LEL；丙烷的浓度为50%LEL；氢气的浓度为50%LEL		
7	声级计	测量范围为0dB～120dB（A计权）	1	
8	照度计	测量范围为0lx～500lx		1
9	螺丝刀			
10	工具锯			
11	游标卡尺	最小分辨率：0.1mm；量程：≥85mm	1	
12	稳压电源	24V直流电源、220V交流电源		1
13	万用表		1	
14	超声波流量计	D：15mm～150mm；精度：2.5%	1	
15	钢卷尺	最小分辨率：1mm；量程：≥40m	0.5	
16	钢直尺	最小分辨率：1mm；量程：≥100mm	1	
17	螺纹环规、塞规	按需配置	1	
18	天平	最小分辨率：0.1g	1	
19	电子秤	最小分辨率：10g；量程：≥30kg	1	
20	破拆工具	可破拆木质和钢质防火门		
21	衡器	最小分辨率：0.5kg；量程：≥100kg	1	
22	酒精灯			
23	塞尺		1	
24	测力计	最小分辨率：2N；量程：>100N	1	
25	测厚仪	最小分辨率：1mm；量程：50mm	1	
26	磁性测厚仪	最小分辨率：0.1mm；量程：10mm	1	
27	刀片			
28	专用燃气喷枪	火焰温度大于等于1350℃；燃气：丁烷；持续使用时间：200min		1
29	金属网			
30	测温计	精度：0.1℃	1	

13.《住宿与生产储存经营合用场所消防安全技术要求》XF 703—2007

1 范围

本标准提出了住宿与生产、储存、经营合用场所（俗称"三合一"，以下简称"合用场所"）的限定条件，并规定了合用场所的防火分隔措施、疏散设施、消防设施，以及火源控制等消防安全技术要求。

本标准适用于既有住宿与生产、储存、经营合用场所的消防安全治理。

4 基本规定

4.1 合用场所不应设置在下列建筑内：
 a) 有甲、乙类火灾危险性的生产、储存、经营的建筑；
 b) 建筑耐火等级为三级及三级以下的建筑；
 c) 厂房和仓库；
 d) 建筑面积大于 2500m² 的商场市场等公共建筑；
 e) 地下建筑。

4.2 符合下列情形之一的合用场所应采用不开门窗洞口的防火墙和耐火极限不低于 1.50h 的楼板将住宿部分与非住宿部分完全分隔，住宿与非住宿部分应分别设置独立的疏散设施；当难以完全分隔时，不应设置人员住宿：
 a) 合用场所的建筑高度大于 15m；
 b) 合用场所的建筑面积大于 2000m²；
 c) 合用场所住宿人数超过 20 人。

4.3 除 4.2 以外的其他合用场所，当执行 4.2 规定有困难时，应符合下列规定：
 a) 住宿与非住宿部分应设置火灾自动报警系统或独立式感烟火灾探测报警器。
 b) 住宿与非住宿部分之间应进行防火分隔；当无法分隔时，合用场所应设置自动喷水灭火系统或自动喷水局部应用系统。
 c) 住宿与非住宿部分应设置独立的疏散设施；当确有困难时，应设置独立的辅助疏散设施。

4.4 合用场所的疏散门应采用向疏散方向开启的平开门，并应确保人员在火灾时易于从内部打开。

4.6 合用场所中应配置灭火器、消防应急照明，并宜配备轻便消防水龙。

4.8 合用场所内的安全出口和辅助疏散出口的宽度应满足人员安全疏散的需要。

5 防火分隔措施

5.1 4.3 中的防火分隔措施应采用耐火极限不低于 2h 的不燃烧体墙和耐火极限不低于 1.50h 的楼板，当墙上确需开门时，应为常闭乙级防火门。

当采用室内封闭楼梯间时，封闭楼梯间的门应采用常闭乙级防火门，且封闭楼梯间首层应直通室外或采用扩大封闭楼梯间直通室外。

5.2 住宿内部隔墙应采用不燃烧体，并应砌筑至楼板底部。

5.3 两个合用场所之间或者合用场所与其他场所之间应采用不开门窗洞口的防火墙和 1.50h 楼板进行防火分隔。

6 辅助疏散设施

6.1 室外金属梯、配备逃生避难设施的阳台和外窗，可作为合用场所的辅助疏散设施。逃生避难设施的设置应符合有关建筑逃生避难设施配置标准。

14.《人员密集场所消防安全评估导则》XF/T 1369—2016

3 术语和定义

GB/T 5907、GA 503、GA 654—2006 界定的以及下列术语和定义适用于本文件。为便于使用，以下重复列出了 GA 654—2006 中的某些术语和定义。

3.4
检查项 check item
对各评估单元的评估内容进行现场检查时设立的检查表条目。
注：检查项是对人员密集场所进行消防安全评估的基本内容。

3.5
部分不合格项 partly unqualified item
状态偏离相关法律法规及消防技术标准要求的检查项。

3.6
完全不合格项 unqualified item
状态完全不符合相关法律法规及消防技术标准要求的检查项。

4 评估工作程序及步骤

4.2 前期准备

4.2.3 人员密集场所消防安全评估应根据评估对象的实际情况确定评估单元，包括消防安全管理单元、建筑防火单元、安全疏散设施单元、消防设施单元等，各评估单元的基本评估内容要求见第 5 章。

4.3 现场检查

4.3.1 现场检查以检查表法为基本方法，使用的检查表格式参见附录 A；检查表中除了检查结果和备注栏内容需现场检查记录外，其他内容应根据评估对象和评估单元的实际情况，并结合 4.3、4.4 和第 5 章的有关规定在现场检查前编制。现场检查时可选用的检查方法还包括资料核对、问卷调查、外观检查、功能测试等，实际检查时可采用单一方法或几种方法的组合。

4.3.2 消防安全管理单元的现场检查应采用资料核对、问卷调查的方式或其组合。

4.3.3 建筑防火单元、安全疏散设施单元及消防设施单元的现场检查应采用资料核对、外观检查与功能测试相结合的方式。

4.3.6 资料核对时，应逐项检查资料原件，不应有选择地抽查部分项目。

4.3.7 问卷调查对象不应少于 5 人，包括但不限于消防安全管理人员、自动消防系统的操作人员、志愿消防队员及一般员工，问卷调查内容示例参见附录 B。

4.3.8 外观检查及功能测试的抽样位置和抽样数量，应根据不同的检查项内容分别确定，现场检查结果应能说明被抽查检查项的外观情况及功能现状。当现场检查采用抽查形式时，应在报告中说明抽查的对象、具体部位和抽查样本量。

4.3.9 抽查的基本原则如下：
a) 对防火间距、消防车道的设置及疏散楼梯的形式和数量应全部检查；
b) 对防火分区进行抽查时，抽样位置应至少包括建筑的首层、顶层、标准层与地下层；
c) 对安全疏散设施及消防设施进行抽查时，各设施、设备的抽样数量不少于 2 处，当总数不大于 2 处时，全部检查。当抽查到的设施设备有不合格检查项时，对该设施设备再抽样检查 4 处，不足 4 处时，全部检查。

4.4 评估判定

4.4.3 消防安全评估中，以法律法规、部门规章和消防技术标准的强制条款为依据的检查项为关键项（B项），其他检查项为一般项（C项），在制定检查表（见 4.3.1）时应予以识别并确定。

4.5 报告编制

4.5.1 消防安全评估的最终结果应形成评估报告，报告的正文内容至少应包括：
a) 消防安全评估项目概况：给出项目目的，界定评估对象；
b) 消防安全基本情况：综述评估对象的消防安全情况；
c) 消防安全评估方法及现场检查方法：说明采用的评估方法和现场检查方法；
d) 消防安全评估内容：详细介绍评估单元、评估依据及各评估单元的现场检查情况、检查发现的消防安全问题清单等内容，并给出各单元的不合格项汇总表，相关格式内容按附录 C；
e) 消防安全评估结论：根据各单元的评估结果填写单元评估结果汇总表，依据式（1）计算单元合格率 R，相关格式内容按附录 D，并按照第 6 章规定确定被评估对象的评估结论等级；
f) 消防安全对策、措施及建议：根据场所特点、现场检查和定性、定量评估的结果，针对各评估单元存在的问题提出对策、措施及建议，其内容包括但不仅限于管理制度、消防设施设备设置、安全疏散以及隐患整改等方面。消防安全对策、措施及建议的内容应具有合理性，经济性和可操作性。

5 评估单元及评估内容

5.1 消防安全管理单元

5.1.8 消防控制室管理
评估内容包括：
a) 消防控制室的设置和功能是否符合规范要求；
b) 是否建立了消防控制室值班制度，并明确了值班人员的职责；
c) 消防控制室内是否保存了建筑竣工后的总平面布置图、建筑消防设施平面图、系统图及安全出口布置图等纸质或电子档案资料；
d) 消防控制室是否实行每日24h专人值班制度，每班不应少于2人；
e) 值班人员是否熟悉值班制度、消防控制设备操作规程、火灾与故障处置程序、突发事件处置程序等；
f) 值班人员的工作及交接是否建立记录并存档备查。

5.1.15 专（兼）职消防队伍建设
评估内容包括：
a) 是否按照相关法规要求建立专职消防队或志愿消防队，并制定管理制度；
b) 志愿消防队的队员数量不应少于本场所从业人员数量的30%。

5.4 消防设施单元

5.4.8 其他消防设施
其他消防设施的评估内容应包括设施的设置、外观和功能。

7 评估报告格式

7.1 报告结构

7.1.1 消防安全评估报告结构至少应包括：
a) 封面；
b) 著录项；
c) 目录；
d) 正文（见4.5.1）；
e) 附件。

7.1.3 消防安全评估报告的著录项格式按附录F。著录项分两页布置。第一页署明消防安全评估机构的法定代表人、技术负责人、评估项目负责人等主要责任者姓名，下方为报告编制完成的日期及消防安全评估机构公章用章区；第二页为评估人员名单，评估人员均应亲笔签名。

7.2 报告附件

评估报告附件为消防安全评估过程的支持性文件，至少应包括：
a) 消防安全评估现场检查记录表；
b) 消防行政许可文书；
c) 单位确定/变更消防安全责任人和管理人备案书；
d) 自动消防系统操作人员资格证书；
e) 特有工种、特种设备操作人员等的执业资格证书；
f) 建筑消防设施维护保养合同；
g) 建筑消防设施功能检验报告；
h) 重要建筑构件、配件或结构等的法定检测、检验报告；
i) 重要消防产品的合格证明；
j) 消防安全管理文件目录；
k) 其他支持性文件。

15.《城市消防站建设标准》建标 152—2017

第一章 总 则

第三条 本建设标准适用于城市新建和改、扩建的消防站项目,其他消防站的建设可参照执行。对有特殊功能要求的消防站建设,可单独报批。

第四条 消防站的建设应纳入当地国民经济社会发展规划、城乡规划以及消防专项规划,由各级政府负责组织实施。

第五条 消防站的建设应遵循利于执勤战备、安全实用、方便生活等原则。

第六条 消防站的建设除应执行本建设标准外,尚应符合国家现行有关标准、规范的规定。

第二章 建设规模与项目构成

第七条 消防站分为普通消防站、特勤消防站和战勤保障消防站三类(以下简称普通站、特勤站和战勤保障站)。

普通消防站分为一级普通消防站、二级普通消防站和小型普通消防站(以下简称一级站、二级站、小型站)。

第八条 消防站的设置应符合下列规定:

一、城市必须设立一级站。

二、城市建成区内设置一级站确有困难的区域,经论证可设二级站。

三、城市建成区内因土地资源紧缺设置二级站确有困难的下列地区,经论证可设小型站,但小型站的辖区至少应与一个一级站、二级站或特勤站辖区相邻:

1. 商业密集区、耐火等级低的建筑密集区、老城区、历史地段;

2. 经消防安全风险评估确有必要设置的区域。

四、地级及地级以上城市以及经济较发达的县级城市应设特勤站和战勤保障站。

五、有任务需要的城市可设水上消防站、航空消防站等专业消防站。

第九条 消防站车库的车位数应符合表1的规定。

表1 消防站车库的车位数

消防站类别	普通站			特勤站、战勤保障站
	一级站	二级站	小型站	
车位数(个)	6~8	3~5	2	9~12

注:小型站车库的车位数不含备用车位,其他消防站车库的车位数含1个备用车位。在条件许可的情况下,车位数宜优先取上限值。

第十条 消防站建设项目由场地、房屋建筑和装备等部分构成。

消防站的场地主要是指室外训练场、道路、绿地等。战勤保障站还包括自装卸模块堆放场。

消防站的房屋建筑包括业务用房、业务附属用房和辅助用房,各类用房的分类与建设要求见表2。

表2 消防站各类用房分类与建设要求

房屋类别	名称	消防站类别				
		普通站			特勤站	战勤保障站
		一级站	二级站	小型站		
业务用房	消防车库	▲	▲	▲	▲	▲
	通信室	▲	▲	▲	▲	▲
	体能训练室	▲	▲	▲	▲	▲
	训练塔	▲	▲	△	▲	—
	执勤器材库	▲	▲	▲	▲	—
	训练器材库	▲	▲	△	▲	—
	被装营具库	▲	▲	△	▲	—
	清洗室、烘干室、呼吸器充气室	▲	▲	△	▲	—
	器材修理间	▲	▲	△	▲	—
	灭火救援研讨、电脑室	▲	▲	▲	▲	▲
	器材储备库	—	—	—	—	▲
	灭火药剂储备库	—	—	—	—	▲

续表 2

房屋类别	名称	消防站类别				
		普通站			特勤站	战勤保障站
		一级站	二级站	小型站		
业务用房	机修物资储备库	—	—	—	—	▲
	军需物资储备库	—	—	—	—	▲
	医疗药械储备库	—	—	—	—	▲
	车辆检修车间	—	—	—	—	▲
	器材检修车间	—	—	—	—	▲
	呼吸器检修充气车间	—	—	—	—	▲
	卫勤保障室	—	—	—	—	▲
业务附属用房	图书阅览室	▲	▲	△	▲	▲
	会议室	▲	▲	△	▲	▲
	俱乐部	▲	▲	△	▲	▲
	公众消防宣传教育用房	▲	▲	△	▲	—
	干部备勤室	▲	▲	▲	▲	▲
	消防员备勤室	▲	▲	▲	▲	▲
	财务室	▲	▲	△	▲	▲
辅助用房	餐厅、厨房	▲	▲	▲	▲	▲
	家属探亲用房	▲	▲	△	▲	▲
	浴室	▲	▲	▲	▲	▲
	医务室	▲	▲	△	▲	—
	心理辅导室	▲	▲	△	▲	▲
	晾衣室（场）	▲	▲	▲	▲	▲
	贮藏室	▲	▲	▲	▲	▲
	盥洗室	▲	▲	▲	▲	▲
	理发室	▲	▲	△	▲	▲
	设备用房（配电室、锅炉房、空调机房）	▲	▲	▲	▲	▲
	油料库	▲	▲	△	▲	—
	其他	△	△	△	△	△

注：表中▲为必建，△为选建。

消防站的装备由消防车辆（船艇、直升机）、灭火器材、灭火药剂、抢险救援器材、消防员防护装备、通信器材、训练器材、战勤保障器材，以及营具和公众消防宣传教育设施等组成。

第十一条 水上消防站、航空消防站等专业消防站应有供消防船艇靠泊的岸线或供直升机起降的停机坪，其场地、码头、停机坪、房屋建筑等建设标准参照国家有关规定执行，装备的配备应满足所承担任务的需要。

第十二条 消防站的建筑用房面积、装备配备数量及投资估算应与其配备的消防员数量相匹配。其中一个班次同时执勤人数，一级站可按 30 人～45 人估算，二级站可按 15 人～25 人估算，小型站可按 15 人估算，特勤站可按 45 人～60 人估算，战勤保障站可按 40 人～55 人估算。

第三章 规划布局与选址

第十三条 消防站的布局一般应以接到出动指令后 5min 内消防队可以到达辖区边缘为原则确定。

第十四条 消防站的辖区面积按下列原则确定：

一、设在城市的消防站，一级站不宜大于 $7km^2$，二级站不宜大于 $4km^2$，小型站不宜大于 $2km^2$，设在近郊区的普通站不应大于 $15km^2$。也可针对城市的火灾风险，通过评估方法确定消防站辖区面积。

二、特勤站兼有辖区灭火救援任务的，其辖区面积同一级站。

第十五条 消防站的选址应符合下列规定：

一、应设在辖区内适中位置和便于车辆迅速出动的临街地段，并应尽量靠近城市应急救援通道。

二、消防站执勤车辆主出入口两侧宜设置交通信号灯、标志、标线等设施，距医院、学校、幼儿园、托儿所、影剧院、商场、体育场馆、展览馆等公共建筑的主要疏散出口不应小于50m。

三、辖区内有生产、贮存危险化学品单位的，消防站应设置在常年主导风向的上风或侧风处，其边界距上述危险部位一般不宜小于300m。

四、消防站车库门应朝向城市道路，后退红线不宜小于15m，合建的小型站除外。

第十六条　消防站不宜设在综合性建筑物中。特殊情况下，设在综合性建筑物中的消防站应自成一区，并有专用出入口。

第十七条　各类消防站的建设用地应根据建筑要求和节约用地的原则确定。建筑宜为低层或多层，容积率宜为0.5～0.6，绿地率应符合当地城市规划行政部门的相关规定，机动车停车应符合当地城市行政管理部门的相关规定。小型消防站容积率可取0.8～0.9，如绿化用地难以保证时，容积率宜控制在1.0～1.1。在条件许可的情况下，本建设标准中的容积率宜优先选取下限值。

第十八条　消防站建设用地应能满足业务训练的需要。对建设用地紧张且难以达到标准的城市，可结合本地实际，集中建设训练场地或训练基地，以保障消防员开展正常的业务训练。

第四章　面积指标

第十九条　消防站的建筑面积指标应符合下列规定：
一、一级站 2700m²～4000m²。
二、二级站 1800m²～2700m²。
三、小型站 650m²～1000m²。
四、特勤站 4000m²～5600m²。
五、战勤保障站 4600m²～6800m²。

第二十条　消防站使用面积系数按0.65计算。普通站和特勤站各种用房的使用面积指标可参照表3确定。战勤保障站各种用房的使用面积指标可参照表4确定。在条件许可的情况下，本标准中的建筑用房面积宜优先取上限值。

表3　普通站和特勤站各种用房的使用面积指标（m²）

房屋类别	名称	消防站类别			
		普通站			特勤站
		一级站	二级站	小型站	
业务用房	消防车库	540～720	270～450	120～180	810～1080
	通信室	30	30	30	40
	体能训练室	50～100	40～80	20～40	80～120
	训练塔	120	120	—	210
	执勤器材库	50～120	40～80	20～40	100～180
	训练器材库	20～40	20	—	30～60
	被装营具库	40～60	30～40	—	40～60
	清洗室、烘干室、呼吸器充气室	40～80	30～50	—	60～100
	器材修理间	20	10	—	20
	灭火救援研讨、电脑室	40～60	30～50	15～30	40～80
业务附属用房	图书阅览室	20～60	20	—	40～60
	会议室	40～90	30～60	—	70～140
	俱乐部	50～110	40～70	—	90～140
	公众消防宣传教育用房	60～120	40～80	—	70～140
	干部备勤室	50～100	40～80	12	80～160
	消防员备勤室	150～240	70～120	70	240～340
	财务室	18	18	—	18
辅助用房	餐厅、厨房	90～100	60～80	40	140～160
	家属探亲用房	60	40	—	80
	浴室	80～110	70～110	30～70	130～150
	医务室	18	18	—	23
	心理辅导室	18	18	—	23
	晾衣室（场）	30	20	20	30
	贮藏室	40	30	15～30	40～60
	盥洗室	40～55	20～30	20	40～70

续表3

房屋类别	名称	消防站类别			
		普通站			特勤站
		一级站	二级站	小型站	
辅助用房	理发室	10	10	—	20
	设备用房（配电室、锅炉房、空调机房）	20	20	20	20
	油料库	20	10	—	20
	其他	20	10	10～30	30～50
合计		1784～2589	1204～1774	442～632	2634～3654

注：小型站选建用房面积指标可参照二级站同类用房指标确定。

表4 战勤保障站各种用房的使用面积指标（m^2）

房屋类别	名称	使用面积指标
业务用房	消防车库	810～1080
	通信室	40
	体能训练室	60～110
	器材储备库	300～550
	灭火药剂储备库	50～100
	机修物资储备库	50～100
	军需物资储备库	120～180
	医疗药械储备库	50～100
	车辆检修车间	300～400
	器材检修车间	200～300
	呼吸器检修充气车间	90～150
	灭火救援研讨、电脑室	40～60
	卫勤保障室	30～50
业务附属用房	图书阅览室	30～60
	会议室	50～100
	俱乐部	60～120
	干部备勤室	60～110
	消防员备勤室	180～280
	财务室	18

续表4

房屋类别	名称	使用面积指标
辅助用房	餐厅、厨房	110～130
	家属探亲用房	70
	浴室	100～120
	晾衣室（场）	30
	贮藏室	40～50
	盥洗室	40～60
	理发室	20
	设备用房（配电室、锅炉房、空调机房）	20
	其他	30～40
合计		2998～4448

第二十一条 消防站的建筑、设施和场地的设计应符合现行国家标准《城市消防站设计规范》GB 51054 的规定。

16.《消防训练基地建设标准》建标190—2018

第一章 总 则

第三条 本建设标准适用于新建、改建和扩建的消防训练基地项目。

第三章 选址与规划布局

第十七条 训练基地的选址应符合下列条件：
一、应选择工程地质和水文地质条件较好的区域，避免选在可能发生严重自然灾害的区域。
二、应选择交通便利，以及供电、给排水、供气和通信等基础设施条件比较完善的区域。
三、训练基地与重大工程、危险源和污染源的距离，应符合国家有关防护距离的规定。
四、应充分考虑消防训练的特殊性，统筹协调与周边环境的关系。

第十八条 训练基地的规划布局应符合下列规定：
二、训练基地应有面向城市道路的专用出入口，并满足消防车辆的通行要求。

第五章 建筑和建筑设备

第二十三条 训练基地各种用房的建筑耐火等级不应低于二级。训练基地各种用房及配套设备，应保证建筑结构安全，并符合当地抗震设计规范要求。

第二十六条 训练基地的道路、围栏、照明、安保监控、消防设施、管线沟井等工程应符合有关标准、规定的要求。

第六章 训练设施设备和装备

第二十七条 总队级训练基地训练设施的建设应遵循规模适度、功能齐全、设施完善的原则；支队级训练基地训练设施的建设应结合本地实际，并应遵循统筹规划、特点突出、实用高效的原则。训练基地训练设施的设置应符合表4的规定。

表4 训练基地训练设施的设置要求

训练设施类别		训练设施名称	总队级训练基地	支队级训练基地
体技能	体能	田径场	★	★
		球类训练场	★	★
		器械训练设施	★	★
	基础技能	心理训练设施	★	★
		烟热训练设施	★	★
		燃烧训练设施	★	★
		火幕墙训练设施	★	★
		建筑构件破拆和支撑训练设施	★	☆

续表4

训练设施类别		训练设施名称	总队级训练基地	支队级训练基地
灾害事故处置	火灾扑救	综合训练楼	★	★
		化工装置火灾事故处置训练设施	★	☆
		油罐火灾事故处置训练设施	★	☆
		地下工程火灾事故处置训练设施	☆	☆
		船舶火灾事故处置训练设施	☆	☆
		气体储罐火灾事故处置训练设施	★	☆
		飞机火灾事故处置训练设施	☆	☆
		电气火灾事故处置训练设施	★	★
		地下建筑火灾事故处置训练设施	★	☆
		危险化学品槽罐车火灾泄漏事故处置训练设施	★	☆
	应急救援	危险化学品泄漏事故处置训练设施	★	★
		建筑倒塌事故处置训练设施	★	☆
		公路交通事故处置训练设施	★	★
		水域救助训练设施	★	☆
		山岳救助训练设施	☆	☆
		高空救助训练设施	★	★
		沟渠救助训练设施	★	☆
		受限空间救助训练设施	★	★
战勤保障		消防车辆装备维修训练设施	★	★
		驾驶员教学训练设施	★	☆
		工程机械训练设施	★	☆
		灭火剂保障训练设施	★	★

注：表中"★"为应建训练设施，"☆"为选建训练设施。

1.2 消防给水与灭火专业领域

17.《消防给水及消火栓系统技术规范》GB 50974—2014

1 总 则

1.0.2 本规范适用于新建、扩建、改建的工业、民用、市政等建设工程的消防给水及消火栓系统的设计、施工、验收和维护管理。

1.0.3 消防给水及消火栓系统的设计、施工、验收和维护管理应遵循国家的有关方针政策，结合工程特点，采取有效的技术措施，做到安全可靠、技术先进、经济适用、保护环境。

1.0.4 工程中采用的消防给水及消火栓系统的组件和设备等应为符合国家现行有关标准和准入制度要求的产品。

1.0.5 消防给水及消火栓系统的设计、施工、验收和维护管理，除应符合本规范外，尚应符合国家现行有关标准的规定。

2 术语和符号

2.1 术 语

2.1.1 消防水源 fire water
向水灭火设施、车载或手抬等移动消防水泵、固定消防水泵等提供消防用水的水源，包括市政给水、消防水池、高位消防水池和天然水源等。

2.1.2 高压消防给水系统 constant high pressure fire protection water supply system
能始终保持满足水灭火设施所需的工作压力和流量，火灾时无须消防水泵直接加压的供水系统。

2.1.3 临时高压消防给水系统 temporary high pressure fire protection water supply system
平时不能满足水灭火设施所需的工作压力和流量，火灾时能自动启动消防水泵以满足水灭火设施所需的工作压力和流量的供水系统。

2.1.4 低压消防给水系统 low pressure fire protection water supply system
能满足车载或手抬移动消防水泵等取水所需的工作压力和流量的供水系统。

2.1.5 消防水池 fire reservoir
人工建造的供固定或移动消防水泵吸水的储水设施。

2.1.6 高位消防水池 gravity fire reservoir
设置在高处直接向水灭火设施重力供水的储水设施。

2.1.7 高位消防水箱 elevated/gravity fire tank
设置在高处直接向水灭火设施重力供应初期火灾消防用水量的储水设施。

2.1.8 消火栓系统 hydrant systems/standpipe and hose systems
由供水设施、消火栓、配水管网和阀门等组成的系统。

2.1.9 湿式消火栓系统 wet hydrant system/wet standpipe system
平时配水管网内充满水的消火栓系统。

2.1.10 干式消火栓系统 dry hydrant system/dry standpipe system
平时配水管网内不充水，火灾时向配水管网充水的消火栓系统。

2.1.11 静水压力 static pressure
消防给水系统管网内水在静止时管道某一点的压力，简称静压。

2.1.12 动水压力 residual/running pressure
消防给水系统管网内水在流动时管道某一点的总压力与速度压力之差，简称动压。

2.2 符 号

A——消防水池进水管断面面积；
B_{max}——最大船宽度；
C——海澄—威廉系数；
C_v——流速系数；
c——水击波的传播速度；
c_0——水中声波的传播速度；
d_g——节流管计算内径；
d_k——减压孔板孔口的计算内径；
d_i——管道计算内径；
E——管道材料的弹性模量；
F——着火油船冷却面积；
f_{max}——最大船的最大舱面积；
g——重力加速度；
H——消防水池最低有效水位至最不利点处水灭火设施的几何高差；
H_g——节流管的水头损失；
H_k——减压孔板的水头损失；
i——单位长度管道沿程水头损失；
K——水的体积弹性模量；
k_1——管件和阀门当量长度换算系数；
k_2——安全系数；
k_3——消防水带弯曲折减系数；
L——管道直线段长度；
L_d——消防水带长度；
L_j——节流管长度；
L_{max}——最大船的最大舱纵向长度；
L_p——管件和阀门等当量长度；
L_s——水枪充实水柱长度在平面上的投影长度；
m——建筑同时作用的室内水灭火系统数量；
n——建筑同时作用的室外水灭火系统数量；
n_e——管道粗糙系数；
P——消防给水泵或消防给水系统所需要的设计扬程或

设计压力;
P_0——最不利点处水灭火设施所需的设计压力;
P_f——管道沿程水头损失;
P_n——管道某一点处的压力;
P_p——管件和阀门等局部水头损失;
P_t——管道某一点处的总压力;
P_v——管道速度压力;
Δp——水锤最大压力;
q——管段消防给水设计流量;
q_f——火灾时消防水池的补水流量;
q_{1i}——室外第 i 种水灭火设施的设计流量;
q_{2i}——室内第 i 种水灭火设施的设计流量;
R——管道水力半径;
R_0——消火栓保护半径;
Re——管道雷诺数;
S_k——水枪充实水柱长度;
T——水的温度;
t_{1i}——室外第 i 种水灭火系统的火灾延续时间;
t_{2i}——室内第 i 种水灭火系统的火灾延续时间;
v——管道内水的平均流速;
V——建筑物消防给水一起火灾灭火用水总量;
V_1——室外消防给水一起火灾灭火用水量;
V_2——室内消防给水一起火灾灭火用水量;
V_g——节流管内水的平均流速;
V_k——减压孔板后管道内水的平均流速;
y——系数;
λ——水头损失沿程阻力系数;
ρ——水的密度;
μ——水的动力黏滞系数;
ν——水的运动黏滞系数;
ε——当量粗糙度;
ζ_1——减压孔板的局部阻力系数;
ζ_2——节流管中渐缩管与渐扩管的局部阻力系数之和;
δ——管道壁厚。

3 基本参数

3.1 一般规定

3.1.1 工厂、仓库、堆场、储罐区或民用建筑的室外消防用水量,应按同一时间内的火灾起数和一起火灾灭火所需室外消防用水量确定。同一时间内的火灾起数应符合下列规定:

1 工厂、堆场和储罐区等,当占地面积小于等于 100hm²,且附有居住区人数小于或等于 1.5 万人时,同一时间内的火灾起数应按 1 起确定;当占地面积小于或等于 100hm²,且附有居住区人数大于 1.5 万人时,同一时间内的火灾起数应按 2 起确定,居住区应计 1 起,工厂、堆场或储罐区应计 1 起;

2 工厂、堆场和储罐区等,当占地面积大于 100hm²,同一时间内的火灾起数应按 2 起确定,工厂、堆场和储罐区应按需水量最大的两座建筑(或堆场、储罐)各计 1 起;

3 仓库和民用建筑同一时间内的火灾起数应按 1 起

确定。

3.1.2 一起火灾灭火所需消防用水的设计流量应由建筑的室外消火栓系统、室内消火栓系统、自动喷水灭火系统、泡沫灭火系统、水喷雾灭火系统、固定消防炮灭火系统、固定冷却水系统等需要同时作用的各种水灭火系统的设计流量组成,并应符合下列规定:

1 应按需要同时作用的各种水灭火系统最大设计流量之和确定;

2 两座及以上建筑合用消防给水系统时,应按其中一座设计流量最大者确定;

3 当消防给水与生活、生产给水合用时,合用系统的给水设计流量应为消防给水设计流量与生活、生产用水最大小时流量之和。计算生活用水最大小时流量时,淋浴用水量宜按 15% 计,浇洒及洗刷等火灾时能停用的用水量可不计。

3.1.3 自动喷水灭火系统、泡沫灭火系统、水喷雾灭火系统、固定消防炮灭火系统等水灭火系统的消防给水设计流量,应分别按现行国家标准《自动喷水灭火系统设计规范》GB 50084、《泡沫灭火系统设计规范》GB 50151、《水喷雾灭火系统设计规范》GB 50219 和《固定消防炮灭火系统设计规范》GB 50338 等的有关规定执行。

3.1.4 本规范未规定的建筑室内外消火栓设计流量,应根据其火灾危险性、建筑功能性质、耐火等级和建筑体积等相似建筑确定。

3.2 市政消防给水设计流量

3.2.1 市政消防给水设计流量,应根据当地火灾统计资料、火灾扑救用水量统计资料、灭火用水量保证率、建筑的组成和市政给水管网运行合理性等因素综合分析计算确定。

3.2.2 城镇市政消防给水设计流量,应按同一时间内的火灾起数和一起火灾灭火设计流量经计算确定。同一时间内的火灾起数和一起火灾灭火设计流量不应小于表 3.2.2 的规定。

表 3.2.2 城镇同一时间内的火灾起数和
一起火灾灭火设计流量

人数(万人)	同一时间内的火灾起数(起)	一起火灾灭火设计流量(L/s)
N≤1.0	1	15
1.0<N≤2.5	1	20
2.5<N≤5.0	1	30
5.0<N≤10.0	1	35
10.0<N≤20.0	2	45
20.0<N≤30.0	2	60
30.0<N≤40.0	2	75
40.0<N≤50.0	2	75
50.0<N≤70.0	3	90
N>70.0	3	100

3.3 建筑物室外消火栓设计流量

3.3.1 建筑物室外消火栓设计流量,应根据建筑物的用途功能、体积、耐火等级、火灾危险性等因素综合分析确定。
规定。

3.3.2 建筑物室外消火栓设计流量不应小于表3.3.2的

表3.3.2 建筑物室外消火栓设计流量（L/s）

耐火等级	建筑物名称及类别			建筑体积（m³）					
				V≤1500	1500<V≤3000	3000<V≤5000	5000<V≤20000	20000<V≤50000	V>50000
一、二级	工业建筑	厂房	甲、乙	15	20	25	30	35	
			丙	15	20	25	30	40	
			丁、戊	15				20	
		仓库	甲、乙	15		25		—	
			丙	15		25		35	45
			丁、戊	15				20	
	民用建筑	住宅		15					
		公共建筑	单层及多层	15		25	30	40	
			高层	—		25	30	40	
	地下建筑（包括地铁）、平战结合的人防工程			15		20	25	30	
三级	工业建筑	乙、丙		15	20	30	40	45	—
		丁、戊		15		20	25	35	
	单层及多层民用建筑			15	20	25	30	—	
四级	丁、戊类工业建筑			15	20	25	—		
	单层及多层民用建筑			15	20	25	—		

注：1 成组布置的建筑物应按消火栓设计流量较大的相邻两座建筑物的体积之和确定；
2 火车站、码头和机场的中转库房，其室外消火栓设计流量应按相应耐火等级的丙类物品库房确定；
3 国家级文物保护单位的重点砖木、木结构的建筑物室外消火栓设计流量，按三级耐火等级民用建筑消火栓设计流量确定；
4 当单座建筑的总建筑面积大于500000m²时，建筑物室外消火栓设计流量应按本表规定的最大值增加一倍。

3.3.3 宿舍、公寓等非住宅类居住建筑的室外消火栓设计流量，应按本规范表3.3.2中的公共建筑确定。

3.4 构筑物消防给水设计流量

3.4.1 以煤、天然气、石油及其产品等为原料的工艺生产装置的消防给水设计流量，应根据其规模、火灾危险性等因素综合确定，且应为室外消火栓设计流量、泡沫灭火系统和固定冷却水系统等水灭火系统的设计流量之和，并应符合下列规定：
  1 石油化工厂工艺生产装置的消防给水设计流量，应符合现行国家标准《石油化工企业设计防火规范》GB 50160的有关规定；
  2 石油天然气工程工艺生产装置的消防给水设计流量，应符合现行国家标准《石油天然气工程设计防火规范》GB 50183的有关规定。

3.4.2 甲、乙、丙类可燃液体储罐的消防给水设计流量应按最大罐组确定，并应按泡沫灭火系统设计流量、固定冷却水系统设计流量与室外消火栓设计流量之和确定，同时应符合下列规定：

  1 泡沫灭火系统设计流量应按系统扑救储罐区一起火灾的固定式、半固定式或移动式泡沫混合液量及泡沫液混合比经计算确定，并应符合现行国家标准《泡沫灭火系统设计规范》GB 50151的有关规定；
  2 固定冷却水系统设计流量应按着火罐与邻近罐最大设计流量经计算确定，固定式冷却水系统设计流量应按表3.4.2-1或表3.4.2-2规定的设计参数经计算确定。

表3.4.2-1 地上立式储罐冷却水系统的保护范围和喷水强度

项目	储罐型式		保护范围	喷水强度
移动式冷却	着火罐	固定顶罐	罐周全长	0.80L/(s·m)
		浮顶罐、内浮顶罐	罐周全长	0.60L/(s·m)
	邻近罐		罐周半长	0.70L/(s·m)

续表 3.4.2-1

项目	储罐型式		保护范围	喷水强度
固定式冷却	着火罐	固定顶罐	罐壁表面积	2.5L/(min·m²)
		浮顶罐、内浮顶罐	罐壁表面积	2.0L/(min·m²)
	邻近罐		不应小于罐壁表面积的1/2	与着火罐相同

注：1 当浮顶、内浮顶罐的浮盘采用易熔材料制作时，内浮顶罐的喷水强度应按固定顶罐计算；
2 当浮顶、内浮顶罐的浮盘为浅盘式时，内浮顶罐的喷水强度应按固定顶罐计算；
3 固定冷却水系统邻近罐应按实际冷却面积计算，但不应小于罐壁表面积的1/2；
4 距着火固定罐壁1.5倍着火罐直径范围内的邻近罐应设置冷却水系统，当邻近罐超过3个时，冷却水系统可按3个罐的设计流量计算；
5 除浮盘采用易熔材料制作的储罐外，当着火罐为浮顶、内浮顶罐时，距着火罐壁的净距离大于或等于0.4D的邻近罐可不设冷却水系统，D为着火油罐与相邻油罐两者中较大油罐的直径；距着火罐壁的净距离小于0.4D范围内的相邻油罐受火焰辐射热影响比较大的局部应设置冷却水系统，且所有相邻油罐的冷却水系统设计流量之和不应小于45L/s。

表 3.4.2-2 卧式储罐、无覆土地下及半地下立式储罐冷却水系统的保护范围和喷水强度

项目	储罐	保护范围	喷水强度
移动式冷却	着火罐	罐壁表面积	0.10L/(s·m²)
	邻近罐	罐壁表面积的一半	0.10L/(s·m²)
固定式冷却	着火罐	罐壁表面积	6.0L/(min·m²)
	邻近罐	罐壁表面积的一半	6.0L/(min·m²)

注：1 当计算出的着火罐冷却水系统设计流量小于15L/s时，应采用15L/s；
2 着火罐直径与长度之和的一半范围内的邻近卧式罐应进行冷却；着火罐直径1.5倍范围内的邻近地下、半地下罐应冷却；
3 当邻近储罐超过4个时，冷却水系统可按4个罐的设计流量计算；
4 邻近储罐采用不燃材料作绝热层时，其冷却水系统喷水强度可按本表减少50%，但设计流量不应小于7.5L/s；
5 无覆土半地下、地下卧式罐的保护范围和喷水强度应按本表地上卧式罐确定。

3 当储罐采用固定式冷却水系统时室外消火栓设计流量不应小于表3.4.2-3的规定，当采用移动式冷却水系统时室外消火栓设计流量应按表3.4.2-1或表3.4.2-2规定的设计参数经计算确定，且不应小于15L/s。

表 3.4.2-3 甲、乙、丙类可燃液体地上立式储罐区的室外消火栓设计流量

单罐储存容积（m³）	室外消火栓设计流量（L/s）
W≤5000	15
5000＜W≤30000	30
30000＜W≤100000	45
W＞100000	60

3.4.3 甲、乙、丙类可燃液体地上立式储罐冷却水系统保护范围和喷水强度不应小于本规范表3.4.2-1的规定；卧式储罐、无覆土地下及半地下立式储罐冷却水系统保护范围和喷水强度不应小于本规范表3.4.2-2的规定；室外消火栓设计流量应按本规范第3.4.2条第3款的规定确定。

3.4.4 覆土油罐的室外消火栓设计流量应按最大单罐周长和喷水强度计算确定，喷水强度不应小于0.30L/(s·m)；当计算设计流量小于15L/s时，应采用15L/s。

3.4.5 液化烃罐区的消防给水设计流量应按最大罐组确定，并应按固定冷却水系统设计流量与室外消火栓设计流量之和确定，同时应符合下列规定：

1 固定冷却水系统设计流量应按表3.4.5-1规定的设计参数经计算确定；室外消火栓设计流量不应小于表3.4.5-2的规定值；

2 当企业设有独立消防站，且单罐容积小于或等于100m³时，可采用室外消火栓等移动式冷却水系统，其罐区消防给水设计流量应按表3.4.5-1的规定经计算确定，但不应低于100L/s。

表 3.4.5-1 液化烃储罐固定冷却水系统设计流量

项目	储罐型式		保护范围	喷水强度 [L/(min·m²)]
全冷冻式	着火罐	单防罐外壁为钢制	罐壁表面积	2.5
			罐顶表面积	4.0
		双防罐、全防罐外壁为钢筋混凝土结构	—	—
	邻近罐		罐壁表面积的1/2	2.5
全压力式及半冷冻式	着火罐		罐体表面积	9.0
	邻近罐		罐体表面积的1/2	9.0

注：1 固定冷却水系统当采用水喷雾系统冷却时喷水强度应符合本规范要求，且系统设置应符合现行国家标准《水喷雾灭火系统设计规范》GB 50219的有关规定；
2 全冷冻式液化烃储罐，当双防罐、全防罐外壁为钢筋混凝土结构时，罐顶和罐壁的冷却水量可不计，但管道进出口等局部危险处应设置水喷雾系统冷却，供水强度不应小于20.0L/(min·m²)；
3 距着火罐壁1.5倍着火罐直径范围内的邻近罐应计算冷却水系统，当邻近罐超过3个时，冷却水系统可按3个罐的设计流量计算。

表 3.4.5-2 液化烃罐区的室外消火栓设计流量

单罐储存容积（m³）	室外消火栓设计流量（L/s）
W≤100	15
100＜W≤400	30
400＜W≤650	45
650＜W≤1000	60
W＞1000	80

注：1 罐区的室外消火栓设计流量应按罐组内最大单罐计；
2 当储罐区四周设固定消防水炮作为辅助冷却设施时，辅助冷却水设计流量不应小于室外消火栓设计流量。

3.4.6 沸点低于45℃甲类液体压力球罐的消防给水设计流量，应按本规范第3.4.5条中全压力式储罐的要求经计算确定。

3.4.7 全压力式、半冷冻式和全冷冻式液氨储罐的消防给水设计流量，应按本规范第3.4.5条中全压力式及半冷冻式储罐的要求经计算确定，但喷水强度应按不小于6.0L/(min·m²)计算，全冷冻式液氨储罐的冷却水系统设计流量应按全冷冻式液化烃储罐外壁为钢制单防罐的要求计算。

3.4.8 空分站，可燃液体、液化烃的火车和汽车装卸栈台，变电站等室外消火栓设计流量不应小于表3.4.8的规定。当室外变压器采用水喷雾灭火系统全保护时，其室外消火栓给水设计流量可按表3.4.8规定值的50%计算，但不应小于15L/s。

表3.4.8 空分站，可燃液体、液化烃的火车和汽车装卸栈台，变电站室外消火栓设计流量

名称		室外消火栓设计流量(L/s)
空分站产氧气能力（Nm³/h）	3000<Q≤10000	15
	10000<Q≤30000	30
	30000<Q≤50000	45
	Q>50000	60
专用可燃液体、液化烃的火车和汽车装卸栈台		60
变电站单台油浸变压器含油量(t)	5<W≤10	15
	10<W≤50	20
	W>50	30

注：当室外油浸变压器单台功率小于300MV·A，且周围无其他建筑物和生产生活给水时，可不设置室外消火栓。

3.4.9 装卸油品码头的消防给水设计流量，应按着火油船泡沫灭火设计流量、冷却水系统设计流量、隔离水幕系统设计流量和码头室外消火栓设计流量之和确定，并应符合下列规定：

1 泡沫灭火系统设计流量应按系统扑救着火油船一起火灾的泡沫混合液量及泡沫液混合比经计算确定，泡沫混合液供给强度、保护范围和连续供给时间不应小于表3.4.9-1的规定，并应符合现行国家标准《泡沫灭火系统设计规范》GB 50151 的有关规定；

表3.4.9-1 油船泡沫灭火系统混合液量的供给强度、保护范围和连续供给时间

项目	船型	保护范围	供给强度[L/(min·m²)]	连续供给时间(min)
甲、乙类可燃液体油品码头	着火油船	设计船型最大油仓面积	8.0	40
丙类可燃液体油品码头				30

2 油船冷却水系统设计流量应按火灾时着火油舱冷却水保护范围内的油舱甲板面冷却用水量计算确定，冷却水系统保护范围、喷水强度和火灾延续时间不应小于表3.4.9-2的规定；

表3.4.9-2 油船冷却水系统的保护范围、喷水强度和火灾延续时间

项目	船型	保护范围	喷水强度[L/(min·m²)]	火灾延续时间(h)
甲、乙类可燃液体油品一级码头	着火油船	着火油舱冷却范围内的油舱甲板面	2.5	6.0注2
甲、乙类可燃液体油品二、三级码头				4.0
丙类可燃液体油品码头				

注：1 当油船发生火灾时，陆上消防设备所提供的冷却油舱甲板面的冷却设计流量不应小于全部冷却水用量的50%；
2 当配备水上消防设施进行监护时，陆上消防设备冷却水供给时间可缩短至4h。

3 着火油船冷却范围应按下式计算：

$$F = 3L_{max}B_{max} - f_{max} \quad (3.4.9)$$

式中：F——着火油船冷却面积(m²)；
B_{max}——最大船宽(m)；
L_{max}——最大船的最大舱纵向长度(m)；
f_{max}——最大船的最大舱面积(m²)。

4 隔离水幕系统的设计流量应符合下列规定：
3) 火灾延续时间不应小于1.0h，并应满足现行国家标准《自动喷水灭火系统设计规范》GB 50084 的有关规定。

5 油品码头的室外消火栓设计流量不应小于表3.4.9-3的规定。

表3.4.9-3 油品码头的室外消火栓设计流量

名称	室外消火栓设计流量(L/s)	火灾延续时间(h)
海港油品码头	45	6.0
河港油品码头	30	4.0
码头装卸区	20	2.0

3.4.10 液化石油气船的消防给水设计流量应按着火罐与距着火罐1.5倍着火罐直径范围内罐组的冷却水系统设计流量与室外消火栓设计流量之和确定；着火罐和邻近罐的冷却面积均应取设计船型最大储罐甲板以上部分的表面积，并不应小于储罐总表面积的1/2，着火罐冷却水喷水强度应为10.0L/(min·m²)，邻近罐冷却水喷水强度应为5.0L/(min·m²)；室外消火栓设计流量不应小于本规范表3.4.9-3的规定。

3.4.11 液化石油气加气站的消防给水设计流量，应按固定冷却水系统设计流量与室外消火栓设计流量之和确定，固定冷却水系统设计流量应按表3.4.11-1规定的设计参数经计算确定，室外消火栓设计流量不应小于表3.4.11-2的规定；当仅采用移动式冷却系统时，室外消火栓的设计流量应按表3.4.11-1规定的设计参数计算，且不应小于15L/s。

表 3.4.11-1 液化石油气加气站地上储罐冷却系统保护范围和喷水强度

项目	储罐	保护范围	喷水强度
移动式冷却	着火罐	罐壁表面积	0.15L/(s·m²)
	邻近罐	罐壁表面积的1/2	0.15L/(s·m²)
固定式冷却	着火罐	罐壁表面积	9.0L/(min·m²)
	邻近罐	罐壁表面积的1/2	9.0L/(min·m²)

注：着火罐的直径与长度之和0.75倍范围内的邻近地上罐应进行冷却。

表 3.4.11-2 液化石油气加气站室外消火栓设计流量

名称	室外消火栓设计流量（L/s）
地上储罐加气站	20
埋地储罐加气站	15
加油和液化石油气加气合建站	15

3.4.12 易燃、可燃材料露天、半露天堆场，可燃气体罐区的室外消火栓设计流量，不应小于表3.4.12的规定。

表 3.4.12 易燃、可燃材料露天、半露天堆场，可燃气体罐区的室外消火栓设计流量

名称		总储量或总容量	室外消火栓设计流量（L/s）
粮食（t）	土圆囤	30<W≤500	15
		500<W≤5000	25
		5000<W≤20000	40
		W>20000	45
	席穴囤	30<W≤500	20
		500<W≤5000	35
		5000<W≤20000	50
棉、麻、毛、化纤百货（t）		10<W≤500	20
		500<W≤1000	35
		1000<W≤5000	50
稻草、麦秸、芦苇等易燃材料（t）		50<W≤500	20
		500<W≤5000	35
		5000<W≤10000	50
		W>10000	60
木材等可燃材料（m³）		50<V≤1000	20
		1000<V≤5000	30
		5000<V≤10000	45
		V>10000	55
煤和焦炭（t）	露天或半露天堆放	100<W≤5000	15
		W>5000	20
可燃气体储罐或储罐区（m³）		500<V≤10000	15
		10000<V≤50000	20
		50000<V≤100000	25
		100000<V≤200000	30
		V>200000	35

注：1 固定容积的可燃气体储罐的总容积按其几何容积（m³）和设计工作压力（绝对压力，10^5Pa）的乘积计算；
2 当稻草、麦秸、芦苇等易燃材料堆垛单垛重量大于5000t或总重量大于50000t、木材等可燃材料堆垛单垛容量大于5000m³或总容量大于50000m³时，室外消火栓设计流量应按本表规定的最大值增加一倍。

3.4.13 城市交通隧道洞口外室外消火栓设计流量不应小于表3.4.13的规定。

表 3.4.13 城市交通隧道洞口外室外消火栓设计流量

名称	类别	长度（m）	室外消火栓设计流量（L/s）
可通行危险化学品等机动车	一、二	L>500	30
	三	L≤500	20
仅限通行非危险化学品等机动车	一、二、三	L≥1000	30
	三	L<1000	20

3.5 室内消火栓设计流量

3.5.1 建筑物室内消火栓设计流量，应根据建筑物的用途功能、体积、高度、耐火等级、火灾危险性等因素综合确定。

3.5.2 建筑物室内消火栓设计流量不应小于表3.5.2的规定。

表 3.5.2 建筑物室内消火栓设计流量

建筑物名称		高度h（m）、体积V（m³）、座位数n（个）、火灾危险性		消火栓设计流量（L/s）	同时使用消防水枪数（支）	每根竖管最小流量（L/s）
工业建筑	厂房	h≤24	甲、乙、丁、戊	10	2	10
			丙 V≤5000	10	2	10
			丙 V>5000	20	4	15
		24<h≤50	乙、丁、戊	25	5	15
			丙	30	6	15
		h>50	乙、丁、戊	30	6	15
			丙	40	8	15

续表3.5.2

建筑物名称			高度h（m）、体积V（m³）、座位数n（个）、火灾危险性		消火栓设计流量（L/s）	同时使用消防水枪数（支）	每根竖管最小流量（L/s）
工业建筑	仓库		$h \leqslant 24$	甲、乙、丁、戊	10	2	10
				丙 $V \leqslant 5000$	15	3	15
				丙 $V > 5000$	25	5	15
			$h > 24$	丁、戊	30	6	15
				丙	40	8	15
民用建筑	单层及多层	科研楼、试验楼	$V \leqslant 10000$		10	2	10
			$V > 10000$		15	3	10
		车站、码头、机场的候车（船、机）楼和展览建筑（包括博物馆）等	$5000 < V \leqslant 25000$		10	2	10
			$25000 < V \leqslant 50000$		15	3	10
			$V > 50000$		20	4	15
		剧场、电影院、会堂、礼堂、体育馆等	$800 < n \leqslant 1200$		10	2	10
			$1200 < n \leqslant 5000$		15	3	10
			$5000 < n \leqslant 10000$		20	4	15
			$n > 10000$		30	6	15
		旅馆	$5000 < V \leqslant 10000$		10	2	10
			$10000 < V \leqslant 25000$		15	3	10
			$V > 25000$		20	4	15
		商店、图书馆、档案馆等	$5000 < V \leqslant 10000$		15	3	10
			$10000 < V \leqslant 25000$		25	5	15
			$V > 25000$		40	8	15
		病房楼、门诊楼等	$5000 < V \leqslant 25000$		10	2	10
			$V > 25000$		15	3	10
		办公楼、教学楼、公寓、宿舍等其他建筑	$h > 15m$ 或 $V > 10000$		15	3	10
		住宅	$21 < h \leqslant 27$		5	2	5
	高层	住宅	$27 < h \leqslant 54$		10	2	10
			$h > 54$		20	4	10
		二类公共建筑	$h \leqslant 50$		20	4	10
		一类公共建筑	$h \leqslant 50$		30	6	15
			$h > 50$		40	8	15
	国家级文物保护单位的重点砖木或木结构的古建筑		$V \leqslant 10000$		20	4	10
			$V > 10000$		25	5	15
地下建筑			$V \leqslant 5000$		10	2	10
			$5000 < V \leqslant 10000$		20	4	15
			$10000 < V \leqslant 25000$		30	6	15
			$V > 25000$		40	8	20
人防工程	展览厅、影院、剧场、礼堂、健身体育场所等		$V \leqslant 1000$		5	1	5
			$1000 < V \leqslant 2500$		10	2	10
			$V > 2500$		15	3	10
	商场、餐厅、旅馆、医院等		$V \leqslant 5000$		5	1	5
			$5000 < V \leqslant 10000$		10	2	10
			$10000 < V \leqslant 25000$		15	3	10
			$V > 25000$		20	4	10
	丙、丁、戊类生产车间、自行车库		$V \leqslant 2500$		5	1	5
			$V > 2500$		10	2	10
	丙、丁、戊类物品库房、图书资料档案库		$V \leqslant 3000$		5	1	5
			$V > 3000$		10	2	10

注：1 丁、戊类高层厂房（仓库）室内消火栓的设计流量可按本表减少10L/s，同时使用消防水枪数量可按本表减少2支；
2 消防软管卷盘、轻便消防水龙及多层住宅楼梯间中的干式消防竖管，其消火栓设计流量可不计入室内消防给水设计流量；
3 当一座多层建筑有多种使用功能时，室内消火栓设计流量应分别按本表中不同功能计算，且应取最大值。

3.5.3 当建筑物室内设有自动喷水灭火系统、水喷雾灭火系统、泡沫灭火系统或固定消防炮灭火系统等一种及以上自动水灭火系统全保护时，高层建筑当高度不超过50m且室内消火栓设计流量超过20L/s时，其室内消火栓设计流量可按本规范表3.5.2减少5L/s；多层建筑室内消火栓设计流量可减少50%，但不应小于10L/s。

3.5.4 宿舍、公寓等非住宅类居住建筑的室内消火栓设计流量，当为多层建筑时，应按本规范表3.5.2中的宿舍、公寓确定，当为高层建筑时，应按本规范表3.5.2中的公共建筑确定。

3.5.5 城市交通隧道内室内消火栓设计流量不应小于表3.5.5的规定。

表3.5.5 城市交通隧道内室内消火栓设计流量

用途	类别	长度（m）	设计流量（L/s）
可通行危险化学品等机动车	一、二	$L>500$	20
	三	$L\leq500$	10
仅限通行非危险化学品等机动车	一、二、三	$L\geq1000$	20
	三	$L<1000$	10

3.5.6 地铁地下车站室内消火栓设计流量不应小于20L/s，区间隧道不应小于10L/s。

3.6 消防用水量

3.6.1 消防给水一起火灾灭火用水量应按需要同时作用的室内外消防给水用水量之和计算，两座及以上建筑合用时，应取最大者，并应按下列公式计算：

$$V = V_1 + V_2 \quad (3.6.1\text{-}1)$$

$$V_1 = 3.6\sum_{i=1}^{i=n} q_{1i} t_{1i} \quad (3.6.1\text{-}2)$$

$$V_2 = 3.6\sum_{i=1}^{i=m} q_{2i} t_{2i} \quad (3.6.1\text{-}3)$$

式中：V——建筑消防给水一起火灾灭火用水总量（m³）；
V_1——室外消防给水一起火灾灭火用水量（m³）；
V_2——室内消防给水一起火灾灭火用水量（m³）；
q_{1i}——室外第i种水灭火系统的设计流量（L/s）；
t_{1i}——室外第i种水灭火系统的火灾延续时间（h）；
n——建筑需要同时作用的室外水灭火系统数量；
q_{2i}——室内第i种水灭火系统的设计流量（L/s）；
t_{2i}——室内第i种水灭火系统的火灾延续时间（h）；
m——建筑需要同时作用的室内水灭火系统数量。

3.6.2 不同场所消火栓系统和固定冷却水系统的火灾延续时间不应小于表3.6.2的规定。

表3.6.2 不同场所的火灾延续时间

建筑		场所与火灾危险性	火灾延续时间（h）
建筑物	工业建筑	仓库	甲、乙、丙类仓库	3.0
			丁、戊类仓库	2.0
		厂房	甲、乙、丙类厂房	3.0
			丁、戊类厂房	2.0
	民用建筑	公共建筑	高层建筑中的商业楼、展览楼、综合楼，建筑高度大于50m的财贸金融楼、图书馆、书库、重要的档案楼、科研楼和高级宾馆等	3.0
			其他公共建筑	2.0
		住宅		
	人防工程		建筑面积小于3000m²	1.0
			建筑面积大于或等于3000m²	2.0
	地下建筑、地铁车站			

续表3.6.2

建筑	场所与火灾危险性	火灾延续时间（h）
构筑物	煤、天然气、石油及其产品的工艺装置	3.0
	甲、乙、丙类可燃液体储罐：直径大于20m的固定顶罐和直径大于20m浮盘用易熔材料制作的内浮顶罐	6.0
	其他储罐	4.0
	覆土油罐	
	液化烃储罐、沸点低于45℃甲类液体、液氨储罐	6.0
	空分站，可燃液体、液化烃的火车和汽车装卸栈台	3.0
	变电站	2.0
	装卸油品码头：甲、乙类可燃液体油品一级码头	6.0
	甲、乙类可燃液体油品二、三级码头 丙类可燃液体油品码头	4.0
	海港油品码头	6.0
	河港油品码头	4.0
	码头装卸区	2.0
	装卸液化石油气船码头	6.0
	液化石油气加气站：地上储气罐加气站	3.0
	埋地储气罐加气站	1.0
	加油和液化石油气加合建站	
	易燃、可燃材料露天、半露天堆场，可燃气体罐区：粮食土圆囤、席穴囤；棉、麻、毛、化纤百货；稻草、麦秸、芦苇等；木材等	6.0
	露天或半露天堆放煤和焦炭	3.0
	可燃气体储罐	

3.6.3 自动喷水灭火系统、泡沫灭火系统、水喷雾灭火系统、固定消防炮灭火系统、自动跟踪定位射流灭火系统等水灭火系统的火灾延续时间，应分别按现行国家标准《自动喷水灭火系统设计规范》GB 50084、《泡沫灭火系统设计规范》GB 50151、《水喷雾灭火系统设计规范》GB 50219和《固定消防炮灭火系统设计规范》GB 50338的有关规定执行。

3.6.4 建筑内用于防火分隔的防火分隔水幕和防护冷却水幕的火灾延续时间，不应小于防火分隔水幕或防护冷却火幕设置部位墙体的耐火极限。

3.6.5 城市交通隧道的火灾延续时间不应小于表3.6.5的规定，一类城市交通隧道的火灾延续时间应根据火灾危险性分析确定，确有困难时，可按不小于3.0h计。

表 3.6.5 城市交通隧道的火灾延续时间

用途	类别	长度（m）	火灾延续时间(h)
可通行危险化学品等机动车	二	500<L≤1500	3.0
	三	L≤500	2.0
仅限通行非危险化学品等机动车	二	1500<L≤3000	3.0
	三	500<L≤1500	2.0

4 消防水源

4.1 一般规定

4.1.1 在城乡规划区域范围内，市政消防给水应与市政给水管网同步规划、设计与实施。

4.1.2 消防水源水质应满足水灭火设施的功能要求。

4.1.4 消防给水管道内平时所充水的pH值应为6.0～9.0。

4.1.5 严寒、寒冷等冬季结冰地区的消防水池、水塔和高位消防水池等应采取防冻措施。

4.1.6 雨水清水池、中水清水池、水景和游泳池必须作为消防水源时，应保证在任何情况下均能满足消防给水系统所需的水量和水质的技术措施。

4.2 市政给水

4.2.2 用作两路消防供水的市政给水管网应符合下列要求：
1 市政给水厂应至少有两条输水干管向市政给水管网输水；
2 市政给水管网应为环状管网；
3 应至少有两条不同的市政给水干管上不少于两条引入管向消防给水系统供水。

4.3 消防水池

4.3.1 符合下列规定之一时，应设置消防水池：
1 当生产、生活用水量达到最大时，市政给水管网或入户引入管不能满足室内、室外消防给水设计流量；
2 当采用一路消防供水或只有一条入户引入管，且室外消火栓设计流量大于20L/s或建筑高度大于50m；
3 市政消防给水设计流量小于建筑室内外消防给水设计流量。

4.3.2 消防水池有效容积的计算应符合下列规定：
1 当市政给水管网能保证室外消防给水设计流量时，消防水池的有效容积应满足在火灾延续时间内室内消防用水量的要求；
2 当市政给水管网不能保证室外消防给水设计流量时，消防水池的有效容积应满足火灾延续时间内室内消防用水量和室外消防用水量不足部分之和的要求。

4.3.3 消防水池进水管应根据其有效容积和补水时间确定，补水时间不宜大于48h，但当消防水池有效总容积大于2000m³时，不应大于96h。消防水池进水管管径应经计算确定，且不应小于DN100。

4.3.4 当消防水池采用两路消防供水且在火灾情况下连续补水能满足消防要求时，消防水池的有效容积应根据计算确定，但不应小于100m³，当仅设有消火栓系统时不应小于50m³。

4.3.5 火灾时消防水池连续补水应符合下列规定：
1 消防水池应采用两路消防给水；
2 火灾延续时间内的连续补水流量应按消防水池最不利进水管供水量计算，并可按下式计算：

$$q_f = 3600Av \quad (4.3.5)$$

式中：q_f——火灾时消防水池的补水流量（m³/h）；
A——消防水池进水管断面面积（m²）；
v——管道内水的平均流速（m/s）。

3 消防水池进水管管径和流量应根据市政给水管网或其他给水管网的压力、入户引入管管径、消防水池进水管管径，以及火灾时其他用水量等经水力计算确定，当计算条件不具备时，给水管的平均流速不宜大于1.5m/s。

4.3.6 消防水池的总蓄水有效容积大于500m³时，宜设两格能独立使用的消防水池；当大于1000m³时，应设置能独立使用的两座消防水池。每格（或座）消防水池应设置独立的出水管，并应设置满足最低有效水位的连通管，且其管径应能满足消防给水设计流量的要求。

4.3.7 储存室外消防用水的消防水池或供消防车取水的消防水池，应符合下列规定：
1 消防水池应设置取水口（井），且吸水高度不应大于6.0m。

4.3.8 消防用水与其他用水共用的水池，应采取确保消防用水量不作他用的技术措施。

4.3.9 消防水池的出水、排水和水位应符合下列规定：
1 消防水池的出水管应保证消防水池的有效容积能被全部利用；
2 消防水池应设置就地水位显示装置，并应在消防控制中心或值班室等地点设置显示消防水池水位的装置，同时应有最高和最低报警水位；
3 消防水池应设置溢流水管和排水设施，并应采用间接排水。

4.3.10 消防水池的通气管和呼吸管等应符合下列规定：
1 消防水池应设置通气管；
2 消防水池通气管、呼吸管和溢流水管等应采取防止虫鼠等进入消防水池的技术措施。

4.3.11 高位消防水池的最低有效水位应能满足其所服务的水灭火设施所需的工作压力和流量，且其有效容积应满足火灾延续时间内所需消防用水量，并应符合下列规定：
1 高位消防水池的有效容积、出水、排水和水位，应符合本规范第4.3.8条和第4.3.9条的规定；
2 高位消防水池的通气管和呼吸管等应符合本规范第4.3.10条的规定；
3 除可一路消防供水的建筑物外，向高位消防水池供水的给水管不应少于两条；
4 当高层民用建筑采用高位消防水池供水的高压消防给水系统时，高位消防水池储存室内消防用水量确有困难，但火灾时补水可靠，其总有效容积不应小于室内消防用水量的50%；
5 高层民用建筑高压消防给水系统的高位消防水池总有效容积大于200m³时，宜设置蓄水有效容积相等且可独立使用的两格；当建筑高度大于100m时应设置独立的两座。每格或座应有一条独立的出水管向消防给水系统供水；

6 高位消防水池设置在建筑物内时，应采用耐火极限不低于 2.00h 的隔墙和 1.50h 的楼板与其他部位隔开，并应设甲级防火门；且消防水池及其支承框架与建筑构件应连接牢固。

4.4 天然水源及其他

4.4.2 井水作为消防水源向消防给水系统直接供水时，其最不利水位应满足水泵吸水要求，其最小出流量和水泵扬程应满足消防要求，且当需要两路消防供水时，水井不应少于两眼，每眼井的深井泵的供电均应采用一级供电负荷。

4.4.4 当室外消防水源采用天然水源时，应采取防止冰凌、漂浮物、悬浮物等物质堵塞消防水泵的技术措施，并应采取确保安全取水的措施。

4.4.5 当天然水源等作为消防水源时，应符合下列规定：

1 当地表水作为室外消防水源时，应采取确保消防车、固定和移动消防水泵在枯水位取水的技术措施；当消防车取水时，最大吸水高度不应超过 6.0m；

2 当井水作为消防水源时，还应设置探测水井水位的水位测试装置。

4.4.6 天然水源消防车取水口的设置位置和设施，应符合现行国家标准《室外给水设计规范》GB 50013 中有关地表水取水的规定，且取水头部宜设置格栅，其栅条间距不宜小于 50mm，也可采用过滤管。

4.4.7 设有消防车取水口的天然水源，应设置消防车到达取水口的消防车道和消防车回车场或回车道。

5 供水设施

5.1 消防水泵

5.1.1 消防水泵宜根据可靠性、安装场所、消防水源、消防给水设计流量和扬程等综合因素确定水泵的型式，水泵驱动器宜采用电动机或柴油机直接传动，消防水泵不应采用双电动机或基于柴油机等组成的双动力驱动水泵。

5.1.2 消防水泵机组应由水泵、驱动器和专用控制柜等组成；一组消防水泵可由同一消防给水系统的工作泵和备用泵组成。

5.1.3 消防水泵生产厂商应提供完整的水泵流量扬程性能曲线，并应标示流量、扬程、气蚀余量、功率和效率等参数。

5.1.4 单台消防水泵的最小额定流量不应小于 10L/s，最大额定流量不宜大于 320L/s。

5.1.6 消防水泵的选择和应用应符合下列规定：

1 消防水泵的性能应满足消防给水系统所需流量和压力的要求；

2 消防水泵所配驱动器的功率应满足所选水泵流量扬程性能曲线上任何一点运行所需功率的要求；

3 当采用电动机驱动的消防水泵时，应选择电动机干式安装的消防水泵；

4 流量扬程性能曲线应为无驼峰、无拐点的光滑曲线，零流量时的压力不应大于设计工作压力的 140%，且宜小于设计工作压力的 120%；

5 当出流量为设计流量的 150% 时，其出口压力不应低于设计工作压力的 65%；

6 泵轴的密封方式和材料应满足消防水泵在低流量时运转的要求；

8 多台消防水泵并联时，应校核流量叠加对消防水泵出口压力的影响。

5.1.8 当采用柴油机消防水泵时应符合下列规定：

1 柴油机消防水泵应采用压缩式点火型柴油机；

2 柴油机的额定功率应校核海拔高度和环境温度对柴油机功率的影响；

3 柴油机消防水泵应具备连续工作的性能，试验运行时间不应小于 24h；

4 柴油机消防水泵的蓄电池应保证消防水泵随时自动启泵的要求；

5 柴油机消防水泵的供油箱应根据火灾延续时间确定，且油箱最小有效容积应按 1.5L/kW 配置，柴油机消防水泵油箱内储存的燃料不应小于 50% 的储量。

5.1.9 轴流深井泵宜安装于水井、消防水池和其他消防水源上，并应符合下列规定：

1 轴流深井泵安装于水井时，其淹没深度应满足其可靠运行的要求，在水泵出流量为 150% 设计流量时，其最低淹没深度应是第一个水泵叶轮底部水位线以上不少于 3.20m，且海拔高度每增加 300m，深井泵的最低淹没深度应至少增加 0.30m；

2 轴流深井泵安装在消防水池等消防水源上时，其第一个水泵叶轮底部应低于消防水池的最低有效水位线，且淹没深度应根据水力条件经计算确定，并应满足消防水池等消防水源有效储水量或有效水位能全部被利用的要求；当水泵设计流量大于 125L/s 时，应根据水泵性能确定淹没深度，并应满足水泵气蚀余量的要求；

3 轴流深井泵的出水管与消防给水管网连接应符合本规范第 5.1.13 条第 3 款的规定；

4 轴流深井泵出水管的阀门设置应符合本规范第 5.1.13 条第 5 款和第 6 款的规定；

5 当消防水池最低水位低于离心水泵出水管中心线或水源水位不能保证离心水泵吸水时，可采用轴流深井泵，并应采用湿式深坑的安装方式安装于消防水池等消防水源上；

6 当轴流深井泵的电动机露天设置时，应有防雨功能；

7 其他应符合现行国家标准《室外给水设计规范》GB 50013 的有关规定。

5.1.10 消防水泵应设置备用泵，其性能应与工作泵性能一致，但下列建筑除外：

1 建筑高度小于 54m 的住宅和室外消防给水设计流量小于等于 25L/s 的建筑；

2 室内消防给水设计流量小于等于 10L/s 的建筑。

5.1.11 一组消防水泵应在消防水泵房内设置流量和压力测试装置，并应符合下列规定：

1 单台消防水泵的流量不大于 20L/s、设计工作压力不大于 0.50MPa 时，泵组应预留测量用流量计和压力计接口，其他泵组宜设置泵组流量和压力测试装置；

2 消防水泵流量检测装置的计量精度应为 0.4 级，最大量程的 75% 应大于最大一台消防水泵设计流量值的 175%；

3 消防水泵压力检测装置的计量精度应为 0.5 级,最大量程的 75% 应大于最大一台消防水泵设计压力值的 165%;

4 每台消防水泵出水管上应设置 DN65 的试水管,并应采取排水措施。

5.1.12 消防水泵吸水应符合下列规定:

1 消防水泵应采取自灌式吸水;

2 消防水泵从市政管网直接抽水时,应在消防水泵出水管上设置有空气隔断的倒流防止器;

3 当吸水口处无吸水井时,吸水口应设置旋流防止器。

5.1.13 离心式消防水泵吸水管、出水管和阀门等,应符合下列规定:

1 一组消防水泵,吸水管不应少于两条,当其中一条损坏或检修时,其余吸水管应仍能通过全部消防给水设计流量;

2 消防水泵吸水管布置应避免形成气囊;

3 一组消防水泵应设不少于两条的输水干管与消防给水环状管网连接,当其中一条输水管检修时,其余输水管应仍能供应全部消防给水设计流量;

4 消防水泵吸水口的淹没深度应满足消防水泵在最低水位运行安全的要求,吸水管喇叭口在消防水池最低有效水位下的淹没深度应根据吸水管喇叭口的水流速度和水力条件确定,但不应小于 600mm,当采用旋流防止器时,淹没深度不应小于 200mm;

5 消防水泵的吸水管上应设置明杆闸阀或带自锁装置的蝶阀,但当设置暗杆阀门时应设有开启刻度和标志;当管径超过 DN300 时,宜设置电动阀门;

6 消防水泵的出水管上应设置止回阀、明杆闸阀;当采用蝶阀时,应带有自锁装置;当管径大于 DN300 时,宜设置电动阀门;

9 吸水井的布置应满足井内水流顺畅、流速均匀、不产生涡漩的要求,并应便于安装施工;

10 消防水泵的吸水管、出水管道穿越外墙时,应采用防水套管;当穿越墙体和楼板时,应符合本规范第 12.3.19 条第 5 款的要求;

11 消防水泵的吸水管穿越消防水池时,应采用柔性套管;采用刚性防水套管时应在水泵吸水管上设置柔性接头,且管径不应大于 DN150。

5.1.14 当有两路消防供水且允许消防水泵直接吸水时,应符合下列规定:

1 每一路消防供水应满足消防给水设计流量和火灾时必须保证的其他用水;

2 火灾时室外给水管网的压力从地面算起不应小于 0.10MPa;

3 消防水泵扬程应按室外给水管网的最低水压计算,并应以室外给水的最高水压校核消防水泵的工作工况。

5.1.15 消防水泵吸水管可设置管道过滤器,管道过滤器的过水面积应大于管道过水面积的 4 倍,且孔径不宜小于 3mm。

5.1.16 临时高压消防给水系统应采取防止消防水泵低流量空转过热的技术措施。

5.1.17 消防水泵吸水管和出水管上应设置压力表,并应符合下列规定:

1 消防水泵出水管压力表的最大量程不应低于其设计工作压力的 2 倍,且不应低于 1.60MPa;

2 消防水泵吸水管宜设置真空表、压力表或真空压力表,压力表的最大量程应根据工程具体情况确定,但不应低于 0.70MPa,真空表的最大量程宜为 -0.10MPa;

3 压力表的直径不应小于 100mm,应采用直径不小于 6mm 的管道与消防水泵进出口管相接,并应设置关断阀门。

5.2 高位消防水箱

5.2.1 临时高压消防给水系统的高位消防水箱的有效容积应满足初期火灾消防用水量的要求,并应符合下列规定:

1 一类高层公共建筑,不应小于 36m³,但当建筑高度大于 100m 时,不应小于 50m³,当建筑高度大于 150m 时,不应小于 100m³;

2 多层公共建筑、二类高层公共建筑和一类高层住宅,不应小于 18m³,当一类高层住宅建筑高度超过 100m 时,不应小于 36m³;

3 二类高层住宅,不应小于 12m³;

4 建筑高度大于 21m 的多层住宅,不应小于 6m³;

5 工业建筑室内消防给水设计流量当小于或等于 25L/s 时,不应小于 12m³,大于 25L/s 时,不应小于 18m³;

6 总建筑面积大于 10000m² 且小于 30000m² 的商店建筑,不应小于 36m³,总建筑面积大于 30000m² 的商店,不应小于 50m³,当与本条第 1 款规定不一致时应取其较大值。

5.2.2 高位消防水箱的设置位置应高于其所服务的水灭火设施,且最低有效水位应满足水灭火设施最不利点处的静水压力,并应符合下列规定:

1 一类高层公共建筑不应低于 0.10MPa,但当建筑高度超过 100m 时不应低于 0.15MPa;

2 高层住宅、二类高层公共建筑、多层公共建筑不应低于 0.07MPa,多层住宅不宜低于 0.07MPa;

3 工业建筑不应低于 0.10MPa,当建筑体积小于 20000m 时,不宜低于 0.07MPa;

4 自动喷水灭火系统等自动水灭火系统应根据喷头灭火需求压力确定,但最小不应小于 0.10MPa;

5 当高位消防水箱不能满足本条第 1~4 款的静压要求时,应设稳压泵。

5.2.3 高位消防水箱可采用热浸锌镀锌钢板、钢筋混凝土、不锈钢板等建造。

5.2.4 高位消防水箱的设置应符合下列规定:

1 当高位消防水箱在屋顶露天设置时,水箱的人孔以及进出水管的阀门等应采取锁具或阀门箱等保护措施;

2 严寒、寒冷等冬季冰冻地区的消防水箱应设置在消防水箱间内,其他地区宜设置在室内,当必须在屋顶露天设置时,应采取防冻隔热等安全措施;

3 高位消防水箱与基础应牢固连接。

5.2.5 高位消防水箱间应通风良好,不应冰冻,当必须设置在严寒、寒冷等冬季结冰地区的非采暖房间时,应采取防冻措施,环境温度或水温不应低于 5℃。

5.2.6 高位消防水箱应符合下列规定:

1 高位消防水箱的有效容积、出水、排水和水位等,应符合本规范第 4.3.8 条和第 4.3.9 条的规定;

2 高位消防水箱的最低有效水位应根据出水管喇叭口和防止旋流器的淹没深度确定，当采用出水管喇叭口时，应符合本规范第 5.1.13 条第 4 款的规定；当采用防止旋流器时应根据产品确定，且不应小于 150mm 的保护高度；

3 高位消防水箱的通气管、呼吸管等应符合本规范第 4.3.10 条的规定；

4 高位消防水箱外壁与建筑本体结构墙面或其他池壁之间的净距，应满足施工或装配的需要，无管道的侧面，净距不宜小于 0.7m；安装有管道的侧面，净距不宜小于 1.0m，且管道外壁与建筑本体墙面之间的通道宽度不宜小于 0.6m，设有人孔的水箱顶，其顶面与其上面的建筑物本体板底的净空不应小于 0.8m；

5 进水管的管径应满足消防水箱 8h 充满水的要求，但管径不应小于 DN32，进水管宜设置液位阀或浮球阀；

6 进水管应在溢流水位以上接入，进水管口的最低点高出溢流边缘的高度应等于进水管径，但最小不应小于 100mm，最大不应大于 150mm；

7 当进水管为淹没出流时，应在进水管上设置防止倒流的措施或在管道上设置虹吸破坏孔和真空破坏器，虹吸破坏孔的孔径不宜小于管径的 1/5，且不应小于 25mm。但当采用生活给水系统补水时，进水管不应淹没出流；

8 溢流管的直径不应小于进水管直径的 2 倍，且不应小于 DN100，溢流管的喇叭口直径不应小于溢流管直径的 1.5 倍～2.5 倍；

9 高位消防水箱出水管管径应满足消防给水设计流量的出水要求，且不应小于 DN100；

10 高位消防水箱出水管应位于高位消防水箱最低水位以下，并应设置防止消防用水进入高位消防水箱的止回阀；

11 高位消防水箱的进、出水管应设置带有指示启闭装置的阀门。

5.3 稳压泵

5.3.2 稳压泵的设计流量应符合下列规定：

1 稳压泵的设计流量不应小于消防给水系统管网的正常泄漏量和系统自动启动流量；

2 消防给水系统管网的正常泄漏量应根据管道材质、接口形式等确定，当没有管网泄漏量数据时，稳压泵的设计流量宜按消防给水设计流量的 1%～3% 计，且不宜小于 1L/s；

3 消防给水系统所采用报警阀压力开关等自动启动流量应根据产品确定。

5.3.3 稳压泵的设计压力应符合下列要求：

1 稳压泵的设计压力应满足系统自动启动和管网充满水的要求；

2 稳压泵的设计压力应保持系统自动启泵压力设置点处的压力在准工作状态时大于系统设置自动启泵压力值，且增加值宜为 0.07MPa～0.10MPa；

3 稳压泵的设计压力应保持系统最不利点处水灭火设施在准工作状态时的静水压力应大于 0.15MPa。

5.3.4 设置稳压泵的临时高压消防给水系统应设置防止稳压泵频繁启停的技术措施，当采用气压水罐时，其调节容积应根据稳压泵启泵次数不大于 15 次/h 计算确定，但有效储水容积不宜小于 150L。

5.3.5 稳压泵吸水管应设置明杆闸阀，稳压泵出水管应设置消声止回阀和明杆闸阀。

5.3.6 稳压泵应设置备用泵。

5.4 消防水泵接合器

5.4.1 下列场所的室内消火栓给水系统应设置消防水泵接合器：

1 高层民用建筑；

2 设有消防给水的住宅、超过五层的其他多层民用建筑；

3 超过 2 层或建筑面积大于 10000m² 的地下或半地下建筑（室）、室内消火栓设计流量大于 10L/s 平战结合的人防工程；

4 高层工业建筑和超过四层的多层工业建筑；

5 城市交通隧道。

5.4.2 自动喷水灭火系统、水喷雾灭火系统、泡沫灭火系统和固定消防炮灭火系统等水灭火系统，均应设置消防水泵接合器。

5.4.3 消防水泵接合器的给水流量宜按每个 10L/s～15L/s 计算。每种水灭火系统的消防水泵接合器设置的数量应按系统设计流量经计算确定，但当计算数量超过 3 个时，可根据供水可靠性适当减少。

5.4.4 临时高压消防给水系统向多栋建筑供水时，消防水泵接合器应在每座建筑附近就近设置。

5.4.5 消防水泵接合器的供水范围，应根据当地消防车的供水流量和压力确定。

5.4.6 消防给水为竖向分区供水时，在消防车供水压力范围内的分区，应分别设置水泵接合器；当建筑高度超过消防车供水高度时，消防给水应在设备层等方便操作的地点设置手抬泵或移动泵接力供水的吸水和加压接口。

5.4.7 水泵接合器应设在室外便于消防车使用的地点，且距室外消火栓或消防水池的距离不宜小于 15m，并不宜大于 40m。

5.4.8 墙壁消防水泵接合器的安装高度距地面宜为 0.70m；与墙面上的门、窗、孔、洞的净距离不应小于 2.0m，且不应安装在玻璃幕墙下方；地下消防水泵接合器的安装，应使进水口与井盖底面的距离不大于 0.40m，且不应小于井盖的半径。

5.4.9 水泵接合器处应设置永久性标志铭牌，并应标明供水系统、供水范围和额定压力。

5.5 消防水泵房

5.5.1 消防水泵房应设置起重设施，并应符合下列规定：

3 消防水泵的重量大于 3t 时，应设置电动起重设备。

5.5.2 消防水泵机组的布置应符合下列规定：

2 当消防水泵就地检修时，应至少在每个机组一侧设消防水泵机组宽度加 0.5m 的通道，并应保证消防水泵轴和电动机转子在检修时能拆卸；

3 消防水泵房的主要通道宽度不应小于 1.2m。

5.5.3 当采用柴油机消防水泵时，机组间的净距宜按本规范第 5.5.2 条规定值增加 0.2m，但不应小于 1.2m。

5.5.4 当消防水泵房内设有集中检修场地时，其面积应根据水泵或电动机外形尺寸确定,并应在周围留有宽度不小于0.7m的通道。地下式泵房宜利用空间设集中检修场地。对于装有深井水泵的湿式竖井泵房,还应堆放泵管的场地。

5.5.5 消防水泵房内的架空水管道,不应阻碍通道和跨越电气设备,当必须跨越时,应采取保证通道畅通和保护电气设备的措施。

5.5.6 独立的消防水泵房地面层的地坪至屋盖或天花板等的突出构件底部间的净高,除应按通风采光等条件确定外,且应符合下列规定:

1 当采用固定吊钩或移动吊架时,其值不应小于3.0m;

2 当采用单轨起重机时,应保持吊起物底部与吊运所越过物体顶部之间有0.50m以上的净距;

3 当采用桁架式起重机时,除应符合本条第2款的规定外,还应另外增加起重机安装和检修空间的高度。

5.5.7 当采用轴流深井水泵时,水泵房净高应按消防水泵吊装和维修的要求确定,当高度过高时,应根据水泵传动轴长度产品规格选择较短规格的产品。

5.5.8 消防水泵房应至少有一个可以搬运最大设备的门。

5.5.9 消防水泵房的设计应根据具体情况设计相应的采暖、通风和排水设施,并应符合下列规定:

1 严寒、寒冷等冬季结冰地区采暖温度不应低于10℃,但当无人值守时不应低于5℃;

3 消防水泵房应设置排水设施。

5.5.10 消防水泵不宜设在有防振或有安静要求房间的上一层、下一层和毗邻位置,当必须时,应采取下列降噪减振措施:

1 消防水泵应采用低噪声水泵;

2 消防水泵机组应设隔振装置;

3 消防水泵吸水管和出水管上应设隔振装置;

4 消防水泵房内管道支架和管道穿墙和穿楼板处,应采取防止固体传声的措施;

5 在消防水泵房内墙应采取隔声吸音的技术措施。

5.5.11 消防水泵出水管应进行停泵水锤压力计算,并宜按下列公式计算,当计算所得的水锤压力值超过管道试验压力值时,应采取消除停泵水锤的技术措施。停泵水锤消除装置应装设在消防水泵出水总管上,以及消防给水系统管网其他适当的位置:

$$\Delta p = \rho c v \quad (5.5.11\text{-}1)$$

$$c = \frac{c_0}{\sqrt{1+\frac{K}{E}\frac{d_i}{\delta}}} \quad (5.5.11\text{-}2)$$

式中:Δp——水锤最大压力(Pa);

ρ——水的密度(kg/m³);

c——水击波的传播速度(m/s);

v——管道中水流速度(m/s);

c_0——水中声波的传播速度(m/s),宜取$c_0=1435$m/s(压强0.10MPa~2.50MPa,水温10℃);

K——水的体积弹性模量,宜取$K=2.1\times10^9$Pa;

E——管道的材料弹性模量,钢管$E=20.6\times10^{10}$Pa,铸铁管$E=9.8\times10^{10}$Pa,钢丝网骨架塑料(PE)复合管$E=6.5\times10^{10}$Pa;

d_i——管道的公称直径(mm);

δ——管道壁厚(mm)。

5.5.12 消防水泵房应符合下列规定:

1 独立建造的消防水泵房耐火等级不应低于二级;

2 附设在建筑物内的消防水泵房,不应设置在地下三层及以下,或室内地面与室外出入口地坪高差大于10m的地下楼层;

3 附设在建筑物内的消防水泵房,应采用耐火极限不低于**2.0h的隔墙和1.50h的楼板**与其他部位隔开,其疏散门应直通安全出口,且开向疏散走道的门应采用甲级防火门。

5.5.13 当采用柴油机消防水泵时宜设置独立消防水泵房,并应设置满足柴油机运行的通风、排烟和阻火设施。

5.5.14 消防水泵房应采取防水淹没的技术措施。

5.5.15 独立消防水泵房的抗震应满足当地地震要求,且宜按本地区抗震设防烈度提高1度采取抗震措施,但不宜做提高1度抗震计算,并应符合现行国家标准《室外给水排水和燃气热力工程抗震设计规范》GB 50032的有关规定。

5.5.16 消防水泵和控制柜应采取安全保护措施。

6 给水形式

6.1 一般规定

6.1.1 消防给水系统应根据建筑的用途功能、体积、高度、耐火等级、火灾危险性、重要性、次生灾害、商务连续性、水源条件等因素综合确定其可靠性和供水方式,并应满足水灭火系统所需流量和压力的要求。

6.1.2 城镇消防给水宜采用城镇市政给水管网供应,并应符合下列规定:

1 城镇市政给水管网及输水干管应符合现行国家标准《室外给水设计规范》GB 50013的有关规定。

6.1.3 建筑物室外宜采用低压消防给水系统,当采用市政给水管网供水时,应符合下列规定:

1 应采用两路消防供水,除建筑高度超过54m的住宅外,室外消火栓设计流量小于等于20L/s时可采用一路消防供水;

2 室外消火栓应由市政给水管网直接供水。

6.1.4 工艺装置区、储罐区、堆场等构筑物室外消防给水,应符合下列规定:

1 工艺装置区、储罐区等场所应采用高压或临时高压消防给水系统,但当无泡沫灭火系统、固定冷却水系统和消防炮,室外消防给水设计流量不大于30L/s,且在城镇消防站保护范围内时,可采用低压消防给水系统;

2 堆场等场所宜采用低压消防给水系统,但当可燃物堆场规模大、堆垛高、易起火、扑救难度大,应采用高压或临时高压消防给水系统。

6.1.5 市政消火栓或消防车从消防水池吸水向建筑供应室外消防给水时,应符合下列规定:

供消防车吸水的室外消防水池的每个取水口宜按一个室外消火栓计算,且其保护半径不应大于150m。

距建筑外缘5m~150m的市政消火栓可计入建筑室外消火栓的数量,但当为消防水泵接合器供水时,距建筑外缘5m~40m的市政消火栓可计入建筑室外消火栓的数量。

当市政给水管网为环状时，符合本条上述内容的室外消火栓出流量宜计入建筑室外消火栓设计流量；但当市政给水管网为枝状时，计入建筑的室外消火栓设计流量不宜超过一个市政消火栓的出流量。

6.1.8 室内应采用高压或临时高压消防给水系统，且不应与生产生活给水系统合用；但自动喷水灭火系统局部应用系统和仅设有消防软管卷盘或轻便水龙的室内消防给水系统，可与生产生活给水系统合用。

6.1.9 室内采用临时高压消防给水系统时，高位消防水箱的设置应符合下列规定：

1 高层民用建筑、总建筑面积大于10000m²且层数超过2层的公共建筑和其他重要建筑，必须设置高位消防水箱；

2 其他建筑应设置高位消防水箱，但当设置高位消防水箱确有困难，且采用安全可靠的消防给水形式时，可不设高位消防水箱，但应设稳压泵；

3 当市政供水管网的供水能力在满足生产、生活最大小时用水量后，仍能满足初期火灾所需的消防流量和压力时，市政直接供水可替代高位消防水箱。

6.1.10 当室内临时高压消防给水系统仅采用稳压泵稳压，且为室外消火栓设计流量大于20L/s的建筑和建筑高度大于54m的住宅时，消防水泵的供电或备用动力应符合下列要求：

1 消防水泵应按一级负荷要求供电，当不能满足一级负荷要求供电时应采用柴油发电机组作备用动力；

6.1.13 当建筑物高度超过100m时，室内消防给水系统应分析比较多种系统的可靠性，采用安全可靠的消防给水形式；当采用常高压消防给水系统，但高位消防水池无法满足上部楼层所需的压力和流量时，上部楼层应采用临时高压消防给水系统，该系统的高位消防水箱的有效容积应按本规范第5.2.1条的规定根据该系统供水高度确定，且不应小于18m³。

6.2 分区供水

6.2.1 符合下列条件时，消防给水系统应分区供水：

1 系统工作压力大于2.40MPa；

2 消火栓栓口处静压大于1.0MPa；

3 自动水灭火系统报警阀处的工作压力大于1.60MPa或喷头处的工作压力大于1.20MPa。

6.2.2 分区供水形式应根据系统压力、建筑特征，经技术经济和安全可靠性等综合因素确定，可采用消防水泵并行或串联、减压水箱和减压阀减压的形式，但当系统的工作压力大于2.40MPa时，应采用消防水泵串联或减压水箱分区供水形式。

6.2.3 采用消防水泵串联分区供水时，宜采用消防水泵转输水箱串联供水方式，并应符合下列规定：

1 当采用消防水泵转输水箱串联时，转输水箱的有效储水容积不应小于60m³，转输水箱可作为高位消防水箱；

3 当采用消防水泵直接串联时，应采取确保供水可靠性的措施，且消防水泵从低区到高区应能依次顺序启动；

4 当采用消防水泵直接串联时，应校核系统供水压力，并应在串联消防水泵出水管上设置减压型倒流防止器。

6.2.4 采用减压阀减压分区供水时应符合下列规定：

1 消防给水所采用的减压阀性能应安全可靠，并应满足消防给水的要求；

2 减压阀应根据消防给水设计流量和压力选择，且设计流量应在减压阀流量压力特性曲线的有效段内，并校核在150%设计流量时，减压阀的出口动压不应小于设计值的65%；

3 每一供水分区应设不少于两组减压阀组，每组减压阀组宜设置备用减压阀；

4 减压阀仅应设置在单向流动的供水管上，不应设置在有双向流动的输水干管上；

6 减压阀的阀前阀后压力比值不宜大于3:1，当一级减压阀减压不能满足要求时，可采用减压阀串联减压，但串联减压不应大于两级，第二级减压阀宜采用先导式减压阀，阀前后压力差不宜超过0.40MPa；

7 减压阀后应设置安全阀，安全阀的开启压力应能满足系统安全，且不应影响系统的供水安全性。

6.2.5 采用减压水箱减压分区供水时应符合下列规定：

1 减压水箱的有效容积、出水、排水、水位和设置场所，应符合本规范第4.3.8条、第4.3.9条、第5.2.5条和第5.2.6条第2款的规定；

2 减压水箱的布置和通气管、呼吸管等，应符合本规范第5.2.6条第3款～第11款的规定；

3 减压水箱的有效容积不应小于18m³，且宜分为两格；

4 减压水箱应有两条进、出水管，且每条进、出水管应满足消防给水系统所需消防用水量的要求；

5 减压水箱进水管的水位控制应可靠，宜采用水位控制阀；

6 减压水箱进水管应设置防冲击和溢水的技术措施，并宜在进水管上设置紧急关闭阀门，溢流水宜回流到消防水池。

7 消火栓系统

7.1 系统选择

7.1.1 市政消火栓和建筑室外消火栓应采用湿式消火栓系统。

7.1.2 室内环境温度不低于4℃，且不高于70℃的场所，应采用湿式室内消火栓系统。

7.1.4 建筑高度不大于27m的多层住宅建筑设置室内湿式消火栓系统确有困难时，可设置干式消防竖管。

7.1.5 严寒、寒冷等冬季结冰地区城市隧道及其他构筑物的消火栓系统，应采取防冻措施，并宜采用干式消火栓系统和干式室外消火栓。

7.1.6 干式消火栓系统的充水时间不应大于5min，并应符合下列规定：

1 在供水干管上宜设干式报警阀、雨淋阀或电磁阀、电动阀等快速启闭装置；当采用电动阀时开启时间不应超过30s；

2 当采用雨淋阀、电磁阀和电动阀时，在消火栓箱处应设置直接开启快速启闭装置的手动按钮；

3 在系统管道的最高处应设置快速排气阀。

7.2 市政消火栓

7.2.1 市政消火栓宜采用地上式室外消火栓；在严寒、寒冷等冬季结冰地区宜采用干式地上式室外消火栓，严寒地区宜增设消防水鹤。当采用地下式室外消火栓，地下消火栓井的直径不宜小于1.5m，且当地下式室外消火栓的取水口在冰冻线以上时，应采取保温措施。

7.2.2 市政消火栓宜采用直径DN150的室外消火栓，并应符合下列要求：

1 室外地上式消火栓应有一个直径为150mm或100mm和两个直径为65mm的栓口；

2 室外地下式消火栓应有直径为100mm和65mm的栓口各一个。

7.2.3 市政消火栓宜在道路的一侧设置，并宜靠近十字路口，但当市政道路宽度超过60m时，应在道路的两侧交叉错落设置市政消火栓。

7.2.4 市政桥桥头和城市交通隧道出入口等市政公用设施处，应设置市政消火栓。

7.2.5 市政消火栓的保护半径不应超过150m，间距不应大于120m。

7.2.6 市政消火栓应布置在消防车易于接近的人行道和绿地等地点，且不应妨碍交通，并应符合下列规定：

1 市政消火栓距路边不宜小于0.5m，并不应大于2.0m；

3 市政消火栓应避免设置在机械易撞击的地点，确有困难时，应采取防撞措施。

7.2.7 市政给水管网的阀门设置应便于市政消火栓的使用和维护，并应符合现行国家标准《室外给水设计规范》GB 50013的有关规定。

7.2.8 当市政给水管网设有市政消火栓时，其平时运行工作压力不应小于0.14MPa，火灾时水力最不利市政消火栓的出流量不应小于15L/s，且供水压力从地面算起不应小于0.10MPa。

7.2.10 火灾时消防水鹤的出流量不宜低于30L/s，且供水压力从地面算起不应小于0.10MPa。

7.2.11 地下式市政消火栓应有明显的永久性标志。

7.3 室外消火栓

7.3.1 建筑室外消火栓的布置除应符合本节的规定外，还应符合本规范第7.2节的有关规定。

7.3.2 建筑室外消火栓的数量应根据室外消火栓设计流量和保护半径经计算确定，保护半径不应大于150.0m，每个室外消火栓的出流量宜按10L/s～15L/s计算。

7.3.4 人防工程、地下工程等建筑应在出入口附近设置室外消火栓，且距出入口的距离不宜小于5m，并不宜大于40m。

7.3.6 甲、乙、丙类液体储罐区和液化烃罐罐区等构筑物的室外消火栓，应设在防火堤或防护墙外，数量应根据每个罐的设计流量经计算确定，但距罐壁15m范围内的消火栓，不应计算在该罐可使用的数量内。

7.3.7 工艺装置区等采用高压或临时高压消防给水系统的场所，其周围应设置室外消火栓，数量应根据设计流量经计算确定，且间距不应大于60.0m。当工艺装置区宽度大于120.0m时，宜在该装置区内的路边设置室外消火栓。

7.3.9 当工艺装置区、储罐区、堆场等构筑物采用高压或临时高压消防给水系统时，消火栓的设置应符合下列规定：

2 工艺装置休息平台等处需要设置的消火栓的场所应采用室内消火栓，并应符合本规范第7.4节的有关规定。

7.3.10 室外消防给水引入管当设有倒流防止器，且火灾时因其水头损失导致室外消火栓不能满足本规范第7.2.8条的要求时，应在该倒流防止器前设置一个室外消火栓。

7.4 室内消火栓

7.4.1 室内消火栓的选型应根据使用者、火灾危险性、火灾类型和不同灭火功能等因素综合确定。

7.4.2 室内消火栓的配置应符合下列要求：

1 应采用DN65室内消火栓，并可与消防软管卷盘或轻便水龙设置在同一箱体内；

2 应配置公称直径65有内衬里的消防水带，长度不宜超过25.0m；消防软管卷盘应配置内径不小于φ19的消防软管，其长度宜为30.0m；轻便水龙应配置公称直径25有内衬里的消防水带，长度宜为30.0m；

3 宜配置当量喷嘴直径16mm或19mm的消防水枪，但当消火栓设计流量为2.5L/s时宜配置当量喷嘴直径11mm或13mm的消防水枪；消防软管卷盘和轻便水龙应配置当量喷嘴直径6mm的消防水枪。

7.4.3 设置室内消火栓的建筑，包括设备层在内的各层均应设置消火栓。

7.4.4 屋顶设有直升机停机坪的建筑，应在停机坪出入口处或非电器设备机房处设置消火栓，且距停机坪机位边缘的距离不应小于5.0m。

7.4.5 消防电梯前室应设置室内消火栓，并应计入消火栓使用数量。

7.4.6 室内消火栓的布置应满足同一平面有2支消防水枪的2股充实水柱同时达到任何部位的要求，但建筑高度小于或等于24.0m且体积小于或等于5000m³的多层仓库、建筑高度小于或等于54m且每单元设置一部疏散楼梯的住宅，以及本规范表3.5.2中规定可采用1支消防水枪的场所，可采用1支消防水枪的1股充实水柱到达室内任何部位。

7.4.7 建筑室内消火栓的设置位置应满足火灾扑救要求，并应符合下列规定：

1 室内消火栓应设置在楼梯间及其休息平台和前室、走道等明显易于取用，以及便于火灾扑救的位置；

3 汽车库内消火栓的设置不应影响汽车的通行和车位的设置，并应确保消火栓的开启；

5 冷库的室内消火栓应设置在常温穿堂或楼梯间内。

7.4.8 建筑室内消火栓栓口的安装高度应便于消防水龙带的连接和使用，其距地面高度宜为1.1m；其出水方向应便于消防水带的敷设，并宜与设置消火栓的墙面成90°角或向下。

7.4.9 设有室内消火栓的建筑应设置带有压力表的试验消火栓，其设置位置应符合下列规定：

1 多层和高层建筑应在其屋顶设置，严寒、寒冷等冬季结冰地区可设置在顶层出口处或水箱间内等便于操作和防冻的位置；

2 单层建筑宜设置在水力最不利处，且应靠近出入口。

7.4.10 室内消火栓宜按直线距离计算其布置间距，并应符合下列规定：

1 消火栓按2支消防水枪的2股充实水柱布置的建筑

物，消火栓的布置间距不应大于30.0m；

  2 消火栓按1支消防水枪的1股充实水柱布置的建筑物，消火栓的布置间距不应大于50.0m。

7.4.12 室内消火栓栓口压力和消防水枪充实水柱，应符合下列规定：

  1 消火栓栓口动压力不应大于0.50MPa；当大于0.70MPa时必须设置减压装置；

  2 高层建筑、厂房、库房和室内净空高度超过8m的民用建筑等场所，消火栓栓口动压不应小于0.35MPa，且消防水枪充实水柱应按13m计算；其他场所，消火栓栓口动压不应小于0.25MPa，且消防水枪充实水柱应按10m计算。

7.4.13 建筑高度不大于27m的住宅，当设置消火栓时，可采用干式消防竖管，并应符合下列规定：

  1 干式消防竖管宜设置在楼梯间休息平台，且仅应配置消火栓栓口；

  2 干式消防竖管应设置消防车供水接口；

  3 消防车供水接口应设置在首层便于消防车接近和安全的地点；

  4 竖管顶端应设置自动排气阀。

7.4.15 跃层住宅和商业网点的室内消火栓应至少满足一股充实水柱到达室内任何部位，并宜设置在户门附近。

7.4.16 城市交通隧道室内消火栓系统的设置应符合下列规定：

  2 管道内的消防供水压力应保证用水量达到最大时，最低压力不应小于0.30MPa，但当消火栓栓口处的出水压力超过0.70MPa时，应设置减压设施；

  3 在隧道出入口处应设置消防水泵接合器和室外消火栓；

  4 消火栓的间距不应大于50m，双向同行车道或单行通行但大于3车道时，应双面间隔设置；

  5 隧道内允许通行危险化学品的机动车，且隧道长度超过3000m时，应配置水雾或泡沫消防水枪。

8 管 网

8.1 一般规定

8.1.1 当市政给水管网设有市政消火栓时，应符合下列规定：

  2 接市政消火栓的环状给水管网的管径不应小于DN150，枝状管网的管径不宜小于DN200。当城镇人口小于2.5万人时，接市政消火栓的给水管网的管径可适当减少，环状管网时不应小于DN100，枝状管网时不宜小于DN150；

  3 工业园区、商务区和居住区等区域采用两路消防供水，当其中一条引入管发生故障时，其余引入管在保证满足70%生产生活给水的最大小时设计流量条件下，应仍能满足本规范规定的消防给水设计流量。

8.1.2 下列消防给水应采用环状给水管网：

  1 向两栋或两座及以上建筑供水时；

  2 向两种及以上水灭火系统供水时；

  3 采用设有高位消防水箱的临时高压消防给水系统时；

  4 向两个及以上报警阀控制的自动水灭火系统供水时。

8.1.3 向室外、室内环状消防给水管网供水的输水干管不应少于两条，当其中一条发生故障时，其余的输水干管应仍能满足消防给水设计流量。

8.1.4 室外消防给水管网应符合下列规定：

  1 室外消防给水采用两路消防供水时应采用环状管网，但当采用一路消防供水时可采用枝状管网；

  2 管道的直径应根据流量、流速和压力要求经计算确定，但不应小于DN100；

  3 消防给水管道应采用阀门分成若干独立段，每段内室外消火栓的数量不宜超过5个；

  4 管道设计的其他要求应符合现行国家标准《室外给水设计规范》GB 50013的有关规定。

8.1.5 室内消防给水管网应符合下列规定：

  1 室内消火栓系统管网应布置成环状，当室外消火栓设计流量不大于20L/s，且室内消火栓不超过10个时，除本规范第8.1.2条情况外，可布置成枝状；

  2 当由室外生产生活消防合用系统直接供水时，合用系统除应满足室外消防给水设计流量以及生产和生活最大小时设计流量的要求外，还应满足室内消防给水系统的设计流量和压力要求；

  3 室内消防管道管径应根据系统设计流量、流速和压力要求经计算确定；室内消火栓竖管管径应根据竖管最低流量经计算确定，但不应小于DN100。

8.1.6 室内消火栓环状给水管道检修时应符合下列规定：

  1 室内消火栓竖管应保证检修管道时关闭停用的竖管不超过1根，当竖管超过4根时，可关闭不相邻的2根；

  2 每根竖管与供水横干管相接处应设置阀门。

8.1.7 室内消火栓给水管网宜与自动喷水等其他水灭火系统的管网分开设置；当合用消防泵时，供水管路沿水流方向应在报警阀前分开设置。

8.1.8 消防给水管道的设计流速不宜大于2.5m/s，自动水灭火系统管道设计流速，应符合现行国家标准《自动喷水灭火系统设计规范》GB 50084、《泡沫灭火系统设计规范》GB 50151、《水喷雾灭火系统设计规范》GB 50219和《固定消防炮灭火系统设计规范》GB 50338的有关规定，但任何消防管道的给水流速不应大于7m/s。

8.2 管道设计

8.2.1 消防给水系统中采用的设备、器材、管材管件、阀门和配件等系统组件的产品工作压力等级，应大于消防给水系统的系统工作压力，且应保证系统在可能最大运行压力时安全可靠。

8.2.2 低压消防给水系统的系统工作压力应根据市政给水管网和其他给水管网等的系统工作压力确定，且不应小于0.60MPa。

8.2.3 高压和临时高压消防给水系统的系统工作压力应根据系统在供水时，可能的最大运行压力确定，并应符合下列规定：

  1 高位消防水池、水塔供水的高压消防给水系统的系统工作压力，应为高位消防水池、水塔最大静压；

  2 市政给水管网直接供水的高压消防给水系统的系统工作压力，应根据市政给水管网的工作压力确定；

3 采用高位消防水箱稳压的临时高压消防给水系统的系统工作压力,应为消防水泵零流量时的压力与水泵吸水口最大静水压力之和;

4 采用稳压泵稳压的临时高压消防给水系统的系统工作压力,应取消防水泵零流量时的压力、消防水泵吸水口最大静压二者之和与稳压泵维持系统压力时两者其中的较大值。

8.2.4 埋地管道宜采用球墨铸铁管、钢丝网骨架塑料复合管和加强防腐的钢管等管材,室内外架空管道应采用热浸镀锌钢管等金属管材,并应按下列因素对管道的综合影响选择管材和设计管道:

1 系统工作压力;
2 覆土深度;
3 土壤的性质;
4 管道的耐腐蚀能力;
5 可能受到土壤、建筑基础、机动车和铁路等其他附加荷载的影响;
6 管道穿越伸缩缝和沉降缝。

8.2.5 埋地管道当系统工作压力不大于1.20MPa时,宜采用球墨铸铁管或钢丝网骨架塑料复合管给水管道;当系统工作压力大于1.20MPa小于1.60MPa时,宜采用钢丝网骨架塑料复合管、加厚钢管和无缝钢管;当系统工作压力大于1.60MPa时,宜采用无缝钢管。钢管连接宜采用沟槽连接件(卡箍)和法兰,当采用沟槽连接件连接时,公称直径小于等于DN250的沟槽式管接头系统工作压力不应大于2.50MPa,公称直径大于或等于DN300的沟槽式管接头系统工作压力不应大于1.60MPa。

8.2.6 埋地金属管道的管顶覆土应符合下列规定:

1 管道最小管顶覆土应按地面荷载、埋深荷载和冰冻线对管道的综合影响确定;
2 管道最小管顶覆土不应小于0.70m;但当在机动车道下时管道最小管顶覆土应经计算确定,并不宜小于0.90m;
3 管道最小管顶覆土至少在冰冻线以下0.30m。

8.2.7 埋地管道采用钢丝网骨架塑料复合管时应符合下列规定:

1 钢丝网骨架塑料复合管的聚乙烯(PE)原材料不应低于PE80;
2 钢丝网骨架塑料复合管的内环向应力不应低于8.0MPa;
3 钢丝网骨架塑料复合管的复合层应满足静压稳定性和剥离强度的要求;
4 钢丝网骨架塑料复合管及配套管件的熔体质量流动速率(MFR),应按现行国家标准《热塑性塑料熔体质量流动速率和熔体体积流动速率的测定》GB/T 3682规定的试验方法进行试验时,加工前后MFR变化不应超过±20%;
5 管材及连接管件应采用同一品牌产品,连接方式应采用可靠的电熔连接或机械连接;
6 管材耐静压强度应符合现行行业标准《埋地聚乙烯给水管道工程技术规程》CJJ 101的有关规定和设计要求;
7 钢丝网骨架塑料复合管道最小管顶覆土深度,在人行道下不宜小于0.80m,在轻型车行道下不应小于1.0m,且应在冰冻线下0.30m;在重型汽车道路或铁路、高速公路下应设置保护套管,套管与钢丝网骨架塑料复合管的净距不应小于100mm;
8 钢丝网骨架塑料复合管道与热力管道间的距离,应在保证聚乙烯管道表面温度不超过40℃的条件下计算确定,但最小净距不应小于1.50m。

8.2.8 架空管道当系统工作压力小于等于1.20MPa时,可采用热浸锌镀锌钢管;当系统工作压力大于1.20MPa时,应采用热浸镀锌加厚钢管或热浸镀锌无缝钢管;当系统工作压力大于1.60MPa时,应采用热浸镀锌无缝钢管。

8.2.9 架空管道的连接宜采用沟槽连接件(卡箍)、螺纹、法兰、卡压等方式,不宜采用焊接连接。当管径小于或等于DN50时,应采用螺纹和卡压连接,当管径大于DN50时,应采用沟槽连接件连接、法兰连接,当安装空间较小时应采用沟槽连接件连接。

8.2.10 架空充水管道应设置在环境温度不低于5℃的区域,当环境温度低于5℃时,应采取防冻措施;室外架空管道当温差变化较大时应校核管道系统的膨胀和收缩,并应采取相应的技术措施。

8.2.11 埋地管道的地基、基础、垫层、回填土压实密度等的要求,应根据刚性管或柔性管管材的性质,结合管道埋设处的具体情况,按现行国家标准《给水排水管道工程施工及验收标准》GB 50268和《给水排水工程管道结构设计规范》GB 50332的有关规定执行。当埋地管直径不小于DN100时,应在管道弯头、三通和堵头等位置设置钢筋混凝土支墩。

8.2.12 消防给水管道不宜穿越建筑基础,当必须穿越时,应采取防护套管等保护措施。

8.2.13 埋地钢管和铸铁管,应根据土壤和地下水腐蚀性等因素确定管外壁防腐措施;海边、空气潮湿等空气中含有腐蚀性介质的场所的架空管道外壁,应采取相应的防腐措施。

8.3 阀门及其他

8.3.1 消防给水系统的阀门选择应符合下列规定:

4 埋地管道的阀门应采用球墨铸铁阀门,室内架空管道的阀门应采用球墨铸铁或不锈钢阀门,室外架空管道的阀门应采用球墨铸铁阀门或不锈钢阀门。

8.3.3 消防水泵出水管上的止回阀宜采用水锤消除止回阀,当消防水泵供水高度超过24m时,应采用水锤消除器。当消防水泵出水管上设有囊式气压水罐时,可不设水锤消除设施。

8.3.4 减压阀的设置应符合下列规定:

1 减压阀应设置在报警阀组入口前,当连接两个及以上报警阀组时,应设置备用减压阀;
2 减压阀的进口处应设置过滤器,过滤器的孔网直径不宜小于4目/cm^2~5目/cm^2,过流面积不应小于管道截面积的4倍;
3 过滤器和减压阀前后应设压力表,压力表的表盘直径不应小于100mm,最大量程宜为设计压力的2倍;
4 过滤器前和减压阀后应设置控制阀门;
5 减压阀后应设置压力试验排水阀;
6 减压阀应设置流量检测测试接口或流量计;
10 接减压阀的管段不应有气堵、气阻。

8.3.5 室内消防给水系统由生活、生产给水系统管网直接供水时,应在引入管处设置倒流防止器。当消防给水系统采用有空气隔断的倒流防止器时,该倒流防止器应设置在清洁卫生的场所，其排水口应采取防止被水淹没的技术措施。
8.3.6 在寒冷、严寒地区，室外阀门井应采取防冻措施。
8.3.7 消防给水系统的室内外消火栓、阀门等设置位置，应设置永久性固定标识。

9 消防排水

9.1 一般规定

9.1.2 排水措施应满足财产和消防设施安全，以及系统调试和日常维护管理等安全和功能的需要。

9.2 消防排水

9.2.1 下列建筑物和场所应采取消防排水措施：
   1 消防水泵房；
   2 设有消防给水系统的地下室；
   3 消防电梯的井底；
   4 仓库。
9.2.2 室内消防排水应符合下列规定：
   2 当存有少量可燃液体时，排水管道应设置水封，并宜间接排入室外污水管道；
9.2.3 消防电梯的井底排水设施应符合下列规定：
   1 排水泵集水井的有效容量不应小于 $2.00m^3$；
   2 排水泵的排水量不应小于 10L/s。
9.2.4 室内消防排水设施应采取防止倒灌的技术措施。

9.3 测试排水

9.3.1 消防给水系统试验装置处应设置专用排水设施，排水管径应符合下列规定：
   1 自动喷水灭火系统等自动水灭火系统末端试水装置处的排水立管管径，应根据末端试水装置的泄流量确定，并不宜小于 DN75；
   2 报警阀处的排水立管宜为 DN100；
   3 减压阀处的压力试验排水管道直径应根据减压阀流量确定，但不应小于 DN100。

10 水力计算

10.1 水力计算

10.1.1 消防给水的设计压力应满足所服务的各种水灭火系统最不利点处水灭火设施的压力要求。
10.1.8 市政给水管网直接向消防给水系统供水时，消防给水入户引入管的工作压力应根据市政供水公司确定值进行复核计算。
10.1.9 消火栓系统管网的水力计算应符合下列规定：
   1 室外消火栓系统的管网在水力计算时不应简化，应根据枝状或事故状态下环状管网进行水力计算；
   2 室内消火栓系统管网在水力计算时，可简化为枝状管网。

室内消火栓系统的竖管流量应按本规范第 8.1.6 条第 1 款规定可关闭竖管数量最大时，剩余一组最不利的竖管确定该组竖管中每根竖管平均分摊室内消火栓设计流量，且不应小于本规范表 3.5.2 规定的竖管流量。

室内消火栓系统供水横干管的流量应为室内消火栓设计流量。

10.3 减压计算

10.3.1 减压孔板应符合下列规定：
   1 应设在直径不小于 50mm 的水平直管段上，前后管段的长度均不宜小于该管段直径的 5 倍；
   2 孔口直径不应小于设置管段直径的 30%，且不应小于 20mm；
   3 应采用不锈钢板材制作。
10.3.2 节流管应符合下列规定：
   3 节流管内水的平均流速不应大于 20m/s。
10.3.3 减压孔板的水头损失，应按下列公式计算：

$$H_k = 0.01\zeta_1 \frac{V_k^2}{2g} \qquad (10.3.3\text{-}1)$$

$$\zeta_1 = \left[\left(1.75 \frac{d_i^2}{d_k^2} \cdot \frac{1.1 - \frac{d_k^2}{d_i^2}}{1.175 - \frac{d_k^2}{d_i^2}} \right) - 1 \right]^2 \qquad (10.3.3\text{-}2)$$

式中：H_k——减压孔板的水头损失（MPa）；
　　　V_k——减压孔板后管道内水的平均流速（m/s）；
　　　g——重力加速度（m/s²）；
　　　ζ_1——减压孔板的局部阻力系数，也可按表 10.3.3 取值；
　　　d_k——减压孔板孔口的计算内径；取值应按减压孔板孔口直径减 1mm 确定（m）；
　　　d_i——管道的内径（m）。

表 10.3.3 减压孔板局部阻力系数

d_k/d_j	0.3	0.4	0.5	0.6	0.7	0.8
ζ_1	292	83.3	29.5	11.7	4.75	1.83

10.3.4 节流管的水头损失，应按下式计算：

$$H_g = 0.01\zeta_2 \frac{V_g^2}{2g} + 0.0000107 \frac{V_g^2}{d_g^{1.3}} L_j \qquad (10.3.4)$$

式中：H_g——节流管的水头损失（MPa）；
　　　ζ_2——节流管中渐缩管与渐扩管的局部阻力系数之和，取值 0.7；
　　　V_g——节流管内水的平均流速（m/s）；
　　　d_g——节流管的计算内径，取值应按节流管内径减 1mm 确定（m）；
　　　L_j——节流管的长度（m）。

10.3.5 减压阀的水头损失计算应符合下列规定：
   1 应根据产品技术参数确定；当无资料时，减压阀阀前后静压与动压差应按不小于 0.10MPa 计算；
   2 减压阀串联减压时，应计算第一级减压阀的水头损失对第二级减压阀出水动压的影响。

11 控制与操作

11.0.1 消防水泵控制柜应设置在消防水泵房或专用消防水

泵控制室内,并应符合下列要求:

1 消防水泵控制柜在平时应使消防水泵处于自动启泵状态;

2 当自动水灭火系统为开式系统,且设置自动启动确有困难时,经论证后消防水泵可设置在手动启动状态,并应确保24h有人工值班。

11.0.2 消防水泵不应设置自动停泵的控制功能,停泵应由具有管理权限的工作人员根据火灾扑救情况确定。

11.0.3 消防水泵应确保从接到启泵信号到水泵正常运转的自动启动时间不应大于2min。

11.0.4 消防水泵应由消防水泵出水干管上设置的压力开关、高位消防水箱出水管上的流量开关,或报警阀压力开关等开关信号直接自动启动消防水泵。消防水泵房内的压力开关宜引入消防水泵控制柜内。

11.0.5 消防水泵应能手动启停和自动启动。

11.0.6 稳压泵应由消防给水管网或气压水罐上设置的稳压泵自动启停泵压力开关或压力变送器控制。

11.0.7 消防控制室或值班室,应具有下列控制和显示功能:

1 消防控制柜或控制盘应设置专用线路连接的手动直接启泵按钮;

2 消防控制柜或控制盘应能显示消防水泵和稳压泵的运行状态;

3 消防控制柜或控制盘应能显示消防水池、高位消防水箱等水源的高水位、低水位报警信号,以及正常水位。

11.0.8 消防水泵、稳压泵应设置就地强制启停泵按钮,并应有保护装置。

11.0.9 消防水泵控制柜设置在专用消防水泵控制室时,其防护等级不应低于IP30;与消防水泵设置在同一空间时,其防护等级不应低于IP55。

11.0.10 消防水泵控制柜应采取防止被水淹没的措施。在高温潮湿环境下,消防水泵控制柜内应设置自动防潮除湿的装置。

11.0.12 消防水泵控制柜应设置机械应急启泵功能,并应保证在控制柜内的控制线路发生故障时由有管理权限的人员在紧急时启动消防水泵。机械应急启动时,应确保消防水泵在报警后5.0min内正常工作。

11.0.13 消防水泵控制柜前面板的明显部位应设置紧急时打开柜门的装置。

11.0.14 火灾时消防水泵应工频运行,消防水泵应工频直接启泵;当功率较大时,宜采用星三角和自耦降压变压器启动,不宜采用有源器件启动。

消防水泵准工作状态的自动巡检应采用变频运行,定期人工巡检应工频满负荷运行并出流。

11.0.16 电动驱动消防水泵自动巡检时,巡检功能应符合下列规定:

1 巡检周期不宜大于7d,且应能按需要任意设定;

2 以低频交流电源逐台驱动消防水泵,使每台消防水泵低速转动的时间不应少于2min;

3 对消防水泵控制柜一次回路中的主要低压器件宜有巡检功能,并应检查器件的动作状态;

4 当有启泵信号时,应立即退出巡检,进入工作状态;

5 发现故障时,应有声光报警,并应有记录和储存功能;

6 自动巡检时,应设置电源自动切换功能的检查。

11.0.17 消防水泵的双电源切换应符合下列规定:

1 双路电源自动切换时间不应大于2s;

2 当一路电源与内燃机动力的切换时间不应大于15s。

11.0.18 消防水泵控制柜应有显示消防水泵工作状态和故障状态的输出端子及远程控制消防水泵启动的输入端子。控制柜应具有自动巡检可调、显示巡检状态和信号等功能,且对话界面应有汉语语言,图标应便于识别和操作。

12 施 工

12.1 一般规定

12.1.1 消防给水及消火栓系统的施工必须由具有相应等级资质的施工队伍承担。

12.1.3 系统施工应按设计要求编制施工方案或施工组织设计。施工现场应具有相应的施工技术标准、施工质量管理体系和工程质量检验制度,并应按本规范附录B的要求填写有关记录。

12.1.4 消防给水及消火栓系统施工前应具备下列条件:

1 施工图应经国家相关机构审查审核批准或备案后再施工;

2 平面图、系统图(展开系统原理图)、详图等图纸及说明书、设备表、材料表等技术文件应齐全;

3 设计单位应向施工、建设、监理单位进行技术交底;

4 系统主要设备、组件、管材管件及其他设备、材料,应能保证正常施工;

5 施工现场及施工中使用的水、电、气应满足施工要求。

12.1.5 消防给水及消火栓系统工程的施工,应按批准的工程设计文件和施工技术标准进行施工。

12.1.6 消防给水及消火栓系统工程的施工过程质量控制,应按下列规定进行:

1 应校对审核图纸复核是否同施工现场一致;

2 各工序应按施工技术标准进行质量控制,每道工序完成后,应进行检查,并应检查合格后再进行下道工序;

3 相关各专业工种之间应进行交接检验,并应经监理工程师签证后再进行下道工序;

4 安装工程完工后,施工单位应按相关专业调试规定进行调试;

5 调试完成后,施工单位应向建设单位提供质量控制资料和各类施工过程质量检查记录;

6 施工过程质量检查组织应由监理工程师组织施工单位人员组成;

7 施工过程质量检查记录应按本规范表C.0.1的要求填写。

12.1.7 消防给水及消火栓系统质量控制资料应按本规范附录D的要求填写。

12.1.8 分部工程质量验收应由建设单位组织施工、监理和设计等单位相关人员进行,并应按本规范附录E的要求填写消防给水及消火栓系统工程验收记录。

12.1.9 当建筑物仅设有消防软管卷盘或轻便水龙和DN25消火

栓时，其施工验收维护管理等应符合现行国家标准《建筑给水排水及采暖工程施工质量验收规范》GB 50242的有关规定。

12.2 进场检验

12.2.1 消防给水及消火栓系统施工前应对采用的主要设备、系统组件、管材管件及其他设备、材料进行进场检查，并应符合下列要求：

1 主要设备、系统组件、管材管件及其他设备、材料，应符合国家现行相关产品标准的规定，并应具有出厂合格证或质量认证书；

2 消防水泵、消火栓、消防水带、消防水枪、消防软管卷盘或轻便水龙、报警阀组、电动（磁）阀、压力开关、流量开关、消防水泵接合器、沟槽连接件等系统主要设备和组件，应经国家消防产品质量监督检验中心检测合格；

3 稳压泵、气压水罐、消防水箱、自动排气阀、信号阀、止回阀、安全阀、减压阀、倒流防止器、蝶阀、闸阀、流量计、压力表、水位计等，应经相应国家产品质量监督检验中心检测合格；

4 气压水罐、组合式消防水池、屋顶消防水箱、地下水取水和地表水取水设施，以及其附件等，应符合国家现行相关产品标准的规定。

检查数量：全数检查。

检查方法：检查相关资料。

12.2.2 消防水泵和稳压泵的检验应符合下列要求：

1 消防水泵和稳压泵的流量、压力和电机功率应满足设计要求；

2 消防水泵产品质量应符合现行国家标准《消防泵》GB 6245、《离心泵技术条件（Ⅰ类）》GB/T 16907或《离心泵技术条件（Ⅱ类）》GB/T 5656的有关规定；

3 稳压泵产品质量应符合现行国家标准《离心泵技术条件（Ⅱ类）》GB/T 5656的有关规定；

4 消防水泵和稳压泵的电机功率应满足水泵全性能曲线运行的要求；

5 泵及电机的外观表面不应有碰损，轴心不应有偏心。

检查数量：全数检查。

检查方法：直观检查和查验认证文件。

12.2.3 消火栓的现场检验应符合下列要求：

1 室外消火栓应符合现行国家标准《室外消火栓》GB 4452的性能和质量要求；

2 室内消火栓应符合现行国家标准《室内消火栓》GB 3445的性能和质量要求；

3 消防水带应符合现行国家标准《消防水带》GB 6246的性能和质量要求；

4 消防水枪应符合现行国家标准《消防水枪》GB 8181的性能和质量要求；

5 消火栓、消防水带、消防水枪的商标、制造厂等标志应齐全；

6 消火栓、消防水带、消防水枪的型号、规格等技术参数应符合设计要求；

7 消火栓外观应无加工缺陷和机械损伤；铸件表面应无结疤、毛刺、裂纹和缩孔等缺陷；铸铁阀体外部应涂红色油漆，内表面应涂防锈漆，手轮应涂黑色油漆；外部漆膜应光滑、平整、色泽一致，应无气泡、流痕、皱纹等缺陷，并应无明显碰、划等现象；

8 消火栓螺纹密封面应无伤痕、毛刺、缺丝或断丝现象；

9 消火栓的螺纹出水口和快速连接卡扣应无缺陷和机械损伤，并应能满足使用功能的要求；

10 消火栓阀杆升降或开启应平稳、灵活，不应有卡涩和松动现象；

11 旋转型消火栓其内部构造应合理，转动部件应为铜或不锈钢，并应保证旋转可靠、无卡涩和漏水现象；

12 减压稳压消火栓应保证可靠、无堵塞现象；

13 活动部件应转动灵活，材料应耐腐蚀，不应卡涩或脱扣；

14 消火栓固定接口应进行密封性能试验，应以无渗漏、无损伤为合格。试验数量宜从每批中抽查1%，但不应少于5个，应缓慢而均匀地升压1.6MPa，应保压2min。当两个及两个以上不合格时，不应使用该批消火栓。当仅有1个不合格时，应再抽查2%，但不应少于10个，并应重新进行密封性能试验；当仍有不合格时，亦不应使用该批消火栓。

15 消防水带的织物层应编织得均匀，表面应整洁；应无跳双经、断双经、跳纬及划伤，衬里（或覆盖层）的厚度应均匀，表面应光滑平整、无折皱或其他缺陷；

16 消防水枪的外观质量应符合本条第4款的有关规定，消防水枪的进出口口径应满足设计要求；

17 消火栓箱应符合现行国家标准《消火栓箱》GB 14561的性能和质量要求；

18 消防软管卷盘和轻便水龙应符合现行国家标准《消防软管卷盘》GB 15090和现行行业标准《轻便消防水龙》GA 180的性能和质量要求。

外观和一般检查数量：全数检查。

检查方法：直观和尺量检查。

性能检查数量：抽查符合本条第14款的规定。

检查方法：直观检查及在专用试验装置上测试，主要测试设备有试压泵、压力表、秒表。

12.2.4 消防炮、洒水喷头、泡沫产生装置、泡沫比例混合装置、泡沫液压力储罐和泡沫喷头等水灭火系统的专用组件的进场检查，应符合现行国家标准《自动喷水灭火系统施工及验收规范》GB 50261、《泡沫灭火系统施工及验收规范》GB 50281等的有关规定。

12.2.5 管材、管件应进行现场外观检查，并应符合下列要求：

1 镀锌钢管应为内外壁热镀锌钢管，钢管内外表面的镀锌层不应有脱落、锈蚀等现象，球墨铸铁管球墨铸铁内涂水泥层和外涂防腐涂层不应脱落，不应有锈蚀等现象，钢丝网骨架塑料复合管管道壁厚度均匀，内外壁应无划痕，各种管材管件应符合表12.2.5所列相应标准；

表12.2.5 消防给水管材及管件标准

序号	国家现行标准	管材及管件
1	《低压流体输送用焊接钢管》GB/T 3091	低压流体输送用镀锌焊接钢管
2	《输送流体用无缝钢管》GB/T 8163	输送流体用无缝钢管

续表 12.2.5

序号	国家现行标准	管材及管件
3	《柔性机械接口灰口铸铁管》GB/T 6483	柔性机械接口铸铁管和管件
4	《水及燃气管道用球墨铸铁管、管件和附件》GB/T 13295	离心铸造球墨铸铁管和管件
5	《流体输送用不锈钢无缝钢管》GB/T 14976	流体输送用不锈钢无缝钢管
6	《自动喷水灭火系统 第11部分：沟槽式管接件》GB 5135.11	沟槽式管接件
7	《钢丝网骨架塑料（聚乙烯）复合管》CJ/T 189	钢丝网骨架塑料（PE）复合管

2 表面应无裂纹、缩孔、夹渣、折叠和重皮；

3 管材管件不应有妨碍使用的凹凸不平的缺陷，其尺寸公差应符合本规范表12.2.5的规定；

4 螺纹密封面应完整、无损伤、无毛刺；

5 非金属密封垫片应质地柔韧，无老化变质或分层现象，表面应无折损、皱纹等缺陷；

6 法兰密封面应完整光洁，不应有毛刺及径向沟槽；螺纹法兰的螺纹应完整、无损伤；

7 不圆度应符合本规范表12.2.5的规定；

8 球墨铸铁管承口的内工作面和插口的外工作面应光滑、轮廓清晰，不应有影响接口密封性的缺陷；

9 钢丝网骨架塑料（PE）复合管内外壁应光滑、无划痕，钢丝骨架与塑料应黏结牢固等。

检查数量：全数检查。

检查方法：直观和尺量检查。

12.2.6 阀门及其附件的现场检验应符合下列要求：

1 阀门的商标、型号、规格等标志应齐全，阀门的型号、规格应符合设计要求；

2 阀门及其附件应配备齐全，不应有加工缺陷和机械损伤；

3 报警阀和水力警铃的现场检验，应符合现行国家标准《自动喷水灭火系统施工及验收规范》GB 50261的有关规定；

4 闸阀、截止阀、球阀、蝶阀和信号阀等通用阀门，应符合现行国家标准《通用阀门 压力试验》GB/T 13927和《自动喷水灭火系统 第6部分：通用阀门》GB 5135.6等的有关规定；

5 消防水泵接合器应符合现行国家标准《消防水泵接合器》GB 3446的性能和质量要求；

6 自动排气阀、减压阀、泄压阀、止回阀等阀门性能，应符合现行国家标准《通用阀门 压力试验》GB/T 13927、《自动喷水灭火系统 第6部分：通用阀门》GB 5135.6、《压力释放装置 性能试验规范》GB/T 12242、《减压阀 性能试验方法》GB/T 12245、《安全阀 一般要求》GB/T 12241、《阀门的检验与试验》JB/T 9092等的有关规定；

7 阀门应有清晰的铭牌、安全操作指示标志、产品说明书和水流方向的永久性标志。

检查数量：全数检查。

检查方法：直观检查及在专用试验装置上测试，主要测试设备有试压泵、压力表、秒表。

12.2.7 消防水泵控制柜的检验应符合下列要求：

1 消防水泵控制柜的控制功能应符合本规范第11章和设计要求，并应经国家批准的质量监督检验中心检测合格的产品；

2 控制柜体应端正，表面应平整，涂层颜色应均匀一致，应无眩光，并应符合现行国家标准《高度进制为20mm的面板、架和柜的基本尺寸系列》GB/T 3047.1的有关规定，且控制柜外表面不应有明显的磕碰伤痕和变形掉漆；

3 控制柜面板应设有电源电压、电流、水泵（启）停状况、巡检状况、火警及故障的声光报警等显示；

4 控制柜导线的颜色应符合现行国家标准《电工成套装置中的导线颜色》GB/T 2681的有关规定；

5 面板上的按钮、开关、指示灯应易于操作和观察且有功能标示，并应符合现行国家标准《电工成套装置中的导线颜色》GB/T 2681和《电工成套装置中的指示灯和按钮的颜色》GB/T 2682的有关规定；

6 控制柜内的电器元件及材料的选用，应符合现行国家标准《控制用电磁继电器可靠性试验通则》GB/T 15510等的有关规定，并应安装合理，其工作位置应符合产品使用说明书的规定；

7 控制柜应按现行国家标准《电工电子产品基本环境试验 第2部分：试验方法 试验A：低温》GB/T 2423.1的有关规定进行低温实验检测，检测结果不应产生影响正常工作的故障；

8 控制柜应按现行国家标准《电工电子产品基本环境试验 第2部分：试验方法 试验B：高温》GB/T 2423.2的有关规定进行高温试验检测，检测结果不应产生影响正常工作的故障；

9 控制柜应按现行行业标准《固定消防给水设备的性能要求和试验方法 第2部分：消防自动恒压给水设备》GA 30.2的有关规定进行湿热试验检测，检测结果不应产生影响正常工作的故障；

10 控制柜应按现行行业标准《固定消防给水设备的性能要求和试验方法 第2部分：消防自动恒压给水设备》GA 30.2的有关规定进行振动试验检测，检测结果柜体结构及内部零部件应完好无损，并不应产生影响正常工作的故障；

11 控制柜温升值应按现行国家标准《低压成套开关设备和控制设备 第1部分：型式试验和部分型式试验成套设备》GB/T 7251.1的有关规定进行试验检测，检测结果不应产生影响正常工作的故障；

12 控制柜中各带电回路之间及带电间隙和爬电距离，应按现行行业标准《固定消防给水设备的性能要求和试验方法 第2部分：消防自动恒压给水设备》GA 30.2的有关规定进行试验检测，检测结果不应产生影响正常工作的故障；

13 金属柜体上应有接地点，且其标志、线号标记、线径应按现行行业标准《固定消防给水设备的性能要求和试验方法 第2部分：消防自动恒压给水设备》GA 30.2的有关规定检测绝缘电阻；控制柜中带电端子与机壳之间的绝缘电阻应大于20MΩ，电源接线端子与地之间的绝缘电阻应大于50MΩ；

14 控制柜的介电强度试验应按现行国家标准《电气控

制设备》GB/T 3797 的有关规定进行介电强度测试，测试结果应无击穿、无闪络；

15 在控制柜的明显部位应设置标志牌和控制原理图等；

16 设备型号、规格、数量、标牌、线路图纸及说明书、设备表、材料表等技术文件应齐全，并应符合设计要求。

检查数量：全数检查。

检查方法：直观检查和查验认证文件。

12.2.8 压力开关、流量开关、水位显示与控制开关等仪表的进场检验，应符合下列要求：

1 性能规格应满足设计要求；

2 压力开关应符合现行国家标准《自动喷水灭火系统 第10部分：压力开关》GB 5135.10 的性能和质量要求；

3 水位显示与控制开关应符合现行国家标准《水位测量仪器》GB/T 11828 等的有关规定；

4 流量开关应能在管道流速为 0.1m/s～10m/s 时可靠启动，其他性能宜符合现行国家标准《自动喷水灭火系统 第7部分：水流指示器》GB 5135.7 的有关规定；

5 外观完整不应有损伤。

检查数量：全数检查。

检查方法：直观检查和查验认证文件。

12.3 施 工

12.3.1 消防给水及消火栓系统的安装应符合下列要求：

1 消防水泵、消防水箱、消防水池、消防气压给水设备、消防水泵接合器等供水设施及其附属管道安装前，应清除其内部污垢和杂物；

2 消防供水设施应采取安全可靠的防护措施，其安装位置应便于日常操作和维护管理；

3 管道的安装应采用符合管材的施工工艺，管道安装中断时，其敞口处应封闭。

12.3.2 消防水泵的安装应符合下列要求：

1 消防水泵安装前应校核产品合格证，以及其规格、型号和性能与设计要求应一致，并应根据安装使用说明书安装；

2 消防水泵安装前应复核水泵基础混凝土强度、隔振装置、坐标、标高、尺寸和螺栓孔位置；

3 消防水泵的安装应符合现行国家标准《机械设备安装工程施工及验收通用规范》GB 50231 和《风机、压缩机、泵安装工程施工及验收规范》GB 50275 的有关规定；

4 消防水泵安装前应复核消防水泵之间，以及消防水泵与墙或其他设备之间的间距，并应满足安装、运行和维护管理的要求；

5 消防水泵吸水管上的控制阀应在消防水泵固定于基础上后再进行安装，其直径不应小于消防水泵吸水口直径，且不应采用没有可靠锁定装置的控制阀，控制阀应采用沟槽式或法兰式阀门；

6 当消防水泵和消防水池位于独立的两个基础上且相互为刚性连接时，吸水管上应加设柔性连接管；

7 吸水管水平管段上不应有气囊和漏气现象。变径连接时，应采用偏心异径管件并应采用管顶平接；

8 消防水泵出水管上应安装消声止回阀、控制阀和压力表；系统的总出水管上还应安装压力表和压力开关；安装压力表时应加设缓冲装置。压力表和缓冲装置之间应加设旋塞。压力表量程在没有设计要求时，应为系统工作压力的2倍～2.5倍；

9 消防水泵的隔振装置、进出水管柔性接头的安装应符合设计要求，并应有产品说明和安装使用说明。

检查数量：全数检查。

检查方法：核实设计图、核对产品的性能检验报告、直观检查。

12.3.3 天然水源取水口、地下水井、消防水池和消防水箱安装施工，应符合下列要求：

1 天然水源取水口、地下水井、消防水池和消防水箱的水位、出水量、有效容积、安装位置，应符合设计要求；

2 天然水源取水口、地下水井、消防水池、消防水箱的施工和安装，应符合现行国家标准《给水排水构筑物工程施工及验收规范》GB 50141、《供水管井技术规范》GB 50296 和《建筑给水排水及采暖工程施工质量验收规范》GB 50242 的有关规定；

3 消防水池和消防水箱出水管或水泵吸水管应满足最低有效水位出水不掺气的技术要求；

4 安装时池外壁与建筑本体结构墙面或其他池壁之间的净距，应满足施工、装配和检修的需要；

5 钢筋混凝土制作的消防水池和消防水箱的进出水等管道应加设防水套管，钢板等制作的消防水池和消防水箱的进出水等管道宜采用法兰连接，对有振动的管道应加设柔性接头。组合式消防水池或消防水箱的进水管、出水管接头宜采用法兰连接，采用其他连接时应做防锈处理；

6 消防水池、消防水箱的溢流管、泄水管不应与生产或生活用水的排水系统直接相连，应采用间接排水方式。

检查数量：全数检查。

检查方法：核实设计图、直观检查。

12.3.4 气压水罐安装应符合下列要求：

1 气压水罐有效容积、气压、水位及设计压力应符合设计要求；

2 气压水罐安装位置和间距、进水管及出水管方向应符合设计要求；出水管上应设止回阀。

检查数量：全数检查。

检查方法：核实设计图、核对产品的性能检验报告、直观检查。

12.3.5 稳压泵的安装应符合下列要求：

1 规格、型号、流量和扬程应符合设计要求，并应有产品合格证和安装使用说明书；

2 稳压泵的安装应符合现行国家标准《机械设备安装工程施工及验收通用规范》GB 50231 和《风机、压缩机、泵安装工程施工及验收规范》GB 50275 的有关规定。

检查数量：全数检查。

检查方法：尺量和直观检查。

12.3.6 消防水泵接合器的安装应符合下列规定：

1 消防水泵接合器的安装，应按接口、本体、连接管、止回阀、安全阀、放空管、控制阀的顺序进行，止回阀的安装方向应使消防用水能从消防水泵接合器进入系统，整体式消防水泵接合器的安装，应按其使用安装说明书进行；

2 消防水泵接合器的设置位置应符合设计要求；

3 消防水泵接合器永久性固定标志应能识别其所对应的

消防给水系统或水灭火系统，当有分区时应有分区标识；

4 地下消防水泵接合器应采用铸有"消防水泵接合器"标志的铸铁井盖，并应在其附近设置指示其位置的永久性固定标志；

5 墙壁消防水泵接合器的安装应符合设计要求。设计无要求时，其安装高度距地面宜为0.7m；与墙面上的门、窗、孔、洞的净距离不应小于2.0m，且不应安装在玻璃幕墙下方；

6 地下消防水泵接合器的安装，应使进水口与井盖底面的距离不大于0.4m，且不应小于井盖的半径；

7 消火栓水泵接合器与消防通道之间不应设有妨碍消防车加压供水的障碍物；

8 地下消防水泵接合器井的砌筑应有防水和排水措施。

检查数量：全数检查。

检查方法：核实设计图、核对产品的性能检验报告、直观检查。

12.3.7 市政和室外消火栓的安装应符合下列规定：

1 市政和室外消火栓的选型、规格应符合设计要求；

2 管道和阀门的施工和安装，应符合现行国家标准《给水排水管道工程施工及验收规范》GB 50268、《建筑给水排水及采暖工程施工质量验收规范》GB 50242的有关规定；

3 地下式消火栓顶部进水口或顶部出水口应正对井口。顶部进水口或顶部出水口与消防井盖底面的距离不应大于0.4m，井内应有足够的操作空间，并应做好防水措施；

4 地下式室外消火栓应设置永久性固定标志；

5 当室外消火栓安装部位火灾时存在可能落物危险时，上方应采取防坠落物撞击的措施；

6 市政和室外消火栓安装位置应符合设计要求，且不应妨碍交通，在易碰撞的地点应设置防撞设施。

检查数量：按数量抽查30%，但不应小于10个。

检查方法：核实设计图、核对产品的性能检验报告、直观检查。

12.3.8 市政消防水鹤的安装应符合下列规定：

1 市政消防水鹤的选型、规格应符合设计要求；

2 管道和阀门的施工和安装，应符合现行国家标准《给水排水管道工程施工及验收规范》GB 50268、《建筑给水排水及采暖工程施工质量验收规范》GB 50242的有关规定；

3 市政消防水鹤的安装空间应满足使用要求，并不应妨碍市政道路和人行道的畅通。

检查数量：全数检查。

检查方法：核实设计图、核对产品的性能检验报告、直观检查。

12.3.9 室内消火栓及消防软管卷盘或轻便水龙的安装应符合下列规定：

1 室内消火栓及消防软管卷盘和轻便水龙的选型、规格应符合设计要求；

2 同一建筑物内设置的消火栓、消防软管卷盘和轻便水龙应采用统一规格的栓口、消防水枪和水带及配件；

3 试验用消火栓栓口处应设置压力表；

4 当消火栓设置减压装置时，应检查减压装置符合设计要求，且安装时应有防止砂石等杂物进入栓口的措施；

5 室内消火栓及消防软管卷盘和轻便水龙应设置明显的永久性固定标志，当室内消火栓因美观要求需要隐蔽安装时，应有明显的标志，并应便于开启使用；

6 消火栓栓口出水方向宜向下或与设置消火栓的墙面成90°角，栓口不应安装在门轴侧；

7 消火栓栓口中心距地面应为1.1m，特殊地点的高度可特殊对待，允许偏差±20mm。

检查数量：按数量抽查30%，但不应小于10个。

检验方法：核实设计图、核对产品的性能检验报告、直观检查。

12.3.10 消火栓箱的安装应符合下列规定：

1 消火栓的启闭阀门设置位置应便于操作使用，阀门的中心距箱侧面为140mm，距箱后内表面为100mm，允许偏差±5mm；

2 室内消火栓箱的安装应平正、牢固，暗装的消火栓箱不应破坏隔墙的耐火性能；

3 箱体安装的垂直度允许偏差为±3mm；

4 消火栓箱门的开启不应小于120°；

5 安装消火栓水龙带，水龙带与消防水枪和快速接头绑扎好后，应根据箱内构造将水龙带放置；

6 双向开门消火栓箱应有耐火等级应符合设计要求，当设计没有要求时应至少满足1h耐火极限的要求；

7 消火栓箱门上应用红色字体注明"消火栓"字样。

检查数量：按数量抽查30%，但不应小于10个。

检验方法：直观和尺量检查。

12.3.11 当管道采用螺纹、法兰、承插、卡压等方式连接时，应符合下列要求：

2 螺纹连接时螺纹应符合现行国家标准《55°密封管螺纹 第2部分：圆锥内螺纹与圆锥外螺纹》GB 7306.2的有关规定，宜采用密封胶带作为螺纹接口的密封，密封带应在阳螺纹上施加；

3 法兰连接时法兰的密封面形式和压力等级应与消防给水系统技术要求相符合；法兰类型宜根据连接形式采用平焊法兰、对焊法兰和螺纹法兰等，法兰选择应符合现行国家标准《钢制管法兰类型与参数》GB 9112、《整体钢制管法兰》GB/T 9113、《钢制对焊无缝管件》GB/T 12459和《管法兰用聚四氟乙烯包覆垫片》GB/T 13404的有关规定；

4 当热浸镀锌钢管采用法兰连接时应选用螺纹法兰，当必须焊接连接时，法兰焊接应符合现行国家标准《现场设备、工业管道焊接工程施工规范》GB 50236和《工业金属管道工程施工规范》GB 50235的有关规定；

5 球墨铸铁管承插连接时，应符合现行国家标准《给水排水管道工程施工及验收规范》GB 50268的有关规定；

6 钢丝网骨架塑料复合管施工安装时除应符合本规范的有关规定外，还应符合现行行业标准《埋地聚乙烯给水管道工程技术规程》CJJ 101的有关规定；

7 管径大于DN50的管道不应使用螺纹活接头，在管道变径处应采用单体异径接头。

检查数量：按数量抽查30%，但不应小于10个。

检验方法：直观和尺量检查。

12.3.12 沟槽连接件（卡箍）连接应符合下列规定：

1 沟槽式连接件（管接头）、钢管沟槽深度和钢管壁厚等，应符合现行国家标准《自动喷水灭火系统 第11部分：

沟槽式管接件》GB 5135.11 的有关规定；

2 有振动的场所和埋地管道应采用柔性接头，其他场所宜采用刚性接头，当采用刚性接头时，每隔4个～5个刚性接头应设置一个挠性接头，埋地连接时螺栓和螺母应采用不锈钢件；

3 沟槽式管件连接时，其管道连接沟槽和开孔应用专用滚槽机和开孔机加工，并应做防腐处理；连接前应检查沟槽和孔洞尺寸，加工质量应符合技术要求；沟槽、孔洞处不应有毛刺、破损性裂纹和脏物；

4 沟槽式管件的凸边应卡进沟槽后再紧固螺栓，两边应同时紧固，紧固时发现橡胶圈起皱应更换新橡胶圈；

5 机械三通连接时，应检查机械三通与孔洞的间隙，各部位应均匀，然后再紧固到位；机械三通开孔间距不应小于1m，机械四通开孔间距不应小于2m；机械三通、机械四通连接时支管的直径应满足表12.3.12 的规定，当主管与支管连接不符合表12.3.12 时应采用沟槽式三通、四通管件连接；

表 12.3.12 机械三通、机械四通连接时支管直径

主管直径 DN		65	80	100	125	150	200	250	300
支管直径 DN	机械三通	40	40	65	80	100	100	100	100
	机械四通	32	32	50	65	80	100	100	100

6 配水干管（立管）与配水管（水平管）连接，应采用沟槽式管件，不应采用机械三通；

7 埋地的沟槽式管件的螺栓、螺帽应做防腐处理。水泵房内的埋地管道连接应采用挠性接头；

8 采用沟槽连接件连接管道变径和转弯时，宜采用沟槽式异径管件和弯头；当需要采用补芯时，三通上可用一个，四通上不应超过二个；公称直径大于50mm的管道不宜采用活接头；

9 沟槽连接件应采用三元乙丙橡胶（EDPM）C型密封胶圈，弹性应良好，应无破损和变形，安装压紧后C型密封胶圈中间应有空隙。

检查数量：按数量抽查30%，不应少于10件。
检验方法：直观和尺量检查。

12.3.13 钢丝网骨架塑料复合管材、管件以及管道附件的连接，应符合下列要求：

1 钢丝网骨架塑料复合管材、管件以及管道附件，应采用同一品牌的产品；管道连接宜采用同种牌号级别，且压力等级相同的管材、管件以及管道附件。不同牌号的管材以及管道附件之间的连接，应经过试验，并应判定连接质量能得到保证后再连接；

2 连接应采用电熔连接或机械连接，电熔连接宜采用电熔承插连接和电熔鞍形连接；机械连接宜采用锁紧型和非锁紧型承插式连接、法兰连接、钢塑过渡连接；

3 钢丝网骨架塑料复合管给水管道与金属管道或金属管道附件的连接，应采用法兰或钢塑过渡接头连接，与直径小于或等于DN50的镀锌管道或内衬塑镀锌管的连接，宜采用锁紧型承插式连接；

4 管道各种连接应采用相应的专用连接工具；

5 钢丝网骨架塑料复合管材、管件与金属管、管道附件的连接，当采用钢制喷塑或球墨铸铁过渡管件时，其过渡管件的压力等级不应低于管材公称压力；

6 在－5℃以下或大风环境条件下进行热熔或电熔连接操作时，应采取保护措施，或调整连接机具的工艺参数；

7 管材、管件以及管道附件存放处与施工现场温差较大时，连接前应将钢丝网骨架塑料复合管管材、管件以及管道附件在施工现场放置一段时间，并应使管材的温度与施工现场的温度相当；

8 管道连接时，管材切割应采用专用割刀或切管工具，切割断面应平整、光滑、无毛刺，且应垂直于管轴线；

10 管道连接后，应及时检查接头外观质量。
检查数量：按数量抽查30%，不应少于10件。
检验方法：直观检查。

12.3.14 钢丝网骨架塑料复合管材、管件电熔连接，应符合下列要求：

1 电熔连接机具输出电流、电压应稳定，并应符合电熔连接工艺要求；

2 电熔连接机具与电熔管件应正确连通，连接时，通电加热的电压和加热时间应符合电熔连接机具和电熔管件生产企业的规定；

3 电熔连接冷却期间，不应移动连接件或在连接件上施加任何外力；

4 电熔承插连接应符合下列规定：
1) 测量管件承口长度，并在管材插入端标出插入长度标记，用专用工具刮除插入段表皮；
2) 用洁净棉布擦净管材、管件连接面上的污物；
3) 将管材插入管件承口内，直至长度标记位置；
4) 通电前，应校直两对应的待连接件，使其在同一轴线上，用整圆工具保持管材插入端的圆度。

5 电熔鞍形连接应符合下列规定：
1) 电熔鞍形连接应采用机械装置固定干管连接部位的管段，并确保管道的直线度和圆度；
2) 干管连接部位上的污物应使用洁净棉布擦净，并用专用工具刮除干管连接部位表皮；
3) 通电前，应将电熔鞍形连接管件用机械装置固定在干管连接部位。

检查数量：按数量抽查30%，不应少于10件。
检验方法：直观检查。

12.3.15 钢丝网骨架塑料复合管管材、管件法兰连接应符合下列要求：

1 钢丝网骨架塑料复合管管端法兰盘（背压松套法兰）连接，应先将法兰盘（背压松套法兰）套入待连接的聚乙烯法兰连接件（跟形管端）的端部，再将法兰连接件（跟形管端）平口端与管道按本规范第12.3.13条第2款电熔连接的要求进行连接；

2 两法兰盘上螺孔应对中，法兰面应相互平行，螺孔与螺栓直径应配套，螺栓长短应一致，螺帽应在同一侧；紧固法兰盘上螺栓时应按对称顺序分次均匀紧固，螺栓拧紧后宜伸出螺帽1丝扣～3丝扣；

3 法兰垫片材质应符合现行国家标准《钢制管法兰 类型与参数》GB 9112 和《整体钢制管法兰》GB/T 9113 的有关规定，松套法兰表面宜采用喷塑防腐处理；

4 法兰盘应采用钢质法兰盘且应采用磷化镀铬防腐

处理。

检查数量：按数量抽查30%，不应少于10件。

检验方法：直观检查。

12.3.16 钢丝网骨架塑料复合管道钢塑过渡接头连接应符合下列要求：

1 钢塑过渡接头的钢丝网骨架塑料复合管管端与聚乙烯管道连接，应符合热熔连接或电熔连接的规定；

2 钢塑过渡接头钢管端与金属管道连接应符合相应的钢管焊接、法兰连接或机械连接的规定；

3 钢塑过渡接头钢管端与钢管应采用法兰连接，不得采用焊接连接，当必须焊接时，应采取降温措施；

4 公称外径大于或等于dn110的钢丝网骨架塑料复合管与管径大于或等于DN100的金属管连接时，可采用人字形柔性接口配件，配件两端的密封胶圈应分别与聚乙烯管和金属管相配套；

5 钢丝网骨架塑料复合管和金属管、阀门相连接时，规格尺寸应相互配套。

检查数量：按数量抽查30%，不应少于10件。

检验方法：直观检查。

12.3.17 埋地管道的连接方式和基础支墩应符合下列要求：

4 当采用钢丝网骨架塑料复合管时应采用电熔连接；

5 埋地管道的施工时除符合本规范的有关规定外，还应符合现行国家标准《给水排水管道工程施工及验收规范》GB 50268的有关规定；

6 埋地消防给水管道的基础和支墩应符合设计要求，当设计对支墩没有要求时，应在管道三通或转弯处设置混凝土支墩。

检查数量：全部检查。

检验方法：直观检查。

12.3.18 架空管道应采用热浸镀锌钢管，并宜采用沟槽连接件、螺纹、法兰和卡压等方式连接；架空管道不应安装使用钢丝网骨架塑料复合管等非金属管道。

检查数量：全部检查。

检验方法：直观检查。

12.3.19 架空管道的安装位置应符合设计要求，并应符合下列规定：

1 架空管道的安装不应影响建筑功能的正常使用，不应影响和妨碍通行以及门窗等开启；

2 当设计无要求时，管道的中心线与梁、柱、楼板等的最小距离应符合表12.3.19的规定；

表12.3.19 管道的中心线与梁、柱、楼板等的最小距离

公称直径（mm）	25	32	40	50	70	80	100	125	150	200
距离（mm）	40	40	50	60	70	80	100	125	150	200

3 消防给水管穿过地下室外墙、构筑物墙壁以及屋面等有防水要求处时，应设防水套管；

4 消防给水管穿过建筑物承重墙或基础时，应预留洞口，洞口高度应保证管顶上部净空不小于建筑物的沉降量，不宜小于0.1m，并应填充不透水的弹性材料；

5 消防给水管穿过墙体或楼板时应加设套管，套管长度不应小于墙体厚度，或应高出楼面或地面50mm；套管与管道的间隙应采用不燃材料填塞，管道的接口不应位于套管内；

6 消防给水管必须穿过伸缩缝及沉降缝时，应采用波纹管和补偿器等技术措施；

7 消防给水管可能发生冰冻时，应采取防冻技术措施；

8 通过及敷设在有腐蚀性气体的房间内时，管外壁应刷防腐漆或缠绕防腐材料。

检查数量：按数量抽查30%，不应少于10件。

检验方法：尺量检查。

12.3.20 架空管道的支吊架应符合下列规定：

1 架空管道支架、吊架、防晃或固定支架的安装应固定牢固，其型式、材质及施工应符合设计要求；

2 设计的吊架在管道的每一支撑点处能承受5倍于充满水的管重，且管道系统支撑点应支撑整个消防给水系统；

3 管道支架的支撑点宜设在建筑物的结构上，其结构在管道悬吊点应能承受充满水管道重量另加至少114kg的阀门、法兰和接头等附加荷载，充水管道的参考重量可按表12.3.20-1选取；

表12.3.20-1 充水管道的参考重量

公称直径（mm）	25	32	40	50	70	80	100	125	150	200
保温管道（kg/m）	15	18	19	22	27	32	41	54	66	103
不保温管道（kg/m）	5	7	9	13	17	24	33	42	73	

注：1 计算管重量按10kg化整，不足20kg按20kg计算；

2 表中管重不包括阀门重量。

4 管道支架或吊架的设置间距不应大于表12.3.20-2的要求；

表12.3.20-2 管道支架或吊架的设置间距

管径（mm）	25	32	40	50	70	80
间距（m）	3.5	4.0	4.5	5.0	6.0	6.0
管径（mm）	100	125	150	200	250	300
间距（m）	6.5	7.0	8.0	9.5	11.0	12.0

6 下列部位应设置固定支架或防晃支架：

2）配水干管及配水管，配水支管的长度超过15m，每15m长度内应至少设1个防晃支架，但当管径不大于DN40可不设；

3）管径大于DN50的管道拐弯、三通及四通位置处应设1个防晃支架；

4）防晃支架的强度，应满足管道、配件及管内水的重量再加50%的水平方向推力时不损坏或不产生永久变形；当管道穿梁安装时，管道再用紧固件固定于混凝土结构上，宜可作为1个防晃支架处理。

检查数量：按数量抽查30%，不应少于10件。

检验方法：尺量检查。

12.3.21 架空管道每段管道设置的防晃支架不应少于1个；当管道改变方向时，应增设防晃支架；立管应在其始端和终

端设防晃支架或采用管卡固定。

检查数量：按数量抽查30%，不应少于10件。

检验方法：直观检查。

12.3.22 埋地钢管应做防腐处理，防腐层材质和结构应符合设计要求，并应现行国家标准《给水排水管道工程施工及验收规范》GB 50268的有关规定施工；室外埋地球墨铸铁给水管要求外壁刷沥青漆防腐；埋地管道连接用的螺栓、螺母以及垫片等附件应采用防腐蚀材料，或涂覆沥青涂层等防腐涂层；埋地钢丝网骨架塑料复合管不应做防腐处理。

检查数量：按数量抽查30%，不应少于10件。

检验方法：放水试验、观察、核对隐蔽工程记录，必要时局部解剖检查。

12.3.23 地震烈度在7度及7度以上时，架空管道保护应符合下列要求：

 2 应用支架将管道牢固地固定在建筑上；

 3 管道应有固定部分和活动部分组成；

 4 当系统管道穿越连接地面以上部分建筑物的地震接缝时，无论管径大小，均应设带柔性配件的管道地震保护装置；

 5 所有穿越墙、楼板、平台以及基础的管道，包括泄水管，水泵接合器连接管及其他辅助管道的周围应留有间隙；

 6 管道周围的间隙，DN25～DN80管径的管道，不应小于25mm，DN100及以上管径的管道，不应小于50mm；间隙内应填充防火柔性材料；

 7 竖向支撑应符合下列规定：

 1）系统管道应有承受横向和纵向水平载荷的支撑；

 2）竖向支撑应牢固且同心，支撑的所有部件和配件应在同一直线上；

 3）对供水主管，竖向支撑的间距不应大于24m；

 4）立管的顶部应采用四个方向的支撑固定；

 5）供水主管上的横向固定支架，其间距不应大于12m。

检查数量：按数量抽查30%，不应少于10件。

检验方法：直观检查。

12.3.24 架空管道外应刷红色油漆或涂红色环圈标志，并应注明管道名称和水流方向标识。红色环圈标志，宽度不应小于20mm，间隔不宜大于4m，在一个独立的单元内环圈不宜少于2处。

检查数量：按数量抽查30%，不应少于10件。

检验方法：直观检查。

12.3.25 消防给水系统阀门的安装应符合下列要求：

 1 各类阀门型号、规格及公称压力应符合设计要求；

 2 阀门的设置应便于安装维修和操作，且安装空间应能满足阀门完全启闭的要求，并应作出标志；

 3 阀门应有明显的启闭标志；

 4 消防给水系统干管与水灭火系统连接处应设置独立阀门，并应保证各系统独立使用。

检查数量：全部检查。

检验方法：直观检查。

12.3.26 消防给水系统减压阀的安装应符合下列要求：

 1 安装位置处的减压阀的型号、规格、压力、流量应符合设计要求；

 2 减压阀安装应在供水管网试压、冲洗合格后进行；

 3 减压阀水流方向应与供水管网水流方向一致；

 4 减压阀前应有过滤器；

 5 减压阀前后应安装压力表；

 6 减压阀处应有压力试验用排水设施。

检查数量：全数检查。

检验方法：核实设计图、核对产品的性能检验报告、直观检查。

12.3.27 控制柜的安装应符合下列要求：

 1 控制柜的基座其水平度误差不大于±2mm，并应做防腐处理及防水措施；

 2 控制柜与基座应采用不小于φ12mm的螺栓固定，每只柜不应少于4只螺栓；

 3 做控制柜的上下进出线口时，不应破坏控制柜的防护等级。

检查数量：全部检查。

检验方法：直观检查。

12.4 试压和冲洗

12.4.1 消防给水及消火栓系统试压和冲洗应符合下列要求：

 1 管网安装完毕后，应对其进行强度试验、冲洗和严密性试验；

 2 强度试验和严密性试验宜用水进行。干式消火栓系统应做水压试验和气压试验；

 3 系统试压完成后，应及时拆除所有临时盲板及试验用的管道，并应与记录核对无误，且应按本规范表C.0.2的格式填写记录；

 4 管网冲洗应在试压合格后分段进行。冲洗顺序应先室外，后室内；先地下，后地上；室内部分的冲洗应按供水干管、水平管和立管的顺序进行。

 5 系统试压前应具备下列条件：

 1）埋地管道的位置及管道基础、支墩等经复查应符合设计要求；

 2）试压用的压力表不应少于2只；精度不应低于1.5级，量程应为试验压力值的1.5倍～2倍；

 3）试压冲洗方案已经批准；

 4）对不能参与试压的设备、仪表、阀门及附件应加以隔离或拆除；加设的临时盲板应具有突出于法兰的边耳，且应做明显标志，并记录临时盲板的数量。

 6 系统试压过程中，当出现泄漏时，应停止试压，并应放空管网中的试验介质，消除缺陷后，应重新再试；

 7 管网冲洗宜用水进行。冲洗前，应对系统的仪表采取保护措施；

 8 冲洗前，应对管道防晃支架、支吊架等进行检查，必要时应采取加固措施；

 9 对不能经受冲洗的设备和冲洗后可能存留脏物、杂物的管段，应进行清理；

 10 冲洗管道直径大于DN100时，应对其死角和底部进行振动，但不应损伤管道；

 11 管网冲洗合格后，应按本规范表C.0.3的要求填写记录；

 12 水压试验和水冲洗宜采用生活用水进行，不应使用海水或含有腐蚀性化学物质的水。

检查数量：全数检查。
检查方法：直观检查。

12.4.2 压力管道水压强度试验的试验压力应符合表12.4.2的规定。

检查数量：全数检查。
检查方法：直观检查。

表12.4.2 压力管道水压强度试验的试验压力

管材类型	系统工作压力P（MPa）	试验压力（MPa）
钢管	≤1.0	1.5P，且不应小于1.4
	>1.0	P+0.4
球墨铸铁管	≤0.5	2P
	>0.5	P+0.5
钢丝网骨架塑料管	P	1.5P，且不应小于0.8

12.4.3 水压强度试验的测试点应设在系统管网的最低点。对管网注水时，应将管网内的空气排净，并应缓慢升压，达到试验压力后，稳压30min后，管网应无泄漏、无变形，且压力降不应大于0.05MPa。

检查数量：全数检查。
检查方法：直观检查。

12.4.4 水压严密性试验应在水压强度试验和管网冲洗合格后进行。试验压力应为系统工作压力，稳压24h，应无泄漏。

检查数量：全数检查。
检查方法：直观检查。

12.4.5 水压试验时环境温度不宜低于5℃，当低于5℃时，水压试验应采取防冻措施。

检查数量：全数检查。
检查方法：用温度计检查。

12.4.6 消防给水系统的水源干管、进户管和室内埋地管道应在回填前单独或与系统同时进行水压强度试验和水压严密性试验。

检查数量：全数检查。
检查方法：观察和检查水压强度试验和水压严密性试验记录。

12.4.7 气压严密性试验的介质宜采用空气或氮气，试验压力应为0.28MPa，且稳压24h，压力降不应大于0.01MPa。

检查数量：全数检查。
检查方法：直观检查。

12.4.8 管网冲洗的水流流速、流量不应小于系统设计的水流流速、流量；管网冲洗宜分区、分段进行；水平管网冲洗时，其排水管位置应低于冲洗管网。

检查数量：全数检查。
检查方法：使用流量计和直观检查。

12.4.9 管网冲洗的水流方向应与灭火时管网的水流方向一致。

检查数量：全数检查。
检查方法：直观检查。

12.4.10 管网冲洗应连续进行。当出口处水的颜色、透明度与入口处水的颜色、透明度基本一致时，冲洗可结束。

检查方法：直观检查。

12.4.11 管网冲洗宜设临时专用排水管道，其排放应畅通和安全。排水管道的截面面积不应小于被冲洗管道截面面积的60%。

检查数量：全数检查。
检查方法：直观和尺量、试水检查。

12.4.12 管网的地上管道与地下管道连接前，应在管道连接处加设堵头后，对地下管道进行冲洗。

检查数量：全数检查。
检查方法：直观检查。

12.4.13 管网冲洗结束后，应将管网内的水排除干净。

检查数量：全数检查。
检查方法：直观检查。

13 系统调试与验收

13.1 系统调试

13.1.1 消防给水及消火栓系统调试应在系统施工完成后进行，并应具备下列条件：

1 天然水源取水口、地下水井、消防水池、高位消防水池、高位消防水箱等蓄水和供水设施水位、出水量、已储水量等符合设计要求；

2 消防水泵、稳压泵和稳压设施等处于准工作状态；

3 系统供电正常，若柴油机泵油箱应充满油并能正常工作；

4 消防给水系统管网内已经充满水；

5 湿式消火栓系统管网内已充满水，手动干式、干式消火栓系统管网内的气压符合设计要求；

6 系统自动控制处于准工作状态；

7 减压阀和阀门等处于正常工作位置。

13.1.2 系统调试应包括下列内容：

1 水源调试和测试；

2 消防水泵调试；

3 稳压泵或稳压设施调试；

4 减压阀调试；

5 消火栓调试；

6 自动控制探测器调试；

7 干式消火栓系统的报警阀等快速启闭装置调试，并应包含报警阀的附件电动或电磁阀等阀门的调试；

8 排水设施调试；

9 联锁控制试验。

13.1.3 水源调试和测试应符合下列要求：

1 按设计要求核实高位消防水箱、高位消防水池、消防水池的容积，高位消防水池、高位消防水箱设置高度应符合设计要求；消防储水应有不作他用的技术措施。当有江河湖海、水库和水塘等天然水源作为消防水源时应验证其枯水位、洪水位和常水位的流量符合设计要求。地下水井的常水位、出水量等应符合设计要求；

2 消防水泵直接从市政管网吸水时，应测试市政供水的压力和流量能否满足设计要求的流量；

3 应按设计要求核实消防水泵接合器的数量和供水能

力,并应通过消防车车载移动泵供水进行试验验证;

  4 应核实地下水井的常水位和设计抽升流量时的水位。

  检查数量:全数检查。

  检查方法:直观检查和进行通水试验。

13.1.4 消防水泵调试应符合下列要求:

  1 以自动直接启动或手动直接启动消防水泵时,消防水泵应在55s内投入正常运行,且应无不良噪声和振动;

  2 以备用电源切换方式或备用泵切换启动消防水泵时,消防水泵应分别在1min或2min内投入正常运行;

  3 消防水泵安装后应进行现场性能测试,其性能应与生产厂商提供的数据相符,并应满足消防给水设计流量和压力的要求;

  4 消防水泵零流量时的压力不应超过设计工作压力的140%;当出流量为设计工作流量的150%时,其出口压力不应低于设计工作压力的65%。

  检查数量:全数检查。

  检查方法:用秒表检查。

13.1.5 稳压泵应按设计要求进行调试,并应符合下列规定:

  1 当达到设计启动压力时,稳压泵应立即启动;当达到系统停泵压力时,稳压泵应自动停止运行;稳压泵启停应达到设计压力要求;

  2 能满足系统自动启动要求,且当消防主泵启动时,稳压泵应停止运行;

  3 稳压泵在正常工作时每小时的启停次数应符合设计要求,且不应大于15次/h;

  4 稳压泵启停时系统压力应平稳,且稳压泵不应频繁启停。

  检查数量:全数检查。

  检查方法:直观检查。

13.1.6 干式消火栓系统快速启闭装置调试应符合下列要求:

  1 干式消火栓系统调试时,开启系统试验阀或按下消火栓按钮,干式消火栓系统快速启闭装置的启动时间、系统启动压力、水流到试验装置出口所需时间,均应符合设计要求;

  2 快速启闭装置后的管道容积应符合设计要求,并应满足充水时间的要求;

  3 干式报警阀在充气压力下降到设定值时应能及时启动;

  4 干式报警阀充气系统在设定低压点时应启动,在设定高压点时应停止充气,当压力低于设定低压点时应报警;

  5 干式报警阀当设有加速排气器时,应验证其可靠工作。

  检查数量:全数检查。

  检查方法:使用压力表、秒表、声强计和直观检查。

13.1.7 减压阀调试应符合下列要求:

  1 减压阀的阀前阀后动静压力应满足设计要求;

  2 减压阀的出流量应满足设计要求,当出流量为设计流量的150%时,阀后动压不应小于额定设计工作压力的65%;

  3 减压阀在小流量、设计流量和设计流量的150%时不应出现噪声明显增加;

  4 测试减压阀的阀后动静压差应符合设计要求。

  检查数量:全数检查。

  检查方法:使用压力表、流量计、声强计和直观检查。

13.1.8 消火栓的调试和测试应符合下列规定:

  1 试验消火栓动作时,应检测消防水泵是否在本规范规定的时间内自动启动;

  2 试验消火栓动作时,应测试其出流量、压力和充实水柱的长度;并应根据消防水泵的性能曲线核实消防水泵供水能力;

  3 应检查旋转型消火栓的性能能否满足其性能要求;

  4 应采用专用检测工具,测试减压稳压型消火栓的阀后动静压是否满足设计要求。

  检查数量:全数检查。

  检查方法:使用压力表、流量计和直观检查。

13.1.9 调试过程中,系统排出的水应通过排水设施全部排走,并应符合下列规定:

  1 消防电梯排水设施的自动控制和排水能力应进行测试;

  2 报警阀排水试验管处和末端试水装置处排水设施的排水能力应进行测试,且在地面不应有积水;

  3 试验消火栓处的排水能力应满足试验要求;

  4 消防水泵房排水设施的排水能力应进行测试,并应符合设计要求。

  检查数量:全数检查。

  检查方法:使用压力表、流量计、专用测试工具和直观检查。

13.1.10 控制柜调试和测试应符合下列要求:

  1 应首先空载调试控制柜的控制功能,并应对各个控制程序进行试验验证;

  2 当空载调试合格后,应加负载调试控制柜的控制功能,并应对各个负载电流的状况进行试验检测和验证;

  3 应检查显示功能,并应对电压、电流、故障、声光报警等功能进行试验检测和验证;

  4 应调试自动巡检功能,并应对各泵的巡检动作、时间、周期、频率和转速等进行试验检测和验证;

  5 应试验消防水泵的各种强制启泵功能。

  检查数量:全数检查。

  检查方法:使用电压表、电流表、秒表等仪表和直观检查。

13.1.11 联锁试验应符合下列要求,并应按本规范表C.0.4的要求进行记录:

  1 干式消火栓系统联锁试验,当打开1个消火栓或模拟1个消火栓的排气量排气时,干式报警阀(电动阀/电磁阀)应及时启动,压力开关应发出信号或联锁启动消防防水泵,水力警铃动作应发出机械报警信号;

  2 消防给水系统的试验管放水时,管网压力应持续降低,消防水泵出水干管上压力开关应能自动启动消防水泵;消防给水系统的试验管放水或高位消防水箱排水管放水时,高位消防水箱出水管上的流量开关应动作,且应能自动启动消防水泵;

  3 自动启动时间应符合设计要求和本规范第11.0.3条的有关规定。

  检查数量:全数检查。

  检查方法:直观检查。

13.2 系统验收

13.2.1 系统竣工后，必须进行工程验收，验收应由建设单位组织质检、设计、施工、监理参加，验收不合格不应投入使用。

13.2.2 消防给水及消火栓系统工程验收应按本规范附录E的要求填写。

13.2.3 系统验收时，施工单位应提供下列资料：
1 竣工验收申请报告、设计文件、竣工资料；
2 消防给水及消火栓系统的调试报告；
3 工程质量事故处理报告；
4 施工现场质量管理检查记录；
5 消防给水及消火栓系统施工过程质量管理检查记录；
6 消防给水及消火栓系统质量控制检查资料。

13.2.4 水源的检查验收应符合下列要求：
1 应检查室外给水管网的进水管管径及供水能力，并应检查高位消防水箱、高位消防水池和消防水池等的有效容积和水位测量装置等应符合设计要求；
2 当采用地表天然水源作为消防水源时，其水位、水量、水质等应符合设计要求；
3 应根据有效水文资料检查天然水源枯水期最低水位、常水位和洪水位时确保消防用水应符合设计要求；
4 应根据地下水井抽水试验资料确定常水位、最低水位、出水量和水位测量装置等技术参数和装备应符合设计要求。

检查数量：全数检查。
检查方法：对照设计资料直观检查。

13.2.5 消防水泵房的验收应符合下列要求：
1 消防水泵房的建筑防火要求应符合设计要求和现行国家标准《建筑设计防火规范》GB 50016的有关规定；
2 消防水泵房设置的应急照明、安全出口应符合设计要求；
3 消防水泵房的采暖通风、排水和防洪等应符合设计要求；
4 消防水泵房的设备进出和维修安装空间应满足设备要求；
5 消防水泵控制柜的安装位置和防护等级应符合设计要求。

检查数量：全数检查。
检查方法：对照图纸直观检查。

13.2.6 消防水泵验收应符合下列要求：
1 消防水泵运转应平稳，应无不良噪声的振动；
2 工作泵、备用泵、吸水管、出水管及出水管上的泄压阀、水锤消除设施、止回阀、信号阀等的规格、型号、数量，应符合设计要求；吸水管、出水管上的控制阀应锁定在常开位置，并应有明显标记；
3 消防水泵应采用自灌式引水方式，并应保证全部有效储水被有效利用；
4 分别开启系统中的每一个末端试水装置、试水阀和试验消火栓，水流指示器、压力开关、压力开关（管网）、高位消防水箱流量开关等信号的功能，均应符合设计要求；
5 打开消防水泵出水管上试水阀，当采用主电源启动消防水泵时，消防水泵应启动正常；关掉主电源，主、备电源应能正常切换；备用泵启动和相互切换正常；消防水泵就地和远程启停功能应正常；
6 消防水泵停泵时，水锤消除设施后的压力不应超过水泵出口设计工作压力的1.4倍；
7 消防水泵启动控制应置于自动启动挡；
8 采用固定和移动式流量计和压力表测试消防水泵的性能，水泵性能应满足设计要求。

检查数量：全数检查。
检查方法：直观检查和采用仪表检测。

13.2.7 稳压泵验收应符合下列要求：
1 稳压泵的型号性能等应符合设计要求；
2 稳压泵的控制应符合设计要求，并应有防止稳压泵频繁启动的技术措施；
3 稳压泵在1h内的启停次数应符合设计要求，并不宜大于15次/h；
4 稳压泵供电应正常，自动手动启停应正常；关掉主电源，主、备电源应能正常切换；
5 气压水罐的有效容积以及调节容积应符合设计要求，并应满足稳压泵的启停要求。

检查数量：全数检查。
检查方法：直观检查。

13.2.8 减压阀验收应符合下列要求：
1 减压阀的型号、规格、设计压力和设计流量应符合设计要求；
2 减压阀阀前应有过滤器，过滤器的过滤面积和孔径应符合设计要求和本规范第8.3.4条第2款的规定；
3 减压阀阀前阀后静压力应符合设计要求；
4 减压阀处应有试验用压力排水管道；
5 减压阀在小流量、设计流量和设计流量的150%时不应出现噪声明显增加或管道出现喘振；
6 减压阀的水头损失应小于设计阀后静压和动压差。

检查数量：全数检查。
检查方法：使用压力表、流量计和直观检查。

13.2.9 消防水池、高位消防水池和高位消防水箱验收应符合下列要求：
1 设置位置应符合设计要求；
2 消防水池、高位消防水池和高位消防水箱的有效容积、水位、报警水位等，应符合设计要求；
3 进出水管、溢流管、排水管等应符合设计要求，且溢流管应采用间接排水；
4 管道、阀门和进水浮球阀等应便于检修，人孔和爬梯位置应合理；
5 消防水池吸水井、吸（出）水管喇叭口等设置位置应符合设计要求。

检查数量：全数检查。
检查方法：直观检查。

13.2.10 气压水罐验收应符合下列要求：
1 气压水罐的有效容积、调节容积和稳压泵泵次数应符合设计要求；
2 气压水罐气侧压力应符合设计要求。

检查数量：全数检查。

检查方法：直观检查。

13.2.11 干式消火栓系统报警阀组的验收应符合下列要求：

1 报警阀组的各组件应符合产品标准要求；

2 打开系统流量压力检测装置放水阀，测试的流量、压力应符合设计要求；

3 水力警铃的设置位置应正确。测试时，水力警铃喷嘴处压力不应小于 0.05MPa，且距水力警铃 3m 远处警铃声声强不应小于 70dB；

4 打开手动试水阀动作应可靠；

5 控制阀均应锁定在常开位置；

6 与空气压缩机或火灾自动报警系统的联锁控制，应符合设计要求。

检查数量：全数检查。

检查方法：直观检查。

13.2.12 管网验收应符合下列要求：

1 管道的材质、管径、接头、连接方式及采取的防腐、防冻措施，应符合设计要求，管道标识应符合设计要求；

2 管网排水坡度及辅助排水设施，应符合设计要求；

3 系统中的试验消火栓、自动排气阀应符合设计要求；

4 管网不同部位安装的报警阀组、闸阀、止回阀、电磁阀、信号阀、水流指示器、减压孔板、节流管、减压阀、柔性接头、排水管、排气阀、泄压阀等，均应符合设计要求；

5 干式消火栓系统允许的最大充水时间不应大于 5min；

6 干式消火栓系统报警阀后的管道仅应设置消火栓和有信号显示的阀门；

7 架空管道的立管、配水支管、配水管、配水干管设置的支架，应符合本规范第 12.3.19 条～第 12.3.23 条的规定；

8 室外埋地管道应符合本规范第 12.3.17 条和第 12.3.22 条等的规定。

检查数量：本条第 7 款抽查 20%，且不应少于 5 处；本条第 1 款～第 6 款、第 8 款全数抽查。

检查方法：直观和尺量检查、秒表测量。

13.2.13 消火栓验收应符合下列要求：

1 消火栓的设置场所、位置、规格、型号应符合设计要求和本规范第 7.2 节～第 7.4 节的有关规定；

2 室内消火栓的安装高度应符合设计要求；

3 消火栓的设置位置应符合设计要求和本规范第 7 章的有关规定，并应符合消防救援和火灾扑救工艺的要求；

4 消火栓的减压装置和活动部件应灵活可靠，栓后压力应符合设计要求。

检查数量：抽查消火栓数量 10%，且总数每个供水分区不应少于 10 个，合格率应为 100%。

检查方法：对照图纸尺量检查。

13.2.14 消防水泵接合器数量及进水管位置应符合设计要求，消防水泵接合器应采用消防车车载消防水泵进行充水试验，且供水最不利点的压力、流量应符合设计要求；当有分区供水时应确定消防车的最大供水高度和接力泵的设置位置的合理性。

检查数量：全数检查。

检查方法：使用流量计、压力表和直观检查。

13.2.15 消防给水系统流量、压力的验收，应通过系统流量、压力检测装置和末端试水装置进行放水试验，系统流量、压力和消火栓充实水柱等应符合设计要求。

检查数量：全数检查。

检查方法：直观检查。

13.2.16 控制柜的验收应符合下列要求：

1 控制柜的规格、型号、数量应符合设计要求；

2 控制柜的图纸塑封后应牢固粘贴于柜门内侧；

3 控制柜的动作应符合设计要求和本规范第 11 章的有关规定；

4 控制柜的质量应符合产品标准和本规范第 12.2.7 条的要求。

5 主、备用电源自动切换装置的设置应符合设计要求。

检查数量：全数检查。

检查方法：直观检查。

13.2.17 应进行系统模拟灭火功能试验，且应符合下列要求：

1 干式消火栓报警阀动作，水力警铃应鸣响压力开关动作；

2 流量开关、压力开关和报警阀压力开关等动作，应能自动启动消防水泵及与其联锁的相关设备，并应有反馈信号显示；

3 消防水泵启动后，应有反馈信号显示；

4 干式消火栓系统的干式报警阀的加速排气器动作后，应有反馈信号显示；

5 其他消防联动控制设备启动后，应有反馈信号显示。

检查数量：全数检查。

检查方法：直观检查。

13.2.18 系统工程质量验收判定条件应符合下列规定：

1 系统工程质量缺陷应按本规范附录 F 要求划分；

2 系统验收合格判定应为 $A=0$，且 $B≤2$，且 $B+C≤6$ 为合格；

3 系统验收不符合本条第 2 款要求时，应为不合格。

14 维护管理

14.0.1 消防给水及消火栓系统应有管理、检查检测、维护保养的操作规程；并应保证系统处于准工作状态。维护管理应按本规范附录 G 的要求进行。

14.0.2 维护管理人员应掌握和熟悉消防给水系统的原理、性能和操作规程。

14.0.3 水源的维护管理应符合下列规定：

1 每季度应监测市政给水管网的压力和供水能力；

2 每年应对天然河湖等地表水消防水源的常水位、枯水位、洪水位，以及枯水位流量或蓄水量等进行一次检测；

3 每年应对水井等地下水消防水源的常水位、最低水位、最高水位和出水量等进行一次测定；

4 每月应对消防水池、高位消防水池、高位消防水箱等消防水源设施的水位等进行一次检测；消防水池（箱）玻璃水位计两端的角阀在不进行水位观察时应关闭；

5 在冬季每天应对消防储水设施进行室内温度和水温检测，当结冰或室内温度低于 5℃时，应采取确保不结冰和室温不低于 5℃的措施。

14.0.4 消防水泵和稳压泵等供水设施的维护管理应符合下

列规定：

1 每月应手动启动消防水泵运转一次，并应检查供电电源的情况；

2 每周应模拟消防水泵自动控制的条件自动启动消防水泵运转一次，且应自动记录自动巡检情况，每月应检测记录；

3 每日应对稳压泵的停泵启泵压力和启泵次数等进行检查和记录运行情况；

4 每日应对柴油机消防水泵的启动电池的电量进行检测，每周应检查储油箱的储油量，每月应手动启动柴油机消防水泵运行一次；

5 每季度应对消防水泵的出流量和压力进行一次试验；

6 每月应对气压水罐的压力和有效容积等进行一次检测。

14.0.5 减压阀的维护管理应符合下列规定：

1 每月应对减压阀组进行一次放水试验，并应检测和记录减压阀前后的压力，当不符合设计值时应采取满足系统要求的调试和维修等措施；

2 每年应对减压阀的流量和压力进行一次试验。

14.0.6 阀门的维护管理应符合下列规定：

1 雨淋阀的附属电磁阀应每月检查并应作启动试验，动作失常时应及时更换；

2 每月应对电动阀和电磁阀的供电和启闭性能进行检测；

3 系统上所有的控制阀门均应采用铅封或锁链固定在开启或规定的状态，每月应对铅封、锁链进行一次检查，当有破坏或损坏时应及时修理更换；

4 每季度应对室外阀门井中，进水管上的控制阀门进行一次检查，并应核实其处于全开启状态；

5 每天应对水源控制阀、报警阀组进行外观检查，并应保证系统处于无故障状态；

6 每季度应对系统所有的末端试水阀和报警阀的放水试验阀进行一次放水试验，并应检查系统启动、报警功能以及出水情况是否正常；

7 在市政供水阀门处于完全开启状态时，每月应对倒流防止器的压差进行检测，并应符合国家现行标准《减压型倒流防止器》GB/T 25178、《低阻力倒流防止器》JB/T 11151 和《双止回阀倒流防止器》CJ/T 160 等的有关规定。

14.0.7 每季度应对消火栓进行一次外观和漏水检查，发现有不正常的消火栓应及时更换。

14.0.8 每季度应对消防水泵接合器的接口及附件进行一次检查，并应保证接口完好、无渗漏、闷盖齐全。

14.0.9 每年应对系统过滤器进行至少一次排渣，并应检查过滤器是否处于完好状态，当堵塞或损坏时应及时检修。

14.0.10 每年应检查消防水池、消防水箱等蓄水设施的结构材料是否完好，发现问题时应及时处理。

14.0.11 建筑的使用性质功能或障碍物的改变，影响到消防给水及消火栓系统功能而需要进行修改时，应重新进行设计。

14.0.12 消火栓、消防水泵接合器、消防水泵房、消防水泵、减压阀、报警阀和阀门等，应有明确的标识。

14.0.13 消防给水及消火栓系统应有产权单位负责管理，并应使系统处于随时满足消防的需求和安全状态。

14.0.14 永久性地表水天然水源消防取水口应有防止水生物繁殖的管理技术措施。

14.0.15 消防给水及消火栓系统发生故障，需停水进行修理前，应向主管值班人员报告，并应取得维护负责人的同意，同时应临场监督，应在采取防范措施后再动工。

附录 A 消防给水及消火栓系统分部、分项工程划分

表 A 消防给水及消火栓系统分部、分项工程划分

分部工程	序号	子分部工程	分项工程
消防给水及消火栓系统	1	消防水源施工与安装	消防水池、高位消防水池等安装和施工，江河湖海水库（塘）作为室外水源时取水设施的安装和施工，市政给水入户管和地下水井等
	2	供水设施安装与施工	消防水泵、高位消防水箱、稳压泵安装和气压水罐安装、消防水泵接合器安装等取水设施的安装
	3	供水管网	管网施工与安装
	4	水灭火系统	市政消火栓
			室外消火栓
			室内消火栓
			自动喷水系统
			水喷雾系统
			泡沫系统
			固定消防炮灭火系统
			其他系统或组件
	5	系统试压和冲洗	水压试验、气压试验、冲洗
	6	系统调试	水源测试（压力和流量，以及水池水箱的水位显示装置等）、消防水泵调试、稳压泵和气压水罐调试、减压阀调试、报警阀组调试、排水装置调试、联锁试验

附录 B 施工现场质量管理检查记录

表 B 施工现场质量管理检查记录

工程名称				
建设单位			监理单位	
设计单位			项目负责人	
施工单位			施工许可证	
序号	项目		内容	
1	现场质量管理制度			
2	质量责任制			
3	主要专业工种人员操作上岗证书			
4	施工图审查情况			
5	施工组织设计、施工方案及审批			
6	施工技术标准			
7	工程质量检验制度			
8	现场材料、设备管理			
9	其他			
10				
结论	施工单位项目负责人：（签章） 年 月 日	监理工程师：（签章） 年 月 日		建设单位项目负责人：（签章） 年 月 日

附录 C 消防给水及消火栓系统施工过程质量检查记录

C.0.1 消防给水及消火栓系统施工过程质量检查记录应由施工单位质量检查员按表 C.0.1 填写，监理工程师应进行检查，并应做出检查结论。

表 C.0.1 消防给水及消火栓系统施工过程质量检查记录

工程名称		施工单位	
施工执行规范名称及编号		监理单位	
子分部工程名称		分项工程名称	
项目	《规范》章节条款	施工单位检查评定记录	监理单位验收记录
结论	施工单位项目负责人：（签章） 年 月 日	监理工程师（建设单位项目负责人）：（签章） 年 月 日	

C.0.2 消防给水及消火栓系统试压记录应由施工单位质量检查员填写,监理工程师(建设单位项目负责人)应组织施工单位项目负责人等进行验收,并应按表 C.0.2 填写。

表 C.0.2 消防给水及消火栓系统试压记录

工程名称											
施工单位					建设单位						
					监理单位						
管段号	材质	系统工作压力(MPa)	温度(℃)	强度试验				严密性试验			
				介质	压力(MPa)	时间(min)	结论意见	介质	压力(MPa)	时间(min)	结论意见
参加单位	施工单位项目负责人:(签章) 年 月 日				监理工程师:(签章) 年 月 日				建设单位项目负责人:(签章) 年 月 日		

C.0.3 消防给水及消火栓系统管网冲洗记录应由施工单位质量检查员填写,监理工程师(建设单位项目负责人)应组织施工单位项目负责人等进行验收,并应按表 C.0.3 填写。

表 C.0.3 消防给水及消火栓系统管网冲洗记录

工程名称							
施工单位				建设单位			
				监理单位			
管段号	材质	冲洗					结论意见
		介质	压力(MPa)	流速(m/s)	流量(L/s)	冲洗次数	
参加单位	施工单位(项目)负责人:(签章) 年 月 日			监理工程师:(签章) 年 月 日			建设单位(项目)负责人:(签章) 年 月 日

C.0.4 消防给水及消火栓系统联锁试验记录应由施工单位质量检查员填写，监理工程师（建设单位项目负责人）应组织施工单位项目负责人等进行验收，并应按表C.0.4填写。

表C.0.4 消防给水及消火栓系统联锁试验记录

工程名称			建设单位		
施工单位			监理单位		
系统类型	启动信号（部位）	联动组件动作			
		名称	是否开启	要求动作时间	实际动作时间
消防给水					
湿式消火栓系统	末端试水装置（试验消火栓）	消防水泵			
		压力开关（管网）			
		高位消防水箱水流开关			
		稳压泵			
干式消火栓系统	模拟消火栓动作	干式阀等快速启闭装置			
		水力警铃			
		压力开关			
		充水时间			
		压力开关（管网）			
		高位消防水箱流量开关			
		消防水泵			
		稳压泵			
自动喷水灭火系统	现行国家标准《自动喷水灭火系统施工及验收规范》GB 50261				
水喷雾系统	现行国家标准《自动喷水灭火系统施工及验收规范》GB 50261				
泡沫系统	现行国家标准《泡沫灭火系统施工及验收规范》GB 50281				
消防炮系统					
参加单位	施工单位项目负责人：（签章） 年 月 日		监理工程师：（签章） 年 月 日		建设单位项目负责人：（签章） 年 月 日

附录D 消防给水及消火栓系统工程质量控制资料检查记录

表D 消防给水及消火栓系统工程质量控制资料检查记录

工程名称		施工单位			
分部工程名称	资料名称			数量	核查意见	核查人
消防给水及消火栓系统	1. 施工图、设计说明书、设计变更通知书和设计审核意见书、竣工图					
	2. 主要设备、组件的国家质量监督检验测试中心的检测报告和产品出厂合格证					
	3. 与系统相关的电源、备用动力、电气设备以及联锁控制设备等验收合格证明					
	4. 施工记录表，系统试压记录表，系统管道冲洗记录表，隐蔽工程验收记录表，系统联锁控制试验记录表，系统调试记录表					
	5. 系统及设备使用说明书					
结论	施工单位项目负责人：（签章） 年 月 日		监理工程师：（签章） 年 月 日		建设单位项目负责人（签章）： 年 月 日

附录E 消防给水及消火栓系统工程验收记录

表E 消防给水系统及消火栓系统工程验收记录

工程名称			分部工程名称	
施工单位			项目负责人	
监理单位			监理工程师	
序号	检查项目名称		检查内容记录	检查评定结果
1				
2				
3				
4				
5				
综合验收结论				
验收单位	施工单位：（单位印章）		项目负责人：（签章） 年 月 日	
	监理单位：（单位印章）		总监理工程师：（签章） 年 月 日	
	设计单位：（单位印章）		项目负责人：（签章） 年 月 日	
	建设单位：（单位印章）		项目负责人：（签章） 年 月 日	

附录F 消防给水及消火栓系统验收缺陷项目划分

表F 消防给水及消火栓系统验收缺陷项目划分

缺陷分类	严重缺陷（A）	重缺陷（B）	轻缺陷（C）
包含条款			本规范第13.2.3条
	本规范第13.2.4条		
		本规范第13.2.5条	
	本规范第13.2.6条第2款和第7款	第13.2.6条第1款、第3款～第6款、第8款	
	本规范第13.2.7条第1款	本规范第13.2.7条除第2款～第5款	
	本规范第13.2.8条第1款和第6款	本规范第13.2.8条除第2款～第5款	
	本规范第13.2.9条第1款～第3款		本规范第13.2.9条第4款、第5款
		本规范第13.2.10条第1款	本规范第13.2.10条第2款
		本规范第13.2.11条第1款～第4款、第6款	本规范第13.2.11条第5款
		本规范第13.2.12条	
	本规范第13.2.13条第1款	本规范第13.2.13条第3款和第4款	本规范第13.2.13条第2款
		本规范第13.2.14条	
	本规范第13.2.15条		
	本规范第13.2.16条		
	本规范第13.2.17条第2款和第3款	本规范第13.2.17条第4款和第5款	本规范第13.2.17条第1款

附录 G 消防给水及消火栓系统维护管理工作检查项目

表 G 消防给水及消火栓系统维护管理工作检查项目

部位		工作内容	周期
水源	市政给水管网	压力和流量	每季
	河湖等地表水源	枯水位、洪水位、枯水位流量或蓄水量	每年
	水井	常水位、最低水位、出流量	每年
	消防水池（箱）、高位消防水箱	水位	每年
	室外消防水池等	温度	冬季每天
供水设施	电源	接通状态，电压	每日
	消防水泵	自动巡检记录	每周
		手动启动试运转	每月
		流量和压力	每季
	稳压泵	启停泵压力、启停次数	每日
	柴油机消防水泵	启动电池、储油量	每日
	气压水罐	检测气压、水位、有效容积	每月
减压阀		放水	每月
		测试流量和压力	每年
阀门	雨淋阀的附属电磁阀	每月检查开启	每月
	电动阀或电磁阀	供电、启闭性能检测	每月
	系统所有控制阀门	检查铅封、锁链完好状况	每月
	室外阀门井中控制阀门	检查开启状况	每季
	水源控制阀、报警阀组	外观检查	每天
	末端试水阀、报警阀的试水阀	放水试验，启动性能	每季
	倒流防止器	压差检测	每月
喷头		检查完好状况、清除异物、备用量	每月
消火栓		外观和漏水检查	每季
水泵接合器		检查完好状况	每月
		通水试验	每年
过滤器		排渣、完好状态	每年
储水设备		检查结构材料	每年
系统联锁试验		消火栓和其他水灭火系统等运行功能	每年
消防水泵房、水箱间、报警阀间、减压阀间等供水设备间		检查室温	（冬季）每天

18. 《自动喷水灭火系统设计规范》GB 50084—2017

1 总 则

1.0.2 本规范适用于新建、扩建、改建的民用与工业建筑中自动喷水灭火系统的设计。

本规范不适用于火药、炸药、弹药、火工品工厂、核电站及飞机库等特殊功能建筑中自动喷水灭火系统的设计。

1.0.3 自动喷水灭火系统的设计，应密切结合保护对象的功能和火灾特点，积极采用新技术、新设备、新材料，做到安全可靠、技术先进、经济合理。

1.0.4 设计采用的系统组件，必须符合国家现行的相关标准，并应符合消防产品市场准入制度的要求。

1.0.5 当设置自动喷水灭火系统的建筑或建筑内场所变更用途时，应校核原有系统的适用性。当不适用时，应按本规范重新设计。

1.0.6 自动喷水灭火系统的设计，除应符合本规范的规定外，尚应符合国家现行有关标准的规定。

2 术语和符号

2.1 术 语

2.1.1 自动喷水灭火系统 sprinkler systems
由洒水喷头、报警阀组、水流报警装置（水流指示器或压力开关）等组件，以及管道、供水设施等组成，能在发生火灾时喷水的自动灭火系统。

2.1.2 闭式系统 close-type sprinkler system
采用闭式洒水喷头的自动喷水灭火系统。

2.1.3 开式系统 open-type sprinkler system
采用开式洒水喷头的自动喷水灭火系统。

2.1.4 湿式系统 wet pipe sprinkler system
准工作状态时配水管道内充满用于启动系统的有压水的闭式系统。

2.1.5 干式系统 dry pipe sprinkler system
准工作状态时配水管道内充满用于启动系统的有压气体的闭式系统。

2.1.6 预作用系统 preaction sprinkler system
准工作状态时配水管道内不充水，发生火灾时由火灾自动报警系统、充气管道上的压力开关联锁控制预作用装置和启动消防水泵，向配水管道供水的闭式系统。

2.1.7 重复启闭预作用系统 recycling preaction sprinkler system
能在扑灭火灾后自动关阀、复燃时再次开阀喷水的预作用系统。

2.1.8 雨淋系统 deluge sprinkler system
由开式洒水喷头、雨淋报警阀组等组成，发生火灾时由火灾自动报警系统或传动管控制，自动开启雨淋报警阀组和启动消防水泵，用于灭火的开式系统。

2.1.9 水幕系统 drencher sprinkler system
由开式洒水喷头或水幕喷头、雨淋报警阀组或感温雨淋报警阀等组成，用于防火分隔或防护冷却的开式系统。

2.1.10 防火分隔水幕 fire compartment drencher sprinkler system
由开式洒水喷头或水幕喷头、雨淋报警阀组或感温雨淋报警阀等组成，发生火灾时密集喷洒形成水墙或水帘的水幕系统。

2.1.11 防护冷却水幕 cooling protection drencher sprinkler system
由水幕喷头、雨淋报警阀组或感温雨淋报警阀等组成，发生火灾时用于冷却防火卷帘、防火玻璃墙等防火分隔设施的水幕系统。

2.1.12 防护冷却系统 cooling protection sprinkler system
由闭式洒水喷头、湿式报警阀组等组成，发生火灾时用于冷却防火卷帘、防火玻璃墙等防火分隔设施的闭式系统。

2.1.13 作用面积 operation area of sprinkler system
一次火灾中系统按喷水强度保护的最大面积。

2.1.14 响应时间指数 response time index（RTI）
闭式洒水喷头的热敏性能指标。

2.1.15 快速响应洒水喷头 fast response sprinkler
响应时间指数 $RTI \leqslant 50(m \cdot s)^{0.5}$ 的闭式洒水喷头。

2.1.16 特殊响应洒水喷头 special response sprinkler
响应时间指数 $50 < RTI \leqslant 80(m \cdot s)^{0.5}$ 的闭式洒水喷头。

2.1.17 标准响应洒水喷头 standard response sprinkler
响应时间指数 $80 < RTI \leqslant 350(m \cdot s)^{0.5}$ 的闭式洒水喷头。

2.1.18 一只喷头的保护面积 protection area of the sprinkler
同一根配水支管上相邻洒水喷头的距离与相邻配水支管之间距离的乘积。

2.1.19 标准覆盖面积洒水喷头 standard coverage sprinkler
流量系数 $K \geqslant 80$，一只喷头的最大保护面积不超过 $20m^2$ 的直立型、下垂型洒水喷头及一只喷头的最大保护面积不超过 $18m^2$ 的边墙型洒水喷头。

2.1.20 扩大覆盖面积洒水喷头 extended coverage (EC) sprinkler
流量系数 $K \geqslant 80$，一只喷头的最大保护面积大于标准覆盖面积洒水喷头的保护面积，且不超过 $36m^2$ 的洒水喷头，包括直立型、下垂型和边墙型扩大覆盖面积洒水喷头。

2.1.21 标准流量洒水喷头 standard orifice sprinkler
流量系数 $K = 80$ 的标准覆盖面积洒水喷头。

2.1.22 早期抑制快速响应喷头 early suppression fast response (ESFR) sprinkler
流量系数 $K \geqslant 161$，响应时间指数 $RTI \leqslant 28 \pm 8(m \cdot s)^{0.5}$，

用于保护堆垛与高架仓库的标准覆盖面积洒水喷头。

2.1.23 特殊应用喷头 specific application sprinkler

流量系数 $K \geqslant 161$，具有较大水滴粒径，在通过标准试验验证后，可用于民用建筑和厂房高大空间场所以及仓库的标准覆盖面积洒水喷头，包括非仓库型特殊应用喷头和仓库型特殊应用喷头。

2.1.24 家用喷头 residential sprinkler

适用于住宅建筑和非住宅类居住建筑的一种快速响应洒水喷头。

2.1.25 配水干管 feed mains

报警阀后向配水管供水的管道。

2.1.26 配水管 cross mains

向配水支管供水的管道。

2.1.27 配水支管 branch lines

直接或通过短立管向洒水喷头供水的管道。

2.1.28 配水管道 system pipes

配水干管、配水管及配水支管的总称。

2.1.29 短立管 sprig

连接洒水喷头与配水支管的立管。

2.1.30 消防洒水软管 flexible sprinkler hose fittings

连接洒水喷头与配水管道的挠性金属软管及洒水喷头调整固定装置。

2.1.31 信号阀 signal valve

具有输出启闭状态信号功能的阀门。

2.2 符 号

a——喷头与障碍物的水平距离；
b——喷头溅水盘与障碍物底面的垂直距离；
c——障碍物横截面的一个边长；
C_h——海澄—威廉系数；
d——管道外径；
d_g——节流管的计算内径；
d_j——管道的计算内径；
d_k——减压孔板的孔口直径；
e——障碍物横截面的另一个边长；
f——喷头溅水盘与不到顶隔墙顶面的垂直间距；
g——重力加速度；
H——水泵扬程或系统入口的供水压力；
H_c——从城市市政管网直接抽水时城市管网的最低水压；
H_g——节流管的水头损失；
H_k——减压孔板的水头损失；
h——最大净空高度；
h_s——最大储物高度；
i——管道单位长度的水头损失；
K——喷头流量系数；
L——节流管的长度；
n——最不利点处作用面积内的洒水喷头数；
P——喷头工作压力；
P_0——最不利点处喷头的工作压力；
P_p——系统管道沿程和局部的水头损失；
Q——系统设计流量；
q——喷头流量；
q_i——最不利点处作用面积内各喷头节点的流量；
q_g——管道设计流量；
S——喷头间距；
S_L——喷头溅水盘与顶板的距离；
S_w——喷头溅水盘与背墙的距离；
V——管道内水的平均流速；
V_g——节流管内水的平均流速；
V_k——减压孔板后管道内水的平均流速；
Z——最不利点处喷头与消防水池最低水位或系统入口管水平中心线之间的高程差；
ζ——节流管中渐缩管与渐扩管的局部阻力系数之和；
ξ——减压孔板的局部阻力系数。

3 设置场所火灾危险等级

3.0.1 设置场所的火灾危险等级应划分为轻危险级、中危险级（Ⅰ级、Ⅱ级）、严重危险级（Ⅰ级、Ⅱ级）和仓库危险级（Ⅰ级、Ⅱ级、Ⅲ级）。

3.0.2 设置场所的火灾危险等级，应根据其用途、容纳物品的火灾荷载及室内空间条件等因素，在分析火灾特点和热气流驱动洒水喷头开放及喷水到位的难易程度后确定，设置场所应按本规范附录 A 进行分类。

4 系统基本要求

4.1 一般规定

4.1.1 自动喷水灭火系统的设置场所应符合国家现行相关标准的规定。

4.1.2 自动喷水灭火系统不适用于存在较多下列物品的场所：

1 遇水发生爆炸或加速燃烧的物品；
2 遇水发生剧烈化学反应或产生有毒有害物质的物品；
3 洒水将导致喷溅或沸溢的液体。

4.1.3 自动喷水灭火系统的设计原则应符合下列规定：

1 闭式洒水喷头或启动系统的火灾探测器，应能有效探测初期火灾；
2 湿式系统、干式系统应在开放一只洒水喷头后自动启动，预作用系统、雨淋系统和水幕系统应根据其类型由火灾探测器、闭式洒水喷头作为探测元件，报警后自动启动；
3 作用面积内开放的洒水喷头，应在规定时间内按设计选定的喷水强度持续喷水；
4 喷头洒水时，应均匀分布，且不应受阻挡。

4.2 系统选型

4.2.1 自动喷水灭火系统选型应根据设置场所的建筑特征、环境条件和火灾特点等选择相应的开式或闭式系统。露天场所不宜采用闭式系统。

4.2.2 环境温度不低于4℃且不高于70℃的场所，应采用湿式系统。

4.2.3 环境温度低于4℃或高于70℃的场所，应采用干式系统。

4.2.4 具有下列要求之一的场所，应采用预作用系统：
 1 系统处于准工作状态时严禁误喷的场所；
 2 系统处于准工作状态时严禁管道充水的场所；
 3 用于替代干式系统的场所。

4.2.5 灭火后必须及时停止喷水的场所，应采用重复启闭预作用系统。

4.2.6 具有下列条件之一的场所，应采用雨淋系统：
 1 火灾的水平蔓延速度快、闭式洒水喷头的开放不能及时使喷水有效覆盖着火区域的场所；
 2 设置场所的净空高度超过本规范第6.1.1条的规定，且必须迅速扑救初期火灾的场所；
 3 火灾危险等级为严重危险级Ⅱ级的场所。

4.2.7 符合下列条件之一的场所，宜采用设置早期抑制快速响应喷头的自动喷水灭火系统。当采用早期抑制快速响应喷头时，系统应为湿式系统，且系统设计基本参数应符合本规范第5.0.5条的规定。
 1 最大净空高度不超过13.5m且最大储物高度不超过12.0m，储物类别为仓库危险级Ⅰ、Ⅱ级或沥青制品、箱装不发泡塑料的仓库及类似场所；
 2 最大净空高度不超过12.0m且最大储物高度不超过10.5m，储物类别为袋装不发泡塑料、箱装发泡塑料和袋装发泡塑料的仓库及类似场所。

4.2.8 符合下列条件之一的场所，宜采用设置仓库型特殊应用喷头的自动喷水灭火系统，系统设计基本参数应符合本规范第5.0.6条的规定。
 1 最大净空高度不超过12.0m且最大储物高度不超过10.5m，储物类别为仓库危险级Ⅰ、Ⅱ级或箱装不发泡塑料的仓库及类似场所；
 2 最大净空高度不超过7.5m且最大储物高度不超过6.0m，储物类别为袋装不发泡塑料和箱装发泡塑料的仓库及类似场所。

4.3 其 他

4.3.1 建筑物中保护局部场所的干式系统、预作用系统、雨淋系统、自动喷水—泡沫联用系统，可串联接入同一建筑物内的湿式系统，并应与其配水干管连接。

4.3.2 自动喷水灭火系统应有下列组件、配件和设施：
 1 应设有洒水喷头、报警阀组、水流报警装置等组件和末端试水装置，以及管道、供水设施等；
 2 应设有泄水阀（或泄水口）、排气阀（或排气口）和排污口；
 3 干式系统和预作用系统的配水管道应设快速排气阀。有压充气管道的快速排气阀入口前应设电动阀。

4.3.3 防护冷却水幕应直接将水喷向被保护对象；防火分隔水幕不宜用于尺寸超过15m(宽)×8m(高)的开口（舞台口除外）。

5 设计基本参数

5.0.1 民用建筑和厂房采用湿式系统时的设计基本参数不应低于表5.0.1的规定。

表5.0.1 民用建筑和厂房采用湿式系统的设计基本参数

火灾危险等级		最大净空高度 h (m)	喷水强度 [L/(min·m²)]	作用面积 (m²)
轻危险级		$h\leqslant 8$	4	160
中危险级	Ⅰ级		6	160
	Ⅱ级		8	
严重危险级	Ⅰ级		12	260
	Ⅱ级		16	

注：系统最不利点处洒水喷头的工作压力不应低于0.05MPa。

5.0.2 民用建筑和厂房高大空间场所采用湿式系统的设计基本参数不应低于表5.0.2的规定。

表5.0.2 民用建筑和厂房高大空间场所采用湿式系统的设计基本参数

适用场所		最大净空高度 h (m)	喷水强度 [L/(min·m²)]	作用面积 (m²)	喷头间距 S (m)
民用建筑	中庭、体育馆、航站楼等	$8<h\leqslant 12$	12	160	$1.8\leqslant S \leqslant 3.0$
		$12<h\leqslant 18$	15		
	影剧院、音乐厅、会展中心等	$8<h\leqslant 12$	15		
		$12<h\leqslant 18$	20		
厂房	制衣制鞋、玩具、木器、电子生产车间等	$8<h\leqslant 12$	15		
	棉纺厂、麻纺厂、泡沫塑料生产车间等		20		

注：1 表中未列入的场所，应根据本表规定场所的火灾危险性类比确定。
 2 当民用建筑高大空间场所的最大净空高度为$12m<h\leqslant 18m$时，应采用非仓库型特殊应用喷头。

5.0.3 最大净空高度超过8m的超级市场采用湿式系统的设计基本参数应按本规范第5.0.4条和第5.0.5条的规定执行。

5.0.4 仓库及类似场所采用湿式系统的设计基本参数应符合下列要求：
 1 当设置场所的火灾危险等级为仓库危险级Ⅰ级～Ⅲ级时，系统设计基本参数不应低于表5.0.4-1～表5.0.4-4的规定；
 2 当仓库危险级Ⅰ级、仓库危险级Ⅱ级场所中混杂储存仓库危险级Ⅲ级物品时，系统设计基本参数不应低于表5.0.4-5的规定。

表 5.0.4-1　仓库危险级Ⅰ级场所的系统设计基本参数

储存方式	最大净空高度 h (m)	最大储物高度 h_s (m)	喷水强度 [L/(min·m²)]	作用面积 (m²)	持续喷水时间 (h)
堆垛、托盘	9.0	$h_s \leq 3.5$	8.0	160	1.0
		$3.5 < h_s \leq 6.0$	10.0	200	
		$6.0 < h_s \leq 7.5$	14.0		
单、双、多排货架		$h_s \leq 3.0$	6.0	160	1.5
		$3.0 < h_s \leq 3.5$	8.0		
		$3.5 < h_s \leq 6.0$	18.0	200	
单、双排货架		$6.0 < h_s \leq 7.5$	14.0+1J		
多排货架		$3.5 < h_s \leq 4.5$	12.0		
		$4.5 < h_s \leq 6.0$	18.0		
		$6.0 < h_s \leq 7.5$	18.0+1J		

注：1　货架储物高度大于7.5m时，应设置货架内置洒水喷头。顶板下洒水喷头的喷水强度不应低于18L/(min·m²)，作用面积不应小于200m²，持续喷水时间不应小于2h。
　　2　本表及表5.0.4-2、5.0.4-5中字母"J"表示货架内置洒水喷头，"J"前的数字表示货架内置洒水喷头的层数。

表 5.0.4-2　仓库危险级Ⅱ级场所的系统设计基本参数

储存方式	最大净空高度 h (m)	最大储物高度 h_s (m)	喷水强度 [L/(min·m²)]	作用面积 (m²)	持续喷水时间 (h)
堆垛、托盘	9.0	$h_s \leq 3.5$	8.0	160	1.5
		$3.5 < h_s \leq 6.0$	16.0	200	2.0
		$6.0 < h_s \leq 7.5$	22.0		
单、双、多排货架		$h_s \leq 3.0$	8.0	160	1.5
		$3.0 < h_s \leq 3.5$	12.0	200	
单、双排货架		$3.5 < h_s \leq 6.0$	24.0	280	
		$6.0 < h_s \leq 7.5$	22.0+1J		2.0
多排货架		$3.5 < h_s \leq 4.5$	18.0	200	
		$4.5 < h_s \leq 6.0$	18.0+1J		
		$6.0 < h_s \leq 7.5$	18.0+2J		

注：货架储物高度大于7.5m时，应设置货架内置洒水喷头。顶板下洒水喷头的喷水强度不应低于20L/(min·m²)，作用面积不应小于200m²，持续喷水时间不应小于2h。

表 5.0.4-3　货架储存时仓库危险级Ⅲ级场所的系统设计基本参数

序号	最大净空高度 h (m)	最大储物高度 h_s (m)	货架类型	喷水强度 [L/(min·m²)]	货架内置洒水喷头 层数	货架内置洒水喷头 高度 (m)	货架内置洒水喷头 流量系数 K
1	4.5	$1.5 < h_s \leq 3.0$	单、双、多	12.0			

续表 5.0.4-3

序号	最大净空高度 h (m)	最大储物高度 h_s (m)	货架类型	喷水强度 [L/(min·m²)]	货架内置洒水喷头 层数	货架内置洒水喷头 高度 (m)	货架内置洒水喷头 流量系数 K
2	6.0	$1.5 < h_s \leq 3.0$	单、双、多	18.0	—	—	—
3	7.5	$3.0 < h_s \leq 4.5$	单、双、多	24.5	—	—	—
4	7.5	$3.0 < h_s \leq 4.5$	单、双、多	12.0	1	3.0	80
5	7.5	$4.5 < h_s \leq 6.0$	单、双	24.5	—	—	—
6	7.5	$4.5 < h_s \leq 6.0$	单、双、多	12.0	1	4.5	115
7	9.0	$4.5 < h_s \leq 6.0$	单、双、多	18.0	1	3.0	80
8	8.0	$4.5 < h_s \leq 6.0$	单、双、多	24.5	—	—	—
9	9.0	$6.0 < h_s \leq 7.5$	单、双、多	18.5	1	4.5	115
10	9.0	$6.0 < h_s \leq 7.5$	单、双、多	32.5	—	—	—
11	9.0	$6.0 < h_s \leq 7.5$	单、双、多	12.0	2	3.0, 6.0	80

注：1　作用面积不应小于200m²，持续喷水时间不应低于2h。
　　2　序号4,6,7,11：货架内设置一排货架内置洒水喷头时，喷头的间距不应大于3.0m；设置两排或多排货架内置洒水喷头时，喷头的间距不应大于3.0×2.4(m)。
　　3　序号9：货架内设置一排货架内置洒水喷头时，喷头的间距不应大于2.4m，设置两排或多排货架内置洒水喷头时，喷头的间距不应大于2.4×2.4(m)。
　　4　序号8：应采用流量系数K等于161,202,242,363的洒水喷头。
　　5　序号10：应采用流量系数K等于242,363的洒水喷头。
　　6　货架储物高度大于7.5m时，应设置货架内置洒水喷头，顶板下洒水喷头的喷水强度不应低于22.0L/(min·m²)，作用面积不应小于200m²，持续喷水时间不应小于2h。

表 5.0.4-4　堆垛储存时仓库危险级Ⅲ级场所的系统设计基本参数

最大净空高度 h (m)	最大储物高度 h_s (m)	喷水强度 [L/(min·m²)]			
		A	B	C	D
7.5	1.5	8.0			
4.5	3.5	16.0	16.0	12.0	12.0
6.0		24.5	22.0	20.5	16.5
9.0		32.5	28.5	24.5	18.5

续表 5.0.4-4

最大净空高度 h (m)	最大储物高度 h_s (m)	喷水强度[L/(min·m²)]			
		A	B	C	D
6.0	4.5	24.5	22.0	20.5	16.5
7.5	6.0	32.5	28.5	24.5	18.5
9.0	7.5	36.5	34.5	28.5	22.5

注：1 A—袋装与无包装的发泡塑料橡胶；B—箱装的发泡塑料橡胶；
  C—袋装与无包装的不发泡塑料橡胶；D—箱装的不发泡塑料橡胶。
  2 作用面积不应小于240m²，持续喷水时间不应低于2h。

表 5.0.4-5 仓库危险级Ⅰ级、Ⅱ级场所中混杂储存仓库危险级Ⅲ级场所物品时的系统设计基本参数

储物类别	储存方式	最大净空高度 h (m)	最大储物高度 h_s (m)	喷水强度 [L/(min·m²)]	作用面积 (m²)	持续喷水时间 (h)
储物中包括沥青制品或箱装A组塑料橡胶	堆垛与货架	9.0	$h_s \leq 1.5$	8	160	1.5
		4.5	$1.5 < h_s \leq 3.0$	12	240	2.0
		6.0	$1.5 < h_s \leq 3.0$	16	240	2.0
		5.0	$3.0 < h_s \leq 3.5$	16	240	2.0
	堆垛	8.0	$3.0 < h_s \leq 3.5$	16	240	2.0
	货架	9.0	$1.5 < h_s \leq 3.5$	8+1J	160	2.0
储物中包括袋装A组塑料橡胶	堆垛与货架	9.0	$h_s \leq 1.5$	8	160	1.5
		4.5	$1.5 < h_s \leq 3.0$	16	240	2.0
		5.0	$3.0 < h_s \leq 3.5$			
	堆垛	9.0	$1.5 < h_s \leq 2.5$	16	240	2.0
储物中包括袋装不发泡A组塑料橡胶	堆垛与货架	6.0	$1.5 < h_s \leq 3.0$	16	240	2.0
储物中包括袋装发泡A组塑料橡胶	货架	6.0	$1.5 < h_s \leq 3.0$	8+1J	160	2.0
储物中包括轮胎或纸卷	堆垛与货架	9.0	$1.5 < h_s \leq 3.5$	12	240	2.0

注：1 无包装的塑料橡胶视同纸袋、塑料袋包装。
  2 货架内置洒水喷头应采用与顶板下洒水喷头相同的喷水强度，用水量应按开放6只洒水喷头确定。

5.0.5 仓库及类似场所采用早期抑制快速响应喷头时，系统的设计基本参数不应低于表5.0.5的规定。

表 5.0.5 采用早期抑制快速响应喷头的系统设计基本参数

储物类别	最大净空高度 (m)	最大储物高度 (m)	喷头流量系数 K	喷头设置方式	喷头最低工作压力 (MPa)	喷头最大间距 (m)	喷头最小间距 (m)	作用面积内开放的喷头数
Ⅰ、Ⅱ级、沥青制品、箱装不发泡塑料	9.0	7.5	202	直立型 下垂型	0.35	3.7	2.4	12
			242	直立型 下垂型	0.25			
			320	下垂型	0.20			
			363	下垂型	0.15			
	10.5	9.0	202	直立型 下垂型	0.50	3.0		
			242	直立型 下垂型	0.35			
			320	下垂型	0.25			
			363	下垂型	0.20			
	12.0	10.5	202	下垂型	0.50			
			242	下垂型	0.35			
			363	下垂型	0.30			
	13.5	12.0	363	下垂型	0.35			
袋装不发泡塑料	9.0	7.5	202	下垂型	0.50	3.7		
			242	下垂型	0.35			
			363	下垂型	0.25			
	10.5	9.0	363	下垂型	0.35	3.0		
	12.0	10.5	363	下垂型	0.40			
箱装发泡塑料	9.0	7.5	202	直立型 下垂型	0.35	3.7		
			242	直立型 下垂型	0.25			
			320	下垂型	0.25			
			363	下垂型	0.15			
	12.0	10.5	363	下垂型	0.40	3.0		
袋装发泡塑料	7.5	6.0	202	下垂型	0.50	3.7		
			242	下垂型	0.35			
			363	下垂型	0.20			
	9.0	7.5	202	下垂型	0.70	3.7		
			242	下垂型	0.50			
			363	下垂型	0.30			
	12.0	10.5	363	下垂型	0.50	3.0		20

5.0.6 仓库及类似场所采用仓库型特殊应用喷头时，湿式系统的设计基本参数不应低于表5.0.6的规定。

表 5.0.6 采用仓库型特殊应用喷头的湿式系统设计基本参数

储物类别	最大净空高度(m)	最大储物高度(m)	喷头流量系数 K	喷头设置方式	喷头最低工作压力(MPa)	喷头最大间距(m)	喷头最小间距(m)	作用面积内开放的喷头数	持续喷水时间(h)
Ⅰ级、Ⅱ级	7.5	6.0	161	直立型	0.20	3.7	2.4	15	1.0
				下垂型					
			200	下垂型	0.15				
			242	直立型	0.10				
			363	下垂型	0.07			12	
				直立型	0.15				
	9.0	7.5	161	直立型	0.35			20	
				下垂型					
			200	下垂型	0.25				
			242	直立型	0.15				
			363	直立型	0.15			12	
				下垂型	0.07				
	12.0	10.5	363	直立型	0.10	3.0		24	
				下垂型	0.20			12	
箱装不发泡塑料	7.5	6.0	161	直立型	0.35	3.7		15	
				下垂型					
			200	下垂型	0.25				
			242	直立型	0.15				
			363	直立型	0.15			12	
				下垂型	0.07				
	9.0	7.5	363	直立型	0.15			12	
				下垂型	0.07				
	12.0	10.5	363	下垂型	0.20	3.0			
箱装发泡塑料	7.5	6.0	161	直立型	0.35	3.7		15	
				下垂型					
			200	下垂型	0.25				
			242	直立型	0.15				
			363	直立型	0.07				
				下垂型					

5.0.7 设置自动喷水灭火系统的仓库及类似场所,当采用货架储存时应采用钢制货架,并应采用通透层板,且层板中通透部分的面积不应小于层板总面积的50%。当采用木制货架或采用封闭层板货架时,其系统设置应按堆垛储物仓库确定。

5.0.8 货架仓库的最大净空高度或最大储物高度超过本规范第5.0.5条的规定时,应设货架内置洒水喷头,且货架内置洒水喷头上方的层间隔板应为实层板。货架内置洒水喷头的设置应符合下列规定:

1 仓库危险级Ⅰ级、Ⅱ级场所应在自地面起每3.0m设置一层货架内置洒水喷头,仓库危险级Ⅲ级场所应在自地面起每1.5m~3.0m设置一层货架内置洒水喷头,且最高层货架内置洒水喷头与储物顶部的距离不应超过3.0m;

2 当采用流量系数等于80的标准覆盖面积洒水喷头时,工作压力不应小于0.20MPa;当采用流量系数等于115的标准覆盖面积洒水喷头时,工作压力不应小于0.10MPa;

3 洒水喷头间距不应大于3m,且不应小于2m。计算货架内开放洒水喷头数量不应小于表5.0.8的规定;

4 设置2层及以上货架内置洒水喷头时,洒水喷头应交错布置。

表 5.0.8 货架内开放洒水喷头数量

仓库危险级	货架内置洒水喷头的层数		
	1	2	>2
Ⅰ级	6	12	14
Ⅱ级	8	14	
Ⅲ级	10		

注:货架内置洒水喷头超过2层时,计算流量应按最顶层2层,且每层开放洒水喷头数按本表规定值的1/2确定。

5.0.10 干式系统和雨淋系统的设计要求应符合下列规定:

1 干式系统的喷水强度应按本规范表5.0.1、表5.0.4-1～表5.0.4-5的规定值确定，系统作用面积应按对应值的1.3倍确定；

2 雨淋系统的喷水强度和作用面积应按本规范表5.0.1的规定值确定，且每个雨淋报警阀控制的喷水面积不宜大于表5.0.1中的作用面积。

5.0.11 预作用系统的设计要求应符合下列规定：

1 系统的喷水强度应按本规范表5.0.1、表5.0.4-1～表5.0.4-5的规定值确定；

2 当系统采用仅由火灾自动报警系统直接控制预作用装置时，系统的作用面积应按本规范表5.0.1、表5.0.4-1～表5.0.4-5的规定值确定；

3 当系统采用由火灾自动报警系统和充气管道上设置的压力开关控制预作用装置时，系统的作用面积应按本规范表5.0.1、表5.0.4-1～表5.0.4-5规定值的1.3倍确定。

5.0.12 仅在走道设置洒水喷头的闭式系统，其作用面积应按最大疏散距离所对应的走道面积确定。

5.0.13 装设网格、栅板类通透性吊顶的场所，系统的喷水强度应按本规范表5.0.1、表5.0.4-1～表5.0.4-5规定值的1.3倍确定，且喷头布置应按本规范第7.1.13条的规定执行。

5.0.14 水幕系统的设计基本参数应符合表5.0.14的规定：

表5.0.14 水幕系统的设计基本参数

水幕系统类别	喷水点高度h（m）	喷水强度[L/(s·m)]	喷头工作压力（MPa）
防火分隔水幕	$h \leq 12$	2.0	0.1
防护冷却水幕	$h \leq 4$	0.5	

注：1 防护冷却水幕的喷水点高度每增加1m，喷水强度应增加0.1L/(s·m)，但超过9m时喷水强度仍采用1.0L/(s·m)。
2 系统持续喷水时间不应小于系统设置部位的耐火极限要求。
3 喷头布置应符合本规范第7.1.16条的规定。

5.0.15 当采用防护冷却系统保护防火卷帘、防火玻璃墙等防火分隔设施时，系统应独立设置，且应符合下列要求：

1 喷头设置高度不应超过8m；当设置高度为4m～8m时，应采用快速响应洒水喷头；

2 喷头设置高度不超过4m时，喷水强度不应小于0.5L/(s·m)；当超过4m时，每增加1m，喷水强度应增加0.1L/(s·m)；

3 喷头的设置应确保喷洒到被保护对象后布水均匀，喷头间距为1.8m～2.4m；喷头溅水盘与防火分隔设施的水平距离不应大于0.3m，与顶板的距离应符合本规范第7.1.15条的规定；

4 持续喷水时间不应小于系统设置部位的耐火极限要求。

5.0.16 除本规范另有规定外，自动喷水灭火系统的持续喷水时间应按火灾延续时间不小于1h确定。

5.0.17 利用有压气体作为系统启动介质的干式系统和预作用系统，其配水管道内的气压值应根据报警阀的技术性能确定；利用有压气体检测管道是否严密的预作用系统，配水管道内的气压值不宜小于0.03MPa，且不应大于0.05MPa。

6 系统组件

6.1 喷 头

6.1.1 设置闭式系统的场所，洒水喷头类型和场所的最大净空高度应符合表6.1.1的规定；仅用于保护室内钢屋架等建筑构件的洒水喷头和设置货架内置洒水喷头的场所，可不受此表规定的限制。

表6.1.1 洒水喷头类型和场所净空高度

设置场所		喷头类型			场所净空高度h（m）
		一只喷头的保护面积	响应时间性能	流量系数K	
民用建筑	普通场所	标准覆盖面积洒水喷头	快速响应喷头特殊响应喷头标准响应喷头	$K \geq 80$	$h \leq 8$
		扩大覆盖面积洒水喷头	快速响应喷头	$K \geq 80$	
	高大空间场所	标准覆盖面积洒水喷头	快速响应喷头	$K \geq 115$	$8 < h \leq 12$
		非仓库型特殊应用喷头			
		非仓库型特殊应用喷头			$12 < h \leq 18$
厂房		标准覆盖面积洒水喷头	特殊响应喷头标准响应喷头	$K \geq 80$	$h \leq 8$
		扩大覆盖面积洒水喷头	标准响应喷头	$K \geq 80$	
		标准覆盖面积洒水喷头	特殊响应喷头标准响应喷头	$K \geq 115$	$8 < h \leq 12$
		非仓库型特殊应用喷头			
仓库		标准覆盖面积洒水喷头	特殊响应喷头标准响应喷头	$K \geq 80$	$h \leq 9$
		仓库型特殊应用喷头			$h \leq 12$
		早期抑制快速响应喷头			$h \leq 13.5$

6.1.3 湿式系统的洒水喷头选型应符合下列规定：

1 不做吊顶的场所，当配水支管布置在梁下时，应采用直立型洒水喷头；

2 吊顶下布置的洒水喷头，应采用下垂型洒水喷头或吊顶型洒水喷头；

4 易受碰撞的部位，应采用带保护罩的洒水喷头或吊顶型洒水喷头；

7 不宜选用隐蔽式洒水喷头；确需采用时，应仅适用于轻危险级和中危险级Ⅰ级场所。

6.1.4 干式系统、预作用系统应采用直立型洒水喷头或干式下垂型洒水喷头。

6.1.5 水幕系统的喷头选型应符合下列规定：

1 防火分隔水幕应采用开式洒水喷头或水幕喷头；

2 防护冷却水幕应采用水幕喷头。

6.1.7 下列场所宜采用快速响应洒水喷头。当采用快速响应洒水喷头时，系统应为湿式系统。
  1 公共娱乐场所、中庭环廊；
  2 医院、疗养院的病房及治疗区域，老年、少儿、残疾人的集体活动场所；
  3 超出消防水泵接合器供水高度的楼层；
  4 地下商业场所。
6.1.8 同一隔间内应采用相同热敏性能的洒水喷头。
6.1.9 雨淋系统的防护区内应采用相同的洒水喷头。
6.1.10 自动喷水灭火系统应有备用洒水喷头，其数量不应少于总数的1%，且每种型号均不得少于10只。

6.2 报警阀组

6.2.1 自动喷水灭火系统应设报警阀组。保护室内钢屋架等建筑构件的闭式系统，应设独立的报警阀组。水幕系统应设独立的报警阀组或感温雨淋报警阀。
6.2.2 串联接入湿式系统配水干管的其他自动喷水灭火系统，应分别设置独立的报警阀组，其控制的洒水喷头数计入湿式报警阀组控制的洒水喷头总数。
6.2.3 一个报警阀组控制的洒水喷头数应符合下列规定：
  2 当配水支管同时设置保护吊顶下方和上方空间的洒水喷头时，应只将数量较多一侧的洒水喷头计入报警阀组控制的洒水喷头总数。
6.2.5 雨淋报警阀的电磁阀，其入口应设过滤器。并联设置雨淋报警阀组的雨淋系统，其雨淋报警阀控制腔的入口应设止回阀。
6.2.6 报警阀组宜设在安全及易于操作的地点，报警阀距地面的高度宜为1.2m。设置报警阀组的部位应设有排水设施。
6.2.7 连接报警阀进出口的控制阀应采用信号阀。当不采用信号阀时，控制阀应设锁定阀位的锁具。
6.2.8 水力警铃的工作压力不应小于0.05MPa，并应符合下列规定：
  1 应设在有人值班的地点附近或公共通道的外墙上；
  2 与报警阀连接的管道，其管径应为20mm，总长不宜大于20m。

6.3 水流指示器

6.3.1 除报警阀组控制的洒水喷头只保护不超过防火分区面积的同层场所外，每个防火分区、每个楼层均应设水流指示器。
6.3.2 仓库内顶板下洒水喷头与货架内置洒水喷头应分别设置水流指示器。
6.3.3 当水流指示器入口前设置控制阀时，应采用信号阀。

6.4 压力开关

6.4.1 雨淋系统和防火分隔水幕，其水流报警装置应采用压力开关。
6.4.2 自动喷水灭火系统应采用压力开关控制稳压泵，并应能调节启停压力。

6.5 末端试水装置

6.5.1 每个报警阀组控制的最不利点洒水喷头处应设末端试水装置，其他防火分区、楼层均应设直径为25mm的试水阀。
6.5.2 末端试水装置应由试水阀、压力表以及试水接头组成。试水接头出水口的流量系数，应等同于同楼层或防火分区内的最小流量系数洒水喷头。末端试水装置的出水，应采取孔口出流的方式排入排水管道，排水立管宜设伸顶通气管，且管径不应小于75mm。
6.5.3 末端试水装置和试水阀应有标识，距地面的高度宜为1.5m，并应采取不被他用的措施。

7 喷头布置

7.1 一般规定

7.1.1 喷头应布置在顶板或吊顶下易于接触到火灾热气流并有利于均匀布水的位置。当喷头附近有障碍物时，应符合本规范第7.2节的规定或增设补偿喷水强度的喷头。
7.1.2 直立型、下垂型标准覆盖面积洒水喷头的布置，包括同一根配水支管上喷头的间距及相邻配水支管的间距，应根据设置场所的火灾危险等级、洒水喷头类型和工作压力确定，并不应大于表7.1.2的规定，且不应小于1.8m。

表7.1.2 直立型、下垂型标准覆盖面积洒水喷头的布置

火灾危险等级	正方形布置的边长（m）	矩形或平行四边形布置的长边边长（m）	一只喷头的最大保护面积（m²）	喷头与端墙的距离（m）	
				最大	最小
轻危险级	4.4	4.5	20.0	2.2	
中危险级Ⅰ级	3.6	4.0	12.5	1.8	
中危险级Ⅱ级	3.4	3.6	11.5	1.7	0.1
严重危险级、仓库危险级	3.0	3.6	9.0	1.5	

注：1 设置单排洒水喷头的闭式系统，其洒水喷头间距应按地面不留漏喷空白点确定。

7.1.3 边墙型标准覆盖面积洒水喷头的最大保护跨度与间距，应符合表7.1.3的规定：

表7.1.3 边墙型标准覆盖面积洒水喷头的最大保护跨度与间距

火灾危险等级	配水支管上喷头的最大间距（m）	单排喷头的最大保护跨度（m）	两排相对喷头的最大保护跨度（m）
轻危险级	3.6	3.6	7.2
中危险级Ⅰ级	3.0	3.0	6.0

注：1 两排相对洒水喷头应交错布置；
  2 室内跨度大于两排相对喷头的最大保护跨度时，应在两排相对喷头中间增设一排喷头。

7.1.4 直立型、下垂型扩大覆盖面积洒水喷头应采用正方形布置，其布置间距不应大于表7.1.4的规定，且不应小于2.4m。

表 7.1.4 直立型、下垂型扩大覆盖面积洒水喷头的布置间距

火灾危险等级	正方形布置的边长（m）	一只喷头的最大保护面积（m²）	喷头与端墙的距离（m）	
			最大	最小
轻危险级	5.4	29.0	2.7	0.1
中危险级Ⅰ级	4.8	23.0	2.4	
中危险级Ⅱ级	4.2	17.5	2.1	
严重危险级	3.6	13.0	1.8	

7.1.5 边墙型扩大覆盖面积洒水喷头的最大保护跨度和配水支管上的洒水喷头间距，应按洒水喷头工作压力下能够喷湿对面墙和邻近端墙距溅水盘1.2m高度以下的墙面确定，且保护面积内的喷水强度应符合本规范表5.0.1的规定。

7.1.6 除吊顶型洒水喷头及吊顶下设置的洒水喷头外，直立型、下垂型标准覆盖面积洒水喷头和扩大覆盖面积洒水喷头溅水盘与顶板的距离应为75mm～150mm，并应符合下列规定：

1 当在梁或其他障碍物底面下方的平面上布置洒水喷头时，溅水盘与顶板的距离不应大于300mm，同时溅水盘与梁等障碍物底面的垂直距离应为25mm～100mm。

2 当在梁间布置洒水喷头时，洒水喷头与梁的距离应符合本规范第7.2.1条的规定。确有困难时，溅水盘与顶板的距离不应大于550mm。梁间布置的洒水喷头，溅水盘与顶板距离达到550mm仍不能符合本规范第7.2.1条的规定时，应在梁底面的下方增设洒水喷头。

3 密肋梁板下方的洒水喷头，溅水盘与密肋梁板底面的垂直距离应为25mm～100mm。

4 无吊顶的梁间洒水喷头布置可采用不等距方式，但喷水强度仍应符合本规范表5.0.1、表5.0.2和表5.0.4-1～表5.0.4-5的要求。

7.1.7 除吊顶型洒水喷头及吊顶下设置的洒水喷头外，直立型、下垂型早期抑制快速响应喷头、特殊应用喷头和家用喷头溅水盘与顶板的距离应符合表7.1.7的规定。

表 7.1.7 喷头溅水盘与顶板的距离（mm）

喷头类型		喷头溅水盘与顶板的距离 S_L
早期抑制快速响应喷头	直立型	100≤S_L≤150
	下垂型	150≤S_L≤360
特殊应用喷头		150≤S_L≤200
家用喷头		25≤S_L≤100

7.1.8 图书馆、档案馆、商场、仓库中的通道上方宜设有喷头。喷头与被保护对象的水平距离不应小于0.30m，喷头溅水盘与保护对象的最小垂直距离不应小于表7.1.8的规定。

表 7.1.8 喷头溅水盘与保护对象的最小垂直距离（mm）

喷头类型	最小垂直距离
标准覆盖面积洒水喷头、扩大覆盖面积洒水喷头	450
特殊应用喷头、早期抑制快速响应喷头	900

7.1.9 货架内置洒水喷头宜与顶板下洒水喷头交错布置，其溅水盘与上方层板的距离应符合本规范第7.1.6条的规定，与其下部储物顶面的垂直距离不应小于150mm。

7.1.10 挡水板应为正方形或圆形金属板，其平面面积不宜小于0.12m²，周围弯边的下沿宜与洒水喷头的溅水盘平齐。除下列情况和相关规范另有规定外，其他场所或部位不应采用挡水板：

1 设置货架内置洒水喷头的仓库，当货架内置洒水喷头上方有孔洞、缝隙时，可在洒水喷头的上方设置挡水板；

2 宽度大于本规范第7.2.3条规定的障碍物，增设的洒水喷头上方有孔洞、缝隙时，可在洒水喷头的上方设置挡水板。

7.1.11 净空高度大于800mm的闷顶和技术夹层内应设置洒水喷头，当同时满足下列情况时，可不设置洒水喷头：

1 闷顶内敷设的配电线路采用不燃材料套管或封闭式金属线槽保护；

2 风管保温材料等采用不燃、难燃材料制作；

3 无其他可燃物。

7.1.12 当局部场所设置自动喷水灭火系统时，局部场所与相邻不设自动喷水灭火系统场所连通的走道和连通门窗的外侧，应设洒水喷头。

7.1.13 装设网格、栅板类通透性吊顶的场所，当通透面积占吊顶总面积的比例大于70%时，喷头应设置在吊顶上方，并应符合下列规定：

1 通透性吊顶开口部位的净宽度不应小于10mm，且开口部位的厚度不应大于开口的最小宽度；

2 喷头间距及溅水盘与吊顶上表面的距离应符合表7.1.13的规定。

表 7.1.13 通透性吊顶场所喷头布置要求

火灾危险等级	喷头间距 S（m）	喷头溅水盘与吊顶上表面的最小距离（mm）
轻危险级、中危险级Ⅰ级	S≤3.0	450
	3.0<S≤3.6	600
	S>3.6	900
中危险级Ⅱ级	S≤3.0	600
	S>3.0	900

7.1.14 顶板或吊顶为斜面时，喷头的布置应符合下列要求：

1 喷头应垂直于斜面，并应按斜面距离确定喷头间距；

2 坡屋顶的屋脊处应设一排喷头，当屋顶坡度不小于1/3时，喷头溅水盘至屋脊的垂直距离不应大于800mm；当屋顶坡度小于1/3时，喷头溅水盘至屋脊的垂直距离不应大于600mm。

7.1.15 边墙型洒水喷头溅水盘与顶板和背墙的距离应符合表7.1.15的规定。

表 7.1.15 边墙型洒水喷头溅水盘与顶板和背墙的距离（mm）

喷头类型		喷头溅水盘与顶板的距离 S_L（mm）	喷头溅水盘与背墙的距离 S_W（mm）
边墙型标准覆盖面积洒水喷头	直立式	$100 \leq S_L \leq 150$	$50 \leq S_W \leq 100$
	水平式	$150 \leq S_L \leq 300$	—
边墙型扩大覆盖面积洒水喷头	直立式	$100 \leq S_L \leq 150$	$100 \leq S_W \leq 150$
	水平式	$150 \leq S_L \leq 300$	—
边墙型家用喷头		$100 \leq S_L \leq 150$	—

7.1.16 防火分隔水幕的喷头布置，应保证水幕的宽度不小于6m。采用水幕喷头时，喷头不应少于3排；采用开式洒水喷头时，喷头不应少于2排。防护冷却水幕的喷头宜布置成单排。

7.1.17 当防火卷帘、防火玻璃墙等防火分隔设施需采用防护冷却系统保护时，喷头应根据可燃物的情况一侧或两侧布置；外墙可只在需要保护的一侧布置。

7.2 喷头与障碍物的距离

7.2.2 特殊应用喷头溅水盘以下900mm范围内，其他类型喷头溅水盘以下450mm范围内，当有屋架间断障碍物或管道时，喷头与邻近障碍物的最小水平距离（图7.2.2）应符合表7.2.2的规定。

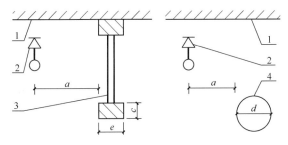

图 7.2.2 喷头与邻近障碍物的最小水平距离
1—顶板；2—直立型喷头；3—屋架等间断障碍物；4—管道

表 7.2.2 喷头与邻近障碍物的最小水平距离（mm）

喷头类型		喷头与邻近障碍物的最小水平距离 a
标准覆盖面积洒水喷头特殊应用喷头	c、e 或 d≤200	3c 或 3e（c 与 e 取大值）或 3d
	c、e 或 d>200	600
扩大覆盖面积洒水喷头、家用喷头	c、e 或 d≤225	4c 或 4e（c 与 e 取大值）或 4d
	c、e 或 d>225	900

7.2.3 当梁、通风管道、成排布置的管道、桥架等障碍物的宽度大于1.2m时，其下方应增设喷头（图7.2.3）；采用早期抑制快速响应喷头和特殊应用喷头的场所，当障碍物宽度大于0.6m时，其下方应增设喷头。

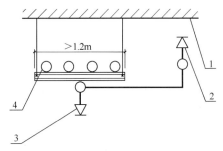

图 7.2.3 障碍物下方增设喷头
1—顶板；2—直立型喷头；3—下垂型喷头；
4—成排布置的管道（或梁、通风管道、桥架等）

7.2.4 标准覆盖面积洒水喷头、扩大覆盖面积洒水喷头和家用喷头与不到顶隔墙的水平距离和垂直距离（图7.2.4）应符合表7.2.4的规定。

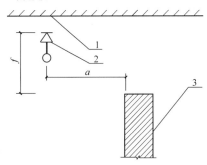

图 7.2.4 喷头与不到顶隔墙的水平距离
1—顶板；2—喷头；3—不到顶隔墙

表 7.2.4 喷头与不到顶隔墙的水平距离和垂直距离（mm）

喷头与不到顶隔墙的水平距离 a	喷头溅水盘与不到顶隔墙的垂直距离 f
a<150	f≥80
150≤a<300	f≥150
300≤a<450	f≥240
450≤a<600	f≥310
600≤a<750	f≥390
a≥750	f≥450

7.2.5 直立型、下垂型喷头与靠墙障碍物的距离（图7.2.5）应符合下列规定：

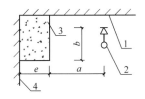

图 7.2.5 喷头与靠墙障碍物的距离
1—顶板；2—直立型喷头；
3—靠墙障碍物；4—墙面

1 障碍物横截面边长小于750mm时，喷头与障碍物的距离应按下式确定：

$$a \geq (e-200)+b \qquad (7.2.5)$$

式中：a——喷头与障碍物的水平距离（mm）；
b——喷头溅水盘与障碍物底面的垂直距离（mm）；

e——障碍物横截面的边长（mm），$e<750$。

2 障碍物横截面边长等于或大于750mm或a的计算值大于本规范表7.1.2中喷头与端墙距离的规定时，应在靠墙障碍物下增设喷头。

7.2.6 边墙型标准覆盖面积洒水喷头正前方1.2m范围内，边墙型扩大覆盖面积洒水喷头和边墙型家用喷头正前方2.4m范围（图7.2.6）内，顶板或吊顶下不应有阻挡喷水的障碍物，其布置要求应符合表7.2.6-1和表7.2.6-2的规定。

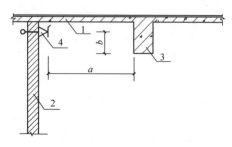

图7.2.6 边墙型洒水喷头与正前方障碍物的距离
1—顶板；2—背墙；3—梁（或通风管道）；4—边墙型喷头

表7.2.6-1 边墙型标准覆盖面积洒水喷头与正前方障碍物的垂直距离（mm）

喷头与障碍物的水平距离a	喷头溅水盘与障碍物底面的垂直距离b
$a<1200$	不允许
$1200\leqslant a<1500$	$b\leqslant 25$
$1500\leqslant a<1800$	$b\leqslant 50$
$1800\leqslant a<2100$	$b\leqslant 100$
$2100\leqslant a<2400$	$b\leqslant 175$
$a\geqslant 2400$	$b\leqslant 280$

表7.2.6-2 边墙型扩大覆盖面积洒水喷头和边墙型家用喷头与正前方障碍物的垂直距离（mm）

喷头与障碍物的水平距离a	喷头溅水盘与障碍物底面的垂直距离b
$a<2400$	不允许
$2400\leqslant a<3000$	$b\leqslant 25$
$3000\leqslant a<3300$	$b\leqslant 50$
$3300\leqslant a<3600$	$b\leqslant 75$
$3600\leqslant a<3900$	$b\leqslant 100$
$3900\leqslant a<4200$	$b\leqslant 150$
$4200\leqslant a<4500$	$b\leqslant 175$
$4500\leqslant a<4800$	$b\leqslant 225$
$4800\leqslant a<5100$	$a\leqslant 280$
$a\geqslant 5100$	$b\leqslant 350$

7.2.7 边墙型洒水喷头两侧与顶板或吊顶下梁、通风管道等障碍物的距离（图7.2.7），应符合表7.2.7-1和表7.2.7-2的规定。

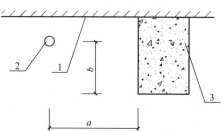

图7.2.7 边墙型洒水喷头与沿墙障碍物的距离
1—顶板；2—边墙型洒水喷头；
3—梁（或通风管道）

表7.2.7-1 边墙型标准覆盖面积洒水喷头与沿墙障碍物底面的垂直距离（mm）

喷头与沿墙障碍物的水平距离a	喷头溅水盘与沿墙障碍物底面的垂直距离b
$a<300$	$b\leqslant 25$
$300\leqslant a<600$	$b\leqslant 75$
$600\leqslant a<900$	$b\leqslant 140$
$900\leqslant a<1200$	$b\leqslant 200$
$1200\leqslant a<1500$	$b\leqslant 250$
$1500\leqslant a<1800$	$b\leqslant 320$
$1800\leqslant a<2100$	$b\leqslant 380$
$2100\leqslant a<2250$	$b\leqslant 440$

表7.2.7-2 边墙型扩大覆盖面积洒水喷头和边墙型家用喷头与沿墙障碍物底面的垂直距离（mm）

喷头与沿墙障碍物的水平距离a	喷头溅水盘与沿墙障碍物底面的垂直距离b
$a\leqslant 450$	0
$450<a\leqslant 900$	$b\leqslant 25$
$900<a\leqslant 1200$	$b\leqslant 75$
$1200<a\leqslant 1350$	$b\leqslant 125$
$1350<a\leqslant 1800$	$b\leqslant 175$
$1800<a\leqslant 1950$	$b\leqslant 225$
$1950<a\leqslant 2100$	$b\leqslant 275$
$2100<a\leqslant 2250$	$b\leqslant 350$

8 管 道

8.0.1 配水管道的工作压力不应大于1.20MPa，并不应设置其他用水设施。

8.0.2 配水管道可采用内外壁热镀锌钢管、涂覆钢管、铜管、不锈钢管和氯化聚氯乙烯（PVC-C）管。当报警阀入口前管道采用不防腐的钢管时，应在报警阀前设置过滤器。

8.0.3 自动喷水灭火系统采用氯化聚氯乙烯（PVC-C）管材及管件时，设置场所的火灾危险等级应为轻危险级或中危险级Ⅰ级，系统应为湿式系统，并采用快速响应洒水喷头，且氯化聚氯乙烯（PVC-C）管材及管件应符合下列要求：

1 应符合现行国家标准《自动喷水灭火系统 第19部分塑料管道及管件》GB/T 5135.19的规定；

2 应用于公称直径不超过DN80的配水管及配水支管，且不应穿越防火分区；

3 当设置在有吊顶场所时，吊顶内应无其他可燃物，吊顶材料应为不燃或难燃装修材料；

4 当设置在无吊顶场所时，该场所应为轻危险级场所，顶板应为水平、光滑顶板，且喷头溅水盘与顶板的距离不应大于100mm。

8.0.4 洒水喷头与配水管道采用消防洒水软管连接时，应符合下列规定：

1 消防洒水软管仅适用于轻危险级或中危险级Ⅰ级场所，且系统应为湿式系统；

2 消防洒水软管应设置在吊顶内；

3 消防洒水软管的长度不应超过1.8m。

8.0.5 配水管道的连接方式应符合下列要求：

5 铜管、不锈钢管、氯化聚氯乙烯（PVC-C）管应采用配套的支架、吊架。

8.0.6 系统中直径等于或大于100mm的管道，应分段采用法兰或沟槽式连接件（卡箍）连接。水平管道上法兰间的管道长度不宜大于20m；立管上法兰间的距离，不应跨越3个及以上楼层。净空高度大于8m的场所内，立管上应有法兰。

8.0.7 管道的直径应经水力计算确定。配水管道的布置，应使配水管入口的压力均衡。轻危险级、中危险级场所中各配水管入口的压力均不宜大于0.40MPa。

8.0.8 配水管两侧每根配水支管控制的标准流量洒水喷头数量，轻危险级、中危险级场所不应超过8只，同时在吊顶上下设置喷头的配水支管，上下侧均不应超过8只。严重危险级及仓库危险级场所均不应超过6只。

8.0.10 短立管及末端试水装置的连接管，其管径不应小于25mm。

8.0.13 水平设置的管道宜有坡度，并应坡向泄水阀。充水管道的坡度不宜小于2‰，准工作状态不充水管道的坡度不宜小于4‰。

9 水 力 计 算

9.1 系统的设计流量

9.1.1 系统最不利点处喷头的工作压力应计算确定，喷头的流量应按下式计算：

$$q = K\sqrt{10P} \quad (9.1.1)$$

式中：q——喷头流量（L/min）；
P——喷头工作压力（MPa）；
K——喷头流量系数。

9.1.2 水力计算选定的最不利点处作用面积宜为矩形，其长边应平行于配水支管，其长度不宜小于作用面积平方根的1.2倍。

9.1.3 系统的设计流量，应按最不利点处作用面积内喷头同时喷水的总流量确定，且应按下式计算：

$$Q = \frac{1}{60}\sum_{i=1}^{n} q_i \quad (9.1.3)$$

式中：Q——系统设计流量（L/s）；
q_i——最不利点处作用面积内各喷头节点的流量（L/min）；
n——最不利点处作用面积内的洒水喷头数。

9.1.4 保护防火卷帘、防火玻璃墙等防火分隔设施的防护冷却系统，设计流量应按计算长度内喷头同时喷水的总流量确定。计算长度应符合下列要求：
1 当设置场所设有自动喷水灭火系统时，计算长度不应小于本规范第9.1.2条确定的长边长度；
2 当设置场所未设置自动喷水灭火系统时，计算长度不应小于任意一个防火分区内所有需保护的防火分隔设施总长度之和。

9.1.5 系统设计流量的计算，应保证任意作用面积内的平均喷水强度不低于本规范表5.0.1、表5.0.2和表5.0.4-1～表5.0.4-5的规定值。最不利点处作用面积内任意4只喷头围合范围内的平均喷水强度，轻危险、中危险级不应低于本规范表5.0.1规定值的85%；严重危险级和仓库危险级不应低于本规范表5.0.1和表5.0.4-1～表5.0.4-5的规定值。

9.1.6 设置货架内置洒水喷头的仓库，顶板下洒水喷头与货架内置洒水喷头应分别计算设计流量，并应按其设计流量之和确定系统的设计流量。

9.1.7 建筑内设有不同类型的系统或有不同危险等级的场所时，系统的设计流量应按其设计流量的最大值确定。

9.1.8 当建筑物内同时设有自动喷水灭火系统和水幕系统时，系统的设计流量应按同时启用的自动喷水灭火系统和水幕系统的用水量计算，并应按二者之和中的最大值确定。

9.1.9 雨淋系统和水幕系统的设计流量，应按雨淋报警阀控制的洒水喷头的流量之和确定。多个雨淋报警阀并联的雨淋系统，系统设计流量应按同时启用雨淋报警阀的流量之和的最大值确定。

9.1.10 当原有系统延伸管道、扩展保护范围时，应对增设洒水喷头后的系统重新进行水力计算。

9.2 管道水力计算

9.2.1 管道内的水流速度宜采用经济流速，必要时可超过5m/s，但不应大于10m/s。

9.2.2 管道单位长度的沿程阻力损失应按下式计算：

$$i = 6.05\left(\frac{q_g^{1.85}}{C_h^{1.85} d_j^{4.87}}\right) \times 10^7 \quad (9.2.2)$$

式中：i——管道单位长度的水头损失（kPa/m）；
d_j——管道计算内径（mm）；
q_g——管道设计流量（L/min）；
C_h——海澄—威廉系数，见表9.2.2。

表9.2.2 不同类型管道的海澄—威廉系数

管道类型	C_h值
镀锌钢管	120
铜管、不锈钢管	140
涂覆钢管、氯化聚氯乙烯（PVC-C）管	150

9.2.3 管道的局部水头损失宜采用当量长度法计算，且应符合本规范附录C的规定。

9.2.4 水泵扬程或系统入口的供水压力应按下式计算：

$$H = (1.20 \sim 1.40)\sum P_p + P_0 + Z - h_c \quad (9.2.4)$$

式中：H——水泵扬程或系统入口的供水压力（MPa）；
$\sum P_p$——管道沿程和局部水头损失的累计值（MPa），报警阀的局部水头损失应按照产品样本或检测数据确定。当无上述数据时，湿式报警阀取值0.04MPa、干式报警阀取值0.02MPa、预作用装置取值0.08MPa、雨淋报警阀取值0.07MPa、水流指示器取值0.02MPa；
P_0——最不利点处喷头的工作压力（MPa）；
Z——最不利点处喷头与消防水池的最低水位或系统入口管水平中心线之间的高程差，当系统入口管或消防水池最低水位高于最不利点处喷头时，Z应取负值（MPa）；
h_c——从城市市政管网直接抽水时城市管网的最低水压（MPa）；当从消防水池吸水时，h_c取0。

9.3 减压设施

9.3.1 减压孔板应符合下列规定：

1 应设在直径不小于50mm的水平直管段上,前后管段的长度均不宜小于该管段直径的5倍;

2 孔口直径不应小于设置管段直径的30%,且不应小于20mm;

3 应采用不锈钢板材制作。

9.3.2 节流管应符合下列规定:

3 节流管内水的平均流速不应大于20m/s。

9.3.3 减压孔板的水头损失,应按下式计算:

$$H_k = \xi \frac{V_k^2}{2g} \quad (9.3.3)$$

式中:H_k——减压孔板的水头损失(10^{-2}MPa);

V_k——减压孔板后管道内水的平均流速(m/s);

ξ——减压孔板的局部阻力系数,取值应按本规范附录D确定。

9.3.4 节流管的水头损失,应按下式计算:

$$H_g = \xi \frac{V_g^2}{2g} + 0.00107 \cdot L \cdot \frac{V_g^2}{d_g^{1.3}} \quad (9.3.4)$$

式中:H_g——节流管的水头损失(10^{-2}MPa);

ζ——节流管中渐缩管与渐扩管的局部阻力系数之和,取值0.7;

V_g——节流管内水的平均流速(m/s);

d_g——节流管的计算内径(m),取值应按节流管内径减1mm确定;

L——节流管的长度(m)。

9.3.5 减压阀的设置应符合下列规定:

1 应设在报警阀组入口前;

2 入口前应设过滤器,且便于排污;

3 当连接两个及以上报警阀组时,应设置备用减压阀;

6 减压阀前后应设控制阀和压力表,当减压阀主阀体自身带有压力表时,可不设压力表;

10 供 水

10.1 一般规定

10.1.1 系统用水应无污染、无腐蚀、无悬浮物。可由市政或企业的生产、消防给水管道供给,也可由消防水池或天然水源供给,并应确保持续喷水时间内的用水量。

10.1.2 与生活用水合用的消防水箱和消防水池,其储水的水质应符合饮用水标准。

10.1.3 严寒与寒冷地区,对系统中遭受冰冻影响的部分,应采取防冻措施。

10.1.4 当自动喷水灭火系统中设有2个及以上报警阀组时,报警阀组前应设环状供水管道。环状供水管道上设置的控制阀应采用信号阀;当不采用信号阀时,应设锁定阀位的锁具。

10.2 消防水泵

10.2.1 采用临时高压给水系统的自动喷水灭火系统,宜设置独立的消防水泵,并应按一用一备或二用一备,及最大一台消防水泵的工作性能设置备用泵。当与消火栓系统合用消防水泵时,系统管道应在报警阀前分开。

10.2.3 系统的消防水泵、稳压泵,应采用自灌式吸水方式。采用天然水源时,消防水泵的吸水口应采取防止杂物堵塞的措施。

10.2.4 每组消防水泵的吸水管不应少于2根。报警阀入口前设置环状管道的系统,每组消防水泵的出水管不应少于2根。消防水泵的吸水管应设控制阀和压力表;出水管应设控制阀、止回阀和压力表,出水管上还应设置流量和压力检测装置或预留可供连接流量和压力检测装置的接口。必要时,应采取控制消防水泵出口压力的措施。

10.3 高位消防水箱

10.3.1 采用临时高压给水系统的自动喷水灭火系统,应设高位消防水箱。自动喷水灭火系统可与消火栓系统合用高位消防水箱,其设置应符合现行国家标准《消防给水及消火栓系统技术规范》GB 50974的要求。

10.3.2 高位消防水箱的设置高度不能满足系统最不利点处喷头的工作压力时,系统应设置增压稳压设施,增压稳压设施的设置应符合现行国家标准《消防给水及消火栓系统技术规范》GB 50974的规定。

10.3.3 采用临时高压给水系统的自动喷水灭火系统,当按现行国家标准《消防给水及消火栓系统技术规范》GB 50974的规定可不设置高位消防水箱时,系统应设气压供水设备。气压供水设备的有效水容积,应按系统最不利处4只喷头在最低工作压力下的5min用水量确定。干式系统、预作用系统设置的气压供水设备,应同时满足配水管道的充水要求。

10.3.4 高位消防水箱的出水管应符合下列规定:

1 应设止回阀,并应与报警阀入口前管道连接;

2 出水管管径应经计算确定,且不应小于100mm。

10.4 消防水泵接合器

10.4.1 系统应设消防水泵接合器,其数量应按系统的设计流量确定,每个消防水泵接合器的流量宜按10L/s～15L/s计算。

10.4.2 当消防水泵接合器的供水能力不能满足最不利点处作用面积的流量和压力要求时,应采取增压措施。

11 操作与控制

11.0.1 湿式系统、干式系统应由消防水泵出水干管上设置的压力开关、高位消防水箱出水管上的流量开关和报警阀组压力开关直接自动启动消防水泵。

11.0.2 预作用系统应由火灾自动报警系统、消防水泵出水干管上设置的压力开关、高位消防水箱出水管上的流量开关和报警阀组压力开关直接自动启动消防水泵。

11.0.3 雨淋系统和自动控制的水幕系统,消防水泵的自动启动方式应符合下列要求:

1 当采用火灾自动报警系统控制雨淋报警阀时,消防水泵应由火灾自动报警系统、消防水泵出水干管上设置的压力开关、高位消防水箱出水管上的流量开关和报警阀组压力开关直接自动启动;

2 当采用充液(水)传动管控制雨淋报警阀时,消防水泵应由消防水泵出水干管上设置的压力开关、高位消防水箱出水管上的流量开关和报警阀组压力开关直接自动启动。

11.0.4 消防水泵除具有自动控制启动方式外,还应具备下列启动方式:

1 消防控制室（盘）远程控制；
2 消防水泵房现场应急操作。

11.0.5 预作用装置的自动控制方式可采用仅有火灾自动报警系统直接控制，或由火灾自动报警系统和充气管道上设置的压力开关控制，并应符合下列要求：

1 处于准工作状态时严禁误喷的场所，宜采用仅有火灾自动报警系统直接控制的预作用系统；
2 处于准工作状态时严禁管道充水的场所和用于替代干式系统的场所，宜由火灾自动报警系统和充气管道上设置的压力开关控制的预作用系统。

11.0.6 雨淋报警阀的自动控制方式可采用电动、液（水）动或气动。当雨淋报警阀采用充液（水）传动管自动控制时，闭式喷头与雨淋报警阀之间的高程差，应根据雨淋报警阀的性能确定。

11.0.7 预作用系统、雨淋系统和自动控制的水幕系统，应同时具备下列三种开启报警阀组的控制方式：

1 自动控制；
2 消防控制室（盘）远程控制；
3 预作用装置或雨淋报警阀处现场手动应急操作。

11.0.8 当建筑物整体采用湿式系统，局部场所采用预作用系统保护且预作用系统串联接入湿式系统时，除应符合本规范第11.0.1条的规定外，预作用装置的控制方式还应符合本规范第11.0.7条的规定。

11.0.9 快速排气阀入口前的电动阀应在启动消防水泵的同时开启。

11.0.10 消防控制室（盘）应能显示水流指示器、压力开关、信号阀、消防水泵、消防水池及水箱水位、有压气体管道气压，以及电源和备用动力等是否处于正常状态的反馈信号，并应能控制消防水泵、电磁阀、电动阀等的操作。

12 局部应用系统

12.0.1 局部应用系统应用于室内最大净空高度不超过8m的民用建筑中，为局部设置且保护区域总建筑面积不超过1000m²的湿式系统。设置局部应用系统的场所应为轻危险级或中危险级Ⅰ级场所。

12.0.2 局部应用系统应采用快速响应洒水喷头，喷水强度应符合本规范第5.0.1条的规定，持续喷水时间不应低于0.5h。

12.0.3 局部应用系统保护区域内的房间和走道均应布置喷头。喷头的选型、布置和按开放喷头数确定的作用面积应符合下列规定：

1 采用标准覆盖面积洒水喷头的系统，喷头布置应符合轻危险级或中危险级Ⅰ级场所的有关规定，作用面积内开放的喷头数量应符合表12.0.3的规定。

表12.0.3 采用标准覆盖面积洒水喷头时
作用面积内开放喷头数量

保护区域总建筑面积和最大厅室建筑面积	开放喷头数量
保护区域总建筑面积超过300m²或最大厅室建筑面积超过200m²	10
保护区域总建筑面积不超过300m²	最大厅室喷头数+2 当少于5只时，取5只；当多于8只时，取8只

2 采用扩大覆盖面积洒水喷头的系统，喷头布置应符合本规范第7.1.4条的规定。作用面积内开放喷头数量应按不少于6只确定。

12.0.4 当室内消火栓系统的设计流量能满足局部应用系统设计流量时，局部应用系统可与室内消火栓合用室内消防用水量、稳压设施、消防水泵及供水管道等。当不满足时应按本规范第12.0.9条执行。

12.0.5 采用标准覆盖面积洒水喷头且喷头总数不超过20只，或采用扩大覆盖面积洒水喷头且喷头总数不超过12只的局部应用系统，可不设报警阀组。

12.0.6 不设报警阀组的局部应用系统，配水管可与室内消防竖管连接，其配水管的入口处应设过滤器和带有锁定装置的控制阀。

12.0.7 局部应用系统应设报警控制装置。报警控制装置应具有显示水流指示器、压力开关及消防水泵、信号阀等组件状态和输出启动消防水泵控制信号的功能。

12.0.8 不设报警阀组或采用消防水泵直接从市政供水管吸水的局部应用系统，应采取压力开关联动消防水泵的控制方式。不设报警阀组的系统可采用电动警铃报警。

12.0.9 无室内消火栓的建筑或室内消火栓系统的设计流量不能满足局部应用系统要求时，局部应用系统的供水应符合下列规定：

1 市政供水能够同时保证最大生活用水量和系统的流量与压力时，城市供水管可直接向系统供水；
2 市政供水不能同时保证最大生活用水量和系统的流量与压力，但允许消防水泵从城市供水管直接吸水时，系统可设直接从城市供水管吸水的消防水泵；
3 市政供水不能同时保证最大生活用水量和系统的流量与压力，也不允许从市政供水管直接吸水时，系统应设储水池（罐）和消防水泵，储水池（罐）的有效容积应按系统用水量确定，并可扣除系统持续喷水时间内仍能连续补水的补水量；
4 可按三级负荷供电，且可不设备用泵；
5 应设置倒流防止器或采取其他有效防止污染生活用水的措施。

附录A 设置场所火灾危险等级分类

表A 设置场所火灾危险等级分类

火灾危险等级		设置场所分类
轻危险级		住宅建筑、幼儿园、老年人建筑、建筑高度为24m及以下的旅馆、办公楼；仅在走道设置闭式系统的建筑等
中危险级	Ⅰ级	1）高层民用建筑：旅馆、办公楼、综合楼、邮政楼、金融电信楼、指挥调度楼、广播电视楼（塔）等； 2）公共建筑（含单多高层）：医院、疗养院；图书馆（书库除外）、档案馆、展览馆（厅）；影剧院、音乐厅和礼堂（舞台除外）及其他娱乐场所；火车站、机场及码头的建筑；总建筑面积小于5000m²的商场、总建筑面积小于1000m²的地下商场等； 3）文化遗产建筑：木结构古建筑、国家文物保护单位等； 4）工业建筑：食品、家用电器、玻璃制品等工厂的备料与生产车间等；冷藏库、钢屋架等建筑构件

— 175 —

续表A

火灾危险等级		设置场所分类
中危险级	Ⅱ级	1) 民用建筑：书库、舞台（葡萄架除外）、汽车停车场（库）、总建筑面积5000m²及以上的商场、总建筑面积1000m²及以上的地下商场、净空高度不超过8m、物品高度不超过3.5m的超级市场等； 2) 工业建筑：棉毛麻丝及化纤的纺织、织物及制品、木材木器及胶合板、谷物加工、烟草及制品、饮用酒（啤酒除外）、皮革及制品、造纸及纸制品、制药等工厂的备料与生产车间等
严重危险级	Ⅰ级	印刷厂、酒精制品、可燃液体制品等工厂的备料与车间，净空高度不超过8m、物品高度超过3.5m的超级市场等
严重危险级	Ⅱ级	易燃液体喷雾操作区域、固体易燃物品、可燃的气溶胶制品、溶剂清洗、喷涂油漆、沥青制品等工厂的备料及生产车间、摄影棚、舞台葡萄架下部等
仓库危险级	Ⅰ级	食品、烟酒；木箱、纸箱包装的不燃、难燃物品等
仓库危险级	Ⅱ级	木材、纸、皮革、谷物及制品、棉毛麻丝化纤及制品、家用电器、电缆、B组塑料与橡胶及其制品、钢塑混合材料制品、各种塑料瓶盒包装的不燃、难燃物品及各类物品混杂储存的仓库等
仓库危险级	Ⅲ级	A组塑料与橡胶及其制品；沥青制品等

注：表中的A组、B组塑料橡胶的分类见本规范附录B。

附录B 塑料、橡胶的分类

A组：丙烯腈—丁二烯—苯乙烯共聚物（ABS）、缩醛（聚甲醛）、聚甲基丙烯酸甲酯、玻璃纤维增强聚酯（FRP）、热塑性聚酯（PET）、聚丁二烯、聚碳酸酯、聚乙烯、聚丙烯、聚苯乙烯、聚氨基甲酸酯、高增塑聚氯乙烯（PVC，如人造革、胶片等）、苯乙烯—丙烯腈（SAN）等。

丁基橡胶、乙丙橡胶（EPDM）、发泡类天然橡胶、腈橡胶（丁腈橡胶）、聚酯合成橡胶、丁苯橡胶（SBR）等。

B组：醋酸纤维素、醋酸丁酸纤维素、乙基纤维素、氟塑料、锦纶（锦纶6、锦纶6/6）、三聚氰胺甲醛、酚醛塑料、硬聚氯乙烯（PVC，如管道、管件等）、聚偏二氟乙烯（PVDC）、聚偏氟乙烯（PVDF）、聚氟乙烯（PVF）、脲甲醛等。

氯丁橡胶、不发泡类天然橡胶、硅橡胶等。

粉末、颗粒、压片状的A组塑料。

附录C 当量长度表

表C 镀锌钢管件和阀门的当量长度表（m）

管件和阀门	公称直径（mm）								
	25	32	40	50	65	80	100	125	150
45°弯头	0.3	0.3	0.6	0.6	0.9	0.9	1.2	1.5	2.1
90°弯头	0.6	0.9	1.2	1.5	1.8	2.1	3	3.7	4.3
90°长弯管	0.6	0.6	0.9	1.2	1.5	1.8	2.4	2.7	—
三通或四通（侧向）	1.5	1.8	2.4	3	3.7	4.6	6.1	7.6	9.1
蝶阀	—	—	—	1.8	2.1	3.1	3.7	2.7	3.1
闸阀	—	—	—	0.3	0.3	0.3	0.6	0.6	0.9
止回阀	1.5	2.1	2.7	3.4	4.3	4.9	6.7	8.2	9.3
异径接头	32/25	40/32	50/40	65/50	80/65	100/80	125/100	150/125	200/150
	0.2	0.3	0.3	0.5	0.6	0.8	1.1	1.3	1.6

注：1 过滤器当量长度的取值，由生产厂提供；
2 当异径接头的出口直径不变而入口直径提高1级时，其当量长度应增大0.5倍；提高2级或2级以上时，其当量长度应增大1.0倍；
3 当采用铜管或不锈钢管时，当量长度应乘以系数1.33；当采用涂覆钢管、氯化聚氯乙烯（PVC-C）管时，当量长度应乘以系数1.51。

附录D 减压孔板的局部阻力系数

减压孔板的局部阻力系数，取值应按下式计算或按表D确定：

$$\xi = \left(1.75 \frac{d_j^2}{d_k^2} \cdot \frac{1.1 - \dfrac{d_k^2}{d_j^2}}{1.175 - \dfrac{d_k^2}{d_j^2}} - 1\right)^2$$

式中：d_k——减压孔板的孔口直径（m）。

表D 减压孔板的局部阻力系数

d_k/d_j	0.3	0.4	0.5	0.6	0.7	0.8
ξ	292	83.3	29.5	11.7	4.75	1.83

19.《自动喷水灭火系统施工及验收规范》GB 50261—2017

1 总　则

1.0.3 自动喷水灭火系统的施工、验收及维护管理，除执行本规范的规定外，尚应符合国家现行的有关标准、规范的规定。

2 术　语

2.0.1 准工作状态　condition of standing by
自动喷水灭火系统性能及使用条件符合有关技术要求，处于发生火灾时能立即动作、喷水灭火的状态。

2.0.2 系统组件　system components
组成自动喷水灭火系统的喷头、报警阀组、压力开关、水流指示器、消防水泵、稳压装置等专用产品的统称。

2.0.3 监测及报警控制装置　equipments for supervisery and alarm control services
对自动喷水灭火系统的压力、水位、水流、阀门开闭状态进行监控，并能发出控制信号和报警信号的装置。

2.0.4 稳压泵　pressure maintenance pumps
能使自动喷水灭火系统在准工作状态的压力保持在设计工作压力范围内的一种专用水泵。

2.0.5 喷头防护罩　sprinkler guards and shields
保护喷头在使用中免遭机械性损伤，但不影响喷头动作、喷水灭火性能的一种专用罩。

2.0.6 末端试水装置　inspector's test connection
安装在系统管网或分区管网的末端，检验系统启动、报警及联动等功能的装置。

2.0.7 消防水泵　fire pump
符合现行国家标准《消防泵》GB 6245 要求的水泵。

3 基本规定

3.1 质量管理

3.1.1 自动喷水灭火系统的分部、分项工程应按本规范附录A划分。

3.1.2 系统施工应按设计要求编写施工方案。施工现场应具有必要的施工技术标准、健全的施工质量管理体系和工程质量检验制度，并应按本规范附录B的要求填写有关记录。

3.1.3 自动喷水灭火系统施工前应具备以下条件：

1 施工图应经审查批准或备案后方可施工。平面图、系统图（轴测图、展开系统原理图）、施工详图等图纸及说明书、设备表、材料器材表等技术文件应齐全。

2 设计单位应向施工、建设、监理单位进行技术交底。

3 系统组件、管件及其他设备、材料，应能保证正常施工。

4 施工现场及施工中使用的水、电、气应满足施工要求，并应保证连续施工。

3.1.4 自动喷水灭火系统工程的施工，应按照批准的工程设计文件和施工技术标准进行施工。

3.1.5 自动喷水灭火系统工程的施工过程质量控制，应按以下规定进行：

1 各工序应按施工技术标准进行质量控制，每道工序完成后，应进行检查，检查合格后方可进行下道工序。

2 相关各专业工种之间应进行交接检验，并经监理工程师签证后方可进行下道工序。

3 安装工程完工后，施工单位应按相关专业调试规定进行调试。

4 调试完工后，施工单位应向建设单位提供质量控制资料和各类施工过程质量检查记录。

5 施工过程质量检查组织应由监理工程师组织施工单位人员组成。

6 施工过程质量检查记录按本规范附录C的要求填写。

3.1.6 自动喷水灭火系统质量控制资料应按本规范附录D的要求填写。

3.1.7 自动喷水灭火系统施工前，应对系统组件、管件及其他设备、材料进行现场检查，检查不合格者不得使用。

3.1.8 分部工程质量验收应由建设单位项目负责人组织施工单位项目负责人、监理工程师和设计单位项目负责人等进行，并应按本规范附录E的要求填写自动喷水灭火系统工程验收记录。

3.2 材料、设备管理

3.2.1 自动喷水灭火系统施工前应对采用的系统组件、管件及其他设备、材料进行现场检查，并应符合下列要求：

1 系统组件、管件及其他设备、材料，应符合设计要求和国家现行有关标准的规定，并应具有出厂合格证或质量认证书。

检查数量：全数检查。
检查方法：检查相关资料。

2 喷头、报警阀组、压力开关、水流指示器、消防水泵、水泵接合器等系统主要组件，应经国家消防产品质量监督检验中心检测合格；稳压泵、自动排气阀、信号阀、多功能水泵控制阀、止回阀、泄压阀、减压阀、蝶阀、闸阀、压力表等，应经相应国家产品质量监督检验中心检测合格。

检查数量：全数检查。
检查方法：检查相关资料。

3.2.2 镀锌钢管管材、管件应进行现场外观检查，并应符合下列要求：

1 镀锌钢管应为内外壁热镀锌钢管，钢管内外表面的镀锌层不得有脱落、锈蚀等现象；钢管的内、外径应符合现行国家标准《低压流体输送用焊接钢管》GB/T 3091 或现行国家标准《输送流体用无缝钢管》GB/T 8163 的规定。

2 表面应无裂纹、缩孔、夹渣、折叠和重皮。

3 螺纹密封面应完整、无损伤、无毛刺。

4 非金属密封垫片应质地柔韧、无老化变质或分层现象，表面应无折损、皱纹等缺陷。

5 法兰密封面应完整光洁，不得有毛刺及径向沟槽；螺纹法兰的螺纹应完整、无损伤。

检查数量：全数检查。

检查方法：观察和尺量检查。

3.2.3 不锈钢管管材、管件应进行现场外观检查，并应符合下列要求：

1 不锈钢管的内、外径应符合现行国家标准《流体输送用不锈钢焊接钢管》GB/T 12771 或《不锈钢卡压式管件组件 第 2 部分：连接用薄壁不锈钢管》GB/T 19228.2 的规定。

2 表面应无裂纹、无损伤。

检查数量：全数检查。

检查方法：观察和尺量检查。

3.2.4 铜管管材、管件应进行现场外观检查，并应符合下列要求：

1 铜管管材、管件的质量应符合现行国家标准《无缝铜水管和铜气管》GB/T 18033、《铜管接头 第 1 部分：钎焊式管件》GB/T 11618.1、《铜管接头 第 2 部分：卡压式管件》GB/T 11618.2 等有关标准的规定。

2 表面应无裂纹、无损伤。

检查数量：全数检查。

检查方法：观察和尺量检查。

3.2.5 涂覆钢管管材、管件应进行现场外观检查，并应符合下列要求：

1 涂覆钢管、管件的质量应符合现行国家标准《自动喷水灭火系统 第 20 部分：涂覆钢管》GB 5135.20 的规定。

2 表面应无裂纹、无损伤。

检查数量：全数检查。

检查方法：观察和尺量检查。

3.2.6 氯化聚氯乙烯（PVC-C）管材、管件应进行现场外观检查，并应符合下列要求：

1 氯化聚氯乙烯应符合现行国家标准《自动喷水灭火系统 第 19 部分：塑料管道及管件》GB 5135.19 等有关标准的规定。

2 管材的内外表面应光滑、平整、无凹陷、无分解变色线，不应有颜色不均和其他影响性能的表面缺陷，不应含有可见杂质。

3 管端应切割平整，并与轴线垂直。

4 管件内外表面不得有裂纹、气泡、脱皮、严重的冷斑和明显的杂质。

5 管材、管件应不透光。

检查数量：全数检查。

检查方法：观察和尺量检查。

3.2.7 喷头的现场检验必须符合下列要求：

1 喷头的商标、型号、公称动作温度、响应时间指数（RTI）、制造厂及生产日期等标志应齐全。

2 喷头的型号、规格等应符合设计要求。

3 喷头外观应无加工缺陷和机械损伤。

4 喷头螺纹密封面应无伤痕、毛刺、缺丝或断丝现象。

5 闭式喷头应进行密封性能试验，以无渗漏、无损伤为合格。

试验数量应从每批中抽查 1%，并不得少于 5 只，试验压力应为 3.0MPa，保压时间不得少于 3min。当两只及两只以上不合格时，不得使用该批喷头。当仅有一只不合格时，应再抽查 2%，并不得少于 10 只，并重新进行密封性能试验；当仍有不合格时，亦不得使用该批喷头。

检查数量：符合本条第 5 款的规定。

检查方法：观察检查及在专用试验装置上测试，主要测试设备有试压泵、压力表、秒表。

3.2.8 阀门及其附件的现场检验应符合下列要求：

1 阀门的商标、型号、规格等标志应齐全，阀门的型号、规格应符合设计要求。

2 阀门及其附件应配备齐全，不得有加工缺陷和机械损伤。

3 报警阀除应有商标、型号、规格等标志外，尚应有水流方向的永久性标志。

4 报警阀和控制阀的阀瓣及操作机构应动作灵活、无卡涩现象，阀体内应清洁、无异物堵塞。

5 水力警铃的铃锤应转动灵活、无阻滞现象；传动轴密封性能好，不得有渗漏水现象。

6 报警阀应进行渗漏试验。试验压力应为额定工作压力的 2 倍，保压时间不应小于 5min，阀瓣处应无渗漏。

检查数量：全数检查。

检查方法：观察检查及在专用试验装置上测试，主要测试设备有试压泵、压力表、秒表。

3.2.9 压力开关、水流指示器、自动排气阀、减压阀、泄压阀、多功能水泵控制阀、止回阀、信号阀、水泵接合器及水位、气压、阀门限位等自动监测装置应有清晰的铭牌、安全操作指示标志和产品说明书；水流指示器、水泵接合器、减压阀、止回阀、过滤器、泄压阀、多功能水泵控制阀应有水流方向的永久性标志；安装前应进行主要功能检查。

检查数量：全数检查。

检查方法：观察检查及在专用试验装置上测试，主要测试设备有试压泵、压力表、秒表。

4 供水设施安装与施工

4.1 一般规定

4.1.1 消防水泵、消防水箱、消防水池、消防气压给水设备、消防水泵接合器等供水设施及其附属管道的安装，应清除其内部污垢和杂物。安装中断时，其敞口处应封闭。

4.1.2 消防供水设施应采取安全可靠的防护措施，其安装位置应便于日常操作和维护管理。

4.1.3 消防供水设施直接与市政供水管、生活供水管连接时，连接处应安装倒流防止器。

4.1.4 供水设施安装时，环境温度不应低于 5℃；当环境温度低于 5℃时，应采取防冻措施。

4.2 消防水泵安装

主控项目

4.2.1 消防水泵的规格、型号应符合设计要求，并应有产品合格证和安装使用说明书。

检查数量：全数检查。

检查方法：对照图纸观察检查。

4.2.2 消防水泵的安装，应符合现行国家标准《机械设备安装工程施工及验收通用规范》GB 50231、《压缩机、风机、泵安装工程施工及验收规范》GB 50275 的有关规定。

检查数量：全数检查。

检查方法：尺量和观察检查。

4.2.3 吸水管及其附件的安装应符合下列要求：

1 吸水管上宜设过滤器，并应安装在控制阀后。

2 吸水管上的控制阀应在消防水泵固定于基础上之后再进行安装，其直径不应小于消防水泵吸水口直径，且不应采用没有可靠锁定装置的蝶阀，蝶阀应采用沟槽式或法兰式蝶阀。

检查数量：全数检查。

检查方法：观察检查。

3 当消防水泵和消防水池位于独立的两个基础上且相互为刚性连接时，吸水管上应加设柔性连接管。

检查数量：全数检查。

检查方法：观察检查。

4 吸水管水平管段上不应有气囊和漏气现象。变径连接时，应采用偏心异径管件并应采用管顶平接。

检查数量：全数检查。

检查方法：观察检查。

4.2.4 消防水泵的出水管上应安装止回阀、控制阀和压力表，或安装控制阀、多功能水泵控制阀和压力表；系统的总出水管上还应安装压力表；安装压力表时应加设缓冲装置。缓冲装置的前面应安装旋塞；压力表量程应为工作压力的 2.0 倍～2.5 倍。止回阀或多功能水泵控制阀的安装方向应与水流方向一致。

检查数量：全数检查。

检查方法：观察检查。

4.2.5 在水泵出水管上，应安装由控制阀、检测供水压力、流量用的仪表及排水管道组成的系统流量压力检测装置或预留可供连接流量压力检测装置的接口，其通水能力应与系统供水能力一致。

检查数量：全数检查。

检查方法：观察检查。

4.3 消防水箱安装和消防水池施工

Ⅰ 主控项目

4.3.1 消防水池、高位消防水箱的施工和安装，应符合现行国家标准《给水排水构筑物工程施工及验收规范》GB 50141、《建筑给水排水及采暖工程施工质量验收规范》GB 50242 的有关规定。消防水池、高位消防水箱的水位显示装置设置方式及设置位置应符合设计文件要求。

检查数量：全数检查。

检查方法：尺量和观察检查。

4.3.2 钢筋混凝土消防水池或消防水箱的进水管、出水管应加设防水套管，对有振动的管道应加设柔性接头。组合式消防水池或消防水箱的进水管、出水管接头宜采用法兰连接，采用其他连接时应做防锈处理。

检查数量：全数检查。

检查方法：观察检查。

Ⅱ 一般项目

4.3.3 高位消防水箱、消防水池的容积、安装位置应符合设计要求。安装时，池（箱）外壁与建筑本体结构墙面或其他池壁之间的净距，应满足施工或装配的需要。无管道的侧面，净距不宜小于 0.7m；安装有管道的侧面，净距不宜小于 1.0m，且管道外壁与建筑本体墙面之间的通道宽度不宜小于 0.6m；设有人孔的池顶，顶板面与上面建筑本体板底的净空不应小于 0.8m，拼装形式的高位消防水箱底与所在地坪的距离不宜小于 0.5m。

检查数量：全数检查。

检查方法：对照图纸，尺量检查。

4.3.4 消防水池、高位消防水箱的溢流管、泄水管不得与生产或生活用水的排水系统直接相连，应采用间接排水方式。

检查数量：全数检查。

检查方法：观察检查。

4.3.5 高位消防水箱、消防水池的人孔宜密闭。通气管、溢流管应有防止昆虫及小动物爬入水池（箱）的措施。

检查数量：全数检查。

检查方法：对照图纸，观察检查。

4.3.6 当高位消防水箱、消防水池与其他用途的水箱、水池合用时，应复核有效的消防水量，满足设计要求，并应设有防止消防用水被他用的措施。

检查数量：全数检查。

检查方法：对照图纸，尺量检查。

4.3.7 高位消防水箱、消防水池的进水管、出水管上应设置带有指示启闭装置的阀门。

检查数量：全数检查。

检查方法：观察检查。

4.3.8 高位消防水箱的出水管上应设置防止消防用水倒流进入高位消防水箱的止回阀。

检查数量：全数检查。

检查方法：对照图纸，核对产品的性能检验报告和观察检查。

4.4 消防气压给水设备和稳压泵安装

Ⅰ 主控项目

4.4.1 消防气压给水设备的气压罐，其容积（总容积、最大有效水容积）、气压、水位及工作压力应符合设计要求。

检查数量：全数检查。

检查方法：对照图纸，观察检查。

4.4.2 消防气压给水设备安装位置、进水管及出水管方向应符合设计要求；出水管上应安装止回阀，安装时其四周应设检修通道，其宽度不宜小于 0.7m，消防气压给水设备顶部至楼板或梁底的距离不宜小于 0.6m。

检查数量：全数检查。

检查方法：对照图纸，尺量和观察检查。

Ⅱ 一般项目

4.4.3 消防气压给水设备上的安全阀、压力表、泄水管、水位指示器、压力控制仪表等的安装应符合产品使用说明书的要求。

检查数量：全数检查。

检查方法：对照图纸，观察检查。

4.4.4 稳压泵的规格、型号应符合设计要求，并应有产品合格证和安装使用说明书。

检查数量：全数检查。

检查方法：对照图纸，观察检查。

4.4.5 稳压泵的安装应符合现行国家标准《机械设备安装工程施工及验收通用规范》GB 50231 和《压缩机、风机、泵安装工程施工及验收规范》GB 50275 的有关规定。

检查数量：全数检查。

检查方法：尺量和观察检查。

4.5 消防水泵接合器安装

Ⅰ 主控项目

4.5.1 组装式消防水泵接合器的安装，应按接口、本体、联接管、止回阀、安全阀、放空管、控制阀的顺序进行，止回阀的安装方向应使消防用水能从消防水泵接合器进入系统；整体式消防水泵接合器的安装，按其使用安装说明书进行。

检查数量：全数检查。

检查方法：观察检查。

4.5.2 消防水泵接合器的安装应符合下列规定：

1 应安装在便于消防车接近的人行道或非机动车行驶地段，距室外消火栓或消防水池的距离宜为 15m～40m。

检查数量：全数检查。

检查方法：观察检查、尺量检查。

2 自动喷水灭火系统的消防水泵接合器应设置与消火栓系统的消防水泵接合器区别的永久性固定标志，并有分区标志。

检查数量：全数检查。

检查方法：观察检查。

3 地下消防水泵接合器应采用铸有"消防水泵接合器"标志的铸铁井盖，并应在附近设置指示其位置的永久性固定标志。

检查数量：全数检查。

检查方法：观察检查。

4 墙壁消防水泵接合器的安装应符合设计要求。设计无要求时，其安装高度距地面宜为 0.7m；与墙面上的门、窗、孔、洞的净距离不应小于 2.0m，且不应安装在玻璃幕墙下方。

检查数量：全数检查。

检查方法：观察检查和尺量检查。

4.5.3 地下消防水泵接合器的安装，应使进水口与井盖底面的距离不大于 0.4m，且不应小于井盖的半径。

检查数量：全数检查。

检查方法：尺量检查。

Ⅱ 一般项目

4.5.4 地下消防水泵接合器井的砌筑应有防水和排水措施。

检查数量：全数检查。

检查方法：观察检查。

5 管网及系统组件安装

5.1 管网安装

Ⅰ 主控项目

5.1.1 管网采用钢管时，其材质应符合现行国家标准《输送流体用无缝钢管》GB/T 8163 和《低压流体输送用焊接钢管》GB/T 3091 的要求。

检查数量：全数检查。

检查方法：查验材料质量合格证明文件、性能检测报告，尺量、观察检查。

5.1.2 管网采用不锈钢管时，其材质应符合现行国家标准《流体输送用不锈钢焊接钢管》GB/T 12771 和《不锈钢卡压式管件连接用薄壁不锈钢管》GB/T 19228.2 的要求。

检查数量：全数检查。

检查方法：查验材料质量合格证明文件、性能检测报告，尺量、观察检查。

5.1.3 管网采用铜管道时，其材质应符合现行国家标准《无缝铜水管和铜气管》GB/T 18033、《铜管接头 第 1 部分：钎焊式管件》GB/T 11618.1 和《铜管接头 第 2 部分：卡压式管件》GB/T 11618.2 的要求。

检查数量：全数检查。

检查方法：查验材料质量合格证明文件、性能检测报告，尺量、观察检查。

5.1.4 管网采用涂覆钢管时，其材质应符合现行国家标准《自动喷水灭火系统 第 20 部分 涂覆钢管》GB 5135.20 的要求。

检查数量：全数检查。

检查方法：查验材料质量合格证明文件、性能检测报告，尺量、观察检查。

5.1.5 管网采用氯化聚氯乙烯（PVC-C）管道时，其材质应符合现行国家标准《自动喷水灭火系统 第 19 部分 塑料管道及管件》GB 5135.19 的要求。

检查数量：全数检查。

检查方法：查验材料质量合格证明文件、性能检测报告，尺量、观察检查。

5.1.6 管道连接后不应减小过水横断面面积。热镀锌钢管、涂覆钢管安装应采用螺纹、沟槽式管件或法兰连接。

5.1.7 薄壁不锈钢管安装应采用环压、卡凸式、卡压、沟槽式、法兰等连接。

5.1.8 铜管安装应采用钎焊、卡套、卡压、沟槽式等连接。

5.1.9 氯化聚氯乙烯（PVC-C）管材与氯化聚氯乙烯（PVC-C）

管件的连接应采用承插式粘接连接；氯化聚氯乙烯（PVC-C）管材与法兰式管道、阀门及管件的连接，应采用氯化聚氯乙烯（PVC-C）法兰与其他材质法兰对接连接；氯化聚氯乙烯（PVC-C）管材与螺纹式管道、阀门及管件的连接应采用内丝接头的注塑管件螺纹连接；氯化聚氯乙烯（PVC-C）管材与沟槽式（卡箍）管道、阀门及管件的连接，应采用沟槽（卡箍）注塑管件连接。

检查数量：抽查20%，且不得少于5处。

检查方法：观察检查，强度试验。

5.1.10 管网安装前应校直管道，并清除管道内部的杂物；在具有腐蚀性的场所，安装前应按设计要求对管道、管件等进行防腐处理；安装时应随时清除管道内部的杂物。

检查数量：抽查20%，且不得少于5处。

检查方法：观察检查和用水平尺检查。

5.1.11 沟槽式管件连接应符合下列规定：

1 选用的沟槽式管件应符合现行国家标准《自动喷水灭火系统 第11部分：沟槽式管接件》GB 5135.11 的要求，其材质应为球墨铸铁，并应符合现行国家标准《球墨铸铁件》GB/T 1348 的要求；橡胶密封圈的材质应为 EPDM（三元乙丙橡胶），并应符合《金属管道系统快速管接头的性能要求和试验方法》ISO 6182-12 的要求。

2 沟槽式管件连接时，其管道连接沟槽和开孔应用专用滚槽机和开孔机加工，并应做防腐处理；连接前应检查沟槽和孔洞尺寸，加工质量应符合技术要求；沟槽、孔洞处不得有毛刺、破损性裂纹和脏物。

检查数量：抽查20%，且不得少于5处。

检查方法：观察和尺量检查。

3 橡胶密封圈应无破损和变形。

检查数量：抽查20%，且不得少于5处。

检查方法：观察检查。

4 沟槽式管件的凸边应卡进沟槽后再紧固螺栓，两边应同时紧固，紧固时发现橡胶圈起皱应更换新橡胶圈。

检查数量：抽查20%，且不得少于5处。

检查方法：观察检查。

5 机械三通连接时，应检查机械三通与孔洞的间隙，各部位应均匀，然后再紧固到位；机械三通开孔间距不应小于500mm，机械四通开孔间距不应小于1000mm；机械三通、机械四通连接时支管的口径应满足表5.1.11 的规定。

表 5.1.11 采用支管接头（机械三通、机械四通）时支管的最大允许管径（mm）

主管直径 DN		50	65	80	100	125	150	200	250	300
支管直径 DN	机械三通	25	40	40	65	80	100	100	100	100
	机械四通	—	32	40	50	65	80	100	100	100

检查数量：抽查20%，且不得少于5处。

检查方法：观察检查和尺量检查。

6 配水干管（立管）与配水管（水平管）连接，应采用沟槽式管件，不应采用机械三通。

检查数量：抽查20%，且不得少于5处。

检查方法：观察检查。

7 埋地的沟槽式管件的螺栓、螺帽应做防腐处理。水泵房内的埋地管道连接应采用挠性接头。

检查数量：全数检查。

检查方法：观察检查或局部解剖检查。

5.1.12 螺纹连接应符合下列要求：

1 管道宜采用机械切割，切割面不得有飞边、毛刺；管道螺纹密封面应符合现行国家标准《普通螺纹 基本尺寸》GB/T 196、《普通螺纹 公差》GB/T 197 和《普通螺纹 管路系列》GB/T 1414 的有关规定。

2 当管道变径时，宜采用异径接头；在管道弯头处不宜采用补芯，当需要采用补芯时，三通上可用1个，四通上不应超过2个；公称直径大于50mm的管道不宜采用活接头。

检查数量：全数检查。

检查方法：观察检查。

3 螺纹连接的密封填料应均匀附着在管道的螺纹部分；拧紧螺纹时，不得将填料挤入管道内；连接后，应将连接处外部清理干净。

检查数量：抽查20%，且不得少于5处。

检查方法：观察检查。

5.1.13 法兰连接可采用焊接法兰或螺纹法兰。焊接法兰焊接处应做防腐处理，并宜重新镀锌后再连接。焊接应符合现行国家标准《工业金属管道工程施工及验收规范》GB 50235、《现场设备、工业管道焊接工程施工及验收规范》GB 50236 的有关规定。螺纹法兰连接应预测对接位置，清除外露密封填料后再紧固、连接。

检查数量：抽查20%，且不得少于5处。

检查方法：观察检查。

Ⅱ 一般项目

5.1.14 管道的安装位置应符合设计要求。当设计无要求时，管道的中心线与梁、柱、楼板等的最小距离应符合表5.1.14 的规定。公称直径大于或等于100mm的管道其距离顶板、墙面的安装距离不宜小于200mm。

表 5.1.14 管道的中心线与梁、柱、楼板的最小距离（mm）

公称直径	25	32	40	50	70	80	100	125	150	200	250	300
距离	40	40	50	60	70	80	100	125	150	200	250	300

检查数量：抽查20%，且不得少于5处。

检查方法：尺量检查。

5.1.15 管道支架、吊架、防晃支架的安装应符合下列要求：

1 管道应固定牢固；管道支架或吊架之间的距离不应大于表5.1.15-1～表5.1.15-5 的规定。

表 5.1.15-1 镀锌钢管道、涂覆钢管道支架或吊架之间的距离

公称直径（mm）	25	32	40	50	70	80	100	125	150	200	250	300
距离（m）	3.5	4.0	4.5	5.0	6.0	6.0	6.5	7.0	8.0	9.5	11.0	12.0

表 5.1.15-2　不锈钢管道的支架或吊架之间的距离

公称直径DN（mm）	25	32	40	50～100	150～300
水平管（m）	1.8	2.0	2.2	2.5	3.5
立管（m）	2.2	2.5	2.8	3.0	4.0

注：1　在距离各管件或阀门100mm以内应采用管卡牢固固定，特别在干管变支管处；
　　2　阀门等组件应加设承重支架。

表 5.1.15-3　铜管道的支架或吊架之间的距离

公称直径DN（mm）	25	32	40	50	65	80	100	125	150	200	250	300
水平管（m）	1.8	2.4	2.4	2.4	3.0	3.0	3.0	3.0	3.5	3.5	4.0	4.0
立管（m）	2.4	3.0	3.0	3.0	3.5	3.5	3.5	3.5	4.0	4.0	4.5	4.5

表 5.1.15-4　氯化聚氯乙烯（PVC-C）管道支架或吊架之间的距离

公称外径（mm）	25	32	40	50	65	80
最大间距（m）	1.8	2.0	2.1	2.4	2.7	3.0

表 5.1.15-5　沟槽连接管道最大支承间距

公称直径（mm）	最大支承间距（m）
65～100	3.5
125～200	4.2
250～315	5.0

注：1　横管的任何两个接头之间应有支承；
　　2　不得支承在接头上。

检查数量：抽查20%，且不得少于5处。
检查方法：尺量检查。

2　管道支架、吊架、防晃支架的型式、材质、加工尺寸及焊接质量等，应符合设计要求和国家现行有关标准的规定。

3　管道支架、吊架的安装位置不应妨碍喷头的喷水效果；管道支架、吊架与喷头之间的距离不宜小于300mm；与末端喷头之间的距离不宜大于750mm。

检查数量：抽查20%，且不得少于5处。
检查方法：尺量检查。

5　当管道的公称直径等于或大于50mm时，每段配水干管或配水管设置防晃支架不应少于1个，且防晃支架的间距不宜大于15m；当管道改变方向时，应增设防晃支架。

检查数量：全数检查。
检查方法：观察检查和尺量检查。

6　竖直安装的配水干管除中间用管卡固定外，还应在其始端和终端设防晃支架或采用管卡固定，其安装位置距地面或楼面的距离宜为1.5m～1.8m。

检查数量：全数检查。
检查方法：观察检查和尺量检查。

5.1.16　管道穿过建筑物的变形缝时，应采取抗变形措施。穿过墙体或楼板时应加设套管，套管长度不得小于墙体厚度，穿过楼板的套管其顶部应高出装饰地面20mm；穿过卫生间或厨房楼板的套管，其顶部应高出装饰地面50mm，且套管底部应与楼板底面相平。套管与管道的间隙应采用不燃材料填塞密实。

检查数量：抽查20%，且不得少于5处。
检查方法：观察检查和尺量检查。

5.1.17　管道横向安装宜设置2‰～5‰的坡度，且应坡向排水管；当局部区域难以利用排水管将水排净时，应采取相应的排水措施。当喷头数量小于或等于5只时，可在管道低凹处加设堵头；当喷头数量大于5只时，宜装设带阀门的排水管。

检查数量：全数检查。
检查方法：观察检查，水平尺和尺量检查。

5.1.18　配水干管、配水管应做红色或红色环圈标志。红色环圈标志，宽度不应小于20mm，间隔不宜大于4m，在一个独立的单元内环圈不宜少于2处。

检查数量：抽查20%，且不得少于5处。
检查方法：观察检查和尺量检查。

5.1.19　管网在安装中断时，应将管道的敞口封闭。

检查数量：全数检查。
检查方法：观察检查。

5.1.20　涂覆钢管的安装应符合下列有关规定：

1　涂覆钢管严禁剧烈撞击或与尖锐物品碰触，不得抛、摔、滚、拖；

2　不得在现场进行焊接操作；

3　涂覆钢管与铜管、氯化聚氯乙烯（PVC-C）管连接时应采用专用过渡接头。

5.1.21　不锈钢管的安装应符合下列有关规定：

1　薄壁不锈钢管与其他材料的管材、管件和附件相连接时，应有防止电化学腐蚀的措施。

2　公称直径为DN25～50的薄壁不锈钢管道与其他材料的管道连接时，应采用专用螺纹转换连接件（如环压或卡压式不锈钢管的螺纹转换接头）连接。

5.1.22　铜管的安装应符合下列有关规定：

2　管道支承件宜采用铜合金制品。当采用钢件支架时，管道与支架之间应设软性隔垫，隔垫不得对管道产生腐蚀。

3　当沟槽连接件为非铜材质时，其接触面应采取必要的防腐措施。

5.1.23　氯化聚氯乙烯（PVC-C）管道的安装应符合下列有关规定：

1　氯化聚氯乙烯（PVC-C）管材与氯化聚氯乙烯（PVC-C）管件的连接应采用承插式粘接连接；氯化聚氯乙烯（PVC-C）管材与法兰式管道、阀门及管件的连接，应采用氯化聚氯乙烯（PVC-C）法兰与其他材质法兰对接连接；氯化聚氯乙烯（PVC-C）管材与螺纹式管道、阀门及管件的连接应采用内丝接头的注塑管件螺纹连接；氯化聚氯乙烯（PVC-C）管材与沟槽式（卡箍）管道、阀门及管件的连接，应采用沟槽（卡箍）注塑管件连接。

2　粘接连接应选用与管材、管件相兼容的粘接剂，粘接连接宜在4℃～38℃的环境温度下操作，接头粘接不得在雨中或水中施工，并应远离火源，避免阳光直射。

5.1.24　消防洒水软管的安装应符合下列有关规定：

1 消防洒水软管出水口的螺纹应和喷头的螺纹标准一致。

2 消防洒水软管安装弯曲时应大于软管标记的最小弯曲半径。

3 消防洒水软管应安装相应的支架系统进行固定,确保连接喷头处锁紧。

4 消防洒水软管波纹段与接头处60mm之内不得弯曲。

5 应用在洁净室区域的消防洒水软管应采用全不锈钢材料制作的编织网型式焊接软管,不得采用橡胶圈密封的组装型式的软管。

6 应用在风烟管道处的消防洒水软管应采用全不锈钢材料制作的编织网型式焊接型软管,且应安装配套防火底座和与喷头响应温度对应的自熔密封塑料袋。

5.2 喷头安装

Ⅰ 主控项目

5.2.1 喷头安装必须在系统试压、冲洗合格后进行。

检查数量:全数检查。

检查方法:检查系统试压、冲洗记录表。

5.2.2 喷头安装时,不应对喷头进行拆装、改动,并严禁给喷头、隐蔽式喷头的装饰盖板附加任何装饰性涂层。

检查数量:全数检查。

检查方法:观察检查。

5.2.3 喷头安装应使用专用扳手,严禁利用喷头的框架施拧;喷头的框架、溅水盘产生变形或释放原件损伤时,应采用规格、型号相同的喷头更换。

检查数量:全数检查。

检查方法:观察检查。

5.2.4 安装在易受机械损伤处的喷头,应加设喷头防护罩。

检查数量:全数检查。

检查方法:观察检查。

5.2.5 喷头安装时,溅水盘与吊顶、门、窗、洞口或障碍物的距离应符合设计要求。

检查数量:抽查20%,且不得少于5处。

检查方法:对照图纸,尺量检查。

5.2.6 安装前检查喷头的型号、规格、使用场所应符合设计要求。系统采用隐蔽式喷头时,配水支管的标高和吊顶的开口尺寸应准确控制。

检查数量:全数检查。

检查方法:对照图纸,观察检查。

Ⅱ 一般项目

5.2.7 当喷头的公称直径小于10mm时,应在配水干管或配水管上安装过滤器。

检查数量:全数检查。

检查方法:观察检查。

5.2.8 当喷头溅水盘高于附近梁底或高于宽度小于1.2m的通风管道、排管、桥架腹面时,喷头溅水盘高于梁底、通风管道、排管、桥架腹面的最大垂直距离应符合表5.2.8-1～表5.2.8-9的规定(见图5.2.8)。

检查数量:全数检查。

检查方法:尺量检查。

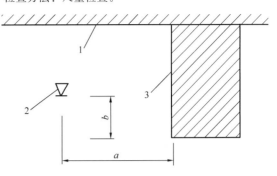

图 5.2.8 喷头与梁等障碍物的距离

1—天花板或屋顶;2—喷头;3—障碍物

表 5.2.8-1 喷头溅水盘高于梁底、通风管道腹面的最大垂直距离(标准直立与下垂喷头)

喷头与梁、通风管道、排管、桥架的水平距离 a(mm)	喷头溅水盘高于梁底、通风管道、排管、桥架腹面的最大垂直距离 b(mm)
$a<300$	0
$300\leqslant a<600$	60
$600\leqslant a<900$	140
$900\leqslant a<1200$	240
$1200\leqslant a<1500$	350
$1500\leqslant a<1800$	450
$1800\leqslant a<2100$	600
$a\geqslant 2100$	880

表 5.2.8-2 喷头溅水盘高于梁底、通风管道腹面的最大垂直距离(边墙型喷头,与障碍物平行)

喷头与梁、通风管道、排管、桥架的水平距离 a(mm)	喷头溅水盘高于梁底、通风管道、排管、桥架腹面的最大垂直距离 b(mm)
$a<300$	30
$300\leqslant a<600$	80
$600\leqslant a<900$	140
$900\leqslant a<1200$	200
$1200\leqslant a<1500$	250
$1500\leqslant a<1800$	320
$1800\leqslant a<2100$	380
$2100\leqslant a<2250$	440

表 5.2.8-3 喷头溅水盘高于梁底、通风管道腹面的最大垂直距离(边墙型喷头,与障碍物垂直)

喷头与梁、通风管道、排管、桥架的水平距离 a(mm)	喷头溅水盘高于梁底、通风管道、排管、桥架腹面的最大垂直距离 b(mm)
$a<1200$	不允许
$1200\leqslant a<1500$	30
$1500\leqslant a<1800$	50
$1800\leqslant a<2100$	100
$2100\leqslant a<2400$	180
$a\geqslant 2400$	280

表 5.2.8-4 喷头溅水盘高于梁底、通风管道腹面的最大垂直距离（扩大覆盖面直立与下垂喷头）

喷头与梁、通风管道、排管、桥架的水平距离 a（mm）	喷头溅水盘高于梁底、通风管道、排管、桥架腹面的最大垂直距离 b（mm）
$a<300$	0
$300 \leqslant a<600$	0
$600 \leqslant a<900$	30
$900 \leqslant a<1200$	80
$1200 \leqslant a<1500$	130
$1500 \leqslant a<1800$	180
$1800 \leqslant a<2100$	230
$2100 \leqslant a<2100$	350
$2400 \leqslant a<2700$	380
$2700 \leqslant a<3000$	480

表 5.2.8-5 喷头溅水盘高于梁底、通风管道腹面的最大垂直距离（扩大覆盖面边墙型喷头，与障碍物平行）

喷头与梁、通风管道、排管、桥架的水平距离 a（mm）	喷头溅水盘高于梁底、通风管道、排管、桥架腹面的最大垂直距离 b（mm）
$a<450$	0
$450 \leqslant a<900$	30
$900 \leqslant a<1200$	80
$1200 \leqslant a<1350$	130
$1350 \leqslant a<1800$	180
$1800 \leqslant a<1950$	230
$1950 \leqslant a<2100$	280
$2100 \leqslant a<2250$	350

表 5.2.8-6 喷头溅水盘高于梁底、通风管道腹面的最大垂直距离（扩大覆盖面边墙型喷头，与障碍物垂直）

喷头与梁、通风管道、排管、桥架的水平距离 a（mm）	喷头溅水盘高于梁底、通风管道、排管、桥架腹面的最大垂直距离 b（mm）
$a<2400$	不允许
$2400 \leqslant a<3000$	30
$3000 \leqslant a<3300$	50
$3300 \leqslant a<3600$	80
$3600 \leqslant a<3900$	100
$3900 \leqslant a<4200$	150
$4200 \leqslant a<4500$	180

续表 5.2.8-6

喷头与梁、通风管道、排管、桥架的水平距离 a（mm）	喷头溅水盘高于梁底、通风管道、排管、桥架腹面的最大垂直距离 b（mm）
$4500 \leqslant a<4800$	230
$4800 \leqslant a<5100$	280
$a \geqslant 5100$	350

表 5.2.8-7 喷头溅水盘高于梁底、通风管道腹面的最大垂直距离（特殊应用喷头）

喷头与梁、通风管道、排管、桥架的水平距离 a（mm）	喷头溅水盘高于梁底、通风管道、排管、桥架腹面的最大垂直距离 b（mm）
$a<300$	0
$300 \leqslant a<600$	40
$600 \leqslant a<900$	140
$900 \leqslant a<1200$	250
$1200 \leqslant a<1500$	380
$1500 \leqslant a<1800$	550
$a \geqslant 1800$	780

表 5.2.8-8 喷头溅水盘高于梁底、通风管道腹面的最大垂直距离（ESFR 喷头）

喷头与梁、通风管道、排管、桥架的水平距离 a（mm）	喷头溅水盘高于梁底、通风管道、排管、桥架腹面的最大垂直距离 b（mm）
$a<300$	0
$300 \leqslant a<600$	40
$600 \leqslant a<900$	140
$900 \leqslant a<1200$	250
$1200 \leqslant a<1500$	380
$1500 \leqslant a<1800$	550
$a \geqslant 1800$	780

表 5.2.8-9 喷头溅水盘高于梁底、通风管道腹面的最大垂直距离（直立和下垂型家用喷头）

喷头与梁、通风管道、排管、桥架的水平距离 a（mm）	喷头溅水盘高于梁底、通风管道、排管、桥架腹面的最大垂直距离 b（mm）
$a<450$	0
$450 \leqslant a<900$	30
$900 \leqslant a<1200$	80
$1200 \leqslant a<1350$	130
$1350 \leqslant a<1800$	180
$1350 \leqslant a<1950$	230
$1950 \leqslant a<2100$	280
$a \geqslant 2100$	350

5.2.9 当梁、通风管道、排管、桥架宽度大于1.2m时，增设的喷头应安装在其腹面以下部位。

检查数量：全数检查。

检查方法：观察检查。

5.2.10 当喷头安装在不到顶的隔断附近时，喷头与隔断的水平距离和最小垂直距离应符合表5.2.10的规定（见图5.2.10）。

检查数量：全数检查。

检查方法：尺量检查。

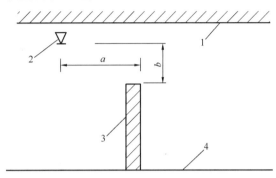

图 5.2.10 喷头与隔断障碍物的距离
1—天花板或屋顶；2—喷头；3—障碍物；4—地板

表5.2.10 喷头与隔断的水平距离和最小垂直距离（mm）

喷头与隔断的水平距离 a	喷头与隔断的最小垂直距离 b
a<150	80
150≤a<300	150
300≤a<450	240
450≤a<600	310
600≤a<750	390
a≥750	450

5.2.11 下垂式早期抑制快速响应（ESFR）喷头溅水盘与顶板的距离应为150mm～360mm。直立式早期抑制快速响应（ESFR）喷头溅水盘与顶板的距离应为100mm～150mm。

5.2.12 顶板处的障碍物与任何喷头的相对位置，应使喷头到障碍物底部的垂直距离（H）以及到障碍物边缘的水平距离（L）满足图5.2.12所示的要求。当无法满足要求时，应满足下列要求之一。

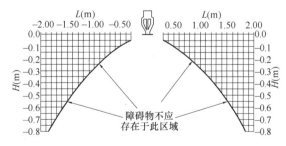

图 5.2.12 喷头与障碍物的相对位置

1 当顶板处实体障碍物宽度不大于0.6m时，应在障碍物的两侧都安装喷头，且两侧喷头到该障碍物的水平距离不应大于所要求喷头间距的一半。

2 对顶板处非实体的建筑构件，喷头与构件侧缘应保持不小于0.3m的水平距离。

5.2.13 早期抑制快速响应（ESFR）喷头与喷头下障碍物的距离应满足本规范图5.2.12所示的要求。当无法满足要求时，喷头下障碍物的宽度与位置应满足本规范表5.2.13的规定。

表5.2.13 喷头下障碍物的宽度与位置

喷头下障碍物宽度 W（cm）	障碍物位置或其他要求	
	障碍物边缘距喷头溅水盘最小允许水平距离 L（m）	障碍物顶端距喷头溅水盘最小允许垂直距离 H（m）
W≤2	任意	0.1
2<W≤5	任意	0.6
	0.3	任意
5<W≤30	0.3	任意
30<W≤60	0.6	任意
W≥60	障碍物位置任意。障碍物以下应加装同类喷头，喷头最大间距为2.4m。若障碍物底面不是平面（例如圆形风管）或不是实体（例如一组电缆），应在障碍物下安装一层宽度相同或稍宽的不燃平板，再按要求在这层平板下安装喷头	

5.2.14 直立式早期抑制快速响应（ESFR）喷头下的障碍物，满足下列任一要求时，可以忽略不计。

1 腹部通透的屋面托架或桁架，其下弦宽度或直径不大于10cm。

2 其他单独的建筑构件，其宽度或直径不大于10cm。

3 单独的管道或线槽等，其宽度或直径不大于10cm，或者多根管道或线槽，总宽度不大于10cm。

5.3 报警阀组安装

主控项目

5.3.1 报警阀组的安装应在供水管网试压、冲洗合格后进行。安装时应先安装水源控制阀、报警阀，然后进行报警阀辅助管道的连接。水源控制阀、报警阀与配水干管的连接，应使水流方向一致。报警阀组安装的位置应符合设计要求；当设计无要求时，报警阀组应安装在便于操作的明显位置，距室内地面高度宜为1.2m；两侧与墙的距离不应小于0.5m；正面与墙的距离不应小于1.2m；报警阀组凸出部位之间的距离不应小于0.5m。安装报警阀组的室内地面应有排水设施，排水能力应满足报警阀调试、验收和利用试水阀门泄空系统管道的要求。

检查数量：全数检查。

检查方法：检查系统试压、冲洗记录表，观察检查和尺量检查。

5.3.2 报警阀组附件的安装应符合下列要求：

1 压力表应安装在报警阀上便于观测的位置。

检查数量：全数检查。

检查方法：观察检查。

2 排水管和试验阀应安装在便于操作的位置。

检查数量：全数检查。

检查方法：观察检查。

3 水源控制阀安装应便于操作，且应有明显开闭标志和可靠的锁定设施。

检查数量：全数检查。

检查方法：观察检查。

5.3.3 湿式报警阀组的安装应符合下列要求：

1 应使报警阀前后的管道中能顺利充满水；压力波动时，水力警铃不应发生误报警。

检查数量：全数检查。

检查方法：观察检查和开启阀门以小于一个喷头的流量放水。

2 报警水流通路上的过滤器应安装在延迟器前，且便于排渣操作的位置。

检查数量：全数检查。

检查方法：观察检查。

5.3.4 干式报警阀组的安装应符合下列要求：

1 应安装在不发生冰冻的场所。

2 安装完成后，应向报警阀气室注入高度为50mm～100mm的清水。

3 充气连接管接口应在报警阀气室充注水位以上部位，且充气连接管的直径不应小于15mm；止回阀、截止阀应安装在充气连接管上。

检查数量：全数检查。

检查方法：观察检查和尺量检查。

4 气源设备的安装应符合设计要求和国家现行有关标准的规定。

5 安全排气阀应安装在气源与报警阀之间，且应靠近报警阀。

检查数量：全数检查。

检查方法：观察检查。

6 加速器应安装在靠近报警阀的位置，且应有防止水进入加速器的措施。

检查数量：全数检查。

检查方法：观察检查。

7 低气压预报警装置应安装在配水干管一侧。

检查数量：全数检查。

检查方法：观察检查。

8 下列部位应安装压力表：

（1）报警阀充水一侧和充气一侧；

（2）空气压缩机的气泵和储气罐上；

（3）加速器上。

检查数量：全数检查。

检查方法：观察检查。

9 管网充气压力应符合设计要求。

5.3.5 雨淋阀组的安装应符合下列要求：

1 雨淋阀组可采用电动开启、传动管开启或手动开启，开启控制装置的安装应安全可靠。水传动管的安装应符合湿式系统有关要求。

2 预作用系统雨淋阀组后的管道若需充气，其安装应按干式报警阀组有关要求进行。

3 雨淋阀组的观测仪表和操作阀门的安装位置应符合设计要求，并应便于观测和操作。

检查数量：全数检查。

检查方法：观察检查。

4 雨淋阀组手动开启装置的安装位置应符合设计要求，且在发生火灾时应能安全开启和便于操作。

检查数量：全数检查。

检查方法：对照图纸观察检查和开启阀门检查。

5 压力表应安装在雨淋阀的水源一侧。

检查数量：全数检查。

检查方法：观察检查。

5.4 其他组件安装

Ⅰ 主控项目

5.4.1 水流指示器的安装应符合下列要求：

1 水流指示器的安装应在管道试压和冲洗合格后进行，水流指示器的规格、型号应符合设计要求。

检查数量：全数检查。

检查方法：对照图纸观察检查和检查管道试压和冲洗记录。

2 水流指示器应使电器元件部位竖直安装在水平管道上侧，其动作方向应和水流方向一致；安装后的水流指示器桨片、膜片应动作灵活，不应与管壁发生碰擦。

检查数量：全数检查。

检查方法：观察检查和开启阀门放水检查。

5.4.2 控制阀的规格、型号和安装位置均应符合设计要求；安装方向应正确，控制阀内应清洁、无堵塞、无渗漏；主要控制阀应加设启闭标志；隐蔽处的控制阀应在明显处设有指示其位置的标志。

检查数量：全数检查。

检查方法：观察检查。

5.4.3 压力开关应竖直安装在通往水力警铃的管道上，且不应在安装中拆装改动。管网上的压力控制装置的安装应符合设计要求。

检查数量：全数检查。

检查方法：观察检查。

5.4.4 水力警铃应安装在公共通道或值班室附近的外墙上，且应安装检修、测试用的阀门。水力警铃和报警阀的连接应采用热镀锌钢管，当镀锌钢管的公称直径为20mm时，其长度不宜大于20m；安装后的水力警铃启动时，警铃声强度应不小于70dB。

检查数量：全数检查。

检查方法：观察检查、尺量检查和开启阀门放水，水力警铃启动后检查压力表的数值。

5.4.5 末端试水装置和试水阀的安装位置应便于检查、试验，并应有相应排水能力的排水设施。

检查数量：全数检查。

检查方法：观察检查

Ⅱ 一般项目

5.4.6 信号阀应安装在水流指示器前的管道上，与水流指示器之间的距离不宜小于300mm。

检查数量：全数检查。

检查方法：观察检查和尺量检查。

5.4.7 排气阀的安装应在系统管网试压和冲洗合格后进行；排气阀应安装在配水干管顶部、配水管的末端，且应确保无渗漏。

检查数量：全数检查。

检查方法：观察检查和检查管道试压和冲洗记录。

5.4.8 节流管和减压孔板的安装应符合设计要求。

检查数量：全数检查。

检查方法：对照图纸观察检查和尺量检查。

5.4.9 压力开关、信号阀、水流指示器的引出线应用防水套管锁定。

检查数量：全数检查。

检查方法：观察检查。

5.4.10 减压阀的安装应符合下列要求：

1 减压阀安装应在供水管网试压、冲洗合格后进行。

检查数量：全数检查。

检查方法：检查管道试压和冲洗记录。

2 减压阀安装前应进行检查：其规格型号应与设计相符；阀外控制管路及导向阀各连接件不应有松动；外观应无机械损伤，并应清除阀内异物。

检查数量：全数检查。

检查方法：对照图纸观察检查和手扳检查。

3 减压阀水流方向应与供水管网水流方向一致。

检查数量：全数检查。

检查方法：观察检查。

4 应在进水侧安装过滤器，并宜在其前后安装控制阀。

检查数量：全数检查。

检查方法：观察检查。

5 可调式减压阀宜水平安装，阀盖应向上。

检查数量：全数检查。

检查方法：观察检查。

6 比例式减压阀宜垂直安装；当水平安装时，单呼吸孔减压阀其孔口应向下，双呼吸孔减压阀其孔口应呈水平位置。

检查数量：全数检查。

检查方法：观察检查。

7 安装自身不带压力表的减压阀时，应在其前后相邻部位安装压力表。

检查数量：全数检查。

检查方法：观察检查。

5.4.11 多功能水泵控制阀的安装应符合下列要求：

1 安装应在供水管网试压、冲洗合格后进行。

检查数量：全数检查。

检查方法：检查管道试压和冲洗记录。

2 安装前应进行检查：其规格型号应与设计相符；主阀各部件应完好，紧固件应齐全，无松动；各连接管路应完好，接头紧固；外观应无机械损伤，并应清除阀内异物。

检查数量：全数检查。

检查方法：对照图纸观察检查和手扳检查。

3 水流方向应与供水管网水流方向一致。

检查数量：全数检查。

检查方法：观察检查。

4 出口安装其他控制阀时应保持一定间距，以便于维修和管理。

检查数量：全数检查。

检查方法：观察检查。

6 安装自身不带压力表的多功能水泵控制阀时，应在其前后相邻部位安装压力表。

检查数量：全数检查。

检查方法：观察检查。

5.4.12 倒流防止器的安装应符合下列要求：

1 应在管道冲洗合格以后进行。

检查数量：全数检查。

检查方法：检查管道试压和冲洗记录。

2 不应在倒流防止器的进口前安装过滤器或者使用带过滤器的倒流防止器。

检查数量：全数检查。

检查方法：观察检查。

3 宜安装在水平位置，当竖直安装时，排水口应配备专用弯头。倒流防止器宜安装在便于调试和维护的位置。

检查数量：全数检查。

检查方法：观察检查。

4 倒流防止器两端应分别安装闸阀，而且至少有一端应安装挠性接头。

检查数量：全数检查。

检查方法：观察检查。

5 倒流防止器上的泄水阀不宜反向安装，泄水阀应采取间接排水方式，其排水管不应直接与排水管（沟）连接。

检查数量：全数检查。

检查方法：观察检查。

6 安装完毕后首次启动使用时，应关闭出水闸阀，缓慢打开进水闸阀。待阀腔充满水后，缓慢打开出水闸阀。

检查数量：全数检查。

检查方法：观察检查。

6 系统试压和冲洗

6.1 一般规定

6.1.1 管网安装完毕后，必须对其进行强度试验、严密性试验和冲洗。

检查数量：全数检查。

检查方法：检查强度试验、严密性试验、冲洗记录表。

6.1.2 强度试验和严密性试验宜用水进行。干式喷水灭火系统、预作用喷水灭火系统应做水压试验和气压试验。

检查数量：全数检查。

检查方法：检查水压试验和气压试验记录表。

6.1.3 系统试压完成后，应及时拆除所有临时盲板及试验用的管道，并应与记录核对无误，且应按本规范附录C表C.0.2的格式填写记录。

检查数量：全数检查。

检查方法：观察检查。

6.1.4 管网冲洗应在试压合格后分段进行。冲洗顺序应先室外，后室内；先地下，后地上；室内部分的冲洗应按配水干管、配水管、配水支管的顺序进行。

检查数量：全数检查。

6.1.5 系统试压前应具备下列条件：

1 埋地管道的位置及管道基础、支墩等经复查应符合设计要求。

检查数量：全数检查。

检查方法：对照图纸观察、尺量检查。

2 试压用的压力表不应少于2只；精度不应低于1.5级，量程应为试验压力值的1.5倍~2.0倍。

检查数量：全数检查。

检查方法：观察检查。

3 试压冲洗方案已经批准。

4 对不能参与试压的设备、仪表、阀门及附件应加以隔离或拆除；加设的临时盲板应具有突出于法兰的边耳，且做明显标志，并记录临时盲板的数量。

检查数量：全数检查。

检查方法：观察检查。

6.1.6 系统试压过程中，当出现泄漏时，应停止试压，并应放空管网中的试验介质，消除缺陷后重新再试。

6.1.7 管网冲洗宜用水进行。冲洗前，应对系统的仪表采取保护措施。

检查数量：全数检查。

检查方法：观察检查。

6.1.8 管网冲洗前，应对管道支架、吊架进行检查，必要时应采取加固措施。

检查数量：全数检查。

检查方法：观察、手扳检查。

6.1.9 对不能经受冲洗的设备和冲洗后可能存留脏物、杂物的管段，应进行清理。

检查数量：全数检查。

检查方法：观察检查。

6.1.10 冲洗直径大于100mm的管道时，应对其死角和底部进行敲打，但不得损伤管道。

6.1.11 管网冲洗合格后，应按本规范附录C表C.0.3的要求填写记录。

6.1.12 水压试验和水冲洗宜采用生活用水进行，不得使用海水或含有腐蚀性化学物质的水。

检查数量：全数检查。

检查方法：观察检查。

6.2 水压试验

Ⅰ 主控项目

6.2.1 当系统设计工作压力等于或小于1.0MPa时，水压强度试验压力应为设计工作压力的1.5倍，并不应低于1.4MPa；当系统设计工作压力大于1.0MPa时，水压强度试验压力应为该工作压力加0.4MPa。

检查数量：全数检查。

检查方法：观察检查。

6.2.2 水压强度试验的测试点应设在系统管网的最低点。对管网注水时应将管网内的空气排净，并缓慢升压，达到试验压力后稳压30min后，管网应无泄漏、无变形，且压力降不应大于0.05MPa。

检查数量：全数检查。

检查方法：观察检查。

6.2.3 水压严密性试验应在水压强度试验和管网冲洗合格后进行。试验压力应为设计工作压力，稳压24h，应无泄漏。

检查数量：全数检查。

检查方法：观察检查。

Ⅱ 一般项目

6.2.4 水压试验时环境温度不宜低于5℃，当低于5℃时，水压试验应采取防冻措施。

检查数量：全数检查。

检查方法：用温度计检查。

6.2.5 自动喷水灭火系统的水源干管、进户管和室内埋地管道，应在回填前单独或与系统一起进行水压强度试验和水压严密性试验。

检查数量：全数检查。

检查方法：观察和检查水压强度试验和水压严密性试验记录。

6.3 气压试验

Ⅰ 主控项目

6.3.1 气压严密性试验压力应为0.28MPa，且稳压24h，压力降不应大于0.01MPa。

检查数量：全数检查。

检查方法：观察检查。

6.4 冲 洗

Ⅰ 主控项目

6.4.1 管网冲洗的水流流速、流量不应小于系统设计的水流流速、流量；管网冲洗宜分区、分段进行；水平管网冲洗时，其排水管位置应低于配水支管。

检查数量：全数检查。

检查方法：使用流量计和观察检查。

6.4.2 管网冲洗的水流方向应与灭火时管网的水流方向一致。

检查数量：全数检查。

检查方法：观察检查。

6.4.3 管网冲洗应连续进行。当出口处水的颜色、透明度与入口处水的颜色、透明度基本一致时冲洗方可结束。

检查数量：全数检查。

检查方法：观察检查。

Ⅱ 一般项目

6.4.4 管网冲洗宜设临时专用排水管道，其排放应畅通和安全。排水管道的截面面积不得小于被冲洗管道截面面积的60%。

检查数量：全数检查。

检查方法：观察和尺量、试水检查。

6.4.5 管网的地上管道与地下管道连接前，应在配水干管底部加设堵头后对地下管道进行冲洗。

检查数量：全数检查。
检查方法：观察检查。

6.4.6 管网冲洗结束后，应将管网内的水排除干净，必要时可采用压缩空气吹干。
检查数量：全数检查。
检查方法：观察检查。

7 系统调试

7.1 一般规定

7.1.1 系统调试应在系统施工完成后进行。
7.1.2 系统调试应具备下列条件：
1 消防水池、消防水箱已储存设计要求的水量。
2 系统供电正常。
3 消防气压给水设备的水位、气压符合设计要求。
4 湿式喷水灭火系统管网内已充满水；干式、预作用喷水灭火系统管网内的气压符合设计要求；阀门均无泄漏。
5 与系统配套的火灾自动报警系统处于工作状态。

7.2 调试内容和要求

Ⅰ 主控项目

7.2.1 系统调试应包括下列内容：
1 水源测试。
2 消防水泵调试。
3 稳压泵调试。
4 报警阀调试。
5 排水设施调试。
6 联动试验。

7.2.2 水源测试应符合下列要求：
1 按设计要求核实高位消防水箱、消防水池的容积，高位消防水箱设置高度、消防水池（箱）水位显示等应符合设计要求；合用水池、水箱的消防储水应有不做他用的技术措施。
检查数量：全数检查。
检查方法：对照图纸观察和尺量检查。
2 应按设计要求核实消防水泵接合器的数量和供水能力，并应通过移动式消防水泵做供水试验进行验证。
检查数量：全数检查。
检查方法：观察检查和进行通水试验。

7.2.3 消防水泵调试应符合下列要求：
1 以自动或手动方式启动消防水泵时，消防水泵应在55s内投入正常运行。
检查数量：全数检查。
检查方法：用秒表检查。
2 以备用电源切换方式或备用泵切换启动消防水泵时，消防水泵应在1min或2min内投入正常运行。
检查数量：全数检查。
检查方法：用秒表检查。

7.2.4 稳压泵应按设计要求进行调试。当达到设计启动条件时，稳压泵应立即启动；当达到系统设计压力时，稳压泵应自动停止运行；当消防主泵启动时，稳压泵应停止运行。
检查数量：全数检查。
检查方法：观察检查。

7.2.5 报警阀调试应符合下列要求：
1 湿式报警阀调试时，在末端装置处放水，当湿式报警阀进口水压大于0.14MPa、放水流量大于1L/s时，报警阀应及时启动；带延迟器的水力警铃应在5s～90s内发出报警铃声，不带延迟器的水力警铃应在15s内发出报警铃声；压力开关应及时动作，启动消防泵并反馈信号。
检查数量：全数检查。
检查方法：使用压力表、流量计、秒表和观察检查。
2 干式报警阀调试时，开启系统试验阀，报警阀的启动时间、启动点压力、水流到试验装置出口所需时间，均应符合设计要求。
检查数量：全数检查。
检查方法：使用压力表、流量计、秒表、声强计和观察检查。
3 雨淋阀调试宜利用检测、试验管道进行。自动和手动方式启动的雨淋阀，应在15s之内启动；公称直径大于200mm的雨淋阀调试时，应在60s之内启动。雨淋阀调试时，当报警水压为0.05MPa时，水力警铃应发出报警铃声。
检查数量：全数检查。
检查方法：使用压力表、流量计、秒表、声强计和观察检查。

Ⅱ 一般项目

7.2.6 调试过程中，系统排出的水应通过排水设施全部排走。
检查数量：全数检查。
检查方法：观察检查。

7.2.7 联动试验应符合下列要求，并应按本规范附录C表C.0.4的要求进行记录：
1 湿式系统的联动试验，启动一只喷头或以0.94L/s～1.5L/s的流量从末端试水装置处放水时，水流指示器、报警阀、压力开关、水力警铃和消防水泵等应及时动作，并发出相应的信号。
检查方法：打开阀门放水，使用流量计和观察检查。
2 预作用系统、雨淋系统、水幕系统的联动试验，可采用专用测试仪表或其他方式，对火灾自动报警系统的各种探测器输入模拟火灾信号，火灾自动报警控制器应发出声光报警信号，并启动自动喷水灭火系统；采用传动管启动的雨淋系统、水幕系统联动试验时，启动1只喷头，雨淋阀打开，压力开关动作，水泵启动。
检查数量：全数检查。
检查方法：观察检查。
3 干式系统的联动试验，启动1只喷头或模拟1只喷头的排气量排气，报警阀应及时启动，压力开关、水力警铃动作并发出相应信号。
检查数量：全数检查。
检查方法：观察检查。

8 系统验收

8.0.1 系统竣工后，必须进行工程验收，验收不合格不得投入使用。

8.0.2 自动喷水灭火系统工程验收应按本规范附录E的要求填写。

8.0.3 系统验收时，施工单位应提供下列资料：
1 竣工验收申请报告、设计变更通知书、竣工图。
2 工程质量事故处理报告。
3 施工现场质量管理检查记录。
4 自动喷水灭火系统施工过程质量管理检查记录。
5 自动喷水灭火系统质量控制检查资料。
6 系统试压、冲洗记录。
7 系统调试记录。

8.0.4 系统供水水源的检查验收应符合下列要求：
1 应检查室外给水管网的进水管管径及供水能力，并应检查高位消防水箱和消防水池容量，均应符合设计要求。
2 当采用天然水源作系统的供水水源时，其水量、水质应符合设计要求，并应检查枯水期最低水位时确保消防用水的技术措施。
3 消防水池水位显示装置，最低水位装置应符合设计要求。

　　检查数量：全数检查。
　　检查方法：对照设计资料观察检查。

4 高位消防水箱、消防水池的有效消防容积，应按出水管或吸水管喇叭口（或防止旋流器淹没深度）的最低标高确定。

　　检查数量：全数检查。
　　检查方法：对照图纸，尺量检查。

8.0.5 消防泵房的验收应符合下列要求：
1 消防泵房的建筑防火要求应符合相应的建筑设计防火规范的规定。
2 消防泵房设置的应急照明、安全出口应符合设计要求。
3 备用电源、自动切换装置的设置应符合设计要求。

　　检查数量：全数检查。
　　检查方法：对照图纸观察检查。

8.0.6 消防水泵验收应符合下列要求：
1 工作泵、备用泵、吸水管、出水管及出水管上的阀门、仪表的规格、型号、数量，应符合设计要求；吸水管、出水管上的控制阀应锁定在常开位置，并有明显标记。

　　检查数量：全数检查。
　　检查方法：对照图纸观察检查。

2 消防水泵应采用自灌式引水或其他可靠的引水措施。
　　检查数量：全数检查。
　　检查方法：观察和尺量检查。

3 分别开启系统中的每一个末端试水装置和试水阀，水流指示器、压力开关等信号装置的功能应均符合设计要求。湿式自动喷水灭火系统的最不利点做末端放水试验时，自放水开始至水泵启动时间不应超过5min。

4 打开消防水泵出水管上试水阀，当采用主电源启动消防水泵时，消防水泵应启动正常；关掉主电源，主、备电源应能正常切换。备用电源切换时，消防水泵应在1min或2min内投入正常运行。自动或手动启动消防泵时应在55s内投入正常运行。

　　检查数量：全数检查。
　　检查方法：观察检查。

5 消防水泵停泵时，水锤消除设施后的压力不应超过水泵出口额定压力的1.3倍～1.5倍。

　　检查数量：全数检查。
　　检查方法：在阀门出口用压力表检查。

6 对消防气压给水设备，当系统气压下降到设计最低压力时，通过压力变化信号应能启动稳压泵。

　　检查数量：全数检查。
　　检查方法：使用压力表，观察检查。

7 消防水泵启动控制应置于自动启动档，消防水泵应互为备用。

　　检查数量：全数检查。
　　检查方法：观察检查。

8.0.7 报警阀组的验收应符合下列要求：
1 报警阀组的各组件应符合产品标准要求。
　　检查数量：全数检查。
　　检查方法：观察检查。

2 打开系统流量压力检测装置放水阀，测试的流量、压力应符合设计要求。
　　检查数量：全数检查。
　　检查方法：使用流量计、压力表观察检查。

3 水力警铃的设置位置应正确。测试时，水力警铃喷嘴处压力不应小于0.05MPa，且距水力警铃3m远处警铃声声强不应小于70dB。
　　检查数量：全数检查。
　　检查方法：打开阀门放水，使用压力表、声级计和尺量检查。

4 打开手动试水阀或电磁阀时，雨淋阀组动作应可靠。
5 控制阀均应锁定在常开位置。
　　检查数量：全数检查。
　　检查方法：观察检查。

6 空气压缩机或火灾自动报警系统的联动控制，应符合设计要求。

7 打开末端试（放）水装置，当流量达到报警阀动作流量时，湿式报警阀和压力开关应及时动作，带延迟器的报警阀应在90s内压力开关动作，不带延迟器的报警阀应在15s内压力开关动作。

雨淋报警阀动作后15s内压力开关动作。

8.0.8 管网验收应符合下列要求：
1 管道的材质、管径、接头、连接方式及采取的防腐、防冻措施，应符合设计规范及设计要求。
2 管网排水坡度及辅助排水设施，应符合本规范第5.1.17条的规定。
　　检查方法：水平尺和尺量检查。

3 系统中的末端试水装置、试水阀、排气阀应符合设计要求。

4 管网不同部位安装的报警阀组、闸阀、止回阀、电磁阀、信号阀、水流指示器、减压孔板、节流管、减压阀、柔性接头、排水管、排气阀、泄压阀等，均应符合设计要求。

检查数量：报警阀组、压力开关、止回阀、减压阀、泄压阀、电磁阀全数检查，合格率应为100%；闸阀、信号阀、水流指示器、减压孔板、节流管、柔性接头、排气阀等抽查设计数量的30%，数量均不少于5个，合格率应为100%。

检查方法：对照图纸观察检查。

8.0.9 喷头验收应符合下列要求：

1 喷头设置场所、规格、型号、公称动作温度、响应时间指数（RTI）应符合设计要求。

检查数量：抽查设计喷头数量10%，总数不少于40个，合格率应为100%。

检查方法：对照图纸尺量检查。

2 喷头安装间距，喷头与楼板、墙、梁等障碍物的距离应符合设计要求。

检查数量：抽查设计喷头数量5%，总数不少于20个，距离偏差±15mm，合格率不小于95%时为合格。

检验方法：对照图纸尺量检查。

3 有腐蚀性气体的环境和有冰冻危险场所安装的喷头，应采取防护措施。

检查数量：全数检查。

检查方法：观察检查。

4 有碰撞危险场所安装的喷头应加设防护罩。

检查数量：全数检查。

检查方法：观察检查。

5 各种不同规格的喷头均应有一定数量的备用品，其数量不应小于安装总数的1%，且每种备用喷头不应少于10个。

8.0.10 水泵接合器数量及进水管位置应符合设计要求，消防水泵接合器应进行充水试验，且系统最不利点的压力、流量应符合设计要求。

检查数量：全数检查。

检查方法：使用流量计、压力表和观察检查。

8.0.11 系统流量、压力的验收，应通过系统流量压力检测装置进行放水试验，系统流量、压力应符合设计要求。

检查数量：全数检查。

检查方法：观察检查。

8.0.12 系统应进行系统模拟灭火功能试验，且应符合下列要求：

1 报警阀动作，水力警铃应鸣响。

检查数量：全数检查。

检查方法：观察检查。

2 水流指示器动作，应有反馈信号显示。

检查数量：全数检查。

检查方法：观察检查。

3 压力开关动作，应启动消防水泵及与其联动的相关设备，并应有反馈信号显示。

检查数量：全数检查。

检查方法：观察检查。

4 电磁阀打开，雨淋阀应开启，并应有反馈信号显示。

检查数量：全数检查。

检查方法：观察检查。

5 消防水泵启动后，应有反馈信号显示。

检查数量：全数检查。

检查方法：观察检查。

6 加速器动作后，应有反馈信号显示。

检查数量：全数检查。

检查方法：观察检查。

7 其他消防联动控制设备启动后，应有反馈信号显示。

检查数量：全数检查。

检查方法：观察检查。

8.0.13 系统工程质量验收判定应符合下列规定：

1 系统工程质量缺陷应按本规范附录F要求划分：严重缺陷项（A），重缺陷项（B），轻缺陷项（C）。

2 系统验收合格判定的条件为：A=0，且B≤2，且B+C≤6为合格，否则为不合格。

9 维护管理

9.0.1 自动喷水灭火系统应具有管理、检测、维护规程，并应保证系统处于准工作状态。维护管理工作，应按本规范附录G的要求进行。

9.0.2 维护管理人员应经过消防专业培训，应熟悉自动喷水灭火系统的原理、性能和操作维护规程。

9.0.3 每年应对水源的供水能力进行一次测定，每日应对电源进行检查。检查内容见表9.0.3。

表9.0.3 水源及电源检查表

项目名称	检查内容	周期
水源	进户管路锈蚀状况，控制阀全开启，过滤网保证过水能力，水池（或水箱）的控制阀（液位控制阀或浮球控制阀等）关、开正常，水池（或水箱）水位显示或报警装置完好，水质符合设计要求，水池（或水箱）无变形、无裂纹、无渗漏等现象	每年
电源	进户两路电源正常，高低压配电柜元器件、仪表、开关正常，泵房内双电源互投柜和控制柜元器件、仪表、开关正常，控制柜和电机的电源线压接牢固，控制柜内熔丝完好，电动机接地装置可靠，电机绝缘性良好（大于0.5MΩ），电源切换时间不大于2s，主泵故障备用泵切换时间不大于60s，电源、电压值符合设计要求并稳定	每日

9.0.4 消防水泵或内燃机驱动的消防水泵应每月启动运转一次。当消防水泵为自动控制启动时，应每月模拟自动控制的条件启动运转一次。检查内容见表9.0.4。

表9.0.4 消防水泵检查表

名称	检查内容	周期
内燃机驱动消防泵	曲轴箱内机油油位不少于最高油位的1/2，燃油箱内燃油油位不少于最高油位的3/4，蓄电池的电解液液位不少于最高液位的1/2，蓄电池充电器充电正常，各类仪表正常，传送带的外观及松紧度正常，冷却系统温升正常，冷却系统滤网清洁度符合要求，水泵转速、出水流量、压力符合设计要求	每月

续表9.0.4

名称	检查内容	周期
电动消防泵	泵启动前用手盘动电机转轴灵活无卡阻现象，泵腔内无汽蚀，轴封处无渗漏（小于3滴/min或5ml/h），水泵达到正常时水泵转速、出水流量、压力符合设计要求，轴泵温升正常（<70℃），水泵振动不超限，电机功率、电压、电流均正常	每月

9.0.5 电磁阀应每月检查并应做启动试验，动作失常时应及时更换。

9.0.6 每个季度应对系统所有的末端试水阀和报警阀旁的放水试验阀进行一次放水试验，检查系统启动、报警功能以及出水情况是否正常。检查内容见表9.0.6。

表9.0.6 报警阀检查表

阀类名称	检查内容	周期
湿式报警阀	主阀锈蚀状况，各个部件连接处无渗漏现象，主阀前后压力表读数准确及两表压差符合要求（<0.01MPa），延时装置排水畅通，压力开关动作灵活并迅速反馈信号，主阀复位到位，警铃动作灵活、铃声洪亮、排水系统排水畅通	每月
预作用报警阀和干式报警阀	检查符合湿式报警阀内容外，另应检查充气装置启停准确，充气压力箱符合设计要求，加速排气装置排气速度正常，电磁阀动作灵敏，主阀瓣复位严密，主阀侧腔（控制腔）锁定到位，阀前稳压值符合设计要求（不得小于0.25MPa）	每月
雨淋报警阀	检查符合湿式报警阀内容外，另应检查电磁阀动作灵敏，主阀瓣复位严密，主阀侧腔（控制腔）锁定到位，阀前稳压值符合设计要求（不得小于0.25MPa）	每月

9.0.7 系统上所有的控制阀门均应采用铅封或锁链固定在开启或规定的状态。每月应对铅封、锁链进行一次检查，当有破坏或损坏时应及时修理更换。检查内容见表9.0.7。

表9.0.7 阀类检查表

阀类名称	检查内容	周期
带锁定的闸阀、蝶阀等阀类	锁定装置位置正确、开启灵活，阀门处于全开启状态，阀类开关后不得有泄漏现象	每月
不带锁定的明杆闸阀、方位蝶阀等阀类	阀门处于全开启状态，阀类开关后不得有泄漏现象	每周

9.0.8 室外阀门井中，进水管上的控制阀门应每个季度检查一次，核实其处于全开启状态。

9.0.9 自动喷水灭火系统发生故障需停水进行修理前，应向主管值班人员报告，取得维护负责人的同意，并临场监督，加强防范措施后方能动工。

9.0.10 维护管理人员每天应对水源控制阀、报警阀组进行外观检查，并应保证系统处于无故障状态。

9.0.11 消防水池、消防水箱及消防气压给水设备应每月检查一次，并应检查其消防储备水位及消防气压给水设备的气体压力。同时，应采取措施保证消防用水不作他用，并应每月对该措施进行检查，发现故障应及时进行处理。

9.0.12 消防水池、消防水箱、消防气压给水设备内的水，应根据当地环境、气候条件不定期更换。

9.0.13 寒冷季节，消防储水设备的任何部位均不得结冰。每天应检查设置储水设备的房间，保持室温不低于5℃。

9.0.14 每年应对消防储水设备进行检查，修补缺损和重新油漆。

9.0.15 钢板消防水箱和消防气压给水设备的玻璃水位计两端的角阀，在不进行水位观察时应关闭。

9.0.16 消防水泵接合器的接口及附件应每月检查一次，并应保证接口完好、无渗漏、闷盖齐全。

9.0.17 每月应利用末端试水装置对水流指示器进行试验。

9.0.18 每月应对喷头进行一次外观及备用数量检查，发现有不正常的喷头应及时更换；当喷头上有异物时应及时清除。更换或安装喷头均应使用专用扳手。检查内容见表9.0.18。

表9.0.18 喷头类检查表

名称	检查内容	周期
喷头类	喷头的型号正确，布置正确，安装方式正确，溅水盘、框架、感温元件、隐蔽式喷头的装饰盖板等无变形、无喷涂层，喷头不得有渗漏现象	每月

9.0.19 建筑物、构筑物的使用性质或贮存物安放位置、堆存高度的改变，影响到系统功能而需要进行修改时，应重新进行设计。

附录A 自动喷水灭火系统分部、分项工程划分

表A 自动喷水灭火系统分部、分项工程划分

分部工程	序号	子分部工程	分项工程
自动喷水灭火系统	1	供水设施安装与施工	消防水泵和稳压泵安装、消防水箱安装和消防水池施工、消防气压给水设备安装、消防水泵接合器安装
	2	管网及系统组件安装	管网安装、喷头安装、报警阀组安装、其他组件安装
	3	系统试压和冲洗	水压试验、气压试验、冲洗
	4	系统调试	水源测试、消防水泵调试、稳压泵调试、报警阀组调试、排水装置调试、联动试验

附录 B 施工现场质量管理检查记录

表 B 施工现场质量管理检查记录

工程名称			
建设单位		监理单位	
设计单位		项目负责人	
施工单位		施工许可证	
序号	项目	内容	
1	现场质量管理制度		
2	质量责任制		
3	主要专业工种人员操作上岗证书		
4	施工图审查情况		
5	施工组织设计、施工方案及审批		
6	施工技术标准		
7	工程质量检验制度		
8	现场材料、设备管理		
9	其他		
10			
结论	施工单位项目负责人： （签章） 年 月 日	监理工程师： （签章） 年 月 日	建设单位项目负责人： （签章） 年 月 日

注：施工现场质量管理检查记录应由施工单位质量检查员填写，监理工程师进行检查，并作出检查结论。

附录 C 自动喷水灭火系统施工过程质量检查记录

C.0.1 自动喷水灭火系统施工过程质量检查记录应由施工单位质量检查员按表 C.0.1 填写，监理工程师进行检查，并作出检查结论。

表 C.0.1 自动喷水灭火系统施工过程质量检查记录

工程名称		施工单位	
施工执行规范名称及编号		监理单位	
子分部工程名称		分项工程名称	
项目	《规范》章节条款	施工单位检查评定记录	监理单位验收记录
结论	施工单位项目负责人： （签章） 年 月 日	监理工程师（建设单位项目负责人）： （签章） 年 月 日	

C.0.2 自动喷水灭火系统试压记录应由施工单位质量检查员填写,监理工程师(建设单位项目负责人)组织施工单位项目负责人等进行验收,并按表C.0.2填写。

表C.0.2 自动喷水灭火系统试压记录

工程名称										
施工单位					建设单位					
					监理单位					
管段号	材质	系统工作压力(MPa)	温度(℃)	强度试验				严密性试验		
				介质	压力(MPa)	时间(min)	结论意见	介质	压力(MPa)	时间(min)	结论意见
参加单位	施工单位项目负责人: (签章) 　　　　年 月 日			监理工程师: (签章) 　　　　年 月 日				建设单位项目负责人: (签章) 　　　　年 月 日			

C.0.3 自动喷水灭火系统管网冲洗记录应由施工单位质量检查员填写,监理工程师(建设单位项目负责人)组织施工单位项目负责人等进行验收,并按表C.0.3填写。

表C.0.3 自动喷水灭火系统管网冲洗记录

工程名称							
施工单位			建设单位				
			监理单位				
管段号	材质	冲洗					结论意见
		介质	压力(MPa)	流速(m/s)	流量(L/s)	冲洗次数	
参加单位	施工单位(项目)负责人: (签章) 　　　　年 月 日		监理工程师: (签章) 　　　　年 月 日			建设单位(项目)负责人: (签章) 　　　　年 月 日	

C.0.4 自动喷水灭火系统联动试验记录应由施工单位质量检查员填写,监理工程师(建设单位项目负责人)组织施工单位项目负责人等进行验收,并按表 C.0.4 填写。

表 C.0.4 自动喷水灭火系统联动试验记录

工程名称			建设单位			
施工单位			监理单位			
系统类型	启动信号(部位)	联动组件动作				
		名称	是否开启	要求动作时间	实际动作时间	
湿式系统	末端试水装置	水流指示器		—	—	
		湿式报警阀		—	—	
		水力警铃		—	—	
		压力开关		—	—	
		水泵				
水幕、雨淋系统	温与烟信号	雨淋阀				
		水泵				
	传动管启动	雨淋阀				
		压力开关				
		水泵				
干式系统	模拟喷头动作	干式阀				
		水力警铃				
		压力开关				
		充水时间				
		水泵				
预作用系统	模拟喷头动作	预作用阀		—	—	
		水力警铃				
		压力开关		—	—	
		充水时间				
		水泵				
参加单位	施工单位项目负责人: (签章) 　　　　年　月　日		监理工程师: (签章) 　　　　年　月　日		建设单位项目负责人: (签章) 　　　　年　月　日	

附录 D 自动喷水灭火系统工程质量控制资料检查记录

表 D 自动喷水灭火系统工程质量控制资料检查记录

工程名称			施工单位		
分部工程名称	资料名称		数量	核查意见	核查人
自动喷水灭火系统	1. 施工图、设计说明书、设计变更通知书和设计审核意见书、竣工图				
	2. 主要设备、组件的国家质量监督检验测试中心的检测报告和产品出厂合格证				
	3. 与系统相关的电源、备用动力、电气设备以及联锁控制设备等验收合格证明				
	4. 施工记录表,系统试压记录表,系统管道冲洗记录表,隐蔽工程验收记录表,系统联动控制试验记录表,系统调试记录表				
	5. 系统及设备使用说明书				
结论	施工单位项目负责人: (签章) 　　　　年　月　日	监理工程师: (签章) 　　　　年　月　日		建设单位项目负责人: (签章) 　　　　年　月　日	

注:自动喷水灭火系统工程质量控制资料检查记录应由监理工程师(建设单位项目负责人)组织施工单位项目负责人进行验收,并按表 D 填写。

附录 E 自动喷水灭火系统工程验收记录

表 E 自动喷水灭火系统工程验收记录

工程名称			分部工程名称			
施工单位			项目负责人			
监理单位			项目总监			
序号	检查项目名称	验收内容记录	验收标准	检查部位	检查数量	验收情况
1	天然水源	查看水质、水量、消防车取水高度	符合消防技术标准和消防设计文件要求			
		查看取水设施（码头、消防车道等）				
2	消防水池	查看设置位置				
		核对容量				
3	消防水箱	查看设置位置				
		核对容量				
		查看补水措施				
		水位显示				
4	消防水泵	查看规格、型号和数量				
		吸水方式				
		吸水、出水管及泄压阀、信号阀等的规格、型号				
		主、备电源切换				
		主、备泵启动				
5	管网	查看管道的材质、管径、接头、连接方式及防腐、防冻措施				
		管网排水坡度及设施				
		末端试水装置、试水阀、排气阀设置				
		水流指示器、减压孔板、节流管等设置				
		测试干式系统充水时间				
		测试预作用系统充水时间				
		查看报警阀后管网	不得设其他用途支管和水龙头			
		查看管网支、吊架和防晃支架	符合消防技术标准和消防设计文件要求			
6	水泵接合器	查看设置位置、标记，测试供水情况	明显且便于消防车停靠；供水情况正常			
		核对设计数量	符合消防技术标准和消防设计文件要求			
7	报警阀组	查看设置位置及组件	位置正确，组件齐全			
		打开放水阀，实测流量和压力	符合消防技术标准和消防设计文件要求			
		实测水力警铃喷嘴压力及警铃声强	分别不小于0.05MPa，70dB			

续表 E

序号	检查项目名称	验收内容记录	验收标准	检查部位	检查数量	验收情况
7	报警阀组	打开手动阀或电磁阀,雨淋阀动作	动作应可靠			
		控制阀状态	应锁定在常开位置			
		压力开关动作后,查看消防水泵及联动设备是否启动,有无信号反馈	符合消防技术标准和消防设计文件要求			
8	喷头	查验设置场所、规格、型号、公称动作温度、响应指数	符合消防技术标准和消防设计文件要求			
		查看防腐、防冻和防撞措施				
		查验备用数	每种不少于10个			
结合验收结论						

验收单位		
	施工单位:(单位印章)	项目负责人:(签章) 年 月 日
	监理单位:(单位印章)	监理工程师:(签章) 年 月 日
	设计单位:(单位印章)	项目负责人:(签章) 年 月 日
	建设单位:(单位印章)	项目负责人:(签章) 年 月 日

注:自动喷水灭火系统工程验收记录应由建设单位填写,综合验收结论由参加验收的各方共同商定并签章。

附录 F 自动喷水灭火系统验收缺陷项目划分

表 F 自动喷水灭火系统验收缺陷项目划分

缺陷分类	严重缺陷（A）	重缺陷（B）	轻缺陷（C）
包含条款	—	—	第8.0.3条第1～5款
	第8.0.4条第1、2款	—	—
	—	第8.0.5条第1～3款	—
	第8.0.6条第4款	第8.0.6条第1、2、3、5、6款	第8.0.6条第7款
	—	第8.0.7条第1、2、3、4、6款	第8.0.7条第5款
	第8.0.8条第1款	第8.0.8条第4、5款	第8.0.8条第2、3、6、7款
	第8.0.9条第1款	第8.0.9条第2款	第8.0.9条第3、4、5款
	—	第8.0.10条	—
	第8.0.11条	—	—
	第8.0.12条第3、4款	第8.0.12条第5～7款	第8.0.12条第1、2款

附录 G 自动喷水灭火系统维护管理工作检查项目

表 G 自动喷水灭火系统维护管理工作检查项目

部 位	工作内容	周期
水源控制阀、报警控制装置	目测巡检完好状况及开闭状态	每日
电源	接通状态，电压	每日
内燃机驱动消防水泵	启动试运转	每月
喷头	检查完好状况、清除异物、备用量	每月
系统所有控制阀门	检查铅封、锁链完好状况	每月
电动消防水泵	启动试运转	每月
稳压泵	启动试运转	每月
消防气压给水设备	检测气压、水位	每月
蓄水池、高位水箱	检测水位及消防储备水不被他用的措施	每月
电磁阀	启动试验	每季
信号阀	启闭状态	每月
水泵接合器	检查完好状况	每月
水流指示器	试验报警	每季
室外阀门井中控制阀门	检查开启状况	每季
报警阀、试水阀	放水试验，启动性能	每月
泵流量检测	启动、放水试验	每年
水源	测试供水能力	每年
水泵接合器	通水试验	每年
过滤器	排渣、完好状态	每月
储水设备	检查完好状态	每年
系统联动试验	系统运行功能	每年
内燃机	油箱油位，驱动泵运行	每月
设置储水设备的房间	检查室温	每天（寒冷季节）

20.《固定消防炮灭火系统设计规范》GB 50338—2003

1 总 则

1.0.2 本规范适用于新建、改建、扩建工程中设置的固定消防炮灭火系统的设计。

1.0.3 固定消防炮灭火系统的设计，必须遵循国家的有关方针、政策，密切结合保护对象的功能和火灾特点，做到安全可靠、技术先进、经济合理、使用方便。

1.0.4 当设置固定消防炮灭火系统的工程改变其使用性质时，应校核原设置系统的适用性。当不适用时，应重新设计。

1.0.5 固定消防炮灭火系统的设计，除执行本规范外，尚应符合国家现行的有关强制性标准、规范的规定。

2 术语和符号

2.1 术 语

2.1.1 固定消防炮灭火系统 fixed fire monitor extinguishing systems

由固定消防炮和相应配置的系统组件组成的固定灭火系统。

消防炮系统按喷射介质可分为水炮系统、泡沫炮系统和干粉炮系统。

2.1.2 水炮系统 water monitor extinguishing systems

喷射水灭火剂的固定消防炮系统，主要由水源、消防泵组、管道、阀门、水炮、动力源和控制装置等组成。

2.1.3 泡沫炮系统 foam monitor extinguishing systems

喷射泡沫灭火剂的固定消防炮系统，主要由水源、泡沫液罐、消防泵组、泡沫比例混合装置、管道、阀门、泡沫炮、动力源和控制装置等组成。

2.1.4 干粉炮系统 powder monitor extinguishing systems

喷射干粉灭火剂的固定消防炮系统，主要由干粉罐、氮气瓶组、管道、阀门、干粉炮、动力源和控制装置等组成。

2.1.5 远控消防炮系统（简称远控炮系统） remote-controlled fire monitor extinguishing systems（abbreviation：remote-controlled monitor systems）

可远距离控制消防炮的固定消防炮灭火系统。

2.1.6 手动消防炮灭火系统（简称手动炮系统） manual-controlled fire monitor extinguishing systems（abbreviation：manual-controlled monitor systems）

只能在现场手动操作消防炮的固定消防炮灭火系统。

2.1.7 灭火面积 extinguishing area

一次火灾中用固定消防炮灭火保护的计算面积。

2.1.8 冷却面积 cooling area

一次火灾中用固定消防炮冷却保护的计算面积。

2.1.9 消防炮塔 fire monitor tower

用于高位安装固定消防炮的装置。

2.2 符 号

Q——系统供水设计总流量（L/s）；
Q_p——泡沫炮的设计流量（L/s）；
Q_s——水炮的设计流量（L/s）；
Q_m——保护水幕喷头的设计流量（L/s）；
q_{p0}——泡沫炮的额定流量（L/s）；
q_{s0}——水炮的额定流量（L/s）；
P——消防水泵供水压力（MPa）；
P_0——泡沫（水）炮的额定工作压力（MPa）；
P_e——泡沫（水）炮的设计工作压力（MPa）；
i——单位管长沿程水头损失（MPa/m）；
h_1——沿程水头损失（MPa）；
h_2——局部水头损失（MPa）；
Σh——水泵出口至最不利点消防炮进口供水或供泡沫混合液管道水头总损失（MPa）；
D_s——水炮的设计射程（m）；
D_{s0}——水炮在额定工作压力时的射程（m）；
D_p——泡沫炮的设计射程（m）；
D_{p0}——泡沫炮在额定工作压力时的射程（m）；
Z——最低引水位至最高位消防炮进口的垂直高度（m）；
B——最大油舱的宽度（m）；
F——冷却面积（m²）；
L——最大油舱的纵向长度（m）；
L_1——计算管道长度（m）；
d——管道内径（m）；
f_{max}——最大油舱的面积（m²）；
N_p——系统中需要同时开启的泡沫炮的数量（门）；
N_s——系统中需要同时开启的水炮的数量（门）；
N_m——系统中需要同时开启的保护水幕喷头的数量（只）；
ζ——局部阻力系数；
v——设计流速（m/s）。

3 系统选择

3.0.1 系统选用的灭火剂应和保护对象相适应，并应符合下列规定：

1 泡沫炮系统适用于甲、乙、丙类液体、固体可燃物火灾场所；

2 干粉炮系统适用于液化石油气、天然气等可燃气体火灾场所；

3 水炮系统适用于一般固体可燃物火灾场所；

4 水炮系统和泡沫炮系统不得用于扑救遇水发生化学反应而引起燃烧、爆炸等物质的火灾。

4 系统设计

4.1 一般规定

4.1.1 供水管道应与生产、生活用水管道分开。

4.1.2 供水管道不宜与泡沫混合液的供给管道合用。寒冷地区的湿式供水管道应设防冻保护措施,干式管道应设排除管道内积水和空气的设施。管道设计应满足设计流量、压力和启动至喷射的时间等要求。

4.1.3 消防水源的容量不应小于规定灭火时间和冷却时间内需要同时使用水炮、泡沫炮、保护水幕喷头等用水量及供水管网内充水量之和。该容量可减去规定灭火时间和冷却时间内可补充的水量。

4.1.4 消防水泵的供水压力应能满足系统中水炮、泡沫炮喷射压力的要求。

4.1.6 水炮系统和泡沫炮系统从启动至炮口喷射水或泡沫的时间不应大于 5min,干粉炮系统从启动至炮口喷射干粉的时间不应大于 2min。

4.2 消防炮布置

4.2.1 室内消防炮的布置数量不应少于两门,其布置高度应保证消防炮的射流不受上部建筑构件的影响,并应能使两门水炮的水射流同时到达被保护区域的任一部位。

室内系统应采用湿式给水系统,消防炮位处应设置消防水泵启动按钮。

设置消防炮平台时,其结构强度应能满足消防炮喷射反力的要求,结构设计应能满足消防炮正常使用的要求。

4.2.2 室外消防炮的布置应能使消防炮的射流完全覆盖被保护场所及被保护物,且应满足灭火强度及冷却强度的要求。

1 消防炮应设置在被保护场所常年主导风向的上风方向;

2 当灭火对象高度较高、面积较大时,或在消防炮的射流受到较高大障碍物的阻挡时,应设置消防炮塔。

4.2.3 消防炮宜布置在甲、乙、丙类液体储罐区防护堤外,当不能满足 4.2.2 条的规定时,可布置在防护堤内,此时应对远控消防炮和消防炮塔采取有效的防爆和隔热保护措施。

4.2.4 液化石油气、天然气装卸码头和甲、乙、丙类液体、油品装卸码头的消防炮的布置数量不应少于两门,泡沫炮的射程应满足覆盖设计船型的油气舱范围,水炮的射程应满足覆盖设计船型的全船范围。

4.2.5 消防炮塔的布置应符合下列规定:

1 甲、乙、丙类液体储罐区、液化烃储罐区和石化生产装置的消防炮塔高度的确定应使消防炮对被保护对象实施有效保护;

2 甲、乙、丙类液体、油品、液化石油气、天然气装卸码头的消防炮塔高度应使消防炮的俯仰回转中心高度不低于在设计潮位和船舶空载时的甲板高度;消防炮水平回转中心与码头前沿的距离不应小于 2.5m;

3 消防炮塔的周围应留有供设备维修用的通道。

4.3 水炮系统

4.3.1 水炮的设计射程和设计流量应符合下列规定:

1 水炮的设计射程应符合消防炮布置的要求。室内布置的水炮的射程应按产品射程的指标值计算,室外布置的水炮的射程应按产品射程指标值的 90% 计算。

2 当水炮的设计工作压力与产品额定工作压力不同时,应在产品规定的工作压力范围内选用。

3 水炮的设计射程可按下式确定:

$$D_s = D_{s0} \cdot \sqrt{\frac{P_e}{P_0}} \quad (4.3.1\text{-}1)$$

式中:D_s——水炮的设计射程(m);
D_{s0}——水炮在额定工作压力时的射程(m);
P_e——水炮的设计工作压力(MPa);
P_0——水炮的额定工作压力(MPa)。

4 当上述计算的水炮设计射程不能满足消防炮布置的要求时,应调整原设定的水炮数量、布置位置或规格型号,直至达到要求。

5 水炮的设计流量可按下式确定:

$$Q_s = q_{s0} \cdot \sqrt{\frac{P_e}{P_0}} \quad (4.3.1\text{-}2)$$

式中:Q_s——水炮的设计流量(L/s);
q_{s0}——水炮的额定流量(L/s)。

4.3.3 水炮系统灭火及冷却用水的连续供给时间应符合下列规定:

1 扑救室内火灾的灭火用水连续供给时间不应小于 1.0h;

2 扑救室外火灾的灭火用水连续供给时间不应小于 2.0h;

3 甲、乙、丙类液体储罐、液化烃储罐、石化生产装置和甲、乙、丙类液体、油品码头等冷却用水连续供给时间应符合国家有关标准的规定。

4.3.4 水炮系统灭火及冷却用水的供给强度应符合下列规定:

1 扑救室内一般固体物质火灾的供给强度应符合国家有关标准的规定,其用水量应按两门水炮的水射流同时到达防护区任一部位的要求计算。民用建筑的用水量不应小于 40L/s,工业建筑的用水量不应小于 60L/s;

2 扑救室外火灾的灭火及冷却用水的供给强度应符合国家有关标准的规定;

3 甲、乙、丙类液体储罐、液化烃储罐和甲、乙、丙类液体、油品码头等灭火及冷却用水的供给强度应符合国家有关标准的规定;

4 石化生产装置的冷却用水的供给强度不应小于 16L/min·m²。

4.3.5 水炮系统灭火面积及冷却面积的计算应符合下列规定:

1 甲、乙、丙类液体储罐、液化烃储罐冷却面积的计算应符合国家有关标准的规定;

2 石化生产装置的冷却面积应符合《石油化工企业设计防火规范》的规定;

3 甲、乙、丙类液体、油品码头的冷却面积应按下式计算:

$$F = 3BL - f_{max} \quad (4.3.5)$$

式中:F——冷却面积(m²);
B——最大油舱的宽度(m)

L——最大油舱的纵向长度（m）；

f_{max}——最大油舱的面积（m²）。

4 其他场所的灭火面积及冷却面积应按照国家有关标准或根据实际情况确定。

4.3.6 水炮系统的计算总流量应为系统中需要同时开启的水炮设计流量的总和，且不得小于灭火用水计算总流量及冷却用水计算总流量之和。

4.4 泡沫炮系统

4.4.1 泡沫炮的设计射程和设计流量应符合下列规定：

1 泡沫炮的设计射程应符合消防炮布置的要求。室内布置的泡沫炮的射程应按产品射程的指标值计算，室外布置的泡沫炮的射程应按产品射程指标值的**90%**计算。

2 当泡沫炮的设计工作压力与产品额定工作压力不同时，应在产品规定的工作压力范围内选用。

4 当上述计算的泡沫炮设计射程不能满足消防炮布置的要求时，应调整原设定的泡沫炮数量、布置位置或规格型号，直至达到要求。

4.4.3 扑救甲、乙、丙类液体储罐区火灾及甲、乙、丙类液体、油品码头火灾等的泡沫混合液的连续供给时间和供给强度应符合国家有关标准的规定。

4.4.4 泡沫炮灭火面积的计算应符合下列规定：

1 甲、乙、丙类液体储罐区的灭火面积应按实际保护储罐中最大一个储罐横截面积计算。泡沫混合液的供给量应按两门泡沫炮计算。

2 甲、乙、丙类液体、油品装卸码头的灭火面积应按油轮设计船型中最大油舱的面积计算。

3 飞机库的灭火面积应符合《飞机库设计防火规范》的规定。

4 其他场所的灭火面积应按照国家有关标准或根据实际情况确定。

4.4.5 供给泡沫炮的水质应符合设计所用泡沫液的要求。

4.4.6 泡沫混合液设计总流量应为系统中需要同时开启的泡沫炮设计流量的总和，且不应小于灭火面积与供给强度的乘积。混合比的范围应符合国家标准《低倍数泡沫灭火系统设计规范》的规定，计算中应取规定范围的平均值。泡沫液设计总量应为其计算总量的**1.2**倍。

4.5 干粉炮系统

4.5.1 室内布置的干粉炮的射程应按产品射程指标值计算，室外布置的干粉炮的射程应按产品射程指标值的90%计算。

4.5.2 干粉炮系统的单位面积干粉灭火剂供给量可按表4.5.2选取。

表4.5.2 干粉炮系统的单位面积干粉灭火剂供给量

干粉种类	单位面积干粉灭火剂供给量（kg/m²）
碳酸氢钠干粉	8.8
碳酸氢钾干粉	5.2
氨基干粉 磷酸铵盐干粉	3.6

4.5.3 可燃气体装卸站台等场所的灭火面积可按保护场所中最大一个装置主体结构表面积的50%计算。

4.5.4 干粉炮系统的干粉连续供给时间不应小于**60s**。

4.5.5 干粉设计用量应符合下列规定：

1 干粉计算总量应满足规定时间内需要同时开启干粉炮所需干粉总量的要求，并不应小于单位面积干粉灭火剂供给量与灭火面积的乘积；干粉设计总量应为计算总量的1.2倍。

4.5.6 干粉炮系统应采用标准工业级氮气作为驱动气体，其含水量不应大于0.005%的体积比，其干粉罐的驱动气体工作压力可根据射程要求分别选用1.4MPa、1.6MPa、1.8MPa。

4.5.7 干粉供给管道的总长度不宜大于20m。炮塔上安装的干粉炮与低位安装的干粉罐的高度差不应大于10m。

4.5.8 干粉炮系统的气粉比应符合下列规定：

1 当干粉输送管道总长度大于10m、小于20m时，每千克干粉需配给50L氮气。

2 当干粉输送管道总长度不大于10m时，每千克干粉需配给40L氮气。

4.6 水力计算

4.6.1 系统的供水设计总流量应按下式计算：

$$Q = \sum N_p \cdot Q_p + \sum N_s \cdot Q_s + \sum N_m \cdot Q_m \quad (4.6.1)$$

式中：Q——系统供水设计总流量（L/s）；

N_p——系统中需要同时开启的泡沫炮的数量（门）；

N_s——系统中需要同时开启的水炮的数量（门）；

N_m——系统中需要同时开启的保护水幕喷头的数量（只）；

Q_p——泡沫炮的设计流量（L/s）；

Q_s——水炮的设计流量（L/s）；

Q_m——保护水幕喷头的设计流量（L/s）。

4.6.2 供水或供泡沫混合液管道总水头损失应按下式计算：

$$\sum h = h_1 + h_2 \quad (4.6.2-1)$$

式中：$\sum h$——水泵出口至最不利点消防炮进口供水或供泡沫混合液管道水头总损失（MPa）；

h_1——沿程水头损失（MPa）；

h_2——局部水头损失（MPa）。

$$h_1 = i \cdot L_1 \quad (4.6.2-2)$$

式中：i——单位管长沿程水头损失（MPa/m）；

L_1——计算管道长度（m）。

$$i = 0.0000107 \frac{v^2}{d^{1.3}} \quad (4.6.2-3)$$

式中：v——设计流速（m/s）；

d——管道内径（m）。

$$h_2 = 0.01 \sum \zeta \frac{v^2}{2g} \quad (4.6.2-4)$$

式中：ζ——局部阻力系数；

v——设计流速（m/s）。

4.6.3 系统中的消防水泵供水压力应按下式计算：

$$P = 0.01 \times Z + \sum h + P_e \quad (4.6.3)$$

式中：P——消防水泵供水压力（MPa）；

Z——最低引水位至最高位消防炮进口的垂直高度（m）；

$\sum h$——水泵出口至最不利点消防炮进口供水或供泡沫混合液管道水头总损失（MPa）；

P_e——泡沫（水）炮的设计工作压力（MPa）。

5 系统组件

5.1 一般规定

5.1.1 消防炮、泡沫比例混合装置、消防泵组等专用系统组件必须采用通过国家消防产品质量监督检验测试机构检测合格的产品。

5.1.3 安装在防爆区内的消防炮和其他系统组件应满足该防爆区相应的防爆要求。

5.2 消防炮

5.2.1 远控消防炮应同时具有手动功能。

5.2.2 消防炮应满足相应使用环境和介质的防腐蚀要求。

5.2.4 室内配置的消防水炮的俯角和水平回转角应满足使用要求。

5.3 泡沫比例混合装置与泡沫液罐

5.3.1 泡沫比例混合装置应具有在规定流量范围内自动控制混合比的功能。

5.3.2 泡沫液罐宜采用耐腐蚀材料制作；当采用钢质罐时，其内壁应做防腐蚀处理。与泡沫液直接接触的内壁或防腐层对泡沫液的性能不得产生不利影响。

5.3.3 贮罐压力式泡沫比例混合装置的贮罐上应设安全阀、排渣孔、进料孔、人孔和取样孔。

5.3.4 压力比例式泡沫比例混合装置的单罐容积不宜大于 $10m^3$。囊式压力式泡沫比例混合装置的皮囊应满足贮存、使用泡沫液时对其强度、耐腐蚀性和存放时间的要求。

5.4 干粉罐与氮气瓶

5.4.1 干粉罐必须选用压力贮罐，宜采用耐腐蚀材料制作；当采用钢质罐时，其内壁应做防腐蚀处理；干粉罐应按现行压力容器国家标准设计和制造，并应保证其在最高使用温度下的安全强度。

5.4.2 干粉罐的干粉充装系数不应大于 1.0kg/L。

5.4.3 干粉罐上应设安全阀、排放孔、进料孔和人孔。

5.4.4 干粉驱动装置应采用高压氮气瓶组，氮气瓶的额定充装压力不应小于 15MPa。干粉罐和氮气瓶应采用分开设置的型式。

5.4.5 氮气瓶的性能应符合现行国家有关标准的要求。

5.5 消防泵组与消防泵站

5.5.2 自吸消防泵吸水管应设真空压力表，消防泵出口应设压力表，其最大指示压力不应小于消防泵额定工作压力的1.5倍。消防泵出水管上应设自动泄压阀和回流管。

5.5.3 消防泵吸水口处宜设置过滤器，吸水管的布置应有向水泵方向上升的坡度，吸水管上宜设置闸阀，阀上应有启闭标志。

5.5.4 带有水箱的引水泵，其水箱应具有可靠的贮水封存功能。

5.5.5 用于控制信号的出水压力取出口应设置在水泵的出口与单向阀之间。

5.5.6 消防泵站应设置备用泵组，其工作能力不应小于其中工作能力最大的一台工作泵组。

5.5.7 柴油机消防泵站应设置进气和排气的通风装置，冬季室内最低温度应符合柴油机制造厂提出的温度要求。

5.5.8 消防泵站内的电气设备应采取有效的防潮和防腐蚀措施。

5.6 阀门和管道

5.6.1 当消防泵出口管径大于 300mm 时，不应采用单一手动启闭功能的阀门。阀门应有明显的启闭标志，远控阀门应具有快速启闭功能，且密封可靠。

5.6.2 常开或常闭的阀门应设锁定装置，控制阀和需要启闭的阀门应设启闭指示器。参与远控炮系统联动控制的控制阀，其启闭信号应传至系统控制室。

5.6.3 干粉管道上的阀门应采用球阀，其通径必须和管道内径一致。

5.6.4 管道应选用耐腐蚀材料制作或对管道外壁进行防腐蚀处理。

5.6.5 在使用泡沫液、泡沫混合液或海水的管道的适当位置宜设冲洗接口。在可能滞留空气的管段的顶端应设置自动排气阀。

5.7 消防炮塔

5.7.1 消防炮塔应具有良好的耐腐蚀性能，其结构强度应能同时承受使用场所最大风力和消防炮喷射反力。消防炮塔的结构设计应能满足消防炮正常操作使用的要求。

5.7.2 消防炮塔应设有与消防炮配套的供灭火剂、供液压油、供气、供电等管路，其管径、强度和密封性应满足系统设计的要求。进水管线应设置便于清除杂物的过滤装置。

5.7.3 室外消防炮塔应设有防止雷击的避雷装置、防护栏杆和保护水幕；保护水幕的总流量不应小于 6L/s。

5.7.4 泡沫炮应安装在多平台消防炮塔的上平台。

5.8 动力源

5.8.1 动力源应具有良好的耐腐蚀、防雨和密封性能。

5.8.2 动力源及其管道应采取有效的防火措施。

5.8.4 动力源应满足远控炮系统在规定时间内操作控制与联动控制的要求。

6 电 气

6.1 一般规定

6.1.1 系统用电设备的供电电源的设计应符合《建筑设计防火规范》、《供配电系统设计规范》等国家标准的规定。

6.1.2 在有爆炸危险场所的防爆分区，电器设备和线路的选用、安装和管道防静电等措施应符合现行国家标准《爆炸和火灾危险性环境电力装置设计规范》的规定。

6.1.3 系统电器设备的布置，应满足带电设备安全防护距离的要求，并应符合《电业安全规程》、《电器设备安全导则》等国家有关标准、规范的规定。

6.1.4 系统配电线路应采用经阻燃处理的电线、电缆。

6.1.5 系统的电缆敷设应符合国家标准《低压配电装置及线路设计规范》和《爆炸和火灾危险性环境电力装置设计规范》的规定。

6.1.6 系统的防雷设计应按《建筑物防雷设计规范》等有关现行国家标准、规范的规定执行。

6.2 控 制

6.2.1 远控炮系统应具有对消防泵组、远控炮及相关设备等进行远程控制的功能。

6.2.2 系统宜采用联动控制方式，各联动控制单元应设有操作指示信号。

6.2.4 工作消防泵组发生故障停机时，备用消防泵组应能自动投入运行。

6.2.5 远控炮系统采用无线控制操作时，应满足以下要求：

1 应能控制消防炮的俯仰、水平回转和相关阀门的动作；

2 消防控制室应能优先控制无线控制器所操作的设备；

3 无线控制的有效控制半径应大于100m；

4 1km以内不得有相同频率、30m以内不得有相同安全码的无线控制器；

5 无线控制器应设置闭锁安全电路。

6.3 消防控制室

6.3.1 消防控制室的设计应符合现行国家标准《建筑设计防火规范》中消防控制室的规定，同时应符合下列要求：

1 消防控制室宜设置在能直接观察各座炮塔的位置，必要时应设置监视器等辅助观察设备；

2 消防控制室应有良好的防火、防尘、防水等措施；

3 系统控制装置的布置应便于操作与维护。

6.3.2 远控炮系统的消防控制室应能对消防泵组、消防炮等系统组件进行单机操作与联动操作或自动操作，并应具有下列控制和显示功能：

1 消防泵组的运行、停止、故障；

2 电动阀门的开启、关闭及故障；

3 消防炮的俯仰、水平回转动作；

4 当接到报警信号后，应能立即向消防泵站等有关部门发出声光报警信号，声响信号可手动解除，但灯光报警信号必须保留至人工确认后方可解除；

5 具有无线控制功能时，显示无线控制器的工作状态；

6 其他需要控制和显示的设备。

21.《固定消防炮灭火系统施工与验收规范》GB 50498—2009

1 总 则

1.0.2 本规范适用于新建、扩建、改建工程中设置固定消防炮灭火系统的施工、验收及维护管理。

1.0.3 固定消防炮灭火系统施工中采用的工程技术文件、工程承包合同文件与附件对施工及验收的要求不得低于本规范的规定。

1.0.4 固定消防炮灭火系统的施工、验收及维护管理,除执行本规范的规定外,尚应符合现行国家有关标准的规定。

2 基本规定

2.0.1 固定消防炮灭火系统的分部工程、子分部工程及分项工程应按本规范附录A划分。

2.0.2 固定消防炮灭火系统的施工必须由具有相应资质等级的施工单位承担。

2.0.3 固定消防炮灭火系统的施工现场应具有相应的施工技术标准,健全的质量管理体系和施工质量检验制度,实现施工全过程质量控制。

2.0.4 固定消防炮灭火系统的施工应按批准的设计施工图、技术文件和相关技术标准的规定进行,不得随意更改,确需改动时,应由原设计单位修改。

2.0.5 固定消防炮灭火系统施工前应具备下列技术资料:
 1 经批准的设计施工图、设计说明书;
 2 系统组件(水炮、泡沫炮、干粉炮、消防泵组、泡沫液罐、泡沫比例混合装置、干粉罐、氮气瓶组、阀门、动力源、消防炮塔和控制装置等组件的统称)的安装使用说明书;
 3 系统组件及配件应具备符合市场准入制度要求的有效证明文件和产品出厂合格证。

2.0.6 固定消防炮灭火系统的施工应具备下列条件:
 1 设计单位向施工单位进行技术交底,并有记录;
 2 系统组件、管材及管件的规格、型号符合设计要求;
 3 与施工有关的基础、预埋件和预留孔,经检查符合设计要求;
 4 场地、道路、水、电等临时设施满足施工要求。

2.0.7 固定消防炮灭火系统应按下列规定进行施工过程质量控制:
 1 采用的系统组件和材料应按本规范的规定进行进场检验,合格后经监理工程师签证方可安装使用;
 2 各工序应按施工技术标准进行质量控制,每道工序完成后,应由监理工程师组织施工单位人员进行检查,合格后方可进行下道工序施工;
 3 相关各专业工种之间应进行交接认可,并经监理工程师签证后方可进行下道工序施工;
 4 隐蔽工程在隐蔽前应由施工单位通知有关单位进行验收;
 5 安装完毕,施工单位应按本规范的规定进行系统调试;调试合格后,施工单位应向建设单位提交验收申请报告申请验收。

2.0.8 固定消防炮灭火系统的系统验收应由建设单位组织监理、设计、施工等单位共同进行。

2.0.9 固定消防炮灭火系统的检查、验收应符合下列规定:
 1 施工现场质量管理按本规范附录B检查,结果应合格;
 2 施工过程检查应全部合格,并按本规范附录C记录;
 3 隐蔽工程在隐蔽前的验收应合格,并按本规范附录D记录;
 4 质量控制资料核查应全部合格,并按本规范附录E记录;
 5 系统施工质量验收和系统功能验收应合格,并按本规范附录F记录。

2.0.10 固定消防炮灭火系统验收合格后,应提供下列文件资料:
 1 施工现场质量管理检查记录;
 2 固定消防炮灭火系统施工过程检查记录;
 3 隐蔽工程验收记录;
 4 固定消防炮灭火系统质量控制资料核查记录;
 5 固定消防炮灭火系统验收记录;
 6 相关文件、记录、资料清单等。

2.0.11 固定消防炮灭火系统施工质量不符合本规范要求时,应按下列规定进行处理:
 1 经返工重做或更换系统组件和材料的工程,应重新进行验收;
 2 经返工重做或更换系统组件和材料的工程,仍不符合本规范的要求时,不得通过验收。

3 进场检验

3.1 一般规定

3.1.1 系统组件和材料进场检验应按本规范附录C表C.0.1填写施工过程检查记录。

3.1.2 系统组件和材料进场抽样检查时有一件不合格,应加倍抽查;若仍有不合格,则判定此批产品不合格。

3.2 管材及配件

3.2.1 管材及管件的材质、规格、型号、质量等应符合国家现行有关产品标准和设计要求。
 检查数量:全数检查。
 检查方法:检查出厂检验报告与合格证。

3.2.2 管材及管件的外观质量除应符合其产品标准的规定

外，尚应符合下列规定：
   1 表面无裂纹、缩孔、夹渣、折叠、重皮等缺陷；
   2 螺纹表面完整无损伤，法兰密封面平整光洁无毛刺及径向沟槽；
   3 垫片无老化变质或分层现象，表面无折皱等缺陷。
   检查数量：全数检查。
   检查方法：观察检查。

3.2.3 管材及管件的规格尺寸和壁厚及允许偏差应符合其产品标准和设计的要求。
   检查数量：每一规格、型号的产品按件数抽查20%，且不得少于1件。
   检查方法：用钢尺和游标卡尺测量。

3.2.4 对属于下列情况之一的管材及配件，应由监理工程师抽样，并由具备相应资质的检测机构进行检测复验，其复验结果应符合国家现行有关产品标准和设计要求。
   1 设计上有复验要求的。
   2 对质量有疑义的。
   检查数量：按设计要求数量或送检需要量。
   检查方法：检查复验报告。

3.3 灭火剂

3.3.1 泡沫液进场时应由建设单位、监理工程师和供货方现场组织检查，并共同取样留存，留存数量按全项检测需要量。泡沫液质量应符合国家现行有关产品标准。
   检查数量：全数检查。
   检查方法：观察检查和检查市场准入制度要求的有效证明文件及产品出厂合格证。

3.3.2 对属于下列情况之一的泡沫液，应由监理工程师组织现场取样，送至具备相应资质的检测机构进行检测，其结果应符合国家现行有关产品标准和设计要求。
   1 6%型低倍数泡沫液设计用量大于或等于7.0t；
   2 3%型低倍数泡沫液设计用量大于或等于3.5t；
   3 合同文件规定现场取样送检的泡沫液。
   检查数量：按送检需要量。
   检查方法：检查现场取样按国家现行有关产品标准对发泡性能（发泡倍数、25%析液时间）和灭火性能（灭火时间、抗烧时间）检验的报告。

3.3.3 干粉进场时应由建设单位、监理工程师和供货方现场组织检查，并共同取样留存，留存数量按全项检测需要量。干粉质量应符合国家现行有关产品标准。
   检查数量：全数检查。
   检查方法：观察检查和检查市场准入制度要求的有效证明文件及产品出厂合格证。

3.3.4 对设计用量大于或等于2.0t的干粉，应由监理工程师组织现场取样，送至具备相应资质的检测机构进行检测，其结果应符合国家现行有关产品标准和设计要求。
   检查数量：按送检需要量。
   检查方法：检查现场取样按国家现行有关产品标准对抗结块性和灭火效能检验的报告。

3.4 系统组件

3.4.1 水炮、泡沫炮、干粉炮、消防泵组、泡沫液罐、泡沫比例混合装置、干粉罐、氮气瓶组、阀门、动力源、消防炮塔、控制装置等系统组件及压力表、过滤装置和金属软管等系统配件的外观质量，应符合下列规定：
   1 无变形及其他机械性损伤；
   2 外露非机械加工表面保护涂层完好；
   3 无保护涂层的机械加工面无锈蚀；
   4 所有外露接口无损伤，堵、盖等保护物包封良好；
   5 铭牌标记清晰、牢固。
   检查数量：全数检查。
   检查方法：观察检查。

3.4.2 水炮、泡沫炮、干粉炮、消防泵组、泡沫液罐、泡沫比例混合装置、干粉罐、氮气瓶组、阀门、动力源、消防炮塔、控制装置等系统组件及压力表、过滤装置和金属软管等系统配件应符合下列规定：
   1 其规格、型号、性能应符合国家现行产品标准和设计要求。
   检查数量：全数检查。
   检查方法：检查市场准入制度要求的有效证明文件和产品出厂合格证。
   2 设计上有复验要求或对质量有疑义时，应由监理工程师抽样，并由具有相应资质的检测单位进行检测复验，其复验结果应符合国家现行产品标准和设计要求。
   检查数量：按设计要求数量或送检需要量。
   检查方法：检查复验报告。

3.4.3 阀门的强度和严密性试验应符合下列规定：
   1 强度和严密性试验应采用清水进行，强度试验压力为公称压力的1.5倍；严密性试验压力为公称压力的1.1倍；
   2 试验压力在试验持续时间内应保持不变，且壳体填料和阀瓣密封面无渗漏；
   3 阀门试压的试验持续时间不应少于表3.4.3的规定；
   4 试验合格的阀门，应排尽内部积水，并吹干。密封面涂防锈油，关闭阀门，封闭出入口，做出明显的标记，并应按本规范附录C表C.0.2记录。
   检查数量：每批（同牌号、同型号、同规格）按数量抽查10%，且不得少于1个；主管道上的隔断阀门，应全部试验。
   检查方法：将阀门安装在试验管道上，有液流方向要求的阀门试验管道应安装在阀门的进口，然后管道充满水，排净空气，用试压装置缓慢升压，待达到严密性试验压力后，在最短试验持续时间内，阀瓣密封面不渗漏为合格；最后将压力升至强度试验压力（强度试验不能以阀瓣代替盲板），在最短试验持续时间内，壳体填料无渗漏为合格。

表3.4.3 阀门试验持续时间

公称直径 DN（mm）	最短试验持续时间（s）		
	严密性试验		强度试验
	金属密封	非金属密封	
≤50	15	15	15
65~200	30	15	60
250~450	60	30	180
≥500	120	60	180

3.4.4 应对干粉炮灭火系统工程管路中安装的选择阀、安全

阀、减压阀、单向阀、高压软管等部件进行水压强度试验和气压严密性试验,并应符合下列规定:

  1 水压强度试验的试验压力应为部件公称压力的1.5倍,气体严密性试验的试验压力为部件的公称压力;

  2 进行水压强度试验时,水温不应低于5℃,达到试验压力后,稳压时间不应少于1min,在稳压期间目测试件应无变形;

  3 气压严密性试验应在水压强度试验后进行。加压介质可为空气或氮气。试验时将部件浸入水中,达到试验压力后,稳压时间不应少于5min,在稳压期间应无气泡自试件内溢出;

  4 部件试验合格后,应及时烘干,并封闭所有外露接口。并应按本规范附录C表C.0.2记录。

3.4.5 消防泵组转动应灵活,无阻滞,无异常声音。

  检查数量:全数检查。

  检查方法:观察检查。

3.4.6 消防炮的转动机构和操作装置应灵活、可靠。

  检查数量:全数检查。

  检查方法:观察检查。

4 系统组件安装与施工

4.1 一般规定

4.1.1 消防泵组的安装除应符合本规范的规定外,尚应符合现行国家标准《机械设备安装工程施工及验收通用规范》GB 50231、《压缩机、风机、泵安装工程施工及验收规范》GB 50275的有关规定。

4.1.2 系统的下列施工,除应符合本规范的规定外,尚应符合现行国家标准《工业金属管道工程施工及验收规范》GB 50235、《现场设备、工业管道焊接工程施工及验收规范》GB 50236和行业标准《钢制焊接常压容器》JB/T 4735的有关规定。

  1 常压钢质泡沫液罐现场制作、焊接、防腐;

  2 管道的加工、焊接、安装;

  3 管道的检验、试压、冲洗、防腐;

  4 支、吊架的焊接、安装;

  5 阀门的安装。

4.1.3 泡沫液罐、干粉罐的安装除应符合本规范的规定外,尚应符合现行标准《建筑安装工程质量检验评定标准 容器工程》TJ 306的有关规定。

4.1.4 消防泵组、动力源等系统组件不应随意拆卸,确需拆卸时,应由生产厂家进行。

4.2 消 防 炮

4.2.1 消防炮安装应符合设计要求,且应在供水管线系统试压、冲洗合格后进行。

4.2.2 消防炮安装前应确定基座上供灭火剂的立管固定可靠。

  检查数量:全数检查。

  检查方法:观察检查。

4.2.3 消防炮回转范围应与防护区相对应。

  检查数量:全数检查。

  检查方法:观察检查。

4.2.4 消防炮安装后,应检查在其设计规定的水平和俯仰回转范围内不与周围的构件碰撞。

  检查数量:全数检查。

  检查方法:观察检查。

4.2.5 与消防炮连接的电、液、气管线应安装牢固,且不得干涉回转机构。

  检查数量:全数检查。

  检查方法:观察检查。

4.2.6 消防炮在向消防炮塔上部起吊安装的过程中,起吊措施应安全可靠。

4.3 泡沫比例混合装置与泡沫液罐

4.3.1 泡沫液罐的安装位置和高度应符合设计要求。当设计无要求时,泡沫液罐周围应留有满足检修需要的通道,其宽度不宜小于0.7m,操作面处不宜小于1.5m;当泡沫液罐上的控制阀距地面高度大于1.8m时,应在操作面处设置操作平台。

  检查数量:全数检查。

  检查方法:用尺测量。

4.3.2 常压泡沫液罐的现场制作、安装和防腐应符合下列规定:

  1 现场制作的常压钢质泡沫液罐,泡沫液管道吸液口距泡沫液罐底面不应小于0.15m,且宜做成喇叭口形。

  检查数量:全数检查。

  检查方法:用尺测量。

  2 现场制作的常压钢质泡沫液罐应进行严密性试验,试验压力应为储罐装满水后的静压力,试验时间不应小于30min,目测应无渗漏。

  检查数量:全数检查。

  检查方法:观察检查,检查全部焊缝、焊接接头和连接部位,以无渗漏为合格。

  3 现场制作的常压钢质泡沫液罐内、外表面应按设计要求防腐,并应在严密性试验合格后进行。

  检查数量:全数检查。

  检查方法:观察检查;当对泡沫液罐内表面防腐涂料有疑义时,可取样送至具有相应资质的检测单位进行检验。

  4 常压钢质泡沫液罐罐体与支座接触部位的防腐,应符合设计要求,当设计无规定时,应按加强防腐层的做法施工。

  检查数量:全数检查。

  5 常压泡沫液罐的安装方式应符合设计要求,当设计无要求时,应根据其形状按立式或卧式安装在支架或支座上,支架应与基础固定,安装时不得损坏其储罐上的配管和附件。

  检查数量:全数检查。

  检查方法:观察检查,必要时可切开防腐层检查。

4.3.3 压力式泡沫液罐安装时,支架应与基础牢固固定,不应拆卸和损坏配管、附件;罐的安全阀出口不应朝向操作面。

  检查数量:全数检查。

  检查方法:观察检查。

4.3.4 设在室外的泡沫液罐的安装应符合设计要求,并应根据环境条件采取防晒、防冻和防腐等措施。

检查数量:全数检查。

检查方法:观察检查。

4.3.5 泡沫比例混合装置的安装应符合下列规定:

1 泡沫比例混合装置的标注方向应与液流方向一致。

检查数量:全数检查。

检查方法:观察检查。

2 泡沫比例混合装置与管道连接处的安装应严密。

检查数量:全数检查。

检查方法:调试时观察检查。

4.3.6 压力式比例混合装置应整体安装,并应与基础牢固固定。

检查数量:全数检查。

检查方法:观察检查。

4.3.7 平衡式比例混合装置的安装应符合下列规定:

1 平衡式比例混合装置中平衡阀的安装应符合设计和产品要求,并应在水和泡沫液进口的管道上分别安装压力表,压力表与装置中的比例混合器进口处的距离不宜大于0.3m。

检查数量:全数检查。

检查方法:尺量和观察检查。

2 水力驱动平衡式比例混合装置的泡沫液泵安装应符合设计和产品要求,安装尺寸和管道的连接方式应符合设计要求。

检查数量:全数检查。

检查方法:尺量和观察检查。

4.4 干粉罐与氮气瓶组

4.4.1 安装在室外时,干粉罐和氮气瓶组应根据环境条件设置防晒、防雨等防护设施。

检查数量:全数检查。

检查方法:观察检查。

4.4.2 干粉罐和氮气瓶组的安装位置和高度应符合设计要求。当设计无要求时,干粉罐和氮气瓶组周围应留有满足检修需要的通道,其宽度不宜小于0.7m,操作面处不宜小于1.5m。

检查数量:全数检查。

检查方法:尺量和观察检查。

4.4.3 氮气瓶组安装时应防止氮气误喷射。

4.4.4 干粉罐和氮气瓶组中需现场制作的连接管道应采取防腐处理措施。

检查数量:全数检查。

检查方法:观察检查。

4.4.5 干粉罐和氮气瓶组的支架应固定牢固,且应采取防腐处理措施。

检查数量:全数检查。

检查方法:观察检查。

4.5 消防泵组

4.5.1 消防泵组应整体安装在基础上,并应固定牢固。

4.5.2 吸水管及其附件的安装应符合下列要求:

1 吸水管进口处的过滤装置的安装应符合设计要求。消防泵组直接取海水时,吸水管应设置有效的防海生物附着的装置。

检查数量:全数检查。

检查方法:观察检查。

2 吸水管上的控制阀应在消防泵组固定于基础上之后再进行安装,其直径不应小于消防泵组吸水口直径,且不应采用没有可靠锁定装置的蝶阀。

检查数量:全数检查。

检查方法:观察检查。

4 吸水管管段上不应有气囊和漏气现象。变径连接时,应采用偏心异径管件并应采用管顶平接。

检查数量:全数检查。

检查方法:观察检查。

4.5.3 当消防泵组采用内燃机驱动时,内燃机冷却器的泄水管应通向排水设施。

检查数量:全数检查。

检查方法:观察检查。

4.5.4 内燃机驱动的消防泵组其排气管的安装应符合设计要求,当设计无规定时,应采用直径相同的钢管连接后通向室外。排气管的外部宜采取隔热措施。

检查数量:全数检查。

检查方法:观察检查。

4.5.5 消防泵组在基础固定及进出口管道安装完毕后,对联轴器重新校验同轴度。

检查数量:全数检查。

检查方法:用仪表检查。

4.6 管道与阀门

4.6.1 管道的安装应符合下列规定:

1 水平管道安装时,其坡度、坡向应符合设计要求,且坡度不应小于设计值,当出现U型管时应有放空措施。

检查数量:干管抽查1条;支管抽查2条;分支管抽查10%,且不得少于1条。

检查方法:用水平仪检查。

2 立管应用管卡固定在支架上,其间距不应大于设计值。

检查数量:全数检查。

检查方法:尺量和观察检查。

3 埋地管道安装应符合下列规定:

  1) 埋地管道的基础应符合设计要求;
  2) 埋地管道安装前应做好防腐,安装时不应损坏防腐层;
  3) 埋地管道采用焊接时,焊缝部位应在试压合格后进行防腐处理;
  4) 埋地管道在回填前应进行隐蔽工程验收,合格后及时回填,分层夯实,并应按本规范附录D进行记录。

检查数量:全数检查。

检查方法:观察检查。

4 管道安装的允许偏差应符合表4.6.1的要求。

表4.6.1 管道安装的允许偏差

项 目			允许偏差(mm)
坐标	地上、架空及地沟	室外	25
		室内	15
	埋地		60

续表 4.6.1

项 目		允许偏差（mm）
标高	地上、架空及地沟 室外	±20
	地上、架空及地沟 室内	±15
	埋地	±25
水平管道平直度	DN≤100	2L‰最大50
	DN>100	3L‰最大80
立管垂直度		5L‰最大30
与其他管道成排布置间距		15
与其他管道交叉时外壁或绝热层间距		20

注：L——管段有效长度；DN——管道公称直径。

检查数量：干管抽查1条；支管抽查2条；分支管抽查10%，且不得少于1条。

检查方法：坐标用经纬仪或拉线和尺量检查；标高用水准仪或拉线和尺量检查；水平管道平直度用水平仪、直尺、拉线和尺量检查；立管垂直度用吊线和尺量检查；与其他管道成排布置间距及与其他管道交叉时外壁或绝热层间距用尺量检查。

5 管道支、吊架安装应平整牢固，管墩的砌筑应规整，其间距应符合设计要求。

检查数量：按安装总数的5%抽查，且不得少于5个。

检查方法：观察和尺量检查。

6 当管道穿过防火堤、防火墙、楼板时，应安装套管。穿防火堤和防火墙套管的长度不应小于防火堤和防火墙的厚度，穿楼板套管长度应高出楼板50mm，底部应与楼板底面相平；管道与套管间的空隙应采用防火材料封堵；管道应避免穿过建筑物的变形缝，必须穿越时，应采取保护措施。

检查数量：全数检查。

检查方法：观察和尺量检查。

7 立管与地上水平管道或埋地管道用金属软管连接时，不得损坏其编织网，并应在金属软管与地上水平管道的连接处设置管道支架或管墩。

检查数量：全数检查。

8 立管下端设置的锈渣清扫口与地面的距离宜为0.3～0.5m；锈渣清扫口可采用闸阀或盲板封堵；当采用闸阀时，应竖直安装。

检查数量：全数检查。

检查方法：观察和尺量检查。

9 流量检测仪器安装位置应符合设计要求。

检查数量：全数检查。

检查方法：观察和尺量检查。

10 管道上试验检测口的设置位置和数量应符合设计要求。

检查数量：全数检查。

检查方法：观察和尺量检查。

11 冲洗及放空管道的设置应符合设计要求，当设计无要求时，应设置在泡沫液管道的最低处。

检查数量：全数检查。

检查方法：观察和尺量检查。

4.6.2 阀门的安装应符合下列规定：

1 阀门应按相关标准进行安装，并应有明显的启闭标志。

检查数量：全数检查。

检查方法：按相关标准的要求检查。

2 具有遥控、自动控制功能的阀门安装，应符合设计要求；当设置在有爆炸和火灾危险的环境时，应符合现行国家标准《爆炸和火灾危险环境电气装置施工及验收规范》GB 50257等相关标准的规定。

检查数量：全数检查。

检查方法：观察检查。

3 自动排气阀应在系统试压、冲洗合格后立式安装。

检查数量：全数检查。

检查方法：观察检查。

4 管道上设置的控制阀，其安装高度宜为1.1～1.5m；当控制阀的安装高度大于1.8m时，应设置操作平台。

检查数量：全数检查。

检查方法：观察和尺量检查。

5 消防泵组的出口管道上设置的带控制阀的回流管，应符合设计要求，控制阀的安装高度距地面宜为0.6～1.2m。

检查数量：全数检查。

检查方法：尺量检查。

6 管道上的放空阀安装在最低处。

检查数量：全数检查。

检查方法：观察检查。

4.7 消防炮塔

4.7.1 安装消防炮塔的地面基座应稳固，钢筋混凝土基座施工后应有足够的养护时间。

4.7.2 消防炮塔与地面基座的连接应固定可靠。

检查数量：全数检查。

检查方法：观察检查。

4.7.3 消防炮塔的起吊定位现场应有足够的空间，起吊过程中消防炮塔不得与周边构筑物碰撞。

4.7.4 消防炮塔安装后应采取相应的防腐措施。

检查数量：全数检查。

检查方法：观察检查。

4.7.5 消防炮塔应做防雷接地，施工应符合现行国家标准《建筑物防雷设计规范》GB 50057的相关规定，施工完毕应及时进行隐蔽工程验收。

检查数量：全数检查。

检查方法：观察检查。

4.8 动 力 源

4.8.1 动力源的安装应符合设计要求。

4.8.2 动力源应整体安装在基础上，并应牢固固定。

检查数量：全数检查。

检查方法：观察检查。

5 电气安装与施工

5.1 一 般 规 定

5.1.1 控制装置的安装除按本规范规定执行外，还应符合现行国家标准《建筑电气工程施工质量验收规范》GB 50303、

《电气装置安装工程接地装置施工及验收规范》GB 50169、《爆炸和火灾危险环境电气装置施工及验收规范》GB 50257和《固定消防炮灭火系统设计规范》GB 50338等标准、规范的规定。

5.1.2 控制装置在搬运和安装时应采取防撞击、防潮和防漆面受损等安全措施。

5.1.3 控制装置安装施工前，与控制装置安装工程施工有关的建筑物、构筑物的建筑工程质量，应符合国家现行的建筑工程施工及验收规范中的有关规定。当设备或设计有特殊要求时，尚应满足其要求。

5.2 布　　线

5.2.1 布线前，应对导线的种类、电压等级进行检查；强、弱电回路不应使用同一根电缆，应分别成束分开排列；不同电压等级的线路，不应穿在同一管内或线槽的同一槽孔内。
　　检查数量：全数检查。
　　检查方法：观察检查。

5.2.2 引入控制装置内的电缆及其芯线应符合下列要求：
　　1 引入控制装置内的电缆管道应采用支架固定，并按横平竖直配置；备用芯线长度应留有适当余量；
　　2 引入控制装置的电缆应排列整齐，编号清晰，避免交叉，并应牢固固定，不得使端子排承受机械应力；
　　3 引入控制装置内的铠装电缆，应将钢带切断，切断处的端部应扎紧，并应将钢带接地；
　　4 引入控制装置内的使用于传感器等信号采集回路的控制电缆，应采用屏蔽电缆。其屏蔽层应按设计要求的接地方式接地；
　　5 电缆芯线和所配导线的端部，均应标明与设计图样一致的编号，标记应字迹清晰；
　　6 控制装置接线端子排的每个接线端子，接线不得超过两根。
　　检查数量：全数检查。
　　检查方法：观察检查。

5.2.3 布线施工完毕在测试绝缘时，应有防止弱电设备损坏的安全技术措施。

5.3 控制装置

5.3.1 控制装置与基座之间的螺栓连接应牢固。
　　检查数量：全数检查。
　　检查方法：观察检查。

5.3.2 控制装置中的电控盘、柜、屏、箱、台安装垂直度允许偏差为1.5‰，相互间接缝不应大于2mm，成列盘面偏差不应大于5mm。
　　检查数量：全数检查。
　　检查方法：重锤法检查。

5.3.3 控制装置的端子箱安装应牢固，并应防潮、防尘。安装的位置应便于检查；成列安装时，应排列整齐。
　　检查数量：全数检查。
　　检查方法：观察检查。

5.3.4 控制装置的接地应牢固、可靠。对装有电器的可开门，门和框架的接地端子间应用裸编织铜线连接，且有标识。
　　检查数量：全数检查。
　　检查方法：观察检查。

5.3.5 装置的漆层应完整，损伤面应及时修补。固定支架等应做防腐处理。
　　检查数量：全数检查。
　　检查方法：观察检查。

5.3.6 安装完毕后，建筑物中的预留孔洞及电缆管口，应做好封堵。
　　检查数量：全数检查。
　　检查方法：观察检查。

6 系统试压与冲洗

6.1 一般规定

6.1.1 管道安装完毕后，应对其进行强度试验、严密性试验和冲洗。
　　检查数量：全数检查。
　　检查方法：检查强度试验、严密性试验、冲洗记录表。

6.1.2 强度试验、严密性试验和冲洗宜采用清水进行，不得使用含有腐蚀性化学物质的水。在缺淡水地区可采用海水冲洗，用海水冲洗后宜用清水冲洗。
　　检查数量：全数检查。
　　检查方法：检查水压试验和气压试验记录表。

6.1.3 系统试压前应具备下列条件：
　　1 埋地管道的位置及管道基础、支墩等经复查应符合设计要求；
　　检查数量：全数检查。
　　检查方法：对照图纸观察、尺量检查。
　　2 试压用的压力表不少于2只；精度不应低于1.5级，量程应为试验压力值的1.5倍～2倍；
　　检查数量：全数检查。
　　检查方法：观察检查。
　　3 试压冲洗方案已经批准；
　　4 对不能参与试压的设备、仪表、阀门及附件应加以隔离或拆除；加设的临时盲板应具有突出于法兰的边耳，且应做明显标志，并记录临时盲板的数量。
　　检查数量：全数检查。
　　检查方法：观察检查。

6.1.4 系统试压完成后，应及时拆除所有临时盲板及试验用的管道，并应与记录核对无误，且应按本规范附录C表C.0.5的格式填写记录。

6.1.6 管道冲洗前，应对系统的仪表采取保护措施；冲洗直径大于100mm的管道时，对其死角和底部进行敲打，但不得损伤管道；冲洗后，应清理可能存留脏物、杂物的管段。
　　检查数量：全数检查。
　　检查方法：观察检查。

6.1.7 管道冲洗合格后，应按本规范附录C表C.0.5的格式填写记录。

6.2 水压试验

6.2.1 当系统设计工作压力等于或小于1.0MPa时，水压强度试验压力应为设计工作压力的1.5倍,并不应低于1.4MPa;当系统设计工作压力大于1.0MPa时,水压强度试验压力应为该工作压力加0.4MPa。

检查数量:全数检查。

检查方法:观察检查。

6.2.2 水压强度试验的测试点应设在系统管道的最低点。对管道注水时,应将管道内的空气排净,并应缓慢升压,达到试验压力后,稳压10min,管道应无损伤、变形。

检查数量:全数检查。

检查方法:观察检查。

6.2.3 水压严密性试验应在水压强度试验和管道冲洗合格后进行。试验压力应为设计工作压力,稳压30min,应无泄漏。

检查数量:全数检查。

检查方法:观察检查。

6.2.4 水压试验时环境温度不宜低于5℃,当低于5℃时,水压试验应采取防冻措施。

检查数量:全数检查。

检查方法:用温度计检查。

6.2.5 系统的埋地管道应在回填前单独或与系统一起进行水压强度试验和水压严密性试验。

检查数量:全数检查。

检查方法:观察和检查水压强度试验和水压严密性试验记录。

6.3 冲　洗

6.3.1 管道冲洗宜分区、分段进行。冲洗的水流方向应与灭火时管道的水流方向一致。

检查数量:全数检查。

检查方法:观察检查。

6.3.2 管道冲洗应连续进行,当出口处水的颜色、透明度与入口处水的颜色、透明度基本一致且无杂物排出时,冲洗方可结束。

检查数量:全数检查。

检查方法:观察检查。

6.3.3 管道冲洗结束后,应将管道内的水排除干净,必要时应采用压缩空气吹干。

检查数量:全数检查。

检查方法:观察检查。

6.3.4 气动、液压和干粉管道,应采用压缩空气吹扫干净。

检查数量:全数检查。

检查方法:观察检查。

7 系 统 调 试

7.1 一 般 规 定

7.1.1 调试应在整个系统施工结束后进行。

7.1.2 调试应具备下列条件:

1 设计施工图、设计说明书、系统组件的使用、维护说明书及其他调试必须的完整技术资料;

2 泡沫液罐和干粉罐中已储备满足调试要求的试验药剂量;

3 系统水源、电源、气源满足调试要求,电气设备应具备与系统联动调试的条件。

7.1.3 调试前施工单位应制定调试方案,并经监理单位批准。

7.1.4 调试负责人应由专业技术人员担任。参加调试的人员应职责明确,并应按照预定的调试程序进行。

7.1.5 调试前应对系统进行检查,并应及时处理发现的问题。

7.1.6 调试前应将需要临时安装在系统上经校验合格的仪器、仪表安装完毕,调试时所需的检查设备应准备齐全。

7.1.7 系统调试后应按本规范附录C表C.0.6规定的内容提出调试报告。调试报告的内容可根据具体情况进行补充。

7.2 系 统 调 试

7.2.1 系统手动功能的调试结果,应符合下列规定:

1 电控阀门进行启闭功能试验,其启闭角度、反馈信号等指标应符合设计要求。

2 消防炮进行动作功能试验,其仰俯角度、水平回转角度、直流喷雾转换及反馈信号等指标应符合设计要求,消防炮应不与消防炮塔碰撞干涉。

3 消防泵组进行启、停试验,消防泵组的动作及反馈信号应符合设计要求。

4 稳压泵组进行启、停试验,稳压泵组的动作及反馈信号应符合设计要求。

检查数量:全数检查。

检查方法:使系统电源处于接通状态,各控制装置的操作按钮处于手动状态。逐个按下各电控阀门的手动启、停操作按钮,观察阀门的启、闭动作及反馈信号应正常;用手动按钮或手持式无线遥控发射装置逐个操控相对应的消防炮做俯仰和水平回转动作,观察各消防炮的动作及反馈信号是否正常。对带有直流喷雾转换功能的消防炮,还应检验其喷雾动作控制功能;逐个按下各消防泵组的手动启、停操作按钮,观察消防泵组的动作及反馈信号应正常;逐个按下各稳压泵组的手动启、停操作按钮,观察稳压泵组的动作及反馈信号应正常。

7.2.2 固定消防炮灭火系统的主电源和备用电源进行切换试验,调试中主、备电源的切换及电气设备运行应正常。

检查数量:全数检查。

检查方法:系统主、备电源处于接通状态。当系统处于手动控制状态时,以手动的方式进行1~2次试验,主、备电源应能切换;当系统处于自动控制状态时,在主电源上设定一个故障,备用电源应能自动投入运行,在备用电源上设定一个故障,主电源应能自动投入运行。

7.2.3 消防泵组功能调试试验,其结果应符合下列规定:

1 消防泵组运行调试试验,其性能应符合设计和产品标准的要求。

检查数量:全数检查。

检查方法:按系统设计要求,启动消防泵组,观察该消防泵组及相关设备动作是否正常,若正常,消防泵组在设计负荷下,连续运转不应少于2h,采用压力表、流量计、秒表、温度计进行计量。

2 消防泵主、备泵组自动切换功能调试试验,在设计负荷下进行转换运行试验,其主要性能应符合设计要求。

检查数量:全数检查。

检查方法:接通控制装置电源,并使消防泵组控制装置处于自动状态，人工启动一台消防泵组，观察该消防泵组及相关设备动作是否正常，若正常，则在消防泵组控制装置内人为为该消防泵组设定一个故障，使之停泵。此时，备用消防泵组应能自动投入运行。消防泵组在设计负荷下，连续运转不应少于30min，采用压力表、流量计、秒表计量。

7.2.4 稳压泵应按设计要求进行调试。当达到设计启动条件时，稳压泵应立即启动；当达到系统设计压力时，稳压泵应自动停止运行；当消防主泵启动时，稳压泵应停止运行。

检查数量：全数检查。

检查方法：观察检查。

7.2.5 泡沫比例混合装置调试时，应与系统喷射泡沫试验同时进行，其混合比应符合设计要求。

检查数量：全数检查。

检查方法：用流量计测量；蛋白、氟蛋白等折射指数高的泡沫液可用手持折射仪测量，水成膜、抗溶水成膜等折射指数低的泡沫液可用手持导电度测量仪测量。

7.2.6 消防炮的调试应符合下列规定：

1 消防水炮和消防泡沫炮进行喷水试验，其喷射压力、仰俯角度、水平回转角度等指标应符合设计要求。

检查数量：全数检查。

检查方法：用手动或电动实际操作，并用压力表、尺量和观测检查。

2 消防干粉炮应进行喷射试验，其喷射压力、喷射时间、仰俯角度、水平回转角度等指标应符合设计要求。

检查数量：全数检查。

检查方法：用压力表、秒表等观测检查。

7.2.7 系统各联动单元进行联动功能调试时，各联动单元被控设备的动作与信号反馈应符合设计要求。

检查数量：全数检查。

检查方法：按设计的联动控制单元进行逐个检查。接通系统电源，使待检联动控制单元的被控设备均处于自动状态：①按下对应的联动启动按钮，该单元应能按设计要求自动启动消防泵组，打开阀门等相关设备，直至消防炮喷射灭火剂（或水幕保护系统出水）。该单元设备的动作与信号反馈应符合设计要求。②对具有自动启动功能的联动单元，采用对联动单元的相关探测器输入模拟启动信号后，该单元应能按设计要求自动启动消防泵组，打开阀门等相关设备，直至消防炮喷射灭火剂（或水幕保护系统出水）。

7.2.8 固定消防炮灭火系统的喷射功能调试应符合下列规定：

1 水炮灭火系统：当为手动灭火系统时，应以手动控制的方式对该门水炮保护范围进行喷水试验；当为自动灭火系统时，应以手动和自动控制的方式对该门水炮保护范围分别进行喷水试验。系统自接到启动信号至水炮炮口开始喷水的时间不应大于5min，其各项性能指标均应达到设计要求。

检查数量：全数检查。

检查方法：自接到启动信号至开始喷水的时间，用秒表测量。其他性能用压力表、流量计等观测检查。

2 泡沫炮灭火系统：泡沫炮灭火系统按本条第1款的规定喷水试验完毕，将水放空后，应以手动或自动控制的方式对该门泡沫炮保护范围进行喷射泡沫试验。系统自接到启动信号至泡沫炮炮口开始喷射泡沫的时间不应大于5min，喷射泡沫的时间应大于2min，实测泡沫混合液的混合比应符合设计要求。

检查数量：全数检查。

检查方法：自接到启动信号至开始喷泡沫的时间，用秒表测量。泡沫混合液的混合比按本规范第7.2.5条的检查方法测量；用秒表测量喷射泡沫的时间，然后按生产厂给出的产品特性曲线查出对应的流量。

3 干粉炮灭火系统：当为手动灭火系统时，应以手动控制的方式对该门干粉炮保护范围进行一次喷射试验；当为自动灭火系统时，应以手动和自动控制的方式对该门干粉炮保护范围各进行一次喷射试验。系统自接到启动信号至干粉炮口开始喷射干粉的时间不应大于2min，干粉喷射时间应大于60s，其各项性能指标均应达到设计要求。

检查数量：全数检查。

检查方法：用氮气代替干粉；自接到启动信号至干粉炮口开始喷射的时间，用秒表测量；其他用压力表等观测。

4 水幕保护系统：当为手动水幕保护系统时，应以手动控制的方式对该道水幕进行一次喷水试验；当为自动水幕保护系统时，应以手动和自动控制的方式分别进行喷水试验。其各项性能指标均应达到设计要求。

检查数量：全数检查。

检查方法：自接到启动信号至开始喷水的时间，用秒表测量。其他性能用压力表、流量计等观测检查。

8 系统验收

8.1 一般规定

8.1.1 系统验收时，应提供下列文件资料，并按本规范附录E填写质量控制资料核查记录。

1 经批准的设计施工图、设计说明书；

2 设计变更通知书、竣工图；

3 系统组件、泡沫液和干粉的市场准入制度要求的有效证明文件和产品出厂合格证；由具有资质的单位出具的泡沫液、干粉现场取样检验报告；材料的出厂检验报告和合格证；材料与系统组件进场检验的复验报告；

4 系统组件的安装使用说明书；

5 施工许可证（开工证）和施工现场质量管理检查记录；

6 系统施工过程检查记录及阀门的强度和严密性试验记录、管道试压和管道冲洗记录，隐蔽工程验收记录；

7 系统验收申请报告。

8.1.2 系统的验收应包括系统施工质量验收和系统功能验收，系统功能验收应包括启动功能验收和喷射功能验收。系统验收合格后，应按本规范附录F填写固定消防炮灭火系统工程质量验收记录。

8.1.3 系统施工质量验收合格但功能验收不合格应判定为系统不合格，不得通过验收。

8.1.4 系统验收合格后，应冲洗放空，复原系统，并向建设单位移交本规范第2.0.5条和第8.1.1条列出资料及各种验收记录、报告。

8.2 系统验收

8.2.1 系统施工质量验收应包括下列内容：

  1 系统组件及配件的规格、型号、数量、安装位置及安装质量；
  2 管道及附件的规格、型号、位置、坡向、坡度、连接方式及安装质量；
  3 固定管道的支、吊架，管墩的位置、间距及牢固程度；
  4 管道穿防火堤、楼板、防火墙及变形缝的处理；
  5 管道和设备的防腐；
  6 消防泵房、水源和水位指示装置；
  7 电源、备用动力及电气设备；
  检查数量：全数检查。
  检查方法：观察和量测及试验检查。

8.2.2 系统启动功能验收应符合下列要求：
  1 系统手动启动功能验收试验。
  检查数量：全数检查。
  检查方法：使系统电源处于接通状态，各控制装置的操作按钮处于手动状态。逐个按下各消防泵组的手动操作启、停按钮，观察消防泵组的动作及反馈信号应正常；逐个按下各电控阀门的手动操作启、停按钮，观察阀门的启、闭动作及反馈信号应正常；用手动按钮或手持式无线遥控发射装置逐个操作相对应的消防炮做俯仰和水平回转动作，观察各消防炮的动作及反馈信号是否正常，观察消防炮在设计规定的回转范围内是否与消防炮塔干涉，消防炮塔的防腐涂层是否完好。对带有直流喷雾转换功能的消防炮，还应检验其喷雾动作控制功能。
  2 主、备电源的切换功能验收试验。
  检查数量：全数检查。
  检查方法：系统主、备电源处于接通状态，在主电源上设定一个故障，备用电源应能自动投入运行；在备用电源上设定一个故障，主电源应能自动投入运行。
  3 消防泵组功能验收试验。
    1）消防泵组运行验收试验。
  检查数量：全数检查。
  检查方法：按系统设计要求，启动消防泵组，观察该消防泵组及相关设备动作是否正常，若正常，消防泵组在设计负荷下，连续运转不应少于2h。
    2）主、备泵组自动切换功能验收试验。
  检查数量：全数检查。
  检查方法：接通控制装置电源，并使消防泵组控制装置处于自动状态，人工启动一台消防泵组，观察该消防泵组及相关设备动作是否正常，若正常，则在消防泵组控制装置内人为为该消防泵组设定一个故障，使之停泵。此时，备用消防泵组应能自动投入运行。消防泵组在设计负荷下，连续运转不应少于30min。
  4 联动控制功能验收试验。
  检查数量：全数检查。
  检查方法：按设计的联动控制单元进行逐个检查。接通系统电源，使待检联动控制单元的被控设备均处于自动状态，按下对应的联动启动按钮，该单元应能按设计要求自动启动消防泵组，打开阀门等相关设备，直至消防炮喷射灭火剂（或水幕保护系统出水）。该单元设备的动作与信号反馈应符合设计要求。

8.2.3 系统喷射功能验收应符合下列要求：

  检查数量：全数检查。
  验收条件：
    1）水炮和水幕保护系统采用消防水进行喷射；
    2）泡沫炮系统的比例混合装置及泡沫液的规格应符合设计要求；
    3）消防泵组供水达到额定供水压力；
    4）干粉炮系统的干粉型号、规格、储量和氮气瓶组的规格、压力应符合系统设计要求；
    5）系统手动启动和联动控制功能正常；
    6）系统中参与控制的阀门工作正常。
  试验结果：
    1）水炮、水幕、泡沫炮的实际工作压力不应小于相应的设计工作压力；
    2）水炮、泡沫炮、干粉炮的水平、俯仰回转角应符合设计要求，带直流喷雾转换功能的消防水炮的喷雾角应符合设计要求；
    3）保护水幕喷头的喷射高度应符合设计要求；
    4）泡沫炮系统的泡沫比例混合装置提供的混合液的混合比应符合设计要求；
    5）水炮系统和泡沫炮系统自启动至喷出水或泡沫的时间不应大于5min；干粉炮系统自启动至喷出干粉的时间不应大于2min。

8.2.4 系统功能验收判定条件。系统启动功能与喷射功能验收全部检查内容验收合格，方可判定为系统功能验收合格。

9 维护管理

9.1 一般规定

9.1.1 系统验收合格后方可投入运行。

9.1.2 系统应由经过专门培训，并经考试合格后的专人负责定期检查和维护。

9.1.3 系统投入使用时应具备下列文件资料：
  1 施工、验收阶段所出具的文件资料；
  2 系统的维护管理规程及记录表。

9.1.4 对检查和试验中发现的问题应及时解决，对损坏或不合格者应立即更换，并应复原系统。

9.1.5 固定消防炮灭火系统发生故障时，应向主管值班人员报告，取得维护负责人的同意并采取防范措施后方能修理。

9.1.6 干粉罐与氮气瓶组的维护应按照《压力容器安全技术监察规程》的规定执行。

9.1.7 应对灭火剂的使用有效期进行定期检查，对超出使用期限的灭火剂应及时更换。

9.2 系统定期检查与试验

9.2.1 系统维护管理检查项目应按附录G进行。

9.2.2 周检应符合下列要求：
  1 阀门启闭正常；
  2 消防炮的回转机构等动作正常；
  3 系统组件及配件外观完好。

9.2.3 月检应符合下列要求：
  1 消防泵组启动运转正常；

2 氮气瓶的储压不应小于设计压力的90%；
3 供水水源及水位指示装置应正常；
4 控制装置运行正常；
5 泡沫液罐内泡沫液的液位正常。

9.2.4 半年检泡沫炮、水炮系统喷水应正常。

9.2.5 系统运行每隔两年，应按下列规定对系统进行检查和试验：

1 系统喷射试验，试验完毕应对泡沫管道、干粉管道进行冲洗。对于干粉炮系统，可用氮气进行模拟喷射试验，试验压力取设计压力。并对系统所有的设备、设施、管道及附件进行全面检查，结果应符合设计要求；

2 系统管道冲洗，清除锈渣，并进行涂漆处理。

附录 A 固定消防炮灭火系统分部工程、子分部工程、分项工程划分

固定消防炮灭火系统分部工程、子分部工程、分项工程应按表 A 划分。

表 A 固定消防炮灭火系统分部工程、子分部工程、分项工程划分

分部工程	序号	子分部工程	分项工程
固定消防炮灭火系统	1	进场检验	管材及配件
			灭火剂
			系统组件
	2	系统组件安装与施工	消防炮
			泡沫比例混合装置和泡沫液罐
			干粉罐和氮气瓶组
			消防泵组
			管道与阀门
			消防炮塔
			动力源
	3	电气安装与施工	布线
			控制装置
	4	系统试压与冲洗	水压试验
			冲洗
	5	系统调试	手动功能调试
			主电源和备用电源切换调试
			消防泵组功能调试
			稳压泵调试
			泡沫比例混合装置调试
			消防炮调试
			各联动单元联动功能调试
			系统喷射功能调试
	6	系统验收	系统施工质量验收
			系统功能验收

附录 B 施工现场质量管理检查记录

施工现场质量管理检查记录应由施工单位按表 B 填写，监理工程师和建设单位项目负责人进行检查，并作出检查结论。

表 B 施工现场质量管理检查记录

工程名称			
建设单位		项目负责人	
设计单位		项目负责人	
监理单位		监理工程师	
施工单位		项目负责人	
施工许可证		开工日期	
序号	项 目	内 容	
1	现场质量管理制度		
2	质量责任制		
3	主要专业人员操作上岗证书		
4	施工图审查情况		
5	施工组织设计、施工方案及审批		
6	施工技术标准		
7	工程质量检验制度		
8	现场材料、系统组件存放与管理		
9	其他		
检查结论	施工单位项目负责人： （签章） 年 月 日	监理工程师： （签章） 年 月 日	建设单位项目负责人： （签章） 年 月 日

附录 C 固定消防炮灭火系统施工过程检查记录

C.0.1 固定消防炮灭火系统施工过程中的进场检验记录应由施工单位质量检查员按表 C.0.1 填写，监理工程师进行检查，并作出检查结论。

表 C.0.1 进场检验记录

工程名称			
施工单位		监理单位	
子分部工程名称	进场检验	施工执行规范名称及编号	
分项工程名称	《规范》章节条款、质量规定	施工单位检查记录	监理单位检查记录
管材及配件	3.2.1		
	3.2.2		
	3.2.3		
	3.2.4		
灭火剂	3.3.1		
	3.3.2		
	3.3.3		
	3.3.4		
系统组件	3.4.1		
	3.4.2		
	3.4.3		
	3.4.5		
	3.4.6		
结论	施工单位项目负责人： （签章） 年 月 日	监理工程师： （签章） 年 月 日	

C.0.2 固定消防炮灭火系统的阀门强度和严密性试验记录应由施工单位质量检查员按表 C.0.2 填写，监理工程师进行检查，并作出检查结论。

表 C.0.2 阀门强度和严密性试验记录

工程名称								
施工单位				监理单位				
规格型号	数量	公称压力(MPa)	强度试验			严密性试验		
			介质	压力(MPa)	时间(min)	结果	介质	压力(MPa)	时间(min)	结果
结论										
参加单位及人员	施工单位项目负责人： （签章） 年 月 日			监理工程师： （签章） 年 月 日						

C.0.3 固定消防炮灭火系统的组件安装与施工记录应由施工单位质量检查员按表 C.0.3 填写，监理工程师进行检查，并作出检查结论。

表 C.0.3 系统组件安装与施工检查记录

工程名称			
施工单位		监理单位	
子分部工程名称	系统组件安装与施工	施工执行规范名称及编号	
分项工程名称	《规章》章节条款、质量规定	施工单位检查记录	监理单位检查记录
消防炮	4.2.2		
	4.2.3		
	4.2.4		
	4.2.5		
泡沫比例混合装置和泡沫液罐	4.3.1		
	4.3.2		
	1		
	2		
	3		
	4		
	5		
	4.3.3		
	4.3.4		
	4.3.5		
	1		
	2		
	4.3.6		
	4.3.7		
	1		
	2		
干粉罐和氮气瓶组	4.4.1		
	4.4.2		
	4.4.4		
	4.4.5		
消防泵组	4.5.2		
	1		
	2		
	3		
	4		
	5		
	4.5.3		
	4.5.4		
	4.5.5		

续表 C.0.3

分项工程名称	《规章》章节条款、质量规定	施工单位检查记录	监理单位检查记录
管道与阀门	4.6.1		
	1		
	2		
	3		
	4		
	5		
	6		
	7		
	8		
	9		
	10		
	11		
	4.6.2		
	1		
	2		
	3		
	4		
	5		
	6		
消防炮塔	4.7.2		
	4.7.4		
	4.7.5		
动力源	4.8.2		
结论	施工单位项目负责人： （签章） 年 月 日	监理工程师： （签章） 年 月 日	

C.0.4 固定消防炮灭火系统的电气安装与施工应由施工单位质量检查员按表 C.0.4 填写，监理工程师进行检查，并作出检查结论。

表 C.0.4 电气安装与施工检查记录

工程名称			
施工单位		监理单位	
子分部工程名称	电气安装与施工	施工执行规范名称及编号	
分项工程名称	《规范》章节条款、质量规定	施工单位检查记录	监理单位检查记录
布线	5.2.1		
	5.2.2		
控制装置	5.3.1		
	5.3.2		
	5.3.3		
	5.3.4		
	5.3.5		
	5.3.6		
结论	施工单位项目负责人： （签章） 年 月 日	监理工程师： （签章） 年 月 日	

C.0.5 固定消防炮灭火系统的管道水压试验记录应由施工单位质量检查员按表 C.0.5 填写，监理工程师进行检查，并作出检查结论。

表 C.0.5 管道水压试验记录

工程名称										
施工单位				监理单位						
管道编号	设计参数			强度试验				严密性试验		
	管径	材质	介质	压力(MPa)	介质	压力(MPa)	时间(min)	结果	介质	压力(MPa)	时间(min)	结果
结论										
参加单位及人员	施工单位项目负责人： （签章） 年 月 日					监理工程师： （签章） 年 月 日				

C.0.6 固定消防炮灭火系统的冲洗记录应由施工单位质量检查员按表 C.0.6 填写，监理工程师进行检查，并作出检查结论。

表 C.0.6 冲洗记录

工程名称										
施工单位					监理单位					
管道编号	设计参数				冲洗					
	管径	材质	介质	压力(MPa)	介质	压力(MPa)	流量(L/s)	流速(m/s)	冲洗时间或次数	结果
结论										
参加单位及人员	施工单位项目负责人： （签章） 年 月 日				监理工程师： （签章） 年 月 日					

C.0.7 固定消防炮灭火系统的系统调试记录应由施工单位质量检查员按表C.0.7填写，监理工程师进行检查，并作出检查结论。

表 C.0.7 系统调试记录

工程名称			
施工单位		监理单位	
子分部工程名称	系统调试	施工执行规范名称及编号	
分项工程名称	《规范》章节条款、质量规定	施工单位检查记录	监理单位检查记录
手动功能调试	7.2.1		
	1		
	2		
	3		
	4		
主电源和备用电源切换试验	7.2.2		
消防泵组功能调试	7.2.3		
	1		
	2		
稳压泵调试	7.2.4		
泡沫比例混合器装置调试	7.2.5		
消防炮调试	7.2.6		
	1		
	2		
各联动单位联动功能调试	7.2.7		
系统喷射功能调试	7.2.5		
	1		
	2		
	3		
	4		
结论	施工单位项目负责人： （签章） 年 月 日	监理工程师： （签章） 年 月 日	

附录 D 隐蔽工程验收记录

隐蔽工程验收应由施工单位按表 D 填写，隐蔽前应由施工单位通知建设、监理等单位进行验收，并作出验收结论，由监理工程师填写。

表 D 隐蔽工程验收记录

工程名称													
建设单位								设计单位					
监理单位								施工单位					
管道编号	设计参数				强度试验				严密性试验				防腐
	管径	材料	介质	压力（MPa）	介质	压力（MPa）	时间（min）	结果	介质	压力（MPa）	时间（min）	结果	等级	结果
隐蔽前的检查													
隐蔽方法													
简图或说明													
验收结论													
验收单位	施工单位				监理单位				建设单位				
	（公章） 项目负责人：（签章） 年 月 日				（公章） 监理工程师：（签章） 年 月 日				（公章） 项目负责人：（签章） 年 月 日				

表 E 固定消防炮灭火系统质量控制资料核查记录

固定消防炮灭火系统质量控制资料核查记录应由施工单位按表 E 填写，建设单位项目负责人组织监理工程师、施工单位项目负责人等进行核查，并作出核查结论，由监理单位填写。

表 E 固定消防炮灭火系统质量控制资料核查记录

工程名称				
建设单位		设计单位		
监理单位		施工单位		
序号	资料名称	资料数量	核查结果	核查人
1	经批准的设计施工图、设计说明书			
2	设计变更通知书、竣工图			
3	系统组件、泡沫液和干粉的市场准入制度要求的有效证明文件和产品出厂合格证；泡沫液、干粉现场取样由具有资质的单位出具的检验报告；材料的出厂检验报告与合格证；材料与系统组件进场检验的复验报告			
4	系统组件的安装使用说明书			
5	施工许可证（开工证）和施工现场质量管理检查记录			
6	固定消防炮灭火系统施工过程检查记录及阀门的强度和严密性试验记录、管道试压和管道冲洗记录、隐蔽工程验收记录			
7	系统验收申请报告			
核查结论				
核查单位	建设单位	施工单位	监理单位	
	（公章） 项目负责人：（签章） 年 月 日	（公章） 项目负责人：（签章） 年 月 日	（公章） 监理工程师：（签章） 年 月 日	

附录F 固定消防炮灭火系统验收记录

固定消防炮灭火系统验收应由施工单位按表F填写，建设单位项目负责人组织监理工程师、设计单位项目负责人、施工单位项目负责人进行验收，并作出验收结论，由监理单位填写。

表F 固定消防炮灭火系统验收记录

工程名称					
建设单位				设计单位	
监理单位				施工单位	
子分部工程名称		系统验收		施工执行规范名称及编号	
分项工程名称	条款	验收项目名称		验收内容记录	验收评定结果
系统施工质量验收	8.2.1	1	系统组件及配件	规格、型号、数量、安装位置及安装质量	
		2	管道及管件	规格、型号、位置、坡向、坡度、连接方式及安装质量	
		3	管道支、吊架，管墩	位置、间距及牢固程度	
		4	管道穿防火堤、楼板、防火墙、变形缝等的处理	套管尺寸和空隙的填充材料及穿变形缝时采取的保护措施	
		5	管道和设备的防腐	涂料种类、颜色、涂层质量及防腐层的层数、厚度	
		6	消防泵房、水源及水位指示装置	消防泵房的位置和耐火等级；水池或水罐的容量及补水设施；天然水源水质和枯水期最低水位时确保用水量的措施；水位指示标志	
		7	电源、备用动力及电气设备	电源负荷级别；备用动力的容量；电气设备的规格、型号、数量及安装质量；电源和备用动力的切换试验	
系统功能验收	8.2.2	1	系统启动功能	系统手动启动功能	
				主、备电源的切换功能	
				消防泵组的功能	
				联动控制功能	
		2	系统喷射功能	水炮、泡沫炮、干粉炮、水幕的喷射压力、转角、混合比、系统喷射响应时间等	
验收结论					

验收单位	建设单位	施工单位	监理单位	设计单位
	（公章） 项目负责人： （签章） 　　年　月　日	（公章） 项目负责人： （签章） 　　年　月　日	（公章） 监理工程师： （签章） 　　年　月　日	（公章） 项目负责人： （签章） 　　年　月　日

附录 G 固定消防炮灭火系统维护管理记录

固定消防炮灭火系统维护管理检查工作应按表 G 进行。

表 G 维护管理检查项目

部　位	工作内容	周　期
阀门	启闭是否正常	每周
消防炮	回转机构动作是否正常	每周
	外观是否良好	每周
消防泵组	启动运转是否正常	每月
氮气瓶组	储压是否正常	每月
供水水源及水位指示装置	是否正常	每月
控制装置	运行是否正常	每月
泡沫液罐	泡沫液液位是否正常	每月
泡沫炮、水炮系统	喷水是否正常	每半年
固定消防炮灭火系统	喷射是否符合设计要求	每两年
管道	冲洗和除锈	每两年

22.《水喷雾灭火系统技术规范》GB 50219—2014

1 总 则

1.0.2 本规范适用于新建、扩建和改建工程中设置的水喷雾灭火系统的设计、施工、验收及维护管理。

本规范不适用于移动式水喷雾灭火装置或交通运输工具中设置的水喷雾灭火系统。

1.0.4 水喷雾灭火系统不得用于扑救遇水能发生化学反应造成燃烧、爆炸的火灾,以及水雾会对保护对象造成明显损害的火灾。

1.0.5 水喷雾灭火系统的设计、施工、验收及维护管理除应符合本规范规定外,尚应符合国家现行有关标准的规定。

2 术语和符号

2.1 术 语

2.1.1 水喷雾灭火系统 water spray fire protection system

由水源、供水设备、管道、雨淋报警阀(或电动控制阀、气动控制阀)、过滤器和水雾喷头等组成,向保护对象喷射水雾进行灭火或防护冷却的系统。

2.1.2 传动管 transfer pipe

利用闭式喷头探测火灾,并利用气压或水压的变化传输信号的管道。

2.1.3 供给强度 application density

系统在单位时间内向单位保护面积喷洒的水量。

2.1.4 响应时间 response time

自启动系统供水设施起,至系统中最不利点水雾喷头喷出水雾的时间。

2.1.5 水雾喷头 spray nozzle

在一定压力作用下,在设定区域内能将水流分解为直径1mm以下的水滴,并按设计的洒水形状喷出的喷头。

2.1.6 有效射程 effective range

喷头水平喷洒时,水雾达到的最高点与喷口所在垂直于喷头轴心线的平面的水平距离。

2.1.7 水雾锥 water spray cone

在水雾喷头有效射程内水雾形成的圆锥体。

2.1.8 雨淋报警阀组 deluge alarm valves unit

由雨淋报警阀、电磁阀、压力开关、水力警铃、压力表以及配套的通用阀门组成的装置。

2.2 符 号

B——水雾喷头的喷口与保护对象之间的距离;
C_h——海澄-威廉系数;
d_j——管道的计算内径;
d_g——节流管的计算内径;
g——重力加速度;
H——消防水泵的扬程或系统入口的供给压力;
H_k——减压孔板的水头损失;
H_g——节流管的水头损失;
h_z——最不利点水雾喷头与系统管道入口或消防水池最低水位之间的高程差;
Σh——系统管道沿程水头损失与局部水头损失之和;
i——管道的单位长度水头损失;
K——水雾喷头的流量系数;
k——安全系数;
L——节流管的长度;
N——保护对象所需水雾喷头的计算数量;
n——系统启动后同时喷雾的水雾喷头的数量;
P——水雾喷头的工作压力;
P_0——最不利点水雾喷头的工作压力;
Q——雨淋报警阀的流量;
q——水雾喷头的流量;
q_i——水雾喷头的实际流量;
q_g——管道内水的流量;
Q_j——系统的计算流量;
Q_s——系统的设计流量;
R——水雾锥底圆半径;
S——保护对象的保护面积;
V——管道内水的流速;
V_k——减压孔板后管道内水的平均流速;
V_g——节流管内水的平均流速;
W——保护对象的设计供给强度;
θ——水雾喷头的雾化角;
ξ——减压孔板的局部阻力系数;
ζ——节流管中渐缩管与渐扩管的局部阻力系数之和。

3 基本设计参数和喷头布置

3.1 基本设计参数

3.1.1 系统的基本设计参数应根据防护目的和保护对象确定。

3.1.2 系统的供给强度和持续供给时间不应小于表3.1.2的规定,响应时间不应大于表3.1.2的规定。

表 3.1.2 系统的供给强度、持续供给时间和响应时间

防护目的	保护对象			供给强度 [L/(min·m²)]	持续供给时间 (h)	响应时间 (s)
灭火	固体物质火灾			15	1	60
	输送机皮带			10	1	60
	液体火灾	闪点 60℃～120℃的液体		20	0.5	60
		闪点高于 120℃的液体		13		
		饮料酒		20		
	电气火灾	油浸式电力变压器、油断路器		20	0.4	60
		油浸式电力变压器的集油坑		6		
		电缆		13		
防护冷却	甲B、乙、丙类液体储罐	固定顶罐		2.5	直径大于 20m 的固定顶罐为 6h，其他为 4h	300
		浮顶罐		2.0		
		相邻罐		2.0		
	液化烃或类似液体储罐	全压力、半冷冻式储罐		9	6	120
		全冷冻式储罐	单、双容罐 罐壁	2.5		
			单、双容罐 罐顶	4		
			全容罐 罐顶泵平台、管道进出口等局部危险部位	20		
			全容罐 管带	10		
	液氨储罐			6		
	甲、乙类液体及可燃气体生产、输送、装卸设施			9	6	120
	液体石油气灌瓶间、瓶库			9	6	60

注：1 添加水系灭火剂的系统，其供给强度应由试验确定。
　　2 钢制单盘式、双盘式、敞口隔舱式内浮顶罐应按浮顶罐对待，其他内浮顶罐应按固定顶罐对待。

3.1.3 水雾喷头的工作压力，当用于灭火时不应小于 0.35MPa；当用于防护冷却时不应小于 0.2MPa，但对于甲B、乙、丙类液体储罐不应小于 0.15MPa。

3.1.4 保护对象的保护面积除本规范另有规定外，应按其外表面面积确定，并应符合下列要求：
　　1 当保护对象外形不规则时，应按包容保护对象的最小规则形体的外表面面积确定。
　　2 变压器的保护面积除应按扣除底面面积以外的变压器油箱外表面面积确定外，尚应包括散热器的外表面面积和油枕及集油坑的投影面积。
　　3 分层敷设的电缆的保护面积应按整体包容电缆的最小规则形体的外表面面积确定。

3.1.5 液化石油气灌瓶间的保护面积应按其使用面积确定，液化石油气瓶库、陶坛或桶装酒库的保护面积应按防火分区的建筑面积确定。

3.1.6 输送机皮带的保护面积应按上行皮带的上表面面积确定；长距离的皮带宜实施分段保护，但每段长度不宜小于 100m。

3.1.7 开口容器的保护面积应按其液面面积确定。

3.1.8 甲、乙类液体泵，可燃气体压缩机及其他相关设备，其保护面积应按相应设备的投影面积确定，且水雾应包络密封面和其他关键部位。

3.1.9 系统用于冷却甲B、乙、丙类液体储罐时，其冷却范围及保护面积应符合下列规定：
　　1 着火的地上固定顶储罐及距着火储罐罐壁 1.5 倍着火罐直径范围内的相邻地上储罐应同时冷却，当相邻地上储罐超过 3 座时，可按 3 座较大的相邻储罐计算消防冷却水用量。
　　2 着火的浮顶罐应冷却，其相邻储罐可不冷却。
　　3 着火罐的保护面积应按罐壁外表面面积计算，相邻罐的保护面积可按实际需要冷却部位的外表面面积计算，但不得小于罐外表面面积的 1/2。

3.1.10 系统用于冷却全压力式及半冷冻式液化烃或类似液体储罐时，其冷却范围及保护面积应符合下列规定：
　　1 着火罐及距着火罐罐壁 1.5 倍着火罐直径范围内的相邻罐应同时冷却；当相邻罐超过 3 座时，可按 3 座较大的相邻罐计算消防冷却水用量。
　　2 着火罐保护面积应按其罐体外表面面积计算，相邻罐保护面积应按其罐体外表面面积的 1/2 计算。

3.1.11 系统用于冷却全冷冻式液化烃或类似液体储罐时，其冷却范围及保护面积符合下列规定：
　　1 采用钢制外壁的单容罐，着火罐及距着火罐罐壁 1.5 倍着火罐直径范围内的相邻罐应同时冷却。着火罐保护面积应按其罐体外表面面积计算，相邻罐保护面积应按罐壁外表面积的 1/2 及灌顶外表面积之和计算。

2 混凝土外壁与储罐间无填充材料的双容罐，着火罐的罐壁与罐顶及距着火罐罐壁1.5倍着火罐直径范围内的相邻罐罐顶应同时冷却。

3 混凝土外壁与储罐间有保温材料填充的双容罐，着火罐的罐顶及距着火罐罐壁1.5倍着火罐直径范围内的相邻罐罐顶应同时冷却。

4 采用混凝土外壁的全容罐，当管道进出口在罐顶时，冷却范围应包括罐顶泵平台，且宜包括管带和钢梯。

3.2 喷头与管道布置

3.2.1 保护对象所需水雾喷头数量应根据设计供给强度、保护面积和水雾喷头特性，按本规范第7.1.1条和第7.1.2条计算确定。除本规范另有规定外，喷头的布置应使水雾直接喷向并覆盖保护对象，当不能满足要求时，应增设水雾喷头。

3.2.3 水雾喷头与保护对象之间的距离不得大于水雾喷头的有效射程。

3.2.4 水雾喷头的平面布置方式可为矩形或菱形。当按矩形布置时，水雾喷头之间的距离不应大于1.4倍水雾喷头的水雾锥底圆半径；当按菱形布置时，水雾喷头之间的距离不应大于1.7倍水雾喷头的水雾锥底圆半径。水雾锥底圆半径应按下式计算：

$$R = B\tan\frac{\theta}{2} \quad (3.2.4)$$

式中：R——水雾锥底圆半径（m）；
B——水雾喷头的喷口与保护对象之间的距离（m）；
θ——水雾喷头的雾化角（°）。

3.2.5 当保护对象为油浸式电力变压器时，水雾喷头的布置应符合下列要求：

1 变压器绝缘子升高座孔口、油枕、散热器、集油坑应设水雾喷头保护；

2 水雾喷头之间的水平距离与垂直距离应满足水雾锥相交的要求。

3.2.6 当保护对象为甲、乙、丙类液体和可燃气体储罐时，水雾喷头与保护储罐外壁之间的距离不应大于0.7m。

3.2.7 当保护对象为球罐时，水雾喷头的布置尚应符合下列规定：

1 水雾喷头的喷口应朝向球心；

2 水雾锥沿纬线方向应相交，沿经线方向应相接；

3 当球罐的容积不小于1000m³时，水雾锥沿纬线方向应相交，沿经线方向宜相接，但赤道以上环管之间的距离不应大于3.6m；

4 无防护层的球罐钢支柱和罐体液位计、阀门等处应设水雾喷头保护。

3.2.8 当保护对象为卧式储罐时，水雾喷头的布置应使水雾完全覆盖裸露表面，罐体液位计、阀门等处也应设水雾喷头保护。

3.2.9 当保护对象为电缆时，水雾喷头的布置应使水雾完全包围电缆。

3.2.10 当保护对象为输送机皮带时，水雾喷头的布置应使水雾完全包络着火输送机的机头、机尾和上行皮带上表面。

3.2.11 当保护对象为室内燃油锅炉、电液装置、氢密封油装置、发电机、油断路器、汽轮机油箱、磨煤机润滑油箱时，水雾喷头宜布置在保护对象的顶部周围，并应使水雾直接喷向并完全覆盖保护对象。

3.2.12 用于保护甲$_B$、乙、丙类液体储罐的系统，其设置应符合下列规定：

1 固定顶储罐和按固定顶储罐对待的内浮顶储罐的冷却水环管宜沿罐壁顶部单环布置，当采用多环布置时，着火罐顶层环管保护范围内的冷却水供给强度应按本规范表3.1.2规定的2倍计算。

2 储罐抗风圈或加强圈无导流设施时，其下面应设置冷却水环管。

3 当储罐上的冷却水环管分割成两个或两个以上弧形管段时，各弧形管段间不应连通，并应分别从防火堤外连接水管，且应分别在防火堤外的进水管道上设置能识别启闭状态的控制阀。

4 冷却水立管应用管卡固定在罐壁上，其间距不宜大于3m。立管下端应设置锈渣清扫口，锈渣清扫口距罐基础顶面应大于300mm，且集锈渣的管段长度不宜小于300mm。

3.2.13 用于保护液化烃或类似液体储罐和甲$_B$、乙、丙类液体储罐的系统，其立管与罐组内的水平管道之间的连接应能消除储罐沉降引起的应力。

4 系统组件

4.0.1 系统所采用的产品及组件应符合国家现行相关标准的规定。依法实行强制认证的产品及组件应具有符合市场准入制度要求的有效证明文件。

4.0.2 水雾喷头的选型应符合下列要求：

1 扑救电气火灾，应选用离心雾化型水雾喷头；

2 室内粉尘场所设置的水雾喷头应带防尘帽，室外设置的水雾喷头宜带防尘帽；

3 离心雾化型水雾喷头应带柱状过滤网。

4.0.3 按本规范表3.1.2的规定，响应时间不大于120s的系统，应设置雨淋报警阀组，雨淋报警阀组的功能及配置应符合下列要求：

1 接收电控信号的雨淋报警阀组应能电动开启，接收传动管信号的雨淋报警阀组应能液动或气动开启；

2 应具有远程手动控制和现场应急机械启动功能；

3 在控制盘上应能显示雨淋报警阀开、闭状态；

5 雨淋报警阀进出口应设置压力表；

6 电磁阀前应设置可冲洗的过滤器。

4.0.4 当系统供水控制阀采用电动控制阀或气动控制阀时，应符合下列规定：

1 应能显示阀门的开、闭状态；

2 应具备接收控制信号开、闭阀门的功能；

4 应能在阀门故障时报警，并显示故障原因；

5 应具备现场应急机械启动功能。

4.0.5 雨淋报警阀前的管道应设置可冲洗的过滤器，过滤器滤网应采用耐腐蚀金属材料，其网孔基本尺寸应为0.600mm～0.710mm。

4.0.6 给水管道应符合下列规定：

1 过滤器与雨淋报警阀之间及雨淋报警阀后的管道，应采用内外热浸镀锌钢管、不锈钢管或铜管；需要进行弯管加工的管道应采用无缝钢管；

2 管道工作压力不应大于1.6MPa；

3 系统管道采用镀锌钢管时，公称直径不应小于25mm；采用不锈钢管或铜管时，公称直径不应小于20mm；

4 系统管道应采用沟槽式管接件（卡箍）、法兰或丝扣连接，普通钢管可采用焊接；

5 沟槽式管接件（卡箍），其外壳的材料应采用牌号不低于QT 450—12的球墨铸铁；

6 防护区内的沟槽式管接件（卡箍）密封圈、非金属法兰垫片应通过本规范附录A规定的干烧试验；

7 应在管道的低处设置放水阀或排污口。

5 给 水

5.1 一 般 规 定

5.1.1 系统用水可由消防水池（罐）、消防水箱或天然水源供给，也可由企业独立设置的稳高压消防给水系统供给；系统水源的水量应满足系统最大设计流量和供给时间的要求。

5.1.2 系统的消防泵房宜与其他水泵房合建，并应符合国家现行相关标准对消防泵房的规定。

5.1.3 在严寒与寒冷地区，系统中可能产生冰冻的部分应采取防冻措施。

5.1.5 钢筋混凝土消防水池的进、出水管应增设防水套管，对有振动的管道应增设柔性接头；组合式消防水池的进、出水管接头宜采用法兰连接。

5.1.6 消防气压给水设备的设置应符合下列规定：

1 出水管上应设置止回阀；

5.1.7 设置水喷雾灭火系统的场所应设有排水设施。

5.1.8 消防水池的溢流管、泄水管不得与生产或生活用水的排水系统直接相连，应采用间接排水方式。

5.2 水 泵

5.2.1 系统的供水泵宜自灌引水。采用天然水源供水时，水泵的吸水口应采取防止杂物堵塞的措施。系统供水压力应满足在相应设计流量范围内系统各组件的工作压力要求，且应采取防止系统超压的措施。

5.2.2 系统应设置备用泵，其工作能力不应小于最大一台泵的供水能力。

5.2.3 一组消防水泵的吸水管不应少于两条，当其中一条损坏时，其余的吸水管应能通过全部用水量；供水泵的吸水管应设置控制阀。

5.2.4 雨淋报警阀入口前设置环状管道的系统，一组供水泵的出水管不应少于两条；出水管应设置控制阀、止回阀、压力表。

5.2.5 消防水泵应设置试泵回流管道和超压回流管道，条件许可时，两者可共用一条回流管道。

5.2.6 柴油机驱动的消防水泵，柴油机排气管应通向室外。

5.3 供水控制阀

5.3.1 雨淋报警阀组宜设置在温度不低于4℃并有排水设施的室内。设置在室内的雨淋报警阀宜距地面1.2m，两侧与墙的距离不应小于0.5m，正面与墙的距离不应小于1.2m，雨淋报警阀凸出部位之间的距离不应小于0.5m。

5.3.3 在严寒与寒冷地区室外设置的雨淋报警阀、电动控制阀、气动控制阀及其管道，应采取伴热保温措施。

5.3.4 不能进行喷水试验的场所，雨淋报警阀之后的供水干管上应设置排放试验检测装置，且其过水能力应与系统过水能力一致。

5.3.5 水力警铃应设置在公共通道或值班室附近的外墙上，且应设置检修、测试用的阀门。雨淋报警阀和水力警铃应采用热镀锌钢管进行连接，其公称直径不宜小于20mm，当公称直径为20mm时，其长度不宜大于20m。

5.4 水泵接合器

5.4.2 水泵接合器的数量应按系统的设计流量确定，单台水泵接合器的流量宜按10L/s～15L/s计算。

5.4.3 水泵接合器应设置在便于消防车接近的人行道或非机动车行驶地段，与室外消火栓或消防水池的距离宜为15m～40m。

5.4.4 墙壁式消防水泵接合器宜距离地面0.7m，与墙面上的门、窗、洞口的净距离不应小于2.0m，且不应设置在玻璃幕墙下方。

5.4.5 地下式消防水泵接合器进水口与井盖底面的距离不应大于0.4m，并不应小于井盖的半径，且地下式消防水泵接合器井内应有防水和排水措施。

6 操作与控制

6.0.1 系统应具有自动控制、手动控制和应急机械启动三种控制方式；但当响应时间大于120s时，可采用手动控制和应急机械启动两种控制方式。

6.0.2 与系统联动的火灾自动报警系统的设计应符合现行国家标准《火灾自动报警系统设计规范》GB 50116的规定。

6.0.3 当系统使用传动管探测火灾时，应符合下列规定：

2 电气火灾不应采用液动传动管；

3 在严寒与寒冷地区，不应采用液动传动管；当采用压缩空气传动管时，应采取防止冷凝水积存的措施。

6.0.4 用于保护液化烃储罐的系统，在启动着火罐雨淋报警阀的同时，应能启动需要冷却的相邻储罐的雨淋报警阀。

6.0.5 用于保护甲$_B$、乙、丙类液体储罐的系统，在启动着火罐雨淋报警阀（或电动控制阀、气动控制阀）的同时，应能启动需要冷却的相邻储罐的雨淋报警阀（或电动控制阀、气动控制阀）。

6.0.6 分段保护输送机皮带的系统，在启动起火区段的雨淋报警阀的同时，应能启动起火区段下游相邻区段的雨淋报警阀，并应能同时切断皮带输送机的电源。

6.0.7 当自动水喷雾灭火系统误动作会对保护对象造成不利影响时，应采用两个独立火灾探测器的报警信号进行联锁控制；当保护油浸电力变压器的水喷雾灭火系统采用两路相同的火灾探测器时，系统宜采用火灾探测器的报警信号和变压器的断路器信号进行联锁控制。

6.0.8 水喷雾灭火系统的控制设备应具有下列功能：

1 监控消防水泵的启、停状态；

2 监控雨淋报警阀的开启状态，监视雨淋报警阀的关闭状态；
3 监控电动或气动控制阀的开、闭状态；
4 监控主、备用电源的自动切换。
6.0.9 水喷雾灭火系统供水泵的动力源应具备下列条件之一：
1 一级电力负荷的电源
2 二级电力负荷的电源，同时设置作备用动力的柴油机；
3 主、备动力源全部采用柴油机。

7 水力计算

7.1 系统设计流量

7.1.1 水雾喷头的流量应按下式计算：

$$q = K\sqrt{10P} \quad (7.1.1)$$

式中：q——水雾喷头的流量（L/min）；
P——水雾喷头的工作压力（MPa）；
K——水雾喷头的流量系数，取值由喷头制造商提供。

7.1.2 保护对象所需水雾喷头的计算数量应按下式计算：

$$N = \frac{SW}{q} \quad (7.1.2)$$

式中：N——保护对象所需水雾喷头的计算数量（只）；
S——保护对象的保护面积（m²）；
W——保护对象的设计供给强度 [L/(min·m²)]。

7.1.3 系统的计算流量应按下式计算：

$$Q_j = \frac{1}{60}\sum_{i=1}^{n} q_i \quad (7.1.3)$$

式中：Q_j——系统的计算流量（L/s）；
n——系统启动后同时喷雾的水雾喷头的数量（只）；
q_i——水雾喷头的实际流量（L/min），应按水雾喷头的实际工作压力计算。

7.1.4 系统的设计流量应按下式计算：

$$Q_s = kQ_j \quad (7.1.4)$$

式中：Q_s——系统的设计流量（L/s）；
k——安全系数，应不小于1.05。

7.2 管道水力计算

7.2.1 当系统管道采用普通钢管或镀锌钢管时，其沿程水头损失应按公式（7.2.1-1）计算；当采用不锈钢管或铜管时，可按公式（7.2.1-2）计算。管道内水的平均流速不宜大于5m/s。

$$i = 0.0000107 \frac{V^2}{d_j^{1.3}} \quad (7.2.1-1)$$

式中：i——管道的单位长度水头损失（MPa/m）；
V——管道内水的平均流速（m/s）；
d_j——管道的计算内径（m）。

$$i = 105 C_h^{-1.85} d_j^{-4.87} q_g^{1.85} \quad (7.2.1-2)$$

式中：i——管道的单位长度水头损失（kPa/m）；
q_g——管道内的水流量（m³/s）；
C_h——海澄-威廉系数，铜管、不锈钢管取130。

7.2.2 雨淋报警阀的局部水头损失应按0.08MPa计算。

7.2.4 消防水泵的扬程或系统入口的供给压力应按下式计算：

$$H = \sum h + P_0 + h_z \quad (7.2.4)$$

式中：H——消防水泵的扬程或系统入口的供给压力（MPa）；
$\sum h$——管道沿程和局部水头损失的累计值（MPa）；
P_0——最不利点水雾喷头的工作压力（MPa）；
h_z——最不利点处水雾喷头与消防水池的最低水位或系统水平供水引入管中心线之间的静压差（MPa）。

7.3 管道减压措施

7.3.1 圆缺型孔板的孔应位于管道底部，孔板前水平直管段的长度不应小于该段管道公称直径的2倍。

7.3.2 管道采用节流管时，节流管内水的流速不应大于20m/s，节流管长度不宜小于1.0m，公称直径宜根据管道的公称直径按表7.3.2确定。

表7.3.2 节流管的公称直径（mm）

管道的公称直径	50	65	80	100	125	150	200	250
节流管的公称直径	40	50	65	80	100	125	150	200
	32	40	50	65	80	100	125	150
	25	32	40	50	65	80	100	125

7.3.3 圆形减压孔板应符合下列规定：
1 应设置在公称直径不小于50mm的直管段上，前后管段的长度均不宜小于该管段直径的5倍；
2 孔口面积不应小于设置管段截面积的30%，且孔板的孔径不应小于20mm；
3 应采用不锈钢板材制作。

7.3.4 减压孔板的水头损失应按下式计算：

$$H_k = \xi \frac{V_k^2}{2g} \quad (7.3.4)$$

式中：H_k——减压孔板的水头损失（10^{-2}MPa）；
V_k——减压孔板后管道内水的平均流速（m/s）；
ξ——减压孔板的局部阻力系数。

7.3.5 节流管的水头损失应按下式计算：

$$H_g = \zeta \frac{V_g^2}{2g} + 0.00107 L \frac{V_g^2}{d_g^{1.3}} \quad (7.3.5)$$

式中：H_g——节流管的水头损失（10^{-2}MPa）；
ζ——节流管中渐缩管与渐扩管的局部阻力系数之和；
V_g——节流管内水的平均流速（m/s）；
d_g——节流管的计算内径（m）；
L——节流管的长度（m）。

7.3.6 减压阀应符合下列要求：
1 减压阀的额定工作压力应满足系统工作压力要求；
2 入口前应设置过滤器；
3 当连接两个及两个以上报警阀组时，应设置备用减压阀。

8 施 工

8.1 一 般 规 定

8.1.1 系统分部工程、子分部工程、分项工程应按本规范附录B划分。

8.1.2 施工现场应具有相应的施工技术标准、健全的质量管理体系和施工质量检验制度，并应进行施工全过程质量控制。施工现场质量管理应按本规范附录C的要求填写记录，检查结果应合格。

8.1.3 系统的施工应按经审核批准的设计施工图、技术文件和相关技术标准的规定进行。

8.1.4 系统施工前应具备下列技术资料：
1 经审核批准的设计施工图、设计说明书；
2 主要组件的安装及使用说明书；
3 消防泵、雨淋报警阀（或电动控制阀、气动控制阀）、沟槽式管接件、水雾喷头等系统组件应具备符合相关准入制度要求的有效证明文件和产品出厂合格证；
4 阀门、压力表、管道过滤器、管材及管件等部件和材料应具备产品出厂合格证。

8.1.5 系统施工前应具备下列条件：
1 设计单位已向施工单位进行设计交底，并有记录；
2 系统组件、管材及管件的规格、型号符合设计要求；
3 与施工有关的基础、预埋件和预留孔经检查符合设计要求；
4 场地、道路、水、电等临时设施满足施工要求。

8.1.6 系统应按下列规定进行施工过程质量控制：
1 应按本规范第8.2节的规定对系统组件、材料等进行进场检验，检验合格并经监理工程师签证后方可使用或安装；
2 各工序应按施工技术标准进行质量控制，每道工序完成后，应进行检查，合格后方可进行下道工序施工；
3 相关各专业工种之间应进行交接认可，并经监理工程师签证后，方可进行下道工序施工；
4 应由监理工程师组织施工单位有关人员对施工过程质量进行检查，并应按本规范附录D的规定进行记录，检查结果应全部合格；
5 隐蔽工程在隐蔽前，施工单位应通知有关单位进行验收并按本规范表D.0.7记录。

8.1.7 系统安装完毕，施工单位应进行系统调试。当系统需与有关的火灾自动报警系统及联动控制设备联动时，应联合进行调试。调试合格后，施工单位应向建设单位提供质量控制资料和施工过程检查记录。

8.2 进 场 检 验

8.2.1 系统组件、材料进场抽样检验应按本规范表D.0.1填写施工过程检查记录。

8.2.2 管材及管件的材质、规格、型号、质量等应符合国家现行有关产品标准和设计要求。
检查数量：全数检查。
检查方法：检查出厂检验报告与合格证。

8.2.3 管材及管件的外观质量除应符合其产品标准的规定外，尚应符合下列要求：
1 表面应无裂纹、缩孔、夹渣、折叠、重皮，且不应有超过壁厚负偏差的锈蚀或凹陷等缺陷；
2 螺纹表面应完整无损伤，法兰密封面应平整光洁，无毛刺及径向沟槽；
3 垫片应无老化变质或分层现象，表面应无折皱等缺陷。
检查数量：全数检查。
检查方法：直观检查。

8.2.4 管材及管件的规格尺寸、壁厚及允许偏差应符合其产品标准和设计要求。
检查数量：每一规格、型号的产品按件数抽查20%，且不得少于1件。
检查方法：用钢尺和游标卡尺测量。

8.2.5 消防泵组、雨淋报警阀、气动控制阀、电动控制阀、沟槽式管接件、阀门、水力警铃、压力开关、压力表、管道过滤器、水雾喷头、水泵接合器等系统组件的外观质量应符合下列要求：
1 应无变形及其他机械性损伤；
2 外露非机械加工表面保护涂层应完好；
3 无保护涂层的机械加工面应无锈蚀；
4 所有外露接口应无损伤，堵、盖等保护物包封应良好；
5 铭牌标记应清晰、牢固。
检查数量：全数检查。
检查方法：直观检查。

8.2.6 消防泵组、雨淋报警阀、气动控制阀、电动控制阀、沟槽式管接件、阀门、水力警铃、压力开关、压力表、管道过滤器、水雾喷头、水泵接合器等系统组件的规格、型号、性能参数应符合国家现行产品标准和设计要求。
检查数量：全数检查。
检查方法：核查组件的规格、型号、性能参数等是否与相关准入制度要求的有效证明文件、产品出厂合格证及设计要求相符。

8.2.7 消防泵盘车应灵活，无阻滞和异常声音。
检查数量：全数检查。
检查方法：手动检查。

8.2.8 阀门的进场检验应符合下列要求：
1 各阀门及其附件应配备齐全；
2 控制阀的明显部位应有标明水流方向的永久性标志；
3 控制阀的阀瓣及操作机构应动作灵活、无卡涩现象，阀体内应清洁、无异物堵塞；
4 强度和严密性试验应合格。
检查数量：全数检查。
检查方法：直观检查，在专用试验装置上测试。

8.2.9 阀门的强度和严密性试验应符合下列规定：
1 强度和严密性试验应采用清水进行，强度试验压力应为公称压力的1.5倍；严密性试验压力应为公称压力的1.1倍；
2 试验压力在试验持续时间内应保持不变，且壳体填料和阀瓣密封面应无渗漏；
3 阀门试压的试验持续时间不应少于表8.2.9的规定；

表8.2.9 阀门试验持续时间

公称直径 (mm)	试验持续时间（s）		
	严密性试验		强度试验
	止回阀	其他类型阀门	
≤50	15	60	15
65～150	60	60	60
200～300	120	60	120
≥350	120	120	300

4 试验合格的阀门应排尽内部积水,并吹干。密封面应涂防锈油,同时应关闭阀门,封闭出入口,作出明显的标记,并应按本规范表 D.0.2 记录。

检查数量:每批(同牌号、同型号、同规格)按数量抽查 10%,且不得少于 1 个;主管道上的隔断阀门应全部试验。

检查方法:采用阀门试压装置进行试验。

8.2.10 系统组件和材料在设计上有复验要求或对质量有疑义时,应由监理工程师抽样,并应由具有相应资质的检测单位进行检测复验,其复验结果应符合设计要求和国家现行有关标准的规定。

检查数量:按设计要求数量或送检需要量。

检查方法:检查复验报告。

8.2.11 进场抽样检查中有一件不合格,应加倍抽样;若仍不合格,则应判定该批产品不合格。

8.3 安 装

8.3.1 系统的下列施工,除应符合本规范的规定外,尚应符合现行国家标准《工业金属管道工程施工规范》GB 50235、《现场设备、工业管道焊接工程施工规范》GB 50236 的规定。

1 管道的加工、焊接、安装;
2 管道的检验、试压、冲洗、防腐;
3 支、吊架的焊接、安装;
4 阀门的安装。

8.3.2 系统与火灾自动报警系统联动部分的施工应符合现行国家标准《火灾自动报警系统施工及验收规范》GB 50166 的规定。

8.3.3 系统的施工应按本规范表 D.0.3~表 D.0.7 记录。

8.3.4 消防泵组的安装应符合下列要求:

1 消防泵组的安装应符合现行国家标准《机械设备安装工程施工及验收通用规范》GB 50231 和《风机、压缩机、泵安装工程施工及验收规范》GB 50275 的规定。

2 消防泵应整体安装在基础上。

检查数量:全数检查。

检查方法:直观检查。

3 消防泵与相关管道连接时,应以消防泵的法兰端面为基准进行测量和安装。

检查数量:全数检查。

检查方法:尺量和直观检查。

4 消防泵进水管吸水口处设置滤网时,滤网架应安装牢固,滤网应便于清洗。

检查数量:全数检查。

检查方法:直观检查。

5 当消防泵采用柴油机驱动时,柴油机冷却器的泄水管应通向排水设施。

检查数量:全数检查。

检查方法:直观检查。

8.3.5 消防水池(罐)、消防水箱的施工和安装应符合下列要求:

1 应符合现行国家标准《给水排水构筑物工程施工及验收规范》GB 50141、《建筑给水排水及采暖工程施工质量验收规范》GB 50242 的规定。

检查数量:全数检查。

检查方法:对照规范及图纸核查是否符合要求。

2 消防水池(罐)、消防水箱的容积、安装位置应符合设计要求。安装时,消防水池(罐)、消防水箱外壁与建筑本体结构墙面或其他池壁之间的净距应满足施工或装配的需要。

检查数量:全数检查。

检查方法:对照图纸,尺量检查。

8.3.6 消防气压给水设备和稳压泵的安装应符合下列要求:

1 消防气压给水设备的气压罐,其容积、气压、水位及工作压力应符合设计要求。

检查数量:全数检查。

检查方法:对照图纸,直观检查。

2 消防气压给水设备的安装位置、进水管及出水管方向应符合设计要求。

检查数量:全数检查。

检查方法:对照图纸,尺量检查和直观检查。

3 消防气压给水设备上的安全阀、压力表、泄水管、水位指示器、压力控制仪表等的安装应符合产品使用说明书的要求。

检查数量:全数检查。

检查方法:对照图纸核查。

4 稳压泵的安装应符合现行国家标准《机械设备安装工程施工及验收通用规范》GB 50231、《风机、压缩机、泵安装工程施工及验收规范》GB 50275 的规定。

检查数量:全数检查。

检查方法:对照规范及图纸核查是否符合要求。

8.3.7 消防水泵接合器的安装应符合下列要求:

1 系统的消防水泵接合器应设置与其他消防系统的消防水泵接合器区别的永久性固定标志,并有分区标志。

检查数量:全数检查。

检查方法:直观检查。

2 地下式消防水泵接合器应采用铸有"消防水泵接合器"标志的铸铁井盖,并应在附近设置指示其位置的永久性固定标志。

3 组装式消防水泵接合器的安装应按接口、本体、联接管、止回阀、安全阀、放空管、控制阀的顺序进行,止回阀的安装方向应使消防用水能从消防水泵接合器进入系统;整体式消防水泵接合器的安装应按其使用安装说明书进行。

检查数量:全数检查。

检查方法:直观检查。

8.3.8 雨淋报警阀组的安装应符合下列要求:

1 雨淋报警阀组的安装应在供水管网试压、冲洗合格后进行。安装时应先安装水源控制阀、雨淋报警阀,再进行雨淋报警阀辅助管道的连接。水源控制阀、雨淋报警阀与配水干管的连接应使水流方向一致。雨淋报警阀组的安装位置应符合设计要求。

检查数量:全数检查。

检查方法:检查系统试压、冲洗记录表,直观检查和尺量检查。

2 水源控制阀的安装应便于操作,且应有明显开闭标志和可靠的锁定设施;压力表应安装在报警阀上便于观测的位置;排水管和试验阀应安装在便于操作的位置。

检查数量:全数检查。

检查方法:直观检查。

3 雨淋报警阀手动开启装置的安装位置应符合设计要求,且在发生火灾时应能安全开启和便于操作。

检查数量:全数检查。

检查方法:对照图纸核查和开启阀门检查。

4 在雨淋报警阀的水源一侧应安装压力表。

检查数量:全数检查;

检查方法:直观检查。

8.3.9 控制阀的规格、型号和安装位置均应符合设计要求;安装方向应正确,控制阀内应清洁、无堵塞、无渗漏;主要控制阀应加设启闭标志;隐蔽处的控制阀应在明显处设有指示其位置的标志。

检查数量:全数检查。

检查方法:直观检查。

8.3.10 压力开关应竖直安装在通往水力警铃的管道上,且不应在安装中拆装改动。压力开关的引出线应用防水套管锁定。

检查数量:全数检查。

检查方法:直观检查。

8.3.11 水力警铃的安装应符合设计要求,安装后的水力警铃启动时,警铃响度应不小于70dB(A)。

检查数量:全数检查。

检查方法:直观检查;开启阀门放水,水力警铃启动后用声级计测量声强。

8.3.12 节流管和减压板的安装应符合设计要求。

检查数量:全数检查。

检查方法:对照图纸核查和尺量检查。

8.3.13 减压阀的安装应符合下列要求:

1 减压阀的安装应在供水管网试压、冲洗合格后进行。

检查数量:全数检查。

检查方法:检查管道试压和冲洗记录。

2 减压阀的规格、型号应与设计相符,阀外控制管路及导向阀各连接件不应有松动,减压阀的外观应无机械损伤,阀内应无异物。

检查数量:全数检查。

检查方法:对照图纸核查和手扳检查。

3 减压阀水流方向应与供水管网水流方向一致。

检查数量:全数检查。

检查方法:直观检查。

4 应在减压阀进水侧安装过滤器,并宜在其前后安装控制阀。

检查数量:全数检查。

检查方法:直观检查。

5 可调式减压阀宜水平安装,阀盖应向上。

检查数量:全数检查。

检查方法:直观检查。

6 比例式减压阀宜垂直安装;当水平安装时,单呼吸孔减压阀的孔口应向下,双呼吸孔减压阀的孔口应呈水平。

检查数量:全数检查。

检查方法:直观检查。

7 安装自身不带压力表的减压阀时,应在其前后相邻部位安装压力表。

检查数量:全数检查。

检查方法:直观检查。

8.3.14 管道的安装应符合下列规定:

1 水平管道安装时,其坡度、坡向应符合设计要求。

检查数量:干管抽查1条;支管抽查2条;分支管抽查5%,且不得少于1条。

检查方法:用水平仪检查。

2 立管应用管卡固定在支架上,其间距不应大于设计值。

检查数量:全数检查。

检查方法:尺量检查和直观检查。

3 埋地管道安装应符合下列要求:

1)埋地管道的基础应符合设计要求;

2)埋地管道安装前应做好防腐,安装时不应损坏防腐层;

3)埋地管道采用焊接时,焊缝部位应在试压合格后进行防腐处理;

4)埋地管道在回填前应进行隐蔽工程验收,合格后应及时回填,分层夯实,并应按本规范表D.0.7进行记录。

检查数量:全数检查。

检查方法:直观检查。

4 管道支、吊架应安装平整牢固,管墩的砌筑应规整,其间距应符合设计要求。

检查数量:按安装总数的20%抽查,且不得少于5个。

检查方法:直观检查和尺量检查。

5 管道支、吊架与水雾喷头之间的距离不应小于0.3m,与末端水雾喷头之间的距离不宜大于0.5m。

检查数量:按安装总数的10%抽查,且不得少于5个。

检查方法:尺量检查。

6 管道安装前应分段进行清洗。施工过程中,应保证管道内部清洁,不得留有焊渣、焊瘤、氧化皮、杂质或其他异物。

7 同排管道法兰的间距应方便拆装,且不宜小于100mm。

8 管道穿过墙体、楼板处应使用套管;穿过墙体的套管长度不应小于该墙体的厚度,穿过楼板的套管长度应高出楼地面50mm,底部应与楼板底面相平;管道与套管间的空隙应采用防火封堵材料填塞密实;管道穿过建筑物的变形缝时,应采取保护措施。

检查数量:全数检查。

检查方法:直观检查和尺量检查。

9 管道焊接的坡口形式、加工方法和尺寸等均应符合现行国家标准《气焊、焊条电弧焊、气体保护焊和高能束焊的推荐坡口》GB/T 985.1、《埋弧焊的推荐坡口》GB/T 985.2的规定,管道之间或与管接头之间的焊接应采用对口焊接。

10 管道采用沟槽式连接时,管道末端的沟槽尺寸应满足现行国家标准《自动喷水灭火系统 第11部分 沟槽式管接件》GB 5135.11的规定。

11 对于镀锌钢管,应在焊接后再镀锌,且不得对镀锌后的管道进行气割作业。

8.3.15 管道安装完毕应进行水压试验,并应符合下列规定:

1 试验宜采用清水进行,试验时,环境温度不宜低于5℃时,当环境温度低于5℃时,应采取防冻措施;

2 试验压力应为设计压力的1.5倍;

3 试验的测试点宜设在系统管网的最低点,对不能参与试压的设备、阀门及附件,应加以隔离或拆除;

4 试验合格后,应按本规范表 D.0.4 记录。

检查数量:全数检查。

检查方法:管道充满水,排净空气,用试压装置缓慢升压,当压力升至试验压力后,稳压 10min,管道无损坏、变形,再将试验压力降至设计压力,稳压 30min,以压力不降、无渗漏为合格。

8.3.16 管道试压合格后,宜用清水冲洗,冲洗合格后,不得再进行影响管内清洁的其他施工,并应按本规范表 D.0.5 记录。

检查数量:全数检查。

检查方法:宜采用最大设计流量,流速不低于 1.5m/s,以排出水色和透明度与入口水目测一致为合格。

8.3.17 地上管道应在试压、冲洗合格后进行涂漆防腐。

检查数量:全数检查。

检查方法:直观检查。

8.3.18 喷头的安装应符合下列规定:

1 喷头的规格、型号应符合设计要求,并应在系统试压、冲洗、吹扫合格后进行安装。

检查数量:全数检查。

检查方法:直观检查和检查系统试压、冲洗记录。

2 喷头应安装牢固、规整,安装时不得拆卸或损坏喷头上的附件。

检查数量:全数检查。

检查方法:直观检查。

3 顶部设置的喷头应安装在被保护物的上部,室外安装坐标偏差不应大于 20mm,室内安装坐标偏差不应大于 10mm;标高的允许偏差,室外安装为±20mm,室内安装为±10mm。

检查数量:按安装总数的 10%抽查,且不得少于 4 只,即支管两侧的分支管的始端及末端各 1 只。

检查方法:尺量检查。

4 侧向安装的喷头应安装在被保护物体的侧面并应对准被保护物体,其距离偏差不应大于 20mm。

检查数量:按安装总数的 10%抽查,且不得少于 4 只。

检查方法:尺量检查。

5 喷头与吊顶、门、窗、洞口或障碍物的距离应符合设计要求。

检查数量:全数检查。

检查方法:尺量检查。

8.4 调 试

8.4.1 系统调试应在系统施工结束和与系统有关的火灾自动报警装置及联动控制设备调试合格后进行。

8.4.2 系统调试应具备下列条件:

1 调试前应具备本规范第 8.1.4 条所列技术资料和本规范表 B、表 C、表 D.0.1~表 D.0.5、表 D.0.7 等施工记录及调试必需的其他资料;

2 调试前应制订调试方案;

3 调试前应对系统进行检查,并应及时处理发现的问题;

4 调试前应将需要临时安装在系统上并经校验合格的仪器、仪表安装完毕,调试时所需的检查设备应准备齐全;

5 水源、动力源应满足系统调试要求,电气设备应具备与系统联动调试的条件。

8.4.3 系统调试应包括下列内容:

1 水源测试;

2 动力源和备用动力源切换试验;

3 消防水泵调试;

4 稳压泵调试;

5 雨淋报警阀、电动控制阀、气动控制阀的调试;

6 排水设施调试;

7 联动试验。

8.4.4 水源测试应符合下列要求:

1 消防水池(罐)、消防水箱的容积及储水量、消防水箱设置高度应符合设计要求,消防储水应有不作他用的技术措施。

检查数量:全数检查。

检查方法:对照图纸核查和尺量检查。

2 消防水泵接合器的数量和供水能力应符合设计要求。

检查数量:全数检查。

检查方法:直观检查并应通过移动式消防水泵做供水试验进行验证。

8.4.5 系统的主动力源和备用动力源进行切换试验时,主动力源和备用动力源及电气设备运行应正常。

检查数量:全数检查。

检查方法:以自动和手动方式各进行 1 次~2 次试验。

8.4.6 消防水泵的调试应符合下列要求:

1 消防水泵的启动时间应符合设计规定。

检查数量:全数检查。

检查方法:使用秒表检查。

2 控制柜应进行空载和加载控制调试、控制柜应能按其设计功能正常动作和显示。

检查数量:全数检查。

检查方法:使用电压表、电流表和兆欧表等仪表通电检查。

8.4.7 稳压泵、消防气压给水设备应按设计要求进行调试。当达到设计启动条件时,稳压泵应立即启动;当达到系统设计压力时,稳压泵应自动停止运行。

检查数量:全数检查。

检查方法:直观检查。

8.4.8 雨淋报警阀调试宜利用检测、试验管道进行。自动和手动方式启动的雨淋报警阀应在 15s 之内启动;公称直径大于 200mm 的雨淋报警阀调试时,应在 60s 之内启动,雨淋报警阀调试时,当报警水压为 0.05MPa 时,水力警铃应发出报警铃声。

检查数量:全数检查。

检查方法:使用压力表、流量计、秒表、声强计测量检查,直观检查。

8.4.9 电动控制阀和气动控制阀自动开启时,开启时间应满足设计要求;手动开启或关闭应灵活、无卡涩。

检查数量：全数检查。

检查方法：使用秒表测量，手动启闭试验。

8.4.10 调试过程中，系统排出的水应能通过排水设施全部排走。

检查数量：全数检查。

检查方法：直观检查。

8.4.11 联动试验应符合下列规定：

1 采用模拟火灾信号启动系统，相应的分区雨淋报警阀（或电动控制阀、气动控制阀）、压力开关和消防水泵及其他联动设备均应能及时动作并发出相应的信号。

检查数量：全数检查。

检查方法：直观检查。

2 采用传动管启动的系统，启动1只喷头，相应的分区雨淋报警阀、压力开关和消防水泵及其他联动设备均应能及时动作并发出相应的信号。

检查数量：全数检查。

检查方法：直观检查。

3 系统的响应时间、工作压力和流量应符合设计要求。

检查数量：全数检查。

检查方法：当为手动控制时，以手动方式进行1次~2次试验；当为自动控制时，以自动和手动方式各进行1次~2次试验，并用压力表、流量计、秒表计量。

8.4.12 系统调试合格后，应按本规范表D.0.6填写调试检查记录，并应用清水冲洗后放空，复原系统。

9 验 收

9.0.1 系统竣工后，必须进行工程验收，验收不合格不得投入使用。

9.0.2 系统的验收应由建设单位组织监理、设计、供货、施工等单位共同进行。

9.0.3 系统验收时，应提供下列资料，并应按本规范表E填写质量控制资料核查记录：

1 经审核批准的设计施工图、设计说明书、设计变更通知书；

2 主要系统组件和材料的符合市场准入制度要求的有效证明文件和产品出厂合格证，材料和系统组件进场检验的复验报告；

3 系统及其主要组件的安装使用和维护说明书；

4 施工单位的有效资质文件和施工现场质量管理检查记录；

5 系统施工过程质量检查记录；

6 系统试压记录、管网冲洗记录和隐蔽工程验收记录；

7 系统施工过程调试记录；

8 系统验收申请报告。

9.0.4 系统的验收应符合下列规定：

1 隐蔽工程在隐蔽前的验收应合格，并应按本规范表D.0.7记录；

2 质量控制资料核查应全部合格，并应按本规范表E记录；

3 系统施工质量验收和系统功能验收应合格，并应按本规范表F记录。

9.0.5 系统验收合格后，施工单位应向建设单位提供下列文件资料：

1 系统竣工图；

2 系统施工过程检查记录；

3 隐蔽工程验收记录；

4 系统质量控制资料核查记录；

5 系统验收记录；

6 其他相关文件、记录、资料清单等。

9.0.6 系统的管道、阀门及支、吊架的验收，除应符合本规范的规定外，尚应符合现行国家标准《工业金属管道工程施工质量验收规范》GB 50184和《现场设备、工业管道焊接工程施工质量验收规范》GB 50683中的有关规定。

9.0.7 系统水源的验收应符合下列要求：

1 室外给水管网的进水管管径及供水能力、消防水池（罐）和消防水箱容量均应符合设计要求；

2 当采用天然水源作为系统水源时，其水量应符合设计要求，并应检查枯水期最低水位时确保消防用水的技术措施；

3 过滤器的设置应符合设计要求。

检查数量：全数检查。

检查方法：对照设计资料采用流速计、尺等测量和直观检查。

9.0.8 动力源、备用动力源及电气设备应符合设计要求。

检查数量：全数检查。

检查方法：试验检查。

9.0.9 消防水泵的验收应符合下列要求：

1 工作泵、备用泵、吸水管、出水管及出水管上的泄压阀、止回阀、信号阀等的规格、型号、数量应符合设计要求；吸水管、出水管上的控制阀应锁定在常开位置，并有明显标记。

检查数量：全数检查。

检查方法：对照设计资料和产品说明书核查。

2 消防水泵的引水方式应符合设计要求。

检查数量：全数检查。

检查方法：直观检查。

3 消防水泵在主电源下应能在规定时间内正常启动。

检查数量：全数检查。

检查方法：打开消防水泵出水管上的手动测试阀，利用主电源向泵组供电；关掉主电源，检查主、备电源的切换情况，用秒表等检查。

4 当自动系统管网中的水压下降到设计最低压力时，稳压泵应能自动启动。

检查数量：全数检查。

检查方法：使用压力表检查。

5 自动系统的消防水泵启动控制应处于自动启动位置。

检查数量：全数检查。

检查方法：降低系统管网中的压力，直观检查。

9.0.10 雨淋报警阀组的验收应符合下列要求：

1 雨淋报警阀组的各组件应符合国家现行相关产品标准的要求。

检查数量：全数检查。

检查方法：直观检查。

2 打开手动试水阀或电磁阀时，相应雨淋报警阀动作应可靠。

3 打开系统流量压力检测装置放水阀，测试的流量、压力应符合设计要求。

检查数量：全数检查。

检查方法：使用流量计、压力表检查。

4 水力警铃的安装位置应正确。测试时，水力警铃喷嘴处压力不应小于 0.05MPa，且距水力警铃 3m 远处警铃的响度不应小于 70dB（A）。

检查数量：全数检查。

检查方法：打开阀门放水，使用压力表、声级计和尺量检查。

5 控制阀均应锁定在常开位置。

检查数量：全数检查。

检查方法：直观检查。

6 与火灾自动报警系统和手动启动装置的联动控制应符合设计要求。

9.0.11 管网验收应符合下列规定：

1 管道的材质与规格、管径、连接方式、安装位置及采取的防冻措施应符合设计要求和本规范第 8.3.14 条的相关规定。

检查数量：全数检查。

检查方法：直观检查和核查相关证明材料。

2 管网放空坡度及辅助排水设施应符合设计要求。

检查数量：全数检查。

检查方法：水平尺和尺量检查。

3 管网上的控制阀、压力信号反馈装置、止回阀、试水阀、泄压阀等，其规格和安装位置均应符合设计要求。

检查数量：全数检查。

检查方法：直观检查。

4 管墩、管道支、吊架的固定方式、间距应符合设计要求。

检查数量：按总数抽查 20%，且不得少于 5 处。

检查方法：尺量检查和直观检查。

9.0.12 喷头的验收应符合下列规定：

1 喷头的数量、规格、型号应符合设计要求。

检查数量：全数检查。

检查方法：直观检查。

2 喷头的安装位置、安装高度、间距及与梁等障碍物的距离偏差均应符合设计要求和本规范第 8.3.18 条的相关规定。

检查数量：抽查设计喷头数量的 5%，总数不少于 20 个，合格率不小于 95% 时为合格。

检查方法：对照图纸尺量检查。

3 不同型号、规格的喷头的备用量不应小于其实际安装总数的 1%，且每种备用喷头数不应少于 5 只。

检查数量：全数检查。

检查方法：计数检查。

9.0.13 水泵接合器的数量及进水管位置应符合设计要求，水泵接合器应进行充水试验，且系统最不利点的压力、流量应符合设计要求。

检查数量：全数检查。

检查方法：使用流量计、压力表检查。

9.0.14 每个系统应进行模拟灭火功能试验，并应符合下列要求：

1 压力信号反馈装置应能正常动作，并应能在动作后启动消防水泵及与其联动的相关设备，可正确发出反馈信号。

检查数量：全数检查。

检查方法：利用模拟信号试验检查。

2 系统的分区控制阀应能正常开启，并可正确发出反馈信号。

检查数量：全数检查。

检查方法：利用模拟信号试验检查。

3 系统的流量、压力均应符合设计要求。

检查数量：全数检查。

检查方法：利用系统流量、压力检测装置通过泄放试验检查。

4 消防水泵及其他消防联动控制设备应能正常启动，并应有反馈信号显示。

检查数量：全数检查。

检查方法：直观检查。

5 主、备电源应能在规定时间内正常切换。

检查数量：全数检查。

检查方法：模拟主、备电源切换，采用秒表计时检查。

9.0.15 系统应进行冷喷试验，除应符合本规范第 9.0.14 条的规定外，其响应时间应符合设计要求，并应检查水雾覆盖保护对象的情况。

检查数量：至少 1 个系统、1 个防火区或 1 个保护对象。

检查方法：自动启动系统，采用秒表等检查。

9.0.16 系统验收应按本规范表 F 记录，系统工程质量验收判定条件应符合下列要求：

1 系统工程质量缺陷应按表 9.0.16 的规定划分为严重缺陷项、重要缺陷项和轻微缺陷项；

表 9.0.16 水喷雾灭火系统验收缺陷项目划分

项目	对应本规范的条款要求
严重缺陷项	第 9.0.7 条，第 9.0.9 条第 3 款、第 4 款，第 9.0.11 条第 1 款，第 9.0.12 条第 1 款，第 9.0.14 条，第 9.0.15 条
重要缺陷项	第 9.0.8 条，第 9.0.9 条第 1 款、第 2 款、第 5 款，第 9.0.10 条第 1 款、第 2 款、第 3 款、第 4 款、第 6 款，第 9.0.11 条第 3 款，第 9.0.12 条第 2 款，第 9.0.13 条
轻微缺陷项	第 9.0.10 条第 5 款，第 9.0.11 条第 2 款、第 4 款，第 9.0.12 条第 3 款

2 当无严重缺陷项、重要缺陷项不多于 2 项，且重要缺陷项与轻微缺陷项之和不多于 6 项时，可判定系统验收为合格；其他情况，应判定为不合格。

9.0.17 系统验收合格后，应用清水冲洗放空，复原系统，并应向建设单位移交本规范第 9.0.5 条列出的文件资料。

10 维护管理

10.0.1 水喷雾灭火系统应具有管理、检测、操作与维护规程，并应保证系统处于准工作状态。维护管理工作应按本规范附录 G 的规定进行记录。

10.0.2 维护管理人员应经过消防专业培训,应熟悉水喷雾灭火系统的原理、性能和操作与维护规程。

10.0.3 系统应按本规范要求进行日检、周检、月检、季检和年检,检查中发现的问题应及时按规定要求处理。

10.0.4 每日应对系统的下列项目进行一次检查:

 1 应对水源控制阀、雨淋报警阀进行外观检查,阀门外观应完好,启闭状态应符合设计要求;

 2 寒冷季节,应检查消防储水设施是否有结冰现象,储水设施的任何部位均不得结冰。

10.0.5 每周应对消防水泵和备用动力进行一次启动试验。当消防水泵为自动控制启动时,应每周模拟自动控制的条件启动运转一次。

10.0.6 每月应对系统的下列项目进行一次检查:

 1 应检查电磁阀并进行启动试验,动作失常时应及时更换;

 2 应检查手动控制阀门的铅封、锁链,当有破坏或损坏时应及时修理更换。系统上所有手动控制阀门均应采用铅封或锁链固定在开启或规定的状态;

 3 应检查消防水池(罐)、消防水箱及消防气压给水设备,应确保消防储备水位及消防气压给水设备的气体压力符合设计要求;

 4 应检查保证消防用水不作他用的技术措施,发现故障应及时进行处理;

 5 应检查消防水泵接合器的接口及附件,应保证接口完好、无渗漏、闷盖齐全;

 6 应检查喷头,当喷头上有异物时应及时清除。

10.0.7 每季度应对系统的下列项目进行一次检查:

 1 应对系统进行一次放水试验,检查系统启动、报警功能以及出水情况是否正常;

 2 应检查室外阀门井中进水管上的控制阀门,核实其处于全开启状态。

10.0.8 每年应对系统的下列项目进行一次检查:

 1 应对消防储水设备进行检查,修补缺损和重新油漆;

 2 应对水源的供水能力进行一次测定。

10.0.9 消防水池(罐)、消防水箱、消防气压给水设备内的水,应根据当地环境、气候条件及时更换。

10.0.10 钢板消防水箱和消防气压给水设备的玻璃水位计两端的角阀在不进行水位观察时应关闭。

10.0.11 系统发生故障,需停水进行修理前,应向主管值班人员报告,取得维护负责人的同意,且应临场监督,加强防范措施后方能动工。

附录 A 管道连接件干烧试验方法

A.0.1 管道连接件干烧试验应符合下列规定:

 1 试验应在无风的环境下进行;

 2 试验装置(图 A.0.1)组件包括 2 段约 500mm 长的配套管道、3 套管道连接件、1 个带嘴盲板、1 个普通盲板、3 个阀门及 1 个压力表;

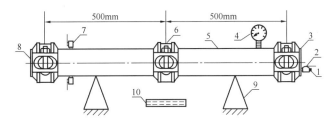

图 A.0.1 试验装置
1—打压接头;2—阀门;3—带嘴盲板;4—压力表;
5—钢管;6—试验样品;7—进水口及排气阀;
8—盲板;9—支架;10—燃烧盘

 3 干烧前应对试验组件进行严密性试验,保证各连接部位无泄漏,试验完成后,应将水排净;

 4 水喷雾灭火系统用于液化烃储罐时,干烧试验应采用汽油火源;用于其他场所时,可采用甲醇火源;

 5 试验燃烧盘面积不应小于 $0.08m^2$,燃烧盘上沿距连接件宜为 200mm,干烧时间不应小于 5min。

A.0.2 干烧结束后,应将组件上的被火烧连接件处浇水冷却,冷却时间不应少于 3min;冷却结束后,向组件内充水并加压至工作压力,管道连接部位不应出现射流状泄漏。

附录 B 水喷雾灭火系统工程划分

表 B 水喷雾灭火系统工程划分

分部工程	序号	子分部工程	分项工程
水喷雾灭火系统	1	进场检验	材料进场检验
			系统组件进场检验
	2	系统施工	消防水泵的安装
			消防水池、消防水箱、消防气压给水设备、水泵接合器的安装
			雨淋报警阀、气动控制阀、电动控制阀的安装
			节流管、减压孔板及减压阀的安装
			管道、阀门的安装和防腐、保温、伴热的施工
			管道试压、冲洗
			水雾喷头的安装

续表 B

分部工程	序号	子分部工程	分项工程
水喷雾灭火系统	3	系统调试	水源测试
			动力源和备用动力源切换试验
			消防水泵调试
			稳压泵调试
			雨淋报警阀、气动控制阀、电动控制阀的调试
			排水设施调试
			联动试验
	4	系统验收	水喷雾灭火系统施工质量验收
			水喷雾灭火系统功能验收

附录 C 水喷雾灭火系统施工现场质量管理检查记录

表 C 水喷雾灭火系统施工现场质量管理检查记录

工程名称			
建设单位		项目负责人	
设计单位		项目负责人	
监理单位		监理工程师	
施工单位		项目负责人	
施工许可证		开工日期	

序号	项目	内容
1	现场质量管理制度	
2	质量责任制	
3	操作上岗证书	
4	施工图审查情况	
5	施工组织设计、施工方案及审核	
6	施工技术标准	
7	工程质量检验制度	
8	现场材料、系统组件存放与管理	
9	其他	
结论		
参加单位及人员	施工单位项目负责人： (签章) 年 月 日	监理工程师： (签章) 年 月 日	建设单位项目负责人： (签章) 年 月 日

附录D 水喷雾灭火系统施工过程质量检查记录

D.0.1 系统施工过程进场检验应由施工单位按表D.0.1填写，监理工程师进行检查，并作出检查结论。

表 D.0.1 系统施工过程进场检验记录

工程名称			
施工单位		监理单位	
子分部工程名称	进场检验	执行规范名称及编号	
分项工程名称	质量规定（规范条款）	施工单位检查记录	监理单位检查记录
材料进场检验	8.2.2		
	8.2.3		
	8.2.4		
	8.2.10		
系统组件进场检验	8.2.5		
	8.2.6		
	8.2.7		
	8.2.8		
	8.2.9		
	8.2.10		
结论			
参加单位及人员	施工单位项目负责人： （签章） 年 月 日		监理工程程： （签章） 年 月 日

D.0.2 阀门的强度和严密性试验应由施工单位按表D.0.2填写，监理工程师进行检查，并作出检查结论。

表 D.0.2 阀门的强度和严密性试验记录

工程名称									
施工单位				监理单位					
规格型号	数量	公称压力（MPa）	强度试验				严密性试验		
			介质	压力（MPa）	时间（min）	结果	介质	压力（MPa）	时间（min）	结果
结论									
参加单位及人员	施工单位项目负责人： （签章） 年 月 日					监理工程师： （签章） 年 月 日			

D.0.3 系统施工过程中的安装质量检查应由施工单位按表 D.0.3填写，监理工程师进行检查，并作出检查结论。

表 D.0.3 系统施工过程中的安装质量检查记录

工程名称			
施工单位		监理单位	
子分部工程名称	系统施工	执行规范名称及编号	
分项工程名称	质量规定（规范条款）	施工单位检查记录	监理单位检查记录
消防泵组的安装	8.3.4		
消防水池、消防水箱、消防气压给水设备、水泵接合器的安装	8.3.5		
	8.3.6		
	8.3.7		
雨淋报警阀组、气动控制阀门及电动控制阀门等阀门、压力开关、水力警铃的安装	8.3.8		
	8.3.9		
	8.3.10		
	8.3.11		
节流管、减压孔板及减压阀的安装	8.3.12		
	8.3.13		
管道的安装和防腐	8.3.14		
	8.3.17		
管道试压、冲洗	8.3.15		
	8.3.16		
水雾喷头的安装	8.3.18		
结论			
参加单位及人员	施工单位项目负责人： （签章） 年 月 日	监理工程师： （签章） 年 月 日	

D.0.4 系统施工过程中的管道试压应由施工单位按表D.0.4填写，监理工程师进行检查，并作出检查结论。

表 D.0.4 系统施工过程中的管道试压记录

工程名称										
施工单位				监理单位						
管道编号	设计参数			强度试验				严密性试验		
	管径（mm）	材质	压力（MPa）	介质	压力（MPa）	时间（min）	结果	介质	压力（MPa）	时间（min）	结果
结论										
参加单位及人员	施工单位项目负责人： （签章） 年 月 日				监理工程师： （签章） 年 月 日						

D.0.5 系统施工过程中的管道冲洗应由施工单位按表D.0.5 填写,监理工程师进行检查,并作出检查结论。

表 D.0.5 系统施工过程中的管道冲洗记录

工程名称										
施工单位					监理单位					
管道编号	设计参数				冲 洗					
	管径(mm)	材质	介质	压力(MPa)	介质	压力(MPa)	流量(L/s)	流速(m/s)	冲洗时间或次数	结果
结论										
参加单位及人员	施工单位项目负责人: (签章) 　　　　　　　　年 月 日				监理工程师: (签章) 　　　　　　　　年 月 日					

D.0.6 系统施工过程中的调试检查应由施工单位按表D.0.6 填写,监理工程师进行检查,并作出检查结论。

表 D.0.6 系统施工过程中的调试检查记录

工程名称			
施工单位		监理单位	
子分部工程名称	系统调试	执行规范名称及编号	
分项工程名称	质量规定(规范条款)	施工单位检查记录	监理单位检查记录
水源测试	8.4.4		
主动力源和备用动力源切换试验	8.4.5		
消防水泵调试	8.4.6		
稳压泵、消防气压给水设备调试	8.4.7		
雨淋报警阀、气动控制阀门、电动控制阀门的调试	8.4.8、8.4.9		
排水设施调试	8.4.10		
联动试验	8.4.11		
结论			
参加单位及人员	施工单位项目负责人: (签章) 　　　　　　　　年 月 日		监理工程师: (签章) 　　　　　　　　年 月 日

D.0.7 系统施工过程中的隐蔽工程验收应由施工单位按表D.0.7填写，隐蔽前应由施工单位通知建设、监理等单位进行验收，并作出验收结论，由监理工程师填写。

表 D.0.7 系统施工过程中的隐蔽工程验收记录

工程名称													
建设单位							设计单位						
监理单位							施工单位						
管道编号	设计参数				强度试验				严密性试验				防腐	
	管径(mm)	材料	介质	压力(MPa)	介质	压力(MPa)	时间(min)	结果	介质	压力(MPa)	时间(min)	结果	等级	结果
隐蔽前的检查														
隐蔽方法														
简图或说明														
验收结论														
验收单位	施工单位 项目负责人： （签章） 年 月 日				监理单位 监理工程师： （签章） 年 月 日					建设单位 项目负责人： （签章） 年 月 日					

附录 E 水喷雾灭火系统质量控制资料核查记录

表 E 水喷雾灭火系统质量控制资料核查记录

工程名称				
建设单位		设计单位		
监理单位		施工单位		
序号	资料名称	资料数量	核查结果	核查人
1	经批准的设计施工图、设计说明书			
2	设计变更通知书、竣工图			
3	系统组件的市场准入制度要求的有效证明文件和产品出厂合格证，材料的出厂检验报告与合格证，材料和系统组件进场检验的复验报告			
4	系统组件的安装使用说明书			
5	施工许可证（开工证）和施工现场质量管理检查记录			
6	水喷雾灭火系统施工过程检查记录及阀门的强度和严密性试验记录、管道试压和管道冲洗记录、隐蔽工程验收记录			
7	系统验收申请报告			
8	系统施工过程调试记录			
核查结论				
核查单位	建设单位 项目负责人： （签章） 年 月 日	施工单位 项目负责人： （签章） 年 月 日	监理单位 监理工程师： （签章） 年 月 日	

附录F 水喷雾灭火系统验收记录

表F 水喷雾灭火系统验收记录

工程名称					
建设单位			设计单位		
监理单位			施工单位		
子分部工程名称	系统验收		执行规范名称及编号		
分项工程名称	质量规定（规范条款）	验收内容记录	验收评定结果		
系统施工质量验收	9.0.7				
	9.0.8				
	9.0.9				
	9.0.10				
	9.0.11				
	9.0.12				
	9.0.13				
系统功能验收	9.0.14				
	9.0.15				
验收结论					
验收单位	建设单位	施工单位	监理单位	设计单位	
	（公章） 项目负责人： （签章） 　　　年 月 日	（公章） 项目负责人： （签章） 　　　年 月 日	（公章） 总监理工程师： （签章） 　　　年 月 日	（公章） 项目负责人： （签章） 　　　年 月 日	

23.《细水雾灭火系统技术规范》GB 50898—2013

1 总 则

1.0.2 本规范适用于建设工程中设置的细水雾灭火系统的设计、施工、验收及维护管理。

1.0.3 细水雾灭火系统适用于扑救相对封闭空间内的可燃固体表面火灾、可燃液体火灾和带电设备的火灾。

细水雾灭火系统不适用于扑救下列火灾：
1 可燃固体的深位火灾；
2 能与水发生剧烈反应或产生大量有害物质的活泼金属及其化合物的火灾；
3 可燃气体火灾。

1.0.4 细水雾灭火系统的设计，应密切结合保护对象的功能和火灾特点，采用有效的技术措施，做到安全可靠、技术先进、经济合理。

1.0.5 细水雾灭火系统的设计、施工、验收及维护管理，除应符合本规范外，尚应符合国家现行有关标准的规定。

2 术语和符号

2.1 术 语

2.1.1 细水雾 water mist

水在最小设计工作压力下，经喷头喷出并在喷头轴线下方1.0m处的平面上形成的直径$D_{v0.50}$小于$200\mu m$，$D_{v0.99}$小于$400\mu m$的水雾滴。

2.1.2 细水雾灭火系统 water mist fire extinguishing system

由供水装置、过滤装置、控制阀、细水雾喷头等组件和供水管道组成，能自动和人工启动并喷放细水雾进行灭火或控火的固定灭火系统。简称系统。

2.1.3 防护区 enclosure

能满足系统应用条件的有限空间。

2.1.4 泵组系统 pump supplied system

采用泵组对系统进行加压供水的系统。

2.1.5 瓶组系统 self-contained system

采用储水容器储水、储气容器进行加压供水的系统。

2.1.6 开式系统 open-type system

采用开式细水雾喷头的系统，包括全淹没应用方式和局部应用方式的系统。

2.1.7 闭式系统 close-type system

采用闭式细水雾喷头的系统。

2.1.8 全淹没应用方式 total flooding application

向整个防护区内喷放细水雾，保护其内部所有保护对象的系统应用方式。

2.1.9 局部应用方式 local application

向保护对象直接喷放细水雾，保护空间内某具体保护对象的系统应用方式。

2.1.10 响应时间 response time

系统从火灾自动报警系统发出灭火指令起至系统中最不利点喷头喷出细水雾的时间。

2.2 符 号

2.2.1 流量、流速

q——喷头的设计流量；
q_i——计算喷头的设计流量；
Q_s——系统的设计流量；
Q——管道的流量；
Re——雷诺数；
f——摩阻系数；
K——喷头的流量系数；
ρ——流体密度；
μ——动力黏度；
Δ——管道相对粗糙度；
ε——管道粗糙度；
C——海澄-威廉系数。

2.2.2 压力

P——喷头的设计工作压力；
P_e——最不利点处喷头与储水箱或储水容器最低水位的高程差；
P_f——管道的水头损失；
P_s——最不利点处喷头的工作压力；
P_t——系统的设计供水压力。

2.2.3 几何特征等

d——管道内径；
L——管道计算长度；
n——计算喷头数；
t——系统的设计喷雾时间；
V——储水箱或储水容器的设计所需有效容积。

3 设 计

3.1 一般规定

3.1.1 系统设计采用的产品及组件，应符合现行国家标准《细水雾灭火系统及部件通用技术条件》GB/T 26785等的有关规定。

3.1.2 系统的选型与设计，应综合分析保护对象的火灾危险性及其火灾特性、设计防火目标、保护对象的特征和环境条件以及喷头的喷雾特性等因素确定。

3.1.4 系统宜选用泵组系统，闭式系统不应采用瓶组系统。

3.1.6 开式系统采用局部应用方式时，保护对象周围的气流速度不宜大于3m/s。必要时，应采取挡风措施。

3.2 喷头选择与布置

3.2.1 喷头选择应符合下列规定：

1 对于环境条件易使喷头喷孔堵塞的场所，应选用具有相应防护措施且不影响细水雾喷放效果的喷头；

3 对于闭式系统，应选择响应时间指数（RTI）不大于 $50（m·s）^{0.5}$ 的喷头，其公称动作温度宜高于环境最高温度30℃，且同一防护区内应采用相同热敏性能的喷头。

3.2.2 闭式系统的喷头布置应能保证细水雾喷放均匀、完全覆盖保护区域，并应符合下列规定：

1 喷头与墙壁的距离不应大于喷头最大布置间距的1/2；

2 喷头与其他遮挡物的距离应保证遮挡物不影响喷头正常喷放细水雾；当无法避免时，应采取补偿措施。

3.2.3 开式系统的喷头布置应能保证细水雾喷放均匀并完全覆盖保护区域，并应符合下列规定：

1 喷头与墙壁的距离不应大于喷头最大布置间距的1/2；

2 喷头与其他遮挡物的距离应保证遮挡物不影响喷头正常喷放细水雾；当无法避免时，应采取补偿措施；

3 对于电缆隧道或夹层，喷头宜布置在电缆隧道或夹层的上部，并应能使细水雾完全覆盖整个电缆或电缆桥架。

3.2.4 采用局部应用方式的开式系统，其喷头布置应能保证细水雾完全包络或覆盖保护对象或部位，喷头与保护对象的距离不宜小于0.5m。用于保护室内油浸变压器时，喷头的布置尚应符合下列规定：

2 当冷却器距变压器本体超过0.7m时，应在其间隙内增设喷头；

3 喷头不应直接对准高压进线套管；

4 当变压器下方设置集油坑时，喷头布置应能使细水雾完全覆盖集油坑。

3.2.5 喷头与无绝缘带电设备的最小距离不应小于表3.2.5的规定。

表3.2.5 喷头与无绝缘带电设备的最小距离

带电设备额定电压等级V（kV）	最小距离（m）
110<V≤220	2.2
35<V≤110	1.1
V≤35	0.5

3.2.6 系统应按喷头的型号规格储存备用喷头，其数量不应小于相同型号规格喷头实际设计使用总数的1%，且分别不应少于5只。

3.3 系统组件和管道及其布置

3.3.1 系统的主要组件宜设置在能避免机械碰撞等损伤的位置，当不能避免时，应采取防止机械碰撞等损伤的措施。

系统组件应具有耐腐蚀性能，当系统组件处于重度腐蚀环境中时，应采取防腐蚀的保护措施。

3.3.2 开式系统应按防护区设置分区控制阀。每个分区控制阀上或阀后邻近位置，宜设置泄放试验阀。

3.3.3 闭式系统应按楼层或防火分区设置分区控制阀。分区控制阀应为带开关锁定或开关指示的阀组。

3.3.4 分区控制阀宜靠近防护区设置，并应设置在防护区外便于操作、检查和维护的位置。

分区控制阀上宜设置系统动作信号反馈装置。当分区控制阀上无系统动作信号反馈装置时，应在分区控制阀后的配水干管上设置系统动作信号反馈装置。

3.3.5 闭式系统的最高点处宜设置手动排气阀，每个分区控制阀后的管网应设置试水阀，并应符合下列规定：

1 试水阀前应设置压力表；

2 试水阀出口的流量系数应与一只喷头的流量系数等效；

3 试水阀的接口大小应与管网末端的管道一致，测试水的排放不应对人员和设备等造成危害。

3.3.7 系统管网的最低点处应设置泄水阀。

3.3.8 对于油浸变压器，系统管道不宜横跨变压器的顶部，且不应影响设备的正常操作。

3.3.9 系统管道应采用防晃金属支、吊架固定在建筑构件上。支、吊架应能承受管道充满水时的重量及冲击，其间距不应大于表3.3.9的规定。

支、吊架应进行防腐蚀处理，并应采取防止与管道发生电化学腐蚀的措施。

表3.3.9 系统管道支、吊架的间距

管道外径（mm）	≤16	20	24	28	32	40	48	60	≥76
最大间距（m）	1.5	1.8	2.0	2.2	2.5	2.8	2.8	3.2	3.8

3.3.10 系统管道应采用冷拔法制造的奥氏体不锈钢钢管，或其他耐腐蚀和耐压性能相当的金属管道。管道的材质和性能应符合现行国家标准《流体输送用不锈钢无缝钢管》GB/T 14976 和《流体输送用不锈钢焊接钢管》GB/T 12771 的有关规定。

系统最大工作压力不小于3.50MPa时，应采用符合现行国家标准《不锈钢和耐热钢 牌号及化学成分》GB/T 20878 中规定牌号为022Cr17Ni12Mo2的奥氏体不锈钢无缝钢管，或其他耐腐蚀和耐压性能不低于牌号为022Cr17Ni12Mo2的金属管道。

3.3.11 系统管道连接件的材质应与管道相同。系统管道宜采用专用接头或法兰连接，也可采用氩弧焊焊接。

3.3.12 系统组件、管道和管道附件的公称压力不应小于系统的最大设计工作压力。对于泵组系统，水泵吸水口至储水箱之间的管道、管道附件、阀门的公称压力，不应小于1.0MPa。

3.3.13 设置在有爆炸危险环境中的系统，其管网和组件应采取静电导除措施。

3.4 设计参数与水力计算

Ⅰ 设计参数

3.4.1 喷头的最低设计工作压力不应小于1.20MPa。

3.4.2 闭式系统的喷雾强度、喷头的布置间距和安装高度，宜经实体火灾模拟试验确定。

当喷头的设计工作压力不小于10MPa时，闭式系统也可根据喷头的安装高度按表3.4.2的规定确定系统的最小喷雾强度和喷头的布置间距；当喷头的设计工作压力小于10MPa时，应经试验确定。

表 3.4.2 闭式系统的喷雾强度、喷头的布置间距和安装高度

应用场所	喷头的安装高度（m）	系统的最小喷雾强度（L/min·m²）	喷头的布置间距（m）
采用非密集柜储存的图书库、资料库、档案库	>3.0且≤5.0	3.0	>2.0且≤3.0
	≤3.0	2.0	

3.4.3 闭式系统的作用面积不宜小于140m²。

表 3.4.4 采用全淹没应用方式开式系统的喷雾强度、喷头的布置间距、安装高度和工作压力

应用场所		喷头的工作压力（MPa）	喷头的安装高度（m）	系统的最小喷雾强度（L/min·m²）	喷头的最大布置间距（m）
油浸变压器室，液压站，润滑油站，柴油发电机房，燃油锅炉房等		>1.2且≤3.5	≤7.5	2.0	2.5
电缆隧道，电缆夹层			≤5.0	2.0	
文物库，以密集柜存储的图书库、资料库、档案库			≤3.0	0.9	
油浸变压器室，涡轮机房等		≥10	≤7.5	1.2	3.0
液压站，柴油发电机房，燃油锅炉房等			≤5.0	1.0	
电缆隧道，电缆夹层			>3.0且≤5.0	2.0	
			≤3.0	1.0	
文物库，以密集柜存储的图书库、资料库、档案库			>3.0且≤5.0	2.0	
			≤3.0	1.0	
电子信息系统机房	主机工作空间		≤3.0	0.7	
	地板夹层		≤0.5	0.3	

3.4.5 采用全淹没应用方式的开式系统，其防护区数量不应大于3个。

单个防护区的容积，对于泵组系统不宜超过3000m³，对于瓶组系统不宜超过260m³。当超过单个防护区最大容积时，宜将该防护区分成多个分区进行保护，并应符合下列规定：

3 当各分区的火灾危险性存在较大差异时，系统的设计参数应分别按各自分区的参数确定；

4 当设计参数与本规范表3.4.4不相符合时，应经实体火灾模拟试验确定。

每套泵组所带喷头数量不应超过100只。

3.4.6 采用局部应用方式的开式系统，当保护具有可燃液体火灾危险的场所时，系统的设计参数应根据产品认证检验时，国家授权的认证检验机构根据现行国家标准《细水雾灭火系统及部件通用技术条件》GB/T 26785认证检验时获得的试验数据确定，且不应超出试验限定的条件。

3.4.7 采用局部应用方式的开式系统，其保护面积应按下列规定确定：

1 对于外形规则的保护对象，应为该保护对象的外表面面积；

2 对于外形不规则的保护对象，应为包容该保护对象的最小规则形体的外表面面积；

3 对于可能发生可燃液体流淌火或喷射火的保护对象，除应符合本条第1或2款的要求外，还应包括可燃液体流淌火或喷射火可能影响到的区域的水平投影面积。

3.4.8 开式系统的设计响应时间不应大于30s。

采用全淹没应用方式的开式系统，当采用瓶组系统且在同一防护区内使用多组瓶组时，各瓶组应能同时启动，其动作响应时差不应大于2s。

3.4.9 系统的设计持续喷雾时间应符合下列规定：

1 用于保护电子信息系统机房、配电室等电子、电气设备间，图书库、资料库、档案库，文物库，电缆隧道和电缆夹层等场所时，系统的设计持续喷雾时间不应小于30min；

2 用于保护油浸变压器室、涡轮机房、柴油发电机房、液压站、润滑油站、燃油锅炉房等含有可燃液体的机械设备间时，系统的设计持续喷雾时间不应小于20min；

3 用于扑救厨房内烹饪设备及其排烟罩和排烟管道部位的火灾时，系统的设计持续喷雾时间不应小于15s，设计冷却时间不应小于15min。

3.4.10 为确定系统设计参数的实体火灾模拟试验应由国家授权的机构实施，并应符合本规范附录A的规定。在工程应用中采用实体模拟实验结果时，应符合下列规定：

1 系统设计喷雾强度不应小于试验所用喷雾强度；

2 喷头最低工作压力不应小于试验测得最不利点喷头的工作压力；

3 喷头布置间距和安装高度分别不应大于试验时的喷头间距和安装高度；

4 喷头的安装角度应与试验安装角度一致。

Ⅱ 水力计算

3.4.11 系统管道的水头损失应按下列公式计算：

$$P_f = 0.2252 \frac{fL\rho Q^2}{d^5} \quad (3.4.11-1)$$

$$Re = 21.22 \frac{Q\rho}{d\mu} \quad (3.4.11-2)$$

$$\Delta = \frac{\varepsilon}{d} \quad (3.4.11-3)$$

式中：P_f——管道的水头损失，包括沿程水头损失和局部水头损失（MPa）；

Q——管道的流量（L/min）；

L——管道计算长度，包括管段的长度和该管段内管接件、阀门等的当量长度（m）；

d——管道内径（mm）；
f——摩阻系数，根据 Re 和 Δ 值按图 3.4.11 确定；
ρ——流体密度（kg/m³），根据表 3.4.11 确定；
Re——雷诺数；
μ——动力黏度（cp），根据表 3.4.11 确定；
Δ——管道相对粗糙度；
ε——管道粗糙度（mm），对于不锈钢管，取 0.045mm。

表 3.4.11 水的密度及其动力黏度系数

温度（℃）	水的密度（kg/m³）	水的动力黏度系数（cp）
4.4	999.9	1.50
10.0	999.7	1.30
15.6	998.8	1.10
21.1	998.0	0.95
26.7	996.6	0.85
32.2	995.4	0.74
37.8	993.6	0.66

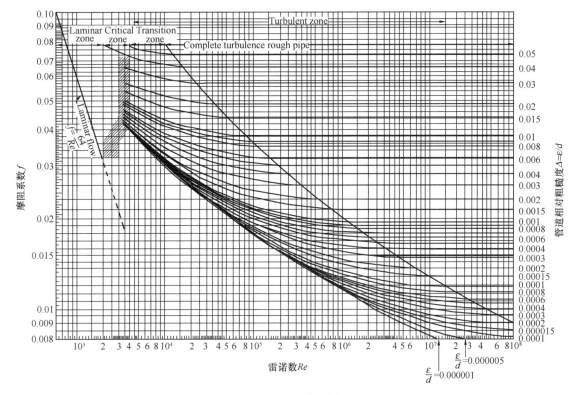

图 3.4.11 莫迪图

3.4.14 系统管道内的水流速度不宜大于 10m/s，不应超过 20m/s。

3.4.15 系统的设计供水压力应按下式计算：

$$P_t = \sum P_f + P_e + P_s \quad (3.4.15)$$

式中：P_t——系统的设计供水压力（MPa）；
P_e——最不利点处喷头与储水箱或储水容器最低水位的高程差（MPa）；
P_s——最不利点处喷头的工作压力（MPa）。

3.4.16 喷头的设计流量应按下式计算：

$$q = K\sqrt{10P} \quad (3.4.16)$$

式中：q——喷头的设计流量（L/min）；
K——喷头的流量系数 [L/min/(MPa)$^{1/2}$]；
P——喷头的设计工作压力（MPa）。

3.4.17 系统的设计流量应按下式计算：

$$Q_s = \sum_{i=1}^{n} q_i \quad (3.4.17)$$

式中：Q_s——系统的设计流量（L/min）；
n——计算喷头数；
q_i——计算喷头的设计流量（L/min）。

3.4.18 闭式系统的设计流量，应为水力计算最不利的计算面积内所有喷头的流量之和。

一套采用全淹没应用方式保护多个防护区的开式系统，其设计流量应为其中最大一个防护区内喷头的流量之和。当防护区间无耐火构件分隔且相邻时，系统的设计流量应为计算防护区与相邻防护区内的喷头同时开放时的流量之和，并应取其中最大值。

采用局部应用方式的开式系统，其设计流量应为其保护面积内所有喷头的流量之和。

3.4.19 系统设计流量的计算，应确保任意计算面积内任意 4 只喷头围合范围内的平均喷雾强度不低于本规范表 3.4.2 和表 3.4.4 的规定值或实体火灾模拟试验确定的喷雾强度。

3.4.20 系统储水箱或储水容器的设计所需有效容积应按下式计算：

$$V = Q_s \cdot t \quad (3.4.20)$$

式中：V——储水箱或储水容器的设计所需有效容积（L）；
t——系统的设计喷雾时间（min）。

3.4.21 泵组系统储水箱的补水流量不应小于系统设计流量。

3.5 供　水

3.5.1 系统的水质除应符合制造商的技术要求外，尚应符合下列要求：

1 泵组系统的水质不应低于现行国家标准《生活饮用水卫生标准》GB 5749 的有关规定；

2 瓶组系统的水质不应低于现行国家标准《瓶（桶）装

饮用纯净水卫生标准》GB 17324 的有关规定；
　　3　系统补水水源的水质应与系统的水质要求一致。

3.5.2　瓶组系统的供水装置应由储水容器、储气容器和压力显示装置等部件组成，储水容器、储气容器均应设置安全阀。

　　同一系统中的储水容器或储气容器，其规格、充装量和充装压力应分别一致。

　　储水容器组及其布置应便于检查、测试、重新灌装和维护，其操作面距墙或操作面之间的距离不宜小于0.8m。

3.5.3　瓶组系统的储水量和驱动气体储量，应根据保护对象的重要性、维护恢复时间等设置备用量。对于恢复时间超过48h的瓶组系统，应按主用量的100%设置备用量。

3.5.4　泵组系统的供水装置宜由储水箱、水泵、水泵控制柜（盘）、安全阀等部件组成，并应符合下列规定：
　　1　储水箱采用密闭结构，并应采用不锈钢或其他能保证水质的材料制作；
　　2　储水箱应具有防尘、避光的技术措施；
　　3　储水箱应具有保证自动补水的装置，并应设置液位显示、高低液位报警装置和溢流、透气及放空装置；
　　4　水泵应具有自动和手动启动功能以及巡检功能。当巡检中接到启动指令时，应立即退出巡检，进入正常运行状态；
　　5　水泵控制柜（盘）的防护等级不应低于IP54；
　　6　安全阀的动作压力应为系统最大工作压力的1.15倍。

3.5.5　泵组系统应设置独立的水泵，并应符合下列规定：
　　1　水泵应设置备用泵。备用泵的工作性能应与最大一台工作泵相同，主、备用泵应具有自动切换功能，并应能手动操作停泵。主、备用泵的自动切换时间不应小于30s；
　　2　水泵应采用自灌式引水或其他可靠的引水方式；
　　3　水泵出水总管上应设置压力显示装置、安全阀和泄放试验阀；
　　4　每台泵的出水口均应设置止回阀；
　　5　水泵的控制装置应布置在干燥、通风的部位，并应便于操作和检修；
　　6　水泵采用柴油机泵时，应保证其能持续运行60min。

3.5.6　闭式系统的泵组系统应设置稳压泵，稳压泵的流量不应大于系统中水力最不利点一只喷头的流量，其工作压力应满足工作泵的启动要求。

3.5.7　水泵或其他供水设备应满足系统对流量和工作压力的要求，其工作状态及其供电状况应能在消防值班室进行监视。

3.5.8　泵组系统应至少有一路可靠的自动补水水源，补水水源的水量、水压应满足系统的设计要求。

　　当水源的水量不能满足设计要求时，泵组系统应设置专用的储水箱，其有效容积应符合本规范第3.4.20条的规定。

3.5.9　在储水箱进水口处应设置过滤器，出水口或控制阀前应设置过滤器，过滤器的设置位置应便于维护、更换和清洗等。

3.5.10　过滤器应符合下列规定：
　　1　过滤器的材质应为不锈钢、铜合金，或其他耐腐蚀性能不低于不锈钢、铜合金的材料；
　　2　过滤器的网孔孔径不应大于喷头最小喷孔孔径的80%。

3.5.11　闭式系统的供水设施和供水管道的环境温度不得低于4℃，且不得高于70℃。

3.6　控　　制

3.6.1　瓶组系统应具有自动、手动和机械应急操作控制方式，其机械应急操作应能在瓶间内直接手动启动系统。

　　泵组系统应具有自动、手动控制方式。

3.6.2　开式系统的自动控制应能在接收到两个独立的火灾报警信号后自动启动。

　　闭式系统的自动控制应能在喷头动作后，由动作信号反馈装置直接联锁自动启动。

3.6.3　在消防控制室内和防护区入口处，应设置系统手动启动装置。

3.6.4　手动启动装置和机械应急操作装置应能在一处完成系统启动的全部操作，并应采取防止误操作的措施。手动启动装置和机械应急操作装置上应设置与所保护场所对应的明确标识。

　　设置系统的场所以及系统的手动操作位置，应在明显位置设置系统操作说明。

3.6.5　防护区或保护场所的入口处应设置声光报警装置和系统动作指示灯。

3.6.6　开式系统分区控制阀应符合下列规定：
　　1　应具有接收控制信号实现启动、反馈阀门启闭或故障信号的功能；
　　2　应具有自动、手动启动和机械应急操作启动功能，关闭阀门应采用手动操作方式；
　　3　应在明显位置设置对应于防护区或保护对象的永久性标识，并应标明水流方向。

3.6.7　火灾报警联动控制系统应能远程启动水泵或瓶组、开式系统分区控制阀，并应能接收水泵的工作状态、分区控制阀的启闭状态及细水雾喷放的反馈信号。

3.6.8　系统应设置备用电源。系统的主备电源应能自动和手动切换。

3.6.9　系统启动时，应联动切断带电保护对象的电源，并应同时切断或关闭防护区内或保护对象的可燃气体、液体或可燃粉体供给等影响灭火效果或因灭火可能带来次生危害的设备和设施。

3.6.10　与系统联动的火灾自动报警和控制系统的设计，应符合现行国家标准《火灾自动报警系统设计规范》GB 50116的有关规定。

4　施　　工

4.1　一　般　规　定

4.1.1　系统施工可划分为进场检验、系统安装、系统调试和系统验收四个子分部工程，并应符合本规范附录B的要求。

4.1.2　施工现场应具有相应的施工组织计划，质量管理体系和施工质量检查制度，并应实现施工全过程质量控制。施工现场质量管理应按本规范附录C填写记录。

4.1.3　施工应按经审核批准的工程设计文件进行。设计变更应由原设计单位出具。

4.1.4　施工过程应按下列规定进行质量控制：
　　1　应按本规范第4.2节的规定对系统组件、材料等进行进场检验，应检验合格并经监理工程师签证后再安装使用；

2 各工序应按施工组织计划进行质量控制；每道工序完成后，相关专业工种之间应进行交接认可，应经监理工程师签证后再进行下道工序施工；

3 应由监理工程师组织施工单位对施工过程进行检查；

4 隐蔽工程在封闭前，施工单位应通知有关单位进行验收并记录。

4.1.5 系统安装过程中应采取安全保护措施。

4.1.6 与系统联动的火灾自动报警系统和其他联动控制装置的安装，应符合现行国家标准《火灾自动报警系统施工及验收规范》GB 50166 的有关规定。

4.1.7 系统安装完毕，施工单位应进行系统调试。当系统需与有关的火灾自动报警系统及联动控制设备联动时，应进行联合调试。

调试合格后，施工单位应向建设单位提供质量控制资料和按本规范附录 C 填写的全部施工过程检查记录，并应提交验收申请报告申请验收。

4.2 进场检验

4.2.1 材料和系统组件的进场检验应按本规范表 D.0.1 填写施工进场检验记录。

4.2.2 管材及管件的材质、规格、型号、质量等应符合设计要求和现行国家标准《流体输送用不锈钢无缝钢管》GB/T 14976、《流体输送用不锈钢焊接钢管》GB/T 12771 和《工业金属管道工程施工规范》GB 50235 等的有关规定。

检查数量：全数检查。

检查方法：检查出厂合格证或质量认证书。

4.2.3 管材及管件的外观应符合下列规定：

1 表面应无明显的裂纹、缩孔、夹渣、折叠、重皮等缺陷；

2 法兰密封面应平整光洁，不应有毛刺及径向沟槽；螺纹法兰的螺纹表面应完整无损伤；

3 密封垫片表面应无明显折损、皱纹、划痕等缺陷。

检查数量：全数检查。

检查方法：直观检查。

4.2.4 管材及管件的规格、尺寸和壁厚及允许偏差，应符合国家现行有关产品标准和设计要求。

检查数量：每一规格、型号产品按件数抽查 20%，且不得少于 1 件。

检查方法：用钢尺和游标卡尺测量。

4.2.5 储水瓶组、储气瓶组、泵组单元、控制柜（盘）、储水箱、控制阀、过滤器、安全阀、减压装置、信号反馈装置等系统组件的规格、型号，应符合国家现行有关产品标准和设计要求，外观应符合下列规定：

1 应无变形及其他机械性损伤；

2 外露非机械加工表面保护涂层应完好；

3 所有外露口均应设有保护堵盖，且密封应良好；

4 铭牌标记应清晰、牢固、方向正确。

检查数量：全数检查。

检查方法：直观检查，并检查产品出厂合格证和市场准入制度要求的有效证明文件。

4.2.6 细水雾喷头的进场检验应符合下列要求：

1 喷头的商标、型号、制造厂及生产时间等标志应齐全、清晰；

2 喷头的数量等应满足设计要求；

3 喷头外观应无加工缺陷和机械损伤；

4 喷头螺纹密封面应无伤痕、毛刺、缺陷或断丝现象。

检查数量：分别按不同型号规格抽查 1%，且不得少于 5 只；少于 5 只时，全数检查。

检查方法：直观检查，并检查喷头出厂合格证和市场准入制度要求的有效证明文件。

4.2.7 阀组的进场检验应符合下列要求：

1 各阀门的商标、型号、规格等标志应齐全；

2 各阀门及其附件应配备齐全，不得有加工缺陷和机械损伤；

3 控制阀的明显部位应有标明水流方向的永久性标志；

4 控制阀的阀瓣及操作机构应动作灵活、无卡涩现象，阀体内应清洁、无异物堵塞，阀组进出口应密封完好。

检查数量：全数检查。

检查方法：直观检查及在专用试验装置上测试，主要测试设备有试压泵、压力表。

4.2.8 储气瓶组进场时，驱动装置应按产品使用说明规定的方法进行动作检查，动作应灵活无卡阻现象。

检查数量：全数检查。

检查方法：直观检查。

4.2.9 进场抽样检查时有一件不合格，应加倍抽样；仍有不合格时，应判定该批产品不合格。

4.3 安 装

4.3.1 系统安装前，设计单位应向施工单位进行技术交底，并应具备下列条件：

1 经审核批准的设计施工图、设计说明书及设计变更等技术文件齐全；

2 系统及其主要组件的安装使用等资料齐全；

3 系统组件、管件及其他设备、材料等的品种、规格、型号符合设计要求；

4 防护区或保护对象及设备间的设置条件与设计文件相符；

5 系统所需的预埋件和预留孔洞等符合设计要求；

6 施工现场和施工中使用的水、电、气满足施工要求。

4.3.2 系统的安装应按本规范表 D.0.2～表 D.0.5 填写施工过程记录和隐蔽工程验收记录。

4.3.3 储水瓶组、储气瓶组的安装应符合下列规定：

1 应按设计要求确定瓶组的安装位置；

2 瓶组的安装、固定和支撑应稳固，且固定支框架应进行防腐处理；

3 瓶组容器上的压力表应朝向操作面，安装高度和方向应一致。

检查数量：全数检查。

检查方法：尺量和直观检查。

4.3.4 泵组的安装除应符合现行国家标准《机械设备安装工程施工及验收通用规范》GB 50231 和《风机、压缩机、泵安装工程施工及验收规范》GB 50275 的有关规定外，尚应符合下列规定：

1 系统采用柱塞泵时，泵组安装后应充装润滑油并检查油位；

2 泵组吸水管上的变径处应采用偏心大小头连接。

检查数量：全数检查。

检查方法：直观检查，高压泵组应启泵检查。

4.3.5 泵组控制柜的安装应符合下列规定：

1 控制柜基座的水平度偏差不应大于±2mm/m，并应采取防腐及防水措施；

2 控制柜与基座应采用直径不小于12mm的螺栓固定，每只柜不应少于4只螺栓；

3 做控制柜的上下进出线口时，不应破坏控制柜的防护等级。

检查数量：全部检查。

检查方法：直观检查。

4.3.6 阀组的安装除应符合现行国家标准《工业金属管道工程施工规范》GB 50235的有关规定外，尚应符合下列规定：

1 应按设计要求确定阀组的观测仪表和操作阀门的安装位置，并应便于观测和操作。阀组上的启闭标志应便于识别，控制阀上应设置标明所控制防护区的永久性标志牌。

检查数量：全数检查。

检查方法：直观检查和尺量检查。

2 分区控制阀的安装高度宜为1.2m～1.6m，操作面与墙或其他设备的距离不应小于0.8m，并应满足安全操作要求。

检查数量：全数检查。

检查方法：对照图纸尺量检查和操作阀门检查。

3 分区控制阀应有明显启闭标志和可靠的锁定设施，并应具有启闭状态的信号反馈功能。

检查数量：全数检查。

检查方法：直观检查。

4 闭式系统试水阀的安装位置应便于安全的检查、试验。

检查数量：全数检查。

检查方法：尺量和直观检查，必要时可操作试水阀检查。

4.3.7 管道和管件的安装除应符合现行国家标准《工业金属管道工程施工规范》GB 50235和《现场设备、工业管道焊接工程施工规范》GB 50236的有关规定外，尚应符合下列规定：

1 管道安装前应分段进行清洗。施工过程中，应保证管道内部清洁，不得留有焊渣、焊瘤、氧化皮、杂质或其他异物，施工过程中的开口应及时封闭。

2 并排管道法兰应方便拆装，间距不宜小于100mm。

3 管道之间或管道与管接头之间的焊接应采用对口焊接。系统管道焊接时，应使用氩弧焊工艺，并应使用性能相容的焊条。

管道焊接的坡口形式、加工方法和尺寸等，均应符合现行国家标准《气焊、焊条电弧焊、气体保护焊和高能束焊的推荐坡口》GB/T 985.1的有关规定。

4 管道穿越墙体、楼板处应使用套管；穿过墙体的套管长度不应小于该墙体的厚度，穿过楼板的套管长度应高出楼地面50mm。管道与套管间的空隙应采用防火封堵材料填塞密实。设置在有爆炸危险场所的管道应采取导除静电的措施。

5 管道的固定应符合本规范第3.3.9条的规定。

检查数量：全数检查。

检查方法：尺量和直观检查。

4.3.8 管道安装固定后，应进行冲洗，并应符合下列规定：

1 冲洗前，应对系统的仪表采取保护措施，并应对管道支、吊架进行检查，必要时应采取加固措施；

3 冲洗流速不应低于设计流速；

4 冲洗合格后，应按本规范表D.0.3填写管道冲洗记录。

检查数量：全数检查。

检查方法：宜采用最大设计流量，沿灭火时管网内的水流方向分区、分段进行，用白布检查无杂质为合格。

4.3.9 管道冲洗合格后，管道应进行压力试验，并应符合下列规定：

1 试验用水的水质应与管道的冲洗水一致；

2 试验压力应为系统工作压力的1.5倍；

3 试验的测试点宜设在系统管网的最低点，对不能参与试压的设备、仪表、阀门及附件应加以隔离或在试验后安装；

4 试验合格后，应按本规范表D.0.4填写试验记录。

检查数量：全数检查。

检查方法：管道充满水、排净空气，用试压装置缓慢升压，当压力升至试验压力后，稳压5min，管道无损坏、变形，再将试验压力降至设计压力，稳压120min，以压力不降、无渗漏、目测管道无变形为合格。

4.3.10 压力试验合格后，系统管道宜采用压缩空气或氮气进行吹扫，吹扫压力不应大于管道的设计压力，流速不宜小于20m/s。

检查数量：全数检查。

检查方法：在管道末端设置贴有白布或涂白漆的靶板，以5min内靶板上无锈渣、灰尘、水渍及其他杂物为合格。

4.3.11 喷头的安装应在管道试压、吹扫合格后进行，并应符合下列规定：

1 应根据设计文件逐个核对其生产厂标志、型号、规格和喷孔方向，不得对喷头进行拆装、改动；

2 应采用专用扳手安装；

3 喷头安装高度、间距，与吊顶、门、窗、洞口、墙或障碍物的距离应符合设计要求；

4 不带装饰罩的喷头，其连接管管端螺纹不应露出吊顶；带装饰罩的喷头应紧贴吊顶；带有外置式过滤网的喷头，其过滤网不应伸入支干管内；

5 喷头与管道的连接宜采用端面密封或O型圈密封，不应采用聚四氟乙烯、麻丝、粘结剂等作密封材料。

检查数量：全数检查。

检查方法：直观检查。

4.4 调 试

4.4.1 系统调试前，应具备下列条件：

1 系统及与系统联动的火灾报警系统或其他装置、电源等均应处于准工作状态，现场安全条件应符合调试要求；

2 系统调试时所需的检查设备应齐全，调试所需仪器、仪表应经校验合格并与系统连接和固定；

3 应具备经监理批准的调试方案。

4.4.2 系统调试应包括泵组、稳压泵、分区控制阀的调试和联动试验，并应根据批准的方案按程序进行。

4.4.3 泵组调试应符合下列规定：

1 以自动或手动方式启动泵组时，泵组应立即投入运行。

检查数量：全数检查。

检查方法：手动和自动启动泵组。

2 以备用电源切换方式或备用泵切换启动泵组时，泵组应立即投入运行。

检查数量：全数检查。

检查方法：手动切换启动泵组。

3 采用柴油泵作为备用泵时，柴油泵的启动时间不应大于5s。

检查数量：全数检查。

检查方法：手动启动柴油泵。

4 控制柜应进行空载和加载控制调试，控制柜应能按其设计功能正常动作和显示。

检查数量：全数检查。

检查方法：使用电压表、电流表和兆欧表等仪表通电直观检查。

4.4.4 稳压泵调试时，在模拟设计启动条件下，稳压泵应能立即启动；当达到系统设计压力时，应能自动停止运行。

检查数量：全数检查。

检查方法：模拟设计启动条件启动稳压泵检查。

4.4.5 分区控制阀调试应符合下列规定：

1 对于开式系统，分区控制阀应能在接到动作指令后立即启动，并应发出相应的阀门动作信号。

检查数量：全数检查。

检查方法：采用自动和手动方式启动分区控制阀，水通过泄放试验阀排出，直观检查。

2 对于闭式系统，当分区控制阀采用信号阀时，应能反馈阀门的启闭状态和故障信号。

检查数量：全数检查。

检查方法：在试水阀处放水或手动关闭分区控制阀，直观检查。

4.4.6 系统应进行联动试验，对于允许喷雾的防护区或保护对象，应至少在1个区进行实际细水雾喷放试验；对于不允许喷雾的防护区或保护对象，应进行模拟细水雾喷放试验。

4.4.7 开式系统的联动试验应符合下列规定：

1 进行实际细水雾喷放试验时，可采用模拟火灾信号启动系统，分区控制阀、泵组或瓶组应能及时动作并发出相应的动作信号，系统的动作信号反馈装置应能及时发出系统启动的反馈信号，相应防护区或保护对象保护面积内的喷头应喷出细水雾。

检查数量：全数检查。

检查方法：直观检查。

2 进行模拟细水雾喷放试验时，应手动开启泄放试验阀，采用模拟火灾信号启动系统时，泵组或瓶组应能动作并发出相应的动作信号，系统的动作信号反馈装置应能及时发出系统启动的反馈信号。

检查数量：全数检查。

检查方法：直观检查。

3 相应场所入口处的警示灯应动作。

检查数量：全数检查。

检查方法：直观检查。

4.4.8 闭式系统的联动试验可利用试水阀放水进行模拟。打开试水阀后，泵组应能及时启动并发出相应的动作信号；系统的动作信号反馈装置应能及时发出系统启动的反馈信号。

检查数量：全数检查。

检查方法：打开试水阀放水，直观检查。

4.4.9 当系统需与火灾自动报警系统联动时，可利用模拟火灾信号进行试验。在模拟火灾信号下，火灾报警装置应能自动发出报警信号，系统应动作，相关联动控制装置应能发出自动关断指令，火灾时需要关闭的相关可燃气体或液体供给源关闭等设施应能联动关断。

检查数量：全数检查。

检查方法：模拟火灾信号，直观检查。

4.4.10 系统调试合格后，应按本规范表 D.0.6 填写调试记录，并应用压缩空气或氮气吹扫，将系统恢复至准工作状态。

5 验 收

5.0.1 系统的验收应由建设单位组织施工、设计、监理等单位共同进行。系统验收合格后，应将系统恢复至正常运行状态，并应向建设单位移交竣工验收文件资料和系统工程验收记录。系统验收不合格不得投入使用。

5.0.2 系统验收时，应提供下列资料，并应按本规范附录 E 进行质量控制资料核查，按本规范附录 F 进行验收：

1 验收申请报告、设计施工图、设计变更文件、竣工图；

2 主要系统组件和材料的符合国家标准的有效证明文件和产品出厂合格证；

3 系统及其主要组件的安装使用和维护说明书；

4 施工单位的有效资质文件和施工现场质量管理检查记录；

5 系统施工过程质量检查记录、施工事故处理报告；

6 系统试压记录、管网冲洗记录和隐蔽工程验收记录。

5.0.3 泵组系统水源验收应符合下列规定：

1 进（补）水管管径及供水能力、储水箱的容量，均应符合设计要求；

2 水质应符合设计规定的标准；

3 过滤器的设置应符合设计要求。

检查数量：全数检查。

检查方法：对照设计资料采用流速计、直尺等测量和直观检查；水质取样检查。

5.0.4 泵组验收应符合下列规定：

1 工作泵、备用泵、吸水管、出水管、出水管上的安全阀、止回阀、信号阀等的规格、型号、数量应符合设计要求；吸水管、出水管上的检修阀锁定在常开位置，并应有明显标记。

检查数量：全数检查。

检查方法：对照设计资料和产品说明书直观检查。

2 水泵的引水方式应符合设计要求。

检查数量：全数检查。

检查方法：直观检查。

3 水泵的压力和流量应满足设计要求。

检查数量：全数检查。

检查方法：自动开启水泵出水管上的泄放试验阀，使用压力表、流量计等直观检查。

4 泵组在主电源下应能在规定时间内正常启动。

检查数量：全数检查。

检查方法：打开水泵出水管上的泄放试验阀，利用主电源向泵组供电；关掉主电源检查主备电源的切换情况，用秒表等直观检查。

5 当系统管网中的水压下降到设计最低压力时，稳压泵应能自动启动。

检查数量：全数检查。

检查方法：使用压力表，直观检查。

6 泵组应能自动启动和手动启动。

检查数量：全数检查。

检查方法：自动启动检查，对于开式系统，采用模拟火灾信号启动泵组。对于闭式系统，开启末端试水阀启动泵组，直观检查。手动启动检查，按下水泵控制柜的按钮，直观检查。

7 控制柜的规格、型号、数量应符合设计要求；控制柜的图纸塑封后应牢固粘贴于柜门内侧。

检查数量：全数检查。

检查方法：直观检查。

5.0.5 储气瓶组和储水瓶组的验收应符合下列规定：

1 瓶组的数量、型号、规格、安装位置、固定方式和标志，应符合设计要求和本规范第 4.3.3 条的规定。

检查数量：全数检查。

检查方法：观察和测量检查。

2 储水容器内水的充装量和储气容器内氮气或压缩空气的储存压力应符合设计要求。

检查数量：称重检查按储水容器全数（不足 5 个按 5 个计）的 20％检查；储存压力检查按储气容器全数检查。

检查方法：称重、用液位计或压力计测量。

3 瓶组的机械应急操作处的标志应符合设计要求。应急操作装置应有铅封的安全销或保护罩。

检查数量：全数检查。

检查方法：直观检查、测量检查。

5.0.6 控制阀的验收应符合下列规定：

1 控制阀的型号、规格、安装位置、固定方式和启闭标识等，应符合设计要求和本规范第 4.3.6 条的规定。

检查数量：全数检查。

检查方法：直观检查。

2 开式系统分区控制阀组应能采用手动和自动方式可靠动作。

检查数量：全数检查。

检查方法：手动和电动启动分区控制阀，直观检查阀门启闭反馈情况。

3 闭式系统分区控制阀组应能采用手动方式可靠动作。

检查数量：全数检查。

检查方法：将处于常开位置的分区控制阀手动关闭，直观检查。

4 分区控制阀前后的阀门均应处于常开位置。

检查数量：全数检查。

检查方法：直观检查。

5.0.7 管网验收应符合下列规定：

1 管道的材质与规格、管径、连接方式、安装位置及采取的防冻措施，应符合设计要求和本规范第 4.3.7 条的有关规定。

检查数量：全数检查。

检查方法：直观检查和核查相关证明材料。

2 管网上的控制阀、动作信号反馈装置、止回阀、试水阀、安全阀、排气阀等，其规格和安装位置均应符合设计要求。

检查数量：全数检查。

检查方法：直观检查。

3 管道固定支、吊架的固定方式、间距及其与管道间的防电化学腐蚀措施，应符合设计要求。

检查数量：按总数抽查 20％，且不得少于 5 处。

检查方法：尺量和直观检查。

5.0.8 喷头验收应符合下列规定：

1 喷头的数量、规格、型号以及闭式喷头的公称动作温度等，应符合设计要求。

检查数量：全数核查。

检查方法：直观检查。

2 喷头的安装位置、安装高度、间距及与墙体、梁等障碍物的距离，均应符合设计要求和本规范第 4.3.11 条的有关规定，距离偏差不应大于±15mm。

检查数量：全数核查。

检查方法：对照图纸尺量检查。

3 不同型号规格喷头的备用量不应小于其实际安装总数的 1％，且每种备用喷头数不应少于 5 只。

检查数量：全数检查。

检查方法：计数检查。

5.0.9 每个系统应进行模拟联动功能试验，并应符合下列规定：

1 动作信号反馈装置应能正常动作，并应能在动作后启动泵组或开启瓶组及与其联动的相关设备，可正确发出反馈信号。

检查数量：全数检查。

检查方法：利用模拟信号试验，直观检查。

2 开式系统的分区控制阀应能正常开启，并可正确发出反馈信号。

检查数量：全数检查。

检查方法：利用模拟信号试验，直观检查。

3 系统的流量、压力均应符合设计要求。

检查方法：利用系统流量压力检测装置通过泄放试验，直观检查。

4 泵组或瓶组及其他消防联动控制设备应能正常启动，并应有反馈信号显示。

检查数量：全数检查。

检查方法：直观检查。

5 主、备电源应能在规定时间内正常切换。

检查数量：全数检查。

检查方法：模拟主备电切换，采用秒表计时检查。

5.0.10 开式系统应进行冷喷试验，除应符合本规范第 5.0.9

条的规定外,其响应时间应符合设计要求。

检查数量:至少一个系统、一个防护区或一个保护对象。

检查方法:自动启动系统,采用秒表等直观检查。

5.0.11 系统工程质量验收合格与否,应根据其质量缺陷项情况进行判定。系统工程质量缺陷项目应按表5.0.11划分为严重缺陷项、一般缺陷项和轻度缺陷项。

当无严重缺陷项,或一般缺陷项不多于2项,或一般缺陷项与轻度缺陷项之和不多于6项时,可判定系统验收为合格;当有严重缺陷项,或一般缺陷项大于等于3项,或一般缺陷项与轻度缺陷项之和大于等于7项时,应判定为不合格。

表 5.0.11 系统工程质量缺陷项目划分

项目	对应本规范的要求
严重缺陷项	第5.0.2、第5.0.3、第5.0.4条第4、6款、第5.0.6条第3款、第5.0.7第1款、第5.0.8条第1款、第5.0.9条、第5.0.10条
一般缺陷项	第5.0.4条第1、2、3、5、7款、第5.0.5条第2款、第5.0.6条第1、2款、第5.0.7条第2款、第5.0.8条第2款
轻度缺陷项	第5.0.5条第1、3款、第5.0.6条第4款、第5.0.7条第3款、第5.0.8条第3款

6 维护管理

6.0.1 使用单位应制定系统的维护管理制度,并应根据维护制度和操作规程进行,使系统处于正常运行状态。

6.0.2 系统的维护管理应由经过培训的人员承担。维护管理人员应熟悉系统的工作原理和操作维护方法与要求。

6.0.3 系统的维护管理宜按本规范表G.0.1的要求进行,并应按表G.0.2填写系统维护管理记录。

6.0.4 系统发生故障需停用进行维修时,应经消防责任人批准并在采取相应的防范措施后进行。

6.0.5 当改变建筑物的用途或几何特征或可燃物特性等可能影响系统的灭火有效性时,应对系统进行校核或重新设计。

6.0.6 系统应按本规范要求进行日检、月检、季检和年检,检查中发现的问题应及时按规定要求处理。

6.0.7 每日应对系统的下列项目进行一次检查:

1 应检查控制阀等各种阀门的外观及启闭状态是否符合设计要求;

2 应检查系统的主备电源接通情况;

3 寒冷和严寒地区,应检查设置储水设备的房间温度,房间温度不应低于5℃;

4 应检查报警控制器、水泵控制柜(盘)的控制面板及显示信号状态;

5 应检查系统的标志和使用说明等标识是否正确、清晰、完整,并应处于正确位置。

6.0.8 每月应对系统的下列项目进行一次检查:

1 应检查系统组件的外观,应无碰撞变形及其他机械性损伤;

2 应检查分区控制阀动作是否正常;

3 应检查阀门上的铅封或锁链是否完好、阀门是否处于正确位置;

4 应检查储水箱和储水容器的水位及储气容器内的气体压力是否符合设计要求;

5 对于闭式系统,应利用试水阀对动作信号反馈情况进行试验,观察其是否正常动作和显示;

6 应检查喷头的外观及备用数量是否符合要求;

7 应检查手动操作装置的保护罩、铅封等是否完整无损。

6.0.9 每季度应对系统的下列项目进行一次检查:

1 应通过泄放试验阀对泵组系统进行一次放水试验,并应检查泵组启动、主备泵切换及报警联动功能是否正常;

2 应检查瓶组系统的控制阀动作是否正常;

3 应检查管道和支、吊架是否松动,以及管道连接件是否变形、老化或有裂纹等现象。

6.0.10 每年应对系统的下列项目进行一次检查:

1 应定期测定一次系统水源的供水能力;

2 应对系统组件、管道及管件进行一次全面检查,并应清洗储水箱、过滤器,同时应对控制阀后的管道进行吹扫;

3 储水箱应每半年换水一次,储水容器内的水应按产品制造商的要求定期更换;

4 应进行系统模拟联动功能试验,并应符合本规范第5.0.9条的规定。

附录 A 细水雾灭火系统的实体火灾模拟试验

A.1 一般规定

A.1.1 实体火灾模拟试验的模型应保证火灾模型与实际工程应用的相似性,并应根据下列因素确定:

1 试验燃料应能代表实际保护对象的火灾特性;

2 试验空间应与实际防护区的空间几何特征相似;

3 试验空间的通风等环境条件应与实际工程的应用条件相似;

4 系统的模拟试验应用方式应与系统设计应用方式相同。

A.1.2 实体火灾模拟试验的引燃方式和预燃时间应与可能发生的火灾情况相似。

A.2 容积不大于260m³ 的设备室

Ⅰ 基本要求

A.2.1 模拟试验空间应符合下列要求:

1 试验空间应相对封闭,其长度、宽度和高度应根据实际防护区的空间确定,且高度不宜超过7.5m,长度不宜超过8.0m;

2 应在与设备模型平行的墙面上设置一道宽度为0.8m、高度为2.0m的门,门与墙角的距离宜为2.7m。除进行有遮挡的2MW喷雾火试验应将门置于开启状态外,其他试验均应将门置于关闭状态;

3 在细水雾喷放和灭火过程中,应保持试验空间的所有开口处于关闭状态。

A.2.2 防护空间内的设备可利用钢板模拟,并应符合下列要求:

1 应将一块1mm厚的钢板水平放置于试验空间中央的钢支柱上,宽度应为1.0m,长度宜与整个试验空间长度相同,距地面高度应为1.0m。在水平放置钢板的两侧应倾斜45°向上固定2块1mm厚的钢板,两侧钢板顶部的水平距应为2.0m，顶部距地面均应为1.5m；

   2 进行遮挡火试验时，应在水平放置钢板的正下方设置2块高度为1.0m、宽度为0.5m的挡板；

   3 试验模型见图A.2.2。细水雾喷头宜布置在试验空间顶部。

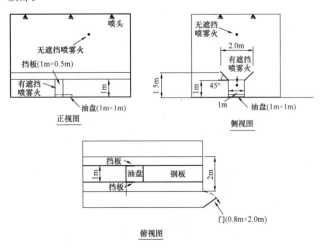

图 A.2.2 试验空间和设备模型

A.2.3 模拟火源宜根据保护对象的火灾特性采用喷雾火或油盘火，并应符合下列要求：

   3 对于喷雾火，燃料喷嘴喷雾角度宜为80°，喷嘴前压力宜为0.86MPa；对于1MW喷雾火，其燃料供给流量应为(0.03±0.005)kg/s；对于2MW喷雾火，其燃料供给流量应为(0.05±0.002)kg/s。

A.2.4 模拟火源的布置应符合下列要求：

   2 对于有遮挡喷雾火，燃料喷嘴宜设置在水平放置钢板的下方，且应位于两块挡板中间的位置，距地面高度宜为500mm。试验时，喷雾火宜朝对面墙壁的中心位置水平喷射，试验布置见图A.2.4-1；

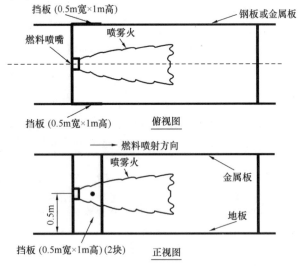

图 A.2.4-1 火源和遮挡喷雾火布置

   3 对于油盘火，油盘宜设置在水平放置钢板下方的地面上，且位于两块挡板中间的位置，试验布置见图A.2.4-2。

A.2.5 氧浓度测试仪应在试验空间内远离开口的位置设置，量程范围宜为0～25%（V/V）。在整个试验过程中，试验空间内的氧气浓度不宜低于16%。

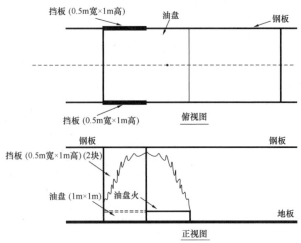

图 A.2.4-2 火源和遮挡油盘火布置

Ⅱ 液压站、润滑油站、柴油发电机房和
燃油锅炉房等

A.2.6 试验程序应符合下列要求：

   1 对于无遮挡喷雾火，应调节柴油或正庚烷流量，并应使喷雾火热释放速率为1MW；应在点燃油雾并预燃15s后手动启动系统，并应记录灭火时间和细水雾喷头前的工作压力；

   2 对于有遮挡喷雾火，应调节柴油或正庚烷流量，并应使喷雾火热释放速率分别为1MW和2MW；应在点燃油雾并预燃15s后手动启动系统，并应记录灭火时间和细水雾喷头前的工作压力；

   3 对于油盘火，应在点燃油盘并预燃30s后手动启动系统，并应记录灭火时间和细水雾喷头前的工作压力。

A.2.7 对于容积大于130m³的设备室，尚应进行小试验空间内的有遮挡喷雾火试验，并应符合下列要求：

   1 应在本规范第A.2.1条规定的试验空间内用垂直于水平放置钢板的隔板分隔出容积为130m³的小试验空间，并应设置一道宽0.8m、高2.0m的门。试验过程中应保持门处于开启状态；

   2 模拟火源应采用本规范第A.2.3条规定的2MW喷雾火，火源布置应符合本规范第A.2.4条第2款的要求；

   3 试验应符合本规范第A.2.6条第2款的要求。试验过程中，当手动启动系统时，应只开启130m³小试验空间内的细水雾喷头。

A.2.8 试验结果应符合下列要求：

   1 从喷出细水雾至灭火的时间不应大于15min；

   2 灭火后应无复燃现象；

   3 灭火后应仍有剩余燃料。

Ⅲ 涡 轮 机 房

A.2.9 涡轮机可利用钢板进行模拟，并应符合下列要求：

   1 应将一块50mm厚的热轧钢板水平放置于四个钢支柱上，并应使钢板位于试验空间长边方向的中心线上。钢板尺寸应为1.0m×2.0m，距地高度应为1.0m。

   应将2块1mm厚、宽度为1.0m的钢板也放置于钢支柱上，每块钢板的一侧宜与热轧钢板的一侧相接，另一侧宜延伸至对面的墙面并与该墙面垂直相接。

   应在水平放置的钢板两侧倾斜45°向上固定2块1mm厚

的钢板，两侧钢板顶部的水平距离应为2.0m，顶部距地面均应为1.5m；

2 进行遮挡火试验时，应在水平放置钢板的下方设置2块高度为1.0m、宽度为0.5m的挡板；

3 试验空间和涡轮机模型见图A.2.9。

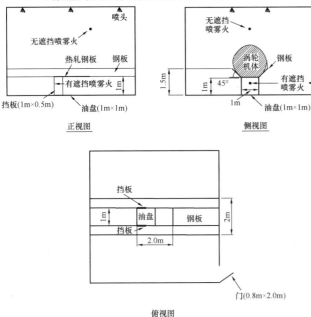

图 A.2.9 试验空间和涡轮机模型

A.2.10 涡轮机应进行模拟灭火试验，并应符合下列要求：

1 试验程序应符合本规范第A.2.6条的规定；
2 试验结果应符合本规范第A.2.8条的规定；
3 对于容积大于130m³的涡轮机房，尚应符合本规范第A.2.7条的规定。

A.2.11 涡轮机除应进行本规范第A.2.10条规定的模拟灭火试验外，尚应进行喷雾冷却试验，并应符合下列要求：

1 模拟火源宜采用1MW喷雾火。喷雾火宜位于2块挡板中央、涡轮机模型的下方，燃料喷嘴与水平面应成30°角，且宜对准热轧钢板的中心喷射。试验布置见图A.2.11-1。

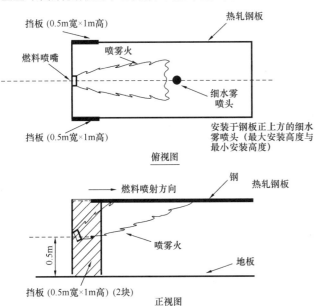

图 A.2.11-1 喷雾冷却试验布置

2 在热轧钢板中央距离其上表面分别为12mm、25mm和38mm处宜各布置1个热电偶，热电偶具体布置位置见图A.2.11-2。

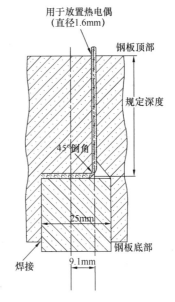

图 A.2.11-2 喷雾冷却试验热电偶布置

3 试验时，应用喷雾火加热热轧钢板，在3个热电偶温度均达到300℃时，应切断喷雾火并启动系统进行冷却，并应记录15min内的水平钢板温度变化曲线。试验中应分别按实际工程应用中细水雾喷头到燃气轮机的最大和最小距离，进行两次喷雾冷却试验。

4 在系统喷雾冷却的15min内，模拟涡轮机的部件不应造成损坏为合格。

A.3 容积大于260m³的设备室

Ⅰ 基本要求

A.3.1 模拟试验空间应符合下列要求：

1 试验空间应相对封闭，其长度、宽度和高度宜根据实际防护区的空间确定，且空间高度不宜超过7.5m；
2 应在与设备模型平行的墙面上设置宽度和高度分别为2.0m的开口，开口宜位于墙面的中央，距地面宜为0.5m；
3 在细水雾喷放和灭火过程中，应保持试验空间的所有开口处于关闭状态。

A.3.2 防护空间内的设备可利用钢板、钢管进行模拟，并应符合下列要求：

1 模型应由厚度为5mm的钢板制成，其长度应为3.0m，宽度应为1.0m，高度应为3.0m；
2 模型上应设置2根直径均为0.3m、长度均为3.0m的钢管和一块长度3.5m、宽度0.7m、厚5mm的挡板；
3 模型四周应设置钢板围挡，其长度应为6.0m，宽度应为4.0m，高度应为0.75m；
4 模型下方应放置1个面积为4.0m²的正方形油盘，油盘高度宜为0.25m；模型顶部应放置1个1.0m×3.0m的方形油盘，油盘高度宜为100mm；
5 试验空间、设备模型和试验设施布置见图A.3.2。

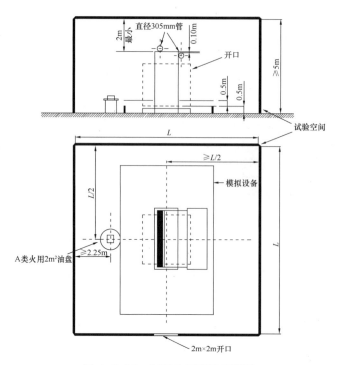

图 A.3.2-1 试验空间和设备模型

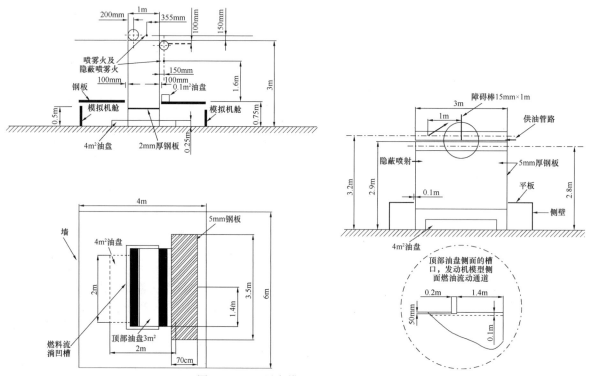

图 A.3.2-2 设备模型和试验设施布置

A.3.3 模拟火源宜根据保护对象的火灾特性采用喷雾火和（或）油盘火，并应符合下列要求：

3 对于油盘火，试验油盘应分为正方形和圆形。正方形油盘高度宜为100mm，尺寸应分为0.3m×0.3m和1.0m×1.0m。圆形油盘高度宜为180mm，直径应为1.6m。试验油盘底部经垫水后加入燃料，燃料层高度不宜小于20mm，燃料液面距油盘上沿宜为30mm。

4 对于木垛火，木垛应由8层整齐堆放的木条构成，每层应设置4根木条。每根木条应采用云杉、冷杉或密度相当的松木木条制作，长度宜为305mm，截面宜为38mm×38mm。木垛的长度、宽度和高度宜分别为350mm、305mm、305mm，重量宜为5.4kg～5.9kg。实验前，木垛应在（49±5）℃的环境中放置至少16h。

A.3.4 模拟火源的布置应符合下列要求：

1 对于无遮挡喷雾火，火源应分别采用符合本规范表A.3.3规定的低压喷雾火和高压喷雾火。燃料喷嘴应位于模型顶部（本规范图A.3.2-2）。试验时，燃料喷嘴宜面朝未设置开口的墙面，并宜沿模型长边方向水平喷射。

2 对于有遮挡喷雾火，火源应符合表 A.3.3 低压喷雾火的要求。燃料喷嘴应位于挡板下方（本规范图 A.3.2-2）。试验时，燃料喷嘴宜面朝未设置开口的墙面，并宜沿模型长边方向水平喷射。

3 对于倾斜喷雾火，火源应符合表 A.3.3 低压喷雾火的要求。燃料喷嘴应位于模型顶部（图 A.3.4）。喷嘴与模型上表面宜成 45°喷射并冲击 φ15mm 的障碍棒。

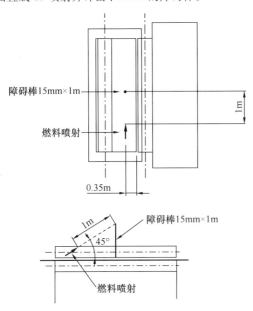

图 A.3.4 倾斜喷雾火的喷嘴布置位置

表 A.3.3 喷雾火设置参数

压力类别	低压	低压低流量	高压
燃料喷嘴	全锥型宽喷雾角（120°～125°）	全锥型宽喷雾角（80°）	全锥型标准角（0.6MPa 时）
燃料类型	柴油	柴油	柴油
公称油压（MPa）	0.82	0.86	15.0
燃料供给流量（kg/s）	0.16±0.01	0.03±0.005	0.05±0.002
燃料温度（℃）	20±10	20±10	20±10
热释放速率（MW）	5.8±0.6	1.1±0.1	1.8±0.2

4 对于 1MW 有遮挡喷雾火和 0.1m² 油盘火，喷雾火应符合本规范表 A.3.3 低压低流量喷雾火的要求。油盘应为 0.1m² 的正方形油盘，燃料应采用柴油。燃料喷嘴和油盘的具体位置见本规范图 A.3.2-2，试验时，燃料喷嘴宜朝向未设置开口的墙面，并宜沿模型长边方向水平喷射。

5 对于有遮挡油盘火，燃料应采用正庚烷，油盘应为 1.0m² 的正方形油盘，应放置在钢板围挡上，且应位于挡板的正下方。

6 对于木垛火和油盘火，木垛应符合本规范 A.3.3 条第 4 款的设置要求。油盘应为圆形油盘，燃料应采用正庚烷。油盘宜布置在距地面 0.75m 处（本规范图 A.3.2-1）。试验时应将木垛放置于油盘的中心位置，燃料热释放速率宜为 7.5MW。

7 对于流淌火，燃料应采用正庚烷，试验时应将燃料通过供油管路注入模型顶部的方形油盘内，并应使其以 0.25kg/s 的流速沿顶部油盘侧面的凹槽流出（本规范图 A.3.2-2）。燃料热释放速率应为 28MW。

A.3.5 氧浓度测试仪应在试验空间内远离开口的位置设置，量程范围宜为 0～25%（V/V）。在整个试验过程中，试验空间内的氧气浓度不宜低于 16%。

Ⅱ 液压站、润滑油站、柴油发电机房和燃油锅炉房等

A.3.7 模拟火源的选择应符合下列要求：

1 对于不存在立体喷射火危险的设备室，应选择本规范第 A.3.4 条第 5～7 款规定的模拟火源进行试验；对于存在立体喷射火危险的设备室，应按本规范第 A.3.4 条第 1～7 款规定的模拟火源进行试验。

2 当设备室内使用的可燃液体为丙类液体时，本规范第 A.3.4 条第 5～7 款规定的模拟火源中使用的正庚烷可用柴油代替。

A.3.8 试验程序应符合下列要求：

1 对于喷雾火，应在点燃油雾并预燃 15s 后手动启动系统，并应记录灭火时间和细水雾喷头前的工作压力；

2 对于 1MW 有遮挡喷雾火和 0.1m² 油盘火，应先点燃油盘火，在其预燃 105s 后点燃油雾，并应在油雾火预燃 15s 后手动启动系统，同时应记录灭火时间和细水雾喷头前的工作压力；

3 对于有遮挡油火，应在点燃油盘并预燃 15s 后手动启动系统，并应记录灭火时间和细水雾喷头前的工作压力；

4 对于木垛火和油盘火，应在点燃油盘并预燃 30s 后手动启动系统，并应记录细水雾喷头前的工作压力；

5 对于流淌火，应在正庚烷溢出并顺着凹槽流淌下来后，点燃正庚烷并手动启动系统，并应记录灭火时间和细水雾喷头前的工作压力。

A.3.9 试验结果应符合下列要求：

1 对于喷雾火，从喷出细水雾至灭火的时间不应大于 15min，且灭火后应无复燃现象；

2 对于 1MW 有遮挡喷雾火和 0.1m² 油盘火，系统应能扑灭喷雾火并抑制油盘火，从喷出细水雾至灭火的时间不应大于 15min，且灭火后应无复燃现象；

3 对于有遮挡油火，系统应能抑制油盘火；

4 对于木垛火和油盘火，系统应能扑灭油盘火和木垛火，从喷出细水雾至灭火的时间不应大于 15min 且灭火后无复燃现象；

5 对于流淌火，系统应能扑灭流淌火，从喷出细水雾至灭火的时间不应大于 15min 且灭火后无复燃现象。

Ⅲ 涡轮机房

A.3.10 模拟灭火试验应符合下列要求：

1 应按本规范第 A.3.4 条第 1～7 款规定的模拟火源进行试验，并可用柴油代替正庚烷进行本规范第 A.3.4 条第 5～7 款的试验；

2 试验程序和试验结果应符合本规范第 A.3.8 和 A.3.9 条的规定。

A.3.11 喷雾冷却试验应采用本规范第 A.2.9 条规定的试验模型，并应按 A.2.11 条的要求进行。

A.4 电缆隧道和电缆夹层

A.4.1 电缆隧道模拟试验空间应符合下列要求：

1 试验空间高度宜大于2.75m，宽度不宜小于1.60m，隧道长度不应小于系统设计的最小保护长度；

2 试验宜在强制纵向通风的环境下进行。试验前应进行风速测量和调节，测量点应位于隧道人行通道的正中位置，测量点风速不应小于1m/s。

A.4.2 模拟试验中的电缆布置应符合下列要求：

1 试验空间内的电缆桥架不应少于8层，桥架的宽度不应小于600mm，相邻桥架层的间距不应小于200mm，最底层桥架距地面不应小于300mm，顶层桥架距隧道顶部不应小于200mm，桥架固定端距隧道侧墙不应小于200mm；

2 每层桥架上应按本规范表A.4.2的要求放置电缆，其外护层应为不阻燃的聚乙烯、聚丙烯或类似可燃材料；

A.4.3 模拟火源应符合下列要求：

1 燃料应采用丙烷；

2 引燃电缆的燃烧器应采用热释放速率为（250±25）kW的气体燃烧器；

3 燃烧器应置于最下层电缆桥架下，并宜位于两只细水雾喷头之间。

A.4.4 在气体燃烧器正上方应布置1个测量温度的热电偶，并应在空间中央吊顶下150mm处和自顶部向下第二层电缆桥架中央，每间隔2.5m分别设置2组热电偶；当风速大于2m/s时，尚应在自顶部向下第四层电缆桥架中央增设1组热电偶。热电偶布置位置见图A.4.4。

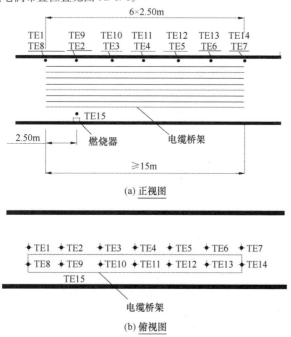

图A.4.4 试验热电偶布置

A.4.5 试验时，应点燃气体燃烧器并预燃5min后手动启动系统，并应保持喷雾15min后关闭系统。试验过程中，应记录灭火时间、热电偶温度曲线和细水雾喷头前的工作压力。试验结果应符合下列要求：

1 喷出细水雾5min后，测温点5s内平均值不应大于100℃；

2 从喷出细水雾至灭火的时间不应大于15min；

3 灭火后应无复燃现象且电缆两端的燃烧剩余长度不应小于0.5m。

A.5 电子信息系统机房的地板夹层空间

A.5.2 模拟火源应采用正庚烷罐火和电缆火，并应符合下列要求：

1 对于正庚烷罐火，宜采用7个内径为76mm、高度为127mm的罐，罐内应加入正庚烷，正庚烷的液面距罐上沿应为50mm。正庚烷罐应按图A.5.2-1的要求放置。试验时，应在夹层地板的中央设置1块挡板；

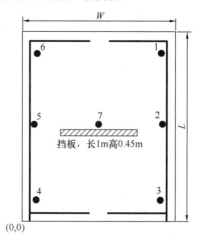

图A.5.2-1 油罐火位置

2 对于电缆火，应采用25根单根长为770mm、外径为16mm的六芯PVC外套电缆，并应与4个单个功率为925W的加热管相连接。电缆应敷设在模拟电缆线槽内，线槽的平板厚应为13mm，平板两侧应设置2块长度、高度分别为1.0m、0.46m的挡板。试验布置见图A.5.2-2。

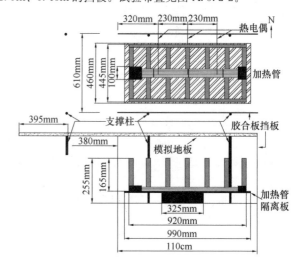

图A.5.2-2 电缆火燃烧物示意

A.5.3 氧浓度测试仪应设置在试验空间内，其量程范围宜为0～25%（V/V）。

A.5.4 试验程序应符合下列要求：

1 对于正庚烷罐火，应点燃正庚烷罐并预燃120s后手动启动系统，并应记录灭火时间和细水雾喷头前的工作压力；

2 对于电缆火，应采用加热管加热点燃电缆，并应在产生明火后关闭加热管，预燃120s后手动启动系统，并应记录灭火时间和细水雾喷头前的工作压力。

A.5.5 试验结果应符合下列要求：
1 从喷出细水雾至灭火的时间不应大于5min；
2 灭火后应无复燃现象；
3 灭火后应仍有剩余燃料。

附录B 细水雾灭火系统工程划分

表B 细水雾灭火系统分部工程、子分部工程、分项工程划分

分部工程	序号	子分部工程	分项工程
细水雾灭火系统	1	进场检验	材料进场检验
			系统组件进场检验
	2	系统安装	储水、储气瓶组的安装、泵组及控制柜的安装、阀组安装、管道管件安装、喷头安装
			系统管道冲洗、水压试验、吹扫
	3	系统调试	泵组调试、分区控制阀调试、联动试验
	4	系统验收	灭火系统施工质量验收
			系统功能验收

附录C 细水雾灭火系统施工现场质量管理检查记录

表C 施工现场质量管理检查记录

工程名称			
建设单位		监理单位	
设计单位		项目负责人	
施工单位		施工许可证	
序号	项 目	内 容	
	现场质量管理制度		
	质量责任制		
	主要专业工种人员操作上岗证书		
	施工图审查情况		
	施工组织设计、施工方案及审批		
	施工技术标准		
	工程质量检验制度		
	现场材料、设备管理		
	其他		
结论	施工单位项目负责人： （签章） 年 月 日	监理工程师： （签章） 年 月 日	建设单位项目负责人： （签章） 年 月 日

附录D 细水雾灭火系统施工过程质量检查记录

D.0.1 系统施工过程中的进场检验记录应由施工单位质量检查员按表D.0.1填写，并应由监理工程师进行检查，同时应做出检查结论。

表D.0.1 细水雾灭火系统施工进场检验记录

工程名称		施工单位	
施工执行规范名称及编号		监理单位	
子分部工程名称	进场检验		
分项工程名称	本规范要求	施工单位检查记录及评定	监理单位验收记录
材料进场检验	第4.2.1条		
	第4.2.2条		
	第4.2.3条		
	第4.2.4条		
系统组件进场检验	第4.2.1条		
	第4.2.5条		
	第4.2.6条		
	第4.2.7条		
	第4.2.8条		
结论	施工单位项目负责人： （签章） 年 月 日		监理工程师： （签章） 年 月 日

注：对材料和系统组件有复验要求或对其质量有疑义时，应由监理工程师抽样，并由具有相应资质的检测单位进行检测复验，其复验结果应符合国家现行产品标准和设计要求。

D.0.2 系统施工过程中的安装质量检查记录应由施工单位质量检查员按表D.0.2填写，并应由监理工程师进行检查，同时应做出检查结论。

表 D.0.2 细水雾灭火系统安装质量检查记录

工程名称		施工单位	
施工执行规范名称及编号		监理单位	
子分部工程名称		系统安装	
分项工程名称	本规范要求	施工单位检查记录及评定	监理单位验收记录
储水、储气瓶组的安装	第4.3.3条第1款		
	第4.3.3条第2款		
	第4.3.3条第3款		
泵组及控制柜的安装	第4.3.4条第1款		
	第4.3.4条第2款		
	第4.3.5条第1款		
	第4.3.5条第2款		
	第4.3.5条第3款		
阀组的安装	第4.3.6条第1款		
	第4.3.6条第2款		
	第4.3.6条第3款		
	第4.3.6条第4款		
管道的安装	第4.3.7条第1款		
	第4.3.7条第2款		
	第4.3.7条第3款		
	第4.3.7条第4款		
	第4.3.7条第5款		
喷头的安装	第4.3.11条第1款		
	第4.3.11条第2款		
	第4.3.11条第3款		
	第4.3.11条第4款		
	第4.3.11条第5款		
结论	施工单位项目负责人： （签章） 年 月 日		监理工程师： （签章） 年 月 日

D.0.3 系统施工过程中的管道冲洗记录应由施工单位质量检查员按表D.0.3填写，并应由监理工程师进行检查，同时应做出检查结论。

表 D.0.3 细水雾灭火系统管网冲洗记录

工程名称						建设单位	
施工单位						监理单位	
管段号	材质	冲洗					结论意见
		介质	压力(MPa)	流速(m/s)	流量(L/s)	冲洗次数	
结论	施工单位项目负责人： （签章） 年 月 日		监理工程师： （签章） 年 月 日			建设单位项目负责人： （签章） 年 月 日	

D.0.4 系统施工过程中的试压记录应由施工单位质量检查员按表D.0.4填写，并应由监理工程师进行检查，同时应做出检查结论。

表 D.0.4 细水雾灭火系统试压记录

工程名称					建设单位			
施工单位					监理单位			
管段号	材质	设计工作压力（MPa）	温度（℃）	压力试验				
				介质	压力（MPa）	时间（min）	结论意见	
结论	施工单位项目负责人： （签章） 年 月 日			监理工程师： （签章） 年 月 日			建设单位项目负责人： （签章） 年 月 日	

D.0.5 系统施工过程中的隐蔽工程验收记录应由施工单位质量检查员按表 D.0.5 填写，并应由监理工程师进行检查，同时应做出检查结论。

D.0.6 系统施工过程中的系统调试记录应由施工单位质量检查员按表 D.0.6 填写，并应由监理工程师进行检查，同时应做出检查结论。

表 D.0.5 细水雾灭火系统隐蔽工程验收记录

工程名称									
建设单位					设计单位				
监理单位					施工单位				
管段号	设计参数				压力试验				防腐
	管径	材料	介质	压力（MPa）	介质	压力（MPa）	时间（min）	结果	等级	结果
隐蔽前的检查										
隐蔽方法										
简图或说明										
结论	施工单位项目负责人： （签章） 年 月 日				监理工程师： （签章） 年 月 日				建设单位项目负责人： （签章） 年 月 日	

表 D.0.6 细水雾灭火系统调试记录

工程名称		施工单位	
施工执行规范名称及编号		监理单位	
子分部工程名称	系统调试		
分项工程名称	本规范要求	施工单位检查记录及评定	监理单位验收记录
泵组调试	第4.4.3条第1款		
	第4.4.3条第2款		
	第4.4.3条第3款		
	第4.4.3条第4款		
	第4.4.4条		
控制阀调试	第4.4.5条第1款		
	第4.4.5条第2款		
联动试验	第4.4.6条		
	第4.4.7条第1款		
	第4.4.7条第2款		
	第4.4.7条第3款		
	第4.4.8条		
	第4.4.9条		
结论	施工单位项目负责人： （签章） 年 月 日	监理工程师： （签章） 年 月 日	

附录 E 细水雾灭火系统工程质量控制资料核查记录

表 E 细水雾灭火系统工程质量控制资料核查记录

工程名称		施工单位			
分部工程名称	资料名称		数量	核查意见	核查人
细水雾灭火系统	验收申请报告、设计施工图、设计变更文件、竣工图				
	主要系统组件和材料的符合国家标准的有效证明文件和产品出厂合格证				
	系统及其主要组件的安装使用和维护说明书				
	施工许可证（开工证）和施工现场质量管理检查记录				
	系统施工进场检验、安装质量检查系统调试等施工过程质量检查记录和施工事故处理报告				
	系统试压记录、管网冲洗记录和隐蔽工程验收记录				
结论	施工单位项目负责人： （签章） 年 月 日		监理工程师： （签章） 年 月 日	建设单位项目负责人： （签章） 年 月 日	

附录 F 细水雾灭火系统工程验收记录

表 F 细水雾灭火系统工程验收记录

工程名称			施工单位		
施工执行规范名称及编号			监理单位		
项目负责人			监理工程师		
子分部工程名称		系统验收			
分项工程名称		本规范要求	验收内容记录		验收评定结果
灭火系统施工质量验收		第5.0.3条			
		第5.0.4条			
		第5.0.5条			
		第5.0.6条			
		第5.0.7条			
		第5.0.8条			
系统功能验收		第5.0.9条			
		第5.0.10条			
综合验收结论					
验收单位	建设单位		施工单位	监理单位	设计单位
	（公章） 项目负责人： （签章） 年 月 日		（公章） 项目负责人： （签章） 年 月 日	（公章） 总监理工程师： （签章） 年 月 日	（公章） 项目负责人： （签章） 年 月 日

24.《气体灭火系统设计规范》GB 50370—2005

1 总 则

1.0.2 本规范适用于新建、改建、扩建的工业和民用建筑中设置的七氟丙烷、IG541混合气体和热气溶胶全淹没灭火系统的设计。

1.0.3 气体灭火系统的设计,应遵循国家有关方针和政策,做到安全可靠、技术先进、经济合理。

1.0.4 设计采用的系统产品及组件,必须符合国家有关标准和规定的要求。

1.0.5 气体灭火系统设计,除应符合本规范外,还应符合国家现行有关标准的规定。

2 术语和符号

2.1 术 语

2.1.1 防护区 protected area
满足全淹没灭火系统要求的有限封闭空间。

2.1.2 全淹没灭火系统 total flooding extinguishing system
在规定的时间内,向防护区喷放设计规定用量的灭火剂,并使其均匀地充满整个防护区的灭火系统。

2.1.3 管网灭火系统 piping extinguishing system
按一定的应用条件进行设计计算,将灭火剂从储存装置经由干管支管输送至喷放组件实施喷放的灭火系统。

2.1.4 预制灭火系统 pre-engineered systems
按一定的应用条件,将灭火剂储存装置和喷放组件等预先设计、组装成套且具有联动控制功能的灭火系统。

2.1.5 组合分配系统 combined distribution systems
用一套气体灭火剂储存装置通过管网的选择分配,保护两个或两个以上防护区的灭火系统。

2.1.6 灭火浓度 flame extinguishing concentration
在101kPa大气压和规定的温度条件下,扑灭某种火灾所需气体灭火剂在空气中的最小体积百分比。

2.1.7 灭火密度 flame extinguishing density
在101kPa大气压和规定的温度条件下,扑灭单位容积内某种火灾所需固体热气溶胶发生剂的质量。

2.1.8 惰化浓度 inerting concentration
有火源引入时,在101kPa大气压和规定的温度条件下,能抑制空气中任意浓度的易燃可燃气体或易燃可燃液体蒸气的燃烧发生所需的气体灭火剂在空气中的最小体积百分比。

2.1.9 浸渍时间 soaking time
在防护区内维持设计规定的灭火剂浓度,使火灾完全熄灭所需的时间。

2.1.10 泄压口 pressure relief opening
灭火剂喷放时,防止防护区内压超过允许压强,泄放压力的开口。

2.1.11 过程中点 course middle point
喷放过程中,当灭火剂喷出量为设计用量50%时的系统状态。

2.1.12 无毒性反应浓度(NOAEL浓度) NOAEL concentration
观察不到由灭火剂毒性影响产生生理反应的灭火剂最大浓度。

2.1.13 有毒性反应浓度(LOAEL浓度) LOAEL concentration
能观察到由灭火剂毒性影响产生生理反应的灭火剂最小浓度。

2.1.14 热气溶胶 condensed fire extinguishing aerosol
由固体化学混合物(热气溶胶发生剂)经化学反应生成的具有灭火性质的气溶胶,包括S型热气溶胶、K型热气溶胶和其他型热气溶胶。

2.2 符 号

C_1——灭火设计浓度或惰化设计浓度;
C_2——灭火设计密度;
D——管道内径;
F_c——喷头等效孔口面积;
F_k——减压孔板孔口面积;
F_x——泄压口面积;
g——重力加速度;
H——过程中点时,喷头高度相对储存容器内液面的位差;
K——海拔高度修正系数;
K_v——容积修正系数;
L——管道计算长度;
n——储存容器的数量;
N_d——流程中计算管段的数量;
N_g——安装在计算支管下游的喷头数量;
P_0——灭火剂储存容器充压(或增压)压力;
P_1——减压孔板前的压力;
P_2——减压孔板后的压力;
P_c——喷头工作压力;
P_f——围护结构承受内压的允许压强;
P_h——高程压头;
P_m——过程中点时储存容器内压力;
Q——管道设计流量;
Q_c——单个喷头的设计流量;
Q_g——支管平均设计流量;
Q_k——减压孔板设计流量;
Q_w——主干管平均设计流量;
Q_x——灭火剂在防护区的平均喷放速率;

q_c——等效孔口单位面积喷射率；
S——灭火剂过热蒸气或灭火剂气体在101kPa大气压和防护区最低环境温度下的质量体积；
T——防护区最低环境温度；
t——灭火剂设计喷放时间；
V——防护区净容积；
V_0——喷放前，全部储存容器内的气相总容积（对IG541系统为全部储存容器的总容积）；
V_1——减压孔板前管网管道容积；
V_2——减压孔板后管网管道容积；
V_b——储存容器的容量；
V_p——管网的管道内容积；
W——灭火设计用量或惰化设计用量；
W_0——系统灭火剂储存量；
W_s——系统灭火剂剩余量；
Y_1——计算管段始端压力系数；
Y_2——计算管段末端压力系数；
Z_1——计算管段始端密度系数；
Z_2——计算管段末端密度系数；
γ——七氟丙烷液体密度；
δ——落压比；
η——充装量；
μ_k——减压孔板流量系数；
ΔP——计算管段阻力损失；
ΔW_1——储存容器内的灭火剂剩余量；
ΔW_2——管道内的灭火剂剩余量。

3 设 计 要 求

3.1 一般规定

3.1.1 采用气体灭火系统保护的防护区，其灭火设计用量或惰化设计用量，应根据防护区内可燃物相应的灭火设计浓度或惰化设计浓度经计算确定。

3.1.2 有爆炸危险的气体、液体类火灾的防护区，应采用惰化设计浓度；无爆炸危险的气体、液体类火灾和固体类火灾的防护区，应采用灭火设计浓度。

3.1.3 几种可燃物共存或混合时，灭火设计浓度或惰化设计浓度，应按其中最大的灭火设计浓度或惰化设计浓度确定。

3.1.4 两个或两个以上的防护区采用组合分配系统时，一个组合分配系统所保护的防护区不应超过**8个**。

3.1.5 组合分配系统的灭火剂储存量，应按储存量最大的防护区确定。

3.1.6 灭火系统的灭火剂储存量，应为防护区的灭火设计用量、储存容器内的灭火剂剩余量和管网内的灭火剂剩余量之和。

3.1.7 灭火系统的储存装置72小时内不能重新充装恢复工作的，应按系统原储存量的100%设置备用量。

3.1.8 灭火系统的设计温度，应采用20℃。

3.1.9 同一集流管上的储存容器，其规格、充压压力和充装量应相同。

3.1.10 同一防护区，当设计两套或三套管网时，集流管可分别设置，系统启动装置必须共用。各管网上喷头流量均应按同一灭火设计浓度、同一喷放时间进行设计。

3.1.11 管网上不应采用四通管件进行分流。

3.1.12 喷头的保护高度和保护半径，应符合下列规定：
　　2 最小保护高度不应小于0.3m；
　　4 喷头安装高度不小于1.5m时，保护半径不应大于7.5m。

3.1.15 同一防护区内的预制灭火系统装置多于1台时，必须能同时启动，其动作响应时差不得大于**2s**。

3.1.16 单台热气溶胶预制灭火系统装置的保护容积不应大于**160m³**；设置多台装置时，其相互间的距离不得大于**10m**。

3.2 系 统 设 置

3.2.1 气体灭火系统适用于扑救下列火灾：
　　1 电气火灾；
　　2 固体表面火灾；
　　3 液体火灾；
　　4 灭火前能切断气源的气体火灾。
　　注：除电缆隧道（夹层、井）及自备发电机房外，K型和其他型热气溶胶预制灭火系统不得用于其他电气火灾。

3.2.2 气体灭火系统不适用于扑救下列火灾：
　　1 硝化纤维、硝酸钠等氧化剂或含氧化剂的化学制品火灾；
　　2 钾、镁、钠、钛、锆、铀等活泼金属火灾；
　　3 氢化钾、氢化钠等金属氢化物火灾；
　　4 过氧化氢、联胺等能自行分解的化学物质火灾；
　　5 可燃固体物质的深位火灾。

3.2.3 热气溶胶预制灭火系统不应设置在人员密集场所、有爆炸危险性的场所及有超净要求的场所。K型及其他型热气溶胶预制灭火系统不得用于电子计算机房、通讯机房等场所。

3.2.7 防护区应设置泄压口，七氟丙烷灭火系统的泄压口应位于防护区净高的2/3以上。

3.2.8 防护区设置的泄压口，宜设在外墙上。泄压口面积按相应气体灭火系统设计规定计算。

3.2.9 喷放灭火剂前，防护区内除泄压口外的开口应能自行关闭。

3.2.10 防护区的最低环境温度不应低于－10℃。

3.3 七氟丙烷灭火系统

3.3.1 七氟丙烷灭火系统的灭火设计浓度不应小于灭火浓度的**1.3倍**，惰化设计浓度不应小于惰化浓度的**1.1倍**。

3.3.2 固体表面火灾的灭火浓度为5.8%，其他灭火浓度可按本规范附录A中表A-1的规定取值，惰化浓度可按本规范附录A中表A-2的规定取值。本规范附录A中未列出的，应经试验确定。

3.3.6 防护区实际应用的浓度不应大于灭火设计浓度的1.1倍。

3.3.7 在通讯机房和电子计算机房等防护区，设计喷放时间不应大于**8s**；在其他防护区，设计喷放时间不应大于**10s**。

3.3.8 灭火浸渍时间应符合下列规定：
　　2 通讯机房、电子计算机房内的电气设备火灾，应采用5min；
　　4 气体和液体火灾，不应小于1min。

3.3.9 七氟丙烷灭火系统应采用氮气增压输送。氮气的含水量不应大于 0.006%。

储存容器的增压压力宜分为三级,并应符合下列规定:
1 一级 2.5+0.1MPa(表压);
2 二级 4.2+0.1MPa(表压);
3 三级 5.6+0.1MPa(表压)。

3.3.10 七氟丙烷单位容积的充装量应符合下列规定:
1 一级增压储存容器,不应大于 1120kg/m³;
2 二级增压焊接结构储存容器,不应大于 950kg/m³;
3 二级增压无缝结构储存容器,不应大于 1120kg/m³;
4 三级增压储存容器,不应大于 1080kg/m³。

3.3.11 管网的管道内容积,不应大于流经该管网的七氟丙烷储存量体积的 80%。

3.3.12 管网布置宜设计为均衡系统,并应符合下列规定:
1 喷头设计流量应相等;
2 管网的第 1 分流点至各喷头的管道阻力损失,其相互间的最大差值不应大于 20%。

3.3.14 灭火设计用量或惰化设计用量和系统灭火剂储存量,应符合下列规定:
1 防护区灭火设计用量或惰化设计用量,应按下式计算:

$$W = K \cdot \frac{V}{S} \cdot \frac{C_1}{(100-C_1)} \quad (3.3.14-1)$$

式中 W——灭火设计用量或惰化设计用量(kg);
C_1——灭火设计浓度或惰化设计浓度(%);
S——灭火剂过热蒸气在 101kPa 大气压和防护区最低环境温度下的质量体积(m³/kg);
V——防护区净容积(m³);
K——海拔高度修正系数,可按本规范附录 B 的规定取值。

2 灭火剂过热蒸气在 101kPa 大气压和防护区最低环境温度下的质量体积,应按下式计算:

$$S = 0.1269 + 0.000513 \cdot T \quad (3.3.14-2)$$

式中 T——防护区最低环境温度(℃)。

3 系统灭火剂储存量应按下式计算:

$$W_0 = W + \Delta W_1 + \Delta W_2 \quad (3.3.14-3)$$

式中 W_0——系统灭火剂储存量(kg);
ΔW_1——储存容器内的灭火剂剩余量(kg);
ΔW_2——管道内的灭火剂剩余量(kg)。

3.3.15 管网计算应符合下列规定:

2 主干管平均设计流量,应按下式计算:

$$Q_w = \frac{W}{t} \quad (3.3.15-1)$$

式中 Q_w——主干管平均设计流量(kg/s);
t——灭火剂设计喷放时间(s)。

3 支管平均设计流量,应按下式计算:

$$Q_g = \sum_1^{N_g} Q_c \quad (3.3.15-2)$$

式中 Q_g——支管平均设计流量(kg/s);
N_g——安装在计算支管下游的喷头数量(个);
Q_c——单个喷头的设计流量(kg/s)。

6 管网的阻力损失应根据管道种类确定。当采用镀锌钢管时,其阻力损失可按下式计算:

$$\frac{\Delta P}{L} = \frac{5.75 \times 10^5 Q^2}{\left(1.74 + 2 \times \lg\dfrac{D}{0.12}\right)^2 D^5} \quad (3.3.15-5)$$

式中 ΔP——计算管段阻力损失(MPa);
L——管道计算长度(m),为计算管段中沿程长度与局部损失当量长度之和;
Q——管道设计流量(kg/s);
D——管道内径(mm)。

8 喷头工作压力应按下式计算:

$$P_c = P_m - \sum_1^{N_d} \Delta P \pm P_h \quad (3.3.15-8)$$

式中 P_c——喷头工作压力(MPa,绝对压力);
$\sum_1^{N_d}\Delta P$——系统流程阻力总损失(MPa);
N_d——流程中计算管段的数量;
P_h——高程压头(MPa)。

9 高程压头应按下式计算:

$$P_h = 10^{-6} \cdot \gamma H g \quad (3.3.15-9)$$

式中 H——过程中点时,喷头高度相对储存容器内液面的位差(m);
g——重力加速度(m/s²)。

3.3.16 七氟丙烷气体灭火系统的喷头工作压力的计算结果,应符合下列规定:

1 一级增压储存容器的系统 $P_c \geq 0.6$(MPa,绝对压力);

二级增压储存容器的系统 $P_c \geq 0.7$(MPa,绝对压力);

三级增压储存容器的系统 $P_c \geq 0.8$(MPa,绝对压力)。

2 $P_c \geq \dfrac{P_m}{2}$(MPa,绝对压力)。

3.3.17 喷头等效孔口面积应按下式计算:

$$F_c = \frac{Q_c}{q_c} \quad (3.3.17)$$

式中 F_c——喷头等效孔口面积(cm²);
q_c——等效孔口单位面积喷射率[kg/(s·cm²)],可按本规范附录 C 采用。

3.3.18 喷头的实际孔口面积,应经试验确定,喷头规格应符合本规范附录 D 的规定。

3.4 IG541 混合气体灭火系统

3.4.1 IG541 混合气体灭火系统的灭火设计浓度不应小于灭火浓度的 1.3 倍,惰化设计浓度不应小于惰化浓度的 1.1 倍。

3.4.2 固体表面火灾的灭火浓度为 28.1%,其他灭火浓度可按本规范附录 A 中表 A-3 的规定取值,惰化浓度可按本规范附录 A 中表 A-4 的规定取值。本规范附录 A 中未列出的,应经试验确定。

3.4.3 当 IG541 混合气体灭火剂喷放至设计用量的 95% 时,其喷放时间不应大于 60s,且不应小于 48s。

3.4.5 储存容器充装量应符合下列规定:
1 一级充压(15.0MPa)系统,充装量应为 211.15kg/m³;
2 二级充压(20.0MPa)系统,充装量应为 281.06kg/m³。

3.4.6 防护区的泄压口面积,宜按下式计算:

$$F_x = 1.1 \frac{Q_x}{\sqrt{P_f}} \quad (3.4.6)$$

式中 F_x——泄压口面积（m²）；
  Q_x——灭火剂在防护区的平均喷放速率（kg/s）；
  P_f——围护结构承受内压的允许压强（Pa）。

3.4.7 灭火设计用量或惰化设计用量和系统灭火剂储存量，应符合下列规定：

  1 防护区灭火设计用量或惰化设计用量应按下式计算：

$$W = K \cdot \frac{V}{S} \cdot \ln\left(\frac{100}{100-C_1}\right) \quad (3.4.7-1)$$

式中 W——灭火设计用量或惰化设计用量（kg）；
  C_1——灭火设计浓度或惰化设计浓度（%）；
  V——防护区净容积（m³）；
  S——灭火剂气体在101kPa大气压和防护区最低环境温度下的质量体积（m³/kg）；
  K——海拔高度修正系数，可按本规范附录B的规定取值。

  2 灭火剂气体在101kPa大气压和防护区最低环境温度下的质量体积，应按下式计算：

$$S = 0.6575 + 0.0024 \cdot T \quad (3.4.7-2)$$

式中 T——防护区最低环境温度（℃）。

  3 系统灭火剂储存量，应为防护区灭火设计用量及系统灭火剂剩余量之和，系统灭火剂剩余量应按下式计算：

$$W_s \geqslant 2.7V_0 + 2.0V_p \quad (3.4.7-3)$$

式中 W_s——系统灭火剂剩余量（kg）；
  V_0——系统全部储存容器的总容积（m³）；
  V_p——管网的管道内容积（m³）。

3.4.8 管网计算应符合下列规定：

  1 管道流量宜采用平均设计流量。
主干管、支管的平均设计流量，应按下列公式计算：

$$Q_w = \frac{0.95W}{t} \quad (3.4.8-1)$$

$$Q_g = \sum_1^{N_g} Q_c \quad (3.4.8-2)$$

式中 Q_w——主干管平均设计流量（kg/s）；
  t——灭火剂设计喷放时间（s）；
  Q_g——支管平均设计流量（kg/s）；
  N_g——安装在计算支管下游的喷头数量（个）；
  Q_c——单个喷头的设计流量（kg/s）。

  3 灭火剂释放时，管网应进行减压。减压装置宜采用减压孔板。减压孔板宜设在系统的源头或干管入口处。

  4 减压孔板前的压力，应按下式计算：

$$P_1 = P_0\left(\frac{0.525V_0}{V_0+V_1+0.4V_2}\right)^{1.45} \quad (3.4.8-4)$$

式中 P_1——减压孔板前的压力（MPa，绝对压力）；
  P_0——灭火剂储存容器充压压力（MPa，绝对压力）；
  V_0——系统全部储存容器的总容积（m³）；
  V_1——减压孔板前管网管道容积（m³）；
  V_2——减压孔板后管网管道容积（m³）。

  5 减压孔板后的压力，应按下式计算：

$$P_2 = \delta \cdot P_1 \quad (3.4.8-5)$$

式中 P_2——减压孔板后的压力（MPa，绝对压力）；
  δ——落压比（临界落压比：$\delta=0.52$）。一级充压（15.0MPa）的系统，可在$\delta=0.52\sim0.60$中选用；二级充压（20.0MPa）的系统，可在$\delta=$0.52～0.55中选用。

3.4.9 IG541混合气体灭火系统的喷头工作压力的计算结果，应符合下列规定：

  1 一级充压（15.0MPa）系统，$P_c \geqslant 2.0$（MPa，绝对压力）；

  2 二级充压（20.0MPa）系统，$P_c \geqslant 2.1$（MPa，绝对压力）。

3.4.10 喷头等效孔口面积，应按下式计算：

$$F_c = \frac{Q_c}{q_c} \quad (3.4.10)$$

式中 F_c——喷头等效孔口面积（cm²）；
  q_c——等效孔口单位面积喷射率[kg/(s·cm²)]，可按本规范附录F采用。

3.4.11 喷头的实际孔口面积，应经试验确定，喷头规格应符合本规范附录D的规定。

3.5 热气溶胶预制灭火系统

3.5.1 热气溶胶预制灭火系统的灭火设计密度不应小于灭火密度的1.3倍。

3.5.2 S型和K型热气溶胶灭固体表面火灾的灭火密度为100g/m³。

3.5.3 通讯机房和电子计算机房等场所的电气设备火灾，S型热气溶胶的灭火设计密度不应小于130g/m³。

3.5.4 电缆隧道（夹层、井）及自备发电机房火灾，S型和K型热气溶胶的灭火设计密度不应小于140g/m³。

3.5.5 在通讯机房、电子计算机房等防护区，灭火剂喷放时间不应大于90s，喷口温度不应大于150℃；在其他防护区，喷放时间不应大于120s，喷口温度不应大于180℃。

3.5.6 S型和K型热气溶胶对其他可燃物的灭火密度应经试验确定。

3.5.7 其他型热气溶胶的灭火密度应经试验确定。

3.5.8 灭火浸渍时间应符合下列规定：

  1 木材、纸张、织物等固体表面火灾，应采用20min；

  2 通讯机房、电子计算机房等防护区火灾及其他固体表面火灾，应采用10min。

3.5.9 灭火设计用量应按下式计算：

$$W = C_2 \cdot K_v \cdot V \quad (3.5.9)$$

式中 W——灭火设计用量（kg）；
  C_2——灭火设计密度（kg/m³）；
  V——防护区净容积（m³）；
  K_v——容积修正系数。$V<500m^3$，$K_v=1.0$；$500m^3 \leqslant V<1000m^3$，$K_v=1.1$；$V \geqslant 1000m^3$，$K_v=1.2$。

4 系统组件

4.1 一般规定

4.1.1 储存装置应符合下列规定：

  1 管网系统的储存装置应由储存容器、容器阀和集流管等组成；七氟丙烷和IG541预制灭火系统的储存装置，应由储存容器、容器阀等组成；热气溶胶预制灭火系统的储存装置应由发生剂罐、引发器和保护箱（壳）体等组成；

  2 容器阀和集流管之间应采用挠性连接。储存容器和集流管应采用支架固定；

　　3 储存装置上应设耐久的固定铭牌，并应标明每个容器的编号、容积、皮重、灭火剂名称、充装量、充装日期和充压压力等；

　　4 管网灭火系统的储存装置宜设在专用储瓶间内。储瓶间宜靠近防护区，并应符合建筑物耐火等级不低于二级的有关规定及有关压力容器存放的规定，且应有直接通向室外或疏散走道的出口。储瓶间和设置预制灭火系统的防护区的环境温度应为-10℃～50℃；

　　5 储存装置的布置，应便于操作、维修及避免阳光照射。操作面距墙面或两操作面之间的距离，不宜小于1.0m，且不应小于储存容器外径的1.5倍。

4.1.2 储存容器、驱动气体储瓶的设计与使用应符合国家现行《气瓶安全监察规程》及《压力容器安全技术监察规程》的规定。

4.1.3 储存装置的储存容器与其他组件的公称工作压力，不应小于在最高环境温度下所承受的工作压力。

4.1.4 在储存容器或容器阀上，应设安全泄压装置和压力表。组合分配系统的集流管，应设安全泄压装置。安全泄压装置的动作压力，应符合相应气体灭火系统的设计规定。

4.1.5 在通向每个防护区的灭火系统主管道上，应设压力讯号器或流量讯号器。

4.1.6 组合分配系统中的每个防护区应设置控制灭火剂流向的选择阀，其公称直径应与该防护区灭火系统的主管道公称直径相等。

　　选择阀的位置应靠近储存容器且便于操作。选择阀应设有标明其工作防护区的永久性铭牌。

4.1.7 喷头应有型号、规格的永久性标识。设置在有粉尘、油雾等防护区的喷头，应有防护装置。

4.1.8 喷头的布置应满足喷放后气体灭火剂在防护区内均匀分布的要求。当保护对象属可燃液体时，喷头射流方向不应朝向液体表面。

4.1.9 管道及管道附件应符合下列规定：

　　1 输送气体灭火剂的管道应采用无缝钢管。其质量应符合现行国家标准《输送流体用无缝钢管》GB/T 8163、《高压锅炉用无缝钢管》GB 5310等的规定。无缝钢管内外应进行防腐处理，防腐处理宜采用符合环保要求的方式；

　　2 输送气体灭火剂的管道安装在腐蚀性较大的环境里，宜采用不锈钢管。其质量应符合现行国家标准《流体输送用不锈钢无缝钢管》GB/T 14976的规定；

　　3 输送启动气体的管道，宜采用铜管，其质量应符合现行国家标准《拉制铜管》GB 1527的规定；

　　4 管道的连接，当公称直径小于或等于80mm时，宜采用螺纹连接；大于80mm时，宜采用法兰连接。钢制管道附件应内外防腐处理，防腐处理宜采用符合环保要求的方式。使用在腐蚀性较大的环境里，应采用不锈钢的管道附件。

4.1.10 系统组件与管道的公称工作压力，不应小于在最高环境温度下所承受的工作压力。

4.1.11 系统组件的特性参数应由国家法定检测机构验证或测定。

4.2 七氟丙烷灭火系统组件专用要求

4.2.1 储存容器或容器阀以及组合分配系统集流管上的安全泄压装置的动作压力，应符合下列规定：

　　1 储存容器增压压力为2.5MPa时，应为5.0±0.25MPa（表压）；

　　2 储存容器增压压力为4.2MPa，最大充装量为950kg/m³时，应为7.0±0.35MPa（表压）；最大充装量为1120kg/m³时，应为8.4±0.42MPa（表压）；

　　3 储存容器增压压力为5.6MPa时，应为10.0±0.50MPa（表压）。

4.2.2 增压压力为2.5MPa的储存容器宜采用焊接容器；增压压力为4.2MPa的储存容器，可采用焊接容器或无缝容器；增压压力为5.6MPa的储存容器，应采用无缝容器。

4.2.3 在容器阀和集流管之间的管道上应设单向阀。

4.3 IG541混合气体灭火系统组件专用要求

4.3.1 储存容器或容器阀以及组合分配系统集流管上的安全泄压装置的动作压力，应符合下列规定：

　　1 一级充压（15.0MPa）系统，应为20.7±1.0MPa（表压）；

　　2 二级充压（20.0MPa）系统，应为27.6±1.4MPa（表压）。

4.3.2 储存容器应采用无缝容器。

4.4 热气溶胶预制灭火系统组件专用要求

4.4.1 一台以上灭火装置之间的电启动线路应采用串联连接。

4.4.2 每台灭火装置均应具备启动反馈功能。

5 操作与控制

5.0.1 采用气体灭火系统的防护区，应设置火灾自动报警系统，其设计应符合现行国家标准《火灾自动报警系统设计规范》GB 50116的规定，并应选用灵敏度级别高的火灾探测器。

5.0.2 管网灭火系统应设自动控制、手动控制和机械应急操作三种启动方式。预制灭火系统应设自动控制和手动控制两种启动方式。

5.0.3 采用自动控制启动方式时，根据人员安全撤离防护区的需要，应有不大于30s的可控延迟喷射；对于平时无人工作的防护区，可设置为无延迟的喷射。

5.0.4 灭火设计浓度或实际使用浓度大于无毒性反应浓度（NOAEL浓度）的防护区和采用热气溶胶预制灭火系统的防护区，应设手动与自动控制的转换装置。当人员进入防护区时，应能将灭火系统转换为手动控制方式；当人员离开时，应能恢复为自动控制方式。防护区内外应设手动、自动控制状态的显示装置。

5.0.5 自动控制装置应在接到两个独立的火灾信号后才能启动。手动控制装置和手动与自动转换装置应设在防护区疏散出口的门外便于操作的地方，安装高度为中心点距地面1.5m。机械应急操作装置应设在储瓶间内或防护区疏散出口门外便于操作的地方。

5.0.6 气体灭火系统的操作与控制，应包括对开口封闭装置、通风机械和防火阀等设备的联动操作与控制。

5.0.7 设有消防控制室的场所，各防护区灭火控制系统的有关信息，应传送给消防控制室。

5.0.8 气体灭火系统的电源，应符合国家现行有关消防技术标准的规定；采用气动力源时，应保证系统操作和控制需要的压力和气量。

5.0.9 组合分配系统启动时，选择阀应在容器阀开启前或同时打开。

6 安全要求

6.0.1 防护区应有保证人员在 30s 内疏散完毕的通道和出口。

6.0.2 防护区内的疏散通道及出口，应设应急照明与疏散指示标志。防护区内应设火灾声报警器，必要时，可增设闪光报警器。防护区的入口处应设火灾声、光报警器和灭火剂喷放指示灯，以及防护区采用的相应气体灭火系统的永久性标志牌。灭火剂喷放指示灯信号，应保持到防护区通风换气后，以手动方式解除。

6.0.3 防护区的门应向疏散方向开启，并能自行关闭；用于疏散的门必须能从防护区内打开。

6.0.4 灭火后的防护区应通风换气，地下防护区和无窗或设固定窗扇的地上防护区，应设置机械排风装置，排风口宜设在防护区的下部并应直通室外。通信机房、电子计算机房等场所的通风换气次数应不少于每小时 5 次。

6.0.5 储瓶间的门应向外开启，储瓶间内应设应急照明；储瓶间应有良好的通风条件，地下储瓶间应设机械排风装置，排风口应设在下部，可通过排风管排出室外。

6.0.6 经过有爆炸危险和变电、配电场所的管网，以及布设在以上场所的金属箱体等，应设防静电接地。

6.0.7 有人工作防护区的灭火设计浓度或实际使用浓度，不应大于有毒性反应浓度（LOAEL 浓度），该值应符合本规范附录 G 的规定。

6.0.8 防护区内设置的预制灭火系统的充压压力不应大于 2.5MPa。

6.0.9 灭火系统的手动控制与应急操作应有防止误操作的警示显示与措施。

6.0.10 热气溶胶灭火系统装置的喷口前 1.0m 内，装置的背面、侧面、顶部 0.2m 内不应设置或存放设备、器具等。

附录 A 灭火浓度和惰化浓度

七氟丙烷、IG541 的灭火浓度及惰化浓度见表 A-1～表 A-4。

表 A-1 七氟丙烷灭火浓度

可燃物	灭火浓度（%）
甲烷	6.2
乙烷	7.5
丙烷	6.3
庚烷	5.8
正庚烷	6.5
硝基甲烷	10.1
甲苯	5.1
二甲苯	5.3

续表 A-1

可燃物	灭火浓度（%）
乙腈	3.7
乙基醋酸酯	5.6
丁基醛酸酯	6.6
甲醇	9.9
乙醇	7.6
乙二醇	7.8
异丙醇	7.3
丁醇	7.1
甲乙酮	6.7
甲基异丁酮	6.6
丙酮	6.5
环戊酮	6.7
四氢呋喃	7.2
吗啉	7.3
汽油（无铅，7.8%乙醇）	6.5
航空燃料汽油	6.7
2 号柴油	6.7
喷气式发动机燃料（-4）	6.6
喷气式发动机燃料（-5）	6.6
变压器油	6.9

表 A-2 七氟丙烷惰化浓度

可燃物	惰化浓度（%）
甲烷	8.0
二氯甲烷	3.5
1.1-二氟乙烷	8.6
1-氯-1.1-二氟乙烷	2.6
丙烷	11.6
1-丁烷	11.3
戊烷	11.6
乙烯氧化物	13.6

表 A-3 IG541 混合气体灭火浓度

可燃物	灭火浓度（%）
甲烷	15.4
乙烷	29.5
丙烷	32.3
戊烷	37.2
庚烷	31.1
正庚烷	31.0
辛烷	35.8
乙烯	42.1
醋酸乙烯酯	34.4
醋酸乙酯	32.7
二乙醚	34.9
石油醚	35.0
甲苯	25.0

续表 A-3

可燃物	灭火浓度（%）
乙腈	26.7
丙酮	30.3
丁酮	35.8
甲基异丁酮	32.3
环己酮	42.1
甲醇	44.2
乙醇	35.0
1-丁醇	37.2
异丁醇	28.3
普通汽油	35.8
航空汽油100	29.5
Avtur（Jet A）	36.2
2号柴油	35.8
真空泵油	32.0

表 A-4　IG541混合气体惰化浓度

可燃物	惰化浓度（%）
甲烷	43.0
丙烷	49.0

附录 B　海拔高度修正系数

海拔高度修正系数见表 B。

表 B　海拔高度修正系数

海拔高度（m）	修正系数
−1000	1.130
0	1.000
1000	0.885
1500	0.830
2000	0.785
2500	0.735
3000	0.690
3500	0.650
4000	0.610
4500	0.565

附录 C　七氟丙烷灭火系统喷头等效孔口单位面积喷射率

七氟丙烷灭火系统喷头等效孔口单位面积喷射率见表 C-1～表 C-3。

表 C-1　增压压力为 2.5MPa（表压）时七氟丙烷灭火系统喷头等效孔口单位面积喷射率

喷头入口压力（MPa，绝对压力）	喷射率 [kg/(s·cm²)]
2.1	4.67
2.0	4.48
1.9	4.28
1.8	4.07
1.7	3.85
1.6	3.62
1.5	3.38
1.4	3.13
1.3	2.86
1.2	2.58
1.1	2.28
1.0	1.98
0.9	1.66
0.8	1.32
0.7	0.97
0.6	0.62

注：等效孔口流量系数为 0.98。

表 C-2　增压压力为 4.2MPa（表压）时七氟丙烷灭火系统喷头等效孔口单位面积喷射率

喷头入口压力（MPa，绝对压力）	喷射率 [kg/(s·cm²)]
3.4	6.04
3.2	5.83
3.0	5.61
2.8	5.37
2.6	5.12
2.4	4.85
2.2	4.55
2.0	4.25
1.8	3.90
1.6	3.50
1.4	3.05
1.3	2.80
1.2	2.50
1.1	2.20
1.0	1.93
0.9	1.62
0.8	1.27
0.7	0.90

注：等效孔口流量系数为 0.98。

表 C-3 增压压力为 5.6MPa（表压）时七氟丙烷灭火系统喷头等效孔口单位面积喷射率

喷头入口压力（MPa，绝对压力）	喷射率 [kg/(s·cm²)]
4.5	6.49
4.2	6.39
3.9	6.25
3.6	6.10
3.3	5.89
3.0	5.59
2.8	5.36
2.6	5.10
2.4	4.81
2.2	4.50
2.0	4.16
1.8	3.78
1.6	3.34
1.4	2.81
1.3	2.50
1.2	2.15
1.1	1.78
1.0	1.35
0.9	0.88
0.8	0.40

注：等效孔口流量系数为 0.98。

附录 D 喷头规格和等效孔口面积

喷头规格和等效孔口面积见表 D。

表 D 喷头规格和等效孔口面积

喷头规格代号	等效孔口面积（cm²）
8	0.3168
9	0.4006
10	0.4948
11	0.5987
12	0.7129
14	0.9697
16	1.267
18	1.603
20	1.979
22	2.395
24	2.850
26	3.345
28	3.879

注：扩充喷头规格，应以等效孔口的单孔直径 0.79375mm 的倍数设置。

附录 E IG541 混合气体灭火系统管道压力系数和密度系数

IG541 混合气体灭火系统管道压力系数和密度系数见表 E-1、表 E-2。

表 E-1 一级充压（15.0MPa）IG541 混合气体灭火系统的管道压力系数和密度系数

压力（MPa，绝对压力）	Y（10^{-1}MPa·kg/m³）	Z
3.7	0	0
3.6	61	0.0366
3.5	120	0.0746
3.4	177	0.114
3.3	232	0.153
3.2	284	0.194
3.1	335	0.237
3.0	383	0.277
2.9	429	0.319
2.8	474	0.363
2.7	516	0.409
2.6	557	0.457
2.5	596	0.505
2.4	633	0.552
2.3	668	0.601
2.2	702	0.653
2.1	734	0.708
2.0	764	0.766

表 E-2 二级充压（20.0MPa）IG541 混合气体灭火系统的管道压力系数和密度系数

压力（MPa，绝对压力）	Y（10^{-1}MPa·kg/m³）	Z
4.6	0	0
4.5	75	0.0284
4.4	148	0.0561
4.3	219	0.0862
4.2	288	0.114
4.1	355	0.144
4.0	420	0.174
3.9	483	0.206
3.8	544	0.236
3.7	604	0.269
3.6	661	0.301
3.5	717	0.336
3.4	770	0.370
3.3	822	0.405
3.2	872	0.439

续表 E-2

压力（MPa，绝对压力）	Y（10^{-1}MPa·kg/m³）	Z
3.08	930	0.483
2.94	995	0.539
2.8	1056	0.595
2.66	1114	0.652
2.52	1169	0.713
2.38	1221	0.778
2.24	1269	0.847
2.1	1314	0.918

附录 F　IG541 混合气体灭火系统喷头等效孔口单位面积喷射率

IG541 混合气体灭火系统喷头等效孔口单位面积喷射率见表 F-1、表 F-2。

表 F-1　一级充压（15.0MPa）IG541 混合气体灭火系统喷头等效孔口单位面积喷射率

喷头入口压力（MPa，绝对压力）	喷射率 [kg/(s·cm²)]
3.7	0.97
3.6	0.94
3.5	0.91
3.4	0.88
3.3	0.85
3.2	0.82
3.1	0.79
3.0	0.76
2.9	0.73
2.8	0.70
2.7	0.67
2.6	0.64
2.5	0.62
2.4	0.59
2.3	0.56
2.2	0.53
2.1	0.51
2.0	0.48

注：等效孔口流量系数为 0.98。

表 F-2　二级充压（20.0MPa）IG541 混合气体灭火系统喷头等效孔口单位面积喷射率

喷头入口压力（MPa，绝对压力）	喷射率 [kg/(s·cm²)]
4.6	1.21
4.5	1.18
4.4	1.15
4.3	1.12
4.2	1.09
4.1	1.06
4.0	1.03
3.9	1.00

续表 F-2

喷头入口压力（MPa，绝对压力）	喷射率 [kg/(s·cm²)]
3.8	0.97
3.7	0.95
3.6	0.92
3.5	0.89
3.4	0.86
3.3	0.83
3.2	0.80
3.08	0.77
2.94	0.73
2.8	0.69
2.66	0.65
2.52	0.62
2.38	0.58
2.24	0.54
2.1	0.50

注：等效孔口流量系数为 0.98。

附录 G　无毒性反应（NOAEL）、有毒性反应（LOAEL）浓度和灭火剂技术性能

无毒性反应（NOAEL）、有毒性反应（LOAEL）浓度和灭火剂技术性能见表 G-1～表 G-3。

表 G-1　七氟丙烷和 IG541 的 NOAEL、LOAEL 浓度

项目	七氟丙烷	IG541
NOAEL 浓度	9.0%	43%
LOAEL 浓度	10.5%	52%

表 G-2　七氟丙烷灭火剂技术性能

项目	技术指标
纯度	≥99.6%（质量比）
酸度	≤3ppm（质量比）
水含量	≤10ppm（质量比）
不挥发残留物	≤0.01%（质量比）
悬浮或沉淀物	不可见

表 G-3　IG541 混合气体灭火剂技术性能

灭火剂名称		主要技术指标			
		纯度（体积比）	比例(%)	氧含量	水含量
IG541	Ar	>99.97%	40±4	<3ppm	<4ppm
	N_2	>99.99%	52±4	<3ppm	<5ppm
	CO_2	>99.5%	$8^{+1}_{-0.0}$	<10ppm	<10ppm

灭火剂名称		其他成分最大含量（ppm）	悬浮物或沉淀物
IG541	Ar	<10	—
	N_2		
	CO_2		

25.《气体灭火系统施工及验收规范》GB 50263—2007

1 总　则

1.0.2 本规范适用于新建、扩建、改建工程中设置的气体灭火系统工程施工及验收、维护管理。

1.0.3 气体灭火系统工程施工中采用的工程技术文件、承包合同文件对施工及质量验收的要求不得低于本规范的规定。

1.0.4 气体灭火系统工程施工及验收、维护管理，除应符合本规范的规定外，尚应符合国家现行的有关标准的规定。

2 术　语

2.0.1 气体灭火系统　gas extinguishing systems

以气体为主要灭火介质的灭火系统。

2.0.2 惰性气体灭火系统　inert gas extinguishing systems

灭火剂为惰性气体的气体灭火系统。

2.0.3 卤代烷灭火系统　halocarbon extinguishing systems

灭火剂为卤代烷的气体灭火系统。

2.0.4 高压二氧化碳灭火系统　high-pressure carbon dioxide extinguishing systems

灭火剂在常温下储存的二氧化碳灭火系统。

2.0.5 低压二氧化碳灭火系统　low-pressure carbon dioxide extinguishing systems

灭火剂在−18℃～−20℃低温下储存的二氧化碳灭火系统。

2.0.6 组合分配系统　combined distribution systems

用一套灭火剂储存装置，保护两个及以上防护区或保护对象的灭火系统。

2.0.7 单元独立系统　unit independent system

用一套灭火剂储存装置，保护一个防护区或保护对象的灭火系统。

2.0.8 预制灭火系统　pre-engineered systems

按一定的应用条件，将灭火剂储存装置和喷放组件等预先设计、组装成套且具有联动控制功能的灭火系统。

2.0.9 柜式气体灭火装置　cabinet gas extinguishing equipment

由气体灭火剂瓶组、管路、喷嘴、信号反馈部件、检漏部件、驱动部件、减压部件、火灾探测部件、控制器组成的能自动探测并实施灭火的柜式灭火装置。

2.0.10 热气溶胶灭火装置　condensed aerosol fire extinguishing device

使气溶胶发生剂通过燃烧反应产生气溶胶灭火剂的装置。通常由引发器、气溶胶发生剂和发生器、冷却装置（剂）、反馈元件、外壳及与之配套的火灾探测装置和控制装置组成。

2.0.11 全淹没灭火系统　total flooding extinguishing systems

在规定时间内，向防护区喷放设计规定用量的灭火剂，并使其均匀地充满整个防护区的灭火系统。

2.0.12 局部应用灭火系统　local application extinguishing systems

向保护对象以设计喷射率直接喷射灭火剂，并持续一定时间的灭火系统。

2.0.13 防护区　protected area

满足全淹没灭火系统要求的有限封闭空间。

2.0.14 保护对象　protected object

被局部应用灭火系统保护的目的物。

3 基本规定

3.0.1 气体灭火系统工程的施工单位应符合下列规定：

　　1 承担气体灭火系统工程的施工单位必须具有相应等级的资质。

　　2 施工现场管理应有相应的施工技术标准、工艺规程及实施方案、健全的质量管理体系、施工质量控制及检验制度。

　　施工现场质量管理应按本规范附录A的要求进行检查记录。

3.0.2 气体灭火系统工程施工前应具备下列条件：

　　1 经批准的施工图、设计说明书及其设计变更通知单等设计文件应齐全。

　　2 成套装置与灭火剂储存容器及容器阀、单向阀、连接管、集流管、安全泄放装置、选择阀、阀驱动装置、喷嘴、信号反馈装置、检漏装置、减压装置等系统组件，灭火剂输送管道及管道连接件的产品出厂合格证和市场准入制度要求的有效证明文件应符合规定。

　　3 系统中采用的不能复验的产品，应具有生产厂出具的同批产品检验报告与合格证。

　　4 系统及其主要组件的使用、维护说明书应齐全。

　　5 给水、供电、供气等条件满足连续施工作业要求。

　　6 设计单位已向施工单位进行了技术交底。

　　7 系统组件与主要材料齐全，其品种、规格、型号符合设计要求。

　　8 防护区、保护对象及灭火剂储存容器间的设置条件与设计相符。

　　9 系统所需的预埋件及预留孔洞等工程建设条件符合设计要求。

3.0.3 气体灭火系统的分部工程、子分部工程、分项工程划分可按本规范附录B执行。

3.0.4 气体灭火系统工程应按下列规定进行施工过程质量控制：

　　1 采用的材料及组件应进行进场检验，并应经监理工程师签证；进场检验合格后方可安装使用；涉及抽样复验时，应由监理工程师抽样，送市场准入制度要求的法定机构复验。

　　2 施工应按批准的施工图、设计说明书及其设计变更通知单等设计文件的要求进行。

　　3 各工序应按施工技术标准进行质量控制，每道工序完成后,应进行检查;检查合格后方可进行下道工序。

4 相关各专业工种之间,应进行交接认可,并经监理工程师签证后方可进行下道工序。

5 施工过程检查应由监理工程师组织施工单位人员进行。

6 施工过程检查记录应按本规范附录C的要求填写。

7 安装工程完工后,施工单位应进行调试,并应合格。

3.0.5 气体灭火系统工程验收应符合下列规定:

1 系统工程验收应在施工单位自行检查评定合格的基础上,由建设单位组织施工、设计、监理等单位人员共同进行。

2 验收检测采用的计量器具应精度适宜,经法定机构计量检定、校准合格并在有效期内。

3 工程外观质量应由验收人员通过现场检查,并应共同确认。

4 隐蔽工程在隐蔽前应由施工单位通知有关单位进行验收,并按本规范附录C进行验收记录。

5 资料核查记录和工程质量验收记录应按本规范附录D的要求填写。

6 系统工程验收合格后,建设单位应在规定时间内将系统工程验收报告和有关文件,报有关行政管理部门备案。

3.0.6 检查、验收合格应符合下列规定:

1 施工现场质量管理检查结果应全部合格。

2 施工过程检查结果应全部合格。

3 隐蔽工程验收结果应全部合格。

4 资料核查结果应全部合格。

5 工程质量验收结果应全部合格。

3.0.7 系统工程验收合格后,应提供下列文件、资料:

1 施工现场质量管理检查记录。

2 气体灭火系统工程施工过程检查记录。

3 隐蔽工程验收记录。

4 气体灭火系统工程质量控制资料核查记录。

5 气体灭火系统工程质量验收记录。

6 相关文件、记录、资料清单等。

3.0.8 气体灭火系统工程施工质量不符合要求时,应按下列规定处理:

1 返工或更换设备,并应重新进行验收。

2 经返修处理改变了组件外形但能满足相关标准规定和使用要求,可按经批准的处理技术方案和协议文件进行验收。

3 经返工或更换系统组件、成套装置的工程,仍不符合要求时,严禁验收。

3.0.9 未经验收或验收不合格的气体灭火系统工程不得投入使用,投入使用的气体灭火系统应进行维护管理。

4 进场检验

4.1 一般规定

4.1.1 进场检验应按本规范表C-1填写施工过程检查记录。

4.1.2 进场检验抽样检查有1处不合格时,应加倍抽样;加倍抽样仍有1处不合格,判定该批为不合格。

4.2 材料

4.2.1 管材、管道连接件的品种、规格、性能等应符合相应产品标准和设计要求。

检查数量:全数检查。

检查方法:核查出厂合格证与质量检验报告。

4.2.2 管材、管道连接件的外观质量除应符合设计规定外,尚应符合下列规定:

1 镀锌层不得有脱落、破损等缺陷。

2 螺纹连接管道连接件不得有缺纹、断纹等现象。

3 法兰盘密封面不得有缺损、裂痕。

4 密封垫片应完好无划痕。

检查数量:全数检查。

检查方法:观察检查。

4.2.3 管材、管道连接件的规格尺寸、厚度及允许偏差应符合其产品标准和设计要求。

检查数量:每一品种、规格产品按20%计算。

检查方法:用钢尺和游标卡尺测量。

4.2.4 对属于下列情况之一的灭火剂、管材及管道连接件,应抽样复验,其复验结果应符合国家现行产品标准和设计要求。

1 设计有复验要求的。

2 对质量有疑义的。

检查数量:按送检需要量。

检查方法:核查复验报告。

4.3 系统组件

4.3.1 灭火剂储存容器及容器阀、单向阀、连接管、集流管、安全泄放装置、选择阀、阀驱动装置、喷嘴、信号反馈装置、检漏装置、减压装置等系统组件的外观质量应符合下列规定:

1 系统组件无碰撞变形及其他机械性损伤。

2 组件外露非机械加工表面保护涂层完好。

3 组件所有外露接口均设有防护堵、盖,且封闭良好,接口螺纹和法兰密封面无损伤。

4 铭牌清晰、牢固、方向正确。

检查数量:全数检查。

检查方法:观察检查或用尺测量。

4.3.2 灭火剂储存容器及容器阀、单向阀、连接管、集流管、安全泄放装置、选择阀、阀驱动装置、喷嘴、信号反馈装置、检漏装置、减压装置等系统组件应符合下列规定:

1 品种、规格、性能等应符合国家现行产品标准和设计要求。

检查数量:全数检查。

检查方法:核查产品出厂合格证和市场准入制度要求的法定机构出具的有效证明文件。

2 设计有复验要求或对质量有疑义时,应抽样复验,复验结果应符合国家现行产品标准和设计要求。

检查数量:按送检需要量。

检查方法:核查复验报告。

4.3.3 灭火剂储存容器内的充装量、充装压力及充装系数、装量系数,应符合下列规定:

1 灭火剂储存容器的充装量、充装压力应符合设计要求，充装系数或装量系数应符合设计规范规定。
　　2 不同温度下灭火剂的储存压力应按相应标准确定。
　　检查数量：全数检查。
　　检查方法：称重、液位计或压力计测量。
4.3.4 阀驱动装置应符合下列规定：
　　1 电磁驱动器的电源电压应符合系统设计要求。通电检查电磁铁芯，其行程应能满足系统启动要求，且动作灵活，无卡阻现象。
　　2 气动驱动装置储存容器内气体压力不应低于设计压力，且不得超过设计压力的5％。气体驱动管道上的单向阀应启闭灵活，无卡阻现象。
　　3 机械驱动装置应传动灵活，无卡阻现象。
　　检查数量：全数检查。
　　检查方法：观察检查和用压力计测量。
4.3.5 低压二氧化碳灭火系统储存装置、柜式气体灭火装置、热气溶胶灭火装置等预制灭火系统产品应进行检查。
　　检查数量：全数检查。
　　检查方法：观察外观、核查出厂合格证。

5　系　统　安　装

5.1　一　般　规　定

5.1.1 气体灭火系统的安装应按本规范表C-2填写施工过程检查记录。防护区地板下、吊顶上或其他隐蔽区域内管网应按本规范表C-3填写隐蔽工程验收记录。
5.1.2 阀门、管道及支、吊架的安装除应符合本规范的规定外，尚应符合现行国家标准《工业金属管道工程施工及验收规范》GB 50235中有关的规定。

5.2　灭火剂储存装置的安装

5.2.1 储存装置的安装位置应符合设计文件的要求。
　　检查数量：全数检查。
　　检查方法：观察检查、用尺测量。
5.2.2 灭火剂储存装置安装后，泄压装置的泄压方向不应朝向操作面。低压二氧化碳灭火系统的安全阀应通过专用的泄压管接到室外。
　　检查数量：全数检查。
　　检查方法：观察检查。
5.2.3 储存装置上压力计、液位计、称重显示装置的安装位置应便于人员观察和操作。
　　检查数量：全数检查。
　　检查方法：观察检查。
5.2.4 储存容器的支、框架应固定牢靠，并应做防腐处理。
　　检查数量：全数检查。
　　检查方法：观察检查。
5.2.5 储存容器宜涂红色油漆，正面应标明设计规定的灭火剂名称和储存容器的编号。
　　检查数量：全数检查。
　　检查方法：观察检查。
5.2.6 安装集流管前应检查内腔，确保清洁。
　　检查数量：全数检查。
　　检查方法：观察检查。
5.2.7 集流管上的泄压装置的泄压方向不应朝向操作面。
　　检查数量：全数检查。
　　检查方法：观察检查。
5.2.8 连接储存容器与集流管间的单向阀的流向指示箭头应指向介质流动方向。
　　检查数量：全数检查。
　　检查方法：观察检查。
5.2.9 集流管应固定在支、框架上。支、框架应固定牢靠，并做防腐处理。
　　检查数量：全数检查。
　　检查方法：观察检查。

5.3　选择阀及信号反馈装置的安装

5.3.1 选择阀操作手柄应安装在操作面一侧，当安装高度超过1.7m时应采取便于操作的措施。
　　检查数量：全数检查。
　　检查方法：观察检查。
5.3.3 选择阀的流向指示箭头应指向介质流动方向。
　　检查数量：全数检查。
　　检查方法：观察检查。
5.3.4 选择阀上应设置标明防护区或保护对象名称或编号的永久性标志牌，并应便于观察。
　　检查数量：全数检查。
　　检查方法：观察检查。
5.3.5 信号反馈装置的安装应符合设计要求。
　　检查数量：全数检查。
　　检查方法：观察检查。

5.4　阀驱动装置的安装

5.4.1 拉索式机械驱动装置的安装应符合下列规定：
　　1 拉索除必要外露部分外，应采用经内外防腐处理的钢管防护。
　　2 拉索转弯处应采用专用导向滑轮。
　　3 拉索末端拉手应设在专用的保护盒内。
　　4 拉索套管和保护盒应固定牢靠。
　　检查数量：全数检查。
　　检查方法：观察检查。
5.4.2 安装以重力式机械驱动装置时，应保证重物在下落行程中无阻挡，其下落行程应保证驱动所需距离，且不得小于25mm。
　　检查数量：全数检查。
　　检查方法：观察检查和用尺测量。
5.4.3 电磁驱动装置驱动器的电气连接线应沿固定灭火剂储存容器的支、框架或墙面固定。
　　检查数量：全数检查。
　　检查方法：观察检查。
5.4.4 气动驱动装置的安装应符合下列规定：
　　1 驱动气瓶的支、框架或箱体应固定牢靠，并做防腐处理。
　　2 驱动气瓶上应有标明驱动介质名称、对应防护区或保护对象名称或编号的永久性标志,并应便于观察。

检查数量:全数检查。

检查方法:观察检查。

5.4.5 气动驱动装置的管道安装应符合下列规定:

1 管道布置应符合设计要求。

2 竖直管道应在其始端和终端设防晃支架或采用管卡固定。

3 水平管道应采用管卡固定。管卡的间距不宜大于0.6m。转弯处应增设1个管卡。

检查数量:全数检查。

检查方法:观察检查和用尺测量。

5.4.6 气动驱动装置的管道安装后应做气压严密性试验,并合格。

检查数量:全数检查。

检查方法:按本规范第E.1节的规定执行。

5.5 灭火剂输送管道的安装

5.5.1 灭火剂输送管道连接应符合下列规定:

1 采用螺纹连接时,管材宜采用机械切割;螺纹不得有缺纹、断纹等现象;螺纹连接的密封材料应均匀附着在管道的螺纹部分,拧紧螺纹时,不得将填料挤入管道内;安装后的螺纹根部应有2~3条外露螺纹;连接后,应将连接处外部清理干净并做防腐处理。

2 采用法兰连接时,衬垫不得凸入管内,其外边缘宜接近螺栓,不得放双垫或偏垫。连接法兰的螺栓,直径和长度应符合标准,拧紧后,凸出螺母的长度不应大于螺杆直径的1/2且保证有不少于2条外露螺纹。

3 已经防腐处理的无缝钢管不宜采用焊接连接,与选择阀等个别连接部位需采用法兰焊接连接时,应对被焊接损坏的防腐层进行二次防腐处理。

检查数量:外观全数检查,隐蔽处抽查。

检查方法:观察检查。

5.5.2 管道穿过墙壁、楼板处应安装套管。套管公称直径比管道公称直径至少应大2级,穿墙套管长度应与墙厚相等,穿楼板套管长度应高出地板50mm。管道与套管间的空隙应采用防火封堵材料填塞密实。当管道穿越建筑物的变形缝时,应设置柔性管段。

检查数量:全数检查。

检查方法:观察检查和用尺测量。

5.5.3 管道支、吊架的安装应符合下列规定:

1 管道应固定牢靠,管道支、吊架的最大间距应符合表5.5.3的规定。

表5.5.3 支、吊架之间最大间距

DN(mm)	15	20	25	32	40	50	65	80	100	150
最大间距(m)	1.5	1.8	2.1	2.4	2.7	3.0	3.4	3.7	4.3	5.2

2 管道末端应采用防晃支架固定,支架与末端喷嘴间的距离不应大于500mm。

3 公称直径大于或等于50mm的主干管道,垂直方向和水平方向至少应各安装1个防晃支架,当穿过建筑物楼层时,每层应设1个防晃支架。当水平管道改变方向时,应增设防晃支架。

检查数量:全数检查。

检查方法:观察检查和用尺测量。

5.5.4 灭火剂输送管道安装完毕后,应进行强度试验和气压严密性试验,并合格。

检查数量:全数检查。

检查方法:按本规范第E.1节的规定执行。

5.5.5 灭火剂输送管道的外表面宜涂红色油漆。

在吊顶内、活动地板下等隐蔽场所内的管道,可涂红色油漆色环,色环宽度不应小于50mm。每个防护区或保护对象的色环宽度应一致,间距应均匀。

检查数量:全数检查。

检查方法:观察检查。

5.6 喷嘴的安装

5.6.1 安装喷嘴时,应按设计要求逐个核对其型号、规格及喷孔方向。

检查数量:全数检查。

检查方法:观察检查。

5.6.2 安装在吊顶下的不带装饰罩的喷嘴,其连接管管端螺纹不应露出吊顶;安装在吊顶下的带装饰罩的喷嘴,其装饰罩应紧贴吊顶。

检查数量:全数检查。

检查方法:观察检查。

5.7 预制灭火系统的安装

5.7.1 柜式气体灭火装置、热气溶胶灭火装置等预制灭火系统及其控制器、声光报警器的安装位置应符合设计要求,并固定牢靠。

检查数量:全数检查。

检查方法:观察检查。

5.7.2 柜式气体灭火装置、热气溶胶灭火装置等预制灭火系统装置周围空间环境应符合设计要求。

检查数量:全数检查。

检查方法:观察检查。

5.8 控制组件的安装

5.8.1 灭火控制装置的安装应符合设计要求,防护区内火灾探测器的安装应符合现行国家标准《火灾自动报警系统施工及验收规范》GB 50166的规定。

检查数量:全数检查。

检查方法:观察检查。

5.8.2 设置在防护区处的手动、自动转换开关应安装在防护区入口便于操作的部位,安装高度为中心点距地(楼)面1.5m。

检查数量:全数检查。

检查方法:观察检查。

5.8.3 手动启动、停止按钮应安装在防护区入口便于操作的部位,安装高度为中心点距地(楼)面1.5m;防护区的声光报警装置安装应符合设计要求,并应安装牢固,不得倾斜。

检查数量:全数检查。

检查方法:观察检查。

6 系统调试

6.1 一般规定

6.1.1 气体灭火系统的调试应在系统安装完毕,并宜在相关的火灾报警系统和开口自动关闭装置、通风机械和防火阀等联动设备的调试完成后进行。

6.1.2 气体灭火系统调试前应具备完整的技术资料,并应符合本规范第3.0.2条和第5.1.2条的规定。

6.1.3 调试前应按本规范第4章和第5章的规定检查系统组件和材料的型号、规格、数量以及系统安装质量,并应及时处理所发现的问题。

6.1.4 进行调试试验时,应采取可靠措施,确保人员和财产安全。

6.1.5 调试项目应包括模拟启动试验、模拟喷气试验和模拟切换操作试验,并应按本规范表C-4填写施工过程检查记录。

6.1.6 调试完成后应将系统各部件及联动设备恢复正常状态。

6.2 调 试

6.2.1 调试时,应对所有防护区或保护对象按本规范第E.2节的规定进行系统手动、自动模拟启动试验,并应合格。

6.2.2 调试时,应对所有防护区或保护对象按本规范第E.3节的规定进行模拟喷气试验,并应合格。

柜式气体灭火装置、热气溶胶灭火装置等预制灭火系统的模拟喷气试验,宜各取1套分别按产品标准中有关联动试验的规定进行试验。

6.2.3 设有灭火剂备用量且储存容器连接在同一集流管上的系统应按本规范第E.4节的规定进行模拟切换操作试验,并应合格。

7 系统验收

7.1 一般规定

7.1.1 系统验收时,应具备下列文件:
1 系统验收申请报告。
2 本规范第3.0.1条列出的施工现场质量管理检查记录。
3 本规范第3.0.2条列出的技术资料。
4 竣工文件。
5 施工过程检查记录。
6 隐蔽工程验收记录。

7.1.2 系统工程验收应按本规范表D-1进行资料核查;并按本规范表D-2进行工程质量验收,验收项目有1项为不合格时判定系统为不合格。

7.1.3 系统验收合格后,应将系统恢复到正常工作状态。

7.1.4 验收合格后,应向建设单位移交本规范第3.0.7条列出的资料。

7.2 防护区或保护对象与储存装置间验收

7.2.1 防护区或保护对象的位置、用途、划分、几何尺寸、开口、通风、环境温度、可燃物的种类、防护区围护结构的耐压、耐火极限及门、窗可自行关闭装置应符合设计要求。

检查数量:全数检查。
检查方法:观察检查、测量检查。

7.2.2 防护区下列安全设施的设置应符合设计要求。
1 防护区的疏散通道、疏散指示标志和应急照明装置。
2 防护区内和入口处的声光报警装置、气体喷放指示灯、入口处的安全标志。
3 无窗或固定窗扇的地上防护区和地下防护区的排气装置。
4 门窗设有密封条的防护区的泄压装置。
5 专用的空气呼吸器或氧气呼吸器。

检查数量:全数检查。
检查方法:观察检查。

7.2.3 储存装置间的位置、通道、耐火等级、应急照明装置、火灾报警控制装置及地下储存装置间机械排风装置应符合设计要求。

检查数量:全数检查。
检查方法:观察检查、功能检查。

7.2.4 火灾报警控制装置及联动设备应符合设计要求。

检查数量:全数检查。
检查方法:观察检查、功能检查。

7.3 设备和灭火剂输送管道验收

7.3.1 灭火剂储存容器的数量、型号和规格,位置与固定方式,油漆和标志,以及灭火剂储存容器的安装质量应符合设计要求。

检查数量:全数检查。
检查方法:观察检查、测量检查。

7.3.2 储存容器内的灭火剂充装量和储存压力应符合设计要求。

检查数量:称重检查按储存容器全数(不足5个的按5个计)的20%检查;储存压力检查按储存容器全数检查;低压二氧化碳储存容器按全数检查。
检查方法:称重、液位计或压力计测量。

7.3.3 集流管的材料、规格、连接方式、布置及其泄压装置的泄压方向应符合设计要求和本规范第5.2节的有关规定。

检查数量:全数检查。
检查方法:观察检查、测量检查。

7.3.4 选择阀及信号反馈装置的数量、型号、规格、位置、标志及其安装质量,应符合设计要求和本规范第5.3节的有关规定。

检查数量:全数检查。
检查方法:观察检查、测量检查。

7.3.5 阀驱动装置的数量、型号、规格和标志,安装位置,气动驱动装置中驱动气瓶的介质名称和充装压力,以及气动驱动装置管道的规格、布置和连接方式,应符合设计要求和本规范第5.4节的有关规定。

检查数量:全数检查。
检查方法:观察检查、测量检查。

7.3.6 驱动气瓶和选择阀的机械应急手动操作处,均应有标明对应防护区或保护对象名称的永久标志。

驱动气瓶的机械应急操作装置均应设安全销并加铅封，现场手动启动按钮应有防护罩。

检查数量：全数检查。

检查方法：观察检查、测量检查。

7.3.7 灭火剂输送管道的布置与连接方式、支架和吊架的位置及间距、穿过建筑构件及其变形缝的处理、各管段和附件的型号规格以及防腐处理和涂刷油漆颜色，应符合设计要求和本规范第5.5节的有关规定。

检查数量：全数检查。

检查方法：观察检查、测量检查。

7.3.8 喷嘴的数量、型号、规格、安装位置和方向，应符合设计要求和本规范第5.6节的有关规定。

检查数量：全数检查。

检查方法：观察检查、测量检查。

7.4 系统功能验收

7.4.1 系统功能验收时，应进行模拟启动试验，并合格。

检查数量：按防护区或保护对象总数（不足5个按5个计）的20%检查。

检查方法：按本规范第E.2节的规定执行。

7.4.2 系统功能验收时，应进行模拟喷气试验，并合格。

检查数量：组合分配系统应不少于1个防护区或保护对象，柜式气体灭火装置、热气溶胶灭火装置等预制灭火系统应各取1套。

检查方法：按本规范第E.3节或按产品标准中有关联动试验的规定执行。

7.4.3 系统功能验收时，应对设有灭火剂备用量的系统进行模拟切换操作试验，并合格。

检查数量：全数检查。

检查方法：按本规范第E.4节的规定执行。

7.4.4 系统功能验收时，应对主用、备用电源进行切换试验，并合格。

检查方法：将系统切换到备用电源，按本规范第E.2节的规定执行。

8 维护管理

8.0.1 气体灭火系统投入使用时，应具备下列文件，并应有电子备份档案，永久储存：

1 系统及其主要组件的使用、维护说明书。
2 系统工作流程图和操作规程。
3 系统维护检查记录表。
4 值班员守则和运行日志。

8.0.2 气体灭火系统应由经过专门培训，并经考试合格的专职人员负责定期检查和维护。

8.0.3 应按检查类别规定对气体灭火系统进行检查，并按本规范表F做好检查记录。检查中发现的问题应及时处理。

8.0.4 与气体灭火系统配套的火灾自动报警系统的维护管理应按现行国家标准《火灾自动报警系统施工及验收规范》GB 50116执行。

8.0.5 每日应对低压二氧化碳储存装置的运行情况、储存装置间的设备状态进行检查并记录。

8.0.6 每月检查应符合下列要求：

1 低压二氧化碳灭火系统储存装置的液位计检查，灭火剂损失10%时应及时补充。

2 高压二氧化碳灭火系统、七氟丙烷管网灭火系统及IG541灭火系统等系统的检查内容及要求应符合下列规定：

 1）灭火剂储存容器及容器阀、单向阀、连接管、集流管、安全泄放装置、选择阀、阀驱动装置、喷嘴、信号反馈装置、检漏装置、减压装置等全部系统组件应无碰撞变形及其他机械性损伤，表面应无锈蚀，保护涂层应完好，铭牌和标志牌应清晰，手动操作装置的防护罩、铅封和安全标志应完整。

 2）灭火剂和驱动气体储存容器内的压力，不得小于设计储存压力的90%。

3 预制灭火系统的设备状态和运行状况应正常。

8.0.7 每季度应对气体灭火系统进行1次全面检查，并应符合下列规定：

1 可燃物的种类、分布情况，防护区的开口情况，应符合设计规定。

2 储存装置间的设备、灭火剂输送管道和支、吊架的固定，应无松动。

3 连接管应无变形、裂纹及老化。必要时，送法定质量检验机构进行检测或更换。

4 各喷嘴孔口应无堵塞。

5 对高压二氧化碳储存容器逐个进行称重检查，灭火剂净重不得小于设计储存量的90%。

6 灭火剂输送管道有损伤与堵塞现象时，应按本规范E.1节的规定进行严密性试验和吹扫。

8.0.8 每年应按本规范第E.2节的规定，对每个防护区进行1次模拟启动试验，并应按本规范第7.4.2条规定进行1次模拟喷气试验。

8.0.9 低压二氧化碳灭火剂储存容器的维护管理应按《压力容器安全技术监察规程》执行；钢瓶的维护管理应按《气瓶安全监察规程》执行。灭火剂输送管道耐压试验周期应按《压力管道安全管理与监察规定》执行。

附录 A 施工现场质量管理检查记录

施工现场质量管理检查记录应由施工单位质量检查员按表A填写，监理工程师进行检查，并做出检查结论。

表 A 施工现场质量管理检查记录

工程名称			施工许可证	
建设单位			项目负责人	
设计单位			项目负责人	
监理单位			项目负责人	
施工单位			项目负责人	
序号	项 目		内 容	
1	现场质量管理制度			
2	质量责任制			
3	主要专业工种人员操作上岗证书			

续表 A

序号	项 目	内 容
4	施工图审查情况	
5	施工组织设计、施工方案及审批	
6	施工技术标准	
7	工程质量检验制度	
8	现场材料、设备管理	
9	其他	
⋮		

施工单位项目负责人：（签章）	监理工程师：（签章）	建设单位项目负责人：（签章）
年 月 日	年 月 日	年 月 日

附录 B 气体灭火系统工程划分

表 B 气体灭火系统子分部工程、分项工程划分

分部工程	子分部工程	分项工程
系统工程	进场检验	材料进场检验
		系统组件进场检验
	系统安装	灭火剂储存装置的安装
		选择阀及信号反馈装置的安装
		阀驱动装置的安装
		灭火剂输送管道的安装
		喷嘴的安装
		预制灭火系统的安装
		控制组件的安装
	系统调试	模拟启动试验
		模拟喷气试验
		模拟切换操作试验
	系统验收	防护区或保护对象与储存装置间验收
		设备和灭火剂输送管道验收
		系统功能验收

附录 C 气体灭火系统施工记录

施工过程检查记录应由施工单位质量检查员按表 C-1 ～ 表 C-4 填写，监理工程师进行检查，并做出检查结论。

表 C-1 气体灭火系统工程施工过程检查记录

工程名称			
施工单位		监理单位	
施工执行规范名称及编号		子分部工程名称	进场检验
分项工程名称	质量规定（规范条款）	施工单位检查记录	监理单位检查记录
管材、管道连接件	4.2.1		
	4.2.2		
	4.2.3		
	4.2.4		
灭火剂储存容器及容器阀、单向阀、连接管、集流管、安全泄放装置、选择阀、阀驱动装置、喷嘴、信号反馈装置、检漏装置、减压装置等系统组件	4.3.1		
	4.3.2		
	4.3.4		
灭火剂储存容器内的充装量与充装压力	4.3.3		
低压二氧化碳灭火系统储存装置、柜式气体灭火装置、热气溶胶灭火装置等预制灭火系统	4.3.5		

施工单位项目负责人：（签章）	监理工程师：（签章）
年 月 日	年 月 日

注：施工过程若用到其他表格，则应作为附件一并归档。

表 C-2 气体灭火系统工程施工过程检查记录

工程名称			
施工单位		监理单位	
施工执行规范名称及编号		子分部工程名称	系统安装
分项工程名称	质量规定（规范条款）	施工单位检查记录	监理单位检查记录
灭火剂储存装置	5.2.1		
	5.2.2		
	5.2.3		
	5.2.4		
	5.2.5		
	5.2.6		
	5.2.7		
	5.2.8		
	5.2.9		
	5.2.10		

续表 C-2

分项工程名称	质量规定（规范条款）	施工单位检查记录	监理单位检查记录
选择阀及信号反馈装置	5.3.1		
	5.3.2		
	5.3.3		
	5.3.4		
	5.3.5		
阀驱动装置	5.4.1		
	5.4.2		
	5.4.3		
	5.4.4		
	5.4.5		
	5.4.6		
灭火剂输送管道	5.5.1		
	5.5.2		
	5.5.3		
	5.5.4		
	5.5.5		
喷嘴	5.6.1		
	5.6.2		
预制灭火系统	5.7.1		
	5.7.2		
控制组件	5.8.1		
	5.8.2		
	5.8.3		
	5.8.4		
施工单位项目负责人：（签章） 年 月 日		监理工程师：（签章） 年 月 日	

注：施工过程若用到其他表格，则应作为附件一并归档。

表 C-3 隐蔽工程验收记录

工程名称		建设单位	
设计单位		施工单位	
防护区/保护对象名称		隐蔽区域	
验收项目		验收结果	
管道、管道连接件品种、规格、尺寸及偏差、性能和质量			
管道的安装质量和涂漆			
支、吊架规格、数量和安装质量			

续表 C-3

验收项目	验收结果
喷嘴的型号、规格、数量和安装质量	
施工过程检查记录	
验收结论：	
验收单位	设计单位：（公章） 项目负责人：（签章） 年 月 日 施工单位：（公章） 项目负责人：（签章） 年 月 日 监理单位：（公章） 监理工程师：（签章） 年 月 日

表 C-4 气体灭火系统工程施工过程检查记录

工程名称			
施工单位		监理单位	
施工执行规范名称及编号		子分部工程名称	系统调试
分项工程名称	质量规定（规范条款）	施工单位检查记录	监理单位检查记录
模拟启动试验	6.2.1		
模拟喷气试验	6.2.2		
备用灭火剂储存容器模拟切换操作试验	6.2.3		
调试人员：（签字）			年 月 日
施工单位项目负责人：（签章） 年 月 日		监理工程师：（签章） 年 月 日	

注：施工过程若用到其他表格，则应作为附件一并归档。

附录 D 气体灭火系统验收记录

气体灭火系统验收应由建设单位项目负责人组织监理工程师、施工单位项目负责人和设计单位项目负责人等进行，并按表 D-1、表 D-2 记录。

表 D-1 气体灭火系统工程质量控制资料核查记录

工程名称			施工单位		
序号	资料名称		资料数量	核查结果	核查人
1	经批准的施工图、设计说明书及设计变更通知书				
	竣工图等其他文件				
2	成套装置与灭火剂储存容器及容器阀、单向阀、连接管、集流管、安全泄放装置、选择阀、阀驱动装置、喷嘴、信号反馈装置、检漏装置、减压装置等系统组件,灭火剂输送管道及管道连接件的产品出厂合格证和市场准入制度要求的有效证明文件				
	系统及其主要组件的使用、维护说明书				
3	施工过程检查记录,隐蔽工程验收记录				
核查结论:					
验收单位	设计单位	施工单位		监理单位	建设单位
	（公章） 项目负责人：（签章） 年 月 日	（公章） 项目负责人：（签章） 年 月 日		（公章） 监理工程师：（签章） 年 月 日	（公章） 项目负责人：（签章） 年 月 日

表 D-2 气体灭火系统工程质量验收记录

工程名称				
施工单位			监理单位	
施工执行规范名称及编号			子分部工程名称	系统验收
分项工程名称	质量规定（规范条款）	验收内容记录		验收评定结果
防护区或保护对象与储存装置间验收	7.2.1			
	7.2.2			
	7.2.3			
	7.2.4			
设备和灭火剂输送管道验收	7.3.1			
	7.3.2			
	7.3.3			
	7.3.4			
	7.3.5			
	7.3.6			
	7.3.7			
	7.3.8			
系统功能验收	7.4.1			
	7.4.2			
	7.4.3			
	7.4.4			
验收结论:				
验收单位	设计单位	施工单位	监理单位	建设单位
	（公章） 项目负责人：（签章） 年 月 日	（公章） 项目负责人：（签章） 年 月 日	（公章） 监理工程师：（签章） 年 月 日	（公章） 项目负责人：（签章） 年 月 日

附录 E 试验方法

E.1 管道强度试验和气密性试验方法

E.1.1 水压强度试验压力应按下列规定取值：

1 对高压二氧化碳灭火系统，应取 15.0MPa；对低压二氧化碳灭火系统，应取 4.0MPa。

2 对 IG 541 混合气体灭火系统，应取 13.0MPa。

3 对卤代烷 1301 灭火系统和七氟丙烷灭火系统，应取 1.5 倍系统最大工作压力，系统最大工作压力可按表 E 取值。

E.1.2 进行水压强度试验时，以不大于 0.5MPa/s 的升压速率缓慢升压至试验压力，保压 5min，检查管道各处无渗漏、无变形为合格。

E.1.3 当水压强度试验条件不具备时，可采用气压强度试验代替。气压强度试验压力取值：二氧化碳灭火系统取 80% 水压强度试验压力，IG 541 混合气体灭火系统取 10.5MPa，卤代烷 1301 灭火系统和七氟丙烷灭火系统取 1.15 倍最大工作压力。

E.1.4 气压强度试验应遵守下列规定：

试验前，必须用加压介质进行预试验，预试验压力宜为 0.2MPa。

试验时，应逐步缓慢增加压力，当压力升至试验压力的 50% 时，如未发现异状或泄漏，继续按试验压力的 10% 逐级升压，每级稳压 3min，直至试验压力。保压检查管道各处无变形、无泄漏为合格。

E.1.5 灭火剂输送管道经水压强度试验合格后还应进行气密性试验，经气压强度试验合格且在试验后未拆卸过的管道可不进行气密性试验。

E.1.6 灭火剂输送管道在水压强度试验合格后，或气密性试验前，应进行吹扫。吹扫管道可采用压缩空气或氮气，吹扫时，管道末端的气体流速不应小于 20m/s，采用白布检查，直至无铁锈、尘土、水渍及其他异物出现。

E.1.7 气密性试验压力应按下列规定取值：

1 对灭火剂输送管道，应取水压强度试验压力的 2/3。

2 对气动管道，应取驱动气体储存压力。

E.1.8 进行气密性试验时，应以不大于 0.5MPa/s 的升压速率缓慢升压至试验压力，关断试验气源 3min 内压力降不超过试验压力的 10% 为合格。

E.1.9 气压强度试验和气密性试验必须采取有效的安全措施。加压介质可采用空气或氮气。气动管道试验时应采取防止误喷射的措施。

表 E 系统储存压力、最大工作压力

系统类别	最大充装密度 (kg/m³)	储存压力 (MPa)	最大工作压力 (MPa) (50℃时)
混合气体（IG 541）灭火系统	—	15.0	17.2
	—	20.0	23.2
卤代烷 1301 灭火系统	1125	2.50	3.93
		4.20	5.80
七氟丙烷灭火系统	1150	2.5	4.2
	1120	4.2	6.7
	1000	5.6	7.2

E.2 模拟启动试验方法

E.2.1 手动模拟启动试验可按下述方法进行：

按下手动启动按钮，观察相关动作信号及联动设备动作是否正常（如发出声、光报警，启动输出端的负载响应，关闭通风空调、防火阀等）。

人工使压力信号反馈装置动作，观察相关防护区门外的气体喷放指示灯是否正常。

E.2.2 自动模拟启动试验可按下述方法进行：

1 将灭火控制器的启动输出端与灭火系统相应防护区驱动装置连接。驱动装置应与阀门的动作机构脱离。也可以用一个启动电压、电流与驱动装置的启动电压、电流相同的负载代替。

2 人工模拟火警使防护区内任意一个火灾探测器动作，观察单一火警信号输出后，相关报警设备动作是否正常（如警铃、蜂鸣器发出报警声等）。

3 人工模拟火警使该防护区内另一个火灾探测器动作，观察复合火警信号输出后，相关动作信号及联动设备动作是否正常（如发出声、光报警，启动输出端的负载，关闭通风空调、防火阀等）。

E.2.3 模拟启动试验结果应符合下列规定：

1 延迟时间与设定时间相符，响应时间满足要求。

2 有关声、光报警信号正确。

3 联动设备动作正确。

4 驱动装置动作可靠。

E.3 模拟喷气试验方法

E.3.1 模拟喷气试验的条件应符合下列规定：

1 IG 541 混合气体灭火系统及高压二氧化碳灭火系统应采用其充装的灭火剂进行模拟喷气试验。试验采用的储存容器数应为选定试验的防护区或保护对象设计用量所需容器总数的 5%，且不得少于 1 个。

2 低压二氧化碳灭火系统应采用二氧化碳灭火剂进行模拟喷气试验。试验应选定输送管道最长的防护区或保护对象进行，喷放量不应小于设计用量的 10%。

3 卤代烷灭火系统模拟喷气试验不应采用卤代烷灭火剂，宜采用氮气，也可采用压缩空气。氮气或压缩空气储存容器与被试验的防护区或保护对象用的灭火剂储存容器的结构、型号、规格应相同，连接与控制方式应一致，氮气或压缩空气的充装压力按设计要求执行。氮气或压缩空气储存容器数不应少于灭火剂储存容器数的 20%，且不得少于 1 个。

E.3.2 模拟喷气试验结果应符合下列规定：

1 延迟时间与设定时间相符，响应时间满足要求。

2 有关声、光报警信号正确。

3 有关控制阀门工作正常。

4 信号反馈装置动作后，气体防护区门外的气体喷放指示灯应工作正常。

5 储存容器间内的设备和对应防护区或保护对象的灭火剂输送管道无明显晃动和机械性损坏。

6 试验气体能喷入被试防护区内或保护对象上，且能从每个喷嘴喷出。

E.4 模拟切换操作试验方法

E.4.1 按使用说明书的操作方法,将系统使用状态从主用量灭火剂储存容器切换为备用量灭火剂储存容器的使用状态。

E.4.2 按本规范第E.3.1条的方法进行模拟喷气试验。

E.4.3 试验结果应符合本规范第E.3.2条的规定。

附录F 气体灭火系统维护检查记录

表F 气体灭火系统维护检查记录

使用单位	
防护区/保护对象	
维护检查执行的规范名称及编号	
检查类别(日检、季检、年检)	

检查日期	检查项目	检查情况	故障原因及处理情况	检查人员签字

备注	

26.《泡沫灭火系统技术标准》GB 50151—2021

1 总 则

1.0.2 本标准适用于新建、改建、扩建工程中设置的泡沫灭火系统的设计、施工、验收及维护管理。

本标准不适用于船舶、海上石油平台等场所设置的泡沫灭火系统。

1.0.3 含有下列物质的场所，不应选用泡沫灭火系统：

1 硝化纤维、炸药等在无空气的环境中仍能迅速氧化的化学物质和强氧化剂；

2 钾、钠、烷基铝、五氧化二磷等遇水发生危险化学反应的活泼金属和化学物质。

1.0.5 泡沫灭火系统的设计、施工、验收及维护管理，除应执行本标准的规定外，尚应符合国家现行有关标准的规定。

2 术 语

Ⅰ 通 用 术 语

2.0.1 泡沫液 foam concentrate

可按适宜的混合比与水混合形成泡沫溶液的浓缩液体。

2.0.2 泡沫混合液 foam solution

泡沫液与水按特定混合比配制成的泡沫溶液。

2.0.3 泡沫预混液 premixed foam solution

泡沫液与水按特定混合比预先配置成的储存待用的泡沫溶液。

2.0.4 混合比 concentration

泡沫液在泡沫混合液中所占的体积百分数。

2.0.5 发泡倍数 foam expansion ratio

泡沫体积与形成该泡沫的泡沫混合液体积的比值。

2.0.6 低倍数泡沫 low-expansion foam

发泡倍数低于 20 的灭火泡沫。

2.0.7 中倍数泡沫 medium-expansion foam

发泡倍数介于 20～200 之间的灭火泡沫。

2.0.8 高倍数泡沫 high-expansion foam

发泡倍数高于 200 的灭火泡沫。

2.0.9 供给强度 application rate（density）

单位时间单位面积上泡沫混合液或水的供给量，用"L/(min·m^2)"表示。

2.0.10 固定式系统 fixed system

由固定的泡沫消防水泵、泡沫比例混合器（装置）、泡沫产生器（或喷头）和管道等组成的灭火系统。

2.0.11 半固定式系统 semi-fixed system

由固定的泡沫产生器与部分连接管道，泡沫消防车或机动消防泵与泡沫比例混合器，用水带连接组成的灭火系统。

2.0.12 移动式系统 mobile system

由消防车、机动消防泵或有压水源，泡沫比例混合器，泡沫枪、泡沫炮或移动式泡沫产生器，用水带等连接组成的灭火系统。

2.0.13 平衡式比例混合装置 balanced pressure proportioning set

由单独的泡沫液泵按设定的压差向压力水流中注入泡沫液，并通过平衡阀、孔板或文丘里管（或孔板与文丘里管结合），能在一定的水流压力和流量范围内自动控制混合比的比例混合装置。

2.0.14 机械泵入式比例混合装置 coupled water-turbine driven pump proportioning set

由叶片式或涡轮式等水轮机通过联轴节与泡沫液泵连接成一体，经泡沫消防水泵供给的压力水驱动水轮机，使泡沫液泵向水轮机后的泡沫消防水管道按设定比例注入泡沫液的比例混合装置。

2.0.15 泵直接注入式比例混合流程 pump direct injection proportioning

泡沫液泵直接向系统水流中按设定比例注入泡沫液的比例混合流程。

2.0.16 囊式压力比例混合装置 bladder pressure proportioning tank

压力水借助于孔板或文丘里管将泡沫液从密闭储罐胶囊内排出，并按比例与水混合的装置。

2.0.17 管线式比例混合器 in-line eductor

安装在通向泡沫产生器供水管线上的文丘里管装置。

2.0.18 吸气型泡沫产生装置 air-aspirating discharge device

利用文丘里管原理，将空气吸入泡沫混合液中并混合产生泡沫，然后将泡沫以特定模式喷出的装置，如泡沫产生器、泡沫枪、泡沫炮、泡沫喷头等。

2.0.19 非吸气型喷射装置 non air-aspirating discharge device

无空气吸入口，使用水成膜等泡沫混合液，其喷射模式类似于喷水的装置，如水枪、水炮、洒水喷头等。

2.0.20 泡沫消防水泵 foam system water supply pump

为泡沫灭火系统供水的消防水泵。

2.0.21 泡沫液泵 foam concentrate supply pump

为泡沫灭火系统供给泡沫液的泵。

2.0.22 泡沫消防泵站 foam system pump station

设置泡沫消防水泵的场所。

2.0.23 泡沫站 foam station

不含泡沫消防水泵，仅设置泡沫比例混合装置、泡沫液储罐等的场所。

Ⅱ 低倍数泡沫灭火系统术语

2.0.24 液上喷射系统 surface application system

泡沫从液面上喷入被保护储罐内的灭火系统。

2.0.25 液下喷射系统　subsurface injection system
泡沫从液面下喷入被保护储罐内的灭火系统。

2.0.26 立式泡沫产生器　foam maker in standing position
在甲、乙、丙类液体立式储罐罐壁上铅垂安装的泡沫产生器。

2.0.27 横式泡沫产生器　foam maker in horizontal position
在外浮顶储罐上水平安装的泡沫产生器。

2.0.28 高背压泡沫产生器　high back-pressure foam maker
有压泡沫混合液通过时能吸入空气，产生低倍数泡沫，且出口具有一定压力（表压）的装置。

2.0.29 泡沫导流罩　foam guiding cover
安装在外浮顶储罐罐壁顶部，能使泡沫沿罐壁向下流动和防止泡沫流失的装置。

2.0.30 泡沫缓释罩　foam buffering cover
安装在固定顶或内浮顶储罐泡沫产生器出口，引导泡沫沿罐壁向下缓释放到水溶性液体表面或单盘、双盘环形密封区的装置。

Ⅲ　中倍数与高倍数泡沫灭火系统术语

2.0.31 全淹没系统　total flooding system
由固定式泡沫产生器直接或通过导泡筒将泡沫喷放到封闭或被围挡的防护区内，并在规定的时间内达到一定泡沫淹没深度的灭火系统。

2.0.32 局部应用系统　local application system
由固定式泡沫产生器直接或通过导泡筒将泡沫喷放到火灾部位的灭火系统。

2.0.33 封闭空间　enclosure
由难燃烧体或不燃烧体所包容的空间。

2.0.34 泡沫供给速率　foam application rate
单位时间供给泡沫的总体积，用"m³/min"表示。

2.0.35 导泡筒　foam distribution duct
由泡沫产生器出口向防护区输送高倍数泡沫的导筒。

Ⅳ　泡沫-水喷淋系统与泡沫喷雾系统术语

2.0.36 泡沫-水喷淋系统　foam-water sprinkler system
由喷头、报警阀组、水流报警装置（水流指示器或压力开关）等组件，以及管道、泡沫液与水供给设施组成，并能在发生火灾时按预定时间与供给强度向防护区依次喷洒泡沫与水的自动灭火系统。

2.0.37 泡沫-水雨淋系统　foam-water deluge system
使用开式喷头，由安装在与喷头同一区域的火灾自动探测系统控制开启的泡沫-水喷淋系统。

2.0.38 闭式泡沫-水喷淋系统　closed-head foam-water sprinkler system
采用闭式洒水喷头的泡沫-水喷淋系统，包括泡沫-水预作用系统、泡沫-水干式系统和泡沫-水湿式系统。

2.0.39 泡沫-水预作用系统　foam-water preaction system
发生火灾后，由安装在与喷头同一区域的火灾探测系统控制开启相关设备与组件，使灭火介质充满系统管道，并从开启的喷头依次喷洒泡沫与水的闭式泡沫-水喷淋系统。

2.0.40 泡沫-水干式系统　foam-water dry pipe system
由系统管道中充装的具有一定压力的空气或氮气控制开启的闭式泡沫-水喷淋系统。

2.0.41 泡沫-水湿式系统　foam-water wet pipe system
由系统管道中充装的有压泡沫预混液或水控制开启的闭式泡沫-水喷淋系统。

2.0.42 泡沫喷雾系统　foam spray system
采用离心雾化型水雾喷头，在发生火灾时按预定时间与供给强度向被保护设备或防护区喷洒泡沫的自动灭火系统。

2.0.43 作用面积　total design area
闭式泡沫-水喷淋系统的最大计算保护面积。

3　泡沫液和系统组件

3.1　一般规定

3.1.1 泡沫液、泡沫消防水泵、泡沫液泵、泡沫比例混合器（装置）、压力容器、泡沫产生装置、火灾探测与启动控制装置、控制阀及管道等，应选用符合国家现行相关标准的产品。

3.2　泡沫液的选择和储存

3.2.1 非水溶性甲、乙、丙类液体储罐固定式低倍数泡沫灭火系统泡沫液的选择应符合下列规定：
　　1　应选用3%型氟蛋白或水成膜泡沫液；
　　2　临近生态保护红线、饮用水源地、永久基本农田等环境敏感地区，应选用不含强酸强碱盐的3%型氟蛋白泡沫液；
　　3　当选用水成膜泡沫液时，泡沫液的抗烧水平不应低于C级。

3.2.2 保护非水溶性液体的泡沫-水喷淋系统、泡沫枪系统、泡沫炮系统泡沫液的选择应符合下列规定：
　　2　当采用非吸气型喷射装置时，应选用3%型水成膜泡沫液。

3.2.3 对于水溶性甲、乙、丙类液体及其他对普通泡沫有破坏作用的甲、乙、丙类液体，必须选用抗溶水成膜、抗溶氟蛋白或低黏度抗溶氟蛋白泡沫液。

3.2.4 当保护场所同时存储水溶性液体和非水溶性液体时，泡沫液的选择应符合下列规定：
　　1　当储罐区储存的单罐容量均小于或等于10000m³时，可选用抗溶水成膜、抗溶氟蛋白或低黏度抗溶氟蛋白泡沫液；当储罐区存在单罐容量大于10000m³的储罐时，应按本标准第3.2.1条和第3.2.3条的规定对水溶性液体储罐和非水溶性液体储罐分别选取相应的泡沫液。
　　2　当保护场所采用泡沫-水喷淋系统时，应选用抗溶水成膜、抗溶氟蛋白泡沫液。

3.2.5 固定式中倍数或高倍数泡沫灭火系统应选用3%型泡沫液。

3.2.6 当采用海水作为系统水源时，必须选择适用于海水的泡沫液。

3.2.7 泡沫液宜储存在干燥通风的房间或敞棚内；储存的环境温度应满足泡沫液使用温度的要求。

3.3　泡沫消防水泵与泡沫液泵

3.3.1 泡沫消防水泵的选择与设置应符合下列规定：

1 应选择特性曲线平缓的水泵，且其工作压力和流量应满足系统设计要求；

2 泵出口管道上应设置压力表、单向阀，泵出口总管道上应设置持压泄压阀及带手动控制阀的回流管；

3 当泡沫液泵采用不向外泄水的水轮机驱动时，其水轮机压力损失应计入泡沫消防水泵的扬程；当泡沫液泵采用向外泄水的水轮机驱动时，其水轮机消耗的水流量应计入泡沫消防水泵的额定流量。

3.3.2 泡沫液泵的选择与设置应符合下列规定：

1 泡沫液泵的工作压力和流量应满足系统设计要求，同时应保证在设计流量范围内泡沫液供给压力大于供水压力；

2 泡沫液泵的结构形式、密封或填料类型应适宜输送所选的泡沫液，其材料应耐泡沫液腐蚀且不影响泡沫液的性能；

3 当用于普通泡沫液时，泡沫液泵的允许吸上真空高度不得小于4m；当用于抗溶泡沫液时，泡沫液泵的允许吸上真空高度不得小于6m，且泡沫液储罐至泡沫液泵之间的管道长度不宜超过5m，泡沫液泵出口管道长度不宜超过10m，泡沫液泵及管道平时不得充入泡沫液；

4 除四级及以下独立石油库与油品站场、防护面积小于200m^2单个非重要防护区设置的泡沫系统外，应设置备用泵，且工作泵故障时应能自动与手动切换到备用泵；

5 泡沫液泵应能耐受不低于10min的空载运转。

3.3.3 泡沫液泵的动力源应符合下列规定：

1 在本标准第7.1.3条第1款～第3款规定的条件下，当泡沫灭火系统与消防冷却水系统合用一组消防给水泵时，主用泡沫液泵的动力源宜采用电动机，备用泡沫液泵的动力源应采用水轮机；当泡沫灭火系统与消防冷却水系统的消防给水泵分开设置时，主用与备用泡沫液泵的动力应为水轮机或一组泵采用电动机、另一组泵采用水轮机；

3 当拖动泡沫液泵的动力源采用叶片式或涡轮式等不向外泄水的水轮机时，其水轮机及零部件应由耐腐蚀材料制成。

3.4 泡沫比例混合器（装置）

3.4.1 泡沫比例混合装置的选择应符合下列规定：

1 固定式系统，应选用平衡式、机械泵入式、囊式压力比例混合装置或泵直接注入式比例混合流程，混合比类型与所选泡沫液一致，且混合比不得小于额定值；

2 单罐容量不小于5000m^3的固定顶储罐、外浮顶储罐、内浮顶储罐，应选择平衡式或机械泵入式比例混合装置；

3 全淹没高倍数泡沫灭火系统或局部应用中倍数、高倍数泡沫灭火系统，应选用机械泵入式、平衡式或囊式压力比例混合装置；

3.4.2 当采用平衡式比例混合装置时，应符合下列规定：

1 平衡阀的泡沫液进口压力应大于水进口压力，且其压差应满足产品的使用要求；

2 比例混合器的泡沫液进口管道上应设单向阀；

3 泡沫液管道上应设冲洗及放空设施。

3.4.3 当采用机械泵入式比例混合装置时，应符合下列规定：

1 泡沫液进口管道上应设单向阀；

2 泡沫液管道上应设冲洗及放空设施。

3.4.4 当采用泵直接注入式比例混合流程时，应符合下列规定：

1 泡沫液注入点的泡沫液流压力应大于水流压力0.2MPa；

2 泡沫液进口管道上应设单向阀；

3 泡沫液管道上应设冲洗及放空设施。

3.4.5 当采用囊式压力比例混合装置时，应符合下列规定：

1 泡沫液储罐的单罐容积不应大于5m^3；

2 内囊应由适宜所储存泡沫液的橡胶制成，且应标明使用寿命。

3.4.6 当半固定式或移动式系统采用管线式比例混合器时，应符合下列规定：

1 比例混合器的水进口压力应在0.6MPa～1.2MPa的范围内，且出口压力应满足泡沫产生装置的进口压力要求。

3.5 泡沫液储罐

3.5.1 盛装泡沫液的储罐应采用耐腐蚀材料制作，且与泡沫液直接接触的内壁或衬里不应对泡沫液的性能产生不利影响。

3.5.2 常压泡沫液储罐应符合下列规定：

1 储罐内应留有泡沫液热膨胀空间和泡沫液沉降损失部分所占空间；

2 储罐出液口的设置应保障泡沫液泵进口为正压，且出液口不应高于泡沫液储罐最低液面0.5m；

3 储罐泡沫液管道吸液口应朝下，并应设置在沉降层之上，且当采用蛋白类泡沫液时，吸液口距泡沫液储罐底面不应小于0.15m；

4 储罐宜设计成锥形或拱形顶，且上部应设呼吸阀或用弯管通向大气；

5 储罐上应设出液口、液位计、进料孔、排渣孔、人孔、取样口。

3.5.3 囊式压力比例混合装置的储罐上应标明泡沫液剩余量。

3.6 泡沫产生装置

3.6.1 低倍数泡沫产生器应符合下列规定：

1 固定顶储罐、内浮顶储罐应选用立式泡沫产生器；

2 外浮顶储罐宜选用与泡沫导流罩匹配的立式泡沫产生器，并不得设置密封玻璃，当采用横式泡沫产生器时，其吸气口应为圆形；

3 泡沫产生器应根据其应用环境的腐蚀特性，采用碳钢或不锈钢材料制成；

4 立式泡沫产生器及其附件的公称压力不得低于1.6MPa，与管道应采用法兰连接；

5 泡沫产生器进口的工作压力应为其额定值±0.1MPa；

6 泡沫产生器的空气吸入口及露天的泡沫喷射口，应设置防止异物进入的金属网。

3.6.2 高背压泡沫产生器应符合下列规定：

1 进口工作压力应在标定的工作压力范围内；

2 出口工作压力应大于泡沫管道的阻力和罐内液体静压力之和；

3 发泡倍数不应小于2，且不应大于4。

3.6.3 保护液化天然气（LNG）集液池的局部应用系统和不设导泡筒的全淹没系统，应选用水力驱动型泡沫产生器，且其发泡网应为奥氏体不锈钢材料。

3.6.4 泡沫喷头、水雾喷头的工作压力应在标定的工作压力范围内，且不应小于其额定压力的80%。

3.7 控制阀门和管道

3.7.1 系统中所用的控制阀门应有明显的启闭标志。

3.7.3 低倍数泡沫灭火系统的水与泡沫混合液及泡沫管道应采用钢管，且管道外壁应进行防腐处理。

3.7.4 中倍数、高倍数泡沫灭火系统的干式管道宜采用镀锌钢管；湿式管道宜采用不锈钢管或内部、外部进行防腐处理的钢管；中倍数、高倍数泡沫产生器与其管道过滤器的连接管道应采用奥氏体不锈钢管。

3.7.5 泡沫液管道应采用奥氏体不锈钢管。

3.7.6 在寒冷季节有冰冻的地区，泡沫灭火系统的湿式管道应采取防冻措施。

3.7.7 泡沫-水喷淋系统的管道应采用热镀锌钢管，其报警阀组、水流指示器、压力开关、末端试水装置、末端放水装置的设置，应符合现行国家标准《自动喷水灭火系统设计规范》GB 50084的相关规定。

3.7.8 防火堤或防护区内的法兰垫片应采用不燃材料或难燃材料。

3.7.9 对于设置在防爆区内的地上或管沟敷设的干式管道，应采取防静电接地措施，且法兰连接螺栓数量少于5个时应进行防静电跨接。钢制甲、乙、丙类液体储罐的防雷接地装置可兼作防静电接地装置。

4 低倍数泡沫灭火系统

4.1 一般规定

4.1.1 甲、乙、丙类液体储罐固定式、半固定式或移动式系统的选择应符合国家现行有关标准的规定，且储存温度大于100℃的高温可燃液体储罐不宜设置固定式系统。

4.1.2 储罐区低倍数泡沫灭火系统的选择应符合下列规定：

2 水溶性甲、乙、丙类液体和其他对普通泡沫有破坏作用的甲、乙、丙类液体固定顶储罐，应选用液上喷射系统；

3 外浮顶和内浮顶储罐应选用液上喷射系统；

4 非水溶性液体外浮顶储罐、内浮顶储罐、直径大于18m的固定顶储罐及水溶性甲、乙、丙类液体立式储罐，不得选用泡沫炮作为主要灭火设施；

5 高度大于7m或直径大于9m的固定顶储罐，不得选用泡沫枪作为主要灭火设施。

4.1.3 储罐区泡沫灭火系统扑救一次火灾的泡沫混合液设计用量，应按罐内用量、该罐辅助泡沫枪用量、管道剩余量三者之和最大的储罐确定。

4.1.4 当已知泡沫比例混合装置的混合比时，可按实际混合比计算泡沫液用量；当未知泡沫比例混合装置的混合比时，3%型泡沫液应按混合比3.9%计算泡沫液用量，6%型泡沫液应按混合比7%计算泡沫液用量。

4.1.5 设置固定式系统的储罐区，应配置用于扑救液体流散火灾的辅助泡沫枪，泡沫枪的数量及其泡沫混合液连续供给时间不应小于表4.1.5的规定。每支辅助泡沫枪的泡沫混合液流量不应小于240L/min。

表4.1.5 泡沫枪数量和泡沫液混合液连续供给时间

储罐直径 (m)	配备泡沫枪数量 (支)	泡沫液混合液连续供给时间 (min)
≤10	1	10
>10且≤20	1	20
>20且≤30	2	20
>30且≤40	2	30
>40	3	30

4.1.6 当固定顶储罐区固定式系统的泡沫混合液流量大于或等于100L/s时，系统的泵、比例混合装置及其管道上的控制阀、干管控制阀应具备远程控制功能；浮顶储罐泡沫灭火系统的控制应执行现行相关国家标准的规定。

4.1.7 在固定式系统的泡沫混合液主管道上应留出泡沫混合液流量检测仪器的安装位置；在泡沫混合液管道上应设置试验检测口；在防火堤外侧最不利和最有利水力条件处的管道上宜设置供检测泡沫产生器工作压力的压力表接口。

4.1.8 石油储备库、三级及以上独立石油库与油品站场的泡沫灭火系统与消防冷却水系统的消防给水泵与管道应分开设置；当其他生产加工企业的储罐区固定式泡沫灭火系统与消防冷却水系统合用一组消防给水泵时，应有保障泡沫混合液供给强度满足设计要求的措施，且不得以火灾时临时调整的方式来保障。

4.1.9 采用固定式系统的储罐区，当邻近消防站的泡沫消防车5min内无法到达现场时，应沿防火堤外均匀布置泡沫消火栓，且泡沫消火栓的间距不应大于60m；当未设置泡沫消火栓时，应保证满足本标准第4.1.5条要求的措施。

4.1.10 储罐区固定式系统应具备半固定式系统功能。

4.1.11 固定式系统的设计应满足自泡沫消防水泵启动至泡沫混合液或泡沫输送到保护对象的时间不大于5min的要求。

4.2 固定顶储罐

4.2.1 固定顶储罐的保护面积应按其横截面积确定。

4.2.2 泡沫混合液供给强度及连续供给时间应符合下列规定：

1 非水溶性液体储罐液上喷射系统，其泡沫混合液供给强度及连续供给时间不应小于表4.2.2-1的规定；

表4.2.2-1 泡沫混合液供给强度和连续供给时间

系统形式	泡沫液种类	供给强度 [L/(min·m²)]	连续供给时间(min)		
			甲类 液体	乙类 液体	丙类 液体
固定式、 半固定式系统	氟蛋白、 水成膜	6.0	60	45	30
移动式系统	氟蛋白	8.0	60	60	45
	水成膜	6.5	60	60	45

2 非水溶性液体储罐液下喷射系统，其泡沫混合液供给强度不应小于6.0L/(min·m²)、连续供给时间不应小于60min。

— 281 —

3 水溶性液体和其他对普通泡沫有破坏作用的甲、乙、丙类液体储罐，其泡沫混合液供给强度及连续供给时间不应小于表4.2.2-2的规定。

表4.2.2-2 抗溶泡沫混合液供给强度和连续供给时间

泡沫液种类	液体类别	供给强度[L/(min·m²)]	连续供给时间(min)
抗溶水成膜、抗溶氟蛋白	乙二醇、乙醇胺、丙三醇、二甘醇、乙酸丁酯、甲基异丁酮、苯胺、丙烯酸丁酯、乙二胺	8	30
	甲醇、乙醇、乙二醇甲醚、乙腈、正丙醇、二恶烷、甲酸、乙酸、丙酸、丙烯酸、乙二醇乙醚、丁酮、乙酸乙酯、丙烯腈、丙烯酸丁酯、丙烯酸乙酯、乙酸丙酯、丁酸醛、正丁醇、异丁醇、烯丙醇、乙二醇二甲醚、正丁醛、异丁醛、正戊醇、异丁烯酸甲酯、异丁烯酸乙酯	10	30
	异丙醇、丙酮、乙酸甲酯、丙烯醛、甲酸乙酯	12	30
	甲基叔丁基醚	12	45
	四氢呋喃、异丙醚、丙醛	16	30
	含氧添加剂含量体积比大于10%的汽油	6	40
低黏度抗溶氟蛋白	甲基叔丁基醚、丙醛、乙二醇甲醚、丁酮、丙烯酸甲酯、乙酸乙酯、甲基异丁酮	12	30

注：本表未列出的水溶性液体，其泡沫混合液供给强度和连续供给时间应由试验确定。

4.2.3 液上喷射系统泡沫产生器的设置应符合下列规定：

1 泡沫产生器的型号及数量，应根据本标准第4.2.1条和第4.2.2条计算所需的泡沫混合液流量确定，且设置数量不应小于表4.2.3的规定；

表4.2.3 泡沫产生器设置数量

储罐直径(m)	泡沫产生器设置数量(个)
≤10	1
>10且≤25	2
>25且≤30	3
>30且≤35	4

注：对于直径大于35m且小于50m的储罐，其横截面积每增加300m²应至少增加1个泡沫产生器。

2 当一个储罐所需的泡沫产生器数量大于1个时，宜选用同规格的泡沫产生器，且应沿罐周均匀布置；

3 水溶性液体储罐应设置泡沫缓释罩。

4.2.4 液下喷射系统高背压泡沫产生器的设置应符合下列规定：

1 高背压泡沫产生器应设置在防火堤外，设置数量及型号应根据本标准第4.2.1条和第4.2.2条计算所需的泡沫混合液流量确定；

3 在高背压泡沫产生器的进口侧应设置检测压力表接口，在其出口侧应设置压力表、背压调节阀和泡沫取样口。

4.2.5 液下喷射系统泡沫喷射口的设置应符合下列规定：

1 泡沫进入甲、乙类液体的速度不应大于3m/s，泡沫进入丙类液体的速度不应大于6m/s；

2 泡沫喷射口宜采用向上的斜口型，其斜口角度宜为45°，泡沫喷射管的长度不得小于喷射管直径的20倍。当设有一个喷射口时，喷射口宜设在储罐中心；当设有一个以上喷射口时，应沿罐周均匀设置，且各喷射口的流量宜相等；

3 泡沫喷射口应安装在高于储罐积水层0.3m的位置，泡沫喷射口的设置数量不应小于表4.2.5的规定。

表4.2.5 泡沫喷射口设置数量

储罐直径(m)	喷射口数量(个)
≤23	1
>23且≤33	2
>33且≤40	3

注：对于直径大于40m的储罐，其横截面积每增加400m²应至少增加1个泡沫喷射口。

4.2.6 储罐上液上喷射系统泡沫混合液管道的设置应符合下列规定：

1 每个泡沫产生器应用独立的混合液管道引至防火堤外；

2 除立管外，其他泡沫混合液管道不得设置在罐壁上；

3 连接泡沫产生器的泡沫混合液立管应用管卡固定在罐壁上，管卡间距不宜大于3m；

4 泡沫混合液的立管下端应设锈渣清扫口。

4.2.7 防火堤内泡沫混合液或泡沫管道的设置应符合下列规定：

1 地上泡沫混合液或泡沫水平管道应敷设在管墩或管架上，与罐壁上的泡沫混合液立管之间应用金属软管连接；

2 埋地泡沫混合液管道或泡沫管道距离地面的深度应大于0.3m，与罐壁上的泡沫混合液立管之间应用金属软管连接；

3 泡沫混合液或泡沫管道应有3‰的放空坡度；

4 在液下喷射系统靠近储罐的泡沫管线上，应设置供系统试验用的带可拆卸盲板的支管；

5 液下喷射系统的泡沫管道上应设钢质控制阀和逆止阀，并应设置不影响泡沫灭火系统正常运行的防油品渗漏设施。

4.2.8 防火堤外泡沫混合液或泡沫管道的设置应符合下列规定：

1 固定式液上喷射系统，对每个泡沫产生器应在防火堤外设置独立的控制阀；

2 半固定式液上喷射系统，对每个泡沫产生器应在防火堤外距地面0.7m处设置带闷盖的管牙接口；半固定式液下喷射系统的泡沫管道应引至防火堤外，并应设置相应的高背压泡沫产生器快装接口；

3 泡沫混合液管道或泡沫管道上应设置放空阀，且其管道应有2‰的坡度坡向放空阀。

4.3 外浮顶储罐

4.3.1 钢制单盘式、双盘式外浮顶储罐的保护面积应按罐壁与泡沫堰板间的环形面积确定。

4.3.2 非水溶性液体的泡沫混合液供给强度不应小于 12.5L/(min·m²)，连续供给时间不应小于 60min，单个泡沫产生器的最大保护周长不应大于 24m。

4.3.3 外浮顶储罐的泡沫导流罩应设置在罐壁顶部，其泡沫堰板的设计应符合下列规定：

1 泡沫堰板应高出密封 0.2m；

2 泡沫堰板与罐壁的间距不应小于 0.9m；

3 泡沫堰板的最低部位应设排水孔，其开孔面积宜按每 1m² 环形面积 280mm² 确定，排水孔高度不宜大于 9mm。

4.3.4 泡沫产生器与泡沫导流罩的设置应符合下列规定：

1 泡沫产生器的型号和数量应按本标准第 4.3.2 条的规定计算确定；

2 应在罐壁顶部设置对应于泡沫产生器的泡沫导流罩。

4.3.5 储罐上泡沫混合液管道的设置应符合下列规定：

1 每根泡沫混合液管道应引至防火堤外，且半固定式系统的每根泡沫混合液管道所需的混合液流量不应大于一辆泡沫消防车的供给量；

2 连接泡沫产生器的泡沫混合液立管应用管卡固定在罐壁上，管卡间距不宜大于 3m，泡沫混合液的立管下端应设锈渣清扫口。

4.3.6 防火堤内泡沫混合液管道的设置应符合本标准第 4.2.7 条的规定。

4.3.7 防火堤外泡沫混合液管道的设置应符合下列规定：

1 固定式系统的每组泡沫产生器应在防火堤外设置独立的控制阀；

2 半固定式系统的每组泡沫产生器应在防火堤外距地面 0.7m 处设置带闷盖的管牙接口；

3 泡沫混合液管道上应设置放空阀，且其管道应有 2‰ 的坡度坡向放空阀。

4.3.8 储罐各梯子平台上应设置二分水器，并应符合下列规定：

1 二分水器应由管道接至防火堤外，且管道的管径应满足所配泡沫枪的压力、流量要求；

2 应在防火堤外的连接管道上设置管牙接口，其距地面高度宜为 0.7m；

3 当与固定式系统连通时，应在防火堤外设置控制阀。

4.4 内浮顶储罐

4.4.1 钢制单盘式、双盘式内浮顶储罐的保护面积应按罐壁与泡沫堰板间的环形面积确定；直径不大于 48m 的易熔材料浮盘内浮顶储罐应按固定顶储罐对待。

4.4.2 钢制单盘式、双盘式内浮顶储罐的泡沫堰板设置、单个泡沫产生器保护周长及泡沫混合液供给强度与连续供给时间，应符合下列规定：

1 泡沫堰板距离罐壁不应小于 0.55m，其高度不应小于 0.5m；

2 单个泡沫产生器保护周长不应大于 24m；

3 非水溶性液体及加醇汽油的泡沫混合液供给强度不应小于 12.5L/(min·m²)，水溶性液体的泡沫混合液供给强度不应小于本标准第 4.2.2 条第 3 款规定的 1.5 倍；

4 泡沫混合液连续供给时间不应小于 60min。

4.4.3 按固定顶储罐对待的内浮顶储罐，其泡沫混合液供给强度和连续供给时间及泡沫产生器的设置应符合下列规定：

1 非水溶性液体应符合本标准第 4.2.2 条第 1 款的规定；

2 水溶性液体应符合本标准第 4.2.2 条第 3 款的规定；

3 泡沫产生器的设置应符合本标准第 4.2.3 条第 1 款和第 2 款的规定，且数量不应少于 2 个。

4.4.4 钢制单盘式、双盘式内浮顶储罐、按固定顶储罐对待的水溶性液体内浮顶储罐，其泡沫释放口处应设置泡沫缓释罩。

4.4.5 按固定顶储罐对待的内浮顶储罐，其泡沫混合液管道的设置应符合本标准第 4.2.6 条～第 4.2.8 条的规定；钢制单盘式、双盘式内浮顶储罐，其泡沫混合液管道的设置应符合本标准第 4.2.7 条、第 4.3.5 条、第 4.3.7 条的规定。

4.5 其他场所

4.5.1 当甲、乙、丙类液体槽车装卸栈台设置泡沫炮或泡沫枪系统时，应符合下列规定：

1 应能保护泵、计量仪器、车辆及与装卸产品有关的各种设备；

2 火车装卸栈台的泡沫混合液流量不应小于 30L/s；

3 汽车装卸栈台的泡沫混合液流量不应小于 8L/s；

4 泡沫混合液连续供给时间不应小于 30min。

4.5.2 设有围堰的非水溶性液体流淌火灾场所，其保护面积应按围堰包围的地面面积与其中不燃结构占据的面积之差计算，其泡沫混合液供给强度与连续供给时间不应小于表 4.5.2 的规定。

表 4.5.2 泡沫混合液供给强度和连续供给时间

泡沫液种类	供给强度 [L/(min·m²)]	连续供给时间(min)	
		甲、乙类液体	丙类液体
氟蛋白	6.5	40	30
水成膜	6.5	30	20

4.5.3 当甲、乙、丙类液体泄漏导致的室外流淌火灾场所设置泡沫枪、泡沫炮系统时，应根据保护场所的具体情况确定最大流淌面积，其泡沫混合液供给强度和连续供给时间不应小于表 4.5.3 的规定。

表 4.5.3 泡沫混合液供给强度和连续供给时间

泡沫液种类	供给强度 [L/(min·m²)]	连续供给时间 (min)	液体种类
氟蛋白	6.5	15	非水溶性液体
水成膜	5.0	15	
抗溶泡沫	12	15	水溶性液体

4.5.4 公路隧道泡沫消火栓箱的设置应符合下列规定：

1 设置间距不应大于 50m；

2 应配置带开关的吸气型泡沫枪，其泡沫混合液流量不应小于 30L/min，射程不应小于 6m；

3 泡沫混合液连续供给时间不应小于 20min，且宜配备水成膜泡沫液；

4 软管长度不应小于 25m。

5 中倍数与高倍数泡沫灭火系统

5.1 一般规定

5.1.1 系统型式的选择应根据防护区的总体布局、火灾的危害程度、火灾的种类和扑救条件等因素，经综合技术经济比较后确定。

5.1.2 全淹没系统或固定式局部应用系统应设置火灾自动报警系统，并应符合下列规定：

  1 全淹没系统应同时具备自动、手动和应急机械手动启动功能；

  2 自动控制的固定式局部应用系统应同时具备手动和应急机械手动启动功能；手动控制的固定式局部应用系统尚应具备应急机械手动启动功能；

  3 消防控制中心（室）和防护区应设置声光报警装置；

5.1.3 当系统以集中控制方式保护两个或两个以上的防护区时，其中一个防护区发生火灾不应危及其他防护区；泡沫液和水的储备量应按最大一个防护区的用量确定；手动与应急机械控制装置应有标明其所控制区域的标记。

5.1.4 中倍数、高倍数泡沫产生器的设置应符合下列规定：

  1 高度应在泡沫淹没深度以上；

  2 宜接近保护对象，但泡沫产生器整体不应设置在防护区内；

  3 当泡沫产生器的进风侧不直通室外时，应设置进风口或引风管；

  4 应使防护区形成比较均匀的泡沫覆盖层；

  5 应便于检查、测试及维修；

  6 当泡沫产生器在室外或坑道应用时，应采取防止风对泡沫产生器发泡和泡沫分布产生影响的措施。

5.1.5 当高倍数泡沫产生器的出口设置导泡筒时，应符合下列规定：

  2 当导泡筒上设有闭合器件时，其闭合器件不得阻挡泡沫的通过；

  3 应符合本标准第5.1.4条第1款、第2款、第4款的规定。

5.1.6 固定安装的中倍数、高倍数泡沫产生器前应设置管道过滤器、压力表和手动阀门。

5.1.7 固定安装的泡沫液桶（罐）和比例混合器不应设置在防护区内。

5.1.8 系统干式水平管道最低点应设排液阀，且坡向排液阀的管道坡度不宜小于3‰。

5.1.9 系统管道上的控制阀门应设在防护区以外，自动控制阀门应具有手动启闭功能。

5.2 全淹没系统

5.2.2 全淹没系统的防护区应符合下列规定：

  1 泡沫的围挡应为不燃结构，且应在系统设计灭火时间内具备围挡泡沫的能力；

  2 在保证人员撤离的前提下，门、窗等位于设计淹没深度以下的开口，应在泡沫喷放前或泡沫喷放的同时自动关闭；对于不能自动关闭的开口，全淹没系统应对其泡沫损失进行相应补偿；

  3 利用防护区外部空气发泡的封闭空间，应设置排气口，排气口的位置应避免燃烧产物或其他有害气体回流到泡沫产生器进气口；

  5 排气口在灭火系统工作时应自动或手动开启，其排气速度不宜超过5m/s；

  6 防护区内应设置排水设施。

5.2.3 泡沫淹没深度的确定应符合下列规定：

  1 当用于扑救A类火灾时，泡沫淹没深度不应小于最高保护对象高度的1.1倍，且应高于最高保护对象最高点0.6m；

  2 当用于扑救B类火灾时，汽油、煤油、柴油或苯火灾的泡沫淹没深度应高于起火部位2m；其他B类火灾的泡沫淹没深度应由试验确定；

  3 当用于扑救综合管廊或电缆隧道火灾时，淹没深度应按泡沫充满防护区计算，综合管廊或电缆隧道的每个防火分隔区域应作为一个防护区。

5.2.4 淹没体积应按下式计算：

$$V = S \times H - V_g \quad (5.2.4)$$

式中：V——淹没体积（m^3）；

  S——防护区地面面积（m^2）；

  H——泡沫淹没深度（m）；

  V_g——固定的机器设备等不燃物体所占的体积（m^3）。

5.2.5 泡沫的淹没时间不应超过表5.2.5的规定。系统自接到火灾信号至开始喷放泡沫的延时不应超过1min。

表5.2.5 淹没时间（min）

可燃物	高倍数泡沫灭火系统单独使用	高倍数泡沫灭火系统与自动喷水灭火系统联合使用
闪点不超过40℃的非水溶性液体	2	3
闪点超过40℃的非水溶性液体	3	4
发泡橡胶、发泡塑料、成卷的织物或皱纹纸等低密度可燃物	3	4
成卷的纸、压制牛皮纸、涂料纸、纸板箱、纤维圆筒、橡胶轮胎等高密度可燃物	5	7
综合管廊、电缆隧道	5	—

注：水溶性液体的淹没时间应由试验确定。

5.2.6 最小泡沫供给速率应按下式计算：

$$R = \left(\frac{V}{T} + R_S\right) \times C_N \times C_L \quad (5.2.6\text{-}1)$$

$$R_S = L_S \times Q_Y \quad (5.2.6\text{-}2)$$

式中：R——最小泡沫供给速率（m^3/min）；

  T——淹没时间（min）；

  C_N——泡沫破裂补偿系数，宜取1.15；

C_L——泡沫泄漏补偿系数，宜取 1.05～1.2；

R_S——喷水造成的泡沫破泡率（m³/min）；

L_S——泡沫破泡率与洒水喷头排放速率之比，应取 0.0748（m³/L）；

Q_Y——预计动作最大水喷头数目时的总水流量（L/min）。

5.2.7 泡沫混合液连续供给时间应符合下列规定：

1 当用于扑救 A 类火灾时，不应小于 25min；

2 当用于扑救 B 类火灾时，不应小于 15min；

3 当用于扑救综合管廊或电缆隧道火灾时，不应小于 15min。

5.2.8 对于 A 类火灾，其泡沫淹没体积的保持时间应符合下列规定：

1 单独使用高倍数泡沫灭火系统时，应大于 60min；

2 与自动喷水灭火系统联合使用时，应大于 30min。

5.3 局部应用系统

5.3.2 局部应用系统的保护范围应包括火灾蔓延的所有区域。

5.3.3 当高倍数泡沫用于扑救 A 类火灾或 B 类火灾时，应符合下列规定：

1 覆盖 A 类火灾保护对象最高点的厚度不应小于 0.6m；

2 对于汽油、煤油、柴油或苯，覆盖起火部位的厚度不应小于 2m；其他 B 类火灾的泡沫覆盖厚度应由试验确定；

3 达到规定覆盖厚度的时间不应大于 2min；

4 泡沫混合液连续供给时间不应小于 12min。

5.3.4 中倍数泡沫系统用于沸点高于 45℃ 且固定位置面积不大于 100m² 的非水溶性液体流淌火灾时，泡沫混合液供给强度与连续供给时间应符合下列规定：

1 泡沫混合液供给强度应大于 4L/（min·m²）；

2 室内场所的泡沫混合液连续供给时间应大于 10min；

3 室外场所的泡沫混合液连续供给时间应大于 15min。

5.3.5 当高倍数泡沫系统设置在液化天然气集液池或储罐围堰区时，应符合下列规定：

1 应选择固定式系统，并应设置导泡筒，发泡网距集液池的距离不应小于 1m，且导泡筒出口断面距集液池设计液面的距离不应小于 200mm；

3 泡沫混合液供给强度应根据阻止形成蒸汽云和降低热辐射强度试验确定，并应取两项试验的较大值；当缺乏试验数据时，泡沫混合液供给强度不宜小于 7.2L/（min·m²）；

4 泡沫连续供给时间应根据所需的控制时间确定，且不宜小于 40min；当同时设有移动式系统时，固定式系统的泡沫供给时间可按达到稳定控火时间确定；

5 局部应用系统的设计尚应符合现行国家标准《石油天然气工程设计防火规范》GB 50183 的有关规定。

5.4 移动式系统

5.4.2 泡沫淹没时间或覆盖保护对象时间、泡沫供给速率与连续供给时间，应根据保护对象的类型与规模确定。

5.4.3 高倍数泡沫灭火系统泡沫液和水的储备量应符合下列规定：

3 当用于扑救煤矿火灾时，每个矿山救护大队应储存大于 2t 的泡沫液。

5.4.5 用于扑救煤矿井下火灾时，应配置导泡筒，且高倍数泡沫产生器的驱动风压、发泡倍数应满足矿井的特殊需要。

5.4.6 泡沫液与相关设备应放置在便于运送到指定防护对象的场所；当移动式中倍数或高倍数泡沫产生器预先连接到水源或泡沫混合液供给源时，应放置在易于接近的地方，且水带长度应能达到其最远的防护地。

5.4.7 当两个或两个以上移动式中倍数或高倍数泡沫产生器同时使用时，其泡沫液和水供给源应满足最大数量的泡沫产生器的使用要求。

5.4.8 当移动式中倍数泡沫系统用于沸点高于 45℃ 且面积不大于 100m² 的非水溶性液体流淌火灾时，泡沫混合液供给强度与连续供给时间应符合本标准第 5.3.4 条的规定。

5.4.9 应选用有衬里的消防水带，并应符合下列规定：

1 水带的口径与长度应满足系统要求；

2 水带应以能立即使用的排列形式储存，且应防潮。

5.4.10 移动式系统所用的电源与电缆应满足输送功率要求，且应满足保护接地和防水的要求。

6 泡沫-水喷淋系统与泡沫喷雾系统

6.1 一般规定

6.1.3 泡沫-水喷淋系统泡沫混合液与水的连续供给时间应符合下列规定：

1 泡沫混合液连续供给时间不应小于 10min；

2 泡沫混合液与水的连续供给时间之和不应小于 60min。

6.1.4 泡沫-水雨淋系统与泡沫-水预作用系统的控制应符合下列规定：

1 系统应同时具备自动、手动和应急机械手动启动功能；

2 机械手动启动力不应超过 180N；

3 系统自动或手动启动后，泡沫液供给控制装置应自动随供水主控阀的动作而动作或与之同时动作；

4 系统应设置故障监视与报警装置，且应在主控制盘上显示。

6.1.5 当选用水成膜泡沫液且泡沫液管线长度超过 15m 时，泡沫液应充满其管线，且泡沫液管线及其管件的温度应在泡沫液的储存温度范围内，埋地铺设时应设置检查管道密封性的设施。

6.1.6 泡沫-水喷淋系统应设置系统试验接口，其口径应分别满足系统最大流量与最小流量要求。

6.1.7 泡沫-水喷淋系统的防护区应设置安全排放或容纳设施，且排放或容纳量应按被保护液体最大泄漏量、固定式系统喷洒量以及管枪喷射量之和确定。

6.1.8 为泡沫-水雨淋系统与泡沫-水预作用系统配套设置的火灾探测与联动控制系统，除应符合现行国家标准《火灾自动报警系统设计规范》GB 50116 的有关规定外，尚应符合下列规定：

1 当电控型自动探测及附属装置设置在爆炸危险环境时，应符合现行国家标准《爆炸危险环境电力装置设计规范》

GB 50058 的有关规定；

2 设置在腐蚀性气体环境中的探测装置，应由耐腐蚀材料制成或采取防腐蚀保护；

3 当选用带闭式喷头的传动管传递火灾信号时，传动管的长度不应大于 300m，公称直径宜为 15mm～25mm，传动管上的喷头应选用快速响应喷头，且布置间距不宜大于 2.5m。

6.2 泡沫-水雨淋系统

6.2.1 泡沫-水雨淋系统的保护面积应按保护场所内的水平面面积或水平面投影面积确定。

6.2.2 当保护非水溶性液体时，其泡沫混合液供给强度不应小于表 6.2.2 的规定；当保护水溶性液体时，其泡沫混合液供给强度和连续供给时间应由试验确定。

表 6.2.2 泡沫混合液供给强度

泡沫液种类	喷头设置高度 (m)	泡沫混合液供给强度 [L/(min·m²)]
氟蛋白	≤10	8
	>10	10
水成膜	≤10	6.5
	>10	8

6.2.3 泡沫-水雨淋系统应设置雨淋阀、水力警铃，并应在每个雨淋阀出口管路上设置压力开关，但喷头数小于 10 个的单区系统可不设雨淋阀和压力开关。

6.2.4 泡沫-水雨淋系统应选用泡沫喷头、水雾喷头。

6.2.5 喷头的布置应符合下列规定：

1 喷头的布置应根据系统设计供给强度、保护面积和喷头特性确定；

2 喷头周围不应有影响泡沫喷洒的障碍物。

6.2.6 泡沫-水雨淋系统设计时应进行管道水力计算，并应符合下列规定：

1 自雨淋阀开启至系统各喷头达到设计喷洒流量的时间不得超过 60s；

2 任意四个相邻喷头组成的四边形保护面积内的平均泡沫混合液供给强度，不应小于设计供给强度。

6.2.7 飞机库内设置的泡沫-水雨淋系统应按现行国家标准《飞机库设计防火规范》GB 50284 执行。

6.3 闭式泡沫-水喷淋系统

6.3.4 闭式泡沫-水喷淋系统的作用面积应符合下列规定：

1 系统的作用面积应为 465m²；

2 当防护区面积小于 465m² 时，可按防护区实际面积确定；

3 当试验值不同于本条第 1 款、第 2 款规定时，可采用试验值。

6.3.5 闭式泡沫-水喷淋系统的供给强度不应小于 6.5L/(min·m²)。

6.3.6 闭式泡沫-水喷淋系统输送的泡沫混合液在 8L/s 至最大设计流量范围内达到额定的混合比。

6.3.7 喷头的选用应符合下列规定：

1 应选用闭式洒水喷头；

2 当喷头设置在屋顶时，其公称动作温度应为 121℃～149℃；

3 当喷头设置在保护场所的中间层面时，其公称动作温度应为 57℃～79℃；当保护场所的环境温度较高时，其公称动作温度宜高于环境最高温度 30℃。

6.3.8 喷头的设置应符合下列规定：

1 任意四个相邻喷头组成的四边形保护面积内的平均供给强度不应小于设计供给强度，且不宜大于设计供给强度的 1.2 倍；

2 喷头周围不应有影响泡沫喷洒的障碍物；

3 每只喷头的保护面积不应大于 12m²；

4 同一支管上两只相邻喷头的水平距离、两条相邻平行支管的水平间距均不应大于 3.6m。

6.3.9 泡沫-水湿式系统的设置应符合下列规定：

1 当系统管道充注泡沫预混液时，其管道及管件应耐泡沫预混液腐蚀，且不应影响泡沫预混液的性能；

3 当系统管道充水时，在 8L/s 的流量下自系统启动至喷泡沫的时间不应大于 2min；

4 充水系统的环境温度应为 4℃～70℃。

6.3.10 泡沫-水预作用系统与泡沫-水干式系统的管道充水时间不宜大于 1min。泡沫-水预作用系统每个报警阀控制喷头数不应超过 800 只，泡沫-水干式系统每个报警阀控制喷头数不宜超过 500 只。

6.4 泡沫喷雾系统

6.4.2 当泡沫喷雾系统设置比例混合装置时，应选用 3%型水成膜泡沫液；当系统采用由压缩氮气驱动形式时，应选用 100%型水成膜泡沫液；泡沫液的抗烧水平不应低于 C 级。

6.4.3 当保护油浸电力变压器时，泡沫喷雾系统设计应符合下列规定：

1 保护面积应按变压器油箱的水平投影且四周外延 1m 计算确定；

2 系统的供给强度不应小于 8L/(min·m²)；

3 对于变压器套管插入直流阀厅布置的换流站，系统应增设流量不低于 48L/s 可远程控制的高架泡沫炮，且系统的泡沫混合液设计流量应增加一台泡沫炮的流量；

4 喷头的设置应使泡沫覆盖变压器油箱顶面，且每个变压器进出线绝缘套管升高座孔口应设置单独的喷头保护；

5 保护绝缘套管升高座孔口喷头的雾化角宜为 60°，其他喷头的雾化角不应大于 90°；

6 当系统设置比例混合装置时，系统的连续供给时间不应小于 30min；当采用由压缩氮气驱动形式时，系统的连续供给时间不应小于 15min。

6.4.4 当保护非水溶性液体室内场所时，泡沫混合液供给强度不应小于 6.5L/(min·m²)，连续供给时间不应小于 10min。泡沫喷雾系统喷头的布置应符合下列规定：

1 保护面积内的泡沫混合液供给强度应均匀；

2 泡沫应直接喷洒到保护对象上；

3 喷头周围不应有影响泡沫喷洒的障碍物。

6.4.5 喷头应带过滤器，工作压力不应小于其额定压力，且不宜高于其额定压力 0.1MPa。

6.4.6 泡沫喷雾系统喷头、管道与电气设备带电（裸露）部分的安全净距应符合国家现行有关标准的规定。

6.4.7 泡沫喷雾系统应具备自动、手动和应急机械手动启动方式。在自动控制状态下，灭火系统的响应时间不应大于60s。

6.4.8 与泡沫喷雾系统联动的火灾自动报警系统的设计除应符合现行国家标准《火灾自动报警系统设计规范》GB 50116的有关规定外，尚应符合下列规定：

1 当系统误动作会对保护对象造成不利影响时，应采用两个独立火灾探测器的报警信号进行联动控制。

6.4.9 湿式管道应选用不锈钢管，干式供液管道可选用热镀锌钢管，盛装100%型水成膜泡沫液的压力储罐应采用奥氏体不锈钢材料。

6.4.10 当动力源采用压缩氮气时，应符合下列规定：

1 系统所需动力源瓶组数量应按下式计算：

$$N = \frac{P_2 V_2}{(P_1 - P_2) V_1} \cdot k \quad (6.4.10)$$

式中：N——所需氮气瓶组数量（只），取自然数；
P_1——氮气瓶组储存压力（MPa）；
P_2——系统储液罐出口压力（MPa）；
V_1——单个氮气瓶组容积（L）；
V_2——系统储液罐容积与氮气管路容积之和（L）；
k——裕量系数（不小于1.5）。

2 系统盛装100%型水成膜泡沫液的压力储罐、启动装置、氮气驱动装置应安装在温度高于0℃的专用设备间内。

7 泡沫消防泵站及供水

7.1 泡沫消防泵站与泡沫站

7.1.1 泡沫消防泵站的设置应符合下列规定：

1 泡沫消防泵站可与消防水泵房合建，并应符合国家现行有关标准对消防水泵房或消防泵房的规定；

2 泡沫消防泵站与甲、乙、丙类液体储罐或装置的距离不得小于30m，并应符合本标准第4.1.11条的规定；

3 当泡沫消防泵站与甲、乙、丙类液体储罐或装置的距离为30m～50m时，泡沫消防泵站的门、窗不应朝向保护对象。

7.1.2 泡沫消防水泵应采用自灌引水启动。其一组泵的吸水管不应少于2条，当其中1条损坏时，其余的吸水管应能通过全部用水量。

7.1.3 固定式系统动力源和泡沫消防水泵的设置应符合下列规定：

1 石油化工园区、大中型石化企业与煤化工企业、石油储备库，应采用一级供电负荷电机拖动的泡沫消防水泵做主用泵，采用柴油机拖动的泡沫消防水泵做备用泵；

2 其他石化企业与煤化工企业、特级和一级石油库及油品站场，应采用电机拖动的泡沫消防水泵做主用泵，采用柴油机拖动的泡沫消防水泵做备用泵；

3 二级、三级石油库和油品站场，可采用电机拖动的泡沫消防水泵做主用泵，采用柴油机拖动的泡沫消防水泵做备用泵，也可采用柴油机拖动的泡沫消防水泵做主用泵和备用泵；

4 泡沫-水喷淋系统、泡沫喷雾系统、中倍数与高倍数泡沫系统，主用与备用消防水泵可全部采用由一级供电负荷电机拖动；也可采用由二级供电负荷电机拖动的泡沫消防水泵做主用泵，采用柴油机拖动的泡沫消防水泵做备用泵；

5 除本条第4款规定的全部采用一级供电负荷电机拖动泡沫消防水泵的情况外，主用泵与备用泵扬程和流量均应满足系统的供水要求；

6 四级及以下独立石油库与油品站场、防护面积小于200m²的单个非重要防护区设置的泡沫系统，可采用由二级供电负荷电机拖动的泡沫消防水泵供水，也可采用由柴油机拖动的泡沫消防水泵供水。

7.1.4 拖动泡沫消防水泵的柴油机应符合下列规定：

1 柴油机应采用闭式循环热交换型发动机，且当热交换系统利用消防泵供水时，其设计压力应大于供水管网的最高工作压力；

2 柴油机的压缩比不应低于15，且转速达到1000rpm时可输出扭矩应能达到最大扭矩值的50%以上；

3 柴油机应采用丙类柴油，且当采用-10号丙类柴油时，其无任何辅助措施的启动极限温度不应高于-5℃；

4 柴油机应安装人工机械复位的超速空气切断阀；

5 柴油机应具备2组蓄电池并联启动功能、机械启动与手动盘车功能；

6 当海拔高度超过90m时，柴油机额定功率应按海拔高度每上升300m减少3%进行修正；当最高工作环境温度超过25℃时，柴油机额定功率应按最高工作环境温度每升高5.6℃减少1%进行修正。

7.1.5 设有柴油机的封闭式消防泵房应设置新风通风口，且最高工作环境温度不得超过50℃；柴油机的排气管应引向安全方位，且应能防止进水；当柴油机数量在2台及以上时，每台柴油机的排气管应独立设置；柴油机排气管的口径、长度、弯头的角度及数量应满足其产品的技术要求。

7.1.6 泡沫消防泵站内应设水池（罐）水位指示装置。泡沫消防泵站应设有与本单位消防站或消防保卫部门直接联络的通信设备。

7.1.7 当泡沫比例混合装置设置在泡沫消防泵站内无法满足本标准第4.1.11条的规定时，应设置泡沫站，且泡沫站的设置应符合下列规定：

1 严禁将泡沫站设置在防火堤内、围堰内、泡沫灭火系统保护区或其他爆炸危险区域内；

2 当泡沫站靠近防火堤设置时，其与各甲、乙、丙类液体储罐罐壁的间距应大于20m，且应具备远程控制功能；

3 当泡沫站设置在室内时，其建筑耐火等级不应低于二级。

7.2 系统供水

7.2.1 泡沫灭火系统水源的水质应与泡沫液的要求相适宜；水源的水温宜为4℃～35℃。当水中含有堵塞比例混合装置、泡沫产生装置或泡沫喷射装置的固体颗粒时，应设置相应的管道过滤器。

7.2.2 配制泡沫混合液用水不得含有影响泡沫性能的物质。

7.2.3 泡沫灭火系统水源的水量应满足系统最大设计流量和供给时间的要求。

7.2.4 泡沫灭火系统供水压力应满足在相应设计流量范围内系统各组件的工作压力要求,且应有防止系统超压的措施。

8 水力计算

8.1 系统的设计流量

8.1.1 储罐区泡沫灭火系统的泡沫混合液设计流量,应按储罐上设置的泡沫产生器或高背压泡沫产生器与该储罐辅助泡沫枪的流量之和计算,且应按流量之和最大的储罐确定。

8.1.2 泡沫枪或泡沫炮系统的泡沫混合液设计流量,应按同时使用的泡沫枪或泡沫炮的流量之和确定。

8.1.3 泡沫-水雨淋系统的设计流量应按雨淋阀控制的喷头的流量之和确定。多个雨淋阀并联的雨淋系统的设计流量应按同时启用雨淋阀的流量之和的最大值确定。

8.1.4 采用闭式喷头的泡沫-水喷淋系统的泡沫混合液与水的设计流量应符合下列规定:

1 设计流量应按下式计算:

$$Q = \frac{1}{60}\sum_{i=1}^{n} q_i \quad (8.1.4)$$

式中:Q——泡沫-水喷淋系统设计流量(L/s);
q_i——最有利水力条件处作用面积内各喷头节点的流量(L/min);
n——最有利水力条件处作用面积内的喷头数。

2 水力计算选定的作用面积宜为矩形,其长边应平行于配水支管,长边长度不宜小于作用面积平方根的1.2倍;

3 最不利水力条件下,泡沫混合液或水的平均供给强度不应小于本标准的规定;

4 最有利水力条件下,系统设计流量不应超出泡沫液供给能力。

8.1.6 系统泡沫混合液与水的设计流量应有不小于5%的裕度。

8.2 管道水力计算

8.2.2 系统水管道和泡沫混合液管道的沿程阻力损失应按下列公式计算:

1 当采用普通钢管时,应按下式计算:

$$i = 0.0000107 \frac{V^2}{d_j^{1.3}} \quad (8.2.2-1)$$

式中:i——管道的单位长度水头损失(MPa/m);
V——管道内水或泡沫混合液的平均流速(m/s);
d_j——管道的计算内径(m)。

2 当采用不锈钢管或铜管时,应按下式计算:

$$i = 105 C_h^{-1.85} d_j^{-4.87} q_g^{1.85} \quad (8.2.2-2)$$

式中:i——管道的单位长度水头损失(kPa/m);
d_j——管道的计算内径(m);
q_g——给水设计流量(m³/s);
C_h——海澄-威廉系数,铜管、不锈钢管取130。

8.2.4 泡沫消防水泵的扬程或系统入口的供给压力应按下式计算:

$$H = \Sigma h + P_0 + h_Z \quad (8.2.4)$$

式中:H——泡沫消防水泵的扬程或系统入口的供给压力(MPa);

Σh——管道沿程和局部水头损失的累计值(MPa);
P_0——最不利点处泡沫产生装置或泡沫喷射装置的工作压力(MPa);
h_Z——最不利点处泡沫产生装置或泡沫喷射装置与消防水池的最低水位或系统水平供水引入管中心线之间的静压差(MPa)。

8.2.6 泡沫液管道的压力损失计算宜采用达西公式。确定雷诺数时,应采用泡沫液的实际密度;泡沫液黏度应为最低储存温度下的黏度。

8.3 减压措施

8.3.1 减压孔板应符合下列规定:

1 应设在直径不小于50mm的水平直管段上,前后管段的长度均不宜小于该管段直径的5倍;

2 孔口直径不应小于设置管段直径的30%,且不应小于20mm;

3 应采用不锈钢板材制作。

8.3.2 节流管应符合下列规定:

3 节流管内泡沫混合液或水的平均流速不应大于20m/s。

8.3.3 减压孔板的水头损失应按下式计算:

$$H_k = \xi \frac{V_k^2}{2g} \quad (8.3.3)$$

式中:H_k——减压孔板的水头损失(10^{-2}MPa);
V_k——减压孔板后管道内泡沫混合液或水的平均流速(m/s);
ξ——减压孔板的局部阻力系数。

8.3.4 节流管的水头损失应按下式计算:

$$H_g = \zeta \frac{V_g^2}{2g} + 0.00107 L \frac{V_g^2}{d_g^{1.3}} \quad (8.3.4)$$

式中:H_g——节流管的水头损失(10^{-2}MPa);
ζ——节流管中渐缩管与渐扩管的局部阻力系数之和,取值为0.7;
V_g——节流管内泡沫混合液或水的平均流速(m/s);
d_g——节流管的计算内径(m);
L——节流管的长度(m)。

8.3.5 减压阀应符合下列规定:

1 应设置在报警阀组入口前;

2 入口前应设置过滤器;

3 当连接两个及两个以上报警阀组时,应设置备用减压阀。

9 施 工

9.1 一般规定

9.1.1 泡沫灭火系统分部工程、子分部工程、分项工程应按本标准附录A划分。

9.1.2 泡沫灭火系统的施工现场应具有相应的施工技术标准、健全的质量管理体系和施工质量检验制度,实现施工全过程质量控制。

施工现场质量管理应按本标准附录B表B.0.1的要求检

查记录。

9.1.3 泡沫灭火系统的施工应按有效的施工图设计文件和相关技术标准的规定进行，需改动时，应由原设计单位修改。

9.1.4 泡沫灭火系统施工前应具备下列技术资料：

 1 有效的施工图设计文件；

 2 主要组件的安装使用说明书；

 3 泡沫产生装置、泡沫比例混合器（装置）、泡沫液储罐、电机或柴油机及其拖动的泡沫消防水泵、盛装100%型水成膜泡沫液的压力储罐、动力瓶组及驱动装置、报警阀组、压力开关、水流指示器、水泵接合器、泡沫消火栓箱、泡沫消火栓、阀门、压力表、管道过滤器、金属软管、泡沫液、管材及管件等系统组件和材料应具备通过了自愿性认证或检验的有效证明文件和产品出厂合格证。

9.1.5 泡沫灭火系统的施工应具备下列条件：

 1 设计单位应向施工单位进行设计交底，并有记录；

 2 系统组件、管材及管件的规格、型号应符合设计要求；

 3 与施工有关的基础、预埋件和预留孔，经检查应符合设计要求；

 4 场地、道路、水、电等临时设施应满足施工要求。

9.1.6 泡沫灭火系统应按下列规定进行施工过程质量控制：

 1 采用的系统组件和材料应按本标准的规定进行进场检验，合格后经监理工程师签证方可安装使用；

 2 各工序应按施工技术标准进行质量控制，每道工序完成后应进行检查，合格后方可进行下道工序施工；

 3 相关各专业工种之间应进行交接认可，并经监理工程师签证后方可进行下道工序施工；

 4 应对施工过程进行检查，并应由监理工程师组织施工单位人员进行；

 5 隐蔽工程在隐蔽前应由施工单位通知有关单位进行验收；

 6 安装完毕，施工单位应按本标准的规定进行系统调试；调试合格后，施工单位应向建设单位提交验收申请报告申请验收。

9.2 进场检验

9.2.1 材料和系统组件进场检验应按本标准附录B表B.0.2-1填写施工过程检查记录。

9.2.2 材料和系统组件进场抽样检查时有一件不合格，应加倍抽查；若仍有不合格，应判定此批产品不合格。

9.2.3 当对产品质量或真伪有疑义时，应由监理工程师组织检测或核实。

9.2.4 泡沫液进场后，应由监理工程师组织取样留存。

 检查数量：按全项检测需要量。

 检查方法：观察检查和检查泡沫液的自愿性认证或检验的有效证明文件、产品出厂合格证。

9.2.5 管材及管件的材质、规格、型号、质量等应符合国家现行有关产品标准规定和设计要求。

 检查数量：全数检查。

 检查方法：检查出厂检验报告与合格证。

9.2.6 管材及管件的外观质量除应符合其产品标准的规定外，尚应符合下列规定：

 1 表面无裂纹、缩孔、夹渣、折叠、重皮和不超过壁厚负偏差的锈蚀或凹陷等缺陷；

 2 螺纹表面完整无损伤，法兰密封面平整光洁无毛刺及径向沟槽；

 3 垫片无老化变质或分层现象，表面无褶皱等缺陷。

 检查数量：全数检查。

 检查方法：观察检查。

9.2.7 管材及管件的规格尺寸和壁厚及其允许偏差应符合产品标准和设计的要求。

 检查数量：每一规格、型号的产品按件数抽查20%，且不得少于1件。

 检查方法：用钢尺和游标卡尺测量。

9.2.8 泡沫产生装置、泡沫比例混合器（装置）、泡沫液储罐、电机或柴油机及其拖动的泡沫消防水泵、盛装100%型水成膜泡沫液的压力储罐、动力瓶组及驱动装置、报警阀组、压力开关、水流指示器、水泵接合器、泡沫消火栓箱、泡沫消火栓、阀门、压力表、管道过滤器、金属软管等系统组件的规格、型号、性能应符合国家现行产品标准和设计要求，其中拖动泡沫消防水泵的柴油机的压缩比、带载扭矩、极限启动温度等应符合设计要求；盛装100%型水成膜泡沫液的压力储罐、动力瓶组及驱动装置应符合压力容器相关标准的规定。

 检查数量：全数检查。

 检查方法：检查自愿性认证或检验的有效证明文件、产品出厂合格证和相关技术资料。

9.2.9 泡沫产生装置、泡沫比例混合器（装置）、泡沫液储罐、电机或柴油机及其拖动的泡沫消防水泵、盛装100%型水成膜泡沫液的压力储罐、动力瓶组及驱动装置、报警阀组、压力开关、水流指示器、水泵接合器、泡沫消火栓箱、泡沫消火栓、阀门、压力表、管道过滤器、金属软管等系统组件的外观质量，应符合下列规定：

 1 无变形及其他机械性损伤；

 2 外露非机械加工表面保护涂层完好；

 3 无保护涂层的机械加工面无锈蚀；

 4 所有外露接口无损伤，堵、盖等保护物包封良好；

 5 铭牌标记清晰、牢固。

 检查数量：全数检查。

 检查方法：观察检查。

9.2.10 电机或柴油机及其拖动的泡沫消防水泵手动盘车应灵活，无阻滞，无异常声音；高倍数泡沫产生器用手转动叶轮应灵活；固定式泡沫炮的手动机构应无卡阻现象。

 检查数量：全数检查。

 检查方法：手动检查。

9.2.11 泡沫缓释罩应采用奥氏体不锈钢材料制作，不锈钢板材厚度不应小于1.5mm。

 检查数量：按设计要求数量的10%抽查，且不少于2个。

 检查方法：观察检查和尺量检查。

9.2.12 泡沫喷雾系统动力瓶组及驱动装置的进场检验应符合下列规定：

 1 动力瓶组及气动驱动装置储存容器的工作压力不应低于设计压力，且不得高于其最大工作压力，气体驱动管道上的单向阀应启闭灵活，无卡阻现象；

2 电磁驱动器的电源电压应符合系统设计要求。通电检查电磁铁芯，其行程应能满足系统启动要求，且应动作灵活，无卡阻现象。

检查数量：全数检查。

检查方法：观察检查和用压力计测量。

9.2.13 泡沫喷雾系统用水雾喷头应带有过滤网。

检查数量：全数检查。

检查方法：观察检查。

9.2.14 阀门的进场检验应符合下列规定：

1 各阀门及其附件应配备齐全；

2 控制阀的明显部位应有标明水流方向的永久性标志；

3 控制阀的阀瓣及操作机构应动作灵活、无卡阻现象，阀体内应清洁、无异物堵塞。

检查数量：全数检查。

检查方法：观察检查。

9.2.15 阀门的强度和严密性试验应符合下列规定：

1 强度和严密性试验应采用清水进行，强度试验压力应为公称压力的1.5倍；严密性试验压力应为公称压力的1.1倍；

2 试验压力在试验持续时间内应保持不变，且壳体填料和阀瓣密封面应无渗漏；

3 阀门试压的试验持续时间不应少于表9.2.15的规定；

表9.2.15　阀门试压试验持续时间

公称直径DN (mm)	试验持续时间(s)		
	严密性试验		强度试验
	止回阀	其他类型阀门	
≤50	15	60	15
65～150	60	60	60
200～300	120	60	120
≥350	120	120	300

4 试验合格的阀门，应排尽内部积水并吹干。密封面应涂防锈油，应关闭阀门，封闭出入口，做出明显的标记，并应按本标准附录B表B.0.2-2记录。

检查数量：每批（同牌号、同型号、同规格）按数量抽查10%，且不得少于1个；主管道上的隔断阀门，应全部试验。

检查方法：将阀门安装在试验管道上，有液流方向要求的阀门，试验管道应安装在阀门的进口，然后管道充满水，排净空气，用试压装置缓慢升压，待达到严密性试验压力后，在最短试验持续时间内阀瓣密封面不渗漏为合格；最后将压力升至强度试验压力，在最短试验持续时间内壳体填料无渗漏为合格。

9.3 安　装

9.3.1 泡沫灭火系统的下列施工内容，除应符合本标准的规定外，尚应符合国家现行标准《工业金属管道工程施工规范》GB 50235、《现场设备、工业管道焊接工程施工规范》GB 50236和《钢制焊接常压容器》NB/T 47003.1的有关规定。

1 常压钢质泡沫液储罐的制作、焊接、防腐；

2 管道的加工、焊接、安装；

3 管道的检验、试压、冲洗、防腐；

4 支、吊架的焊接、安装；

5 阀门的安装。

9.3.2 泡沫-水喷淋系统的安装，除应符合本标准的规定外，尚应符合现行国家标准《自动喷水灭火系统施工及验收规范》GB 50261的有关规定。

9.3.3 火灾自动报警系统与泡沫灭火系统联动部分的施工，应按现行国家标准《火灾自动报警系统施工及验收标准》GB 50166执行。

9.3.4 泡沫灭火系统的施工应按本标准附录B表B.0.2-3～表B.0.2-6及表B.0.3进行记录。

9.3.5 泡沫消防水泵的安装除应符合本标准的规定外，尚应符合现行国家标准《风机、压缩机、泵安装工程施工及验收规范》GB 50275的有关规定。

9.3.6 泡沫消防水泵宜整体安装在基础上，并应以底座水平面为基准进行找平、找正。

检查数量：全数检查。

检查方法：观察检查，用水平尺和塞尺检查。

9.3.7 泡沫消防水泵与相关管道连接时，应以消防水泵的法兰端面为基准进行测量和安装。

检查数量：全数检查。

检查方法：尺量和观察检查。

9.3.8 泡沫消防水泵进水管吸水口处设置滤网时，滤网架的安装应牢固；滤网应便于清洗。

检查数量：全数检查。

检查方法：观察检查。

9.3.9 拖动泡沫消防水泵的柴油机排气管应采用钢管连接后通向室外，其安装位置、口径、长度、弯头的角度及数量应满足设计要求。

检查数量：全数检查。

检查方法：尺量和观察检查。

9.3.10 泡沫液储罐的安装位置和高度应符合设计要求。储罐周围应留有满足检修需要的通道，其宽度不宜小于0.7m，且操作面不宜小于1.5m；当储罐上的控制阀距地面高度大于1.8m时，应在操作面处设置操作平台或操作凳。储罐上应设置铭牌，并应标识泡沫液种类、型号、出厂日期和灌装日期、有效期及储量等内容，不同种类、不同牌号的泡沫液不得混存。

检查数量：全数检查。

检查方法：尺量和观察检查。

9.3.11 常压泡沫液储罐的制作、安装和防腐应符合下列规定：

1 常压钢质泡沫液储罐出液口和吸液口的设置应符合设计要求。

检查数量：全数检查。

检查方法：用尺测量。

2 常压钢质泡沫液储罐应进行盛水试验，试验压力应为储罐装满水后的静压力，试验前应将焊接接头的外表面清理干净，并使之干燥，试验时间不应小于1h，目测应无渗漏。

检查数量：全数检查。

检查方法：观察检查，检查全部焊缝、焊接接头和连接部位，以无渗漏为合格。

3 常压钢质泡沫液储罐内、外表面应按设计要求进行防腐处理,并应在盛水试验合格后进行。

检查数量:全数检查。

检查方法:观察检查。

4 常压泡沫液储罐应根据其形状按立式或卧式安装在支架或支座上,支架应与基础固定,安装时不得损坏其储罐上的配管和附件。

检查数量:全数检查。

检查方法:观察检查。

5 常压钢质泡沫液储罐与支座接触部位的防腐,应按加强防腐层的做法施工。

检查数量:全数检查。

检查方法:观察检查,必要时可切开防腐层检查。

9.3.12 泡沫液压力储罐安装时,支架应与基础牢固固定,且不应拆卸和损坏配管、附件;储罐的安全阀出口不应朝向操作面。

检查数量:全数检查。

检查方法:观察检查。

9.3.13 泡沫液储罐应根据环境条件采取防晒、防冻和防腐等措施。

检查数量:全数检查。

检查方法:观察检查。

9.3.14 泡沫比例混合器(装置)的安装应符合下列规定:

1 泡沫比例混合器(装置)的标注方向应与液流方向一致。

检查数量:全数检查。

检查方法:观察检查。

2 泡沫比例混合器(装置)与管道连接处的安装应严密。

检查数量:全数检查。

检查方法:调试时观察检查。

9.3.15 压力式比例混合装置应整体安装,并应与基础牢固固定。

检查数量:全数检查。

检查方法:观察检查。

9.3.16 平衡式比例混合装置的进水管道上应安装压力表,且其安装位置应便于观测。

检查数量:全数检查。

检查方法:观察检查。

9.3.17 管线式比例混合器应安装在压力水的水平管道上,或串接在消防水带上,并应靠近储罐或防护区,其吸液口与泡沫液储罐或泡沫液桶最低液面的高度不得大于1.0m。

检查数量:全数检查。

检查方法:尺量和观察检查。

9.3.18 机械泵入式比例混合装置的安装应符合下列规定:

1 应整体安装在基础座架上,安装时应以底座水平面为基准进行找平、找正,安装方向应和水轮机上的箭头指示方向一致,安装过程中不得随意拆卸、替换组件。

检查数量:全数检查。

检查方法:尺量和观察检查。

2 与进水管和出液管道连接时,应以比例混合装置水轮机进、出口的法兰(沟槽)为基准进行测量和安装。

检查数量:全数检查。

检查方法:尺量和观察检查。

3 应在水轮机进、出口管道上靠近水轮机进、出口的法兰(沟槽)处安装压力表,压力表的安装位置应便于观察。

检查数量:全数检查。

检查方法:观察检查。

9.3.19 管道的安装应符合下列规定:

1 水平管道安装时,其坡度、坡向应符合设计要求,且坡度不应小于设计值,当出现U形管时应有放空措施。

检查数量:全数检查。

检查方法:用水平仪检查。

2 立管应用管卡固定在支架上,其间距不应大于设计值。

检查数量:全数检查。

检查方法:尺量和观察检查。

3 埋地管道安装应符合下列规定:

1)埋地管道的基础应符合设计要求;

2)埋地管道安装前应做好防腐,安装时不应损坏防腐层;

3)埋地管道采用焊接时,焊缝部位应在试压合格后进行防腐处理;

4)埋地管道在回填前应进行隐蔽工程验收,合格后应及时回填,分层夯实,并应按本标准附录B表B.0.3进行记录。

检查数量:全数检查。

检查方法:观察检查。

4 管道安装的允许偏差应符合表9.3.19的规定。

表9.3.19 管道安装的允许偏差

项目			允许偏差(mm)
坐标	地上、架空及地沟	室外	25
		室内	15
	泡沫-水喷淋	室外	15
		室内	10
	埋地		60
标高	地上、架空及地沟	室外	±20
		室内	±15
	泡沫-水喷淋	室外	±15
		室内	±10
	埋地		±25
水平管道平直度	DN≤100		2L‰,最大50
	DN>100		3L‰,最大80
立管垂直度			5L‰,最大30
与其他管道成排布置间距			15
与其他管道交叉时外壁或绝热层间距			20

注:L—管段有效长度;DN—管子公称直径。

检查数量：干管抽查1条；支管抽查2条；分支管抽查10%，且不得少于1条；泡沫-水喷淋分支管抽查5%，且不得少于1条。

检查方法：坐标用经纬仪或拉线和尺量检查；标高用水准仪或拉线和尺量检查；水平管道平直度用水平仪、直尺、拉线和尺量检查；立管垂直度用吊线和尺量检查；与其他管道成排布置间距及与其他管道交叉时外壁或绝热层间距用尺量检查。

5 管道支架、吊架安装应平整牢固，管墩的砌筑应规整，其间距应符合设计要求。

检查数量：按安装总数的5%抽查，且不得少于5个。

检查方法：观察和尺量检查。

6 当管道穿过防火墙、楼板时，应安装套管。穿防火墙套管的长度不应小于防火墙的厚度，穿楼板套管长度应高出楼板50mm，底部应与楼板底面相平；管道与套管间的空隙应采用防火材料封堵；管道穿过建筑物的变形缝时应采取保护措施。

检查数量：全数检查。

检查方法：观察和尺量检查。

7 管道安装完毕应进行水压试验，并应符合下列规定：
  1）试验应采用清水进行，试验时环境温度不应低于5℃，当环境温度低于5℃时，应采取防冻措施；
  2）试验压力应为设计压力的1.5倍；
  3）试验前应将泡沫产生装置、泡沫比例混合器（装置）隔离；
  4）试验合格后，应按本标准附录B表B.0.2-4进行记录。

检查数量：全数检查。

检查方法：管道充满水，排净空气，用试压装置缓慢升压，当压力升至试验压力后稳压10min，管道无损坏、变形，再将试验压力降至设计压力，稳压30min，以压力不降、无渗漏为合格。

8 管道试压合格后，应用清水冲洗，冲洗合格后不得再进行影响管内清洁的其他施工，并应按本标准附录B表B.0.2-5进行记录。

检查数量：全数检查。

检查方法：宜采用最大设计流量，流速不低于1.5m/s，以排出水色和透明度与入口水目测一致为合格。

9 地上管道应在试压、冲洗合格后进行涂漆防腐。

检查数量：全数检查。

检查方法：观察检查。

9.3.20 泡沫混合液管道的安装除应满足本标准第9.3.19条的规定外，尚应符合下列规定：

1 当储罐上的泡沫混合液立管与防火堤内地上水平管道或埋地管道用金属软管连接时，不得损坏其编织网，并应在金属软管与地上水平管道的连接处设置管道支架或管墩，且管道支架或管墩不应支撑在金属软管上。

检查数量：全数检查。

检查方法：观察检查。

2 储罐上泡沫混合液立管下端设置的锈渣清扫口与储罐基础或地面的距离宜为0.3m～0.5m；锈渣清扫口可采用闸阀或盲板封堵，当采用闸阀时，应竖直安装。

检查数量：全数检查。

检查方法：观察和尺量检查。

3 外浮顶储罐梯子平台上设置的二分水器，应靠近平台栏杆安装，并宜高出平台1.0m，其接口应朝向储罐；引至防火堤外设置的相应管牙接口，应面向道路或朝下。

检查数量：全数检查。

检查方法：观察和尺量检查。

4 连接泡沫产生装置的泡沫混合液管道上设置的压力表接口宜靠近防火堤外侧，并应竖直安装。

检查数量：全数检查。

检查方法：观察检查。

5 泡沫产生装置入口处的管道应用管卡固定在支架上，其出口管道在储罐上的开口位置和尺寸应满足设计及产品要求。

检查数量：按安装总数的10%抽查，且不得少于1处。

检查方法：观察和尺量检查。

6 泡沫混合液主管道上留出的流量检测仪器安装位置应符合设计要求。

检查数量：全数检查。

检查方法：观察检查。

7 泡沫混合液管道上试验检测口的设置位置和数量应符合设计要求。

检查数量：全数检查。

检查方法：观察检查。

9.3.21 液下喷射泡沫管道的安装除应符合本标准第9.3.19条的规定外，尚应符合下列规定：

1 液下喷射泡沫喷射管的长度和泡沫喷射口的安装高度，应符合设计要求。当液下喷射1个喷射口设在储罐中心时，其泡沫喷射管应固定在支架上；当液下喷射设有2个及以上喷射口，并沿罐周均匀设置时，其间距偏差不宜大于100mm。

检查数量：按安装总数的10%抽查，且不得少于1个储罐的安装数量。

检查方法：观察和尺量检查。

2 半固定式系统的泡沫管道，在防火堤外设置的高背压泡沫产生器快装接口应水平安装。

检查数量：全数检查。

检查方法：观察检查。

3 液下喷射泡沫管道上的防油品渗漏设施宜安装在止回阀出口或泡沫喷射口处；安装应按设计要求进行，且不应损坏密封膜。

检查数量：全数检查。

检查方法：观察检查。

9.3.22 泡沫液管道的安装除应符合本标准第9.3.19条的规定外，其冲洗及放空管道应设置在泡沫液管道的最低处。

检查数量：全数检查。

检查方法：观察检查。

9.3.23 泡沫-水喷淋管道的安装除应符合本标准第9.3.19条的规定外，尚应符合下列规定：

1 泡沫-水喷淋管道支架、吊架与喷头之间的距离不应小于0.3m；与末端喷头之间的距离不宜大于0.5m。

检查数量：按安装总数的10%抽查，且不得少于5个。

检查方法：尺量检查。

9.3.24 阀门的安装应符合下列规定：

1 泡沫混合液管道采用的阀门应按相关标准进行安装，并应有明显的启闭标志。

检查数量：全数检查。

检查方法：按相关标准的要求检查。

2 具有遥控、自动控制功能的阀门安装应符合设计要求；当设置在有爆炸和火灾危险的环境时，应按相关标准安装。

检查数量：全数检查。

检查方法：按相关标准的要求观察检查。

3 液下喷射泡沫灭火系统泡沫管道进储罐处设置的钢质明杆闸阀和止回阀应水平安装，其止回阀上标注的方向应与泡沫的流动方向一致。

检查数量：全数检查。

检查方法：观察检查。

5 泡沫混合液管道上设置的自动排气阀应在系统试压、冲洗合格后立式安装。

检查数量：全数检查。

检查方法：观察检查。

6 连接泡沫产生装置的泡沫混合液管道上控制阀的安装，应符合下列规定：

1）控制阀应安装在防火堤外压力表接口的外侧，并应有明显的启闭标志；

3）当环境温度为 0℃ 及以下的地区采用铸铁控制阀时，若管道设置在地上，铸铁控制阀应安装在立管上；若管道埋地或地沟内设置，铸铁控制阀应安装在阀门井或地沟内，并应采取防冻措施。

检查数量：全数检查。

检查方法：观察和尺量检查。

7 当储罐区固定式泡沫灭火系统同时又具备半固定系统功能时，应在防火堤外泡沫混合液管道上安装带控制阀和带闷盖的管牙接口，并应符合本条第 6 款的有关规定。

检查数量：全数检查。

检查方法：观察检查。

8 泡沫混合液立管上设置的控制阀，其安装高度宜为 1.1m～1.5m，并应有明显的启闭标志；当控制阀的安装高度大于 1.8m 时，应设置操作平台或操作凳。

检查数量：全数检查。

检查方法：观察和尺量检查。

9 泡沫消防水泵的出液管上设置的带控制阀的回流管，应符合设计要求，控制阀的安装高度距地面宜为 0.6m～1.2m。

检查数量：全数检查。

检查方法：尺量检查。

10 管道上的放空阀应安装在最低处，埋地管道的放空阀阀井应有排水措施。

检查数量：全数检查。

检查方法：观察检查。

9.3.25 泡沫消火栓的安装应符合下列规定：

1 泡沫混合液管道上设置泡沫消火栓的规格、型号、数量、位置、安装方式、间距应符合设计要求。

检查数量：按安装总数的 10% 抽查，且不得少于 1 个储罐区的数量。

检查方法：观察和尺量检查。

2 泡沫消火栓应垂直安装。

检查数量：按安装总数的 10% 抽查，且不得少于 1 个。

检查方法：吊线和尺量检查。

3 泡沫消火栓的大口径出液口应朝向消防车道。

检查数量：按安装总数的 10% 抽查，且不得少于 1 个。

检查方法：观察检查。

9.3.26 公路隧道泡沫消火栓箱的安装应符合下列规定：

1 泡沫消火栓箱应垂直安装，且应固定牢固；当安装在轻质隔墙上时应有加固措施。

检查数量：全数检查。

检查方法：观察和尺量检查。

2 消火栓栓口应朝外，且不应安装在门轴侧，栓口中心距地面宜为 1.1m，允许偏差宜为 ±20mm。

检查数量：按安装总数的 10% 抽查，且不得少于 1 个。

检查方法：观察和尺量检查。

9.3.27 报警阀组的安装应在供水管网试压、冲洗合格后进行，并应符合下列规定：

1 安装时应先安装水源控制阀、报警阀，然后安装泡沫比例混合装置、泡沫液控制阀、压力泄放阀，最后进行报警阀辅助管道的连接。

2 水源控制阀、报警阀与配水干管的连接，应使水流方向一致。

检查数量：全数检查。

检查方法：检查系统试压、冲洗记录表，观察检查。

3 报警阀组应安装在便于操作的明显位置，距室内地面高度宜为 1.2m，两侧与墙的距离不应小于 0.5m，正面与墙的距离不应小于 1.2m；报警阀组凸出部位之间的距离不应小于 0.5m。

检查数量：全数检查。

检查方法：观察检查和尺量检查。

4 安装报警阀组的室内地面应有排水设施。

检查数量：全数检查。

检查方法：观察检查。

9.3.28 报警阀组附件的安装应符合下列规定：

1 压力表应安装在报警阀上便于观测的位置。

检查数量：全数检查。

2 排水管和试验阀应安装在便于操作的位置。

检查数量：全数检查。

3 水源控制阀安装应便于操作，且应有明显开闭标志和可靠的锁定设施。

检查数量：全数检查。

检查方法：观察检查。

4 在泡沫比例混合器与管网之间的供水干管上，应安装由控制阀、供水压力和流量检测仪表及排水管道组成的系统流量压力检测装置，其过水能力应与系统设计的过水能力一致。

检查数量：全数检查。

检查方法：观察检查。

9.3.29 湿式报警阀组的安装应符合下列规定：

1 报警水流通路上的过滤器应安装在延迟器前,且便于排渣操作的位置。

检查数量:全数检查。

检查方法:观察检查。

2 压力波动时,水力警铃不应发生误报警。

检查数量:全数检查。

检查方法:观察检查和开启阀门,以小于一个喷头的流量放水。

9.3.30 干式报警阀组的安装应符合下列规定:

1 安装完成后应向报警阀气室注入底水,并使其处于伺应状态。

2 充气连接管接口应在报警阀气室充注水位以上部位,且充气连接管的直径不应小于15mm;止回阀、截止阀应安装在充气连接管上。

检查数量:全数检查。

检查方法:观察检查和尺量检查。

3 气源设备的安装应符合设计要求和国家现行有关标准的规定。

4 安全排气阀应安装在气源与报警阀之间,且应靠近报警阀。

检查数量:全数检查。

检查方法:观察检查。

5 加速器应安装在靠近报警阀的位置,且应有防止水进入加速器的措施。

检查数量:全数检查。

检查方法:观察检查。

6 低气压预报警装置应安装在配水干管一侧。

检查数量:全数检查。

检查方法:观察检查。

7 应在报警阀充水一侧和充气一侧、空气压缩机的气泵和储气罐及加速器上安装压力表。

检查数量:全数检查。

检查方法:观察检查。

8 管网充气压力应符合设计要求。

检查数量:全数检查。

检查方法:观察检查。

9.3.31 雨淋阀组的安装应符合下列规定:

1 开启控制装置的安装应安全可靠。

2 预作用系统雨淋阀组后的管道若需充气,其安装应按干式报警阀组有关要求进行。

3 雨淋阀组的观测仪表和操作阀门的安装位置应符合设计要求,并应便于观测和操作。

检查数量:全数检查。

检查方法:观察检查。

4 雨淋阀组手动开启装置的安装位置应符合设计要求,且在发生火灾时应能安全开启和便于操作。

检查数量:全数检查。

检查方法:对照图纸观察检查和开启阀门检查。

5 压力表应安装在雨淋阀的水源一侧。

检查数量:全数检查。

检查方法:观察检查。

9.3.32 低倍数泡沫产生器的安装应符合下列规定:

1 液上喷射的泡沫产生器应根据产生器类型安装,并应符合设计要求;用于外浮顶储罐时,立式泡沫产生器的吸气口应位于罐壁顶之下,横式泡沫产生器应安装于罐壁顶之下,且横式泡沫产生器出口应有不小于1m的直管段。

检查数量:全数检查。

检查方法:观察检查。

2 液下喷射的高背压泡沫产生器应水平安装在防火堤外的泡沫混合液管道上。

检查数量:全数检查。

检查方法:观察检查。

3 在高背压泡沫产生器进口侧设置的压力表接口应竖直安装;其出口侧设置的压力表、背压调节阀和泡沫取样口的安装尺寸应符合设计要求,环境温度为0℃及以下的地区,背压调节阀和泡沫取样口上的控制阀应选用钢质阀门。

检查数量:按安装总数的10%抽查,且不得少于1个储罐的安装数量。

检查方法:尺量和观察检查。

5 外浮顶储罐泡沫堰板的高度及与罐壁的间距应符合设计要求。

检查数量:按储罐总数的10%抽查,且不得少于1个储罐。

检查方法:尺量检查。

6 泡沫堰板的最低部位设置排水孔的数量和尺寸应符合设计要求,并应沿泡沫堰板周长均布,其间距偏差不宜大于20mm。

检查数量:按排水孔总数的5%抽查,且不得少于4个孔。

检查方法:尺量检查。

7 单、双盘式内浮顶储罐泡沫堰板的高度及与罐壁的间距应符合设计要求。

检查数量:按储罐总数的10%抽查,且不得少于1个储罐。

检查方法:尺量检查。

8 当一个储罐所需的高背压泡沫产生器并联安装时,应将其并列固定在支架上,且应符合本条第2款和第3款的有关规定。

检查数量:按储罐总数的10%抽查,且不得少于1个储罐。

检查方法:观察和尺量检查。

9 泡沫产生器密封玻璃的划痕面应背向泡沫混合液流向,并应有备用量。外浮顶储罐的泡沫产生器安装时应拆除密封玻璃。固定顶和内浮顶储罐的泡沫产生器应在调试完成后更换密封玻璃。

检查数量:全数检查。

检查方法:观察检查。

9.3.33 中倍数、高倍数泡沫产生器的安装应符合下列规定:

1 中倍数、高倍数泡沫产生器的安装应符合设计要求。

检查数量:全数检查。

检查方法:用拉线和尺量检查。

2 中倍数、高倍数泡沫产生器的进气端0.3m范围内不应有遮挡物。

检查数量:全数检查。

检查方法：尺量和观察检查。

3 中倍数、高倍数泡沫产生器的发泡网前1.0m范围内不应有影响泡沫喷放的障碍物。

检查数量：全数检查。

检查方法：尺量和观察检查。

4 中倍数、高倍数泡沫产生器应整体安装，不得拆卸，并应牢固固定。

检查数量：全数检查。

检查方法：观察检查。

9.3.34 喷头的安装应符合下列规定：

1 喷头的规格、型号应符合设计要求，并应在系统试压、冲洗合格后安装。

检查数量：全数检查。

检查方法：观察和检查系统试压、冲洗记录。

2 喷头的安装应牢固、规整，安装时不得拆卸或损坏喷头上的附件。

检查数量：全数检查。

检查方法：观察检查。

3 顶部安装的喷头应安装在被保护物的上部，其坐标的允许偏差，室外安装为15mm，室内安装为10mm；标高的允许偏差，室外安装为±15mm，室内安装为±10mm。

检查数量：按安装总数的10%抽查，且不得少于4只，即支管两侧的分支管的始端及末端各1只。

检查方法：尺量检查。

4 侧向安装的喷头应安装在被保护物的侧面，并应对准被保护物体，其距离允许偏差为20mm。

检查数量：按安装总数的10%抽查，且不得少于4只。

检查方法：尺量检查。

5 地下安装的喷头应安装在被保护物的下方，并应在地面以下；在未喷射泡沫时，其顶部应低于地面10mm～15mm。

检查数量：按安装总数的10%抽查，且不得少于4只。

检查方法：尺量检查。

9.3.35 固定式泡沫炮的安装除应符合现行国家标准《固定消防炮灭火系统施工与验收规范》GB 50498外，尚应符合下列规定：

1 固定式泡沫炮的立管应垂直安装，炮口应朝向防护区，并不应影响泡沫喷射的障碍物。

检查数量：全数检查。

检查方法：观察检查。

2 安装在炮塔或支架上的泡沫炮应牢固固定。

检查数量：全数检查。

检查方法：观察检查。

3 电动泡沫炮的控制设备、电源线、控制线的规格、型号及设置位置、敷设方式、接线等应符合设计要求。

检查数量：按安装总数10%抽查，且不得少于1个。

9.3.36 泡沫喷雾系统泄压装置的泄压方向不应朝向操作面。

检查数量：全数检查。

检查方法：观察检查。

9.3.37 泡沫喷雾系统动力瓶组、驱动装置、减压装置上的压力表及储液罐上的液位计应安装在便于人员观察和操作的位置。

检查数量：全数检查。

检查方法：观察检查。

9.3.38 泡沫喷雾系统动力瓶组、驱动装置的储存容器外表面宜涂黑色，正面应标明动力瓶组、驱动装置和储存容器的编号。

检查数量：全数检查。

检查方法：观察检查。

9.3.39 泡沫喷雾系统集流管外表面宜涂红色，安装前应确保内腔清洁。

检查数量：全数检查。

检查方法：观察检查。

9.3.40 泡沫喷雾系统连接减压装置与集流管间的单向阀的流向指示箭头应指向介质流动方向。

检查数量：全数检查。

检查方法：观察检查。

9.3.41 泡沫喷雾系统分区阀的安装应符合下列规定：

1 分区阀操作手柄应安装在便于操作的位置，当安装高度超过1.7m时，应采取便于操作的措施。

检查数量：全数检查。

检查方法：观察检查。

3 分区阀上应设置标明防护区或保护对象名称或编号的永久性标志牌，并应便于观察。

检查数量：全数检查。

检查方法：观察检查。

9.3.42 泡沫喷雾系统动力瓶组、驱动气瓶的支、框架或箱体应固定牢靠，并做防腐处理；气瓶上应有标明气体介质名称和贮存压力的永久性标志，并应便于观察。

检查数量：全数检查。

检查方法：观察检查。

9.3.43 泡沫喷雾系统气动驱动装置的管道安装应符合下列规定：

1 管道布置应符合设计要求。

检查数量：全数检查。

检查方法：观察检查和用尺测量。

2 竖直管道应在其始端和终端设防晃支架或采用管卡固定。

检查数量：全数检查。

检查方法：观察检查和用尺测量。

3 水平管道应采用管卡固定，管卡的间距不宜大于0.6m，转弯处应增设1个管卡。

检查数量：全数检查。

检查方法：观察检查和用尺测量。

4 气动驱动装置的管道安装后应做气压严密性试验。

检查数量：全数检查。

检查方法：气动驱动装置的管道进行气压严密性试验时，应以不大于0.5MPa/s的升压速率缓慢升压至驱动气体储存压力，关断试验气源3min内压力降不超过试验压力的10%为合格。

9.3.44 泡沫喷雾系统动力瓶组和储液罐之间的管道应在隔离储液罐后进行水压密封试验。

检查数量：全数检查。

检查方法：进行水压密封试验时，应以不大于0.5MPa/s

的升压速率缓慢升压至动力瓶组的最大工作压力，保压5min，管道应无渗漏。

9.3.45 泡沫喷雾系统用于保护变压器时，喷头的安装应符合下列规定：

1 应保证有专门的喷头指向变压器绝缘子升高座孔口。

检查数量：全数检查。

检查方法：冷喷试验时，观察喷头的喷雾锥是否喷洒到绝缘子升高座孔口。

2 喷头距带电体的距离应符合设计要求。

检查数量：全数检查。

检查方法：尺量检查。

9.3.46 100%型水成膜泡沫液管道的安装应符合本标准第9.3.19条的规定。

9.3.47 盛装100%型水成膜泡沫液的压力储罐的安装应符合本标准第9.3.10条和第9.3.12条的规定。

9.4 调 试

9.4.1 泡沫灭火系统调试应在系统施工结束和与系统有关的火灾自动报警装置及联动控制设备调试合格后进行。

9.4.2 调试前应具备本标准第9.1.4条所列技术资料和附录A表A.0.1、附录B表B.0.1和表B.0.2-1～表B.0.2-5、表B.0.3等施工记录及调试必需的其他资料。

9.4.3 调试前施工单位应制订调试方案，并经监理单位批准。调试人员应根据批准的方案按程序进行。

9.4.4 调试前应对系统进行检查，并应及时处理发现的问题。

9.4.5 调试前临时安装在系统上经校验合格的仪器、仪表应安装完毕，调试时所需的检查设备应准备齐全。

9.4.6 水源、动力源和泡沫液应满足系统调试要求，电气设备应具备与系统联动调试的条件。

9.4.7 泡沫-水喷淋系统的调试，除应符合本标准的规定外，尚应符合现行国家标准《自动喷水灭火系统施工及验收规范》GB 50261的有关规定。

9.4.8 系统调试合格后，应按本标准附录B表B.0.2-6填写施工过程调试检查记录，并应用清水冲洗后放空、复原系统。

9.4.9 泡沫灭火系统的动力源和备用动力应进行切换试验，动力源和备用动力及电气设备运行应正常。

检查数量：全数检查。

检查方法：当为手动控制时，以手动的方式进行1次～2次试验；当为自动控制时，以自动和手动的方式各进行1次～2次试验。

9.4.10 水源测试应符合下列规定：

1 应按设计要求核实消防水池（罐）、消防水箱的容量；消防水箱设置高度应符合设计要求；与其他用水合用时，消防储水应有不作他用的技术措施。

检查数量：全数检查。

检查方法：对照图纸观察和尺量检查。

2 应按设计要求核实消防水泵接合器的数量和供水能力，并应通过移动式消防水泵做供水试验进行验证。

检查数量：全数检查。

检查方法：观察检查和进行通水试验。

9.4.11 泡沫消防水泵应进行试验，并应符合下列规定：

1 泡沫消防水泵应进行运行试验，其中柴油机拖动的泡沫消防水泵应分别进行电启动和机械启动运行试验，其性能应符合设计和产品标准的要求。

检查数量：全数检查。

检查方法：按现行国家标准《风机、压缩机、泵安装工程施工及验收规范》GB 50275中的有关规定执行，并用压力表、流量计、秒表、温度计、量杯进行计量。

2 泡沫消防水泵与备用泵应在设计负荷下进行转换运行试验，其主要性能应符合设计要求。

检查数量：全数检查。

检查方法：当为手动启动时，以手动的方式进行1次～2次试验；当为自动启动时，以自动和手动的方式各进行1次～2次试验，并用压力表、流量计、秒表进行计量。

9.4.12 稳压泵、消防气压给水设备应按设计要求进行调试。当达到设计启动条件时，稳压泵应立即启动；当达到系统设计压力时，稳压泵应自动停止运行。

检查数量：全数检查。

检查方法：观察检查。

9.4.13 泡沫比例混合器（装置）调试时，应与系统喷泡沫试验同时进行，其混合比不应低于所选泡沫液的混合比。

检查数量：全数检查。

检查方法：用手持电导率测量仪测量。

9.4.14 泡沫产生装置的调试应符合下列规定：

1 低倍数泡沫产生器应进行喷水试验，其进口压力应符合设计要求。

检查数量：选择距离泡沫泵站最远的储罐和流量最大的储罐上设置的泡沫产生器进行试验。

检查方法：用压力表检查。当被保护储罐不允许喷水时，喷水口可设在靠近储罐的水平管道上。关闭非试验储罐阀门，调节压力使之符合设计要求。

2 固定式泡沫炮应进行喷水试验，其进口压力、射程、射高、仰俯角度、水平回转角度等指标应符合设计要求。

检查数量：全数检查。

检查方法：用手动或电动实际操作，并用压力表、尺量观察检查。

3 泡沫枪应进行喷水试验，其进口压力和射程应符合设计要求。

检查数量：全数检查。

检查方法：用压力表、尺量检查。

4 中倍数、高倍数泡沫产生器应进行喷水试验，其进口压力不应小于设计值，每台泡沫产生器发泡网的喷水状态应正常。

检查数量：全数检查。

检查方法：关闭非试验防护区的阀门，用压力表测量后进行计算和观察检查。

9.4.15 报警阀的调试应符合下列规定：

1 湿式报警阀调试时，在末端试水装置处放水，当湿式报警阀进口水压大于0.14MPa、放水流量大于1L/s时，报警阀应及时启动；带延迟器的水力警铃应在5s～90s内发出报警铃声，不带延迟器的水力警铃应在15s内发出报警铃声；压力开关应及时动作，启动消防泵并反馈信号。

检查数量：全数检查。

检查方法：使用压力表、流量计、秒表和观察检查。

2 干式报警阀调试时，开启系统试验阀，报警阀的启动时间、启动点压力、水流到试验装置出口所需时间均应符合设计要求。

检查数量：全数检查。

检查方法：使用压力表、流量计、秒表、声级计和观察检查。

3 雨淋阀调试宜利用检测、试验管道进行；雨淋阀的启动时间不应大于15s；当报警水压为0.05MPa时，水力警铃应发出报警铃声。

检查数量：全数检查。

检查方法：使用压力表、流量计、秒表、声级计和观察检查。

9.4.16 泡沫消火栓应进行冷喷试验，其出口压力应符合设计要求，冷喷试验应与系统调试试验同时进行。

检查数量：选择保护最远储罐和所需泡沫混合液流量最大储罐的消火栓，按设计使用数量检测。

检查方法：用压力表测量。

9.4.17 泡沫消火栓箱应进行泡沫喷射试验，其射程应符合设计要求，发泡倍数应符合相关产品标准的要求。

检查数量：按10%抽查，且不少于2个。

检查方法：射程用尺量检查，发泡倍数按本标准附录C的方法测量。

9.4.18 泡沫灭火系统的调试应符合下列规定：

1 当为手动灭火系统时，应以手动控制的方式进行一次喷水试验；当为自动灭火系统时，应以手动和自动控制的方式各进行一次喷水试验，系统流量、泡沫产生装置的工作压力、比例混合装置的工作压力、系统的响应时间均应达到设计要求。

检查数量：当为手动灭火系统时，选择最远的防护区或储罐；当为自动灭火系统时，选择所需泡沫混合液流量最大和最远的两个防护区或储罐分别以手动和自动的方式进行试验。

检查方法：用压力表、流量计、秒表测量。

2 低倍数泡沫灭火系统按本条第1款的规定喷水试验完毕，将水放空后进行喷泡沫试验；当为自动灭火系统时，应以自动控制的方式进行；喷射泡沫的时间不宜小于1min；实测泡沫混合液的流量、发泡倍数及到达最远防护区或储罐的时间应符合设计要求，混合比不应低于所选泡沫液的混合比。

检查数量：选择最远的防护区或储罐，进行一次试验。

检查方法：泡沫混合液的流量用流量计测量；混合比按本标准第9.4.13条的检查方法测量；发泡倍数按本标准附录C的方法测量；喷射泡沫的时间和泡沫混合液或泡沫到达最远防护区或储罐的时间用秒表测量。

3 中倍数、高倍数泡沫灭火系统按本条第1款的规定喷水试验完毕，将水放空后进行喷泡沫试验，当为自动灭火系统时，应以自动控制的方式对防护区进行喷泡沫试验，喷射泡沫的时间不宜小于30s，实测泡沫供给速率及自接到火灾模拟信号至开始喷泡沫的时间应符合设计要求，混合比不应低于所选泡沫液的混合比。

检查数量：全数检查。

检查方法：泡沫混合液的混合比按本标准第9.4.13条的检查方法测量；泡沫供给速率的检查方法应记录各泡沫产生器进口端压力表读数，用秒表测量喷射泡沫的时间，然后按制造商给出的曲线查出对应的发泡量，经计算得出泡沫供给速率，泡沫供给速率不应小于设计要求的最小供给速率；喷射泡沫的时间和自接到火灾模拟信号至开始喷泡沫的时间，用秒表测量。

4 泡沫-水雨淋系统按本条第1款的规定喷水试验完毕，将水放空后，应以自动控制的方式对防护区进行喷泡沫试验，喷洒稳定后的喷泡沫时间不宜小于1min，实测泡沫混合液发泡倍数及自接到火灾模拟信号至开始喷泡沫的时间，应符合设计要求，混合比不应低于所选泡沫液的混合比。

检查数量：选择最远防护区进行一次试验。

检查方法：泡沫混合液的混合比按本标准第9.4.13条的检查方法测量；泡沫混合液的发泡倍数按本标准附录C的方法测量；喷射泡沫的时间和自接到火灾模拟信号至开始喷泡沫的时间，用秒表测量。

5 闭式泡沫-水喷淋系统按本条第1款的规定喷水试验完毕后，应以手动方式分别进行最大流量和8L/s流量的喷泡沫试验，喷洒稳定后的喷泡沫时间不宜小于1min，自系统手动启动至开始喷泡沫的时间应符合设计要求，混合比不应低于所选泡沫液的混合比。

检查数量：按最大流量和8L/s流量各进行一次试验，按8L/s流量进行试验时应选择最远端洒水装置进行。

检查方法：泡沫混合液的混合比按本标准第9.4.13条的检查方法测量；喷射泡沫的时间和自系统手动启动至开始喷泡沫的时间，用秒表测量。

6 泡沫喷雾系统的调试应符合下列规定：

1) 采用比例混合装置的泡沫喷雾系统，应以自动控制的方式对防护区进行一次喷泡沫试验。喷洒稳定后的喷泡沫时间不宜小于1min，自系统启动至开始喷泡沫的时间应符合设计要求，混合比不应低于所选泡沫液的混合比。对于保护变压器的泡沫喷雾系统，应观察喷头的喷雾锥是否喷洒到绝缘子升高座孔口。

检查数量：选择最远防护区进行试验。

检查方法：泡沫混合液的混合比按本标准第9.4.13条的检查方法测量，时间用秒表测量，喷雾情况通过观察检查。

2) 采用压缩氮气瓶组驱动的泡沫喷雾系统，应以手动和自动控制的方式分别对防护区各进行一次喷水试验。以自动控制的方式进行喷水试验时，随机启动两个动力瓶组，系统接到火灾模拟信号后应能准确开启对应防护区的阀门，系统自接到火灾模拟信号至开始喷水的时间应符合设计要求；以手动控制的方式进行喷水试验时，按设计瓶组数开启，系统自接到手动开启信号至开始喷水的时间、系统流量和连续喷射时间应符合设计要求。对于保护变压器的泡沫喷雾系统，应观察喷头的喷雾锥是否喷洒到绝缘子升高座孔口。

检查数量：选择最远防护区进行试验。

检查方法：系统流量用流量计测量，时间用秒表测量，喷雾情况通过观察检查。

10 验 收

10.0.1 泡沫灭火系统验收时,应提供下列文件资料,并按本标准附录B表B.0.4填写质量控制资料核查记录。
　　1 有效的施工图设计文件;
　　2 设计变更通知书、竣工图;
　　3 系统组件和泡沫液自愿性认证或检验的有效证明文件和产品出厂合格证,材料的出厂检验报告与合格证;
　　4 系统组件的安装使用和维护说明书;
　　5 施工许可证和施工现场质量管理检查记录;
　　6 泡沫灭火系统施工过程检查记录及阀门的强度和严密性试验记录、管道试压和管道冲洗记录、隐蔽工程验收记录;
　　7 系统验收申请报告。

10.0.2 泡沫灭火系统验收应按本标准附录B表B.0.5进行记录。

10.0.3 泡沫灭火系统验收合格后,应用清水冲洗放空,复原系统,并应向建设单位移交下列文件资料:
　　1 施工现场质量管理检查记录;
　　2 泡沫灭火系统施工过程检查记录;
　　3 隐蔽工程验收记录;
　　4 泡沫灭火系统质量控制资料核查记录;
　　5 泡沫灭火系统验收记录;
　　6 相关文件、记录、资料清单等。

10.0.4 泡沫灭火系统施工质量不符合本标准要求时,应整改并重新验收。

10.0.5 泡沫灭火系统应对施工质量进行验收,并应包括下列内容:
　　1 泡沫液储罐、泡沫比例混合器(装置)、泡沫产生装置、电机或柴油机及其拖动的泡沫消防水泵、稳压泵、水泵接合器、泡沫消火栓、报警阀、盛装100%型水成膜泡沫液的压力储罐、动力瓶组及驱动装置、泡沫消火栓箱、阀门、压力表、管道过滤器、金属软管等系统组件的规格、型号、数量、安装位置及安装质量;
　　2 管道及管件的规格、型号、位置、坡向、坡度、连接方式及安装质量;
　　3 固定管道的支架、吊架,管墩的位置、间距及牢固程度;
　　4 管道穿楼板、防火墙及变形缝的处理;
　　5 管道和系统组件的防腐;
　　6 消防泵房、水源及水位指示装置;
　　7 动力源、备用动力及电气设备。

10.0.6 系统的管道、阀门、支架及吊架的验收,除应符合本标准的规定外,尚应符合现行国家标准《工业金属管道工程施工质量验收规范》GB 50184、《现场设备、工业管道焊接工程施工质量验收规范》GB 50683的有关规定。

10.0.7 系统水源的验收应符合下列规定:
　　1 室外给水管网的进水管管径及供水能力、消防水池(罐)和消防水箱容量,均应符合设计要求。
　　2 当采用天然水源时,其水量应符合设计要求,并应检查枯水期最低水位时确保消防用水的技术措施。
　　3 过滤器的设置应符合设计要求。
　　检查数量:全数检查。
　　检查方法:对照设计资料采用流速计、尺等测量和观察检查。

10.0.8 动力源、备用动力及电气设备应符合设计要求。
　　检查数量:全数检查。
　　检查方法:试验检查。

10.0.9 消防泵房的验收应符合下列规定:
　　1 消防泵房的建筑防火要求应符合相关标准的规定。
　　2 消防泵房设置的应急照明、安全出口应符合设计要求。
　　检查数量:全数检查。
　　检查方法:对照图纸观察检查。

10.0.10 泡沫消防水泵与稳压泵的验收应符合下列规定:
　　1 工作泵、备用泵、拖动泡沫消防水泵的电机或柴油机、吸水管、出水管及出水管上的泄压阀、止回阀、信号阀等的规格、型号、数量等应符合设计要求;吸水管、出水管上的控制阀应锁定在常开位置,并有明显标记,拖动泡沫消防水泵的柴油机排烟管的安装位置、口径、长度、弯头的角度及数量应符合设计要求,柴油机用油的牌号应符合设计要求。
　　检查数量:全数检查。
　　检查方法:对照设计资料和产品说明书观察检查。
　　2 泡沫消防水泵的引水方式及水池低液位引水应符合设计要求。
　　检查数量:全数检查。
　　检查方法:观察检查。
　　3 泡沫消防水泵在主电源下应能正常启动,主备电源应能正常切换。
　　检查数量:全数检查。
　　检查方法:打开消防水泵出水管上的手动测试阀,利用主电源向泵组供电;关掉主电源检查主备电源的切换情况,用秒表计时和观察检查。
　　4 柴油机拖动的泡沫消防水泵的电启动和机械启动性能应满足设计和相关标准的要求。
　　检查数量:全数检查。
　　检查方法:分别进行电启动试验和机械启动试验,对照相关要求观察检查。
　　5 当自动系统管网中的水压下降到设计最低压力时,稳压泵应能自动启动。
　　检查数量:全数检查。
　　检查方法:使用压力表测量,观察检查。
　　6 自动系统的泡沫消防水泵启动控制应处于自动启动位置。
　　检查数量:全数检查。
　　检查方法:降低系统管网中的压力,观察检查。

10.0.11 泡沫液储罐和盛装100%型水成膜泡沫液的压力储罐的验收应符合下列规定:
　　1 材质、规格、型号及安装质量应符合设计要求。
　　2 铭牌标记应清晰,应标有泡沫液种类、型号、出厂、灌装日期、有效期及储量等内容,不同种类、不同牌号的泡沫液不得混存。
　　3 液位计、呼吸阀、人孔、出液口等附件的功能应正常。

检查数量：全数检查。

检查方法：对照设计资料观察检查。

10.0.12 泡沫比例混合装置的验收应符合下列规定：

1 泡沫比例混合装置的规格、型号及安装质量应符合设计及安装要求。

检查数量：全数检查。

检查方法：对照设计资料观察检查。

2 混合比不应低于所选泡沫液的混合比。

检查数量：全数检查。

检查方法：用手持电导率测量仪测量。

10.0.13 泡沫产生装置的规格、型号及安装质量应符合设计及安装要求。

检查数量：全数检查。

检查方法：对照设计资料观察检查。

10.0.14 报警阀组的验收应符合下列规定：

1 报警阀组的各组件应符合产品标准规定。

检查数量：全数检查。

检查方法：观察检查。

2 打开系统流量压力检测装置放水阀，测试的流量、压力应符合设计要求。

检查数量：全数检查。

检查方法：使用流量计、压力表观察检查。

3 水力警铃的设置位置应正确。测试时，水力警铃喷嘴处的压力不应小于0.05MPa，且距水力警铃3m远处警铃声声强不应小于70dB。

检查数量：全数检查。

检查方法：打开阀门放水，使用压力表、声级计和尺量检查。

4 打开手动试水阀或电磁阀时，雨淋阀组动作应可靠。

5 控制阀均应锁定在常开位置。

检查数量：全数检查。

检查方法：观察检查。

6 与空气压缩机或火灾自动报警系统的联动控制，应符合设计要求。

检查数量：全数检查。

检查方法：观察检查。

10.0.15 管网验收应符合下列规定：

1 管道的材质与规格、管径、连接方式、安装位置及采取的防冻措施应符合设计要求，并符合本标准第9.3.19条的相关规定。

检查数量：全数检查。

检查方法：观察检查和核查相关证明材料。

2 管网放空坡度及辅助排水设施，应符合设计要求。

检查数量：全数检查。

检查方法：水平尺和尺量检查，埋地管道检查隐蔽工程记录。

3 管网上的控制阀、压力信号反馈装置、止回阀、试水阀、泄压阀、排气阀等，其规格和安装位置均应符合设计要求。

检查数量：全数检查。

检查方法：观察检查。

4 管墩、管道支架、吊架的固定方式、间距应符合设计要求。

检查数量：固定支架全数检查，其他按总数抽查20%，且不得少于5处。

检查方法：尺量和观察检查。

5 管道穿越楼板、防火墙、变形缝时的防火处理应符合本标准第9.3.19条的相关规定。

检查数量：全数检查。

检查方法：观察和尺量检查。

10.0.16 喷头的验收应符合下列规定：

1 喷头的数量、规格、型号应符合设计要求。

检查数量：全数检查。

检查方法：观察检查。

2 喷头的安装位置、安装高度、间距及与梁等障碍物的距离偏差均应符合设计要求和本标准第9.3.34条的相关规定。

检查数量：抽查设计喷头数量的5%，总数不少于5个。

检验方法：对照图纸尺量检查。

3 不同型号规格喷头的备用量不应小于其实际安装总数的1%，且每种备用喷头数不应少于10只。

检查数量：全数检查。

检查方法：计数检查。

10.0.17 水泵接合器的数量及进水管位置应符合设计要求。

检查数量：全数检查。

检查方法：观察检查。

10.0.18 泡沫消火栓的验收应符合下列规定：

1 规格、型号、安装位置及间距应符合设计要求。

检查数量：全数检查。

检查方法：对照设计文件观察检查、测量检查。

2 应进行冷喷试验，且应与系统功能验收同时进行。

检查数量：任选一个储罐，按设计使用数量检查。

检查方法：按本标准第9.4.16条的相关规定进行。

10.0.19 公路隧道泡沫消火栓箱的验收应符合下列规定：

1 安装质量应符合本标准第9.3.26条的规定。

检查数量：按安装总数的10%抽查，且不得少于1个。

检查方法：观察和尺量检查。

2 喷泡沫试验应合格。

检查数量：按安装总数的10%抽查，且不得少于2个。

检查方法：按本标准第9.4.17条的相关规定进行。

10.0.20 泡沫喷雾装置动力瓶组的数量、型号和规格，位置与固定方式，油漆和标志，储存容器的安装质量、充装量和储存压力等应符合设计及安装要求。

检查数量：全数检查。

检查方法：观察检查、测量检查、称重检查、用液位计或压力计测量。

10.0.21 泡沫喷雾系统集流管的材料、规格、连接方式、布置及其泄压装置的泄压方向应符合设计及安装要求。

检查数量：全数检查。

检查方法：观察检查、测量检查。

10.0.22 泡沫喷雾系统分区阀的数量、型号、规格、位置、标志及其安装质量应符合设计及安装要求。

检查数量：全数检查。

检查方法：观察检查、测量检查。

10.0.23 泡沫喷雾系统驱动装置的数量、型号、规格和标志，安装位置，驱动气瓶的介质名称和充装压力，以及气动驱动装置管道的规格、布置和连接方式等应符合设计及安装要求。

检查数量：全数检查。

检查方法：观察检查、测量检查。

10.0.24 驱动装置和分区阀的机械应急手动操作处，均应有标明对应防护区或保护对象名称的永久标志。驱动装置的机械应急操作装置均应设安全销并加铅封，现场手动启动按钮应有防护罩。

检查数量：全数检查。

检查方法：观察检查、测量检查。

10.0.25 每个系统应进行模拟灭火功能试验，并应符合下列规定：

1 压力信号反馈装置应能正常动作，并应能在动作后启动消防水泵及与其联动的相关设备，可正确发出反馈信号。

检查数量：全数检查。

检查方法：利用模拟信号试验，观察检查。

2 系统的分区控制阀应能正常开启，并可正确发出反馈信号。

检查数量：全数检查。

检查方法：利用模拟信号试验，观察检查。

3 系统的流量、压力均应符合设计要求。

检查数量：全数检查。

检查方法：利用系统流量、压力检测装置通过泄放试验，观察检查。

4 消防水泵及其他消防联动控制设备应能正常启动，并应有反馈信号显示。

检查数量：全数检查。

检查方法：观察检查。

5 主电流、备电源应能在规定时间内正常切换。

检查数量：全数检查。

检查方法：模拟主备电源切换，采用秒表计时检查。

10.0.26 泡沫灭火系统应对系统功能进行验收，并应符合下列规定：

1 低倍数泡沫灭火系统喷泡沫试验应合格。

检查数量：任选一个防护区或储罐进行一次试验。

检查方法：按本标准第 9.4.18 条第 2 款的相关规定执行。

2 中倍数、高倍数泡沫灭火系统喷泡沫试验应合格。

检查数量：任选一个防护区进行一次试验。

检查方法：按本标准第 9.4.18 条第 3 款的相关规定执行。

3 泡沫-水雨淋系统喷泡沫试验应合格。

检查数量：任选一个防护区进行一次试验。

检查方法：按本标准第 9.4.18 条第 4 款的相关规定执行。

4 闭式泡沫-水喷淋系统喷泡沫试验应合格。

检查数量：任选一个防护区进行一次试验。

检查方法：按本标准第 9.4.18 条第 5 款的相关规定执行。

5 泡沫喷雾系统喷洒试验应合格。

检查数量：任选一个防护区进行一次试验。

检查方法：按本标准第 9.4.18 条第 6 款的相关规定执行。

10.0.27 系统工程质量验收判定条件：

1 系统工程质量缺陷应按表 10.0.27 划分为严重缺陷项、重要缺陷项和轻微缺陷项。

表 10.0.27 泡沫灭火系统验收缺陷项目划分

项目	对应本标准的条款要求
严重缺陷项	第 10.0.7 条、第 10.0.8 条、第 10.0.10 条第 3 款～第 5 款、第 10.0.15 条第 1 款、第 10.0.16 条第 1 款、第 10.0.19 条、第 10.0.20 条、第 10.0.21 条、第 10.0.25 条、第 10.0.26 条
重要缺陷项	第 10.0.9 条、第 10.0.10 条第 1、2 款、第 10.0.11 条、第 10.0.12 条、第 10.0.13 条、第 10.0.14 条第 1、2、3、4、6 款、第 10.0.15 条第 3、5 款、第 10.0.16 条第 2 款、第 10.0.17 条、第 10.0.18 条、第 10.0.22 条、第 10.0.23 条、第 10.0.24 条
轻微缺陷项	第 10.0.10 条第 6 款、第 10.0.14 条第 5 款、第 10.0.15 第 2、4 款、第 10.0.16 条第 3 款

2 当无严重缺陷项、重要缺陷项不多于 2 项，且重要缺陷项与轻微缺陷项之和不多于 6 项时，可判定系统验收为合格；其他情况应判定为不合格。

11 维护管理

11.0.1 泡沫灭火系统投入使用后，应建立管理、检测、操作与维护规程，并应保证系统处于准工作状态。维护管理工作应按本标准附录 D 的规定进行记录。

11.0.2 维护管理人员应熟悉泡沫灭火系统的原理、性能、操作与维护规程。

11.0.3 泡沫-水喷淋系统的维护管理，除应符合本标准的规定外，尚应符合现行国家标准《自动喷水灭火系统施工及验收规范》GB 50261、《建筑消防设施的维护管理》GB 25201 中的有关规定。

11.0.4 对检查和试验中发现的问题应及时解决，对损坏或不合格者应立即更换，并应复原系统。

11.0.5 每周应对电机拖动的消防水泵进行一次启动试验，启动运行时间不宜少于 3min，电气设备工作状况应良好。

11.0.6 每日应检查拖动泡沫消防水泵的柴油机的启动电池电量，并应满足相关标准的要求；每周应对柴油机拖动的泡沫消防水泵进行一次手动盘车，盘车应灵活，无阻滞，无异常声响；每周应检查柴油机储油箱的储油量，储油量应满足设计要求；每月应手动启动柴油机拖动的泡沫消防水泵满负载运行一次，启动运行时间不宜少于 15min。

11.0.7 每周应对泡沫喷雾系统的动力瓶组、驱动气瓶储存压力进行检查，储存压力不得小于设计压力。

11.0.8 每两周应对氮封储罐泡沫产生器的密封处进行检查,发现泄漏应及时更换密封。

11.0.9 每月应对系统进行检查,并应按本标准附录D表D.0.2记录,检查内容及要求应符合下列规定:

 1 对泡沫产生器、泡沫喷头、固定式泡沫炮、泡沫比例混合器(装置)、泡沫液储罐、泡沫消火栓、泡沫消火栓箱、阀门、压力表、管道过滤器、金属软管、管道及管件等进行外观检查,均应完好无损;

 2 对固定式泡沫炮的回转机构、仰俯机构或电动操作机构进行检查,性能应达到标准的要求;

 3 泡沫消火栓、泡沫消火栓箱和阀门的开启与关闭应自如,无锈蚀;

 4 对遥控功能或自动控制设施及操纵机构进行检查,性能应符合设计要求;

 5 动力源和电气设备工作状况应良好;

 6 水源及水位指示装置应正常,应采取措施保证消防用水不作他用,并应对该措施进行检查,发现故障及时处理;

 7 消防气压给水设备的气体压力应满足要求;

 8 应对消防水泵接合器的接口及附件进行检查,并应保证接口完好、无渗漏,闷盖齐全;

 9 应对电磁阀、电动阀、气动阀、安全阀、平衡阀进行检查,并做启动试验,动作失常时应及时更换;

 10 对于平时充有泡沫液的管道应进行渗漏检查,发现泄漏应及时进行处理;

 11 对雨淋阀进口侧和控制腔的压力表、系统侧的自动排水设施进行检查,发现故障应及时处理;

 12 用于分区作用的阀门,分区标识应清晰、完好。

11.0.10 每季度应对下列项目进行检查,检查内容及要求应符合下列规定:

 1 应检测消防水泵的流量和压力,保证其满足设计要求;

 2 每季度应对各种阀门进行一次润滑保养。

11.0.11 每半年应对下列项目进行检查,检查内容及要求应符合下列规定:

 1 除储罐上泡沫混合液立管和液下喷射防火堤内泡沫管道及高倍数泡沫产生器进口端控制阀后的管道外,其余管道应全部冲洗,清除锈渣;

 2 应对储罐上的低倍数泡沫混合液立管清除锈渣;

 3 应对管道过滤器滤网进行清洗,发现锈蚀应及时更换;

 4 应对压力式比例混合装置的胶囊进行检查,发现破损应及时更换。

11.0.12 每两年应对系统进行检查和试验,并应按本标准附录D表D.0.2记录;检查和试验的内容及要求应符合下列规定:

 1 对于低倍数泡沫灭火系统中的液上、液下喷射,泡沫-水喷淋系统,固定式泡沫炮灭火系统应进行喷泡沫试验;对于泡沫喷雾系统,可进行喷水试验,并应对系统所有组件、设施、管道及管件进行全面检查;

 2 对于中倍数、高倍数泡沫灭火系统,可在防护区内进行喷泡沫试验,并对系统所有组件、设施、管道及管件进行全面检查;

 3 系统检查和试验完毕,应对泡沫液泵、泡沫液管道、泡沫混合液管道、泡沫管道、泡沫比例混合器(装置)、泡沫消火栓、管道过滤器或喷过泡沫的泡沫产生装置等用清水冲洗后放空,复原系统。

11.0.13 应定期对泡沫灭火剂进行试验,发现失效应及时更换,试验要求应符合下列规定:

 1 保质期不大于两年的泡沫液,应每年进行一次泡沫性能检验;

 2 保质期在两年以上的泡沫液,应每两年进行一次泡沫性能检验。

11.0.14 泡沫喷雾系统盛装100%型水成膜泡沫液的压力储罐、动力瓶组和驱动装置的驱动气瓶发现不可修复的缺陷或达到设计使用年限应及时更换。

附录A 泡沫灭火系统工程划分

A.0.1 泡沫灭火系统工程划分见表A.0.1。

表A.0.1 泡沫灭火系统工程划分

分部工程	序号	子分部工程	分项工程
泡沫灭火系统	1	进场检验	材料进部检验
			系统组件进场检验
	2	系统施工	消防泵的安装
			泡沫液储罐的安装
			泡沫比例混合器(装置)的安装
			管道、阀门和泡沫消火栓的安装
			泡沫产生装置的安装
			泡沫喷雾系统的安装
	3	系统调试	动力源和备用动力源切换试验
			水源测试
			消防泵试验
			稳压泵、消防气压给水设备调试
			泡沫比例混合器(装置)调试
			报警阀调试
			泡沫产生装置的调试
			泡沫消火栓冷喷试验
			泡沫消火栓箱喷泡沫试验
			泡沫灭火系统的调试
	4	系统验收	泡沫灭火系统施工质量验收
			泡沫灭火系统功能验收

附录 B 泡沫灭火系统施工、验收记录

B.0.1 施工现场质量管理检查记录应由施工单位按表 B.0.1 填写，监理工程师和建设单位项目负责人进行检查，并做出检查结论。

表 B.0.1 施工现场质量管理检查记录

工程名称			
建设单位		项目负责人	
设计单位		项目负责人	
监理单位		监理工程师	
施工单位		项目负责人	
施工许可证		开工日期	
序号	项目	内容	
1	现场质量管理制度		
2	质量责任制		
3	操作上岗证书		
4	施工图审查情况		
5	施工组织设计、施工方案及审批		
6	施工技术标准		
7	工程质量检验制度		
8	现场材料、系统组件存放与管理		
9	其他		
检查结论	施工单位项目负责人：（签章）年 月 日	监理工程师：（签章）年 月 日	建设单位项目负责人：（签章）年 月 日

B.0.2 泡沫灭火系统施工过程检查记录、阀门的强度和严密性试验、管道试压、冲洗等记录，应由施工单位填写，监理工程师进行检查，并做出检查结论（表 B.0.2-1～表 B.0.2-6）。

表 B.0.2-1 泡沫灭火系统施工过程进场检验记录

工程名称			
施工单位		监理单位	
于分部工程名称	进场检验	施工执行标准名称及编号	
分项工程名称	质量规定（本标准条款）	施工单位检查记录	监理单位检查记录
材料进场检验	9.2.4		
	9.2.5		
	9.2.6		
	9.2.7		
系统组件进场检验	9.2.8		
	9.2.9		
	9.2.10		
	9.2.11		
	9.2.12		
	9.2.13		
	9.2.14		
	9.2.15		
结论	施工单位项目负责人：（签章）年 月 日	监理工程师：（签章）年 月 日	

表 B.0.2-2 阀门的强度和严密性试验记录

工程名称									
施工单位					监理单位				
规格型号	数量	公称压力（MPa）	强度试验			严密性试验			
			介质	压力（MPa）	时间（min）	结果	介质	压力（MPa）	时间（min）	结果
结论									
参加单位及人员	施工单位项目负责人：（签章）年 月 日				监理工程师：（签章）年 月 日				

表 B.0.2-3　泡沫灭火系统施工过程安装质量检查记录

工程名称			
施工单位		监理单位	
子分部工程名称	系统安装	施工执行规范名称及编号	
分项工程名称	质量规定（本标准条款）	施工单位检查记录	监理单位检查记录
消防泵的安装	9.3.5		
	9.3.6		
	9.3.7		
	9.3.8		
	9.3.9		
泡沫液储罐的安装	9.3.10		
	9.3.11		
	9.3.12		
	9.3.13		
泡沫比例混合器（装置）的安装	9.3.14		
	9.3.15		
	9.3.16		
	9.3.17		
	9.3.18		
管道、阀门和泡沫消火栓的安装	9.3.19		
	9.3.20		
	9.3.21		
	9.3.22		
	9.3.23		
	9.3.24		
	9.3.25		
	9.3.26		
	9.3.27		
	9.3.28		
	9.3.29		
	9.3.30		
	9.3.31		
泡沫产生装置的安装	9.3.32		
	9.3.33		
	9.3.34		
	9.3.35		
泡沫喷雾系统的安装	9.3.36		
	9.3.37		
	9.3.38		
	9.3.39		
	9.3.40		
	9.3.41		
	9.3.42		
	9.3.43		
	9.3.44		
	9.3.45		
	9.3.46		
	9.3.47		
结论	施工单位项目负责人： （签章） 年　月　日		监理工程师： （签章） 年　月　日

表 B.0.2-4 管道试压记录

工程名称											
施工单位					监理单位						
管道编号	设计参数				强度试验				严密性试验			
	管径(mm)	材质	介质	压力(MPa)	介质	压力(MPa)	时间(min)	结果	介质	压力(MPa)	时间(min)	结果
结论												
参加单位及人员												

施工单位项目负责人：
（签章）
年 月 日

监理工程师：
（签章）
年 月 日

表 B.0.2-5 管道冲洗记录

工程名称										
施工单位					监理单位					
管道编号	设计参数				冲洗					
	管径(mm)	材质	介质	压力(MPa)	介质	压力(MPa)	流量(L/s)	流速(m/s)	冲洗时间或次数	结果
结论										
参加单位及人员										

施工单位项目负责人：
（签章）
年 月 日

监理工程师：
（签章）
年 月 日

表B.0.2-6 泡沫灭火系统施工过程调试检查记录

工程名称			
施工单位		监理单位	
子分部工程名称	系统调试	施工执行规范名称及编号	
分项工程名称	质量规定（本标准条款）	施工单位检查记录	监理单位检查记录
动力源和备用动力切换试验	9.4.9		
水源测试	9.4.10		
消防泵试验	9.4.11　1　2		
稳压泵、消防气压给水设备调试	9.4.12		
泡沫比例混合器（装置）调试	9.4.13		
泡沫产生装置调试	9.4.14　1　2　3　4		
报警阀调试	9.4.15　1　2　3		

续表B.0.2-6

分项工程名称	质量规定（本标准条款）	施工单位检查记录	监理单位检查记录
泡沫消火栓冷喷试验	9.4.16		
泡沫消火栓箱喷泡沫试验	9.4.17		
泡沫灭火系统调试	9.4.18　1　2　3　4　5　6		
结论	施工单位项目负责人：（签章）　年　月　日		监理工程师：（签章）　年　月　日

B.0.3 隐蔽工程验收应由施工单位按表B.0.3填写，隐蔽前应由施工单位通知建设、监理等单位进行验收，并做出验收结论，由监理工程师填写。

表B.0.3 隐蔽工程验收记录

工程名称													
建设单位							设计单位						
监理单位							施工单位						
管道编号	设计参数				强度试验				严密性试验				防腐
	管径(mm)	材料	介质	压力(MPa)	介质	压力(MPa)	时间(min)	结果	介质	压力(MPa)	时间(min)	结果	等级　结果
隐蔽前的检查													
隐蔽方法													
简图或说明													
验收结论													
验收单位	施工单位（公章）项目负责人：（签章）　年　月　日				监理单位（公章）监理工程师：（签章）　年　月　日					建设单位（公章）项目负责人：（签章）　年　月　日				

B.0.4 泡沫灭火系统质量控制资料核查记录应由施工单位按表B.0.4填写，建设单位项目负责人组织监理工程师、施工单位项目负责人等进行核查，并做出核查结论，由监理单位填写。

表B.0.4 泡沫灭火系统质量控制资料核查记录

工程名称				
建设单位		设计单位		
监理单位		施工单位		
序号	资料名称	资料数量	核查结果	核查人
1	有效设计施工图、设计说明书			
2	设计变更通知书、竣工图			
3	系统组件和泡沫液的自愿性认证或检验的有效证明文件和产品出厂合格证；材料的出厂检验报告与合格证			
4	系统组件的安装使用说明书			
5	施工许可证和施工现场质量管理检查记录			

续表B.0.4

序号	资料名称	资料数量	核查结果	核查人
6	泡沫灭火系统施工过程检查记录及阀门的强度和严密性试验记录、管道试压和管道冲洗记录、隐蔽工程验收记录			
7	系统验收申请报告			

核查结论			
核查单位	建设单位 （公章） 项目负责人： （签章） 年 月 日	施工单位 （公章） 项目负责人： （签章） 年 月 日	监理单位 （公章） 监理工程师： （签章） 年 月 日

B.0.5 泡沫灭火系统验收应由施工单位按表B.0.5填写，建设单位项目负责人组织监理工程师、设计单位项目负责人、施工单位项目负责人进行验收，并做出验收结论，由监理单位填写。

表B.0.5 泡沫灭火系统验收记录

工程名称					
建设单位			设计单位		
监理单位			施工单位		
子分部工程名称		系统验收（第10章）		施工执行规范名称及编号	
分项工程名称	条	款	验收项目名称	验收内容记录	验收评定结果
系统施工质量验收	10.0.7	1	水源	给水管网进水管管径及供水能力、储水设施容量	
		2		天然水源水量、枯水期确保用水的措施	
		3		过滤器	
	10.0.8		动力源、备用动力及电气设备	电源负荷级别，备用动力的容量，电气设备的规格、型号、数量及安装质量，动力源及备用动力的切换试验	
	10.0.9	1	消防泵房	位置、耐火等级等防火要求	
		2		应急照明及安全出口	
	10.0.10	1	泡沫消防水泵与稳压泵	泵、柴油机、阀门等部件的规格、型号、数量等，控制阀的锁定位置，柴油机排烟管道的布置、柴油的牌号	
		2		引水方式	
		3		电动消防泵启动情况	
		4		柴油机消防泵的启动情况	
		5		稳压泵启动情况	
		6		自动系统的启动控制	
	10.0.11	1	泡沫液储罐	材质、规格、型号及安装质量	
		2		标志	
		3		附件的功能	
	10.0.12	1	泡沫比例混合装置	规格、型号及安装质量	
		2		混合比	

续表B.0.5

分项工程名称	条	款	验收项目名称	验收内容记录	验收评定结果
系统施工质量验收	10.0.13		泡沫产生装置	规格、型号及安装质量	
	10.0.14	1	报警阀组	组件的质量	
		2		流量、压力	
		3		水力警铃的位置、铃声声强	
		4		阀组动作情况	
		5		控制阀状态	
		6		联动控制要求	
	10.0.15	1	管道	管道的材质、规格、管径、连接方式、安装位置、防冻措施	
		2		管道坡度及辅助排水设施	
		3	管件	管件的规格、安装位置	
		4	管道支、吊架，管墩	固定方式、间距	
		5	管道穿楼板、防火墙、变形缝等的处理	套管尺寸和空隙的填充材料及穿变形缝时采取的保护措施	
	10.0.16	1	喷头	数量、规格、型号	
		2		安装位置、安装高度、相关距离及偏差	
		3		备用量	
	10.0.17		水泵接合器	数量、进水管位置	
	10.0.18	1	泡沫消火栓	规格、型号、安装位置及间距	
		2		冷喷试验	
	10.0.19	1	泡沫消火栓箱	安装质量	
		2		喷泡沫试验	
	10.0.20		泡沫喷雾系统动力瓶组	数量、规格、型号、安装质量、充装量、储存压力	
	10.0.21		泡沫喷雾系统集流管	材料、规格、连接方式、布置及泄压装置	
	10.0.22		泡沫喷雾系统分区阀	数量、型号、规格、位置、标志、安装质量	
	10.0.23		泡沫喷雾系统驱动装置	数量、型号、规格、位置、标志、驱动气瓶介质及压力、驱动装置管道	
	10.0.24		机械应急手动操作装置	标志、附件	
系统功能验收	10.0.25	1	压力信号反馈装置	启动情况、反馈信号	
		2	分区控制阀	启动情况、反馈信号	
		3	流量、压力	是否满足设计要求	
		4	水泵及其他联动设备	启动情况、反馈信号	
		5	主、备电源	切换情况	
	10.0.26	1	低倍数系统	发泡倍数、混合比、自系统启动至喷泡沫的时间等	
		2	中倍数、高倍数系统	泡沫供给速率、混合比、自系统启动至喷泡沫的时间等	
		3	泡沫-水雨淋系统	发泡倍数、混合比、自系统启动至喷泡沫的时间等	
		4	闭式泡沫-水喷淋系统	混合比、充水时间、自系统启动至喷泡沫的时间等	
		5	泡沫喷雾系统	混合比、自系统启动至喷泡沫的时间等	
验收结论					

验收单位	建设单位	施工单位	监理单位	设计单位
	（公章） 项目负责人： （签章） 年 月 日	（公章） 项目负责人： （签章） 年 月 日	（公章） 总监理工程师： （签章） 年 月 日	（公章） 项目负责人： （签章） 年 月 日

附录 C 发泡倍数的测量方法

C.0.1 测量设备：
1 台秤 1 台（或电子秤）：量程 50kg，精度 20g。
2 泡沫产生装置：
   1）PQ4 或 PQ8 型泡沫枪 1 支。
   2）中倍数泡沫枪（手提式中倍数泡沫产生器）1 支。
3 量桶 1 个：容积大于或等于 20L（dm³）。
4 刮板 1 个（由量筒尺寸确定）。

C.0.2 测量步骤：
1 用台秤测空桶的重量 W_1（kg）。
2 将量桶注满水后称得重量 W_2（kg）。
3 计算量桶的容积 $V=W_2-W_1$。
   注：水的密度按 1 考虑，即 $1kg/dm^3$；$1dm^3=1L$。
4 从泡沫混合液管道上的泡沫消火栓接出水带和 PQ4 或 PQ8 型或中倍数泡沫枪，系统喷泡沫试验时打开泡沫消火栓，待泡沫枪的进口压力达到额定值，喷出泡沫 10s 后，用量桶接满立即用刮板刮平，擦干外壁，此时称得重量为 W（kg）（有条件时宜从低、中倍数泡沫产生器处接取泡沫）。
5 液下喷射泡沫，从高背压泡沫产生器出口侧的泡沫取样口处，用量桶接满泡沫后，用刮板刮平，擦干外壁，称得重量为 W（kg）。
6 泡沫-水喷淋系统可从最不利防护区的最不利点喷头处接取泡沫；固定式泡沫炮可从最不利点处的泡沫炮接取泡沫，操作方法按本条第 4 款执行。

C.0.3 计算公式：

$$N = \frac{V}{W-W_1} \times \rho \quad (C.0.3)$$

式中：N——发泡倍数；
  W_1——空桶的重量（kg）；
  W——接满泡沫后量桶的重量（kg）；
  V——量桶的容积（L 或 dm³）；
  ρ——泡沫混合液的密度，按 1kg/L 或 1kg/dm³。

C.0.4 重复一次测量，取两次测量的平均值作为测量结果。

C.0.5 测量结果应符合下列规定：
1 低倍数泡沫混合液的发泡倍数宜大于或等于 5，对于液下喷射泡沫灭火系统的发泡倍数不应小于 2，且不应大于 4。
注：高倍数泡沫灭火系统测量泡沫供给速率，不应小于设计要求的最小供给速率。

附录 D 泡沫灭火系统维护管理记录

D.0.1 泡沫灭火系统的维护管理工作检查项目见表 D.0.1。

表 D.0.1 泡沫灭火系统的维护管理工作检查项目

部位	工作内容	检查周期
消防泵	电动消防泵的启动试验	每周
	柴油机消防泵的启动电池电量检测	每日
	柴油机储油箱的油量、盘车	每周
	柴油机泵的启动试验	每月
	流量和压力	每季度
水源	水位、消防用水不作他用的技术措施	每月
动力瓶组、驱动气瓶	储存压力	每周
泡沫产生装置	氮封储罐泡沫产生器的密封泄漏检测	每两周
	外观检查	每月
	相关装置活动机构检查	每月
泡沫消火栓、泡沫消火栓箱	开关试验	每月
消防气压给水设备	气体压力	每月
水泵接合器	检查接口及附件	每月
阀门	外观、开关试验	每月
	润滑保养	每季度
压力表	外观	每月
动力源及电气设备	工作情况	每月
管道	外观	每月
	渗漏检查	每月
	冲洗	每半年
	清除储罐上的立管内锈渣	每半年
雨淋阀	压力及排水设施	每月
金属软管	外观	每月
过滤器	外观	每月
	滤网清洗	每半年
系统	相关试验	每两年
泡沫灭火剂	性能试验	根据种类不同定期试验

D.0.2 泡沫灭火系统维护管理记录按表 D.0.2 填写。

表 D.0.2 泡沫灭火系统维护管理记录

使用单位						
防护区/保护对象						
检查类别（日检/周检/月检/季检/年检）						
检查日期	检查项目	检查、试验内容	结果	存在问题及处理情况	检查人（签字）	负责人（签字）
备注						

注：1 检查项目栏内应根据系统选择的具体设备进行填写；
  2 结果栏内填写合格、部分合格、不合格。

27.《二氧化碳灭火系统设计规范》GB 50193—93（2010年版）

1 总　则

1.0.2 本规范适用于新建、改建、扩建工程及生产和储存装置中设置的二氧化碳灭火系统的设计。

1.0.3 二氧化碳灭火系统的设计，应积极采用新技术、新工艺、新设备，做到安全适用，技术先进，经济合理。

1.0.5 二氧化碳灭火系统不得用于扑救下列火灾：

1.0.5.1 硝化纤维、火药等含氧化剂的化学制品火灾。

1.0.5.2 钾、钠、镁、钛、锆等活泼金属火灾。

1.0.5.3 氰化钾、氰化钠等金属氰化物火灾。

1.0.5A 二氧化碳全淹没灭火系统不应用于经常有人停留的场所。

1.0.6 二氧化碳灭火系统的设计，除执行本规范的规定外，尚应符合现行的有关国家标准的规定。

2 术语和符号

2.1 术　语

2.1.1 全淹没灭火系统　total flooding extinguishing system
在规定的时间内，向防护区喷射一定浓度的二氧化碳，并使其均匀地充满整个防护区的灭火系统。

2.1.2 局部应用灭火系统　local application extinguishing system
向保护对象以设计喷射率直接喷射二氧化碳，并持续一定时间的灭火系统。

2.1.3 防护区　protected area
能满足二氧化碳全淹没灭火系统应用条件，并被其保护的封闭空间。

2.1.4 组合分配系统　combined distribution systems
用一套二氧化碳储存装置保护两个或两个以上防护区或保护对象的灭火系统。

2.1.5 灭火浓度　flame extinguishing concentration
在101kPa大气压和规定的温度条件下，扑灭某种火灾所需二氧化碳在空气与二氧化碳的混合物中的最小体积百分比。

2.1.5A 设计浓度　design concentration
由灭火浓度乘以1.7得到的用于工程设计的浓度。

2.1.6 抑制时间　inhibition time
维持设计规定的二氧化碳浓度使固体深位火灾完全熄灭所需的时间。

2.1.7 泄压口　pressure relief opening
设在防护区外墙或顶部用以泄放防护区内部超压的开口。

2.1.8 等效孔口面积　equivalent orifice area
与水流量系数为0.98的标准喷头孔口面积进行换算后的喷头孔口面积。

2.1.9 充装系数　filling factor
高压系统储存容器中二氧化碳的质量与该容器容积之比。

2.1.9A 装量系数　loading factor
低压系统储存容器中液态二氧化碳的体积与该容器容积之比。

2.1.10 物质系数　material factor
可燃物的二氧化碳设计浓度对34%的二氧化碳浓度的折算系数。

2.1.11 高压系数　high-pressure system
灭火剂在常温下储存的二氧化碳灭火系统。

2.1.12 低压系数　low-pressure system
灭火剂在－18℃～－20℃低温下储存的二氧化碳灭火系统。

2.1.13 均相流　equilibrium flow
气相与液相均匀混合的二相流。

2.2 符　号

2.2.1 几何参数

A——折算面积；

A_o——开口总面积；

A_p——在假定的封闭罩中存在的实体墙等实际围封面的面积；

A_t——假定的封闭罩侧面围封面积；

A_v——防护区的内侧面、底面、顶面（包括其中的开口）的总内表面积；

A_x——泄压口面积；

D——管道内径；

F——喷头等效孔口面积；

L——管道计算长度；

L_b——单个喷头正方形保护面积的边长；

L_p——瞄准点偏离喷头保护面积中心的距离；

N——喷头数量；

N_g——安装在计算支管流程下游的喷头数量；

N_p——高压系统储存容器数量；

V——防护区的净容积；

V_0——单个储存容器的容积；

V_d——管道容积；

V_g——防护区内不燃烧体和难燃烧体的总体积；

V_i——管网内第i段管道的容积；

V_p——保护对象的计算体积；

V_v——防护区容积；

φ——喷头安装角。

2.2.2 物理参数

C_p——管道金属材料的比热；

H——二氧化碳蒸发潜热；

K_1——面积系数；

K_2——体积系数；

K_b——物质系数；
K_d——管径系数；
K_h——高程校正系数；
K_m——裕度系数；
M——二氧化碳设计用量；
M_c——二氧化碳储存量；
M_g——管道质量；
M_r——管道内的二氧化碳剩余量；
M_s——储存容器内的二氧化碳剩余量；
M_v——二氧化碳在管道中的蒸发量；
P_i——第 i 段管道内的平均压力；
P_j——节点压力；
P_t——围护结构的允许压强；
Q——管道的设计流量；
Q_i——单个喷头的设计流量；
Q_t——二氧化碳喷射率；
q_o——单位等效孔口面积的喷射率；
q_v——单位体积的喷射率；
T_1——二氧化碳喷射前管道的平均温度；
T_2——二氧化碳平均温度；
t——喷射时间；
t_d——延迟时间；
Y——压力系数；
Z——密度系数；
a——充装系数；
ρ_i——第 i 段管道内二氧化碳平均密度。

3 系统设计

3.1 一般规定

3.1.2 采用全淹没灭火系统的防护区，应符合下列规定：

3.1.2.1 对气体、液体、电气火灾和固体表面火灾，在喷放二氧化碳前不能自动关闭的开口，其面积不应大于防护区总内表面积的3%，且开口不应设在底面。

3.1.2.2 对固体深位火灾，除泄压口以外的开口，在喷放二氧化碳前应自动关闭。

3.1.2.3 防护区的围护结构及门、窗的耐火极限不应低于0.50h，吊顶的耐火极限不应低于0.25h；围护结构及门窗的允许压强不宜小于1200Pa。

3.1.2.4 防护区用的通风机和通风管道中的防火阀，在喷放二氧化碳前应自动关闭。

3.1.3 采用局部应用灭火系统的保护对象，应符合下列规定：

3.1.3.1 保护对象周围的空气流动速度不宜大于3m/s。必要时，应采取挡风措施。

3.1.3.2 在喷头与保护对象之间，喷头喷射角范围内不应有遮挡物。

3.1.3.3 当保护对象为可燃液体时，液面至容器缘口的距离不得小于150mm。

3.1.4 启动释放二氧化碳之前或同时，必须切断可燃、助燃气体的气源。

3.1.4A 组合分配系统的二氧化碳储存量，不应小于所需储存量最大的一个防护区或保护对象的储存量。

3.1.5 当组合分配系统保护5个及以上的防护区或保护对象时，或者在48h内不能恢复时，二氧化碳应有备用量，备用量不应小于系统设计的储存量。

对于高压系统和单独设置备用量储存容器的低压系统，备用量的储存容器应与系统管网相连，应能与主储存容器切换使用。

3.2 全淹没灭火系统

3.2.1 二氧化碳设计浓度不应小于灭火浓度的1.7倍，并不得低于34%。可燃物的二氧化碳设计浓度可按本规范附录A的规定采用。

3.2.2 当防护区内存有两种及两种以上可燃物时，防护区的二氧化碳设计浓度应采用可燃物中最大的二氧化碳设计浓度。

3.2.3 二氧化碳的设计用量应按下式计算：

$$M=K_b(K_1A+K_2V) \quad (3.2.3-1)$$
$$A=A_v+30A_o \quad (3.2.3-2)$$
$$V=V_v-V_g \quad (3.2.3-3)$$

式中：M——二氧化碳设计用量（kg）；
K_b——物质系数；
K_1——面积系数（kg/m²），取0.2kg/m²；
K_2——体积系数（kg/m³），取0.7kg/m³；
A——折算面积（m²）；
A_v——防护区的内侧面、底面、顶面（包括其中的开口）的总面积（m²）；
A_o——开口总面积（m²）；
V——防护区的净容积（m³）；
V_v——防护区容积（m³）；
V_g——防护区内不燃烧体和难燃烧体的总体积（m³）。

3.2.4 当防护区的环境温度超过100℃时，二氧化碳的设计用量应在本规范第3.2.3条计算值的基础上每超过5℃增加2%。

3.2.5 当防护区的环境温度低于-20℃时，二氧化碳的设计用量应在本规范第3.2.3条计算值的基础上每降低1℃增加2%。

3.2.6 防护区应设置泄压口，并宜设在外墙上，其高度应大于防护区净高的2/3。当防护区设有防爆泄压孔时，可不单独设置泄压口。

3.2.8 全淹没灭火系统二氧化碳的喷放时间不应大于1min。当扑救固体深位火灾时，喷放时间不应大于7min，并应在前2min内使二氧化碳的浓度达到30%。

3.2.9 二氧化碳扑救固体深位火灾的抑制时间应按本规范附录A的规定采用。

3.3 局部应用灭火系统

3.3.1 局部应用灭火系统的设计可采用面积法或体积法。当保护对象的着火部位是比较平直的表面时，宜采用面积法；当着火对象为不规则物体时，应采用体积法。

3.3.2 局部应用灭火系统的二氧化碳喷射时间不应小于0.5min。对于燃点温度低于沸点温度的液体和可熔化固体的火灾，二氧化碳的喷射时间不应小于1.5min。

3.3.3 当采用面积法设计时，应符合下列规定：

3.3.3.1 保护对象计算面积应取被保护表面整体的垂直投影面积。

3.3.3.2 架空型喷头应以喷头的出口至保护对象表面的距离确定设计流量和相应的正方形保护面积；槽边型喷头保护面积应由设计选定的喷头设计流量确定。

3.3.3.3 架空型喷头的布置宜垂直于保护对象的表面，其瞄准点应是喷头保护面积的中心。当确需非垂直布置时，喷头的安装角不应小于45°。其瞄准点应偏向喷头安装位置的一方（图3.3.3），喷头偏离保护面积中心的距离可按表3.3.3确定。

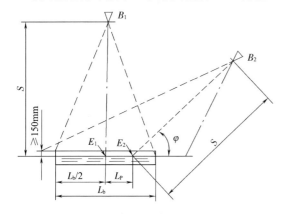

图 3.3.3 架空型喷头布置方法

B_1、B_2—喷头布置位置；E_1、E_2—喷头瞄准点；
S—喷头出口至瞄准点的距离（m）；L_b—单个喷头正方形保护面积的边长（m）；L_p—瞄准点偏离喷头保护面积中心的距离（m）；φ—喷头安装角（°）

表 3.3.3 喷头偏离保护面积中心的距离

喷头安装角	喷头偏离保护面积中心的距离（m）
45°～60°	$0.25L_b$
60°～75°	$0.25L_b$～$0.125L_b$
75°～90°	$0.125L_b$～0

注：L_b 为单个喷头正方形保护面积的边长。

3.3.3.4 喷头非垂直布置时的设计流量和保护面积应与垂直布置的相同。

3.3.3.5 喷头宜等距布置，以喷头正方形保护面积组合排列，并应完全覆盖保护对象。

3.3.3.6 二氧化碳的设计用量应按下式计算：

$$M = N \cdot Q_i \cdot t \quad (3.3.3)$$

式中 M——二氧化碳设计用量（kg）；
N——喷头数量；
Q_i——单个喷头的设计流量（kg/min）；
t——喷射时间（min）。

3.3.4 当采用体积法设计时，应符合下列规定：

3.3.4.1 保护对象的计算体积应采用假定的封闭罩的体积。封闭罩的底应是保护对象的实际底面；封闭罩的侧面及顶部当无实际围封结构时，它们至保护对象外缘的距离不应小于0.6m。

3.3.4.2 二氧化碳的单位体积的喷射率应按下式计算：

$$q_v = K_b \left(16 - \frac{12A_p}{A_t}\right) \quad (3.3.4-1)$$

式中 q_v——单位体积的喷射率[kg/(min·m³)]；
A_t——假定的封闭罩侧面围封面积（m²）；
A_p——在假定的封闭罩中存在的实体墙等实际围封面的面积（m²）。

3.3.4.3 二氧化碳设计用量应按下式计算：

$$M = V_1 \cdot q_v \cdot t \quad (3.3.4-2)$$

式中 V_1——保护对象的计算体积（m³）。

3.3.4.4 喷头的布置与数量应使喷射的二氧化碳分布均匀，并满足单位体积的喷射率和设计用量的要求。

4 管 网 计 算

4.0.1 二氧化碳灭火系统按灭火剂储存方式可分为高压系统和低压系统。管网起点计算压力（绝对压力）：高压系统应取5.17MPa，低压系统应取2.07MPa。

4.0.2 管网中干管的设计流量应按下式计算：

$$Q = M/t \quad (4.0.2)$$

式中 Q——管道的设计流量（kg/min）。

4.0.3 管网中支管的设计流量应按下式计算：

$$Q = \sum_1^{N_g} Q_i \quad (4.0.3)$$

式中 N_g——安装在计算支管流程下游的喷头数量；
Q_i——单个喷头的设计流量（kg/min）。

4.0.4 管段的计算长度应为管道的实际长度与管道附件当量长度之和。管道附件的当量长度应采用经国家相关检测机构认可的数据；当无相关认证数据时，可按本规范附录B采用。

4.0.6 管道内流程高度所引起的压力校正值，可按本规范附录E采用，并应计入该管段的终点压力。终点高度低于起点的取正值，终点高度高于起点的取负值。

4.0.7 喷头入口压力（绝对压力）计算值：高压系统不应小于1.4MPa；低压系统不应小于1.0MPa。

4.0.7A 低压系统获得均相流的延迟时间，对全淹灭火系统和局部应用灭火系统分别不应大于60s和30s。其延迟时间可按下式计算：

$$t_d = \frac{M_g C_p (T_1 - T_2)}{0.507 Q} + \frac{16850 V_d}{Q} \quad (4.0.7A)$$

式中 t_d——延迟时间（s）；
M_g——管道质量（kg）；
C_p——管道金属材料的比热[kJ/(kg·℃)]；钢管可取0.46kJ/(kg·℃)；
T_1——二氧化碳喷射前管道的平均温度（℃）；可取环境平均温度；
T_2——二氧化碳平均温度（℃）；取-20.6℃；
V_d——管道容积（m³）。

4.0.8 喷头等效孔口面积应按下式计算：

$$F = Q_i / q_0 \quad (4.0.8)$$

式中 F——喷头等效孔口面积（mm²）；
q_0——单位等效孔口面积的喷射率[kg/(min·mm²)]，按本规范附录F选取。

5 系统组件

5.1 储存装置

5.1.1 高压系统的储存装置应由储存容器、容器阀、单向阀、灭火剂泄漏检测装置和集流管等组成,并应符合下列规定:

5.1.1.1 储存容器的工作压力不应小于15MPa,储存容器或容器阀上应设泄压装置,其泄压动作压力应为19MPa±0.95MPa。

5.1.1.2 储存容器中二氧化碳的充装系数应按国家现行《气瓶安全监察规程》执行。

5.1.1.3 储存装置的环境温度应为0℃~49℃。

5.1.1A 低压系统的储存装置应由储存容器、容器阀、安全泄压装置、压力表、压力报警装置和制冷装置等组成,并应符合下列规定:

5.1.1A.1 储存容器的设计压力不应小于2.5MPa,并应采取良好的绝热措施。储存容器上至少应设置两套安全泄压装置,其泄压动作压力应为2.38MPa±0.12MPa。

5.1.1A.2 储存装置的高压报警压力设定值应为2.2MPa,低压报警压力设定值应为1.8MPa。

5.1.1A.3 储存容器中二氧化碳的装量系数应按国家现行《固定式压力容器安全技术监察规程》执行。

5.1.1A.4 容器阀应能在喷出要求的二氧化碳量后自动关闭。

5.1.1A.5 储存装置应远离热源,其位置应便于再充装,其环境温度宜为-23℃~49℃。

5.1.2 储存容器中充装的二氧化碳应符合现行国家标准《二氧化碳灭火剂》的规定。

5.1.4 储存装置应具有灭火剂泄漏检测功能,当储存容器中充装的二氧化碳损失量达到其初始充装量的10%时,应能发出声光报警信号并及时补充。

5.1.6 储存装置的布置应方便检查和维护,并应避免阳光直射。

5.1.7 储存装置宜设在专用的储存容器间内。局部应用灭火系统的储存装置可设置在固定的安全围栏内。专用的储存容器间的设置应符合下列规定:

5.1.7.1 应靠近防护区,出口应直接通向室外或疏散走道。

5.1.7.2 耐火等级不应低于二级。

5.1.7.3 室内应保持干燥和良好通风。

5.1.7.4 不具备自然通风条件的储存容器间,应设置机械排风装置,排风口距储存容器间地面高度不宜大于0.5m,排出口应直接通向室外,正常排风量宜按换气次数不小于4次/h确定,事故排风量应按换气次数不小于8次/h确定。

5.2 选择阀与喷头

5.2.1 在组合分配系统中,每个防护区或保护对象应设一个选择阀。选择阀应设置在储存容器间内,并应便于手动操作,方便检查维护。选择阀上应设有标明防护区的铭牌。

5.2.2 选择阀可采用电动、气动或机械操作方式。选择阀的工作压力:高压系统不应小于12MPa,低压系统不应小于2.5MPa。

5.2.3 系统在启动时,选择阀应在二氧化碳储存容器的容器阀动作之前或同时打开;采用灭火剂自身作为启动气源打开的选择阀,可不受此限。

5.2.3A 全淹没灭火系统的喷头布置应使防护区内二氧化碳分布均匀,喷头应接近天花板或屋顶安装。

5.2.4 设置在有粉尘或喷漆作业等场所的喷头,应增设不影响喷射效果的防尘罩。

5.3 管道及其附件

5.3.1 高压系统管道及其附件应能承受最高环境温度下二氧化碳的储存压力;低压系统管道及其附件应能承受4.0MPa的压力。并应符合下列规定:

5.3.1.1 管道应采用符合现行国家标准 GB 8163《输送流体用无缝钢管》的规定,并应进行内外表面镀锌防腐处理。管道规格可按附录J取值。

5.3.1.2 对镀锌层有腐蚀的环境,管道可采用不锈钢管、铜管或其他抗腐蚀的材料。

5.3.1.3 挠性连接的软管应能承受系统的工作压力和温度,并宜采用不锈钢软管。

5.3.1A 低压系统的管网中应采取防膨胀收缩措施。

5.3.1B 在可能产生爆炸的场所,管网应吊挂安装并采取防晃措施。

5.3.2A 二氧化碳灭火剂输送管网不应采用四通管件分流。

5.3.3 管网中阀门之间的封闭管段应设置泄压装置,其泄压动作压力:高压系统应为15MPa±0.75MPa,低压系统应为2.38MPa±0.12MPa。

6 控制与操作

6.0.1 二氧化碳灭火系统应设有自动控制、手动控制和机械应急操作三种启动方式;当局部应用灭火系统用于经常有人的保护场所时可不设自动控制。

6.0.2 当采用火灾探测器时,灭火系统的自动控制应在接收到两个独立的火灾信号后才能启动。根据人员疏散要求,宜延迟启动,但延迟时间不应大于30s。

6.0.3 手动操作装置应设在防护区外便于操作的地方,并应能在一处完成系统启动的全部操作。局部应用灭火系统手动操作装置应设在保护对象附近。

6.0.3A 对于采用全淹没灭火系统保护的防护区,应在其入口处设置手动、自动转换控制装置;有人工作时,应置于手动控制状态。

6.0.4 二氧化碳灭火系统的供电与自动控制应符合现行国家标准《火灾自动报警系统设计规范》的有关规定。当采用气动力源时,应保证系统操作与控制所需的压力和用气量。

6.0.5 低压系统制冷装置的供电应采用消防电源,制冷装置应采用自动控制,且应设手动操作装置。

6.0.5A 设有火灾自动报警系统的场所,二氧化碳灭火系统的动作信号及相关警报信号、工作状态和控制状态均应能在火灾报警控制器上显示。

7 安全要求

7.0.1 防护区内应设火灾声报警器，必要时，可增设光报警器。防护区的入口处应设置火灾声、光报警器。报警时间不宜小于灭火过程所需的时间，并应能手动切除警报信号。

7.0.2 防护区应有能在30s内使该区人员疏散完毕的走道与出口。在疏散走道与出口处，应设火灾事故照明和疏散指示标志。

7.0.3 防护区入口处应设灭火系统防护标志和二氧化碳喷放指示灯。

7.0.4 当系统管道设置在可燃气体、蒸气或有爆炸危险粉尘的场所时，应设防静电接地。

7.0.5 地下防护区和无窗或固定窗扇的地上防护区，应设机械排风装置。

7.0.6 防护区的门应向疏散方向开启，并能自动关闭；在任何情况下均应能从防护区内打开。

7.0.7 设置灭火系统的防护区的入口处明显位置应配备专用的空气呼吸器或氧气呼吸器。

附录 A 物质系数、设计浓度和抑制时间

附表 A 物质系数、设计浓度和抑制时间

可 燃 物	物质系数 K_b	设计浓度 C（%）	抑制时间（min）
丙酮	1.00	34	—
乙炔	2.57	66	—
航空燃料 115#/145#	1.06	36	—
粗苯（安息油、偏苏油）、苯	1.10	37	—
丁二烯	1.26	41	—
丁烷	1.00	34	—
丁烯-1	1.10	37	—
二硫化碳	3.03	72	—
一氧化碳	2.43	64	—
煤气或天然气	1.10	37	—
环丙烷	1.10	37	—
柴油	1.00	34	—
二甲醚	1.22	40	—
二苯与其氧化物的混合物	1.47	46	—
乙烷	1.22	40	—
乙醇（酒精）	1.34	43	—
乙醚	1.47	46	—
乙烯	1.60	49	—
二氯乙烯	1.00	34	—
环氧乙烷	1.80	53	—
汽油	1.00	34	—
己烷	1.03	35	—
正庚烷	1.03	35	—
氢	3.30	75	—
硫化氢	1.06	36	—
异丁烷	1.06	36	—
异丁烯	1.00	34	—
甲酸异丁酯	1.00	34	—

续附表 A

可 燃 物	物质系数 K_b	设计浓度 C（%）	抑制时间（min）
航空煤油 JP-4	1.06	36	—
煤油	1.00	34	—
甲烷	1.00	34	—
醋酸甲酯	1.03	35	—
甲醇	1.22	40	—
甲基丁烯-1	1.06	36	—
甲基乙基酮（丁酮）	1.22	40	—
甲酸甲酯	1.18	39	—
戊烷	1.03	35	—
正辛烷	1.03	35	—
丙烷	1.06	36	—
丙烯	1.06	36	—
淬火油（灭弧油）、润滑油	1.00	34	—
纤维材料	2.25	62	20
棉花	2.00	58	20
纸	2.25	62	20
塑料（颗粒）	2.00	58	20
聚苯乙烯	1.00	34	—
聚氨基甲酸甲酯（硬）	1.00	34	—
电缆间和电缆沟	1.50	47	10
数据储存间	2.25	62	20
电子计算机房	1.50	47	10
电器开关和配电室	1.20	40	10
带冷却系统的发电机	2.00	58	至停转止
油浸变压器	2.00	58	—
数据打印设备间	2.25	62	20
油漆间和干燥设备	1.20	40	—
纺织机	2.00	58	—

注：表A中未列出的可燃物，其灭火浓度应通过试验确定。

附录 B 管道附件的当量长度

附表 B 管道附件的当量长度

管道公称直径（mm）	螺 纹 连 接			焊 接		
	90°弯头（m）	三通的直通部分（m）	三通的侧通部分（m）	90°弯头（m）	三通的直通部分（m）	三通的侧通部分（m）
15	0.52	0.30	1.04	0.24	0.21	0.64
20	0.67	0.43	1.37	0.33	0.27	0.85
25	0.85	0.55	1.74	0.43	0.34	1.07
32	1.13	0.70	2.29	0.55	0.46	1.40
40	1.31	0.82	2.65	0.64	0.52	1.65
50	1.68	1.07	3.42	0.85	0.67	2.10
65	2.01	1.25	4.09	1.01	0.82	2.50
80	2.50	1.56	5.06	1.25	1.01	3.11
100	—	—	—	1.65	1.34	4.09
125	—	—	—	2.04	1.68	5.12
150	—	—	—	2.47	2.01	6.16

附录 C 管道压力降

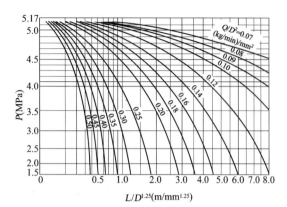

附图 C-1 高压系统管道压力降

注：管网起点计算压力取 5.17MPa，后段管道的起点压力取前段管道的终点压力。

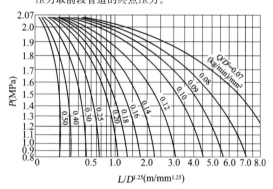

附图 C-2 低压系统管道压力降

注：管网起点计算压力取 2.07MPa，后段管道的起点压力取前段管道的终点压力。

附录 D 二氧化碳的 Y 值和 Z 值

附表 D-1 高压系统的 Y 值和 Z 值

压力（MPa）	Y（MPa·kg/m³）	Z
5.17	0	0
5.10	55.4	0.0035
5.05	97.2	0.0600
5.00	132.5	0.0825
4.75	303.7	0.210
4.50	461.6	0.330
4.25	612.9	0.427
4.00	725.6	0.570
3.75	828.3	0.700
3.50	927.7	0.830
3.25	1005.0	0.950
3.00	1082.3	1.086
2.75	1150.7	1.240

续附表 D-1

压力（MPa）	Y（MPa·kg/m³）	Z
2.50	1219.3	1.430
2.25	1250.2	1.620
2.00	1285.5	1.840
1.75	1318.7	2.140
1.40	1340.8	2.590

附表 D-2 低压系统的 Y 值和 Z 值

压力（MPa）	Y（MPa·kg/m³）	Z
2.07	0	0
2.0	66.5	0.12
1.9	150.0	0.295
1.8	220.1	0.470
1.7	279.0	0.645
1.6	328.5	0.820
1.5	369.6	0.994
1.4	404.5	1.169
1.3	433.8	1.344
1.2	458.4	1.519
1.1	478.9	1.693
1.0	496.2	1.868

附录 E 高程校正系数

附表 E-1 高压系统的高程校正系数

管道平均压力（MPa）	高程校正系数 K_h（MPa/m）
5.17	0.0080
4.83	0.0068
4.48	0.0058
4.14	0.0049
3.79	0.0040
3.45	0.0034
3.10	0.0028
2.76	0.0024
2.41	0.0019
2.07	0.0016
1.72	0.0012
1.40	0.0010

附表 E-2 低压系统的高程校正系数

管道平均压力（MPa）	高程校正系数 K_h（MPa/m）
2.07	0.010
1.93	0.0078
1.79	0.0060
1.65	0.0047
1.52	0.0038
1.38	0.0030
1.24	0.0024
1.10	0.0019
1.00	0.0016

附录 F 喷头入口压力与单位面积的喷射率

附表 F-1 高压系统单位等效孔口面积的喷射率

喷头入口压力（MPa）	喷射率 q_0（kg/min·mm²）
5.17	3.255
5.00	2.703
4.83	2.401
4.65	2.172
4.48	1.993
4.31	1.839
4.14	1.705
3.96	1.589
3.79	1.487
3.62	1.396
3.45	1.308
3.28	1.223
3.10	1.139
2.93	1.062
2.76	0.9843
2.59	0.9070
2.41	0.8296
2.24	0.7593
2.07	0.6890
1.72	0.5484
1.40	0.4833

附表 F-2 低压系统单位等效孔口面积的喷射率

喷头入口压力（MPa）	喷射率 q_0（kg/min·mm²）
2.07	2.967
2.00	2.039
1.93	1.670
1.86	1.441
1.79	1.283
1.72	1.164
1.65	1.072
1.59	0.9913
1.52	0.9175
1.45	0.8507
1.38	0.7910
1.31	0.7368
1.24	0.6869
1.17	0.6412
1.10	0.5990
1.00	0.5400

附录 H 喷头等效孔口尺寸

附表 H 喷头等效孔口尺寸

喷头规格代号 No	等效单孔直径 d（mm）	等效孔口面积 F（mm²）
1	0.79	0.49
1.5	1.19	1.11
2	1.59	1.98
2.5	1.98	3.09
3	2.38	4.45
3.5	2.78	6.06
4	3.18	7.94
4.5	3.57	10.00
5	3.97	12.39
5.5	4.37	14.97
6	4.76	17.81
6.5	5.16	20.90
7	5.56	24.26
7.5	5.95	27.81
8	6.35	31.68
8.5	6.75	35.74
9	7.14	40.06
9.5	7.54	44.65
10	7.94	49.48
11	8.73	59.87
12	9.53	71.29
13	10.32	83.61
14	11.11	96.97
15	11.91	111.29
16	12.70	126.71
18	14.29	160.32
20	15.88	197.94
22	17.46	239.48
24	19.05	285.03
32	25.40	506.45
48	38.40	1138.71
64	50.80	2025.80

注：喷头规格代号系表示具有0.98流量系数的等效单孔直径与0.79375mm的比。

附录 J 二氧化碳灭火系统管道规格

附表 J 二氧化碳灭火系统管道规格

公称直径		高压系统		低压系统	
		封闭段管道	开口端管道	封闭段管道	开口端管道
(mm)	(in)	外径×壁厚 (mm×mm)		外径×壁厚 (mm×mm)	
15	1/2	22×4	22×4	22×4	22×3
20	3/4	27×4	27×4	27×4	27×3
25	1	34×4.5	34×4.5	34×4.5	34×3.5
32	1¼	42×5	42×5	42×5	42×3.5
40	1½	48×5	48×5	48×5	48×3.5
50	2	60×5.5	60×5.5	60×5.5	60×4
65	2½	76×7	76×7	76×7	76×5
80	3	89×7.5	89×7.5	89×7.5	89×5.5
90	3½	102×8	102×8	102×8	102×6
100	4	114×8.5	114×8.5	114×8.5	114×6
125	5	140×9.5	140×9.5	140×9.5	140×6.5
150	6	168×11	168×11	168×11	168×7

28.《干粉灭火系统设计规范》GB 50347—2004

1 总　则

1.0.2 本规范适用于新建、扩建、改建工程中设置的干粉灭火系统的设计。

1.0.3 干粉灭火系统的设计，应积极采用新技术、新工艺、新设备，做到安全适用，技术先进，经济合理。

1.0.5 干粉灭火系统不得用于扑救下列物质的火灾：
  1 硝化纤维、炸药等无空气仍能迅速氧化的化学物质与强氧化剂。
  2 钾、钠、镁、钛、锆等活泼金属及其氢化物。

1.0.6 干粉灭火系统的设计，除应符合本规范的规定外，尚应符合国家现行的有关强制性标准的规定。

2 术语和符号

2.1 术　语

2.1.1 干粉灭火系统　powder extinguishing system
由干粉供应源通过输送管道连接到固定的喷嘴上，通过喷嘴喷放干粉的灭火系统。

2.1.2 全淹没灭火系统　total flooding extinguishing system
在规定的时间内，向防护区喷射一定浓度的干粉，并使其均匀地充满整个防护区的灭火系统。

2.1.3 局部应用灭火系统　local application extinguishing system
主要由一个适当的灭火剂供应源组成，它能将灭火剂直接喷放到着火物上或认为危险的区域。

2.1.4 防护区　protected area
满足全淹没灭火系统要求的有限封闭空间。

2.1.5 组合分配系统　combined distribution systems
用一套灭火剂贮存装置，保护两个及以上防护区或保护对象的灭火系统。

2.1.6 单元独立系统　unit independent system
用一套干粉储存装置保护一个防护区或保护对象的灭火系统。

2.1.7 预制灭火装置　prefabricated extinguishing equipment
按一定的应用条件，将灭火剂储存装置和喷嘴等部件预先组装起来的成套灭火装置。

2.1.8 均衡系统　balanced system
装有两个及以上喷嘴，且管网的每一个节点处灭火剂流量均被等分的灭火系统。

2.1.9 非均衡系统　unbalanced system
装有两个及以上喷嘴，且管网的一个或多个节点处灭火剂流量不等分的灭火系统。

2.1.10 干粉储存容器　powder storage container
储存干粉灭火剂的耐压不可燃容器，也称干粉储罐。

2.1.11 驱动气体　expellant gas
输送干粉灭火剂的气体，也称载气。

2.1.12 驱动气体储瓶　expellant gas storage cylinder
储存驱动气体的高压钢瓶。

2.1.13 驱动压力　expellant pressure
输送干粉灭火剂的驱动气体压力。

2.1.14 驱动气体系数　expellant gas factor
在干粉-驱动气体二相流中，气体与干粉的质量比，也称气固比。

2.1.15 增压时间　pressurization time
干粉储存容器中，从干粉受驱动至干粉储存容器开始释放的时间。

2.1.16 装量系数　loading factor
干粉储存容器中干粉的体积（按松密度计算值）与该容器容积之比。

2.2 符　号

2.2.1 几何参数符号

A_{oi}——不能自动关闭的防护区开口面积；
A_p——在假定封闭罩中存在的实体墙等实际围封面面积；
A_t——假定封闭罩的侧面围封面面积；
A_V——防护区的内侧面、底面、顶面（包括其中开口）的总内表面积；
A_X——泄压口面积；
d——管道内径；
F——喷头孔口面积；
L——管段计算长度；
L_J——管道附件的当量长度；
L_{max}——对称管段计算长度最大值；
L_{min}——对称管段计算长度最小值；
L_Y——管段几何长度；
N——喷头数量；
n——安装在计算管段下游的喷头数量；
N_P——驱动气体储瓶数量；
S——均衡系统的结构对称度；
V——防护区净容积；
V_0——驱动气体储瓶容积；
V_c——干粉储存容器容积；
V_D——整个管网系统的管道容积；
V_g——防护区内不燃烧体和难燃烧体的总体积；
V_1——保护对象的计算体积；
V_V——防护区容积；
V_z——不能切断的通风系统的附加体积；
γ——流体流向与水平面所成的角；
Δ——管道内壁绝对粗糙度；

κ——泄压口缩流系数。

2.2.2 物理参数符号

g——重力加速度;
K——干粉储存容器的装量系数;
K_1——灭火剂设计浓度;
K_{oi}——开口补偿系数;
m——干粉设计用量;
m_c——干粉储存量;
m_g——驱动气体设计用量;
m_{gc}——驱动气体储存量;
m_{gr}——管网内驱动气体残余量;
m_{gs}——干粉储存容器内驱动气体剩余量;
m_r——管网内干粉残余量;
m_s——干粉储存容器内干粉剩余量;
p_0——管网起点压力;
p_b——高程校正后管段首端压力;
p_b'——高程校正前管段首端压力;
p_c——非液化驱动气体充装压力;
p_e——管段末端压力;
p_P——管段中的平均压力;
p_X——防护区围护结构的允许压力;
Q——管道中的干粉输送速率;
Q_0——干管的干粉输送速率;
Q_b——支管的干粉输送速率;
Q_i——单个喷头的干粉输送速率;
Q_z——通风流量;
q_0——在一定压力下,单位孔口面积的干粉输送速率;
q_V——单位体积的喷射速率;
t——干粉喷射时间;
ν_H——气固二相流比容;
ν_X——泄放混合物比容;
α——液化驱动气体充装系数;
$\Delta p/L$——管段单位长度上的压力损失;
δ——相对误差;
λ_q——驱动气体摩擦阻力系数;
μ——驱动气体系数;
ρ_f——干粉灭火剂松密度;
ρ_H——干粉-驱动气体二相流密度;
ρ_Q——管道内驱动气体密度;
ρ_q——在p_X压力下驱动气体密度;
ρ_{q0}——常态下驱动气体密度。

3 系统设计

3.1 一般规定

3.1.1 干粉灭火系统按应用方式可分为全淹没灭火系统和局部应用灭火系统。扑救封闭空间内的火灾应采用全淹没灭火系统;扑救具体保护对象的火灾应采用局部应用灭火系统。

3.1.2 采用全淹没灭火系统的防护区,应符合下列规定:

1 喷放干粉时不能自动关闭的防护区开口,其总面积不应大于该防护区总内表面积的15%,且开口不应设在底面。

2 防护区的围护结构及门、窗的耐火极限不应小于0.50h,吊顶的耐火极限不应小于0.25h;围护结构及门、窗的允许压力不宜小于1200Pa。

3.1.3 采用局部应用灭火系统的保护对象,应符合下列规定:

1 保护对象周围的空气流动速度不应大于2m/s。必要时,应采取挡风措施。

2 在喷头和保护对象之间,喷头喷射角范围内不应有遮挡物。

3 当保护对象为可燃液体时,液面至容器缘口的距离不得小于150mm。

3.1.4 当防护区或保护对象有可燃气体,易燃、可燃液体供应源时,启动干粉灭火系统之前或同时,必须切断气体、液体的供应源。

3.1.5 可燃气体,易燃、可燃液体和可熔化固体火灾宜采用碳酸氢钠干粉灭火剂;可燃固体表面火灾应采用磷酸铵盐干粉灭火剂。

3.1.6 组合分配系统的灭火剂储存量不应小于所需储存量最多的一个防护区或保护对象的储存量。

3.1.7 组合分配系统保护的防护区与保护对象之和不得超过8个。当防护区与保护对象之和超过5个时,或者在喷放后48h内不能恢复到正常工作状态时,灭火剂应有备用量。备用量不应小于系统设计的储存量。

备用干粉储存容器应与系统管网相连,并能与主用干粉储存容器切换使用。

3.2 全淹没灭火系统

3.2.1 全淹没灭火系统的灭火剂设计浓度不得小于0.65kg/m³。

3.2.2 灭火剂设计用量应按下列公式计算:

$$m = K_1 \times V + \sum (K_{oi} \times A_{oi}) \quad (3.2.2\text{-}1)$$

$$V = V_V - V_g + V_z \quad (3.2.2\text{-}2)$$

$$V_z = Q_z \times t \quad (3.2.2\text{-}3)$$

$$K_{oi} = 0 \quad A_{oi} < 1\% A_V \quad (3.2.2\text{-}4)$$

$$K_{oi} = 2.5 \quad 1\% A_V \leqslant A_{oi} < 5\% A_V \quad (3.2.2\text{-}5)$$

$$K_{oi} = 5 \quad 5\% A_V \leqslant A_{oi} \leqslant 15\% A_V \quad (3.2.2\text{-}6)$$

式中 m——干粉设计用量(kg);
K_1——灭火剂设计浓度(kg/m³);
V——防护区净容积(m³);
K_{oi}——开口补偿系数(kg/m²);
A_{oi}——不能自动关闭的防护区开口面积(m²);
V_V——防护区容积(m³);
V_g——防护区内不燃烧体和难燃烧体的总体积(m³);
V_z——不能切断的通风系统的附加体积(m³);
Q_z——通风流量(m³/s);
t——干粉喷射时间(s);
A_V——防护区的内侧面、底面、顶面(包括其中开口)的总内表面积(m²)。

3.2.3 全淹没灭火系统的干粉喷射时间不应大于30s。

3.2.4 全淹没灭火系统喷头布置,应使防护区内灭火剂分布

3.2.5 防护区应设泄压口，并宜设在外墙上，其高度应大于防护区净高的2/3。泄压口的面积可按下列公式计算：

$$A_X = \frac{Q_0 \times \nu_H}{\kappa\sqrt{2p_X \times \nu_X}} \quad (3.2.5\text{-}1)$$

$$\nu_H = \frac{\rho_q + 2.5\mu \times \rho_f}{2.5\rho_f(1+\mu)\rho_q} \quad (3.2.5\text{-}2)$$

$$\rho_q = (10^{-5}p_X + 1)\rho_{q0} \quad (3.2.5\text{-}3)$$

$$\nu_X = \frac{2.5\rho_f \times \rho_{q0} + K_1(10^{-5}p_X+1)\rho_{q0} + 2.5K_1 \times \mu \times \rho_f}{2.5\rho_f(10^{-5}p_X+1)\rho_{q0}(1.205+K_1+K_1\times\mu)} \quad (3.2.5\text{-}4)$$

式中 A_X——泄压口面积（m²）；
Q_0——干管的干粉输送速率（kg/s）；
ν_H——气固二相流比容（m³/kg）；
κ——泄压口缩流系数；取 0.6；
p_X——防护区围护结构的允许压力（Pa）；
ν_X——泄放混合物比容（m³/kg）；
ρ_q——在 p_X 压力下驱动气体密度（kg/m³）；
μ——驱动气体系数；按产品样本取值；
ρ_f——干粉灭火剂松密度（kg/m³）；按产品样本取值；
ρ_{q0}——常态下驱动气体密度（kg/m³）。

3.3 局部应用灭火系统

3.3.1 局部应用灭火系统的设计可采用面积法或体积法。当保护对象的着火部位是平面时，宜采用面积法；当采用面积法不能做到使所有表面被完全覆盖时，应采用体积法。

3.3.2 室内局部应用灭火系统的干粉喷射时间不应小于 **30s**；室外或有复燃危险的室内局部应用灭火系统的干粉喷射时间不应小于 **60s**。

3.3.3 当采用面积法设计时，应符合下列规定：
  1 保护对象计算面积应取被保护表面的垂直投影面积。
  2 架空型喷头应以喷头的出口至保护对象表面的距离确定其干粉输送速率和相应保护面积；槽边型喷头保护面积应由设计选定的干粉输送速率确定。
  3 干粉设计用量应按下列公式计算：

$$m = N \times Q_t \times t \quad (3.3.3)$$

式中 N——喷头数量；
Q_t——单个喷头的干粉输送速率（kg/s）；按产品样本取值。

  4 喷头的布置应使喷射的干粉完全覆盖保护对象。

3.3.4 当采用体积法设计时，应符合下列规定：
  1 保护对象的计算体积应采用假定的封闭罩的体积。封闭罩的底应是实际底面；封闭罩的侧面及顶部当无实际围护结构时，它们至保护对象外缘的距离不应小于1.5m。
  2 干粉设计用量应按下列公式计算：

$$m = V_1 \times q_V \times t \quad (3.3.4\text{-}1)$$

$$q_V = 0.04 - 0.006 A_p/A_t \quad (3.3.4\text{-}2)$$

式中 V_1——保护对象的计算体积（m³）；
q_V——单位体积的喷射速率（kg/s/m³）；

A_p——在假定封闭罩中存在的实体墙等实际围封面面积（m²）；
A_t——假定封闭罩的侧面围封面面积（m²）。

  3 喷头的布置应使喷射的干粉完全覆盖保护对象，并应满足单位体积的喷射速率和设计用量的要求。

3.4 预制灭火装置

3.4.1 预制灭火装置应符合下列规定：
  1 灭火剂储存量不得大于150kg。
  2 管道长度不得大于20m。
  3 工作压力不得大于2.5MPa。

3.4.3 一个防护区或保护对象所用预制灭火装置最多不得超过 **4** 套，并应同时启动，其动作响应时间差不得大于 **2s**。

4 管 网 计 算

4.0.1 管网起点（干粉储存容器输出容器阀出口）压力不应大于 2.5MPa；管网最不利点喷头工作压力不应小于 0.1MPa。

4.0.2 管网中干管的干粉输送速率应按下列公式计算：

$$Q_0 = m/t \quad (4.0.2)$$

4.0.3 管网中支管的干粉输送速率应按下列公式计算：

$$Q_b = n \times Q_t \quad (4.0.3)$$

式中 Q_b——支管的干粉输送速率（kg/s）；
n——安装在计算管段下游的喷头数量。

4.0.5 管段的计算长度应按下列公式计算：

$$L = L_Y + \sum L_J \quad (4.0.5\text{-}1)$$

$$L_J = f(d) \quad (4.0.5\text{-}2)$$

式中 L——管段计算长度（m）；
L_Y——管段几何长度（m）；
L_J——管道附件的当量长度（m）；可按附录 A 表 A-2 取值。

4.0.6 管网宜设计成均衡系统，均衡系统的结构对称度应满足下列公式要求：

$$S = \frac{L_{\max} - L_{\min}}{L_{\min}} \leqslant 5\% \quad (4.0.6)$$

式中 S——均衡系统的结构对称度；
$L_{\max}$——对称管段计算长度最大值（m）；
$L_{\min}$——对称管段计算长度最小值（m）。

4.0.7 管网中各管段单位长度上的压力损失可按下列公式估算：

$$\Delta p/L = \frac{8 \times 10^9}{\rho_{q0}(10p_e+1)d} \times \left(\frac{\mu \times Q}{\pi \times d^2}\right)^2$$
$$\times \left\{\lambda_q + \frac{7 \times 10^{-12.5} g^{0.7} \times d^{3.5}}{\mu^{2.4}}\right.$$
$$\left. \times \left[\frac{\pi(10p_e+1)\rho_{q0}}{4Q}\right]^{1.4}\right\} \quad (4.0.7\text{-}1)$$

$$\lambda_q = \left(1.14 - 2\lg\frac{\Delta}{d}\right)^{-2} \quad (4.0.7\text{-}2)$$

式中 $\Delta p/L$——管段单位长度上的压力损失（MPa/m）；
p_e——管段末端压力（MPa）；
λ_q——驱动气体摩擦阻力系数；

g——重力加速度（m/s²）；取9.81；

Δ——管道内壁绝对粗糙度（mm）。

4.0.8 高程校正前管段首端压力可按下列公式估算：

$$p'_b = p_e + (\Delta p/L)_i \times L_i \qquad (4.0.8)$$

式中 p'_b——高程校正前管段首端压力（MPa）。

4.0.9 用管段中的平均压力代替公式4.0.7-1中的管段末端压力，再次求取新的高程校正前管段首端压力，两次计算结果应满足下列公式要求，否则应继续用新的管段平均压力代替公式4.0.7-1中的管段末端压力，再次演算，直至满足下列公式要求。

$$p_P = (p_e + p'_b)/2 \qquad (4.0.9-1)$$

$$\delta = |p'_b(i) - p'_b(i+1)|/\min\{p'_b(i), p'_b(i+1)\} \leq 1\% \qquad (4.0.9-2)$$

式中 p_P——管段中的平均压力（MPa）；

δ——相对误差；

i——计算次序。

4.0.11 喷头孔口面积应按下列公式计算：

$$F = Q_i/q_0 \qquad (4.0.11)$$

式中 F——喷头孔口面积（mm²）；

q_0——在一定压力下，单位孔口面积的干粉输送速率（kg/s/mm²）。

4.0.15 清扫管网内残存干粉所需清扫气体量，可按10倍管网内驱动气体残余量选取；瓶装清扫气体应单独储存；清扫工作应在48h内完成。

5 系统组件

5.1 储存装置

5.1.1 储存装置宜由干粉储存容器、容器阀、安全泄压装置、驱动气体储瓶、瓶头阀、集流管、减压阀、压力报警及控制装置等组成。并应符合下列规定：

1 干粉储存容器应符合国家现行标准《压力容器安全技术监察规程》的规定；驱动气体储瓶及其充装系数应符合国家现行标准《气瓶安全监察规程》的规定。

2 干粉储存容器设计压力可取1.6MPa或2.5MPa压力级；其干粉灭火剂的装量系数不应大于0.85；其增压时间不应大于30s。

3 安全泄压装置的动作压力及额定排放量应按现行国家标准《干粉灭火系统部件通用技术条件》GB 16668执行。

4 干粉储存容器应满足驱动气体系数、干粉储存量、输出容器阀出口干粉输送速率和压力的要求。

5.1.2 驱动气体应选用惰性气体，宜选用氮气；二氧化碳含水率不应大于0.015%（m/m），其他气体含水率不得大于0.006%（m/m）；驱动压力不得大于干粉储存容器的最高工作压力。

5.1.3 储存装置的布置应方便检查和维护，并宜避免阳光直射。其环境温度应为-20℃~50℃。

5.1.4 储存装置宜设在专用的储存装置间内。专用储存装置间的设置应符合下列规定：

1 应靠近防护区，出口应直接通向室外或疏散通道。

2 耐火等级不应低于二级。

3 宜保持干燥和良好通风，并应设应急照明。

5.2 选择阀和喷头

5.2.1 在组合分配系统中，每个防护区或保护对象应设一个选择阀。选择阀的位置宜靠近干粉储存容器，并便于手动操作，方便检查和维护。选择阀上应设有标明防护区的永久性铭牌。

5.2.2 选择阀应采用快开型阀门，其公称直径应与连接管道的公称直径相等。

5.2.3 选择阀可采用电动、气动或液动驱动方式，并应有机械应急操作方式。阀的公称压力不应小于干粉储存容器的设计压力。

5.2.4 系统启动时，选择阀应在输出容器阀动作之前打开。

5.2.5 喷头应有防止灰尘或异物堵塞喷孔的防护装置，防护装置在灭火剂喷放时应能被自动吹掉或打开。

5.2.6 喷头的单孔直径不得小于6mm。

5.3 管道及附件

5.3.1 管道及附件应能承受最高环境温度下工作压力，并应符合下列规定：

1 管道应采用无缝钢管，其质量应符合现行国家标准《输送流体用无缝钢管》GB/T 8163的规定；管道规格宜按附录A表A-1取值。管道及附件应进行内外表面防腐处理，并宜采用符合环保要求的防腐方式。

2 对防腐层有腐蚀的环境，管道及附件可采用不锈钢、铜管或其他耐腐蚀的不燃材料。

3 输送启动气体的管道，宜采用铜管，其质量应符合现行国家标准《拉制铜管》GB 1527的规定。

4 管网应留有吹扫口。

5 管道变径时应使用异径管。

6 干管转弯处不应紧接支管；管道转弯处应符合附录B的规定。

7 管道分支不应使用四通管件。

9 管道附件应通过国家法定检测机构的检验认可。

5.3.3 管网中阀门之间的封闭管段应设置泄压装置，其泄压动作压力取工作压力的（115±5）%。

5.3.4 在通向防护区或保护对象的灭火系统主管道上，应设置压力信号器或流量信号器。

5.3.5 管道应设置固定支、吊架，其间距可按附录A表A-3取值。可能产生爆炸的场所，管网宜吊挂安装并采取防晃措施。

6 控制与操作

6.0.1 干粉灭火系统应设有自动控制、手动控制和机械应急操作三种启动方式。当局部应用灭火系统用于经常有人的保护场所时可不设自动控制启动方式。

6.0.2 设有火灾自动报警系统时，灭火系统的自动控制应在收到两个独立火灾探测信号后才能启动，并应延迟喷放，延迟时间不应大于30s，且不得小于干粉储存容器的增压时间。

6.0.3 全淹没灭火系统的手动启动装置应设置在防护区外邻近出口或疏散通道便于操作的地方；局部应用灭火系统的手动启动装置应设在保护对象附近的安全位置。手动启动装置的安装高度宜使其中心位置距地面1.5m。所有手动启动装置都应明显地标示出其对应的防护区或保护对象的名称。

6.0.4 在紧靠手动启动装置的部位应设置手动紧急停止装置，其安装高度应与手动启动装置相同。手动紧急停止装置应确保灭火系统能在启动后和喷放灭火剂前的延迟阶段中止。在使用手动紧急停止装置后，应保证手动启动装置可以再次启动。

6.0.5 干粉灭火系统的电源与自动控制应符合现行国家标准《火灾自动报警系统设计规范》GB 50116 的有关规定。当采用气动动力源时，应保证系统操作与控制所需要的气体压力和用气量。

7 安全要求

7.0.1 防护区内及入口处应设火灾声光警报器，防护区入口处应设置干粉灭火剂喷放指示门灯及干粉灭火系统永久性标志牌。

7.0.2 防护区的走道和出口，必须保证人员能在30s内安全疏散。

7.0.3 防护区的门应向疏散方向开启，并应能自动关闭，在任何情况下均应能在防护区内打开。

7.0.4 防护区入口处应装设自动、手动转换开关。转换开关安装高度宜使中心位置距地面1.5m。

7.0.5 地下防护区和无窗或设固定窗扇的地上防护区，应设置独立的机械排风装置，排风口应通向室外。

7.0.6 局部应用灭火系统，应设置火灾声光警报器。

7.0.7 当系统管道设置在有爆炸危险的场所时，管网等金属件应设防静电接地，防静电接地设计应符合国家现行有关标准规定。

附录 A 管道规格及支、吊架间距

表 A-1 干粉灭火系统管道规格

公称直径			封闭段管道	开口端管道	
DN (mm)	G (in)	d (mm)	外径×壁厚 (mm×mm)	外径×壁厚 (mm×mm)	d (mm)
15	1/2	14	D22×4	D22×3	16
20	3/4	19	D27×4	D27×3	21
25	1	25	D34×4.5	D34×3.5	27
32	1¼	32	D42×5	D42×3.5	35
40	1½	38	D48×5	D48×3.5	41
50	2	49	D60×5.5	D60×4	52
65	2½	69	D76×7	D76×5	66
80	3	74	D89×7.5	D89×5.5	78
100	4	97	D114×8.5	D114×6	102

表 A-2 管道附件当量长度（m）（参考值）

DN (mm)	15	20	25	32	40	50	65	80	100
弯头	7.1	5.3	4.2	3.2	2.8	2.2	1.7	1.4	1.1
三通	21.4	16.0	12.5	9.7	8.3	6.5	5.1	4.3	3.3

表 A-3 管道支、吊架最大间距

公称直径 (mm)	15	20	25	32	40	50	65	80	100
最大间距 (m)	1.5	1.8	2.1	2.4	2.7	3.0	3.4	3.7	4.3

附录 B 管网分支结构

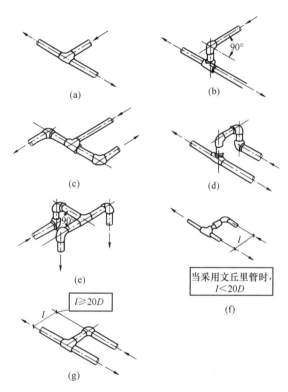

图 B 管网分支结构图

29.《卤代烷1301灭火系统设计规范》GB 50163—92

第一章 总 则

第1.0.2条 卤代烷1301灭火系统的设计应遵循国家基本建设的有关方针政策,针对保护对象的特点,做到安全可靠、技术先进、经济合理。

第1.0.3条 本规范适用于工业和民用建筑中设置的卤代烷1301全淹没灭火系统。

第1.0.5条 卤代烷1301灭火系统不得用于扑救含有下列物质的火灾:

一、硝化纤维、炸药、氧化氮、氟等无空气仍能迅速氧化的化学物质与强氧化剂;

二、钾、钠、镁、钛、锆、铀、钚、氢化钾、氢化钠等活泼金属及其氢化物;

三、某些过氧化物、联氨等能自行分解的化学物质;

四、磷等易自燃的物质。

第1.0.6条 国家有关建筑设计防火规范中凡规定应设置卤代烷或二氧化碳灭火系统的场所,当经常有人工作时,宜设卤代烷1301灭火系统。

第1.0.7条 在卤代烷1301灭火系统设计中,应选用符合国家标准要求的材料和设备。

第1.0.8条 卤代烷1301灭火系统的设计,除执行本规范的规定外,尚应符合现行的国家有关标准、规范的要求。

第二章 防护区

第2.0.1条 防护区的划分,应符合下列规定:

一、防护区应以固定的封闭空间划分;

二、当采用管网灭火系统时,一个防护区的面积不宜大于$500m^2$,容积不宜大于$2000m^3$;

三、当采用预制灭火装置时,一个防护区的面积不宜大于$100m^2$,容积不宜大于$300m^3$。

第2.0.2条 防护区的隔墙和门的耐火极限均不应低于0.50h;吊顶的耐火极限不应低于0.25h。

第2.0.4条 防护区的围护构件上不宜设置敞开孔洞。当必须设置敞开孔洞时,应设置能手动和自动的关闭装置。

第2.0.5条 完全密闭的防护区应设泄压口。泄压口宜设在外墙上,其底部距室内地面高度不应小于室内净高的2/3。

对设有防爆泄压设施或门窗缝隙未设密封条的防护区,可不设泄压口。

第2.0.6条 泄压口的面积,应按下式计算:

$$S = \frac{0.0262 \cdot \mu_1 \cdot \bar{Q}_M}{\sqrt{\mu_m \cdot P_B}} \quad (2.0.6)$$

式中 S——泄压口面积(m^2);

μ_1——卤代烷1301蒸气比容,取$0.15915 m^3/kg$;

μ_m——在101.3kPa和20℃时,防护区内含有卤代烷1301的混合气体比容(m^3/kg),应按本规范附录二的规定计算;

$\bar{Q}_M$——一个防护区内全部喷嘴的平均设计流量之和(以重量计,下同,kg/s);

P_B——防护区的围护构件的允许压强(kPa),取其中的最小值。

第三章 卤代烷1301用量计算

第一节 卤代烷1301设计用量与备用量

第3.1.1条 卤代烷1301的设计用量,应包括设计灭火用量或设计惰化用量、剩余量。

第3.1.2条 组合分配系统卤代烷1301的设计用量,应按该组合中需卤代烷1301量最多的一个防护区的设计用量计算。

第3.1.3条 用于重点防护对象防护区的卤代烷1301灭火系统与超过八个防护区的一个组合分配系统,应设备用量。备用量不应小于设计用量。

注:重点防护对象系指中央及省级电视发射塔微波室,超过100万人口城市的通讯机房,大型电子计算机房或贵重设备室,省级或藏书超过200万册的图书馆的珍藏室,中央及省级的重要文物、资料、档案库。

第二节 设计灭火用量与设计惰化用量

第3.2.1条 设计灭火用量或设计惰化用量应按下式计算:

$$M_d = \frac{\varphi}{(100-\varphi)} \cdot \frac{V}{\mu_{\min}} \quad (3.2.1)$$

式中 M_d——设计灭火用量或设计惰化用量(kg);

φ——卤代烷1301的设计灭火浓度或设计惰化浓度(%);

V——防护区的净容积(m^3);

$\mu_{\min}$——防护区最低环境温度下卤代烷1301蒸气比容(m^3/kg),应按本规范附录二的规定计算。

第3.2.2条 生产、使用或贮存可燃气体和甲、乙、丙类液体的防护区,卤代烷1301的设计灭火浓度与设计惰化浓度,应符合下列规定:

一、有爆炸危险的防护区应采用设计惰化浓度;无爆炸危险的防护区可采用设计灭火浓度。

二、设计灭火浓度或设计惰化浓度不应小于最小灭火浓度或惰化浓度的1.2倍,并不应小于5.0%。

三、几种可燃物共存或混合时,卤代烷1301的设计灭火浓度或设计惰化浓度应按其最大者确定。

四、有关可燃气体和甲、乙、丙类液体防护区的卤代烷1301设计灭火浓度和设计惰化浓度可按表3.2.2确定。表中未给出的,应经试验确定。

表 3.2.2 可燃气体和甲、乙、丙类液体防护区的卤代烷 1301 设计灭火浓度和设计惰化浓度

物质名称	设计灭火浓度(%)	设计惰化浓度(%)
丙酮	5.0	7.6
苯	5.0	5.0
乙醇	5.0	11.1
乙烯	8.2	13.2
正己酮	5.0	
正庚烷	5.0	6.9
甲烷	5.0	7.7
甲醇	9.4	
硝基甲烷	7.6	
丙烷	5.0	6.7
异丙醇	5.0	
甲苯	5.0	
混合二甲苯	5.0	
氢		31.4

第 3.2.5 条 卤代烷 1301 的浸渍时间，应符合下列规定：

一、固体火灾时，不应小于 10min；

二、可燃气体火灾和甲、乙、丙类液体火灾时，必须大于 1min。

第三节 剩 余 量

第 3.3.1 条 卤代烷 1301 的剩余量，应包括贮存容器内的剩余量和管网内的剩余量。

第四章 管网设计计算

第一节 一 般 规 定

第 4.1.2 条 贮压式系统卤代烷 1301 的贮存压力的选取，应符合下列规定：

一、贮存压力等级应通过管网流体计算确定。

第 4.1.3 条 贮压式系统贮存容器内的卤代烷 1301，应采用氮气增压，氮气的含水量不应大于 0.005% 的体积比。

第 4.1.5 条 卤代烷 1301 的喷射时间，应符合下列规定：

一、气体和液体火灾的防护区，不应大于 10s。

第 4.1.6 条 管网计算应根据中期容器压力和该压力下的瞬时流量进行。该瞬时流量可采用平均设计流量。管网流体计算应符合下列规定：

一、喷嘴的设计压力不应小于中期容器压力的 50%；

二、管网内灭火剂百分比不应大于 80%。

第 4.1.7 条 管网宜均衡布置。均衡管网应符合下列规定：

一、从贮存容器到每个喷嘴的管道长度与管道当量长度应分别大于最长管道长度与管道当量长度的 90%；

二、每个喷嘴的平均设计流量均应相等。

第 4.1.8 条 管网不应采用四通管件分流。当采用三通管件分流时，其分流出口应水平布置。三通出口支管的设计分流流量，宜符合下述规定：

一、当采用分流三通分流方式（图 4.1.8-1）时，其任一分流支管的设计分流流量不应大于进口总流量的 60%；

二、当采用直流三通分流方式（图 4.1.8-2）时，其直流支管的设计分流流量不应小于进口总流量的 60%。

当各支管的设计分流流量不符合上述规定时，应对分流

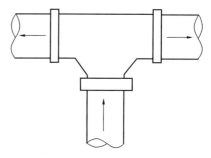

图 4.1.8-1 分流三通分流方式示意图

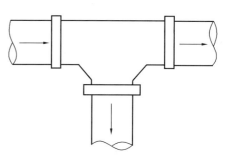

图 4.1.8-2 直流三通分流方式示意图

流量进行校正。

第二节 管网流体计算

第 4.2.1 条 管网中各管段的管径和喷嘴的孔口面积，应根据每个喷嘴所需喷出的卤代烷 1301 量和喷射时间，并经计算后选定。

第 4.2.2 条 管道内气、液两相流体应保持紊流状态，初选管径可按 4.2.2-1 式计算，经计算后选定的最大管径，应符合 4.2.2-2 式的要求：

$$D = 15\sqrt{\bar{q}_m} \quad (4.2.2\text{-}1)$$
$$D_{max} \leqslant 21.5\bar{q}_m^{0.475} \quad (4.2.2\text{-}2)$$

式中 D——管道内径（mm）；

$\bar{q}_m$——管道内卤代烷 1301 平均设计流量（kg/s）；

D_{max}——保持紊流状态的最大管径（mm）。

第 4.2.3 条 单个喷嘴的平均设计流量，应按下式计算：

$$\bar{q}_{sm} = \frac{M_{sd}}{t_d} \quad (4.2.3)$$

式中 $\bar{q}_{sm}$——单个喷嘴的平均设计流量（kg/s）；

M_{sd}——单个喷嘴所需喷出的卤代烷 1301（kg）；

t_d——灭火剂喷射时间（s）。

第 4.2.4 条 单个喷嘴孔口面积应按下式计算选定：

$$A_s = \frac{\bar{q}_{sm}}{R} \quad (4.2.4)$$

式中 A_s——单个喷嘴孔口面积（m²）；

R——喷嘴设计压力下的实际比流量（kg/s·m²）。

第 4.2.5 条 喷嘴的设计压力，应按下式计算：

$$P_n = P_c - P_1 - P_h \quad (4.2.5)$$

式中 P_n——喷嘴的设计压力（kPa，表压）；

P_c——中期容器压力（kPa，表压）

P_1——管道沿程压力损失和局部压力损失之和（kPa）；

P_h——高程压差（kPa）。

第4.2.6条 管网内灭火剂百分比应按下式计算：

$$C_e = \frac{\sum_{i=1}^{n} V_{pi} \bar{\rho}_{pi}}{M_0} \times 100\% \quad (4.2.6)$$

式中 C_e——管网内灭火剂百分比（%）；
V_{pi}——管段的内容积（m³）；
$\bar{\rho}_{pi}$——管段内卤代烷1301的平均密度（kg/m³），按本规范第4.2.13条确定；
M_0——卤代烷1301的设计用量（kg）。

第4.2.8条 按本规范第4.2.7条估算的管网内灭火剂百分比，应按本规范第4.2.6进行核算。核算与估算结果的差值或前后两次核算结果的差值，应在±3%的范围内。

第4.2.9条 卤代烷1301的中期容器压力应根据下式计算确定：

$$P_c = K_1 - K_2 C_e + K_3 C_e^2 \quad (4.2.9)$$

式中 P_c——中期容器压力（MPa，表压）；
K_1、K_2、K_3——系数，取表4.2.9中的数。

表4.2.9 K_1、K_2、K_3 数值表

贮存压力(MPa，表压)	充装密度(kg/m³)	K_1	K_2	K_3
4.20	600	3.505	1.3313	0.2656
4.20	800	3.250	1.5125	0.2815
4.20	1000	3.010	1.6563	0.3281
4.20	1200	2.765	1.7125	0.3438
2.50	600	2.205	0.6375	−0.1250
2.50	800	2.115	0.7438	−0.1094
2.50	1000	2.010	0.8438	−0.0781
2.50	1200	1.920	0.9313	−0.0781

第4.2.11条 管道内卤代烷1301的平均设计流量与压力系数Y、密度系数Z的关系，应按4.2.11-1式确定。

管道内任一点的压力系数Y、密度系数Z与该点的压力、卤代烷1301密度的关系，应按4.2.11-2和4.2.11-3式确定。也可按本规范附录三确定。

$$\bar{q}_m^2 = \frac{2.424 \times 10^{-8} D^{5.25} Y}{L + 0.0432 D^{1.25} Z} \quad (4.2.11-1)$$

$$Y = -\int_{\bar{P}_s}^{P} \rho \, dp \quad (4.2.11-2)$$

$$Z = -\ln \frac{\rho_s}{\rho} \quad (4.2.11-3)$$

式中 L——从贮存容器到计算点的管道计算长度（m）；
Y——压力系数（MPa·kg/m³）；
Z——密度系数；
$\bar{P}_s$——容器平均压力（MPa）；
p——管道内任一点的压力（MPa）；
ρ_s——压力为$\bar{P}_s$处的卤代烷1301密度（kg/m³）；
ρ——压力为p处的卤代烷1301密度（kg/m³）。

第4.2.12条 任一管段末端的压力系数，应按下式计算。

$$Y_2 = Y_1 + \frac{l q_{pm}^2}{K_i} + K_t q_{pm}^2 (Z_2 - Z_1) \quad (4.2.12)$$

式中 q_{pm}^2——管段内卤代烷1301的平均设计流量（kg/s）；
l——管段的长度（m）；
Y_1——管段始端的Y系数（MPa·kg/m³）；
Y_2——管段末端的Y系数（MPa·kg/m³）；
Z_1——管段始端的Z系数；
Z_2——管段末端的Z系数；
K_i——系数，对于钢管：$K_i = 2.424 \times 10^{-8} D^{5.25}$；
K_t——系数，对于钢管：$K_t = \dfrac{1.782 \times 10^6}{D^4}$。

第4.2.13条 管网内卤代烷1301的密度，应根据表4.2.13确定。

表4.2.13 管道内卤代烷1301的密度

密度(kg/m³) 管道内压力(MPa，表压)	2.50MPa 系统				4.20MPa 系统			
充装密度(kg/m³)	600	800	1000	1200	600	800	1000	1200
0.60					125	135	145	155
0.65					145	160	170	180
0.70					165	180	190	200
0.75	220	230	240	255	185	200	210	220
0.80	250	260	270	280	210	230	240	250
0.85	275	295	305	320	230	250	260	280
0.90	310	330	340	350	255	275	290	305
0.95	345	360	380	395	275	300	310	330
1.00	380	400	420	440	300	325	340	360
1.05	420	445	460	485	325	350	365	390
1.10	460	490	510	535	350	375	395	420
1.15	510	535	560	590	375	400	425	450
1.20	550	580	610	640	400	430	460	490
1.25	600	635	665	700	425	455	490	520
1.30	645	685	725	765	450	485	520	550
1.35	695	735	775	825	475	510	550	590
1.40	745	795	835	885	500	540	580	620
1.45	795	845	895	900	530	570	615	660
1.50	845	900	955	1015	555	600	645	695
1.55	895	955	1020	1085	580	625	675	730
1.60	950	1015	1085	1150	610	660	710	770
1.65	1005	1075	1150	1220	640	690	750	815
1.70	1060	1135	1215	1290	665	720	780	850
1.75	1115	1195	1275	1350	695	755	820	895
1.80	1165	1250	1335	1400	720	780	850	930
1.85	1220	1305	1390	1470	750	820	890	975
1.90	1265	1355	1445	1525	780	840	920	1005
1.95	1310	1405	1500		810	875	955	1040
2.00	1355	1455			840	900	985	1075
2.05	1400	1500			875	940	1030	1115
2.10	1445	1545			895	960	1055	1145
2.15	1485				925	990	1085	1175
2.20	1530				955	1020	1120	1210
2.25					990	1050	1150	1245
2.30					1010	1070	1180	1270
2.35					1040	1100	1210	1300
2.40					1070	1130	1240	1330

续表 4.2.13

密度 (kg/m³) \ 充装密度 (kg/m³) \ 管道内压力(MPa，表压)	2.5MPa 系统				4.20MPa 系统			
	600	800	1000	1200	600	800	1000	1200
2.45					1095	1160	1270	1365
2.50					1115	1180	1295	1390
2.55					1140	1210	1325	1420
2.60					1160	1230	1355	1450
2.65					1190	1260	1375	1480
2.70					1210	1285	1405	1505
2.75					1235	1315	1435	1535
2.80					1250	1335	1455	
2.85					1280	1360	1475	
2.90					1290	1380	1495	
2.95					1315	1400	1515	
3.00					1330	1425	1580	
3.05					1350	1445		
3.10					1365	1465		
3.15					1385	1485		
3.20					1405	1500		
3.25					1425	1520		
3.30					1445	1540		
3.35					1465			
3.40					1480			
3.45					1495			
3.50					1515			
3.55					1535			
3.60					1550			

第 4.2.15 条 高程的压差，应按下式计算：

$$P_h = 10^{-3} \rho_b \cdot \Delta H \cdot g_n \quad (4.2.15)$$

式中 ρ_b——管段高程变化始端处卤代烷 1301 的密度（kg/m³）；

ΔH——高程变化值（m），向上取正值，向下取负值。

第五章 系统组件

第一节 贮存装置

第 5.1.1 条 管网灭火系统的贮存装置，应由贮存容器、容器阀、单向阀和集流管等组成。

预制灭火装置的贮存装置，应由贮存容器、容器阀组成。

第 5.1.2 条 在贮存容器上或容器阀上，应设泄压装置和压力表。

组合分配系统的集流管，应设泄压装置。泄压装置的动作压力，应符合下列规定：

一、贮存压力为 2.50MPa 时，应为 6.8±0.34MPa；

二、贮存压力为 4.20MPa 时，应为 8.8±0.44MPa。

第 5.1.3 条 在容器阀与集流管之间的管道上应设单向阀。单向阀与容器阀或单向阀与集流管之间应采用软管连接。贮存容器和集流管应采用支架固定。

第 5.1.4 条 在贮存装置上应设耐久的固定标牌，标明每个贮存容器的编号、皮重、容积、灭火剂的名称、充装量、充装日期和贮存压力等。

第 5.1.5 条 保护同一防护区的贮存容器，其规格尺寸、充装量和贮存压力，均应相同。

第 5.1.6 条 贮存装置应布置在不易受机械、化学损伤的场所内，其环境温度宜为 -20℃～55℃。

管网灭火系统的贮存装置，宜设在靠近防护区的专用贮瓶间内。该房间的耐火等级不应低于二级，并应有直接通向室外或疏散走道的出口。

第 5.1.7 条 贮存装置的布置，应便于操作和维修。操作面距墙面或相对操作面之间的距离，不宜小于 1m。

第二节 选择阀和喷嘴

第 5.2.1 条 在组合分配系统中，应设置与每个防护区相对应的选择阀，其公称直径与主管道的公称直径相等。

选择阀的位置应靠近贮存容器且便于操作。选择阀应设有标明防护区的耐久性固定标牌。

第 5.2.2 条 喷嘴的布置，应满足卤代烷 1301 均匀分布的要求。

设置在有粉尘的防护区内的喷嘴，应增设喷射能自行脱落的防尘罩。

喷嘴应有表示其型号、规格的永久性标志。

第三节 管道及其附件

第 5.3.1 条 管道及其附件应能承受最高环境温度下的工作压力，并应符合下列规定：

一、输送卤代烷 1301 的管道，应采用无缝钢管，其质量应符合现行国家标准《冷拔或冷轧精密无缝钢管》和《无缝钢管》等的规定。无缝钢管内外应镀锌。

二、贮存压力为 2.50MPa 的系统，当输送卤代烷 1301 的管道的公称直径不大于 50mm 时，可采用低压流体输送用镀锌焊接钢管中的加厚管，其质量应符合现行国家标准《低压流体输送用镀锌焊接钢管》的规定。

三、在有腐蚀镀锌层的气体、蒸气场所内，输送卤代烷 1301 的管道应采用不锈钢管或铜管，其质量应符合现行国家标准《不锈钢无缝钢管》《拉制铜管》《拉制铜管》《拉制黄铜管》或《挤制黄铜管》的规定。

四、输送启动气体的管道，宜采用铜管，其质量应符合现行国家标准的规定。

第 5.3.3 条 钢制管道附件应内外镀锌。在有腐蚀镀锌层介质的场所，应采用铜合金或不锈钢的管道附件。

第 5.3.4 条 在通向每个防护区的主管道上，应设压力讯号装置或流量讯号装置。

第六章 操作和控制

第 6.0.1 条 管网灭火系统应设有自动控制、手动控制和机械应急操作三种启动方式。

在防护区内的预制灭火装置应有自动控制和手动控制二种启动方式。

第 6.0.2 条 自动控制装置应在接到两个独立的火灾信号后才能启动；手动控制装置应设在防护区外便于操作的地方；机械应急操作装置应设在钢瓶间内或防护区外便于操作的地方。机械应急操作应能在一个地点完成施放卤代烷 1301 的全部动作。

手动操作点均应设明显的永久性标志。

第 6.0.3 条 卤代烷 1301 灭火系统的操作和控制，应包括与该系统联动的开口自动关闭装置、通风机械和防火阀等设备的操作和控制。

第 6.0.4 条 卤代烷 1301 灭火系统的供电，应符合现行国家防火标准的规定。采用气动动力源时，应保证系统操作和控制所需要的压力和用气量。

第 6.0.5 条 卤代烷 1301 灭火系统的防护区内，应按现行国家标准《火灾自动报警系统设计规范》的规定设置火灾自动报警系统。

第 6.0.6 条 备用贮存容器与主贮存容器，应联接于同一集流管上，并应设置能切换使用的装置。

第七章 安　全　要　求

第 7.0.1 条 防护区应设有疏散通道与出口，并宜使人员在 30s 内撤出防护区。

第 7.0.2 条 经常有人工作的防护区，当人员不能在 1min 内撤出时，施放的卤代烷 1301 的最大浓度不应大于 10%。

第 7.0.3 条 防护区内卤代烷 1301 的最大浓度，应按下式计算：

$$\varphi_{max} = \frac{M_{ec} \cdot \mu_{max}}{V_{min}} \times 100\% \tag{7.0.3}$$

式中　φ_{max}——防护区内卤代烷 1301 灭火剂的最大浓度（%）；
　　　M_{ec}——设计灭火用量或设计惰化用量（kg）；
　　　μ_{max}——防护区内最高环境温度下卤代烷 1301 蒸气比容（m^3/kg），应按本规范附录二的规定计算；
　　　V_{min}——防护区的最小净容积（m^3）。

第 7.0.4 条 防护区内的疏散通道与出口，应设置应急照明装置和疏散灯光指示标志。防护区内应设置火灾和灭火剂施放的声报警器，并在每个入口处设置光报警器和采用卤代烷 1301 灭火系统的防护标志。

第 7.0.5 条 设置在经常有人的防护区内的预制灭火装置，应有切断自动控制系统的手动装置。

第 7.0.6 条 防护区的门应向外开启并能自行关闭，疏散出口的门必须能从防护区内打开。

第 7.0.7 条 灭火后的防护区应通风换气，地下防护区和无窗扇固定窗扇的地上防护区，应设置机械排风装置，排风口直设在防护区的下部并应直通室外。

第 7.0.8 条 地下贮瓶间应设机械排风装置，排风口应直通室外。

第 7.0.9 条 卤代烷 1301 灭火系统的组件与带电部件之间的最小间距，应符合表 7.0.9 的规定。

表 7.0.9　系统组件与带电部件之间的最小间距

标称线路电压（kV）	最小间距（m）
≤10	0.18
35	0.34
110	0.94
220	1.90
330	2.90
500	3.60

注：海拔高度高于 1000m 的防护区，高度每增加 100m，表中的最小间距应增加 1%。

第 7.0.10 条 设置在有爆炸危险场所内的管网系统，应设防静电接地装置。

附录一　名　词　解　释

附表 1.1　名词解释

名词	说明
卤代烷 1301	三氟一溴甲烷，化学分子式为 CF_3Br。1301 依次代表化合物分子中所含碳、氟、氯、溴原子的数目
防护区	能满足卤代烷全淹没灭火系统要求的一个有限空间
全淹没灭火系统	在规定时间内，向防护区喷入一定浓度的灭火剂，并使其均匀地充满整个防护区的灭火系统
预制灭火装置	即无管网灭火装置。按一定的应用条件，将灭火剂贮存装置和喷嘴等部件预先组装起来的成套灭火装置
组合分配系统	指用一套灭火剂贮存装置，通过选择阀等控制组件来保护多个防护区的灭火系统
灭火浓度	在 101.3kPa 压力和规定的温度条件下，扑灭某种可燃物质火灾所需灭火剂与该灭火剂和空气混合气体的体积百分比
惰化浓度	在 101.3kPa 压力和规定的温度条件下，不管可燃气体和蒸气与空气处在何种配比下，均能抑制燃烧或爆炸所需灭火剂与该灭火剂和空气混合气体的体积百分比
灭火剂浸渍时间	防护区内的被保护物全部浸没在保持灭火剂灭火浓度或惰化浓度的混合气体中的时间
分界面	通过开口进入防护区的空气和防护区内含有灭火剂的混合气体之间所形成的界面
充装密度	贮存容器内灭火剂的重量与容器容积之比，单位为 kg/m^3
中期容器压力	从喷嘴喷出卤代烷 1301 设计用量的 50% 时，贮存容器内的压力
灭火剂喷射时间	从全部喷嘴开始喷射以液态为主的灭火剂到其中任何一个喷嘴开始喷射气体的时间
管网内灭火剂百分比	按从喷嘴喷出卤代烷 1301 设计用量的 50% 时的压力计算，管网内灭火剂的质量与灭火剂设计用量的百分比
容器平均压力	从贮存容器内排出卤代烷 1301 设计用量的 50% 时，贮存容器内的压力

附录二 卤代烷1301蒸气比容和防护区内含有卤代烷1301的混合气体比容

一、卤代烷1301蒸气比容应按下式计算：

$$\mu = (5.3788 \times 10^{-9} H^2 - 1.1975 \times 10^{-4} H + 1)^n \times (0.14781 + 0.000567\theta) \quad (附2.1)$$

式中 μ——卤代烷1301蒸气比容（m^3/kg）；
θ——防护区的环境温度（℃）；
H——防护区海拔高度的绝对值（m）；
n——海拔高度指数
　　海拔高度低于海平面300m的防护区：$n = -1$，
　　海拔高度高于海平面300m的防护区：$n = 1$，
　　海拔高度在 $-300 \sim 300$m 的防护区：可取 $n = 0$。

二、在101.3kPa压力和20℃温度下，防护区内含有卤代烷1301的混合气体比容可采用下式计算：

$$\mu_m = \frac{0.83\mu_1}{0.0083\varphi + \mu_1(100 - \varphi)} \quad (附2.2)$$

式中 μ_m——在101.3kPa压力与20℃温度下，防护区内含有卤代烷1301的混合气体比容（m^3/kg）；
μ_1——卤代烷1301蒸气比容，取 $0.15915 m^3/kg$。

附录三 压力系数 Y 和密度系数 Z

压力系数 Y 和密度系数 Z 应根据卤代烷1301的贮存压力、充装密度和管道内的压力按附表3.1—3.8确定。

附表3.1 在2.5MPa贮存压力、600～699kg/m³充装密度下的压力系数 Y 和密度系数 Z 值

管道内的压力 (MPa，表压)	Y(MPa·kg/m³)										Z
	0.00	0.01	0.02	0.03	0.04	0.05	0.06	0.07	0.08	0.09	
2.1	138.2	123.2	108.2	93.2	78.0	62.7	47.3	31.9	16.4	0.7	0.051
2.0	282.2	268.2	254.1	240.0	225.7	211.3	196.9	182.3	167.7	153.0	0.116
1.9	416.7	403.7	390.6	377.4	364.1	350.7	337.2	323.6	309.9	296.1	0.190
1.8	541.1	529.1	517.0	504.8	492.6	480.2	467.7	455.1	442.4	429.6	0.273
1.7	654.9	644.0	633.0	621.9	610.7	599.3	587.9	576.3	564.7	552.9	0.367
1.6	757.9	748.1	738.2	728.1	718.0	707.8	697.4	686.9	676.4	665.7	0.473
1.5	849.9	841.2	832.4	823.4	814.4	805.3	796.0	786.6	777.2	767.6	0.592
1.4	931.2	923.5	915.8	907.9	899.9	891.9	883.7	875.4	867.0	858.5	0.723
1.3	1002.0	995.3	988.6	981.8	974.9	967.8	960.7	953.5	946.1	938.7	0.867
1.2	1062.9	1057.3	1051.5	1045.6	1039.7	1033.6	1027.5	1021.3	1014.9	1008.5	1.024
1.1	1114.8	1110.0	1105.1	1100.1	1095.1	1090.0	1084.7	1079.5	1074.0	1068.5	1.192
1.0	1158.3	1154.3	1150.2	1146.1	1141.9	1137.5	1133.1	1128.7	1124.1	1119.5	1.372
0.9	1194.4	1191.1	1187.8	1184.3	1180.8	1177.3	1173.6	1169.9	1166.1	1162.3	1.565
0.8	1224.0	1221.3	1218.6	1215.8	1212.9	1210.0	1207.0	1204.0	1200.9	1197.7	1.772
0.7	1247.9	1245.7	1243.5	1241.3	1239.0	1236.6	1234.2	1231.7	1229.2	1226.7	1.995
0.6	1266.8	1265.1	1263.4	1261.6	1259.8	1257.9	1256.0	1254.1	1252.1	1250.0	2.239
0.5	1281.5	1280.2	1278.9	1277.5	1276.1	1274.7	1273.3	1271.6	1270.1	1268.5	2.507

附表3.2 在2.5MPa贮存压力、700～849kg/m³充装密度下的压力系数 Y 和密度系数 Z 值

管道内的压力 (MPa，表压)	Y(MPa·kg/m³)										Z
	0.00	0.01	0.02	0.03	0.04	0.05	0.06	0.07	0.08	0.09	
2.1	22.9	7.2	0.0	0.0	0.0	0.0	0.0	0.0	0.0	0.0	0.008
2.0	173.9	159.2	144.5	129.6	114.6	99.6	84.4	69.2	53.8	38.4	0.072
1.9	314.9	301.3	287.5	273.7	259.7	245.7	231.5	217.2	202.9	188.4	0.145
1.8	445.5	432.9	420.2	407.4	394.5	381.5	368.4	355.2	341.9	328.4	0.228
1.7	565.0	553.6	542.0	530.3	518.5	506.6	494.6	482.5	470.3	457.9	0.322
1.6	673.1	662.2	652.4	641.9	631.3	620.5	609.6	598.7	587.6	576.3	0.428
1.5	769.7	760.6	751.3	742.0	732.5	722.9	713.2	703.3	693.4	683.3	0.548
1.4	854.8	846.8	838.7	830.5	822.1	813.7	805.1	796.4	787.6	778.7	0.681
1.3	928.8	921.9	914.9	907.7	900.5	893.2	885.7	878.2	870.5	862.7	0.828
1.2	992.3	986.4	980.4	974.3	968.1	961.8	955.5	948.9	942.3	935.6	0.988
1.1	1046.1	1041.2	1036.1	1030.9	1025.7	1020.4	1014.9	1009.4	1003.8	998.1	1.160
1.0	1091.2	1087.0	1082.8	1078.5	1074.2	1069.7	1065.2	1060.5	1055.8	1051.0	1.344
0.9	1128.4	1125.0	1121.6	1118.0	1114.4	1110.7	1107.0	1103.1	1099.2	1095.2	1.540
0.8	1158.9	1156.1	1153.3	1150.4	1147.5	1144.5	1141.4	1138.2	1135.0	1131.8	1.750
0.7	1183.3	1181.1	1178.9	1176.6	1174.2	1171.8	1169.3	1166.8	1164.2	1161.6	1.976
0.6	1202.6	1200.9	1199.2	1197.3	1195.5	1193.6	1191.6	1189.6	1187.6	1185.5	2.223
0.5	1217.5	1216.2	1214.9	1213.5	1212.1	1210.6	1209.1	1207.5	1205.9	1204.3	2.497

附表 3.3 在 2.5MPa 贮存压力、850～999kg/m³ 充装密度下的压力系数 Y 和密度系数 Z 值

管道内的压力 （MPa，表压）	$Y(MPa \cdot kg/m^3)$										Z
	0.00	0.01	0.02	0.03	0.04	0.05	0.06	0.07	0.08	0.09	
2.0	60.4	45.0	29.4	13.8	0.0	0.0	0.0	0.0	0.0	0.0	0.025
1.9	208.8	194.5	180.0	165.4	150.8	136.0	121.1	106.1	90.9	75.7	0.097
1.8	346.3	333.1	319.7	306.3	292.7	279.0	265.2	251.3	237.2	223.1	0.179
1.7	472.3	460.2	448.1	435.8	423.3	410.8	398.1	385.4	372.5	359.5	0.273
1.6	586.3	575.4	564.5	553.4	542.1	530.8	519.4	507.8	496.1	484.2	0.380
1.5	687.9	678.3	668.6	658.7	648.7	638.6	628.4	618.1	607.6	597.0	0.502
1.4	777.4	769.0	760.4	751.8	743.0	734.2	725.2	716.0	706.8	697.4	0.637
1.3	854.9	847.7	840.3	832.8	825.3	817.6	809.8	801.8	793.8	785.6	0.787
1.2	921.2	915.1	908.8	902.4	896.0	889.4	882.7	875.9	869.0	862.0	0.950
1.1	977.2	972.0	966.8	961.4	956.0	950.4	944.8	939.1	933.2	927.3	1.126
1.0	1023.9	1019.6	1015.3	1010.8	1006.3	1001.7	996.9	992.1	987.3	982.3	1.314
0.9	1062.4	1058.9	1055.3	1051.7	1047.9	1044.1	1040.2	1036.3	1032.2	1028.1	1.514
0.8	1093.7	1090.6	1088.0	1085.0	1082.0	1078.9	1075.7	1072.5	1069.2	1065.8	1.727
0.7	1118.8	1116.6	1114.3	1111.9	1109.5	1107.0	1104.5	1101.9	1099.2	1096.5	1.957
0.6	1138.6	1136.8	1135.0	1133.2	1131.3	1129.3	1127.3	1125.3	1123.2	1121.0	2.206
0.5	1153.8	1152.5	1151.1	1149.7	1148.2	1146.7	1145.2	1143.6	1142.0	1140.3	2.480

附表 3.4 在 2.5MPa 贮存压力、1000～1125kg/m³ 充装密度下的压力系数 Y 和密度系数 Z 值

管道内的压力 （MPa，表压）	$Y(MPa \cdot kg/m^3)$										Z
	0.00	0.01	0.02	0.03	0.04	0.05	0.06	0.07	0.08	0.09	
1.9	97.2	82.1	66.8	51.4	36.0	20.4	4.6	0.0	0.0	0.0	0.04
1.8	242.2	228.3	214.2	200.0	185.6	171.2	156.6	141.9	127.1	112.2	0.127
1.7	375.2	362.4	349.6	336.6	323.5	310.3	296.9	283.4	269.8	256.1	0.220
1.6	495.5	484.0	472.5	460.8	448.9	436.9	424.9	412.6	400.3	387.8	0.327
1.5	602.8	592.6	582.4	572.0	561.4	550.8	540.0	529.1	518.0	506.8	0.449
1.4	697.0	688.2	679.2	670.1	660.9	651.5	642.0	632.4	622.7	612.8	0.587
1.3	778.5	770.9	763.2	755.4	747.4	739.3	731.1	722.8	714.3	705.7	0.740
1.2	848.1	841.6	835.1	828.4	821.6	814.7	807.7	800.6	793.4	786.0	0.907
1.1	906.5	901.1	895.6	890.1	884.4	878.6	872.7	866.7	860.6	854.4	1.086
1.0	955.0	950.6	946.1	941.4	936.7	931.9	927.0	922.0	917.0	911.8	1.278
0.9	994.9	991.2	987.5	983.8	979.9	976.0	971.9	967.8	963.7	959.4	1.482
0.8	1027.2	1024.2	1021.2	1018.2	1015.1	1011.9	1008.6	1005.3	1001.9	998.4	1.698
0.7	1053.0	1050.6	1048.3	1045.8	1043.4	1040.8	1038.2	1035.5	1032.8	1030.0	1.931
0.6	1073.3	1071.4	1069.6	1067.7	1065.7	1063.7	1061.7	1059.6	1057.4	1055.2	2.183
0.5	1088.9	1087.5	1086.1	1084.6	1083.1	1081.6	1080.0	1078.4	1076.7	1075.0	2.460

附表 3.5　在 4.2MPa 贮存压力、600～699kg/m³ 充装密度下的压力系数 Y 和密度系数 Z 值

管道内的压力 (MPa，表压)	Y(MPa·kg/m³)										Z
	0.00	0.01	0.02	0.03	0.04	0.05	0.06	0.07	0.08	0.09	
3.4	68.9	53.7	38.6	23.3	8.1	0.0	0.0	0.0	0.0	0.0	0.011
3.3	218.3	203.5	188.7	173.8	158.9	144.0	129.1	114.1	99.0	84.0	0.034
3.2	364.2	349.8	335.3	320.8	306.3	291.7	277.1	262.5	247.8	233.1	0.059
3.1	506.3	492.3	478.2	464.1	449.9	435.8	421.5	407.2	392.9	378.6	0.086
3.0	644.5	630.9	617.2	603.5	589.7	575.9	562.1	548.2	534.3	520.3	0.115
2.9	778.6	765.4	752.1	738.8	725.5	712.1	698.6	685.2	671.7	658.1	0.146
2.8	908.3	895.5	882.7	869.9	856.9	844.0	831.0	818.0	804.9	791.7	0.180
2.7	1033.6	1021.3	1008.9	996.5	984.0	971.5	959.0	946.4	933.7	921.0	0.217
2.6	1154.1	1142.3	1130.4	1118.5	1106.5	1094.5	1082.4	1070.2	1058.1	1045.8	0.257
2.5	1269.8	1258.5	1247.1	1235.7	1224.2	1212.6	1201.0	1189.4	1177.7	1165.9	0.300
2.4	1380.5	1369.6	1358.8	1347.8	1336.8	1325.8	1314.7	1303.6	1292.4	1281.1	0.347
2.3	1485.9	1475.6	1465.2	1454.8	1444.4	1433.8	1423.3	1412.7	1402.0	1391.3	0.397
2.2	1585.9	1576.1	1566.3	1556.5	1546.5	1536.6	1526.6	1516.5	1506.3	1496.1	0.452
2.1	1680.3	1671.1	1661.9	1652.6	1643.2	1633.8	1624.3	1614.8	1605.2	1595.6	0.511
2.0	1769.0	1760.4	1751.8	1743.0	1734.2	1725.4	1716.5	1707.5	1698.5	1689.4	0.576
1.9	1852.0	1843.9	1835.9	1827.7	1819.5	1811.2	1802.9	1794.5	1786.1	1777.6	0.646
1.8	1929.0	1921.6	1914.1	1906.5	1898.9	1891.2	1883.5	1875.7	1867.9	1859.9	0.723
1.7	2000.2	1993.3	1986.4	1979.4	1972.4	1965.3	1958.2	1951.0	1943.7	1936.4	0.807
1.6	2065.4	2059.1	2052.8	2046.4	2040.0	2033.5	2027.0	2020.3	2013.7	2006.9	0.897
1.5	2124.7	2119.1	2113.3	2107.5	2101.7	2095.8	2089.8	2083.8	2077.7	2071.6	0.996
1.4	2178.3	2173.2	2168.0	2162.8	2157.6	2152.2	2146.8	2141.4	2135.9	2130.3	1.103
1.3	2226.2	2221.7	2217.1	2212.4	2207.7	2203.0	2198.1	2193.3	2188.3	2183.3	1.219
1.2	2268.7	2264.7	2260.6	2256.5	2252.4	2248.1	2243.9	2239.5	2235.2	2230.7	1.345
1.1	2306.0	2302.5	2298.9	2295.3	2291.7	2288.0	2284.2	2280.4	2276.6	2272.7	1.481
1.0	2338.3	2335.3	2332.2	2329.1	2325.9	2322.7	2319.5	2316.2	2312.8	2309.4	1.629
0.9	2365.9	2363.4	2360.8	2358.1	2355.4	2352.7	2349.9	2347.0	2344.2	2341.2	1.791
0.8	2389.3	2387.2	2385.0	2382.8	2380.5	2378.1	2375.8	2373.4	2370.9	2368.5	1.969
0.7	2408.7	2406.9	2405.1	2403.3	2401.4	2399.5	2397.5	2395.5	2393.5	2391.4	2.165
0.6	2424.5	2423.1	2421.6	2420.1	2418.6	2417.1	2415.5	2413.8	2412.2	2410.5	2.383
0.5	2437.1	2436.0	2434.8	2433.6	2432.4	2431.2	2429.9	2428.6	2427.3	2425.9	2.629

附表 3.6　在 4.2MPa 贮存压力、700~849kg/m³ 充装密度下的压力系数 Y 和密度系数 Z 值

管道内的压力 （MPa，表压）	Y(MPa·kg/m³)										Z
	0.00	0.01	0.02	0.03	0.04	0.05	0.06	0.07	0.08	0.09	
3.2	79.7	64.5	49.3	34.1	18.8	3.4	0.0	0.0	0.0	0.0	0.013
3.1	229.4	214.6	199.8	184.9	170.0	155.0	140.0	125.0	109.9	94.8	0.039
3.0	375.1	360.7	346.3	331.8	317.3	302.8	288.2	273.5	258.9	244.2	0.067
2.9	516.7	502.7	488.7	474.6	460.6	446.4	432.3	418.0	403.8	389.5	0.098
2.8	653.8	640.3	626.7	613.1	599.5	585.8	572.0	558.3	544.4	530.6	0.131
2.7	786.3	773.2	760.1	747.0	733.8	720.6	707.3	694.0	680.6	667.2	0.166
2.6	913.9	901.4	888.8	876.1	863.4	850.7	837.9	825.1	812.2	799.2	0.205
2.5	1036.5	1024.5	1012.4	1000.3	988.1	975.9	963.6	951.2	938.8	926.4	0.247
2.4	1153.9	1142.4	1130.8	1119.2	1107.6	1095.9	1084.1	1072.3	1060.4	1048.5	0.293
2.3	1265.7	1254.8	1243.8	1232.8	1221.7	1210.5	1199.3	1188.0	1176.7	1165.3	0.343
2.2	1372.0	1361.6	1351.2	1340.7	1330.2	1319.6	1308.9	1298.2	1287.4	1276.6	0.397
2.1	1472.3	1462.6	1452.7	1442.8	1432.9	1422.9	1412.8	1402.7	1392.5	1382.3	0.456
2.0	1566.7	1557.5	1548.3	1539.0	1529.7	1520.3	1510.8	1501.3	1491.7	1482.0	0.520
1.9	1654.9	1646.4	1637.8	1629.1	1620.4	1611.6	1602.7	1593.8	1584.4	1575.8	0.590
1.8	1736.9	1729.0	1721.0	1713.0	1704.9	1696.7	1688.5	1680.2	1671.8	1663.4	0.667
1.7	1812.6	1805.3	1797.9	1790.5	1783.0	1775.5	1767.9	1760.2	1752.5	1744.7	0.751
1.6	1881.9	1875.2	1868.5	1861.8	1854.9	1848.0	1841.0	1834.0	1826.9	1819.8	0.842
1.5	1944.9	1938.9	1932.8	1926.7	1920.5	1914.2	1907.9	1901.5	1895.0	1888.5	0.942
1.4	2001.8	1996.4	1990.9	1985.1	1979.8	1974.1	1968.4	1962.6	1956.8	1950.9	1.050
1.3	2052.6	2047.7	2042.9	2037.9	2033.0	2027.9	2022.8	2017.6	2012.4	2007.1	1.168
1.2	2097.5	2093.2	2088.9	2084.6	2080.2	2075.7	2071.2	2966.6	2062.0	2057.3	1.296
1.1	2136.8	2133.1	2129.4	2125.6	2121.7	2117.8	2113.8	2109.8	2105.8	2101.6	1.435
1.0	2170.8	2167.6	2164.4	2161.1	2157.8	2154.4	2151.0	2147.5	2144.0	2140.4	1.585
0.9	2199.8	2197.1	2194.4	2191.6	2188.8	2185.9	2183.0	2180.0	2177.0	2173.9	1.750
0.8	2224.3	2222.0	2219.7	2217.4	2215.0	2212.6	2210.1	2207.6	2205.1	2202.5	1.930
0.7	2244.5	2242.7	2240.8	2238.9	2236.9	2234.9	2232.9	2230.8	2228.7	2226.5	2.128
0.6	2261.0	2259.5	2258.0	2256.4	2254.9	2253.2	2251.6	2249.9	2248.1	2246.4	2.348
0.5	2274.0	2272.9	2271.7	2270.5	2269.2	2267.9	2266.6	2265.3	2263.9	2262.5	2.594

附表3.7 在4.2MPa贮存压力、850～999kg/m³充装密度下的压力系数Y和密度系数Z值

管道内的压力 （MPa，表压）	Y(MPa·kg/m³)										Z
	0.00	0.01	0.02	0.03	0.04	0.05	0.06	0.07	0.08	0.09	
3.0	101.2	86.0	70.8	55.5	40.2	24.8	9.4	0.0	0.0	0.0	0.019
2.9	250.8	236.0	221.2	206.4	191.5	176.5	161.6	146.5	131.5	116.4	0.048
2.8	395.8	381.5	367.2	352.8	338.3	323.9	309.3	294.8	280.1	265.5	0.079
2.7	536.1	522.3	508.4	494.5	480.6	466.6	452.5	438.4	424.2	410.1	0.114
2.6	671.4	658.1	644.7	631.3	617.9	604.4	590.8	577.2	563.6	549.8	0.151
2.5	801.5	788.7	775.9	763.0	750.1	737.1	724.1	711.0	697.8	684.6	0.193
2.4	926.1	913.8	901.6	889.3	876.9	864.5	852.0	839.4	826.8	814.2	0.238
2.3	1045.0	1033.3	1021.6	1009.9	998.1	986.2	974.3	962.3	950.3	938.2	0.287
2.2	1157.9	1146.9	1135.8	1124.7	1113.5	1102.2	1090.9	1079.5	1068.0	1056.5	0.341
2.1	1264.7	1254.3	1243.9	1233.3	1222.8	1212.1	1201.4	1190.6	1179.8	1168.9	0.400
2.0	1365.2	1355.4	1345.6	1335.7	1325.8	1315.8	1305.7	1295.5	1285.3	1275.1	0.464
1.9	1459.1	1450.0	1440.8	1431.6	1422.3	1413.0	1403.5	1394.0	1384.5	1374.9	0.534
1.8	1546.3	1537.9	1529.4	1520.9	1512.2	1503.6	1494.8	1486.0	1477.1	1468.1	0.610
1.7	1626.8	1619.1	1611.3	1603.4	1595.5	1587.4	1579.4	1571.2	1563.0	1554.7	0.695
1.6	1700.5	1693.5	1686.3	1679.1	1671.9	1664.5	1657.1	1649.7	1642.1	1634.5	0.787
1.5	1767.5	1761.1	1754.6	1748.1	1741.5	1734.8	1728.1	1721.3	1714.5	1707.5	0.888
1.4	1827.7	1822.0	1816.2	1810.3	1804.4	1798.4	1792.3	1786.2	1780.0	1773.8	0.999
1.3	1881.4	1876.3	1871.1	1865.9	1860.7	1855.3	1849.9	1844.5	1838.9	1833.3	1.119
1.2	1928.8	1924.3	1919.8	1915.2	1910.5	1905.8	1901.1	1896.2	1891.3	1886.4	1.249
1.1	1970.1	1966.2	1962.3	1958.3	1954.3	1950.2	1946.0	1941.8	1937.5	1933.2	1.391
1.0	2005.8	2002.4	1999.1	1995.6	1992.1	1988.6	1985.0	1981.4	1977.7	1973.9	1.545
0.9	2036.1	2033.3	2030.4	2037.5	2024.6	2021.6	2018.5	2015.4	2012.2	2009.0	1.713
0.8	2061.6	2059.2	2056.7	2054.4	2052.0	2049.4	2046.8	2044.2	2041.6	2038.9	1.896
0.7	2082.6	2080.7	2078.7	2076.8	2074.7	2072.6	2070.5	2068.3	2066.1	2063.9	2.098
0.6	2099.6	2098.1	2096.5	2094.9	2093.3	2091.6	2089.9	2088.1	2086.3	2084.5	2.325
0.5	2112.9	2111.8	2110.5	2109.3	2108.0	2106.7	2105.4	2104.0	2102.6	2101.1	2.583

附表3.8 在4.2MPa贮存压力、1000～1125kg/m³充装密度下的压力系数Y和密度系数Z值

管道内的压力 （MPa，表压）	Y(MPa·kg/m³)										Z
	0.00	0.01	0.02	0.03	0.04	0.05	0.06	0.07	0.08	0.09	
2.8	122.7	107.5	92.3	77.0	61.7	46.3	30.9	15.4	0.0	0.0	0.026
2.7	271.7	257.1	242.3	227.5	212.7	197.8	182.9	167.9	152.9	137.8	0.057
2.6	415.6	401.5	387.2	373.0	358.7	344.3	329.9	315.5	300.9	286.4	0.094
2.5	554.1	540.5	526.8	513.1	499.4	485.5	471.7	457.7	443.8	429.7	0.135
2.4	686.8	673.8	660.7	647.6	634.4	621.2	607.9	594.5	581.1	567.6	0.180
2.3	813.6	801.2	788.7	776.2	763.6	751.0	738.3	725.5	712.7	699.8	0.229
2.2	934.1	922.3	910.5	898.6	886.7	874.6	862.6	850.4	838.2	825.9	0.282
2.1	1048.1	1037.0	1025.8	1014.6	1003.3	991.9	980.5	969.0	957.4	945.8	0.340
2.0	1153.3	1144.9	1134.4	1123.9	1113.3	1102.6	1091.8	1081.0	1070.1	1059.1	0.403

续附表 3.8

管道内的压力 (MPa,表压)	Y(MPa·kg/m³)										Z
	0.00	0.01	0.02	0.03	0.04	0.05	0.06	0.07	0.08	0.09	
1.9	1255.6	1245.9	1236.1	1226.2	1216.3	1206.3	1196.3	1186.1	1175.9	1165.7	0.473
1.8	1348.7	1339.7	1330.6	1321.5	1312.3	1303.0	1293.7	1284.3	1274.8	1265.2	0.551
1.7	1434.5	1426.2	1417.9	1409.5	1401.0	1392.5	1383.9	1375.2	1366.4	1357.6	0.636
1.6	1513.0	1505.4	1497.9	1490.2	1482.5	1474.6	1466.8	1458.8	1450.8	1442.7	0.731
1.5	1584.1	1577.3	1570.4	1563.5	1556.5	1549.4	1542.3	1535.1	1527.8	1520.4	0.834
1.4	1647.9	1641.9	1635.7	1629.5	1623.3	1616.9	1610.5	1604.0	1597.4	1590.8	0.948
1.3	1704.7	1699.3	1693.9	1688.4	1682.8	1677.2	1671.5	1665.7	1659.9	1653.9	1.071
1.2	1754.6	1749.9	1745.2	1740.3	1735.4	1730.5	1725.5	1720.4	1715.2	1710.0	1.205
1.1	1798.0	1793.9	1789.8	1785.6	1781.4	1777.1	1772.7	1768.3	1763.8	1759.2	1.351
1.0	1835.2	1831.8	1828.2	1824.7	1821.0	1817.3	1813.6	1809.8	1805.9	1802.0	1.509
0.9	1866.8	1863.9	1860.9	1857.9	1854.8	1851.7	1848.5	1845.3	1842.0	1838.6	1.681
0.8	1893.2	1890.7	1888.3	1885.7	1883.2	1880.6	1877.9	1875.2	1872.5	1869.6	1.869
0.7	1914.8	1912.9	1910.8	1908.8	1906.7	1904.5	1902.4	1900.1	1897.8	1895.5	2.077
0.6	1932.3	1930.7	1929.1	1927.5	1925.8	1924.1	1922.3	1920.5	1918.6	1916.8	2.309
0.5	1945.9	1944.7	1943.5	1942.2	1940.9	1939.6	1938.2	1936.8	1935.3	1933.8	2.570

附录五 管网压力损失计算举例

一、非均衡管网压力损失计算举例。

贮存了 90kg 卤代烷 1301 的灭火系统,由附图 5.1 所示的非均衡管网喷出,贮存压力为 4.20MPa,充装密度为 800kg/m³,管网末端的喷嘴(5)、(6)、(7)在 10s 内需喷出的卤代烷 1301 分别为 40kg、30kg 和 20kg,求管网末端压力。

1. 计算各管段的平均设计流量:

$$q_{(1)-(2)} = 4.5 \text{kg/s}$$
$$q_{(2)-(3)} = 9.0 \text{kg/s}$$
$$q_{(3)-(5)} = 4.0 \text{kg/s}$$
$$q_{(3)-(4)} = 5.0 \text{kg/s}$$
$$q_{(4)-(6)} = 3.0 \text{kg/s}$$
$$q_{(4)-(7)} = 2.0 \text{kg/s}$$

2. 初定管径,按本规范第 4.2.1 条规定初选。

$D_{(3)-(4)}$:选公称通径 25mm,第一种壁厚系列的钢管
$D_{(2)-(3)}$:选公称通径 32mm,第一种壁厚系列的钢管
$D_{(3)-(5)}$:选公称通径 25mm,第一种壁厚系列的钢管
$D_{(3)-(4)}$:选公称通径 25mm,第一种壁厚系列的钢管
$D_{(4)-(6)}$:选公称通径 20mm,第一种壁厚系列的钢管
$D_{(4)-(7)}$:选公称通径 20mm,第一种壁厚系列的钢管

3. 计算管网总容积。

$$V_{(1)-(2)} = 2 \times 0.5 \times 0.556 \times 10^{-3} = 0.556 \times 10^{-3} \text{m}^3$$
$$V_{(2)-(3)} = 9.5 \times 0.968 \times 10^{-3} = 9.196 \times 10^{-3} \text{m}^3$$
$$V_{(3)-(5)} = 3.0 \times 0.556 \times 10^{-3} = 1.668 \times 10^{-3} \text{m}^3$$
$$V_{(3)-(4)} = 4.5 \times 0.556 \times 10^{-3} = 2.502 \times 10^{-3} \text{m}^3$$
$$V_{(4)-(6)} = 4.5 \times 0.343 \times 10^{-3} = 1.544 \times 10^{-3} \text{m}^3$$
$$V_{(4)-(7)} = 3.0 \times 0.343 \times 10^{-3} = 1.029 \times 10^{-3} \text{m}^3$$
$$V_p = 16.495 \times 10^{-3} \text{m}^3$$

4. 计算各管段的当量长度。

$L_{(1)-(2)} = 6.8$m(实际管长加一个容器阀与软管的当量长度)

$L_{(2)-(3)} = 12.7$m(实际管长加一个三通与一个弯头的当量长度)

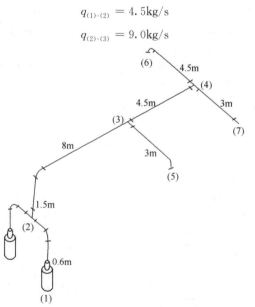

附图 5.1 非均衡管网图

$L_{(3)-(5)} = 5.5\text{m}$（实际管长加一个三通与一个弯头的当量长度）

$L_{(3)-(4)} = 4.5\text{m}$（实际管长加一个三通的当量长度）

$L_{(4)-(6)} = 7.1\text{m}$（实际管长加一个三通与一个弯头的当量长度）

$L_{(4)-(7)} = 5.6\text{m}$（实际管长加一个三通与一个弯头的当量长度）

5. 估算管网内灭火剂的百分比。

$$C_e = \frac{1123 - 0.04\rho_0}{\dfrac{M_0}{\sum_{i=1}^{n}V_{pi}} + 80 + 0.3\rho_0} \times 100\%$$

$$= \frac{1123 - 0.04 \times 800}{\dfrac{90}{16.396 \times 10^{-3}} + 80 + 0.3 \times 800} \times 100\%$$

$$= 18.8\%$$

6. 确定中期容器压力。根据本规范第4.2.9条规定，当贮存压力为4.20MPa，充装密度为800kg/m³，管网内灭火剂的百分比为18.8%时，中期容器压力为2.98MPa。

7. 求管段(1)-(2)的终端压力 $P_{i(2)}$。

已知：$q_{(1)-(2)} = 4.5\text{kg/s}$

$L_{(1)-(2)} = 6.8\text{m}$

当此管段始端压力为2.98MPa，充装密度为800kg/m³时，根据本规范第4.2.13条表4.2.13 $\rho_{(1)}$ 为1415kg/m³。

高程压力损失为

$$P_h = 10^{-3} \cdot \rho \cdot H_h \cdot g_n$$

$$= 10^{-3} \times 1415 \times 0.5 \times 9.81$$

$$= 10\text{kPa}$$

管段(1)-(2)的始端压力、密度系数 Y_1、Z_1

$$P_{l(1)} = 2.98 - 0.01$$
$$= 2.97\text{MPa}$$

根据本规范附录三中附表3.6得

$$Y_1 = 418 \quad Z_1 = 0.098$$

$$Y_2 = Y_1 + Lq^2/K_1 + K_2q^2(Z_2 - Z_1)$$

$$= 418 + 6.8 \times 4.5^2/73.3 \times 10^{-2}（末项忽略不计）$$

$$= 605.9$$

根据本规范附录三中附表3.6得

$$P_{i(2)} = 2.84\text{MPa}$$
$$Z_2 = 0.131$$

重新计算 Y_2

$$Y_2 = Y_1 + Lq^2/K_1 + K_2q^2(Z_2 - Z_1)$$
$$= 418 + 6.8 \times 4.5^2/73.3 \times 10^{-2} + 3.56 \times 4.5^2$$
$$\times (0.131 - 0.098)$$
$$= 608.3$$

$$P_{i(2)} = 2.83\text{MPa}$$

8. 求管段(2)-(3)的末端压力 $P_{i(3)}$。

已知：$q_{(2)-(3)} = 9.0\text{kg/s} \quad L_{(2)-(3)} = 12.7\text{m}$

查得：$\rho_{(2)-(3)} = 1345\text{kg/m}^3$

高程压力损失为

$$P_h = 10^{-3} \times 1345 \times 1.5 \times 9.81$$
$$= 20\text{kPa}$$

高程压力修正后

$$P_{i(2)} = 2.83 - 0.02 = 2.81\text{MPa}$$
$$Y_2 = 640.3$$
$$Z_2 = 0.131$$
$$Y_3 = Y_2 + 12.7 \times 9.0^2/314.3 \times 10^{-2}$$
$$= 967.6$$

得：$P_{i(3)} = 2.56\text{MPa} \quad Z_3 = 0.247$

重新计算 $P_{i(3)}$

$$Y_3 = 967.6 + 1.71 \times (0.247 - 0.131) \times 9.0^2$$
$$= 978.6$$

得：$P_{i(3)} = 2.55\text{MPa}$

9. 求管段(3)-(5)的末端压力 $P_{i(5)}$。

已知：$q_{(3)-(5)} = 4\text{kg/s} \quad L_{(3)-(5)} = 5.5\text{m}$

$$Y_5 \approx Y_3 + 5.5 \times 4.0^2/73.3 \times 10^{-2}$$
$$\approx 978.7 + 120.1$$
$$= 1098.8$$

得：$P_{i(5)} = 2.45\text{MPa} \quad Z_5 = 0.293$

重新计算 $P_{i(5)}$

$$Y_5 = 1099 + 3.6 \times (0.293 - 0.247) \times 4.0^2$$
$$= 1101.6$$

得：$P_{i(5)} = 2.44\text{MPa}$

10. 求管段(3)-(4)的末端压力 $P_{i(4)}$。

已知 $q_{(3)-(4)} = 5.0\text{kg/s} \quad L_{(3)-(4)} = 4.5\text{m}$

$$Y_4 \approx Y_3 + 4.5 \times 5.0^2/73.3 \times 10^{-2}$$
$$\approx 978.6 + 153.5$$
$$= 1132.1$$

得：$P_{i(4)} = 2.42\text{MPa} \quad Z_4 = 0.293$

重新计算 $P_{i(4)}$

$$Y_4 = 1132.1 + 3.6 \times (0.293 - 0.247) \times 5.0^2$$
$$= 1136.2$$

得：$P_{i(4)} = 2.42\text{MPa}$

11. 求管段(4)-(6)的末端压力 $P_{i(6)}$。

已知：$q_{(4)-(6)} = 3.0\text{kg/s} \quad L_{(4)-(6)} = 7.1\text{m}$

$$Y_6 \approx Y_4 + 7.1 \times 3.0^2/20.66 \times 10^{-2}$$
$$\approx 1136.2 + 309.3$$
$$= 1445.5$$

得：$P_{i(6)} = 2.13\text{MPa} \quad Z_6 = 0.452$

重新计算 $P_{i(6)}$

$$Y_6 = 1445.5 + 9.3 \times 3.0^2 \times (0.452 - 0.293)$$
$$= 1458.8$$

得：$P_{i(6)} = 2.11\text{MPa}$

12. 求管段(4)-(7)的末端压力 $P_{i(7)}$。

已知:$q_{(4)-(7)}=2.0\text{kg/s}$ $L_{(4)-(7)}=5.6\text{m}$

$$Y_7 \approx Y_4 + 5.6 \times 2.0^2 / 20.66 \times 10^{-2}$$
$$\approx 1136.2 + 108.4$$
$$= 1244.6$$

得:$P_{i(7)}=2.32\text{MPa}$ $Z_7=0.343$

重新计算 $P_{i(7)}$

$$Y_7 = 1244.6 + 9.3 \times 2.0^2 \times (0.343 - 0.293)$$
$$= 1246.5$$

得:$P_{i(7)}=2.32\text{MPa}$

将主要计算结果归纳于下表。

附表 5.1 管网压力损失计算结果

管段号	管段公称通径(mm)	长度(m)	当量长度(m)	高程(m)	质量流量(kg/s)	压力(MPa,表压) 始端	压力(MPa,表压) 末端
(1)-(2)	25	0.5	6.8	0.5	4.5	2.98	2.83
(2)-(3)	32	9.5	12.7	1.5	9.0	2.83	2.55
(3)-(5)	25	3	5.5	0	4.0	2.55	2.44
(3)-(4)	25	4.5	4.5	0	5.0	2.55	2.42
(4)-(6)	20	4.5	7.1	0	3.0	2.42	2.11
(4)-(7)	20	3	5.6	0	2.0	2.42	2.32

从以上计算结果可以看出,所计算的各管段的压力损失均很小,管网末端压力大大高于中期容器压力的一半,这是不经济的,故各管段的直径可以选择更小一些,也可以选用较低的贮存压力,只有通过对管网内灭火剂百分比进行验算和反复调整计算,才能得到一个较为经济合理的计算结果。

二、均衡管网压力损失计算举例。

贮存了 35kg 卤代烷 1301 的灭火系统,由附图 5.2 所示的均衡管网喷出,卤代烷 1301 的贮存压力为 2.50MPa,充装密度为 1000kg/m³,末端喷嘴(3)和(4)在 10s 内喷放量相等,试用图表法计算管网末端压力。

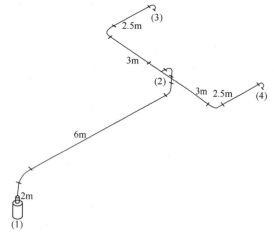

附图 5.2 均衡管网图

1. 计算各管段的平均设计流量。

$$q_{(1)-(2)}=3.5\text{kg/s}$$
$$q_{(2)-(3)}=1.75\text{kg/s}$$
$$q_{(2)-(4)}=1.75\text{kg/s}$$

2. 初定管径,按本规范第 4.2.1 条规定初选。

$D_{(1)-(2)}$:选公称通径 25mm,第一种壁厚系列的钢管

$D_{(2)-(3)}$ 和 $D_{(2)-(4)}$:选公称通径 25mm,第一种壁厚系列的钢管

3. 计算管网总容积 V_p 总。

$$V_p 总 = 8 \times 0.556 \times 10^{-3} + 2 \times 5.5 \times 0.343 \times 10^{-3}$$
$$= 8.22 \times 10^{-3} \text{m}^3$$

4. 计算各管段的当量长度。

$L_{(1)-(2)}=22.5\text{m}$(包括实际管长加容器阀、三个弯头和一个三通的当量长度)

$$L_{(2)-(3)} = L_{(2)-(4)}$$
$$= 6.8\text{m}(包括实际管长加二个弯头的当量长度)$$

5. 计算管网内灭火剂的百分比。

$$C'_e = \frac{1229 - 0.07 \times 1000}{\dfrac{35}{8.22 \times 10^{-3}} + 32 + 0.3 \times 1000} \times 100\%$$
$$= 25\%$$

6. 确定中期容器压力。根据管网内灭火剂的百分比 25%,贮存压力 2.50MPa,和充装密度 1000kg/m³,从本规范第 4.2.9 条表 4.2.9 中计算出中期容器压力为 1.79MPa。

7. 求单位管长的压力降。根据平均设计流量和管径从本规范附录四中附图 4.1 查得未修正的单位管长的压力降为:

$$P'_{(1)-(2)}=0.0165\text{MPa/m}$$
$$P'_{(2)-(3)}=P'_{(2)-(4)}$$
$$=0.014\text{MPa/m}$$

根据充装密度和管网内灭火剂的百分比,从本规范附录四中附图 4.3 查得压力损失修正系数为 1.08,则修正后的单位管长的压力降为:

$$P'_{(1)-(2)}=0.0165 \times 1.08 = 0.0178\text{MPa/m}$$
$$P'_{(2)-(3)}=P'_{(2)-(4)}$$
$$=0.014 \times 1.08 = 0.0151\text{MPa/m}$$

8. 计算管段 (1)-(2) 的末端压力 $P_{i(2)}$。

管段 (1)-(2) 的压力降为

$$P_{(1)-(2)} = L_{(1)-(2)} \cdot P'_{(1)-(2)}$$
$$= 22.5 \times 0.0178$$
$$= 0.40\text{MPa}$$

根据本规范第 4.2.13 条表 4.2.13,在压力为 1.79MPa、充装密度为 1000kg/m³ 时,管道内卤代烷 1301 的密度为 1310kg/m³,而 H_h 为 2m,故高程压力损失

$$P_h = 10^{-3} \rho \cdot H_h \cdot g_n$$
$$= 10^{-3} \times 1310 \times 2 \times 9.81$$
$$= 25.7\text{kPa}$$

故得:

$$P_{i(2)} = 1.79 - 0.4 - 0.0257$$
$$= 1.36\text{MPa}$$

9. 计算管段 (2)-(3) 与 (2)-(4) 的末端压力 $P_{i(3)}$ 或 $P_{i(4)}$。

$$\begin{aligned}P_{i(3)}&=P_{i(4)}\\&=P_{i(2)}-L_{(2)\text{-}(3)}\cdot P'_{(2)\text{-}(3)}\\&=1.36-6.8\times0.0151\\&=1.26\text{MPa}\end{aligned}$$

将主要计算结果归纳于下表。

附表5.2 管网压力损失计算结果

管段号	管段公称通径(mm)	长度(m)	当量长度(m)	高程(m)	质量流量(kg/s)	压力(MPa,表压) 始端	压力(MPa,表压) 末端
(1)-(2)	25	8.0	22.5	2	3.50	1.79	1.36
(2)-(3)	25	5.5	6.8	0	1.75	1.36	1.26
(2)-(4)	25	5.5	6.8	0	1.75	1.36	1.26

所计算的结果表明，管道末端压力达1.26MPa，超过中期容器压力1.79MPa的50%，故所选的各管段的管径可以满足设计要求，只有通过对管网内灭火剂百分比进行验算和反复调整计算后，才能得到一个较为经济合理的计算结果。

30. 《卤代烷1211灭火系统设计规范》GBJ 110—87

第一章 总 则

第1.0.3条 本规范适用于工业和民用建筑中设置的卤代烷1211全淹没灭火系统,不适用于卤代烷1211抑爆系统的设计。

第1.0.5条 卤代烷1211灭火系统不得用于扑救下列物质的火灾:

一、无空气仍能迅速氧化的化学物质,如硝酸纤维、火药等;

二、活泼金属,如钾、钠、镁、钛、锆、铀、钚等;

三、金属的氢化物,如氢化钾、氢化钠等;

四、能自行分解的化学物质,如某些过氧化物、联氨等;

五、能自燃的物质,如磷等;

六、强氧化剂,如氧化氮、氟等。

第1.0.6条 卤代烷1211灭火系统的设计,除执行本规范的规定外,尚应符合国家现行的有关标准、规范的要求。

第二章 防护区设置

第2.0.1条 防护区的划分,应符合下列规定:

一、防护区应以固定的封闭空间来划分;

三、当采用无管网灭火装置时,一个防护区的面积不宜大于$100m^2$,容积不宜大于$300m^3$;且设置的无管网灭火装置数不应超过8个。

第2.0.2条 防护区的最低环境温度不应低于0℃。

第2.0.3条 保护区的隔墙和门的耐火极限均不应低于0.60h;吊顶的耐火极限不应低于0.25h。

第2.0.5条 防护区不宜开口。如必须开口时,宜设置自动关闭装置;当设置自动关闭装置确有困难时,应按本规范第3.3.1条的规定执行。

第2.0.6条 在喷射灭火剂前,防护区的通风机和通风管道的防火阀应自动关闭,影响灭火效果的生产操作应停止进行。

第2.0.7条 防护区内应有泄压口,宜设在外墙上,其位置应距地面2/3以上的室内净高处。

当防护区设有防爆泄压孔或门窗缝隙没设密封条的,可不设置泄压口。

第2.0.8条 泄压口的面积,应按下式计算:

$$S = 7.65 \times 10^{-2} \frac{q_{mar}}{\sqrt{P}} \quad (2.0.8)$$

式中 S——泄压口面积(m^2);

P——防护区围护构件(包括门窗)的允许压强(Pa);

q_{mar}——灭火剂的平均设计质量流量(kg/s)。

第三章 灭火剂用量计算

第一节 灭火剂总用量

第3.1.1条 灭火剂总用量应为设计用量与备用量之和。设计用量应包括设计灭火用量、流失补偿量、管网内的剩余量和贮存容器内的剩余量。

第3.1.2条 组合分配系统灭火剂的设计用量不应小于需要灭火剂量最多的一个防护区的设计用量。

第3.1.3条 重点保护对象的防护区或超过八个防护区的组合分配系统应有备用量,并不应小于设计用量。

备用量的贮存容器应能与主贮存容器交换使用。

第二节 设计灭火用量

第3.2.1条 设计灭火用量应按下式计算:

$$M = K_c \cdot \frac{\varphi}{1-\varphi} \cdot \frac{V}{\mu} \quad (3.2.1)$$

式中 M——设计灭火用量(kg);

K_c——海拔高度修正系数,应按附录五的规定采用;

φ——灭火剂设计浓度;

V——防护区的最大净容积(m^3);

μ——防护区在101.325kPa大气压和最低环境温度下灭火剂的比容积(m^3/kg),应按附录二的规定计算。

第3.2.2条 灭火剂设计浓度不应小于灭火浓度的1.2倍或惰化浓度的1.2倍,且不应小于5%。

灭火浓度和惰化浓度应通过试验确定。

第3.2.3条 有爆炸危险的防护区应采用惰化浓度;无爆炸危险的防护区可采用灭火浓度。

第3.2.4条 由几种不同的可燃气体或甲、乙、丙类液体组成的混合物,其灭火浓度或惰化浓度如未经试验测定,应按浓度最大者确定。

有关可燃气体和甲、乙、丙类液体的灭火浓度、惰化浓度和最小设计浓度可按附录四采用。

第3.2.7条 灭火剂的浸渍时间应符合下列规定:

一、可燃固体表面火灾,不应小于10min。

二、可燃气体火灾,甲、乙、丙类液体火灾和电气火灾,不应小于1min。

第三节 开口流失补偿

第3.3.1条 开口流失补偿应根据分界面下降到设计高度的时间确定,当大于规定的灭火剂浸渍时间时,可不补偿;当小于规定的浸渍时间时,应予补偿。

分界面的设计高度应大于防护区内被保护物的高度,且不应小于防护区净高的1/2。

第四章 设 计 计 算

第一节 一般规定

第4.1.3条 贮压式系统贮存容器内的灭火剂应采用氮气增压，氮气的含水量不应大于0.005%的体积比。

第4.1.4条 贮压式系统灭火剂的最大充装密度和充装比应根据计算确定，且不宜大于表4.1.4的规定。

表4.1.4 最大充装密度和充装比

贮存压力(Pa)	充装密度(kg/m³)	充装比
10.5×10⁵	1100	0.60
25.0×10⁵	1470	0.80

第4.1.5条 喷嘴的最低设计工作压力（绝对压力），不应小于3.1×10^5Pa。

第4.1.6条 灭火剂的喷射时间，应符合下列规定：

一、可燃气体火灾和甲、乙、丙类液体火灾，不应大于10s；

二、国家级、省级文物资料库、档案库、图书馆的珍藏库等，不宜大于10s；

三、其他防护区不宜大于15s。

第二节 管网灭火系统

第4.2.1条 管网灭火系统的管径和喷嘴的孔口面积，应根据喷嘴所喷出的灭火剂量和喷射时间确定。

第4.2.2条 初选管径可按管道内灭火剂的平均设计质量流量计算，单位长度管道的阻力损失宜采用3×10^3至12×10^3Pa/m。

初选喷嘴孔口面积，宜按灭火剂喷出50%时贮存容器内的压力和以平均设计质量流量为该瞬时的质量流量进行计算。

平均设计质量流量应按下式计算：

$$q_{mar} = \frac{M_{ad}}{t_d} \quad (4.2.2)$$

式中 q_{mar}——灭火剂的平均设计质量流量（kg/s）；

M_{ad}——设计灭火量和流失补偿量之和（kg）；

t_d——灭火剂的喷射时间（s）。

第4.2.3条 喷嘴的孔口面积，应按下式计算：

$$A = \frac{10^6 q_m}{C_d \sqrt{2\rho P_n}} \quad (4.2.3)$$

式中 A——喷嘴的孔口面积（mm²）；

q_m——灭火剂的质量流量（kg/s）；

C_d——喷嘴的流量系数；

ρ——液态灭火剂的密度（kg/m³）；

P_n——喷嘴的工作压力（Pa）。

第4.2.4条 喷嘴的工作压力应按下式计算：

$$P_n = P_i - P_p - P_l \pm P_h \quad (4.2.4)$$

式中 P_n——喷嘴的工作压力（Pa）；

P_i——在施放灭火剂的过程中贮存容器内的压力（Pa）；

P_p——管道沿程阻力损失（Pa）；

P_l——管道局部阻力损失（Pa）；

P_h——高程压差（Pa）。

第4.2.6条 镀锌钢管内的阻力损失宜按下式计算，或按图4.2.6确定。

$$\frac{P_q}{L} = \left[12.0 + 0.82D + 37.7\left(\frac{D}{q_{mp}}\right)^{0.25}\right]\times\frac{q_{mp}^2}{D^5}\times10^8 \quad (4.2.6)$$

式中 $\frac{P_q}{L}$——单位长度管道的阻力损失（Pa/m）；

D——管道内径（mm）；

q_{mp}——管道内灭火剂的质量流量（kg/s）。

注：局部阻力损失宜采用当量长度法计算。

第4.2.7条 高程压差应按下式计算：

$$P_h = \rho \cdot H_h \cdot g_n \quad (4.2.7)$$

式中 P_h——高程压差（Pa）；

H_h——高程变化值（m）；

ρ——液态灭火剂的密度（kg/m³）；

g_n——重力加速度（9.81m/s²）。

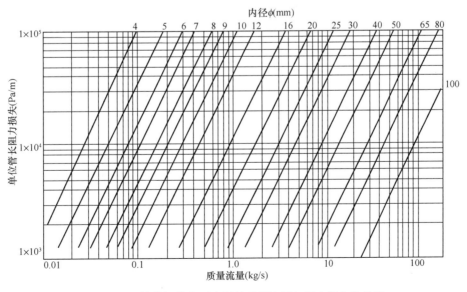

图4.2.6 镀锌钢管内灭火剂的质量流量与阻力损失的关系

第五章 系统的组件

第一节 贮存装置

第5.1.2条 在贮存容器上或容器阀上,应设泄压装置和压力表。

第5.1.3条 在容器阀与集流管之间的管道上应设单向阀;单向阀与容器阀或单向阀与集流管之间应采用软管连接;贮存容器和集流管应采用支架固定。

第5.1.4条 在贮存装置上应设耐久的固定标牌,标明每个贮存容器的编号、灭火剂的充装量、充装日期和贮存压力等。

第5.1.5条 对用于保护同一防护区的贮存容器,其规格尺寸、充装量和贮存压力均应相同。

第5.1.6条 管网灭火系统的贮存装置宜设在靠近防护区的专用贮瓶间内。

该房间的耐火等级不应低于二级,室温应为0℃至50℃,出口应直接通向室外或疏散走道。

设在地下的贮瓶间应设机械排风装置,排风口应直接通向室外。

第二节 阀门和喷嘴

第5.2.1条 在组合分配系统中,每个防护区应设一个选择阀,其公称直径应与主管道的公称直径相等。

选择阀的位置应靠近贮存容器且便于手动操作。选择阀应设有标明防护区的金属牌。

第5.2.2条 喷嘴的布置应确保灭火剂均匀分布。设置在有粉尘的防护区内的喷嘴,应增设不影响喷射效果的防尘罩。

第三节 管道及其附件

第5.3.1条 管道及其附件应能承受最高环境温度下的贮存压力,并应符合下列规定:

一、贮存压力为 10.5×10^5 Pa 的系统,宜采用符合现行国家标准《低压流体输送用镀锌焊接钢管》中规定的加厚管。

贮存压力为 25.0×10^5 Pa 的系统,应采用符合现行国家标准《冷拔或冷轧精密无缝钢管》等中规定的无缝钢管。

钢管应内外镀锌。

二、在有腐蚀镀锌层的气体、蒸气场所内,应采用符合现行国家标准《不锈钢无缝钢管》、《拉制铜管》或《挤制铜管》中规定的不锈钢管或铜管。

第5.3.2条 公称直径等于或小于80mm的管道附件,宜采用螺纹连接;公称直径大于80mm的管道附件,应采用法兰连接。

钢制管道附件应内外镀锌。在有腐蚀镀锌层的气体、蒸气场所内,应采用铜合金或不锈钢的管道附件。

第5.3.3条 管网宜布置成均衡系统。均衡系统应符合下列规定:

一、从贮存容器到每个喷嘴的管道长度,应大于最长管道长度的90%;

二、从贮存容器到每个喷嘴的管道当量长度,应大于最长管道当量长度的90%;

三、每个喷嘴的平均设计质量流量均应相等。

第5.3.4条 阀门之间的封闭管段应设置泄压装置。在通向每个防护区的主管道上,应设压力讯号器或流量讯号器。

第5.3.5条 设置在有爆炸危险的可燃气体、蒸气或粉尘场所内的管网系统,应设防静电接地装置。

第六章 操作和控制

第6.0.1条 管网灭火系统应有自动控制、手动控制和机械应急操作三种启动方式;无管网灭火装置应有自动控制和手动控制两种启动方式。

第6.0.2条 自动控制应在接到两个独立的火灾信号后才能启动;手动控制装置应设在防护区外便于操作的地方;机械应急操作装置应设在贮瓶间或防护区外便于操作的地方,并能在一个地点完成施放灭火剂的全部动作。

第6.0.3条 卤代烷1211灭火系统的供电,应符合有关规范的规定。采用气动动力源时,应保证施放灭火剂时所需要的压力和用气量。

第6.0.4条 卤代烷1211灭火系统的防护区,应设置火灾自动报警系统。

第七章 安全要求

第7.0.1条 防护区内应设有能在30s内使该区人员疏散完毕的通道与出口。

在疏散通道与出口处,应设置事故照明和疏散指示标志。

第7.0.2条 防护区内应设置火灾和灭火剂施放的声报警器;在防护区的每个入口处,应设置光报警器和采用卤代烷1211灭火系统的防护标志。

第7.0.3条 在经常有人的防护区内设置的无管网灭火装置应有切断自动控制系统的手动装置。

第7.0.4条 防护区的门应能自动关闭,并应保证在任何情况下均能从防护区内打开。

第7.0.5条 灭火后的防护区应通风换气。

无窗或固定窗扇的地上防护区和地下防护区,应设置机械排风装置。

第7.0.6条 凡设有卤代烷1211灭火系统的建筑物,应配置专用的空气呼吸器或氧气呼吸器。

附录一 名词解释

附表07.1.1

名词	说明
卤代烷1211	卤代烷1211即二氟一氯一溴甲烷,化学分子式为 CF_2ClBr。四位阿拉伯数字1211依次代表化合物分子中所含碳,氟,氯,溴原子的数目
全淹没系统	全淹没系统是由一套贮存装置在规定的时间内,向防护区喷射一定浓度的灭火剂,使其均匀地充满整个防护区空间的系统

续附表07.1.1

名词	说明
灭火浓度	灭火浓度是指在101.325kPa大气压和规定的温度条件下,扑灭某种可燃物质火灾所需灭火剂在空气中的最小体积百分比
惰化浓度	惰化浓度是指在101.325kPa大气压和规定的温度条件下,不管可燃气体或蒸汽与空气处在何种配比下,均能抑制燃烧或爆炸所需灭火剂在空气中的最小体积百分比
设计浓度	设计浓度是指将灭火浓度或惰化浓度乘以安全系数后得到的浓度
充装密度	充装密度为贮存容器内灭火剂的质量与容器容积之比,单位为kg/m³
充装比	充装比是指20℃时贮存容器内液态灭火剂的体积与容器容积之比
防护区	防护区是人为规定的一个区域,它可包括一个或几个相连的封闭空间
分界面	分界面是指通过开口进入防护区的空气和防护区内含有灭火剂的混合气体之间所形成的水平面
单元独立系统	单元独立系统是保护一个保护区的灭火系统
组合分配系统	组合分配系统是指用一套灭火剂贮存装置保护多个防护区的灭火系统
无管网灭火装置	无管网灭火装置是将灭火剂贮存容器,阀门和喷嘴等组合在一起的灭火装置
灭火剂喷射时间	灭火剂喷射时间为全部喷嘴开始喷射液态灭火剂到其中任何一个喷嘴开始喷射气体的时间
灭火剂浸渍时间	灭火剂浸渍时间是指防护区内的被保护物完全浸没在保持着灭火剂设计浓度的混合气体中的时间
可燃固体表面火灾	可燃固体表面火灾是指由可燃固体表面受热、分解或氧化而引起的有焰燃烧或无焰燃烧所形成的火灾

附录二 卤代烷1211蒸气的比容积

在101.325kPa大气压力下,卤代烷1211蒸气的比容积可采用下式计算,也可由附图2.1确定。

$$\mu = 0.1287 + 0.0005510\theta \quad (附2.1)$$

式中 μ——卤代烷1211在101.325kPa大气压下的蒸气的比容积(m³/kg);

θ——防护区环境的温度(℃)。

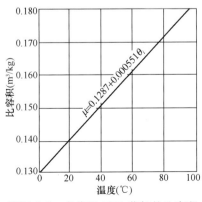

附图2.1 卤代烷1211蒸气的比容积

附录三 卤代烷1211蒸气压力

卤代烷1211蒸气压力可采用下式计算,也可由附图3.1确定。

$$\lg P_{va} = 9.038 - \frac{964.6}{\theta_i + 243.3} \quad (附3.1)$$

式中 $\lg P_{va}$——以10为底P_{va}的对数;

P_{va}——卤代烷1211蒸气压力(绝对压力,Pa);

θ_i——卤代烷1211蒸气温度(℃)。

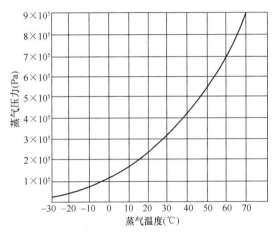

附图3.1 卤代烷1211蒸气压力(绝对压力)

附录四 卤代烷1211设计浓度

一、在101.325kPa大气压和25℃的空气中的灭火浓度及设计浓度

附表4.1

物质名称	在25℃测定的灭火浓度(%)	最小设计浓度(%)
甲烷	2.8	5.0
乙烷	5.0	6.0
丙烷	4.5	5.4
丁烷	4.0	5.0
异丁烷	3.8	5.0
乙烯	6.8	8.2
丙烯	5.2	6.2
甲醇	8.2	9.8
乙醇	4.5	5.4
丙醇	4.3	5.2
异丙醇	3.8	5.0
丁醇	4.4	5.3
二甲基丙醇	4.3	5.2
异丁醇	3.8	5.0

续附表 4.1

物质名称	在25℃测定的灭火浓度（%）	最小设计浓度（%）
戊醇	4.2	5.0
己醇	4.5	5.4
戊烷	3.7	5.0
庚烷	3.8	5.0
己烷	3.7	5.0
2,2,5-三甲基己烷	3.3	5.0
乙二醇	3.0	5.0
丙酮	3.8	5.0
戊二酮-(2,4)	4.1	5.0
丁酮	3.9	5.0
醋酸乙酯	3.3	5.0
乙酰醋酸乙酯	3.6	5.0
甲基醋酸乙酯	3.3	5.0
二乙醚	4.4	5.3
苯	2.9	5.0
甲苯	2.2	5.0
乙苯	3.1	5.0
混合二甲苯	2.5	5.0
氯苯	0.9	5.0
苯甲醇	2.9	5.0
乙腈	3.0	5.0
丙烯腈	4.7	5.6
1-氯-2,3-环氧丙烷	5.5	6.6
硝基甲烷	4.9	5.9
N·N-二甲基酰胺	3.6	5.0
二硫化碳	1.6	5.0
变质(含甲醇)酒精	4.2	5.0
石油溶剂(油漆用)	3.6	5.0
航空涡轮用汽油	4.0	5.0
航空汽油	3.5	5.0
航空涡轮用煤油	3.7	5.0
航空用重煤油	3.5	5.0
石油醚	3.7	5.0
汽油(辛烷值98)	3.9	5.0
环己烷	3.9	5.0
萘烷	2.9	5.0
异丙基硝酸酯	7.5	9.0

二、在101.325kPa大气压和25℃的空气中的惰化浓度及设计浓度

附表 4.2

物质名称	在25℃测定的惰化浓度（%）	最小设计浓度（%）
甲烷	6.1	7.3
丙烷	8.4	10.1
氢	37.0	44.4
正己烷	7.4	8.9
乙烯	11.6	13.9
丙酮	6.9	8.3

附录五 海拔高度修正系数

海拔高度高于海平面的防护区，海拔高度修正系数 K_c 等于本规范附表5.1中的修正系数 K_o；

海拔高度低于海平面的防护区，海拔高度修正系数 K_c 等于本规范附表5.1中的修正系数 K_o 的倒数；

修正系数 K_o 也可由下式计算：

$$K_o = 5.3788 \times 10^{-9} \cdot H^2 - 1.1975 \times 10^{-4} \cdot H + 1$$

(附5.1)

式中 K_o——修正系数；

H——海拔高度（m）。

附表 5.1 修正系数

海拔高度(m)	大气压力(Pa)	修正系数(K_o)
0	1.013×10^5	1.000
300	0.978×10^5	0.964
600	0.943×10^5	0.930
900	0.910×10^5	0.896
1200	0.877×10^5	0.864
1500	0.845×10^5	0.830
1800	0.815×10^5	0.802
2100	0.785×10^5	0.772
2400	0.756×10^5	0.744
2700	0.728×10^5	0.715
3000	0.702×10^5	0.689
3300	0.675×10^5	0.663
3600	0.650×10^5	0.639
3900	0.626×10^5	0.615
4200	0.601×10^5	0.592
4500	0.578×10^5	0.572

31. 《建筑灭火器配置设计规范》GB 50140—2005

1 总 则

1.0.2 本规范适用于生产、使用或储存可燃物的新建、改建、扩建的工业与民用建筑工程。

本规范不适用于生产或储存炸药、弹药、火工品、花炮的厂房或库房。

1.0.3 灭火器的配置类型、规格、数量及其设置位置应作为建筑消防工程设计的内容，并应在工程设计图上标明。

1.0.4 灭火器的配置，除执行本规范外，尚应符合国家现行有关标准、规范的规定。

2 术语和符号

2.1 术 语

2.1.1 灭火器配置场所 distribution place of fire extinguisher

存在可燃的气体、液体、固体等物质，需要配置灭火器的场所。

2.1.2 计算单元 calculation unit

灭火器配置的计算区域。

2.1.3 保护距离 travel distance

灭火器配置场所内，灭火器设置点到最不利点的直线行走距离。

2.1.4 灭火级别 fire rating

表示灭火器能够扑灭不同种类火灾的效能。由表示灭火效能的数字和灭火种类的字母组成。

建筑灭火器配置类型、规格和灭火级别基本参数举例见本规范附录A。

2.2 符 号

2.2.1 灭火器配置设计计算符号：

Q——计算单元的最小需配灭火级别（A或B）；
S——计算单元的保护面积（m^2）；
U——A类或B类火灾场所单位灭火级别最大保护面积（m^2/A 或 m^2/B）；
K——修正系数；
Q_e——计算单元中每个灭火器设置点的最小需配灭火级别（A或B）；
N——计算单元中的灭火器设置点数（个）。

2.2.2 灭火器配置设计图例见本规范附录B。

3 灭火器配置场所的火灾种类和危险等级

3.1 火灾种类

3.1.1 灭火器配置场所的火灾种类应根据该场所内的物质及其燃烧特性进行分类。

3.1.2 灭火器配置场所的火灾种类可划分为以下五类：

1 A类火灾：固体物质火灾。
2 B类火灾：液体火灾或可熔化固体物质火灾。
3 C类火灾：气体火灾。
4 D类火灾：金属火灾。
5 E类火灾（带电火灾）：物体带电燃烧的火灾。

3.2 危险等级

3.2.1 工业建筑灭火器配置场所的危险等级，应根据其生产、使用、储存物品的火灾危险性，可燃物数量，火灾蔓延速度，扑救难易程度等因素，划分为以下三级：

1 严重危险级：火灾危险性大，可燃物多，起火后蔓延迅速，扑救困难，容易造成重大财产损失的场所；

2 中危险级：火灾危险性较大，可燃物较多，起火后蔓延较迅速，扑救较难的场所；

3 轻危险级：火灾危险性较小，可燃物较少，起火后蔓延较缓慢，扑救较易的场所。

工业建筑灭火器配置场所的危险等级举例见本规范附录C。

3.2.2 民用建筑灭火器配置场所的危险等级，应根据其使用性质，人员密集程度，用电用火情况，可燃物数量，火灾蔓延速度，扑救难易程度等因素，划分为以下三级：

1 严重危险级：使用性质重要，人员密集，用电用火多，可燃物多，起火后蔓延迅速，扑救困难，容易造成重大财产损失或人员群死群伤的场所；

2 中危险级：使用性质较重要，人员较密集，用电用火较多，可燃物较多，起火后蔓延较迅速，扑救较难的场所；

3 轻危险级：使用性质一般，人员不密集，用电用火较少，可燃物较少，起火后蔓延较缓慢，扑救较易的场所。

民用建筑灭火器配置场所的危险等级举例见本规范附录D。

4 灭火器的选择

4.1 一般规定

4.1.1 灭火器的选择应考虑下列因素：

1 灭火器配置场所的火灾种类；
2 灭火器配置场所的危险等级；
3 灭火器的灭火效能和通用性；
4 灭火剂对保护物品的污损程度；
5 灭火器设置点的环境温度；
6 使用灭火器人员的体能。

4.1.2 在同一灭火器配置场所，宜选用相同类型和操作方法的灭火器。当同一灭火器配置场所存在不同火灾种类时，应选用通用型灭火器。

4.1.3 在同一灭火器配置场所，当选用两种或两种以上类型灭火器时，应采用灭火剂相容的灭火器。

4.1.4 不相容的灭火剂举例见本规范附录 E 的规定。

4.2 灭火器的类型选择

4.2.1 A 类火灾场所应选择水型灭火器、磷酸铵盐干粉灭火器、泡沫灭火器或卤代烷灭火器。

4.2.2 B 类火灾场所应选择泡沫灭火器、碳酸氢钠干粉灭火器、磷酸铵盐干粉灭火器、二氧化碳灭火器、灭 B 类火灾的水型灭火器或卤代烷灭火器。

极性溶剂的 B 类火灾场所应选择灭 B 类火灾的抗溶性灭火器。

4.2.3 C 类火灾场所应选择磷酸铵盐干粉灭火器、碳酸氢钠干粉灭火器、二氧化碳灭火器或卤代烷灭火器。

4.2.4 D 类火灾场所应选择扑灭金属火灾的专用灭火器。

4.2.5 E 类火灾场所应选择磷酸铵盐干粉灭火器、碳酸氢钠干粉灭火器、卤代烷灭火器或二氧化碳灭火器，但不得选用装有金属喇叭喷筒的二氧化碳灭火器。

4.2.6 非必要场所不应配置卤代烷灭火器。非必要场所的举例见本规范附录 F。必要场所可配置卤代烷灭火器。

5 灭火器的设置

5.1 一般规定

5.1.1 灭火器应设置在位置明显和便于取用的地点，且不得影响安全疏散。

5.1.2 对有视线障碍的灭火器设置点，应设置指示其位置的发光标志。

5.1.3 灭火器的摆放应稳固，其铭牌应朝外。手提式灭火器宜设置在灭火器箱内或挂钩、托架上，其顶部离地面高度不应大于 1.50m；底部离地面高度不宜小于 0.08m。灭火器箱不得上锁。

5.1.4 灭火器不宜设置在潮湿或强腐蚀性的地点。当必须设置时，应有相应的保护措施。

灭火器设置在室外时，应有相应的保护措施。

5.1.5 灭火器不得设置在超出其使用温度范围的地点。

5.2 灭火器的最大保护距离

5.2.1 设置在 A 类火灾场所的灭火器，其最大保护距离应符合表 5.2.1 的规定。

5.2.2 设置在 B、C 类火灾场所的灭火器，其最大保护距离应符合表 5.2.2 的规定。

5.2.3 D 类火灾场所的灭火器，其最大保护距离应根据具体情况研究确定。

表 5.2.1 A 类火灾场所的灭火器最大保护距离（m）

灭火器型式 危险等级	手提式灭火器	推车式灭火器
严重危险级	15	30
中危险级	20	40
轻危险级	25	50

表 5.2.2 B、C 类火灾场所的灭火器最大保护距离（m）

灭火器型式 危险等级	手提式灭火器	推车式灭火器
严重危险级	9	18
中危险级	12	24
轻危险级	15	30

5.2.4 E 类火灾场所的灭火器，其最大保护距离不应低于该场所内 A 类或 B 类火灾的规定。

6 灭火器的配置

6.1 一般规定

6.1.1 一个计算单元内配置的灭火器数量不得少于 2 具。

6.1.3 当住宅楼每层的公共部位建筑面积超过 100m² 时，应配置 1 具 1A 的手提式灭火器；每增加 100m² 时，增配 1 具 1A 的手提式灭火器。

6.2 灭火器的最低配置基准

6.2.1 A 类火灾场所灭火器的最低配置基准应符合表 6.2.1 的规定。

表 6.2.1 A 类火灾场所灭火器的最低配置基准

危险等级	严重危险级	中危险级	轻危险级
单具灭火器最小配置灭火级别	3A	2A	1A
单位灭火级别最大保护面积（m²/A）	50	75	100

6.2.2 B、C 类火灾场所灭火器的最低配置基准应符合表 6.2.2 的规定。

表 6.2.2 B、C 类火灾场所灭火器的最低配置基准

危险等级	严重危险级	中危险级	轻危险级
单具灭火器最小配置灭火级别	89B	55B	21B
单位灭火级别最大保护面积（m²/B）	0.5	1.0	1.5

6.2.3 D 类火灾场所的灭火器最低配置基准应根据金属的种类、物态及其特性等研究确定。

6.2.4 E 类火灾场所的灭火器最低配置基准不应低于该场所内 A 类（或 B 类）火灾的规定。

7 灭火器配置设计计算

7.1 一般规定

7.1.1 灭火器配置的设计与计算应按计算单元进行。灭火器

最小需配灭火级别和最少需配数量的计算值应进位取整。

7.1.2 每个灭火器设置点实配灭火器的灭火级别和数量不得小于最小需配灭火级别和数量的计算值。

7.1.3 灭火器设置点的位置和数量应根据灭火器的最大保护距离确定，并应保证最不利点至少在 1 具灭火器的保护范围内。

7.2 计算单元

7.2.1 灭火器配置设计的计算单元应按下列规定划分：
  1 当一个楼层或一个水平防火分区内各场所的危险等级和火灾种类相同时，可将其作为一个计算单元。
  2 当一个楼层或一个水平防火分区内各场所的危险等级和火灾种类不相同时，应将其分别作为不同的计算单元。
  3 同一计算单元不得跨越防火分区和楼层。

7.2.2 计算单元保护面积的确定应符合下列规定：
  1 建筑物应按其建筑面积确定；
  2 可燃物露天堆场，甲、乙、丙类液体储罐区，可燃气体储罐区应按堆垛、储罐的占地面积确定。

7.3 配置设计计算

7.3.1 计算单元的最小需配灭火级别应按下式计算：

$$Q = K \frac{S}{U} \quad (7.3.1)$$

式中 Q——计算单元的最小需配灭火级别（A 或 B）；
   S——计算单元的保护面积（m²）；
   U——A 类或 B 类火灾场所单位灭火级别最大保护面积（m²/A 或 m²/B）；
   K——修正系数。

7.3.2 修正系数应按表 7.3.2 的规定取值。

表 7.3.2 修正系数

计算单元	K
未设室内消火栓系统和灭火系统	1.0
设有室内消火栓系统	0.9
设有灭火系统	0.7
设有室内消火栓系统和灭火系统	0.5
可燃物露天堆场 甲、乙、丙类液体储罐区 可燃气体储罐区	0.3

7.3.3 歌舞娱乐放映游艺场所、网吧、商场、寺庙以及地下场所等的计算单元的最小需配灭火级别应按下式计算：

$$Q = 1.3K \frac{S}{U} \quad (7.3.3)$$

7.3.4 计算单元中每个灭火器设置点的最小需配灭火级别应按下式计算：

$$Q_e = \frac{Q}{N} \quad (7.3.4)$$

式中 Q_e——计算单元中每个灭火器设置点的最小需配灭火

级别（A 或 B）；
   N——计算单元中的灭火器设置点数（个）。

7.3.5 灭火器配置的设计计算可按下述程序进行：
  1 确定各灭火器配置场所的火灾种类和危险等级；
  2 划分计算单元，计算各计算单元的保护面积；
  3 计算各计算单元的最小需配灭火级别；
  4 确定各计算单元中的灭火器设置点的位置和数量；
  5 计算每个灭火器设置点的最小需配灭火级别；
  6 确定每个设置点灭火器的类型、规格与数量；
  7 确定每具灭火器的设置方式和要求；
  8 在工程设计图上用灭火器图例和文字标明灭火器的型号、数量与设置位置。

附录 A 建筑灭火器配置类型、规格和灭火级别基本参数举例

表 A.0.1 手提式灭火器类型、规格和灭火级别

灭火器类型	灭火剂充装量（规格）		灭火器类型规格代码（型号）	灭火级别	
	L	kg		A 类	B 类
水型	3	—	MS/Q3	1A	—
			MS/T3		55B
	6	—	MS/Q6	1A	—
			MS/T6		55B
	9	—	MS/Q9	2A	—
			MS/T9		89B
泡沫	3	—	MP3、MP/AR3	1A	55B
	4	—	MP4、MP/AR4	1A	55B
	6	—	MP6、MP/AR6	1A	55B
	9	—	MP9、MP/AR9	2A	89B
干粉（碳酸氢钠）	—	1	MF1		21B
	—	2	MF2		21B
	—	3	MF3		34B
	—	4	MF4		55B
	—	5	MF5		89B
	—	6	MF6		89B
	—	8	MF8		144B
	—	10	MF10		144B
干粉（磷酸铵盐）	—	1	MF/ABC1	1A	21B
	—	2	MF/ABC2	1A	21B
	—	3	MF/ABC3	2A	34B
	—	4	MF/ABC4	2A	55B
	—	5	MF/ABC5	3A	89B
	—	6	MF/ABC6	3A	89B
	—	8	MF/ABC8	4A	144B
	—	10	MF/ABC10	6A	144B

续表 A.0.1

灭火器类型	灭火剂充装量（规格）		灭火器类型规格代码（型号）	灭火级别	
	L	kg		A类	B类
卤代烷（1211）	—	1	MY1	—	21B
	—	2	MY2	(0.5A)	21B
	—	3	MY3	(0.5A)	34B
	—	4	MY4	1A	34B
	—	6	MY6	1A	55B
二氧化碳	—	2	MT2	—	21B
	—	3	MT3	—	21B
	—	5	MT5	—	34B
	—	7	MT7	—	55B

表 A.0.2 推车式灭火器类型、规格和灭火级别

灭火器类型	灭火剂充装量（规格）		灭火器类型规格代码（型号）	灭火级别	
	L	kg		A类	B类
水型	20		MST20	4A	—
	45		MST40	4A	—
	60		MST60	4A	—
	125		MST125	6A	—
泡沫	20		MPT20、MPT/AR20	4A	113B
	45		MPT40、MPT/AR40	4A	144B
	60		MPT60、MPT/AR60	4A	233B
	125		MPT125、MPT/AR125	6A	297B
干粉（碳酸氢钠）	—	20	MFT20	—	183B
	—	50	MFT50	—	297B
	—	100	MFT100	—	297B
	—	125	MFT125	—	297B
干粉（磷酸铵盐）	—	20	MFT/ABC20	6A	183B
	—	50	MFT/ABC50	8A	297B
	—	100	MFT/ABC100	10A	297B
	—	125	MFT/ABC125	10A	297B
卤代烷（1211）	—	10	MYT10	—	70B
	—	20	MYT20	—	144B
	—	30	MYT30	—	183B
	—	50	MYT50	—	297B
二氧化碳	—	10	MTT10	—	55B
	—	20	MTT20	—	70B
	—	30	MTT30	—	113B
	—	50	MTT50	—	183B

附录 B 建筑灭火器配置设计图例

表 B.0.1 手提式、推车式灭火器图例

序号	图例	名称
1	△	手提式灭火器 Portable fire extinguisher
2	△	推车式灭火器 wheeled fire extinguisher

表 B.0.2 灭火剂种类图例

序号	图例	名称
3	⊗	水 Water
4	◐	泡沫 Foam
5	⊗	含有添加剂的水 Water with additive
6	⊠	BC类干粉 BC powder
7	▨	ABC类干粉 ABC powder
8	△	卤代烷 Halon
9	△	二氧化碳 Carbon dioxide（CO$_2$）
10	△	非卤代烷和二氧化碳类气体灭火剂 Extinguishing gas other than Halon or CO$_2$

表 B.0.3 灭火器图例举例

序号	图例	名称
11	△	手提式清水灭火器 Water Portable extinguisher
12	△	手提式 ABC 类干粉灭火器 ABC powder Portable extinguisher

续表 B.0.3

序号	图例	名称
13		手提式二氧化碳灭火器 Carbon dioxide Portable extinguisher
14		推车式BC类干粉灭火器 Wheeled BC powder extinguisher

附录 C 工业建筑灭火器配置场所的危险等级举例

表 C 工业建筑灭火器配置场所的危险等级举例

危险等级	举例	
	厂房和露天、半露天生产装置区	库房和露天、半露天堆场
严重危险级	1. 闪点<60℃的油品和有机溶剂的提炼、回收、洗涤部位及其泵房、灌桶间	1. 化学危险物品库房
	2. 橡胶制品的涂胶和胶浆部位	2. 装卸原油或化学危险物品的车站、码头
	3. 二硫化碳的粗馏、精馏工段及其应用部位	3. 甲、乙类液体储罐区、桶装库房、堆场
	4. 甲醇、乙醇、丙酮、丁酮、异丙醇、醋酸乙酯、苯等的合成、精制厂房	4. 液化石油气储罐区、桶装库房、堆场
	5. 植物油加工厂的浸出厂房	5. 棉花库房及散装堆场
	6. 洗涤剂厂房石蜡裂解部位、冰醋酸裂解厂房	6. 稻草、芦苇、麦秸等堆场
	7. 环氧氢丙烷、苯乙烯厂房或装置区	7. 赛璐珞及其制品、漆布、油布、油纸及其制品，油绸及其制品库房
	8. 液化石油气灌瓶间	8. 酒精度为60度以上的白酒库房
	9. 天然气、石油伴生气、水煤气或焦炉煤气的净化（如脱硫）厂房压缩机室及鼓风机室	
	10. 乙炔站、氢气站、煤气站、氧气站	
	11. 硝化棉、赛璐珞厂房及其应用部位	
	12. 黄磷、赤磷制备厂房及其应用部位	
	13. 樟脑或松香提炼厂房，焦化厂精萘厂房	

续表 C

危险等级	举例	
	厂房和露天、半露天生产装置区	库房和露天、半露天堆场
严重危险级	14. 煤粉厂房和面粉厂房的碾磨部位	
	15. 谷物筒仓工作塔、亚麻厂的除尘器和过滤器室	
	16. 氯酸钾厂房及其应用部位	
	17. 发烟硫酸或发烟硝酸浓缩部位	
	18. 高锰酸钾、重铬酸钠厂房	
	19. 过氧化钠、过氧化钾、次氯酸钙厂房	
	20. 各工厂的总控制室、分控制室	
	21. 国家和省级重点工程的施工现场	
	22. 发电厂（站）和电网经营企业的控制室、设备间	
中危险级	1. 闪点≥60℃的油品和有机溶剂的提炼、回收工段及其抽送泵房	1. 丙类液体储罐区、桶装库房、堆场
	2. 柴油、机器油或变压器油罐桶间	2. 化学、人造纤维及其织物和棉、毛、丝、麻及其织物的库房、堆场
	3. 润滑油再生部位或沥青加工厂房	3. 纸、竹、木及制品的库房、堆场
	4. 植物油加工精炼部位	4. 火柴、香烟、糖、茶叶库房
	5. 油浸变压器室和高、低压配电室	5. 中药材库房
	6. 工业用燃油、燃气锅炉房	6. 橡胶、塑料及制品的库房
	7. 各种电缆廊道	7. 粮食、食品库房、堆场
	8. 油淬火处理车间	8. 电脑、电视机、收录机等电子产品及家用电器库房
	9. 橡胶制品压延、成型和硫化厂房	9. 汽车、大型拖拉机停车库
	10. 木工厂房和竹、藤加工厂房	10. 酒精度小于60度的白酒库房

续表 C

危险等级	举例	
	厂房和露天、半露天生产装置区	库房和露天、半露天堆场
中危险级	11. 针织品厂房和纺织、印染、化纤生产的干燥部位	11. 低温冷库
	12. 服装加工厂房、印染厂成品厂房	
	13. 麻纺厂粗加工厂房、毛涤厂选毛厂房	
	14. 谷物加工厂房	
	15. 卷烟厂的切丝、卷制、包装厂房	
	16. 印刷厂的印刷厂房	
	17. 电视机、收录机装配厂房	
	18. 显像管厂装配工段烧枪间	
	19. 磁带装配厂房	
	20. 泡沫塑料厂的发泡、成型、印片、压花部位	
	21. 饲料加工厂房	
	22. 地市级及以下的重点工程的施工现场	
轻危险级	1. 金属冶炼、铸造、铆焊、热轧、锻造、热处理厂房	1. 钢材库房、堆场
	2. 玻璃原料熔化厂房	2. 水泥库房、堆场
	3. 陶瓷制品的烘干、烧成厂房	3. 搪瓷、陶瓷制品库房、堆场
	4. 酚醛泡沫塑料的加工厂房	4. 难燃烧或非燃烧的建筑装饰材料库房、堆场
	5. 印染厂的漂炼部位	5. 原木库房、堆场
	6. 化纤厂后加工润湿部位	6. 丁、戊类液体储罐区、桶装库房、堆场
	7. 造纸厂或化纤厂的浆粕蒸煮工段	
	8. 仪表、器械或车辆装配车间	
	9. 不燃液体的泵房和阀门室	
	10. 金属（镁合金除外）冷加工车间	
	11. 氟里昂厂房	

附录 D 民用建筑灭火器配置场所的危险等级举例

表 D 民用建筑灭火器配置场所的危险等级举例

危险等级	举例
严重危险级	1. 县级及以上的文物保护单位、档案馆、博物馆的库房、展览室、阅览室
	2. 设备贵重或可燃物多的实验室
	3. 广播电台、电视台的演播室、道具间和发射塔楼
	4. 专用电子计算机房
	5. 城镇及以上的邮政信函和包裹分拣房、邮袋库、通信枢纽及其电信机房
	6. 客房数在 50 间以上的旅馆、饭店的公共活动用房、多功能厅、厨房
	7. 体育场（馆）、电影院、剧院、会堂、礼堂的舞台及后台部位
	8. 住院床位在 50 张及以上的医院的手术室、理疗室、透视室、心电图室、药房、住院部、门诊部、病历室
	9. 建筑面积在 2000m² 及以上的图书馆、展览馆的珍藏室、阅览室、书库、展览厅
	10. 民用机场的候机厅、安检厅及空管中心、雷达机房
	11. 超高层建筑和一类高层建筑的写字楼、公寓楼
	12. 电影、电视摄影棚
	13. 建筑面积在 1000m² 及以上的经营易燃易爆化学物品的商场、商店的库房及铺面
	14. 建筑面积在 200m² 及以上的公共娱乐场所
	15. 老人住宿床位在 50 张及以上的养老院
	16. 幼儿住宿床位在 50 张及以上的托儿所、幼儿园
	17. 学生住宿床位在 100 张及以上的学校集体宿舍
	18. 县级及以上的党政机关办公大楼的会议室
	19. 建筑面积在 500m² 及以上的车站和码头的候车（船）室、行李房
	20. 城市地下铁道、地下观光隧道
	21. 汽车加油站、加气站
	22. 机动车交易市场（包括旧机动车交易市场）及其展销厅
	23. 民用液化气、天然气灌装站、换瓶站、调压站
中危险级	1. 县级以下的文物保护单位、档案馆、博物馆的库房、展览室、阅览室
	2. 一般的实验室
	3. 广播电台电视台的会议室、资料室
	4. 设有集中空调、电子计算机、复印机等设备的办公室

续表 D

危险等级	举例
中危险级	5. 城镇以下的邮政信函和包裹分捡房、邮袋库、通信枢纽及其电信机房
	6. 客房数在 50 间以下的旅馆、饭店的公共活动用房、多功能厅和厨房
	7. 体育场（馆）、电影院、剧院、会堂、礼堂的观众厅
	8. 住院床位在 50 张以下的医院的手术室、理疗室、透视室、心电图室、药房、住院部、门诊部、病历室
	9. 建筑面积在 2000m² 以下的图书馆、展览馆的珍藏室、阅览室、书库、展览厅
	10. 民用机场的检票厅、行李厅
	11. 二类高层建筑的写字楼、公寓楼
	12. 高级住宅、别墅
	13. 建筑面积在 1000m² 以下的经营易燃易爆化学物品的商场、商店的库房及铺面
	14. 建筑面积在 200m² 以下的公共娱乐场所
	15. 老人住宿床位在 50 张以下的养老院
	16. 幼儿住宿床位在 50 张以下的托儿所、幼儿园
	17. 学生住宿床位在 100 张以下的学校集体宿舍
	18. 县级以下的党政机关办公大楼的会议室
	19. 学校教室、教研室
	20. 建筑面积在 500m² 以下的车站和码头的候车（船）室、行李房
	21. 百货楼、超市、综合商场的库房、铺面
	22. 民用燃油、燃气锅炉房
	23. 民用的油浸变压器室和高、低压配电室
轻危险级	1. 日常用品小卖店及经营难燃烧或非燃烧的建筑装饰材料商店
	2. 未设集中空调、电子计算机、复印机等设备的普通办公室
	3. 旅馆、饭店的客房
	4. 普通住宅
	5. 各类建筑物中以难燃烧或非燃烧的建筑构件分隔的并主要存贮难燃烧或非燃烧材料的辅助房间

附录 E 不相容的灭火剂举例

表 E 不相容的灭火剂举例

灭火剂类型	不相容的灭火剂	
干粉与干粉	磷酸铵盐	碳酸氢钠、碳酸氢钾
干粉与泡沫	碳酸氢钠、碳酸氢钾	蛋白泡沫
泡沫与泡沫	蛋白泡沫、氟蛋白泡沫	水成膜泡沫

附录 F 非必要配置卤代烷灭火器的场所举例

表 F.0.1 民用建筑类非必要配置卤代烷灭火器的场所举例

序号	名称
1	电影院、剧院、会堂、礼堂、体育馆的观众厅
2	医院门诊部、住院部
3	学校教学楼、幼儿园与托儿所的活动室
4	办公楼
5	车站、码头、机场的候车、候船、候机厅
6	旅馆的公共场所、走廊、客房
7	商店
8	百货楼、营业厅、综合商场
9	图书馆一般书库
10	展览厅
11	住宅
12	民用燃油、燃气锅炉房

表 F.0.2 工业建筑类非必要配置卤代烷灭火器的场所举例

序号	名称
1	橡胶制品的涂胶和胶浆部位；压延成型和硫化厂房
2	橡胶、塑料及其制品库房
3	植物油加工厂的浸出厂房；植物油加工精炼部位
4	黄磷、赤磷制备厂房及其应用部位
5	樟脑或松香提炼厂房、焦化厂精萘厂房
6	煤粉厂房和面粉厂房的碾磨部位
7	谷物筒仓工作塔、亚麻厂的除尘器和过滤器室
8	散装棉花堆场
9	稻草、芦苇、麦秸等堆场
10	谷物加工厂房
11	饲料加工厂房
12	粮食、食品库房及粮食堆场
13	高锰酸钾、重铬酸钠厂房
14	过氧化钠、过氧化钾、次氯酸钙厂房
15	可燃材料工棚
16	可燃液体贮罐、桶装库房或堆场
17	柴油、机器油或变压器油灌桶间
18	润滑油再生部位或沥青加工厂房
19	泡沫塑料厂的发泡、成型、印片、压花部位
20	化学、人造纤维及其织物和棉、毛、丝、麻及其织物的库房
21	酚醛泡沫塑料的加工厂房
22	化纤厂后加工润湿部位；印染厂的漂炼部位
23	木工厂房和竹、藤加工厂房
24	纸张、竹、木及其制品的库房、堆场
25	造纸厂或化纤厂的浆粕蒸煮工段
26	玻璃原料熔化厂房
27	陶瓷制品的烘干、烧成厂房
28	金属（镁合金除外）冷加工车间
29	钢材库房、堆场
30	水泥库房
31	搪瓷、陶瓷制品库房
32	难燃烧或非燃烧的建筑装饰材料库房
33	原木堆场

32.《建筑灭火器配置验收及检查规范》GB 50444—2008

1 总 则

1.0.2 本规范适用于工业与民用建筑中灭火器的安装设置、验收、检查和维护。

本规范不适用于生产或储存炸药、弹药、火工品、花炮的厂房或库房。

1.0.3 灭火器的安装设置、验收、检查和维护,除执行本规范的规定外,尚应符合国家现行有关标准的规定。

2 基本规定

2.1 质量管理

2.1.1 灭火器安装设置前应具备下列条件：
1 建筑灭火器配置设计图、设计说明、材料表应齐全；
2 设计单位应向建设、施工、监理单位进行技术交底；
3 施工现场应满足灭火器安装设置的要求。

2.1.2 灭火器的配置类型、规格、数量及其设置位置应符合批准的工程设计文件和施工技术标准。修改设计应由设计单位出具设计变更通知单。

2.1.3 安装设置前应对灭火器、灭火器箱及其附件等进行进场质量检查,检查不合格不得进行安装设置。

2.2 材料、器材

2.2.1 灭火器的进场检查应符合下列要求：
1 灭火器应符合市场准入的规定,并应有出厂合格证和相关证书；
2 灭火器的铭牌、生产日期和维修日期等标志应齐全；
3 灭火器的类型、规格、灭火级别和数量应符合配置设计要求；
4 灭火器筒体应无明显缺陷和机械损伤；
5 灭火器的保险装置应完好；
6 灭火器压力指示器的指针应在绿区范围内；
7 推车式灭火器的行驶机构应完好。

检查数量：全数检查。
检查办法：观察检查,资料检查。

2.2.2 灭火器箱的进场检查应符合下列要求：
1 灭火器箱应有出厂合格证和型式检验报告；
2 灭火器箱外观应无明显缺陷和机械损伤；
3 灭火器箱应开启灵活。

检查数量：全数检查。
检查办法：观察检查,资料检查。

2.2.3 设置灭火器的挂钩、托架应符合配置设计要求,无明显缺陷和机械损伤,并应有出厂合格证。

检查数量：全数检查。
检查办法：观察检查,资料检查。

2.2.4 发光指示标志应无明显缺陷和损伤,并应有出厂合格证和型式检验报告。

检查数量：全数检查。
检查办法：观察检查,资料检查。

3 安装设置

3.1 一般规定

3.1.1 灭火器的安装设置应包括灭火器、灭火器箱、挂钩、托架和发光指示标志等的安装。

3.1.2 灭火器的安装设置应按照建筑灭火器配置设计图和安装说明进行,安装设置单位应按照本规范附录A的规定编制建筑灭火器配置定位编码表。

3.1.3 灭火器的安装设置应便于取用,且不得影响安全疏散。

3.1.4 灭火器的安装设置应稳固,灭火器的铭牌应朝外,灭火器的器头宜向上。

3.1.5 灭火器设置点的环境温度不得超出灭火器的使用温度范围。

3.2 手提式灭火器的安装设置

3.2.2 灭火器箱不应被遮挡、上锁或拴系。

检查数量：全数检查。
检查方法：观察检查。

3.2.3 灭火器箱的箱门开启应方便灵活,其箱门开启后不得阻挡人员安全疏散。除不影响灭火器取用和人员疏散的场合外,开门型灭火器箱的箱门开启角度不应小于175°,翻盖型灭火器箱的翻盖开启角度不应小于100°。

检查数量：全数检查。
检查方法：观察检查与实测。

3.2.4 挂钩、托架安装后应能承受一定的静载荷,不应出现松动、脱落、断裂和明显变形。

检查数量：随机抽查20%,但不少于3个；总数少于3个时,全数检查。

检查方法：以5倍的手提式灭火器的载荷悬挂于挂钩、托架上,作用5min,观察是否出现松动、脱落、断裂和明显变形等现象；当5倍的手提式灭火器质量小于45kg时,应按45kg进行检查。

3.2.5 挂钩、托架安装应符合下列要求：
1 应保证可用徒手的方式便捷地取用设置在挂钩、托架上的手提式灭火器；
2 当两具及两具以上的手提式灭火器相邻设置在挂钩、托架上时,应可任意地取用其中一具。

检查数量：随机抽查20%,但不少于3个；总数少于3个时,全数检查。

3.2.6 设有夹持带的挂钩、托架,夹持带的打开方式应从正面可以看到。当夹持带打开时,灭火器不应掉落。

检查数量:随机抽查20%,但不少于3个;总数少于3个时,全数检查。

检查方法:观察检查与实际操作。

3.2.7 嵌墙式灭火器箱及挂钩、托架的安装高度应满足手提式灭火器顶部离地面距离不大于1.50m,底部离地面距离不小于0.08m的规定。

检查数量:随机抽查20%,但不少于3个;总数少于3个时,全数检查。

检查方法:观察检查与实测。

3.3 推车式灭火器的设置

3.3.1 推车式灭火器宜设置在平坦场地,不得设置在台阶上。在没有外力作用下,推车式灭火器不得自行滑动。

检查数量:全数检查。

检查方法:观察检查。

3.3.2 推车式灭火器的设置和防止自行滑动的固定措施等均不得影响其操作使用和正常行驶移动。

检查数量:全数检查。

检查方法:观察检查。

3.4 其 他

3.4.1 在有视线障碍的设置点安装设置灭火器时,应在醒目的地方设置指示灭火器位置的发光标志。

检查数量:全数检查。

检查方法:观察检查。

3.4.2 在灭火器箱的箱体正面和灭火器设置点附近的墙面上应设置指示灭火器位置的标志,并宜选用发光标志。

检查数量:全数检查。

检查方法:观察检查。

3.4.3 设置在室外的灭火器应采取防湿、防寒、防晒等保护措施。

检查数量:全数检查。

检查方法:观察检查。

3.4.4 当灭火器设置在潮湿性或腐蚀性的场所时,应采取防湿或防腐蚀措施。

检查数量:全数检查。

检查方法:观察检查。

4 配置验收

4.1 一般规定

4.1.1 灭火器安装设置后,必须进行配置验收,验收不合格不得投入使用。

4.1.2 灭火器配置验收应由建设单位组织设计、安装、监理等单位按照建筑灭火器配置设计文件进行。

4.1.3 灭火器配置验收时,安装单位应提交下列技术资料:

1 建筑灭火器配置工程竣工图、建筑灭火器配置定位编码表;

2 灭火器配置设计说明、建筑设计防火审核意见书;

3 灭火器的有关质量证书、出厂合格证、使用维护说明书等。

4.1.4 灭火器配置验收应按本规范附录B的要求填写建筑灭火器配置验收报告。

4.2 配置验收

4.2.1 灭火器的类型、规格、灭火级别和配置数量应符合建筑灭火器配置设计要求。

检查数量:按照灭火器配置单元的总数,随机抽查20%,并不得少于3个;少于3个配置单元的,全数检查。歌舞娱乐放映游艺场所、甲乙类火灾危险性场所、文物保护单位,全数检查。

验收方法:对照建筑灭火器配置设计图进行。

4.2.2 灭火器的产品质量必须符合国家有关产品标准的要求。

检查数量:随机抽查20%,查看灭火器的外观质量。全数检查灭火器的合格手续。

验收方法:现场直观检查,查验产品有关质量证书。

4.2.3 在同一灭火器配置单元内,采用不同类型灭火器时,其灭火剂应能相容。

检查数量:随机抽查20%。

验收方法:对照建筑灭火器配置设计文件和灭火器铭牌,现场核实。

4.2.4 灭火器的保护距离应符合现行国家标准《建筑灭火器配置设计规范》GB 50140的有关规定,灭火器的设置应保证配置场所的任一点都在灭火器设置点的保护范围内。

检查数量:按照灭火器配置单元的总数,随机抽查20%;少于3个配置单元的,全数检查。

验收方法:用尺丈量。

4.2.5 灭火器设置点附近应无障碍物,取用灭火器方便,且不得影响人员安全疏散。

检查数量:全数检查。

验收方法:观察检查。

4.2.6 灭火器箱应符合本规范第3.2.2、3.2.3条的规定。

检查数量:随机抽查20%,但不少于3个;少于3个全数检查。

验收方法:观察检查与实测。

4.2.7 灭火器的挂钩、托架应符合本规范第3.2.4~3.2.6条的规定。

检查数量:随机抽查5%,但不少于3个;少于3个全数检查。

验收方法:观察检查与实测。

4.2.8 灭火器采用挂钩、托架或嵌墙式灭火器箱安装设置时,灭火器的设置高度应符合现行国家标准《建筑灭火器配置设计规范》GB 50140的要求,其设置点与设计点的垂直偏差不应大于0.01m。

检查数量:随机抽查20%,但不少于3个;少于3个全数检查。

验收方法:观察检查与实测。

4.2.9 推车式灭火器的设置,应符合本规范第3.3.1、3.3.2条的规定。

检查数量：全数检查。

验收方法：观察检查。

4.2.10 灭火器的位置标识，应符合本规范第3.4.1、3.4.2条的规定。

检查数量：全数检查。

验收方法：观察检查。

4.2.11 灭火器的摆放应稳固。灭火器的设置点应通风、干燥、洁净，其环境温度不得超出灭火器的使用温度范围。设置在室外和特殊场所的灭火器应采取相应的保护措施。

检查数量：全数检查。

验收方法：观察检查。

4.3 配置验收判定规则

4.3.1 灭火器配置验收应按独立建筑进行，局部验收可按申报的范围进行。

4.3.2 灭火器配置验收的判定规则应符合下列要求：

1 缺陷项目应按本规范附录B的规定划分为：严重缺陷项（A）、重缺陷项（B）和轻缺陷项（C）。

2 合格判定条件应为：A＝0，且B≤1，且B＋C≤4，否则为不合格。

5 检查与维护

5.1 一般规定

5.1.1 灭火器的检查与维护应由相关技术人员承担。

5.1.2 每次送修的灭火器数量不得超过计算单元配置灭火器总数量的1/4。超出时，应选择相同类型和操作方法的灭火器替代，替代灭火器的灭火级别不应小于原配置灭火器的灭火级别。

5.1.3 检查或维修后的灭火器均应按原设置点位置摆放。

5.1.4 需维修、报废的灭火器应由灭火器生产企业或专业维修单位进行。

5.2 检 查

5.2.1 灭火器的配置、外观等应按附录C的要求每月进行一次检查。

5.2.2 下列场所配置的灭火器，应按附录C的要求每半月进行一次检查。

1 候车（机、船）室、歌舞娱乐放映游艺等人员密集的公共场所；

2 堆场、罐区、石油化工装置区、加油站、锅炉房、地下室等场所。

5.2.3 日常巡检发现灭火器被挪动、缺少零部件，或灭火器配置场所的使用性质发生变化等情况时，应及时处置。

5.2.4 灭火器的检查记录应予保留。

5.3 送 修

5.3.1 存在机械损伤、明显锈蚀、灭火剂泄露、被开启使用过或符合其他维修条件的灭火器应及时进行维修。

5.3.2 灭火器的维修期限应符合表5.3.2的规定。

表5.3.2 灭火器的维修期限

灭火器类型		维修期限
水基型灭火器	手提式水基型灭火器	出厂满3年；首次维修以后每满1年
	推车式水基型灭火器	
干粉灭火器	手提式（贮压式）干粉灭火器	出厂期满5年；首次维修以后每满2年
	手提式（储气瓶式）干粉灭火器	
	推车式（贮压式）干粉灭火器	
	推车式（储气瓶式）干粉灭火器	
洁净气体灭火器	手提式洁净气体灭火器	
	推车式洁净气体灭火器	
二氧化碳灭火器	手提式二氧化碳灭火器	
	推车式二氧化碳灭火器	

5.4 报 废

5.4.1 下列类型的灭火器应报废：

1 酸碱型灭火器；

2 化学泡沫型灭火器；

3 倒置使用型灭火器；

4 氯溴甲烷、四氯化碳灭火器；

5 国家政策明令淘汰的其他类型灭火器。

5.4.2 有下列情况之一的灭火器应报废：

1 筒体严重锈蚀，锈蚀面积大于、等于筒体总面积的1/3，表面有凹坑；

2 筒体明显变形，机械损伤严重；

3 器头存在裂纹、无泄压机构；

4 筒体为平底等结构不合理；

5 没有间歇喷射机构的手提式；

6 没有生产厂名称和出厂年月，包括铭牌脱落，或虽有铭牌，但已看不清生产厂名称，或出厂年月钢印无法识别；

7 筒体有锡焊、铜焊或补缀等修补痕迹；

8 被火烧过。

5.4.3 灭火器出厂时间达到或超过表5.4.3规定的报废期限时应报废。

表5.4.3 灭火器的报废期限

灭火器类型		报废期限（年）
水基型灭火器	手提式水基型灭火器	6
	推车式水基型灭火器	
干粉灭火器	手提式（贮压式）干粉灭火器	10
	手提式（储气瓶式）干粉灭火器	
	推车式（贮压式）干粉灭火器	
	推车式（储气瓶式）干粉灭火器	
洁净气体灭火器	手提式洁净气体灭火器	
	推车式洁净气体灭火器	
二氧化碳灭火器	手提式二氧化碳灭火器	12
	推车式二氧化碳灭火器	

5.4.4 灭火器报废后，应按照等效替代的原则进行更换。

附录A 建筑灭火器配置定位编码表

表A 建筑灭火器配置定位编码表

配置计算单元分类	□独立单元 □组合单元	单元名称	
单元保护面积	$S=$ m²	设置点数	$N=$
单元需配灭火级别	$Q=$ A $Q=$ B	设置点需配 灭火级别	$Q_e=$ A $Q_e=$ B

设置点编号	灭火器编号	灭火器型号规格	灭火器设置点实配灭火级别	灭火器设置方式	灭火器设置点位置描述	备注
			$Q_e=$ A $Q_e=$ B	□灭火器箱内 □挂钩、托架上 □地面上		
			$Q_e=$ A $Q_e=$ B	□灭火器箱内 □挂钩、托架上 □地面上		
			$Q_e=$ A $Q_e=$ B	□灭火器箱内 □挂钩、托架上 □地面上		
			$Q_e=$ A $Q_e=$ B	□灭火器箱内 □挂钩、托架上 □地面上		
			$Q_e=$ A $Q_e=$ B	□灭火器箱内 □挂钩、托架上 □地面上		
			$Q_e=$ A $Q_e=$ B	□灭火器箱内 □挂钩、托架上 □地面上		
			$Q_e=$ A $Q_e=$ B	□灭火器箱内 □挂钩、托架上 □地面上		
			$Q_e=$ A $Q_e=$ B	□灭火器箱内 □挂钩、托架上 □地面上		
			$Q_e=$ A $Q_e=$ B	□灭火器箱内 □挂钩、托架上 □地面上		
			$Q_e=$ A $Q_e=$ B	□灭火器箱内 □挂钩、托架上 □地面上		

单元实配灭火级别	$Q=$ A $Q=$ B	单元实配灭火器数量	

附录 B 建筑灭火器配置缺陷项分类及验收报告

表 B 建筑灭火器配置缺陷项分类及验收报告

工程名称		工程地址	
建设单位		设计单位	
监理单位		施工单位	

序号	检查项目	缺陷项	检查记录	检查结论
1	灭火器的类型、规格、灭火级别和配置数量应符合建筑灭火器配置设计要求	严重(A) 4.2.1		
2	灭火器的产品质量必须符合国家有关产品标准的要求	严重(A) 4.2.2		
3	在同一灭火器配置单元内,采用不同类型灭火器时,其灭火剂应能相容	严重(A) 4.2.3		
4	灭火器的保护距离应符合现行国家标准《建筑灭火器配置设计规范》GB 50140 的有关规定,灭火器的设置应保证配置场所的任一点都在灭火器设置点的保护范围内	严重(A) 4.2.4		
5	灭火器设置点附近应无障碍物,取用灭火器方便,且不得影响人员安全疏散	重(B) 4.2.5/3.1.3		
6	手提式灭火器宜设置在灭火器箱内或挂钩、托架上,或干燥、洁净的地面上	重(B) 4.2.5/3.2.1		
7	灭火器(箱)不应被遮挡、拴系或上锁	重(B) 4.2.6/3.2.2		
8	灭火器箱的箱门开启应方便灵活,其箱门开启后不得阻挡人员安全疏散。除不影响取用和疏散的场合外,开门型灭火器箱的箱门开启角度应不小于175°,翻盖型灭火器箱的翻盖开启角度应不小于100°	轻(C) 4.2.6/3.2.3		
9	挂钩、托架安装后应能承受一定的静载荷,不应出现松动、脱落、断裂和明显变形。以 5 倍的手提式灭火器的载荷(不小于 45kg)悬挂于挂钩、托架上,作用 5min,观察检查	重(B) 4.2.7/3.2.4		
10	挂钩、托架安装后,应保证可用徒手的方式便捷地取用手提式灭火器。当两具及两具以上的手提式灭火器相邻设置在挂钩、托架上时,应保证可任意地取用其中一具	重(B) 4.2.7/3.2.5		
11	设有夹持带的挂钩、托架,夹持带的打开方式应从正面可以看到。当夹持带打开时,手提式灭火器不应掉落	轻(C) 4.2.7/3.2.6		
12	嵌墙式灭火器箱及灭火器挂钩、托架的安装高度,应符合现行国家标准《建筑灭火器配置设计规范》GB 50140 关于手提式灭火器顶部离地面距离不大于1.50m,底部离地面距离不小于 0.08m 的规定,其设置点与设计点的垂直偏差不应大于0.01m	轻(C) 4.2.8/3.2.7		
13	推车式灭火器宜设置在平坦场地,不得设置在台阶上。在没有外力作用下,推车式灭火器不得自行滑动	轻(C) 4.2.9/3.3.1		
14	推车式灭火器的设置和防止自行滑动的固定措施等均不得影响其操作使用和正常行驶移动	轻(C) 4.2.9/3.3.2		
15	在有视线障碍的设置点安装设置灭火器时,应在醒目的地方设置指示灭火器位置的发光标志	重(B) 4.2.10/3.4.1		
16	在灭火器箱的箱体正面和灭火器设置点附近的墙面上,应设置指示灭火器位置的标志,这些标志宜选用发光标志	轻(C) 4.2.10/3.4.2		
17	灭火器的摆放应稳固。灭火器的铭牌应朝外,灭火器的器头宜向上	重(B) 4.2.11/3.1.4		

续表 B

序号	检查项目	缺陷项	检查记录	检查结论
18	灭火器的设置点应通风、干燥、洁净，其环境温度不得超出灭火器的使用温度范围。设置在室外和特殊场所的灭火器应采取相应的保护措施	重（B）4.2.11/ 3.1.5/ 3.4.3/ 3.4.4		
综合结论				
验收单位	施工单位签章： 日期：	监理单位签章： 日期：		
	设计单位签章： 日期：	建设单位签章： 日期：		

附录 C 建筑灭火器检查内容、要求及记录

表 C 建筑灭火器检查内容、要求及记录

	检查内容和要求	检查记录	检查结论
配置检查	1. 灭火器是否放置在配置图表规定的设置点位置		
	2. 灭火器的落地、托架、挂钩等设置方式是否符合配置设计要求。手提式灭火器的挂钩、托架安装后是否能承受一定的静载荷，并不出现松动、脱落、断裂和明显变形		
	3. 灭火器的铭牌是否朝外，并且器头宜向上		
	4. 灭火器的类型、规格、灭火级别和配置数量是否符合配置设计要求		
	5. 灭火器配置场所的使用性质，包括可燃物的种类和物态等，是否发生变化		
	6. 灭火器是否达到送修条件和维修期限		
	7. 灭火器是否达到报废条件和报废期限		
	8. 室外灭火器是否有防雨、防晒等保护措施		
	9. 灭火器周围是否存在有障碍物、遮挡、拴系等影响取用的现象		
	10. 灭火器箱是否上锁，箱内是否干燥、清洁		
	11. 特殊场所中灭火器的保护措施是否完好		

续表 C

	检查内容和要求	检查记录	检查结论
外观检查	12. 灭火器的铭牌是否无残缺，并清晰明了		
	13. 灭火器铭牌上关于灭火剂、驱动气体的种类、充装压力、总质量、灭火级别、制造厂名和生产日期或维修日期等标志及操作说明是否齐全		
	14. 灭火器的铅封、销闩等保险装置是否未损坏或遗失		
	15. 灭火器的筒体是否无明显的损伤（磕伤、划伤）、缺陷、锈蚀（特别是筒底和焊缝）、泄漏		
	16. 灭火器喷射软管是否完好、无明显龟裂，喷嘴不堵塞		
	17. 灭火器的驱动气体压力是否在工作压力范围内（贮压式灭火器查看压力指示器是否指示在绿区范围内，二氧化碳灭火器和储气瓶式灭火器可用称重法检查）		
	18. 灭火器的零部件是否齐全，并且无松动、脱落或损伤现象		
	19. 灭火器是否未开启、喷射过		

— 353 —

33. 《建筑给水排水设计标准》GB 50015—2019

3 给 水

3.2 用水定额和水压

3.2.8 建筑物室内外消防用水的设计流量、供水水压、火灾延续时间、同一时间内的火灾起数等,应按国家现行消防规范的相关规定确定。

3.3 水质和防水质污染

3.3.8 从小区或建筑物内的生活饮用水管道系统上接下列用水管道或设备时,应设置倒流防止器:
  1 单独接出消防用水管道时,在消防用水管道的起端;
  2 从生活用水与消防用水合用贮水池中抽水的消防水泵出水管上。

3.3.10 从小区或建筑物内的生活饮用水管道上直接接出下列用水管道时,应在用水管道上设置真空破坏器等防回流污染设施:
  1 当游泳池、水上游乐池、按摩池、水景池、循环冷却水集水池等的充水或补水管道出口与溢流水位之间应设有空气间隙,且空气间隙小于出口管径2.5倍时,在其充(补)水管上;
  2 不含有化学药剂的绿地喷灌系统,当喷头为地下式或自动升降式时,在其管道起端;
  3 消防(软管)卷盘、轻便消防水龙;
  4 出口接软管的冲洗水嘴(阀)、补水水嘴与给水管道连接处。

3.3.15 供单体建筑的生活饮用水水池(箱)与消防用水的水池(箱)应分开设置。

3.3.16 建筑物内的生活饮用水水池(箱)体,应采用独立结构形式,不得利用建筑物的本体结构作为水池(箱)的壁板、底板及顶盖。
  生活饮用水水池(箱)与消防用水水池(箱)并列设置时,应有各自独立的池(箱)壁。

3.3.18 生活饮用水水池(箱)的构造和配管,应符合下列规定:
  4 不得接纳消防管道试压水、泄压水等回流水或溢流水。

3.7 设计流量和管道水力计算

3.7.1 建筑给水设计用水量应根据下列各项确定:
  1 居民生活用水量;
  2 公共建筑用水量;
  3 绿化用水量;
  4 水景、娱乐设施用水量;
  5 道路、广场用水量;
  6 公用设施用水量;
  7 未预见用水量及管网漏失水量;
  8 消防用水量;
  9 其他用水量。

3.13 小区室外给水

3.13.7 小区的室外生活、消防合用给水管道设计流量,应按本标准第3.13.4条或第3.13.5条规定计算,再叠加区内火灾的最大消防设计流量,并应对管道进行水力计算校核,其结果应符合现行的国家标准《消防给水及消火栓系统技术规范》GB 50974的规定。

3.13.8 设有室外消火栓的室外给水管道,管径不得小于100mm。

3.13.9 小区生活用贮水池设计应符合下列规定:
  1 小区生活用贮水池的有效容积应根据生活用水调节量和安全贮水量等确定,并应符合下列规定:
    1) 生活用水调节量应按流入量和供出量的变化曲线经计算确定,资料不足时可按小区加压供水系统的最高日生活用水量的15%~20%确定;
    2) 安全贮水量应根据城镇供水制度、供水可靠程度及小区供水的保证要求确定;
    3) 当生活用水贮水池贮存消防用水时,消防贮水量应符合现行的国家标准《消防给水及消火栓系统技术规范》GB 50974的规定。
  2 贮水池大于$50m^3$宜分成容积基本相等的两格。
  3 小区贮水池设计应符合国家现行相关二次供水安全技术规程的要求。

3.13.10 当小区的生活贮水量大于消防贮水量时,小区生活用水贮水池与消防用贮水池可合并设置,合并贮水池有效容积的贮水设计更新周期不得大于48h。

3.13.14 小区的给水加压泵站,当给水管网无调节设施时,宜采用调速泵组或额定转速泵编组运行供水。泵组的最大出水量不应小于小区生活给水设计流量,生活与消防合用给水管道系统还应按本标准第3.13.7条以消防工况校核。

4 生活排水

4.4 管道布置和敷设

4.4.10 金属排水管道穿楼板和防火墙的洞口间隙、套管间隙应采用防火材料封堵。塑料排水管设置阻火装置应符合下列规定:
  1 当管道穿越防火墙时应在墙两侧管道上设置;
  2 高层建筑中明设管径大于或等于$dn110$排水立管穿越楼板时,应在楼板下侧管道上设置;
  3 当排水管道穿管道井壁时,应在井壁外侧管道上设置。

5 雨 水

5.2 建筑雨水

5.2.29 塑料雨水管穿越防火墙和楼板时，应按本标准第 4.4.10 条的规定设置阻火装置。当管道布置在楼梯间休息平台上时，可不设阻火装置。

34.《建筑给水排水及采暖工程施工质量验收规范》GB 50242—2002

1 总 则

1.0.2 本规范适用于建筑给水、排水及采暖工程施工质量的验收。

2 术 语

2.0.20 防火套管 fire-resisting sleeves

由耐火材料和阻燃剂制成的，套在硬塑料排水管外壁可阻止火势沿管道贯穿部位蔓延的短管。

2.0.21 阻火圈 firestops collar

由阻燃膨胀剂制成的，套在硬塑料排水管外壁可在发生火灾时将管道封堵，防止火势蔓延的套圈。

3 基 本 规 定

3.3 施工过程质量控制

3.3.13 管道穿过墙壁和楼板，应设置金属或塑料套管。安装在楼板内的套管，其顶部应高出装饰地面20mm；安装在卫生间及厨房内的套管，其顶部应高出装饰地面50mm，底部应与楼板底面相平；安装在墙壁内的套管其两端与饰面相平。穿过楼板的套管与管道之间缝隙应用阻燃密实材料和防水油膏填实，端面光滑。穿墙套管与管道之间缝隙宜用阻燃密实材料填实，且端面应光滑。管道的接口不得设在套管内。

4 室内给水系统安装

4.3 室内消火栓系统安装

主控项目

4.3.1 室内消火栓系统安装完成后应取屋顶层（或水箱间内）试验消火栓和首层取二处消火栓做试射试验，达到设计要求为合格。

检验方法：实地试射检查。

一般项目

4.3.2 安装消火栓水龙带，水龙带与水枪和快速接头绑扎好后，应根据箱内构造将水龙带挂放在箱内的挂钉、托盘或支架上。

检验方法：观察检查。

4.3.3 箱式消火栓的安装应符合下列规定：

1 栓口应朝外，并不应安装在门轴侧。
2 栓口中心距地面为1.1m，允许偏差±20mm。
3 阀门中心距箱侧面为140mm，距箱后内表面为100mm，允许偏差±5mm。
4 消火栓箱体安装的垂直度允许偏差为3mm。

检验方法：观察和尺量检查。

9 室外给水管网安装

9.1 一般规定

9.1.4 消防水泵接合器及室外消火栓的安装位置、型式必须符合设计要求。

9.3 消防水泵接合器及室外消火栓安装

主控项目

9.3.1 系统必须进行水压试验，试验压力为工作压力的1.5倍，但不得小于0.6MPa。

检验方法：试验压力下，10min内压力降不大于0.05MPa，然后降至工作压力进行检查，压力保持不变，不渗不漏。

9.3.2 消防管道在竣工前，必须对管道进行冲洗。

检验方法：观察冲洗出水的浊度。

9.3.3 消防水泵接合器和消火栓的位置标志应明显，栓口的位置应方便操作。消防水泵接合器和室外消火栓当采用墙壁式时，如设计未要求，进、出水栓口的中心安装高度距地面应为1.10m，其上方应设有防坠落物打击的措施。

检验方法：观察和尺量检查。

一般项目

9.3.4 室外消火栓和消防水泵接合器的各项安装尺寸应符合设计要求，栓口安装高度允许偏差为±20mm。

检验方法：尺量检查。

9.3.5 地下式消防水泵接合器顶部进水口或地下式消火栓的顶部出水口与消防井盖底面的距离不得大于400mm，井内应有足够的操作空间，并设爬梯。寒冷地区井内应做防冻保护。

检验方法：观察和尺量检查。

9.3.6 消防水泵接合器的安全阀及止回阀安装位置和方向应正确，阀门启闭应灵活。

检验方法：现场观察和手扳检查。

35.《给水排水管道工程施工及验收规范》GB 50268—2008

3 基本规定

3.1 施工基本规定

3.1.13 施工单位必须取得安全生产许可证,并应遵守有关施工安全、劳动保护、防火、防毒的法律、法规,建立安全管理体系和安全生产责任制,确保安全施工。对不开槽施工、过江河管道或深基槽等特殊作业,应制定专项施工方案。

4 土石方与地基处理

4.3 沟槽开挖与支护

4.3.4 沟槽每侧临时堆土或施加其他荷载时,应符合下列规定:

1 不得影响建(构)筑物、各种管线和其他设施的安全;

2 不得掩埋消火栓、管道闸阀、雨水口、测量标志以及各种地下管道的井盖,且不得妨碍其正常使用;

3 堆土距沟槽边缘不小于0.8m,且高度不应超过1.5m;沟槽边堆置土方不得超过设计堆置高度。

建设工程消防设计审查验收标准条文摘编

通用标准分册 2

孙 旋 主编

中国建筑工业出版社

图书在版编目（CIP）数据

建设工程消防设计审查验收标准条文摘编.3，通用标准分册.2／孙旋主编.— 北京：中国建筑工业出版社，2021.12

ISBN 978-7-112-26987-7

Ⅰ.①建… Ⅱ.①孙… Ⅲ.①建筑工程－消防－工程验收－国家标准－汇编－中国 Ⅳ.①TU892－65

中国版本图书馆CIP数据核字（2021）第260438号

目 录

2.1 防烟排烟及暖通空调专业领域 ········ 1
1. 《建筑防烟排烟系统技术标准》GB 51251—2017 ········ 2
2. 《民用建筑供暖通风与空气调节设计规范》GB 50736—2012 ········ 22
3. 《通用与空调工程施工质量验收规范》GB 50243—2016 ········ 23
4. 《通风与空调工程施工规范》GB 50738—2011 ········ 25
5. 《工业建筑供暖通风与空气调节设计规范》GB 50019—2015 ········ 27
6. 《防排烟系统性能现场验证方法 热烟试验法》XF/T 999—2012 ········ 29
7. 《多联机空调系统工程技术规程》JGJ 174—2010 ········ 34
8. 《公共建筑节能改造技术规范》JGJ 176—2009 ········ 35

2.2 电气与智能化专业领域 ········ 37
9. 《火灾自动报警系统设计规范》GB 50116—2013 ········ 38
10. 《火灾自动报警系统施工及验收标准》GB 50166—2019 ········ 52
11. 《消防应急照明和疏散指示系统技术标准》GB 51309—2018 ········ 199
12. 《消防控制室通用技术要求》GB 25506—2010 ········ 243
13. 《城市消防远程监控系统技术规范》GB 50440—2007 ········ 248
14. 《消防通信指挥系统设计规范》GB 50313—2013 ········ 257
15. 《消防通信指挥系统施工及验收规范》GB 50401—2007 ········ 271
16. 《建筑电气工程施工质量验收规范》GB 50303—2015 ········ 282
17. 《综合布线系统工程验收规范》GB/T 50312—2016 ········ 283
18. 《建筑电气照明装置施工与验收规范》GB 50617—2010 ········ 284
19. 《建筑电气工程电磁兼容技术规范》GB 51204—2016 ········ 285
20. 《综合布线系统工程设计规范》GB 50311—2016 ········ 286
21. 《通用用电设备配电设计规范》GB 50055—2011 ········ 287
22. 《建筑照明设计标准》GB 50034—2013 ········ 288
23. 《古建筑防雷工程技术规范》GB 51017—2014 ········ 289
24. 《电动汽车充电站设计规范》GB 50966—2014 ········ 290
25. 《电动汽车电池更换站设计规范》GB/T 51077—2015 ········ 291
26. 《电动汽车分散充电设施工程技术标准》GB/T 51313—2018 ········ 293
27. 《供配电系统设计规范》GB 50052—2009 ········ 294
28. 《低压配电设计规范》GB 50054—2011 ········ 295
29. 《矿物绝缘电缆敷设技术规程》JGJ 232—2011 ········ 297
30. 《民用建筑电气设计标准》GB 51348—2019 ········ 298
31. 《住宅建筑电气设计规范》JGJ 242—2011 ········ 312
32. 《交通建筑电气设计规范》JGJ 243—2011 ········ 314
33. 《教育建筑电气设计规范》JGJ 310—2013 ········ 318

34.《会展建筑电气设计规范》JGJ 333—2014	319
35.《体育建筑电气设计规范》JGJ 354—2014	321
36.《商店建筑电气设计规范》JGJ 392—2016	323
37.《金融建筑电气设计规范》JGJ 284—2012	325
38.《太阳能光伏玻璃幕墙电气设计规范》JGJ/T 365—2015	328
39.《体育建筑智能化系统工程技术规程》JGJ/T 179—2009	329

2.3 结构与构造专业领域 ... 331

40.《建筑钢结构防火技术规范》GB 51249—2017	332
41.《防火卷帘、防火门、防火窗施工及验收规范》GB 50877—2014	357
42.《钢结构设计标准》GB 50017—2017	367
43.《钢结构工程施工规范》GB 50755—2012	368
44.《钢管混凝土结构技术规范》GB 50936—2014	369
45.《木结构设计标准》GB 50005—2017	370
46.《门式刚架轻型房屋钢结构技术规范》GB 51022—2015	373
47.《冷弯薄壁型钢结构技术规范》GB 50018—2002	374
48.《建筑结构可靠性设计统一标准》GB 50068—2018	375
49.《建筑施工安全技术统一规范》GB 50870—2013	376
50.《屋面工程质量验收规范》GB 50207—2012	377
51.《建筑装饰装修工程质量验收标准》GB 50210—2018	378
52.《通用安装工程工程量计算规范》GB 50856—2013	382
53.《硬泡聚氨酯保温防水工程技术规范》GB 50404—2017	387
54.《民用建筑可靠性鉴定标准》GB 50292—2015	388
55.《岩土工程勘察安全标准》GB/T 50585—2019	390
56.《装配式混凝土建筑技术标准》GB/T 51231—2016	392
57.《装配式钢结构建筑技术标准》GB/T 51232—2016	393
58.《装配式木结构建筑技术标准》GB/T 51233—2016	395
59.《木骨架组合墙体技术标准》GB/T 50361—2018	396
60.《胶合木结构技术规范》GB/T 50708—2012	397
61.《钢结构现场检测技术标准》GB/T 50621—2010	400
62.《村镇住宅结构施工及验收规范》GB/T 50900—2016	401
63.《古建筑木结构维护与加固技术标准》GB/T 50165—2020	402
64.《建筑外墙外保温防火隔离带技术规程》JGJ 289—2012	404
65.《非结构构件抗震设计规范》JGJ 339—2015	408
66.《采光顶与金属屋面技术规程》JGJ 255—2012	409
67.《倒置式屋面工程技术规程》JGJ 230—2010	410
68.《建筑遮阳工程技术规范》JGJ 237—2011	413
69.《索结构技术规程》JGJ 257—2012	414
70.《点挂外墙板装饰工程技术规程》JGJ 321—2014	415
71.《保温防火复合板应用技术规程》JGJ/T 350—2015	416

72.《交错桁架钢结构设计规程》JGJ/T 329—2015 ······ 419
73.《铝合金结构工程施工规程》JGJ/T 216—2010 ······ 420
74.《预制带肋底板混凝土叠合楼板技术规程》JGJ/T 258—2011 ······ 421
75.《轻型木桁架技术规范》JGJ/T 265—2012 ······ 422
76.《钢板剪力墙技术规程》JGJ/T 380—2015 ······ 423
77.《铸钢结构技术规程》JGJ/T 395—2017 ······ 424
78.《开合屋盖结构技术标准》JGJ/T 442—2019 ······ 425
79.《轻型模块化钢结构组合房屋技术标准》JGJ/T 466—2019 ······ 426
80.《轻型钢丝网架聚苯板混凝土构件应用技术规程》JGJ/T 269—2012 ······ 428
81.《密肋复合板结构技术规程》JGJ/T 275—2013 ······ 429
82.《外墙内保温工程技术规程》JGJ/T 261—2011 ······ 430
83.《聚苯模块保温墙体应用技术规程》JGJ/T 420—2017 ······ 431

2.4 其他专业领域 ······ 433

84.《镇规划标准》GB 50188—2007 ······ 434
85.《公园设计规范》GB 51192—2016 ······ 436
86.《工业企业总平面设计规范》GB 50187—2012 ······ 437
87.《风景名胜区详细规划标准》GB/T 51294—2018 ······ 439
88.《风景名胜区总体规划标准》GB/T 50298—2018 ······ 440
89.《住宅性能评定技术标准》GB/T 50362—2005 ······ 442
90.《建筑施工脚手架安全技术统一标准》GB 51210—2016 ······ 443
91.《古建筑修建工程施工与质量验收规范》JGJ 159—2008 ······ 444
92.《建筑幕墙工程检测方法标准》JGJ/T 324—2014 ······ 446

2.1 防烟排烟及暖通空调专业领域

1. 《建筑防烟排烟系统技术标准》 GB 51251—2017

1 总 则

1.0.2 本标准适用于新建、扩建和改建的工业与民用建筑的防烟、排烟系统的设计、施工、验收及维护管理。对于有特殊用途或特殊要求的工业与民用建筑，当专业标准有特别规定的，可从其规定。

1.0.4 建筑防烟、排烟系统的设备，应选用符合国家现行有关标准和有关准入制度的产品。

2 术语和符号

2.1 术 语

2.1.1 防烟系统 smoke protection system

通过采用自然通风方式，防止火灾烟气在楼梯间、前室、避难层（间）等空间内积聚，或通过采用机械加压送风方式阻止火灾烟气侵入楼梯间、前室、避难层（间）等空间的系统，防烟系统分为自然通风系统和机械加压送风系统。

2.1.2 排烟系统 smoke exhaust system

采用自然排烟或机械排烟的方式，将房间、走道等空间的火灾烟气排至建筑物外的系统，分为自然排烟系统和机械排烟系统。

2.1.3 直灌式机械加压送风 mechanical pressurization without air shaft

无送风井道，采用风机直接对楼梯间进行机械加压的送风方式。

2.1.4 自然排烟 natural smoke exhaust

利用火灾热烟气流的浮力和外部风压作用，通过建筑开口将建筑内的烟气直接排至室外的排烟方式。

2.1.5 自然排烟窗（口） natural smoke vent

具有排烟作用的可开启外窗或开口，可通过自动、手动、温控释放等方式开启。

2.1.6 烟羽流 smoke plume

火灾时烟气卷吸周围空气所形成的混合烟气流。烟羽流按火焰及烟的流动情形，可分为轴对称型烟羽流、阳台溢出型烟羽流、窗口型烟羽流等。

2.1.7 轴对称型烟羽流 axisymmetric plume

上升过程不与四周墙壁或障碍物接触，并且不受气流干扰的烟羽流。

2.1.8 阳台溢出型烟羽流 balcony spill plume

从着火房间的门（窗）梁处溢出，并沿着火房间外的阳台或水平突出物流动，至阳台或水平突出物的边缘向上溢出至相邻高大空间的烟羽流。

2.1.9 窗口型烟羽流 window plume

从发生通风受限火灾的房间或隔间的门、窗等开口处溢出至相邻高大空间的烟羽流。

2.1.10 挡烟垂壁 draft curtain

用不燃材料制成，垂直安装在建筑顶棚、梁或吊顶下，能在火灾时形成一定的蓄烟空间的挡烟分隔设施。

2.1.11 储烟仓 smoke reservoir

位于建筑空间顶部，由挡烟垂壁、梁或隔墙等形成的用于蓄积火灾烟气的空间。储烟仓高度即设计烟层厚度。

2.1.12 清晰高度 clear height

烟层下缘至室内地面的高度。

2.1.13 烟羽流质量流量 mass flow rate of plume

单位时间内烟羽流通过某一高度的水平断面的质量，单位为 kg/s。

2.1.14 排烟防火阀 combination fire and smoke damper

安装在机械排烟系统的管道上，平时呈开启状态，火灾时当排烟管道内烟气温度达到 280℃ 时关闭，并在一定时间内能满足漏烟量和耐火完整性要求，起隔烟阻火作用的阀门。一般由阀体、叶片、执行机构和温感器等部件组成。

2.1.15 排烟阀 smoke damper

安装在机械排烟系统各支管端部（烟气吸入口）处，平时呈关闭状态并满足漏风量要求，火灾时可手动和电动启闭，起排烟作用的阀门。一般由阀体、叶片、执行机构等部件组成。

2.1.16 排烟口 smoke exhaust inlet

机械排烟系统中烟气的入口。

2.1.17 固定窗 fixed window for fire forcible entry

设置在设有机械防烟排烟系统的场所中，窗扇固定、平时不可开启，仅在火灾时便于人工破拆以排出火场中的烟和热的外窗。

2.1.18 可熔性采光带（窗） fusible daylighting band

采用在 120℃~150℃ 能自行熔化且不产生熔滴的材料制作，设置在建筑空间上部，用于排出火场中的烟和热的设施。

2.1.19 独立前室 independent anteroom

只与一部疏散楼梯相连的前室。

2.1.20 共用前室 shared anteroom

（居住建筑）剪刀楼梯间的两个楼梯间共用同一前室时的前室。

2.1.21 合用前室 combined anteroom

防烟楼梯间前室与消防电梯前室合用时的前室。

2.2 符 号

2.2.1 计算几何参数

A——每个疏散门的有效漏风面积；

A_k——开启门的截面面积；

A_0——所有进气口总面积；

A_m——门的面积；

- A_f——单个送风阀门的面积；
- A_g——前室疏散门的总面积；
- A_l——楼梯间疏散门的总面积；
- A_v——自然排烟窗（口）截面积；
- A_w——窗口开口面积；
- B——风管长边尺寸；
- b——从开口至阳台边沿的距离；
- d_m——门的把手到门闩的距离；
- d_b——排烟系统吸入口最低点之下烟气层厚度；
- D——风管直径；
- H——空间净高；
- H'——对于单层空间，取排烟空间的建筑净高度；对于多层空间，取最高疏散楼层的层高；
- H_1——燃料面至阳台的高度；
- H_w——窗口开口的高度；
- H_q——最小清晰高度；
- w——火源区域的开口宽度；
- W——烟羽流扩散宽度；
- W_m——单扇门的宽度；
- Z——燃料面至烟层底部的高度；
- Z_1——火焰极限高度；
- Z_b——从阳台下缘至烟层底部的高度；
- Z_w——窗口开口的上缘到烟层底部的高度。

2.2.2 计算风量、风速

- g——重力加速度；
- L_{high}——高压系统单位面积风管单位时间内的允许漏风量；
- L_j——楼梯间的机械加压送风量；
- L_{low}——低压系统单位面积风管单位时间内的允许漏风量；
- L_{mid}——中压系统单位面积风管单位时间内的允许漏风量；
- L_s——前室的机械加压送风量；
- L_1——门开启时，达到规定风速值所需的送风量；
- L_2——门开启时，规定风速值下的其他门缝漏风总量；
- L_3——未开启的常闭送风阀的漏风总量；
- M_ρ——烟羽流质量流量；
- v——门洞断面风速；
- V——排烟量；
- V_{max}——排烟口最大允许排烟量。

2.2.3 计算压力、热量、时间

- C_p——空气的定压比热；
- F'——门的总推力；
- F_{dc}——门把手处克服闭门器所需的力；
- M——闭门器的开启力矩；
- ρ_0——环境温度下的气体密度；
- P——疏散门的最大允许压力差；
- $P_{风管}$——风管系统工作压力；
- ΔP——计算漏风量的平均压力差；
- Q——热释放速率；
- Q_c——热释放速率中的对流部分；
- t——火灾增长时间；
- T——烟层的平均绝对温度；
- T_0——环境的绝对温度；
- ΔT——烟层平均温度与环境温度之差。

2.2.4 计算系数

- α——火灾增长系数；
- α_w——窗口型烟羽流的修正系数；
- γ——排烟位置系数；
- C_0——进气口流量系数；
- C_v——自然排烟窗（口）流量系数；
- K——烟气中对流放热量因子；
- n——指数。

2.2.5 计算其他符号

- N_1——设计疏散门开启的楼层数量；
- N_2——漏风疏散门的数量；
- N_3——漏风阀门的数量。

3 防烟系统设计

3.1 一般规定

3.1.1 建筑防烟系统的设计应根据建筑高度、使用性质等因素，采用自然通风系统或机械加压送风系统。

3.1.2 建筑高度大于 50m 的公共建筑、工业建筑和建筑高度大于 100m 的住宅建筑，其防烟楼梯间、独立前室、共用前室、合用前室及消防电梯前室应采用机械加压送风系统。

3.1.3 建筑高度小于或等于 50m 的公共建筑、工业建筑和建筑高度小于或等于 100m 的住宅建筑，其防烟楼梯间、独立前室、共用前室、合用前室（除共用前室与消防电梯前室合用外）及消防电梯前室应采用自然通风系统；当不能设置自然通风系统时，应采用机械加压送风系统。防烟系统的选择，尚应符合下列规定：

1 当独立前室或合用前室满足下列条件之一时，楼梯间可不设置防烟系统：
   1）采用全敞开的阳台或凹廊；
   2）设有两个及以上不同朝向的可开启外窗，且独立前室两个外窗面积分别不小于 2.0m²，合用前室两个外窗面积分别不小于 3.0m²。

2 当独立前室、共用前室及合用前室的机械加压送风口设置在前室的顶部或正对前室入口的墙面时，楼梯间可采用自然通风系统；当机械加压送风口未设置在前室的顶部或正对前室入口的墙面时，楼梯间应采用机械加压送风系统。

3 当防烟楼梯间在裙房高度以上部分采用自然通风时，不具备自然通风条件的裙房的独立前室、共用前室及合用前室应采用机械加压送风系统，且独立前室、共用前室及合用前室送风口的设置方式应符合本条第 2 款的规定。

3.1.4 建筑地下部分的防烟楼梯间前室及消防电梯前室，当无自然通风条件或自然通风不符合要求时，应采用机械加压送风系统。

3.1.5 防烟楼梯间及其前室的机械加压送风系统的设置应符合下列规定：

1 建筑高度小于或等于 50m 的公共建筑、工业建筑和建筑高度小于或等于 100m 的住宅建筑，当采用独立前室且其仅有一个门与走道或房间相通时，可仅在楼梯间设置机械加压送风系统；当独立前室有多个门时，楼梯间、独立前室应分别独立设置机械加压送风系统。

2 当采用合用前室时，楼梯间、合用前室应分别独立设置机械加压送风系统。

　3 当采用剪刀楼梯时，其两个楼梯间及其前室的机械加压送风系统应分别独立设置。

3.1.6 封闭楼梯间应采用自然通风系统，不能满足自然通风条件的封闭楼梯间，应设置机械加压送风系统。当地下、半地下建筑（室）的封闭楼梯间不与地上楼梯间共用且地下仅为一层时，可不设置机械加压送风系统，但首层应设置有效面积不小于 $1.2m^2$ 的可开启外窗或直通室外的疏散门。

3.1.7 设置机械加压送风系统的场所，楼梯间应设置常开风口，前室应设置常闭风口；火灾时其联动开启方式应符合本标准第 5.1.3 条的规定。

3.1.8 避难层的防烟系统可根据建筑构造、设备布置等因素选择自然通风系统或机械加压送风系统。

3.1.9 避难走道应在其前室及避难走道分别设置机械加压送风系统，但下列情况可仅在前室设置机械加压送风系统：

　1 避难走道一端设置安全出口，且总长度小于30m；

　2 避难走道两端设置安全出口，且总长度小于60m。

3.2 自然通风设施

3.2.1 采用自然通风方式的封闭楼梯间、防烟楼梯间，应在最高部位设置面积不小于 $1.0m^2$ 的可开启外窗或开口；当建筑高度大于10m时，尚应在楼梯间的外墙上每5层内设置总面积不小于 $2.0m^2$ 的可开启外窗或开口，且布置间隔不大于3层。

3.2.2 前室采用自然通风方式时，独立前室、消防电梯前室可开启外窗或开口的面积不应小于 $2.0m^2$，共用前室、合用前室不应小于 $3.0m^2$。

3.2.3 采用自然通风方式的避难层（间）应设有不同朝向的可开启外窗，其有效面积不应小于该避难层（间）地面面积的2%，且每个朝向的面积不应小于 $2.0m^2$。

3.2.4 可开启外窗应方便直接开启，设置在高处不便于直接开启的可开启外窗应在距地面高度为 1.3m～1.5m 的位置设置手动开启装置。

3.3 机械加压送风设施

3.3.1 建筑高度大于100m的建筑，其机械加压送风系统应竖向分段独立设置，且每段高度不应超过100m。

3.3.2 除本标准另有规定外，采用机械加压送风系统的防烟楼梯间及其前室应分别设置送风井（管）道、送风口（阀）和送风机。

3.3.3 建筑高度小于或等于50m的建筑，当楼梯间设置加压送风井（管）道确有困难时，楼梯间可采用直灌式加压送风系统，并应符合下列规定：

　1 建筑高度大于32m的高层建筑，应采用楼梯间两点部位送风的方式，送风口之间距离不宜小于建筑高度的1/2；

　2 送风量应按计算值或本标准第3.4.2条规定的送风量增加20%；

3.3.4 设置机械加压送风系统的楼梯间的地上部分与地下部分，其机械加压送风系统应分别独立设置。当受建筑条件限制，且地下部分为汽车库或设备用房时，可共用加压送风系统，并应符合下列规定：

　1 应按本标准第3.4.5条的规定分别计算地上、地下部分的加压送风量，相加后作为共用加压送风系统风量；

　2 应采取有效措施分别满足地上、地下部分的送风量的要求。

3.3.5 机械加压送风风机宜采用轴流风机或中、低压离心风机，其设置应符合下列规定：

　1 送风机的进风口应直通室外，且应采取防止烟气被吸入的措施。

　3 送风机的进风口不应与排烟风机的出风口设在同一面上。当确有困难时，送风机的进风口与排烟风机的出风口应分开布置，且竖向布置时，送风机的进风口应设置在排烟出口的下方，其两者边缘最小垂直距离不应小于6.0m；水平布置时，两者边缘最小水平距离不应小于20.0m。

　4 送风机宜设置在系统的下部，且应采取保证各层送风量均匀性的措施。

　5 送风机应设置在专用机房内，送风机房并应符合现行国家标准《建筑设计防火规范》GB 50016 的规定。

　6 当送风机出风管或进风管上安装单向风阀或电动风阀时，应采取火灾时自动开启阀门的措施。

3.3.6 加压送风口的设置应符合下列规定：

　2 前室应每层设一个常闭式加压送风口，并应设手动开启装置；

3.3.7 机械加压送风系统应采用管道送风，且不应采用土建风道。送风管道应采用不燃材料制作且内壁应光滑。当送风管道内壁为金属时，设计风速不应大于20m/s；当送风管道内壁为非金属时，设计风速不应大于15m/s；送风管道的厚度应符合现行国家标准《通风与空调工程施工质量验收规范》GB 50243 的规定。

3.3.8 机械加压送风管道的设置和耐火极限应符合下列规定：

　1 竖向设置的送风管道应独立设置在管道井内，当确有困难时，未设置在管道井内或与其他管道合用管道井的送风管道，其耐火极限不应低于1.00h；

　2 水平设置的送风管道，当设置在吊顶内时，其耐火极限不应低于0.50h；当未设置在吊顶内时，其耐火极限不应低于1.00h。

3.3.9 机械加压送风系统的管道井应采用耐火极限不低于1.00h的隔墙与相邻部位分隔，当墙上必须设置检修门时应采用乙级防火门。

3.3.10 采用机械加压送风的场所不应设置百叶窗，且不宜设置可开启外窗。

3.3.11 设置机械加压送风系统的封闭楼梯间、防烟楼梯间，尚应在其顶部设置不小于 $1m^2$ 的固定窗。靠外墙的防烟楼梯间，尚应在其外墙上每5层内设置总面积不小于 $2m^2$ 的固定窗。

3.3.12 设置机械加压送风系统的避难层（间），尚应在外墙设置可开启外窗，其有效面积不应小于该避难层（间）地面面积的1%。有效面积的计算应符合本标准第4.3.5条的规定。

3.4 机械加压送风系统风量计算

3.4.1 机械加压送风系统的设计风量不应小于计算风量的

1.2倍。

3.4.2 防烟楼梯间、独立前室、共用前室、合用前室和消防电梯前室的机械加压送风的计算风量应由本标准第3.4.5条～第3.4.8条的规定计算确定。当系统负担建筑高度大于24m时,防烟楼梯间、独立前室、合用前室和消防电梯前室应按计算值与表3.4.2-1～表3.4.2-4的值中的较大值确定。

表 3.4.2-1 消防电梯前室加压送风的计算风量

系统负担高度 h（m）	加压送风量（m³/h）
24＜h≤50	35400～36900
50＜h≤100	37100～40200

表 3.4.2-2 楼梯间自然通风,独立前室、合用前室加压送风的计算风量

系统负担高度 h（m）	加压送风量（m³/h）
24＜h≤50	42400～44700
50＜h≤100	45000～48600

表 3.4.2-3 前室不送风,封闭楼梯间、防烟楼梯间加压送风的计算风量

系统负担高度 h（m）	加压送风量（m³/h）
24＜h≤50	36100～39200
50＜h≤100	39600～45800

表 3.4.2-4 防烟楼梯间及独立前室、合用前室分别加压送风的计算风量

系统负担高度 h（m）	送风部位	加压送风量（m³/h）
24＜h≤50	楼梯间	25300～27500
	独立前室、合用前室	24800～25800
50＜h≤100	楼梯间	27800～32200
	独立前室、合用前室	26000～28100

注：1 表3.4.2-1～表3.4.2-4的风量按开启1个2.0m×1.6m的双扇门确定。当采用单扇门时,其风量可乘以系数0.75计算。
2 表中风量按开启着火层及其上下层,共开启三层的风量计算。
3 表中风量的选取应按建筑高度或层数、风道材料、防火门漏风量等因素综合确定。

3.4.3 封闭避难层（间）、避难走道的机械加压送风量应按避难层（间）、避难走道的净面积每平方米不少于30m³/h计算。避难走道前室的送风量应按直接开向前室的疏散门的总断面积乘以1.0m/s门洞断面风速计算。

3.4.4 机械加压送风量应满足走廊至前室至楼梯间的压力呈递增分布,余压值应符合下列规定：

1 前室、封闭避难层（间）与走道之间的压差应为25Pa～30Pa；
2 楼梯间与走道之间的压差应为40Pa～50Pa；
3 当系统余压值超过最大允许压力差时应采取泄压措施。最大允许压力差应由本标准第3.4.9条计算确定。

3.4.5 楼梯间或前室的机械加压送风量应按下列公式计算：

$$L_j = L_1 + L_2 \quad (3.4.5\text{-}1)$$

$$L_s = L_1 + L_3 \quad (3.4.5\text{-}2)$$

式中：L_j——楼梯间的机械加压送风量；
L_s——前室的机械加压送风量；
L_1——门开启时,达到规定风速值所需的送风量（m³/s）；
L_2——门开启时,规定风速下,其他门缝漏风总量（m³/s）；
L_3——未开启的常闭送风阀的漏风总量（m³/s）。

3.4.6 门开启时,达到规定风速值所需的送风量应按下式计算：

$$L_1 = A_k v N_1 \quad (3.4.6)$$

式中：A_k——一层内开启门的截面面积（m²）,对于住宅楼梯前室,可按一个门的面积取值；

v——门洞断面风速（m/s）；当楼梯间和独立前室、共用前室、合用前室均机械加压送风时,通向楼梯间和独立前室、共用前室、合用前室疏散门的门洞断面风速均不应小于0.7m/s；当楼梯间机械加压送风、只有一个开启门的独立前室不送风时,通向楼梯间疏散门的门洞断面风速不应小于1.0m/s；当消防电梯前室机械加压送风时,通向消防电梯前室门的门洞断面风速不应小于1.0m/s；当独立前室、共用前室或合用前室机械加压送风而楼梯间采用可开启外窗的自然通风系统时,通向独立前室、共用前室或合用前室疏散门的门洞风速不应小于0.6（A_1/A_g＋1）（m/s）；A_1为楼梯间疏散门的总面积（m²）；A_g为前室疏散门的总面积（m²）。

N_1——设计疏散门开启的楼层数量；楼梯间：采用常开风口,当地上楼梯间为24m以下时,设计2层内的疏散门开启,取$N_1=2$；当地上楼梯间为24m及以上时,设计3层内的疏散门开启,取$N_1=3$；当为地下楼梯间时,设计1层内的疏散门开启,取$N_1=1$。前室：采用常闭风口,计算风量时取$N_1=3$。

3.4.7 门开启时,规定风速值下的其他门漏风总量应按下式计算：

$$L_2 = 0.827 \times A \times \Delta P^{\frac{1}{n}} \times 1.25 \times N_2 \quad (3.4.7)$$

式中：A——每个疏散门的有效漏风面积（m²）；疏散门的门缝宽度取0.002m～0.004m。

ΔP——计算漏风量的平均压力差（Pa）；当开启门洞处风速为0.7m/s时,取$\Delta P=6.0$Pa；当开启门洞处风速为1.0m/s时,取$\Delta P=12.0$Pa；当开启门洞处风速为1.2m/s时,取$\Delta P=17.0$Pa。

n——指数（一般取$n=2$）；

1.25——不严密处附加系数；

N_2——漏风疏散门的数量,楼梯间采用常开风口,取N_2＝加压楼梯间的总门数－N_1楼层数上的总门数。

3.4.8 未开启的常闭送风阀的漏风总量应按下式计算：

$$L_3 = 0.083 \times A_f N_3 \quad (3.4.8)$$

式中：0.083——阀门单位面积的漏风量[m³/(s·m²)]

A_f——单个送风阀门的面积（m²）；

N_3——漏风阀门的数量；前室采用常闭风口取 N_3 =楼层数-3。

3.4.9 疏散门的最大允许压力差应按下列公式计算：

$$P = 2(F' - F_{dc})(W_m - d_m)/(W_m \times A_m) \quad (3.4.9-1)$$
$$F_{dc} = M/(W_m - d_m) \quad (3.4.9-2)$$

式中：P——疏散门的最大允许压力差（Pa）；
　　　F'——门的总推力（N），一般取 110N；
　　　F_{dc}——门把手处克服闭门器所需的力（N）；
　　　W_m——单扇门的宽度（m）；
　　　A_m——门的面积（m^2）；
　　　d_m——门的把手到门闩的距离（m）；
　　　M——闭门器的开启力矩（N·m）。

4 排烟系统设计

4.1 一般规定

4.1.1 建筑排烟系统的设计应根据建筑的使用性质、平面布局等因素，优先采用自然排烟系统。

4.1.2 同一个防烟分区应采用同一种排烟方式。

4.1.3 建筑的中庭、与中庭相连通的回廊及周围场所的排烟系统的设计应符合下列规定：
   1 中庭应设置排烟设施。
   2 周围场所应按现行国家标准《建筑设计防火规范》GB 50016 中的规定设置排烟设施。
   3 回廊排烟设施的设置应符合下列规定：
      1）当周围场所各房间均设置排烟设施时，回廊可不设，但商店建筑的回廊应设置排烟设施；
      2）当周围场所任一房间未设置排烟设施时，回廊应设置排烟设施。
   4 当中庭与周围场所未采用防火隔墙、防火玻璃隔墙、防火卷帘时，中庭与周围场所之间应设置挡烟垂壁。
   5 中庭及其周围场所和回廊的排烟设计计算应符合本标准第 4.6.5 条的规定。
   6 中庭及其周围场所和回廊应根据建筑构造及本标准第 4.6 节规定，选择设置自然排烟系统或机械排烟系统。

4.1.4 下列地上建筑或部位，当设置机械排烟系统时，尚应按本标准第 4.4.14 条～第 4.4.16 条的要求在外墙或屋顶设置固定窗：
   1 任一层建筑面积大于 2500m^2 的丙类厂房（仓库）；
   2 任一层建筑面积大于 3000m^2 的商店建筑、展览建筑及类似功能的公共建筑；
   3 总建筑面积大于 1000m^2 的歌舞、娱乐、放映、游艺场所；
   4 商店建筑、展览建筑及类似功能的公共建筑中长度大于 60m 的走道；
   5 靠外墙或贯通至建筑屋顶的中庭。
   注：当符合本标准第 4.4.17 条规定的场所时，可采用可熔性采光带（窗）替代作固定窗。

4.2 防烟分区

4.2.1 设置排烟系统的场所或部位应采用挡烟垂壁、结构梁及隔墙等划分防烟分区。防烟分区不应跨越防火分区。

4.2.2 挡烟垂壁等挡烟分隔设施的深度不应小于本标准第 4.6.2 条规定的储烟仓厚度。对于有吊顶的空间，当吊顶开孔不均匀或开孔率小于或等于 25% 时，吊顶内空间高度不得计入储烟仓厚度。

4.2.3 设置排烟设施的建筑内，敞开楼梯和自动扶梯穿越楼板的开口部应设置挡烟垂壁等设施。

4.2.4 公共建筑、工业建筑防烟分区的最大允许面积及其长边最大允许长度应符合表 4.2.4 的规定，当工业建筑采用自然排烟系统时，其防烟分区的长边长度尚不应大于建筑内空间净高的 8 倍。

表 4.2.4 公共建筑、工业建筑防烟分区的最大允许面积及其长边最大允许长度

空间净高 H（m）	最大允许面积（m^2）	长边最大允许长度（m）
$H \leq 3.0$	500	24
$3.0 < H \leq 6.0$	1000	36
$H > 6.0$	2000	60m；具有自然对流条件时，不应大于 75m

注：1 公共建筑、工业建筑中的走道宽度不大于 2.5m 时，其防烟分区的长边长度不应大于 60m。
　　2 当空间净高大于 9m 时，防烟分区之间可不设置挡烟设施。
　　3 汽车库防烟分区的划分及其排烟量应符合现行国家规范《汽车库、修车库、停车场设计防火规范》GB 50067 的相关规定。

4.3 自然排烟设施

4.3.1 采用自然排烟系统的场所应设置自然排烟窗（口）。

4.3.2 防烟分区内自然排烟窗（口）的面积、数量、位置应按本标准第 4.6.3 条规定经计算确定，且防烟分区内任一点与最近的自然排烟窗（口）之间的水平距离不应大于 30m。当工业建筑采用自然排烟方式时，其水平距离尚不应大于建筑内空间净高的 2.8 倍；当公共建筑空间净高大于或等于 6m，且具有自然对流条件时，其水平距离不应大于 37.5m。

4.3.3 自然排烟窗（口）应设置在排烟区域的顶部或外墙，并应符合下列规定：
   1 当设置在外墙上时，自然排烟窗（口）应在储烟仓以内，但走道、室内空间净高不大于 3m 的区域的自然排烟窗（口）可设置在室内净高度的 1/2 以上；
   2 自然排烟窗（口）的开启形式应有利于火灾烟气的排出；
   3 当房间面积不大于 200m^2 时，自然排烟窗（口）的开启方向可不限；
   5 设置在防火墙两侧的自然排烟窗（口）之间最近边缘的水平距离不应小于 2.0m。

4.3.4 厂房、仓库的自然排烟窗（口）设置尚应符合下列规定：
   1 当设置在外墙时，自然排烟窗（口）应沿建筑物的两条对边均匀设置；
   2 当设置在屋顶时，自然排烟窗（口）应在屋面均匀设置且宜采用自动控制方式开启；当屋面斜度小于或等于 12°时，每 200m^2 的建筑面积应设置相应的自然排烟窗（口）；当屋面斜度大于 12°时，每 400m^2 的建筑面积应设置相应的自然

排烟窗（口）。

4.3.5 除本标准另有规定外，自然排烟窗（口）开启的有效面积尚应符合下列规定：

1 当采用开窗角大于70°的悬窗时，其面积应按窗的面积计算；当开窗角小于或等于70°时，其面积应按窗最大开启时的水平投影面积计算。

2 当采用开窗角大于70°的平开窗时，其面积应按窗的面积计算；当开窗角小于或等于70°时，其面积应按窗最大开启时的竖向投影面积计算。

3 当采用推拉窗时，其面积应按开启的最大窗口面积计算。

4 当采用百叶窗时，其面积应按窗的有效开口面积计算。

5 当平推窗设置在顶部时，其面积可按窗的1/2周长与平推距离乘积计算，且不应大于窗面积。

6 当平推窗设置在外墙时，其面积可按窗的1/4周长与平推距离乘积计算，且不应大于窗面积。

4.3.6 自然排烟窗（口）应设置手动开启装置，设置在高位不便于直接开启的自然排烟窗（口），应设置距地面高度1.3m～1.5m的手动开启装置。净空高度大于9m的中庭、建筑面积大于2000m²的营业厅、展览厅、多功能厅等场所，尚应设置集中手动开启装置和自动开启设施。

4.3.7 除洁净厂房外，设置自然排烟系统的任一层建筑面积大于2500m²的制鞋、制衣、玩具、塑料、木器加工储存等丙类工业建筑，除自然排烟所需排烟窗（口）外，尚宜在屋面上增设可熔性采光带（窗），其面积应符合下列规定：

1 未设置自动喷水灭火系统的，或采用钢结构屋顶，或采用预应力钢筋混凝土屋面板的建筑，不应小于楼地面面积的10%；

2 其他建筑不应小于楼地面面积的5%。

注：可熔性采光带（窗）的有效面积应按其实际面积计算。

4.4 机械排烟设施

4.4.1 当建筑的机械排烟系统沿水平方向布置时，每个防火分区的机械排烟系统应独立设置。

4.4.2 建筑高度超过50m的公共建筑和建筑高度超过100m的住宅，其排烟系统应竖向分段独立设置，且公共建筑每段高度不应超过50m，住宅建筑每段高度不应超过100m。

4.4.3 排烟系统与通风、空气调节系统应分开设置；当确有困难时可以合用，但应符合排烟系统的要求，且当排烟口打开时，每个排烟合用系统的管道上需联动关闭的通风和空气调节系统的控制阀不应超过10个。

4.4.4 排烟风机宜设置在排烟系统的最高处，烟气出口宜朝上，并应高于加压送风机和补风机的进风口，两者垂直距离或水平距离应符合本标准第3.3.5条第3款的规定。

4.4.5 排烟风机应设置在专用机房内，并应符合本标准第3.3.5条第5款的规定，且风机两侧应有600mm以上的空间。对于排烟系统与通风空气调节系统共用的系统，其排烟风机与排风风机的合用机房应符合下列规定：

1 机房内应设置自动喷水灭火系统；

2 机房内不得设置用于机械加压送风的风机与管道；

3 排烟风机与排烟管道的连接部件应能在280℃时连续30min保证其结构完整性。

4.4.6 排烟风机应满足280℃时连续工作30min的要求，排烟风机应与风机入口处的排烟防火阀连锁，当该阀关闭时，

排烟风机应能停止运转。

4.4.7 机械排烟系统应采用管道排烟，且不应采用土建风道。排烟管道应采用不燃材料制作且内壁应光滑。当排烟管道内壁为金属时，管道设计风速不应大于**20m/s**；当排烟管道内壁为非金属时，管道设计风速不应大于**15m/s**；排烟管道的厚度应按现行国家标准《通风与空调工程施工质量验收规范》GB 50243的有关规定执行。

4.4.8 排烟管道的设置和耐火极限应符合下列规定：

1 排烟管道及其连接部件应能在280℃时连续30min保证其结构完整性。

2 竖向设置的排烟管道应设置在独立的管道井内，排烟管道的耐火极限不应低于0.50h。

3 水平设置的排烟管道应设置在吊顶内，其耐火极限不应低于0.50h；当确有困难时，可直接设置在室内，但管道的耐火极限不应小于1.00h。

4 设置在走道部位吊顶内的排烟管道，以及穿越防火分区的排烟管道，其管道的耐火极限不应小于1.00h，但设备用房和汽车库的排烟管道耐火极限可不低于0.50h。

4.4.9 当吊顶内有可燃物时，吊顶内的排烟管道应采用不燃材料进行隔热，并应与可燃物保持不小于150mm的距离。

4.4.10 排烟管道下列部位应设置排烟防火阀：

1 垂直风管与每层水平风管交接处的水平管段上；

2 一个排烟系统负担多个防烟分区的排烟支管上；

3 排烟风机入口处；

4 穿越防火分区处。

4.4.11 设置排烟管道的管道井应采用耐火极限不小于1.00h的隔墙与相邻区域分隔；当墙上必须设置检修门时，应采用乙级防火门。

4.4.12 排烟口的设置应按本标准第4.6.3条经计算确定，且防烟分区内任一点与最近的排烟口之间的水平距离不应大于30m。除本标准第4.4.13条规定的情况以外，排烟口的设置尚应符合下列规定：

2 排烟口应设在储烟仓内，但走道、室内空间净高不大于3m的区域，其排烟口可设置在其净空高度的1/2以上；当设置在侧墙时，吊顶与其最近边缘的距离不应大于0.5m。

3 对于需要设置机械排烟系统的房间，当其建筑面积小于50m²时，可通过走道排烟，排烟口可设置在疏散走道；排烟量应按本标准第4.6.3条第3款计算。

4 火灾时由火灾自动报警系统联动开启排烟区域的排烟阀或排烟口，应在现场设置手动开启装置。

5 排烟口的设置宜使烟流方向与人员疏散方向相反，排烟口与附近安全出口相邻边缘之间的水平距离不应小于1.5m。

6 每个排烟口的排烟量不应大于最大允许排烟量，最大允许排烟量应按本标准第4.6.14条的规定计算确定。

4.4.13 当排烟口设在吊顶内且通过吊顶上部空间进行排烟时，应符合下列规定：

1 吊顶应采用不燃材料，且吊顶内不应有可燃物；

3 非封闭式吊顶的开孔率不应小于吊顶净面积的25%，且孔洞应均匀布置。

4.4.14 按本标准第4.1.4条规定需要设置固定窗时，固定窗的布置应符合下列规定：

1 非顶层区域的固定窗应布置在每层的外墙上；

2 顶层区域的固定窗应布置在屋顶或顶层的外墙上,但未设置自动喷水灭火系统的以及采用钢结构屋顶或预应力钢筋混凝土屋面板的建筑应布置在屋顶。

4.4.15 固定窗的设置和有效面积应符合下列规定:

1 设置在顶层区域的固定窗,其总面积不应小于楼地面面积的2%。

2 设置在靠外墙且不位于顶层区域的固定窗,单个固定窗的面积不应小于1m²,且间距不宜大于20m,其下沿距室内地面的高度不宜小于层高的1/2。供消防救援人员进入的窗口面积不计入固定窗面积,但可组合布置。

3 设置在中庭区域的固定窗,其总面积不应小于中庭楼地面面积的5%。

4 固定玻璃窗应按可破拆的玻璃面积计算,带有温控功能的可开启设施应按开启时的水平投影面积计算。

4.4.16 固定窗宜按每个防烟分区在屋顶或建筑外墙上均匀布置且不应跨越防火分区。

4.4.17 除洁净厂房外,设置机械排烟系统的任一层建筑面积大于2000m²的制鞋、制衣、玩具、塑料、木器加工储存等丙类工业建筑,可采用可熔性采光带(窗)替代固定窗,其面积应符合下列规定:

1 未设置自动喷水灭火系统的或采用钢结构屋顶或预应力钢筋混凝土屋面板的建筑,不应小于楼地面面积的10%;

2 其他建筑不应小于楼地面面积的5%。

注:可熔性采光带(窗)的有效面积应按其实际面积计算。

4.5 补风系统

4.5.1 除地上建筑的走道或建筑面积小于500m²的房间外,设置排烟系统的场所应设置补风系统。

4.5.2 补风系统应直接从室外引入空气,且补风量不应小于排烟量的50%。

4.5.3 补风系统可采用疏散外门、手动或自动可开启外窗等自然进风方式以及机械送风方式。防火门、窗不得用作补风设施。风机应设置在专用机房内。

4.5.4 补风口与排烟口设置在同一空间内相邻的防烟分区时,补风口位置不限;当补风口与排烟口设置在同一防烟分区时,补风口应设在储烟仓下沿以下;补风口与排烟口水平距离不应少于5m。

4.5.5 补风系统应与排烟系统联动开启或关闭。

4.5.7 补风管道耐火极限不应低于0.50h,当补风管道跨越防火分区时,管道的耐火极限不应小于1.50h。

4.6 排烟系统设计计算

4.6.1 排烟系统的设计风量不应小于该系统计算风量的1.2倍。

4.6.2 当采用自然排烟方式时,储烟仓的厚度不应小于空间净高的20%,且不应小于500mm;当采用机械排烟方式时,不应小于空间净高的10%,且不应小于500mm。同时储烟仓底部距地面的高度应大于安全疏散所需的最小清晰高度,最小清晰高度应按本标准第4.6.9条的规定计算确定。

4.6.3 除中庭外下列场所一个防烟分区的排烟量计算应符合下列规定:

1 建筑空间净高小于或等于6m的场所,其排烟量应按不小于60m³/(h·m²)计算,且取值不小于15000m³/h,或设置有效面积不小于该房间建筑面积2%的自然排烟窗(口)。

2 公共建筑、工业建筑中空间净高大于6m的场所,其每个防烟分区排烟量应根据场所内的热释放速率以及本标准第4.6.6条~第4.6.13条的规定计算确定,且不应小于表4.6.3中的数值,或设置自然排烟窗(口),其所需有效排烟面积应根据表4.6.3及自然排烟窗(口)处风速计算。

表4.6.3 公共建筑、工业建筑中空间净高大于6m场所的计算排烟量及自然排烟侧窗(口)部风速

空间净高 (m)	办公室、学校 (×10⁴m³/h)		商店、展览厅 (×10⁴m³/h)		厂房、其他公共建筑 (×10⁴m³/h)		仓库 (×10⁴m³/h)	
	无喷淋	有喷淋	无喷淋	有喷淋	无喷淋	有喷淋	无喷淋	有喷淋
6.0	12.2	5.2	17.6	7.8	15.0	7.0	30.1	9.3
7.0	13.9	6.3	19.6	9.1	16.8	8.2	32.8	10.8
8.0	15.8	7.4	21.8	10.6	18.9	9.6	35.4	12.4
9.0	17.8	8.7	24.2	12.2	21.1	11.1	38.5	14.2
自然排烟侧窗(口)部风速(m/s)	0.94	0.64	1.06	0.78	1.01	0.74	1.26	0.84

注:1 建筑空间净高大于9.0m的,按9.0m取值;建筑空间净高位于表中两个高度之间的,按线性插值法取值;表中建筑空间净高为6m处的各排烟量值为线性插值法的计算基准值。

2 当采用自然排烟方式时,储烟仓厚度应大于房间净高的20%;自然排烟窗(口)面积=计算排烟量/自然排烟窗(口)处风速;当采用顶开窗排烟时,其自然排烟窗(口)的风速可按侧窗口部风速的1.4倍计。

3 当公共建筑仅需在走道或回廊设置排烟时,其机械排烟量不应小于13000m³/h,或在走道两端(侧)均设置面积不小于2m²的自然排烟窗(口)且两侧自然排烟窗(口)的距离不应小于走道长度的2/3。

4 当公共建筑房间内与走道或回廊均需设置排烟时,其走道或回廊的机械排烟量可按 $60m^3/(h\cdot m^2)$ 计算且不小于 $13000m^3/h$,或设置有效面积不小于走道、回廊建筑面积2%的自然排烟窗(口)。

4.6.4 当一个排烟系统担负多个防烟分区排烟时,其系统排烟量的计算应符合下列规定:

1 当系统负担具有相同净高场所时,对于建筑空间净高大于6m的场所,应按排烟量最大的一个防烟分区的排烟量计算;对于建筑空间净高为6m及以下的场所,应按同一防火分区中任意两个相邻防烟分区的排烟量之和的最大值计算。

2 当系统负担具有不同净高场所时,应采用上述方法对系统中每个场所所需的排烟量进行计算,并取其中的最大值作为系统排烟量。

4.6.5 中庭排烟量的设计计算应符合下列规定:

1 中庭周围场所设有排烟系统时,中庭采用机械排烟系统的,中庭排烟量应按周围场所防烟分区中最大排烟量的2倍数值计算,且不应小于 $107000m^3/h$;中庭采用自然排烟系统时,应按上述排烟量和自然排烟窗(口)的风速不大于0.5m/s计算有效开窗面积。

2 当中庭周围场所不需设置排烟系统,仅在回廊设置排烟系统时,回廊的排烟不应小于本标准第4.6.3条第3款的规定,中庭的排烟量不应小于 $40000m^3/h$;中庭采用自然排烟系统时,应按上述排烟量和自然排烟窗(口)的风速不大于0.4m/s计算有效开窗面积。

4.6.6 除本标准第4.6.3条、第4.6.5条规定的场所外,其他场所的排烟量或自然排烟窗(口)面积应按照烟羽流类型,根据火灾热释放速率、清晰高度、烟羽流质量流量及烟羽流温度等参数计算确定。

4.6.7 各类场所的火灾热释放速率可按本标准第4.6.10条的规定计算且不应小于表4.6.7规定的值。设置自动喷水灭火系统(简称喷淋)的场所,其室内净高大于8m时,应按无喷淋场所对待。

表4.6.7 火灾达到稳态时的热释放速率

建筑类别	喷淋设置情况	热释放速率Q(MW)
办公室、教室、客房、走道	无喷淋	6.0
	有喷淋	1.5
商店、展览厅	无喷淋	10.0
	有喷淋	3.0
其他公共场所	无喷淋	8.0
	有喷淋	2.5
汽车库	无喷淋	3.0
	有喷淋	1.5
厂房	无喷淋	8.0
	有喷淋	2.5
仓库	无喷淋	20.0
	有喷淋	4.0

4.6.8 当储烟仓的烟层与周围空气温差小于15℃时,应通过降低排烟口的位置等措施重新调整排烟设计。

4.6.9 走道、室内空间净高不大于3m的区域,其最小清晰高度不宜小于其净高的1/2,其他区域的最小清晰高度应按下式计算:

$$H_q = 1.6 + 0.1 \cdot H' \quad (4.6.9)$$

式中:H_q——最小清晰高度(m);

H'——对于单层空间,取排烟空间的建筑净高度(m);对于多层空间,取最高疏散楼层的层高(m)。

4.6.10 火灾热释放速率应按下式计算:

$$Q = \alpha \cdot t^2 \quad (4.6.10)$$

式中:Q——热释放速率(kW);

t——火灾增长时间(s);

α——火灾增长系数(按表4.6.10取值)(kW/s²)。

表4.6.10 火灾增长系数

火灾类别	典型的可燃材料	火灾增长系数(kW/s²)
慢速火	硬木家具	0.00278
中速火	棉质、聚酯垫子	0.011
快速火	装满的邮件袋、木制货架托盘、泡沫塑料	0.044
超快速火	池火、快速燃烧的装饰家具、轻质窗帘	0.178

4.6.12 烟层平均温度与环境温度的差应按下式计算或按本标准附录A中表A选取:

$$\Delta T = KQ_c/M_p C_p \quad (4.6.12)$$

式中:ΔT——烟层平均温度与环境温度的差(K);

C_p——空气的定压比热,一般取 $C_p = 1.01[kJ/(kg\cdot K)]$;

K——烟气中对流放热量因子。当采用机械排烟时,取K=1.0;当采用自然排烟时,取K=0.5。

4.6.13 每个防烟分区排烟量应按下列公式计算或按本标准附录A查表选取:

$$V = M_p T/\rho_0 T_0 \quad (4.6.13-1)$$

$$T = T_0 + \Delta T \quad (4.6.13-2)$$

式中:V——排烟量(m³/s);

ρ_0——环境温度下的气体密度(kg/m³),通常 $T_0 = 293.15K$,$\rho_0 = 1.2$(kg/m³);

T_0——环境的绝对温度(K);

T——烟层的平均绝对温度(K)。

5 系统控制

5.1 防烟系统

5.1.1 机械加压送风系统应与火灾自动报警系统联动,其联动控制应符合现行国家标准《火灾自动报警系统设计规范》GB 50116的有关规定。

5.1.2 加压送风机的启动应符合下列规定:

1 现场手动启动;

2 通过火灾自动报警系统自动启动;

3 消防控制室手动启动;

4 系统中任一常闭加压送风口开启时,加压风机应能自动启动。

5.1.3 当防火分区内火灾确认后,应能在15s内联动开启常闭加压送风口和加压送风机,并应符合下列规定:

1 应开启该防火分区楼梯间的全部加压送风机;

2 应开启该防火分区内着火层及其相邻上下层前室及合用前室的常闭送风口,同时开启加压送风机。

5.1.5 消防控制设备应显示防烟系统的送风机、阀门等设施启闭状态。

5.2 排烟系统

5.2.1 机械排烟系统应与火灾自动报警系统联动,其联动控制应符合现行国家标准《火灾自动报警系统设计规范》GB 50116的有关规定。

5.2.2 排烟风机、补风机的控制方式应符合下列规定:

1 现场手动启动;

2 火灾自动报警系统自动启动;

3 消防控制室手动启动;

4 系统中任一排烟阀或排烟口开启时,排烟风机、补风机自动启动;

5 排烟防火阀在280℃时应自行关闭,并应连锁关闭排烟风机和补风机。

5.2.3 机械排烟系统中的常闭排烟阀或排烟口应具有火灾自动报警系统自动开启、消防控制室手动开启和现场手动开启功能,其开启信号应与排烟风机联动。当火灾确认后,火灾自动报警系统应在15s内联动开启相应防烟分区的全部排烟阀、排烟口、排烟风机和补风设施,并应在30s内自动关闭与排烟无关的通风、空调系统。

5.2.4 当火灾确认后,担负两个及以上防烟分区的排烟系统,应仅打开着火防烟分区的排烟阀或排烟口,其他防烟分区的排烟阀或排烟口应呈关闭状态。

5.2.5 活动挡烟垂壁应具有火灾自动报警系统自动启动和现场手动启动功能,当火灾确认后,火灾自动报警系统应在15s内联动相应防烟分区的全部活动挡烟垂壁,60s以内挡烟垂壁应开启到位。

5.2.6 自动排烟窗可采用与火灾自动报警系统联动和温度释放装置联动的控制方式。当采用与火灾自动报警系统自动启动时,自动排烟窗应在60s内或小于烟气充满储烟仓时间内开启完毕。带有温控功能自动排烟窗,其温控释放温度应大于环境温度30℃且小于100℃。

5.2.7 消防控制设备应显示排烟系统的排烟风机、补风机、阀门等设施启闭状态。

6 系统施工

6.1 一般规定

6.1.1 防烟、排烟系统的分部、分项工程划分可按本标准附录C表C执行。

6.1.2 防烟、排烟系统施工前应具备下列条件:

1 经批准的施工图、设计说明书等设计文件应齐全;

2 设计单位应向施工、建设、监理单位进行技术交底;

3 系统主要材料、部件、设备的品种、型号规格符合设计要求,并能保证正常施工;

4 施工现场及施工中的给水、供电、供气等条件满足连续施工作业要求;

5 系统所需的预埋件、预留孔洞等施工前期条件符合设计要求。

6.1.3 防烟、排烟系统的施工现场应进行质量管理,并应按本标准附录D表D-1的要求进行检查记录。

6.1.4 防烟、排烟系统应按下列规定进行施工过程质量控制:

1 施工前,应对设备、材料及配件进行现场检查,检验合格后经监理工程师签证方可安装使用;

2 施工应按批准的施工图、设计说明书及其设计变更通知单等文件的要求进行;

3 各工序应按施工技术标准进行质量控制,每道工序完成后,应进行检查,检查合格后方可进入下道工序;

4 相关各专业工种之间交接时,应进行检验,并经监理工程师签证后方可进入下道工序;

5 施工过程质量检查内容、数量、方法应符合本标准相关规定;

6 施工过程质量检查应由监理工程师组织施工单位人员完成;

7 系统安装完成后,施工单位应按相关专业调试规定进行调试;

8 系统调试完成后,施工单位应向建设单位提交质量控制资料和各类施工过程质量检查记录。

6.1.5 防烟、排烟系统中的送风口、排风口、排烟防火阀、送风风机、排烟风机、固定窗等应设置明显永久标识。

6.1.6 防烟、排烟系统施工过程质量检查记录应由施工单位质量检查员按本标准附录D填写,监理工程师进行检查,并做出检查结论。

6.1.7 防烟、排烟系统工程质量控制资料应按本标准附录E的要求填写。

6.2 进场检验

6.2.1 风管应符合下列规定:

1 风管的材料品种、规格、厚度等应符合设计要求和现行国家标准的规定。当采用金属风管且设计无要求时,钢板或镀锌钢板的厚度应符合本标准表6.2.1的规定。

表6.2.1 钢板风管板材厚度

风管直径D或长边尺寸B (mm)	送风系统 (mm)		排烟系统 (mm)
	圆形风管	矩形风管	
D (B) ≤320	0.50	0.50	0.75
320<D (B) ≤450	0.60	0.60	0.75
450<D (B) ≤630	0.75	0.75	1.00
630<D (B) ≤1000	0.75	0.75	1.00
1000<D (B) ≤1500	1.00	1.00	1.20
1500<D (B) ≤2000	1.20	1.20	1.50
2000<D (B) ≤4000	按设计	1.20	按设计

注:1 螺旋风管的钢板厚度可适当减小10%~15%。

2 不适用于防火隔墙的预埋管。

检查数量：按风管、材料加工批的数量抽查10%，且不得少于5件。

检查方法：尺量检查、直观检查，查验风管、材料质量合格证明文件、性能检验报告。

2 有耐火极限要求的风管的本体、框架与固定材料、密封垫料等必须为不燃材料，材料品种、规格、厚度及耐火极限等应符合设计要求和国家现行标准的规定。

检查数量：按风管、材料加工批的数量抽查10%，且不应少于5件。

检查方法：尺量检查、直观检查与点燃试验，查验材料质量合格证明文件。

6.2.2 防烟、排烟系统中各类阀（口）应符合下列规定：

1 排烟防火阀、送风口、排烟阀或排烟口等必须符合有关消防产品标准的规定，其型号、规格、数量应符合设计要求，手动开启灵活、关闭可靠严密。

检查数量：按种类、批抽查10%，且不得少于2个。

检查方法：测试、直观检查，查验产品的质量合格证明文件、符合国家市场准入要求的文件。

2 防火阀、送风口和排烟阀或排烟口等的驱动装置，动作应可靠，在最大工作压力下工作正常。

检查数量：按批抽查10%，且不得少于1件。

检查方法：测试、直观检查，查验产品的质量合格证明文件、符合国家市场准入要求的文件。

3 防烟、排烟系统柔性短管的制作材料必须为不燃材料。

检查数量：全数检查。

检查方法：直观检查与点燃试验，查验产品的质量合格证明文件、符合国家市场准入要求的文件。

6.2.3 风机应符合产品标准和有关消防产品标准的规定，其型号、规格、数量应符合设计要求，出口方向应正确。

检查数量：全数检查。

检查方法：核对、直观检查，查验产品的质量合格证明文件、符合国家市场准入要求的文件。

6.2.4 活动挡烟垂壁及其电动驱动装置和控制装置应符合有关消防产品标准的规定，其型号、规格、数量应符合设计要求，动作可靠。

检查数量：按批抽查10%，且不得少于1件。

检查方法：测试、直观检查，查验产品的质量合格证明文件、符合国家市场准入要求的文件。

6.2.5 自动排烟窗的驱动装置和控制装置应符合设计要求，动作可靠。

检查数量：抽查10%，且不得少于1件。

检查方法：测试、直观检查，查验产品的质量合格证明文件、符合国家市场准入要求的文件。

6.2.6 防烟、排烟系统工程进场检验记录应按本标准附录D表D-2填写。

6.3 风管安装

6.3.1 金属风管的制作和连接应符合下列规定：

1 风管采用法兰连接时，风管法兰材料规格应按本标准表6.3.1选用，其螺栓孔的间距不得大于150mm，矩形风管法兰四角处应设有螺孔；

表6.3.1 风管法兰及螺栓规格

风管直径D或风管长边尺寸B（mm）	法兰材料规格（mm）	螺栓规格
D（B）≤630	25×3	M6
630<D（B）≤1500	30×3	M8
1500<D（B）≤2500	40×4	M8
2500<D（B）≤4000	50×5	M10

2 板材应采用咬口连接或铆接，除镀锌钢板及含有复合保护层的钢板外，板厚大于1.5mm的可采用焊接；

3 风管应以板材连接的密封为主，可辅以密封胶嵌缝或其他方法密封，密封面宜设在风管的正压侧；

4 无法兰连接风管的薄钢板法兰高度及连接应按本标准表6.3.1的规定执行；

5 排烟风管的隔热层应采用厚度不小于40mm的不燃绝热材料，绝热材料的施工及风管加固、导流片的设置应按现行国家标准《通风与空调工程施工质量验收规范》GB 50243的有关规定执行。

检查数量：各系统按不小于30%检查。

检查方法：尺量检查、直观检查。

6.3.2 非金属风管的制作和连接应符合下列规定：

1 非金属风管的材料品种、规格、性能与厚度等应符合设计和现行国家产品标准的规定；

2 法兰的规格应分别符合本标准表6.3.2的规定，其螺栓孔的间距不得大于120mm，矩形风管法兰的四角处应设有螺孔；

表6.3.2 无机玻璃钢风管法兰规格

风管边长B（mm）	材料规格（宽×厚）（mm）	连接螺栓
B≤400	30×4	M8
400<B≤1000	40×6	M8
1000<B≤2000	50×8	M10

3 采用套管连接时，套管厚度不得小于风管板材的厚度；

4 无机玻璃钢风管的玻璃布必须无碱或中碱，层数应符合现行国家标准《通风与空调工程施工质量验收规范》GB 50243的规定，风管的表面不得出现泛卤或严重泛霜。

检查数量：各系统按不小于30%检查。

检查方法：尺量检查、直观检查。

6.3.3 风管应按系统类别进行强度和严密性检验，其强度和严密性应符合设计要求或下列规定：

1 风管强度应符合现行行业标准《通风管道技术规程》JGJ/T 141的规定。

2 金属矩形风管的允许漏风量应符合下列规定：

低压系统风管：$L_{\text{low}} \leqslant 0.1056 P_{\text{风管}}^{0.65}$ (6.3.3-1)

中压系统风管：$L_{\text{mid}} \leqslant 0.0352 P_{\text{风管}}^{0.65}$ (6.3.3-2)

高压系统风管：$L_{\text{high}} \leqslant 0.0117 P_{\text{风管}}^{0.65}$ (6.3.3-3)

式中：L_{low}，L_{mid}，L_{high}——系统风管在相应工作压力下，单位面积风管单位时间内的允许漏风量[m³/h·m²]；

$P_{\text{风管}}$——指风管系统的工作压力（Pa）。

3 风管系统类别应按本标准表6.3.3划分。

表6.3.3 风管系统类别划分

系统类别	系统工作压力 $P_{风管}$（Pa）
低压系统	$P_{风管} \leq 500$
中压系统	$500 < P_{风管} \leq 1500$
高压系统	$P_{风管} > 1500$

4 金属圆形风管、非金属风管允许的气体漏风量应为金属矩形风管规定值的50%；

5 排烟风管应按中压系统风管的规定。

检查数量：按风管系统类别和材质分别抽查，不应少于3件及15m²。

检查方法：检查产品合格证明文件和测试报告或进行测试。系统的强度和漏风量测试方法按现行行业标准《通风管道技术规程》JGJ/T 141的有关规定执行。

6.3.4 风管的安装应符合下列规定：

1 风管的规格、安装位置、标高、走向应符合设计要求，且现场风管的安装不得缩小接口的有效截面。

2 风管接口的连接应严密、牢固，垫片厚度不应小于3mm，不应凸入管内和法兰外；排烟风管法兰垫片应为不燃材料，薄钢板法兰风管应采用螺栓连接。

3 风管吊、支架的安装应按现行国家标准《通风与空调工程施工质量验收规范》GB 50243的有关规定执行。

6 当风管穿越隔墙或楼板时，风管与隔墙之间的空隙应采用水泥砂浆等不燃材料严密填塞。

7 吊顶内的排烟管道应采用不燃材料隔热，并应与可燃物保持不小于150mm的距离。

检查数量：各系统按不小于30%检查。

检查方法：核对材料，尺量检查、直观检查。

6.3.5 风管（道）系统安装完毕后，应按系统类别进行严密性检验，检验应以主、干管道为主，漏风量应符合设计与本标准第6.3.3条的规定。

检查数量：按系统不小于30%检查，且不应少于1个系统。

检查方法：系统的严密性检验测试按现行国家标准《通风与空调工程施工质量验收规范》GB 50243的有关规定执行。

6.4 部件安装

6.4.1 排烟防火阀的安装应符合下列规定：

1 型号、规格及安装的方向、位置应符合设计要求；

2 阀门应顺气流方向关闭，防火分区隔墙两侧的排烟防火阀距墙端面不应大于200mm；

3 手动和电动装置应灵活、可靠，阀门关闭严密；

4 应设独立的支、吊架，当风管采用不燃材料防火隔热时，阀门安装处应有明显标识。

检查数量：各系统按不小于30%检查。

检查方法：尺量检查、直观检查及动作检查。

6.4.2 送风口、排烟阀或排烟口的安装位置应符合标准和设计要求，并应固定牢靠，表面平整、不变形，调节灵活；排烟口距可燃物或可燃构件的距离不应小于1.5m。

检查数量：各系统按不小于30%检查。

检查方法：尺量检查、直观检查。

6.4.3 常闭送风口、排烟阀或排烟口的手动驱动装置应固定安装在明显可见、距楼地面1.3m～1.5m之间便于操作的位置，预埋套管不得有死弯及瘪陷，手动驱动装置操作应灵活。

检查数量：各系统按不小于30%检查。

检查方法：尺量检查、直观检查及操作检查。

6.4.4 挡烟垂壁的安装应符合下列规定：

1 型号、规格、下垂的长度和安装位置应符合设计要求；

2 活动挡烟垂壁与建筑结构（柱或墙）面的缝隙不应大于60mm，由两块或两块以上的挡烟垂帘组成的连续性挡烟垂壁，各块之间不应有缝隙，搭接宽度不应小于100mm；

3 活动挡烟垂壁的手动操作按钮应固定安装在距楼地面1.3m～1.5m之间便于操作、明显可见处。

检查数量：全数检查。

检查方法：依据设计图核对，尺量检查、动作检查。

6.4.5 排烟窗的安装应符合下列规定：

1 型号、规格和安装位置应符合设计要求；

2 安装应牢固、可靠，符合有关门窗施工验收规范要求，并应开启、关闭灵活；

3 手动开启机构或按钮应固定安装在距楼地面1.3m～1.5m之间，并应便于操作、明显可见；

4 自动排烟窗驱动装置的安装应符合设计和产品技术文件要求，并应灵活、可靠。

检查数量：全数检查。

检查方法：依据设计图核对，操作检查、动作检查。

6.5 风机安装

6.5.1 风机的型号、规格应符合设计规定，其出口方向应正确，排烟风机的出口与加压送风机的进口之间的距离应符合本标准第3.3.5条的规定。

检查数量：全数检查。

检查方法：依据设计图核对、直观检查。

6.5.2 风机外壳至墙壁或其他设备的距离不应小于600mm。

检查数量：全数检查。

检查方法：依据设计图核对、直观检查。

6.5.3 风机应设在混凝土或钢架基础上，且不应设置减振装置；若排烟系统与通风空调系统共用且需要设置减振装置时，不应使用橡胶减振装置。

检查数量：全数检查。

检查方法：依据设计图核对、直观检查。

6.5.4 吊装风机的支、吊架应焊接牢固、安装可靠，其结构形式和外形尺寸应符合设计或设备技术文件要求。

检查数量：全数检查。

检查方法：依据设计图核对、直观检查。

6.5.5 风机驱动装置的外露部位应装设防护罩；直通大气的进、出风口应装设防护网或采取其他安全设施，并应设防雨措施。

检查数量：全数检查。

检查方法：依据设计图核对、直观检查。

7 系统调试

7.1 一般规定

7.1.1 系统调试应在系统施工完成及与工程有关的火灾自动

报警系统及联动控制设备调试合格后进行。

7.1.2 系统调试所使用的测试仪器和仪表，性能应稳定可靠，其精度等级及最小分度值应能满足测定的要求，并应符合国家有关计量法规及检定规程的规定。

7.1.3 系统调试应由施工单位负责、监理单位监督，设计单位与建设单位参与和配合。

7.1.4 系统调试前，施工单位应编制调试方案，报送专业监理工程师审核批准；调试结束后，必须提供完整的调试资料和报告。

7.1.5 系统调试应包括设备单机调试和系统联动调试，并按本标准附录D表D-4填写调试记录。

7.2 单机调试

7.2.1 排烟防火阀的调试方法及要求应符合下列规定，并应按附录D中表D-4填写记录：

1 进行手动关闭、复位试验，阀门动作应灵敏、可靠，关闭应严密；
2 模拟火灾，相应区域火灾报警后，同一防火分区内排烟管道上的其他阀门应联动关闭；
3 阀门关闭后的状态信号应能反馈到消防控制室；
4 阀门关闭后应能联动相应的风机停止。

调试数量：全数调试。

7.2.2 常闭送风口、排烟阀或排烟口的调试方法及要求应符合下列规定：

1 进行手动开启、复位试验，阀门动作应灵敏、可靠，远距离控制机构的脱扣钢丝连接不应松弛、脱落；
2 模拟火灾，相应区域火灾报警后，同一防火分区的常闭送风口和同一防烟分区内的排烟阀或排烟口应联动开启；
3 阀门开启后的状态信号应能反馈到消防控制室；
4 阀门开启后应能联动相应的风机启动。

调试数量：全数调试。

7.2.3 活动挡烟垂壁的调试方法及要求应符合下列规定：

1 手动操作挡烟垂壁按钮进行开启、复位试验，挡烟垂壁应灵敏、可靠地启动与到位后停止，下降高度应符合设计要求；
2 模拟火灾，相应区域火灾报警后，同一防烟分区内挡烟垂壁应在60s以内联动下降到设计高度；
3 挡烟垂壁下降到设计高度后应能将状态信号反馈到消防控制室。

调试数量：全数调试。

7.2.4 自动排烟窗的调试方法及要求应符合下列规定：

1 手动操作排烟窗开关进行开启、关闭试验，排烟窗动作应灵敏、可靠；
2 模拟火灾，相应区域火灾报警后，同一防烟分区内排烟窗应能联动开启；完全开启时间应符合本标准第5.2.6条的规定；
3 与消防控制室联动的排烟窗完全开启时，状态信号应反馈到消防控制室。

调试数量：全数调试。

7.2.5 送风机、排烟风机调试方法及要求应符合下列规定：

1 手动开启风机，风机应正常运转2.0h，叶轮旋转方向应正确、运转平稳、无异常振动与声响；

2 应核对风机的铭牌值，并应测定风机的风量、风压、电流和电压，其结果应与设计相符；
3 应能在消防控制室手动控制风机的启动、停止，风机的启动、停止状态信号应能反馈到消防控制室；
4 当风机进、出风管上安装单向风阀或电动风阀时，风阀的开启与关闭应与风机的启动、停止同步。

调试数量：全数调试。

7.2.6 机械加压送风系统风速及余压的调试方法及要求应符合下列规定：

1 应选取送风系统末端所对应的送风最不利的三个连续楼层模拟起火层及其上下层，封闭避难层（间）仅需选取本层，调试送风系统使上述楼层的楼梯间、前室及封闭避难层（间）的风压值及疏散门的门洞断面风速值与设计值的偏差不大于10%；
2 对楼梯间和前室的调试应单独分别进行，且互不影响；
3 调试楼梯间和前室疏散门的门洞断面风速时，设计疏散门开启的楼层数量应符合本标准第3.4.6条的规定。

调试数量：全数调试。

7.2.7 机械排烟系统风速和风量的调试方法及要求应符合下列规定：

1 应根据设计模式，开启排烟风机和相应的排烟阀或排烟口，调试排烟系统使排烟阀或排烟口处的风速值及排烟量值达到设计要求；
2 开启排烟系统的同时，还应开启补风机和相应的补风口，调试补风系统使补风口处的风速值及补风量值达到设计要求；
3 应测试每个风口风速，核算每个风口的风量及其防烟分区总风量。

调试数量：全数调试。

7.3 联动调试

7.3.1 机械加压送风系统的联动调试方法及要求应符合下列规定：

1 当任何一个常闭送风口开启时，相应的送风机均应联动启动；
2 与火灾自动报警系统联动调试时，当火灾自动报警探测器发出火警信号后，应在15s内启动与设计要求一致的送风口、送风机，且其联动启动方式应符合现行国家标准《火灾自动报警系统设计规范》GB 50116的规定，其状态信号应反馈到消防控制室。

调试数量：全数调试。

7.3.2 机械排烟系统的联动调试方法及要求应符合下列规定：

1 当任何一个常闭排烟阀或排烟口开启时，排烟风机均应能联动启动。
2 应与火灾自动报警系统联动调试。当火灾自动报警系统发出火警信号后，机械排烟系统应启动有关部位的排烟阀或排烟口、排烟风机；启动的排烟阀或排烟口、排烟风机应与设计和标准要求一致，其状态信号应反馈到消防控制室。
3 有补风要求的机械排烟场所，当火灾确认后，补风系统应启动。

4 排烟系统与通风、空调系统合用，当火灾自动报警系统发出火警信号后，由通风、空调系统转换为排烟系统的时间应符合本标准第 5.2.3 条的规定。

调试数量：全数调试。

7.3.3 自动排烟窗的联动调试方法及要求应符合下列规定：

1 自动排烟窗应在火灾自动报警系统发出火警信号后联动开启到符合要求的位置；

2 动作状态信号应反馈到消防控制室。

调试数量：全数调试。

7.3.4 活动挡烟垂壁的联动调试方法及要求应符合下列规定：

1 活动挡烟垂壁应在火灾报警后联动下降到设计高度；

2 动作状态信号应反馈到消防控制室。

调试数量：全数调试。

8 系统验收

8.1 一般规定

8.1.1 系统竣工后，应进行工程验收，验收不合格不得投入使用。

8.1.2 工程验收工作应由建设单位负责，并应组织设计、施工、监理等单位共同进行。

8.1.3 系统验收时应按本标准附录 F 填写防烟、排烟系统及隐蔽工程验收记录表。

8.1.4 工程竣工验收时，施工单位应提供下列资料：

1 竣工验收申请报告；

2 施工图、设计说明书、设计变更通知书和设计审核意见书、竣工图；

3 工程质量事故处理报告；

4 防烟、排烟系统施工过程质量检查记录；

5 防烟、排烟系统工程质量控制资料检查记录。

8.2 工程验收

8.2.1 防烟、排烟系统观感质量的综合验收方法及要求应符合下列规定：

1 风管表面应平整、无损坏；接管合理，风管的连接以及风管与风机的连接应无明显缺陷。

2 风口表面应平整，颜色一致，安装位置正确，风口可调节部件应能正常动作。

3 各类调节装置安装应正确牢固、调节灵活，操作方便。

4 风管、部件及管道的支、吊架形式、位置及间距应符合要求。

5 风机的安装应正确牢固。

检查数量：各系统按 30% 抽查。

8.2.2 防烟、排烟系统设备手动功能的验收方法及要求应符合下列规定：

1 送风机、排烟风机应能正常手动启动和停止，状态信号应在消防控制室显示；

2 送风口、排烟阀或排烟口应能正常手动开启和复位，阀门关闭严密，动作信号应在消防控制室显示；

3 活动挡烟垂壁、自动排烟窗应能正常手动开启和复位，动作信号应在消防控制室显示。

检查数量：各系统按 30% 抽查。

8.2.3 防烟、排烟系统设备应按设计联动启动，其功能验收方法及要求应符合下列规定：

1 送风口的开启和送风机的启动应符合本标准第 5.1.2 条、第 5.1.3 条的规定；

2 排烟阀或排烟口的开启和排烟风机的启动应符合本标准第 5.2.2 条、第 5.2.3 条和第 5.2.4 条的规定；

3 活动挡烟垂壁开启到位的时间应符合本标准第 5.2.5 条的规定；

4 自动排烟窗开启完毕的时间应符合本标准第 5.2.6 条的规定；

5 补风机的启动应符合本标准第 5.2.2 条的规定；

6 各部件、设备动作状态信号应在消防控制室显示。

检查数量：全数检查。

8.2.4 自然通风及自然排烟设施验收，下列项目应达到设计和标准要求：

1 封闭楼梯间、防烟楼梯间、前室及消防电梯前室可开启外窗的布置方式和面积；

2 避难层（间）可开启外窗或百叶窗的布置方式和面积；

3 设置自然排烟场所的可开启外窗、排烟窗、可熔性采光带（窗）的布置方式和面积。

检查数量：各系统按 30% 检查。

8.2.5 机械防烟系统的验收方法及要求应符合下列规定：

1 选取送风系统末端所对应的送风最不利的三个连续楼层模拟起火层及其上下层，封闭避难层（间）仅需选取本层，测试前室及封闭避难层（间）的风压值及疏散门的门洞断面风速值，应分别符合本标准第 3.4.4 条和第 3.4.6 条的规定，且偏差不大于设计值的 10%；

2 对楼梯间和前室的测试应单独分别进行，且互不影响；

3 测试楼梯间和前室疏散门的门洞断面风速时，应同时开启三个楼层的疏散门。

检查数量：全数检查。

8.2.6 机械排烟系统的性能验收方法及要求应符合下列规定：

1 开启任一防烟分区的全部排烟口，风机启动后测试排烟口处的风速，风速、风量应符合设计要求且偏差不大于设计值的 10%；

2 设有补风系统的场所，应测试补风口风速，风速、风量应符合设计要求且偏差不大于设计值的 10%。

检查数量：各系统全数检查。

8.2.7 系统工程质量验收判定条件应符合下列规定：

1 系统的设备、部件型号规格与设计不符，无出厂质量合格证明文件及符合国家市场准入制度规定的文件，系统验收不符合本标准第 8.2.2 条～第 8.2.6 条任一款功能及主要性能参数要求的，定为 A 类不合格；

2 不符合本标准第 8.1.4 条任一款要求的定为 B 类不合格；

3 不符合本标准第 8.2.1 条任一款要求的定为 C 类不合格；

4 系统验收合格判定应为：A＝0 且 B≤2，B+C≤6 为合格，否则为不合格。

9 维护管理

9.0.1 建筑防烟、排烟系统应制定维护保养管理制度及操作规程,并应保证系统处于准工作状态。维护管理记录应按本标准附录G填写。

9.0.2 维护、管理人员应熟悉防烟、排烟系统的原理、性能和操作维护规程。

9.0.3 每季度应对防烟、排烟风机、活动挡烟垂壁、自动排烟窗进行一次功能检测启动试验及供电线路检查,检查方法应符合本标准第7.2.3条~第7.2.5条的规定。

9.0.4 每半年应对全部排烟防火阀、送风阀或送风口、排烟阀或排烟口进行自动和手动启动试验一次,检查方法应符合本标准第7.2.1条、第7.2.2条的规定。

9.0.5 每年应对全部防烟、排烟系统进行一次联动试验和性能检测,其联动功能和性能参数应符合原设计要求,检查方法应符合本标准第7.3节和第8.2.5条~第8.2.7条的规定。

9.0.6 排烟窗的温控释放装置、排烟防火阀的易熔片应有10%的备用件,且不少于10只。

9.0.7 当防烟排烟系统采用无机玻璃钢风管时,应每年对该风管质量检查,检查面积应不少于风管面积的30%;风管表面应光洁、无明显泛霜、结露和分层现象。

附录A 不同火灾规模下的机械排烟量

表A 不同火灾规模下的机械排烟量

\multicolumn{3}{c}{$Q=1$MW}			$Q=1.5$MW			$Q=2.5$MW		
M_p (kg/s)	ΔT (K)	V (m³/s)	M_p (kg/s)	ΔT (K)	V (m³/s)	M_p (kg/s)	ΔT (K)	V (m³/s)
4	175	5.32	4	263	6.32	6	292	9.98
6	117	6.98	6	175	7.99	10	175	13.31
8	88	8.66	10	105	11.32	15	117	17.49
10	70	10.31	15	70	15.48	20	88	21.68
12	58	11.96	20	53	19.68	25	70	25.80
15	47	14.51	25	42	24.53	30	58	29.94
20	35	18.64	30	35	27.96	35	50	34.16
25	28	22.80	35	30	32.16	40	44	38.32
30	23	26.90	40	26	36.28	50	35	46.60
35	20	31.15	50	21	44.65	60	29	54.96
40	18	35.32	60	18	53.10	75	23	67.43
50	14	43.60	75	14	65.48	100	18	88.50
60	12	52.00	100	10.5	86.00	120	15	105.10
$Q=3$MW			$Q=4$MW			$Q=5$MW		
M_p (kg/s)	ΔT (K)	V (m³/s)	M_p (kg/s)	ΔT (K)	V (m³/s)	M_p (kg/s)	ΔT (K)	V (m³/s)
8	263	12.64	8	350	14.64	9	525	21.50
10	210	14.30	10	280	16.30	12	417	24.00
15	140	18.45	15	187	20.48	15	333	26.00
20	105	22.64	20	140	24.64	18	278	29.00
25	84	26.80	25	112	28.80	24	208	34.00
30	70	30.96	30	93	32.94	30	167	39.00
35	60	35.14	35	80	37.14	36	139	43.00
40	53	39.32	40	70	41.28	50	100	55.00
50	42	49.05	50	56	49.65	65	77	67.00
60	35	55.92	60	47	58.02	80	63	79.00
75	28	68.48	75	37	70.35	95	53	91.50
100	21	89.30	100	28	91.30	110	45	103.50
120	18	106.20	120	23	107.88	130	38	120.00
140	15	122.60	140	20	124.60	150	33	136.00

续表 A

M_ρ (kg/s)	Q=6MW ΔT (K)	V (m³/s)	M_ρ (kg/s)	Q=8MW ΔT (K)	V (m³/s)	M_ρ (kg/s)	Q=20MW ΔT (K)	V (m³/s)
10	420	20.28	15	373	28.41	20	700	56.48
15	280	24.45	20	280	32.59	30	467	64.85
20	210	28.62	25	224	36.76	40	350	73.15
25	168	32.18	30	187	40.96	50	280	81.48
30	140	38.96	35	160	45.09	60	233	89.76
35	120	41.13	40	140	49.26	75	187	102.40
40	105	45.28	50	112	57.79	100	140	123.20
50	84	53.60	60	93	65.87	120	117	139.90
60	70	61.92	75	74	78.28	140	100	156.50
75	56	74.48	100	56	90.73	—	—	—
100	42	98.10	120	46	115.70	—	—	—
120	35	111.80	140	40	132.60	—	—	—
140	30	126.70	—	—	—	—	—	—

附录 B 排烟口最大允许排烟量

表 B 排烟口最大允许排烟量（×10⁴ m³/h）

热释速率 (MW)	烟层厚度 (m) \ 房间净高 (m)	2.5	3	3.5	4	4.5	5	6	7	8	9
1.5	0.5	0.24	0.22	0.20	0.18	0.17	0.15	—	—	—	—
	0.7	—	0.53	0.48	0.43	0.40	0.36	0.31	0.28	—	—
	1.0	—	1.38	1.24	1.12	1.02	0.93	0.80	0.70	1.63	0.56
	1.5	—	—	3.81	3.41	3.07	2.80	2.37	2.06	1.82	1.63
2.5	0.5	0.27	0.24	0.22	0.20	0.19	0.17	—	—	—	—
	0.7	—	0.59	0.53	0.49	0.45	0.42	0.36	0.32	—	—
	1.0	—	1.53	1.37	1.25	1.15	1.06	0.92	0.81	0.73	0.66
	1.5	—	—	4.22	3.78	3.45	3.17	2.72	2.38	2.11	1.91
3	0.5	0.28	0.25	0.23	0.21	0.20	0.18	—	—	—	—
	0.7	—	0.61	0.55	0.51	0.47	0.44	0.38	0.34	—	—
	1.0	—	1.59	1.42	1.30	1.20	1.11	0.97	0.85	0.77	0.70
	1.5	—	—	4.38	3.92	3.58	3.31	2.85	2.50	2.23	2.01
4	0.5	0.30	0.27	0.24	0.23	0.21	0.20	—	—	—	—
	0.7	—	0.64	0.58	0.54	0.50	0.47	0.41	0.37	—	—
	1.0	—	1.68	1.51	1.37	1.27	1.18	1.04	0.92	0.83	0.76
	1.5	—	—	4.64	4.15	3.79	3.51	3.05	2.69	2.41	2.18
6	0.5	0.32	0.29	0.26	0.24	0.23	0.22	—	—	—	—
	0.7	—	0.70	0.63	0.58	0.54	0.51	0.45	0.41	—	—
	1.0	—	1.83	1.63	1.49	1.38	1.29	1.14	1.03	0.93	0.85
	1.5			5.03	4.50	4.11	3.80	3.35	2.98	2.69	2.44

续表 B

热释速率(MW)	房间净高(m) / 烟层厚度(m)	2.5	3	3.5	4	4.5	5	6	7	8	9
8	0.5	0.34	0.31	0.28	0.26	0.24	0.23	—	—	—	—
	0.7	—	0.74	0.67	0.62	0.58	0.54	0.48	0.44	—	—
	1.0	—	1.93	1.73	1.58	1.46	1.37	1.22	1.10	1.00	0.92
	1.5	—	—	5.33	4.77	4.35	4.03	3.55	3.19	2.89	2.64
10	0.5	0.36	0.32	0.29	0.27	0.25	0.24	—	—	—	—
	0.7	—	0.77	0.70	0.65	0.60	0.57	0.51	0.46	—	—
	1.0	—	2.02	1.81	1.65	1.53	1.43	1.28	1.16	1.06	0.97
	1.5	—	—	5.57	4.98	4.55	4.21	3.71	3.36	3.05	2.79
20	0.5	0.41	0.37	0.34	0.31	0.29	0.27	—	—	—	—
	0.7	—	0.89	0.81	0.74	0.69	0.65	0.59	0.54	—	—
	1.0	—	2.32	2.08	1.90	1.76	1.64	1.47	1.34	1.24	1.15
	1.5	—	—	6.40	5.72	5.23	4.84	4.27	3.86	3.55	3.30

注：1 本表仅适用于排烟口设置于建筑空间顶部，且排烟口中心点至最近墙体的距离大于或等于2倍排烟口当量直径的情形。当小于2倍或排烟口设于侧墙时，应按表中的最大允许排烟量减半。
2 本表仅列出了部分火灾热释放速率、部分空间净高、部分设计烟层厚度条件下，排烟口的最大允许排烟量。
3 对于不符合上述两条所述情形的工况，应按实际情况按本标准第4.6.14条的规定进行计算。

附录 C 防烟、排烟系统分部、分项工程划分

表 C 防烟、排烟系统分部、分项工程划分表

分部工程	序号	子分部	分项工程
防烟、排烟系统	1	风管（制作）、安装	风管的制作、安装及检测、试验
	2	部件安装	排烟防火阀、送风口、排烟阀或排烟口、挡烟垂壁、排烟窗的安装
	3	风机安装	防烟、排烟及补风风机的安装
	4	系统调试	排烟防火阀、送风口、排烟阀或排烟口、挡烟垂壁、排烟窗、防烟、排烟风机的单项调试及联动调试

附录 D 施工过程质量检查记录

表 D-1 施工现场质量管理检查记录

工程名称		施工许可证	
建设单位		项目负责人	
设计单位		项目负责人	
监理单位		项目负责人	
施工单位		项目负责人	
序号	项目	内容	
1	现场质量管理制度		
2	质量责任制		
3	主要专业工种人员操作上岗证书		
4	施工图审查情况		
5	施工组织设计、施工方案及审批		
6	施工技术标准		
7	工程质量检验制度		
8	现场材料、设备管理		
9	其他		
10	……		

施工单位项目负责人： （签章） 年 月 日	监理工程师： （签章） 年 月 日	建设单位项目负责人： （签章） 年 月 日

表 D-2 防烟、排烟系统工程进场检验检查记录

工程名称				
施工单位		监理单位		
施工执行标准名称及编号				
项目		质量规定对应本标准章节条款	施工单位检查记录	监理单位检查记录
进场检验	风管	6.2.1		
	排烟防火阀、送风口、排烟阀或排烟口以及驱动装置	6.2.2		
	风机	6.2.3		
	活动挡烟垂壁及其驱动装置	6.2.4		
	排烟窗驱动装置	6.2.5		
施工单位项目负责人：（签章） 年 月 日			监理工程师：（签章） 年 月 日	

注：施工过程若用到其他表格，则应作为附件一并归档。

表 D-3 防烟、排烟系统分项工程施工过程检查记录

工程名称				
施工单位		监理单位		
施工执行标准名称及编号				
项目		对应本标准章节条款	施工单位检查记录	监理单位检查记录
风管安装	金属风管的制作、连接	6.3.1		
	非金属风管的制作、连接	6.3.2		
	风管（道）强度、严密性检验	6.3.3		
	风管（道）的安装	6.3.4		
	风管（道）安装完毕后的严密性检验	6.3.5		
部件安装	排烟阀安装	6.4.1		
	送风口安装	6.4.2		
	排烟阀或排烟口安装	6.4.2		
	常闭送风口、排烟阀或排烟口手动装置安装	6.4.3		
	挡烟垂壁安装	6.4.4		
	排烟窗安装	6.4.5		
风机安装	风机型号、规格	6.5.1		
	风机外壳间距	6.5.2		
	风机基础	6.5.3		
	风机吊装	6.5.4		
	风机安装安全防护	6.5.5		
施工单位项目负责人：（签章） 年 月 日			监理工程师：（签章） 年 月 日	

注：施工过程若用到其他表格，则应作为附件一并归档。

表 D-4 防烟、排烟系统调试检查记录

工程名称				
施工单位			监理单位	
施工执行标准名称及编号				
项目		对应本标准章节条款	施工单位检查记录	监理单位检查记录
单机调试	排烟防火阀调试	7.2.1		
	常闭送风口、排烟阀或排烟口调试	7.2.2		
	活动挡烟垂壁调试	7.2.3		
	自动排烟窗调试	7.2.4		
	送风机、排烟风机调试	7.2.5		
	机械加压送风系统调试	7.2.6		
	机械排烟系统调试	7.2.7		
系统联动调试	机械加压送风联动调试	7.3.1		
	机械排烟联动调试	7.3.2		
	自动排烟窗联动调试	7.3.3		
	活动挡烟垂壁联动调试	7.3.4		
调试人员（签字）				年　月　日
施工单位项目负责人：（签章） 年　月　日			监理工程师：（签章） 年　月　日	

注：施工过程若用到其他表格，则应作为附件一并归档。

附录 E 防烟、排烟系统工程质量控制资料检查记录

表 E 防烟、排烟系统工程质量控制资料检查记录

工程名称		施工单位		
分部工程名称	资料名称	数量	核查意见	核查人
防烟、排烟系统	1. 施工图、设计说明、设计变更通知书和设计审核意见书、竣工图			
	2. 施工过程检验、测试记录			
	3. 系统调试记录			
	4. 主要设备、部件的国家质量监督检验测试中心的检测报告和产品出厂合格证及相关资料			
结论	施工单位项目负责人： (签章) 年　月　日	监理工程师： (签章) 年　月　日		建设单位项目负责人： (签章) 年　月　日

附录 F 防烟、排烟工程验收记录

表 F-1 防烟、排烟系统工程验收记录

工程名称					
施工单位			分部工程名称		
监理单位			项目经理		
			总监理工程师		

序号	验收项目名称	验收内容记录			验收评定结果
		对应本标准章节条款	标准或设计要求	检测值	
1	施工资料	8.1.4			
2	综合观感等质量	8.2.1			
3	设备手动功能	8.2.2			
4	设备联动功能	8.2.3			
5	自然通风、自然排烟设施性能	8.2.4			
6	机械防烟系统性能	8.2.5			
7	机械排烟系统性能	8.2.6			

综合验收结论	

验收单位	施工单位：	项目经理： 年 月 日
	监理单位：	总监理工程师： 年 月 日
	设计单位：	项目负责人： 年 月 日
	建设单位：	建设单位项目负责人： 年 月 日

注：分部工程质量验收由建设单位项目负责人组织施工单位项目经理、总监理工程师和设计单位项目负责人等进行。

表 F-2 防烟、排烟系统隐蔽工程验收记录

工程名称			
施工单位		监理单位	
施工执行标准名称及编号		隐蔽部位	

验收项目	对应本标准章节条款	验收结果
封闭井道、吊顶内风管安装质量	第 6.3.4 条第 1 款	
	第 6.3.4 条第 2 款	
	第 6.3.4 条第 3 款	
	第 6.3.4 条第 7 款	
风管穿越隔墙、楼板	第 6.3.4 条第 6 款	
施工过程检查记录		
验收结论		

验收单位	施工单位	监理单位	建设单位
	（公章）	（公章）	（公章）
	项目负责人： （签章）	项目负责人： （签章）	项目负责人： （签章）

附录 G 防烟、排烟系统维护管理工作检查项目

表 G 防烟、排烟系统维护管理工作检查项目

部 位	工作内容	周期
风管（道）及风口等部件	目测巡检完好状况，有无异物变形	每周
室外进风口、排烟口	巡检进风口、出风口是否通畅	每周
系统电源	巡查电源状态、电压	每周
防烟、排烟风机	手动或自动启动试运转，检查有无锈蚀、螺丝松动	每季度
挡烟垂壁	手动或自动启动、复位试验，有无升降障碍	每季度
排烟窗	手动或自动启动、复位试验，有无开关障碍	每季度
供电线路	检查供电线路有无老化，双回路自动切换电源功能等	每季度
排烟防火阀	手动或自动启动、复位试验检查，有无变形、锈蚀及弹簧性能，确认性能可靠	半年
送风阀或送风口	手动或自动启动、复位试验检查，有无变形、锈蚀及弹簧性能，确认性能可靠	半年
排烟阀或排烟口	手动或自动启动、复位试验检查，有无变形、锈蚀及弹簧性能，确认性能可靠	半年
系统联动试验	检验系统的联动功能及主要技术性能参数	一年

2. 《民用建筑供暖通风与空气调节设计规范》GB 50736—2012

5 供 暖

5.6 燃气红外线辐射供暖

5.6.1 采用燃气红外线辐射供暖时，必须采取相应的防火和通风换气等安全措施，并符合国家现行有关燃气、防火规范的要求。

5.9 供暖管道设计及水力计算

5.9.8 当供暖管道必须穿越防火墙时，应预埋钢套管，并在穿墙处一侧设置固定支架，管道与套管之间的空隙应采用耐火材料封堵。

5.9.9 供暖管道不得与输送蒸汽燃点低于或等于120℃的可燃液体或可燃、腐蚀性气体的管道在同一条管沟内平行或交叉敷设。

6 通 风

6.1 一般规定

6.1.6 凡属下列情况之一时，应单独设置排风系统：
 1 两种或两种以上的有害物质混合后能引起燃烧或爆炸时；
 5 建筑物内设有储存易燃易爆物质的单独房间或有防火防爆要求的单独房间。

6.1.11 建筑物的通风系统设计应符合国家现行防火规范要求。

6.2 自然通风

6.2.4 采用自然通风的生活、工作的房间的通风开口有效面积不应小于该房间地板面积的5%；厨房的通风开口有效面积不应小于该房间地板面积的10%，并不得小于0.60m²。

6.3 机械通风

6.3.4 住宅通风系统设计应符合下列规定：
 4 厨房、卫生间宜设竖向排风道，竖向排风道应具有防火、防倒灌及均匀排气的功能，并应采取防止支管回流和竖井泄漏的措施。顶部应设置防止室外风倒灌装置。

6.5 设备选择与布置

6.5.1 通风机应根据管路特性曲线和风机性能曲线进行选择，并应符合下列规定：

 5 兼用排烟的风机应符合国家现行建筑设计防火规范的规定。

6.5.3 通风机输送非标准状态空气时，应对其电动机的轴功率进行验算。

6.5.9 排除、输送有燃烧或爆炸危险混合物的通风设备和风管，均应采取防静电接地措施（包括法兰跨接），不应采用容易积聚静电的绝缘材料制作。

6.5.10 空气中含有易燃易爆危险物质的房间中的送风、排风系统应采用防爆型通风设备；送风机如设置在单独的通风机房内且送风干管上设置止回阀时，可采用非防爆型通风设备。

6.6 风管设计

6.6.10 通风与空调系统的风管布置，防火阀、排烟阀、排烟口等的设置，均应符合国家现行有关建筑设计防火规范的规定。

6.6.13 高温烟气管道应采取热补偿措施。

6.6.14 输送空气温度超过80℃的通风管道，应采取一定的保温隔热措施，其厚度按隔热层外表面温度不超过80℃确定。

6.6.15 当风管内设有电加热器时，电加热器前后各800mm范围内的风管和穿过设有火源等容易起火房间的风管及其保温材料均应采用不燃材料。

6.6.16 可燃气体管道、可燃液体管道和电线等，不得穿过风管的内腔，也不得沿风管的外壁敷设。可燃气体管道和可燃液体管道，不应穿过通风、空调机房。

8 冷源与热源

8.11 锅炉房及换热机房

8.11.7 锅炉房的设置与设计除应符合本规范规定外，尚应符合现行国家标准《锅炉房设计规范》GB 50041、《高层民用建筑设计防火规范》GB 50045、《建筑设计防火规范》GB 50016的有关规定以及工程所在地主管部门的管理要求。

11 绝热与防腐

11.1 绝 热

11.1.3 设备与管道绝热材料的选择应符合下列规定：
 2 设备与管道的绝热材料燃烧性能应满足现行有关防火规范的要求。

3. 《通用与空调工程施工质量验收规范》GB 50243—2016

1 总 则

1.0.2 本规范适用于工业与民用建筑通风与空调工程施工质量的验收。

1.0.3 本规范应与现行国家标准《建筑工程施工质量验收统一标准》GB 50300 配合使用。

1.0.4 通风与空调工程中采用的工程技术文件、承包合同等，对工程施工质量的要求不得低于本规范的规定。

2 术 语

2.0.1 通风工程 ventilation works
送风、排风、防排烟、除尘和气力输送系统工程的总称。

2.0.2 空调工程 air conditioning works
舒适性空调、恒温恒湿空调和洁净室空气净化及空气调节系统工程的总称。

2.0.3 风管 duct
采用金属、非金属薄板或其他材料制作而成，用于空气流通的管道。

2.0.4 非金属风管 nonmetallic duct
采用硬聚氯乙烯、玻璃钢等非金属材料制成的风管。

2.0.5 复合材料风管 foil-insulant composite duct
采用不燃材料面层，复合难燃级及以上绝热材料制成的风管。

2.0.6 防火风管 refractory duct
采用不燃和耐火绝热材料组合制成，能满足一定耐火极限时间的风管。

2.0.8 风管部件 duct accessory
风管系统中的各类风口、阀门、风罩、风帽、消声器、空气过滤器、检查门和测定孔等功能件。

2.0.9 风道 air channel
采用混凝土、砖等建筑材料砌筑而成，用于空气流通的通道。

4 风管与配件

4.1 一般规定

4.1.7 净化空调系统风管的材质应符合下列规定：
1 应按工程设计要求选用。当设计无要求时，宜采用镀锌钢板，且镀锌层厚度不应小于 $100g/m^2$。
2 当生产工艺或环境条件要求采用非金属风管时，应采用不燃材料或难燃材料，且表面应光滑、平整、不产尘、不易霉变。

4.2 主控项目

4.2.2 防火风管的本体、框架与固定材料、密封垫料等必须采用不燃材料，防火风管的耐火极限时间应符合系统防火设计的规定。

检查数量：全数检查。
检查方法：查阅材料质量合格证明文件和性能检测报告，观察检查与点燃试验。

4.2.5 复合材料风管的覆面材料必须采用不燃材料，内层的绝热材料应采用不燃或难燃且对人体无害的材料。

检查数量：全数检查。
检查方法：查验材料质量合格证明文件、性能检测报告，观察检查与点燃试验。

4.3 一般项目

4.3.8 防火风管的制作应符合下列规定：
1 防火风管的口径允许偏差应符合本规范第 4.3.1 条的规定。
2 采用型钢框架外敷防火板的防火风管，框架的焊接应牢固，表面应平整，偏差不应大于 2mm。防火板敷设形状应规整，固定应牢固，接缝应用防火材料封堵严密，且不应有穿孔。
3 采用在金属风管外敷防火绝热层的防火风管，风管严密性要求应按本规范第 4.2.1 条中有关压力系统金属风管的规定执行。防火绝热层的设置应按本规范第 10 章的规定执行。

检查数量：按Ⅱ方案。
检查方法：尺量及观察检查。

5 风管部件

5.2 主控项目

5.2.4 防火阀、排烟阀或排烟口的制作应符合现行国家标准《建筑通风和排烟系统用防火阀门》GB 15930 的有关规定，并应具有相应的产品合格证明文件。

检查数量：全数检查。
检查方法：观察、尺量、手动操作，查阅产品质量证明文件。

5.2.7 防排烟系统的柔性短管必须采用不燃材料。

检查数量：全数检查。
检查方法：观察检查、检查材料燃烧性能检测报告。

6 风管系统安装

6.2 主控项目

6.2.2 当风管穿过需要封闭的防火、防爆的墙体或楼板时，必须设置厚度不小于1.6mm的钢制防护套管；风管与防护套管之间应采用不燃柔性材料封堵严密。

检查数量：全数。

检查方法：尺量、观察检查。

6.2.7 风管部件的安装应符合下列规定：

1 风管部件及操作机构的安装应便于操作。

2 斜插板风阀安装时，阀板应顺气流方向插入；水平安装时，阀板应向上开启。

3 止回阀、定风量阀的安装方向应正确。

4 防爆波活门、防爆超压排气活门安装时，穿墙管的法兰和在轴线视线上的杠杆应铅垂，活门开启应朝向排气方向，在设计的超压下能自动启闭。关闭后，阀盘与密封圈贴合应严密。

5 防火阀、排烟阀（口）的安装位置、方向应正确。位于防火分区隔墙两侧的防火阀，距墙表面不应大于200mm。

检查数量：按Ⅰ方案。

检查方法：吊垂、手扳、尺量、观察检查。

10 防腐与绝热

10.1 一般规定

10.1.3 防腐工程施工时，应采取防火、防冻、防雨等措施，且不应在潮湿或低于5℃的环境下作业。绝热工程施工时，应采取防火、防雨等措施。

10.2 主控项目

10.2.2 风管和管道的绝热层、绝热防潮层和保护层，应采用不燃或难燃材料，材质、密度、规格与厚度应符合设计要求。

检查数量：按Ⅰ方案。

检查方法：查对施工图纸、合格证和做燃烧试验。

4.《通风与空调工程施工规范》GB 50738—2011

2 术 语

2.0.1 风管 air duct
采用金属、非金属薄板或其他材料制作而成,用于空气流通的管道。

2.0.2 非金属风管 nonmetallic duct
采用硬聚氯乙烯、玻璃钢等非金属材料制成的风管。

2.0.3 复合风管 composite duct
采用不燃材料面层与绝热材料内板复合制成的风管。

3 基本规定

3.2 施工质量管理

3.2.3 管道穿越墙体和楼板时,应按设计要求设置套管,套管与管道间应采用阻燃材料填塞密实;当穿越防火分区时,应采用不燃材料进行防火封堵。

6 风阀与部件制作

6.2 风 阀

6.2.4 防火阀和排烟阀(排烟口)应符合国家现行有关消防产品技术标准的规定。执行机构应进行动作试验,试验结果应符合产品说明书的要求。

6.5 消声器、消声风管、消声弯头及消声静压箱

6.5.3 消声材料应具备防腐、防潮功能,其卫生性能、密度、导热系数、燃烧等级应符合国家有关技术标准的规定。消声材料应按设计及相关技术文件要求的单位密度均匀敷设,需粘贴的部分应按规定的厚度粘贴牢固,拼缝密实,表面平整。

8 风管与部件安装

8.1 一般规定

8.1.2 风管穿过需要密闭的防火、防爆的楼板或墙体时,应设壁厚不小于1.6mm的钢制预埋管或防护套管,风管与防护套管之间应采用不燃且对人体无害的柔性材料封堵。

8.7 消声器、静压箱、过滤器、风管内加热器安装

8.7.6 风管内电加热器的安装应符合下列规定:
  1 电加热器接线柱外露时,应加装安全防护罩;
  3 连接电加热器的风管法兰垫料应采用耐热、不燃材料。

11 空调水系统管道与附件安装

11.1 一般规定

11.1.3 管道穿楼板和墙体处应设置套管,并应符合下列规定:
  1 管道应设置在套管中心,套管不应作为管道支撑;管道接口不应设置在套管内,管道与套管之间应用不燃绝热材料填塞密实;
  2 管道的绝热层应连续不间断穿过套管,绝热层与套管之间应采用不燃材料填实,不应有空隙。

13 防腐与绝热

13.1 一般规定

13.1.1 防腐与绝热施工前应具备下列施工条件:
  1 防腐与绝热材料符合环保及防火要求,进场检验合格;
  2 风管系统严密性试验合格;
  3 空调水系统管道水压试验、制冷剂管道系统气密性试验合格。

16 通风与空调系统试运行与调试

16.2 设备单机试运转与调试

16.2.9 电动调节阀、电动防火阀、防排烟风阀(口)调试可按表16.2.9的要求进行。

表 16.2.9 电动调节阀、电动防火阀、防排烟风阀(口)调试要求

项目	方法与要求
调试前检查	1 执行机构和控制装置应固定牢固; 2 供电电压、控制信号和阀门接线方式符合系统功能要求,并应符合产品技术文件的规定
调试	1 手动操作执行机构,无松动或卡涩现象; 2 接通电源,查看信号反馈是否正常; 3 终端设置指令信号,查看并记录执行机构动作情况。执行机构动作应灵活、可靠,信号输出、输入正确

16.3 系统无生产负荷下的联合试运行与调试

16.3.9 防排烟系统测定和调整可按表16.3.9的要求进行。

表16.3.9 防排烟系统的测定和调整

步 骤	内　　容
测定与调整前检查	1　检查风机、风管及阀部件安装符合设计要求； 2　检查防火阀、排烟防火阀的型号、安装位置、关闭状态，检查电源、控制线路连接状况、执行机构的可靠性； 3　送风口、排烟口的安装位置、安装质量、动作可靠性。
机械正压送风系统测试与调整	1　若系统采用砖或混凝土风道，测试前应检查风道严密性，内表面平整，无堵塞、无孔洞、无串井等现象； 2　关闭楼梯间的门窗及前室或合用前室的门(包括电梯门)，打开楼梯间的全部送风口； 3　在大楼选一层作为模拟火灾层(宜选在加压送风系统管路最不利点附近)，将模拟火灾层及上、下层的前室送风阀打开，将其他各层的前室送风阀关闭； 4　启动加压送风机，测试前室、楼梯间、避难层的余压值；消防加压送风系统应满足走廊→前室→楼梯间的压力呈递增分布；测试楼梯间内上下均匀选择3个～5个测试点，重复不少于3次的平均静压；静压值应达到设计要求；测试开启送风口的前室的一个点，重复次数不少于3次的静压平均值，测定前室、合用前室、消防楼梯前室、封闭避难层(间)与走道之间的压力差应达到设计要求；测试是在门全部关闭下进行，压力测点的具体位置应视门、排烟口、送风口等的布置情况而定，应该远离各种洞等气流通路； 5　同时打开模拟火灾层及其上、下层的走道→前室→楼梯间的门，分别测试前室通走道和楼梯间通前室的门洞平面处的平均风速，应符合设计要求；测试时，门洞风速测点布置应均匀，可采用等小矩形面法，即将门洞划分为若干个边长为(200～400)mm的小矩形网格，每个小矩形网格的对角线交点即为测点，如图16.3.9所示； 图16.3.9　门洞风速测点布置示意 6　以上4、5两项可任选其一进行测试。
机械排烟系统测试与调整	1　走道(廊)排烟系统：打开模拟火灾层及上、下一层的走道排烟阀，启动走道排烟风机，测试排烟口处平均风速，根据排烟口截面(有效面积)及走道排烟面积计算出每平方米面积的排烟量，应符合设计要求；测试宜与机械加压送风系统同时进行，若系统采用砖或混凝土风道，测试前还应对风道进行检查；平均风速测定可采用匀速移动法或定点测量法，测定时，风速仪应贴近风口，匀速移动法不小于3次，定点测量法的测点不少于4个； 2　中庭排烟系统：启动中庭排烟风机，测试排烟口处风速，根据排烟口截面计算出排烟量(若测试排烟口风速有困难，可直接测试中庭排烟风机风量)，并按中庭净空换算成换气次数，应符合设计要求； 3　地下车库排烟系统：若与车库排风系统合用，须关闭排风口，打开排烟口。启动车库排烟风机，测试各排烟口处风速，根据排烟口截面计算出排烟量，并按车库净空换算成换气次数，应符合设计要求； 4　设备用房排烟系统：若排烟风机单独担负一个防烟分区的排烟时，应把该排烟风机所担负的防烟分区中的排烟口全部打开；如排烟风机担负两个以上防烟分区时，则只需把最大防烟分区及次大防烟分区中的排烟口全部打开，其他一律关闭。启动机械排烟风机，测定通过每个排烟口的风速，根据排烟截面计算出排烟量，符合设计要求为合格

5.《工业建筑供暖通风与空气调节设计规范》GB 50019—2015

5 供 暖

5.6 热风供暖及热空气幕

5.6.2 当采用燃气、燃油或电加热空气时,热风供暖应符合现行国家标准《城镇燃气设计规范》GB 50028 和《建筑设计防火规范》GB 50016 的有关规定。

5.7 电热供暖

5.7.6 电热膜辐射供暖安装功率应满足房间所需散热量的要求。在顶棚上布置电热膜时,应为灯具、烟感器、消防喷头、风口、音响等留出安装位置。

5.8 供暖管道

5.8.20 当供暖管道确需穿过防火墙时,在管道穿过处应采取防火封堵措施,并应在管道穿过处采取使管道可向墙的两侧伸缩的固定措施。

6 通 风

6.1 一般规定

6.1.18 建筑物的防烟、排烟设计应按现行国家标准《建筑设计防火规范》GB 50016 的有关规定执行。

6.7 风管设计

6.7.2 风管材料应满足风管使用条件、施工安装条件要求,并应符合下列规定:
   2 风管材料的防火性能应符合现行国家标准《建筑设计防火规范》GB 50016 的有关规定。

6.9 防火与防爆

6.9.1 对厂房或仓库空气中含有易燃易爆物质的场所,应根据工艺要求采取通风措施。

6.9.2 下列场所均不得采用循环空气:
   1 甲、乙类厂房或仓库;
   2 空气中含有的爆炸危险粉尘、纤维,且含尘浓度大于或等于其爆炸下限值的25%的丙类厂房或仓库;
   3 空气中含有的易燃易爆气体,且气体浓度大于或等于其爆炸下限值的10%的其他厂房或仓库;
   4 建筑物内的甲、乙类火灾危险性的房间。

6.9.3 在下列任一情况下,通风系统均应单独设置:
   1 甲、乙类厂房、仓库中不同的防火分区;
   2 不同的有害物质混合后能引起燃烧或爆炸时;
   3 建筑物内的甲、乙类火灾危险性的单独房间或其他有防火防爆要求的单独房间。

6.9.10 净化有爆炸危险粉尘的干式除尘器宜布置在厂房外的独立建筑中,该建筑与所属厂房的防火间距不应小于10.0m。

6.9.11 符合下列条件之一时,净化有爆炸危险粉尘的干式除尘器可布置在厂房内的单独房间内,但不得布置在车间休息室、会议室等房间的下一层。与休息室、会议室等房间贴邻布置时,应采用耐火极限不小于3.00h的隔墙和1.50h的楼板与其他部位分隔,并应至少有一侧外围护结构:
   1 有连续清灰设备;
   2 除尘器定期清灰,处理风量不超过15000m³/h,且集尘斗的储尘量小于60kg。

6.9.19 排除或输送有燃烧或爆炸危险物质的风管不应穿过防火墙和有爆炸危险的车间隔墙,且不应穿过人员密集或可燃物较多的房间。

6.9.20 一般通风系统的管道不宜穿过防火墙和不燃性楼板等防火分隔物。如确实需要穿过时,应在穿过处设防火阀。在防火阀两侧各2m范围内的风管及其保温材料应采用不燃材料。风管穿过处的缝隙应用防火材料封堵。

6.9.23 直接布置在空气中含有爆炸危险物质场所内的通风系统和排除有爆炸危险物质的通风系统上的防火阀、调节阀等部件,应符合在防爆场合应用的要求。

6.9.24 排除或输送有燃烧或爆炸危险物质的通风设备和风管均应采取防静电接地措施,当风管法兰密封垫料或螺栓垫圈采用非金属材料时,还应采取法兰跨接的措施。

6.9.25 热媒温度高于110℃的供热管道不应穿过输送有爆炸危险的气体、蒸气、粉尘或气溶胶等物质的风管,亦不得沿风管外壁敷设;当热媒管道与风管交叉敷设时,应采用不燃材料绝热。

6.9.29 排除或输送温度大于80℃的空气或气体混合物的非保温金属风管、烟道,与输送有爆炸危险物质的风管及管道应有安全距离,当管道互为上下布置时,表面温度较高者应布置在上面;应与建筑可燃或难燃结构体之间保持不小于150mm的安全距离,或采用厚度不小于50mm的不燃材料隔热。

6.9.31 当风管内设有电加热器时,电加热器前、后各800mm范围内的风管和穿过设有火源等容易起火房间的风管及其保温材料均应采用不燃材料。

9 冷源与热源

9.7 蓄冷、蓄热

9.7.12 消防水池不得兼作蓄热水池。

9.10 空气调节冷却水系统

9.10.4 冷却塔的选用和设置应符合下列规定:

9 冷却塔材质应符合防火要求。

9.11 制冷和供热机房

9.11.3 氨制冷机房应符合下列规定：
  1 应单独设置制冷机房，且与其他建筑的距离应满足防火间距要求。

9.11.4 直燃吸收式机房应符合下列规定：
  2 机房不应与人员密集场所和主要疏散口贴邻设置；
  3 机房单层面积大于200m²时，应设直接对外的安全出口；
  4 机房应设置泄压口，泄压口面积不应小于机房占地面积的10%；泄压口应避开人员密集场所和主要安全出口；
  5 机房不应设置吊顶；
  8 应符合现行国家标准《建筑设计防火规范》GB 50016及《城镇燃气设计规范》GB 50028的相关规定。

10 矿井空气调节

10.2 深热矿井空气调节

10.2.8 采用氨压缩制冷时，氨制冷机房距井口的位置不应小于200m，并应符合现行国家标准《建筑设计防火规范》GB 50016的有关规定。

11 监测与控制

11.1 一般规定

11.1.12 防火与排烟系统的监测与控制应符合现行国家标准《火灾自动报警系统设计规范》GB 50116的有关规定；兼作防排烟用的通风空气调节设备应受消防系统的控制，并应在火灾时能切换到消防控制状态；风管上的防火阀宜设置位置信号反馈。

12 消声与隔振

12.2 消声与隔声

12.2.6 管道穿过机房围护结构时，管道与围护结构之间的缝隙应使用具有防火隔声能力的弹性材料填充密实。

13 绝热与防腐

13.1 绝 热

13.1.4 设备和管道的绝热材料的选择应符合下列规定：
  2 设备与管道的绝热材料燃烧性能应符合现行国家标准《建筑设计防火规范》GB 50016的有关规定。

6.《防排烟系统性能现场验证方法 热烟试验法》XF/T 999—2012

3 术语和定义

GB/T 5907 和 GB/T 14107 界定的以及下列术语和定义适用于本文件。

3.1 发烟装置 smoke generator

一种可以产生定量体积流量烟气的装置,包括发烟源和导烟装置两个部分,发烟源分为发烟饼、发烟筒和发烟罐等类型。

3.2 试验火源 test fire

试验中用于测试防排烟系统的火源,其热释放功率大小被控制在不破坏建筑物和内部设施设备的范围以内。

3.3 示踪烟气 tracer smoke

发烟源阴燃产生的烟气颗粒,注入乙醇燃烧产生的热烟羽流中,显示羽流的流动特性。

4 试验装置

4.1 一般规定

试验装置如图1所示,基本组成包括置于承水盘中的燃烧盘和紧靠燃烧盘的发烟装置。承水盘和发烟装置均置于隔热垫上。测温点应紧贴顶棚安装在燃烧盘正上方的中心。

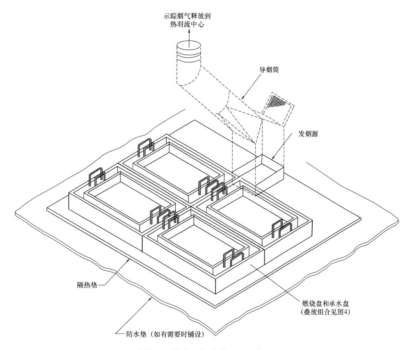

图1 热烟试验装置示意图

4.2 隔热垫

试验装置平台的隔热垫可采用厚度不小于13mm的石膏板,石膏板的覆盖面积应保证放置于石膏板上的试验装置距石膏板各边缘不少于1.5m的距离。

4.3 燃烧盘

燃烧盘由1.6mm厚钢板焊接而成(如图2)。燃烧盘应密封不漏水。把手采用直径ϕ10mm的圆钢制成,焊接在燃烧盘的外壁。底座支架采用角钢焊接在燃烧盘底部,在支架交叉处的焊缝应为全焊透焊接。燃烧盘尺寸如表1所示。

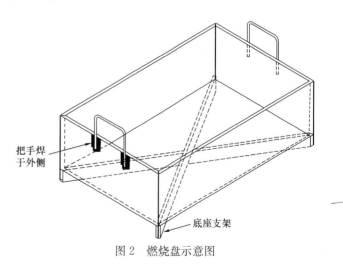

图2 燃烧盘示意图

4.4 承水盘

承水盘由1.6mm厚镀锌钢板焊接而成（如图3）。承水盘应密封不漏水。把手采用直径φ10mm的圆钢制成，焊接在盘的内壁。承水盘尺寸如表2所示。

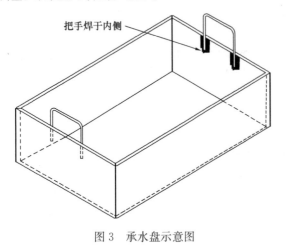

图 3 承水盘示意图

4.5 测温装置

测温装置应采用符合GB/T 2903—1998的要求、精度为±3℃的热电偶或热电阻。

4.6 示踪烟气

示踪烟气的pH值应接近中性，颜色为白色，且残留物少。示踪烟气的生成不应受试验火源的影响。

4.7 燃料

燃烧盘中的燃料应采用95％乙醇，稳定燃烧时间不低于10min。对应表1规定的燃烧盘尺寸，表3给出了燃料的推荐注入量和对应的燃烧热释放速率。

4.8 冷却水

承水盘中应注入尽可能多的冷却水。在保证空燃烧盘不会漂浮的情况下，最大注水水位可达到距离承水盘侧壁顶端10mm的位置。试验之前承水盘中的水温应接近环境温度，控制在15℃～30℃范围内，具体加注方法见6.6的规定。

表 1 燃烧盘规格

规格	把手宽度 mm	把手高度 mm	底座支架 mm	内部高度 mm	内部长度 mm	内部宽度 mm	盘面积 m^2
A1	150	100	50×50×6EA[a]	130	841	595	0.500
A2	150	100	50×50×6EA	90	594	420	0.250
A3	120	65	50×50×6EA	65	420	297	0.125
A4	120	65	50×50×6EA	45	297	210	0.062
A5	120	65	50×50×6EA	35	210	149	0.031

[a] EA表示等边角钢。

表 2 承水盘规格　单位为毫米

规格	把手宽度	把手高度	内部高度	内部长度	内部宽度
B1	150	100	180	990	700
B2	150	100	130	700	495
B3	120	65	105	495	350
B4	120	65	75	350	250
B5	120	65	55	250	175

表 3 不同组合盘的燃料推荐参数

规格	燃料注入量 L	单位面积热释放速率 kW/m^2	总热释放速率 kW
4×A1	4×16.0	751	1500
2×A1	2×15.0	696	700
A1	13.0	678	340
A2	5.5	566	140
A3	2.5	471	60
A4	1.0	412	26
A5	0.4	379	11

5 试验过程

5.1 一般规定

热烟试验应在既有建筑或即将竣工的新建建筑内进行。在即将竣工的新建建筑内进行热烟试验之前，建筑的空间轮廓应基本形成，通风空调系统和防排烟系统应安装调试完毕，防排烟系统的风压、流速和排烟速率应达到设计参数，防排烟系统的烟气控制能力不受建筑未完工或其他类似问题的影响。

5.2 试验判据

试验结果应至少满足以下判定标准：
a) 防排烟系统的烟气控制能力和控制模式满足设计要求；
b) 防排烟系统在试验过程中不出现失效。

5.3 试验步骤

5.3.1 一般规定

热烟试验应按照以下步骤和顺序进行：
a) 按照5.3.2～5.3.5的规定设计火灾场景，确定试验的火源位置、火灾规模和盘组布置、叠放顺序；
b) 在试验现场布置盘组和测试系统；
c) 系统调试；

1) 调试防排烟系统达到设计参数；
2) 开启通风空调系统达到室内环境设计参数；

d) 试验实施：
1) 点火；
2) 向火源注入示踪烟气；
3) 测试数据。

5.3.4 盘的布置

盘的规格和组合形式应符合表1～表3的规定，盘的布置方式应与图4一致。

5.3.5 盘的叠放顺序

隔热垫应放在设定的试验地点。承水盘应放置在隔热垫上。燃烧盘应放置于承水盘的中央。按4.8的规定向承水盘加注冷却水。燃烧盘内注入燃料的量应符合4.7的规定。

注：隔热垫下铺设防水垫，可避免水渍对建筑地面造成损害。

5.3.6 系统调试

在试验开始之前，应对建筑的防排烟系统和通风空调系统进行调试，并满足以下要求：

a) 防排烟系统的风压、流速和排烟速率应达到设计参数；
b) 开启建筑的通风空调系统，调节建筑室内的空气环境与设计参数一致，建筑室内的空气环境设计应符合GB 50019—2003的要求。

5.3.8 示踪烟气

示踪烟气应连续注入热烟羽流，注入的烟量应保证示踪烟气能够完整演示乙醇燃烧产生的热烟层。

5.4 重复试验

5.4.2 重复试验准备

在进行重复试验之前，应将建筑内的残留烟气排尽，火灾自动报警系统应复位并停止报警。承水盘和燃烧盘应按4.7和4.8的规定重新加注。为保证重新加注过程的安全性，应按6.6规定的加注程序，控制承水盘中的水温。

重复试验的步骤与5.3的要求一致。

5.5 清除烟气

在热烟试验结束之后，应清除建筑物内的所有烟气。

6 试验人员与设施设备安全

6.1 现场火灾控制

现场应配备专职的灭火人员和相应的灭火装备，随时准备控制试验火灾。应指定一人作为现场安全员监督整个试验过程中试验火的发展情况。

6.2 呼吸装置

当试验现场充满烟气时，现场人员应视情况佩戴过滤式呼吸器。呼吸器应符合GB 2626—2006的要求。

6.3 燃料和发烟源存储

热烟试验的燃料和发烟源应存储在阴凉且不受试验火源热辐射影响的地方。

6.4 装置和设备保护

应采用铝箔、石膏板和石棉等不燃隔热材料保护高温下容易受到破坏的设备、仪器和装置。

6.5 顶棚温度监测

在试验火源产生的热烟羽流中心线上，应设置热电偶树或其他温感装置，以连续监测试验期间建筑物内的最高温度，最高监测点应设置在火源中央上方紧贴顶棚的位置。

6.6 承水盘温度控制

在试验开始时，应按4.8的规定向承水盘内注入冷却水。水源可采用市政供水管路或消火栓。当采用同一承水盘来做第二试验时，第一次试验后承水盘内剩余的所有热水都应倒净，待承水盘冷却到室温，再按4.8的规定注入冷却水。

注：任何情况下都不要将乙醇直接倒入未冷却或置于热水中的燃烧盘内，否则乙醇蒸发可能会引起爆炸。

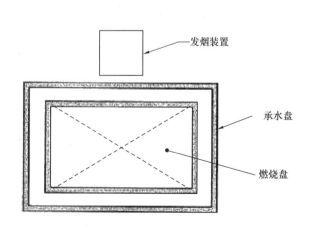

a) A1

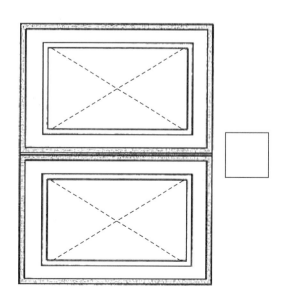

b) 2×A1

图4 试验装置组合（一）

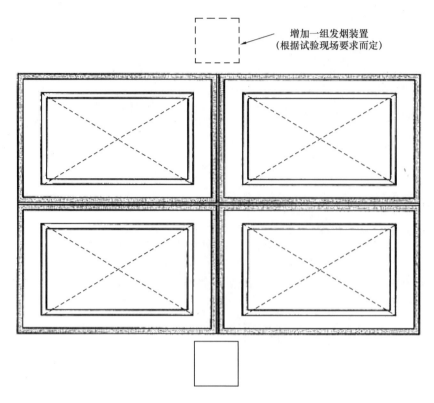

c) 4×A1

图 4 试验装置组合（二）

6.7 试验火灾规模控制

如果火源的热释放速率过大，导致顶棚温度超过了最高安全温度，可以通过向燃烧盘内加注冷却水来降低火源的热释放速率。将冷却水注入燃烧盘时，应控制燃料不溅出燃烧盘，以免在地面上形成流淌火。

试验结束时，宜采用泡沫灭火器快速灭火，然后向燃烧盘加水稀释冷却，减少燃料的蒸发；另一种灭火方法是先向燃烧盘内大量加水稀释冷却，如果仍持续观测到有火焰，宜用干粉灭火器熄灭残余的火焰。

6.9 最小试验空间尺寸

试验场地的空间体积不应小于250m³。

7 数据记录

试验中应记录的数据包括：

a) 照片记录，记录试验的状态和现象，例如装置的布局、烟气层的分层、烟羽流的形状等；
b) 录像记录，动态连续记录试验的全过程，或分段连续记录试验的重要阶段和现象；
c) 顶棚温度测量结果，测温点应按6.5的要求设置。

当热烟试验应用于工程防排烟系统性能验证以外的扩展性科学研究时，还应采集记录以下各项试验数据：

d) 试验前后水的质量变化；
e) 燃料的损失；
f) 烟羽流温度；
g) 重点位置的温度；

h) 各测试点与羽流位置的相对烟气减光率；
i) 热辐射强度；
j) 承水盘中的水温。

8 试验准备和试验报告

8.1 试验必备条件

8.1.2 预试验

在进行正式的热烟试验之前，应先进行预试验，确保系统设备能够正常运行。预试验如果出现系统设备失效情况，应重复进行，直至确认正式的热烟试验中不会出现异常中断。

预试验可只对局部系统的运行状态进行测试，但应至少包含一组能够完整演示火灾工况下整个防排烟系统运行状态的试验。

预试验应在正式试验的1个星期之前进行。在正式热烟试验当天，宜先进行1组完整的预试验。

8.1.3 准备工作

为得到安全合理的试验结果，热烟试验的准备工作包括以下内容：

b) 试验场地准备；
c) 试验数据采集记录准备；
d) 现场试验人员。
3) 现场应至少配有1名防排烟系统相关专业的设计安装人员或技术代表；
4) 现场应至少指定1名负责现场安全的人员。

8.2 试验报告内容

在不同地点进行的试验，应在试验报告中分开记录。每一个试验的报告应当包含以下内容：

a) 与试验相关的基本设计参数：
1) 火灾规模；
——设计火灾规模；
——试验火灾规模；
2) 排烟量和补风量；
3) 通风风速；
4) 与通风有关的建筑参数，比如门窗的开启面积和吊顶高度等；
5) 外部天窗的有效开启面积。

b) 建筑物内火灾试验地点的详细资料：
1) 火灾试验现场的设计图纸；
2) 热传感器的位置。

c) 对烟气控制目标的简要描述。

d) 试验设施设备：
1) 燃烧盘和承水盘的尺寸和组合（试验火源）；
2) 燃料数量；
3) 发烟源成份及数量；
4) 点燃物；
5) 测温装置。

e) 试验过程记录：
1) 试验的次数；
2) 顶棚温度；
3) 室外空气的干球温度；
4) 室外风向和风速；
5) 试验中断和失败的原因。

f) 试验结论：
1) 监测防排烟系统的运行状态，并判定是否符合设计标准；
2) 评估防排烟系统对烟气蔓延范围的控制是否能够达到设定的目标。

7.《多联机空调系统工程技术规程》JGJ 174—2010

3 设 计

3.4 系统设计

3.4.8 当管道必需穿越防火墙时,应符合现行国家标准《高层民用建筑设计防火规范》GB 50045 和《建筑设计防火规范》GB 50016 的有关规定。

5 施工与安装

5.4 制冷剂管道的施工

5.4.8 当管道穿越墙或楼板时,应使用套管,套管材料应符合国家现行相关标准的规定。

5.7 风管的安装

5.7.2 风管系统的安装应符合国家现行标准《通风管道技术规程》JGJ 141 的有关规定。风管穿越防火墙处应设防火阀,防火阀两侧 2m 范围内的风管及保温材料应采用非燃烧材料,穿过处的空隙应采用非燃烧材料填塞。

5.8 绝 热

5.8.2 当保温管道穿过墙体或楼板时,应对穿越部分的管道采取绝热措施,并应设保护套。

8.《公共建筑节能改造技术规范》JGJ 176—2009

5 外围护结构热工性能改造

5.1 一般规定

5.1.3 外围护结构进行节能改造所采用的保温材料和建筑构造的防火性能应符合现行国家标准《建筑内部装修设计防火规范》GB 50222、《建筑设计防火规范》GB 50016 和《高层民用建筑设计防火规范》GB 50045 的规定。

2.2 电气与智能化专业领域

9. 《火灾自动报警系统设计规范》GB 50116—2013

2 术 语

2.0.1 火灾自动报警系统 automatic fire alarm system

探测火灾早期特征、发出火灾报警信号,为人员疏散、防止火灾蔓延和启动自动灭火设备提供控制与指示的消防系统。

2.0.2 报警区域 alarm zone

将火灾自动报警系统的警戒范围按防火分区或楼层等划分的单元。

2.0.3 探测区域 detection zone

将报警区域按探测火灾的部位划分的单元。

2.0.4 保护面积 monitoring area

一只火灾探测器能有效探测的面积。

2.0.5 安装间距 installation spacing

两只相邻火灾探测器中心之间的水平距离。

2.0.6 保护半径 monitoring radius

一只火灾探测器能有效探测的单向最大水平距离。

2.0.7 联动控制信号 control signal to start & stop an automatic equipment

由消防联动控制器发出的用于控制消防设备(设施)工作的信号。

2.0.8 联动反馈信号 feedback signal from automatic equipment

受控消防设备(设施)将其工作状态信息发送给消防联动控制器的信号。

2.0.9 联动触发信号 signal for logical program

消防联动控制器接收的用于逻辑判断的信号。

3 基 本 规 定

3.1 一般规定

3.1.2 火灾自动报警系统应有自动和手动两种触发装置。

3.1.3 火灾自动报警系统设备应选择符合国家有关标准和有关市场准入制度的产品。

3.1.4 系统中各类设备之间的接口和通信协议的兼容性应符合现行国家标准《火灾自动报警系统组件兼容性要求》GB 22134 的有关规定。

3.1.5 任一台火灾报警控制器所连接的火灾探测器、手动火灾报警按钮和模块等设备总数和地址总数,均不应超过 3200 点,其中每一总线回路连接设备的总数不宜超过 200 点,且应留有不少于额定容量 10% 的余量;任一台消防联动控制器地址总数或火灾报警控制器(联动型)所控制的各类模块总数不应超过 1600 点,每一联动总线回路连接设备的总数不宜超过 100 点,且应留有不少于额定容量 10% 的余量。

3.1.6 系统总线上应设置总线短路隔离器,每只总线短路隔离器保护的火灾探测器、手动火灾报警按钮和模块等消防设备的总数不应超过 32 点;总线穿越防火分区时,应在穿越处设置总线短路隔离器。

3.1.7 高度超过 100m 的建筑中,除消防控制室内设置的控制器外,每台控制器直接控制的火灾探测器、手动报警按钮和模块等设备不应跨越避难层。

3.1.8 水泵控制柜、风机控制柜等消防电气控制装置不应采用变频启动方式。

3.1.9 地铁列车上设置的火灾自动报警系统,应能通过无线网络等方式将列车上发生火灾的部位信息传输给消防控制室。

3.2 系统形式的选择和设计要求

3.2.1 火灾自动报警系统形式的选择,应符合下列规定:

2 不仅需要报警,同时需要联动自动消防设备,且只设置一台具有集中控制功能的火灾报警控制器和消防联动控制器的保护对象,应采用集中报警系统,并应设置一个消防控制室。

3 设置两个及以上消防控制室的保护对象,或已设置两个及以上集中报警系统的保护对象,应采用控制中心报警系统。

3.2.2 区域报警系统的设计,应符合下列规定:

1 系统应由火灾探测器、手动火灾报警按钮、火灾声光警报器及火灾报警控制器等组成,系统中可包括消防控制室图形显示装置和指示楼层的区域显示器。

2 火灾报警控制器应设置在有人值班的场所。

3 系统设置消防控制室图形显示装置时,该装置应具有传输本规范附录 A 和附录 B 规定的有关信息的功能;系统未设置消防控制室图形显示装置时,应设置火警传输设备。

3.2.3 集中报警系统的设计,应符合下列规定:

1 系统应由火灾探测器、手动火灾报警按钮、火灾声光警报器、消防应急广播、消防专用电话、消防控制室图形显示装置、火灾报警控制器、消防联动控制器等组成。

2 系统中的火灾报警控制器、消防联动控制器和消防控制室图形显示装置、消防应急广播的控制装置、消防专用电话总机等起集中控制作用的消防设备,应设置在消防控制室内。

3 系统设置的消防控制室图形显示装置应具有传输本规范附录 A 和附录 B 规定的有关信息的功能。

3.2.4 控制中心报警系统的设计,应符合下列规定:

1 有两个及以上消防控制室时,应确定一个主消防控制室。

2 主消防控制室应能显示所有火灾报警信号和联动控制状态信号,并应能控制重要的消防设备;各分消防控制室内消防设备之间可互相传输、显示状态信息,但不应互相控制。

3 系统设置的消防控制室图形显示装置应具有传输本规

范附录 A 和附录 B 规定的有关信息的功能。

4 其他设计应符合本规范第 3.2.3 条的规定。

3.3 报警区域和探测区域的划分

3.3.1 报警区域的划分应符合下列规定：

1 报警区域应根据防火分区或楼层划分；可将一个防火分区或一个楼层划分为一个报警区域，也可将发生火灾时需要同时联动消防设备的相邻几个防火分区或楼层划分为一个报警区域。

2 电缆隧道的一个报警区域宜由一个封闭长度区间组成，一个报警区域不应超过相连的 3 个封闭长度区间；道路隧道的报警区域应根据排烟系统或灭火系统的联动需要确定，且不宜超过 150m。

3 甲、乙、丙类液体储罐区的报警区域应由一个储罐区组成，每个 50000m³ 及以上的外浮顶储罐应单独划分为一个报警区域。

4 列车的报警区域应按车厢划分，每节车厢应划分为一个报警区域。

3.3.2 探测区域的划分应符合下列规定：

1 探测区域应按独立房（套）间划分。一个探测区域的面积不宜超过 500m²；从主要入口能看清其内部，且面积不超过 1000m² 的房间，也可划为一个探测区域。

3.3.3 下列场所应单独划分探测区域：

1 敞开或封闭楼梯间、防烟楼梯间。

2 防烟楼梯间前室、消防电梯前室、消防电梯与防烟楼梯间合用的前室、走道、坡道。

3 电气管道井、通信管道井、电缆隧道。

4 建筑物闷顶、夹层。

3.4 消防控制室

3.4.1 具有消防联动功能的火灾自动报警系统的保护对象中应设置消防控制室。

3.4.2 消防控制室内设置的消防设备应包括火灾报警控制器、消防联动控制器、消防控制室图形显示装置、消防专用电话总机、消防应急广播控制装置、消防应急照明和疏散指示系统控制装置、消防电源监控器等设备或具有相应功能的组合设备。消防控制室内设置的消防控制室图形显示装置应能显示本规范附录 A 规定的建筑物内设置的全部消防系统及相关设备的动态信息和本规范附录 B 规定的消防安全管理信息，并应为远程监控系统预留接口，同时应具有向远程监控系统传输本规范附录 A 和附录 B 规定的有关信息的功能。

3.4.3 消防控制室应设有用于火灾报警的外线电话。

3.4.4 消防控制室应有相应的竣工图纸、各分系统控制逻辑关系说明、设备使用说明书、系统操作规程、应急预案、值班制度、维护保养制度及值班记录等文件资料。

3.4.5 消防控制室送、回风管的穿墙处应设防火阀。

3.4.6 消防控制室内严禁穿过与消防设施无关的电气线路及管路。

3.4.7 消防控制室不应设置在电磁场干扰较强及其他影响消防控制室设备工作的设备用房附近。

3.4.8 消防控制室内设备的布置应符合下列规定：

1 设备面盘前的操作距离，单列布置时不应小于 1.5m；双列布置时不应小于 2m。

2 在值班人员经常工作的一面，设备面盘至墙的距离不应小于 3m。

4 设备面盘的排列长度大于 4m 时，其两端应设置宽度不小于 1m 的通道。

5 与建筑其他弱电系统合用的消防控制室内，消防设备应集中设置，并应与其他设备间有明显间隔。

3.4.9 消防控制室的显示与控制，应符合现行国家标准《消防控制室通用技术要求》GB 25506 的有关规定。

3.4.10 消防控制室的信息记录、信息传输，应符合现行国家标准《消防控制室通用技术要求》GB 25506 的有关规定。

4 消防联动控制设计

4.1 一般规定

4.1.1 消防联动控制器应能按设定的控制逻辑向各相关的受控设备发出联动控制信号，并接受相关设备的联动反馈信号。

4.1.2 消防联动控制器的电压控制输出应采用直流 24V，其电源容量应满足受控消防设备同时启动且维持工作的控制容量要求。

4.1.3 各受控设备接口的特性参数应与消防联动控制器发出的联动控制信号相匹配。

4.1.4 消防水泵、防烟和排烟风机的控制设备，除应采用联动控制方式外，还应在消防控制室设置手动直接控制装置。

4.1.6 需要火灾自动报警系统联动控制的消防设备，其联动触发信号应采用两个独立的报警触发装置报警信号的"与"逻辑组合。

4.2 自动喷水灭火系统的联动控制设计

4.2.1 湿式系统和干式系统的联动控制设计，应符合下列规定：

1 联动控制方式，应由湿式报警阀压力开关的动作信号作为触发信号，直接控制启动喷淋消防泵，联动控制不应受消防联动控制器处于自动或手动状态影响。

2 手动控制方式，应将喷淋消防泵控制箱（柜）的启动、停止按钮用专用线路直接连接至设置在消防控制室内的消防联动控制器的手动控制盘，直接手动控制喷淋消防泵的启动、停止。

3 水流指示器、信号阀、压力开关、喷淋消防泵的启动和停止的动作信号应反馈至消防联动控制器。

4.2.2 预作用系统的联动控制设计，应符合下列规定：

1 联动控制方式，应由同一报警区域内两只及以上独立的感烟火灾探测器或一只感烟火灾探测器与一只手动火灾报警按钮的报警信号，作为预作用阀组开启的联动触发信号。由消防联动控制器控制预作用阀组的开启，使系统转变为湿式系统；当系统设有快速排气装置时，应联动控制排气阀前的电动阀的开启。湿式系统的联动控制设计应符合本规范第 4.2.1 条的规定。

2 手动控制方式，应将喷淋消防泵控制箱（柜）的启动和停止按钮、预作用阀组和快速排气阀入口前的电动阀的启动和停止按钮，用专用线路直接连接至设置在消防控制室内的消防联动控制器的手动控制盘，直接手动控制喷淋消防泵的启动、停止及预作用阀组和电动阀的开启。

3 水流指示器、信号阀、压力开关、喷淋消防泵的启动和停止的动作信号，有压气体管道气压状态信号和快速排气阀入口前电动阀的动作信号应反馈至消防联动控制器。

4.2.3 雨淋系统的联动控制设计，应符合下列规定：

1 联动控制方式，应由同一报警区域内两只及以上独立的感温火灾探测器或一只感温火灾探测器与一只手动火灾报警按钮的报警信号，作为雨淋阀组开启的联动触发信号。应由消防联动控制器控制雨淋阀组的开启。

2 手动控制方式，应将雨淋消防泵控制箱（柜）的启动和停止按钮、雨淋阀组的启动和停止按钮，用专用线路直接连接至设置在消防控制室内的消防联动控制器的手动控制盘，直接手动控制雨淋消防泵的启动、停止及雨淋阀组的开启。

3 水流指示器，压力开关、雨淋阀组、雨淋消防泵的启动和停止的动作信号应反馈至消防联动控制器。

4.2.4 自动控制的水幕系统的联动控制设计，应符合下列规定：

1 联动控制方式，当自动控制的水幕系统用于防火卷帘的保护时，应由防火卷帘下落到楼板面的动作信号与本报警区域内任一火灾探测器或手动火灾报警按钮的报警信号作为水幕阀组启动的联动触发信号，并应由消防联动控制器联动控制水幕系统相关控制阀组的启动；仅用水幕系统作为防火分隔时，应由该报警区域内两只独立的感温火灾探测器的火灾报警信号作为水幕阀组启动的联动触发信号，并应由消防联动控制器联动控制水幕系统相关控制阀组的启动。

2 手动控制方式，应将水幕系统相关控制阀组和消防泵控制箱（柜）的启动、停止按钮用专用线路直接连接至设置在消防控制室内的消防联动控制器的手动控制盘，并应直接手动控制消防泵的启动、停止及水幕系统相关控制阀组的开启。

3 压力开关、水幕系统相关控制阀组和消防泵的启动、停止的动作信号，应反馈至消防联动控制器。

4.3 消火栓系统的联动控制设计

4.3.1 联动控制方式，应由消火栓系统出水干管上设置的低压压力开关、高位消防水箱出水管上设置的流量开关或报警阀压力开关等信号作为触发信号，直接控制启动消火栓泵，联动控制不应受消防联动控制器处于自动或手动状态影响。当设置消火栓按钮时，消火栓按钮的动作信号应作为报警信号及启动消火栓泵的联动触发信号，由消防联动控制器联动控制消火栓泵的启动。

4.3.2 手动控制方式，应将消火栓泵控制箱（柜）的启动、停止按钮用专用线路直接连接至设置在消防控制室内的消防联动控制器的手动控制盘，并应直接手动控制消火栓泵的启动、停止。

4.3.3 消火栓泵的动作信号应反馈至消防联动控制器。

4.4 气体灭火系统、泡沫灭火系统的联动控制设计

4.4.1 气体灭火系统、泡沫灭火系统应分别由专用的气体灭火控制器、泡沫灭火控制器控制。

4.4.2 气体灭火控制器、泡沫灭火控制器直接连接火灾探测器时，气体灭火系统、泡沫灭火系统的自动控制方式应符合下列规定：

1 应由同一防护区域内两只独立的火灾探测器的报警信号、一只火灾探测器与一只手动火灾报警按钮的报警信号或防护区外的紧急启动信号，作为系统的联动触发信号，探测器的组合宜采用感烟火灾探测器和感温火灾探测器，各类探测器应按本规范第6.2节的规定分别计算保护面积。

2 气体灭火控制器、泡沫灭火控制器在接收到满足联动逻辑关系的首个联动触发信号后，应启动设置在该防护区内的火灾声光警报器，且联动触发信号应为任一防护区域内设置的感烟火灾探测器、其他类型火灾探测器或手动火灾报警按钮的首次报警信号；在接收到第二个联动触发信号后，应发出联动控制信号，且联动触发信号应为同一防护区域内与首次报警的火灾探测器或手动火灾报警按钮相邻的感温火灾探测器、火焰探测器或手动火灾报警按钮的报警信号。

3 联动控制信号应包括下列内容：
1) 关闭防护区域的送（排）风机及送（排）风阀门；
2) 停止通风和空气调节系统及关闭设置在该防护区域的电动防火阀；
3) 联动控制防护区域开口封闭装置的启动，包括关闭防护区域的门、窗；
4) 启动气体灭火装置、泡沫灭火装置，气体灭火控制器、泡沫灭火控制器，可设定不大于30s的延迟喷射时间。

4 平时无人工作的防护区，可设置为无延迟的喷射，应在接收到满足联动逻辑关系的首个联动触发信号后按本条第3款规定执行除启动气体灭火装置、泡沫灭火装置外的联动控制；在接收到第二个联动触发信号后，应启动气体灭火装置、泡沫灭火装置。

5 气体灭火防护区出口外上方应设置表示气体喷洒的火灾声光警报器，指示气体释放的声信号应与该保护对象中设置的火灾声警报器的声信号有明显区别。启动气体灭火装置、泡沫灭火装置的同时，应启动设置在防护区入口处表示气体喷洒的火灾声光警报器；组合分配系统应首先开启相应防护区域的选择阀，然后启动气体灭火装置、泡沫灭火装置。

4.4.3 气体灭火控制器、泡沫灭火控制器不直接连接火灾探测器时，气体灭火系统、泡沫灭火系统的自动控制方式应符合下列规定：

1 气体灭火系统、泡沫灭火系统的联动触发信号应由火灾报警控制器或消防联动控制器发出。

2 气体灭火系统、泡沫灭火系统的联动触发信号和联动控制均应符合本规范第4.4.2条的规定。

4.4.4 气体灭火系统、泡沫灭火系统的手动控制方式应符合下列规定：

1 在防护区疏散出口的门外应设置气体灭火装置、泡沫灭火装置的手动启动和停止按钮，手动启动按钮按下时，气体灭火控制器、泡沫灭火控制器应执行符合本规范第4.4.2条第3款和第5款规定的联动操作；手动停止按钮按下时，气体灭火控制器、泡沫灭火控制器应停止正在执行的联动操作。

2 气体灭火控制器、泡沫灭火控制器上应设置对应于不

同防护区的手动启动和停止按钮，手动启动按钮按下时，气体灭火控制器、泡沫灭火控制器应执行符合本规范第 4.4.2 条第 3 款和第 5 款规定的联动操作；手动停止按钮按下时，气体灭火控制器、泡沫灭火控制器应停止正在执行的联动操作。

4.4.5 气体灭火装置、泡沫灭火装置启动及喷放各阶段的联动控制及系统的反馈信号，应反馈至消防联动控制器。系统的联动反馈信号应包括下列内容：

  1 气体灭火控制器、泡沫灭火控制器直接连接的火灾探测器的报警信号。

  2 选择阀的动作信号。

  3 压力开关的动作信号。

4.4.6 在防护区域内设有手动与自动控制转换装置的系统，其手动或自动控制方式的工作状态应在防护区内、外的手动和自动控制状态显示装置上显示，该状态信号应反馈至消防联动控制器。

4.5 防烟排烟系统的联动控制设计

4.5.1 防烟系统的联动控制方式应符合下列规定：

  1 应由加压送风口所在防火分区内的两只独立的火灾探测器或一只火灾探测器与一只手动火灾报警按钮的报警信号，作为送风口开启和加压送风机启动的联动触发信号，并应由消防联动控制器联动控制相关层前室等需要加压送风场所的加压送风口开启和加压送风机启动。

  2 应由同一防烟分区内且位于电动挡烟垂壁附近的两只独立的感烟火灾探测器的报警信号，作为电动挡烟垂壁降落的联动触发信号，并应由消防联动控制器联动控制电动挡烟垂壁的降落。

4.5.2 排烟系统的联动控制方式应符合下列规定：

  1 应由同一防烟分区内的两只独立的火灾探测器的报警信号，作为排烟口、排烟窗或排烟阀开启的联动触发信号，并应由消防联动控制器联动控制排烟口、排烟窗或排烟阀的开启，同时停止该防烟分区的空气调节系统。

  2 应由排烟口、排烟窗或排烟阀开启的动作信号，作为排烟风机启动的联动触发信号，并应由消防联动控制器联动控制排烟风机的启动。

4.5.3 防烟系统、排烟系统的手动控制方式，应能在消防控制室内的消防联动控制器上手动控制送风口、电动挡烟垂壁、排烟口、排烟窗、排烟阀的开启或关闭及防烟风机、排烟风机等设备的启动或停止，防烟、排烟风机的启动、停止按钮应采用专用线路直接连接至设置在消防控制室内的消防联动控制器的手动控制盘，并应直接手动控制防烟、排烟风机的启动、停止。

4.5.4 送风口、排烟口、排烟窗或排烟阀开启和关闭的动作信号，防烟、排烟风机启动和停止及电动防火阀关闭的动作信号，均应反馈至消防联动控制器。

4.5.5 排烟风机入口处的总管上设置的 280℃ 排烟防火阀在关闭后应直接联动控制风机停止，排烟防火阀及风机的动作信号应反馈至消防联动控制器。

4.6 防火门及防火卷帘系统的联动控制设计

4.6.1 防火门系统的联动控制设计，应符合下列规定：

  1 应由常开防火门所在防火分区内的两只独立的火灾探测器或一只火灾探测器与一只手动火灾报警按钮的报警信号，作为常开防火门关闭的联动触发信号，联动触发信号应由火灾报警控制器或消防联动控制器发出，并应由消防联动控制器或防火门监控器联动控制防火门关闭。

  2 疏散通道上各防火门的开启、关闭及故障状态信号应反馈至防火门监控器。

4.6.2 防火卷帘的升降应由防火卷帘控制器控制。

4.6.3 疏散通道上设置的防火卷帘的联动控制设计，应符合下列规定：

  1 联动控制方式，防火分区内任两只独立的感烟火灾探测器或任一只专门用于联动防火卷帘的感烟火灾探测器的报警信号应联动控制防火卷帘下降至距楼板面 1.8m 处；任一只专门用于联动防火卷帘的感温火灾探测器的报警信号应联动控制防火卷帘下降到楼板面；在卷帘的任一侧距卷帘纵深 0.5m～5m 内应设置不少于 2 只专门用于联动防火卷帘的感温火灾探测器。

  2 手动控制方式，应由防火卷帘两侧设置的手动控制按钮控制防火卷帘的升降。

4.6.4 非疏散通道上设置的防火卷帘的联动控制设计，应符合下列规定：

  1 联动控制方式，应由防火卷帘所在防火分区内任两只独立的火灾探测器的报警信号，作为防火卷帘下降的联动触发信号，并应联动控制防火卷帘直接下降到楼板面。

  2 手动控制方式，应由防火卷帘两侧设置的手动控制按钮控制防火卷帘的升降，并应能在消防控制室内的消防联动控制器上手动控制防火卷帘的降落。

4.6.5 防火卷帘下降至距楼板面 1.8m 处、下降到楼板面的动作信号和防火卷帘控制器直接连接的感烟、感温火灾探测器的报警信号，应反馈至消防联动控制器。

4.7 电梯的联动控制设计

4.7.1 消防联动控制器应具有发出联动控制信号强制所有电梯停于首层或电梯转换层的功能。

4.7.2 电梯运行状态信息和停于首层或转换层的反馈信号，应传送给消防控制室显示，轿厢内应设置能直接与消防控制室通话的专用电话。

4.8 火灾警报和消防应急广播系统的联动控制设计

4.8.1 火灾自动报警系统应设置火灾声光警报器，并应在确认火灾后启动建筑内的所有火灾声光警报器。

4.8.2 未设置消防联动控制器的火灾自动报警系统，火灾声光警报器应由火灾报警控制器控制；设置消防联动控制器的火灾自动报警系统，火灾声光警报器应由火灾报警控制器或消防联动控制器控制。

4.8.3 公共场所宜设置具有同一种火灾变调声的火灾声警报器；具有多个报警区域的保护对象，宜选用带有语音提示的火灾声警报器；学校、工厂等各类日常使用电铃的场所，不应使用警铃作为火灾声警报器。

4.8.4 火灾声警报器设置带有语音提示功能时，应同时设置语音同步器。

4.8.5 同一建筑内设置多个火灾声警报器时，火灾自动报警系统应能同时启动和停止所有火灾声警报器工作。

4.8.6 火灾声警报器单次发出火灾警报时间宜为8s～20s，同时设有消防应急广播时，火灾声警报应与消防应急广播交替循环播放。

4.8.7 集中报警系统和控制中心报警系统应设置消防应急广播。

4.8.8 消防应急广播系统的联动控制信号应由消防联动控制器发出。当确认火灾后，应同时向全楼进行广播。

4.8.9 消防应急广播的单次语音播放时间宜为10s～30s，应与火灾声警报器分时交替工作，可采取1次火灾声警报器播放、1次或2次消防应急广播播放的交替工作方式循环播放。

4.8.10 在消防控制室应能手动或按预设控制逻辑联动控制选择广播分区、启动或停止应急广播系统，并应能监听消防应急广播。在通过传声器进行应急广播时，应自动对广播内容进行录音。

4.8.11 消防控制室内应能显示消防应急广播的广播分区的工作状态。

4.8.12 消防应急广播与普通广播或背景音乐广播合用时，应具有强制切入消防应急广播的功能。

4.9 消防应急照明和疏散指示系统的联动控制设计

4.9.1 消防应急照明和疏散指示系统的联动控制设计，应符合下列规定：

　　1 集中控制型消防应急照明和疏散指示系统，应由火灾报警控制器或消防联动控制器启动应急照明控制器实现。

　　2 集中电源非集中控制型消防应急照明和疏散指示系统，应由消防联动控制器联动应急照明集中电源和应急照明分配电装置实现。

　　3 自带电源非集中控制型消防应急照明和疏散指示系统，应由消防联动控制器联动消防应急照明配电箱实现。

4.9.2 当确认火灾后，由发生火灾的报警区域开始，顺序启动全楼疏散通道的消防应急照明和疏散指示系统，系统全部投入应急状态的启动时间不应大于5s。

4.10 相关联动控制设计

4.10.1 消防联动控制器应具有切断火灾区域及相关区域的非消防电源的功能，当需要切断正常照明时，宜在自动喷淋系统、消火栓系统动作前切断。

4.10.2 消防联动控制器应具有自动打开涉及疏散的电动栅杆等的功能，宜开启相关区域安全技术防范系统的摄像机监视火灾现场。

4.10.3 消防联动控制器应具有打开疏散通道上由门禁系统控制的门和庭院电动大门的功能，并应具有打开停车场出入口挡杆的功能。

5 火灾探测器的选择

5.1 一 般 规 定

5.1.1 火灾探测器的选择应符合下列规定：

　　1 对火灾初期有阴燃阶段，产生大量的烟和少量的热，很少或没有火焰辐射的场所，应选择感烟火灾探测器。

　　2 对火灾发展迅速，可产生大量热、烟和火焰辐射的场所，可选择感温火灾探测器、感烟火灾探测器、火焰探测器或其组合。

　　3 对火灾发展迅速，有强烈的火焰辐射和少量烟、热的场所，应选择火焰探测器。

　　5 对使用、生产可燃气体或可燃蒸气的场所，应选择可燃气体探测器。

　　6 应根据保护场所可能发生火灾的部位和燃烧材料的分析，以及火灾探测器的类型、灵敏度和响应时间等选择相应的火灾探测器，对火灾形成特征不可预料的场所，可根据模拟试验的结果选择火灾探测器。

　　7 同一探测区域内设置多个火灾探测器时，可选择具有复合判断火灾功能的火灾探测器和火灾报警控制器。

5.2 点型火灾探测器的选择

5.2.13 污物较多且必须安装感烟火灾探测器的场所，应选择间断吸气的点型采样吸气式感烟火灾探测器或具有过滤网和管路自清洗功能的管路采样吸气式感烟火灾探测器。

5.3 线型火灾探测器的选择

5.3.5 线型定温火灾探测器的选择，应保证其不动作温度符合设置场所的最高环境温度的要求。

5.4 吸气式感烟火灾探测器的选择

5.4.2 灰尘比较大的场所，不应选择没有过滤网和管路自清洗功能的管路采样式吸气感烟火灾探测器。

6 系统设备的设置

6.1 火灾报警控制器和消防联动控制器的设置

6.1.1 火灾报警控制器和消防联动控制器，应设置在消防控制室内或有人值班的房间和场所。

6.1.2 火灾报警控制器和消防联动控制器等在消防控制室内的布置，应符合本规范第3.4.8条的规定。

6.1.3 火灾报警控制器和消防联动控制器安装在墙上时，其主显示屏高度宜为1.5m～1.8m，其靠近门轴的侧面距墙不应小于0.5m，正面操作距离不应小于1.2m。

6.2 火灾探测器的设置

6.2.1 探测器的具体设置部位应按本规范附录D采用。

6.2.2 点型火灾探测器的设置应符合下列规定：

　　1 探测区域的每个房间应至少设置一个火灾探测器。

　　2 感烟火灾探测器和A1、A2、B型感温火灾探测器的保护面积和保护半径，应按表6.2.2确定；C、D、E、F、G型感温火灾探测器的保护面积和保护半径，应根据生产企业设计说明书确定，但不应超过表6.2.2的规定。

表 6.2.2 感烟火灾探测器和 A1、A2、B 型感温火灾探测器的保护面积和保护半径

火灾探测器的种类	地面面积 S (m^2)	房间高度 h (m)	一只探测器的保护面积 A 和保护半径 R					
			屋顶坡度 θ					
			$\theta \leq 15°$		$15° < \theta \leq 30°$		$\theta > 30°$	
			A (m^2)	R (m)	A (m^2)	R (m)	A (m^2)	R (m)
感烟火灾探测器	$S \leq 80$	$h \leq 12$	80	6.7	80	7.2	80	8.0
	$S > 80$	$6 < h \leq 12$	80	6.7	100	8.0	120	9.9
		$h \leq 6$	60	5.8	80	7.2	100	9.0
感温火灾探测器	$S \leq 30$	$h \leq 8$	30	4.4	30	4.9	30	5.5
	$S > 30$	$h \leq 8$	20	3.6	30	4.9	40	6.3

注：建筑高度不超过14m的封闭探测空间，且火灾初期会产生大量的烟时，可设置点型感烟火灾探测器。

3 感烟火灾探测器、感温火灾探测器的安装间距，应根据探测器的保护面积 A 和保护半径 R 确定，并不应超过本规范附录 E 探测器安装间距的极限曲线 $D_1 \sim D_{11}$（含 D_9'）规定的范围。

4 一个探测区域内所需设置的探测器数量，不应小于公式（6.2.2）的计算值：

$$N = \frac{S}{K \cdot A} \quad (6.2.2)$$

式中：N——探测器数量（只），N 应取整数；
S——该探测区域面积（m^2）；
K——修正系数，容纳人数超过 10000 人的公共场所宜取 0.7～0.8；容纳人数为 2000 人～10000 人的公共场所宜取 0.8～0.9；容纳人数为 500 人～2000 人的公共场所宜取 0.9～1.0；其他场所可取 1.0；
A——探测器的保护面积（m^2）。

6.2.3 在有梁的顶棚上设置点型感烟火灾探测器、感温火灾探测器时，应符合下列规定：

1 当梁突出顶棚的高度小于 200mm 时，可不计梁对探测器保护面积的影响。

2 当梁突出顶棚的高度为 200mm～600mm 时，应按本规范附录 F、附录 G 确定梁对探测器保护面积的影响和一只探测器能够保护的梁间区域的数量。

3 当梁突出顶棚的高度超过 600mm 时，被梁隔断的每个梁间区域应至少设置一只探测器。

4 当被梁隔断的区域面积超过一只探测器的保护面积时，被隔断的区域应按本规范第 6.2.2 条第 4 款规定计算探测器的设置数量。

5 当梁间净距小于 1m 时，可不计梁对探测器保护面积的影响。

6.2.4 在宽度小于 3m 的内走道顶棚上设置点型探测器时，宜居中布置。感温火灾探测器的安装间距不应超过 10m；感烟火灾探测器的安装间距不应超过 15m；探测器至端墙的距离，不应大于探测器安装间距的 1/2。

6.2.5 点型探测器至墙壁、梁边的水平距离，不应小于 0.5m。

6.2.6 点型探测器周围 0.5m 内，不应有遮挡物。

6.2.7 房间被书架、设备或隔断等分隔，其顶部至顶棚或梁的距离小于房间净高的 5% 时，每个被隔开的部分应至少安装一只点型探测器。

6.2.8 点型探测器至空调送风口边的水平距离不应小于 1.5m，并宜接近回风口安装。探测器至多孔送风顶棚孔口的水平距离不应小于 0.5m。

6.2.9 当屋顶有热屏障时，点型感烟火灾探测器下表面至顶棚或屋顶的距离，应符合表 6.2.9 的规定。

表 6.2.9 点型感烟火灾探测器下表面至顶棚或屋顶的距离

探测器的安装高度 h (m)	点型感烟火灾探测器下表面至顶棚或屋顶的距离 d (mm)					
	顶棚或屋顶坡度 θ					
	$\theta \leq 15°$		$15° < \theta \leq 30°$		$\theta > 30°$	
	最小	最大	最小	最大	最小	最大
$h \leq 6$	30	200	200	300	300	500
$6 < h \leq 8$	70	250	250	400	400	600
$8 < h \leq 10$	100	300	300	500	500	700
$10 < h \leq 12$	150	350	350	600	600	800

6.2.10 锯齿形屋顶和坡度大于 15° 的人字形屋顶，应在每个屋脊处设置一排点型探测器，探测器下表面至屋顶最高处的距离，应符合本规范第 6.2.9 条的规定。

6.2.11 点型探测器宜水平安装。当倾斜安装时，倾斜角不应大于 45°。

6.2.14 火焰探测器和图像型火灾探测器的设置，应符合下列规定：

1 应计及探测器的探测视角及最大探测距离，可通过选择探测距离长、火灾报警响应时间短的火焰探测器，提高保护面积要求和报警时间要求。

2 探测器的探测视角内不应存在遮挡物。

3 应避免光源直接照射在探测器的探测窗口。

4 单波段的火焰探测器不应设置在平时有阳光、白炽灯等光源直接或间接照射的场所。

6.2.15 线型光束感烟火灾探测器的设置应符合下列规定：

2 相邻两组探测器的水平距离不应大于 14m，探测器至侧墙水平距离不应大于 7m，且不应小于 0.5m，探测器的发射器和接收器之间的距离不宜超过 100m。

3 探测器应设置在固定结构上。

4 探测器的设置应保证其接收端避开日光和人工光源直接照射。

5 选择反射式探测器时，应保证在反射板与探测器间任何部位进行模拟试验时，探测器均能正确响应。

6.2.16 线型感温火灾探测器的设置应符合下列规定：
 1 探测器在保护电缆、堆垛等类似保护对象时，应采用接触式布置；在各种皮带输送装置上设置时，宜设置在装置的过热点附近。
 2 设置在顶棚下方的线型感温火灾探测器，至顶棚的距离宜为0.1m。探测器的保护半径应符合点型感温火灾探测器的保护半径要求；探测器至墙壁的距离宜为1m～1.5m。
 3 光栅光纤感温火灾探测器每个光栅的保护面积和保护半径，应符合点型感温火灾探测器的保护面积和保护半径要求。

6.2.17 管路采样式吸气感烟火灾探测器的设置，应符合下列规定：
 1 非高灵敏型探测器的采样管网安装高度不应超过16m；高灵敏型探测器的采样管网安装高度可超过16m；采样管网安装高度超过16m时，灵敏度可调的探测器应设置为高灵敏度，且应减小采样管长度和采样孔数量。
 2 探测器的每个采样孔的保护面积、保护半径，应符合点型感烟火灾探测器的保护面积、保护半径的要求。
 3 一个探测单元的采样管总长不宜超过200m，单管长度不宜超过100m，同一根采样管不应穿越防火分区。采样孔总数不宜超过100个，单管上的采样孔数量不宜超过25个。
 5 吸气管路和采样孔应有明显的火灾探测器标识。
 6 有过梁、空间支架的建筑中，采样管路应固定在过梁、空间支架上。
 7 当采样管道布置形式为垂直采样时，每2℃温差间隔或3m间隔（取最小者）应设置一个采样孔，采样孔不应背对气流方向。
 8 采样管网应按经过确认的设计软件或方法进行设计。
 9 探测器的火灾报警信号、故障信号等信息应传给火灾报警控制器，涉及消防联动控制时，火灾报警信号还应传给消防联动控制器。

6.2.18 感烟火灾探测器在格栅吊顶场所的设置，应符合下列规定：
 1 镂空面积与总面积的比例不大于15%时，探测器应设置在吊顶下方。
 2 镂空面积与总面积的比例大于30%时，探测器应设置在吊顶上方。
 3 镂空面积与总面积的比例为15%～30%时，探测器的设置部位应根据实际试验结果确定。
 4 探测器设置在吊顶上方且火警确认灯无法观察时，应在吊顶下方设置火警确认灯。

6.2.19 本规范未涉及的其他火灾探测器的设置应按企业提供的设计手册或使用说明书进行设置，必要时可通过模拟保护对象火灾场景等方式对探测器的设置情况进行验证。

6.3 手动火灾报警按钮的设置

6.3.1 每个防火分区应至少设置一只手动火灾报警按钮。从一个防火分区内的任何位置到最邻近的手动火灾报警按钮的步行距离不应大于30m。手动火灾报警按钮宜设置在疏散通道或出入口处。列车上设置的手动火灾报警按钮，应设置在每节车厢的出入口和中间部位。

6.3.2 手动火灾报警按钮应设置在明显和便于操作的部位。当采用壁挂方式安装时，其底边距地高度宜为1.3m～1.5m，且应有明显的标志。

6.4 区域显示器的设置

6.4.2 区域显示器应设置在出入口等明显和便于操作的部位。当采用壁挂方式安装时，其底边距地高度宜为1.3m～1.5m。

6.5 火灾警报器的设置

6.5.1 火灾光警报器应设置在每个楼层的楼梯口、消防电梯前室、建筑内部拐角等处的明显部位，且不宜与安全出口指示标志灯具设置在同一面墙上。

6.5.2 每个报警区域内应均匀设置火灾警报器，其声压级不应小于60dB；在环境噪声大于60dB的场所，其声压级应高于背景噪声15dB。

6.5.3 当火灾警报器采用壁挂方式安装时，其底边距地面高度应大于2.2m。

6.6 消防应急广播的设置

6.6.1 消防应急广播扬声器的设置，应符合下列规定：
 1 民用建筑内扬声器应设置在走道和大厅等公共场所。每个扬声器的额定功率不应小于3W，其数量应能保证从一个防火分区内的任何部位到最近一个扬声器的直线距离不大于25m，走道末端距最近的扬声器距离不应大于12.5m。
 2 在环境噪声大于60dB的场所设置的扬声器，在其播放范围内最远点的播放声压级应高于背景噪声15dB。

6.6.2 壁挂扬声器的底边距地面高度应大于2.2m。

6.7 消防专用电话的设置

6.7.1 消防专用电话网络应为独立的消防通信系统。
6.7.2 消防控制室应设置消防专用电话总机。
6.7.3 多线制消防专用电话系统中的每个电话分机应与总机单独连接。
6.7.4 电话分机或电话插孔的设置，应符合下列规定：
 1 消防水泵房、发电机房、配变电室、计算机网络机房、主要通风和空调机房、防排烟机房、灭火控制系统操作装置处或控制室、企业消防站、消防值班室、总调度室、消防电梯机房及其他与消防联动控制有关的且经常有人值班的机房应设置消防专用电话分机。消防专用电话分机，应固定安装在明显且便于使用的部位，并应有区别于普通电话的标识。
 3 各避难层应每隔20m设置一个消防专用电话分机或电话插孔。

6.7.5 消防控制室、消防值班室或企业消防站等处，应设置可直接报警的外线电话。

6.8 模块的设置

6.8.2 模块严禁设置在配电（控制）柜（箱）内。
6.8.3 本报警区域内的模块不应控制其他报警区域的设备。
6.8.4 未集中设置的模块附近应有尺寸不小于100mm×100mm的标识。

6.9 消防控制室图形显示装置的设置

6.9.1 消防控制室图形显示装置应设置在消防控制室内，并应符合火灾报警控制器的安装设置要求。

6.9.2 消防控制室图形显示装置与火灾报警控制器、消防联动控制器、电气火灾监控器、可燃气体报警控制器等消防设备之间,应采用专用线路连接。

6.10 火灾报警传输设备或用户信息传输装置的设置

6.10.1 火灾报警传输设备或用户信息传输装置,应设置在消防控制室内;未设置消防控制室时,应设置在火灾报警控制器附近的明显部位。

6.10.2 火灾报警传输设备或用户信息传输装置与火灾报警控制器、消防联动控制器等设备之间,应采用专用线路连接。

6.10.3 火灾报警传输设备或用户信息传输装置的设置,应保证有足够的操作和检修间距。

6.10.4 火灾报警传输设备或用户信息传输装置的手动报警装置,应设置在便于操作的明显部位。

6.11 防火门监控器的设置

6.11.1 防火门监控器应设置在消防控制室内,未设置消防控制室时,应设置在有人值班的场所。

6.11.2 电动开门器的手动控制按钮应设置在防火门内侧墙面上,距门不宜超过0.5m,底边距地面高度宜为0.9m~1.3m。

6.11.3 防火门监控器的设置应符合火灾报警控制器的安装设置要求。

7 住宅建筑火灾自动报警系统

7.1 一般规定

7.1.2 住宅建筑火灾自动报警系统的选择应符合下列规定:
 1 有物业集中监控管理且设有需联动控制的消防设施的住宅建筑应选用A类系统。

7.2 系统设计

7.2.1 A类系统的设计应符合下列规定:
 1 系统在公共部位的设计应符合本规范第3~6章的规定。
 2 住户内设置的家用火灾探测器可接入家用火灾报警控制器,也可直接接入火灾报警控制器。
 3 设置的家用火灾报警控制器应将火灾报警信息、故障信息等相关信息传输给相连接的火灾报警控制器。
 4 建筑公共部位设置的火灾探测器应直接接入火灾报警控制器。

7.2.2 B类和C类系统的设计应符合下列规定:
 1 住户内设置的家用火灾探测器应接入家用火灾报警控制器。
 2 家用火灾报警控制器应能启动设置在公共部位的火灾声警报器。
 3 B类系统中,设置在每户住宅内的家用火灾报警控制器应连接到控制中心监控设备,控制中心监控设备应能显示发生火灾的住户。

7.2.4 采用无线方式将独立式火灾探测报警器组成系统时,

系统设计应符合A类、B类或C类系统之一的设计要求。

7.3 火灾探测器的设置

7.3.1 每间卧室、起居室内应至少设置一只感烟火灾探测器。

7.3.2 可燃气体探测器在厨房设置时,应符合下列规定:
 1 使用天然气的用户应选择甲烷探测器,使用液化气的用户应选择丙烷探测器,使用煤制气的用户应选择一氧化碳探测器。
 3 甲烷探测器应设置在厨房顶部,丙烷探测器应设置在厨房下部,一氧化碳探测器可设置在厨房下部,也可设置在其他部位。
 6 探测器联动的燃气关断阀宜为用户可以自己复位的关断阀,并应具有胶管脱落自动保护功能。

7.4 家用火灾报警控制器的设置

7.4.1 家用火灾报警控制器应独立设置在每户内,且应设置在明显和便于操作的部位。当采用壁挂方式安装时,其底边距地高度宜为1.3m~1.5m。

7.5 火灾声警报器的设置

7.5.1 住宅建筑公共部位设置的火灾声警报器应具有语音功能,且应能接受联动控制或由手动火灾报警按钮信号直接控制发出警报。

7.5.2 每台警报器覆盖的楼层不应超过3层,且首层明显部位应设置用于直接启动火灾声警报器的手动火灾报警按钮。

7.6 应急广播的设置

7.6.1 住宅建筑内设置的应急广播应能接受联动控制或由手动火灾报警按钮信号直接控制进行广播。

7.6.2 每台扬声器覆盖的楼层不应超过3层。

7.6.3 广播功率放大器应具有消防电话插孔,消防电话插入后应能直接讲话。

7.6.4 广播功率放大器应配有备用电池,电池持续工作不能达到1h时,应能向消防控制室或物业值班室发送报警信息。

7.6.5 广播功率放大器应设置在首层内走道侧面墙上,箱体面板应有防止非专业人员打开的措施。

8 可燃气体探测报警系统

8.1 一般规定

8.1.1 可燃气体探测报警系统应由可燃气体报警控制器、可燃气体探测器和火灾声光警报器等组成。

8.1.2 可燃气体探测报警系统应独立组成,可燃气体探测器不应接入火灾报警控制器的探测器回路;当可燃气体的报警信号需接入火灾自动报警系统时,应由可燃气体报警控制器接入。

8.1.3 石化行业涉及过程控制的可燃气体探测器,可按现行国家标准《石油化工可燃气体和有毒气体检测报警设计规范》GB 50493的有关规定设置,但其报警信号应接入消防控制室。

8.1.4 可燃气体报警控制器的报警信息和故障信息,应在消防控制室图形显示装置或起集中控制功能的火灾报警控制器上显示，但该类信息与火灾报警信息的显示应有区别。

8.1.5 可燃气体报警控制器发出报警信号时，应能启动保护区域的火灾声光警报器。

8.1.6 可燃气体探测报警系统保护区域内有联动和警报要求时，应由可燃气体报警控制器或消防联动控制器联动实现。

8.1.7 可燃气体探测报警系统设置在有防爆要求的场所时，尚应符合有关防爆要求。

8.2 可燃气体探测器的设置

8.2.1 探测气体密度小于空气密度的可燃气体探测器应设置在被保护空间的顶部，探测气体密度大于空气密度的可燃气体探测器应设置在被保护空间的下部，探测气体密度与空气密度相当时，可燃气体探测器可设置在被保护空间的中间部位或顶部。

8.2.3 点型可燃气体探测器的保护半径，应符合现行国家标准《石油化工可燃气体和有毒气体检测报警设计规范》GB 50493的有关规定。

8.3 可燃气体报警控制器的设置

8.3.1 当有消防控制室时，可燃气体报警控制器可设置在保护区域附近；当无消防控制室时，可燃气体报警控制器应设置在有人值班的场所。

8.3.2 可燃气体报警控制器的设置应符合火灾报警控制器的安装设置要求。

9 电气火灾监控系统

9.1 一般规定

9.1.2 电气火灾监控系统应由下列部分或全部设备组成：
1 电气火灾监控器。
2 剩余电流式电气火灾监控探测器。
3 测温式电气火灾监控探测器。

9.1.3 电气火灾监控系统应根据建筑物的性质及电气火灾危险性设置，并应根据电气线路敷设和用电设备的具体情况，确定电气火灾监控探测器的形式与安装位置。在无消防控制室且电气火灾监控探测器设置数量不超过8只时，可采用独立式电气火灾监控探测器。

9.1.4 非独立式电气火灾监控探测器不应接入火灾报警控制器的探测器回路。

9.1.5 在设置消防控制室的场所，电气火灾监控器的报警信息和故障信息应在消防控制室图形显示装置或起集中控制功能的火灾报警控制器上显示，但该类信息与火灾报警信息的显示应有区别。

9.1.6 电气火灾监控系统的设置不应影响供电系统的正常工作，不宜自动切断供电电源。

9.2 剩余电流式电气火灾监控探测器的设置

9.2.1 剩余电流式电气火灾监控探测器应以设置在低压配电系统首端为基本原则，宜设置在第一级配电柜（箱）的出线端。在供电线路泄漏电流大于500mA时，宜在其下一级配电柜（箱）设置。

9.2.3 选择剩余电流式电气火灾监控探测器时，应计及供电系统自然漏流的影响，并应选择参数合适的探测器；探测器报警值宜为300mA～500mA。

9.3 测温式电气火灾监控探测器的设置

9.3.1 测温式电气火灾监控探测器应设置在电缆接头、端子、重点发热部件等部位。

9.3.2 保护对象为1000V及以下的配电线路，测温式电气火灾监控探测器应采用接触式布置。

9.3.3 保护对象为1000V以上的供电线路，测温式电气火灾监控探测器宜选择光栅光纤测温式或红外测温式电气火灾监控探测器，光栅光纤测温式电气火灾监控探测器应直接设置在保护对象的表面。

9.4 独立式电气火灾监控探测器的设置

9.4.1 独立式电气火灾监控探测器的设置应符合本规范第9.2、9.3节的规定。

9.4.2 设有火灾自动报警系统时，独立式电气火灾监控探测器的报警信息和故障信息应在消防控制室图形显示装置或集中火灾报警控制器上显示；但该类信息与火灾报警信息的显示应有区别。

9.4.3 未设火灾自动报警系统时，独立式电气火灾监控探测器应将报警信号传至有人值班的场所。

9.5 电气火灾监控器的设置

9.5.1 设有消防控制室时，电气火灾监控器应设置在消防控制室内或保护区域附近；设置在保护区域附近时，应将报警信息和故障信息传入消防控制室。

9.5.2 未设消防控制室时，电气火灾监控器应设置在有人值班的场所。

10 系统供电

10.1 一般规定

10.1.1 火灾自动报警系统应设置交流电源和蓄电池备用电源。

10.1.2 火灾自动报警系统的交流电源应采用消防电源，备用电源可采用火灾报警控制器和消防联动控制器自带的蓄电池电源或消防设备应急电源。当备用电源采用消防设备应急电源时，火灾报警控制器和消防联动控制器应采用单独的供电回路，并应保证在系统处于最大负载状态下不影响火灾报警控制器和消防联动控制器的正常工作。

10.1.4 火灾自动报警系统主电源不应设置剩余电流动作保护和过负荷保护装置。

10.1.5 消防设备应急电源输出功率应大于火灾自动报警及联动控制系统全负荷功率的120%，蓄电池组的容量应保证火灾自动报警及联动控制系统在火灾状态同时工作负荷条件下连续工作3h以上。

10.1.6 消防用电设备应采用专用的供电回路，其配电设备应设有明显标志。其配电线路和控制回路宜按防火分区划分。

10.2 系统接地

10.2.1 火灾自动报警系统接地装置的接地电阻值应符合下列规定：

1 采用共用接地装置时，接地电阻值不应大于1Ω。
2 采用专用接地装置时，接地电阻值不应大于4Ω。

10.2.2 消防控制室内的电气和电子设备的金属外壳、机柜、机架和金属管、槽等，应采用等电位连接。

10.2.3 由消防控制室接地板引至各消防电子设备的专用接地线应选用铜芯绝缘导线，其线芯截面面积不应小于4mm²。

10.2.4 消防控制室接地板与建筑接地体之间，应采用线芯截面积不小于25mm²的铜芯绝缘导线连接。

11 布　　线

11.1 一般规定

11.1.1 火灾自动报警系统的传输线路和50V以下供电的控制线路，应采用电压等级不低于交流300V/500V的铜芯绝缘导线或铜芯电缆。采用交流220V/380V的供电和控制线路，应采用电压等级不低于交流450V/750V的铜芯绝缘导线或铜芯电缆。

11.1.2 火灾自动报警系统传输线路的线芯截面选择，除应满足自动报警装置技术条件的要求外，还应满足机械强度的要求。铜芯绝缘导线和铜芯电缆线芯的最小截面面积，不应小于表11.1.2的规定。

表11.1.2 铜芯绝缘导线和铜芯电缆线芯的最小截面面积

序号	类　　别	线芯的最小截面面积（mm²）
1	穿管敷设的绝缘导线	1.00
2	线槽内敷设的绝缘导线	0.75
3	多芯电缆	0.50

11.1.3 火灾自动报警系统的供电线路和传输线路设置在室外时，应埋地敷设。

11.1.4 火灾自动报警系统的供电线路和传输线路设置在地（水）下隧道或湿度大于90%的场所时，线路及接线处应做防水处理。

11.1.5 采用无线通信方式的系统设计，应符合下列规定：

1 无线通信模块的设置间距不应大于额定通信距离的75%。
2 无线通信模块应设置在明显部位，且应有明显标识。

11.2 室内布线

11.2.1 火灾自动报警系统的传输线路应采用金属管、可挠（金属）电气导管、B₁级以上的钢性塑料管或封闭式线槽保护。

11.2.2 火灾自动报警系统的供电线路、消防联动控制线路应采用耐火铜芯电线电缆，报警总线、消防应急广播和消防专用电话等传输线路应采用阻燃或阻燃耐火电线电缆。

11.2.3 线路暗敷设时，应采用金属管、可挠（金属）电气导管或B₁级以上的刚性塑料管保护，并应敷设在不燃烧体的结构层内，且保护层厚度不宜小于30mm；线路明敷设时，应采用金属管、可挠（金属）电气导管或金属封闭线槽保护。矿物绝缘类不燃性电缆可直接明敷。

11.2.4 火灾自动报警系统用的电缆竖井，宜与电力、照明用的低压配电线路电缆竖井分别设置。受条件限制必须合用时，应将火灾自动报警系统用的电缆和电力、照明用的低压配电线路电缆分别布置在竖井的两侧。

11.2.5 **不同电压等级的线缆不应穿入同一根保护管内，当合用同一线槽时，线槽内应有隔板分隔。**

11.2.6 采用穿管水平敷设时，除报警总线外，不同防火分区的线路不应穿入同一根管内。

11.2.7 从接线盒、线槽等处引到探测器底座盒、控制设备盒、扬声器箱的线路，均应加金属保护管保护。

11.2.8 火灾探测器的传输线路，宜选择不同颜色的绝缘导线或电缆。正极"+"线应为红色，负极"-"线应为蓝色或黑色。同一工程中相同用途导线的颜色应一致，接线端子应有标号。

12 典型场所的火灾自动报警系统

12.1 道路隧道

12.1.1 城市道路隧道、特长双向公路隧道和道路中的水底隧道，应同时采用线型光纤感温火灾探测器和点型红外火焰探测器（或图像型火灾探测器）；其他公路隧道应采用线型光纤感温火灾探测器或点型红外火焰探测器。

12.1.2 线型光纤感温火灾探测器应设置在车道顶部距顶棚100mm~200mm，线型光栅光纤感温火灾探测器的光栅间距不应大于10m；每根分布式线型光纤感温火灾探测器和线型光栅光纤感温火灾探测保护车道的数量不应超过2条；点型红外火焰探测器或图像型火灾探测器应设置在行车道侧面墙上距行车道地面高度2.7m~3.5m，并应保证无探测盲区；在行车道两侧设置时，探测器应交错设置。

12.1.4 隧道出入口以及隧道内每隔200m处应设置报警电话，每隔50m处应设置手动火灾报警按钮和闪烁红光的火灾声光警报器。隧道入口前方50m~250m内应设置指示隧道内发生火灾的声光警报装置。

12.1.5 隧道用电缆通道宜设置线型感温火灾探测器，主要设备用房内的配电线路应设置电气火灾监控探测器。

12.1.7 火灾自动报警系统应将火灾报警信号传输给隧道中央控制管理设备。

12.1.8 消防应急广播可与隧道内设置的有线广播合用，其设置应符合本规范第6.6节的规定。

12.1.9 消防专用电话可与隧道内设置的紧急电话合用，其设置应符合本规范第6.7节的规定。

12.1.10 消防联动控制器应能手动控制与正常通风合用的排烟风机。

12.1.11 隧道内设置的消防设备的防护等级不应低于IP65。

12.2 油罐区

12.2.1 外浮顶油罐宜采用线型光纤感温火灾探测器，且每只线型光纤感温火灾探测器应只能保护一个油罐;并应设置在浮盘的堰板上。

12.2.3 采用光栅光纤感温火灾探测器保护外浮顶油罐时,两个相邻光栅间距离不应大于3m。

12.3 电缆隧道

12.3.1 隧道外的电缆接头、端子等发热部位应设置测温式电气火灾监控探测器,探测器的设置应符合本规范第9章的有关规定;除隧道内所有电缆的燃烧性能均为A级外,隧道内应沿电缆设置线型感温火灾探测器,且在电缆接头、端子等发热部位应保证有效探测长度;隧道内设置的线型感温火灾探测器可接入电气火灾监控器。

12.3.2 无外部火源进入的电缆隧道应在电缆层上表面设置线型感温火灾探测器;有外部火源进入可能的电缆隧道在电缆层上表面和隧道顶部,均应设置线型感温火灾探测器。

12.3.3 线型感温火灾探测器采用"S"形布置或有外部火源进入可能的电缆隧道内,应采用能响应火焰规模不大于100mm的线型感温火灾探测器。

12.3.4 线型感温火灾探测器应采用接触式的敷设方式对隧道内的所有的动力电缆进行探测;缆式线型感温火灾探测器应采用"S"形布置在每层电缆的上表面,线型光纤感温火灾探测器应采用一根感温光缆保护一根动力电缆的方式,并应沿动力电缆敷设。

12.3.5 分布式线型光纤感温火灾探测器在电缆接头、端子等发热部位敷设时,其感温光缆的延展长度不应少于探测单元长度的1.5倍;线型光栅光纤感温火灾探测器在电缆接头、端子等发热部位应设置感温光栅。

12.3.6 其他隧道内设置动力电缆时,除隧道顶部可不设置线型感温火灾探测器外,探测器设置均应符合本规范的规定。

12.4 高度大于12m的空间场所

12.4.2 火灾初期产生大量烟的场所,应选择线型光束感烟火灾探测器、管路吸气式感烟火灾探测器或图像型感烟火灾探测器。

12.4.3 线型光束感烟火灾探测器的设置应符合下列要求:
   1 探测器应设置在建筑顶部。

12.4.4 管路吸气式感烟火灾探测器的设置应符合下列要求:
   1 探测器的采样管宜采用水平和垂直结合的布管方式,并应保证至少有两个采样孔在16m以下,并宜有2个采样孔设置在开窗或通风空调对流层下面1m处。

12.4.5 火灾初期产生少量烟并产生明显火焰的场所,应选择1级灵敏度的点型红外火焰探测器或图像型火焰探测器,并应降低探测器设置高度。

12.4.6 电气线路应设置电气火灾监控探测器,照明线路上应设置具有探测故障电弧功能的电气火灾监控探测器。

附录A 火灾报警、建筑消防设施运行状态信息表

表A 火灾报警、建筑消防设施运行状态信息

设施名称		内容
火灾探测报警系统		火灾报警信息、可燃气体探测报警信息、电气火灾监控报警信息、屏蔽信息、故障信息
消防联动控制系统	消防联动控制器	动作状态、屏蔽信息、故障信息
	消火栓系统	消防水泵电源的工作状态,消防水泵的启、停状态和故障状态,消防水箱(池)水位、管网压力报警信息及消火栓按钮的报警信息
	自动喷水灭火系统、水喷雾(细水雾)灭火系统(泵供水方式)	喷淋泵电源工作状态,喷淋泵的启、停状态和故障状态,水流指示器、信号阀、报警阀、压力开关的正常工作状态和动作状态
	气体灭火系统、细水雾灭火系统(压力容器供水方式)	系统的手动、自动工作状态及故障状态,阀驱动装置的正常工作状态和动作状态,防护区域中的防火门(窗)、防火阀、通风空调等设备的正常工作状态和动作状态,系统的启、停信息,紧急停止信号和管网压力信号
	泡沫灭火系统	消防水泵、泡沫液泵电源的工作状态,系统的手动、自动工作状态及故障状态,消防水泵、泡沫液泵的正常工作状态和动作状态
	干粉灭火系统	系统的手动、自动工作状态及故障状态,阀驱动装置的正常工作状态和动作状态,系统的启、停信息,紧急停止信号和管网压力信号
	防烟排烟系统	系统的手动、自动工作状态,防烟排烟风机电源的工作状态,风机、电动防火阀、电动排烟防火阀、常闭送风口、排烟阀(口)、电动排烟窗、电动挡烟垂壁的正常工作状态和动作状态
	防火门及卷帘系统	防火卷帘控制器、防火门监控器的工作状态和故障状态;卷帘门的工作状态,具有反馈信号的各类防火门、疏散门的工作状态和故障状态等动态信息
	消防电梯	消防电梯的停用和故障状态

续表 A

设施名称		内 容
消防联动控制系统	消防应急广播	消防应急广播的启动、停止和故障状态
	消防应急照明和疏散指示系统	消防应急照明和疏散指示系统的故障状态和应急工作状态信息
	消防电源	系统内各消防用电设备的供电电源和备用电源工作状态和欠压报警信息

附录 B 消防安全管理信息表

表 B 消防安全管理信息

序号	名 称		内 容
1	基本情况		单位名称、编号、类别、地址、联系电话、邮政编码、消防控制室电话；单位职工人数、成立时间、上级主管（或管辖）单位名称、占地面积、总建筑面积、单位总平面图（含消防车道、毗邻建筑等）；单位法人代表、消防安全责任人、消防安全管理人及专兼职消防管理人的姓名、身份证号码、电话
2	主要建、构筑物等信息	建（构）筑	建筑物名称、编号、使用性质、耐火等级、结构类型、建筑高度、地上层数及建筑面积、地下层数及建筑面积、隧道高度及长度等、建造日期、主要储存物名称及数量、建筑物内最大容纳人数、建筑立面图及消防设施平面布置图；消防控制室位置、安全出口的数量、位置及形式（指疏散楼梯）；毗邻建筑的使用性质、结构类型、建筑高度、与本建筑的间距
		堆场	堆场名称、主要堆放物品名称、总储量、最大堆高、堆场平面图（含消防车道、防火间距）
		储罐	储罐区名称、储罐类型（指地上、地下、立式、卧式、浮顶、固定顶等）、总容积、最大单罐容积及高度、储存物名称、性质和形态、储罐区平面图（含消防车道、防火间距）
		装置	装置区名称、占地面积、最大高度、设计日产量、主要原料、主要产品、装置区平面图（含消防车道、防火间距）
3	单位（场所）内消防安全重点部位信息		重点部位名称、所在位置、使用性质、建筑面积、耐火等级、有无消防设施、责任人姓名、身份证号码及电话
4	室内外消防设施信息	火灾自动报警系统	设置部位、系统形式、维保单位名称、联系电话；控制器（含火灾报警、消防联动、可燃气体报警、电气火灾监控等）、探测器（含火灾探测、可燃气体探测、电气火灾探测等）、手动火灾报警按钮、消防电气控制装置等的类型、型号、数量、制造商；火灾自动报警系统图
		消防水源	市政给水管网形式（指环状、支状）及管径、市政管网向建（构）筑物供水的进水管数量及管径、消防水池位置及容量、屋顶水箱位置及容量、其他水源形式及供水量、消防泵房设置位置及水泵数量、消防给水系统平面布置图
		室外消火栓	室外消火栓管网形式（指环状、支状）及管径、消火栓数量、室外消火栓平面布置图
		室内消火栓系统	室内消火栓管网形式（指环状、支状）及管径、消火栓数量、水泵接合器位置及数量、有无与本系统相连的屋顶消防水箱
		自动喷水灭火系统（含雨淋、水幕）	设置部位、系统形式（指湿式、干式、预作用、开式、闭式等）、报警阀位置及数量、水泵接合器位置及数量、有无与本系统相连的屋顶消防水箱、自动喷水灭火系统图
		水喷雾（细水雾）灭火系统	设置部位、报警阀位置及数量、水喷雾（细水雾）灭火系统图

续表 B

序号	名称		内容
4	室内外消防设施信息	气体灭火系统	系统形式（指有管网、无管网，组合分配、独立式，高压、低压等）、系统保护的防护区数量及位置、手动控制装置的位置、钢瓶间位置、灭火剂类型、气体灭火系统图
		泡沫灭火系统	设置部位、泡沫种类（指低倍、中倍、高倍、抗溶、氟蛋白等）、系统形式（指液上、液下，固定、半固定等）、泡沫灭火系统图
		干粉灭火系统	设置部位、干粉储罐位置、干粉灭火系统图
		防烟排烟系统	设置部位、风机安装位置、风机数量、风机类型、防烟排烟系统图
		防火门及卷帘	设置部位、数量
		消防应急广播	设置部位、数量、消防应急广播系统图
		应急照明及疏散指示系统	设置部位、数量、应急照明及疏散指示系统图
		消防电源	设置部位、消防主电源在配电室是否有独立配电柜供电、备用电源形式（市电、发电机、EPS等）
		灭火器	设置部位、配置类型（指手提式、推车式等）、数量、生产日期、更换药剂日期
5	消防设施定期检查及维护保养信息		检查人姓名、检查日期、检查类别（指日检、月检、季检、年检等）、检查内容（指各类消防设施相关技术规范规定的内容）及处理结果，维护保养日期、内容
6	日常防火巡查记录	基本信息	值班人员姓名、每日巡查次数、巡查时间、巡查部位
		用火用电	用火、用电、用气有无违章情况
		疏散通道	安全出口、疏散通道、疏散楼梯是否畅通，是否堆放可燃物；疏散走道、疏散楼梯、顶棚装修材料是否合格
		防火门、防火卷帘	常闭防火门是否处于正常工作状态，是否被锁闭；防火卷帘是否处于正常工作状态，防火卷帘下方是否堆放物品影响使用
		消防设施	疏散指示标志、应急照明是否处于正常完好状态；火灾自动报警系统探测器是否处于正常完好状态；自动喷水灭火系统喷头、末端放（试）水装置、报警阀是否处于正常完好状态；室内、室外消火栓系统是否处于正常完好状态；灭火器是否处于正常完好状态
7	火灾信息		起火时间、起火部位、起火原因、报警方式（指自动、人工等）、灭火方式（指气体、喷水、水喷雾、泡沫、干粉灭火系统、灭火器、消防队等）

附录 C 点型感温火灾探测器分类

表 C 点型感温火灾探测器分类

探测器类别	典型应用温度（℃）	最高应用温度（℃）	动作温度下限值（℃）	动作温度上限值（℃）
A1	25	50	54	65
A2	25	50	54	70
B	40	65	69	85
C	55	80	84	100
D	70	95	99	115
E	85	110	114	130
F	100	125	129	145
G	115	140	144	160

附录 F 不同高度的房间梁对探测器设置的影响

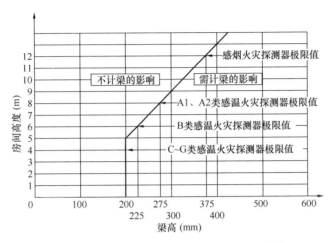

图 F 不同高度的房间梁对探测器设置的影响

附录 G 按梁间区域面积确定一只探测器保护的梁间区域的个数

表 G 按梁间区域面积确定一只探测器保护的梁间区域的个数

探测器的保护面积 A（m²）	梁隔断的梁间区域面积 Q（m²）	一只探测器保护的梁间区域的个数（个）
感温探测器		
20	$Q>12$	1
	$8<Q\leqslant12$	2
	$6<Q\leqslant8$	3
	$4<Q\leqslant6$	4
	$Q\leqslant4$	5
30	$Q>18$	1
	$12<Q\leqslant18$	2
	$9<Q\leqslant12$	3
	$6<Q\leqslant9$	4
	$Q\leqslant6$	5

续表 G

探测器的保护面积 A（m²）	梁隔断的梁间区域面积 Q（m²）	一只探测器保护的梁间区域的个数（个）
感烟探测器		
60	$Q>36$	1
	$24<Q\leqslant36$	2
	$18<Q\leqslant24$	3
	$12<Q\leqslant18$	4
	$Q\leqslant12$	5
80	$Q>48$	1
	$32<Q\leqslant48$	2
	$24<Q\leqslant32$	3
	$16<Q\leqslant24$	4
	$Q\leqslant16$	5

10.《火灾自动报警系统施工及验收标准》GB 50166—2019

1 总　则

1.0.2 本标准适用于建（构）筑物中设置的火灾自动报警系统的施工、检测、验收及维护保养，不适用于火药、炸药、弹药、火工品等生产和贮存场所设置的火灾自动报警系统的施工、检测、验收及维护保养。

2 基本规定

2.1 质量管理

2.1.1 系统的分部、分项工程应按本标准附录A划分。
2.1.2 系统的施工应按设计要求编写施工方案，施工现场应具有必要的施工技术标准、健全的施工质量管理体系和工程质量检验制度，建设单位应组织监理单位进行检查，并按本标准附录B的规定填写有关记录。
2.1.3 系统施工前应具备下列条件：
　　1 系统图、设备布置平面图、接线图、安装图、联动控制逻辑设计文件等经批准的消防设计文件，系统设备的现行国家标准、系统设备的使用说明书等技术资料应齐全；
　　2 设计单位应向建设、施工、监理单位进行技术交底，明确相应技术要求；
　　3 系统设备、组（配）件以及材料应齐全，规格、型号应符合设计要求，应能够保证正常施工；
　　4 与系统施工相关的预埋件、预留孔洞等应符合设计要求；
　　5 施工现场及施工中使用的水、电、气应能够满足连续施工的要求。
2.1.4 系统的施工应按照批准的工程设计文件和施工技术标准进行。
2.1.5 系统的施工过程质量控制应符合下列规定：
　　1 系统施工前，监理单位应按本标准第2.2节的规定和附录C中规定的检查项目、检查内容、检查方法组织施工单位对材料、设备及配件进行进场检查，并应按本标准附录C的规定填写记录，检查不合格者不得使用；
　　2 系统施工过程中，施工单位应做好施工、设计变更等相关记录；
　　3 各工序应按照施工技术标准进行质量控制，每道工序完成后应进行检查，相关各专业工种之间交接时，应经监理工程师检验认可，不合格应进行整改，检查合格后方可进入下一道工序；
　　4 监理工程师应按照施工区域的划分、系统的安装工序及本标准第3章的规定和附录C中规定的检查项目、检查内容、检查方法组织施工单位人员对系统的安装质量进行全数检查，并应按本标准附录C的规定填写记录，隐蔽工程的质量检查宜保留现场照片或视频记录；
　　5 系统施工结束后，施工单位应完成竣工图及竣工报告；
　　6 系统施工结束后，建设单位应按设计文件、本标准第4章的规定，并应按本标准附录E中规定的检查项目、检查内容、检查方法组织施工单位、设备制造企业对系统进行调试，并应按本标准附录E的规定填写记录，系统调试前，应编制调试方案；
　　7 系统调试结束后应编写调试报告，施工单位、设备制造企业应向建设单位提交系统竣工图、材料设备及配件进场检查记录、安装质量检查记录、调试记录及产品检验报告、合格证等相关材料。

2.2 材料、设备进场检查

2.2.1 材料、设备及配件进入施工现场应具有清单、使用说明书、质量合格证明文件、国家法定质检机构的检验报告等文件，火灾自动报警系统中的强制认证产品还应有认证证书和认证标识。
2.2.2 系统中国家强制认证产品的名称、型号、规格应与认证证书和检验报告一致。
2.2.3 系统中非国家强制认证的产品名称、型号、规格应与检验报告一致，检验报告中未包括的配接产品接入系统时，应提供系统组件兼容性检验报告。
2.2.4 系统设备及配件的规格、型号应符合设计文件的规定。
2.2.5 系统设备及配件表面应无明显划痕、毛刺等机械损伤，紧固部位应无松动。

3 施　工

3.1 一般规定

3.1.1 系统部件的设置应符合设计文件和现行国家标准《火灾自动报警系统设计规范》GB 50116的规定。
3.1.2 有爆炸危险性的场所，系统的布线和部件的安装应符合现行国家标准《电气装置安装工程　爆炸和火灾危险环境电气装置施工及验收规范》GB 50257的相关规定。

3.2 布　线

3.2.1 各类管路明敷时，应采用单独的卡具吊装或支撑物固定，吊杆直径不应小于6mm。
3.2.2 各类管路暗敷时，应敷设在不燃结构内，且保护层厚度不应小于30mm。
3.2.3 管路经过建筑物的沉降缝、伸缩缝、抗震缝等变形处，应采取补偿措施，线缆跨越变形缝的两侧应固定，并应留有适当余量。

3.2.4 敷设在多尘或潮湿场所管路的管口和管路连接处,均应做密封处理。

3.2.5 符合下列条件时,管路应在便于接线处装设接线盒:
1 管路长度每超过30m且无弯曲时;
2 管路长度每超过20m且有1个弯曲时;
3 管路长度每超过10m且有2个弯曲时;
4 管路长度每超过8m且有3个弯曲时。

3.2.6 金属管路入盒外侧应套锁母,内侧应装护口,在吊顶内敷设时,盒的内外侧均应套锁母。塑料管入盒应采取相应固定措施。

3.2.7 槽盒敷设时,应在下列部位设置吊点或支点,吊杆直径不应小于6mm:
1 槽盒始端、终端及接头处;
2 槽盒转角或分支处;
3 直线段不大于3m处。

3.2.8 槽盒接口应平直、严密,槽盖应齐全、平整、无翘角。并列安装时,槽盖应便于开启。

3.2.9 导线的种类、电压等级应符合设计文件和现行国家标准《火灾自动报警系统设计规范》GB 50116的规定。

3.2.10 同一工程中的导线,应根据不同用途选择不同颜色加以区分,相同用途的导线颜色应一致。电源线正极应为红色,负极应为蓝色或黑色。

3.2.11 在管内或槽盒内的布线,应在建筑抹灰及地面工程结束后进行,管内或槽盒内不应有积水及杂物。

3.2.12 系统应单独布线。除设计要求以外,系统不同回路、不同电压等级和交流与直流的线路,不应布在同一管内或槽盒的同一槽孔内。

3.2.13 线缆在管内或槽盒内不应有接头或扭结。导线应在接线盒内采用焊接、压接、接线端子可靠连接。

3.2.14 从接线盒、槽盒等引到探测器底座、控制设备、扬声器的线路,当采用可弯曲金属电气导管保护时,其长度不应大于2m。可弯曲金属电气导管应入盒,盒外侧应套锁母,内侧应装护口。

3.2.15 系统的布线除应符合本标准上述规定外,还应符合现行国家标准《建筑电气工程施工质量验收规范》GB 50303的相关规定。

3.2.16 系统导线敷设结束后,应用500V兆欧表测量每个回路导线对地的绝缘电阻,且绝缘电阻值不应小于20MΩ。

3.3 系统部件的安装

I 控制与显示类设备安装

3.3.1 火灾报警控制器、消防联动控制器、火灾显示盘、控制中心监控设备、家用火灾报警控制器、消防电话总机、可燃气体报警控制器、电气火灾监控设备、防火门监控器、消防设备电源监控器、消防控制室图形显示装置、传输设备、消防应急广播控制装置等控制与显示类设备的安装应符合下列规定:
1 应安装牢固,不应倾斜;
2 安装在轻质墙上时,应采取加固措施。

3.3.2 控制与显示类设备的引入线缆应符合下列规定:
1 配线应整齐,不宜交叉,并应固定牢靠;
2 线缆芯线的端部均应标明编号,并应与设计文件一致,字迹应清晰且不易褪色;
3 端子板的每个接线端接线不应超过2根;
4 线缆应留有不小于200mm的余量;
5 线缆应绑扎成束;
6 线缆穿管、槽盒后,应将管口、槽口封堵。

3.3.3 控制与显示类设备应与消防电源、备用电源直接连接,不应使用电源插头。主电源应设置明显的永久性标识。

3.3.4 控制与显示类设备的蓄电池需进行现场安装时,应核对蓄电池的规格、型号、容量,并应符合设计文件的规定,蓄电池的安装应满足产品使用说明书的要求。

3.3.5 控制与显示类设备的接地应牢固,并应设置明显的永久性标识。

II 探测器安装

3.3.6 点型感烟火灾探测器、点型感温火灾探测器、一氧化碳火灾探测器、点型家用火灾探测器、独立式火灾探测报警器的安装,应符合下列规定:
1 探测器至墙壁、梁边的水平距离不应小于0.5m;
2 探测器周围水平距离0.5m内不应有遮挡物;
3 探测器至空调送风口最近边的水平距离不应小于1.5m,至多孔送风顶棚孔口的水平距离不应小于0.5m;
4 在宽度小于3m的内走道顶棚上安装探测器时,宜居中安装,点型感温火灾探测器的安装间距不应超过10m,点型感烟火灾探测器的安装间距不应超过15m;探测器至端墙的距离不应大于安装间距的一半;
5 探测器宜水平安装,当确需倾斜安装时,倾斜角不应大于45°。

3.3.7 线型光束感烟火灾探测器的安装应符合下列规定:
1 探测器光束轴线至顶棚的垂直距离宜为0.3m～1.0m,高度大于12m的空间场所增设的探测器的安装高度应符合设计文件和现行国家标准《火灾自动报警系统设计规范》GB 50116的规定;
2 发射器和接收器(反射式探测器的探测器和反射板)之间的距离不宜超过100m;
3 相邻两组探测器光束轴线的水平距离不应大于14m,探测器光束轴线至侧墙水平距离不应大于7m,且不应小于0.5m;
4 发射器和接收器(反射式探测器的探测器和反射板)应安装在固定结构上,且应安装牢固,确需安装在钢架等容易发生位移变形的结构上时,结构的位移不应影响探测器的正常运行;
5 发射器和接收器(反射式探测器的探测器和反射板)之间的光路上应无遮挡物;
6 应保证接收器(反射式探测器的探测器)避开日光和人工光源直接照射。

3.3.8 线型感温火灾探测器的安装应符合下列规定:
3 探测器敏感部件应采用产品配套的固定装置固定,固定装置的间距不宜大于2m;
4 缆式线型感温火灾探测器的敏感部件应采用连续无接头方式安装,如确需中间接线,应采用专用接线盒连接,敏感部件安装敷设时应避免重力挤压冲击,不应硬性折弯、扭转，探测器的弯曲半径宜大于 0.2m；

 5 分布式线型光纤感温火灾探测器的感温光纤不应打结，光纤弯曲时，弯曲半径应大于 50mm，每个光通道配接的感温光纤的始端及末端应各设置不小于 8m 的余量段，感温光纤穿越相邻的报警区域时，两侧应分别设置不小于 8m 的余量段；

 6 光栅光纤线型感温火灾探测器的信号处理单元安装位置不应受强光直射，光纤光栅感温段的弯曲半径应大于 0.3m。

3.3.9 管路采样式吸气感烟火灾探测器的安装应符合下列规定：

 1 高灵敏度吸气式感烟火灾探测器当设置为高灵敏度时，可安装在天棚高度大于 16m 的场所，并应保证至少有两个采样孔低于 16m；

 3 采样管应牢固安装在过梁、空间支架等建筑结构上；

 4 在大空间场所安装时，每个采样孔的保护面积、保护半径应满足点型感烟火灾探测器的保护面积、保护半径的要求，当采样管道布置形式为垂直采样时，每 2℃温差间隔或 3m 间隔（取最小者）应设置一个采样孔，采样孔不应背对气流方向；

 5 采样孔的直径应根据采样管的长度及敷设方式、采样孔的数量等因素确定，并应满足设计文件和产品使用说明书的要求，采样孔需要现场加工时，应采用专用打孔工具；

 7 采样管和采样孔应设置明显的火灾探测器标识。

3.3.10 点型火焰探测器和图像型火灾探测器的安装应符合下列规定：

 1 安装位置应保证其视场角覆盖探测区域，并应避免光源直接照射在探测器的探测窗口；

 2 探测器的探测视角内不应存在遮挡物；

 3 在室外或交通隧道场所安装时，应采取防尘、防水措施。

3.3.11 可燃气体探测器的安装应符合下列规定：

 1 安装位置应根据探测气体密度确定，若其密度小于空气密度，探测器应位于可能出现泄漏点的上方或探测气体的最高可能聚集点上方，若其密度大于或等于空气密度，探测器应位于可能出现泄漏点的下方；

 2 在探测器周围应适当留出更换和标定的空间；

 3 线型可燃气体探测器在安装时，应使发射器和接收器的窗口避免日光直射，且在发射器与接收器之间不应有遮挡物，发射器和接收器的距离不宜大于 60m，两组探测器之间的轴线距离不大于 14m。

3.3.12 电气火灾监控探测器的安装应符合下列规定：

 1 探测器周围应适当留出更换与标定的作业空间；

 2 剩余电流式电气火灾监控探测器负载侧的中性线不应与其他回路共用，且不应重复接地；

 3 测温式电气火灾监控探测器应采用产品配套的固定装置固定在保护对象上。

3.3.13 探测器底座的安装应符合下列规定：

 1 应安装牢固，与导线连接应可靠压接或焊接，当采用焊接时，不应使用带腐蚀性的助焊剂；

 2 连接导线应留有不小于 150mm 的余量，且在其端部应设置明显的永久性标识；

 3 穿线孔宜封堵，安装完毕的探测器底座应采取保护措施。

3.3.14 探测器报警确认灯应朝向便于人员观察的主要入口方向。

3.3.15 探测器在即将调试时方可安装，在调试前应妥善保管并应采取防尘、防潮、防腐蚀措施。

Ⅲ 系统其他部件安装

3.3.16 手动火灾报警按钮、消火栓按钮、防火卷帘手动控制装置、气体灭火系统手动与自动控制转换装置、气体灭火系统现场启动和停止按钮的安装，应符合下列规定：

 1 手动火灾报警按钮、防火卷帘手动控制装置、气体灭火系统手动与自动控制转换装置、气体灭火系统现场启动和停止按钮应设置在明显和便于操作的部位，其底边距地（楼）面的高度宜为 1.3m～1.5m，且应设置明显的永久性标识，消火栓按钮应设置在消火栓箱内，疏散通道上设置的防火卷帘两侧均应设置手动控制装置；

 2 应安装牢固，不应倾斜；

 3 连接导线应留有不小于 150mm 的余量，且在其端部应设置明显的永久性标识。

3.3.17 模块或模块箱的安装应符合下列规定：

 1 同一报警区域内的模块宜集中安装在金属箱内，不应安装在配电柜、箱或控制柜、箱内；

 2 应独立安装在不燃材料或墙体上，安装牢固，并应采取防潮、防腐蚀等措施；

 3 模块的连接导线应留有不小于 150mm 的余量，其端部应有明显的永久性标识；

 4 模块的终端部件应靠近连接部件安装；

 5 隐蔽安装时在安装处附近应设置检修孔和尺寸不小于 100mm×100mm 的永久性标识。

3.3.18 消防电话分机和电话插孔的安装应符合下列规定：

 2 避难层中，消防专用电话分机或电话插孔的安装间距不应大于 20m；

 3 应设置明显的永久性标识；

 4 电话插孔不应设置在消火栓箱内。

3.3.19 消防应急广播扬声器、火灾警报器、喷洒光警报器、气体灭火系统手动与自动控制状态显示装置的安装，应符合下列规定：

 1 扬声器和火灾声警报装置宜在报警区域内均匀安装，扬声器在走道内安装时，距走道末端的距离不应大于 12.5m；

 2 火灾光警报装置应安装在楼梯口、消防电梯前室、建筑内部拐角等处的明显部位，且不宜与消防应急疏散指示标志灯具安装在同一面墙上，确需安装在同一面墙上时，距离不应小于 1m；

 3 气体灭火系统手动与自动控制状态显示装置应安装在防护区域内的明显部位，喷洒光警报器应安装在防护区域外，且应安装在出口门的上方；

 4 采用壁挂方式安装时，底边距地面高度应大于 2.2m；

 5 应安装牢固，表面不应有破损。

3.3.20 消防设备应急电源和备用电源蓄电池的安装，应符合下列规定：

 1 应安装在通风良好的场所，当安装在密封环境中时应有通风措施，电池安装场所的环境温度不应超出电池标称的工作温度范围；

2 不应安装在火灾爆炸危险场所；

3 酸性电池不应安装在带有碱性介质的场所，碱性电池不应安装在带有酸性介质的场所。

3.3.21 消防设备电源监控系统传感器的安装应符合下列规定：

1 传感器与裸带电导体应保证安全距离，金属外壳的传感器应有保护接地；

2 传感器应独立支撑或固定，应安装牢固，并应采取防潮、防腐蚀等措施；

3 传感器输出回路的连接线应采用截面积不小于$1.0mm^2$的双绞铜芯导线，并应留有不小于150mm的余量，其端部应设置明显的永久性标识；

4 传感器的安装不应破坏被监控线路的完整性，不应增加线路接点。

3.3.22 防火门监控模块与电动闭门器、释放器、门磁开关等现场部件的安装应符合下列规定：

1 防火门监控模块至电动闭门器、释放器、门磁开关等现场部件之间连接线的长度不应大于3m；

2 防火门监控模块、电动闭门器、释放器、门磁开关等现场部件应安装牢固；

3 门磁开关的安装不应破坏门扇与门框之间的密闭性。

3.3.23 消防电气控制装置的安装应符合下列规定：

1 消防电气控制装置在安装前应进行功能检查，检查结果不合格的装置不应安装；

2 消防电气控制装置外接导线的端部应设置明显的永久性标识；

3 消防电气控制装置应安装牢固，不应倾斜，安装在轻质墙体上时应采取加固措施。

3.4 系统接地

3.4.1 系统接地及专用接地线的安装应满足设计要求。

3.4.2 交流供电和36V以上直流供电的消防用电设备的金属外壳应有接地保护，其接地线应与电气保护接地干线（PE）相连接。

4 系统调试

4.1 一般规定

4.1.1 系统调试应包括系统部件功能调试和分系统的联动控制功能调试，并应符合下列规定：

1 应对系统部件的主要功能、性能进行全数检查，系统设备的主要功能、性能应符合现行国家标准的规定；

2 应逐一对每个报警区域、防护区域或防烟区域设置的消防系统进行联动控制功能检查，系统的联动控制功能应符合设计文件和现行国家标准《火灾自动报警系统设计规范》GB 50116的规定；

3 不符合规定的项目应进行整改，并应重新进行调试。

4.1.2 火灾报警控制器、可燃气体报警控制器、电气火灾监控设备、消防设备电源监控器等控制类设备的报警和显示功能，应符合下列规定：

1 火灾探测器、可燃气体探测器、电气火灾监控探测器等探测器发出报警信号或处于故障状态时，控制类设备应发出声、光报警信号，记录报警时间；

2 控制器应显示发出报警信号部件或故障部件的类型和地址注释信息，且显示的地址注释信息应符合本标准第4.2.2条的规定。

4.1.3 消防联动控制器的联动启动和显示功能应符合下列规定：

1 消防联动控制器接收到满足联动触发条件的报警信号后，应在3s内发出控制相应受控设备动作的启动信号，点亮启动指示灯，记录启动时间；

2 消防联动控制器应接收并显示受控部件的动作反馈信息，显示部件的类型和地址注释信息，且显示的地址注释信息应符合本标准第4.2.2条的规定。

4.1.4 消防控制室图形显示装置的消防设备运行状态显示功能应符合下列规定：

1 消防控制室图形显示装置应接收并显示火灾报警控制器发送的火灾报警信息、故障信息、隔离信息、屏蔽信息和监管信息；

2 消防控制室图形显示装置应接收并显示消防联动控制器发送的联动控制信息、受控设备的动作反馈信息；

3 消防控制室图形显示装置显示的信息应与控制器的显示信息一致。

4.1.5 气体灭火系统、防火卷帘系统、防火门监控系统、自动喷水灭火系统、消火栓系统、防烟与排烟系统、消防应急照明及疏散指示系统、电梯与非消防电源等相关系统的联动控制调试，应在各分系统功能调试合格后进行。

4.1.6 系统设备功能调试、系统的联动控制功能调试结束后，应恢复系统设备之间、系统设备和受控设备之间的正常连接，并应使系统设备、受控设备恢复正常工作状态。

4.2 调试准备

4.2.1 系统调试前，应按设计文件的规定对设备的规格、型号、数量、备品备件等进行查验，并应按本标准第3章的规定对系统的线路进行检查。

4.2.2 系统调试前，应对系统部件进行地址设置及地址注释，并应符合下列规定：

1 应对现场部件进行地址编码设置，一个独立的识别地址只能对应一个现场部件；

2 与模块连接的火灾警报器、水流指示器、压力开关、报警阀、排烟口、排烟阀等现场部件的地址编号应与连接模块的地址编号一致；

3 控制器、监控器、消防电话总机及消防应急广播控制装置等控制类设备应对配接的现场部件进行地址注册，并应按现场部件的地址编号及具体设置部位录入部件的地址注释信息；

4 应按本标准附录D的规定填写系统部件设置情况记录。

4.2.3 系统调试前，应对控制类设备进行联动编程，对控制类设备手动控制单元控制按钮或按键进行编码设置，并应符合下列规定：

1 应按照系统联动控制逻辑设计文件的规定进行控制类设备的联动编程，并录入控制类设备中；
2 对于预设联动编程的控制类设备，应核查控制逻辑和控制时序是否符合系统联动控制逻辑设计文件的规定；
3 应按照系统联动控制逻辑设计文件的规定，进行消防联动控制器手动控制单元控制按钮、按键的编码设置；
4 应按本标准附录 D 的规定填写控制类设备联动编程、手动控制单元编码设置记录。

4.2.4 对系统中的控制与显示类设备应分别进行单机通电检查。

4.3 火灾报警控制器及其现场部件调试

Ⅰ 火灾报警控制器调试

4.3.1 应切断火灾报警控制器的所有外部控制连线，并将任意一个总线回路的火灾探测器、手动火灾报警按钮等部件相连接后接通电源，使控制器处于正常监视状态。

4.3.2 应对火灾报警控制器下列主要功能进行检查并记录，控制器的功能应符合现行国家标准《火灾报警控制器》GB 4717 的规定：
1 自检功能。
2 操作级别。
3 屏蔽功能。
4 主、备电源的自动转换功能。
5 故障报警功能：
　1）备用电源连线故障报警功能；
　2）配接部件连线故障报警功能。
6 短路隔离保护功能。
7 火警优先功能。
8 消音功能。
9 二次报警功能。
10 负载功能。
11 复位功能。

4.3.3 火灾报警控制器应依次与其他回路相连接，使控制器处于正常监视状态，在备电工作状态下，按本标准第 4.3.2 条第 5 款第 2 项、第 6 款、第 10 款、第 11 款的规定对火灾报警控制器进行功能检查并记录，控制器的功能应符合现行国家标准《火灾报警控制器》GB 4717 的规定。

Ⅱ 火灾探测器调试

4.3.4 应对探测器的离线故障报警功能进行检查并记录，探测器的离线故障报警功能应符合下列规定：
1 探测器由火灾报警控制器供电的，应使探测器处于离线状态，探测器不由火灾报警控制器供电的，应使探测器电源线和通信线分别处于断开状态；
2 火灾报警控制器的故障报警和信息显示功能应符合本标准第 4.1.2 条的规定。

4.3.5 应对点型感烟、点型感温、点型一氧化碳火灾探测器的火灾报警功能、复位功能进行检查并记录，探测器的火灾报警功能、复位功能应符合下列规定：
1 对可恢复探测器，应采用专用的检测仪器或模拟火灾的方法，使探测器监测区域的烟雾浓度、温度、气体浓度达到探测器的报警设定阈值；对不可恢复的探测器，应采取模拟报警方法使探测器处于火灾报警状态，当有备品时，可抽样检查其报警功能；探测器的火警确认灯应点亮并保持；
2 火灾报警控制器火灾报警和信息显示功能应符合本标准第 4.1.2 条的规定；
3 应使可恢复探测器监测区域的环境恢复正常，使不可恢复探测器恢复正常，手动操作控制器的复位键后，控制器应处于正常监视状态，探测器的火警确认灯应熄灭。

4.3.6 应对线型光束感烟火灾探测器的火灾报警功能、复位功能进行检查并记录，探测器的火灾报警功能、复位功能应符合下列规定：
1 应调整探测器的光路调节装置，使探测器处于正常监视状态；
2 应采用减光率为 0.9dB 的减光片或等效设备遮挡光路，探测器不应发出火灾报警信号；
3 应采用产品生产企业设定的减光率为 1.0dB～10.0dB 的减光片或等效设备遮挡光路，探测器的火警确认灯应点亮并保持，火灾报警控制器的火灾报警和信息显示功能应符合本标准第 4.1.2 条的规定；
4 应采用减光率为 11.5dB 的减光片或等效设备遮挡光路，探测器的火警或故障确认灯应点亮，火灾报警控制器的火灾报警、故障报警和信息显示功能应符合本标准第 4.1.2 条的规定；
5 选择反射式探测器时，应在探测器正前方 0.5m 处按本标准第 4.3.6 条第 2 款～第 4 款的规定对探测器的火灾报警功能进行检查；
6 应撤离减光片或等效设备，手动操作控制器的复位键后，控制器应处于正常监视状态，探测器的火警确认灯应熄灭。

4.3.7 应对线型感温火灾探测器的敏感部件故障功能进行检查并记录，探测器的敏感部件故障功能应符合下列规定：
1 应使线型感温火灾探测器的信号处理单元和敏感部件间处于断路状态，探测器信号处理单元的故障指示灯应点亮；
2 火灾报警控制器的故障报警和信息显示功能应符合本标准第 4.1.2 条的规定。

4.3.8 应对线型感温火灾探测器的火灾报警功能、复位功能进行检查并记录，探测器的火灾报警功能、复位功能应符合下列规定：
1 对可恢复探测器，应采用专用的检测仪器或模拟火灾的方法，使任一段长度为标准报警长度的敏感部件周围温度达到探测器报警设定阈值；对不可恢复的探测器，应采取模拟报警方法使探测器处于火灾报警状态，当有备品时，可抽样检查其报警功能；探测器的火警确认灯应点亮并保持；
2 火灾报警控制器的火灾报警和信息显示功能应符合本标准第 4.1.2 条的规定；
3 应使可恢复探测器敏感部件周围的温度恢复正常，使不可恢复探测器恢复正常监视状态，手动操作控制器的复位键后，控制器应处于正常监视状态，探测器的火警确认灯应熄灭。

4.3.9 应对标准报警长度小于 1m 的线型感温火灾探测器的小尺寸高温报警响应功能进行检查并记录，探测器的小尺寸高温报警响应功能应符合下列规定：

1 应在探测器末端采用专用的检测仪器或模拟火灾的方法，使任一段长度为100mm的敏感部件周围温度达到探测器小尺寸高温报警设定阈值，探测器的火警确认灯应点亮并保持；

2 火灾报警控制器的火灾报警和信息显示功能应符合本标准第4.1.2条的规定；

3 应使探测器监测区域的环境恢复正常，剪除试验段敏感部件，恢复探测器的正常连接，手动操作控制器的复位键后，控制器应处于正常监视状态，探测器的火警确认灯应熄灭。

4.3.10 应对管路采样式吸气感烟火灾探测器的采样管路气流故障报警功能进行检查并记录，探测器的采样管路气流故障报警功能应符合下列规定：

1 应根据产品说明书改变探测器的采样管路气流，使探测器处于故障状态，探测器或其控制装置的故障指示灯点亮；

2 火灾报警控制器的故障报警和信息显示功能应符合本标准第4.1.2条的规定；

3 应恢复探测器的正常采样管路气流，使探测器和控制器处于正常监视状态。

4.3.11 应对管路采样式吸气感烟火灾探测器的火灾报警功能、复位功能进行检查并记录，探测器的火灾报警功能、复位功能应符合下列规定：

1 应在采样管最末端采样孔加入试验烟，使监测区域的烟雾浓度达到探测器报警设定阈值，探测器或其控制装置的火警确认灯应在120s内点亮并保持；

2 火灾报警控制器的火灾报警和信息显示功能应符合本标准第4.1.2条的规定；

3 应使探测器监测区域的环境恢复正常，手动操作控制器的复位键后，控制器应处于正常监视状态，探测器或其控制装置的火警确认灯应熄灭。

4.3.12 应对点型火焰探测器和图像型火灾探测器的火灾报警功能、复位功能进行检查并记录，探测器的火灾报警功能、复位功能应符合下列规定：

1 在探测器监视区域内最不利处应采用专用检测仪器或模拟火灾的方法，向探测器释放试验光波，探测器的火警确认灯应在30s点亮并保持；

2 火灾报警控制器的火灾报警和信息显示功能应符合本标准第4.1.2条的规定；

3 应使探测器监测区域的环境恢复正常，手动操作控制器的复位键后，控制器应处于正常监视状态，探测器的火警确认灯应熄灭。

Ⅲ 火灾报警控制器其他现场部件调试

4.3.13 应对手动火灾报警按钮的离线故障报警功能进行检查并记录，手动火灾报警按钮的离线故障报警功能应符合下列规定：

1 应使手动火灾报警按钮处于离线状态；

2 火灾报警控制器的故障报警和信息显示功能应符合本标准第4.1.2条的规定。

4.3.14 应对手动火灾报警按钮的火灾报警功能进行检查并记录，报警按钮的火灾报警功能应符合下列规定：

1 使报警按钮动作后，报警按钮的火警确认灯应点亮并保持；

2 火灾报警控制器的火灾报警和信息显示功能应符合本标准第4.1.2条的规定；

3 应使报警按钮恢复正常，手动操作控制器的复位键后，控制器应处于正常监视状态，报警按钮的火警确认灯应熄灭。

4.3.15 应对火灾显示盘下列主要功能进行检查并记录，火灾显示盘的功能应符合现行国家标准《火灾显示盘》GB 17429的规定：

1 接收和显示火灾报警信号的功能；

2 消音功能；

3 复位功能；

4 操作级别；

5 非火灾报警控制器供电的火灾显示盘，主、备电源的自动转换功能。

4.3.16 应对火灾显示盘的电源故障报警功能进行检查并记录，火灾显示盘的电源故障报警功能应符合下列规定：

1 应使火灾显示盘的主电源处于故障状态；

2 火灾报警控制器的故障报警和信息显示功能应符合本标准第4.1.2条的规定。

4.4 家用火灾安全系统调试

Ⅰ 控制中心监控设备调试

4.4.1 应切断控制中心监控设备的所有外部控制连线，并将家用火灾报警控制器等部件相连接后接通电源，使控制中心监控设备处于正常监视状态。

4.4.2 应对控制中心监控设备下列主要功能进行检查并记录，控制中心监控设备的功能应符合现行国家标准《家用火灾安全系统》GB 22370的规定：

1 操作级别；

2 接收和显示家用火灾报警控制器发出的火灾报警信号的功能；

3 消音功能；

4 复位功能。

Ⅱ 家用火灾报警控制器调试

4.4.3 应将任一个总线回路的家用火灾探测器、手动报警开关等部件与家用火灾报警控制器相连接后接通电源，使控制器处于正常监视状态。

4.4.4 应对家用火灾报警控制器下列主要功能进行检查并记录，控制器的功能应符合现行国家标准《家用火灾安全系统》GB 22370的规定：

1 自检功能。

2 主、备电源的自动转换功能。

3 故障报警功能：

 1）备用电源连线故障报警功能；

 2）配接部件通信故障报警功能。

4 火警优先功能。

5 消音功能。

6 二次报警功能。

7 复位功能。

4.4.5 应依次将其他回路与家用火灾报警控制器相连接，按本标准第4.4.4条第3款第2项、第4款、第7款的规定，对家用火灾报警控制器进行功能检查并记录，控制器的功能应符合现行国家标准《家用火灾安全系统》GB 22370的规定。

Ⅲ 家用安全系统现场部件调试

4.4.6 应对点型家用感烟火灾探测器、点型家用感温火灾探测器、独立式感烟火灾探测报警器、独立式感温火灾探测报警器的火灾报警功能、复位功能进行检查并记录，探测器的火灾报警功能、复位功能应符合下列规定：

 1 应采用专用的检测仪器或模拟火灾的方法，使监测区域的烟雾浓度、温度达到探测器的报警设定阈值；

 2 探测器应发出火灾报警声信号，声报警信号的A计权声压级应在45dB～75dB之间，并应采用逐渐增大的方式，初始声压级不应大于45dB；

 3 家用火灾报警控制器的火灾报警和信息显示功能应符合本标准第4.1.2条的规定。

4.5 消防联动控制器及其现场部件调试

Ⅰ 消防联动控制器调试

4.5.1 消防联动控制器调试时，应在接通电源前按以下顺序做好准备工作：

 1 应将消防联动控制器与火灾报警控制器连接；

 2 应将任一备调回路的输入/输出模块与消防联动控制器连接；

 3 应将备调回路的模块与其控制的受控设备连接；

 4 应切断各受控现场设备的控制连线；

 5 应接通电源，使消防联动控制器处于正常监视状态。

4.5.2 应对消防联动控制器下列主要功能进行检查并记录，控制器的功能应符合现行国家标准《消防联动控制系统》GB 16806的规定：

 1 自检功能。

 2 操作级别。

 3 屏蔽功能。

 4 主、备电源的自动转换功能。

 5 故障报警功能：
  1）备用电源连线故障报警功能；
  2）配接部件连线故障报警功能。

 6 总线隔离器的隔离保护功能。

 7 消音功能。

 8 控制器的负载功能。

 9 复位功能。

 10 控制器自动和手动工作状态转换显示功能。

4.5.3 应依次将其他备调回路的输入/输出模块与消防联动控制器连接、模块与受控设备连接，切断所有受控现场设备的控制连线，使控制器处于正常监视状态，在备电工作状态下，按本标准第4.5.2条第5款第2项、第6款、第8款、第9款的规定对控制器进行功能检查并记录，控制器的功能应符合现行国家标准《消防联动控制系统》GB 16806的规定。

4.5.4 火灾报警控制器（联动型）的调试应符合本标准第4.3.1条～第4.3.3条和本标准第4.5.1条～第4.5.3条的规定。

Ⅱ 消防联动控制器现场部件调试

4.5.5 应对模块的离线故障报警功能进行检查并记录，模块的离线故障报警功能应符合下列规定：

 1 应使模块与消防联动控制器的通信总线处于离线状态，消防联动控制器应发出故障声、光信号；

 2 消防联动控制器应显示故障部件的类型和地址注释信息，且控制器显示的地址注释信息应符合本标准第4.2.2条的规定。

4.5.6 应对模块的连接部件断线故障报警功能进行检查并记录，模块的连接部件断线故障报警功能应符合下列规定：

 1 应使模块与连接部件之间的连接线断路，消防联动控制器应发出故障声、光信号；

 2 消防联动控制器应显示故障部件的类型和地址注释信息，且控制器显示的地址注释信息应符合本标准第4.2.2条的规定。

4.5.7 应对输入模块的信号接收及反馈功能、复位功能进行检查并记录，输入模块的信号接收及反馈功能、复位功能应符合下列规定：

 1 应核查输入模块和连接设备的接口是否兼容；

 2 应给输入模块提供模拟的输入信号，输入模块应在3s内动作并点亮动作指示灯；

 3 消防联动控制器应接收并显示模块的动作反馈信息，显示设备的名称和地址注释信息，且控制器显示的地址注释信息应符合本标准第4.2.2条的规定；

 4 应撤除模拟输入信号，手动操作控制器的复位键后，控制器应处于正常监视状态，输入模块的动作指示灯应熄灭。

4.5.8 应对输出模块的启动、停止功能进行检查并记录，输出模块的启动、停止功能应符合下列规定：

 1 应核查输出模块和受控设备的接口是否兼容；

 2 应操作消防联动控制器向输出模块发出启动控制信号，输出模块应在3s内动作，并点亮动作指示灯；

 3 消防联动控制器应有启动光指示，显示启动设备的名称和地址注释信息，且控制器显示的地址注释信息应符合本标准第4.2.2条的规定；

 4 应操作消防联动控制器向输出模块发出停止控制信号，输出模块应在3s内动作，并熄灭动作指示灯。

4.6 消防专用电话系统调试

4.6.1 应接通电源，使消防电话总机处于正常工作状态，对消防电话总机下列主要功能进行检查并记录，电话总机的功能应符合现行国家标准《消防联动控制系统》GB 16806的规定：

 1 自检功能；

 2 故障报警功能；

 3 消音功能；

 4 电话分机呼叫电话总机功能；

 5 电话总机呼叫电话分机功能。

4.6.2 应对消防电话分机进行下列主要功能检查并记录，电话分机的功能应符合现行国家标准《消防联动控制系统》GB

16806 的规定：

1 呼叫电话总机功能；

2 接受电话总机呼叫功能。

4.6.3 应对消防电话插孔的通话功能进行检查并记录，电话插孔的通话功能应符合现行国家标准《消防联动控制系统》GB 16806 的规定。

4.7 可燃气体探测报警系统调试

Ⅰ 可燃气体报警控制器调试

4.7.1 对多线制可燃气体报警控制器，应将所有回路的可燃气体探测器与控制器相连接；对总线制可燃气体报警控制器，应将任一回路的可燃气体探测器与控制器相连接。应切断可燃气体报警控制器的所有外部控制连线，接通电源，使控制器处于正常监视状态。

4.7.2 应对可燃气体报警控制器下列主要功能进行检查并记录，控制器的功能应符合现行国家标准《可燃气体报警控制器》GB 16808 的规定：

1 自检功能。

2 操作级别。

3 可燃气体浓度显示功能。

4 主、备电源的自动转换功能。

5 故障报警功能：

  1) 备用电源连线故障报警功能；

  2) 配接部件连线故障报警功能。

6 总线制可燃气体报警控制器的短路隔离功能。

7 可燃气体报警功能。

8 消音功能。

9 控制器负载功能。

10 复位功能。

4.7.3 对总线制可燃气体报警控制器，应依次将其他回路与可燃气体报警控制器相连接，使控制器处于正常监视状态，在备电工作状态下，按本标准第 4.7.2 条第 5 款第 2 项、第 6 款、第 9 款、第 10 款的规定对可燃气体报警控制器进行功能检查并记录，控制器的功能应符合现行国家标准《可燃气体报警控制器》GB 16808 的规定。

Ⅱ 可燃气体探测器调试

4.7.4 应对可燃气体探测器的可燃气体报警功能、复位功能进行检查并记录，探测器的可燃气体报警功能、复位功能应符合下列规定：

1 应对探测器施加浓度为探测器报警设定值的可燃气体标准样气，探测器的报警确认灯应在 30s 内点亮并保持；

2 控制器的可燃气体报警和信息显示功能应符合本标准第 4.1.2 条的规定；

3 应清除探测器内的可燃气体，手动操作控制器的复位键后，控制器应处于正常监视状态，探测器的报警确认灯应熄灭。

4.7.5 应对线型可燃气体探测器的遮挡故障报警功能进行检查并记录，探测器的遮挡故障报警功能应符合下列规定：

1 应将线型可燃气体探测器发射器发出的光全部遮挡，探测器或其控制装置的故障指示灯应在 100s 内点亮；

2 控制器的故障报警和信息显示功能应符合本标准第 4.1.2 条的规定。

4.8 电气火灾监控系统调试

Ⅰ 电气火灾监控设备调试

4.8.1 应切断电气火灾监控设备的所有外部控制连线，将任一备调总线回路的电气火灾探测器与监控设备相连接，接通电源，使监控设备处于正常监视状态。

4.8.2 应对电气火灾监控设备下列主要功能进行检查并记录，监控设备的功能应符合现行国家标准《电气火灾监控系统 第1部分：电气火灾监控设备》GB 14287.1 的规定：

1 自检功能；

2 操作级别；

3 故障报警功能；

4 监控报警功能；

5 消音功能；

6 复位功能。

4.8.3 应依次将其他回路的电气火灾探测器与监控设备相连接，使监控设备处于正常监视状态，按本标准第 4.8.2 条第 3 款、第 4 款、第 6 款的规定对监控设备进行功能检查并记录，监控设备的功能应符合现行国家标准《电气火灾监控系统 第1部分：电气火灾监控设备》GB 14287.1 的规定。

Ⅱ 电气火灾监控探测器调试

4.8.4 应对剩余电流式电气火灾监控探测器的监控报警功能进行检查并记录，探测器的监控报警功能应符合下列规定：

1 应按设计文件的规定进行报警值设定；

2 应采用剩余电流发生器对探测器施加报警设定值的剩余电流，探测器的报警确认灯应在 30s 内点亮并保持；

3 监控设备的监控报警和信息显示功能应符合本标准第 4.1.2 条的规定，同时监控设备应显示发出报警信号探测器的报警值。

4.8.5 应对测温式电气火灾监控探测器的监控报警功能进行检查并记录，探测器的监控报警功能应符合下列规定：

1 应按设计文件的规定进行报警值设定；

2 应采用发热试验装置给监控探测器加热至设定的报警温度，探测器的报警确认灯应在 40s 内点亮并保持；

3 监控设备的监控报警和信息显示功能应符合本标准第 4.1.2 条的规定，同时监控设备应显示发出报警信号探测器的报警值。

4.8.6 应对故障电弧探测器的监控报警功能进行检查并记录，探测器的监控报警功能应符合下列规定：

1 应切断探测器的电源线和被监测线路，将故障电弧发生装置接入探测器，接通探测器的电源，使探测器处于正常监视状态；

2 应操作故障电弧发生装置，在 1s 内产生 9 个及以下半周期故障电弧，探测器不应发出报警信号；

3 应操作故障电弧发生装置，在 1s 内产生 14 个及以上半周期故障电弧，探测器的报警确认灯应在 30s 内点亮并保持；

4 监控设备的监控报警和信息显示功能应符合本标准第4.1.2条的规定。

4.8.7 应对具有指示报警部位功能的线型感温火灾探测器的监控报警功能进行检查并记录，探测器的监控报警功能应符合下列规定：

1 应在线型感温火灾探测器的敏感部件随机选取3个非连续检测段，每个检测段的长度为标准报警长度，采用专用的检测仪器或模拟火灾的方法，分别给每个检测段加热至设定的报警温度，探测器的火警确认灯应点亮并保持，并指示报警部位。

2 监控设备的监控报警和信息显示功能应符合本标准第4.1.2条的规定。

4.9 消防设备电源监控系统调试

Ⅰ 消防设备电源监控器调试

4.9.1 应将任一备调总线回路的传感器与消防设备电源监控器相连接，接通电源，使监控器处于正常监视状态。

4.9.2 对消防设备电源监控器下列主要功能进行检查并记录，监控器的功能应符合现行国家标准《消防设备电源监控系统》GB 28184的规定：

1 自检功能。
2 消防设备电源工作状态实时显示功能。
3 主、备电源的自动转换功能。
4 故障报警功能：
  1）备用电源连线故障报警功能；
  2）配接部件连线故障报警功能。
5 消音功能。
6 消防设备电源故障报警功能。
7 复位功能。

4.9.3 应依次将其他回路的传感器与监控器相连接，使监控器处于正常监视状态，在备电工作状态下，按本标准第4.9.2条第4款第2项、第6款、第7款的规定，对监控器进行功能检查并记录，监控器的功能应符合现行国家标准《消防设备电源监控系统》GB 28184的规定。

Ⅱ 传感器调试

4.9.4 应对传感器的消防设备电源故障报警功能进行检查并记录，传感器的消防设备电源故障报警功能应符合下列规定：

1 应切断被监控消防设备的供电电源；
2 监控器的消防设备电源故障报警和信息显示功能应符合本标准第4.1.2条的规定。

4.10 消防设备应急电源调试

4.10.1 应将消防设备与消防设备应急电源相连接，接通消防设备应急电源的主电源，使消防设备应急电源处于正常工作状态。

4.10.2 应对消防设备应急电源下列主要功能进行检查并记录，消防设备应急电源的功能应符合现行国家标准《消防联动控制系统》GB 16806的规定：

1 正常显示功能；
2 故障报警功能；
3 消音功能；
4 转换功能。

4.11 消防控制室图形显示装置和传输设备调试

Ⅰ 消防控制室图形显示装置调试

4.11.1 应将消防控制室图形显示装置与火灾报警控制器、消防联动控制器等设备相连接，接通电源，使消防控制室图形显示装置处于正常监视状态。应对消防控制室图形显示装置下列主要功能进行检查并记录，消防控制室图形显示装置的功能应符合现行国家标准《消防联动控制系统》GB 16806的规定：

1 图形显示功能：
  1）建筑总平面图显示功能；
  2）保护对象的建筑平面图显示功能；
  3）系统图显示功能。
2 通信故障报警功能。
3 消音功能。
4 信号接收和显示功能。
5 信息记录功能。
6 复位功能。

Ⅱ 传输设备调试

4.11.2 应将传输设备与火灾报警控制器相连接，接通电源，使传输设备处于正常监视状态。应对传输设备下列主要功能进行检查并记录，传输设备的功能应符合现行国家标准《消防联动控制系统》GB 16806的规定：

1 自检功能；
2 主、备电源的自动转换功能；
3 故障报警功能；
4 消音功能；
5 信号接收和显示功能；
6 手动报警功能；
7 复位功能。

4.12 火灾警报、消防应急广播系统调试

Ⅰ 火灾警报器调试

4.12.1 应对火灾声警报器的火灾声警报功能进行检查并记录，警报器的火灾声警报功能应符合下列规定：

1 应操作控制器使火灾声警报器启动；
2 在警报器生产企业声称的最大设置间距、距地面1.5m～1.6m处，声警报的A计权声压级应大于60dB，环境噪声大于60dB时，声警报的A计权声压级应高于背景噪声15dB；
3 带有语音提示功能的声警报应能清晰播报语音信息。

4.12.2 应对火灾光警报器的火灾光警报功能进行检查并记录，警报器的火灾光警报功能应符合下列规定：

1 应操作控制器使火灾光警报器启动；
2 在正常环境光线下，警报器的光信号在警报器生产企业声称的最大设置间距处应清晰可见。

4.12.3 应对火灾声光警报器的火灾声警报、光警报功能分

别进行检查并记录，警报器的火灾声警报、光警报功能应分别符合本标准第4.12.1条和第4.12.2条的规定。

Ⅱ 消防应急广播控制设备调试

4.12.4 应将各广播回路的扬声器与消防应急广播控制设备相连接，接通电源，使广播控制设备处于正常工作状态，对广播控制设备下列主要功能进行检查并记录，广播控制设备的功能应符合现行国家标准《消防联动控制系统》GB 16806 的规定：
1 自检功能；
2 主、备电源的自动转换功能；
3 故障报警功能；
4 消音功能；
5 应急广播启动功能；
6 现场语言播报功能；
7 应急广播停止功能。

Ⅲ 扬声器调试

4.12.5 应对扬声器的广播功能进行检查并记录，扬声器的广播功能应符合下列规定：
1 应操作消防应急广播控制设备使扬声器播放应急广播信息；
2 语音信息应清晰；
3 在扬声器生产企业声称的最大设置间距、距地面1.5m～1.6m处，应急广播的A计权声压级应大于60dB，环境噪声大于60dB时，应急广播的A计权声压级应高于背景噪声15dB。

Ⅳ 火灾警报、消防应急广播控制调试

4.12.6 应将广播控制设备与消防联动控制器相连接，使消防联动控制器处于自动状态，根据系统联动控制逻辑设计文件的规定，对火灾警报和消防应急广播系统的联动控制功能进行检查并记录，火灾警报和消防应急广播系统的联动控制功能应符合下列规定：
1 应使报警区域内符合联动控制触发条件的两只火灾探测器，或一只火灾探测器和一只手动火灾报警按钮发出火灾报警信号。
2 消防联动控制器应发出火灾警报装置和应急广播控制装置动作的启动信号，点亮启动指示灯。
3 消防应急广播系统与普通广播或背景音乐广播系统合用时，消防应急广播控制装置应停止正常广播。
4 报警区域内所有的火灾声光警报器和扬声器应按下列规定交替工作：
　1）报警区域内所有的火灾声光警报器应同时启动，持续工作8s～20s后，所有的火灾声警报器应同时停止警报；
　2）警报停止后，所有的扬声器应同时进行1次～2次消防应急广播，每次广播10s～30s后，所有的扬声器应停止播放广播信息。
5 消防控制器图形显示装置应显示火灾报警控制器的火灾报警信号、消防联动控制器的启动信号，且显示的信息应与控制器的显示一致。

4.12.7 联动控制控制功能检查过程中，应在报警区域内所有的火灾声光警报器或扬声器持续工作时，对系统的手动插入操作优先功能进行检查并记录，系统的手动插入操作优先功能应符合下列规定：
1 应手动操作消防联动控制器总线控制盘上火灾警报或消防应急广播停止控制按钮、按键，报警区域内所有的火灾声光警报器或扬声器应停止正在进行的警报或应急广播；
2 应手动操作消防联动控制器总线控制盘上火灾警报或消防应急广播启动控制按钮、按键，报警区域内所有的火灾声光警报器或扬声器应恢复警报或应急广播。

4.13 防火卷帘系统调试

Ⅰ 防火卷帘控制器调试

4.13.1 应将防火卷帘控制器与防火卷帘卷门机、手动控制装置、火灾探测器相连接，接通电源，使防火卷帘控制器处于正常监视状态。应对防火卷帘控制器下列主要功能进行检查并记录，控制器的功能应符合现行公共安全行业标准《防火卷帘控制器》GA 386 的规定：
1 自检功能；
2 主、备电源的自动转换功能；
3 故障报警功能；
4 消音功能；
5 手动控制功能；
6 速放控制功能。

Ⅱ 防火卷帘控制器现场部件调试

4.13.2 应对防火卷帘控制器配接的点型感烟、感温火灾探测器的火灾报警功能，卷帘控制器的控制功能进行检查并记录，探测器的火灾报警功能、卷帘控制器的控制功能应符合下列规定：
1 应采用专用的检测仪器或模拟火灾的方法，使探测器监测区域的烟雾浓度、温度达到探测器的报警设定阈值，探测器的火警确认灯应点亮并保持；
2 防火卷帘控制器应在3s内发出卷帘动作声、光信号，控制防火卷帘下降至距楼板面1.8m处或楼板面。

4.13.3 应对防火卷帘手动控制装置的控制功能进行检查并记录，手动控制装置的控制功能应符合下列规定：
1 应手动操作手动控制装置的防火卷帘下降、停止、上升控制按键（钮）；
2 防火卷帘控制器应发出卷帘动作声、光信号，并控制卷帘执行相应的动作。

Ⅲ 疏散通道上设置的防火卷帘系统联动控制调试

4.13.4 应使防火卷帘控制器与卷门机相连接，使防火卷帘控制器与消防联动控制器相连接，接通电源，使防火卷帘控制器处于正常监视状态，使消防联动控制器处于自动控制工作状态。

4.13.5 应根据系统联动控制逻辑设计文件的规定，对防火卷帘控制器不配接火灾探测器的防火卷帘系统的联动控制功能进行检查并记录，防火卷帘系统的联动控制功能应符合下列规定：

 1 应使一只专门用于联动防火卷帘的感烟火灾探测器，或报警区域内符合联动控制触发条件的两只感烟火灾探测器发出火灾报警信号，系统设备的功能应符合下列规定：
  1）消防联动控制器应发出控制防火卷帘下降至距楼板面1.8m处的启动信号，点亮启动指示灯；
  2）防火卷帘控制器应控制防火卷帘下降至距楼板面1.8m处。
 2 应使一只专门用于联动防火卷帘的感温火灾探测器发出火灾报警信号，系统设备的功能应符合下列规定：
  1）消防联动控制器应发出控制防火卷帘下降至楼板面的启动信号；
  2）防火卷帘控制器应控制防火卷帘下降至楼板面。
 3 消防联动控制器应接收并显示防火卷帘下降至距楼板面1.8m处、楼板面的反馈信号。
 4 消防控制器图形显示装置应显示火灾报警控制器的火灾报警信号、消防联动控制器的启动信号和设备动作的反馈信号，且显示的信息应与控制器的显示一致。

4.13.6 应根据系统联动控制逻辑设计文件的规定，对防火卷帘控制器配接火灾探测器的防火卷帘系统的联动控制功能进行检查并记录，防火卷帘系统的联动控制功能应符合下列规定：
 1 应使一只专门用于联动防火卷帘的感烟火灾探测器发出火灾报警信号；防火卷帘控制器应控制防火卷帘下降至距楼板面1.8m处；
 2 应使一只专门用于联动防火卷帘的感温火灾探测器发出火灾报警信号；防火卷帘控制器应控制防火卷帘下降至楼板面；
 3 消防联动控制器应接收并显示防火卷帘控制器配接的火灾探测器的火灾报警信号、防火卷帘下降至距楼板面1.8m处、楼板面的反馈信号；
 4 消防控制器图形显示装置应显示火灾探测器的火灾报警信号和设备动作的反馈信号，且显示的信息应与消防联动控制器的显示一致。

Ⅳ 非疏散通道上设置的防火卷帘系统控制调试

4.13.7 应使防火卷帘控制器与卷门机相连接，使防火卷帘控制器与消防联动控制器相连接，接通电源，使防火卷帘控制器处于正常监视状态，使消防联动控制器处于自动控制工作状态。

4.13.8 应根据系统联动控制逻辑设计文件的规定，对防火卷帘系统的联动控制功能进行检查并记录，防火卷帘系统的联动控制功能应符合下列规定：
 1 应使报警区域内符合联动控制触发条件的两只火灾探测器发出火灾报警信号；
 2 消防联动控制器应发出控制防火卷帘下降至楼板面的启动信号，点亮启动指示灯；
 3 防火卷帘控制器应控制防火卷帘下降至楼板面；
 4 消防联动控制器应接收并显示防火卷帘下降至楼板面的反馈信号；
 5 消防控制器图形显示装置应显示火灾报警控制器的火灾报警信号、消防联动控制器的启动信号和设备动作的反馈信号，且显示的信息应与控制器的显示一致。

4.13.9 应使消防联动控制器处于手动控制工作状态，对防火卷帘的手动控制功能进行检查并记录，防火卷帘的手动控制功能应符合下列规定：
 1 手动操作消防联动控制器总线控制盘上的防火卷帘下降控制按钮、按键，对应的防火卷帘控制器应控制防火卷帘下降；
 2 消防联动控制器应接收并显示防火卷帘下降至楼板面的反馈信号。

4.14 防火门监控系统调试

Ⅰ 防火门监控器调试

4.14.1 应将任一备调总线回路的监控模块与防火门监控器相连接，接通电源，使防火门监控器处于正常监视状态。

4.14.2 应对防火门监控器下列主要功能进行检查并记录，防火门监控器的功能应符合现行国家标准《防火门监控器》GB 29364的规定：
 1 自检功能。
 2 主、备电源的自动转换功能。
 3 故障报警功能：
  1）备用电源连线故障报警功能；
  2）配接部件连线故障报警功能。
 4 消音功能。
 5 启动、反馈功能。
 6 防火门故障报警功能。

4.14.3 应依次将其他总线回路的监控模块与监控器相连接，使监控器处于正常监视状态，在备电工作状态下，按本标准第4.14.2条第3款第2项、第5款、第6款的规定，对监控器进行功能检查并记录，监控器的功能应符合现行国家标准《防火门监控器》GB 29364的规定。

Ⅱ 防火门监控器现场部件调试

4.14.4 应对防火门监控器配接的监控模块的离线故障报警功能进行检查并记录，现场部件的离线故障报警功能应符合下列规定：
 1 应使监控模块处于离线状态；
 2 监控器应发出故障声、光信号；
 3 监控器应显示故障部件的类型和地址注释信息，且监控器显示的地址注释信息应符合本标准第4.2.2条的规定。

4.14.5 应对监控模块的连接部件断线故障报警功能进行检查并记录，监控模块的连接部件断线故障报警功能应符合下列规定：
 1 应使监控模块与连接部件之间的连接线断路；
 2 监控器应发出故障声、光信号；
 3 监控器应显示故障部件的类型和地址注释信息，且监控器显示的地址注释信息应符合本标准第4.2.2条的规定。

4.14.6 应对常开防火门监控模块的启动功能、反馈功能进行检查并记录，常开防火门监控模块的启动功能、反馈功能应符合下列规定：
 1 应操作防火门监控器，使监控模块动作；
 2 监控模块应控制防火门定位装置和释放装置动作，常开防火门应完全闭合；

3 监控器应接收并显示常开防火门定位装置的闭合反馈信号、释放装置的动作反馈信号，显示发送反馈信号部件的类型和地址注释信息，且监控器显示的地址注释信息应符合本标准第4.2.2条的规定。

4.14.7 应对常闭防火门监控模块的防火门故障报警功能进行检查并记录，常闭防火门监控模块的防火门故障报警功能应符合下列规定：

1 应使常闭防火门处于开启状态；

2 监控器应发出防火门故障报警声、光信号，显示故障防火门的地址注释信息，且监控器显示的地址注释信息应符合本标准第4.2.2条的规定。

Ⅲ 防火门监控系统联动控制调试

4.14.8 应使防火门监控器与消防联动控制器相连接，使消防联动控制器处于自动控制工作状态。

4.14.9 应根据系统联动控制逻辑设计文件的规定，对防火门监控系统的联动控制功能进行检查并记录，防火门监控系统的联动控制功能应符合下列规定：

1 应使报警区域内符合联动控制触发条件的两只火灾探测器，或一只火灾探测器和一只手动火灾报警按钮发出火灾报警信号；

2 消防联动控制器应发出控制防火门闭合的启动信号，点亮启动指示灯；

3 防火门监控器应控制报警区域内所有常开防火门关闭；

4 防火门监控器应接收并显示每一樘常开防火门完全闭合的反馈信号；

5 消防控制器图形显示装置应显示火灾报警控制器的火灾报警信号、消防联动控制器的启动信号、受控设备的动作反馈信号，且显示的信息应与控制器的显示一致。

4.15 气体、干粉灭火系统调试

Ⅰ 气体、干粉灭火控制器调试

4.15.1 对不具有火灾报警功能的气体、干粉灭火控制器，应切断驱动部件与气体灭火装置间的连接，使气体、干粉灭火控制器和消防联动控制器相连接，接通电源，使气体、干粉灭火控制器处于正常监视状态。对气体、干粉灭火控制器下列主要功能进行检查并记录，控制器的功能应符合现行国家标准《消防联动控制系统》GB 16806 的规定：

1 自检功能；
2 主、备电源的自动转换功能；
3 故障报警功能；
4 消音功能；
5 延时设置功能；
6 手、自动转换功能；
7 手动控制功能；
8 反馈信号接收和显示功能；
9 复位功能。

4.15.2 对具有火灾报警功能的气体、干粉灭火控制器，应切断驱动部件与气体灭火装置间的连接，使控制器与火灾探测器相连接，接通电源，使控制器处于正常监视状态。对控制器下列主要功能进行检查并记录，控制器的功能应符合现行国家标准《火灾报警控制器》GB 4717 和《消防联动控制系统》GB 16806 的规定：

1 自检功能；
2 操作级别；
3 屏蔽功能；
4 主、备电源的自动转换功能；
5 故障报警功能；
6 短路隔离保护功能；
7 火警优先功能；
8 消音功能；
9 二次报警功能；
10 延时设置功能；
11 手、自动转换功能；
12 手动控制功能；
13 反馈信号接收和显示功能；
14 复位功能。

Ⅱ 气体、干粉灭火控制器现场部件调试

4.15.3 应对具有火灾报警功能的气体、干粉灭火控制器配接的火灾探测器的主要功能和性能进行检查并记录，火灾探测器的主要功能和性能应符合本标准第4.3节的规定。

4.15.4 应对气体、干粉灭火控制器配接的火灾声光警报器的主要功能和性能进行检查并记录，火灾声光警报器的主要功能和性能应符合本标准第4.12节的规定。

4.15.5 应对现场启动和停止按钮的离线故障报警功能进行检查并记录，现场启动和停止按钮的离线故障报警功能应符合下列规定：

1 应使现场启动和停止按钮处于离线状态；

2 气体、干粉灭火控制器应发出故障声、光信号；

3 气体、干粉灭火控制器的报警信息显示功能应符合本标准第4.1.2条的规定。

4.15.6 应对手动与自动控制转换装置的转换功能、手动与自动控制状态显示装置的显示功能进行检查并记录，转换装置的转换功能、显示装置的显示功能应符合下列规定：

1 应手动操作手动与自动控制转换装置；

2 手动与自动控制状态显示装置应能准确显示系统的控制方式；

3 气体、干粉灭火控制器应能准确显示手动与自动转换装置的工作状态。

Ⅲ 气体、干粉灭火控制器不具有火灾报警功能的
气体、干粉灭火系统控制调试

4.15.7 应切断驱动部件与气体、干粉灭火装置间的连接，使气体、干粉灭火控制器与火灾报警控制器、消防联动控制器相连接，使气体、干粉灭火控制器和消防联动控制器处于自动控制工作状态。

4.15.8 应根据系统联动控制逻辑设计文件的规定，对气体、干粉灭火系统的联动控制功能进行检查并记录，气体、干粉灭火系统的联动控制功能应符合下列规定：

1 应使防护区域内符合联动控制触发条件的一只火灾探测器或一只手动火灾报警按钮发出火灾报警信号，系统设备的功能应符合下列规定：

1) 消防联动控制器应发出控制灭火系统动作的首次启动信号,点亮启动指示灯;
2) 灭火控制器应控制启动防护区域内设置的声光警报器。

2 应使防护区域内符合联动控制触发条件的另一只火灾探测器或另一只手动火灾报警按钮发出火灾报警信号,系统设备的功能应符合下列规定:
1) 消防联动控制器应发出控制灭火系统动作的第二次启动信号;
2) 灭火控制器应进入启动延时,显示延时时间;
3) 灭火控制器应控制关闭该防护区域的电动送排风阀门、防火阀、门、窗;
4) 延时结束,灭火控制器应控制启动灭火装置和防护区域外设置的火灾声光警报器、喷洒光警报器;
5) 灭火控制器应接收并显示受控设备动作的反馈信号。

3 消防联动控制器应接收并显示灭火控制器的启动信号、受控设备动作的反馈信号。

4 消防控制器图形显示装置应显示灭火控制器的控制状态信息、火灾报警控制器的火灾报警信号、消防联动控制器的启动信号、灭火控制器的启动信号、受控设备的动作反馈信号,且显示的信息应与控制器的显示一致。

4.15.9 在联动控制进入启动延时阶段,应对系统的手动插入操作优先功能进行检查并记录,系统的手动插入操作优先功能应符合下列规定:
1 应操作灭火控制器对应该防护区域的停止按钮、按键,灭火控制器应停止正在进行的操作;
2 消防联动控制器应接收并显示灭火控制器的手动停止控制信号;
3 消防控制室图形显示装置应显示灭火控制器的手动停止控制信号。

4.15.10 应对系统的现场紧急启动、停止功能进行检查并记录,系统的现场紧急启动、停止功能应符合下列规定:
1 应手动操作防护区域内设置的现场启动按钮;
2 灭火控制器应控制启动防护区域内设置的火灾声光警报器;
3 灭火控制器应进入启动延时,显示延时时间;
4 灭火控制器应控制关闭该防护区域的电动送排风阀门、防火阀、门、窗;
5 延时期间,手动操作防护区域内设置的现场停止按钮、灭火控制器应停止正在进行的操作;
6 消防联动控制器应接收并显示灭火控制器的启动信号、停止信号;
7 消防控制器图形显示装置应显示灭火控制器的启动信号、停止信号,且显示的信息应与控制器的显示一致。

Ⅳ 气体、干粉灭火控制器具有火灾报警功能的气体、干粉灭火系统控制调试

4.15.11 应切断驱动部件与气体、干粉灭火装置间的连接,使气体、干粉灭火控制器与火灾探测器、手动火灾报警按钮、消防控制室图形显示装置相连接,使气体、干粉灭火控制器处于自动控制工作状态。

4.15.12 应根据系统联动控制逻辑设计文件的规定,对气体、干粉灭火系统的联动控制功能进行检查并记录,气体、干粉灭火系统的联动控制功能应符合下列规定:
1 应使防护区域内符合联动控制触发条件的一只火灾探测器或一只手动火灾报警按钮发出火灾报警信号,系统设备的功能应符合下列规定:
1) 灭火控制器应发出火灾报警声、光信号,记录报警时间;
2) 灭火控制器的报警信息显示功能应符合本标准第4.1.2条的规定;
3) 灭火控制器应控制启动防护区域内设置的声光警报器。

2 应使防护区域内符合联动控制触发条件的另一只火灾探测器或另一只手动火灾报警按钮发出火灾报警信号,系统设备的功能应符合下列规定:
1) 灭火控制器应再次记录现场部件火灾报警时间;
2) 灭火控制器的报警信息显示功能应符合本标准第4.1.2条的规定;
3) 灭火控制器应进入启动延时,显示延时时间;
4) 灭火控制器应控制关闭该防护区域的电动送排风阀门、防火阀、门、窗;
5) 延时结束,灭火控制器应控制启动灭火装置和防护区域外设置的火灾声光警报器、喷洒光警报器;
6) 灭火控制器应接收并显示受控设备动作的反馈信号。

3 消防控制器图形显示装置应显示灭火控制器的控制状态信息、火灾报警信号、启动信号和受控设备的动作反馈信号,显示的信息应与灭火控制器的显示一致。

4.15.13 在联动控制进入启动延时过程中,应对系统的手动插入操作优先功能进行检查并记录,系统的手动插入操作优先功能应符合下列规定:
1 操作灭火控制器对应该防护区域的停止按钮,灭火控制器应停止正在进行的操作;
2 消防控制室图形显示装置应显示灭火控制器的手动停止控制信号。

4.15.14 对系统的现场紧急启动、停止功能进行检查并记录,系统的现场紧急启动、停止功能应符合下列规定:
1 应手动操作防护区域内设置的现场启动按钮;
2 灭火控制器应控制启动防护区域内设置的火灾声光警报器;
3 灭火控制器应进入启动延时,显示延时时间;
4 灭火控制器应控制关闭该防护区域的电动送排风阀门、防火阀、门、窗;
5 延时期间,手动操作防护区域内设置的现场停止按钮,灭火控制器应停止正在进行的操作;
6 消防控制器图形显示装置应显示灭火控制器的启动信号、停止信号,且显示的信息应与控制器的显示一致。

4.16 自动喷水灭火系统调试

Ⅰ 消防泵控制箱、柜调试

4.16.1 应使消防泵控制箱、柜与消防泵相连接,接通电源,

使消防泵控制箱、柜处于正常监视状态。应对消防泵控制箱、柜下列主要功能进行检查并记录，消防泵控制箱、柜的功能应符合现行国家标准《消防联动控制系统》GB 16806 的规定：

1 操作级别；
2 自动、手动工作状态转换功能；
3 手动控制功能；
4 自动启泵功能；
5 主、备泵自动切换功能；
6 手动控制插入优先功能。

Ⅱ 系统联动部件调试

4.16.2 应对水流指示器、压力开关、信号阀的动作信号反馈功能进行检查并记录，水流指示器、压力开关、信号阀的动作信号反馈功能应符合下列规定：

1 应使水流指示器、压力开关、信号阀动作；
2 消防联动控制器应接收并显示设备的动作反馈信号，显示设备的名称和地址注释信息，且控制器显示的地址注释信息应符合本标准第4.2.2条的规定。

4.16.3 应对消防水箱、池液位探测器的低液位报警功能进行检查并记录，液位探测器的低液位报警功能应符合下列规定：

1 应调整消防水箱、池液位探测器的水位信号，模拟设计文件规定的水位，液位探测器应动作；
2 消防联动控制器应接收并显示设备的动作信号，显示设备的名称和地址注释信息，且控制器显示的地址注释信息应符合本标准第4.2.2条的规定。

Ⅲ 湿式、干式喷水灭火系统控制调试

4.16.4 应使消防联动控制器与消防泵控制箱、柜等设备相连接，接通电源，使消防联动控制器处于自动控制工作状态。

4.16.5 应根据系统联动控制逻辑设计文件的规定，对湿式干式喷水灭火系统的联动控制功能进行检查并记录，湿式、干式喷水灭火系统的联动控制功能应符合下列规定：

1 应使报警阀防护区域内符合联动控制触发条件的一只火灾探测器或一只手动火灾报警按钮发出火灾报警信号、使报警阀的压力开关动作；
2 消防联动控制器应发出控制消防水泵启动的启动信号，点亮启动指示灯；
3 消防泵控制箱、柜应控制启动消防泵；
4 消防联动控制器应接收并显示干管水流指示器的动作反馈信号，显示设备的名称和地址注释信息，且控制器显示的地址注释信息应符合本标准第4.2.2条的规定；
5 消防控制器图形显示装置应显示火灾报警控制器的火灾报警信号、消防联动控制器的启动信号、受控设备的动作反馈信号，且显示的信息应与控制器的显示一致。

4.16.6 应根据系统联动控制逻辑设计文件的规定，在消防控制室对消防泵的直接手动控制功能进行检查并记录，消防泵的直接手动控制功能应符合下列规定：

1 应手动操作消防联动控制器直接手动控制单元的消防泵启动控制按钮、按键，对应的消防泵控制箱、柜应控制消防泵启动；

2 应手动操作消防联动控制器直接手动控制单元的消防泵停止控制按钮、按键，对应的消防泵控制箱、柜应控制消防泵停止运转；

3 消防控制室图形显示装置应显示消防联动控制器的直接手动启动、停止控制信号。

Ⅳ 预作用式喷水灭火系统控制调试

4.16.7 应使消防联动控制器与消防泵控制箱、柜及预作用阀组等设备相连接，接通电源，使消防联动控制器处于自动控制工作状态。

4.16.8 应根据系统联动控制逻辑设计文件的规定，对预作用式灭火系统的联动控制功能进行检查并记录，预作用式喷水灭火系统的联动控制功能应符合下列规定：

1 应使报警阀防护区域内符合联动控制触发条件的两只火灾探测器，或一只火灾探测器和一只手动火灾报警按钮发出火灾报警信号；
2 消防联动控制器应发出控制预作用阀组开启的启动信号，系统设有快速排气装置时，消防联动控制器应同时发出控制排气阀前电动阀开启的启动信号，点亮启动指示灯；
3 预作用阀组、排气阀前的电动阀应开启；
4 消防联动控制器应接收并显示预作用阀组、排气阀前电动阀的动作反馈信号，显示设备的名称和地址注释信息，且控制器显示的地址注释信息应符合本标准第4.2.2条的规定；
5 开启预作用式灭火系统的末端试水装置，消防联动控制器应接收并显示干管水流指示器的动作反馈信号，显示设备的名称和地址注释信息，且控制器显示的地址注释信息应符合本标准第4.2.2条的规定；
6 消防控制器图形显示装置应显示火灾报警控制器的火灾报警信号、消防联动控制器的启动信号、受控设备的动作反馈信号，且显示的信息应与控制器的显示一致。

4.16.9 应根据系统联动控制逻辑设计文件的规定，在消防控制室对预作用阀组、排气阀前电动阀的直接手动控制功能进行检查并记录，预作用阀组、排气阀前电动阀的直接手动控制功能应符合下列规定：

1 应手动操作消防联动控制器直接手动控制单元的预作用阀组、排气阀前电动阀的开启控制按钮、按键，对应的预作用阀组、排气阀前电动阀应开启；
2 应手动操作消防联动控制器直接手动控制单元的预作用阀组、排气阀前电动阀的关闭控制按钮、按键，对应的预作用阀组、排气阀前电动阀应关闭；
3 消防控制室图形显示装置应显示消防联动控制器的直接手动启动、停止控制信号。

4.16.10 应根据系统联动控制逻辑设计文件的规定，在消防控制室对消防泵的直接手动控制功能进行检查并记录，消防泵的直接手动控制功能应符合本标准第4.16.6条的规定。

Ⅴ 雨淋系统控制调试

4.16.11 应使消防联动控制器与消防泵控制箱、柜及雨淋阀组等设备相连接，接通电源，使消防联动控制器处于自动控制工作状态。

4.16.12 应根据系统联动控制逻辑设计文件的规定，对雨淋

系统的联动控制功能进行检查并记录,雨淋系统的联动控制功能应符合下列规定:

  1 应使雨淋阀组防护区域内符合联动控制触发条件的两只感温火灾探测器,或一只感温火灾探测器和一只手动火灾报警按钮发出火灾报警信号;

  2 消防联动控制器应发出控制雨淋阀组开启的启动信号,点亮启动指示灯;

  3 雨淋阀组应开启;

  4 消防联动控制器应接收并显示雨淋阀组、干管水流指示器的动作反馈信号,显示设备的名称和地址注释信息,且控制器显示的地址注释信息应符合本标准第4.2.2条的规定;

  5 消防控制器图形显示装置应显示火灾报警控制器的火灾报警信号、消防联动控制器的启动信号、受控设备的动作反馈信号,且显示的信息应与控制器的显示一致。

4.16.13 应根据系统联动控制逻辑设计文件的规定,在消防控制室对雨淋阀组的直接手动控制功能进行检查并记录,雨淋阀组的直接手动控制功能应符合下列规定:

  1 应手动操作消防联动控制器直接手动控制单元的雨淋阀组的开启控制按钮、按键,对应的雨淋阀组应开启;

  2 应手动操作消防联动控制器直接手动控制单元的雨淋阀组的关闭控制按钮、按键,对应的雨淋阀组应关闭;

  3 消防控制室图形显示装置应显示消防联动控制器的直接手动启动、停止控制信号。

4.16.14 应根据系统联动控制逻辑设计文件的规定,在消防控制室对消防泵的直接手动控制功能进行检查并记录,消防泵的直接手动控制功能应符合本标准第4.16.6条的规定。

  Ⅵ 自动控制的水幕系统控制调试

4.16.15 应使消防联动控制器与消防泵控制箱、柜及雨淋阀组等设备相连接,接通电源,使消防联动控制器处于自动控制工作状态。

4.16.16 自动控制的水幕系统用于防火卷帘保护时,应根据系统联动控制逻辑设计文件的规定,对水幕系统的联动控制功能进行检查并记录,水幕系统的联动控制功能应符合下列规定:

  1 应使防火卷帘所在报警区域内符合联动控制触发条件的一只火灾探测器或一只手动火灾报警按钮发出火灾报警信号,使防火卷帘下降至楼板面;

  2 消防联动控制器应发出控制雨淋阀组开启的启动信号,点亮启动指示灯;

  3 雨淋阀组应开启;

  4 消防联动控制器应接收并显示防火卷帘下降至楼板面的限位反馈信号和雨淋阀组、干管水流指示器的动作反馈信号,显示设备的名称和地址注释信息,且控制器显示的地址注释信息应符合本标准第4.2.2条的规定;

  5 消防控制器图形显示装置应显示火灾报警控制器的火灾报警信号、防火卷帘下降至楼板面的限位反馈信号、消防联动控制器的启动信号、受控设备的动作反馈信号,且显示的信息应与控制器的显示一致。

4.16.17 自动控制的水幕系统用于防火分隔时,应根据系统联动控制逻辑设计文件的规定,对水幕系统的联动控制功能进行检查并记录,水幕系统的联动控制功能应符合下列规定:

  1 应使报警区域内符合联动控制触发条件的两只感温火灾探测器发出火灾报警信号;

  2 消防联动控制器应发出控制雨淋阀组开启的启动信号,点亮启动指示灯;

  3 雨淋阀组应开启;

  4 消防联动控制器应接收并显示雨淋阀组、干管水流指示器的动作反馈信号,显示设备的名称和地址注释信息,且控制器显示的地址注释信息应符合本标准第4.2.2条的规定;

  5 消防控制器图形显示装置应显示火灾报警控制器的火灾报警信号、消防联动控制器的启动信号、受控设备的动作反馈信号,且显示的信息应与控制器的显示一致。

4.16.18 应根据系统联动控制逻辑设计文件的规定,在消防控制室对雨淋阀组的直接手动控制功能进行检查并记录,雨淋阀组的直接手动控制功能应符合本标准第4.16.13条的规定。

4.16.19 应根据系统联动控制逻辑设计文件的规定,在消防控制室对消防泵的直接手动控制功能进行检查并记录,消防泵的直接手动控制功能应符合本标准第4.16.6条的规定。

4.17 消火栓系统调试

  Ⅰ 系统联动部件调试

4.17.1 应对消防泵控制箱、柜的主要功能和性能进行检查并记录,消防泵控制箱、柜的主要功能和性能应符合本标准第4.16.1条的规定。

4.17.2 应对水流指示器,压力开关,信号阀,消防水箱、池液位探测器的主要功能和性能进行检查并记录,设备的主要功能和性能应符合本标准第4.16.2条和第4.16.3条的规定。

4.17.3 应对消火栓按钮的离线故障报警功能进行检查并记录,消火栓按钮的离线故障报警功能应符合下列规定:

  1 使消火栓按钮处于离线状态,消防联动控制器应发出故障声、光信号;

  2 消防联动控制器的报警信息显示功能应符合本标准第4.1.2条的规定。

4.17.4 对消火栓按钮的启动、反馈功能进行检查并记录,消火栓按钮的启动、反馈功能应符合下列规定:

  1 使消火栓按钮动作,消火栓按钮启动确认灯应点亮并保持,消防联动控制器应发出声、光报警信号,记录启动时间;

  2 消防联动控制器应显示启动设备名称和地址注释信息,且控制器显示的地址注释信息应符合本标准第4.2.2条的规定;

  3 消防泵启动后,消火栓按钮回答确认灯应点亮并保持。

  Ⅱ 消火栓系统控制调试

4.17.5 应使消防联动控制器与消防泵控制箱、柜等设备相连接,接通电源,使消防联动控制器处于自动控制工作状态。

4.17.6 应根据系统联动控制逻辑设计文件的规定,对消火栓系统的联动控制功能进行检查并记录,消火栓系统的联动控制功能应符合下列规定:

1 应使任一报警区域的两只火灾探测器，或一只火灾探测器和一只手动火灾报警按钮发出火灾报警信号，同时使消火栓按钮动作；

2 消防联动控制器应发出控制消防泵启动的启动信号，点亮启动指示灯；

3 消防泵控制箱、柜应控制消防泵启动；

4 消防联动控制器应接收并显示干管水流指示器的动作反馈信号，显示设备的名称和地址注释信息，且控制器显示的地址注释信息应符合本标准第4.2.2条的规定；

5 消防控制器图形显示装置应显示火灾报警控制器的火灾报警信号、消火栓按钮的启动信号、消防联动控制器的启动信号、受控设备的动作反馈信号，且显示的信息应与控制器的显示一致。

4.17.7 应根据系统联动控制逻辑设计文件的规定，在消防控制室对消防泵的直接手动控制功能进行检查并记录，消防泵的直接手动控制功能应符合本标准第4.16.6条的规定。

4.18 防排烟系统调试

Ⅰ 风机控制箱、柜调试

4.18.1 应使风机控制箱、柜与加压送风机或排烟风机相连接，接通电源，使风机控制箱、柜处于正常监视状态。对风机控制箱、柜下列主要功能进行检查并记录，风机控制箱、柜的功能应符合现行国家标准《消防联动控制系统》GB 16806的规定：

1 操作级别；

2 自动、手动工作状态转换功能；

3 手动控制功能；

4 自动启动功能；

5 手动控制插入优先功能。

Ⅱ 系统联动部件调试

4.18.2 应对电动送风口、电动挡烟垂壁、排烟口、排烟阀、排烟窗、电动防火阀的动作功能、动作信号反馈功能进行检查并记录，设备的动作功能、动作信号反馈功能应符合下列规定：

1 手动操作消防联动控制器总线控制单元电动送风口、电动挡烟垂壁、排烟口、排烟阀、排烟窗、电动防火阀的控制按钮、按键，对应的受控设备应灵活启动；

2 消防联动控制器应接收并显示受控设备的动作反馈信号，显示动作设备的名称和地址注释信息，且控制器显示的地址注释信息应符合本标准第4.2.2条的规定。

4.18.3 应对排烟风机入口处的总管上设置的280℃排烟防火阀的动作信号反馈功能进行检查并记录，排烟防火阀的动作信号反馈功能应符合下列规定：

1 排烟风机处于运行状态时，使排烟防火阀关闭，风机应停止运转；

2 消防联动控制器应接收排烟防火阀关闭、风机停止的动作反馈信号，显示动作设备的名称和地址注释信息，且控制器显示的地址注释信息应符合本标准第4.2.2条的规定。

Ⅲ 加压送风系统控制调试

4.18.4 应使消防联动控制器与风机控制箱（柜）等设备相连接，接通电源，使消防联动控制器处于自动控制工作状态。

4.18.5 应根据系统联动控制逻辑设计文件的规定，对加压送风系统的联动控制功能进行检查并记录，加压送风系统的联动控制功能应符合下列规定：

1 应使报警区域内符合联动控制触发条件的两只火灾探测器，或一只火灾探测器和一只手动火灾报警按钮发出火灾报警信号；

2 消防联动控制器应按设计文件的规定发出控制电动送风口开启、加压送风机启动的启动信号，点亮启动指示灯；

3 相应的电动送风口应开启，风机控制箱、柜应控制加压送风机启动；

4 消防联动控制器应接收并显示电动送风口、加压送风机的动作反馈信号，显示设备的名称和地址注释信息，且控制器显示的地址注释信息应符合本标准第4.2.2条的规定；

5 消防控制器图形显示装置应显示火灾报警控制器的火灾报警信号、消防联动控制器的启动信号、受控设备的动作反馈信号，且显示的信息应与控制器的显示一致。

4.18.6 应根据系统联动控制逻辑设计文件的规定，在消防控制室对加压送风机的直接手动控制功能进行检查并记录，加压送风机的直接手动控制功能应符合下列规定：

1 手动操作消防联动控制器直接手动控制单元的加压送风机开启控制按钮、按键，对应的风机控制箱、柜应控制加压送风机启动；

2 手动操作消防联动控制器直接手动控制单元的加压送风机停止控制按钮、按键，对应的风机控制箱、柜应控制加压送风机停止运转；

3 消防控制室图形显示装置应显示消防联动控制器的直接手动启动、停止控制信号。

Ⅳ 电动挡烟垂壁、排烟系统控制调试

4.18.7 应使消防联动控制器与风机控制箱、柜等设备相连接，接通电源，使消防联动控制器处于自动控制工作状态。

4.18.8 应根据系统联动控制逻辑设计文件的规定，对电动挡烟垂壁、排烟系统的联动控制功能进行检查并记录，电动挡烟垂壁、排烟系统的联动控制功能应符合下列规定：

1 应使防烟分区内符合联动控制触发条件的两只感烟火灾探测器发出火灾报警信号；

2 消防联动控制器应按设计文件的规定发出控制电动挡烟垂壁下降，控制排烟口、排烟阀、排烟窗开启，控制空气调节系统的电动防火阀关闭的启动信号，点亮启动指示灯；

3 电动挡烟垂壁、排烟口、排烟阀、排烟窗、空气调节系统的电动防火阀应动作；

4 消防联动控制器应接收并显示电动挡烟垂壁、排烟口、排烟阀、排烟窗、空气调节系统电动防火阀的动作反馈信号，显示设备的名称和地址注释信息，且控制器显示的地址注释信息应符合本标准第4.2.2条的规定；

5 消防联动控制器接收到排烟口、排烟阀的动作反馈信号后，应发出控制排烟风机启动的启动信号；

6 风机控制箱、柜应控制排烟风机启动；

7 消防联动控制器应接收并显示排烟分机启动的动作反馈信号，显示设备的名称和地址注释信息，且控制器显示的

地址注释信息应符合本标准第4.2.2条的规定；

8 消防控制器图形显示装置应显示火灾报警控制器的火灾报警信号、消防联动控制器的启动信号、受控设备的动作反馈信号，且显示的信息应与控制器的显示一致。

4.18.9 应根据系统联动控制逻辑设计文件的规定，在消防控制室对排烟风机的直接手动控制功能进行检查并记录，排烟风机的直接手动控制功能应符合下列规定：

1 手动操作消防联动控制器直接手动控制单元的排烟风机开启控制按钮、按键，对应的风机控制箱、柜应控制排烟风机启动；

2 手动操作消防联动控制器直接手动控制单元的排烟风机停止控制按钮、按键，对应的风机控制箱、柜应控制排烟风机停止运转；

3 消防控制室图形显示装置应显示消防联动控制器的直接手动启动、停止控制信号。

4.19 消防应急照明和疏散指示系统控制调试

Ⅰ 集中控制型消防应急照明和疏散指示系统控制调试

4.19.1 应使消防联动控制器与应急照明控制器等设备相连接，接通电源，使消防联动控制器处于自动控制工作状态。应根据系统设计文件的规定，对消防应急照明和疏散指示系统的控制功能进行检查并记录，系统的控制功能应符合下列规定：

1 应使报警区域内任两只火灾探测器，或一只火灾探测器和一只手动火灾报警按钮发出火灾报警信号；

2 火灾报警控制器的火警控制输出触点应动作，或消防联动控制器应发出相应联动控制信号，点亮启动指示灯；

3 应急照明控制器应按预设逻辑控制配接的消防应急灯具光源的应急点亮、系统蓄电池电源的转换；

4 消防联动控制器应接收并显示应急照明控制器应启动的动作反馈信号，显示设备的名称和地址注释信息，且控制器显示的地址注释信息应符合本标准第4.2.2条的规定；

5 消防控制器图形显示装置应显示火灾报警控制器的火灾报警信号、消防联动控制器的启动信号、受控设备的动作反馈信号，且显示的信息应与控制器的显示一致。

Ⅱ 非集中控制型消防应急照明和疏散指示系统控制调试

4.19.2 应使火灾报警控制器与应急照明集中电源、应急照明配电箱等设备相连接，接通电源。应根据设计文件的规定，对消防应急照明和疏散指示系统的应急启动控制功能进行检查并记录，系统的应急启动控制功能应符合下列规定：

1 应使报警区域内任两只火灾探测器，或一只火灾探测器和一只手动火灾报警按钮发出火灾报警信号；

2 火灾报警控制器的火警控制输出触点应动作，控制系统蓄电池电源的转换、消防应急灯具光源的应急点亮。

4.20 电梯、非消防电源等相关系统联动控制调试

4.20.1 应使消防联动控制器与电梯、非消防电源等相关系统的控制设备相连接，接通电源，使消防联动控制器处于自动控制工作状态。

4.20.2 应根据系统联动控制逻辑设计文件的规定，对电梯、非消防电源等相关系统的联动控制功能进行检查并记录，电梯、非消防电源等相关系统的联动控制功能应符合下列规定：

1 应使报警区域符合电梯、非消防电源等相关系统联动控制触发条件的火灾探测器、手动火灾报警按钮发出火灾报警信号；

2 消防联动控制器应按设计文件的规定发出控制电梯停于首层或转换层，切断相关非消防电源、控制其他相关系统设备动作的启动信号，点亮启动指示灯；

3 电梯应停于首层或转换层，相关非消防电源应切断，其他相关系统设备应动作；

4 消防联动控制器应接收并显示电梯停于首层或转换层、相关非消防电源切断、其他相关系统设备动作的动作反馈信号，显示设备的名称和地址注释信息，且控制器显示的地址注释信息应符合本标准第4.2.2条的规定；

5 消防控制器图形显示装置应显示火灾报警控制器的火灾报警信号、消防联动控制器的启动信号、受控设备的动作反馈信号，且显示的信息应与控制器的显示一致。

4.21 系统整体联动控制功能调试

4.21.1 应按设计文件的规定将所有分部调试合格的系统部件、受控设备或系统相连接并通电运行，在连续运行120h无故障后，使消防联动控制器处于自动控制工作状态。

4.21.2 应根据系统联动控制逻辑设计文件的规定，对火灾警报、消防应急广播系统、用于防火分隔的防火卷帘系统、防火门监控系统、防烟排烟系统、消防应急照明和疏散指示系统、电梯和非消防电源等自动消防系统的整体联动控制功能进行检查并记录，系统整体联动控制功能应符合下列规定：

1 应使报警区域内符合火灾警报、消防应急广播系统，防火卷帘系统，防火门监控系统，防烟排烟系统，消防应急照明和疏散指示系统，电梯和非消防电源等相关系统联动触发条件的火灾探测器、手动火灾报警按钮发出火灾报警信号；

2 消防联动控制器应发出控制火灾警报、消防应急广播系统，防火卷帘系统，防火门监控系统，防烟排烟系统，消防应急照明和疏散指示系统，电梯和非消防电源等相关系统动作的启动信号，点亮启动指示灯；

3 火灾警报和消防应急广播的联动控制功能应符合本标准第4.12.5条的规定；

4 防火卷帘系统的联动控制功能应符合第4.13.8条的规定；

5 防火门监控系统的联动控制功能应符合本标准第4.14.9条的规定；

6 加压送风系统的联动控制功能应符合本标准第4.18.5条的规定；

7 电动挡烟垂壁、排烟系统的联动控制功能应符合本标准第4.18.8条的规定；

8 消防应急照明和疏散指示系统的联动控制功能应符合本标准第4.19.1条的规定；

9 电梯、非消防电源等相关系统的联动控制功能应符合本标准第4.20.2条的规定。

5 系统检测与验收

5.0.1 系统竣工后,建设单位应组织施工、设计、监理等单位进行系统验收,验收不合格不得投入使用。

5.0.2 系统的检测、验收应按表5.0.2所列的检测和验收对象、项目及数量,按本标准第3章、第4章的规定和附录E中规定的检查内容和方法进行,按本标准附录E的规定填写记录。

5.0.3 系统检测、验收时,应对施工单位提供的下列资料进行齐全性和符合性检查,并按附录E的规定填写记录:

1. 竣工验收申请报告、设计变更通知书、竣工图;
2. 工程质量事故处理报告;
3. 施工现场质量管理检查记录;
4. 系统安装过程质量检查记录;
5. 系统部件的现场设置情况记录;
6. 系统联动编程设计记录;
7. 系统调试记录;
8. 系统设备的检验报告、合格证及相关材料。

5.0.4 气体灭火系统、防火卷帘系统、自动喷水灭火系统、消火栓系统、防烟排烟系统、消防应急照明和疏散指示系统及其他相关系统的联动控制功能检测、验收应在各系统功能满足现行相关国家技术标准和系统设计文件规定的前提下进行。

5.0.5 根据各项目对系统工程质量影响严重程度的不同,应将检测、验收的项目划分为A、B、C三个类别:

1 A类项目应符合下列规定:
  1) 消防控制室设计符合现行国家标准《火灾自动报警系统设计规范》GB 50116的规定;

表5.0.2 系统工程技术检测和验收对象、项目及数量

序号	检测、验收对象	检测、验收项目	检测数量	验收数量
1	消防控制室	1 消防控制室设计; 2 消防控制室设置; 3 设备的配置; 4 起集中控制功能火灾报警控制器的设置; 5 消防控制室图形显示装置预留接口; 6 外线电话; 7 设备的布置; 8 系统接地; 9 存档文件资料	全部	全部
2	布线	1 管路和槽盒的选型; 2 系统线路的选型; 3 槽盒、管路的安装质量; 4 电线电缆的敷设质量	全部报警区域	建筑中含有5个及以下报警区域的,应全部检验,超过5个报警区域的应按实际报警区域数量20%的比例抽验,但抽验总数不应少于5个
3	Ⅰ 火灾报警控制器 Ⅱ 火灾探测器 Ⅲ 手动火灾报警按钮、火灾声光警报器、☆火灾显示盘	1 设备选型; 2 设备设置; 3 消防产品准入制度; 4 安装质量; 5 基本功能	实际安装数量	实际安装数量 1 每个回路都应抽验; 2 回路实际安装数量在20只及以下者,全部检验;安装数量在100只及以下者,抽验20只;安装数量超过100只,按实际安装数量10%~20%的比例抽验,但抽验总数不应少于20只
4	Ⅰ 控制中心监控设备 Ⅱ 家用火灾报警控制器 Ⅲ 点型家用感烟火灾探测器、点型家用感温火灾探测器、☆独立式感烟火灾探测报警器、☆独立式感温火灾探测报警器	1 设备选型; 2 设备设置; 3 消防产品准入制度; 4 安装质量; 5 基本功能	实际安装数量	1 家用火灾探测器:每个回路都应抽验;回路实际安装数量在20只及以下者,全部检验;安装数量在100只及以下者,抽验20只;安装数量超过100只,按实际安装数量10%~20%的比例抽验,但抽验总数不应少于20只; 2 独立式火灾探测报警器:实际安装数量

续表 5.0.2

序号	检测、验收对象		检测、验收项目	检测数量	验收数量
5	Ⅰ 消防联动控制器		1 设备选型； 2 设备设置； 3 消防产品准入制度； 4 安装质量； 5 基本功能	实际安装数量	实际安装数量
	Ⅱ 模块				1 每个回路都应抽验； 2 回路实际安装数量在20只及以下者，全部检验；安装数量在100只及以下者，抽验20只；安装数量超过100只，按实际安装数量10%～20%的比例抽验，但抽验总数不应少于20只
6	Ⅰ 消防电话总机		1 设备选型； 2 设备设置； 3 消防产品准入制度； 4 安装质量； 5 基本功能	实际安装数量	实际安装数量
	Ⅱ 电话分机				实际安装数量
	Ⅲ 电话插孔				实际安装数量在5只及以下者，全部检验；安装数量在5只以上时，按实际数量的10%～20%的比例抽检，但抽验总数不应少于5只
7	Ⅰ 可燃气体报警控制器		1 设备选型； 2 设备设置； 3 消防产品准入制度； 4 安装质量； 5 基本功能	实际安装数量	实际安装数量
	Ⅱ 可燃气体探测器				1 总线制控制器：每个回路都应抽验；回路实际安装数量在20只及以下者，全部检验；安装数量在100只及以下者，抽验20只；安装数量超过100只，按实际安装数量10%～20%的比例抽验，但抽验总数不应少于20只； 2 多线制控制器：探测器的实际安装数量
8	Ⅰ 电气火灾监控设备		1 设备选型； 2 设备设置； 3 消防产品准入制度； 4 安装质量； 5 基本功能	实际安装数量	实际安装数量
	Ⅱ 电气火灾监控探测器、☆线型感温火灾探测器				1 每个回路都应抽验； 2 回路实际安装数量在20只及以下者，全部检验；安装数量在100只及以下者，抽验20只；安装数量超过100只，按实际安装数量10%～20%的比例抽验，但抽验总数不应少于20只
9	Ⅰ 消防设备电源监控器		1 设备选型； 2 设备设置； 3 消防产品准入制度； 4 安装质量； 5 基本功能	实际安装数量	实际安装数量
	Ⅱ 传感器				1 每个回路都应抽验； 2 回路实际安装数量在20只及以下者，全部检验；安装数量在100只及以下者，抽验20只；安装数量超过100只，按实际安装数量10%～20%的比例抽验，但抽验总数不应少于20只
10	消防设备应急电源		1 设备选型； 2 设备设置； 3 消防产品准入制度； 4 安装质量； 5 基本功能	实际安装数量	1 实际安装数量在5台及以下者，全部检验； 2 实际安装数量在5台以上时，按实际数量的10%～20%的比例抽检；但抽验总数不应少于5台
11	Ⅰ 消防控制室图形显示装置		1 设备选型； 2 设备设置； 3 消防产品准入制度； 4 安装质量； 5 基本功能	实际安装数量	实际安装数量
	Ⅱ 传输设备				

续表 5.0.2

序号	检测、验收对象	检测、验收项目	检测数量	验收数量
12	Ⅰ 火灾警报器	1 设备选型； 2 设备设置； 3 消防产品准入制度； 4 安装质量； 5 基本功能	实际安装数量	抽查报警区域的实际安装数量
12	Ⅱ 消防应急广播控制设备		实际安装数量	实际安装数量
12	Ⅲ 扬声器		实际安装数量	抽查报警区域的实际安装数量
12	Ⅳ 火灾警报和消防应急广播系统控制	1 联动控制功能； 2 手动插入优先功能	全部报警区域	建筑中含有5个及以下报警区域的，应全部检验；超过5个报警区域的应按实际报警区域数量20%的比例抽验，但抽验总数不应少于5个
13	Ⅰ 防火卷帘控制器	1 设备选型； 2 设备设置； 3 消防产品准入制度； 4 安装质量； 5 基本功能	实际安装数量	实际安装数量在5台及以下者，全部检验；实际安装数量在5台以上时，按实际数量10%～20%的比例抽检，但抽验总数不应少于5台
13	Ⅱ 手动控制装置、☆火灾探测器		实际安装数量	抽查防火卷帘控制器配接现场部件的实际安装数量
13	Ⅲ 疏散通道上设置防火卷帘联动控制	1 联动控制功能； 2 手动控制功能	全部防火卷帘	实际安装数量在5樘及以下者，全部检验；实际安装数量在5樘以上时，按实际数量10%～20%的比例抽检，但抽验总数不应少于5樘
13	Ⅳ 非疏散通道上设置防火卷帘控制	1 联动控制功能； 2 手动控制功能	全部报警区域	建筑中含有5个及以下报警区域的，应全部检验；超过5个报警区域的应按实际报警区域数量20%的比例抽验，但抽验总数不应少于5个
14	Ⅰ 防火门监控器	1 设备选型； 2 设备设置； 3 消防产品准入制度； 4 安装质量； 5 基本功能	实际安装数量	实际安装数量在5台及以下者，全部检验；实际安装数量在5台以上时，按实际数量的10%～20%的比例抽检，但抽验总数不应少于5台
14	Ⅱ 监控模块、防火门定位装置和释放装置等现场部件		实际安装数量	按抽检监控器配接现场部件实际安装数量30%～50%的比例抽验
14	Ⅲ 防火门监控系统联动控制	联动控制功能	全部报警区域	建筑中含有5个及以下报警区域的，应全部检验；超过5个报警区域的应按实际报警区域数量20%的比例抽验，但抽验总数不应少于5个
15	Ⅰ 气体、干粉灭火控制器	1 设备选型； 2 设备设置； 3 消防产品准入制度； 4 安装质量； 5 基本功能	实际安装数量	实际安装数量
15	Ⅱ ☆火灾探测器、☆手动火灾报警按钮、声光警报器、手动与自动控制转换装置、手动与自动控制状态显示装置、现场启动和停止按钮		实际安装数量	实际安装数量

续表 5.0.2

序号	检测、验收对象	检测、验收项目	检测数量	验收数量
15	Ⅲ 气体、干粉灭火系统控制	1 联动控制功能; 2 手动插入优先功能; 3 现场手动启动、停止功能	全部防护区域	全部防护区域
16	Ⅰ 消防泵控制箱、柜	1 设备选型; 2 设备设置; 3 消防产品准入制度; 4 安装质量; 5 基本功能	实际安装数量	实际安装数量
	Ⅱ 水流指示器、压力开关、信号阀、液位探测器	基本功能		1 水流指示器、信号阀：按实际安装数量30%~50%的比例抽验; 2 压力开关、液位探测器：实际安装数量
	Ⅲ 湿式、干式喷水灭火系统控制	1 联动控制功能	全部防护区域	建筑中含有5个及以下防护区域的，应全部检验;超过5个防护区域的应按实际防护区域数量20%的比例抽验,但抽验总数不应少于5个
		2 消防泵直接手动控制功能	实际安装数量	实际安装数量
	Ⅳ 预作用式喷水灭火系统控制	1 联动控制功能	全部防护区域	建筑中含有5个及以下防护区域的，应全部检验;超过5个防护区域的应按实际防护区域数量20%的比例抽验,但抽验总数不应少于5个
		2 消防泵、预作用阀组、排气阀前电动阀直接手动控制功能	实际安装数量	实际安装数量
	Ⅴ 雨淋系统控制	1 联动控制功能	全部防护区域	建筑中含有5个及以下防护区域的，应全部检验;超过5个防护区域的应按实际防护区域数量20%的比例抽验,但抽验总数不应少于5个
		2 消防泵、雨淋阀组直接手动控制功能	实际安装数量	实际安装数量
	Ⅵ 自动控制的水幕系统控制	1 用于保护防火卷帘的水幕系统的联动控制功能	防火卷帘实际安装数量	防火卷帘实际安装数量在5樘及以下者，全部检验;实际安装数量在5樘以上时，按实际数量10%~20%的比例抽检,但抽验总数不应少于5樘
		2 用于防火分隔的水幕系统的联动控制功能	全部防护区域	建筑中含有5个及以下防护区域的，应全部检验;超过5个防护区域的应按实际防护区域数量20%的比例抽验,但抽验总数不应少于5个
		3 消防泵、水幕阀组直接手动控制功能	实际安装数量	实际安装数量
17	Ⅰ 消防泵控制箱、柜	1 设备选型; 2 设备设置; 3 消防产品准入制度; 4 安装质量; 5 基本功能	实际安装数量	实际安装数量
	Ⅱ 消火栓按钮			实际安装数量5%~10%的比例抽验,每个报警区域均应抽验
	Ⅲ 水流指示器、压力开关、信号阀、液位探测器	基本功能		1 水流指示器、信号阀：按实际安装数量30%~50%的比例抽验; 2 压力开关、液位探测器：实际安装数量

续表5.0.2

序号	检测、验收对象	检测、验收项目	检测数量	验收数量
17	Ⅳ 消火栓系统控制	1 联动控制功能	全部报警区域	建筑中含有5个及以下报警区域的，应全部检验；超过5个报警区域的应按实际报警区域数量20%的比例抽验，但抽验总数不应少于5个
		2 消防泵直接手动控制功能	实际安装数量	实际安装数量
18	Ⅰ 风机控制箱、柜	1 设备选型；2 设备设置；3 消防产品准入制度；4 安装质量；5 基本功能	实际安装数量	实际安装数量
	Ⅱ 电动送风口、电动挡烟垂壁、排烟口、排烟阀、排烟窗、电动防火阀、排烟风机入口处的总管上设置的280℃排烟防火阀	基本功能	实际安装数量	1 电动送风口、电动挡烟垂壁、排烟口、排烟阀、排烟窗、电动防火阀：实际安装数量30%~50%的比例抽验；2 排烟风机入口处的总管上设置的280℃排烟防火阀：实际安装数量
	Ⅲ 加压送风系统控制	1 联动控制功能	全部报警区域	建筑中含有5个及以下报警区域的，应全部检验；超过5个报警区域的应按实际报警区域数量20%的比例抽验，但抽验总数不应少于5个
		2 加压送风机直接手动控制功能	实际安装数量	实际安装数量
	Ⅳ 电动挡烟垂壁、排烟系统控制	1 联动控制功能	所有防烟分区	建筑中含有5个及以下防烟分区的，应全部检验；超过5个的应按实际防烟分区数量20%的比例抽验，但抽验总数不应少于5个
		2 排烟风机直接手动控制功能	实际安装数量	实际安装数量
19	消防应急照明和疏散指示系统控制	联动控制功能	全部报警区域	建筑中含有5个及以下报警区域的，应全部检验；超过5个报警区域的应按实际报警区域数量20%的比例抽验，但抽验总数不应少于5个
20	电梯、非消防电源等相关系统的联动控制	联动控制功能	全部报警区域	建筑中含有5个及以下报警区域的，应全部检验；超过5个报警区域的应按实际报警区域数量20%的比例抽验，但抽验总数不应少于5个
21	自动消防系统的整体联动控制功能	联动控制功能	全部报警区域	建筑中含有5个及以下报警区域的，应全部检验；超过5个报警区域的应按实际报警区域数量20%的比例抽验，但抽验总数不应少于5个

注：1 表中的抽检数量均为最低要求。
    2 每一项功能检验次数均为1次。
    3 带有"☆"标的项目内容为可选项，系统设置不涉及此项目时，检测、验收不包括此项目。

2) 消防控制室内消防设备的基本配置与设计文件和现行国家标准《火灾自动报警系统设计规范》GB 50116的符合性；
3) 系统部件的选型与设计文件的符合性；
4) 系统部件消防产品准入制度的符合性；
5) 系统内的任一火灾报警控制器和火灾探测器的火灾报警功能；
6) 系统内的任一消防联动控制器、输出模块和消火栓按钮的启动功能；
7) 参与联动编程的输入模块的动作信号反馈功能；
8) 系统内的任一火灾警报器的火灾警报功能；
9) 系统内的任一消防应急广播控制设备和广播扬声器的应急广播功能；
10) 消防设备应急电源的转换功能；
11) 防火卷帘控制器的控制功能；
12) 防火门监控器的启动功能；

13）气体灭火控制器的启动控制功能；
　　14）自动喷水灭火系统的联动控制功能，消防水泵、预作用阀组、雨淋阀组的消防控制室直接手动控制功能；
　　15）加压送风系统、排烟系统、电动挡烟垂壁的联动控制功能，送风机、排烟风机的消防控制室直接手动控制功能；
　　16）消防应急照明及疏散指示系统的联动控制功能；
　　17）电梯、非消防电源等相关系统的联动控制功能；
　　18）系统整体联动控制功能。
　2　B类项目应符合下列规定：
　　1）消防控制室存档文件资料的符合性；
　　2）本标准第5.0.3条规定资料的齐全性、符合性；
　　3）系统内的任一消防电话总机和电话分机的呼叫功能；
　　4）系统内的任一可燃气体报警控制器和可燃气体探测器的可燃气体报警功能；
　　5）系统内的任一电气火灾监控设备（器）和探测器的监控报警功能；
　　6）消防设备电源监控器和传感器的监控报警功能。
　3　其余项目均应为C类项目。

5.0.6 系统检测、验收结果判定准则应符合下列规定：
　1　A类项目不合格数量为0、B类项目不合格数量小于或等于2、B类项目不合格数量与C类项目不合格数量之和小于或等于检查项目数量5%的，系统检测、验收结果应为合格；
　2　不符合本条第1款合格判定准则的，系统检测、验收结果应为不合格。

5.0.7 各项检测、验收项目中有不合格的，应修复或更换，并应进行复验。复验时，对有抽验比例要求的，应加倍检验。

6　系统运行维护

6.0.1 系统投入使用前，消防控制室应具有下列文件资料：

　1　检测、验收合格资料；
　2　建（构）筑物竣工后的总平面图、建筑消防系统平面布置图、建筑消防设施系统图及安全出口布置图、重点部位位置图、危化品位置图；
　3　消防安全管理规章制度、灭火预案、应急疏散预案；
　4　消防安全组织机构图，包括消防安全责任人、管理人、专职、义务消防人员；
　5　消防安全培训记录、灭火和应急疏散预案的演练记录；
　6　值班情况、消防安全检查情况及巡查情况的记录；
　7　火灾自动系统设备现场设置情况记录；
　8　消防系统联动控制逻辑关系说明、联动编程记录、消防联动控制器手动控制单元编码设置记录；
　9　系统设备使用说明书、系统操作规程、系统和设备维护保养制度。

6.0.2 系统的使用单位应建立本标准第6.0.1条规定的文件档案，并应有电子备份档案。

6.0.3 系统应保持连续正常运行，不得随意中断。

6.0.4 系统应按本标准附录F规定的巡查项目和内容进行日常巡查，巡查的部位、频次应符合现行国家标准《建筑消防设施的维护管理》GB 25201的规定，并按本标准附录F的规定填写记录。巡查过程中发现设备外观破损、设备运行异常时应立即报修。

6.0.5 每年应按表6.0.5规定的检查项目、数量对系统设备的功能、各分系统的联动控制功能进行检查，并应符合下列规定：
　1　系统的年度检查可根据检查计划，按月度、季度逐步进行；
　2　月度、季度的检查数量应符合表6.0.5的规定；
　3　系统设备的功能、各分系统的控制功能应符合本标准第4章的规定。

表6.0.5　系统月检、季检对象、项目及数量

序号	检查对象		检查项目	检查数量
1	Ⅰ	火灾报警控制器	火灾报警功能	实际安装数量
	Ⅱ	火灾探测器、手动火灾报警按钮		应保证每年对每一只探测器、报警按钮至少进行一次火灾报警功能检查
	Ⅲ	火灾显示盘	火灾报警显示功能	月、季检查数量应保证每年对每一台区域显示器至少进行一次火灾报警显示功能检查
2	Ⅰ	消防联动控制器	输出模块启动功能	应保证每年对每一只模块至少进行一次启动功能检查
	Ⅱ	输出模块		
3	Ⅰ	消防电话总机	呼叫功能	实际安装数量
	Ⅱ	电话分机、电话插孔		应保证每年对每一个分机、插孔至少进行一次呼叫功能检查
4	Ⅰ	可燃气体报警控制器	可燃气体报警功能	实际安装数量
	Ⅱ	可燃气体探测器		应保证每年对每一只探测器至少进行一次可燃气体报警功能检查

续表 6.0.5

序号	检查对象	检查项目	检查数量
5	Ⅰ 电气火灾监控设备	监控报警功能	实际安装数量
	Ⅱ 电气火灾监控探测器、线型感温火灾探测器		应保证每年对每一只探测器至少进行一次监控报警功能检查
6	Ⅰ 消防设备电源监控器	消防设备电源故障报警功能	实际安装数量
	Ⅱ 传感器		应保证每年对每一只传感器至少进行一次消防设备电源故障报警功能检查
7	消防设备应急电源	转换功能	实际安装数量
8	Ⅰ 消防控制室图形显示装置	接收和显示火灾报警、联动控制、反馈信号功能	实际安装数量
	Ⅱ 传输设备		
9	Ⅰ 火灾警报器	火灾警报功能	应保证每年对每一只火灾警报器至少进行一次火灾警报功能检查
	Ⅱ 消防应急广播控制设备	应急广播功能	实际安装数量
	Ⅲ 扬声器		应保证每年对每一只扬声器至少进行一次应急广播功能检查
	Ⅳ 火灾警报和消防应急广播系统	联动控制功能	应保证每年对每一个报警区域至少进行一次联动控制功能检查
10	Ⅰ 防火卷帘控制器	控制功能	应保证每年对每一个手动控制装置至少进行一次控制功能检查
	Ⅱ 手动控制装置		
	Ⅲ 疏散通道上设置的防火卷帘	联动控制功能	应保证每年对每一樘防火卷帘至少进行一次联动控制功能检查
	Ⅳ 非疏散通道上设置的防火卷帘		应保证每年对每一个报警区域至少进行一次联动控制功能检查
11	Ⅰ 防火门监控器	启动、反馈功能，常闭防火门故障报警功能	应保证每年对每一台防火门监控器及其配接的现场部件至少进行一次启动、反馈功能，常闭防火门故障报警功能检查
	Ⅱ 监控模块、防火门定位装置和释放装置等现场部件		
	Ⅲ 防火门监控系统	联动控制功能	应保证每年对每一个报警区域至少进行一次联动控制功能检查
12	Ⅰ 气体、干粉灭火控制器	现场紧急启动、停止功能	应保证每年对每一个现场启动和停止按钮至少进行一次启动、停止功能检查
	Ⅱ 现场启动和停止按钮		
	Ⅲ 气体、干粉灭火系统	联动控制功能	应保证每年对每一个防护区域至少进行一次联动控制功能检查
13	Ⅰ 消防泵控制箱、柜	手动控制功能	应保证每月、季对消防水泵进行一次手动控制功能检查
	Ⅱ 水流指示器、压力开关、信号阀、液位探测器	动作信号反馈功能	应保证每年对每一个部件至少进行一次动作信号反馈功能检查
	Ⅲ 湿式、干式喷水灭火系统	联动控制功能	应保证每年对每一个防护区域至少进行一次联动控制功能检查
		消防泵直接手动控制功能	应保证每月、季对消防水泵进行一次直接手动控制功能检查
	Ⅳ 预作用式喷水灭火系统	联动控制功能	应保证每年对每一个防护区域至少进行一次控制功能检查

续表6.0.5

序号	检查对象	检查项目	检查数量
13	Ⅳ 预作用式喷水灭火系统	消防泵、预作用阀组、排气阀前电动阀直接手动控制功能	应保证每月、季对消防水泵、预作用阀组、排气阀前电动阀进行一次直接手动控制功能检查
	Ⅴ 雨淋系统	联动控制功能	应保证每年对每一个防护区域至少进行一次联动控制功能检查
		消防泵、雨淋阀组直接手动控制功能	应保证每月、季对消防水泵、雨淋阀组进行一次直接手动控制功能检查
	Ⅵ 自动控制的水幕系统	用于保护防火卷帘的水幕系统的联动控制功能	应保证每年对每一樘防火卷帘至少进行一次联动控制功能检查
		用于防火分隔的水幕系统的联动控制功能	应保证每年对每一个报警区域至少进行一次联动控制功能检查
		消防泵、水幕阀组直接手动控制功能	应保证每月、季对消防水泵、水幕阀组进行一次直接手动控制功能检查
14	Ⅰ 消防泵控制箱、柜	手动控制功能	应保证每月、季对消防水泵进行一次手动控制功能检查
	Ⅱ 消火栓按钮	报警功能	应保证每年对每一个消防栓按钮至少进行一次报警功能检查
	Ⅲ 水流指示器、压力开关、信号阀、液位探测器	动作信号反馈功能	应保证每年对每一个部件至少进行一次动作信号反馈功能检查
	Ⅳ 消火栓系统	联动控制功能	应保证每年对每一个消火栓至少进行一次联动控制功能检查
		消防泵直接手动控制功能	应保证每月、季对消防水泵进行一次直接手动控制功能检查
15	Ⅰ 风机控制箱、柜	手动控制功能	应保证每月、季对风机进行一次手动控制功能检查
	Ⅱ 电动送风口、电动挡烟垂壁、排烟口、排烟阀、排烟窗、电动防火阀、排烟风机入口处的总管上设置的280℃排烟防火阀	启动、反馈功能，动作信号反馈功能	应保证每年对每一个部件至少进行一次启动、反馈功能，动作信号反馈功能检查
	Ⅲ 加压送风系统	联动控制功能	应保证每年对每一个报警区域至少进行一次控制功能检查
		风机直接手动控制功能	应保证每月、季对风机进行一次直接手动控制功能检查
	Ⅳ 电动挡烟垂壁、排烟系统	联动控制功能	应保证每年对每一个防烟区域至少进行一次联动控制功能检查
		风机直接手动控制功能	应保证每月、季对风机进行一次直接手动控制功能检查
16	消防应急照明和疏散指示系统	控制功能	应保证每年对每一个报警区域至少进行一次控制功能检查
17	电梯、非消防电源等相关系统	联动控制功能	应保证每年对每一个报警区域至少进行一次联动控制功能检查
18	自动消防系统	整体联动控制功能	应保证每年对每一个报警区域至少进行一次联动控制功能检查

6.0.6 不同类型的探测器、手报、模块等现场部件应有不少于设备总数1%的备品。

6.0.7 系统设备的维修、保养及系统产品的寿命应符合现行国家标准《火灾探测报警产品的维修保养与报废》GB 29837的规定，达到寿命极限的产品应及时更换。

附录A 火灾自动报警系统分部、分项工程划分

表A 火灾自动报警系统分部、分项工程划分

序号	分部工程		分项工程
1	材料、设备进场检查	材料类	管材、槽盒、电缆电线
		控制与显示类设备	火灾报警控制器、消防联动控制器、火灾显示盘、控制中心监控设备、家用火灾报警控制器、消防电话总机、可燃气体报警控制器、电气火灾监控设备、消防设备电源监控器、消防控制室图形显示装置、传输设备、消防应急广播控制装置等
		探测器类设备	点型感烟火灾探测器、点型感温火灾探测器、一氧化碳火灾探测器、点型家用火灾探测器、独立式火灾探测报警器、线型光束感烟火灾探测器、线型感温火灾探测器、管路采样式吸气感烟火灾探测器、点型火焰探测器、图像型火灾探测器、点型可燃气体探测器、线型可燃气体探测器、电气火灾监控探测器等
		其他设备	手动火灾报警按钮、消火栓按钮、手动控制装置、手动与自动转换装置、现场启动和停止按钮、模块、消防电话分机、电话插孔、火灾警报器、喷洒光警报器、扬声器、手动与自动控制状态显示装置、消防设备应急电源、传感器、防火门监控模块、电气控制装置等
2	安装与施工	材料类	管材、槽盒、电缆电线
		探测器类设备	火灾报警控制器、消防联动控制器、火灾显示盘、控制中心监控设备、家用火灾报警控制器、消防电话总机、可燃气体报警控制器、电气火灾监控设备、消防设备电源监控器、消防控制室图形显示装置、传输设备、消防应急广播控制装置等
		控制器类设备	点型感烟火灾探测器、点型感温火灾探测器、一氧化碳火灾探测器、点型家用火灾探测器、独立式火灾探测报警器、线型光束感烟火灾探测器、线型感温火灾探测器、管路采样式吸气感烟火灾探测器、点型火焰探测器、图像型火灾探测器、点型可燃气体探测器、线型可燃气体探测器、电气火灾监控探测器等
		其他设备	手动火灾报警按钮、消火栓按钮、手动控制装置、手动与自动转换装置、现场启动和停止按钮、模块、消防电话分机、电话插孔、火灾警报器、喷洒光警报器、扬声器、手动与自动控制状态显示装置、消防设备应急电源、传感器、防火门监控模块、电气控制装置等
3	系统调试	探测器类设备	火灾报警控制器、消防联动控制器、火灾显示盘、控制中心监控设备、家用火灾报警控制器、消防电话总机、可燃气体报警控制器、电气火灾监控设备、消防设备电源监控器、消防控制室图形显示装置、传输设备、消防应急广播控制装置等
		控制器类设备	点型感烟火灾探测器、点型感温火灾探测器、一氧化碳火灾探测器、点型家用火灾探测器、独立式火灾探测报警器、线型光束感烟火灾探测器、线型感温火灾探测器、管路采样式吸气感烟火灾探测器、点型火焰探测器、图像型火灾探测器、点型可燃气体探测器、线型可燃气体探测器、电气火灾监控探测器等
		其他设备	手动火灾报警按钮、消火栓按钮、手动控制装置、手动与自动转换装置、现场启动和停止按钮、模块、消防电话分机、电话插孔、火灾警报器、喷洒光警报器、扬声器、手动与自动控制状态显示装置、消防设备应急电源、传感器、防火门监控模块、电气控制装置等
		系统功能	火灾警报与消防应急广播系统、防火卷帘系统、防火门监控系统、气体灭火系统、自动喷水灭火系统、消火栓系统、防烟排烟系统、消防应急照明和疏散指示系统、电梯和非消防电源等相关系统
4	系统检测、验收	文件资料	齐备性、符合性核查
		消防控制室	设置情况、设备配置、设备布置、存档文件资料、接地
		材料类	管材、槽盒、电缆电线
		控制与显示类设备	火灾报警控制器、消防联动控制器、火灾显示盘、控制中心监控设备、家用火灾报警控制器、消防电话总机、可燃气体报警控制器、电气火灾监控设备、消防设备电源监控器、消防控制室图形显示装置、传输设备、消防应急广播控制装置等
		探测器类设备	点型感烟火灾探测器、点型感温火灾探测器、一氧化碳火灾探测器、点型家用火灾探测器、独立式火灾探测报警器、线型光束感烟火灾探测器、线型感温火灾探测器、管路采样式吸气感烟火灾探测器、点型火焰探测器、图像型火灾探测器、点型可燃气体探测器、线型可燃气体探测器、电气火灾监控探测器等
		其他设备	手动火灾报警按钮、消火栓按钮、手动控制装置、手动与自动转换装置、现场启动和停止按钮、模块、消防电话分机、电话插孔、火灾警报器、喷洒光警报器、扬声器、手动与自动控制状态显示装置、消防设备应急电源、传感器、防火门监控模块、电气控制装置等
		系统功能	火灾警报与消防应急广播系统、防火卷帘系统、防火门监控系统、气体灭火系统、自动喷水灭火系统、消火栓系统、防烟排烟系统、消防应急照明和疏散指示系统、电梯和非消防电源等相关系统等

附录 B 施工现场质量管理检查记录

B.0.1 监理工程师应按表 B.0.1 的规定填写检查记录，施工单位项目负责人、监理工程师、建设单位项目负责人应对检查结果确认签章。

B.0.2 监理工程师应根据检查结果在对应记录表格框中勾选相应的记录项□（☑），对不合格的项目应做出说明。

表 B.0.1 施工现场质量管理检查记录

工程名称			建设单位		
监理单位			设计单位		
序号	项目		监理单位检查结果		
			合格	不合格	不合格说明
1	现场质量管理制度		□	□	
2	质量责任制		□	□	
3	主要专业工种人员操作上岗证书		□	□	
4	施工图审查情况		□	□	
5	施工组织设计、施工方案及审批		□	□	
6	施工技术标准		□	□	
7	工程质量检验制度		□	□	
8	现场材料、设备管理		□	□	
9	其他项目		□	□	
检查结论		合格□		不合格□	
建设单位项目负责人：（签章） 年 月 日		监理工程师：（签章） 年 月 日		施工单位项目负责人：（签章） 年 月 日	

附录 C 火灾自动报警系统材料、设备、配件进场检查和安装过程质量检查记录

C.0.1 施工单位质量检查员和监理工程师应按表 C.0.1 的规定逐项填写检查记录，监理工程师应根据检查情况填写检查结论，施工单位项目负责人、监理工程师应对检查结果确认签章。

C.0.2 施工单位的质量检查员和监理工程师应根据检查结果，在对应记录框中勾选相应的记录项□（☑），对不符合检查内容要求的项目，应做出不合格说明。

C.0.3 表 C.0.1 中带有"☆"标的项目和检查内容为可选项，当系统的进场检验、安装不涉及此项目或检查内容时，检查记录不包括此项目或检查内容。

C.0.4 若用到其他表格、文件，应作为附件一并归档。

表 C.0.1 火灾自动报警系统材料、设备、配件进场检查和安装过程质量检查记录

工程名称			施工单位				监理单位			
子分部工程名称		进场检验	执行规范名称及编号			《电气装置安装工程 爆炸和火灾危险环境电气装置施工及验收规范》GB 50257、《建筑电气工程施工质量验收规范》GB 50303				
施工区域编号	项目	条款	检查内容		施工单位检查记录			监理单位检查记录		
			检查要求	检查方法	合格	不合格	说明	合格	不合格	说明
Ⅰ 进场检查										
类型：材料										
文件资料		2.2.1	应提供清单、有效的质量合格证明文件和国家法定质检机构的检验报告	核查提供的文件是否齐全，质量合格证明文件和检验报告是否有效	□	□		□	□	
类型：设备及配件										
1 文件资料		2.2.1	1 应提供清单、说明书、检验报告、认证证书和认证标识	核查提供的文件是否齐全，检验报告、认证证书和认证标识是否有效	□	□		□	□	
		2.2.2	☆2 认证产品的名称、型号、规格应与认证证书和检验报告一致	对照证书和检验报告核查产品的名称、型号、规格	□	□		□	□	

续表 C.0.1

施工区域编号	项目	条款	检查内容		施工单位检查记录			监理单位检查记录		
			检查要求	检查方法	合格	不合格	说明	合格	不合格	说明
	1 文件资料	2.2.2	☆3 非强制认证产品的名称、型号、规格应与检验报告一致	对照检验报告核查产品的名称、型号、规格	□	□		□	□	
			☆4 检验报告中未包括的配接产品接入系统时,应提供系统组件兼容性检验报告	核查系统组件兼容性检验报告的有效性	□	□		□	□	
	2 设备的选型	2.2.3	规格、型号应符合设计文件的规定	对照设计文件,核查设备的规格、型号	□	□		□	□	
	3 设备外观检查	2.2.4	表面应无明显划痕、毛刺等机械损伤,紧固部位应无松动	检查设备及配件的外观,用手感检查设备的紧固部位	□	□		□	□	
Ⅱ 安装质量检查										
一、布线										
	1 安装工艺	3.1.2	☆在有爆炸危险性的场所,系统的布线应符合现行国家标准《电气装置安装工程 爆炸和火灾危险环境电气装置施工及验收规范》GB 50257 的相关规定	检查施工工艺是否符合现行国家标准《电气装置安装工程 爆炸和火灾危险环境电气装置施工及验收规范》GB 50257 的规定	□	□		□	□	
	2 管路和槽盒的选择	GB 50116	暗敷时,应采用金属管、可挠(金属)电气导管或 B_1 级以上的刚性塑料管;明敷时,应采用金属管、可挠(金属)电气导管或金属封闭线槽;矿物绝缘类不燃性电缆可明敷	对照设计文件核查线缆的种类、敷设方式、管路和槽盒的材质	□	□		□	□	
	3 管路敷设方式	3.2.1	☆明敷时,应采用单独的卡具吊装或支撑物固定,吊杆直径不应小于6mm	明敷时,检查管路的敷设情况,用卡尺测量吊杆的直径;暗敷时,核查隐蔽工程的检验记录	□	□		□	□	
		3.2.2	☆暗敷时,应敷设在不燃结构内,且保护层厚度不应小于30mm							
	4 管路的安装	3.2.3	1 管线经过建筑物的沉降缝、伸缩缝、抗震缝等变形处时应采取补偿措施	施工过程观察管路的敷设情况,核查管路敷设隐蔽工程的检验记录	□	□		□	□	
		3.2.4	2 多尘或潮湿场所管路的管口和管子连接处均应做密封处理	检查管口和管子连接处密封处理情况	□	□		□	□	
	5 管路接线盒安装	3.2.5	1 符合下列条件时,应在便于接线处装设接线盒:1)管子长度每超过30m,无弯曲时;2)管子长度每超过20m,有1个弯曲时;3)管子长度每超过10m,有2个弯曲时;4)管子长度每超过8m,有3个弯曲时	检查管路的敷设情况,用尺测量管路的长度	□	□		□	□	
		3.2.6	2 金属管子入盒,盒外侧应套锁母,内侧应装护口;在吊顶内敷设时,盒的内外侧均应套锁母;塑料管入盒应采取相应固定措施	施工过程中检查管路的敷设情况,用手感检查管路的固定情况,宜留有照片、视频等检验记录	□	□		□	□	

续表C.0.1

施工区域编号	项目	条款	检查内容		施工单位检查记录			监理单位检查记录		
			检查要求	检查方法	合格	不合格	说明	合格	不合格	说明
	6 槽盒安装	3.2.7	1 槽盒敷设时，应在下列部位设置吊点或支点：槽盒始端、终端及接头处；槽盒转角或分支处；直线段不大于3m处	检查槽盒吊点、支点设置情况	□	□		□	□	
		3.2.8	2 槽盒接口应平直、严密，槽盖应齐全、平整、无翘角，并列安装时，槽盖应便于开启	检查槽盒安装情况，用手感检查槽盖开启情况	□	□		□	□	
	7 导线的选择	3.2.9	1 导线的种类、电压等级应符合现行国家标准《火灾自动报警系统设计规范》GB 50116和设计文件的规定	对照设计文件，逐一核查导线的种类、电压等级	□	□		□	□	
		3.2.10	2 导线颜色应一致，电源线正极应为红色，负极应为蓝色或黑色	对照设计文件，检查导线的颜色	□	□		□	□	
	8 导线敷设	3.2.11	1 在管内或槽盒内的布线，应在建筑抹灰及地面工程结束后进行，管内或槽盒内不应有积水及杂物	施工过程中观察管内或槽盒内的情况，宜留有照片、视频等检验记录	□	□		□	□	
		3.2.12	2 系统应单独布线，除设计要求以外，不同回路、不同电压等级和交流与直流的线路，不应布在同一管内或槽盒的同一槽孔内	施工过程中对照设计文件检查线路的敷设情况，宜留有照片、视频等检验记录	□	□		□	□	
		3.2.13	3 线缆在管内或槽盒内，不应有接头或扭结；导线应在接线盒内采用焊接、压接、接线端子可靠连接	施工过程中观察线路的敷设情况，检查导线接头的连接情况，宜留有照片、视频等检验记录	□	□		□	□	
		3.2.14	4 从接线盒、槽盒等处引到系统部件的线路，当采用可挠金属管保护时，其长度不应大于2m；可挠金属管应入盒，盒外侧应套锁母，内侧应装护口	观察线路的敷设情况，用尺测量可挠金属管的长度，观察可挠金属管的敷设情况，用手感检查管路的固定情况	□	□		□	□	
		3.2.4	5 线缆跨越变形缝的两侧应固定，并留有适当余量	检查线缆跨越变形缝的敷设情况	□	□		□	□	
		3.2.15	6 系统的布线尚应符合现行国家标准《建筑电气工程施工质量验收规范》GB 50303的相关规定	按现行国家标准《建筑电气工程施工质量验收规范》GB 50303的规定检查线路的敷设质量	□	□		□	□	
		3.2.16	7 回路导线对地的绝缘电阻值不应小于20MΩ	系统导线敷设结束后，用500V兆欧表测量每个回路导线对地的绝缘电阻	□	□		□	□	

续表C.0.1

施工区域编号	项目	条款	检查内容		施工单位检查记录			监理单位检查记录		
			检查要求	检查方法	合格	不合格	说明	合格	不合格	说明
	二、系统部件安装									
	部件类型：☆火灾报警控制器、消防联动控制器、☆火灾显示盘、☆控制中心监控设备、☆家用火灾报警控制器、☆消防电话总机、☆可燃气体报警控制器、☆电气火灾监控设备、☆消防设备电源监控器、☆消防控制室图形显示装置、☆传输设备、☆消防应急广播控制装置									
	1 安装工艺	3.1.2	☆在有爆炸危险性场所的安装，应符合现行国家标准《电气装置安装工程 爆炸和火灾危险环境电气装置施工及验收规范》GB 50257的相关规定	检查施工工艺是否符合现行国家标准《电气装置安装工程 爆炸和火灾危险环境电气装置施工及验收规范》GB 50257的规定	□	□		□	□	
	2 安装位置	GB 50116	☆1 设备在消防控制室内布置时：设备面盘前的操作距离，单列布置时不应小于1.5m；双列布置时不应小于2m；在值班人员经常工作的一面，设备面盘至墙的距离不应小于3m；设备面盘后的维修距离不宜小于1m；设备面盘的排列长度大于4m时，其两端应设置宽度不小于1m的通道	用尺测量设备的操作距离、设备面盘至墙的距离、设备面盘后的维修距离、设备面盘的排列长度、设备两端通道的宽度	□	□		□	□	
			☆2 设备采用壁挂方式安装时：其主显示屏高度宜为1.5m～1.8m；靠近门轴的侧面距墙不应小于0.5m，正面操作距离不应小于1.2m	用尺测量设备主显示屏的高度、设备侧面至墙的距离、设备的操作距离	□	□		□	□	
	3 设备安装	3.3.1	1 设备应安装牢固，不应倾斜	用手感检查设备的安装情况	□	□		□	□	
			☆2 落地安装：设备底边宜高出地（楼）面0.1m～0.2m	落地安装时，用尺测量设备底边与地（楼）面的距离；壁挂方式安装时，检查设备的加固措施	□	□		□	□	
			☆3 安装在轻质墙上时，应采取加固措施		□	□		□	□	
	4 设备引入线缆	3.3.2	1 配线应整齐，不宜交叉，并应固定牢靠	检查设备内部配线情况	□	□		□	□	
			2 线缆芯线的端部均应标明编号，并与图纸一致，字迹应清晰且不易褪色	对照设计文件逐一检查线缆的标号	□	□		□	□	
			3 端子板的每个接线端接线不得超过2根	检查端子接线情况	□	□		□	□	
			4 线缆应留有不小于200mm的余量	用尺测量线缆的余量长度	□	□		□	□	
			5 线缆应绑扎成束	检查线缆的布置情况	□	□		□	□	
			6 线缆穿管、槽盒后，应将管口、槽口封堵	检查管口、槽口封堵情况	□	□		□	□	

续表C.0.1

施工区域编号	项目	条款	检查内容		施工单位检查记录			监理单位检查记录		
			检查要求	检查方法	合格	不合格	说明	合格	不合格	说明
	5 设备电源连接	3.3.3	1 设备的主电源应有明显的永久性标识,并应直接与消防电源连接,严禁使用电源插头	检查设备主电源的标识,检查设备与消防电源的连接情况	□	□		□	□	
			2 设备与其外接备用电源之间应直接连接	检查设备与外接备用电源的连接情况	□	□		□	□	
	☆6 蓄电池安装	3.3.4	设备自带蓄电池需进行现场安装时,蓄电池规格、型号、容量应符合设计文件的规定,蓄电池安装应满足产品使用说明书的要求	对照设计文件核对蓄电池的规格、型号、容量;检查蓄电池的安装情况	□	□		□	□	
	7 设备的接地	3.3.5	设备的接地应牢固,并有明显的永久性标识	用手感检查或专用设备检查设备接地线的连接情况,检查设备的接地标识	□	□		□	□	
部件类型:☆点型感烟火灾探测器、☆点型感温火灾探测器、☆一氧化碳火灾探测器、☆点型家用火灾探测器、☆独立式火灾探测报警器										
	1 安装工艺	3.1.2	☆在有爆炸危险性场所的安装,应符合现行国家标准《电气装置安装工程 爆炸和火灾危险环境电气装置施工及验收规范》GB 50257的相关规定	检查施工工艺是否符合现行国家标准《电气装置安装工程 爆炸和火灾危险环境电气装置施工及验收规范》GB 50257的规定	□	□		□	□	
	2 安装位置	3.3.6	1 探测器至墙壁、梁边的水平距离不应小于0.5m	用尺测量探测器至墙壁、梁边的距离	□	□		□	□	
			2 探测器周围水平距离0.5m内不应有遮挡物	测量探测器至周边遮挡物的距离	□	□		□	□	
			3 探测器至空调送风口最近边的水平距离不应小于1.5m;至多孔送风顶棚孔口的水平距离不应小于0.5m	用尺测量探测器至空调送风口、多孔送风顶棚孔口的水平距离	□	□		□	□	
			4 在宽度小于3m的内走道顶棚上安装探测器时,宜居中安装。感温探测器的安装间距不应超过10m;感烟探测器的安装间距不应超过15m;探测器至端墙的距离不应大于安装间距的一半	用尺测量内走道的宽度、探测器的设置间距	□	□		□	□	
	3 安装角度		探测器宜水平安装,当确需倾斜安装时,倾斜角不应大于45°	用量角器测量探测器的倾斜角度	□	□		□	□	
	4 底座安装	3.3.13	底座应安装牢固,与导线连接应可靠压接或焊接。当采用焊接时,不应使用带腐蚀性的助焊剂	检查导线的连接情况,手感检查设备的安装情况	□	□		□	□	
			底座的连接导线应留有不小于150mm的余量,且在其端部应有明显的永久性标识	用尺测量导线余量的长度,检查导线的标识	□	□		□	□	

续表C.0.1

施工区域编号	项目	条款	检查内容		施工单位检查记录			监理单位检查记录		
			检查要求	检查方法	合格	不合格	说明	合格	不合格	说明
	4 底座安装	3.3.13	底座的穿线孔宜封堵，安装完毕的探测器底座应采取保护措施	检查底座的防护措施	□	□		□	□	
	5 报警确认灯	3.3.14	确认灯应朝向便于人员观察的主要入口方向	观察探测器的报警确认灯的位置	□	□		□	□	
	部件类型：☆线型光束感烟火灾探测器									
	1 安装工艺	3.1.2	☆在有爆炸危险性场所的安装，应符合现行国家标准《电气装置安装工程 爆炸和火灾危险环境电气装置施工及验收规范》GB 50257 的相关规定	检查施工工艺是否符合现行国家标准《电气装置安装工程 爆炸和火灾危险环境电气装置施工及验收规范》GB 50257 的规定	□	□		□	□	
	2 安装高度		探测器光束轴线至顶棚的垂直距离宜为0.3m～1.0m；高度大于12m的空间场所增设的探测器的安装高度应符合设计文件和现行国家标准《火灾自动报警系统设计规范》GB 50116 的规定	用尺测量探测器光束轴线至顶棚的垂直距离、探测器的安装高度	□	□		□	□	
	3 安装距离		探测器发射器和接收器（反射式探测器的探测器和反射板）之间的距离不应大于100m	用尺测量探测器发射器和接收器或探测器和反射板之间的距离	□	□		□	□	
	4 安装间距		相邻两组探测器光束轴线的水平距离不应大于14m。探测器光束轴线至侧墙水平距离不应大于7m，且不应小于0.5m	用尺测量相邻探测器光束轴线的水平间距、探测器光束轴线至侧墙的水平距离	□	□		□	□	
	5 安装位置	3.3.7	1 发射器和接收器（反射式探测器的探测器和反射板）应安装在固定结构上，且应安装牢固，确需安装在钢架等容易发生位移形变的结构上时，结构的位移不应影响探测器的正常运行	观察探测器的安装情况，核查设计文件中结构形变对探测器影响情况的设计说明	□	□		□	□	
			2 发射器和接收器（反射式探测器的探测器和反射板）之间的光路上应无遮挡物	观察发射器和接收器（反射式探测器的探测器和反射板）之间的光路上是否存在遮挡物	□	□		□	□	
			3 应保证接收器（反射式探测器的探测器）避开日光和人工光源的直接照射	观察探测器的接收端是否可能受到日光和人工光源的直接照射	□	□		□	□	
	6 报警确认灯	3.3.14	报警确认灯应朝向便于人员观察的主要入口方向	观察探测器的报警确认灯的位置	□	□		□	□	
	部件类型：☆线型感温火灾探测器									
	1 安装工艺	3.1.2	☆在有爆炸危险性场所的安装，应符合现行国家标准《电气装置安装工程 爆炸和火灾危险环境电气装置施工及验收规范》GB 50257 的相关规定	检查施工工艺是否符合现行国家标准《电气装置安装工程 爆炸和火灾危险环境电气装置施工及验收规范》GB 50257 的规定	□	□		□	□	

续表C.0.1

施工区域编号	项目	条款	检查内容		施工单位检查记录			监理单位检查记录		
			检查要求	检查方法	合格	不合格	说明	合格	不合格	说明
	2 敏感部件敷设		1 敷设在顶棚下方的线型差温火灾探测器至顶棚距离宜为0.1m，相邻探测器之间的水平距离不宜大于5m，探测器至墙壁的距离宜为1m~1.5m	用尺测量探测器与顶棚的距离、相邻探测器之间的水平距离、探测器至墙壁的距离	□	□		□	□	
			2 在电缆桥架、变压器等设备上安装时，宜采用接触式布置；在各种皮带输送装置上敷设时，宜敷设在装置的过热点附近	检查探测器的敷设方式	□	□		□	□	
	3 敏感部件和信号处理单元的安装	3.3.8	1 探测器敏感部件应采用产品配套的固定装置固定，固定装置的间距不宜大于2m	检查敏感部件的固定情况，用尺测量固定装置的间距	□	□		□	□	
			☆2 缆式线型感温火灾探测器的敏感部件应采用连续无接头方式安装，如确需中间接线，应用专用接线盒连接；敏感部件安装敷设时应避免重力挤压冲击，不应硬性折弯、扭转，探测器的弯曲半径宜大于0.2m	检查敏感部件的敷设情况、中间接线的连接情况，用尺测量探测器敏感部件的弯曲半径	□	□		□	□	
			☆3 分布式线型光纤感温火灾探测器的感温光纤不应打结，光纤弯曲时，弯曲半径应大于50mm；感温光纤穿越相邻的报警区域应设置光缆余量段，隔断两侧应各留不小于8m的余量段；每个光通道始端及末端光纤应各留不小于8m的余量段	检查感温光纤的敷设情况，用尺测量探测器敏感部件的弯曲半径、敏感部件余量段的长度	□	□		□	□	
			☆4 光栅光纤线型感温火灾探测器的信号处理单元的安装位置不应受强光直射，光纤光栅感温段的弯曲半径应大于0.3m	观察信号处理单元是否可能受到强光的直接照射、用尺测量光纤光栅的弯曲半径	□	□		□	□	
部件类型：☆管路采样式吸气感烟火灾探测器										
	1 安装工艺	3.1.2	☆在有爆炸危险性场所的安装，应符合现行国家标准《电气装置安装工程 爆炸和火灾危险环境电气装置施工及验收规范》GB 50257的相关规定	检查施工工艺是否符合现行国家标准《电气装置安装工程 爆炸和火灾危险环境电气装置施工及验收规范》GB 50257的规定	□	□		□	□	
	2 探测器安装高度	3.3.9	探测器在设为高灵敏度时可安装在天棚高度大于16m的场所，并保证至少有两个采样孔低于16m；非高灵敏度的吸气式感烟火灾探测器不宜安装在天棚高度大于16m的场所	核查探测器的灵敏度等级和安装场所高度	□	□		□	□	
	3 采样管安装		采样管应牢固安装在过梁、支架等建筑结构上	检查采样管的安装情况	□	□		□	□	

续表C.0.1

施工区域编号	项目	条款	检查内容		施工单位检查记录			监理单位检查记录		
			检查要求	检查方法	合格	不合格	说明	合格	不合格	说明
	4 采样孔设置	3.3.9	1 在大空间场所安装时,每个采样孔的保护面积、保护半径应满足点型感烟火灾探测器的保护面积、保护半径的要求,当采样管道布置形式为垂直采样时,每2℃温差间隔或3m间隔(取最小者)应设置一个采样孔,采样孔不应背对气流方向	检查采样孔的设置情况,用尺测量采样口的保护半径,核算每一个采样口的保护面积;用尺测量采样孔的间距	□	□		□	□	
			2 采样孔的直径应根据采样管的长度及敷设方式、采样孔的数量等因素确定,并应满足设计文件和产品使用说明书的要求;采样孔需要现场加工时,应采用专用打孔工具	核查采样孔的数量,测量采样孔的直径,检查采样孔的加工情况	□	□		□	□	
			3 当采样管道采用毛细管布置方式时,毛细管长度不宜超过4m	用尺测量毛细管的长度	□	□		□	□	
	5 探测器标识		采样管和采样孔应设置明显的火灾探测器标识	检查采样管和采样孔标识的设置情况	□	□		□	□	
部件类型:☆点型火焰探测器和图像型火灾探测器										
	1 安装工艺	3.1.2	☆在有爆炸危险性场所的安装,应符合现行国家标准《电气装置安装工程 爆炸和火灾危险环境电气装置施工及验收规范》GB 50257的相关规定	检查施工工艺是否符合现行国家标准《电气装置安装工程 爆炸和火灾危险环境电气装置施工及验收规范》GB 50257的规定	□	□		□	□	
	2 安装位置	3.3.10	1 安装位置应保证其视场角覆盖探测区域,并应避免光源直接照射在探测器的探测窗口	检查视场角覆盖范围,观察探测窗口是否可能受到光源的直接照射	□	□		□	□	
			2 探测器的探测视角内不应存在遮挡物	观察探测器的探测视角内是否存在固定遮挡物	□	□		□	□	
	3 防护措施		室外或交通隧道安装时,应采取防尘、防水措施	检查探测器的防尘、防水措施	□	□		□	□	
部件类型:☆手动火灾报警按钮、☆手动控制装置、☆手动与自动控制转换装置、☆现场启动和停止按钮										
	1 安装工艺	3.1.2	☆在有爆炸危险性场所的安装,应符合现行国家标准《电气装置安装工程 爆炸和火灾危险环境电气装置施工及验收规范》GB 50257的相关规定	检查施工工艺是否符合现行国家标准《电气装置安装工程 爆炸和火灾危险环境电气装置施工及验收规范》GB 50257的规定	□	□		□	□	
	2 按钮安装	3.3.16	1 应设置在明显和便于操作的部位;其底边距地(楼)面的高度宜为1.3m~1.5m,且应设置明显的永久性标识;疏散通道上设置的防火卷帘两侧均应设置手动控制装置	观察设备的安装位置,用尺测量按钮底边距地(楼)面的高度	□	□		□	□	
			2 应安装牢固,不应倾斜	用手感检查设备的安装情况	□	□		□	□	
			3 连接导线应留有不小于150mm的余量,且在其端部应有明显的永久性标识	用尺测量导线余量的长度,检查导线的标识	□	□		□	□	

续表 C.0.1

施工区域编号	项目	条款	检查内容		施工单位检查记录			监理单位检查记录		
			检查要求	检查方法	合格	不合格	说明	合格	不合格	说明
	部件类型：☆火灾显示盘									
	1 安装工艺	3.1.2	☆在有爆炸危险性场所的安装，应符合现行国家标准《电气装置安装工程 爆炸和火灾危险环境电气装置施工及验收规范》GB 50257 的相关规定	检查施工工艺是否符合现行国家标准《电气装置安装工程 爆炸和火灾危险环境电气装置施工及验收规范》GB 50257 的规定	☐	☐		☐	☐	
	2 设备安装	3.3.1	应安装牢固，不应倾斜；安装在轻质墙上时，应采取加固措施	手感检查设备的固定情况，检查设备的加固措施	☐	☐		☐	☐	
	部件类型：☆模块									
	1 安装工艺	3.1.2	☆在有爆炸危险性场所的安装，应符合现行国家标准《电气装置安装工程 爆炸和火灾危险环境电气装置施工及验收规范》GB 50257 的相关规定	检查施工工艺是否符合现行国家标准《电气装置安装工程 爆炸和火灾危险环境电气装置施工及验收规范》GB 50257 的规定	☐	☐		☐	☐	
	2 设备安装	3.3.17	1 同一报警区域内的模块宜集中安装在金属箱内，不应安装在配电柜、箱或控制柜、箱内	检查模块的设置部位	☐	☐		☐	☐	
			2 应独立安装在不燃材料或墙体上，应安装牢固，并应采取防潮、防腐蚀等措施	检查模块的安装部位，防潮、防腐蚀等措施，用手感检查设备的固定情况	☐	☐		☐	☐	
			3 模块的连接导线应留有不小于150mm的余量，其端部应有明显的永久性标识	用尺测量导线余量的长度，检查导线的标识	☐	☐		☐	☐	
			4 模块的终端部件应靠近连接部件安装	检查模块和终端部件的连接情况	☐	☐		☐	☐	
			5 隐蔽安装时在安装处附近应有检修孔和尺寸不小于100mm×100mm的永久性标识	观察检修孔和标识设置情况	☐	☐		☐	☐	
	部件类型：☆消防电话分机、☆消防电话插孔									
	1 安装工艺	3.1.2	☆在有爆炸危险性场所的安装，应符合现行国家标准《电气装置安装工程 爆炸和火灾危险环境电气装置施工及验收规范》GB 50257 的相关规定	检查施工工艺是否符合现行国家标准《电气装置安装工程 爆炸和火灾危险环境电气装置施工及验收规范》GB 50257 的规定	☐	☐		☐	☐	
	☆2 安装间距	3.3.18	避难层中，消防专用电话分机或电话插孔安装间距不应大于20m	用尺测量设备的安装间距	☐	☐		☐	☐	
	3 设备安装		1 宜安装在明显、便于操作的位置；电话插孔不应设置在消火栓箱内；壁挂方式安装时，其底边距地（楼）面高度宜为1.3m~1.5m	检查设备的安装情况，用尺测量设备底边距地（楼）面的高度	☐	☐		☐	☐	

续表 C.0.1

施工区域编号	项目	条款	检查内容		施工单位检查记录			监理单位检查记录		
			检查要求	检查方法	合格	不合格	说明	合格	不合格	说明
	3 设备安装	3.3.18	2 应设置明显的永久性标识	观察设备标识的设置情况	□	□		□	□	
	部件类型：☆点型可燃气体探测器、☆线型可燃气体探测器									
	1 安装工艺	3.1.2	☆在有爆炸危险性场所的安装，应符合现行国家标准《电气装置安装工程 爆炸和火灾危险环境电气装置施工及验收规范》GB 50257 的相关规定	检查施工工艺是否符合现行国家标准《电气装置安装工程 爆炸和火灾危险环境电气装置施工及验收规范》GB 50257 的规定	□	□		□	□	
	2 设备安装	3.3.11	1 探测气体密度小于空气密度时，探测器应位于可能出现泄漏点的上方或探测气体的最高可能聚集点上方；若其密度大于或等于空气密度，探测器应位于可能出现泄漏点的下方	对照设计文件检查探测器的安装位置	□	□		□	□	
			2 在探测器周围应适当留出更换和标定的空间	检查探测器周围的空间情况	□	□		□	□	
			3 线型可燃气体探测器在安装时，应使发射器和接收器窗口避免日光直射，且在发射器与接收器之间不应有遮挡物；发射器和接收器的距离不宜大于60m，两组探测器之间的距离不应大于14m	观察探测窗口是否可能受到日光的直接照射、发射器和接收器之间是否存在固定遮挡物；用尺测量发射器和接收器之间的距离、两组探测器之间的距离	□	□		□	□	
	部件类型：☆剩余电流式电气火灾监控探测器、☆测温式电气火灾监控探测器、☆故障电弧探测器									
	监控探测器安装	3.3.12	1 在探测器周围应适当留出更换和标定的空间	检查探测器周围的空间情况	□	□		□	□	
			☆2 剩余电流式探测器负载侧的中性线不应与其他回路共用，且不应重复接地	检查探测器的安装情况	□	□		□	□	
			☆3 测温式探测器应采用产品配套固定装置固定在保护对象上		□	□		□	□	
	部件类型：☆电压信号传感器、☆电流信号传感器、☆电压/电流信号传感器									
	传感器安装	3.3.21	1 传感器与裸带电导体应保证安全距离，金属外壳的传感器应有安全接地	检查传感器的设置情况、接地情况	□	□		□	□	
			2 传感器应独立支撑或固定，应安装牢固，并应采取防潮、防腐蚀等措施	手感检查设备的固定情况，检查传感器或传感器箱防潮、防腐蚀措施设置情况	□	□		□	□	
			3 传感器输出回路的连接线应使用截面积不小于1.0mm²的双绞铜芯导线。并应留有不小于150mm的余量，其端部应有明显标识	用卡尺测量输出回路连接线的线径，用尺测量导线余量的长度，检查导线的标识	□	□		□	□	
			4 传感器的安装不应破坏被监控线路的完整性，不应增加线路接点	检查传感器的安装情况	□	□		□	□	

续表C.0.1

施工区域编号	项目	条款	检查内容		施工单位检查记录			监理单位检查记录		
			检查要求	检查方法	合格	不合格	说明	合格	不合格	说明
	部件类型：☆消防设备应急电源									
	1 设备安装	3.3.20	1 消防设备应急电源的电池应安装在通风良好的地方，当安装在密封环境中时应有通风措施，电池安装场所的环境温度不应超出电池标称的工作温度范围	检查电池设置场所的通风情况，测量安装场所的环境温度，核查设备的设计手册、电池设置场所的环境温度	□	□		□	□	
			2 消防设备应急电源的电池不应设置在火灾爆炸危险场所	核查电池的设置场所是否火灾爆炸危险场所	□	□		□	□	
			3 酸性电池不应安装在带碱性介质的场所，碱性电池不应安装在带酸性介质的场所	核查设计文件、设备的设计手册，检查电池的设置场所是否匹配	□	□		□	□	
	☆2 蓄电池安装	3.3.4	设备自带电池需进行现场安装时，蓄电池规格、型号、容量应符合设计文件规定，蓄电池的安装应满足产品使用说明书的要求	对照设计文件核对蓄电池的规格、型号、容量，检查蓄电池的安装情况	□	□		□	□	
	部件类型：☆火灾声光警报器、☆火灾光警报器、☆火灾声警报器、☆扬声器、☆手动与自动控制状态显示装置、☆喷洒光警报器									
	1 安装工艺	3.1.2	☆在有爆炸危险性场所的安装，应符合现行国家标准《电气装置安装工程 爆炸和火灾危险环境电气装置施工及验收规范》GB 50257的相关规定	检查施工工艺是否符合现行国家标准《电气装置安装工程 爆炸和火灾危险环境电气装置施工及验收规范》GB 50257的规定	□	□		□	□	
	2 设备安装	3.3.19	1 声警报器、扬声器宜在报警、防护区域内均匀安装	检查声警报器、扬声器的设置情况	□	□		□	□	
			2 光警报器应安装在楼梯口、消防电梯前室、建筑内部拐角等处的明显部位，且不宜与消防应急疏散指示标志灯具安装在同一面墙上，需现安装在同一面墙上时，之间的距离不应小于1m	检查光警报器的设置情况，光警报器和消防应急疏散指示标志灯具安装在同一面墙上时，用尺测量警报器和灯具之间的距离	□	□		□	□	
			3 扬声器在走道内安装时，距走道末端的距离不应大于12.5m	用尺测量扬声器的安装间距	□	□		□	□	
			4 气体灭火系统手动与自动控制状态显示装置应安装在防护区域内的明显部位，喷洒光警报器应安装在防护区域外，且应安装在出口门的上方	检查设备的安装情况	□	□		□	□	
			5 壁挂方式安装时，底边距地面高度应大于2.2m	用尺测量设备底边距地面高度	□	□		□	□	
			6 应安装牢固，表面不应有破损	观察警报器外观，用手感检查设备固定情况	□	□		□	□	

续表C.0.1

施工区域编号	项目	条款	检查内容		施工单位检查记录			监理单位检查记录		
			检查要求	检查方法	合格	不合格	说明	合格	不合格	说明
	部件类型：☆监控模块、☆电动闭门器、☆释放器、☆门磁开关									
	设备安装	3.3.22	1 监控模块至电动闭门器、释放器、门磁开关之间连接线的长度不应大于3m	用尺测量监控模块与连接部件接线的长度	□	□		□	□	
			2 监控模块、电动闭门器、释放器、门磁开关应安装牢固	用手感检查设备的固定情况	□	□		□	□	
			3 门磁开关安装不应破坏门扇与门框的密闭性	检查门磁开关的安装情况	□	□		□	□	
	部件类型：☆消防泵控制箱、柜，☆风机控制箱、柜									
	设备安装	3.3.23	1 在安装前，应进行功能检查，检查结果不合格的装置不应安装	检查控制箱、柜的基本功能是否符合本标准第4.16.1条和第4.18.1条的规定	□	□		□	□	
			2 外接导线的端部应设置明显的永久性标识	检查外接导线标识的设置情况	□	□		□	□	
			3 应安装牢固，不应倾斜；安装在轻质墙体上时，应采取加固措施	检查设备的安装情况、设备的加固措施	□	□		□	□	
监理工程师检验结论			合格□				不合格□			
施工单位项目经理：（签章） 年 月 日			监理工程师：（签章） 年 月 日							

注：表中"条款"是指本标准中的对应条款。

附录D 系统部件现场设置情况、控制类设备联动编程、消防联动控制器手动控制单元编码设置记录

D.0.1 施工单位、调试单位技术人员应按表D.0.1的规定，逐一对每个系统设备填写设备设置情况记录，控制类设备采用字母、数字显示时，可以用字母、数字表示现场部件的设置部位信息，但在控制类设备附近的明显部位应设有现场部件具体设置部位对照表。

D.0.2 施工单位、调试单位技术人员应按表D.0.2的规定，逐一对每台消防联动控制器、火灾报警控制器（联动型）、气体灭火控制器、防火门监控器等具有联动编程功能的控制类设备填写联动编程记录。

D.0.3 施工单位、调试单位技术人员应按表D.0.3的规定，逐一对每台消防联动控制器、火灾报警控制器（联动型）直接手动控制单元和总线手动控制单元的每个控制按钮、按键填写控制编码设置记录。

D.0.4 本附录各表中带有"☆"标的项目为可选项，当系统部件类型或部件不涉及该项内容时，记录不包括此项内容。

表D.0.1 系统部件现场设置情况记录　　　　编号：

工程名称			监理单位		
调试单位			施工单位		
1 控制类设备类型：☆火灾报警控制器、☆消防联动控制器、☆火灾报警控制器（联动型）					
设备名称	设备编号	规格、型号	现场设置部位	配接回路数	备注
			具体设置部位	M	
配接的现场部件类型：☆点型感烟火灾探测器、☆点型感温火灾探测器、☆一氧化碳火灾探测器、☆线型光束感烟火灾探测器、☆线型感温火灾探测器、☆管路采样式吸气感烟火灾探测器、☆图像型火灾探测器、☆点型火焰探测器、☆手动火灾报警按钮、☆火灾显示盘、☆模块、☆消火栓按钮					
☆总线制控制器1回路带载现场部件数量				A_1	
☆总线制控制器M回路带载现场部件数量				A_M	

续表 D.0.1

地址编号		现场部件类型	现场设置部位	区域编号	地址注释信息	备注
回路	☆编码					
1	$1 \sim A_1$		具体设置部位	报警、防护、防烟区域编号	控制器显示的地址信息	
M	$1 \sim A_M$		具体设置部位	报警、防护、防烟区域编号	控制器显示的地址信息	

2 控制类设备类型：家用火灾报警控制器

设备名称	设备编号	规格、型号	现场设置部位	配接回路数	备注
				M	

配接的现场部件类型：☆点型家用感烟火灾探测器、☆点型家用感温火灾探测器、☆独立式感烟火灾探测报警器、☆独立式感温火灾探测报警器

☆总线制控制器 1 回路带载现场部件数量	A_1
☆总线制控制器 M 回路带载现场部件数量	A_M

地址编号		现场部件类型	现场设置部位	地址注释信息	备注
回路	☆编码				
1	$1 \sim A_1$		具体设置部位	控制器显示的地址信息	
M	$1 \sim A_M$		具体设置部位	控制器显示的地址信息	

3 控制类设备类型：消防电话总机

设备名称	设备编号	规格、型号	现场设置部位	配接回路数	备注
			具体设置部位	M	

配接的现场部件类型：☆消防电话分机、☆消防电话插孔

☆总线制消防电话总机 1 回路带载现场部件数量	A_1
☆总线制消防电话总机 M 回路带载现场部件数量	A_M

地址编号		现场部件类型	现场设置部位	地址注释信息	备注
回路	☆编码				
1	$1 \sim A_1$		具体设置部位	电话总机显示的地址信息	
M	$1 \sim A_M$		具体设置部位	电话总机显示的地址信息	

4 控制类设备类型：可燃气体报警控制器

设备名称	设备编号	规格、型号	现场设置部位	配接回路数	备注
			具体设置部位	M	

配接的现场部件类型：☆点型可燃气体探测器、☆线型可燃气体探测器

☆总线制控制器 1 回路带载现场部件数量	A_1
☆总线制控制器 M 回路带载现场部件数量	A_M

地址编号		现场部件类型	现场设置部位	地址注释信息	备注
回路	☆编码				
1	$1 \sim A1$		具体设置部位	控制器显示的地址信息	记录探测器报警设定值
M	$1 \sim A_M$		具体设置部位	控制器显示的地址信息	记录探测器报警设定值

5 控制类设备类型：电气火灾监控设备

设备名称	设备编号	规格、型号	现场设置部位	配接回路数	备注
			具体设置部位	M	

配接的现场部件类型：☆剩余电流式电气火灾监控探测器、☆测温式电气火灾监控探测器、☆故障电弧探测器、含线型感温火灾探测器

☆总线制监控设备 1 回路带载现场部件数量	A_1
☆总线制监控设备 M 回路带载现场部件数量	A_M

续表 D.0.1

地址编号		现场部件类型	现场设置部位	地址注释信息	备注
回路	☆编码				
1	$1\sim A_1$		具体设置部位	监控设备显示的地址信息	
M	$1\sim A_M$		具体设置部位	监控设备显示的地址信息	

6 控制类设备类型：消防设备电源监控器					
设备名称	设备编号	规格、型号	现场设置部位	配接回路数	备注
			具体设置部位	M	

配接的现场部件类型：☆电压信号传感器、☆电流信号传感器、☆电压/电流信号传感器	
☆总线制监控器 1 回路带载现场部件数量	A_1
☆总线制监控器 M 回路带载现场部件数量	A_M

地址编号		现场部件类型	现场设置部位	地址注释信息	备注
回路	☆编码				
1	$1\sim A_1$		具体设置部位	监测消防设备名称和设置部位	
M	$1\sim A_M$		具体设置部位	监测消防设备名称和设置部位	

7 控制类设备类型：消防应急广播控制设备					
设备名称	设备编号	规格、型号	现场设置部位	配接回路数	备注
			具体设置部位	M	

配接的现场部件类型：扬声器	
☆总线制控制设备 1 回路带载现场部件数量	A_1
☆总线制控制设备 M 回路带载现场部件数量	A_M

地址编号		现场部件类型	现场设置部位	地址注释信息	备注
回路	☆编码				
1	$1\sim A_1$		具体设置部位	控制设备显示的地址信息	
M	$1\sim A_M$		具体设置部位	控制设备显示的地址信息	

8 控制类设备类型：防火卷帘控制器					
设备名称	设备编号	规格、型号	现场设置部位		备注
			具体设置部位		

配接的现场部件类型：☆点型感烟火灾探测器、☆点型感温火灾探测器、手动控制装置				
地址编号	现场部件类型	现场设置部位		备注
		具体设置部位		

9 控制类设备类型：防火门监控器					
设备名称	设备编号	规格、型号	现场设置部位	配接回路数	备注
			具体设置部位	M	

配接的现场部件类型：☆监控模块、☆电动闭门器、☆释放器、☆门磁开关	
☆总线制监控器 1 回路带载现场部件数量	A_1
☆总线制监控器 M 回路带载现场部件数量	A_M

地址编号		现场部件类型	现场设置部位	地址注释信息	备注
回路	☆编码				
1	$1\sim A_1$		具体设置部位	监控器显示的地址信息	
M	$1\sim A_M$		具体设置部位	监控器显示的地址信息	

续表 D.0.1

10 控制类设备类型：气体、干粉灭火控制器				
设备名称	设备编号	规格、型号	现场设置部位	备注
			具体设置部位	

配接的现场部件类型：☆点型感烟火灾探测器、☆点型感温火灾探测器、☆手动与自动控制转换装置、☆手动与自动控制状态显示装置、☆现场启动和停止按钮、火灾警报器、喷洒光警报器

地址编号	现场部件类型	现场设置部位	区域编号	地址注释信息	备注
			防护区域编号	控制器显示的地址信息	

11 其他不配接现场部件的设备类型：☆控制中心监控设备、☆消防设备应急电源、☆消防控制室图形显示装置、☆传输设备、☆消防泵控制箱、柜、☆风机控制箱、柜				
设备名称	设备编号	规格、型号	现场设置部位	备注
			具体设置部位	

调试单位	施工单位	监理单位
（公章） 项目负责人 （签章） 年 月 日	（公章） 项目负责人 （签章） 年 月 日	（公章） 项目负责人 （签章） 年 月 日

表 D.0.2 控制类设备联动编程记录　　　　　　　　　　　　　　　编号：

工程名称		监理单位	
调试单位		施工单位	

控制类设备类型：☆消防联动控制器、☆火灾报警控制器（联动型）、☆气体灭火控制器、☆防火门监控器			
设备名称	设备编号	规格、型号	现场设置部位
			具体设置部位

1 消防联动控制器联动控制的系统：☆气体灭火系统首次控制、二次控制、☆防火卷帘系统一步降控制、二步降控制、☆防火门监控系统启动控制、☆集中控制型应急照明指示系统应急启动控制

2 消防联动控制器联动控制的设备：☆消防应急广播控制设备、☆火灾声光警报器、☆消防泵控制箱、柜、☆预作用系统的预作用阀组和排气阀前电动阀、☆雨淋系统和水幕系统的雨淋阀组、☆风机控制箱、柜、☆电动送风口、☆电动挡烟垂壁、☆排烟口、☆排烟阀、☆排烟窗、☆电动防火阀、☆电梯控制装置、非消防电源控制装置

3 气体灭火控制器控制的设备：火灾声光警报器、门、灭火装置、喷洒光警报器、☆电动送风口、☆排烟口、☆排烟阀、☆排烟窗、☆电动防火阀

4 防火门监控器控制的设备：常开防火门监控模块

受控制系统、设备名称	区域编号/部位	系统、设备动作功能	逻辑关系指令语句
	系统、设备所在报警、防护、防烟区域或保护的防护区域	设计文件规定的系统、设备的动作功能	联动触发条件和需启动输出模块的地址编号

调试单位	施工单位	监理单位
（公章） 项目负责人 （签章） 年 月 日	（公章） 项目负责人 （签章） 年 月 日	（公章） 项目负责人 （签章） 年 月 日

表 D.0.3 消防联动控制器手动控制单元编码设置记录　　　　编号：

工程名称				监理单位		
调试单位				施工单位		
设备编号		规格、型号		现场设置部位		
				具体设置部位		
1 直接手动控制单元控制的设备：☆消防泵控制箱、柜、☆预作用系统的预作用阀组和排气阀前电动阀、☆雨淋系统和水幕系统的雨淋阀组、☆风机控制箱、柜						
2 总线手动控制单元控制的系统、设备：☆消防应急广播控制设备、☆火灾声光警报器、☆用于防火分隔的防火卷帘系统、☆电动送风口、☆电动挡烟垂壁、含排烟口、☆排烟阀、☆排烟窗、☆电动防火阀						
控制按钮（键）编号		受控系统、设备		控制功能		备注
控制器手动控制盘的编号及控制按钮（键）在该手动控制盘的编号		受控系统、设备的名称及所在部位、区域		设计文件规定的系统、设备的动作功能		
调试单位 （公章） 项目负责人 （签章） 年　月　日		施工单位 （公章） 项目负责人 （签章） 年　月　日		监理单位 （公章） 项目负责人 （签章） 年　月　日		

附录 E　系统调试、工程检测、工程验收记录

E.0.1　调试人员、监理工程师、检测或验收的主检工程师应按本附录各表的规定，逐一对系统部件主要功能和性能，逐一对每个报警区域、防护区域或防烟区域设置的消防系统的控制功能进行检查，逐项填写调试、工程检测、工程验收记录。

E.0.2　根据系统部件主要功能和性能、消防系统的控制功能的检查情况，调试人员、监理工程师、检测或验收的主检工程师应在对应记录框中勾选相应的记录项□(☑)，对不符合规定的子项，应对不合格现象做出完整的描述。

E.0.3　本附录各表中带有"☆"标的项目和子项内容为可选项，当现场部件的调试、工程检测、工程验收不涉及此项或子项时，调试、检测、验收记录不包括此项或子项。

E.0.4　调试人员、施工单位项目负责人、监理工程师、检测或验收的主检工程师应对检查结果确认签章。

E.0.5　附录 D 的记录表格应作为附件一并归档。

E.0.6　具有打印功能的控制器、监控器等控制类设备，调试、工程检测、工程验收过程中打印机的打印记录应作为附件一并归档。

E.0.7　调试过程中若用到其他表格、文件，应作为附件一并归档。

表 E.1 火灾报警控制器、消防联动控制器、火灾报警控制器（联动型）及其现场配接部件调试、检测、验收记录　　　　编号：

工程名称				子分部工程名称				□调试　□检测　□验收						
施工单位		项目负责人		调试单位				监理单位				监理工程师		
执行规范名称及编号		《火灾自动报警系统设计规范》GB 50116、《电气装置安装工程　爆炸和火灾危险环境电气装置施工及验收规范》GB 50257、《建筑电气工程施工质量验收规范》GB 50303、《火灾报警控制器》GB 4717、《消防联动控制系统》GB 16806、《火灾显示盘》GB 17429												
控制器型号规格			编号			设置部位				配接回路数		M		
回路 1 配接现场部件数量		N_1	检测数量			配接现场部件的全部数量 N_1				验收数量		应符合本标准表 5.0.2 的规定		
回路 M 配接现场部件数量		N_M	检测数量			配接现场部件的全部数量 N_M				验收数量		应符合本标准表 5.0.2 的规定		
地址编号	项目	条款	子项（调试、检测、验收内容）				施工单位调试记录			监理单位检查记录			检测、验收结果	
			调试、检测、验收要求			调试、检测、验收方法	符合	不符合	说明	符合	不符合	说明	合格	不合格	说明
Ⅰ 火灾报警控制器、消防联动控制器、火灾报警控制器（联动型）调试、检测、验收														
部件类型：☆火灾报警控制器、☆消防联动控制器、☆火灾报警控制器（联动型）														
1 设备选型														
1.1 规格型号		GB 50116	规格、型号应满足设计文件的要求			对照设计文件核查设备的规格型号	—	—	—	—	—	—	□		A

续表 E.1

地址编号	项目	条款	子项（调试、检测、验收内容）		施工单位调试记录			监理单位检查记录			检测、验收结果		
			调试、检测、验收要求	调试、检测、验收方法	符合	不符合	说明	符合	不符合	说明	合格	不合格	说明
	1.2 控制器的容量	GB 50116	☆设备选型为火灾报警控制器时： 控制器总容量＜3200，每回路带载量＜200 ☆设备选型为消防联动控制器时： 控制器总容量＜1600，每回路带载量＜100 ☆设备选型为火灾报警控制器（联动型）时： 控制器总容量＜3200，各类模块和消火栓的地址总数＜1600，每回路带载量＜200，且每回路配接各类模块和消火栓的地址总数＜100	核查控制器配接现场设备的地址总数、不同类别现场部件的地址数量、每回路配接现场部件的地址数、不同类别现场部件的地址数量	—	—	—	—	—	—	☐		C
2 设备设置													
	设置部位	3.1-1	设备的设置部位应满足设计文件的要求	对照设计文件核查设备的设置部位	—	—	—	—	—	—	☐		C
3 消防产品准入制度													
	证书和标识	2.2.1	应有与其相符合的、有效的认证证书和认证标识	核查产品的认证证书和认证标识	—	—	—	—	—	—	☐		A
4 安装质量													
	4.1 安装工艺	3.1.2	☆在有爆炸危险性场所的安装，应符合现行国家标准《电气装置安装工程 爆炸和火灾危险环境电气装置施工及验收规范》GB 50257 的相关规定	检查施工工艺是否符合现行国家标准《电气装置安装工程 爆炸和火灾危险环境电气装置施工及验收规范》GB 50257 的规定	—	—	—	—	—	—	☐		C
	4.2 设备安装	3.3.1	1 设备应安装牢固，不应倾斜	用手感检查设备的安装情况	—	—	—	—	—	—	☐		C
			☆2 落地安装时：设备底边宜高出地（楼）面 0.1m～0.2m	落地安装时，用尺测量设备底边与地（楼）面的距离；壁挂方式安装时，检查设备的加固措施	—	—	—	—	—	—	☐		C
			☆3 安装在轻质墙上时，应采取加固措施										
	4.3 设备的引入线缆	3.3.2	1 配线应整齐，不宜交叉，并应固定牢靠	检查设备内部配线情况	—	—	—	—	—	—	☐		C
			2 线缆芯线的端部均应标明编号，并应与图纸一致，字迹应清晰且不易褪色	对照设计文件逐一检查线缆的标号	—	—	—	—	—	—	☐		C
			3 端子板的每个接线端接线不得超过2根	检查端子接线情况	—	—	—	—	—	—	☐		C

续表 E.1

地址编号	项目	条款	子项（调试、检测、验收内容）		施工单位调试记录			监理单位检查记录			检测、验收结果		
			调试、检测、验收要求	调试、检测、验收方法	符合	不符合	说明	符合	不符合	说明	合格	不合格	说明
	4.3 设备的引入线缆	3.3.2	4 线缆应留有不小于200mm的余量	用尺测量线缆的余量长度	—	—	—	—	—	—	☐	C	
			5 线缆绑扎成束	检查线缆的布置情况	—	—	—	—	—	—	☐	C	
			6 线缆穿管、槽盒后，应将管口、槽口封堵	检查管口、槽口封堵情况	—	—	—	—	—	—	☐	C	
	4.4 设备电源的连接	3.3.3	1 设备的主电源应有明显的永久性标识，并应直接与消防电源连接，严禁使用电源插头	检查设备主电源的标识，检查设备与消防电源的连接情况	—	—	—	—	—	—	☐	C	
			2 设备与其外接备用电源之间应直接连接	检查设备与外接备用电源的连接情况	—	—	—	—	—	—	☐	C	
	☆4.5 蓄电池安装	3.3.4	设备自带蓄电池需进行现场安装时，蓄电池规格、型号、容量应符合设计文件的规定，蓄电池安装应满足产品使用说明书的要求	对照设计文件核对蓄电池的规格、型号、容量，检查蓄电池的安装情况							☐	C	
	4.6 设备的接地	3.3.5	设备的接地应牢固，并应有明显的永久性标识	用手感检查或专用设备检查设备接地线的连接情况，检查设备的接地标识	—	—	—	—	—	—	☐	C	
5 基本功能													
5.1 回路号（1）的基本功能													
	调试准备	4.3.1 4.5.1	将控制器与相关设备相连，切断控制器的所有外部控制连线，将总线回路的现场部件、模块与其控制的受控设备相连接后，接通电源，使控制器处于正常监视状态								—	—	
	5.1.1 自检功能	4.3.2 4.5.2	控制器应能对指示灯、显示器和音响器件进行功能自检	操作控制器的自检机构，检查控制器指示灯、显示器和音响器件的动作情况	☐	☐		☐	☐		☐	C	
	5.1.2 操作级别	4.3.2 4.5.2	控制器应根据不同的使用对象设置不同的操作级别	☆1 设备选型为火灾报警控制器或火灾报警控制器（联动型）时，检查控制器操作级别划分情况是否符合现行国家标准《火灾报警控制器》GB 4717 的规定；☆2 设备选型为消防联动控制器时，检查控制器操作级别划分情况是否符合现行国家标准《消防联动控制系统》GB 16806 的规定	☐	☐		☐	☐		☐	C	
	5.1.3 屏蔽功能		1 控制器应能对指定部件进行屏蔽，并点亮屏蔽指示灯，显示被屏蔽部件的地址注释信息，且显示的地址注释信息应与附录D一致	按照附录D的地址编号，操作控制器屏蔽回路任一部件；观察控制器屏蔽指示灯点亮情况，检查控制器地址注释信息显示情况	☐	☐		☐	☐		☐	C	

续表 E.1

地址编号	项目	条款	子项（调试、检测、验收内容）		施工单位调试记录			监理单位检查记录			检测、验收结果		
			调试、检测、验收要求	调试、检测、验收方法	符合	不符合	说明	符合	不符合	说明	合格	不合格	说明
	5.1.3 屏蔽功能		2 控制器应能解除指定部件的屏蔽，并熄灭屏蔽指示灯	操作控制器解除回路部件的屏蔽，观察控制器屏蔽指示灯熄灭情况	□	□		□	□		□	C	
	5.1.4 主、备电自动转换功能		控制器主电断电后，备电应能自动投入；主电恢复后，应能自动投入；主电、备电工作指示灯应能正确指示控制器主、备电的工作状态	切断主电源，检查备用电源自动投入情况，观察工作指示灯显示情况；恢复主电源，检查主电源自动投入情况，观察工作指示灯显示情况	□	□		□	□		□	C	
	5.1.5 故障报警功能	4.3.2 4.5.2	1 与备用电源之间连线断路、短路时，控制器应在100s内发出故障声、光信号，显示故障类型	分别使控制器与备用电源之间连线断路、短路，用秒表测量控制器故障报警响应时间，观察故障信息显示情况	□	□		□	□		□	C	
			2 控制器与现场部件之间的连线断路时，控制器应在100s内显示故障部件的类型和地址注释信息，且显示的地址注释信息应与附录D一致	使控制器处于备电工作状态，使控制器与任一现场部件之间的连线断路；用秒表测量控制器故障报警响应时间，检查控制器故障信息显示情况	□	□		□	□		□	C	
	5.1.6 短路隔离保护功能		总线处于短路状态时，短路隔离器应能将短路总线配接的设备隔离，被隔离设备数量不应超过32个；控制器应显示被隔离部件的设备类型和地址注释信息，显示的地址注释信息应与附录D一致	使总线任一点线路短路，核查隔离保护现场部件的数量，检查控制器地址注释信息显示情况	□	□		□	□		□	C	
	☆火灾报警控制器或火灾报警控制器（联动型）5.1.7 火警优先功能	4.3.2	1 火灾探测器、手动火灾报警按钮发出火灾报警信号后，控制器应在10s内发出火灾报警声、光信号，并记录报警时间	使任一只非故障部位的探测器、手动火灾报警按钮发出火灾报警信号，用秒表测量控制器火灾报警响应时间，检查控制器的火警信息记录情况	□	□		□	□		□	A	
			2 控制器应显示发出报警信号部件类型和地址注释信息，显示的地址注释信息应与附录D一致	检查控制器火警信息显示情况	□	□		□	□		□	C	

续表 E.1

地址编号	项目	条款	子项（调试、检测、验收内容）		施工单位调试记录			监理单位检查记录			检测、验收结果		
			调试、检测、验收要求	调试、检测、验收方法	符合	不符合	说明	符合	不符合	说明	合格	不合格	说明
	5.1.8 消音功能	4.3.2 4.5.2	控制器应能手动消除报警声信号	手动操作控制器的消音键，检查控制器声信号消除情况	□	□		□	□		□	C	
	☆火灾报警控制器或火灾报警控制器（联动型） 5.1.9 二次报警功能	4.3.2	1 火灾探测器、手动火灾报警按钮发出火灾报警信号后，控制器应在10s内发出火灾报警声、光信号，并记录报警时间	再次使另一只非故障部位的探测器、手动火灾报警按钮发出火灾报警信号，用秒表测量控制器火灾报警响应时间，检查控制器的火警信息记录情况	□	□		□	□		□	A	
			2 控制器应显示发出报警信号部件类型和地址注释信息，显示的地址注释信息应与附录D一致	检查控制器火警信息显示情况	□	□		□	□		□	C	
	5.1.10 负载功能	4.3.2	☆设备选型为火灾报警控制器时： 1 多个火灾探测器、手动火灾报警按钮同时处于火灾报警状态时，控制器应分别记录发出火灾报警信号部件的报警时间	使回路配接的不少于10只火灾探测器、手动火灾报警按钮同时处于火灾报警状态，检查控制器的火警信息记录情况	□	□		□	□		□	A	
			2 控制器应分别显示发出报警信号部件设备类型和地址注释信息，显示的地址注释信息应与附录D一致	检查控制器火警信息显示情况	□	□		□	□		□	C	
		4.5.2	☆设备选型为消防联动控制器时： 1 多个模块同时处于动作状态时，控制器应记录启动设备总数，并分别记录启动设备的启动时间	输入/输出模块总数少于50个时，使所有模块处于动作状态；模块总数不少于50个时，使至少50个模块同时处于动作状态；检查控制器启动信息记录情况	□	□		□	□		□	A	
			2 控制器应分别显示启动设备名称和地址注释信息，显示的地址注释信息应与附录D一致	检查控制器启动信息显示情况	□	□		□	□		□	C	
		4.3.2 4.5.2	☆设备选型为火灾报警控制器（联动型）时： 1 多个火灾探测器、手动火灾报警按钮同时处于火灾报警状态时，控制器应分别记录发出火灾报警信号部件的报警时间	使回路配接的不少于10只火灾探测器、手动火灾报警按钮同时处于火灾报警状态，检查控制器的火警信息记录情况	□	□		□	□		□	A	
			2 控制器应分别显示发出报警信号部件类型和地址注释信息，显示的地址注释信息应与附录D一致	检查控制器火警信息显示情况	□	□		□	□		□	C	

续表 E.1

地址编号	项目	条款	子项（调试、检测、验收内容）		施工单位调试记录			监理单位检查记录			检测、验收结果		
			调试、检测、验收要求	调试、检测、验收方法	符合	不符合	说明	符合	不符合	说明	合格	不合格	说明
	5.1.10 负载功能	4.3.2 4.5.2	3 多个模块同时处于动作状态时，控制器应记录启动设备总数，并分别记录启动设备的启动时间	输入/输出模块总数少于50个时，使所有模块处于动作状态；模块总数不少于50个时，使至少50个模块同时处于动作状态；检查控制器启动信息记录情况	□	□		□	□		□		A
			4 控制器应分别显示启动设备名称和地址注释信息，显示的地址注释信息应与附录D一致	检查控制器启动信息显示情况	□	□		□	□		□		C
	5.1.11 复位功能		控制器连接、探测器监测区域恢复正常，手动报警按钮的机械结构复位后，控制器应能对控制器、探测器和手动报警按钮的报警状态复位，消除控制器、探测器和手动报警按钮的声、光报警信号；消防联动控制器应能对输出、输入模块的工作状态复位，消除启动、反馈声光信号	恢复控制器的正常连接，使探测器的监测区域恢复正常，复位手动报警按钮的机械结构，手动操作控制器的复位键，观察控制器、探测器和手动报警按钮的工作状态；手动操作消防联动控制器或火灾报警控制器（联动型）的复位键，观察控制器、模块的工作状态	□	□		□	□		□		C
	☆消防联动控制器或火灾报警控制器（联动型）5.1.12 自动和手动工作状态转换显示功能	4.5.2	控制器应能准确显示控制器的手动控制和自动控制工作状态	手动操作控制器的手动控制和自动控制工作状态转换开关、按钮，观察控制器手动控制和自动控制工作状态显示情况	□	□		□	□		□		C
	5.2 回路号（M）的基本功能												
	调试准备		将总线回路的现场部件、模块与其控制的受控设备相连接后，使控制器处于备电工作状态								—		—
	5.2.1 故障报警功能	4.3.3 4.5.3	控制器与现场部件之间的连线断路时，控制器应在100s内显示故障部件的类型和地址注释信息，且显示的地址注释信息应与附录D一致	使控制器与任一现场部件之间连线断路；用秒表测量控制器故障报警响应时间，检查控制器显示情况	□	□		□	□		□		C
	5.2.2 短路隔离保护功能		总线处于短路状态时，短路隔离器应将短路总线配接的设备隔离，被隔离设备数量不应超过32个；控制器应显示被隔离部件的设备类型和地址注释信息，显示的地址注释信息应与附录D一致	使总线任一点线路短路，核查隔离保护现场部件的数量，检查控制器地址注释信息显示情况	□	□		□	□		□		C

续表 E.1

地址编号	项目	条款	子项（调试、检测、验收内容）		施工单位调试记录			监理单位检查记录			检测、验收结果		
			调试、检测、验收要求	调试、检测、验收方法	符合	不符合	说明	符合	不符合	说明	合格	不合格	说明
	5.2.3 负载功能	4.3.3	☆设备选型为火灾报警控制器时： 1 多个火灾探测器、手动火灾报警按钮同时处于火灾报警状态时，控制器应分别记录发出火灾报警信号部件的报警时间	使回路配接的不少于10只火灾探测器、手动火灾报警按钮同时处于火灾报警状态，检查控制器的火警信息记录情况	□	□		□	□		□		A
			2 控制器应分别显示发出报警信号部件类型和地址注释信息，显示的地址注释信息应与附录D一致	检查控制器火警信息显示情况	□	□		□	□		□		C
		4.5.3	☆设备选型为消防联动控制器时： 1 多个模块同时处于动作状态时，控制器应记录启动设备总数，并分别记录启动设备的启动时间	输入/输出模块总数少于50个时，使所有模块处于动作状态；模块总数不少于50个时，使至少50个模块同时处于动作状态；检查控制器启动信息记录情况	□	□		□	□		□		A
			2 控制器应分别显示启动设备名称和地址注释信息，显示的地址注释信息应与附录D一致	检查控制器启动信息显示情况	□	□		□	□		□		C
		4.3.3 4.5.3	☆设备选型为火灾报警控制器（联动型）时： 1 多个火灾探测器、手动火灾报警按钮同时处于火灾报警状态时，控制器应分别记录发出火灾报警信号部件的报警时间	使回路配接的不少于10只火灾探测器、手动火灾报警按钮同时处于火灾报警状态，检查控制器的火警信息记录情况	□	□		□	□		□		A
			2 控制器应分别显示发出报警信号部件类型和地址注释信息，显示的地址注释信息应与附录D一致	检查控制器火警信息显示情况	□	□		□	□		□		C
			3 多个模块同时处于动作状态时，控制器应记录启动设备总数，并分别记录启动设备的启动时间	输入/输出模块总数少于50个时，使所有模块处于动作状态；模块总数不少于50个时，使至少50个模块同时处于动作状态；检查控制器启动信息记录情况	□	□		□	□		□		A
			4 控制器应分别显示启动设备名称和地址注释信息，显示的地址注释信息应与附录D一致	检查控制器启动信息显示情况	□	□		□	□		□		C

续表 E.1

地址编号	项目	条款	子项（调试、检测、验收内容）		施工单位调试记录			监理单位检查记录			检测、验收结果		
			调试、检测、验收要求	调试、检测、验收方法	符合	不符合	说明	符合	不符合	说明	合格	不合格	说明
	5.2.4 复位功能	4.3.3 4.5.3	控制器的连接、探测器的监测区域恢复正常，按钮的机械结构复位后，控制器应能对控制器、探测器和手动报警按钮的报警状态复位，消除控制器、探测器和手动报警按钮的声、光报警信号；消防联动控制器应能对输出、输入模块的工作状态复位，消除启动、反馈声光信号	恢复主电工作，恢复控制器与现场部件间的正常连线，使探测器的监测区域恢复正常，复位手动报警按钮的机械结构，手动操作控制器的复位键，观察控制器、探测器和手动报警按钮的工作状态；手动操作消防联动控制器或火灾报警控制器（联动型）的复位键，观察控制器、模块的工作状态	□	□		□	□		□		C
	调试恢复	4.1.6	恢复控制器所有外部控制连线、各受控现场设备的控制连线，使控制器处于正常监视状态		—	—		—	—		—	—	
	Ⅱ 火灾探测器调试、检测、验收												
	部件类型：☆点型感烟火灾探测器、☆点型感温火灾探测器、☆一氧化碳火灾探测器												
	1 设备选型												
	规格型号、适用场所	GB 50116	探测器的规格型号、适用场所应符合现行国家标准《火灾自动报警系统设计规范》GB 50116 和设计文件的规定	对照现行国家标准《火灾自动报警系统设计规范》GB 50116 和设计文件核查设备的规格型号、设置场所	—	—		—	—		□		A
	2 设备设置												
	2.1 设置数量		探测器的设置数量应符合设计文件的规定	对照设计文件核查探测器的设置数量	—	—		—	—		□		C
	2.2 安装间距和保护半径		安装间距和保护半径应符合设计文件的规定	用尺测量探测器的安装间距和保护半径	—	—		—	—		□		C
	2.3 保护面积		保护面积不应超过现行国家标准《火灾自动报警系统设计规范》GB 50116 和设计文件的规定	核算探测器的保护面积	—	—		—	—		□		C
	☆2.4 梁间区域的设置	3.1.1	探测器在梁间区域的设置，应符合现行国家标准《火灾自动报警系统设计规范》GB 50116 和设计文件的规定	用尺测量突出顶棚梁的高度、梁间距离，核查探测器的设置数量	—	—		—	—		□		C
	☆2.5 隔断区域的设置		探测器在被书架、设备或隔断等分隔的区域内的设置，应符合现行国家标准《火灾自动报警系统设计规范》GB 50116 和设计文件的规定	用尺测量书架、设备或隔断距顶棚的距离，核查探测器的设置数量	—	—		—	—		□		C
	☆2.6 感烟探测器热屏障屋顶的设置		感烟探测器在有热屏障的屋顶上设置时，探测器下表面至顶棚或屋顶的距离应符合现行国家标准《火灾自动报警系统设计规范》GB 50116 和设计文件的规定	用尺测量探测器下表面至顶棚或屋顶的距离	—	—		—	—		□		C

续表 E.1

地址编号	项目	条款	子项（调试、检测、验收内容）		施工单位调试记录			监理单位检查记录			检测、验收结果		
			调试、检测、验收要求	调试、检测、验收方法	符合	不符合	说明	符合	不符合	说明	合格	不合格	说明
	☆2.7 屋脊处的设置	3.1.1	锯齿形屋顶和坡度大于15°的人字形屋顶，应在每个屋脊处设置一排探测器；探测器下表面至屋顶最高处的距离应符合现行国家标准《火灾自动报警系统设计规范》GB 50116和设计文件的规定	核查探测器的设置情况，用尺测量探测器下表面至屋顶最高处的距离	—	—	—	—	—	—	☐		C
	☆2.8 井道内的设置		探测器在电梯井、升降机井内设置时，宜设置在井道上方的机房顶棚上	核查探测器的设置情况	—	—	—	—	—	—	☐		C
	☆2.9 格栅吊顶场所的设置		探测器在格栅吊顶场所设置时，探测器的安装位置应符合现行国家标准《火灾自动报警系统设计规范》GB 50116和设计文件的规定	核查格栅吊顶的镂空比、探测器的设置情况	—	—	—	—	—	—	☐		C
3 消防产品准入制度													
	证书和标识	2.2.11	应有与其相符合的、有效的认证证书和认证标识	核查产品的认证证书和认证标识	—	—	—	—	—	—	☐		A
4 安装质量													
	4.1 安装工艺	3.1.2	☆在有爆炸危险性场所的安装，应符合现行国家标准《电气装置安装工程 爆炸和火灾危险环境电气装置施工及验收规范》GB 50257的相关规定	检查施工工艺是否符合现行国家标准《电气装置安装工程 爆炸和火灾危险环境电气装置施工及验收规范》GB 50257的规定	—	—	—	—	—	—	☐		C
	4.2 安装位置	3.3.6	1 探测器至墙壁、梁边的水平距离不应小于0.5m	用尺测量探测器至墙壁、梁边的距离	—	—	—	—	—	—	☐		C
			2 探测器周围水平距离0.5m内不应有遮挡物	测量探测器至周边遮挡物的距离	—	—	—	—	—	—	☐		C
			3 至空调送风口最近边水平距离不应小于1.5m，至多孔送风顶棚孔口水平距离不应小于0.5m	用尺测量探测器至空调送风口、多孔送风顶棚孔口的水平距离	—	—	—	—	—	—	☐		C
			4 在宽度小于3m的内走道顶棚上安装探测器时，宜居中安装。感温探测器的安装间距不应超过10m；感烟探测器的安装间距不应超过15m；探测器至端墙的距离不应大于安装间距的一半	用尺测量内走道的宽度、探测器的设置间距	—	—	—	—	—	—	☐		C
	4.3 安装角度		探测器宜水平安装，当确需倾斜安装时，倾斜角不应大于45°	用量角器测量探测器的倾斜角度	—	—	—	—	—	—	☐		C

续表 E.1

地址编号	项目	条款	子项（调试、检测、验收内容）		施工单位调试记录			监理单位检查记录			检测、验收结果		
			调试、检测、验收要求	调试、检测、验收方法	符合	不符合	说明	符合	不符合	说明	合格	不合格	说明
	4.4 底座安装	3.3.13	1 底座应安装牢固，与导线连接必须可靠压接或焊接。焊接时，不应使用带腐蚀性的助焊剂	检查导线的连接情况，手感检查设备的安装情况	—	—	—	—	—	—	☐	C	
			2 底座的连接导线应留有不小于150mm的余量，且在其端部应有明显的永久性标识	用尺测量导线余量的长度，检查导线的标识							☐	C	
			3 底座的穿线孔宜封堵，安装完毕的探测器底座应采取保护措施	检查底座的防护措施							☐	C	
	4.5 报警确认灯	3.3.14	确认灯应朝向便于人员观察的主要入口方向	观察探测器的报警确认灯的位置							☐	C	
	5 基本功能												
	地址设置	4.2.2	按照附录D的规定进行地址设置，控制器地址注释信息录入								—	—	—
	5.1 离线故障报警功能	4.3.4	1 探测器离线时，控制器应发出故障声、光信号	使探测器处于离线状态，观察控制器的故障报警情况	☐	☐		☐	☐		☐	C	
			2 控制器应显示故障部件的类型和地址注释信息，且显示的地址注释信息应与附录D一致	检查控制器故障信息显示情况	☐	☐		☐	☐		☐	C	
	5.2 火灾报警功能	4.3.5	1 探测器处于报警状态时，探测器的火警确认灯应点亮并保持	对可恢复探测器采用专用的检测仪器或模拟火灾的方法，使探测器监测区域的烟雾浓度、温度、气体浓度达到探测器的报警设定阈值；对不可恢复的探测器采取模拟报警方法，使探测器处于火灾报警状态；观察探测器火警确认灯点亮情况	☐	☐		☐	☐		☐	A	
			2 控制器应发出火警声光信号，记录报警时间	检查控制器火灾报警情况、火警信息记录情况	☐	☐		☐	☐		☐	A	
			3 控制器应显示发出报警信号部件类型和地址注释信息，显示的地址注释信息应与附录D一致	检查控制器火警信息显示情况	☐	☐		☐	☐		☐	C	
	5.3 复位功能		可恢复探测器的监测区域恢复正常、不可恢复探测器恢复正常后，控制器应能对探测器的报警状态进行复位，探测器的火警确认灯应熄灭	使可恢复探测器的监测区域恢复正常，使不可恢复探测器恢复正常，手动操作火灾报警控制器的复位键，观察探测器火警确认灯熄灭情况	☐	☐		☐	☐		☐	C	

续表 E.1

地址编号	项目	条款	子项（调试、检测、验收内容）		施工单位调试记录			监理单位检查记录			检测、验收结果		
			调试、检测、验收要求	调试、检测、验收方法	符合	不符合	说明	符合	不符合	说明	合格	不合格	说明
	部件类型：☆线型光束感烟火灾探测器												
	1 设备选型												
	规格型号、适用场所	GB 50116	探测器的规格型号、适用场所应符合现行国家标准《火灾自动报警系统设计规范》GB 50116 和设计文件的规定	对照现行国家标准《火灾自动报警系统设计规范》GB 50116 和设计文件核查设备的规格型号、设置场所	—	—	—	—	—	—	☐		A
	2 设备设置												
	设置数量	3.1.1	探测器的设置数量应符合设计文件的规定	对照设计文件核查探测器的设置数量	—	—	—	—	—	—	☐		C
	3 消防产品准入制度												
	证书和标识	2.2.1	应有与其相符合的、有效的认证证书和认证标识	核查产品的认证证书和认证标识	—	—	—	—	—	—	☐		A
	4 安装质量												
	4.1 安装工艺	3.1.2	☆在有爆炸危险性场所的安装，应符合现行国家标准《电气装置安装工程 爆炸和火灾危险环境电气装置施工及验收规范》GB 50257 的相关规定	检查施工工艺是否符合现行国家标准《电气装置安装工程 爆炸和火灾危险环境电气装置施工及验收规范》GB 50257 的规定	—	—	—	—	—	—	☐		C
	4.2 安装高度	3.3.7	探测器光束轴线至顶棚的垂直距离宜为 0.3m～1.0m，高度大于 12m 的空间场所增设的探测器的安装高度应符合设计文件和现行国家标准《火灾自动报警系统设计规范》GB 50116 的规定	用尺测量探测器光束轴线至顶棚的垂直距离、探测器的安装高度	—	—	—	—	—	—	☐		C
	4.3 安装距离		探测器发射器和接收器（反射式探测器的探测器和反射板）之间的距离不应大于 100m	用尺测量探测器发射器和接收器或探测器和反射板之间的距离	—	—	—	—	—	—	☐		C
	4.4 安装间距		相邻两组探测器光束轴线的水平距离不应大于 14m。探测器光束轴线至侧墙水平距离不应大于 7m，且不应小于 0.5m	用尺测量相邻探测器光束轴线的水平间距、探测器光束轴线至侧墙的水平距离	—	—	—	—	—	—	☐		C
	4.5 安装位置		1 发射器和接收器（反射式探测器的探测器和反射板）应安装在固定结构上，且安装牢固，确需安装在钢架等容易发生位移形变的结构上时，结构的位移不应影响探测器的正常运行	观察探测器的安装情况，核查设计文件中结构形变对探测器影响情况的设计说明	—	—	—	—	—	—	☐		C

续表 E.1

地址编号	项目	条款	子项（调试、检测、验收内容）		施工单位调试记录			监理单位检查记录			检测、验收结果		
			调试、检测、验收要求	调试、检测、验收方法	符合	不符合	说明	符合	不符合	说明	合格	不合格	说明
	4.5 安装位置	3.3.7	2 发射器和接收器（反射式探测器的探测器和反射板）之间的光路上应无遮挡物	观察发射器和接收器（反射式探测器的探测器和反射板）之间的光路上是否存在遮挡物	—	—	—	—	—	—	□		C
			3 应保证接收器（反射式探测器的探测器）避开日光和人工光源直接照射	观察探测器的接收端是否可能受到日光和人工光源的直接照射	—	—	—	—	—	—	□		C
	4.6 报警确认灯	3.3.14	确认灯应朝向便于人员观察的主要入口方向	观察探测器的报警确认灯的位置							□		C
5 基本功能													
	地址设置	4.2.2	按照附录D的规定进行地址设置，控制器地址注释信息录入								—	—	—
	5.1 离线故障报警功能	4.3.4	1 探测器处于离线状态时，控制器应发出故障声、光信号	由控制器供电时，使探测器处于离线状态；不由火灾报警控制器供电的，使探测器电源线和通信线分别处于断开状态；观察控制器的故障报警情况	□	□		□	□		□		C
			2 控制器应显示故障部件类型和地址注释信息，且显示的地址注释信息应与附录D一致	检查控制器故障信息显示情况	□	□		□	□		□		C
	5.2 火灾报警功能	4.3.6	1 探测器光路的减光率未达到探测器报警阈值时，探测器应处于正常监视状态	调整探测器的光路调节装置，使探测器处于正常监视状态；采用减光率为0.9dB的减光片或等效设备遮挡光路，观察探测器的工作状态	□	□		□	□		□		C
			2 探测器光路的减光率达到探测器报警阈值时，探测器的火警确认灯应点亮并保持；火灾报警控制器应发出火灾报警声、光信号，记录报警时间	采用减光率1.0dB～10.0dB的减光片或等效设备遮挡光路（选择反射式探测器时，应在探测器正前方0.5m处遮挡光路），观察探测器火警确认灯点亮情况、控制器火灾报警情况、检查控制器火警信息记录情况	□	□		□	□		□		A
			3 探测器光路的减光率超过探测器报警阈值时，探测器的火警或故障确认灯应点亮；火灾报警控制器应发出火灾报警或故障报警声、光信号，记录报警时间	采用减光率为11.5dB减光片或等效设备遮挡光路（反射式探测器应在探测器正前方0.5m处遮挡光路），观察探测器报警确认灯点亮情况、控制器报警情况、检查控制器报警信息记录情况	□	□		□	□		□		C
			4 控制器应显示发出报警信号部件类型和地址注释信息，显示的地址注释信息应与附录D一致	检查控制器火警信息显示情况	□	□		□	□		□		C

续表 E.1

地址编号	项目	条款	子项（调试、检测、验收内容）		施工单位调试记录			监理单位检查记录			检测、验收结果		
			调试、检测、验收要求	调试、检测、验收方法	符合	不符合	说明	符合	不符合	说明	合格	不合格	说明
	5.3 复位功能	4.3.6	探测器监测区域恢复正常后，控制器应能对探测器报警状态复位，探测器的报警确认灯应熄灭	撤除减光片或等效设备，手动操作火灾报警控制器的复位键，观察探测器火警确认灯熄灭情况	□	□		□	□		□	C	
部件类型：☆线型感温火灾探测器													
1 设备选型													
	规格型号、适用场所	GB 50116	探测器的规格型号、适用场所应符合现行国家标准《火灾自动报警系统设计规范》GB 50116 和设计文件的规定	对照现行国家标准《火灾自动报警系统设计规范》GB 50116 和设计文件核查设备的规格型号、设置场所	—	—		—	—		□	A	
2 设备设置													
	2.1 敏感部件长度和敷设	3.1.1	☆缆式线型、分布式线型光纤感温火灾探测器敏感部件的长度和敷设应符合设计文件的规定	用尺测量、计算敏感部件的长度，检查敏感部件的敷设情况							□	C	
	2.2 光纤光栅		☆光纤光栅的设置数量、每一个光栅的保护面积和保护半径应符合设计文件的规定	核查光纤光栅的设置数量，用尺测量光纤光栅的保护半径，核算每一个光纤光栅的保护面积							□	C	
	2.3 接口模块		不宜设置在长期潮湿或温度变化较大的场所	检查接口模块的设置情况							□	C	
3 消防产品准入制度													
	证书和标识	2.2.1	应有与其相符合的、有效的认证证书和认证标识	核查产品的认证证书和认证标识	—	—		—	—		□	A	
4 安装质量													
	4.1 安装工艺	3.1.2	☆在有爆炸危险性场所的安装，应符合现行国家标准《电气装置安装工程 爆炸和火灾危险环境电气装置施工及验收规范》GB 50257 的相关规定	检查施工工艺是否符合现行国家标准《电气装置安装工程 爆炸和火灾危险环境电气装置施工及验收规范》GB 50257 的规定	—	—		—	—		□	C	
	4.2 敏感部件的敷设	3.3.8	1 敷设在顶棚下方的线型差温火灾探测器至顶棚距离宜为 0.1m，相邻探测器之间的水平距离不宜大于 5m；探测器至墙壁距离宜为 1m～1.5m	用尺测量探测器与顶棚的距离、相邻探测器之间的水平距离、探测器至墙壁的距离	—	—		—	—		□	C	
			2 在电缆桥架、变压器等设备上安装时，宜采用接触式布置；在各种皮带输送装置上敷设时，宜敷设在装置的过热点附近	检查探测器的敷设方式	—	—		—	—		□	C	
	4.3 敏感部件和信号处理单元的安装		1 探测器敏感部件应采用产品配套的固定装置固定，固定装置的间距不宜大于 2m	检查敏感部件的固定情况，用尺测量固定装置的间距	—	—		—	—		□	C	

续表 E.1

地址编号	项目	条款	子项（调试、检测、验收内容）		施工单位调试记录			监理单位检查记录			检测、验收结果		
			调试、检测、验收要求	调试、检测、验收方法	符合	不符合	说明	符合	不符合	说明	合格	不合格	说明
	4.3 敏感部件和信号处理单元的安装	3.3.8	☆2 缆式线型感温火灾探测器的敏感部件应采用连续无接头方式安装，如确需中间接线，应用专用接线盒连接；敏感部件安装敷设时应避免重力挤压冲击，不应硬性折弯、扭转，探测器的弯曲半径宜大于 0.2m	检查敏感部件的敷设情况、中间接线的连接情况，用尺测量探测器敏感部件的弯曲半径	—	—	—	—	—	—	☐		C
			☆3 分布式线型光纤感温火灾探测器的感温光纤不应打结，光纤弯曲时，弯曲半径应大于 50mm；感温光纤穿越相邻的报警区域应设置光缆余量段，隔断两侧应各留不小于 8m 的余量段；每个光通道始端及末端光纤应各留不小于 8m 的余量段	检查感温光纤的敷设情况，用尺测量探测器敏感部件的弯曲半径、敏感部件余量段的长度	—	—	—	—	—	—	☐		C
			☆4 光栅光纤线型感温火灾探测器的信号处理单元安装位置不应受强光直射，光纤光栅感温段的弯曲半径应大于 0.3m	观察信号处理单元是否可能受到强光的直接照射、用尺测量光纤光栅的弯曲半径	—	—	—	—	—	—	☐		C
5 基本功能													
	地址设置	4.2.2	按照附录 D 的规定进行地址设置，控制器地址注释信息录入								—	—	—
	5.1 离线故障报警功能	4.3.4	1 探测器处于离线状态时，控制器应发出故障声、光信号	由控制器供电时，使探测器处于离线状态；不由火灾报警控制器供电的，使探测器电源线和通信线分别处于断开状态；观察控制器的故障报警情况	☐	☐		☐	☐		☐		C
			2 控制器应显示故障部件的类型和地址注释信息，且显示的地址注释信息应与附录 D 一致	检查控制器故障信息显示情况	☐	☐		☐	☐		☐		C
	5.2 敏感部件故障报警功能	4.3.7	1 敏感部件与信号处理单元断开时，探测器信号处理单元的故障指示灯应点亮，控制器应发出故障声、光信号	使线型感温火灾探测器的信号处理单元和敏感部件间处于断路状态；观察信号处理单元故障指示灯点亮情况、控制器的故障报警情况	☐	☐		☐	☐		☐		C
			2 控制器应显示故障部件的类型和地址注释信息，且显示的地址注释信息应与附录 D 一致	检查控制器故障信息显示情况	☐	☐		☐	☐		☐		C

续表 E.1

地址编号	项目	条款	子项（调试、检测、验收内容）		施工单位调试记录			监理单位检查记录			检测、验收结果		
			调试、检测、验收要求	调试、检测、验收方法	符合	不符合	说明	符合	不符合	说明	合格	不合格	说明
	5.3 火灾报警功能	4.3.8	1 探测器处于报警状态时，探测器的火警确认灯应点亮并保持	对可恢复探测器采用专用的检测仪器或模拟火灾的方法，使任一段长度为标准报警长度敏感部件周围的温度达到探测器报警设定阈值；对不可恢复的探测器采取模拟报警方法，使探测器处于火灾报警状态；观察探测器火警确认灯点亮情况	□	□		□	□		□		A
			2 控制器应发出火警声光信号，记录报警时间	检查控制器火灾报警情况、火警信息记录情况	□	□		□	□		□		A
			3 控制器应显示发出报警信号部件类型和地址注释信息，显示的地址注释信息应与附录 D 一致	检查控制器火警信息显示情况	□	□		□	□		□		C
	5.4 复位功能		可恢复探测器的监测区域恢复正常，不可恢复探测器恢复正常后，控制器应能对探测器的报警状态进行复位，探测器的火警确认灯应熄灭	使可恢复探测器的监测区域恢复正常，使不可恢复探测器恢复正常，手动操作火灾报警控制器的复位键，观察探测器火警确认灯熄灭情况	□	□		□	□		□		C
	5.5 小尺寸高温报警响应功能	4.3.9	1 长度为 100mm 敏感部件周围的温度达到探测器小尺寸高温报警设定阈值时，探测器的火警确认灯应点亮并保持	在探测器末端，用专用检测仪器或模拟火灾的方法，使任一段长度为 100mm 敏感部件周围温度达到探测器小尺寸高温报警设定阈值；观察探测器火警确认灯点亮情况	□	□		□	□		□		A
			2 控制器应发出火警声光信号，记录报警时间	检查控制器火灾报警情况、火警信息记录情况	□	□		□	□		□		A
			3 控制器应显示发出报警信号部件类型和地址注释信息，显示的地址注释信息应与附录 D 一致	检查控制器火警信息显示情况	□	□		□	□		□		C
			4 恢复探测器正常连接后，控制器应能对探测器报警状态进行复位，探测器的火警确认灯应熄灭	使探测器监测区域的环境恢复正常，剪除试验段敏感部件，恢复探测器的正常连接，手动操作火灾报警控制器的复位键，观察探测器火警确认灯熄灭情况	□	□		□	□		□		C
部件类型：☆管路采样式吸气感烟火灾探测器													
1 设备选型													
	规格型号、适用场所	GB 50116	探测器的规格型号、适用场所应符合现行国家标准《火灾自动报警系统设计规范》GB 50116 和设计文件的规定	对照现行国家标准《火灾自动报警系统设计规范》GB 50116 和设计文件核查设备的规格型号、设置场所	—	—	—	—	—	—	□		A

续表 E.1

地址编号	项目	条款	子项（调试、检测、验收内容）		施工单位调试记录			监理单位检查记录			检测、验收结果		
			调试、检测、验收要求	调试、检测、验收方法	符合	不符合	说明	符合	不符合	说明	合格	不合格	说明
	2 设备设置												
	2.1 采样管路长度	3.1.1	采样管路的长度应符合设计文件和产品检测报告的规定	用尺测量采样管路的长度	—	—	—	—	—	—	□	C	
	2.2 采样管路敷设		采样管路的敷设应符合设计文件和产品检测报告的规定	检查采样管路的敷设情况	—	—	—	—	—	—	□	C	
	2.3 采样孔数量		采样孔的设置数量应符合设计文件和产品检测报告的规定	核查采样孔的设置数量	—	—	—	—	—	—	□	C	
	3 消防产品准入制度												
	证书和标识	2.2.1	应有与其相符合的、有效的认证证书和认证标识	核查产品的认证证书和认证标识	—	—	—	—	—	—	□	A	
	4 安装质量												
	4.1 安装工艺	3.1.2	☆在有爆炸危险性场所的安装，应符合现行国家标准《电气装置安装工程 爆炸和火灾危险环境电气装置施工及验收规范》GB 50257 的相关规定	检查施工工艺是否符合现行国家标准《电气装置安装工程 爆炸和火灾危险环境电气装置施工及验收规范》GB 50257 的规定	—	—	—	—	—	—	□	C	
	4.2 探测器的安装高度		探测器在设为高灵敏度时可安装在天棚高度大于16m 的场所，并保证至少有两个采样孔低于16m；非高灵敏度的吸气式感烟火灾探测器不宜安装在天棚高度大于16m 的场所	核查探测器的灵敏度等级和安装场所高度	—	—	—	—	—	—	□	C	
	4.3 采样管安装		采样管应牢固安装在过梁、支架等建筑结构上	检查采样管的安装情况	—	—	—	—	—	—	□	C	
	4.4 采样孔的设置	3.3.9	1 在大空间场所安装时，每个采样孔的保护面积、保护半径应满足点型感烟火灾探测器的保护面积、保护半径的要求，当采样管道布置形式为垂直采样时，每 2℃温差间隔或 3m 间隔（取最小者）应设置一个采样孔，采样孔不应背对气流方向	检查采样孔的设置情况，用尺测量采样口的保护半径，核算每一个采样口的保护面积；用尺测量采样孔的间距	—	—	—	—	—	—	□	C	
			2 采样孔的直径应根据采样管的长度及敷设方式、采样孔的数量等因素确定，并应满足设计文件和产品使用说明书的要求；采样孔需要现场加工时，应采用专用打孔工具	核查采样孔的数量，测量采样孔的直径，检查采样孔的加工情况	—	—	—	—	—	—	□	C	

续表 E.1

地址编号	项目	条款	子项（调试、检测、验收内容）		施工单位调试记录			监理单位检查记录			检测、验收结果		
			调试、检测、验收要求	调试、检测、验收方法	符合	不符合	说明	符合	不符合	说明	合格	不合格	说明
	4.4 采样孔的设置	3.3.9	3 当采样管道采用毛细管布置方式时，毛细管长度不宜超过4m	用尺测量毛细管的长度	—	—	—	—	—	—	☐	C	
	4.5 探测器标识		采样管和采样孔应设置明显的火灾探测器标识	检查采样管和采样孔标识的设置情况	—	—	—	—	—	—	☐	C	
	5 基本功能												
	地址设置	4.2.2	按照附录D的规定进行地址设置，控制器地址注释信息录入								—	—	—
	5.1 离线故障报警功能	4.3.4	1 探测器处于离线状态时，控制器应发出故障声、光信号	由控制器供电时，使探测器处于离线状态；不由火灾报警控制器供电的，使探测器电源线和通信线分别处于断开状态；观察控制器的故障报警情况	☐	☐		☐	☐		☐	C	
			2 控制器应显示故障部件的类型和地址注释信息，且显示的地址注释信息应与附录D一致	检查控制器故障信息显示情况	☐	☐		☐	☐		☐	C	
	5.2 气流故障报警功能	4.3.10	1 采样管路的气流改变时，探测器或其控制装置的故障指示灯应点亮，控制器应发出故障声、光信号	根据产品说明书改变探测器的采样管路气流，观察探测器或其控制装置故障指示灯点亮情况；观察控制器的故障报警情况	☐	☐		☐	☐		☐	C	
			2 控制器应显示故障部件的类型和地址注释信息，且显示的地址注释信息应与附录D一致	检查控制器故障信息显示情况	☐	☐		☐	☐		☐	C	
			3 采样管路的气流恢复正常后，探测器应能恢复正常监视状态	恢复探测器的正常采样管路气流，使探测器处于正常监视状态	☐	☐		☐	☐		☐	C	
	5.3 火灾报警功能	4.3.11	1 探测器监测区域的烟雾浓度达到探测器报警设定阈值时，探测器或其控制装置的火警确认灯应在120s内点亮并保持	在采样管最末端采样孔加入试验烟，使监测区域的烟雾浓度达到探测器报警设定阈值；用秒表测量探测器或其控制装置火警确认灯的点亮时间	☐	☐		☐	☐		☐	A	
			2 控制器应发出火警声光信号，记录报警时间	检查控制器火灾报警情况、火警信息记录情况	☐	☐		☐	☐		☐	A	
			3 控制器应显示发出报警信号部件类型和地址注释信息，显示的地址注释信息应与附录D一致	检查控制器火警信息显示情况	☐	☐		☐	☐		☐	C	
	5.4 复位功能		探测器监测区域恢复正常后，控制器应能对探测器报警状态进行复位，探测器报警确认灯应熄灭	监测区域环境恢复正常，手动操作火灾报警控制器的复位键，观察探测器火警确认灯熄灭情况	☐	☐		☐	☐		☐	C	

— 109 —

续表 E.1

地址编号	项目	条款	子项（调试、检测、验收内容）		施工单位调试记录			监理单位检查记录			检测、验收结果		
			调试、检测、验收要求	调试、检测、验收方法	符合	不符合	说明	符合	不符合	说明	合格	不合格	说明
	部件类型：☆点型火焰探测器和图像型火灾探测器												
	1 设备选型												
	规格型号、适用场所	GB 50116	探测器的规格型号、适用场所应符合现行国家标准《火灾自动报警系统设计规范》GB 50116 和设计文件的规定	对照现行国家标准《火灾自动报警系统设计规范》GB 50116 和设计文件核查设备的规格型号、设置场所	—	—	—	—	—	—	☐	A	
	2 设备设置												
	2.1 设置数量	3.1.1	探测器的设置数量应符合设计文件的规定	对照设计文件核查探测器的设置数量	—	—	—	—	—	—	☐	C	
	2.2 视场角和探测距离		探测器的视场角和探测距离应符合设计文件的规定	核查探测器的探测视角及最大探测距离，用尺测量、计算探测器的最大探测距离	—	—	—	—	—	—	☐	C	
	3 消防产品准入制度												
	证书和标识	2.2.1	应有与其相符合的、有效的认证证书和认证标识	核查产品的认证证书和认证标识	—	—	—	—	—	—	☐	A	
	4 安装质量												
	4.1 安装工艺	3.1.2	☆在有爆炸危险性场所的安装，应符合现行国家标准《电气装置安装工程 爆炸和火灾危险环境电气装置施工及验收规范》GB 50257 的相关规定	检查施工工艺是否符合现行国家标准《电气装置安装工程 爆炸和火灾危险环境电气装置施工及验收规范》GB 50257 的规定	—	—	—	—	—	—	☐	C	
	4.2 安装位置	3.3.10	1 安装位置应保证其视场角覆盖探测区域，并应避免光源直接照射在探测器的探测窗口	检查视场角覆盖范围，观察探测窗口是否可能受到光源的直接照射	—	—	—	—	—	—	☐	C	
			2 探测器的探测视角内不应存在遮挡物	观察探测器的探测视角内是否存在固定遮挡物	—	—	—	—	—	—	☐	C	
	4.3 防护措施		室外或交通隧道安装时，应采取防尘、防水措施	检查探测器的防尘、防水措施	—	—	—	—	—	—	☐	C	
	5 基本功能												
	地址设置	4.2.2	按照附录 D 的规定进行地址设置，控制器地址注释信息录入								—	—	—
	5.1 离线故障报警功能	4.3.4	1 探测器处于离线状态时，控制器应发出故障声、光信号	探测器由控制器供电时，使探测器处于离线状态；探测器不由火灾报警控制器供电的，使探测器电源线和通信线分别处于断开状态；观察控制器的故障报警情况	☐	☐		☐	☐		☐	C	
			2 控制器应显示故障部件的类型和地址注释信息，且显示的地址注释信息应与附录 D 一致	检查控制器故障信息显示情况	☐	☐		☐	☐		☐	C	

续表 E.1

地址编号	项目	条款	子项（调试、检测、验收内容）		施工单位调试记录			监理单位检查记录			检测、验收结果		
			调试、检测、验收要求	调试、检测、验收方法	符合	不符合	说明	符合	不符合	说明	合格	不合格	说明
	5.2 火灾报警功能	4.3.12	1 探测器监测区域的光波达到探测器报警设定阈值时，探测器或其控制装置的火警确认灯应在30s内点亮并保持	在探测器监视区域内最不利处，采用专用检测仪器或模拟火灾的方法，向探测器释放试验光波；用秒表测量探测器或其控制装置火警确认灯的点亮时间	□	□		□	□		□	A	
			2 控制器应发出火警声光信号，记录报警时间	检查控制器火灾报警情况、火警信息记录情况	□	□		□	□		□	A	
			3 控制器应显示发出报警信号部件类型和地址注释信息，显示的地址注释信息应与附录D一致	检查控制器火警信息显示情况	□	□		□	□		□	C	
	5.3 复位功能		探测器监测区域恢复正常后，控制器应能对探测器报警状态进行复位，探测器报警确认灯应熄灭	监测区域环境恢复正常，手动操作火灾报警控制器的复位键，观察探测器火警确认灯熄灭情况	□	□		□	□		□	C	
Ⅲ 火灾报警控制器其他现场部件调试、检测、验收													
部件类型：☆手动火灾报警按钮													
1 设备选型													
	规格型号、适用场所	GB 50116	按钮的规格型号、适用场所应符合现行国家标准《火灾自动报警系统设计规范》GB 50116和设计文件的规定	对照现行国家标准《火灾自动报警系统设计规范》GB 50116和设计文件核查设备的规格型号、设置场所	—	—		—	—		□	A	
2 设备设置													
	2.1 设置数量	3.1.1	设备的设置数量应符合设计文件的规定	对照设计文件核查设备的设置数量	—	—		—	—		□	C	
	2.2 设置部位		设备的设置部位应符合设计文件的规定	对照设计文件核查设备的设置部位	—	—		—	—		□	C	
3 消防产品准入制度													
	证书和标识	2.2.1	应有与其相符合的、有效的认证证书和认证标识	核查产品的认证证书和认证标识	—	—		—	—		□	A	
4 安装质量													
	4.1 安装工艺	3.1.2	☆在有爆炸危险性场所的安装，应符合现行国家标准《电气装置安装工程 爆炸和火灾危险环境电气装置施工及验收规范》GB 50257的相关规定	检查施工工艺是否符合现行国家标准《电气装置安装工程 爆炸和火灾危险环境电气装置施工及验收规范》GB 50257的规定	—	—		—	—		□	C	
	4.2 按钮的安装	3.3.16	1 应设置在明显和便于操作的部位；其底边距地(楼)面的高度宜为1.3m～1.5m，且应设置明显的永久性标识	观察设备的安装位置，用尺测量按钮底边距地(楼)面的高度	—	—		—	—		□	C	

续表 E.1

地址编号	项目	条款	子项（调试、检测、验收内容）		施工单位调试记录			监理单位检查记录			检测、验收结果		
			调试、检测、验收要求	调试、检测、验收方法	符合	不符合	说明	符合	不符合	说明	合格	不合格	说明
	4.2 按钮的安装	3.3.16	2 应安装牢固，不应倾斜	用手感检查设备的安装情况	—	—	—	—	—	—	☐	C	
			3 按钮的连接导线应留有不小于150mm的余量，且在其端部应有明显的永久性标识	用尺测量导线余量的长度，检查导线的标识	—	—	—	—	—	—	☐	C	
5 基本功能													
	地址设置	4.2.2	按照附录D的规定进行地址设置，控制器地址注释信息录入								—	—	—
	5.1 离线故障报警功能	4.3.13	1 按钮离线时，控制器应发出故障声、光信号	使按钮处于离线状态，观察控制器的故障报警情况	☐	☐		☐	☐		☐	C	
			2 控制器应显示故障部件的类型和地址注释信息，且显示的地址注释信息应与附录D一致	检查控制器故障信息显示情况	☐	☐		☐	☐		☐	C	
	5.2 火灾报警功能	4.3.14	1 按钮动作后，按钮的火警确认灯应点亮并保持	使按钮动作，观察按钮火警确认灯的点亮情况	☐	☐		☐	☐		☐	A	
			2 控制器应发出火警声光信号，记录报警时间	检查控制器火灾报警情况、火警信息记录情况	☐	☐		☐	☐		☐	A	
			3 控制器应显示发出报警信号部件类型和地址注释信息，显示的地址注释信息应与附录D一致	检查控制器火警信息显示情况	☐	☐		☐	☐		☐	C	
	5.3 复位功能		按钮的机械结构复位后，控制器应能对按钮的报警状态复位，按钮的报警确认灯应熄灭	复位手动报警按钮的机械结构，手动操作控制器的复位键，观察按钮火警确认灯熄灭情况	☐	☐		☐	☐		☐	C	
部件类型：☆火灾显示盘													
1 设备选型													
	规格型号	GB 50116	设备规格型号应符合设计文件的规定	对照设计文件核查设备的规格型号	—	—	—	—	—	—	☐	A	
2 设备设置													
	2.1 设置数量	3.1.1	设备的设置数量应符合设计文件的规定	对照设计文件核查设备的设置数量	—	—	—	—	—	—	☐	C	
	2.2 设置部位		设备的设置部位应符合设计文件的规定	对照设计文件核查设备的设置部位	—	—	—	—	—	—	☐	C	
3 消防产品准入制度													
	证书和标识	2.2.1	应有与其相符合的、有效的认证证书和认证标识	核查产品的认证证书和认证标识	—	—	—	—	—	—	☐	A	
4 安装质量													
	4.1 安装工艺	3.1.2	☆在有爆炸危险性场所的安装，应符合现行国家标准《电气装置安装工程 爆炸和火灾危险环境电气装置施工及验收规范》GB 50257 的相关规定	检查施工工艺是否符合现行国家标准《电气装置安装工程 爆炸和火灾危险环境电气装置施工及验收规范》GB 50257 的规定							☐	C	

续表 E.1

地址编号	项目	条款	子项（调试、检测、验收内容）		施工单位调试记录			监理单位检查记录			检测、验收结果		
			调试、检测、验收要求	调试、检测、验收方法	符合	不符合	说明	符合	不符合	说明	合格	不合格	说明
	4.2 设备安装	3.3.1	设备应安装牢固，不应倾斜；安装在轻质墙上时，应采取加固措施	手感检查设备的固定情况，检查设备的加固措施	—	—	—	—	—	—	☐		C
	5 基本功能												
	地址设置	4.2.2	按照附录 D 的规定进行地址设置，控制器地址注释信息录入								—	—	—
	5.1 接收显示功能		火灾显示盘应能接收并显示火灾报警控制器发送的火灾报警信息，且显示的信息应与控制器一致	使探测器或手动报警按钮发出火灾报警信号，检查火灾显示盘和控制器火灾信息显示情况	☐	☐		☐	☐		☐		C
	5.2 消音功能		火灾显示盘应能手动消除报警声信号	手动操作设备的消音键，检查声信号消除情况	☐	☐		☐	☐		☐		C
	5.3 复位功能	4.3.15	火灾报警控制器的报警信号消除后，显示盘应能对报警状态进行复位，显示盘应处于正常监视状态	撤出控制器的火灾报警信号，手动操作显示盘的复位按钮、按键，观察显示盘的工作状态	☐	☐		☐	☐		☐		C
	5.4 操作级别		显示盘应根据不同使用对象设置不同的操作级别	检查控制器操作级别划分是否符合现行国家标准《火灾显示盘》GB 17429 的规定	☐	☐		☐	☐		☐		C
	☆非控制器供电 5.5 主备电自动转换功能		显示盘主电断电后，备电应能自动投入；主电恢复后，应能自动投入；主电、备电工作指示灯应能正确指示控制器主、备电的工作状态	切断主电源，检查备用电源自动投入情况，观察工作指示灯显示情况；恢复主电源，检查主电源自动投入情况，观察工作指示灯显示情况	☐	☐		☐	☐		☐		C
	5.6 电源故障报警功能	4.3.16	1 显示盘的主电源断电后，火灾报警控制器应发出故障报警声、光信号，记录报警时间	使火灾显示盘的主电源处于故障状态，观察控制器的故障报警情况	☐	☐		☐	☐		☐		C
			2 控制器应显示故障部件的类型和地址注释信息，且显示的地址注释信息应与附录 D 一致	检查控制器故障信息显示情况	☐	☐		☐	☐		☐		C
	部件类型：☆模块												
	1 设备选型												
	规格型号	GB 50116	设备规格型号应符合设计文件的规定	对照设计文件核查设备的规格型号	—	—	—	—	—	—	☐		A
	2 设备设置												
	2.1 设置数量	3.1.1	设备的设置数量应符合设计文件的规定	对照设计文件核查设备的设置数量	—	—	—	—	—	—	☐		C
	2.2 设置部位		设备的设置部位应符合设计文件的规定	对照设计文件核查设备的设置部位	—	—	—	—	—	—	☐		C
	3 消防产品准入制度												
	证书和标识	2.2.1	应有与其相符合的、有效的认证证书和认证标识	核查产品的认证证书和认证标识	—	—	—	—	—	—	☐		A

续表 E.1

地址编号	项目	条款	子项（调试、检测、验收内容）		施工单位调试记录			监理单位检查记录			检测、验收结果		
			调试、检测、验收要求	调试、检测、验收方法	符合	不符合	说明	符合	不符合	说明	合格	不合格	说明
	4 安装质量												
	4.1 安装工艺	3.1.2	☆在有爆炸危险性场所的安装，应符合现行国家标准《电气装置安装工程 爆炸和火灾危险环境电气装置施工及验收规范》GB 50257 的相关规定	检查施工工艺是否符合现行国家标准《电气装置安装工程 爆炸和火灾危险环境电气装置施工及验收规范》GB 50257 的规定	—	—	—	—	—	—	□		C
	4.2 设备安装	3.3.17	1 同一报警区域内的模块宜集中安装在金属箱内，不应安装在配电柜、箱或控制柜、箱内	检查模块的设置部位	—	—	—	—	—	—	□		C
			2 应独立安装在不燃材料或墙体上，应安装牢固，并应采取防潮、防腐蚀等措施	检查模块的安装部位，防潮、防腐蚀等措施，用手感检查设备的固定情况	—	—	—	—	—	—	□		C
			3 模块的连接导线应留有不小于150mm的余量，其端部应有明显的永久性标识	用尺测量导线余量的长度，检查导线的标识	—	—	—	—	—	—	□		C
			4 模块的终端部件应靠近连接部件安装	检查模块和终端部件的连接情况	—	—	—	—	—	—	□		C
			5 隐蔽安装时在安装处附近应有检修孔和尺寸不小于100mm×100mm的永久性标识	观察检修孔和标识设置情况	—	—	—	—	—	—	□		C
	5 基本功能												
	地址设置	4.2.2	按照附录D的规定进行地址设置，控制器地址注释信息录入								—	—	—
	5.1 离线故障报警功能	4.5.5	1 模块离线时，控制器应发出故障声、光信号	使模块通信线处于离线状态，观察控制器故障报警情况	□	□		□	□		□		C
			2 控制器应显示故障部件的类型和地址注释信息，且显示的地址注释信息应与附录D一致	检查控制器故障信息显示情况	□	□		□	□		□		C
	5.2 模块连接部件断线故障报警功能	4.5.6	1 模块与连接部件之间的连接线路断路时，控制器应发出故障声、光信号	使模块与连接部件之间的连接线路断路，观察控制器的故障报警情况	□	□		□	□		□		C
			2 控制器应显示故障部件的类型和地址注释信息，且显示的地址注释信息应与附录D一致	检查控制器故障信息显示情况	□	□		□	□		□		C
	5.3 输入模块信号接收及反馈功能	4.5.7	1 输入模块与连接设备的接口应兼容	对照设计文件和设备设计手册，核查输入模块和连接设备接口的兼容性	□	□		□	□		□		C

续表 E.1

地址编号	项目	条款	子项（调试、检测、验收内容）		施工单位调试记录			监理单位检查记录			检测、验收结果		
			调试、检测、验收要求	调试、检测、验收方法	符合	不符合	说明	符合	不符合	说明	合格	不合格	说明
	5.3 输入模块信号接收及反馈功能	4.5.7	2 输入模块接收连接设备的反馈信号后，模块的动作指示灯应点亮	给输入模块输入模拟反馈信号，观察模块动作指示灯点亮情况	□	□		□	□		□	C	
			3 控制器应显示动作设备的名称和地址注释信息，且显示的地址注释信息应与附录D一致	检查控制器设备动作信息显示情况	□	□		□	□		□	C	
	5.4 输入模块复位功能		设备反馈信号撤销后，控制器应能对模块的工作状态进行复位，熄灭模块动作指示灯	撤销模拟反馈信号，手动操作控制器的复位键，观察模块动作指示灯熄灭情况	□	□		□	□		□	C	
	5.5 输出模块启动功能	4.5.8	1 输出模块与受控设备的接口应兼容	对照设计文件和设备设计手册，核查输出模块和受控设备接口的兼容性	□	□		□	□		□	C	
			2 输出模块接收到控制器的启动控制信号后，应在3s内动作，并点亮模块的动作指示灯	按照附录D的地址编号操作控制器启动模块；用秒表测量模块动作时间，观察模块指示灯点亮情况	□	□		□	□		□	A	
			3 控制器应点亮启动指示灯，显示启动设备名称和地址注释信息，显示的地址注释信息应与附录D一致	观察控制器启动指示灯点亮情况，检查控制器设备启动信息显示情况	□	□		□	□		□	C	
	5.6 输出模块停止功能		输出模块接收到控制器的停止控制信号后，应在3s内动作，并熄灭模块的动作指示灯	操作控制器停止模块，用秒表测量模块动作时间，观察模块指示灯熄灭情况	□	□		□	□		□	A	

□调试结论	□合格	□不合格
□检测、验收结论	□合格	□不合格：xxA＋yyB＋zzC

建设单位	设计单位	监理单位	施工单位	调试单位	检测、验收单位
（公章）项目负责人	（公章）项目负责人	（公章）项目负责人	（公章）项目负责人	（公章）项目负责人	（公章）项目负责人
（签章）年 月 日	（签章）年 月 日	（签章）年 月 日	（签章）年 月 日	（签章）年 月 日	（签章）年 月 日

表 E.2 家用火灾安全系统调试、检测、验收记录   编号：

工程名称					子分部工程名称		□调试 □检测 □验收						
施工单位		项目负责人		调试单位		监理单位			监理工程师				
执行规范名称及编号		《火灾自动报警系统设计规范》GB 50116、《建筑电气工程施工质量验收规范》GB 50303、《家用火灾安全系统》GB 22370											
监控设备型号规格				编号		设置部位							
控制器型号规格				编号		设置部位			配接回路数		M		
回路1配接现场部件数量		N_1		检测数量	配接现场部件的全部数量 N_1	验收数量		应符合本标准表5.0.2的规定					
回路M配接现场部件数量		N_M		检测数量	配接现场部件的全部数量 N_M	验收数量		应符合本标准表5.0.2的规定					

地址编号	项目	条款	子项（调试、检测、验收内容）		施工单位调试记录			监理单位检查记录			检测、验收结果		
			调试、检测、验收要求	调试、检测、验收方法	符合	不符合	说明	符合	不符合	说明	合格	不合格	说明
	Ⅰ 控制中心监控设备调试、检测、验收												
	部件类型：控制中心监控设备												
	1 设备选型												
	规格型号	GB 50116	规格、型号应满足设计文件的要求	对照设计文件核查设备的规格型号	—	—	—	—	—	—	□		A
	2 设备设置												
	设置部位	3.1.1	设备的设置部位应满足设计文件的要求	对照设计文件核查设备的设置部位	—	—	—	—	—	—	□		C
	3 消防产品准入制度												
	证书和标识	2.2.1	应有与其相符合的、有效的认证证书和认证标识	核查产品的认证证书和认证标识	—	—	—	—	—	—	□		A
	4 安装质量												
	4.1 设备安装	3.3.1	1 设备应安装牢固，不应倾斜	用手感检查设备的安装情况							□		C
			☆2 落地安装时：设备底边宜高出地（楼）面 0.1m～0.2m	用尺测量设备底边与地（楼）面的距离							□		C
			☆3 安装在轻质墙上时，应采取加固措施	检查设备的加固措施							□		C
	4.2 设备的引入线缆	3.3.2	1 配线应整齐，不宜交叉，并应固定牢靠	检查设备内部配线情况							□		C
			2 线缆芯线的端部，均应标明编号，并与图纸一致，字迹应清晰且不易褪色	对照设计文件逐一检查线缆的标号	—	—	—	—	—	—	□		C
			3 端子板的每个接线端，接线不得超过2根	检查端子接线情况	—	—	—	—	—	—	□		C
			4 线缆应留有不小于200mm的余量	用尺测量线缆的余量长度	—	—	—	—	—	—	□		C
			5 线缆应绑扎成束	检查线缆的布置情况							□		C
			6 线缆穿管、槽盒后，应将管口、槽口封堵	检查管口、槽口封堵情况							□		C

续表 E.2

地址编号	项目	条款	子项（调试、检测、验收内容）		施工单位调试记录			监理单位检查记录			检测、验收结果		
			调试、检测、验收要求	调试、检测、验收方法	符合	不符合	说明	符合	不符合	说明	合格	不合格	说明
	4.3 设备电源的连接	3.3.3	1 设备的主电源应有明显的永久性标识，并应直接与消防电源连接，严禁使用电源插头	检查设备主电源的标识，检查设备与消防电源的连接情况	—	—	—	—	—	—	□	C	
			2 设备与其外接备用电源之间应直接连接	检查设备与外接备用电源的连接情况	—	—	—	—	—	—	□	C	
	☆4.4 蓄电池安装	3.3.4	设备自带电池需进行现场安装时，蓄电池的规格、型号、容量应符合设计文件的规定，蓄电池的安装应满足产品使用说明书的要求	对照设计文件核对蓄电池的规格、型号、容量；检查蓄电池的安装情况	—	—	—	—	—	—	□	C	
	4.5 设备的接地	3.3.5	设备的接地应牢固，并有明显的永久性标识	用手感检查或专用设备检查设备接地线的连接情况，检查设备的接地标识	—	—	—	—	—	—	□	C	
5 基本功能													
	调试准备	4.4.1	切断控制中心监控设备的所有外部控制连线，并将家用火灾报警控制器等部件相连接后，接通电源，使控制中心监控设备处于正常监视状态								—	—	
	5.1 操作级别		监控器应根据不同使用对象设置不同的操作级别	检查设备操作级别划分情况是否符合现行国家标准《家用火灾安全系统》GB 22370 的规定	□	□		□	□		□	C	
	5.2 接收和显示报警信号功能	4.4.2	1 家用火灾报警控制器发出火灾报警信号后，监控器应发出声、光报警信号	使家用火灾报警控制器发出火灾报警信号，观察监控器的火灾报警情况	□	□		□	□		□	A	
			2 监控器应显示发出报警信号部件的地址注释信息，且显示的地址注释信息应与附录D一致	检查监控器火警信息显示情况	□	□		□	□		□	C	
	5.3 消音功能		监控器应能手动消除报警声信号	手动操作监控器的消音键，检查监控器声信号消除情况	□	□		□	□		□	C	
	5.4 复位功能		家用火灾报警控制器撤除火灾报警信号后，监控器应能对火灾报警状态复位，恢复正常监视状态	撤除家用火灾报警控制器的火灾报警信号，手动操作监控器的复位键，观察监控器的工作状态	□	□		□	□		□	C	
	调试恢复	4.1.6	恢复监控器所有外部控制连线、各受控现场设备的控制连线，使监控器处于正常监视状态								—	—	
Ⅱ 家用火灾报警控制器调试、检测、验收													
部件类型：家用火灾报警控制器													
1 设备选型													
	规格型号	GB 50116	规格、型号应满足设计文件的要求	对照设计文件核查设备的规格型号	—	—	—	—	—	—	□	A	

— 117 —

续表 E.2

地址编号	项目	条款	子项（调试、检测、验收内容）		施工单位调试记录			监理单位检查记录			检测、验收结果		
			调试、检测、验收要求	调试、检测、验收方法	符合	不符合	说明	符合	不符合	说明	合格	不合格	说明
	2 设备设置												
	设置部位	3.1.1	设备的设置部位应满足设计文件的要求	对照设计文件核查设备的设置部位	—	—	—	—	—	—	□	C	
	3 消防产品准入制度												
	证书和标识	2.2.1	应有与其相符合的、有效的认证证书和认证标识	核查产品的认证证书和认证标识	—	—	—	—	—	—	□	A	
	4 安装质量												
	4.1 设备安装	3.3.1	1 设备应安装牢固，不应倾斜	用手感检查设备的安装情况	—	—	—	—	—	—	□	C	
			2 安装在轻质墙上时，应采取加固措施	检查设备的加固措施	—	—	—	—	—	—	□	C	
	4.2 设备的引入线缆	3.3.2	1 配线应整齐，不宜交叉，并应固定牢靠	检查设备内部配线情况	—	—	—	—	—	—	□	C	
			2 线缆芯线的端部，均应标明编号，并与图纸一致，字迹应清晰且不易褪色	对照设计文件逐一检查线缆的标号	—	—	—	—	—	—	□	C	
			3 端子板的每个接线端接线不得超过2根	检查端子接线情况	—	—	—	—	—	—	□	C	
			4 线缆应留有不小于200mm的余量	用尺测量线缆的余量长度	—	—	—	—	—	—	□	C	
			5 线缆应绑扎成束	检查线缆的布置情况	—	—	—	—	—	—	□	C	
			6 线缆穿管、槽盒后，应将管口、槽口封堵	检查管口、槽口封堵情况	—	—	—	—	—	—	□	C	
	4.3 设备电源的连接	3.3.3	1 设备的主电源应有明显的永久性标识，并应直接与消防电源连接，严禁使用电源插头	检查设备主电源的标识，检查设备与消防电源的连接情况	—	—	—	—	—	—	□	C	
			2 设备与其外接备用电源之间应直接连接	检查设备与外接备用电源的连接情况	—	—	—	—	—	—	□	C	
	☆4.4 蓄电池安装	3.3.4	设备自带电池需进行现场安装时，蓄电池的规格、型号、容量应符合设计文件的规定，蓄电池的安装应符合产品使用说明书的要求	对照设计文件核对蓄电池的规格、型号、容量；检查蓄电池的安装情况	—	—	—	—	—	—	□	C	
	4.5 设备接地	3.3.5	设备的接地应牢固，并有明显的永久性标识	用手感检查或专用设备检查设备接地线的连接情况，检查设备的接地标识	—	—	—	—	—	—	□	C	
	5 基本功能												
	5.1 回路号（1）的基本功能												
	调试准备	4.4.3	将任一个总线回路的家用火灾探测器、手动报警开关等部件相连接后，接通电源，使控制器处于正常监视状态								—	—	

续表 E.2

地址编号	项目	条款	子项（调试、检测、验收内容）		施工单位调试记录			监理单位检查记录			检测、验收结果		
			调试、检测、验收要求	调试、检测、验收方法	符合	不符合	说明	符合	不符合	说明	合格	不合格	说明
	5.1.1 自检功能		控制器应能对指示灯、显示器和音响器件进行功能自检	操作控制器的自检机构，检查控制器指示灯、显示器和音响器的动作情况	□	□		□	□		□	C	
	5.1.2 主、备电自动转换功能		控制器主电断电后，备电应能自动投入；主电恢复后，应能自动投入；主电、备电工作指示灯应能正确指示控制器主、备电的工作状态	切断主电源，检查备用电源自动投入情况，观察工作指示灯显示情况；恢复主电源，检查主电源自动投入情况，观察工作指示灯显示情况	□	□		□	□		□	C	
	5.1.3 故障报警功能		1 控制器与备用电源之间连线断路、短路时，控制器应在100s内发出故障声光信号，显示故障类型	分别使控制器与备用电源之间连线断路、短路，用秒表测量控制器故障报警响应时间、观察故障信息显示情况	□	□		□	□		□	C	
		4.4.4	2 控制器与现场部件之间的通信故障时，控制器应在100s内显示故障部件的类型和地址注释信息，且显示的地址注释信息应与附录D一致	使控制器处于备电工作状态，使控制器与任一现场部件之间的通讯中断；用秒表测量控制器故障报警响应时间，检查控制器故障信息显示情况	□	□		□	□		□	C	
	5.1.4 火警优先功能		1 探测器发出火灾报警信号后，控制器应在10s内发出火灾报警声、光信号，并记录报警时间	使任一只非故障部位的探测器发出火灾报警信号，用秒表测量控制器火灾报警响应时间，检查控制器的火警信息记录情况	□	□		□	□		□	A	
			2 控制器应显示发出报警信号部件设备类型和地址注释信息，显示的地址注释信息应与附录D一致	检查控制器火警信息显示情况	□	□		□	□		□	C	
	5.1.5 消音功能		控制器应能手动消除报警声信号	手动操作控制器的消音键，检查控制器声信号消除情况	□	□		□	□		□	C	
	5.1.6 二次报警功能		1 探测器发出火灾报警信号后，控制器应在10s内发出火灾报警声、光信号，并记录报警时间	再次使另外一只非故障部位的探测器发出火灾报警信号，用秒表测量控制器火灾报警响应时间，检查控制器的火警信息记录情况	□	□		□	□		□	A	
			2 控制器应显示发出报警信号部件设备类型和地址注释信息，显示的地址注释信息应与附录D一致	检查控制器火警信息显示情况	□	□		□	□		□	C	

续表 E.2

地址编号	项目	条款	子项（调试、检测、验收内容）		施工单位调试记录			监理单位检查记录			检测、验收结果		
			调试、检测、验收要求	调试、检测、验收方法	符合	不符合	说明	符合	不符合	说明	合格	不合格	说明
	5.1.7 复位功能	4.4.4	恢复控制器的正常连接、撤除探测器的火灾报警信号，应能对控制器报警状态复位，消除控制器的声、光报警信号	恢复主电工作，恢复控制器与现场部件间的正常连线，使探测器的监测区域恢复正常，手动操作控制器的复位键，观察控制器的工作状态	□	□		□	□		□		C
	5.2 回路号（M）的基本功能												
	调试准备		将备调总线回路的家用火灾探测器、手动报警开关等部件相连接后，使控制器处于正常监视状态										
	5.2.1 故障报警功能	4.4.5	控制器与现场部件之间的通信故障时，控制器应在100s内发出故障声光信号，显示故障部件的类型和地址注释信息，且显示的地址注释信息应与附录D一致	使控制器处于备电工作工作状态、控制器与任一现场部件之间的通讯中断；用秒表测量控制器故障报警响应时间，检查控制器故障信息显示情况	□	□		□	□		□		C
	5.2.2 火警优先功能		1 探测器发出火灾报警信号后，控制器应在10s内发出火灾报警声、光信号，并记录报警时间	使任一只非故障部位的探测器发出火灾报警信号，用秒表测量控制器火灾报警响应时间，检查控制器的火警信息记录情况	□	□		□	□		□		A
			2 控制器应显示发出报警信号部件设备类型和地址注释信息，且显示的地址注释信息应与附录D一致	检查控制器火警信息显示情况	□	□		□	□		□		C
	5.2.3 复位功能		恢复控制器的正常连接、撤除探测器的火灾报警信号，应能对控制器报警状态复位，消除控制器的声、光报警信号	恢复主电工作，恢复控制器与现场部件间的正常连线，使探测器的监测区域恢复正常，手动操作控制器的复位键，观察控制器的工作状态	□	□		□	□		□		C
	Ⅲ家用安全系统现场部件调试、检测、验收												
	部件类型：☆点型家用感烟火灾探测器、☆点型家用感温火灾探测器、☆独立式感烟火灾探测报警器、☆独立式感温火灾探测报警器												
	1 设备选型												
	规格型号	GB 50116	设备的规格型号应符合设计文件的规定	对照设计文件核查设备的规格型号	—	—	—	—	—	—	□		A
	2 设备设置												
	2.1 设置数量	3.1.1	设备的设置数量应符合设计文件的规定	对照设计文件核查设备的设置数量	—	—	—	—	—	—	□		C
	2.2 设置部位		设备的设置部位应符合设计文件的规定	对照设计文件核查设备的设置部位	—	—	—	—	—	—	□		C
	3 消防产品准入制度												
	证书和标识	2.2.1	应有与其相符合的、有效的认证证书和认证标识	核查产品的认证证书和认证标识	—	—	—	—	—	—	□		A

续表 E.2

地址编号	项目	条款	子项（调试、检测、验收内容）		施工单位调试记录			监理单位检查记录			检测、验收结果		
			调试、检测、验收要求	调试、检测、验收方法	符合	不符合	说明	符合	不符合	说明	合格	不合格	说明
	4 安装质量												
	探测器安装	3.3.6	设备宜水平安装，确需倾斜安装时，倾斜角不应大于45°	检查设备安装情况，测量设备的倾斜角度	—	—	—	—	—	—	□		C
	5 基本功能												
	地址设置	4.2.2	按照附录D的规定进行地址设置，控制器地址注释信息录入								—	—	—
	火灾报警功能	4.4.6	1 探测器处于报警状态时，探测器应发出火灾报警声信号，声报警信号的A计权声压级应在45dB～75dB之间，并应采用逐渐增大的方式，初始声压级不应大于45dB	采用专用的检测仪器或模拟火灾的方法，使探测器监测区域的烟雾浓度、温度达到探测器的报警设定阈值；检查探测器火灾报警声信号启动情况，用数字声级计测量声警报的声压级	□	□	□	□	□	□	□		A
			2 控制器应发出火灾报警声光信号，记录报警时间	检查控制器火灾报警情况、信息记录情况	□	□	□	□	□	□	□		A
			3 控制器应显示发出报警信号部件部件类型和地址注释信息，显示的地址注释信息应与附录D一致	检查控制器火警信息显示情况	□	□	□	□	□	□	□		C
□调试结论			□合格					□不合格					
□检测、验收结论			□合格					□不合格：xxA+yyB+zzC					

建设单位	设计单位	监理单位	施工单位	调试单位	检测、验收单位
（公章）项目负责人（签章）年 月 日	（公章）项目负责人（签章）年 月 日	（公章）项目负责人（签章）年 月 日	（公章）项目负责人（签章）年 月 日	（公章）项目负责人（签章）年 月 日	（公章）项目负责人（签章）年 月 日

表 E.3 消防专用电话系统调试、检测、验收记录　　　　编号：

工程名称				子分部工程名称		□调试 □检测 □验收		
施工单位		项目负责人		调试单位		监理单位		监理工程师
执行规范名称及编号	《火灾自动报警系统设计规范》GB 50116、《电气装置安装工程 爆炸和火灾危险环境电气装置施工及验收规范》GB 50257、《建筑电气工程施工质量验收规范》GB 50303、《消防联动控制系统》GB 16806							
消防电话总机规格型号			编号		设置部位			
电话分机安装件数量	N_1	检测数量	N_1	验收数量		N_1		
电话插孔安装件数量	N_2	检测数量	N_2	验收数量		应符合本标准表 5.0.2 的规定		

地址编号	项目	条款	子项（调试、检测、验收内容）		施工单位调试记录			监理单位检查记录			检测、验收结果		
			调试、检测、验收要求	调试、检测、验收方法	符合	不符合	说明	符合	不符合	说明	合格	不合格	说明
	Ⅰ消防电话总机调试、检测、验收												
	部件类型：消防电话总机												
	1 设备选型												
	规格型号	GB 50116	规格、型号应满足设计文件的要求	对照设计文件核查设备的规格型号	—	—	—	—	—	—	□		A

— 121 —

续表 E.3

地址编号	项目	条款	子项（调试、检测、验收内容）		施工单位调试记录			监理单位检查记录			检测、验收结果		
			调试、检测、验收要求	调试、检测、验收方法	符合	不符合	说明	符合	不符合	说明	合格	不合格	说明
	2 设备设置												
	设置部位	3.1.1	设备的设置部位应符合设计文件的要求	对照设计文件核查设备的设置部位	—	—	—	—	—	—	□	C	
	3 消防产品准入制度												
	证书和标识	2.2.1	应有与其相符合的、有效的认证证书和认证标识	核查产品的认证证书和认证标识	—	—	—	—	—	—	□	A	
	4 安装质量												
	4.1 安装工艺	3.1.2	☆在有爆炸危险性场所的安装，应符合现行国家标准《电气装置安装工程 爆炸和火灾危险环境电气装置施工及验收规范》GB 50257 的相关规定	检查施工工艺是否符合现行国家标准《电气装置安装工程 爆炸和火灾危险环境电气装置施工及验收规范》GB 50257 的规定							□	C	
	4.2 设备安装	3.3.1	1 设备应安装牢固，不应倾斜	用手感检查设备的安装情况	—			—			□	C	
			☆2 落地安装时：设备底边宜高出地（楼）面 0.1m～0.2m	用尺测量设备底边与地（楼）面的距离	—			—			□	C	
			☆3 安装在轻质墙上时，应采取加固措施	检查设备的加固措施							□	C	
	4.3 设备的引入线缆	3.3.2	1 配线应整齐，不宜交叉，并应固定牢靠	检查设备内部配线情况	—	—	—	—	—	—	□	C	
			2 线缆芯线的端部，均应标明编号，并与图纸一致，字迹应清晰且不易褪色	对照设计文件逐一检查线缆的标号	—			—			□	C	
			3 端子板的每个接线端，接线不得超过 2 根	检查端子接线情况	—			—			□	C	
			4 线缆应留有不小于 200mm 的余量	用尺测量线缆的余量长度	—			—			□	C	
			5 线缆应绑扎成束	检查线缆的布置情况	—			—			□	C	
			6 线缆穿管、槽盒后，应将管口、槽口封堵	检查管口、槽口封堵情况	—			—			□	C	
	4.4 设备电源的连接	3.3.3	1 设备的主电源应有明显的永久性标识，并应直接与消防电源连接，严禁使用电源插头	检查设备主电源的标识，检查设备与消防电源的连接情况	—			—			□	C	
			2 设备与其外接备用电源之间应直接连接	检查设备与外接备用电源的连接情况	—			—			□	C	
	☆4.5 蓄电池安装	3.3.4	设备自带电池需进行现场安装时，蓄电池的规格、型号、容量应符合设计文件的规定，蓄电池的安装应符合产品使用说明书的要求	对照设计文件核对蓄电池的规格、型号、容量；检查蓄电池的安装情况							□	C	

续表E.3

地址编号	项目	条款	子项（调试、检测、验收内容）		施工单位调试记录			监理单位检查记录			检测、验收结果		
			调试、检测、验收要求	调试、检测、验收方法	符合	不符合	说明	符合	不符合	说明	合格	不合格	说明
	4.6 设备的接地	3.3.5	设备的接地应牢固，并有明显的永久性标识	用手感检查或专用设备检查设备接地线的连接情况，检查设备的接地标识	—	—	—	—	—	—	☐	C	
	5 基本功能												
	调试准备		接通电源，使消防电话总机处于正常工作状态								—	—	
	5.1 自检功能		总机应能对指示灯、显示器和音响器件进行功能自检	操作总机的自检机构，检查总机指示灯、显示器和音响器的动作情况	☐	☐		☐	☐		☐	C	
	5.2 故障功能		总机与现场部件之间连线断路、短路时，总机应在100s内发出故障声、光信号，显示故障部件地址注释信息，显示的地址注释信息应与附录D一致	分别使总机与任一电话分机、插孔之间的连线断路、短路；用秒表测量总机故障报警响应时间，检查总机故障信息显示情况	☐	☐		☐	☐		☐	C	
	5.3 消音功能		总机应能手动消除报警声信号	手动操作总机消音键，检查总机声信号消除情况	☐	☐		☐	☐		☐	C	
	5.4 接受呼叫功能	4.6.1	1 分机呼叫总机时，总机应在3s内发出呼叫声、光信号，显示呼叫消防分机的地址注释信息，且显示的地址注释信息应与附录D一致	将任一部电话分机摘机，用秒表测量总机的响应时间，检查总机呼叫信息显示情况	☐	☐		☐	☐		☐	B	
			2 总机与分机之间通话的语音应清晰	操作电话总机建立通话，检查语音通话情况	☐	☐		☐	☐		☐	B	
	5.5 呼叫分机功能		1 总机呼叫分机时，总机显示呼叫消防分机的地址注释信息，且显示的地址注释信息应与附录D一致；分机应在3s内发出声、光信号	按附录E的地址编号操作电话总机呼叫电话分机，检查总机呼叫信息显示情况；用秒表测量分机的响应时间	☐	☐		☐	☐		☐	B	
			2 总机与分机之间通话的语音应清晰	操作消防电话分机，建立通话，检查语音通话情况	☐	☐		☐	☐		☐	B	
	调试恢复	4.1.6	恢复总机的正常连接，使总机、分机处于正常监视状态								—	—	
	Ⅱ 消防电话总机现场部件调试、检测、验收												
	部件类型：☆消防电话分机、☆消防电话插孔												
	1 设备选型												
	规格型号	GB 50116	规格、型号应符合设计文件的要求	对照设计文件核查设备的规格型号	—	—	—	—	—	—	☐	A	
	2 设备设置												
	2.1 设置数量	3.1.1	设置数量应符合设计文件的规定	对照设计文件核查设备的设置数量	—	—	—	—	—	—	☐	C	
	2.2 设置部位		设置部位应符合设计文件的规定	对照设计文件核查设备的设置部位	—	—	—	—	—	—	☐	C	

续表 E.3

地址编号	项目	条款	子项（调试、检测、验收内容）		施工单位调试记录			监理单位检查记录			检测、验收结果		
			调试、检测、验收要求	调试、检测、验收方法	符合	不符合	说明	符合	不符合	说明	合格	不合格	说明
	3 消防产品准入制度												
	证书和标识	2.2.1	应有与其相符合的、有效的认证证书和认证标识	核查产品的认证证书和认证标识	—	—	—	—	—	—	□		A
	4 安装质量												
	4.1 安装工艺	3.1.2	☆在有爆炸危险性场所的安装，应符合现行国家标准《电气装置安装工程 爆炸和火灾危险环境电气装置施工及验收规范》GB 50257 的相关规定	检查施工工艺是否符合现行国家标准《电气装置安装工程 爆炸和火灾危险环境电气装置施工及验收规范》GB 50257 的规定	—	—	—	—	—	—	□		C
	☆4.2 安装间距		避难层中，消防专用电话分机或电话插孔的安装间距不应大于20m	用尺测量设备的安装间距	—	—	—	—	—	—	□		C
	4.3 设备安装	3.3.18	1 宜安装在明显、便于操作的位置；电话插孔不应设置在消火栓箱内；采用壁挂方式安装时，其底边距地（楼）面高度宜为1.3m～1.5m	检查设备的安装情况。用尺测量设备底边距地（楼）面的高度	—	—	—	—	—	—	□		C
			2 应设置明显的永久性标识	观察设备标识的设置情况	—	—	—	—	—	—	□		C
	5 基本功能												
	地址设置	4.2.2	按照附录D的规定进行地址设置，总机地址注释信息录入								—	—	—
	☆5.1 电话分机的基本功能												
	5.1.1 呼叫总机功能	4.6.2	1 分机呼叫总机时，总机应在3s内发出声、光信号指示信号，显示呼叫消防分机的地址注释信息，且显示的地址注释信息应与附录D一致	将电话分机摘机，用秒表测量总机的响应时间，检查总机呼叫信息显示情况	□	□		□	□		□		B
			2 总机与分机之间通话的语音应清晰	操作消防电话总机，建立通话，检查语音通话情况	□	□		□	□		□		B
	5.1.2 接受呼叫功能		1 总机呼叫分机时，总机显示呼叫消防分机的地址注释信息，且显示的地址注释信息应与附录D一致；分机应在3s内发出声、光信号指示信号	按附录E的地址编号操作电话总机呼叫电话分机，检查总机呼叫信息显示情况；用秒表测量分机的响应时间	□	□		□	□		□		B
			2 总机与分机之间通话的语音应清晰	操作分机，建立通话，检查语音通话情况	□	□		□	□		□		B

续表 E.3

地址编号	项目	条款	子项（调试、检测、验收内容）		施工单位调试记录			监理单位检查记录			检测、验收结果		
			调试、检测、验收要求	调试、检测、验收方法	符合	不符合	说明	符合	不符合	说明	合格	不合格	说明
☆5.2 电话插孔的基本功能													
通过电话插孔呼叫电话总机功能		4.6.3	电话手柄能通过电话插孔呼叫总机时，总机应在3s内发出声、光指示信号；总机与电话手柄之间通话的语音应清晰	将电话手柄插入电话插孔，用秒表测量总机的响应时间；操作总机，建立通话，检查语音通话情况	□	□		□	□		□		B
□调试结论			□合格					□不合格					
□检测、验收结论			□合格					□不合格：xxA+yyB+zzC					

建设单位	设计单位	监理单位	施工单位	调试单位	检测、验收单位
（公章）项目负责人（签章）年 月 日	（公章）项目负责人（签章）年 月 日	（公章）项目负责人（签章）年 月 日	（公章）项目负责人（签章）年 月 日	（公章）项目负责人（签章）年 月 日	（公章）项目负责人（签章）年 月 日

表 E.4 可燃气体探测报警系统调试、检测、验收记录　　　　编号：

工程名称				子分部工程名称		□调试 □检测 □验收	
施工单位		项目负责人		调试单位		监理单位	监理工程师
执行规范名称及编号	《火灾自动报警系统设计规范》GB 50116、《电气装置安装工程　爆炸和火灾危险环境电气装置施工及验收规范》GB 50257、《建筑电气工程施工质量验收规范》GB 50303、《可燃气体报警控制器》GB 16808						
控制器型号规格			编号		设置部位		配接回路数　M
探测器数量	N	检测数量		N	验收数量		应符合本标准表5.0.2的规定

地址编号	项目	条款	子项（调试、检测、验收内容）		施工单位调试记录			监理单位检查记录			检测、验收结果		
			调试、检测、验收要求	调试、检测、验收方法	符合	不符合	说明	符合	不符合	说明	合格	不合格	说明
Ⅰ可燃气体报警控制器调试、检测、验收													
部件类型：可燃气体报警控制器													
1 设备选型													
规格型号		GB 50116	规格、型号应满足设计文件的要求	对照设计文件核查设备的规格型号	—	—	—	—	—	—	□		A
2 设备设置													
设置部位		3.1.1	设备的设置部位应满足设计文件的要求	对照设计文件核查设备的设置部位	—	—	—	—	—	—	□		C
3 消防产品准入制度													
证书和标识		2.2.1	应有与其相符合的、有效的检验报告	核查产品的型式检验报告	—	—	—	—	—	—	□		A
4 安装质量													
4.1 安装工艺		3.1.2	☆在有爆炸危险性场所的安装，应符合现行国家标准《电气装置安装工程　爆炸和火灾危险环境电气装置施工及验收规范》GB 50257 的相关规定	检查施工工艺是否符合现行国家标准《电气装置安装工程　爆炸和火灾危险环境电气装置施工及验收规范》GB 50257 的规定	—	—	—	—	—	—	□		C

续表 E.4

地址编号	项目	条款	子项（调试、检测、验收内容）		施工单位调试记录			监理单位检查记录			检测、验收结果		
			调试、检测、验收要求	调试、检测、验收方法	符合	不符合	说明	符合	不符合	说明	合格	不合格	说明
	4.2 设备安装	3.3.1	1 设备应安装牢固，不应倾斜	用手感检查设备的安装情况	—	—	—	—	—	—	☐	C	
			☆2 落地安装时：设备底边宜高出地（楼）面 0.1m～0.2m	用尺测量设备底边与地（楼）面的距离	—	—	—	—	—	—	☐	C	
			☆3 安装在轻质墙上时，应采取加固措施	检查设备的加固措施	—	—	—	—	—	—	☐	C	
	4.3 设备的引入线缆	3.3.2	1 配线应整齐，不宜交叉，并应固定牢靠	检查设备内部配线情况	—	—	—	—	—	—	☐	C	
			2 线缆芯线的端部，均应标明编号，并与图纸一致，字迹应清晰且不易褪色	对照设计文件逐一检查线缆的标号	—	—	—	—	—	—	☐	C	
			3 端子板的每个接线端，接线不得超过2根	检查端子接线情况	—	—	—	—	—	—	☐	C	
			4 线缆应留有不小于200mm的余量	用尺测量线缆的余量长度	—	—	—	—	—	—	☐	C	
			5 线缆应绑扎成束	检查线缆的布置情况	—	—	—	—	—	—	☐	C	
			6 线缆穿管、槽盒后，应将管口、槽口封堵	检查管口、槽口封堵情况	—	—	—	—	—	—	☐	C	
	4.4 设备电源的连接	3.3.3	1 设备的主电源应有明显的永久性标识，并应直接与消防电源连接，严禁使用电源插头	检查设备主电源的标识，检查设备与消防电源的连接情况	—	—	—	—	—	—	☐	C	
			2 设备与其外接备用电源之间应直接连接	检查设备与外接备用电源的连接情况	—	—	—	—	—	—	☐	C	
	☆4.5 蓄电池安装	3.3.4	设备自带电池需进行现场安装时，蓄电池的规格、型号、容量应符合设计文件的规定，蓄电池的安装应符合产品使用说明书的要求	对照设计文件核对蓄电池的规格、型号、容量；检查蓄电池的安装情况	—	—	—	—	—	—	☐	C	
	4.6 设备的接地	3.3.5	设备的接地应牢固，并有明显的永久性标识	用手感检查或专用设备检查设备接地线的连接情况，检查设备的接地标识	—	—	—	—	—	—	☐	C	
5 基本功能													
	调试准备	4.7.1	对多线制可燃气体报警控制器，将所有回路的可燃气体探测器与控制器相连接后；对总线制可燃气体报警控制器，将任一回路的可燃气体探测器与控制器相连接后；切断可燃气体报警控制器的所有外部控制连线，接通电源，使控制器处于正常监视状态		—	—							
5.1 ☆总线制控制器回路号（1）的基本功能、☆多线制控制器的基本功能													
	5.1.1 自检功能	4.7.2	控制器应能对指示灯、显示器和音响器件进行功能自检	操作控制器的自检机构，检查控制器指示灯、显示器和音响器的动作情况	☐	☐		☐	☐		☐	C	

续表 E.4

地址编号	项目	条款	子项（调试、检测、验收内容）		施工单位调试记录			监理单位检查记录			检测、验收结果		
			调试、检测、验收要求	调试、检测、验收方法	符合	不符合	说明	符合	不符合	说明	合格	不合格	说明
	5.1.2 操作级别		控制器应根据不同使用对象设置不同的操作级别	检查控制器操作级别划分是否符合现行国家标准《可燃气体报警控制器》GB 16808 的规定	□	□		□	□		□		C
	5.1.3 浓度信息显示功能		☆设备选型为多线制可燃气体报警控制器时：控制器应显示所有探测器浓度值和地址注释信息	检查控制器浓度和地址信息的显示情况	□	□		□	□		□		C
			☆设备选型为总线制可燃气体报警控制器时：控制器应显示最高浓度值探测器的浓度值和地址注释信息										
	5.1.4 主、备电自动转换功能		控制器主电断电后，备电应能自动投入；主电恢复后，应能自动投入；主电、备电工作指示灯应能正确指示控制器主、备电的工作状态	切断主电源，检查备用电源自动投入情况，观察工作指示灯显示情况；恢复主电源，检查主电源自动投入情况，观察工作指示灯显示情况	□	□		□	□		□		C
	5.1.5 故障报警功能	4.7.2	1 控制器与备用电源之间连线断路、短路时，控制器应在 100s 内发出故障声光信号，显示故障类型	分别使控制器与备用电源之间连线断路、短路，用秒表测量控制器故障报警响应时间、观察控制器显示情况	□	□		□	□		□		C
			2 控制器与现场部件之间的连线断路时，控制器应在 100s 内显示故障部件的类型和地址注释信息，且显示的地址注释信息应与附录 D 一致	使控制器处于备电工作状态，使控制器与任一现场部件之间的连线断路；用秒表测量控制器故障报警响应时间，检查控制器故障信息显示情况	□	□		□	□		□		C
	☆总线制控制器 5.1.6 短路隔离保护功能		总线处于短路状态时，短路隔离器应能将短路总线配接的设备隔离；控制器应显示被隔离部件地址注释信息，且显示的地址注释信息应与附录 D 一致	使总线任一点线路短路，检查控制器隔离部件地址注释信息显示情况	□	□		□	□		□		C
	5.1.7 可燃气体		1 探测器发出报警信号后，控制器应在 30s 内发出可燃气体报警声、光信号，并记录报警时间	使任一非故障部位的探测器发出可燃气体报警信号，用秒表测量控制器报警响应时间，检查控制器的报警信息记录情况	□	□		□	□		□		B
			2 控制器应显示发出报警信号部件设备类型和地址注释信息，显示的地址注释信息应与附录 D 一致	检查控制器火警信息显示情况	□	□		□	□		□		C

— 127 —

续表 E.4

地址编号	项目	条款	子项（调试、检测、验收内容）		施工单位调试记录			监理单位检查记录			检测、验收结果		
			调试、检测、验收要求	调试、检测、验收方法	符合	不符合	说明	符合	不符合	说明	合格	不合格	说明
	5.1.8 消音功能		控制器应能手动消除报警声信号	手动操作控制器消音键，检查控制器声信号消除情况	□	□		□	□		□	C	
	5.1.9 负载功能	4.7.2	1 多个探测器同时处于报警状态时，控制器应分别记录发出报警信号部件的报警时间	使至少4只可燃气体探测器同时处于报警状态（探测器总数少于4只时，使所有探测器均处于报警状态），检查控制器的报警信息记录情况	□	□		□	□		□	B	
			2 控制器应分别显示发出报警信号部件的地址注释信息，且显示的地址注释信息应与附录D一致	检查控制器报警信息显示情况	□	□		□	□		□	C	
	5.1.10 复位功能		控制器的连接、探测器的监测区域恢复正常后，控制器应能对控制器的报警状态复位，消除控制器的声、光报警信号	恢复控制器的正常连接，使探测器的监测区域恢复正常，手动操作控制器的复位键，观察控制器的工作状态	□	□		□	□		□	C	
	5.2 ☆总线制控制器回路号（M）的基本功能												
	调试准备		将备调回路的可燃气体探测器与控制器相连接后，使控制器处于正常监视状态								—	—	
	5.2.1 故障报警功能		控制器与现场部件之间的连线断路时，控制器应在100s内显示故障部件的类型和地址注释信息，且显示的地址注释信息应与附录D一致	使控制器处于备电工作工作状态，使控制器与任一现场部件之间的连线断路；用秒表测量控制器故障报警响应时间，检查控制器故障信息显示情况	□	□		□	□		□	C	
	5.2.2 短路隔离保护功能	4.7.3	总线处于短路状态时，短路隔离器应能将短路总线配接的设备隔离；控制器应显示被隔离部件的地址注释信息，且显示的地址注释信息应与附录D一致	使总线任一点线路短路，检查控制器隔离部件地址注释信息显示情况	□	□		□	□		□	C	
	5.2.3 负载功能		1 多个探测器同时处于报警状态时，控制器应分别记录发出报警信号部件的报警时间	使至少4只可燃气体探测器同时处于报警状态（探测器总数少于4只时，使所有探测器均处于报警状态），检查控制器的报警信息记录情况	□	□		□	□		□	B	
			2 控制器应分别显示发出报警信号部件的地址注释信息，且显示的地址注释信息应与附录D一致	检查控制器报警信息显示情况	□	□		□	□		□	C	
	5.2.4 复位功能		控制器的连接、探测器的监测区域恢复正常后，控制器应能对其报警状态复位，消除声、光报警信号	恢复控制器的正常连接，使探测器的监测区域恢复正常，手动操作控制器的复位键，观察控制器的工作状态	□	□		□	□		□	C	

续表 E.4

地址编号	项目	条款	子项（调试、检测、验收内容）		施工单位调试记录			监理单位检查记录			检测、验收结果		
			调试、检测、验收要求	调试、检测、验收方法	符合	不符合	说明	符合	不符合	说明	合格	不合格	说明
	调试恢复	4.1.6	恢复控制器所有外部控制连线、各受控现场设备的控制连线，使控制器处于正常监视状态								—	—	
	Ⅱ 可燃气体探测器调试、检测、验收												
	部件类型：☆点型可燃气体探测器、☆线型可燃气体探测器												
	1 设备选型												
	规格型号	GB 50116	规格、型号应满足设计文件的要求	对照设计文件核查设备的规格型号	—	—	—	—	—	—	□	A	
	2 设备设置												
	2.1 设置数量	3.1.1	设置数量应符合设计文件的规定	对照设计文件核查设备的设置数量	—	—	—	—	—	—	□	C	
	2.2 设置部位	GB 50116	设置部位应符合设计文件的规定	对照设计文件核查设备的设置部位	—	—	—	—	—	—	□	C	
	2.3 系统连接		探测器不应接入火灾报警控制器的探测器回路	检查可燃气体探测器的连接情况	—	—	—	—	—	—	□	C	
	3 消防产品准入制度												
	证书和标识	2.2.1	应有与其相符合的、有效的检验报告	核查产品的型式检验报告	—	—	—	—	—	—	□	A	
	4 安装质量												
	4.1 安装工艺	3.1.2	☆在有爆炸危险性场所的安装，应符合现行国家标准《电气装置安装工程 爆炸和火灾危险环境电气装置施工及验收规范》GB 50257 的相关规定	检查施工工艺是否符合现行国家标准《电气装置安装工程 爆炸和火灾危险环境电气装置施工及验收规范》GB 50257 的规定	—	—	—	—	—	—	□	C	
	4.2 设备安装	3.3.11	1 探测气体密度小于空气密度，探测器应位于可能出现泄漏点的上方或探测气体的最高可能聚集点上方；若其密度大于或等于空气密度，探测器应位于可能出现泄漏点的下方	对照设计文件检查探测器的安装位置	—	—	—	—	—	—	□	C	
			2 在探测器周围应适当留出更换和标定的空间	检查探测器周围的空间情况	—	—	—	—	—	—	□	C	
			3 线型可燃气体探测器在安装时，应使发射器和接收器的窗口避免日光直射，且在发射器与接收器之间不应有遮挡物；发射器和接收器的距离不宜大于60m，两组探测器之间的距离不应大于14m	观察探测窗口是否可能受到日光的直接照射、发射器和接收器之间是否存在固定遮挡物；用尺测量发射器和接收器之间的距离，两组探测器之间的距离	—	—	—	—	—	—	□	C	
	5 基本功能												
	地址设置	4.2.2	按照附录 D 的规定进行地址设置，控制器地址注释信息录入								—	—	—
	5.1 可燃气体报警功能	4.7.4	1 探测器监测区域可燃气体浓度达到报警设定值时，探测器的报警确认灯应在 30s 内点亮并保持	对探测器施加浓度为探测器报警设定值的可燃气体标准样气，用秒表测量探测器的报警确认灯点亮时间	□	□		□	□		□	B	

— 129 —

续表 E.4

地址编号	项目	条款	子项（调试、检测、验收内容）		施工单位调试记录			监理单位检查记录			检测、验收结果		
			调试、检测、验收要求	调试、检测、验收方法	符合	不符合	说明	符合	不符合	说明	合格	不合格	说明
	5.1 可燃气体报警功能	4.7.4	2 控制器应发出可燃气体报警声、光信号，记录报警时间	观察控制器可燃气体报警情况，检查控制器报警信息记录情况	□	□		□	□		□		B
			3 控制器应显示发出报警信号部件的地址注释信息，且显示的地址注释信息应与附录D一致	检查控制器报警信息显示情况	□	□		□	□		□		C
	5.2 复位功能		探测器监测区域恢复正常后，控制器应能对探测器的报警状态复位，探测器的报警确认灯应熄灭	清除探测器内的可燃气体，手动操作控制器的复位键，观察探测器报警确认灯熄灭情况	□	□		□	□		□		C
	☆线型探测器 5.3 遮挡故障报警功能	4.7.5	1 探测器的光路被遮挡后，探测器或其控制装置的故障指示灯应在100s内点亮	将发射器发出的光全部遮挡；用秒表测量探测器的故障指示灯点亮时间	□	□		□	□		□		C
			2 控制器应显示故障部件的类型和地址注释信息，且显示的地址注释信息应与附录D一致	检查控制器故障信息显示情况	□	□		□	□		□		C
□调试结论			□合格					□不合格					
□检测、验收结论			□合格					□不合格：xxA+yyB+zzC					

建设单位	设计单位	监理单位	施工单位	调试单位	检测、验收单位
（公章）项目负责人（签章）年 月 日	（公章）项目负责人（签章）年 月 日	（公章）项目负责人（签章）年 月 日	（公章）项目负责人（签章）年 月 日	（公章）项目负责人（签章）年 月 日	（公章）项目负责人（签章）年 月 日

表 E.5 电气火灾监控系统调试、检测、收验记录　　　　编号：

工程名称				子分部工程名称		□调试　□检测　□验收	
施工单位		项目负责人		调试单位		监理单位	监理工程师
执行规范名称及编号	《火灾自动报警系统设计规范》GB 50116、《建筑电气工程施工质量验收规范》GB 50303、《电气火灾监控系统》GB 14287						
监控设备型号规格		编号		设置部位		配接回路数	M
探测器数量	N	检测数量	N	验收数量	应符合本标准表5.0.2的规定		

地址编号	项目	条款	子项（调试、检测、验收内容）		施工单位调试记录			监理单位检查记录			检测、验收结果		
			调试、检测、验收要求	调试、检测、验收方法	符合	不符合	说明	符合	不符合	说明	合格	不合格	说明
Ⅰ电气火灾监控设备调试、检测、验收													
部件类型：电气火灾监控设备													
1 设备选型													
	规格型号	GB 50116	规格、型号应满足设计文件的要求	对照设计文件核查设备的规格型号	—	—		—	—		□		A

续表 E.5

地址编号	项目	条款	子项（调试、检测、验收内容）		施工单位调试记录			监理单位检查记录			检测、验收结果		
			调试、检测、验收要求	调试、检测、验收方法	符合	不符合	说明	符合	不符合	说明	合格	不合格	说明
	2 设备设置													
	设置部位	3.1.1	设备的设置部位应满足设计文件的要求	对照设计文件核查设备的设置部位	—	—	—	—	—	—	☐	C	
	3 消防产品准入制度													
	证书和标识	2.2.1	应有与其相符合的、有效的检验报告	核查产品的型式检验报告	—	—	—	—	—	—	☐	A	
	4 安装质量													
	4.1 设备安装	3.3.1	1 设备应安装牢固，不应倾斜	用手感检查设备的安装情况	—	—	—	—	—	—	☐	C	
			☆2 落地安装时：设备底边宜高出地（楼）面0.1m~0.2m	用尺测量设备底边与地（楼）面的距离	—	—	—	—	—	—	☐	C	
			☆3 安装在轻质墙上时，应采取加固措施	检查设备的加固措施	—	—	—	—	—	—	☐	C	
	4.2 设备的引入线缆	3.3.2	1 配线应整齐，不宜交叉，并应固定牢靠	检查设备内部配线情况	—	—	—	—	—	—	☐	C	
			2 线缆芯线的端部，均应标明编号，并与图纸一致，字迹应清晰且不易褪色	对照设计文件逐一检查线缆的标号	—	—	—	—	—	—	☐	C	
			3 端子板的每个接线端，接线不得超过2根	检查端子接线情况	—	—	—	—	—	—	☐	C	
			4 线缆应留有不小于200mm的余量	用尺测量线缆的余量长度	—	—	—	—	—	—	☐	C	
			5 线缆应绑扎成束	检查线缆的布置情况	—	—	—	—	—	—	☐	C	
			6 线缆穿管、槽盒后，应将管口、槽口封堵	检查管口、槽口封堵情况	—	—	—	—	—	—	☐	C	
	4.3 设备电源的连接	3.3.3	1 设备的主电源应有明显的永久性标识，并应直接与消防电源连接，严禁使用电源插头	检查设备主电源的标识，检查设备与消防电源的连接情况	—	—	—	—	—	—	☐	C	
			2 设备与其外接备用电源之间应直接连接	检查设备与外接备用电源的连接情况	—	—	—	—	—	—	☐	C	
	☆4.4 蓄电池安装	3.3.4	设备自带电池需进行现场安装时，蓄电池的规格、型号、容量应符合设计文件的规定，蓄电池的安装应符合产品使用说明书的要求	对照设计文件核对蓄电池的规格、型号、容量；检查蓄电池的安装情况	—	—	—	—	—	—	☐	C	
	4.5 设备的接地	3.3.5	设备的接地应牢固，并有明显的永久性标识	用手感检查或专用设备检查设备接地线的连接情况，检查设备的接地标识	—	—	—	—	—	—	☐	C	

续表E.5

地址编号	项目	条款	子项（调试、检测、验收内容）		施工单位调试记录			监理单位检查记录			检测、验收结果		
			调试、检测、验收要求	调试、检测、验收方法	符合	不符合	说明	符合	不符合	说明	合格	不合格	说明
	5 基本功能												
	5.1 回路号（1）的基本功能												
	调试准备	4.8.1	切断电气火灾监控设备的所有外部控制连线，将任一备调总线回路的电气火灾探测器与监控设备相连接，接通电源，使监控设备处于正常监视状态										
	5.1.1 自检功能	4.8.2	监控设备应能对指示灯、显示器和音响器件进行功能自检	操作监控设备的自检机构，检查监控设备指示灯、显示器和音响器的动作情况	□	□		□	□		□	C	
	5.1.2 操作级别		监控设备应根据不同的使用对象设置不同的操作级别	检查监控设备操作级别划分情况是否符合现行国家标准《电气火灾监控系统》GB 14287 的规定	□	□		□	□		□	C	
	5.1.3 故障报警功能		监控设备与现场部件之间的连线断路、短路时，监控设备应在100s内发出故障声光信号，显示故障部件的地址注释信息，且显示的地址注释信息应与附录D一致	分别使监控设备与任一现场部件之间的连线断路、短路；用秒表测量监控设备故障报警响应时间，检查监控设备故障信息显示情况	□	□		□	□		□	C	
	5.1.4 监控报警功能		1 探测器发出报警信号后，监控设备应在10s内发出监控报警声、光信号，并记录报警时间	使任一只非故障部位的探测器发出监控报警信号，用秒表测量监控设备监控报警响应时间，检查监控设备的报警信息记录情况	□	□		□	□		□	B	
			2 监控设备应显示发出报警信号部件的地址注释信息，且显示的地址注释信息应与附录D一致	检查监控设备报警信息显示情况	□	□		□	□		□	C	
	5.1.5 消音功能		监控设备应能手动消除报警声信号	手动操作设备的消音键，检查设备声信号消除情况	□	□		□	□		□	C	
	5.1.6 复位功能		监控设备的连接、探测器的监测区域恢复正常后，监控设备应能对监控设备的报警状态复位，消除监控设备的声、光报警信号	恢复监控设备的正常连接，使探测器的监测区域恢复正常，手动操作监控设备的复位键，观察监控设备的工作状态	□	□		□	□		□	C	
	5.2 回路号（M）的基本功能												
	调试准备		将备调总线回路的电气火灾探测器与监控设备相连接，使监控设备处于正常监视状态								—	—	
	5.2.1 故障报警功能	4.8.3	监控设备与现场部件之间的连线断路、短路时，监控设备应在100s内发出故障声光信号，显示故障部件的地址注释信息，且显示的地址注释信息应与附录D一致	分别使监控设备与任一现场部件之间的连线断路、短路；用秒表测量监控设备故障报警响应时间，检查监控设备故障信息显示情况	□	□		□	□		□	C	

续表E.5

地址编号	项目	条款	子项（调试、检测、验收内容）		施工单位调试记录			监理单位检查记录			检测、验收结果		
			调试、检测、验收要求	调试、检测、验收方法	符合	不符合	说明	符合	不符合	说明	合格	不合格	说明
	5.2.2 监控报警功能	4.8.3	1 探测器发出报警信号后，监控设备应在10s内发出监控报警声、光信号，并记录报警时间	使任一只非故障部位的探测器发出监控报警信号，用秒表测量监控设备监控报警响应时间，检查监控设备的报警信息记录情况	□	□		□	□		□	B	
			2 监控设备应显示发出报警信号部件的地址注释信息，且显示的地址注释信息应与附录D一致	检查监控设备报警信息显示情况	□	□		□	□		□	C	
	5.2.3 复位功能		监控设备的连接、探测器的监测区域恢复正常后，监控设备应能对监控设备的报警状态复位，消除监控设备的声、光报警信号	恢复监控设备的正常连接，使探测器的监测区域恢复正常，手动操作监控设备的复位键，观察监控设备的工作状态	□	□		□	□		□	C	
	调试恢复	4.1.6	恢复监控设备所有外部控制连线、各受控现场设备的控制连线，使监控设备处于正常监视状态		—	—	—	—	—	—	—	—	—
Ⅱ 电气火灾监控探测器调试、检测、验收													
部件类型：☆剩余电流式电气火灾监控探测器、☆测温式电气火灾监控探测器、☆故障电弧探测器、☆线型感温火灾探测器													
1 设备选型													
	规格型号	GB 50116	规格、型号应满足设计文件的要求	对照设计文件核查设备的规格型号	—	—	—	—	—	—	□	A	
2 设备设置													
	2.1 设置数量	3.1.1	设置数量应符合设计文件的规定	对照设计文件核查设备的设置数量	—	—	—	—	—	—	□	C	
	2.2 设置部位		设置部位应符合设计文件的规定	对照设计文件核查设备的设置部位	—	—	—	—	—	—	□	C	
3 消防产品准入制度													
	证书和标识	2.2.1	应有与其相符合的、有效的检验报告	核查产品的型式检验报告	—	—	—	—	—	—	□	A	
4 安装质量													
	4.1 监控探测器安装	3.3.12	1 在探测器周围应适当留出更换和标定的空间	检查探测器周围的空间情况	—	—	—	—	—	—	□	C	
			☆2 剩余电流式电气火灾监控探测器负载侧的中性线不应与其他回路共用，且不应重复接地	检查探测器的安装情况	—	—	—	—	—	—	□	C	
			☆3 测温式电气火灾监控探测器应采用产品配套的固定装置固定在保护对象上										

续表 E.5

地址编号	项目	条款	子项（调试、检测、验收内容）		施工单位调试记录			监理单位检查记录			检测、验收结果		
			调试、检测、验收要求	调试、检测、验收方法	符合	不符合	说明	符合	不符合	说明	合格	不合格	说明
	☆4.2 线型感温火灾探测器安装	3.3.8	1 探测器敏感部件应采用产品配套的固定装置固定，固定装置的间距不宜大于2m	检查敏感部件的固定情况，用尺测量固定装置的间距	—	—	—	—	—	—	☐		C
			☆2 缆式线型感温火灾探测器的敏感部件应采用连续无接头方式安装，如确需中间接线，应用专用接线盒连接；敏感部件安装敷设时应避免重力挤压冲击，不应硬性折弯、扭转，探测器的弯曲半径宜大于0.2m	检查敏感部件的敷设情况、中间接线的连接情况，用尺测量探测器敏感部件的弯曲半径	—	—	—	—	—	—	☐		C
			☆3 分布式线型光纤感温火灾探测器的感温光纤不应打结，光纤弯曲时，弯曲半径应大于50mm；感温光纤穿越相邻的报警区域应设置光缆余量段，隔断两侧应各留不小于8m的余量段；每个光通道始端及末端光纤应各留不小于8m的余量段	检查感温光纤的敷设情况，用尺测量探测器敏感部件的弯曲半径、敏感部件余量段的长度	—	—	—	—	—	—	☐		C
			☆4 光栅光纤线型感温火灾探测器的信号处理单元安装位置不应受强光直射，光纤光栅感温段的弯曲半径应大于0.3m	观察信号处理单元是否可能受到强光的直接照射、用尺测量光纤光栅的弯曲半径	—	—	—	—	—	—	☐		C
	5 基本功能												
	地址设置	4.2.2	按照附录D的规定进行地址设置，监控设备地址注释信息录入								—	—	—
	☆5.1 剩余电流电气火灾监控探测器基本功能												
	监控报警功能	4.8.4	1 探测器监测区域的剩余电流达到报警设定值时，探测器的报警确认灯应在30s内点亮并保持	按设计文件的规定进行报警值设定；采用剩余电流发生器对探测器施加电流值为报警设定值的剩余电流；用秒表测量探测器的报警确认灯点亮时间	☐	☐		☐	☐		☐		B
			2 监控设备应发出监控报警声、光信号，并记录报警时间	观察监控设备监控报警情况，检查监控设备的报警信息记录情况	☐	☐		☐	☐		☐		B
			3 监控设备应显示发出报警信号部件的地址注释信息，且显示的地址注释信息应与附录D一致	检查监控设备报警信息显示情况	☐	☐		☐	☐		☐		C

续表 E.5

地址编号	项目	条款	子项（调试、检测、验收内容）		施工单位调试记录			监理单位检查记录			检测、验收结果		
			调试、检测、验收要求	调试、检测、验收方法	符合	不符合	说明	符合	不符合	说明	合格	不合格	说明
	☆5.2 测温式电气火灾监控探测器基本功能												
	监控报警功能	4.8.5	1 探测器监测区域的温度达到报警设定值时，探测器的报警确认灯应在40s内点亮并保持	按设计文件的规定进行报警值设定；采用发热试验装置给监控探测器加热至设定的报警温度；用秒表测量探测器的报警确认灯点亮时间	□	□		□	□		□		B
			2 监控设备应发出监控报警声、光信号，并记录报警时间	观察监控设备监控报警情况，检查监控设备的报警信息记录情况	□	□		□	□		□		B
			3 监控设备应显示发出报警信号部件的地址注释信息，且显示的地址注释信息应与附录D一致	检查监控设备报警信息显示情况	□	□		□	□		□		C
	☆5.3 故障电弧探测器基本功能												
	监控报警功能	4.8.6	1 探测器监测区域单位时间故障电弧的数量未达到报警设定值时，探测器的报警确认灯不应点亮	切断探测器的电源线和被监测线路，将故障电弧发生装置接入探测器，接通探测器的电源，使探测器处于正常监视状态；操作故障电弧发生装置，在1s内产生9个及以下半周期故障电弧；观察探测器的工作状态	□	□		□	□		□		C
			2 探测器监测区域单位时间故障电弧的数量达到报警设定值时，探测器的报警确认灯应在30s内点亮并保持	操作故障电弧发生装置，在1s内产生14个及以上半周期故障电弧；用秒表测量探测器的报警确认灯点亮时间	□	□		□	□		□		B
			3 监控设备应发出监控报警声、光信号，并记录报警时间	观察监控设备监控报警情况，检查监控设备的报警信息记录情况	□	□		□	□		□		B
			4 监控设备应显示发出报警信号部件的地址注释信息，且显示的地址注释信息应与附录D一致	检查监控设备报警信息显示情况	□	□		□	□		□		C
	☆5.4 线型感温火灾探测器基本功能												
	监控报警功能	4.8.7	1 探测器监测区域的温度达到报警设定值时，探测器的报警确认灯应点亮并保持，并指示报警部位，且报警部位的指示应准确	在探测器的敏感部件随机选取3个非连续检测段，每个检测段的长度为标准报警长度，采用专用的检测仪器或模拟火灾的方法，分别给每个检测段加热至设定的报警温度；检查探测器报警指示灯亮和报警部位显示情况	□	□		□	□		□		B

续表 E.5

地址编号	项目	条款	子项（调试、检测、验收内容）		施工单位调试记录			监理单位检查记录			检测、验收结果		
			调试、检测、验收要求	调试、检测、验收方法	符合	不符合	说明	符合	不符合	说明	合格	不合格	说明
	监控报警功能	4.8.7	2 监控设备应发出监控报警声、光信号，并记录报警时间	观察监控设备监控报警情况，检查监控设备的报警信息记录情况	□	□		□	□		□		B
			3 监控设备应显示发出报警信号部件的地址注释信息，且显示的地址注释信息应与附录D一致	检查监控设备报警信息显示情况	□	□		□	□		□		C
□调试结论			□合格					□不合格					
□检测、验收结论			□合格					□不合格：xxA＋yyB＋zzC					

建设单位	设计单位	监理单位	施工单位	调试单位	检测、验收单位
（公章） 项目负责人 （签章） 年 月 日	（公章） 项目负责人 （签章） 年 月 日	（公章） 项目负责人 （签章） 年 月 日	（公章） 项目负责人 （签章） 年 月 日	（公章） 项目负责人 （签章） 年 月 日	（公章） 项目负责人 （签章） 年 月 日

表 E.6 消防设备电源监控系统调试、检测、验收记录　　　　编号：

工程名称				子分部工程名称		□调试 □检测 □验收	
施工单位		项目负责人		调试单位		监理单位	监理工程师
执行规范名称及编号	《火灾自动报警系统设计规范》GB 50116、《建筑电气工程施工质量验收规范》GB 50303、《消防设备电源监控系统》GB 28184						
监控器型号规格		编号		设置部位		配接回路数	M
传感器数量	N	检测数量	N	验收数量	应符合本标准表5.0.2的规定		

地址编号	项目	条款	子项（调试、检测、验收内容）		施工单位调试记录			监理单位检查记录			检测、验收结果		
			调试、检测、验收要求	调试、检测、验收方法	符合	不符合	说明	符合	不符合	说明	合格	不合格	说明
	Ⅰ消防设备电源监控器调试、检测、验收												
	部件类型：消防设备电源监控器												
	1 设备选型												
	规格型号	GB 50116	规格、型号应满足设计文件的要求	对照设计文件核查设备的规格型号	—	—	—	—	—	—	□		A
	2 设备设置												
	设置部位	3.1.1	设备的设置部位应满足设计文件的要求	对照设计文件核查设备的设置部位	—	—	—	—	—	—	□		C
	3 消防产品准入制度												
	检验报告	2.2.1	应有与其相符合的、有效的检验报告	核查产品的型式检验报告	—	—	—	—	—	—	□		A
	4 安装质量												
	4.1 设备安装	3.3.1	1 设备应安装牢固，不应倾斜	用手感检查设备的安装情况	—	—	—	—	—	—	□		C

续表 E.6

地址编号	项目	条款	子项（调试、检测、验收内容）		施工单位调试记录			监理单位检查记录			检测、验收结果		
			调试、检测、验收要求	调试、检测、验收方法	符合	不符合	说明	符合	不符合	说明	合格	不合格	说明
	4.1 设备安装	3.3.1	☆2 落地安装时：设备底边宜高出地（楼）面0.1m~0.2m	用尺测量设备底边与地（楼）面的距离	—	—	—	—	—	—	☐		C
			☆3 安装在轻质墙上时，应采取加固措施	检查设备的加固措施	—	—	—	—	—	—	☐		C
	4.2 设备的引入线缆	3.3.2	1 配线应整齐，不宜交叉，并应固定牢靠	检查设备内部配线情况	—	—	—	—	—	—	☐		C
			2 线缆芯线的端部均应标明编号，并与图纸一致，字迹应清晰且不易褪色	对照设计文件逐一检查线缆的标号	—	—	—	—	—	—	☐		C
			3 端子板的每个接线端接线不得超过2根	检查端子接线情况	—	—	—	—	—	—	☐		C
			4 线缆应留有不小于200mm的余量	用尺测量线缆的余量长度	—	—	—	—	—	—	☐		C
			5 线缆绑扎成束	检查线缆的布置情况	—	—	—	—	—	—	☐		C
			6 线缆穿管、槽盒后，应将管口、槽口封堵	检查管口、槽口封堵情况	—	—	—	—	—	—	☐		C
	4.3 设备电源的连接	3.3.3	1 设备的主电源应有明显的永久性标识，并应直接与消防电源连接，不应使用电源插头	检查设备主电源的标识，检查设备与消防电源的连接情况	—	—	—	—	—	—	☐		C
			2 设备与其外接备用电源之间应直接连接	检查设备与外接备用电源的连接情况	—	—	—	—	—	—	☐		C
	☆4.4 蓄电池安装	3.3.4	设备自带电池需进行现场安装时，蓄电池的规格、型号、容量应符合设计文件的规定，蓄电池的安装应符合产品使用说明书的要求	对照设计文件核对蓄电池的规格、型号、容量；检查蓄电池的安装情况	—	—	—	—	—	—	☐		C
	4.5 设备的接地	3.3.5	设备的接地应牢固，并有明显的永久性标识	用手感检查或专用设备检查设备接地线的连接情况，检查设备的接地标识	—	—	—	—	—	—	☐		C
	5 基本功能												
	5.1 回路号（1）的基本功能												
	调试准备	4.9.1	切断消防设备电源监控器的所有外部控制连线，将任一备调总线回路的传感器与监控器相连接，接通电源，使监控器处于正常监视状态		—	—		—	—				
	5.1.1 自检功能	4.9.2	监控器应能对指示灯、显示器和音响器件进行功能自检	操作监控器的自检机构，检查监控器指示灯、显示器和音响器的动作情况	☐	☐		☐	☐		☐		C
	5.1.2 实时显示功能		监控器应能实时显示各消防设备电源的工作情况	检查监控器的显示情况	☐	☐		☐	☐		☐		C

续表 E.6

地址编号	项目	条款	子项（调试、检测、验收内容）		施工单位调试记录			监理单位检查记录			检测、验收结果		
			调试、检测、验收要求	调试、检测、验收方法	符合	不符合	说明	符合	不符合	说明	合格	不合格	说明
	5.1.3 主、备电自动转换功能	4.9.2	监控器主电断电后，备电应能自动投入；主电恢复后，应能自动投入；主、备电工作指示灯应能正确指示监控器主、备电的工作状态	切断主电源，检查备用电源自动投入情况，观察工作指示灯显示情况；恢复主电源，检查主电源自动投入情况，观察工作指示灯显示情况	□	□		□	□		□	□	C
	5.1.4 故障报警功能		1 监控器与备用电源连线断路、短路时，监控器应在100s内发出故障声、光信号，显示故障类型	分别使监控器与备用电源连线断路、短路，用秒表测量监控器故障报警响应时间、观察故障信息显示情况	□	□		□	□		□	□	C
			2 监控器与现场部件之间的连线断路、短路时，监控器应在100s内发出故障声光信号，显示故障部件的地址注释信息，且显示的地址注释信息应与附录D一致	使监控器处于备电工作状态，分别使监控器与任一现场部件之间的连线断路、短路；用秒表测量监控器故障报警响应时间，检查监控器故障信息显示情况	□	□		□	□		□	□	C
	5.1.5 消防设备故障报警功能		1 消防设备断电后，监控器应在100s内发出报警声、光信号，并记录报警时间	切断任一非故障部位传感器监控设备的电源，用秒表测量监控器报警响应时间，检查监控器信息记录情况	□	□		□	□		□	□	B
	5.1.5 消防设备电源故障报警功能		2 监控器应显示发出报警信号部件的地址注释信息，且显示的地址注释信息应与附录D一致	检查监控器报警信息显示情况	□	□		□	□		□	□	C
	5.1.6 消音功能		监控器应能手动消除报警声信号	手动操作监控器消音键，检查监控器声信号消除情况	□	□		□	□		□	□	C
	5.1.7 复位功能		监控器的连接、消防设备的电源恢复正常后，监控器应能对监控器的报警状态复位，消除监控器的声、光报警信号	恢复监控器的正常连接、消防设备的正常供电，手动操作监控器的复位键，观察监控器的工作状态	□	□		□	□		□	□	C
5.2 回路号（M）的基本功能													
	调试准备		将备调总线回路的传感器与监控器相连接，使监控器处于备电工作状态								—	—	
	5.2.1 故障报警功能	4.9.3	监控器与现场部件之间的连线断路、短路时，监控器应在100s内发出故障声光信号，显示故障部件的地址注释信息，且显示的地址注释信息应与附录D一致	分别使监控器与任一现场部件之间的连线断路、短路；用秒表测量监控器故障报警响应时间，检查监控器故障信息显示情况	□	□		□	□		□	□	C
	5.2.2 消防设备电源故障报警功能		1 消防设备断电后，监控器应在100s内发出报警声、光信号，并记录报警时间	切断任一只非故障部位的传感器监控设备的电源，用秒表测量监控器报警响应时间，检查监控器的报警信息记录情况	□	□		□	□		□	□	B

续表 E.6

地址编号	项目	条款	子项（调试、检测、验收内容）		施工单位调试记录			监理单位检查记录			检测、验收结果		
			调试、检测、验收要求	调试、检测、验收方法	符合	不符合	说明	符合	不符合	说明	合格	不合格	说明
	5.2.2 消防设备电源故障报警功能	4.9.3	2 监控器应显示发出报警信号部件的地址注释信息，且显示的地址注释信息应与附录D一致	检查监控器报警信息显示情况	□	□		□	□		□		C
	5.2.3 复位功能		监控器的连接、消防设备的电源恢复正常后，监控器应能对监控器的报警状态复位，消除监控器的声、光报警信号	恢复监控器的正常连接、消防设备的正常供电，手动操作监控器的复位键，观察监控器的工作状态	□	□		□	□		□		C
Ⅱ 传感器调试、检测、验收													
部件类型：☆电压信号传感器、☆电流信号传感器、☆电压/电流信号传感器													
1 设备选型													
	规格型号	GB 50116	规格、型号应满足设计文件的要求	对照设计文件核查设备的规格型号	—	—	—	—	—	—	□		A
2 设备设置													
	2.1 设置数量	3.1.1	设置数量应符合设计文件的规定	对照设计文件核查设备的设置数量	—	—	—	—	—	—	□		C
	2.2 设置部位		设置部位应符合设计文件的规定	对照设计文件核查设备的设置部位	—	—	—	—	—	—	□		C
3 消防产品准入制度													
	检验报告	2.2.1	传感器应为检验报告中描述的配接产品	核查产品的型式检验报告	—	—	—	—	—	—	□		A
4 安装质量													
	传感器安装	3.3.21	1 传感器与裸带电导体应保证安全距离，金属外壳的传感器应有安全接地	检查传感器的设置情况、接地情况	—	—	—	—	—	—	□		C
			2 传感器应独立支撑或固定，安装牢固，并应采取防潮、防腐蚀等措施	手感检查设备的固定情况，检查传感器或传感器箱防潮、防腐蚀措施设置情况	—	—	—	—	—	—	□		C
			3 传感器的输出回路的连接线应使用截面积不小于1.0mm²的双绞铜芯导线，并应留有不小于150mm的余量，其端部应有明显标识	用卡尺测量输出回路连接线的线径，用尺测量导线余量的长度，检查导线的标识	—	—	—	—	—	—	□		C
			4 传感器的安装不应破坏被监控线路的完整性，不应增加线路接点	检查传感器的安装情况	—	—	—	—	—	—	□		C
5 基本功能													
	地址设置	4.2.2	按照附录D的规定进行地址设置，监控器地址注释信息录入								—	—	—
	消防设备电源故障报警功能	4.9.4	1 传感器监测消防设备的电源断电后，监控器应发出监控报警声、光信号，并记录报警时间	切断传感器监控器的电源，观察监控器监控报警情况，检查监控器的报警信息记录情况	□	□		□	□		□		B

续表 E.6

地址编号	项目	条款	子项（调试、检测、验收内容）		施工单位调试记录			监理单位检查记录			检测、验收结果		
			调试、检测、验收要求	调试、检测、验收方法	符合	不符合	说明	符合	不符合	说明	合格	不合格	说明
	消防设备电源故障报警功能	4.9.4	2 监控器应显示发出报警信号部件的地址注释信息，且显示的地址注释信息应与附录D一致	检查监控器报警信息显示情况	□	□		□	□		□		C
□调试结论			□合格					□不合格					
□检测、验收结论			□合格					□不合格：xxA+yyB+zzC					

建设单位	设计单位	监理单位	施工单位	调试单位	检测、验收单位
（公章） 项目负责人 （签章） 年 月 日	（公章） 项目负责人 （签章） 年 月 日	（公章） 项目负责人 （签章） 年 月 日	（公章） 项目负责人 （签章） 年 月 日	（公章） 项目负责人 （签章） 年 月 日	（公章） 项目负责人 （签章） 年 月 日

表 E.7 消防设备应急电源调试、检测、验收记录　　　编号：

工程名称				子分部工程名称		□调试　□检测　□验收	
施工单位		项目负责人		调试单位		监理单位	监理工程师
执行规范名称及编号	《火灾自动报警系统设计规范》GB 50116、《电气装置安装工程 爆炸和火灾危险环境电气装置施工及验收规范》GB 50257、《建筑电气工程施工质量验收规范》GB 50303、《消防联动控制系统》GB 16806						
设备型号规格		编号		设置部位			

项目	条款	子项（调试、检测、验收内容）		施工单位调试记录			监理单位检查记录			检测、验收结果		
		调试、检测、验收要求	调试、检测、验收方法	符合	不符合	说明	符合	不符合	说明	合格	不合格	说明
1 设备选型												
1.1 规格型号	GB 50116	规格、型号应满足设计文件的要求	对照设计文件核查设备的规格型号	—	—	—	—	—	—	□		A
1.2 容量		容量应满足设计文件的要求	对照设计文件核查设备的容量	—	—	—	—	—	—	□		A
2 设备设置												
设置部位	3.1.1	设备的设置部位应满足设计文件的要求	对照设计文件核查设备的设置部位	—	—	—	—	—	—	□		C
3 消防产品准入制度												
证书和标识	2.2.1	应有与其相符合的、有效的认证证书和认证标识	核查产品的认证证书和认证标识	—	—	—	—	—	—	□		A
4 安装质量												
4.1 设备安装	3.3.20	1 消防设备应急电源的电池应安装在通风良好地方，当安装在密封环境中时应有通风措施，电池安装场所的环境温度不应超出电池标称的工作温度范围	检查电池设置场所的通风情况，测量安装场所的环境温度，核查设备的设计手册、电池设置场所的环境温度	—	—	—	—	—	—	□		C

续表 E.7

项目	条款	子项（调试、检测、验收内容）		施工单位调试记录			监理单位检查记录			检测、验收结果		
		调试、检测、验收要求	调试、检测、验收方法	符合	不符合	说明	符合	不符合	说明	合格	不合格	说明
4.1 设备安装	3.3.20	2 消防设备应急电源的电池不应设置在火灾爆炸危险场所	核查电池的设置场所是否是火灾爆炸危险场所	—	—	—	—	—	—	☐	C	
		3 酸性电池不应安装在带有碱性介质的场所，碱性电池不应安装在带有酸性介质的场所	核查设计文件、设备的设计手册，检查电池的设置场所是否匹配	—	—	—	—	—	—	☐	C	
☆4.2 蓄电池安装	3.3.4	设备自带电池需进行现场安装时，蓄电池的规格、型号、容量应符合设计文件的规定，蓄电池的安装应符合产品使用说明书的要求	对照设计文件核对蓄电池的规格、型号、容量；检查蓄电池的安装情况	—	—	—	—	—	—	☐	C	
5 基本功能												
调试准备	4.10.1	将消防设备与消防设备应急电源相连接，接通消防设备应急电源的主电源，使消防设备应急电源处于正常工作状态								—	—	
5.1 正常显示功能		☆设备选型为交流输出应急电源时：应能显示输入电压和输出电压、输出电流、主电源工作状态、电池组电压	检查消防设备应急电源的显示情况	☐	☐		☐	☐		☐	C	
		☆设备选型为直流输出应急电源时：应能显示输出电压、输出电流、主电源工作状态	检查消防设备应急电源的显示情况	☐	☐		☐	☐		☐	C	
5.2 故障报警功能	4.10.2	应急电源与蓄电池组之间的连线断开时，应急电源应在100s内发出故障声、光信号，显示故障类型	使应急电源与蓄电池组间的连接线断开，用秒表测量应急电源故障报警响应时间，检查应急电源故障信息显示情况	☐	☐		☐	☐		☐	C	
		应急电源的蓄电池组之间的连线断开时，应急电源应在100s内发出故障声、光信号，显示故障类型	使应急电源任一蓄电池组与其他蓄电池组间的连接线断开，用秒表测量应急电源故障报警响应时间，检查应急电源故障信息显示情况	☐	☐		☐	☐				
5.3 消音功能		应急电源应能手动消除报警声信号	手动操作应急电源消音键，检查声信号消除情况	☐	☐		☐	☐		☐	C	
5.4 转换功能		应急电源主电源断电后，应在5s内自动切换到蓄电池组供电状态，并发出声提示信号，应急电源的切换不应影响消防设备的正常运行	切断应急电源的主电源，检查应急电源供电输出转换情况、消防设备运行情况，用秒表测量应急电源的转换时间	☐	☐		☐	☐		☐	A	

续表E.7

项目	条款	子项（调试、检测、验收内容）		施工单位调试记录			监理单位检查记录			检测、验收结果		
		调试、检测、验收要求	调试、检测、验收方法	符合	不符合	说明	符合	不符合	说明	合格	不合格	说明
5.4 转换功能	4.10.2	应急电源主电源恢复后，应在5s内自动切换到主电源供电状态，应急电源的切换不应影响消防设备的正常运行	恢复应急电源的主电源供电，检查应急电源供电输出转换情况、消防设备运行情况，用秒表测量应急电源的转换时间	□	□		□	□		□		A

□调试结论	□合格	□不合格
□检测、验收结论	□合格	□不合格：xxA＋yyB＋zzC

建设单位	设计单位	监理单位	施工单位	调试单位	检测、验收单位
（公章）项目负责人（签章）年 月 日	（公章）项目负责人（签章）年 月 日	（公章）项目负责人（签章）年 月 日	（公章）项目负责人（签章）年 月 日	（公章）项目负责人（签章）年 月 日	（公章）项目负责人（签章）年 月 日

表E.8 消防控制室图形显示装置和传输设备调试、检测、验收记录　　编号：

工程名称				子分部工程名称		□调试 □检测 □验收	
施工单位		项目负责人		调试单位		监理单位	监理工程师
执行规范名称及编号	《火灾自动报警系统设计规范》GB 50116、《建筑电气工程施工质量验收规范》GB 50303、《消防联动控制系统》GB 16806						
设备型号规格			编号		设置部位		

项目	条款	子项（调试、检测、验收内容）		施工单位调试记录			监理单位检查记录			检测、验收结果		
		调试、检测、验收要求	调试、检测、验收方法	符合	不符合	说明	符合	不符合	说明	合格	不合格	说明
部件类型：☆消防控制室图形显示装置、☆传输设备												
1 设备选型												
规格型号	GB 50116	规格、型号应满足设计文件的要求	对照设计文件核查设备的规格型号	—	—	—	—	—	—	□		A
2 设备设置												
设置部位	3.1.1	设备的设置部位应满足设计文件的要求	对照设计文件核查设备的设置部位	—	—	—	—	—	—	□		C
3 消防产品准入制度												
认证证书和标识	2.2.1	应有与其相符合的、有效的认证证书和认证标识	核查产品的认证证书和认证标识	—	—	—	—	—	—	□		A
4 安装质量												
4.1 设备安装	3.3.1	1 设备应安装牢固，不应倾斜	用手感检查设备的安装情况	—	—	—	—	—	—	□		C
		☆2 落地安装时：设备底边宜高出地（楼）面0.1m～0.2m	用尺测量设备底边与地（楼）面的距离	—	—	—	—	—	—	□		C
		☆3 安装在轻质墙上时，应采取加固措施	检查设备的加固措施									

续表 E.8

项目	条款	子项（调试、检测、验收内容）		施工单位调试记录			监理单位检查记录			检测、验收结果		
		调试、检测、验收要求	调试、检测、验收方法	符合	不符合	说明	符合	不符合	说明	合格	不合格	说明
4.2 设备的引入线缆	3.3.2	1 配线应整齐，不宜交叉，并应固定牢靠	检查设备内部配线情况	—	—	—	—	—	—	□	C	
		2 线缆芯线的端部均应标明编号，并与图纸一致，字迹应清晰且不易褪色	对照设计文件逐一检查线缆的标号	—	—	—	—	—	—	□	C	
		3 端子板的每个接线端，接线不得超过2根	检查端子接线情况	—	—	—	—	—	—	□	C	
		4 线缆应留有不小于200mm的余量	用尺测量线缆的余量长度	—	—	—	—	—	—	□	C	
		5 线缆应绑扎成束	检查线缆的布置情况	—	—	—	—	—	—	□	C	
		6 线缆穿管、槽盒后，应将管口、槽口封堵	检查管口、槽口封堵情况	—	—	—	—	—	—	□	C	
4.3 设备电源的连接	3.3.3	1 设备的主电源应有明显的永久性标识，并应直接与消防电源连接，严禁使用电源插头	检查设备主电源的标识，检查设备与消防电源的连接情况	—	—	—	—	—	—	□	C	
		2 设备与其外接备用电源之间应直接连接	检查设备与外接备用电源的连接情况	—	—	—	—	—	—	□	C	
4.4 设备接地	3.3.5	设备的接地应牢固，并有明显的永久性标识	用手感检查或专用设备检查设备接地线的连接情况，检查设备的接地标识	—	—	—	—	—	—	□	C	
5 基本功能												
☆5.1 消防控制室图形显示装置基本功能												
调试准备		将消防控制室图形显示装置与火灾报警控制器、消防联动控制器等设备相连接，接通电源，使消防控制室图形显示装置处于正常监视状态		—	—							
5.1.1 图形显示功能	4.11.1	1 应能用一个完整的界面显示建筑的总平面布局图	对照设计文件核查显示装置各图形的显示情况	□	□		□	□		□	C	
		2 应能显示建筑的平面图，主要部位的名称和疏散路线，建筑内危化品的位置，系统设备及其控制的各分系统消防设备的名称、设置部位	对照设计文件核查显示装置各图形的显示情况	□	□		□	□		□	C	
		3 应能显示建筑中设置的火灾自动报警系统、自动喷水灭火系统、消火栓系统等系统的系统图										

续表 E.8

项目	条款	子项（调试、检测、验收内容）		施工单位调试记录			监理单位检查记录			检测、验收结果		
		调试、检测、验收要求	调试、检测、验收方法	符合	不符合	说明	符合	不符合	说明	合格	不合格	说明
5.1.2 通信故障报警功能		显示装置与控制器之间的通信中断时，显示装置应在100s内发出故障声、光信号	使显示装置与控制器间的通信中断，用秒表测量显示装置故障报警响应时间	□	□		□	□		□	C	
5.1.3 消音功能		显示装置应能手动消除报警声信号	手动操作显示装置消音键，检查显示装置声信号消除情况	□	□		□	□		□	C	
5.1.4 信号接收和显示功能	4.11.1	1 火灾报警控制器、消防联动控制器发出火灾报警信号、联动控制信号、反馈信号时，显示装置应在10s内显示报警或启动设备对应的建筑位置、建筑平面图，在建筑平面图上指示报警或启动设备的物理位置、报警或启动设备的地址注释信息、记录报警或启动时间，且显示的信息应与控制器的显示信息一致	使火灾报警控制器、消防联动控制器发出火灾报警信号、联动控制信号、反馈信号，用秒表测量显示装置的响应时间，检查建筑平面图的显示情况，对照控制器的显示信息核查显示装置的显示情况	□	□		□	□		□	C	
		2 火灾报警控制器、消防联动控制器发出监管报警信号、屏蔽信号、故障信号时，显示装置应在100s内显示设备对应的建筑位置、建筑平面图，在建筑平面图上指示设备的物理位置、设备的地址注释信息，记录报警时间，且显示的信息应与控制器的显示信息一致	使火灾报警控制器、消防联动控制器发出监管报警信号、屏蔽信号、故障信号，用秒表测量显示装置的响应时间，检查建筑平面图的显示情况，对照火灾报警控制器、消防联动控制器的显示信息核查显示装置的显示情况	□	□		□	□		□	C	
5.1.5 信息记录功能		1 应记录火灾报警触发器件的报警时间、地址注释信息及复位操作信息	操作显示装置，查询显示装置的各项记录，对照控制器的历史记录核对记录的准确性	□	□		□	□		□	C	
		2 应记录受控设备的类型、启动时间、反馈信息、地址注释信息	操作显示装置，查询显示装置的各项记录，对照设计文件、控制器的历史记录核对记录的准确性	□	□		□	□		□	C	
		3 应记录各消防设备（设施）的动态信息		□	□		□	□				
		4 应记录值班及操作人员的代码、产品维护保养的内容和时间、系统程序的进入和退出时间		□	□		□	□				
		5 应记录消防设备（设施）的制造商、产品有效期等信息		□	□		□	□				

续表 E.8

项目	条款	子项（调试、检测、验收内容）		施工单位调试记录			监理单位检查记录			检测、验收结果		
		调试、检测、验收要求	调试、检测、验收方法	符合	不符合	说明	符合	不符合	说明	合格	不合格	说明
5.1.6 复位功能	4.11.1	火灾报警控制器、消防联动控制器的各输入信号撤除后，显示装置应能对显示器工作状态复位，恢复正常显示状态	撤除火灾报警控制器、消防联动控制器的各输出信号，观察显示装置的显示情况	□	□		□	□		□		C
☆5.2 传输设备基本功能													
调试准备		将传输设备与火灾报警控制器相连接，接通电源，使传输设备处于正常监视状态										—	
5.2.1 自检功能		传输设备应能对指示灯、显示器和音响器件进行功能自检	操作传输设备的自检机构，检查设备指示灯、显示器和音响器的动作情况	□	□		□	□		□		C
5.2.2 主、备电自动转换功能		传输设备主电断电后，备电应能自动投入；主电恢复后，应能自动投入；主、备电工作指示灯应能正确指示传输设备主、备电的工作状态	切断主电源，检查备用电源自动投入情况，观察工作指示灯显示情况；恢复主电源，检查主电源自动投入情况，观察工作指示灯显示情况	□	□		□	□		□		C
5.2.3 故障报警功能	4.11.2	1 传输设备与备用电源之间的连线断路、短路时，传输设备器应在100s内发出故障声、光信号，显示故障类型	分别使传输设备与备用电源之间连线断路、短路，用秒表测量设备故障报警响应时间、观察故障信息显示情况	□	□		□	□		□		C
		2 传输设备与控制器之间的通信中断时，传输设备应在100s内发出故障声、光信号，显示故障类型	使传输设备与控制器的通信中断；用秒表测量设备故障报警响应时间，检查设备故障信息显示情况	□	□		□	□		□		C
5.2.4 消音功能		传输设备应能手动消除报警声信号	手动操作传输设备的消音键，检查设备声信号消除情况	□	□		□	□		□		C
5.2.5 信号接收和显示功能		控制器发出火灾报警信号、监管报警信号、屏蔽信号、故障信号后，传输设备应发出火灾报警、监管报警、故障报警、屏蔽光指示信号	使火灾报警控制器发出火灾报警信号、监管报警信号、屏蔽信号、故障信号，检查传输设备的工作状态	□	□		□	□		□		C
5.2.6 手动报警功能		手动报警按钮动作后，传输设备应发出手动报警状态光指示信号	操作手动报警按钮，使按钮动作，观察传输设备的工作状态	□	□		□	□		□		C

续表 E.8

项目	条款	子项（调试、检测、验收内容）		施工单位调试记录			监理单位检查记录			检测、验收结果		
		调试、检测、验收要求	调试、检测、验收方法	符合	不符合	说明	符合	不符合	说明	合格	不合格	说明
5.2.7 复位功能	4.11.2	火灾报警控制器的各输入信号撤除后，传输设备应对设备工作状态复位，恢复正常显示状态	撤除火灾报警控制器的各输出信号，观察传输设备的显示情况	□	□		□	□		□		C

□调试结论	□合格	□不合格
□检测、验收结论	□合格	□不合格：xxA＋yyB＋zzC

建设单位	设计单位	监理单位	施工单位	调试单位	检测、验收单位
（公章）项目负责人	（公章）项目负责人	（公章）项目负责人	（公章）项目负责人	（公章）项目负责人	（公章）项目负责人
（签章）年 月 日	（签章）年 月 日	（签章）年 月 日	（签章）年 月 日	（签章）年 月 日	（签章）年 月 日

表 E.9　火灾警报和消防应急广播系统调试、检测、验收记录　　编号：

工程名称				子分部工程名称		□调试　□检测　□验收	
施工单位		项目负责人		调试单位		监理单位	监理工程师
执行规范名称及编号	《火灾自动报警系统设计规范》GB 50116、《电气装置安装工程　爆炸和火灾危险环境电气装置施工及验收规范》GB 50257、《建筑电气工程施工质量验收规范》GB 50303、《消防联动控制系统》GB 16806						
火灾警报器数量	N	检测数量	N	验收数量	应符合本标准表5.0.2的规定		
广播控制设备型号规格		编号		设置部位	广播回路数量	M	配接扬声器数量
回路1扬声器数量	N_1	检测数量	全部数量 N_1	验收数量	应符合本标准表5.0.2的规定		
回路M扬声器数量	N_M	检测数量	全部数量 N_M	验收数量	应符合本标准表5.0.2的规定		
报警区域数量	Z	检测数量	Z	验收数量	应符合本标准表5.0.2的规定		

地址/编号	项目	条款	子项（调试、检测、验收内容）		施工单位调试记录			监理单位检查记录			检测、验收结果		
			调试、检测、验收要求	调试、检测、验收方法	符合	不符合	说明	符合	不符合	说明	合格	不合格	说明
	Ⅰ 火灾警报器调试、检测、验收												
	部件类型：☆火灾声警报器、☆火灾光警报器、☆火灾声光警报器												
	1 设备选型												
	规格型号、适用场所	GB 50116	规格型号、适用场所应符合现行国家标准《火灾自动报警系统设计规范》GB 50116 和设计文件的规定	对照现行国家标准《火灾自动报警系统设计规范》GB 50116 和设计文件核查设备的规格型号、设置场所	—	—	—	—	—	—	□		A
	2 设备设置												
	2.1 设置数量	3.1.1	设置数量应符合设计文件的规定	对照设计文件核查设备的设置数量	—	—	—	—	—	—	□		C
	2.2 设置部位		设置部位应符合设计文件的规定	对照设计文件核查设备的设置部位	—	—	—	—	—	—	□		C

续表 E.9

地址/编号	项目	条款	子项（调试、检测、验收内容）		施工单位调试记录			监理单位检查记录			检测、验收结果		
			调试、检测、验收要求	调试、检测、验收方法	符合	不符合	说明	符合	不符合	说明	合格	不合格	说明
	3 消防产品准入制度													
	证书和标识	2.2.1	应有与其相符合、有效的认证证书和认证标识	核查产品的认证证书和认证标识	—	—	—	—	—	—	☐		A
	4 安装质量													
	4.1 安装工艺	3.1.2	☆在有爆炸危险性场所的安装，应符合现行国家标准《电气装置安装工程 爆炸和火灾危险环境电气装置施工及验收规范》GB 50257 的相关规定	检查施工工艺是否符合现行国家标准《电气装置安装工程 爆炸和火灾危险环境电气装置施工及验收规范》GB 50257 的规定	—	—	—	—	—	—	☐		C
	4.2 设备安装	3.3.19	1 声警报器宜在报警区域内均匀安装	检查声警报器的设置情况	—	—	—	—	—	—	☐		C
			2 光警报器应安装在楼梯口、消防电梯前室、建筑内部拐角等处的明显部位；且不宜与消防应急疏散指示标志灯具安装在同一面墙上，必需安装在同一面墙上时，之间的距离不应小于1m	检查光警报器的设置情况，光警报器和消防应急疏散指示标志灯具安装在同一面墙时，用尺测量警报器和灯具之间的距离	—	—	—	—	—	—			
			3 壁挂安装时，底边距地面高度应大于2.2m	用尺测量设备底边距地面高度	—	—	—	—	—	—			
			4 应安装牢固，表面不应有破损	观察警报器外观，用手感检查设备固定情况	—	—	—	—	—	—			
	5 基本功能													
	地址设置	4.2.2	按照附录D的规定进行地址设置，控制器地址注释信息录入								—	—	—
	☆5.1 火灾声警报器的基本功能													
	火灾警报功能	4.12.1	声警报的A计权声压级应大于60dB，环境噪声大于60dB时，声警报的A计权声压级应高于背景噪声15dB，带有语音提示功能的声警报应能清晰播报语音信息	操作控制器使声警报器启动，在警报器生产企业声称的最大设置间距、距地面1.5m～1.6m处用数字声级计测量声警报的声压级，检查语音信息的播报情况	☐	☐		☐	☐		☐		A
	☆5.2 火灾光警报器的基本功能													
	火灾警报功能	4.12.2	在正常环境光线下，警报器的光信号在警报器生产企业声称的最大设置间距处应清晰可见	操作控制器使光警报器启动，在警报器生产企业声称的最大设置间距处，观察光信号显示情况	☐	☐		☐	☐		☐		A
	Ⅱ 消防应急广播控制设备调试、检测、验收													
	部件类型：消防应急广播控制设备													
	1 设备选型													
	规格型号	GB 50116	规格型号应符合设计文件的规定	对照设计文件核查设备的规格型号	—	—	—	—	—	—	☐		A

续表 E.9

地址/编号	项目	条款	子项（调试、检测、验收内容）		施工单位调试记录			监理单位检查记录			检测、验收结果		
			调试、检测、验收要求	调试、检测、验收方法	符合	不符合	说明	符合	不符合	说明	合格	不合格	说明
	2 设备设置												
	设置部位	3.1.1	设置部位应符合设计文件的规定	对照设计文件核查设备的设置部位	—	—	—	—	—	—	□	C	
	3 消防产品准入制度												
	证书和标识	2.2.1	应有与其相符合的、有效的认证证书和认证标识	核查产品的认证证书和认证标识	—	—	—	—	—	—	□	A	
	4 安装质量												
	4.1 设备安装	3.3.1	1 设备应安装牢固，不应倾斜	用手感检查设备的安装情况	—	—	—	—	—	—	□	C	
			☆2 落地安装时：设备底边宜高出地（楼）面0.1m～0.2m	用尺测量设备底边与地（楼）面的距离	—	—	—	—	—	—	□	C	
			☆3 安装在轻质墙上时，应采取加固措施	检查设备的加固措施	—	—	—	—	—	—	□	C	
	4.2 设备的引入线缆	3.3.2	1 配线应整齐，不宜交叉，并应固定牢靠	检查设备内部配线情况	—	—	—	—	—	—	□	C	
			2 线缆芯线的端部均应标明编号，并与图纸一致，字迹应清晰且不易褪色	对照设计文件逐一检查线缆的标号	—	—	—	—	—	—	□	C	
			3 端子板的每个接线端，接线不得超过2根	检查端子接线情况	—	—	—	—	—	—	□	C	
			4 线缆应留有不小于200mm的余量	用尺测量线缆的余量长度	—	—	—	—	—	—	□	C	
			5 线缆绑扎成束	检查线缆的布置情况	—	—	—	—	—	—	□	C	
			6 线缆穿管、槽盒后，应将管口、槽口封堵	检查管口、槽口封堵情况	—	—	—	—	—	—	□	C	
	4.3 设备电源的连接	3.3.3	1 设备的主电源应有明显的永久性标识，并应直接与消防电源连接，严禁使用电源插头	检查设备主电源的标识，检查设备与消防电源的连接情况	—	—	—	—	—	—	□	C	
			2 设备与其外接备用电源之间应直接连接	检查设备与外接备用电源的连接情况	—	—	—	—	—	—	□	C	
	☆4.4 蓄电池安装	3.3.4	设备自带电池需进行现场安装时，蓄电池的规格、型号、容量应符合设计文件的规定，蓄电池的安装应符合产品使用说明书的要求	对照设计文件核对蓄电池的规格、型号、容量；检查蓄电池的安装情况	—	—	—	—	—	—	□	C	
	4.5 设备的接地	3.3.5	设备的接地应牢固，并有明显的永久性标识	用手感检查或专用设备检查设备接地线的连接情况，检查设备的接地标识	—	—	—	—	—	—	□	C	

续表 E.9

地址/编号	项目	条款	子项（调试、检测、验收内容）		施工单位调试记录			监理单位检查记录			检测、验收结果		
			调试、检测、验收要求	调试、检测、验收方法	符合	不符合	说明	符合	不符合	说明	合格	不合格	说明
	5 基本功能												
	调试准备		将各广播回路的扬声器与消防应急广播控制设备相连接，接通电源，使广播控制设备处于正常工作状态		—			—					
	5.1 自检功能	4.12.4	广播控制设备应能对指示灯、显示器和音响器件进行功能自检	操作广播控制设备的自检机构，检查设备指示灯、显示器和音响器的动作情况	☐	☐		☐	☐		☐	C	
	5.2 主、备电自动转换功能		广播控制设备主电断电后，备电应能自动投入；主电恢复后，应能自动投入；主、备电工作指示灯应能正确指示广播控制设备主、备电工作状态	切断主电源，检查备用电源自动投入情况，观察工作指示灯显示情况；恢复主电源，检查主电源自动投入情况，观察工作指示灯显示情况	☐	☐		☐	☐		☐	C	
	5.3 故障报警功能		广播控制设备与扬声器之间连线断路、短路时，控制设备应在100s内发出故障声光信号，显示故障部件地址注释信息，显示的地址注释信息应与附录D一致	分别使控制设备与任一扬声器之间的连线断路、短路；用秒表测量控制设备故障报警响应时间，检查控制设备故障信息显示情况	☐	☐		☐	☐		☐	C	
	5.4 消音功能		广播控制设备应能手动消除报警声信号	手动操作广播控制设备消音键，检查声信号消除情况	☐	☐		☐	☐		☐	C	
	5.5 应急广播启动功能		控制设备应能控制其配接的扬声器，在10s内同时播放预设的广播信息，且语音信息应清晰	操作消防应急广播控制设备启动应急广播，检查扬声器语音信息播报情况	☐	☐		☐	☐		☐	A	
	5.6 现场语音播报功能		通过传声器现场播报语音信息时，广播控制设备应自动中断预设信息广播，广播控制设备配接的扬声器应同时播放传声器的广播信息；停止利用传声器进行应急广播后，广播控制设备应在3s内恢复至预设信息广播状态	将传声器插入应急广播控制设备，现场播报语音信息，检查扬声器语音播报切换情况；拔出传声器，用秒表测量扬声器语音播报切换时间	☐	☐		☐	☐		☐	A	
	5.7 应急广播停止功能		广播控制设备应能控制其配接的扬声器立即同时停止播放广播信息	操作消防应急广播控制设备停止应急广播，检查扬声器停止语音信息播报情况	☐	☐		☐	☐		☐	A	
	调试恢复	4.1.6	恢复消防应急广播控制设备和扬声器的正常连接，使消防应急广播控制设备处于正常工作状态										

续表 E.9

地址/编号	项目	条款	子项（调试、检测、验收内容）		施工单位调试记录			监理单位检查记录			检测、验收结果		
			调试、检测、验收要求	调试、检测、验收方法	符合	不符合	说明	符合	不符合	说明	合格	不合格	说明
	Ⅲ 扬声器调试、检测、验收												
	部件类型：扬声器												
	1 设备选型												
	规格型号、适用场所	GB 50116	规格型号、适用场所应符合现行国家标准《火灾自动报警系统设计规范》GB 50116 和设计文件的规定	对照现行国家标准《火灾自动报警系统设计规范》GB 50116 和设计文件核查设备的规格型号、设置场所	—	—	—	—	—	—	□		A
	2 设备设置												
	2.1 设置数量	3.1.1	设置数量应符合设计文件的规定	对照设计文件核查设备的设置数量	—	—	—	—	—	—	□		C
	2.2 设置部位		设置部位应符合设计文件的规定	对照设计文件核查设备的设置部位	—	—	—	—	—	—	□		C
	3 消防产品准入制度												
	证书和标识	2.2.1	应有与其相符合的、有效的认证证书和认证标识	核查产品的认证证书和认证标识	—	—	—	—	—	—	□		A
	4 安装质量												
	4.1 安装工艺	3.1.2	☆在有爆炸危险性场所的安装，应符合现行国家标准《电气装置安装工程 爆炸和火灾危险环境电气装置施工及验收规范》GB 50257 的相关规定	检查施工工艺是否符合现行国家标准《电气装置安装工程 爆炸和火灾危险环境电气装置施工及验收规范》GB 50257 的规定	—	—	—	—	—	—	□		C
	4.2 设备安装	3.3.19	1 扬声器宜在报警区域内均匀安装	检查声警报器的设置情况	—	—	—	—	—	—	□		C
			2 扬声器在走道内安装时，距走道末端的距离不应大于 12.5m	用尺测量扬声器的安装间距	—	—	—	—	—	—	□		C
			3 壁挂安装时，底边距地面高度应大于 2.2m	用尺测量设备底边距地面高度	—	—	—	—	—	—	□		C
			4 应安装牢固，表面不应有破损	观察扬声器外观，用手感检查设备固定情况	—	—	—	—	—	—	□		C
	5 基本功能												
	地址设置	4.2.2	按照附录D的规定进行地址设置，广播控制设备地址注释信息录入								—	—	—
	广播功能	4.12.5	广播的 A 计权声压级应大于 60dB；环境噪声大于 60dB 时，广播的 A 计权声压级应高于背景噪声 15dB；扬声器应能清晰播报语音信息	操作消防应急广播控制设备使扬声器播放应急广播信息，在扬声器生产企业声称的最大设置间距、距地面 1.5m~1.6m 处用数字声级计测量广播的声压级，检查语音信息的播报情况	□	□		□	□		□		A

续表 E.9

地址/编号	项目	条款	子项（调试、检测、验收内容） 调试、检测、验收要求	子项（调试、检测、验收内容） 调试、检测、验收方法	施工单位调试记录 符合	施工单位调试记录 不符合	施工单位调试记录 说明	监理单位检查记录 符合	监理单位检查记录 不符合	监理单位检查记录 说明	检测、验收结果 合格	检测、验收结果 不合格	检测、验收结果 说明
	|Ⅳ 火灾警报和消防应急广播系统的控制												
	调试准备		将广播控制设备与消防联动控制器相连接，使消防联动控制器处于自动状态；消防应急广播系统与普通广播或背景音乐广播系统合用时，使广播系统处于正常广播状态；消防应急广播系统为专用广播系统时，使广播控制装置处于关闭状态								—		—
	1 联动控制功能	4.12.6	1 消防联动控制器应发出控制火灾警报装置和应急广播控制装置动作的启动信号，点亮启动指示灯	使报警区域内符合联动控制触发条件的两只火灾探测器或一只火灾探测器和手动火灾报警按钮发出火灾报警信号，检查消防联动控制器的工作状态	□	□		□	□		□		A
			☆2 应急广播系统与普通广播或背景音乐广播系统合用时，广播控制装置应停止正常广播	检查正常广播的停止情况	□	□		□	□		□		A
			3 警报器和扬声器应按下列规定交替工作： 1）警报器应同时启动，持续工作 8s~20s 后，所有的警报器应同时停止警报； 2）警报器停止工作后，扬声器进行 1 次~2 次应急广播，每次应急广播时间应为 10s~30s，应急广播结束后，所有扬声器应停止播放广播信息	使火灾警报和应急广播系统持续工作 300s，检查火灾警报器、扬声器的交替工作情况；用秒表分别测量火灾警报器、扬声器单次持续工作时间	□	□		□	□		□		A
			4 消防控制器图形显示装置应显示火灾报警控制器的火灾报警信号、消防联动控制器的启动信号，且显示的信息应与控制器的显示一致	对照火灾报警控制器、消防联动控制器的显示信息，核查消防控制室图形显示装置信息显示情况	□	□		□	□		□		C
	2 手动插入操作优先功能	4.12.7	1 应能手动控制所有的火灾声光警报器和扬声器停止正在进行的警报和应急广播	联动功能检查时，手动操作消防联动控制器总线控制盘上火灾警报和消防应急广播停止控制按钮、按键，检查火灾警报器、扬声器的工作情况	□	□		□	□		□		A

续表 E.9

地址/编号	项目	条款	子项（调试、检测、验收内容）		施工单位调试记录			监理单位检查记录			检测、验收结果		
			调试、检测、验收要求	调试、检测、验收方法	符合	不符合	说明	符合	不符合	说明	合格	不合格	说明
	2 手动插入操作优先功能	4.12.7	2 应能手动控制所有的火灾声光警报器和扬声器恢复警报和应急广播	手动操作消防联动控制器总线控制盘上火灾警报和消防应急广播启动控制按钮、按键，检查火灾警报器、扬声器的工作情况	□	□		□	□		□		A
□调试结论			□合格					□不合格					
□检测、验收结论			□合格					□不合格：xxA+yyB+zzC					

建设单位	设计单位	监理单位	施工单位	调试单位	检测、验收单位
（公章） 项目负责人 （签章） 年 月 日	（公章） 项目负责人 （签章） 年 月 日	（公章） 项目负责人 （签章） 年 月 日	（公章） 项目负责人 （签章） 年 月 日	（公章） 项目负责人 （签章） 年 月 日	（公章） 项目负责人 （签章） 年 月 日

表 E.10 防火卷帘系统调试、检测、验收记录   编号：

工程名称				子分部工程名称		□调试 □检测 □验收	
施工单位		项目负责人		调试单位		监理单位	监理工程师
执行规范名称及编号	《火灾自动报警系统设计规范》GB 50116、《建筑电气工程施工质量验收规范》GB 50303、《消防联动控制系统》GB 16806、《防火卷帘控制器》GA 386						
卷帘控制器型号规格				编号		设置部位	
手动控制装置数量	检测数量	N_1	验收数量	N_1	应符合本标准表5.0.2的规定		
☆点型感烟火灾探测器数量	检测数量	N_2	验收数量	N_2	应符合本标准表5.0.2的规定		
☆点型感温火灾探测器数量	检测数量	N_3	验收数量	N_3	应符合本标准表5.0.2的规定		
报警区域数量	Z	检测数量	Z	验收数量	应符合本标准表5.0.2的规定		
防火卷帘数量	N	检测数量	N	验收数量	应符合本标准表5.0.2的规定		

地址/编号	项目	条款	子项（调试、检测、验收内容）		施工单位调试记录			监理单位检查记录			检测、验收结果		
			调试、检测、验收要求	调试、检测、验收方法	符合	不符合	说明	符合	不符合	说明	合格	不合格	说明
Ⅰ 防火卷帘控制器调试、检测、验收													
部件类型：防火卷帘控制器													
1 设备选型													
	规格型号	GB 50116	规格型号应符合设计文件的规定	对照设计文件核查设备的规格划号	—	—	—	—	—	—	□		A
2 设备设置													
	设置部位	3.1.1	设置部位应符合设计文件的规定	对照设计文件核查设备的设置部位	—	—	—	—	—	—	□		C
3 消防产品准入制度													
	证书和标识	2.2.1	应有与其相符合的、有效的认证证书和认证标识	核查产品的认证证书和认证标识	—	—	—	—	—	—	□		A

续表 E.10

地址/编号	项目	条款	子项（调试、检测、验收内容）		施工单位调试记录			监理单位检查记录			检测、验收结果		
			调试、检测、验收要求	调试、检测、验收方法	符合	不符合	说明	符合	不符合	说明	合格	不合格	说明
	4 安装质量												
	4.1 设备安装	3.3.1	1 设备应安装牢固，不应倾斜	用手感检查设备的安装情况	—	—	—	—	—	—	☐	C	
			2 安装在轻质墙上时，应采取加固措施	检查设备的加固措施	—	—	—	—	—	—	☐	C	
	4.2 设备的引入线缆	3.3.2	1 配线应整齐，不宜交叉，并应固定牢靠	检查设备内部配线情况	—	—	—	—	—	—	☐	C	
			2 线缆芯线的端部，均应标明编号，并与图纸一致，字迹应清晰且不易褪色	对照设计文件逐一检查线缆的标号	—	—	—	—	—	—	☐	C	
			3 端子板的每个接线端，接线不得超过2根	检查端子接线情况	—	—	—	—	—	—	☐	C	
			4 线缆应留有不小于200mm的余量	用尺测量线缆的余量长度	—	—	—	—	—	—	☐	C	
			5 线缆应绑扎成束	检查线缆的布置情况	—	—	—	—	—	—	☐	C	
			6 线缆穿管、槽盒后，应将管口、槽口封堵	检查管口、槽口封堵情况	—	—	—	—	—	—	☐	C	
	4.3 设备电源的连接	3.3.3	1 设备的主电源应有明显的永久性标识，并应直接与消防电源连接，严禁使用电源插头	检查设备主电源的标识，检查设备与消防电源的连接情况	—	—	—	—	—	—	☐	C	
			2 设备与其外接备用电源之间应直接连接	检查设备与外接备用电源的连接情况	—	—	—	—	—	—	☐	C	
	☆4.4 蓄电池安装	3.3.4	设备自带电池需进行现场安装时，蓄电池的规格、型号、容量应符合设计文件的规定，蓄电池的安装应符合产品使用说明书的要求	对照设计文件核对蓄电池的规格、型号、容量；检查蓄电池的安装情况	—	—	—	—	—	—	☐	C	
	4.5 设备的接地	3.3.5	设备的接地应牢固，并有明显的永久性标识	用手感检查或专用设备检查设备接地线的连接情况，检查设备的接地标识	—	—	—	—	—	—	☐	C	
	5 基本功能												
	调试准备		将防火卷帘控制器与防火卷帘卷门机、手动控制装置、火灾探测器相连接，接通电源，使防火卷帘控制器处于正常监视状态		—			—			—		
	5.1 自检功能	4.13.1	控制器应能对指示灯、显示器和音响器件进行功能自检	操作控制器的自检机构，检查设备指示灯、显示器和音响器的动作情况	☐	☐		☐	☐		☐	C	
	5.2 主、备电自动转换功能		控制器主电断电后，备电应能自动投入；主电恢复后，应能自动投入；主、备电工作指示灯应能正确指示控制器主、备电的工作状态	切断主电源，检查备用电源自动投入情况，观察工作指示灯显示情况；恢复主电源，检查主电源自动投入情况，观察工作指示灯显示情况	☐	☐		☐	☐		☐	C	

续表E.10

地址/编号	项目	条款	子项（调试、检测、验收内容）		施工单位调试记录			监理单位检查记录			检测、验收结果		
			调试、检测、验收要求	调试、检测、验收方法	符合	不符合	说明	符合	不符合	说明	合格	不合格	说明
	5.3 故障报警功能	4.13.1	1 控制器与备用电源之间的连线断路、短路时，控制器应在100s内发出故障声、光信号	分别使控制器与备用电源之间的连线断路、短路，用秒表测量控制器故障报警响应时间	□	□		□	□		□	C	
			2 控制器与速放控制装置间的连线断路、短路时，控制器应在100s内发出故障声、光信号	分别使控制器与速放控制装置间的连线断路、短路，用秒表测量控制器故障报警响应时间	□	□		□	□		□	C	
			☆3 控制器配接火灾探测器时，控制器与探测器之间的连线断路、短路时，控制器应在100s内发出故障声、光信号	分别使控制器与探测器之间的连线断路、短路，用秒表测量控制器故障报警响应时间	□	□		□	□		□	C	
	5.4 消音功能		控制器应能手动消除报警声信号	手动操作控制器的消音键，检查设备声信号消除情况	□	□		□	□		□	C	
	5.5 手动控制功能		卷帘控制器应能手动控制防火卷帘上升、停止和下降	手动操作控制器的上升、停止和下降按钮、按键，观察防火卷帘的动作情况	□	□		□	□		□	A	
	5.6 速放控制功能		卷帘控制器应能控制速放控制装置，使防火卷帘完全靠自重下降	切断控制器、卷门机的主电源，手动操作控制器的速放按钮、按键，观察防火卷帘的动作情况	□	□		□	□		□	A	
	Ⅱ 防火卷帘控制器现场部件调试、检测、验收												
	部件类型：☆点型感烟火灾探测器、☆点型感温火灾探测器												
	1 设备选型												
设备地址编号	规格型号	GB 50116	1 规格型号应符合现行国家标准《火灾自动报警系统设计规范》GB 50116和设计文件的规定	对照现行国家标准《火灾自动报警系统设计规范》GB 50116、设计文件和控制器检验报告核查设备的规格型号	—	—		—	—		□	A	
			2 应为卷帘控制器检验报告中描述的配接产品		—	—		—	—		□	A	
	2 设备设置												
	2.1 设置数量	3.1.1	设置数量应符合设计文件的规定	对照设计文件核查设备的设置数量	—	—		—	—		□	C	
	2.2 设置部位		设置部位应符合设计文件的规定	对照设计文件核查设备的设置部位	—	—		—	—		□	C	
	3 消防产品准入制度												
	证书和标识	2.2.1	应有与其相符合的、有效的认证证书和认证标识	核查产品的认证证书和认证标识	—	—		—	—		□	A	
	4 安装质量												
	4.1 探测器安装	3.3.6	1 探测器至墙壁、梁边的水平距离，不应小于0.5m	用尺测量探测器至墙壁、梁边的距离							□	C	

续表 E.10

地址/编号	项目	条款	子项（调试、检测、验收内容）		施工单位调试记录			监理单位检查记录			检测、验收结果		
			调试、检测、验收要求	调试、检测、验收方法	符合	不符合	说明	符合	不符合	说明	合格	不合格	说明
设备地址编号	4.1 探测器安装	3.3.6	2 探测器周围水平距离0.5m内不应有遮挡物	测量探测器至遮挡物的距离	—	—	—	—	—	—	☐		C
			3 探测器至空调送风口最近边的水平距离，不应小于1.5m；至多孔送风顶棚孔口的水平距离，不应小于0.5m	用尺测量探测器至空调送风口、多孔送风顶棚孔口的水平距离	—	—	—	—	—	—	☐		C
			4 宜水平安装，当确需倾斜安装时，倾斜角不应大于45°	用量角器测量探测器的倾斜角度	—	—	—	—	—	—	☐		C
	4.2 底座安装	3.3.13	1 底座应安装牢固，与导线连接必须可靠压接或焊接。当采用焊接时，不应使用带腐蚀性的助焊剂	检查导线的连接情况，手感检查设备的安装情况	—	—	—	—	—	—	☐		C
			2 连接导线应留有不小于150mm的余量，且在其端部应有明显的永久性标识	用尺测量导线余量的长度，检查导线的标识	—	—	—	—	—	—	☐		C
			3 穿线孔宜封堵，安装完毕的探测器底座应采取保护措施	检查底座的防护措施	—	—	—	—	—	—	☐		C
	5 基本功能													
	地址设置	4.2.2	按照附录D的规定进行地址设置，控制器地址注释信息录入								—	—	—
	5.1 探测器火灾报警功能	4.13.2	探测器处于报警状态时，探测器的火警确认灯应点亮并保持	采用专用的检测仪器或模拟火灾的方法，使探测器监测区域的烟雾浓度、温度达到探测器的报警设定阈值；观察探测器火警确认灯点亮情况	☐	☐		☐	☐		☐		A
	5.2 卷帘控制器控制功能		探测器发出火灾报警信号后，卷帘控制器应3s内发出卷帘动作声、光信号，按设计文件的规定控制防火卷帘下降至距楼板面1.8m处或楼板面	用秒表测量卷帘控制器的响应时间，对照设计文件检查防火卷帘的动作情况	☐	☐		☐	☐		☐		A
	部件类型：手动控制装置													
	2 设备设置													
	设置部位	3.1.1	设置部位应符合设计文件的规定	对照设计文件核查设备的设置部位	—	—	—	—	—	—	☐		C
	3 消防产品准入制度													
	检验报告	2.2.1	应为卷帘控制器检验报告中描述的配接产品	核查产品的型式检验报告	—	—	—	—	—	—	☐		A

— 155 —

续表 E.10

地址/编号	项目	条款	子项（调试、检测、验收内容）		施工单位调试记录			监理单位检查记录			检测、验收结果		
			调试、检测、验收要求	调试、检测、验收方法	符合	不符合	说明	符合	不符合	说明	合格	不合格	说明
设备地址编号	4 安装质量												
	设备的安装	3.3.16	1 应设置在明显和便于操作的部位；其底边距地（楼）面的高度宜为1.3m～1.5m，且应设置明显的永久性标识；疏散通道上设置的防火卷帘两侧均应设置手动控制装置	观察设备的安装位置，用尺测量按钮底边距地（楼）面的高度	—	—	—	—	—	—	☐		C
			2 应安装牢固，不应倾斜	用手感检查设备的安装情况	—	—	—	—	—	—	☐		C
			3 按钮的连接导线，应留有不小于150mm的余量，且在其端部应有明显的永久性标识	用尺测量导线余量的长度，检查导线的标识	—	—	—	—	—	—	☐		C
	5 基本功能												
	控制功能	4.13.3	通过操作手动控制装置应能控制防火卷帘上升、停止和下降，卷帘控制器应发出卷帘动作声、光信号	手动操作手动控制装置上升、停止和下降按钮、按键，检查控制器工作状态、卷帘动作情况	☐	☐	☐	☐	☐	☐	☐		A
	Ⅲ疏散通道上设置的防火卷帘系统的联动控制功能的调试、检测、验收												
	调试准备	4.13.4	使防火卷帘控制器与卷门机相连接，使防火卷帘控制器与消防联动控制器相连接，接通电源，使卷帘控制器处于正常监视状态，使消防联动控制器处于自动控制工作状态		—	—							
	☆防火卷帘控制器不配接火灾探测器的防火卷帘系统												
防火卷帘编号	联动控制功能	4.13.5	1 消防联动控制器应发出控制防火卷帘下降至距楼面1.8m处的启动信号，点亮启动指示灯	使一只专门用于联动防火卷帘的感烟火灾探测器或报警区域内符合联动控制触发条件的两只感烟火灾探测器发出火灾报警信号，检查消防联动控制器的工作状态	☐	☐	☐	☐	☐	☐	☐		A
			2 防火卷帘控制器应控制防火卷帘下降至距楼板面1.8m处	检查防火卷帘的动作情况	☐	☐	☐	☐	☐	☐	☐		A
			3 消防联动控制器应发出控制防火卷帘下降至楼板面的启动信号	使一只专门用于联动防火卷帘的感温火灾探测器发出火灾报警信号，检查消防联动控制器的工作状态	☐	☐	☐	☐	☐	☐	☐		A
			4 防火卷帘控制器应控制防火卷帘下降至楼板面	检查防火卷帘的动作情况	☐	☐	☐	☐	☐	☐	☐		A
			5 消防联动控制器应接收并显示防火卷帘下降至距楼板面1.8m处、楼板面的反馈信号	检查消防联动控制器的显示情况	☐	☐	☐	☐	☐	☐	☐		C

续表 E.10

地址/编号	项目	条款	子项（调试、检测、验收内容）		施工单位调试记录			监理单位检查记录			检测、验收结果		
			调试、检测、验收要求	调试、检测、验收方法	符合	不符合	说明	符合	不符合	说明	合格	不合格	说明
	联动控制功能	4.13.5	6 消防控制器图形显示装置应显示火灾报警控制器的火灾报警信号、消防联动控制器的启动信号和设备动作的反馈信号，且显示的信息应与控制器的显示一致	对照火灾报警控制器、消防联动控制器的显示信息，核查消防控制室图形显示装置信息显示情况	□	□		□	□		□		C
	☆防火卷帘控制器配接火灾探测器的防火卷帘系统												
防火卷帘编号	联动控制功能	4.13.6	1 感烟火灾探测器报警时，防火卷帘控制器应控制防火卷帘下降至距楼板面1.8m处	使一只专门用于联动防火卷帘的感烟火灾探测器发出火灾报警信号；检查卷帘的动作情况	□	□		□	□		□		A
			2 感温火灾探测器报警时，防火卷帘控制器应控制防火卷帘下降至楼板面	使一只专门用于联动防火卷帘的感温火灾探测器发出火灾报警信号；检查卷帘的动作情况	□	□		□	□		□		A
			3 消防联动控制器应接收并显示防火卷帘控制器配接的火灾探测器的火灾报警信号、防火卷帘下降至距楼板面1.8m处、楼板面的反馈信号	检查消防联动控制器的显示情况	□	□		□	□		□		C
			4 消防控制器图形显示装置应显示火灾探测器的火灾报警信号和设备动作的反馈信号，且显示的信息应与控制器的显示一致	对照控制器的显示信息，核查消防控制室图形显示装置信息显示情况	□	□		□	□		□		C
	Ⅳ 非疏散通道上设置的防火卷帘系统的联动控制功能的调试、检测、验收												
	调试准备	4.13.7	使防火卷帘控制器与卷门机相连接，使防火卷帘控制器与消防联动控制器相连接，接通电源，使卷帘控制器处于正常监视状态，使消防联动控制器处于自动控制工作状态								—		—
报警区域编号	1.1 联动控制功能	4.13.8	1 消防联动控制器应发出控制防火卷帘下降至楼板面的启动信号，点亮启动指示灯	使报警区域内符合联动控制触发条件的两只火灾探测器发出火灾报警信号，检查消防联动控制器的工作状态	□	□		□	□		□		A
			2 防火卷帘控制器应控制防火卷帘下降至楼板面	检查防火卷帘的动作情况	□	□		□	□		□		A
			3 消防联动控制器应接收并显示防火卷帘下降至楼板面的反馈信号	检查消防联动控制器的显示情况	□	□		□	□		□		C
			4 消防控制器图形显示装置应显示火灾报警控制器的火灾报警信号、消防联动控制器的启动信号和设备动作的反馈信号，且显示的信息应与控制器的显示一致	对照火灾报警控制器、消防联动控制器的显示信息，核查消防控制室图形显示装置信息显示情况	□	□		□	□		□		C

续表 E.10

地址/编号	项目	条款	子项(调试、检测、验收内容)		施工单位调试记录			监理单位检查记录			检测、验收结果		
			调试、检测、验收要求	调试、检测、验收方法	符合	不符合	说明	符合	不符合	说明	合格	不合格	说明
报警区域编号	1.2 手动控制功能	4.13.9	1 消防联动控制器应能手动控制防火卷帘的下降	手动操作控制器总线控制盘上卷帘下降控制按钮、按键,检查卷帘动作情况	□	□		□	□		□		A
			2 消防联动控制器应接收并显示防火卷帘下降至楼板面的反馈信号	检查消防联动控制器的显示情况	□	□		□	□		□		C
□调试结论			□合格					□不合格					
□检测、验收结论			□合格					□不合格:xxA+yyB+zzC					

建设单位	设计单位	监理单位	施工单位	调试单位	检测、验收单位
(公章) 项目负责人 (签章) 年 月 日	(公章) 项目负责人 (签章) 年 月 日	(公章) 项目负责人 (签章) 年 月 日	(公章) 项目负责人 (签章) 年 月 日	(公章) 项目负责人 (签章) 年 月 日	(公章) 项目负责人 (签章) 年 月 日

表 E.11 防火门监控系统调试、检测、验收记录　　编号:

工程名称				子分部工程名称			□调试　□检测　□验收						
施工单位		项目负责人		调试单位			监理单位		监理工程师				
执行规范名称及编号	《火灾自动报警系统设计规范》GB 50116、《建筑电气工程施工质量验收规范》GB 50303、《消防联动控制系统》GB 16806、《防火门监控器》GB 29364												
防火门监控器型号规格			编号		设置部位			配接回路数		M			
1 回路配接各现场部件数量		N_1	检测数量		N_1		验收数量		应符合本标准表5.0.2的规定				
M 回路配接各现场部件数量		N_M	检测数量		N_M		验收数量		应符合本标准表5.0.2的规定				
报警区域数量		Z	检测数量		Z		验收数量		应符合本标准表5.0.2的规定				

地址/编号	项目	条款	子项(调试、检测、验收内容)		施工单位调试记录			监理单位检查记录			检测、验收结果		
			调试、检测、验收要求	调试、检测、验收方法	符合	不符合	说明	符合	不符合	说明	合格	不合格	说明
	Ⅰ 防火门监控器调试、检测、验收												
	部件类型:防火门监控器												
	1 设备选型												
	规格型号	GB 50116	规格型号应符合设计文件的规定	对照设计文件核查设备的规格型号	—	—	—	—	—	—	□		A
	2 设备设置												
	设置部位	3.1.1	设置部位应符合设计文件的规定	对照设计文件核查设备的设置部位	—	—	—	—	—	—	□		C
	3 消防产品准入制度												
	检验报告	2.2.1	应有与其相符合的、有效的检验报告	核查产品的型式检验报告	—	—	—	—	—	—	□		A

续表 E.11

地址/编号	项目	条款	子项（调试、检测、验收内容）		施工单位调试记录			监理单位检查记录			检测、验收结果		
			调试、检测、验收要求	调试、检测、验收方法	符合	不符合	说明	符合	不符合	说明	合格	不合格	说明
	4 安装质量												
	4.1 设备安装	3.3.1	1 设备应安装牢固，不应倾斜	用手感检查设备的安装情况	—	—	—	—	—	—	☐	C	
			☆2 落地安装时设备底边宜高出地（楼）面 0.1m～0.2m	用尺测量设备底边与地（楼）面的距离	—	—	—	—	—	—	☐	C	
			☆3 安装在轻质墙上时，应采取加固措施	检查设备的加固措施	—	—	—	—	—	—	☐	C	
	4.2 设备的引入线缆	3.3.2	1 配线应整齐，不宜交叉，并应固定牢靠	检查设备内部配线情况	—	—	—	—	—	—	☐	C	
			2 线缆芯线的端部，均应标明编号，并与图纸一致，字迹应清晰且不易褪色	对照设计文件逐一检查线缆的标号	—	—	—	—	—	—	☐	C	
			3 端子板的每个接线端，接线不得超过2根	检查端子接线情况	—	—	—	—	—	—	☐	C	
			4 线缆应留有不小于200mm的余量	用尺测量线缆的余量长度	—	—	—	—	—	—	☐	C	
			5 线缆应绑扎成束	检查线缆的布置情况	—	—	—	—	—	—	☐	C	
			6 线缆穿管、槽盒后，应将管口、槽口封堵	检查管口、槽口封堵情况	—	—	—	—	—	—	☐	C	
	4.3 设备电源的连接	3.3.3	1 设备的主电源应有明显的永久性标识，并应直接与消防电源连接，严禁使用电源插头	检查设备主电源的标识，检查设备与消防电源的连接情况	—	—	—	—	—	—	☐	C	
			2 设备与其外接备用电源之间应直接连接	检查设备与外接备用电源的连接情况	—	—	—	—	—	—	☐	C	
	☆4.4 蓄电池安装	3.3.4	设备自带电池需进行现场安装时，蓄电池的规格、型号、容量应符合设计文件的规定，蓄电池的安装应符合产品使用说明书的要求	对照设计文件核对蓄电池的规格、型号、容量；检查蓄电池的安装情况	—	—	—	—	—	—	☐	C	
	4.5 设备的接地	3.3.5	设备的接地应牢固，并有明显的永久性标识	用手感检查或专用设备检查设备接地线的连接情况，检查设备的接地标识	—	—	—	—	—	—	☐	C	
	5 基本功能												
	5.1 回路号（1）的基本功能												
	调试准备	4.14.1	将任一备调总线回路的监控模块与监控器相连接，接通电源，使防火门监控器处于正常监视状态								—		
	5.1.1 自检功能	4.14.2	监控器应能对指示灯、显示器和音响器件进行功能自检	操作监控器的自检机构，检查设备指示灯、显示器和音响器的动作情况	☐	☐		☐	☐		☐	C	

续表 E.11

地址/编号	项目	条款	子项（调试、检测、验收内容）		施工单位调试记录			监理单位检查记录			检测、验收结果		
			调试、检测、验收要求	调试、检测、验收方法	符合	不符合	说明	符合	不符合	说明	合格	不合格	说明
	5.1.2 主、备电自动转换功能		监控器主电断电后，备电应能自动投入；主电恢复后，应能自动投入；主电、备电工作指示灯应能正确指示监控器主、备电的工作状态	切断主电源，检查备用电源自动投入情况，观察工作指示灯显示情况；恢复主电源，检查主电源自动投入情况，观察工作指示灯显示情况	□	□		□	□		□	C	
	5.1.3 故障报警功能	4.14.2	1 监控器与备用电源之间的连线断路、短路时，监控器应在100s内发出故障声、光信号，显示故障类型	分别使监控器与备用电源之间的连线断路、短路，用秒表测量监控器故障报警响应时间	□	□		□	□		□	C	
			2 监控器与监控模块的连线断路、短路时，监控器应在100s内显示故障部件的地址注释信息，且显示的地址注释信息应与附录D一致	分别使监控器与任一监控模块的连线断路、短路；用秒表测量监控器故障报警响应时间，检查监控器故障信息显示情况	□	□		□	□		□	C	
	5.1.4 消音功能		监控器应能手动消除报警声信号	手动操作监控器消音键，检查设备声信号消除情况	□	□		□	□		□	C	
	5.1.5 启动、反馈功能		监控器应能控制常开防火门关闭，接收并显示防火门关闭的反馈信息，显示防火门的地址注释信息，且显示的地址注释信息应与附录D一致	按照附录D的地址编号，操作防火门监控器启动监控模块，观察对应防火门关闭情况，检查监控器的显示情况	□	□		□	□		□	A	
	5.1.6 防火门故障报警功能		常闭防火门未完全关闭时，监控器应在100s内发出故障声报警信号，点亮故障指示灯，故障声报警信号每分钟至少提示一次，每次持续时间应为1s～3s，显示防火门地址注释信息，且显示的地址注释信息应与附录D一致	使任一樘常闭防火门处于开启状态，用秒表测量监控器故障报警时间、故障提示音间隔时间；检查监控器显示情况	□	□		□	□		□	C	
	5.2 回路号（M）的基本功能												
	5.2.1 故障报警功能	4.14.3	监控器与监控模块的连线断路、短路时，监控器应在100s内发出故障声光信号，显示故障部件的地址注释信息，且显示的地址注释信息应与附录D一致	分别使监控器与任一监控模块的连线断路、短路；用秒表测量监控器故障报警响应时间，检查监控器故障信息显示情况	□	□		□	□		□	C	

续表 E.11

地址/编号	项目	条款	子项（调试、检测、验收内容）		施工单位调试记录			监理单位检查记录			检测、验收结果		
			调试、检测、验收要求	调试、检测、验收方法	符合	不符合	说明	符合	不符合	说明	合格	不合格	说明
	5.2.2 启动、反馈功能		监控器应能控制常开防火门关闭，点亮启动指示灯；接收并显示防火门关闭的反馈信息，显示防火门的地址注释信息，且显示的地址注释信息应与附录D一致	按照附录D的地址编号，操作防火门监控器启动监控模块，观察监控器启动指示灯点亮情况、对应防火门关闭情况，检查监控器的显示情况	□	□		□	□		□		A
	5.2.3 防火门故障报警功能	4.14.3	常闭防火门未完全关闭时，监控器应在100s内发出故障声报警信号，点亮故障指示灯，故障声报警信号每分钟至少提示一次，每次持续时间应为1s~3s，显示防火门的地址注释信息，且显示的地址注释信息应与附录D一致	使任一樘常闭防火门处于开启状态，用秒表测量监控器故障报警时间、故障提示音间隔时间；检查监控器显示情况	□	□		□	□		□		C
	Ⅱ 防火门监控器现场部件调试、检测、验收												
	部件类型：☆监控模块、☆电动闭门器、☆释放器、☆门磁开关												
	1 设备选型												
	规格型号	GB 50116	1 规格型号应符合设计文件的规定	对照设计文件和防火门监控器检验报告核查设备的规格型号	—	—	—	—	—	—	□		A
			2 应为防火门监控器检验报告中描述的配接产品		—	—	—	—	—	—	□		A
	2 设备设置												
	2.1 设置数量	3.1.1	设置数量应符合设计文件的规定	对照设计文件核查设备的设置数量	—	—	—	—	—	—	□		C
	2.2 设置部位		设置部位应符合设计文件的规定	对照设计文件核查设备的设置部位	—	—	—	—	—	—	□		C
设备地址编号	3 消防产品准入制度												
	检验报告	2.2.1	应有与其相符合的、有效的检验报告	核查产品的型式检验报告	—	—	—	—	—	—	□		A
	4 安装质量												
	设备安装	3.3.22	1 监控模块至电动闭门器、释放器、门磁开关之间连接线的长度不应大于3m	用尺测量监控模块与连接部件接线的长度	—	—	—	—	—	—	□		C
			2 监控模块、电动闭门器、释放器、门磁开关应安装牢固	用手感检查设备的固定情况	—	—	—	—	—	—	□		C
			3 门磁开关安装不应破坏门扇与门框的密闭性	检查门磁开关的安装情况	—	—	—	—	—	—	□		C
	5 基本功能												
	地址设置	4.2.2	按照附录D的规定进行地址设置，监控器地址注释信息录入								—	—	—

— 161 —

续表 E.11

地址/编号	项目	条款	子项（调试、检测、验收内容）		施工单位调试记录			监理单位检查记录			检测、验收结果		
			调试、检测、验收要求	调试、检测、验收方法	符合	不符合	说明	符合	不符合	说明	合格	不合格	说明
设备地址编号	5.1 监控模块离线故障报警功能	4.14.4	监控模块离线时，监控器应发出故障声、光信号，显示故障部件的类型和地址注释信息，且监控器显示的地址注释信息应与附录D一致	使监控模块和监控器的通信总线处于离线状态，观察监控器故障报警情况，检查监控器显示情况	□	□		□	□		□		C
	5.2 监控模块连接部件断线故障报警功能	4.14.5	监控模块与连接部件的连接线路断路时，监控器应发出故障声、光信号，显示故障部件的类型和地址注释信息，且监控器显示的地址注释信息应与附录D一致	使监控模块与连接部件之间的连接线断路，观察监控器故障报警情况，检查监控器显示情况	□	□		□	□		□		C
	5.3 监控模块启动功能	4.14.6	常开防火门监控模块应能接收监控器的指令，控制常开防火门完全关闭	按照附录D的地址编号，操作监控器控制监控模块启动，检查对应防火门关闭情况	□	□		□	□		□		A
	5.4 监控模块反馈功能		常开防火门监控模块应能接收并向监控器发送常开防火门闭合反馈信号，监控器应显示防火门的地址注释信息，且监控器显示的地址注释信息应与附录D一致	常开防火门闭合后，检查监控器的显示情况	□	□		□	□		□		C
	5.5 防火门故障报警功能	4.14.7	常闭防火门未完全闭合时，监控模块应向监控器发送常闭防火门故障报警信号，监控器应发出故障声、光信号，显示故障防火门的地址注释信息，且监控器显示的地址注释信息应与附录D一致	使监控模块监视的常闭防火门处于未完全闭合状态，观察监控器故障报警情况，检查监控器的显示情况	□	□		□	□		□		C
	Ⅲ 防火门监控系统联动控制功能的调试、检测、验收												
	调试准备	4.14.8	使防火门监控器与消防联动控制器相连接，使消防联动控制器处于自动控制工作状态								—	—	
报警区域编号	联动控制功能	4.14.9	1 消防联动控制器应发出控制防火门关闭的启动信号，点亮启动指示灯	使报警区域内符合联动控制触发条件的两只火灾探测器或一只火灾探测器和手动报警按钮发出火灾报警信号，检查联动控制器的工作状态	□	□		□	□		□		A
			2 监控器应控制报警区域内所有常开防火门关闭	检查防火门的动作情况	□	□		□	□		□		A
			3 防火门监控器应接收并显示每一樘常开防火门完全闭合的反馈信号	检查防火门监控器的显示情况	□	□		□	□		□		C

续表 E.11

地址/编号	项目	条款	子项（调试、检测、验收内容）		施工单位调试记录			监理单位检查记录			检测、验收结果		
			调试、检测、验收要求	调试、检测、验收方法	符合	不符合	说明	符合	不符合	说明	合格	不合格	说明
报警区域编号	联动控制功能	4.14.9	4 消防控制器图形显示装置应显示火灾报警控制器火灾报警信号、消防联动控制器启动信号和受控设备动作反馈信号，且显示的信息应与控制器的显示一致	对照火灾报警控制器、消防联动控制器、防火门监控器的显示信息，核查消防控制室图形显示装置信息显示情况	□	□		□	□		□		C
□调试结论			□合格					□不合格					
□检测、验收结论			□合格					□不合格：xxA＋yyB＋zzC					

建设单位	设计单位	监理单位	施工单位	调试单位	检测、验收单位
（公章）项目负责人 （签章） 年 月 日	（公章）项目负责人 （签章） 年 月 日	（公章）项目负责人 （签章） 年 月 日	（公章）项目负责人 （签章） 年 月 日	（公章）项目负责人 （签章） 年 月 日	（公章）项目负责人 （签章） 年 月 日

表 E.12 气体、干粉灭火系统调试、检测、验收记录　　　编号：

工程名称				子分部工程名称		□调试　□检测　□验收							
施工单位		项目负责人		调试单位		监理单位		监理工程师					
执行规范名称及编号	《火灾自动报警系统设计规范》GB 50116、《建筑电气工程施工质量验收规范》GB 50303、《消防联动控制系统》GB 16806、《火灾报警控制器》GB 4717												
灭火控制器型号规格			编号		设置部位								
现场部件数量	N	检测数量	N	验收数量	N								
防护区域数量	Z	检测数量	Z	验收数量	应符合本标准表 5.0.2 的规定								

地址/编号	项目	条款	子项（调试、检测、验收内容）		施工单位调试记录			监理单位检查记录			检测、验收结果		
			调试、检测、验收要求	调试、检测、验收方法	符合	不符合	说明	符合	不符合	说明	合格	不合格	说明
Ⅰ 气体、干粉灭火控制器调试、检测、验收													
部件类型：气体、干粉灭火控制器													
1 设备选型													
规格型号		GB 50116	规格型号应符合设计文件的规定	对照设计文件核查设备的规格型号	—	—	—	—	—	—	□		A
2 设备设置													
设置部位		3.1.1	设置部位应符合设计文件的规定	对照设计文件核查设备的设置部位	—	—	—	—	—	—	□		C
3 消防产品准入制度													
检验报告		2.2.1	应有与其相符合的、有效的检验报告	核查产品的型式检验报告	—	—	—	—	—	—	□		A
4 安装质量													
4.1 设备安装		3.3.1	1 设备应安装牢固，不应倾斜	用手感检查设备的安装情况	—	—	—	—	—	—	□		C

续表 E.12

地址/编号	项目	条款	子项（调试、检测、验收内容）		施工单位调试记录			监理单位检查记录			检测、验收结果		
			调试、检测、验收要求	调试、检测、验收方法	符合	不符合	说明	符合	不符合	说明	合格	不合格	说明
	4.1 设备安装	3.3.1	☆2 落地安装时设备底边宜高出地（楼）面 0.1m～0.2m	用尺测量设备底边与地（楼）面的距离	—	—	—	—	—	—	☐		C
			☆3 安装在轻质墙上时，应采取加固措施	检查设备的加固措施	—	—	—	—	—	—	☐		C
	4.2 设备的引入线缆	3.3.2	1 配线应整齐，不宜交叉，并应固定牢靠	检查设备内部配线情况	—	—	—	—	—	—	☐		C
			2 线缆芯线的端部均应标明编号，并与图纸一致，字迹应清晰且不易褪色	对照设计文件逐一检查线缆的标号	—	—	—	—	—	—	☐		C
			3 端子板的每个接线端，接线不得超过2根	检查端子接线情况	—	—	—	—	—	—	☐		C
			4 线缆应留有不小于200mm的余量	用尺测量线缆的余量长度	—	—	—	—	—	—	☐		C
			5 线缆应绑扎成束	检查线缆的布置情况	—	—	—	—	—	—	☐		C
			6 线缆穿管、槽盒后，应将管口、槽口封堵	检查管口、槽口封堵情况	—	—	—	—	—	—	☐		C
	4.3 设备电源的连接	3.3.3	1 设备的主电源应有明显的永久性标识，并应直接与消防电源连接，严禁使用电源插头	检查设备主电源的标识，检查设备与消防电源的连接情况	—	—	—	—	—	—	☐		C
			2 设备与其外接备用电源之间应直接连接	检查设备与外接备用电源的连接情况	—	—	—	—	—	—	☐		C
	☆4.4 蓄电池安装	3.3.4	设备自带电池需进行现场安装时，蓄电池的规格、型号、容量应符合设计文件的规定，蓄电池的安装应满足产品使用说明书的要求	对照设计文件核对蓄电池的规格、型号、容量；检查蓄电池的安装情况	—	—	—	—	—	—	☐		C
	4.5 设备的接地	3.3.5	设备的接地应牢固，并有明显的永久性标识	用手感检查或专用设备检查设备接地线的连接情况，检查设备的接地标识	—	—	—	—	—	—	☐		C
5 基本功能													
☆5.1 不具有火灾报警功能的气体、干粉灭火控制器的基本功能													
	调试准备		切断驱动部件与气体灭火装置间的连接，使气体、干粉灭火控制器和消防联动控制器相连接，接通电源，使气体、干粉灭火控制器处于正常监视状态		—	—	—	—	—	—	—	—	—
	5.1.1 自检功能	4.15.1	控制器应能对指示灯、显示器和音响器件进行功能自检	操作控制器的自检机构，检查设备指示灯、显示器和音响的动作情况	☐	☐		☐	☐		☐		C
	5.1.2 主、备电自动转换功能		控制器主电断电后，备电应能自动投入；主电恢复后，应能自动投入；主电、备电工作指示灯应正确指示控制器主、备电的工作状态	切断主电源，检查备用电源自动投入情况，观察工作指示灯显示情况；恢复主电源，检查主电源自动投入情况，观察工作指示灯显示情况	☐			☐			☐		C

续表 E.12

地址/编号	项目	条款	子项（调试、检测、验收内容）		施工单位调试记录			监理单位检查记录			检测、验收结果		
			调试、检测、验收要求	调试、检测、验收方法	符合	不符合	说明	符合	不符合	说明	合格	不合格	说明
	5.1.3 故障报警功能	4.15.1	1 控制器与备用电源之间的连线断路、短路时，控制器应在100s内发出故障声、光信号，显示故障类型	分别使控制器与备用电源之间的连线断路、短路，用秒表测量控制器故障报警响应时间	□	□		□	□		□	C	
			2 控制器与声光报警器的连线断路、短路时，控制器应在100s内显示故障部件的地址注释信息，且显示的地址注释信息应与附录D一致	分别使控制器与声光报警器的连线断路、短路，用秒表测量控制器故障报警响应时间，检查控制器故障信息显示情况	□	□		□	□		□	C	
			3 控制器与驱动部件的连线断路、短路时，控制器应在100s内显示故障部件的地址注释信息，且显示的地址注释信息应与附录D一致	分别使控制器与驱动部件的连线断路、短路，用秒表测量控制器故障报警响应时间，检查控制器故障信息显示情况	□	□		□	□		□	C	
			4 控制器与现场启动和停止按钮的连线断路、短路时，控制器应在100s内显示故障部件的地址注释信息，且显示的地址注释信息应与附录D一致	分别使控制器与现场启动和停止按钮的连线断路、短路；用秒表测量控制器故障报警响应时间，检查控制器故障信息显示情况	□	□		□	□		□	C	
	5.1.4 消音功能		控制器应能手动消除报警声信号	手动操作控制器消音键，检查设备声信号消除情况	□	□		□	□		□	C	
	5.1.5 延时设置		控制器应能按设计文件的规定设置延时启动时间	检查控制器延时启动时间设置情况	□	□		□	□		□	A	
	5.1.6 手自动转换功能		控制器应设有手、自动控制转换功能，且控制器应能准确显示手、自动控制工作状态	操作控制器的手、自动控制转换控制按钮、键，检查控制器的显示情况	□	□		□	□		□	C	
	5.1.7 手动控制功能		控制器应能按设计文件的规定手动控制特定防护区域声光警报器启动，防护区的防火门、窗和防火阀等关闭，通风空调系统停止；并进入启动延时，延时结束后，控制驱动装置动作；控制器发出声、光信号，记录启动时间	手动操作控制器任一防护区域启动按钮、按键，检查控制器启动声光信号指示情况、启动时间记录情况、受控设备的动作情况，用秒表测量启动延时时间	□	□		□	□		□	A	
	5.1.8 反馈信号接收显示功能		控制器应接收并显示受控设备的动作反馈信号，显示受控设备的类型和地址注释信息，且显示的地址注释信息应与附录D一致	模拟输入驱动装置的反馈信号，检查控制器的显示情况	□	□		□	□		□	C	

续表 E.12

地址/编号	项目	条款	子项（调试、检测、验收内容）		施工单位调试记录			监理单位检查记录			检测、验收结果		
			调试、检测、验收要求	调试、检测、验收方法	符合	不符合	说明	符合	不符合	说明	合格	不合格	说明
	5.1.9 复位功能	4.15.1	恢复控制器的正常连接后，控制器应能对设备工作状态复位，恢复正常显示状态	恢复控制器的正常连接，手动操作控制器的复位按钮、键，观察控制器的显示情况	□	□		□	□		□		C
	☆5.2 具有火灾报警功能的气体、干粉灭火控制器的基本功能												
	调试准备			切断驱动部件与气体灭火装置间的连接，使控制器与火灾探测器相连接，接通电源，使控制器处于正常监视状态							—	—	
	5.2.1 自检功能		控制器应能对指示灯、显示器和音响器件进行功能自检	操作控制器的自检机构，检查设备指示灯、显示器和音响器的动作情况	□	□		□	□		□		C
	5.2.2 操作级别		控制器应根据不同的使用对象设置不同的操作级别	检查控制器操作级别划分情况是否符合现行国家标准《消防联动控制系统》GB 16806 和《火灾报警控制器》GB 4717 的规定	□	□		□	□		□		C
	5.2.3 屏蔽功能		1 控制器应能对指定部件进行屏蔽，并点亮屏蔽指示灯，显示被屏蔽部件的地址注释信息，且显示的地址注释信息应与附录 D 一致	按照附录 D 的地址编号，操作控制器屏蔽回路任一部件，观察控制器屏蔽指示灯点亮情况，检查控制器地址注释信息显示情况	□	□		□	□		□		C
			2 控制器应能解除指定部件的屏蔽，并熄灭屏蔽指示灯	操作控制器解除回路部件的屏蔽，观察控制器屏蔽指示灯熄灭情况	□	□		□	□		□		C
	5.2.4 主、备电自动转换功能	4.15.2	控制器主电断电后，备电应能自动投入；主电恢复后，应能自动投入；主电、备电工作指示灯应能正确指示控制器主、备电的工作状态	切断主电源，检查备用电源自动投入情况，观察工作指示灯显示情况；恢复主电源，检查主电源自动投入情况，观察工作指示灯显示情况	□	□		□	□		□		C
	5.2.5 故障报警功能		1 控制器与备用电源之间的连线断路、短路时，控制器应在 100s 内发出故障声、光信号，显示故障类型	分别使控制器与备用电源之间的连线断路、短路，用秒表测量控制器故障报警响应时间	□	□		□	□		□		C
			2 控制器与声光报警器的连线断路、短路时，控制器应在 100s 内显示故障部件的地址注释信息，且显示的地址注释信息应与附录 D 一致	分别使控制器与声光报警器的连线断路、短路，用秒表测量控制器故障报警响应时间，检查控制器故障信息显示情况	□	□		□	□		□		C
			3 控制器与驱动部件的连线断路、短路时，控制器应在 100s 内显示故障部件的地址注释信息，且显示的地址注释信息应与附录 D 一致	分别使控制器与驱动部件的连线断路、短路，用秒表测量控制器故障报警响应时间，检查控制器故障信息显示情况	□	□		□	□		□		C

续表 E.12

地址/编号	项目	条款	子项（调试、检测、验收内容）		施工单位调试记录			监理单位检查记录			检测、验收结果		
			调试、检测、验收要求	调试、检测、验收方法	符合	不符合	说明	符合	不符合	说明	合格	不合格	说明
	5.2.5 故障报警功能		4 控制器与现场启动和停止按钮的连线断路、短路时，控制器应在100s内显示故障部件的地址注释信息，且显示的地址注释信息应与附录D一致	分别使控制器与现场启动和停止按钮的连线断路、短路；用秒表测量控制器故障报警响应时间，检查控制器故障信息显示情况	□	□		□	□		□		C
			5 控制器与探测器、火灾报警按钮的连线断路、短路时，控制器应在100s内显示故障部件的地址注释信息，且显示的地址注释信息应与附录D一致	分别使控制器与探测器、火灾报警按钮的连线断路、短路；用秒表测量控制器故障报警响应时间，检查控制器故障信息显示情况	□	□		□	□		□		C
	5.2.6 短路隔离保护功能		总线处于短路状态时，短路隔离器应能将短路总线配接的设备隔离，被隔离的设备数量不应超过32个；控制器应显示被隔离部件的设备类型和地址注释信息，且显示的地址注释信息应与附录D一致	使总线任一点线路短路，核查隔离保护现场部件的数量，检查控制器隔离部件地址注释信息显示情况	□	□		□	□		□		C
	5.2.7 火警优先功能	4.15.2	1 火灾探测器、手动火灾报警按钮发出火灾报警信号后，控制器应在10s内发出火灾报警声、光信号，并记录报警时间	使任一只非故障部位的探测器、手动火灾报警按钮发出火灾报警信号，用秒表测量控制器火灾报警响应时间，检查控制器的火警信息记录情况	□	□		□	□		□		A
			2 控制器应显示发出报警信号部件的设备类型和地址注释信息，且显示的地址注释信息应与附录D一致	检查控制器火警信息显示情况	□	□		□	□		□		C
	5.2.8 消音功能		控制器应能手动消除报警声信号	手动操作控制器消音键，检查设备声信号消除情况	□	□		□	□		□		C
	5.2.9 二次报警功能		1 火灾探测器、手动火灾报警按钮发出火灾报警信号后，控制器应在10s内发出火灾报警声、光信号，并记录报警时间	再次使另一只非故障部位的探测器、手动火灾报警按钮发出火灾报警信号，用秒表测量控制器火灾报警响应时间，检查控制器的火警信息记录情况	□	□		□	□		□		A
			2 控制器应显示发出报警信号部件的设备类型和地址注释信息，且显示的地址注释信息应与附录D一致	检查控制器火警信息显示情况	□	□		□	□		□		C

续表 E.12

地址/编号	项目	条款	子项（调试、检测、验收内容）		施工单位调试记录			监理单位检查记录			检测、验收结果		
			调试、检测、验收要求	调试、检测、验收方法	符合	不符合	说明	符合	不符合	说明	合格	不合格	说明
	5.2.10 延时设置		控制器应能按设计文件的规定设置延时启动时间	检查控制器延时启动时间设置情况	☐	☐		☐	☐		☐		A
	5.2.11 手、自动转换功能		控制器应设有手、自动控制转换功能，且控制器应能准确显示手、自动控制工作状态	操作控制器的手、自动控制转换控制按钮、键，检查控制器的显示情况	☐	☐		☐	☐		☐		C
	5.2.12 手动控制功能	4.15.2	控制器应能按设计文件的规定手动控制特定防护区域声光警报器启动，防护区的防火门、窗和防火阀等关闭，通风空调系统停止，并进入启动延时，延时结束后，控制驱动装置动作；控制器发出声、光信号，记录启动时间	手动操作控制器任一防护区域启动按钮、按键，检查控制器启动声光信号指示情况、启动时间记录情况、受控设备的动作情况，用秒表测量启动延时时间	☐	☐		☐	☐		☐		A
	5.2.13 反馈信号接收显示功能		控制器应接收并显示受控设备的动作反馈信号，显示受控设备的类型和地址注释信息，且显示的地址注释信息应与附录D一致	模拟输入驱动装置的反馈信号，检查控制器的显示情况	☐	☐		☐	☐		☐		C
	5.2.14 复位功能		恢复控制器的正常连接、探测器或报警按钮撤除火灾报警信号后，控制器应能对设备工作状态复位，恢复正常显示状态	恢复控制器的正常连接、撤除探测器或报警按钮的火灾报警信号，手动操作控制器的复位按钮、按键，观察控制器的显示情况	☐	☐		☐	☐		☐		C
	Ⅱ 气体、干粉灭火控制器现场部件调试、检测、验收												
	部件类型：☆点型感烟火灾探测器、☆点型感温火灾探测器												
	1 设备选型												
设备地址编号	规格型号、适用场所	GB 50116	探测器的规格型号、适用场所应符合现行国家标准《火灾自动报警系统设计规范》GB 50116 和设计文件的规定	对照现行国家标准《火灾自动报警系统设计规范》GB 50116 和设计文件核查设备的规格型号、设置场所	—	—	—	—	—	—	☐		A
	2 设备设置												
	2.1 设置数量	3.1.1	设置数量应符合设计文件的规定	对照设计文件核查设备的设置数量	—	—	—	—	—	—	☐		C
	2.2 设置部位		设置部位应符合设计文件的规定	对照设计文件核查设备的设置部位	—	—	—	—	—	—	☐		C
	3 消防产品准入制度												
	证书和标识	2.2.1	应有与其相符合的、有效的认证证书和认证标识	核查产品的认证证书和认证标识	—	—	—	—	—	—	☐		A
	4 安装质量												
	4.1 探测器安装	3.3.6	1 探测器至墙壁、梁边的水平距离，不应小于0.5m	用尺测量探测器至墙壁、梁边的距离	—	—	—	—	—	—	☐		C

续表 E.12

地址/编号	项目	条款	子项（调试、检测、验收内容）		施工单位调试记录			监理单位检查记录			检测、验收结果		
			调试、检测、验收要求	调试、检测、验收方法	符合	不符合	说明	符合	不符合	说明	合格	不合格	说明
设备地址编号	4.1 探测器安装	3.3.6	2 探测器周围水平距离0.5m内，不应有遮挡物	用尺测量探测器至遮挡物的距离	—	—	—	—	—	—	□	C	
			3 探测器至空调送风口最近边的水平距离，不应小于1.5m；至多孔送风顶棚孔口的水平距离，不应小于0.5m	用尺测量探测器至空调送风口、多孔送风顶棚孔口的水平距离	—	—	—	—	—	—	□	C	
			4 探测器宜水平安装，当确需倾斜安装时，倾斜角不应大于45°	用量角器测量探测器的倾斜角度	—	—	—	—	—	—	□	C	
	4.2 底座安装	3.3.13	1 底座应安装牢固，与导线连接必须可靠压接或焊接。当采用焊接时，不应使用带腐蚀性的助焊剂	检查导线的连接情况，手感检查设备的安装情况	—	—	—	—	—	—	□	C	
			2 底座的连接导线，应留有不小于150mm的余量，且在其端部应有明显的永久性标识	用尺测量导线余量的长度，检查导线的标识	—	—	—	—	—	—	□	C	
			3 底座的穿线孔宜封堵，安装完毕的探测器底座应采取保护措施	检查底座的防护措施	—	—	—	—	—	—	□	C	
	4.3 报警确认灯	3.3.14	报警确认灯应朝向便于人员观察的主要入口方向	观察探测器的报警确认灯的位置	—	—	—	—	—	—	□	C	
	5 基本功能												
	地址设置	4.2.2	按照附录D的规定进行地址设置，控制器地址注释信息录入								—	—	—
	5.1 离线故障报警功能	4.3.4	1 探测器离线时，控制器应发出故障声、光信号	使探测器处于离线状态，观察控制器故障报警情况	□	□		□	□		□	C	
			2 控制器应显示故障部件的类型和地址注释信息，且显示的地址注释信息应与附录D一致	检查控制器故障信息显示情况	□	□		□	□		□	C	
	5.2 火灾报警功能	4.3.5	1 探测器处于报警状态时，探测器的火警确认灯应点亮并保持	采用专用的检测仪器或模拟火灾的方法，使探测器监测区域的烟雾浓度、温度达到探测器的报警阈值，观察探测器火警确认灯点亮情况	□	□		□	□		□	A	
			2 控制器应发出火灾报警声、光信号，记录报警时间	检查控制器火灾报警、火警信息记录情况	□	□		□	□		□	A	

— 169 —

续表 E.12

地址/编号	项目	条款	子项（调试、检测、验收内容）		施工单位调试记录			监理单位检查记录			检测、验收结果		
			调试、检测、验收要求	调试、检测、验收方法	符合	不符合	说明	符合	不符合	说明	合格	不合格	说明
设备地址编号	5.2 火灾报警功能	4.3.5	3 控制器应显示发出报警信号部件的类型和地址注释信息，且显示的地址注释信息应与附录D一致	检查控制器火警信息显示情况	□	□		□	□		□		C
	5.3 复位功能		探测器的监测区域恢复正常后，控制器应能对探测器的报警状态进行复位，探测器的火警确认灯应熄灭	使探测器的监测区域恢复正常，手动操作火灾报警控制器的复位键，观察探测器火警确认灯熄灭情况	□	□		□	□		□		C
	部件类型：☆手动与自动控制转换装置、☆手动与自动控制状态显示装置、☆现场启动和停止按钮												
	1 设备选型												
	规格型号	GB 50116	规格型号应符合设计文件的规定	对照设计文件核查设备的规格型号	—	—	—	—	—	—	□		A
	2 设备设置												
	2.1 设置数量	3.1.1	设备的设置数量应符合设计文件的规定	对照设计文件核查设备的设置数量	—	—	—	—	—	—	□		C
	2.2 设置部位		设备的设置部位应满足设计文件的要求	对照设计文件核查设备的设置部位	—	—	—	—	—	—	□		C
	3 消防产品准入制度												
	证书和标识	2.2.1	应有与其相符合的、有效的认证证书和认证标识	核查产品的认证证书和认证标识	—	—	—	—	—	—	□		A
	4 安装质量												
	4.1 转换装置和按钮安装	3.3.16	1 应设置在明显和便于操作的部位，其底边距地（楼）面的高度宜为1.3m～1.5m，应设置明显的永久性标识	观察设备的安装位置，用尺测量按钮底边距地（楼）面的高度	—	—	—	—	—	—	□		C
			2 应安装牢固，不应倾斜	用手感检查设备的安装情况	—	—	—	—	—	—	□		C
			3 连接导线，应留有不小于150mm的余量，且在其端部应有明显的永久性标识	用尺测量导线余量的长度，检查导线的标识	—	—	—	—	—	—	□		C
	4.2 显示装置安装	3.3.19	1 应安装在防护区域内的明显部位，采用壁挂方式安装时，底边距地面高度应大于2.2m	观察设备的安装位置，用尺测量设备底边距地面的高度	—	—	—	—	—	—	□		C
			2 应安装牢固，表面不应有破损	观察设备外观，用手感检查设备的固定情况	—	—	—	—	—	—	□		C
	5 基本功能												
	地址设置	4.2.2	按照附录D的规定进行地址设置，控制器地址注释信息录入								—	—	—

续表 E.12

地址/编号	项目	条款	子项（调试、检测、验收内容）		施工单位调试记录			监理单位检查记录			检测、验收结果		
			调试、检测、验收要求	调试、检测、验收方法	符合	不符合	说明	符合	不符合	说明	合格	不合格	说明
设备地址编号	5.1 现场启动和停止按钮基本功能												
	离线故障报警功能	4.15.5	1 按钮离线时，控制器应发出故障声、光信号	使按钮处于离线状态；观察控制器的故障报警情况	□	□		□	□		□		C
			2 控制器应显示故障部件的类型和地址注释信息，且显示的地址注释信息应与附录D一致	检查控制器故障信息显示情况	□	□		□	□		□		C
	5.2 手动与自动控制转换装置和手动与自动控制状态显示装置基本功能												
	转换与显示功能	4.15.6	1 应能通过手动与自动控制转换装置控制系统的控制方式，手动与自动控制状态显示装置应能准确显示系统的手动、自动控制工作状态	手动操作手动与自动控制转换装置，进行系统手动、自动控制方式的转换，观察手动与自动控制状态显示装置的显示	□	□		□	□		□		C
			2 控制器应准确显示系统的手动、自动控制工作状态	观察控制器手动、自动控制状态的显示	□	□		□	□		□		C
	部件类型：☆火灾警报器、☆喷洒光警报器												
	1 设备选型												
	规格型号	GB 50116	规格型号应符合设计文件的规定	对照设计文件核查设备的规格型号	—	—	—	—	—	—	□		A
	2 设备设置												
	2.1 设置数量	3.1.1	设置数量应符合设计文件的规定	对照设计文件核查设备的设置数量	—	—	—	—	—	—	□		C
	2.2 设置部位		设置部位应符合设计文件的规定	对照设计文件核查设备的设置部位	—	—	—	—	—	—	□		C
	3 消防产品准入制度												
	证书和标识	2.2.1	应有与其相符合的、有效的认证证书和认证标识	核查产品的认证证书和认证标识	—	—	—	—	—	—	□		A
	4 安装质量												
	设备安装	3.3.19	1 火灾警报器宜在防护区域内均匀安装	检查声警报器的设置情况	—	—	—	—	—	—	□		C
			2 喷洒光警报器应安装在防护区域外，且应安装在出口门的上方	检查喷洒光警报器的安装位置	—	—	—	—	—	—	□		C
			3 壁挂方式安装时，底边距地面高度应大于2.2m	用尺测量设备底边距地面的高度	—	—	—	—	—	—	□		C
			4 应安装牢固，表面不应有破损	观察设备外观，用手感检查设备的固定情况	—	—	—	—	—	—	□		C

续表 E.12

地址/编号	项目	条款	子项（调试、检测、验收内容）		施工单位调试记录			监理单位检查记录			检测、验收结果		
			调试、检测、验收要求	调试、检测、验收方法	符合	不符合	说明	符合	不符合	说明	合格	不合格	说明
	5 基本功能												
	地址设置	4.2.2	按照附录D的规定进行地址设置，控制器地址注释信息录入								—	—	—
	☆5.1 火灾声警报器的基本功能												
设备地址编号	声警报功能	4.12.1	声警报的A计权声压级应大于60dB；环境噪声大于60dB时，声警报的A计权声压级应高于背景噪声15dB；带有语音提示功能的声警报应能清晰播报语音信息	操作控制器使声警报器启动，在警报器生产企业声称的最大设置间距、距地面1.5m~1.6m处用数字声级计测量声警报的声压级，检查语音信息的播报情况	☐	☐		☐	☐		☐		A
	5.2 ☆火灾光警报器的基本功能、☆喷洒光警报器的基本功能												
	光警报功能	4.12.2	在正常环境光线下，火灾警报器、喷洒光警报器的光信号在警报器、喷洒光警报器生产企业声称的最大设置间距处应清晰可见	操作控制器使光警报器启动，在火灾警报器、喷洒光警报器生产企业声称的最大设置间距处，观察光信号显示情况	☐	☐		☐	☐		☐		A
	Ⅲ 气体、干粉灭火系统控制功能的调试、检测、验收												
	1 联动控制功能												
	☆1.1 气体、干粉灭火控制器不具有火灾报警功能的气体、干粉灭火系统的联动控制功能												
	调试准备	4.15.7	切断驱动部件与气体、干粉灭火装置间的连接，使气体、干粉灭火控制器与火灾报警控制器、消防联动控制器相连接，使气体、干粉灭火控制器和消防联动控制器处于自动控制工作状态								—	—	
防护区域编号	联动控制功能	4.15.8	1 消防联动控制器应发出控制灭火系统动作的首次启动信号，点亮启动指示灯	使防护区域内符合联动控制触发条件的一只火灾探测器或手动火灾报警按钮发出火灾报警信号，检查消防联动控制器的工作状态	☐	☐		☐	☐		☐		A
			2 灭火控制器应控制启动防护区域内设置的火灾声光警报器	检查火灾声光警报器的启动情况	☐	☐		☐	☐		☐		A
			3 消防联动控制器应发出控制灭火系统动作的第二次启动信号	使防护区域内符合联动控制触发条件的另一只火灾探测器、手动火灾报警按钮发出火灾报警信号，检查消防联动控制器的工作状态	☐	☐		☐	☐		☐		A
			4 灭火控制器应进入启动延时，显示延时时间	检查控制器延时启动时间显示情况	☐	☐		☐	☐		☐		A
			5 灭火控制器应按设计文件规定，控制关闭该防护区域的电动送排风阀门、防火阀、门、窗	对照设计文件检查受控设备的动作情况	☐	☐		☐	☐		☐		A

续表 E.12

地址/编号	项目	条款	子项（调试、检测、验收内容）		施工单位调试记录			监理单位检查记录			检测、验收结果		
			调试、检测、验收要求	调试、检测、验收方法	符合	不符合	说明	符合	不符合	说明	合格	不合格	说明
防护区域编号	联动控制功能	4.15.8	6 延时结束，灭火控制器应控制启动灭火装置和防护区域外设置的火灾声光警报器、喷洒光警报器	检查灭火装置和防护区域外设置的火灾声光警报器、喷洒光警报器的动作情况	□	□		□	□		□		A
			7 灭火控制器应接收并显示灭火装置、防火阀、门等受控设备动作的反馈信号	模拟输入灭火装置的动作反馈信号，检查灭火控制器的显示情况	□	□		□	□		□		C
			8 消防联动控制器应接收并显示灭火控制器的启动信号、受控设备动作的反馈信号	检查消防联动控制器的显示情况	□	□		□	□		□		C
			9 消防控制器图形显示装置应显示灭火控制器控制状态信息、火灾报警控制器火灾报警信号、消防联动控制器启动信号、灭火控制器的启动信号、受控设备的动作反馈信号，且显示的信息应与控制器的显示一致	对照火灾报警控制器、消防联动控制器、灭火控制器的显示信息，核查消防控制室图形显示装置信息显示情况	□	□		□	□		□		C
	☆1.2 气体、干粉灭火控制器具有火灾报警功能的气体、干粉灭火系统的联动控制功能												
	调试准备	4.15.11	切断驱动部件与气体、干粉灭火装置间的连接，使气体、干粉灭火控制器与火灾探测器、手动火灾报警按钮、消防控制室图形显示装置相连接，使气体、干粉灭火控制器处于自动控制工作状态								—	—	
	联动控制功能	4.15.12	1 火灾探测器、手动火灾报警按钮处于报警状态时，灭火控制器应发出火灾报警声、光信号，记录报警时间	使防护区域内符合联动控制触发条件的一只火灾探测器或手动火灾报警按钮发出火灾报警信号，检查控制器的火灾报警、火警信息记录情况	□	□		□	□		□		A
			2 控制器应显示发出报警信号部件的类型和地址注释信息，且显示的地址注释信息应与附录D一致	检查控制器火警信息显示情况	□	□		□	□		□		C
			3 控制器应控制启动防护区域内的火灾声光警报器	检查火灾声光警报器的启动情况	□	□		□	□		□		A
			4 火灾探测器、手动火灾报警按钮处于报警状态时，灭火控制器应记录现场部件火灾报警时间	使防护区域内符合联动控制触发条件的另一只火灾探测器或手动火灾报警按钮发出火灾报警信号，检查控制器火警信息记录情况	□	□		□	□		□		A

续表 E.12

地址/编号	项目	条款	子项（调试、检测、验收内容）		施工单位调试记录			监理单位检查记录			检测、验收结果		
			调试、检测、验收要求	调试、检测、验收方法	符合	不符合	说明	符合	不符合	说明	合格	不合格	说明
防护区域编号	联动控制功能	4.15.12	5 控制器应显示发出报警信号部件的类型和地址注释信息，且显示的地址注释信息应与附录D一致	检查控制器火警信息显示情况	□	□		□	□		□		C
			6 灭火控制器应进入启动延时，显示延时时间	检查控制器延时启动时间显示情况	□	□		□	□		□		A
			7 灭火控制器应按设计文件规定，控制关闭该防护区域的电动送排风阀门、防火阀、门、窗	对照设计文件检查受控设备的动作情况	□	□		□	□		□		A
			8 延时结束，灭火控制器应控制启动灭火装置和防护区域外设置的火灾声光警报器、喷洒光警报器	检查灭火装置和防护区域外设置的火灾声光警报器、喷洒光警报器的动作情况	□	□		□	□		□		A
			9 灭火控制器应接收并显示灭火装置、防火阀、门等受控设备动作的反馈信号	模拟输入灭火装置的动作反馈信号，检查灭火控制器的显示情况	□	□		□	□		□		C
			10 消防控制器图形显示装置应显示气体灭火控制器的控制状态信息、火灾报警信号、启动信号和受控设备动作反馈信号，且显示的信息应与控制器的显示一致	对照灭火控制器的显示信息，核查消防控制室图形显示装置信息显示情况	□	□		□	□		□		C
	2 手动插入优先功能												
	手动插入优先功能	4.15.9、4.15.13	1 应能手动控制灭火控制器停止正在进行的联动控制操作	在联动控制进入启动延时阶段，操作灭火控制器对应该防护区域停止按钮、按键，检查系统工作状态	□	□		□	□		□		A
			☆气体、干粉灭火控制器不具有火灾报警功能时： 2 消防联动控制器应接收并显示灭火控制器的手动停止控制信号	检查消防联动控制器的显示情况	□	□		□	□		□		C
			3 消防控制室图形显示装置应显示灭火控制器的手动停止控制信号	检查消防控制室图形显示装置的显示情况	□	□		□	□		□		C
	3 现场紧急启动、停止功能												
	现场紧急启动、停止功能	4.15.10、4.15.14	1 现场启动按钮动作后，灭火控制器应控制启动防护区域内设置的火灾声光警报器	使防护区域设置的现场启动按钮动作，检查火灾声光警报器的启动情况	□	□		□	□		□		A

续表 E.12

地址/编号	项目	条款	子项（调试、检测、验收内容）		施工单位调试记录			监理单位检查记录			检测、验收结果		
			调试、检测、验收要求	调试、检测、验收方法	符合	不符合	说明	符合	不符合	说明	合格	不合格	说明
防护区域编号	现场紧急启动、停止功能	4.15.10、4.15.14	2 灭火控制器应进入启动延时，显示延时时间	检查控制器延时启动时间显示情况	□	□		□	□		□		A
			3 灭火控制器应按设计文件规定，控制关闭该防护区域的电动送排风阀门、防火阀、门、窗	对照设计文件检查受控设备的动作情况				□	□		□		A
			4 现场停止按钮动作后，灭火控制器应能停止正在进行的操作	使防护区域设置的现场停止按钮动作，检查系统的工作状态	□	□		□	□		□		A
			☆气体、干粉灭火控制器不具有火灾报警功能时： 5 联动控制器应接收并显示灭火控制器的启动信号、停止信号	检查消防联动控制器的显示情况				□	□		□		C
			6 消防控制器图形显示装置应显示灭火控制器的启动信号、停止信号，显示的信息应与控制器的显示一致	对照消防联动控制器、灭火控制器的显示信息，核查消防控制室图形显示装置信息显示情况				□	□		□		C
□调试结论			□合格					□不合格					
□检测、验收结论			□合格					□不合格：xxA+yyB+zzC					

建设单位	设计单位	监理单位	施工单位	调试单位	检测、验收单位
（公章） 项目负责人 （签章） 年 月 日	（公章） 项目负责人 （签章） 年 月 日	（公章） 项目负责人 （签章） 年 月 日	（公章） 项目负责人 （签章） 年 月 日	（公章） 项目负责人 （签章） 年 月 日	（公章） 项目负责人 （签章） 年 月 日

表 E.13 自动喷水灭火系统调试、检测、验收记录　　　编号：

工程名称				子分部工程名称		□调试　□检测　□验收	
施工单位		项目负责人		调试单位		监理单位	监理工程师
执行规范名称及编号	《火灾自动报警系统设计规范》GB 50116、《建筑电气工程施工质量验收规范》GB 50303、《消防联动控制系统》GB 16806						
消防联动控制器型号规格			编号		设置部位		
消防泵控制箱(柜)型号规格			编号		设置部位		配接设备名称
水流指示器数量	N_1	检测数量	N_1	验收数量		应符合本标准表5.0.2的规定	
压力开关数量	N_2	检测数量	N_2	验收数量			
信号阀数量	N_3	检测数量	N_3	验收数量		N_3	
液位探测器数量	N_4	检测数量	N_4	验收数量		N_4	
☆预作用阀组数量	N_5	检测数量	N_5	验收数量		N_5	
☆排气阀前的电动阀数量	N_6	检测数量	N_6	验收数量		N_6	
☆雨淋阀组数量	N_7	检测数量	N_7	验收数量		N_7	
☆水幕阀组数量	N_8	检测数量	N_8	验收数量		N_8	
☆水幕系统保护的防火卷帘数量	N_9	检测数量	N_9	验收数量		应符合本标准表5.0.2的规定	
防护、报警区域数量	Z	检测数量	Z	验收数量		应符合本标准表5.0.2的规定	

续表 E.13

编号	项目	条款	子项（调试、检测、验收内容）		施工单位调试记录			监理单位检查记录			检测、验收结果		
			调试、检测、验收要求	调试、检测、验收方法	符合	不符合	说明	符合	不符合	说明	合格	不合格	说明
	Ⅰ 消防泵控制箱、柜的调试、检测、验收												
	部件类型：消防泵控制箱、柜												
	1 设备选型												
	规格型号	GB 50116	规格型号应符合设计文件的规定	对照设计文件核查设备的规格型号	—	—	—	—	—	—	□	A	
	2 设备设置												
	设置部位	3.1.1	设置部位应符合设计文件的规定	对照设计文件核查设备的设置部位	—	—	—	—	—	—	□	C	
	3 消防产品准入制度												
	证书和标识	2.2.1	应有与其相符合的、有效的认证证书和认证标识	核查产品的认证证书和认证标识	—	—	—	—	—	—	□	A	
	4 安装质量												
4.1	设备安装	3.3.23	在安装前，应进行功能检查，检查结果不合格的装置不应安装	检查控制箱、柜的基本功能是否符合第5项的规定									
			外接导线的端部，应设置明显的永久性标识	检查外接导线标识的设置情况	—	—	—	—	—	—	□	C	
			应安装牢固，不应倾斜；安装在轻质墙体上时，应采取加固措施	检查设备的安装情况、设备的加固措施									
	5 基本功能												
	调试准备	4.16.1	使消防泵控制箱、柜与消防泵相连接，接通电源，使消防泵控制箱、柜处于正常监视状态		—	—							
5.1	操作级别		控制箱、柜应根据不同的使用对象设置不同的操作级别	检查控制箱、柜操作级别划分情况是否符合现行国家标准《消防联动控制系统》GB 16806 的规定	□	□		□	□		□	C	
5.2	手、自动转换功能		控制箱、柜应设有手、自动控制转换功能，且控制箱、柜应能准确显示手、自动控制工作状态	手动操作控制箱、柜的手、自动控制转换控制按钮、键，检查控制箱、柜的显示情况	□	□		□	□		□	C	
5.3	手动控制功能	4.16.1	控制箱、柜应能手动控制消防泵的启动、停止	分别手动操作控制箱、柜各消防泵启动按钮、键，检查对应消防泵启动情况；手动操作消防泵停泵按钮、键，检查对应消防泵停止运转情况	□	□		□	□		□	A	
5.4	自动控制功能		控制箱、柜应能接收消防联动控制器的启动信号，控制主消防泵的启动	手动操作控制箱、柜的手、自动控制转换控制按钮、键，使控制箱、柜处于自动控制状态，模拟输入消防联动控制器的启动信号，观察主消防泵的启动情况	□	□		□	□		□	A	

续表 E.13

编号	项目	条款	子项（调试、检测、验收内容）		施工单位调试记录			监理单位检查记录			检测、验收结果		
			调试、检测、验收要求	调试、检测、验收方法	符合	不符合	说明	符合	不符合	说明	合格	不合格	说明
	5.5 主、备泵自动切换功能	4.16.1	运转的消防水泵处于故障状态时，控制箱、柜应在3s内自动控制泵组的另一台水泵启动	切断主消防泵的电源，用秒表测量泵组备用消防泵的启动时间	□	□		□	□		□	A	
	5.6 手动控制插入优先功能		消防泵处于自动控制启动状态时，控制箱、柜应能手动控制消防泵的停止	手动操作控制箱、柜备用消防泵停止按钮、按键，观察备用消防泵停止运转情况	□	□		□	□		□	A	
Ⅱ 系统联动部件调试、检测、验收													
部件类型：☆水流指示器、☆压力开关、☆信号阀、☆消防水池、水箱液位探测器													
1 基本功能													
设备地址编号	地址设置	4.2.2	按照附录D的规定进行地址设置，控制器地址注释信息录入								—	—	—
1.1 ☆水流指示器、☆压力开关、☆信号阀基本功能													
设备地址编号	动作信号反馈功能	4.16.2	设备动作后，消防联动控制器应显示动作部件类型和地址注释信息，显示的地址注释信息应与附录D一致	使水流指示器、压力开关、信号阀动作，检查控制器的显示信息	□	□		□	□		□	C	
1.2 ☆液位探测器基本功能													
	低液位报警功能	4.16.3	设备动作后，消防联动控制器应显示动作部件类型和地址注释信息，显示的地址注释信息应与附录D一致	调整消防水箱、池液位探测器的水位信号，模拟设计文件规定的水位，检查控制器的显示信息	□	□		□	□		□	C	
Ⅲ 自动喷水灭火系统控制功能的调试、检测、验收													
1 系统联动控制功能													
☆1.1 湿式、干式喷水灭火系统的联动控制功能													
	调试准备	4.16.4	使消防联动控制器与消防泵控制箱、柜等设备相连接，接通电源，使消防联动控制器处于自动控制工作状态								—	—	
防护区域编号	联动控制功能	4.16.5	1 消防联动控制器应发出控制消防泵启动的启动信号，点亮启动指示灯	使报警阀防护区域内符合联动控制触发条件的一只火灾探测器或手动火灾报警按钮发出火灾报警信号、报警阀的压力开关动作，检查消防联动控制器的工作状态	□	□		□	□		□	A	
			2 消防泵控制箱、柜应控制启动消防泵	检查消防泵的启动情况	□	□		□	□		□	A	
			3 消防联动控制器应接收并显示干管水流指示器的动作反馈信号，显示动作部件类型和地址注释信息，显示的地址注释信息应与附录D一致	检查消防联动控制器的显示情况	□	□		□	□		□	C	

续表 E.13

编号	项目	条款	子项（调试、检测、验收内容）		施工单位调试记录			监理单位检查记录			检测、验收结果		
			调试、检测、验收要求	调试、检测、验收方法	符合	不符合	说明	符合	不符合	说明	合格	不合格	说明
防护区域编号	联动控制功能	4.16.5	4 消防控制室图形显示装置应显示火灾报警控制器的火灾报警信号、消防联动控制器的启动信号、受控设备动作反馈信号，显示的信息应与控制器的显示一致	对照火灾报警控制器、消防联动控制器的显示信息，核查消防控制室图形显示装置信息显示情况	□	□		□	□		□	C	
	☆1.2 预作用式喷水灭火系统的联动控制功能												
	调试准备	4.16.7	使消防联动控制器与消防泵控制箱、柜及预作用阀组等设备相连接，接通电源，使消防联动控制器处于自动控制工作状态								—	—	
	联动控制功能	4.16.8	1 消防联动控制器应发出控制预作用阀组开启的启动信号；系统设有快速排气装置时，消防联动控制器应同时发出控制排气阀前电动阀开启的启动信号；点亮启动指示灯	使报警阀防护区域内符合联动控制触发条件的两只火灾探测器或一只火灾探测器和手动火灾报警按钮发出火灾报警信号；检查消防联动控制器的工作状态	□	□		□	□		□	A	
			2 预作用阀组、排气阀前电动阀应开启	检查预作用阀组、排气阀前电动阀的启动情况	□	□		□	□		□	A	
			3 消防联动控制器应接收并显示预作用阀组、排气阀前电动阀的动作反馈信号，显示动作部件类型和地址注释信息，显示的地址注释信息应与附录D一致	检查消防联动控制器的显示情况	□	□		□	□		□	C	
			4 末端试水装置开启后，消防联动控制器应接收并显示干管水流指示器的动作反馈信号，显示动作部件类型和地址注释信息，显示的地址注释信息应与附录D一致	开启喷水灭火系统的末端试水装置，检查消防联动控制器的显示情况	□	□		□	□		□	C	
			5 消防控制器图形显示装置应显示火灾报警控制器的火灾报警信号、消防联动控制器的启动信号、受控设备动作反馈信号，显示的信息应与控制器的显示一致	对照火灾报警控制器、消防联动控制器的显示信息，核查消防控制室图形显示装置信息显示情况	□	□		□	□		□	C	
	☆1.3 雨淋系统的联动控制功能												
	调试准备	4.16.11	使消防联动控制器与消防泵控制箱、柜及雨淋阀组等设备相连接，接通电源，使消防联动控制器处于自动控制工作状态								—	—	

续表 E.13

编号	项目	条款	子项（调试、检测、验收内容）		施工单位调试记录			监理单位检查记录			检测、验收结果		
			调试、检测、验收要求	调试、检测、验收方法	符合	不符合	说明	符合	不符合	说明	合格	不合格	说明
防护区域编号	联动控制功能	4.16.12	1 消防联动控制器应发出控制雨淋阀组启动的启动信号，点亮启动指示灯	使雨淋阀组防护区域内符合联动控制触发条件的两只感温火灾探测器或一只感温火灾探测器和手动火灾报警按钮发出火灾报警信号，检查消防联动控制器的工作状态	□	□		□	□		□		A
			2 雨淋阀组应开启	检查雨淋阀组的启动情况	□	□		□	□		□		A
			3 消防联动控制器应接收并显示雨淋阀组、干管水流指示器的动作反馈信号，显示动作部件类型和地址注释信息，显示的地址注释信息应与附录D一致	检查消防联动控制器的显示情况	□	□		□	□		□		C
			4 消防控制器图形显示装置应显示火灾报警控制器的火灾报警信号、消防联动控制器的启动信号、受控设备动作反馈信号，显示的信息应与控制器的显示一致	对照火灾报警控制器、消防联动控制器的显示信息，核查消防控制室图形显示装置信息显示情况	□	□		□	□		□		C
防火卷帘编号	☆1.4 用于保护防火卷帘的水幕系统的联动控制功能												
	调试准备	4.16.15	使消防联动控制器与消防泵控制箱、柜及雨淋阀组等设备相连接，接通电源，使消防联动控制器处于自动控制工作状态								—	—	
	联动控制功能	4.16.16	1 消防联动控制器应发出控制雨淋阀组启动的启动信号，点亮启动指示灯	使防火卷帘所在报警区域内符合联动控制触发条件的一只火灾探测器或手动火灾报警按钮发出火灾报警信号，使防火卷帘下降至楼板面，检查消防联动控制器的工作状态	□	□		□	□		□		A
			2 雨淋阀组应开启	检查雨淋阀组的启动情况	□	□		□	□		□		A
			3 消防联动控制器应接收并显示防火卷帘下降至楼板面的限位反馈信号和雨淋阀组、干管水流指示器的动作反馈信号，显示动作部件类型和地址注释信息，显示的地址注释信息应与附录D一致	检查消防联动控制器的显示情况	□	□		□	□		□		C

续表 E.13

编号	项目	条款	子项（调试、检测、验收内容）		施工单位调试记录			监理单位检查记录			检测、验收结果		
			调试、检测、验收要求	调试、检测、验收方法	符合	不符合	说明	符合	不符合	说明	合格	不合格	说明
防火卷帘编号	联动控制功能	4.16.16	4 消防控制器图形显示装置应显示火灾报警控制器的火灾报警信号、防火卷帘下降至楼板面的限位反馈信号、消防联动控制器的启动信号、受控设备动作反馈信号，显示的信息应与控制器的显示一致	对照火灾报警控制器、消防联动控制器的显示信息，核查消防控制室图形显示装置信息显示情况	□	□		□	□		□		C
报警区域编号			☆1.5 用于防火分隔的水幕系统的联动控制功能										
	调试准备	4.16.15	使消防联动控制器与消防泵控制箱、柜及雨淋阀组等设备相连接，接通电源，使消防联动控制器处于自动控制工作状态									—	—
	联动控制功能	4.16.17	1 消防联动控制器应发出控制雨淋阀组启动的启动信号，点亮启动指示灯	使报警区域内符合联动控制触发条件的两只感温火灾探测器发出火灾报警信号，检查消防联动控制器的工作状态	□	□		□	□		□		A
			2 雨淋阀组应开启	检查雨淋阀组的启动情况	□	□		□	□		□		A
			3 消防联动控制器应接收并显示雨淋阀组、干管水流指示器的动作反馈信号，显示动作部件类型和地址注释信息，显示的地址注释信息应与附录D一致	检查消防联动控制器的显示情况	□	□		□	□		□		C
			4 消防控制器图形显示装置应显示火灾报警控制器的火灾报警信号、消防联动控制器的启动信号、受控设备动作反馈信号，显示的信息应与控制器的显示一致	对照火灾报警控制器、消防联动控制器的显示信息，核查消防控制室图形显示装置信息显示情况	□	□		□	□		□		C
			2 直接手动控制功能										
			☆2.1 消防泵的直接手动控制功能										
受控设备编号	直接手动控制功能	4.16.6	1 在消防控制室应能通过消防联动控制器的直接手动控制单元手动控制消防泵箱、柜启动消防泵	手动操作消防联动控制器直接手动控制单元的消防泵启动控制按钮、按键；检查消防泵的启动情况	□	□		□	□		□		A
			2 应能通过消防联动控制器的直接手动控制单元手动控制消防泵箱、柜停止消防泵运转	手动操作消防联动控制器直接手动控制单元的消防泵停止控制按钮、按键；检查消防泵停止运转情况	□	□		□	□		□		A
			3 消防控制室图形显示装置应显示消防联动控制器的直接手动启动、停止控制信号	检查消防控制室图形显示装置的显示情况	□	□		□	□		□		C

续表 E.13

编号	项目	条款	子项（调试、检测、验收内容）		施工单位调试记录			监理单位检查记录			检测、验收结果		
			调试、检测、验收要求	调试、检测、验收方法	符合	不符合	说明	符合	不符合	说明	合格	不合格	说明
受控设备编号	直接手动控制功能	4.16.9、4.16.13	2.2 ☆预作用系统预作用阀组和排气阀前电动阀的直接手动控制功能、☆雨淋系统和水幕系统的雨淋阀组的直接手动控制功能										
			1 在消防控制室应能通过消防联动控制器的直接手动控制单元手动控制预作用阀组、雨淋阀组、排气阀前电动阀的开启	手动操作消防联动控制器直接手动控制单元的预作用阀组、雨淋阀组、排气阀前电动阀启动控制按钮、按键；检查受控设备的启动情况	□	□		□	□		□		A
			2 应能通过消防联动控制器的直接手动控制单元手动控制预作用阀组、雨淋阀组、排气阀前电动阀关闭	手动操作消防联动控制器直接手动控制单元的预作用阀组、雨淋阀组、排气阀前电动阀关闭控制按钮、按键；检查受控设备的关闭情况	□	□		□	□		□		A
			3 消防控制室图形显示装置应显示消防联动控制器的直接手动启动、停止控制信号	检查消防控制室图形显示装置的显示情况	□	□		□	□		□		C

□调试结论	□合格	□不合格
□检测、验收结论	□合格	□不合格：xxA＋yyB＋zzC

建设单位	设计单位	监理单位	施工单位	调试单位	检测、验收单位
（公章）项目负责人（签章）年 月 日	（公章）项目负责人（签章）年 月 日	（公章）项目负责人（签章）年 月 日	（公章）项目负责人（签章）年 月 日	（公章）项目负责人（签章）年 月 日	（公章）项目负责人（签章）年 月 日

表 E.14 消火栓系统调试、检测、验收记录　　　编号：

工程名称				子分部工程名称		□调试　□检测　□验收	
施工单位		项目负责人		调试单位		监理单位	监理工程师
执行规范名称及编号	《火灾自动报警系统设计规范》GB 50116、《建筑电气工程施工质量验收规范》GB 50303、《消防联动控制系统》GB 16806						
消防联动控制器型号规格		编号		设置部位			
消防泵控制箱(柜)型号规格		编号		设置部位		配接设备名称	
水流指示器数量	N_1	检测数量	N_1	验收数量	应符合本标准表5.0.2的规定		
压力开关数量	N_2	检测数量	N_2	验收数量			
信号阀数量	N_3	检测数量	N_3	验收数量	N_3		
液位探测器数量	N_4	检测数量	N_4	验收数量	N_4		
消火栓按钮数量	N_5	检测数量	N_5	验收数量	应符合本标准表5.0.2的规定		
防护、报警区域数量	Z	检测数量	Z	验收数量	应符合本标准表5.0.2的规定		

续表 E.14

编号	项目	条款	子项（调试、检测、验收内容）		施工单位调试记录			监理单位检查记录			检测、验收结果		
			调试、检测、验收要求	调试、检测、验收方法	符合	不符合	说明	符合	不符合	说明	合格	不合格	说明
	Ⅰ 消防泵控制箱、柜的调试、检测、验收												
	部件类型：消防泵控制箱、柜												
	1 设备选型												
	规格型号	GB 50116	规格型号应符合设计文件的规定	对照设计文件核查设备的规格型号	—	—	—	—	—	—	☐		A
	2 设备设置												
	设置部位	3.1.1	设置部位应符合设计文件的规定	对照设计文件核查设备的设置部位	—	—	—	—	—	—	☐		C
	3 消防产品准入制度												
	证书和标识	2.2.1	应有与其相符合的、有效的认证证书和认证标识	核查产品的认证证书和认证标识	—	—	—	—	—	—	☐		A
	4 安装质量												
4.1 设备安装		3.3.23	在安装前，应进行功能检查，检查结果不合格的装置不应安装	检查控制箱、柜的基本功能是否符合第5项的规定	—	—	—	—	—	—	☐		C
			外接导线的端部，应设置明显的永久性标识	检查外接导线标识的设置情况	—	—	—	—	—	—	☐		C
			应安装牢固，不应倾斜；安装在轻质墙体上时，应采取加固措施	检查设备的安装情况、设备的加固措施	—	—	—	—	—	—	☐		C
	5 基本功能												
	调试准备	4.16.1	使消防泵控制箱、柜与消防泵相连接，接通电源，使消防泵控制箱、柜处于正常监视状态								—	—	
5.1 操作级别			控制箱、柜应根据不同的使用对象设置不同的操作级别	检查控制箱、柜操作级别的划分情况是否符合现行国家标准《消防联动控制系统》GB 16806 的规定	☐	☐		☐	☐		☐		C
5.2 手、自动转换功能			控制箱、柜应设有手、自动控制转换功能，且控制箱、柜应能准确显示手、自动控制工作状态	手动操作控制箱、柜的手、自动控制转换控制按钮、键，检查控制箱、柜的显示情况	☐	☐		☐	☐		☐		C
5.3 手动控制功能		4.16.1	控制箱、柜应能手动控制消防泵的启动、停止	分别手动操作控制箱、柜各消防泵启动按钮、按键，检查对应消防泵启动情况；手动操作消防泵停泵按钮、按键，检查对应消防泵停止运转情况	☐	☐		☐	☐		☐		A
5.4 自动控制功能			控制箱、柜应能接收消防联动控制器的启动信号，控制主消防泵的启动	手动操作控制箱、柜的手、自动控制转换控制按钮、键，使控制箱、柜处于自动控制状态，模拟输入消防联动控制器的启动信号，观察主消防泵的启动情况	☐	☐		☐	☐		☐		A

续表 E.14

编号	项目	条款	子项（调试、检测、验收内容）		施工单位调试记录			监理单位检查记录			检测、验收结果		
			调试、检测、验收要求	调试、检测、验收方法	符合	不符合	说明	符合	不符合	说明	合格	不合格	说明
设备地址编号	5.5 主、备泵自动切换功能	4.16.1	运转的消防水泵处于故障状态时，控制箱、柜应在3s内自动控制泵组的另一台水泵启动	切断主消防泵的电源，用秒表测量泵组备用消防泵的启动时间	□	□		□	□		□		A
	5.6 手动控制插入优先功能		消防泵处于自动控制启动状态时，控制箱、柜应能手动控制消防泵的停止	手动操作控制箱、柜备用消防泵停止按钮、按键，观察备用消防泵停止运转情况	□	□		□	□		□		A
	Ⅱ 系统联动部件调试、检测、验收													
	部件类型：☆水流指示器、☆压力开关、☆信号阀、☆消防水池、水箱液位探测器													
	5 基本功能													
	地址设置	4.2.2	按照附录D的规定进行地址设置，控制器地址注释信息录入								—	—	—
	5.1 ☆水流指示器、☆压力开关、☆信号阀基本功能													
	动作信号反馈功能	4.16.2	设备动作后，消防联动控制器应显示动作部件类型和地址注释信息，显示的地址注释信息应与附录D一致	使水流指示器、压力开关、信号阀动作，检查控制器的显示信息	□	□		□	□		□		C
	5.2 消防水池、水箱液位探测器基本功能													
	低液位报警功能	4.16.3	设备动作后，消防联动控制器应显示动作部件类型和地址注释信息，显示的地址注释信息应与附录D一致	调整消防水箱、池液位探测器的水位信号，模拟设计文件规定的水位，检查控制器的显示信息	□	□		□	□		□		C
	部件类型：消火栓按钮													
	1 设备选型													
	规格型号	GB 50116	规格型号应符合设计文件的规定	对照设计文件核查设备的规格型号	—	—	—	—	—	—	□		A
	2 设备设置													
	2.1 设置数量	3.1.1	设备的设置数量应符合设计文件的规定	对照设计文件核查设备的设置数量	—	—	—	—	—	—	□		C
	2.2 设置部位		设备的设置部位应符合设计文件的规定	对照设计文件核查设备的设置部位	—	—	—	—	—	—	□		C
	3 消防产品准入制度													
	证书和标识	2.2.1	应有与其相符合的、有效的认证证书和认证标识	核查产品的认证证书和认证标识	—	—	—	—	—	—	□		A
	4 安装质量													
	按钮的安装	3.3.16	1 应设置在消火栓箱内	观察设备的安装位置	—	—	—	—	—	—	□		C
			2 应安装牢固，不应倾斜	用手感检查设备的安装情况	—	—	—	—	—	—	□		C
			3 按钮的连接导线，应留有不小于150mm的余量，且在其端部应有明显的永久性标识	用尺测量导线余量的长度，检查导线的标识	—	—	—	—	—	—	□		C

续表 E.14

编号	项目	条款	子项（调试、检测、验收内容）		施工单位调试记录			监理单位检查记录			检测、验收结果		
			调试、检测、验收要求	调试、检测、验收方法	符合	不符合	说明	符合	不符合	说明	合格	不合格	说明
设备地址编号	5 基本功能													
	地址设置	4.2.2	按照附录D的规定进行地址设置，控制器地址注释信息录入									—	—	—
	5.1 离线故障报警功能	4.17.3	1 按钮离线时，控制器应发出故障声、光信号	使按钮处于离线状态；观察控制器的故障报警情况	□	□		□	□		□	C	
			2 控制器应显示故障部件的类型和地址注释信息，且显示的地址注释信息应与附录D一致	检查控制器故障信息显示情况	□	□		□	□		□	C	
	5.2 启动功能	4.17.4	1 按钮启动后，启动确认灯应点亮并保持，控制器应发出声、光报警信号，记录启动时间	手动操作按钮动作，检查按钮启动确认灯点亮情况、控制器报警情况、启动时间记录情况	□	□		□	□		□	A	
			2 控制器应显示启动部件的类型和地址注释信息，且显示的地址注释信息应与附录D一致	检查控制器启动信息显示情况	□	□		□	□		□	C	
			3 消防泵启动后，按钮回答确认灯应点亮并保持	模拟输入消防泵启动反馈信号，观察按钮回答确认灯应点亮情况	□	□		□	□		□	C	
报警区域编号	Ⅲ 系统控制功能的调试、检测、验收													
	调试准备	4.17.5	使消防联动控制器与消防泵控制箱、柜等设备相连接，接通电源，使消防联动控制器处于自动控制工作状态									—	—	
	1 联动控制功能	4.17.6	1 消防联动控制器应发出控制消防泵启动的启动信号，点亮启动指示灯	使任一报警区域的两只火灾探测器或一只火灾探测器和手动火灾报警按钮发出火灾报警信号，使消火栓按钮动作，检查消防联动控制器的工作状态	□	□		□	□		□	A	
			2 消防泵控制箱、柜应控制启动消防泵	检查消防泵的启动情况	□	□		□	□		□	A	
			3 消防联动控制器应接收并显示干管水流指示器的动作反馈信号，显示动作部件类型和地址注释信息，显示的地址注释信息应与附录D一致	检查消防联动控制器的显示情况	□	□		□	□		□	C	
			4 消防控制器图形显示装置应显示火灾报警控制器的火灾报警信号、消火栓按钮的启动信号、消防联动控制器的启动信号、受控设备动作反馈信号，显示的信息应与控制器的显示一致	对照火灾报警控制器、消防联动控制器的显示信息，核查消防控制室图形显示装置信息显示情况	□	□		□	□		□	C	

续表 E.14

编号	项目	条款	子项（调试、检测、验收内容）		施工单位调试记录			监理单位检查记录			检测、验收结果		
			调试、检测、验收要求	调试、检测、验收方法	符合	不符合	说明	符合	不符合	说明	合格	不合格	说明
设备编号	2 直接手动控制功能	4.16.6	1 在消防控制室应能通过消防联动控制器的直接手动控制单元手动控制消防泵箱、柜启动消防泵	手动操作消防联动控制器直接手动控制单元的消防泵启动控制按钮、按键；检查消防泵的启动情况	□	□		□	□		□		A
			2 应能通过消防联动控制器的直接手动控制单元手动控制消防泵箱、柜停止消防泵运转	手动操作消防联动控制器直接手动控制单元的消防泵停止控制按钮、按键；检查消防泵停止运转情况	□	□		□	□		□		A
			3 消防控制室图形显示装置应显示消防联动控制器的直接手动启动、停止控制信号	检查消防控制室图形显示装置的显示情况	□	□		□	□		□		C
□调试结论			□合格					□不合格					
□检测、验收结论			□合格					□不合格：xxA＋yyB＋zzC					

建设单位	设计单位	监理单位	施工单位	调试单位	检测、验收单位
（公章）项目负责人（签章）年 月 日	（公章）项目负责人（签章）年 月 日	（公章）项目负责人（签章）年 月 日	（公章）项目负责人（签章）年 月 日	（公章）项目负责人（签章）年 月 日	（公章）项目负责人（签章）年 月 日

表 E.15 防排烟系统调试、检测、验收记录　　编号：

工程名称				子分部工程名称		□调试　□检测　□验收	
施工单位		项目负责人		调试单位		监理单位	监理工程师
执行规范名称及编号	《火灾自动报警系统设计规范》GB 50116、《建筑电气工程施工质量验收规范》GB 50303、《消防联动控制系统》GB 16806						
消防联动控制器型号规格			编号		设置部位		
风机控制箱(柜)型号规格			编号		设置部位		配接设备名称
☆电动送风口数量	N_1	检测数量	N_1	验收数量	应符合本标准表5.0.2的规定		
☆电动挡烟垂壁数量	N_2	检测数量	N_2	验收数量			
☆排烟口数量	N_3	检测数量	N_3	验收数量			
☆排烟阀数量	N_4	检测数量	N_4	验收数量			
☆排烟窗数量	N_5	检测数量	N_5	验收数量			
☆电动防火阀数量	N_6	检测数量	N_6	验收数量			
排烟风机入口处的总管上设置的280℃排烟防火阀数量	N_7	检测数量	N_7	验收数量	N_7		
报警、防烟区域数量	Z	检测数量	Z	验收数量	应符合本标准表5.0.2的规定		

续表 E.15

编号	项目	条款	子项（调试、检测、验收内容）		施工单位调试记录			监理单位检查记录			检测、验收结果		
			调试、检测、验收要求	调试、检测、验收方法	符合	不符合	说明	符合	不符合	说明	合格	不合格	说明
	Ⅰ 风机控制箱、柜的调试、检测、验收												
	部件类型：风机控制箱、柜												
	1 设备选型												
	规格型号	GB 50116	规格型号应符合设计文件的规定	对照设计文件核查设备的规格型号	—	—	—	—	—	—	□	A	
	2 设备设置												
	设置部位	3.1.1	设置部位应符合设计文件的规定	对照设计文件核查设备的设置部位	—	—	—	—	—	—	□	C	
	3 消防产品准入制度												
	证书和标识	2.2.1	应有与其相符合的、有效的认证证书和认证标识	核查产品的认证证书和认证标识	—	—	—	—	—	—	□	A	
	4 安装质量												
	4.1 设备安装	3.3.23	在安装前，应进行功能检查，检查结果不合格的装置不应安装	检查控制箱、柜的基本功能是否符合第5项的规定	—	—	—	—	—	—	□	C	
			外接导线的端部，应设置明显的永久性标识	检查外接导线标识的设置情况							□		
			应安装牢固，不应倾斜；安装在轻质墙体上时，应采取加固措施	检查设备的安装情况、设备的加固措施	—	—	—	—	—	—	□	C	
	5 基本功能												
	调试准备	4.18.1	使风机控制箱、柜与加压送风机或排烟风机相连接，接通电源，使风机控制箱、柜处于正常监视状态								—	—	
	5.1 操作级别		控制箱、柜应根据不同的使用对象设置不同的操作级别	检查控制箱、柜操作级别划分情况是否符合现行国家标准《消防联动控制系统》GB 16806的规定	□	□		□	□		□	C	
	5.2 手、自动转换功能		控制箱、柜应设有手、自动控制转换功能，且控制箱、柜应能准确显示手、自动控制工作状态	手动操作控制箱、柜的手、自动控制转换控制按钮、按键，检查控制箱、柜的显示情况	□	□		□	□		□	C	
	5.3 手动控制功能	4.18.1	控制箱、柜应能手动控制风机的启动、停止	手动操作控制箱、柜风机启动按钮、按键，检查风机启动情况；手动操作风机停止按钮、按键，检查风机停止运转情况	□	□		□	□		□	A	
	5.4 自动控制功能		控制箱、柜应能接收消防联动控制器的启动信号，控制风机的启动	手动操作控制箱、柜的手、自动控制转换控制按钮、按键使控制箱、柜处于自动控制状态，模拟输入消防联动控制器的启动信号，观察风机的启动情况	□	□		□	□		□	A	

续表 E.15

编号	项目	条款	子项（调试、检测、验收内容）		施工单位调试记录			监理单位检查记录			检测、验收结果		
			调试、检测、验收要求	调试、检测、验收方法	符合	不符合	说明	符合	不符合	说明	合格	不合格	说明
	5.5 手动控制插入优先功能	4.18.1	风机处于自动控制启动状态时，控制箱、柜应能手动控制风机的停止	手动操作控制箱、柜风机停止按钮、按键，观察风机停止运转情况	☐	☐		☐	☐		☐	A	
Ⅱ 系统联动部件调试、检测、验收													
部件类型：☆电动送风口、☆电动挡烟垂壁、☆排烟口、☆排烟阀、☆排烟窗、☆电动防火阀													
1 基本功能													
设备地址编号	地址设置	4.2.2	按照附录D的规定进行地址设置，控制器地址注释信息录入									—	—	—
	动作功能	4.18.2	消防联动控制器应能控制电动挡烟垂壁下降，排烟口、排烟阀、排烟窗开启，电动防火阀关闭	手动操作消防联动控制器总线控制单元相应设备的动作控制按钮、键，检查受控设备的动作情况	☐	☐		☐	☐		☐	C	
	动作信号反馈功能		设备动作后，消防联动控制器应接收并显示受控部件的动作反馈信息，显示动作部件类型和地址注释信息，显示的地址注释信息应与附录D一致	检查控制器受控设备动作反馈信息显示情况	☐	☐		☐	☐		☐	C	
部件类型：排烟风机入口处的总管上设置的280℃排烟防火阀													
1 基本功能													
	地址设置	4.2.2	按照附录D的规定进行地址设置，控制器地址注释信息录入									—	—	—
	动作信号反馈功能	4.18.3	1 排烟防火阀关闭后，风机应停止运转	使排烟风机处于运行状态，关闭排烟防火阀，检查风机停止运转情况	☐	☐		☐	☐		☐	C	
			2 消防联动控制器应接收并显示排烟防火阀关闭、风机停止的动作反馈信息，显示动作部件类型和地址注释信息，显示的地址注释信息应与附录D一致	检查控制器受控设备动作反馈信息显示情况	☐	☐		☐	☐		☐	C	
Ⅲ 系统控制功能的调试、检测、验收													
1 ☆加压送风系统、☆电动挡烟垂壁、☆排烟系统的联动控制功能													
☆1.1 加压送风系统的联动控制功能													
报警区域编号	调试准备	4.18.4	使消防联动控制器与风机控制箱、柜等设备相连接，接通电源，使消防联动控制器处于自动控制工作状态									—	—	—
	联动控制功能	4.18.5	1 消防联动控制器应按设计文件的规定发出控制相应电动送风口开启、加压送风机启动的启动信号，点亮启动指示灯	使报警区域内符合联动控制触发条件的两只火灾探测器或一只火灾探测器和手动火灾报警按钮发出火灾报警信号，检查消防联动控制器的工作状态	☐	☐		☐	☐		☐	A	
			2 相应的电动送风口应开启，风机控制箱、柜应控制加压送风机启动	对照设计文件，检查受控设备的启动情况	☐	☐		☐	☐		☐	A	

续表 E.15

编号	项目	条款	子项（调试、检测、验收内容）		施工单位调试记录			监理单位检查记录			检测、验收结果		
			调试、检测、验收要求	调试、检测、验收方法	符合	不符合	说明	符合	不符合	说明	合格	不合格	说明
报警区域编号	联动控制功能	4.18.5	3 消防联动控制器应接收并显示电动送风口、加压送风机的动作反馈信号，显示动作部件类型和地址注释信息，显示的地址注释信息应与附录D一致	检查消防联动控制器的显示情况	☐	☐		☐	☐		☐	C	
			4 消防控制器图形显示装置应显示火灾报警控制器的火灾报警信号、消防联动控制器的启动信号、受控设备动作反馈信号，显示的信息应与控制器的显示一致	对照火灾报警控制器、消防联动控制器的显示信息，核查消防控制室图形显示装置信息显示情况	☐	☐		☐	☐		☐	C	
	☆1.2 电动挡烟垂壁、排烟系统的联动控制功能												
	调试准备	4.18.7	使消防联动控制器与风机控制箱、柜等设备相连接，接通电源，使消防联动控制器处于自动控制工作状态								—	—	
	联动控制功能	4.18.8	1 消防联动控制器应按设计文件的规定发出控制电动挡烟垂壁下降，控制排烟口、排烟阀、排烟窗开启，控制空气调节系统的电动防火阀关闭的启动信号，点亮启动指示灯	使防烟分区内符合联动控制触发条件的两只感烟火灾探测器发出火灾报警信号，检查消防联动控制器的工作状态	☐	☐		☐	☐		☐	A	
			2 电动挡烟垂壁、排烟口、排烟阀、排烟窗、空气调节系统的电动防火阀应动作	对照设计文件，检查受控设备的动作情况	☐	☐		☐	☐		☐	A	
			3 消防联动控制器应接收并显示受控设备的动作反馈信号，显示动作部件类型和地址注释信息，显示的地址注释信息应与附录D一致	检查消防联动控制器的显示情况	☐	☐		☐	☐		☐	C	
			4 消防联动控制器接收到排烟口、排烟阀的动作反馈信号后，应发出控制排烟风机启动的启动信号	检查消防联动控制器的工作状态	☐	☐		☐	☐		☐	A	
			5 风机控制箱、柜应控制排烟风机启动	检查排烟风机的启动情况	☐	☐		☐	☐		☐	A	
			6 消防联动控制器应接收并显示排烟风机启动的动作反馈信号，显示动作部件类型和地址注释信息，显示的地址注释信息应与附录D一致	检查消防联动控制器的显示情况	☐	☐		☐	☐		☐	C	

续表 E.15

编号	项目	条款	子项（调试、检测、验收内容）		施工单位调试记录			监理单位检查记录			检测、验收结果		
			调试、检测、验收要求	调试、检测、验收方法	符合	不符合	说明	符合	不符合	说明	合格	不合格	说明
设备编号	联动控制功能	4.18.8	7 消防控制器图形显示装置应显示火灾报警控制器的火灾报警信号、消防联动控制器的启动信号、受控设备动作反馈信号，显示的信息应与控制器的显示一致	对照火灾报警控制器、消防联动控制器的显示信息，核查消防控制室图形显示装置信息显示情况	□	□		□	□		□	□	C
	直接手动控制功能	4.18.6、4.18.9	2 ☆加压送风机、☆排烟分机直接手动控制功能										
			1 在消防控制室应能通过消防联动控制器的直接手动控制单元手动控制风机箱、柜启动加压送风机、排烟风机	手动操作消防联动控制器直接手动控制单元的加压送风机、排烟风机启动控制按钮、按键；检查加压送风机、排烟风机的启动情况	□	□		□	□		□	□	A
			2 应能通过消防联动控制器的直接手动控制单元手动控制风机箱、柜停止加压送风机、排烟风机运转	手动操作消防联动控制器直接手动控制单元的加压送风机、排烟风机停止控制按钮、按键；检查加压送风机、排烟风机停止运转情况	□	□		□	□		□	□	A
			3 消防控制室图形显示装置应显示消防联动控制器的直接手动启动、停止控制信号	检查消防控制室图形显示装置的显示情况	□	□		□	□		□	□	C

□调试结论	□合格	□不合格
□检测、验收结论	□合格	□不合格：xxA＋yyB＋zzC

建设单位	设计单位	监理单位	施工单位	调试单位	检测、验收单位
（公章）项目负责人（签章）年 月 日	（公章）项目负责人（签章）年 月 日	（公章）项目负责人（签章）年 月 日	（公章）项目负责人（签章）年 月 日	（公章）项目负责人（签章）年 月 日	（公章）项目负责人（签章）年 月 日

表 E.16 消防应急照明和疏散指示系统控制调试、检测、验收记录　　　　编号：

工程名称				子分部工程名称		□调试　□检测　□验收	
施工单位		项目负责人		调试单位		监理单位	监理工程师
执行规范名称及编号	《火灾自动报警系统设计规范》GB 50116、《消防联动控制系统》GB 16806						
☆应急照明控制器型号规格			编号		设置部位		
报警区域数量	Z	检测数量	Z	验收数量		应符合本标准表5.0.2的规定	

编号	项目	条款	子项（调试、检测、验收内容）		施工单位调试记录			监理单位检查记录			检测、验收结果		
			调试、检测、验收要求	调试、检测、验收方法	符合	不符合	说明	符合	不符合	说明	合格	不合格	说明
报警区域编号	调试准备	4.19.1	☆Ⅰ集中控制型系统的控制功能调试、检测、验收										
			使火灾报警控制器、消防联动控制器与应急照明控制器等设备相连接，接通电源，使消防联动控制器处于自动控制工作状态		—			—			—		

续表 E.16

编号	项目	条款	子项（调试、检测、验收内容）		施工单位调试记录			监理单位检查记录			检测、验收结果		
			调试、检测、验收要求	调试、检测、验收方法	符合	不符合	说明	符合	不符合	说明	合格	不合格	说明
报警区域编号	控制功能	4.19.1	1 火灾报警控制器火警控制输出触点应动作，或消防联动控制器应发出控制消防应急照明和疏散指示系统启动的启动信号，点亮启动指示灯	使报警区域内符合联动控制触发条件的两只火灾探测器或一只火灾探测器和手动火灾报警按钮发出火灾报警信号，检查控制输出触点动作情况或检查消防联动控制器的工作状态	□	□		□	□		□	□	A
			2 应急照明控制器应按预设逻辑控制配接的消防应急灯具点亮、熄灭，控系统蓄电池电源的转换	检查应急照明集中电源或应急照明配电箱工作状态、急照明灯具光源点亮情况	□	□		□	□		□	□	A
			3 消防联动控制器应接收并显示应急照明控制器应急启动的动作反馈信号，显示动作部件类型和地址注释信息，显示的地址注释信息应与附录D一致	检查消防联动控制器的显示情况	□	□		□	□		□	□	C
			4 消防控制器图形显示装置应显示火灾报警控制器的火灾报警信号、消防联动控制器的启动信号、受控设备动作反馈信号，显示的信息应与控制器的显示一致	对照火灾报警控制器、消防联动控制器的显示信息，核查消防控制室图形显示装置信息显示情况	□	□		□	□		□	□	C
	☆Ⅱ 非集中控制型系统的应急启动控制功能的调试、检测、验收												
	调试准备	4.19.2	使火灾报警控制器与应急照明集中电源、应急照明配电箱等设备相连接，接通电源		—	—							
报警区域编号	应急启动控制功能	4.19.2	火灾报警控制器的火警控制输出触点应动作，控制应急照明集中电源转入蓄电池电源输出、应急照明配电箱切断主电源输出，并控制其配接灯具的光源应急点亮	使报警区域内任两只火灾探测器或任一只火灾探测器和手动火灾报警按钮发出火灾报警信号，检查控制器输出触点动作情况、应急照明集中电源或应急照明配电箱工作状态、急照明灯具光源点亮情况	□	□		□	□		□	□	A
□调试结论		□合格							□不合格				
□检测、验收结论		□合格							□不合格：xxA+yyB+zzC				

建设单位	设计单位	监理单位	施工单位	调试单位	检测、验收单位
（公章）项目负责人	（公章）项目负责人	（公章）项目负责人	（公章）项目负责人	（公章）项目负责人	（公章）项目负责人
（签章）年 月 日	（签章）年 月 日	（签章）年 月 日	（签章）年 月 日	（签章）年 月 日	（签章）年 月 日

表 E.17 电梯、非消防电源等相关系统联动控制调试、检测、验收记录　　编号：

工程名称					子分部工程名称		□调试		□检测		□验收	
施工单位			项目负责人		调试单位			监理单位			监理工程师	
执行规范名称及编号			《火灾自动报警系统设计规范》GB 50116、《消防联动控制系统》GB 16806									
报警区域数量			Z	检测数量	Z		验收数量		应符合本标准表5.0.2的规定			

编号	项目	条款	子项（调试、检测、验收内容）		施工单位调试记录			监理单位检查记录			检测、验收结果		
			调试、检测、验收要求	调试、检测、验收方法	符合	不符合	说明	符合	不符合	说明	合格	不合格	说明
			电梯、非消防电源等相关系统联动控制功能的调试、检测、验收										
报警区域编号	调试准备	4.20.1	使消防联动控制器与电梯、非消防电源等相关系统的控制设备相连接，接通电源，使消防联动控制器处于自动控制工作状态		—	—							
	联动控制功能	4.20.2	1 消防联动控制器应按设计文件的规定发出控制电梯停于首层或转换层、切断相关非消防电源、控制其他相关系统设备动作的启动信号，点亮启动指示灯	使报警区域符合电梯、非消防电源等相关系统联动控制触发条件的火灾探测器、手动火灾报警按钮发出火灾报警信号，检查消防联动控制器的工作状态	□	□		□	□		□		A
			2 电梯应停于首层或转换层、相关非消防电源应切断、其他相关系统设备应动作	检查电梯、非消防电源等相关系统的动作情况									
			3 消防联动控制器应接收并显示受控设备动作的动作反馈信号，显示动作部件类型和地址注释信息，显示的地址注释信息应与附录D一致	检查消防联动控制器的显示情况	□	□		□	□		□		C
			4 消防控制器图形显示装置应显示火灾报警控制器的火灾报警信号、消防联动控制器的启动信号、受控设备动作反馈信号，显示的信息应与控制器的显示一致	对照火灾报警控制器、消防联动控制器的显示信息，核查消防控制室图形显示装置信息显示情况	□	□		□	□		□		C

□调试结论		□合格	□不合格
□检测、验收结论		□合格	□不合格：xxA+yyB+zzC

建设单位	设计单位	监理单位	施工单位	调试单位	检测、验收单位
（公章）项目负责人	（公章）项目负责人	（公章）项目负责人	（公章）项目负责人	（公章）项目负责人	（公章）项目负责人
（签章）年 月 日	（签章）年 月 日	（签章）年 月 日	（签章）年 月 日	（签章）年 月 日	（签章）年 月 日

表E.18 系统整体联动控制功能调试、检测、验收记录　　　编号：

工程名称				子分部工程名称			□调试　□检测　□验收		
施工单位		项目负责人		调试单位			监理单位		监理工程师
执行规范名称及编号		《火灾自动报警系统设计规范》GB 50116、《消防联动控制系统》GB 16806							
报警区域数量		Z	检测数量		Z		验收数量	应符合本标准表5.0.2的规定	

编号	项目	条款	子项（调试、检测、验收内容）		施工单位调试记录			监理单位检查记录			检测、验收结果		
			调试、检测、验收要求	调试、检测、验收方法	符合	不符合	说明	符合	不符合	说明	合格	不合格	说明
			火灾警报系统、消防应急广播系统、用于防火分隔的防火卷帘系统、防火门监控系统、防烟排烟系统、消防应急照明和疏散指示系统、电梯和非消防电源等自动消防系统的整体联动控制功能的调试、检测、验收										
	调试准备	4.21.1	将所有分部调试合格的系统部件、受控设备或系统相连接并通电运行，在连续运行120h无故障后，使消防联动控制器处于自动控制工作状态		—	—							
报警区域编号	联动控制功能	4.21.2	1 消防联动控制器应发出控制控制火灾警报、消防应急广播系统、防火卷帘系统、防火门监控系统、防烟排烟系统、消防应急照明和疏散指示系统、电梯和非消防电源等相关系统动作的启动信号，点亮启动指示灯	使报警区域内符合火灾警报、消防应急广播系统、防火卷帘系统、防火门监控系统、防烟排烟系统、消防应急照明和疏散指示系统、电梯和非消防电源等相关系统联动触发条件的火灾探测器、手动火灾报警按钮发出火灾报警信号，检查消防联动控制器的工作状态	□	□		□	□		□		A
			2 警报器和扬声器应按下列规定交替工作： 1）警报器应同时启动，持续工作8s～20s后，所有警报器应同时停止警报； 2）警报器停止工作后，扬声器进行1次～2次消防应急广播，每次应急广播的时间应为10s～30s，应急广播结束后，所有扬声器应停止播放广播信息	检查火灾警报器、扬声器的交替工作情况；用秒表分别测量火灾警报器、扬声器单次持续工作时间	□	□		□	□		□		A
			3 防火卷帘控制器应控制防火卷帘下降至楼板面	检查防火卷帘的动作情况	□	□		□	□		□		A
			4 防火门监控器应控制报警区域内所有常开防火门关闭	检查防火门的动作情况	□	□		□	□		□		A
			5 相应的电动送风口应开启，风机控制箱、柜应控制加压送风机启动	对照设计文件，检查受控设备的启动情况	□	□		□	□		□		A
			6 电动挡烟垂壁、排烟口、排烟阀、排烟窗、空气调节系统的电动防火阀应动作	对照设计文件，检查受控设备的动作情况	□	□		□	□		□		A
			7 风机控制箱、柜应控制排烟风机启动	检查排烟风机的启动情况	□	□		□	□		□		A

续表 E.18

编号	项目	条款	子项（调试、检测、验收内容）		施工单位调试记录			监理单位检查记录			检测、验收结果		
			调试、检测、验收要求	调试、检测、验收方法	符合	不符合	说明	符合	不符合	说明	合格	不合格	说明
报警区域编号	联动控制功能	4.21.2	8 应急照明控制器应控制配接的消防应急灯具、应急照明集中电源、应急照明配电箱应急启动	检查应急照明集中电源或应急照明配电箱工作状态、应急照明灯具光源点亮情况	□	□		□	□		□		A
			9 电梯应停于首层或转换层，相关非消防电源应切断，其他相关系统设备应动作	检查电梯、非消防电源等相关系统的动作情况	□	□		□	□		□		A
□调试结论			□合格					□不合格					
□检测、验收结论			□合格					□不合格：xxA＋yyB＋zzC					

建设单位	设计单位	监理单位	施工单位	调试单位	检测、验收单位
（公章）项目负责人（签章）年 月 日	（公章）项目负责人（签章）年 月 日	（公章）项目负责人（签章）年 月 日	（公章）项目负责人（签章）年 月 日	（公章）项目负责人（签章）年 月 日	（公章）项目负责人（签章）年 月 日

表 E.19 文件资料、消防控制室、布线工程检测和验收记录　　编号：

工程名称				子分部工程名称		□检测　□验收	
施工单位		项目负责人		调试单位		监理单位	监理工程师
执行规范名称及编号	《火灾自动报警系统设计规范》GB 50116、《消防控制室通用技术要求》GB 25506、《电气装置安装工程 爆炸和火灾危险环境电气装置施工及验收规范》GB 50257、《建筑电气工程施工质量验收规范》GB 50303						
消防控制室数量	A	检测数量	A	验收数量	A		
报警区域数量	Z	检测数量	Z	验收数量	应符合本标准表5.0.2的规定		

编号	项目	条款	子项（调试、检测、验收内容）		检测、验收结果		
			调试、检测、验收要求	调试、检测、验收方法	合格	不合格	说明
			Ⅰ 文件资料检测、验收				
消防控制室编号	文件资料的齐全、符合性	5.0.3	1 竣工验收申请报告、设计变更通知书、竣工图	逐一对施工单位提供的文件资料进行齐备性、符合性核查	□		B
			☆2 工程质量事故处理报告				
			3 施工现场质量管理检查记录				
			4 系统安装过程质量检查记录				
			5 系统部件的现场设置情况记录				
			6 系统联动编程设计记录				
			7 系统调试记录				
			8 火灾自动报警系统内各设备的检验报告、合格证及相关材料				
			Ⅱ 消防控制室检测、验收				
	1 消防控制室设计	GB 50116	具有消防联动功能火灾自动报警系统的保护对象中应设置消防控制室	核查设计文件，检查是否按现行国家标准《火灾自动报警系统设计规范》GB 50116 的规定设置消防控制室	□		A

续表 E.19

编号	项目	条款	子项（调试、检测、验收内容）		检测、验收结果		
			调试、检测、验收要求	调试、检测、验收方法	合格	不合格	说明
消防控制室编号	2 消防控制室设置	GB 50116	1 消防控制室送、回风管的穿墙处应设防火阀	控制室设有送、回风管时，检查防火阀的设置情况	□	C	
			2 单独设置时，消防控制室内严禁穿过与消防设施无关电气线路及管路	核查设计文件，检查消防控制室电气线路及管路设置情况	□	C	
			3 不应设置在电磁场干扰较强及其他影响控制室设备工作的设备用房附近	核查设计文件，检查消防控制室周边房间的设置情况	□	C	
	3 基本设备的配置		消防控制室内的基本设备配置应包括：火灾报警控制器、消防联动控制器、消防控制室图形显示装置、消防专用电话总机、消防应急广播控制装置或具有相应功能的组合设备，上述设备应符合消防产品准入制度的规定	对照设计文件、检验报告、认证证书，对控制室设置的设备的规格、型号进行逐一核查	□	A	
	4 起集中控制功能报警控制器的设置		设置多台火灾报警控制器时，应设置一台起集中控制功能的火灾报警控制器（联动型），应由该控制器配置的直接手动控制单元控制现场消防设备	对照设计文件核查起集中控制功能的火灾报警控制器（联动型）的设置情况、直接手动控制单元的设置情况	□	C	
	5 显示装置接口		消防控制室内设置的消防控制室图形显示装置应为远程监控系统预留接口	检查消防控制室图形显示装置的接口情况	□	C	
	6 外线电话		消防控制室应设有用于火灾报警的外线电话，与报警中心的呼叫应畅通，与报警中心的通话语音应清晰	检查外线电话设置情况，用外线电话呼叫另外一部外线电话，检查外线电话呼叫和通话情况	□	C	
	7 设备布置		1 设备面盘前操作距离，单列布置时不应小于 1.5m；双列布置时不应小于 2m	用尺测量设备面盘前的操作距离、设备面盘至墙的距离、设备面盘后的维修距离、设备的排列长度和设备两端通道的宽度	□	C	
			2 在值班人员经常工作的一面，设备面盘至墙的距离不应小于 3m		□	C	
			3 设备面盘后的维修距离不宜小于 1m		□	C	
			4 设备面盘的排列长度大于 4m 时，其两端应设置宽度不小于 1m 的通道		□	C	
			☆5 与建筑其他弱电系统合用时，消防设备应集中设置，并应与其他设备有明显间隔	检查消防设备的布置情况	□	C	
	8 系统接地	3.4.1	系统接地及专用接地线的安装应满足设计要求	核查系统接地及专用接地线的验收记录	□	C	
		3.4.2	交流供电和 36V 以上直流供电的消防用电设备的金属外壳应有接地保护，其接地线应与电气保护接地干线（PE）相连接	逐一检查交流供电和 36V 以上直流供电的消防用电设备接地线的设置情况	□	C	
	9 存档的文件资料	6.0.1	1 建（构）筑物竣工后的总平面图、建筑消防系统平面布置图、建筑消防设施系统图及安全出口布置图、重点部位位置图、危化品位置图	逐一核查各项文件资料是否完善	□	B	
			2 消防安全管理规章制度、应急灭火预案、应急疏散预案				
			3 消防组织机构图，包括消防安全责任人、管理人、专职、义务消防人员				

— 194 —

续表 E.19

编号	项目	条款	子项（调试、检测、验收内容）		检测、验收结果		
			调试、检测、验收要求	调试、检测、验收方法	合格	不合格	说明
消防控制室编号	9 存档的文件资料	6.0.1	4 消防安全培训记录、灭火和应急疏散预案的演练记录	逐一核查各项文件资料是否完善	□	B	
			5 值班情况、消防安全检查情况及巡查情况的记录		□	B	
			6 火灾自动系统设备现场设置情况记录		□	B	
			7 消防系统联动控制逻辑关系说明、联动编程记录、消防联动控制器手动控制单元编码设置记录		□	B	
			8 系统设备使用说明书、系统操作规程、系统和设备维护保养制度		□	B	
报警区域编号	Ⅲ 布线检测、验收						
	1 安装工艺	3.1.2	☆在有爆炸危险性的场所，系统的布线应符合现行国家标准《电气装置安装工程 爆炸和火灾危险环境电气装置施工及验收规范》GB 50257 的相关规定	检查施工工艺是否符合现行国家标准《电气装置安装工程 爆炸和火灾危险环境电气装置施工及验收规范》GB 50257 的规定	□	C	
	2 管路敷设方式	3.2.1	☆明敷时，应采用单独的卡具吊装或支撑物固定，吊杆直径不应小于 6mm	明敷时，检查管路的敷设情况，用卡尺测量吊杆的直径；暗敷时，核查隐蔽工程的检验记录	□	C	
		3.2.2	☆暗敷时，应敷设在不燃结构内，且保护层厚度不应小于 30mm		□	C	
	3 管路的安装	3.2.3	1 管线经过建筑物的沉降缝、伸缩缝、抗震缝等变形处，应采取补偿措施	施工过程观察管路敷设情况，核查隐蔽工程检验记录	□	C	
		3.2.4	2 多尘或潮湿场所管路的管口和管子连接处，均应做密封处理	检查管口和管子连接处密封处理情况	□	C	
	4 管路接线盒安装	3.2.5	1 符合下列条件时，应在便于接线处装设接线盒：1) 管子长度每超过 30m，无弯曲时；2) 管子长度每超过 20m，有 1 个弯曲时；3) 管子长度每超过 10m，有 2 个弯曲时；4) 管子长度每超过 8m，有 3 个弯曲时	检查管路的敷设情况，用尺测量管路的长度	□	C	
		3.2.6	2 金属管子入盒，盒外侧应套锁母，内侧应装护口；在吊顶内敷设时，盒的内外侧均应套锁母；塑料管入盒应采取相应固定措施	施工过程中检查管路的敷设情况，用手感检查管路的固定情况，宜留有照片、视频等检验记录	□	C	
	5 槽盒安装	3.2.7	1 槽盒敷设时，应在下列部位设置吊点或支点：槽盒始端、终端及接头处；槽盒转角或分支处；直线段不大于 3m 处	检查槽盒吊点、支点设置情况	□	C	
		3.2.8	2 槽盒接口应平直、严密，槽盖应齐全、平整、无翘角，并列安装时，槽盖应便于开启	检查槽盒安装情况，用手感检查槽盖开启情况	□	C	
	6 导线的选择	3.2.9	1 导线的种类、电压等级应符合现行国家标准《火灾自动报警系统设计规范》GB 50116 和设计文件的规定	对照设计文件，逐一核查导线的种类、电压等级	□	C	
		3.2.10	2 导线颜色应一致，电源线正极应为红色，负极应为蓝色或黑色	对照设计文件，检查导线的颜色	□	C	

— 195 —

续表 E.19

编号	项目	条款	子项（调试、检测、验收内容）		检测、验收结果		
			调试、检测、验收要求	调试、检测、验收方法	合格	不合格	说明
报警区域编号	7 导线敷设	3.2.11	在管内或槽盒内的布线，应在建筑抹灰及地面工程结束后进行，管内或槽盒内不应有积水及杂物	施工过程中观察管内或槽盒内的情况，宜留有照片、视频等检验记录	□	C	
		3.2.12	火灾自动报警系统应单独布线，除设计要求以外，不同回路、不同电压等级和交流与直流的线路，不应布在同一管内或槽盒的同一槽孔内	施工过程中对照设计文件检查线路的敷设情况，宜留有照片、视频等检验记录	□	C	
		3.2.13	1 线缆在管内或槽盒内，不应有接头或扭结	施工过程中观察线路的敷设情况，检查导线接头的连接情况，宜留有照片、视频等检验记录	□	C	
			2 导线应在接线盒内采用焊接、压接、接线端子可靠连接				
		3.2.14	1 从接线盒、槽盒等处引到探测器底座、控制设备、扬声器的线路，当采用可挠金属管保护时，其长度不应大于2m	观察线路的敷设情况，用尺测量可挠金属管的长度	□	C	
			2 可挠金属管应入盒，盒外侧应套锁母，内侧应装护口	观察可挠金属管的敷设情况，用手感检查管路的固定情况	□	C	
		3.2.4	线缆跨越变形缝的两侧应固定，并留有适当余量	检查线缆的敷设情况	□	C	
		3.2.15	系统的布线除应符合本标准上述规定外，还应符合现行国家标准《建筑电气工程施工质量验收规范》GB 50303 的相关规定	按现行国家标准《建筑电气工程施工质量验收规范》GB 50303 的规定检查线路的敷设质量	□	C	
		3.2.16	火灾自动报警系统导线敷设结束后，应用500V兆欧表测量每个回路导线对地的绝缘电阻，且绝缘电阻值不应小于20MΩ	用500V兆欧表测量每个回路导线对地的绝缘电阻	□	C	
□检测、验收结论			□合格		□不合格：xxA+yyB+zzC		
建设单位		设计单位	监理单位	施工单位	检测、验收单位		
（公章）项目负责人（签章）年 月 日		（公章）项目负责人（签章）年 月 日	（公章）项目负责人（签章）年 月 日	（公章）项目负责人（签章）年 月 日	（公章）项目负责人（签章）年 月 日		

附录 F 系统日常巡查记录

F.0.1 表F中带有"☆"标的项目和子项内容为可选项，当不涉及此项目或子项时，检测、验收记录不包括此项目或子项。

F.0.2 设备数量应为巡查区域设置的系统设备的数量，设备的外观、运行状况正常时，在对应正常记录表格框中勾选相应的记录项□（☑）；设备的外观破损、设备运行异常时，应描述故障现象，并填写现场处理情况及保修情况记录。

表 F 系统日常巡查记录　　　　　　　　　　　　　　　　　　　　　　　编号：

项目名称		使用单位		巡查类别		□每日	□每周
巡查区域、部位	巡查项目	巡查内容		设备数量	正常	异常情况描述	当场处理情况	报修情况
	1 控制类设备：☆火灾报警控制器、☆消防联动控制器、☆火灾报警控制器（联动型）						
	(1) 设备外观	控制器的外观应完好，无明显的机械损伤		□			
	(2) 运行状况	控制器应处于正常监视状态，无报警现象，指示灯、显示器无异常显示		□			
	控制类设备配接现场部件：☆点型感烟火灾探测器、☆点型感温火灾探测器、☆一氧化碳火灾探测器、线型光束感烟火灾探测器、☆线型感温火灾探测器、管路采样式吸气感烟火灾探测器、☆点型火焰探测器和图像型火灾探测器、☆手动火灾报警按钮、☆火灾显示盘、☆模块、火灾声光警报器、☆消火栓按钮						
	(1) 设备外观	现场部件的外观应完好，无明显的机械损伤		□			
	(2) 运行状况	1 探测器、按钮、模块的巡检指示灯应正常闪亮		□			
		2 火灾显示盘应处于正常监视状态，无报警现象		□			
	2 控制类设备：消防电话总机						
	(1) 设备外观	电话总机的外观应完好，无明显的机械损伤		□			
	(2) 运行状况	电话应处于正常监视状态，指示灯、显示器无异常显示		□			
	控制类设备配接现场部件：☆消防电话分机、☆消防电话插孔						
	(1) 设备外观	现场部件的外观应完好，无明显的机械损伤		□			
	(2) 运行状况	电话分机、插孔的工作指示灯工作正常		□			
	3 控制类设备：可燃气体报警控制器						
	(1) 设备外观	控制器的外观应完好，无明显的机械损伤		□			
	(2) 运行状况	控制器应处于正常监视状态，无报警现象，指示灯、显示器无异常显示		□			
	控制类设备配接现场部件：☆点型可燃气体探测器、☆线型可燃气体探测器						
	(1) 设备外观	现场部件的外观应完好，无明显的机械损伤		□			
	(2) 运行状况	探测器工作指示灯工作正常		□			
	4 控制类设备：电气火灾监控设备						
	(1) 设备外观	监控设备的外观应完好，无明显的机械损伤		□			
	(2) 运行状况	监控设备应处于正常监视状态，无报警现象，指示灯、显示器无异常显示		□			
	控制类设备配接现场部件：☆剩余电流式电气火灾监控探测器、☆测温式电气火灾监控探测器、☆故障电弧探测器、☆线型感温火灾探测器						
	(1) 设备外观	监控探测器、线型感温火灾探测器接口模块的外观应完好，无明显的机械损伤		□			
	(2) 运行状况	监控探测器、线型感温火灾探测器接口模块工作指示灯工作正常		□			
	5 控制类设备：消防电源监控器						
	(1) 设备外观	监控器的外观应完好，无明显的机械损伤		□			
	(2) 运行状况	监控器应处于正常监视状态，无报警现象，指示灯、显示器无异常显示		□			
	控制类设备配接现场部件：☆电压信号传感器、☆电流信号传感器、☆电压/电流信号传感器						
	设备外观	传感器的外观应完好，无明显的机械损伤		□			
	6 控制类设备：消防应急广播控制设备						
	(1) 设备外观	控制设备的外观应完好，无明显的机械损伤		□			

续表 F

项目名称		使用单位		巡查类别		□每日	□每周
巡查区域、部位	巡查项目	巡查内容	设备数量	正常	异常情况描述	当场处理情况	报修情况
	(2) 运行状况	控制设备指示灯、显示器无异常显示	□				
控制类设备配接现场部件：扬声器							
	设备外观	扬声器的外观应完好，无明显的机械损伤	□				
7 控制类设备：防火卷帘控制器							
	(1) 设备外观	控制器的外观应完好，无明显的机械损伤	□				
	(2) 运行状况	控制器指示灯、显示器无异常显示	□				
控制类设备配接现场部件名称：手动控制装置							
	设备外观	手动控制装置的外观应完好，无明显的机械损伤	□				
8 控制类设备：防火门监控器							
	(1) 设备外观	监控器的外观应完好，无明显的机械损伤	□				
	(2) 运行状况	监控器应处于正常监视状态，无报警现象，指示灯、显示器无异常显示	□				
控制类设备配接现场部件名称：☆监控模块、☆电动闭门器、☆释放器、☆门磁开关							
	(1) 设备外观	现场部件的外观应完好，无明显的机械损伤	□				
	(2) 运行状况	监控模块工作指示灯工作正常	□				
9 控制类设备：气体、干粉灭火控制器							
	(1) 设备外观	控制器的外观应完好，无明显的机械损伤	□				
	(2) 运行状况	控制器应处于正常监视状态，无报警现象，指示灯、显示器无异常显示	□				
控制类设备配接现场部件：☆点型感烟火灾探测器、☆点型感温火灾探测器、☆手动与自动控制转换装置、☆手动与自动控制状态显示装置、☆现场启动和停止按钮、☆火灾警报器、☆喷洒光警报器							
	(1) 设备外观	现场部件的外观应完好，无明显的机械损伤	□				
	(2) 运行状况	探测器巡检指示灯应正常闪亮、手动与自动控制状态显示装置显示正常	□				
10 其他类型设备：☆控制中心监控设备☆消防设备应急电源、☆消防控制室图形显示装置、☆传输设备、☆传输设备、☆消防泵控制箱、柜、☆风机控制箱、柜							
	(1) 设备外观	设备的外观应完好，无明显的机械损伤	□				
	(2) 运行状况	设备指示灯、显示器无异常显示	□				
巡查人：(签名)	年 月 日	消防安全责任人、消防安全管理人：	(签名)		年 月 日		

11. 《消防应急照明和疏散指示系统技术标准》GB 51309—2018

1 总则

1.0.2 本标准适用于建、构筑物中设置的消防应急照明和疏散指示系统的设计、施工、调试、检测、验收与维护保养。

2 术语

2.0.1 消防应急照明和疏散指示系统 fire emergency lighting and evacuate indicating system

为人员疏散和发生火灾时仍需工作的场所提供照明和疏散指示的系统。

2.0.2 消防应急灯具 fire emergency luminaire

为人员疏散、消防作业提供照明和指示标志的各类灯具，包括消防应急照明灯具和消防应急标志灯具。

2.0.3 A型消防应急灯具 A type fire emergency luminaire

主电源和蓄电池电源额定工作电压不大于DC36V的消防应急灯具。

2.0.4 消防应急照明灯具 fire emergency lighting luminaire

为人员疏散和发生火灾时仍需工作的场所提供照明的灯具。

2.0.5 消防应急标志灯具 fire emergency indicating luminaire

用图形、文字指示疏散方向，指示疏散出口、安全出口、楼层、避难层（间）、残疾人通道的灯具。

2.0.6 应急照明配电箱 switch board for fire emergency lighting

为自带电源型消防应急灯具供电的供配电装置。

2.0.7 A型应急照明配电箱 A type switch board for fire emergency lighting

额定输出电压不大于DC36V的应急照明配电箱。

2.0.8 应急照明集中电源 centralizing power supply for fire emergency luminaries

由蓄电池储能，为集中电源型消防应急灯具供电的电源装置。

2.0.9 A型应急照明集中电源 A type centralizing power supply for fire emergency luminaries

额定输出电压不大于DC36V的应急照明集中电源。

2.0.10 应急照明控制器 central control panel for fire emergency luminaries

控制并显示集中控制型消防应急灯具、应急照明集中电源、应急照明配电箱及相关附件等工作状态的装置。

2.0.11 集中控制型系统 central controlled fire emergency lighting system

系统设置应急照明控制器，由应急照明控制器集中控制并显示应急照明集中电源或应急照明配电箱及其配接的消防应急灯具工作状态的消防应急照明和疏散指示系统。

2.0.12 非集中控制型系统 non-central controlled fire emergency lighting system

系统未设置应急照明控制器，由应急照明集中电源或应急照明配电箱分别控制其配接消防应急灯具工作状态的消防应急照明和疏散指示系统。

3 系统设计

3.1 一般规定

3.1.1 消防应急照明和疏散指示系统（以下简称"系统"）按消防应急灯具（以下简称"灯具"）的控制方式可分为集中控制型系统和非集中控制型系统。

3.1.2 系统类型的选择应根据建、构筑物的规模、使用性质及日常管理及维护难易程度等因素确定，并应符合下列规定：

1 设置消防控制室的场所应选择集中控制型系统。

3.1.3 系统设计应遵循系统架构简洁、控制简单的基本设计原则，包括灯具布置、系统配电、系统在非火灾状态下的控制设计、系统在火灾状态下的控制设计；集中控制型系统尚应包括应急照明控制器和系统通信线路的设计。

3.1.4 系统设计前，应根据建、构筑物的结构形式和使用功能，以防火分区、楼层、隧道区间、地铁站台和站厅等为基本单元确定各水平疏散区域的疏散指示方案。疏散指示方案应包括确定各区域疏散路径、指示疏散方向的消防应急标志灯具（以下简称"方向标志灯"）的指示方向和指示疏散出口、安全出口消防应急标志灯具（以下简称"出口标志灯"）的工作状态，并应符合下列规定：

1 具有一种疏散指示方案的区域，应按照最短路径疏散的原则确定该区域的疏散指示方案。

2 具有两种及以上疏散指示方案的区域应符合下列规定：

1) 需要借用相邻防火分区疏散的防火分区，应根据火灾时相邻防火分区可借用和不可借用的两种情况，分别按最短路径疏散原则和避险原则确定相应的疏散指示方案。

2) 需要采用不同疏散预案的交通隧道、地铁隧道、地铁站台和站厅等场所，应分别按照最短路径疏散原则和避险疏散原则确定相应疏散指示方案；其中，按最短路径疏散原则确定的疏散指示方案应为该场所默认的疏散指示方案。

3.1.5 系统中的应急照明控制器、应急照明集中电源（以下简称"集中电源"）、应急照明配电箱和灯具应选择符合现行国家标准《消防应急照明和疏散指示系统》GB 17945规定和有关市场准入制度的产品。

3.2 灯 具

Ⅰ 一般规定

3.2.1 灯具的选择应符合下列规定：

1 应选择采用节能光源的灯具，消防应急照明灯具（以下简称"照明灯"）的光源色温不应低于 2700K。

2 不应采用蓄光型指示标志替代消防应急标志灯具（以下简称"标志灯"）。

4 设置在距地面 8m 及以下的灯具的电压等级及供电方式应符合下列规定：

  1）应选择 A 型灯具；

  2）地面上设置的标志灯应选择集中电源 A 型灯具。

5 灯具面板或灯罩的材质应符合下列规定：

  1）除地面上设置的标志灯的面板可以采用厚度 4mm 及以上的钢化玻璃外，设置在距地面 1m 及以下的标志灯的面板或灯罩不应采用易碎材料或玻璃材质；

  2）在顶棚、疏散路径上方设置的灯具的面板或灯罩不应采用玻璃材质。

6 标志灯的规格应符合下列规定：

  1）室内高度大于 4.5m 的场所，应选择特大型或大型标志灯；

  2）室内高度为 3.5m～4.5m 的场所，应选择大型或中型标志灯；

  3）室内高度小于 3.5m 的场所，应选择中型或小型标志灯。

7 灯具及其连接附件的防护等级应符合下列规定：

  1）在室外或地面上设置时，防护等级不应低于 IP67；

  2）在隧道场所、潮湿场所内设置时，防护等级不应低于 IP65；

  3）B 型灯具的防护等级不应低于 IP34。

8 标志灯应选择持续型灯具。

3.2.2 灯具的布置应根据疏散指示方案进行设计，且灯具的布置原则应符合下列规定：

1 照明灯的设置应保证为人员在疏散路径及相关区域的疏散提供最基本的照度；

2 标志灯的设置应保证人员能够清晰地辨识疏散路径、疏散方向、安全出口的位置、所处的楼层位置。

3.2.3 火灾状态下，灯具光源应急点亮、熄灭的响应时间应符合下列规定：

1 高危险场所灯具光源应急点亮的响应时间不应大于 0.25s；

2 其他场所灯具光源应急点亮的响应时间不应大于 5s；

3 具有两种及以上疏散指示方案的场所，标志灯光源点亮、熄灭的响应时间不应大于 5s。

3.2.4 系统应急启动后，在蓄电池电源供电时的持续工作时间应满足下列要求：

1 建筑高度大于 100m 的民用建筑，不应小于 1.5h。

2 医疗建筑、老年人照料设施、总建筑面积大于 100000m² 的公共建筑和总建筑面积大于 20000m² 的地下、半地下建筑，不应少于 1.0h。

3 其他建筑，不应少于 0.5h。

4 城市交通隧道应符合下列规定：

  1）一、二类隧道不应小于 1.5h，隧道端口外接的站房不应小于 2.0h；

  2）三、四类隧道不应小于 1.0h，隧道端口外接的站房不应小于 1.5h。

5 本条第 1 款～第 4 款规定的场所中，当按照本标准第 3.6.6 条的规定设计时，持续工作时间应分别增加设计文件规定的灯具持续应急点亮时间。

6 集中电源的蓄电池组和灯具自带蓄电池达到使用寿命周期后标称的剩余容量应保证放电时间满足本条第 1 款～第 5 款规定的持续工作时间。

Ⅱ 照 明 灯

3.2.5 照明灯应采用多点、均匀布置方式，建、构筑物设置照明灯的部位或场所疏散路径地面水平最低照度应符合表 3.2.5 的规定。

表 3.2.5 照明灯的部位或场所及其地面水平最低照度表

设置部位或场所	地面水平最低照度
Ⅰ-1. 病房楼或手术部的避难间； Ⅰ-2. 老年人照料设施； Ⅰ-3. 人员密集场所、老年人照料设施、病房楼或手术部内的楼梯间、前室或合用前室、避难走道； Ⅰ-4. 逃生辅助装置存放处等特殊区域； Ⅰ-5. 屋顶直升机停机坪	不应低于 10.0lx
Ⅱ-1. 除Ⅰ-3 规定的敞开楼梯间、封闭楼梯间、防烟楼梯间及其前室，室外楼梯； Ⅱ-2. 消防电梯间的前室或合用前室； Ⅱ-3. 除Ⅰ-3 规定的避难走道； Ⅱ-4. 寄宿制幼儿园和小学的寝室、医院手术室及重症监护室等病人行动不便的病房等需要救援人员协助疏散的区域	不应低于 5.0lx
Ⅲ-1. 除Ⅰ-1 规定的避难层（间）； Ⅲ-2. 观众厅，展览厅，电影院，多功能厅，建筑面积大于 200m² 的营业厅、餐厅、演播厅，建筑面积超过 400m² 的办公大厅、会议室等人员密集场所； Ⅲ-3. 人员密集厂房内的生产场所； Ⅲ-4. 室内步行街两侧的商铺； Ⅲ-5. 建筑面积大于 100m² 的地下或半地下公共活动场所	不应低于 3.0lx

续表 3.2.5

设置部位或场所	地面水平最低照度
Ⅳ-1. 除Ⅰ-2、Ⅱ-4、Ⅲ-2～Ⅲ-5规定场所的疏散走道、疏散通道； Ⅳ-2. 室内步行街； Ⅳ-3. 城市交通隧道两侧、人行横通道和人行疏散通道； Ⅳ-4. 宾馆、酒店的客房； Ⅳ-5. 自动扶梯上方或侧上方； Ⅳ-6. 安全出口外面及附近区域、连廊的连接处两端； Ⅳ-7. 进入屋顶直升机停机坪的途径； Ⅳ-8. 配电室、消防控制室、消防水泵房、自备发电机房等发生火灾时仍需工作、值守的区域	不应低于1.0lx

Ⅲ 标 志 灯

3.2.7 标志灯应设在醒目位置，应保证人员在疏散路径的任何位置、在人员密集场所的任何位置都能看到标志灯。

3.2.8 出口标志灯的设置应符合下列规定：

1 应设置在敞开楼梯间、封闭楼梯间、防烟楼梯间、防烟楼梯间前室入口的上方；

2 地下或半地下建筑（室）与地上建筑共用楼梯间时，应设置在地下或半地下楼梯通向地面层疏散门的上方；

3 应设置在室外疏散楼梯出口的上方；

4 应设置在直通室外疏散门的上方；

5 在首层采用扩大的封闭楼梯或防烟楼梯间时，应设置在通向楼梯间疏散门的上方；

6 应设置在直通上人屋面、平台、天桥、连廊出口的上方；

7 地下或半地下建筑（室）采用直通室外的竖向梯疏散时，应设置在竖向梯开口的上方；

8 需要借用相邻防火分区疏散的防火分区中，应设置在通向被借用防火分区甲级防火门的上方；

9 应设置在步行街两侧商铺通向步行街疏散门的上方；

10 应设置在避难层、避难间、避难走道防烟前室、避难走道入口的上方；

11 应设置在观众厅、展览厅、多功能厅和建筑面积大于400m²的营业厅、餐厅、演播厅等人员密集场所疏散门的上方。

3.2.9 方向标志灯的设置应符合下列规定：

1 有维护结构的疏散走道、楼梯应符合下列规定：

　　1）应设置在走道、楼梯两侧距地面、梯面高度1m以下的墙面、柱面上；

　　2）当安全出口或疏散门在疏散走道侧边时，应在疏散走道上方增设指向安全出口或疏散门的方向标志灯；

　　3）方向标志灯的标志面与疏散方向垂直时，灯具的设置间距不应大于20m；方向标志灯的标志面与疏散方向平行时，灯具的设置间距不应大于10m。

2 展览厅、商店、候车（船）室、民航候机厅、营业厅等开敞空间场所的疏散通道应符合下列规定：

　　1）当疏散通道两侧设置了墙、柱等结构时，方向标志灯应设置在距地面高度1m以下的墙面、柱面上；当疏散通道两侧无墙、柱等结构时，方向标志灯应设置在疏散通道的上方；

　　2）方向标志灯的标志面与疏散方向垂直时，特大型或大型方向标志灯的设置间距不应大于30m，中型或小型方向标志灯的设置间距不应大于20m；方向标志灯的标志面与疏散方向平行时，特大型或大型方向标志灯的设置间距不应大于15m，中型或小型方向标志灯的设置间距不应大于10m。

3 保持视觉连续的方向标志灯应符合下列规定：

　　1）应设置在疏散走道、疏散通道地面的中心位置；

　　2）灯具的设置间距不应大于3m。

4 方向标志灯箭头的指示方向应按照疏散指示方案指向疏散方向，并导向安全出口。

3.2.10 楼梯间每层应设置指示该楼层的标志灯（以下简称"楼层标志灯"）。

3.2.11 人员密集场所的疏散出口、安全出口附近应增设多信息复合标志灯具。

3.3 系统配电的设计

Ⅰ 一 般 规 定

3.3.1 系统配电应根据系统的类型、灯具的设置部位、灯具的供电方式进行设计。灯具的电源应由主电源和蓄电池电源组成，且蓄电池电源的供电方式分为集中电源供电方式和灯具自带蓄电池供电方式。灯具的供电与电源转换应符合下列规定：

1 当灯具采用集中电源供电时，灯具的主电源和蓄电池电源应由集中电源提供，灯具主电源和蓄电池电源在集中电源内部实现输出转换后应由同一配电回路为灯具供电；

2 当灯具采用自带蓄电池供电时，灯具的主电源应通过应急照明配电箱一级分配电后为灯具供电，应急照明配电箱的主电源输出断开后，灯具应自动转入自带蓄电池供电。

3.3.2 应急照明配电箱或集中电源的输入及输出回路中不应装设剩余电流动作保护器，输出回路严禁接入系统以外的开关装置、插座及其他负载。

Ⅱ 灯具配电回路的设计

3.3.3 水平疏散区域灯具配电回路的设计应符合下列规定：

1 应按防火分区、同一防火分区的楼层、隧道区间、地铁站台和站厅等为基本单元设置配电回路；

2 除住宅建筑外，不同的防火分区、隧道区间、地铁站台和站厅不能共用同一配电回路；

3 避难走道应单独设置配电回路；

4 防烟楼梯间前室及合用前室内设置的灯具应由前室所在楼层的配电回路供电；

    5 配电室、消防控制室、消防水泵房、自备发电机房等发生火灾时仍需工作、值守的区域和相关疏散通道，应单独设置配电回路。

3.3.4 竖向疏散区域灯具配电回路的设计应符合下列规定：

    1 封闭楼梯间、防烟楼梯间、室外疏散楼梯应单独设置配电回路；

    2 敞开楼梯间内设置的灯具应由灯具所在楼层或就近楼层的配电回路供电；

    3 避难层和避难层连接的下行楼梯间应单独设置配电回路。

3.3.5 任一配电回路配接灯具的数量、范围应符合下列规定：

    3 地铁隧道内，配接灯具的范围不应超过一个区间的1/2。

3.3.6 任一配电回路的额定功率、额定电流应符合下列规定：

    1 配接灯具的额定功率总和不应大于配电回路额定功率的80%；

    2 A型灯具配电回路的额定电流不应大于6A；B型灯具配电回路的额定电流不应大于10A。

Ⅲ 应急照明配电箱的设计

3.3.7 灯具采用自带蓄电池供电时，应急照明配电箱的设计应符合下列规定：

    1 应急照明配电箱的选择应符合下列规定：
        1）应选择进、出线口分开设置在箱体下部的产品；
        2）在隧道场所、潮湿场所，应选择防护等级不低于IP65的产品；在电气竖井内，应选择防护等级不低于IP33的产品。

    2 应急照明配电箱的设置应符合下列规定：
        2）人员密集场所，每个防火分区应设置独立的应急照明配电箱；非人员密集场所，多个相邻防火分区可设置一个共用的应急照明配电箱。
        3）防烟楼梯间应设置独立的应急照明配电箱，封闭楼梯间宜设置独立的应急照明配电箱。

    3 应急照明配电箱的供电应符合下列规定：
        1）集中控制型系统中，应急照明配电箱应由消防电源的专用应急回路或所在防火分区、同一防火分区的楼层、隧道区间、地铁站台和站厅的消防电源配电箱供电；
        2）非集中控制型系统中，应急照明配电箱应由防火分区、同一防火分区的楼层、隧道区间、地铁站台和站厅的正常照明配电箱供电；
        3）A型应急照明配电箱的变压装置可设置在应急照明配电箱内或其附近。

    4 应急照明配电箱的输出回路应符合下列规定：
        1）A型应急照明配电箱的输出回路不应超过8路，B型应急照明配电箱的输出回路不应超过12路。

Ⅳ 集中电源的设计

3.3.8 灯具采用集中电源供电时，集中电源的设计应符合下列规定：

    1 集中电源的选择应符合下列规定：
        1）应根据系统的类型及规模、灯具及其配电回路的设置情况、集中电源的设置部位及设备散热能力等因素综合选择适宜电压等级与额定输出功率的集中电源；集中电源额定输出功率不应大于5kW；设置在电缆竖井中的集中电源额定输出功率不应大于1kW。
        3）在隧道场所、潮湿场所，应选择防护等级不低于IP65的产品；在电气竖井内，应选择防护等级不低于IP33的产品。

    2 集中电源的设置应符合下列规定：
        1）应综合考虑配电线路的供电距离、导线截面、压降损耗等因素，按防火分区的划分情况设置集中电源；灯具总功率大于5kW的系统，应分散设置集中电源。
        2）应设置在消防控制室、低压配电室、配电间内或电气竖井内；设置在消防控制室内时，应符合本标准第3.4.6条的规定；集中电源的额定输出功率不大于1kW时，可设置在电气竖井内。
        3）设置场所不应有可燃气体管道、易燃物、腐蚀性气体或蒸汽。
        4）酸性电池的设置场所不应存放带有碱性介质的物质；碱性电池的设置场所不应存放带有酸性介质的物质。
        5）设置场所宜通风良好，设置场所的环境温度不应超出电池标称的工作温度范围。

    3 集中电源的供电应符合下列规定：
        1）集中控制型系统中，集中设置的集中电源应由消防电源的专用应急回路供电，分散设置的集中电源应由所在防火分区、同一防火分区的楼层、隧道区间、地铁站台和站厅的消防电源配电箱供电。
        2）非集中控制型系统中，集中设置的集中电源应由正常照明线路供电，分散设置的集中电源应由所在防火分区、同一防火分区的楼层、隧道区间、地铁站台和站厅的正常照明配电箱供电。

    4 集中电源的输出回路应符合下列规定：
        1）集中电源的输出回路不应超过8路。

3.4 应急照明控制器及集中控制型系统通信线路的设计

Ⅰ 应急照明控制器的设计

3.4.1 应急照明控制器的选型应符合下列规定：

    1 应选择具有能接收火灾报警控制器或消防联动控制器干接点信号或DC24V信号接口的产品。

    2 应急照明控制器采用通信协议与消防联动控制器通信时，应选择与消防联动控制器的通信接口和通讯协议的兼容性满足现行国家标准《火灾自动报警系统组件兼容性要求》GB 22134有关规定的产品。

    3 在隧道场所、潮湿场所，应选择防护等级不低于IP65的产品；在电气竖井内，应选择防护等级不低于IP33的产品。

3.4.2 任一台应急照明控制器直接控制灯具的总数量不应大于3200。

3.4.3 应急照明控制器的控制、显示功能应符合下列规定：

1 应能接收、显示、保持火灾报警控制器的火灾报警输出信号。具有两种及以上疏散指示方案场所中设置的应急照明控制器还应能接收、显示、保持消防联动控制器发出的火灾报警区域信号或联动控制信号；

2 应能按预设逻辑自动、手动控制系统的应急启动，并应符合本标准第3.6.10条～第3.6.12条的规定；

3 应能接收、显示、保持其配接的灯具、集中电源或应急照明配电箱的工作状态信息。

3.4.4 系统设置多台应急照明控制器时，起集中控制功能的应急照明控制器的控制、显示功能尚应符合下列规定：

1 应能按预设逻辑自动、手动控制其他应急照明控制器配接系统设备的应急启动，并应符合本标准第3.6.10条～第3.6.12条的规定；

2 应能接收、显示、保持其他应急照明控制器及其配接的灯具、集中电源或应急照明配电箱的工作状态信息。

3.4.5 建、构筑物中存在具有两种及以上疏散指示方案的场所时，所有区域的疏散指示方案、系统部件的工作状态应在应急照明控制器或专用消防控制室图形显示装置上以图形方式显示。

3.4.6 应急照明控制器的设置应符合下列规定：

1 应设置在消防控制室内或有人值班的场所；系统设置多台应急照明控制器时，起集中控制功能的应急照明控制器应设置在消防控制室内，其他应急照明控制器可设置在电气竖井、配电间等无人值班的场所。

2 在消防控制室地面上设置时，应符合下列规定：

　　1）设备面盘前的操作距离，单列布置时不应小于1.5m；双列布置时不应小于2m。

　　2）在值班人员经常工作的一面，设备面盘至墙的距离不应小于3m。

　　4）设备面盘的排列长度大于4m时，其两端应设置宽度不小于1m的通道。

3 在消防控制室墙面上设置时，应符合下列规定：

　　2）设备靠近门轴的侧面距墙不应小于0.5m；

　　3）设备正面操作距离不应小于1.2m。

3.4.7 应急照明控制器的主电源应由消防电源供电；控制器的自带蓄电池电源应至少使控制器在主电源中断后工作3h。

Ⅱ 集中控制型系统通信线路的设计

3.4.8 集中电源或应急照明配电箱应按灯具配电回路设置灯具通信回路，且灯具配电回路和灯具通信回路配接的灯具应一致。

3.5 系统线路的选择

3.5.1 系统线路应选择铜芯导线或铜芯电缆。

3.5.2 系统线路电压等级的选择应符合下列规定：

1 额定工作电压等级为50V以下时，应选择电压等级不低于交流300/500V的线缆；

2 额定工作电压等级为220/380V时，应选择电压等级不低于交流450/750V的线缆。

3.5.3 地面上设置的标志灯的配电线路和通信线路应选择耐腐蚀橡胶线缆。

3.5.4 集中控制型系统中，除地面上设置的灯具外，系统的配电线路应选择耐火线缆，系统的通信线路应选择耐火线缆或耐火光纤。

3.5.5 非集中控制型系统中，除地面上设置的灯具外，系统配电线路的选择应符合下列规定：

1 灯具采用自带蓄电池供电时，系统的配电线路应选择阻燃或耐火线缆；

2 灯具采用集中电源供电时，系统的配电线路应选择耐火线缆。

3.5.6 同一工程中相同用途电线电缆的颜色应一致；线路正极"＋"线应为红色，负极"－"线应为蓝色或黑色，接地线应为黄色绿色相间。

3.6 集中控制型系统的控制设计

Ⅰ 一般规定

3.6.1 系统控制架构的设计应符合下列规定：

1 系统设置多台应急照明控制器时，应设置一台起集中控制功能的应急照明控制器；

2 应急照明控制器应通过集中电源或应急照明配电箱连接灯具，并控制灯具的应急启动、蓄电池电源的转换。

3.6.2 具有一种疏散指示方案的场所，系统不应设置可变疏散指示方向功能。

3.6.3 集中电源或应急照明配电箱与灯具的通信中断时，非持续型灯具的光源应应急点亮、持续型灯具的光源应由节电点亮模式转入应急点亮模式。

3.6.4 应急照明控制器与集中电源或应急照明配电箱的通信中断时，集中电源或应急照明配电箱应连锁控制其配接的非持续型照明灯的光源应急点亮、持续型灯具的光源由节电点亮模式转入应急点亮模式。

Ⅱ 非火灾状态下的系统控制设计

3.6.5 非火灾状态下，系统正常工作模式的设计应符合下列规定：

1 应保持主电源为灯具供电。

2 系统内所有非持续型照明灯应保持熄灭状态，持续型照明灯的光源应保持节电点亮模式。

3 标志灯的工作状态应符合下列规定：

　　1）具有一种疏散指示方案的区域，区域内所有标志灯的光源应按该区域疏散指示方案保持节电点亮模式；

　　2）需要借用相邻防火分区疏散的防火分区，区域内相关标志灯的光源应按该区域可借用相邻防火分区疏散工况条件对应的疏散指示方案保持节电点亮模式；

　　3）需要采用不同疏散预案的交通隧道、地铁隧道、地铁站台和站厅等场所，区域内相关标志灯的光源应按该区域默认疏散指示方案保持节电点亮模式。

3.6.6 在非火灾状态下，系统主电源断电后，系统的控制设计应符合下列规定：

1 集中电源或应急照明配电箱应连锁控制其配接的非持续型照明灯的光源应急点亮、持续型灯具的光源由节电点亮模式转入应急点亮模式；灯具持续应急点亮时间应符合设计文件的规定，且不应超过 0.5h；

2 系统主电源恢复后，集中电源或应急照明配电箱应连锁其配接灯具的光源恢复原工作状态；灯具持续点亮时间达到设计文件规定的时间，且系统主电源仍未恢复供电时，集中电源或应急照明配电箱应连锁其配接灯具的光源熄灭。

3.6.7 在非火灾状态下，任一防火分区、楼层、隧道区间、地铁站台和站厅的正常照明电源断电后，系统的控制设计应符合下列规定：

1 为该区域内设置灯具供配电的集中电源或应急照明配电箱应在主电源供电状态下，连锁控制其配接的非持续型照明灯的光源应急点亮、持续型灯具的光源由节电点亮模式转入应急点亮模式；

2 该区域正常照明电源恢复供电后，集中电源或应急照明配电箱应连锁控制其配接的灯具的光源恢复原工作状态。

Ⅲ 火灾状态下的系统控制设计

3.6.8 火灾确认后，应急照明控制器应能按预设逻辑手动、自动控制系统的应急启动，具有两种及以上疏散指示方案的区域应作为独立的控制单元，且需要同时改变指示状态的灯具应作为一个灯具组，由应急照明控制器的一个信号统一控制。

3.6.9 系统自动应急启动的设计应符合下列规定：

1 应由火灾报警控制器或火灾报警控制器（联动型）的火灾报警输出信号作为系统自动应急启动的触发信号。

2 应急照明控制器接收到火灾报警控制器的火灾报警输出信号后，应自动执行以下控制操作：

1） 控制系统所有非持续型照明灯的光源应急点亮，持续型灯具的光源由节电点亮模式转入应急点亮模式；

2） 控制 B 型集中电源转入蓄电池电源输出、B 型应急照明配电箱切断主电源输出；

3） A 型集中电源应保持主电源输出，待接收到其主电源断电信号后，自动转入蓄电池电源输出；A 型应急照明配电箱应保持主电源输出，待接收到其主电源断电信号后，自动切断主电源输出。

3.6.10 应能手动操作应急照明控制器控制系统的应急启动，且系统手动应急启动的设计应符合下列规定：

1 控制系统所有非持续型照明灯的光源应急点亮，持续型灯具的光源由节电点亮模式转入应急点亮模式；

2 控制集中电源转入蓄电池电源输出、应急照明配电箱切断主电源输出。

3.6.11 需要借用相邻防火分区疏散的防火分区，改变相应标志灯具指示状态的控制设计应符合下列规定：

1 应由消防联动控制器发送的被借用防火分区的火灾报警区域信号作为控制改变该区域相应标志灯具指示状态的触发信号；

2 应急照明控制器接收到被借用防火分区的火灾报警区域信号后，应自动执行以下控制操作：

1） 按对应的疏散指示方案，控制该区域内需要变换指示方向的方向标志灯改变箭头指示方向；

2） 控制被借用防火分区入口处设置的出口标志灯的"出口指示标志"的光源熄灭、"禁止入内"指示标志的光源应急点亮；

3） 该区域内其他标志灯的工作状态不应被改变。

3.6.12 需要采用不同疏散预案的交通隧道、地铁隧道、地铁站台和站厅等场所，改变相应标志灯具指示状态的控制设计应符合下列规定：

1 应由消防联动控制器发送的代表相应疏散预案的联动控制信号作为控制改变该区域相应标志灯具指示状态的触发信号；

2 应急照明控制器接收到代表相应疏散预案的消防联动控制信号后，应自动执行以下控制操作：

1） 按对应的疏散指示方案，控制该区域内需要变换指示方向的方向标志灯改变箭头指示方向；

2） 控制该场所需要关闭的疏散出口处设置的出口标志灯的"出口指示标志"的光源熄灭、"禁止入内"指示标志的光源应急点亮；

3） 该区域内其他标志灯的工作状态不应改变。

3.7 非集中控制型系统的控制设计

Ⅰ 非火灾状态下的系统控制设计

3.7.1 非火灾状态下，系统的正常工作模式设计应符合下列规定：

1 应保持主电源为灯具供电；

2 系统内非持续型照明灯的光源应保持熄灭状态；

3 系统内持续型灯具的光源应保持节电点亮状态。

3.7.2 在非火灾状态下，非持续型照明灯在主电供电时可由人体感应、声控感应等方式感应点亮。

Ⅱ 火灾状态下的系统控制设计

3.7.3 火灾确认后，应能手动控制系统的应急启动；设置区域火灾报警系统的场所，尚应能自动控制系统的应急启动。

3.7.4 系统手动应急启动的设计应符合下列规定：

1 灯具采用集中电源供电时，应能手动操作集中电源，控制集中电源转入蓄电池电源输出，同时控制其配接的所有非持续型照明灯的光源应急点亮、持续型灯具的光源由节电点亮模式转入应急点亮模式；

2 灯具采用自带蓄电池供电时，应能手动操作切断应急照明配电箱的主电源输出，同时控制其配接的所有非持续型照明灯的光源应急点亮、持续型灯具的光源由节电点亮模式转入应急点亮模式。

3.7.5 在设置区域火灾报警系统的场所，系统的自动应急启动设计应符合下列规定：

1 灯具采用集中电源供电时，集中电源接收到火灾报警控制器的火灾报警输出信号后，应自动转入蓄电池电源输出，并控制其配接的所有非持续型照明灯的光源应急点亮、持续型灯具的光源由节电点亮模式转入应急点亮模式；

2 灯具采用自带蓄电池供电时，应急照明配电箱接收到火灾报警控制器的火灾报警输出信号后，应自动切断主电源输出，并控制其配接的所有非持续型照明灯的光源应急点亮、持续型灯具的光源应由节电点亮模式转入应急点亮模式。

3.8 备用照明设计

3.8.1 避难间（层）及配电室、消防控制室、消防水泵房、自备发电机房等发生火灾时仍需工作、值守的区域应同时设置备用照明、疏散照明和疏散指示标志。

3.8.2 系统备用照明的设计应符合下列规定：

1 备用照明灯具可采用正常照明灯具，在火灾时应保持正常的照度；

2 备用照明灯具应由正常照明电源和消防电源专用应急回路互投后供电。

4 施 工

4.1 一般规定

4.1.1 系统的子分部、分项工程应按本标准附录 A 划分。

4.1.2 系统的施工应按设计文件要求编写施工方案，施工现场应具有必要的施工技术标准、健全的施工质量管理体系和工程质量检验制度，建设单位应组织监理单位进行检查，并应按本标准附录 B 的规定填写有关记录。

4.1.3 系统施工前应具备下列条件：

1 应具备下列经批准的消防设计文件：
  1）系统图；
  2）各防火分区、楼层、隧道区间、地铁站厅或站台的疏散指示方案；
  3）设备布置平面图、接线图，安装图；
  4）系统控制逻辑设计文件。

2 系统设备的现行国家标准、系统设备的使用说明书等技术资料齐全。

3 设计单位向建设、施工、监理单位进行技术交底，明确相应技术要求。

4 材料、系统部件及配件齐全，规格、型号符合设计要求，能够保证正常施工。

5 经检查，与系统施工相关的预埋件、预留孔洞等符合设计要求。

6 施工现场及施工中使用的水、电、气能够满足连续施工的要求。

4.1.4 系统的施工，应按照批准的工程设计文件和施工技术标准进行。

4.1.5 系统施工过程的质量控制应符合下列规定：

1 监理单位应按本标准第 4.2 节的规定和本标准附录 C 中规定的检查项目、检查内容和检查方法，组织施工单位对材料、系统部件及配件进行进场检查，并按本标准附录 C 的规定填写记录，检查不合格者不得使用。

2 系统施工过程中，施工单位应做好施工、设计变更等相关记录。

3 各工序应按照施工技术标准进行质量控制，每道工序完成后应进行检查；相关各专业工种之间交接时，应经监理工程师检验认可；不合格应进行整改，检查合格后方可进入下一道工序。

4 监理工程师应按照施工区域的划分、系统的安装工序及本章的规定和本标准附录 C 中规定的检查项目、检查内容和检查方法，组织施工单位人员对系统的安装质量进行全数检查，并按本标准附录 C 的规定填写记录。隐蔽工程的质量检查宜保留现场照片或视频记录。

5 系统施工结束后，施工单位应完成竣工图及竣工报告。

4.1.6 系统部件的选型、设置数量和设置部位应符合本标准第 3 章和设计文件的规定。

4.1.7 在有爆炸危险性场所，系统的布线和部件的安装，应符合现行国家标准《电气装置安装工程 爆炸和火灾危险环境电气装置施工及验收规范》GB 50257 的相关规定。

4.2 材料、设备进场检查

4.2.1 材料、系统部件及配件进入施工现场应有清单、使用说明书、质量合格证明文件、国家法定质检机构的检验报告、认证证书和认证标识等文件。

4.2.2 系统中的应急照明控制器、集中电源、应急照明配电箱、灯具应是通过国家认证的产品，产品名称、型号、规格应与认证证书和检验报告一致。

4.2.3 系统部件及配件的规格、型号应符合设计文件的规定。

4.2.4 系统部件及配件表面应无明显划痕、毛刺等机械损伤，紧固部位应无松动。

4.3 布 线

4.3.1 系统线路的防护方式应符合下列规定：

1 系统线路暗敷时，应采用金属管、可弯曲金属电气导管或 B1 级及以上的刚性塑料管保护；

2 系统线路明敷时，应采用金属管、可弯曲金属电气导管或槽盒保护；

3 矿物绝缘类不燃性电缆可直接明敷。

4.3.2 各类管路明敷时，应在下列部位设置吊点或支点，吊杆直径不应小于 6mm：

1 管路始端、终端及接头处；

2 距接线盒 0.2m 处；

3 管路转角或分支处；

4 直线段不大于 3m 处。

4.3.3 各类管路暗敷时，应敷设在不燃性结构内，且保护层厚度不应小于 30mm。

4.3.4 管路经过建、构筑物的沉降缝、伸缩缝、抗震缝等变形缝处，应采取补偿措施。

4.3.5 敷设在地面上、多尘或潮湿场所管路的管口和管子连接处，均应做防腐蚀、密封处理。

4.3.6 符合下列条件时，管路应在便于接线处装设接线盒：

1 管子长度每超过 30m，无弯曲时；

2 管子长度每超过 20m，有 1 个弯曲时；

3 管子长度每超过 10m，有 2 个弯曲时；

4 管子长度每超过 8m，有 3 个弯曲时。

4.3.7 金属管子入盒，盒外侧应套锁母，内侧应装护口；在吊顶内敷设时，盒的内外侧均应套锁母。塑料管入盒应采取相应固定措施。

4.3.8 槽盒敷设时，应在下列部位设置吊点或支点，吊杆直径不应小于6mm：

1 槽盒始端、终端及接头处；

2 槽盒转角或分支处；

3 直线段不大于3m处。

4.3.9 槽盒接口应平直、严密，槽盖应齐全、平整、无翘角。并列安装时，槽盒应便于开启。

4.3.10 导线的种类、电压等级应符合本标准第3.5节和设计文件的规定。

4.3.11 在管内或槽盒内的布线，应在建筑抹灰及地面工程结束后进行，管内或槽盒内不应有积水及杂物。

4.3.12 系统应单独布线。除设计要求以外，不同回路、不同电压等级、交流与直流的线路，不应布在同一管内或槽盒的同一槽孔内。

4.3.13 线缆在管内或槽盒内，不应有接头或扭结；导线应在接线盒内采用焊接、压接、接线端子可靠连接。

4.3.14 在地面上、多尘或潮湿场所，接线盒和导线的接头应做防腐蚀和防潮处理；具有IP防护等级要求的系统部件，其线路中接线盒应达到与系统部件相同的IP防护等级要求。

4.3.15 从接线盒、管路、槽盒等处引到系统部件的线路，当采用可弯曲金属电气导管保护时，其长度不应大于2m，且金属导管应入盒并固定。

4.3.16 线缆跨越建、构筑物的沉降缝、伸缩缝、抗震缝等变形缝的两侧应固定，并留有适当余量。

4.3.17 系统的布线，除应符合本标准上述规定外，尚应符合现行国家标准《建筑电气工程施工质量验收规范》GB 50303的相关规定。

4.3.18 系统导线敷设结束后，应用500V兆欧表测量每个回路导线对地的绝缘电阻，且绝缘电阻值不应小于20MΩ。

4.4 应急照明控制器、集中电源、应急照明配电箱安装

4.4.1 应急照明控制器、集中电源、应急照明配电箱的安装应符合下列规定：

1 应安装牢固，不得倾斜；

2 在轻质墙上采用壁挂方式安装时，应采取加固措施；

4 设备在电气竖井内安装时，应采用下出口进线方式；

5 设备接地应牢固，并应设置明显标识。

4.4.2 应急照明控制器或集中电源的蓄电池（组），需进行现场安装时，应核对蓄电池（组）的规格、型号、容量，并应符合设计文件的规定，蓄电池（组）的安装应符合产品使用说明书的要求。

4.4.3 应急照明控制器主电源应设置明显的永久性标识，并应直接与消防电源连接，严禁使用电源插头；应急照明控制器与其外接备用电源之间应直接连接。

4.4.4 集中电源的前部和后部应适当留出更换蓄电池（组）的作业空间。

4.4.5 应急照明控制器、集中电源和应急照明配电箱的接线应符合下列规定：

1 引入设备的电缆或导线，配线应整齐，不宜交叉，并应固定牢靠；

2 线缆芯线的端部，均应标明编号，并与图纸一致，字迹应清晰且不易褪色；

3 端子板的每个接线端，接线不得超过2根；

4 线缆应留有不小于200mm的余量；

5 导线应绑扎成束；

6 线缆穿管、槽盒后，应将管口、槽口封堵。

4.5 灯具安装

Ⅰ 一般规定

4.5.1 灯具应固定安装在不燃性墙体或不燃性装修材料上，不应安装在门、窗或其他可移动的物体上。

4.5.2 灯具安装后不应对人员正常通行产生影响，灯具周围应无遮挡物，并应保证灯具上的各种状态指示灯易于观察。

4.5.3 灯具在顶棚、疏散走道或通道的上方安装时，应符合下列规定：

3 灯具采用吊装式安装时，应采用金属吊杆或吊链，吊杆或吊链上端应固定在建筑构件上。

4.5.4 灯具在侧面墙或柱上安装时，应符合下列规定：

1 可采用壁挂式或嵌入式安装；

2 安装高度距地面不大于1m时，灯具表面凸出墙面或柱面的部分不应有尖锐角、毛刺等突出物，凸出墙面或柱面最大水平距离不应超过20mm。

4.5.5 非集中控制型系统中，自带电源型灯具采用插头连接时，应采用专用工具方可拆卸。

Ⅱ 照明灯安装

4.5.7 当条件限制时，照明灯可安装在走道侧面墙上，并应符合下列规定：

1 安装高度不应在距地面1m～2m之间；

2 在距地面1m以下侧面墙上安装时，应保证光线照射在灯具的水平线以下。

4.5.8 照明灯不应安装在地面上。

Ⅲ 标志灯安装

4.5.10 出口标志灯的安装应符合下列规定：

1 应安装在安全出口或疏散门内侧上方居中的位置；受安装条件限制标志灯无法安装在门框上侧时，可安装在门的两侧，但门完全开启时标志灯不能被遮挡。

2 室内高度不大于3.5m的场所，标志灯底边离门框距离不应大于200mm；室内高度大于3.5m的场所，特大型、大型、中型标志灯底边距地面高度不宜小于3m，且不宜大于6m。

4.5.11 方向标志灯的安装应符合下列规定：

1 应保证标志灯的箭头指示方向与疏散指示方案一致。

2 安装在疏散走道、通道两侧的墙面或柱面上时，标志灯底边距地面的高度应小于1m。

4 当安装在疏散走道、通道转角处的上方或两侧时，标志灯与转角处边墙的距离不应大于1m。

5 当安全出口或疏散门在疏散走道侧边时，在疏散走道增设的方向标志灯应安装在疏散走道的顶部，且标志灯的标志面应与疏散方向垂直、箭头应指向安全出口或疏散门。

6 当安装在疏散走道、通道的地面上时，应符合下列规定：

1）标志灯应安装在疏散走道、通道的中心位置；

2）标志灯的所有金属构件应采用耐腐蚀构件或做防腐

处理，标志灯配电、通信线路的连接应采用密封胶密封；

  3）标志灯表面应与地面平行，高于地面距离不应大于3mm，标志灯边缘与地面垂直距离高度不应大于1mm。

4.5.12 楼层标志灯应安装在楼梯间内朝向楼梯的正面墙上，标志灯底边距地面的高度宜为2.2m～2.5m。

4.5.13 多信息复合标志灯的安装应符合下列规定：

1 在安全出口、疏散出口附近设置的标志灯，应安装在安全出口、疏散出口附近疏散走道、疏散通道的顶部；

2 标志灯的标志面应与疏散方向垂直、指示疏散方向的箭头应指向安全出口、疏散出口。

5 系统调试

5.1 一般规定

5.1.1 施工结束后，建设单位应根据设计文件和本章的规定，按照本标准附录E规定的检查项目、检查内容和检查方法，组织施工单位或设备制造企业，对系统进行调试，并按本标准附录E的规定填写记录；系统调试前，应编制调试方案。

5.1.2 系统调试应包括系统部件的功能调试和系统功能调试，并应符合下列规定：

1 对应急照明控制器、集中电源、应急照明配电箱、灯具的主要功能进行全数检查，应急照明控制器、集中电源、应急照明配电箱、灯具的主要功能、性能应符合现行国家标准《消防应急照明和疏散指示系统》GB 17945的规定；

2 对系统功能进行检查，系统功能应符合本章和设计文件的规定；

3 主要功能、性能不符合现行国家标准《消防应急照明和疏散指示系统》GB 17945规定的系统部件应予以更换，系统功能不符合设计文件规定的项目应进行整改，并应重新进行调试。

5.1.3 系统部件功能调试或系统功能调试结束后，应恢复系统部件之间的正常连接，并使系统部件恢复正常工作状态。

5.1.4 系统调试结束后，应编写调试报告；施工单位、设备制造企业应向建设单位提交系统竣工图，材料、系统部件及配件进场检查记录，安装质量检查记录，调试记录及产品检验报告，合格证明材料等相关材料。

5.2 调试准备

5.2.1 系统调试前，应按设计文件的规定，对系统部件的规格、型号、数量、备品备件等进行查验，并按本标准第4章的规定，对系统的线路进行检查。

5.2.2 集中控制型系统调试前，应对灯具、集中电源或应急照明配电箱进行地址设置及地址注释，并应符合下列规定：

1 应对应急照明控制器配接的灯具、集中电源或应急照明配电箱进行地址编码，每一台灯具、集中电源或应急照明配电箱应对应一个独立的识别地址；

2 应急照明控制器应对其配接的灯具、集中电源或应急照明配电箱进行地址注册，并录入地址注释信息；

3 应按本标准附录D的规定填写系统部件设置情况记录。

5.2.3 集中控制型系统调试前，应对应急照明控制器进行控制逻辑编程，并应符合下列规定：

1 应按照系统控制逻辑设计文件的规定，进行系统自动应急启动、相关标志灯改变指示状态控制逻辑编程，并录入应急照明控制器中；

2 应按本标准附录D的规定填写应急照明控制器控制逻辑编程记录。

5.2.4 系统调试前，应具备下列技术文件：

1 系统图；

2 各防火分区、楼层、隧道区间、地铁站台和站厅的疏散指示方案和系统各工作模式设计文件；

3 系统部件的现行国家标准、使用说明书、平面布置图和设置情况记录；

4 系统控制逻辑设计文件等必要的技术文件。

5.2.5 应对系统中的应急照明控制器、集中电源和应急照明配电箱应分别进行单机通电检查。

5.3 应急照明控制器、集中电源和应急照明配电箱的调试

Ⅰ 应急照明控制器调试

5.3.1 应将应急照明控制器与配接的集中电源、应急照明配电箱、灯具相连接后，接通电源，使控制器处于正常监视状态。

5.3.2 应对控制器进行下列主要功能进行检查并记录，控制器的功能应符合现行国家标准《消防应急照明和疏散指示系统》GB 17945的规定：

1 自检功能；

2 操作级别；

3 主、备电源的自动转换功能；

4 故障报警功能；

5 消音功能；

6 一键检查功能。

Ⅱ 集中电源调试

5.3.3 应将集中电源与灯具相连接后，接通电源，集中电源应处于正常工作状态。

5.3.4 应对集中电源下列主要功能进行检查并记录，集中电源的功能应符合现行国家标准《消防应急照明和疏散指示系统》GB 17945的规定：

1 操作级别；

2 故障报警功能；

3 消音功能；

4 电源分配输出功能；

5 集中控制型集中电源转换手动测试功能；

6 集中控制型集中电源通信故障连锁控制功能；

7 集中控制型集中电源灯具应急状态保持功能。

Ⅲ 应急照明配电箱调试

5.3.5 应接通应急照明配电箱的电源，使应急照明配电箱处于正常工作状态。

5.3.6 应对应急照明配电箱进行下列主要功能检查并记录，应急照明配电箱的功能应符合现行国家标准《消防应急照明和疏散指示系统》GB 17945 的规定：

    1 主电源分配输出功能；

    2 集中控制型应急照明配电箱主电源输出关断测试功能；

    3 集中控制型应急照明配电箱通信故障连锁控制功能；

    4 集中控制型应急照明配电箱灯具应急状态保持功能。

5.4 集中控制型系统的系统功能调试

Ⅰ 非火灾状态下的系统功能调试

5.4.1 系统功能调试前，集中电源的蓄电池组、灯具自带的蓄电池应连续充电 24h。

5.4.2 根据系统设计文件的规定，应对系统的正常工作模式进行检查并记录，系统的正常工作模式应符合下列规定：

    1 灯具采用集中电源供电时，集中电源应保持主电源输出；灯具采用自带蓄电池供电时，应急照明配电箱应保持主电源输出；

    2 系统内所有照明灯的工作状态应符合设计文件的规定；

    3 系统内所有标志灯的工作状态应符合本标准第 3.6.5（3）（款）的规定。

5.4.3 切断集中电源、应急照明配电箱的主电源，根据系统设计文件的规定，对系统的主电源断电控制功能进行检查并记录，系统的主电源断电控制功能应符合下列规定：

    1 集中电源应转入蓄电池电源输出、应急照明配电箱应切断主电源输出；

    2 应急照明控制器应开始主电源断电持续应急时间计时；

    3 集中电源、应急照明配电箱配接的非持续型照明灯的光源应应急点亮、持续型灯具的光源应由节电点亮模式转入应急点亮模式；

    4 恢复集中电源、应急照明配电箱的主电源供电，集中电源、应急照明配电箱配接灯具的光源应恢复原工作状态；

    5 使灯具持续应急点亮时间达到设计文件规定的时间，集中电源、应急照明配电箱配接灯具的光源应熄灭。

5.4.4 切断防火分区、楼层、隧道区间、地铁站台和站厅正常照明配电箱的电源，根据系统设计文件的规定，对系统的正常照明断电控制功能进行检查并记录，系统的正常照明断电控制功能应符合下列规定：

    1 该区域非持续型照明灯的光源应应急点亮、持续型灯具的光源应由节电点亮模式转入应急点亮模式；

    2 恢复正常照明应急照明配电箱的电源供电，该区域所有灯具的光源应恢复原工作状态。

Ⅱ 火灾状态下的系统控制功能调试

5.4.5 系统功能调试前，应将应急照明控制器与火灾报警控制器、消防联动控制器相连，使应急照明控制器处于正常监视状态。

5.4.6 根据系统设计文件的规定，使火灾报警控制器发出火灾报警输出信号，对系统的自动应急启动功能进行检查并记录，系统的自动应急启动功能应符合下列规定：

    1 应急照明控制器应发出系统自动应急启动信号，显示启动时间；

    2 系统内所有的非持续型照明灯的光源应应急点亮、持续型灯具的光源应由节电点亮模式转入应急点亮模式，灯具光源应急点亮的响应时间应符合本标准第 3.2.3 条的规定；

    3 B 型集中电源应转入蓄电池电源输出、B 型应急照明配电箱应切断主电源输出；

    4 A 型集中电源、A 型应急照明配电箱应保持主电源输出；切断集中电源的主电源，集中电源应自动转入蓄电池电源输出。

5.4.7 根据系统设计文件的规定，使消防联动控制器发出被借用防火分区的火灾报警区域信号，对需要借用相邻防火分区疏散的防火分区中标志灯指示状态的改变功能进行检查并记录，标志灯具的指示状态改变功能应符合下列规定：

    1 应急照明控制器应发出控制标志灯指示状态改变的启动信号，显示启动时间；

    2 该防火分区内，按不可借用相邻防火分区疏散工况条件对应的疏散指示方案，需要变换指示方向的方向标志灯应改变箭头指示方向，通向被借用防火分区入口的出口标志灯的"出口指示标志"的光源应熄灭、"禁止入内"指示标志的光源应应急点亮；灯具改变指示状态的响应时间应符合本标准第 3.2.3 条的规定；

    3 该防火分区内其他标志灯的工作状态应保持不变。

5.4.8 根据系统设计文件的规定，使消防联动控制器发出代表相应疏散预案的消防联动控制信号，对需要采用不同疏散预案的交通隧道、地铁隧道、地铁站台和站厅等场所中标志灯指示状态的改变功能进行检查并记录，标志灯具的指示状态改变功能应符合下列规定：

    1 应急照明控制器应发出控制标志灯指示状态改变的启动信号，显示启动时间；

    2 该区域内，按照对应的疏散指示方案需要变换指示方向的方向标志灯应改变箭头指示方向，通向需要关闭的疏散出口处设置的出口标志灯"出口指示标志"的光源应熄灭、"禁止入内"指示标志的光源应应急点亮；灯具改变指示状态的响应时间应符合本标准第 3.2.3 条的规定；

    3 该区域内其他标志灯的工作状态应保持不变。

5.4.9 手动操作应急照明控制器的一键启动按钮，对系统的手动应急启动功能进行检查并记录，系统的手动应急启动功能应符合下列规定：

    1 应急照明控制器应发出手动应急启动信号，显示启动时间；

    2 系统内所有的非持续型照明灯的光源应应急点亮、持续型灯具的光源应由节电点亮模式转入应急点亮模式；

    3 集中电源应转入蓄电池电源输出、应急照明配电箱应切断主电源的输出；

    4 照明灯设置部位地面水平最低照度应符合本标准第 3.2.5 条的规定；

    5 灯具点亮的持续工作时间应符合本标准第 3.2.4 条的规定。

5.5 非集中控制型系统的系统功能调试

Ⅰ 非火灾状态下的系统功能调试

5.5.1 系统功能调试前，集中电源的蓄电池组、灯具自带的蓄电池应连续充电24h。

5.5.2 根据系统设计文件的规定，对系统的正常工作模式进行检查并记录，系统的正常工作模式应符合下列规定：

　　1 集中电源应保持主电源输出、应急照明配电箱应保持主电源输出；

　　2 系统灯具的工作状态应符合设计文件的规定。

5.5.3 非持续型照明灯具有人体、声控等感应方式点亮功能时，根据系统设计文件的规定，使灯具处于主电供电状态下，对非持续型灯具的感应点亮功能进行检查并记录，灯具的感应点亮功能应符合下列规定：

　　1 按照产品使用说明书的规定，使灯具的设置场所满足点亮所需的条件；

　　2 非持续型照明灯应点亮。

Ⅱ 火灾状态下的系统控制功能调试

5.5.4 在设置区域火灾报警系统的场所，使集中电源或应急照明配电箱与火灾报警控制器相连，根据系统设计文件的规定，使火灾报警控制器发出火灾报警输出信号，对系统的自动应急启动功能进行检查并记录，系统的自动应急启动功能应符合下列规定：

　　1 灯具采用集中电源供电时，集中电源应转入蓄电池电源输出，其所配接的所有非持续型照明灯的光源应应急点亮、持续型灯具的光源应由节电点亮模式转入应急点亮模式，灯具光源应急点亮的响应时间应符合本标准第3.2.3条的规定；

　　2 灯具采用自带蓄电池供电时，应急照明配电箱应切断主电源输出，其所配接的所有非持续型照明灯的光源应应急点亮、持续型灯具的光源应由节电点亮模式转入应急点亮模式，灯具光源应急点亮的响应时间应符合本标准第3.2.3条的规定。

5.5.5 根据系统设计文件的规定，对系统的手动应急启动功能进行检查并记录，系统的手动应急启动功能应符合下列规定：

　　1 灯具采用集中电源供电时，手动操作集中电源的应急启动控制按钮，集中电源应转入蓄电池电源输出，其所配接的所有非持续型照明灯的光源应应急点亮、持续型灯具的光源应由节电点亮模式转入应急点亮模式，且灯具光源应急点亮的响应时间应符合本标准第3.2.3条的规定；

　　2 灯具采用自带蓄电池供电时，手动操作应急照明配电箱的应急启动控制按钮，应急照明配电箱应切断主电源输出，其所配接的所有非持续型照明灯的光源应应急点亮、持续型灯具的光源应由节电点亮模式转入应急点亮模式，且灯具光源应急点亮的响应时间应符合本标准第3.2.3条的规定；

　　3 照明灯设置部位地面水平最低照度应符合本标准第3.2.5条的规定；

　　4 灯具应急点亮的持续工作时间应符合本标准第3.2.4条的规定。

5.6 备用照明功能调试

5.6.1 根据设计文件的规定，对系统备用照明的功能进行检查并记录，系统备用照明的功能应符合下列规定：

　　1 切断为备用照明灯具供电的正常照明电源输出；

　　2 消防电源专用应急回路供电应能自动投入为备用照明灯具供电。

6 系统检测与验收

6.0.1 系统竣工后，建设单位应负责组织施工、设计、监理等单位进行系统验收，验收不合格不得投入使用。

6.0.2 系统的检测、验收应按表6.0.2所列的检测和验收对象、项目及数量，按本标准第4章、第5章的规定和附录E中规定的检查内容和方法进行，并按本标准附录E的规定填写记录。

6.0.3 系统检测、验收时，应对施工单位提供的下列资料进行齐全性和符合性检查，并按附录E的规定填写记录：

　　1 竣工验收申请报告、设计变更通知书、竣工图；

　　2 工程质量事故处理报告；

　　3 施工现场质量管理检查记录；

　　4 系统安装过程质量检查记录；

　　5 系统部件的现场设置情况记录；

　　6 系统控制逻辑编程记录；

　　7 系统调试记录；

　　8 系统部件的检验报告、合格证明材料。

6.0.4 根据各项目对系统工程质量影响严重程度的不同，将检测、验收的项目划分为A、B、C三个类别：

　　1 A类项目应符合下列规定：

　　　　1）系统中的应急照明控制器、集中电源、应急照明配电箱和灯具的选型与设计文件的符合性；

　　　　2）系统中的应急照明控制器、集中电源、应急照明配电箱和灯具消防产品准入制度的符合性；

　　　　3）应急照明控制器的应急启动、标志灯指示状态改变控制功能；

表6.0.2 系统工程技术检测、验收对象，项目及检测、验收数量

序号	检测、验收对象		检测、验收项目	检测数量	验收数量
1	文件资料		齐全性、符合性	全数	全数
2	系统形式和功能选择	Ⅰ 集中控制型	符合性	全数	全数
		Ⅱ 非集中控制型			

续表6.0.2

序号	检测、验收对象		检测、验收项目	检测数量	验收数量
3	系统线路设计	Ⅰ 灯具配电线路设计	符合性	全部防火分区、楼层、隧道区间、地铁站台和站厅	建、构筑物中含有5个及以下防火分区、楼层、隧道区间、地铁站台和站厅的，应全部检验；超过5个防火分区、楼层、隧道区间、地铁站台和站厅的应按实际区域数量20%的比例抽验，但抽验总数不应小于5个
		☆Ⅱ 集中控制型系统的通信线路设计			
4	布线		1 线路的防护方式； 2 槽盒、管路安装质量； 3 系统线路选型； 4 电线电缆敷设质量		
5	灯具	Ⅰ 照明灯	1 设备选型； 2 消防产品准入制度； 3 设备设置； 4 安装质量	实际安装数量	与抽查防火分区、楼层、隧道区间、地铁站台和站厅相关的设备数量
		Ⅱ 标志灯			
6	供配电设备	☆集中电源	1 设备选型； 2 消防产品准入制度； 3 设备设置； 4 设备供配电； 5 安装质量； 6 基本功能		
		☆应急照明配电箱			
7	集中控制型系统	Ⅰ 应急照明控制器	1 应急照明控制器设计； 2 设备选型； 3 消防产品准入制度； 4 设备设置； 5 设备供电； 6 安装质量； 7 基本功能	实际安装数量	与抽查防火分区、楼层、隧道区间、地铁站台和站厅相关的设备数量
		Ⅱ 系统功能	1 非火灾状态下的系统功能： （1）系统正常工作模式； （2）系统主电源断电控制功能； （3）系统正常照明电源断电控制功能。 2 火灾状态下的系统控制功能： （1）系统自动应急启动功能； （2）系统手动应急启动功能； ①照明灯设置部位地面的最低水平照度； ②系统在蓄电池电源供电状态下的应急工作时间		

续表 6.0.2

序号	检测、验收对象		检测、验收项目	检测数量	验收数量
8	非集中控制型系统	☆未设置火灾自动报警系统的场所	1 非火灾状态下的系统功能： （1）系统正常工作模式； （2）灯具的感应点亮功能。 2 火灾状态下的系统手动应急启动功能： （1）照明灯设置部位地面的最低水平照度； （2）系统在蓄电池电源供电状态下的应急工作时间	全部防火分区、楼层、隧道区间、地铁站台和站厅	建、构筑物中含有 5 个及以下防火分区、楼层、隧道区间、站台和站厅的，应全部检验；超过 5 个防火分区、楼层、隧道区间、地铁站台和站厅的按实际区域数量 20% 的比例抽验，但抽验总数不应小于 5 个
		☆设置区域火灾自动报警系统的场所	1 非火灾状态下的系统功能： （1）系统正常工作模式； （2）灯具的感应点亮功能。 2 火灾状态下的系统应急启动功能： （1）系统自动应急启动功能； （2）系统手动应急启动功能； ①照明灯设置部位地面的最低水平照度； ②系统在蓄电池电源供电状态下的应急工作时间		
9	系统备用照明		系统功能	全数	全数

注：1 表 6.0.2 中的抽检数量均为最低要求；
  2 每一项功能检验次数均为 1 次；
  3 带有"☆"标的项目内容为可选项，系统设置不涉及此项目时，检测、验收不包括此项目。

    4）集中电源、应急照明配电箱的应急启动功能；
    5）集中电源、应急照明配电箱的连锁控制功能；
    6）灯具应急状态的保持功能；
    7）集中电源、应急照明配电箱的电源分配输出功能。
  2 B 类项目应符合下列规定：
    1）本标准第 6.0.3 条规定资料的齐全性、符合性；
    2）系统在蓄电池电源供电状态下的持续应急工作时间。
  3 其余项目应为 C 类项目。

6.0.5 系统检测、验收结果判定准则应符合下列规定：
  1 A 类项目不合格数量应为 0，B 类项目不合格数量应小于或等于 2，B 类项目不合格数量加上 C 类项目不合格数量应小于或等于检查项目数量的 5% 的，系统检测、验收结果应为合格；
  2 不符合合格判定准则的，系统检测、验收结果应为不合格。

6.0.6 本节各项检测、验收项目中，当有不合格时，应修复或更换，并进行复验。复验时，对有抽验比例要求的，应加倍检验。

7 系统运行维护

7.0.1 系统投入使用前，应具有下列文件资料：
  1 检测、验收合格资料；
  2 消防安全管理规章制度、灭火及应急疏散预案；
  3 建、构筑物竣工后的总平面图、系统图、系统设备平面布置图、重点部位位置图；
  4 各防火分区、楼层、隧道区间、地铁站厅或站台的疏散指示方案；
  5 系统部件现场设置情况记录；
  6 应急照明控制器控制逻辑编程记录；
  7 系统设备使用说明书、系统操作规程、系统设备维护保养制度。

7.0.2 系统的使用单位应建立本标准第 7.0.1 条规定的文件档案，并应有电子备份档案。

7.0.3 应保持系统连续正常运行，不得随意中断。

7.0.4 系统应按本标准附录 F 规定的巡查项目和内容进行日常巡查，巡查的部位、频次应符合现行国家标准《建筑消防设施的维护管理》GB 25201 的规定，并按本标准附录 F 的规定填写记录。巡查过程中发现设备外观破损、设备运行异常时应立即报修。

7.0.5 每年应按表 7.0.5 规定的检查项目、数量对系统部件的功能、系统的功能进行检查，并应符合下列规定：
  1 系统的年度检查可根据检查计划，按月度、季度逐步进行；
  2 月度、季度的检查数量应符合表 7.0.5 的规定；
  3 系统部件的功能、系统的功能应符合本标准第 5 章的规定；
  4 系统在蓄电池电源供电状态下的应急工作持续时间不符合本标准第 3.2.4 条第 1 款～第 5 款规定时，应更换相应系统设备或更换其蓄电池（组）。

表7.0.5 系统月检、季检对象、项目及数量

序号	检查对象	检查项目	检查数量
1	集中控制型系统	手动应急启动功能	应保证每月、季对系统进行一次手动应急启动功能检查
		火灾状态下自动应急启动功能	应保证每年对每一个防火分区至少进行一次火灾状态下自动应急启动功能检查
		持续应急工作时间	应保证每月对每一台灯具进行一次蓄电池电源供电状态下的应急工作持续时间检查
2	非集中控制型系统	手动应急启动功能	应保证每月、季对系统进行一次手动应急启动功能检查
		持续应急工作时间	应保证每月对每一台灯具进行一次蓄电池电源供电状态下的应急工作持续时间检查

附录A 消防应急照明和疏散指示系统子分部、分项工程划分

表A 消防应急照明和疏散指示系统子分部、分项工程划分表

序号	子分部工程	分项工程	
1	材料、设备进场检查	材料类	管材、槽盒、电缆电线
		控制设备	应急照明控制器
		供配电设备	集中电源、应急照明配电箱
		灯具	照明灯、出口标志灯、方向标志灯、楼层标志灯、多信息复合标志灯
2	系统线路设计检查	灯具配电线路	
		系统通信线路	
3	安装与施工	布线	管材、槽盒、电缆电线
		系统部件安装	应急照明控制器
			集中电源、应急照明配电箱
			照明灯、出口标志灯、方向标志灯、楼层标志灯、多信息复合标志灯
4	系统调试	系统部件功能	应急照明控制器
			集中电源、应急照明配电箱
		系统功能	非火灾状态下的系统功能、火灾状态下的系统控制功能
			备用照明的系统功能
5	系统检测、验收	系统类型和功能选择	集中控制型
			非集中控制型
		系统线路设计检查	灯具配电线路
			系统通信线路
		布线	管材、槽盒、电缆电线
		系统部件安装和功能	应急照明控制器
			集中电源、应急照明配电箱
			照明灯、出口标志灯、方向标志灯、楼层标志灯、多信息复合标志灯
		系统功能	非火灾状态下的系统功能、火灾状态下的系统控制功能
			备用照明的系统功能

附录B 施工现场质量管理检查记录

B.0.1 监理工程师应按表B.0.1的规定填写施工现场质量管理检查记录，施工单位项目负责人、监理工程师、建设单位项目负责人应对检查结果确认签章。

监理工程师应根据检查结果，在对应记录表格框中勾选相应的记录项□（☑），对不合格的项目，应做出说明。

表 B.0.1 施工现场质量管理检查记录表

工程名称				建设单位		
监理单位				设计单位		
序号	项目		监理单位检查结果			
			合格	不合格	不合格说明	
1	现场质量管理制度		☐	☐		
2	质量责任制		☐	☐		
3	主要专业工种人员操作上岗证书		☐	☐		
4	施工图审查情况		☐	☐		
5	施工组织设计、施工方案及审批		☐	☐		
6	施工技术标准		☐	☐		
7	工程质量检验制度		☐	☐		
8	现场材料、设备管理		☐	☐		
9	其他项目		☐	☐		
检查结论		合格☐			不合格☐	
建设单位项目负责人： （签章） 年 月 日		监理工程师： （签章） 年 月 日			施工单位项目负责人： （签章） 年 月 日	

附录 C 系统材料和设备进场检查、系统线路设计检查和安装质量检查记录

C.0.1 施工单位质量检查员和监理工程师应按表 C.0.1 的规定逐项填写检查记录；监理工程师应根据检查情况填写检查结论；施工单位项目负责人、监理工程师应对检查结果确认签章。

施工单位的质量检查员和监理工程师应根据检查结果，在对应记录框中勾选相应的记录项☐（☑），对不符合检查内容要求的项目，应做出不合格说明。

表 C.0.1 中带有"☆"标的项目和检查内容为可选项，当系统的进场检验、安装不涉及此项目或检查内容时，可不填写。

C.0.2 如果用到其他表格、文件，应作为附件一并归档。

表 C.0.1 系统材料和设备进场检查、系统线路设计检查、安装质量检查记录表　　　编号：

工程名称				施工单位		监理单位					
子分部工程名称		☐进场检查 ☐系统线路设计 ☐安装质量		执行规范名称及编号		《电气装置安装工程 爆炸和火灾危险环境电气装置施工及验收规范》GB 50257—2014、《建筑电气工程施工质量验收规范》GB 50303—2015					
施工区域编号	项目	条款	检查内容			施工单位检查记录			监理单位检查记录		
			检查要求		检查方法	合格	不合格	说明	合格	不合格	说明
1 进场检查											
	Ⅰ 类型：☆材料										
	文件资料	4.2.1	应提供清单、有效的质量合格证明文件和国家法定质检机构的检验报告		核查文件是否齐全，质量合格证明文件和检验报告是否有效	☐	☐		☐	☐	
	Ⅱ 类型：☆应急照明控制器、☆集中电源、☆应急照明配电箱、☆灯具及配件										
区域编号	1 文件资料	4.2.1	1 应提供清单、说明书、检验报告、认证证书和认证标识		核查文件是否齐全，检验报告、认证证书和认证标识是否有效	☐	☐		☐	☐	
		4.2.2	2 产品名称、型号、规格应与认证证书和检验报告一致		对照认证证书和检验报告核查产品的名称、型号、规格	☐	☐		☐	☐	
	2 选型	4.2.3	规格、型号应符合设计文件的规定		对照设计文件，核查设备的规格、型号	☐	☐		☐	☐	
	3 外观检查	4.2.4	表面应无明显划痕、毛刺等机械损伤，紧固部位应无松动		检查设备及配件的外观，用手感检查设备的紧固部位	☐	☐		☐	☐	

续表 C.0.1

施工区域编号	项目	条款	检查内容		施工单位检查记录			监理单位检查记录		
			检查要求	检查方法	合格	不合格	说明	合格	不合格	说明
	2 系统线路设计检查									
	Ⅰ 灯具配电线路设计									
区域编号	1 一般规定	3.3.1	☆1 灯具采用集中电源供电时，灯具的主电源和蓄电池电源均由集中电源提供，灯具主电源和蓄电池电源应在集中电源内部实现输出转换后由同一配电回路为灯具供电	对照设计文件，检查灯具蓄电池电源的供电方式、灯具配电回路的设计原则	□	□		□	□	
			☆1 灯具采用自带蓄电池供电时，灯具的主电源通过应急照明配电箱一级分配电后为灯具供电，切断应急照明配电箱的主电源输出后，灯具自动转入自带蓄电池电源供电		□	□		□	□	
		3.3.2	2 应急照明配电箱或集中电源的输入及输出配电回路中不应装设剩余电流动作脱扣保护装置，输出回路严禁接入系统以外的配电回路、开关装置、插座及其他负载	对照设计文件，检查应急照明配电箱或集中电源的输入及输出配电回路中是否装设剩余电流动作脱扣保护装置，是否接入系统以外的配电回路、开关装置、插座及其他负载	□	□		□	□	
	2 水平疏散区域配电回路设计	3.3.3	1 应按防火分区、同一防火分区的楼层、隧道区间、站台和站厅为单元设置配电回路	对照设计文件，核查该区域每一配电回路的设置情况	□	□		□	□	
			2 除住宅建筑外，不同防火分区、隧道区间、站台和站厅不能共用同一配电回路		□	□		□	□	
			☆3 避难走道应单独设置配电回路		□	□		□	□	
			☆4 防烟楼梯间前室及合用前室应由灯具所在楼层的配电回路供电		□	□		□	□	
			☆5 配电室、消防控制室、消防水泵房、自备发电机房等发生火灾时仍需工作、值守的区域和相关疏散通道，应单独设置配电回路		□	□		□	□	
	3 竖向疏散区域配电回路设计	3.3.4	1 封闭楼梯间、防烟楼梯间、室外疏散楼梯应单独设置配电回路	对照设计文件，核查该区域每一配电回路的设置情况	□	□		□	□	
			2 敞开楼梯间设置的灯具应由灯具所在楼层或就近楼层的配电回路供电		□	□		□	□	
			3 避难层和避难层连接的下行楼梯间应单独设置配电回路		□	□		□	□	
	4 配电回路配接灯具的数量	3.3.5	1 配接灯具的数量不宜超过60	对照设计文件，核查每一配电回路配接灯具的数量和范围	□	□		□	□	
			☆2 道路交通隧道内，配接灯具的范围不宜超过1000m		□	□		□	□	
			☆3 地铁隧道内，配接灯具的范围不应超过一个区段的1/2		□	□		□	□	
	5 配电回路功率、电流	3.3.6	配接灯具的额定功率总和不应大于配电回路额定功率的80%；A型灯具配电回路的额定电流不应大于6A；B型灯具配电回路的额定电流不应大于10A	对照设计文件核算每一配电回路配接灯具的总功率、额定电流	□	□		□	□	
	☆Ⅱ 系统类型为集中控制型系统时，系统通信线路设计									
	系统通信线路设计	3.4.8	集中电源或应急照明配电箱应按灯具配电回路设置灯具通信回路，且灯具配电回路和灯具通信回路配接的灯具应一致	对照设计文件，核查系统通信线路的设计	□	□		□	□	

续表 C.0.1

施工区域编号	项目	条款	检查内容 - 检查要求	检查内容 - 检查方法	施工单位检查记录 合格	施工单位检查记录 不合格	施工单位检查记录 说明	监理单位检查记录 合格	监理单位检查记录 不合格	监理单位检查记录 说明
区域编号	3 安装质量检查									
	Ⅰ 布线									
	1 施工工艺	4.1.7	☆在有爆炸危险性场所，系统的布线应符合 GB 50257 的相关规定	检查施工工艺是否符合 GB 50257 的规定	□	□		□	□	
	2 系统线路的防护方式	4.3.1	☆1 线路暗敷设时，应采用金属管、可弯曲金属电气导管或 B₁ 级以上的刚性塑料管保护	对照设计文件核查线缆的种类、敷设方式、管路和槽盒的材质	□	□		□	□	
			☆2 系统线路明敷设时，应采用金属管、可弯曲金属电气导管或槽盒保护		□	□		□	□	
			☆3 矿物绝缘类不燃性电缆可明敷							
	3 管路敷设	4.3.2	☆1 明敷时，应在下列部位设置吊点或支点，吊杆直径不应小于6mm：1)管路始端、终端及接头处；2)距接线盒0.2m处；3)管路转角或分支处；4)直线段不大于3m处	明敷时，检查管路的敷设情况，用卡尺测量吊杆的直径、用尺测量吊点或支点距接线盒的距离、直线段吊点或支点的间距；暗敷时，观察管路敷设情况，并宜留有照片、视频等隐蔽工程的检验记录	□	□		□	□	
		4.3.3	☆1 暗敷时，应敷设在不燃结构内，且保护层厚度不应小于30mm		□	□		□	□	
		4.3.4	2 管线经过建筑物的沉降缝、伸缩缝、抗震缝等变形缝处，应采取补偿措施	施工过程观察管路的敷设情况，并宜留有照片、视频等隐蔽工程的检验记录	□	□		□	□	
		4.3.5	3 敷设在地面上、多尘或潮湿场所管路的管口和管子连接处，均应做防腐蚀、密封处理	检查管口和管子连接处防腐蚀、密封处理情况	□	□		□	□	
	4 管路接线盒安装	4.3.6	1 符合下列条件时，应在管路便于接线处装设接线盒：1)管子长度每超过30m，无弯曲时；2)管子长度每超过20m，有1个弯曲时；3)管子长度每超过10m，有2个弯曲时；4)管子长度每超过8m，有3个弯曲时	检查管路的敷设情况，用尺测量管路的长度	□	□		□	□	
		4.3.7	2 金属管子入盒，盒外侧应套锁母，内侧应装护口；在吊顶内敷设时，盒的内外侧均应套锁母；塑料管入盒应采取相应固定措施	施工过程中检查管路的敷设情况，用手感检查管路的固定情况，宜留有照片、视频等隐蔽工程的检验记录	□	□		□	□	
	5 槽盒安装	4.3.8	1 槽盒敷设时，应在下列部位设置吊点或支点，吊杆直径不应小于6mm：1)槽盒始端、终端及接头处；2)槽盒转角或分支处；3)直线段不大于3m处	检查槽盒吊点、支点设置情况，用卡尺测量吊杆的直径、用尺测量直线段吊点或支点的间距	□	□		□	□	
		4.3.9	2 槽盒接口应平直、严密，槽盖应齐全、平整、无翘角，并列安装时，槽盖应便于开启	检查槽盒安装情况，用手感检查槽盖开启情况	□	□		□	□	
	6 系统线路的选择									
	6.1 导体材质	3.5.1	应选择铜芯导线或铜芯电缆	对照设计文件，核查线路导体的材质	□	□		□	□	
	6.2 电压等级	3.5.2	☆电压等级为50V以下时，应选择电压等级不低于交流300/500V的电线电缆	对照设计文件，核查线路的电压等级和线缆的电压等级	□	□		□	□	
			☆电压等级为220/380V时，应选择电压等级不低于交流450/750V的电线电缆		□	□		□	□	
	6.3 外护套材质	3.5.3	1 地面上设置的标志灯的配电线路和通信线路应选择耐腐蚀橡胶电缆	对照设计文件，核查线缆导体和外护套的材质	□	□		□	□	
		3.5.4	☆系统类型为集中控制型系统时，除地面上设置的灯具外：1 系统的通信线路应采用耐火线缆或耐火光纤	对照设计文件，核查线缆导体和外护套的材质	□	□		□	□	
			2 灯具的配电线路应采用耐火线缆		□	□		□	□	

续表 C.0.1

施工区域编号	项目	条款	检查内容		施工单位检查记录			监理单位检查记录		
			检查要求	检查方法	合格	不合格	说明	合格	不合格	说明
区域编号	6.3 外护套材质		☆系统类型为非集中控制型系统时，除地面上设置的灯具外：							
		3.5.5	☆灯具采用自带蓄电池供电时，灯具配电线路应采用阻燃或耐火线缆	对照设计文件，核查灯具蓄电池电源的供电方式、线缆导体和外护套的材质	□	□		□	□	
			☆灯具采用集中电源供电时，灯具配电线路应采用耐火线缆		□	□		□	□	
	6.4 线缆的颜色	3.5.6	同一工程中相同用途电线电缆的颜色应一致；线路正极"+"应为红色，负极"-"应为蓝色或黑色，接地线应为黄色绿色相间	对照设计文件，核查不同用途线缆的颜色是否一致	□	□		□	□	
	7 导线敷设	4.3.11	1 在管内或槽盒内的布线，应在建筑抹灰及地面工程结束后进行，管内或槽盒内不应有积水及杂物	施工过程中观察管内或槽盒内的情况，宜留有照片、视频等检验记录	□	□		□	□	
		4.3.12	2 系统应单独布线，除设计要求以外，不同回路、不同电压等级、交流与直流的线路，不应布在同一管内或槽盒的同一槽孔内	对照设计文件，核查线路的电压等级，检查线路的敷设情况	□	□		□	□	
		4.3.13	3.1 线缆在管内或槽盒内，不应有接头或扭结	施工过程中观察线路的敷设情况，检查导线接头的连接情况，宜留有照片、视频等检验记录	□	□		□	□	
			3.2 导线应在接线盒内采用焊接、压接、接线端子可靠连接		□	□		□	□	
		4.3.14	4.1 在地面上、多尘或潮湿场所，接线盒和导线的接头应做防腐蚀和防潮处理	检查接线盒、管线接头等处的防护情况	□	□		□	□	
			4.2 具有IP防护等级要求的系统部件，其线路中接线盒、管线接头等均应达到与系统部件相同的IP防护等级要求		□	□		□	□	
		4.3.15	5 从接线盒、槽盒等处引到系统部件的线路，当采用可弯曲金属导管保护时，其长度不应大于2m，且金属导管应入盒并固定	观察线路的敷设情况，用尺测量可弯曲金属导管的长度，观察可弯曲金属导管的敷设情况，用手感检查管路的固定情况	□	□		□	□	
		4.3.16	6 线缆跨越建、构筑物的沉降缝、伸缩缝、抗震缝等变形缝的两侧应固定，并留有适当余量	检查线缆跨越变形缝的敷设情况	□	□		□	□	
		4.3.17	7 系统的布线，尚应符合GB 50303的相关规定	按GB 50303规定检查线路的敷设质量	□	□		□	□	
		4.3.18	8 回路导线对地的绝缘电阻值不应小于20MΩ	线缆敷设结束后，用500V兆欧表测量每个回路导线对地绝缘电阻	□	□		□	□	
	Ⅱ 系统部件安装									
	部件类型：☆照明灯、☆出口标志灯、☆方向标志灯、☆楼层标志灯、☆多信息复合标志灯									
	1 安装工艺	4.1.7	☆在有爆炸危险性场所的安装，应符合GB 50257的相关规定	检查施工工艺是否符合GB 50257的规定	□	□		□	□	
	2 部件安装	4.5.1	1 灯具应固定安装在不燃性墙体或不燃性装修材料上，不应安装在门、窗或其他可移动的物体上	对照设计文件，核查灯具的安装位置，用手感检查灯具固定是否牢固	□	□		□	□	
		4.5.2	2 灯具安装后不应对人员正常通行产生影响，灯具周围应无遮挡物，并应保证灯具上的各种状态指示灯易于观察	检查灯具是否影响人员通行、周围是否存在遮挡物、指示灯是否易于观察	□	□		□	□	

续表 C.0.1

施工区域编号	项目	条款	检查内容		施工单位检查记录			监理单位检查记录		
			检查要求	检查方法	合格	不合格	说明	合格	不合格	说明
区域编号	2 部件安装	4.5.4	☆3 灯具在侧面墙或柱上安装时,可采用壁挂式或嵌入式安装;安装高度距地面不大于1m时,灯具表面凸出墙面或柱面的部分不应有尖锐角、毛刺等突出物,凸出墙面或柱面最大水平距离不应超过20mm	核查灯具的安装部位,用尺测量灯具的安装高度,用卡尺测量安装高度距地面不大于1m灯具凸出墙面或柱面的最大水平距离,并检查灯具表面是否有尖锐角、毛刺等突出物	□	□		□	□	
		4.5.5	4 非集中控制型系统中,自带电源型灯具采用插头连接时,应采用专用工具方可拆卸	对照设计文件核查系统的类型,检查灯具电源线的连接情况	□	□		□	□	□
			部件类型:☆照明灯							
		4.5.6	5 照明灯宜安装在顶棚上		□	□		□	□	
		4.5.3	6 灯具在顶棚、疏散走道或通道的上方安装时,可采用嵌顶、吸顶和吊装式安装	对照设计文件核查灯具的安装位置、用尺测量灯具的安装高度,检查灯具的安装方式;在距地面1m以下侧面墙上安装时,观察灯具的照射情况	□	□		□	□	
		4.5.7	7 当条件限制时,照明灯可安装在走道侧面墙上,并应符合下列规定:安装高度不应在距地面1m~2m之间;在距地面1m以下侧面墙上安装时,应保证光线照射在灯具的水平线以下		□	□		□	□	
		4.5.8	8 照明灯不应安装在地面上		□	□		□	□	
			部件类型:☆标志灯							
		4.5.3	5 灯具在顶棚、疏散走道或路径的上方安装时,可采用吸顶和吊装式安装	检查灯具的安装方式,用手感检查吊杆或吊链固定是否牢固	□	□		□	□	
			☆6 室内高度大于3.5m的场所,特大型、大型、中型标志灯宜采用吊装式安装,灯具采用吊装式安装时,应采用金属吊杆或吊链,吊杆或吊链上端应固定在建筑构件上		□	□		□	□	
		4.5.9	7 标志灯的标志面宜与疏散方向垂直	对照设计文件观察灯具的安装情况	□	□		□	□	
			部件类型:☆出口标志灯							
		4.5.10	8 应安装在安全出口或疏散门内侧上方居中的位置	检查灯具的安装情况,用尺测量灯具的安装高度、底边离门框的距离、距安全出口或疏散门所在墙面的距离	□	□		□	□	
			9 室内高度不大于3.5m的场所,标志灯底边离门框距离不应大于200mm;受安装条件限制标志灯无法安装在门框上侧时,可安装在门的两侧,但门完全开启时标志灯不能被遮挡;采用吸顶或吊装式安装时,标志灯距安全出口或疏散门所在墙面的距离不宜大于50mm		□	□		□	□	
			10 室内高度大于3.5m的场所,特大型、大型、中型标志灯底边离地面高度不宜小于3m,且不宜大于6m;标志灯距安全出口或疏散门所在墙面的距离不宜大于50mm		□	□		□	□	
			部件类型:☆方向标志灯							
		4.5.11	8 应保证标志灯的箭头指示方向与疏散指示方案一致	对照疏散指示方案,核查灯具的箭头指示方向	□	□		□	□	
			9 安装高度							
			☆1)在疏散走道或路径上方安装时:室内高度不大于3.5m的场所,标志灯底边距地面的高度宜为2.2m~2.5m;室内高度不大于3.5m的场所,特大型、大型、中型标志灯底边距地面高度不宜小于3m,且不宜大于6m	对照设计文件,核查设置场所的高度,用尺测量灯具的安装高度	□	□		□	□	
			☆2)在疏散走道的侧面墙上安装:标志灯底边距地面的高度应小于1m		□	□		□	□	

— 217 —

续表 C.0.1

施工区域编号	项目	条款	检查内容 检查要求	检查内容 检查方法	施工单位检查记录 合格	施工单位检查记录 不合格	施工单位检查记录 说明	监理单位检查记录 合格	监理单位检查记录 不合格	监理单位检查记录 说明
区域编号	2 部件安装	4.5.11	10 安装在疏散走道拐弯处的上方或两侧时，标志灯与拐弯处边墙的距离不应大于1m	对照设计文件，核查灯具的设置部位，用尺测量标志灯与拐弯处边墙的距离	□	□		□	□	
			☆11 当安全出口或疏散门在疏散走道侧边时，在疏散走道增设的方向标志灯应安装在疏散走道的顶部，且标志灯的标志面应与疏散方向垂直	对照设计文件，核查安全出口或疏散门的位置、疏散走道和标志灯的设置情况	□	□		□	□	
			☆12 在疏散走道、路径地面上安装时							
			12.1 标志灯应安装在疏散走道、路径的中心位置	对照设计文件，检查灯具的设置情况	□	□		□	□	
			12.2 标志灯的所有金属构件应采用耐腐蚀构件或做防腐处理，标志灯配电、通信线路的连接应采用密封胶密封	核查灯具安装的隐蔽工程检验记录	□	□		□	□	
			12.3 标志灯表面应与地面平行，高于地面距离不应大于3mm，标志灯边缘与地面垂直距离高度不应大于1mm	检查灯具的安装情况，用卡尺测量灯具高于地面的距离、标志灯边缘与地面的垂直距离	□	□		□	□	
			部件类型：☆楼层标志灯							
		4.5.12	8 楼层标志灯应安装在楼梯间内朝向楼梯的正面墙上，标志灯底边距地面的高度宜为2.2m~2.5m	检查楼层标志灯的安装位置，用尺测量灯具的安装高度	□	□		□	□	
			部件类型：☆多信息复合标志灯							
		4.5.13	8 多信息复合标志灯应安装在疏散走道、疏散通道的顶部，且标志灯的标志面应与疏散方向垂直、指示疏散方向的箭头应指向安全出口、疏散出口	对照设计文件，核查安全出口的位置、标志灯的设置情况	□	□		□	□	
	\multicolumn{6}{部件类型：☆应急照明控制器、☆集中电源、☆应急照明配电箱}					
	1 安装工艺	4.1.7	☆在有爆炸危险性场所的安装，应符合GB 50257的相关规定	检查施工工艺是否符合GB 50257的规定	□	□		□	□	
			部件类型：☆集中电源							
	2 安装位置	4.4.4	集中电源前、后部应适当留出更换蓄电池（组）的作业空间	检查集中电源的安装位置	□	□		□	□	
	3 设备安装	4.4.1	1 设备应安装牢固，不得倾斜	用手感检查设备的固定情况，落地安装时，用尺测量设备底边距地（楼）面的距离	□	□		□	□	
			☆2 安装在轻质墙上时，应采取加固措施		□	□		□	□	
			☆2 落地安装时，其底边宜高出地（楼）面100mm~200mm		□	□		□	□	
			☆3 设备在电气竖井内安装时，应采用下出口进线方式	对照设计文件核查设备的安装部位，检查设备的进线方式	□	□		□	□	
			4 设备的接地应牢固，并应设置明显的永久性标识	用专用设备检查设备接地线的连接情况，检查设备的接地标识	□	□		□	□	
	4 设备引入线缆	4.4.5	1 配线应整齐，不宜交叉，并应固定牢靠	检查设备内部配线情况	□	□		□	□	
			2 线缆芯线的端部，均应标明编号，并与图纸一致，字迹应清晰且不易褪色	对照设计文件检查逐一线缆的标号	□	□		□	□	
			3 端子板的每个接线端，接线不得超过2根	检查端子接线情况	□	□		□	□	
			4 线缆应留有不小于200mm的余量	用尺测量线缆的余量长度	□	□		□	□	
			5 线缆应绑扎成束	检查线缆的布置情况	□	□		□	□	
			6 线缆穿管、槽盒后，应将管口、槽口封堵	检查管口、槽口封堵情况	□	□		□	□	

续表 C.0.1

施工区域编号	项目	条款	检查内容		施工单位检查记录			监理单位检查记录		
			检查要求	检查方法	合格	不合格	说明	合格	不合格	说明
区域编号	☆5 蓄电池（组）安装	4.4.2	应急照明控制器、集中电源的蓄电池（组）需进行现场安装时，蓄电池（组）规格、型号、容量应符合设计文件的规定，蓄电池（组）安装应符合产品使用说明书的要求	对照设计文件核对蓄电池（组）的规格、型号、容量；检查蓄电池（组）的安装情况	□	□		□	□	
	☆6 应急照明控制器电源连接	4.4.3	控制器的主电源应设置明显永久性标识，并应直接与消防电源连接，严禁使用电源插头；设备与其外接备用电源之间应直接连接	检查设备主电源标识设置情况，与消防电源的连接情况、与外接备用电源的连接情况	□	□		□	□	
监理工程师检验结论			合格□				不合格□			
施工单位项目经理： （签章） 　　　　　年　月　日				监理工程师： （签章） 　　　　　年　月　日						

附录 D 系统部件现场设置情况、应急照明控制器联动控制编程记录

D.0.1 施工单位、调试单位技术人员应按表 D.0.1 的规定，逐一对每个系统部件填写设置情况记录，应急照明控制器采用字母、数字显示时，可以用字母、数字表示现场部件的设置部位信息，在控制器附近的明显部位应设有现场部件具体设置部位对照表。

表 D.0.1 系统部件现场设置情况记录　　　　　编号：

工程名称		监理单位	
调试单位		施工单位	

☆集中控制型系统部件

1 应急照明控制器

设备编号	规格、型号	配接集中电源、应急照明配电箱数量	配接灯具数量	现场设置部位	备注
		N	A	具体设置部位	

1—1 应急照明控制器配接的供配电设备类型：☆集中电源、☆应急照明配电箱

设备编号	规格、型号	现场设置部位	配电、通信回路数量	配接灯具数量	地址注释信息	备注
1		具体设置部位	M_1	$A_1=\sum A_1+\cdots+A_{M1}$	控制器显示的地址信息	
...	...	...	...	...	...	
N		具体设置部位	MN	$A_N=\sum A_1+\cdots+A_{MN}$	控制器显示的地址信息	

1—2 供配电设备（集中电源或应急照明配电箱）配接的灯具类型：☆照明灯、☆安全出口标志灯、☆方向标志灯、☆楼层标志灯、☆多信息复合标志

地址编号			灯具类型	现场设置部位	区域编号	地址注释信息	备注
设备编号	回路	编码					
1	1	1~A_1		具体设置部位	防火分区、隧道区间、楼层、地铁站台站厅编号	控制器显示的地址信息	
...	...	...		...	...	...	
1	M1	1~A_{M1}		具体设置部位	防火分区、隧道区间、楼层、地铁站台站厅编号	控制器显示的地址信息	
...							

续表 D.0.1

设备编号	地址编号 回路	地址编号 编码	灯具类型	现场设置部位	区域编号	地址注释信息	备注
N	1	1~A_1		具体设置部位	防火分区、隧道区间、楼层、地铁站台站厅编号	控制器显示的地址信息	
…	…	…		…	…	…	
N	MN	1~A_{MN}		具体设置部位	防火分区、隧道区间、楼层、地铁站台站厅编号	控制器显示的地址信息	

☆非集中控制型系统部件

2 供配电设备类型：☆集中电源、☆应急照明配电箱

设备编号	规格、型号	现场设置部位	配电回路数量	配接灯具数量	备注
		具体设置部位	M	$A=\sum A_1+\cdots+A_M$	

2—1 配接的灯具类型：☆照明灯、☆安全出口标志灯、☆方向标志灯、☆楼层标志灯

地址编号 配电回路编号	地址编号 部件编号	现场部件类型	现场设置部位	区域编号	备注
1	1~A_1		具体设置部位	防火分区、隧道区间、楼层编号	
…	…		…	…	
M	1~A_M		具体设置部位	防火分区、隧道区间、楼层编号	

调试单位	施工单位	监理单位
（公章） 项目负责人（签章） 　　　　　年 月 日	（公章） 项目负责人（签章） 　　　　　年 月 日	（公章） 项目负责人（签章） 　　　　　年 月 日

D.0.2 选择集中控制型系统时，施工单位、调试单位技术人员应按表 D.0.2 的规定，逐一对每台应急照明控制器填写联动控制编程记录。

表 D.0.2 应急照明控制器控制逻辑编程记录　　　　　　编号：

工程名称		监理单位	
调试单位		施工单位	
设备编号		规格、型号	现场设置部位

受控设备类型：☆集中电源、☆应急照明配电箱、☆照明灯、☆安全出口标志灯、☆方向标志灯、☆楼层标志灯、☆多信息复合标志灯

受控设备名称	供配电设备编号、灯具地址	系统部件动作功能	逻辑关系指令语句
	B型集中电源、B型应急照明配电箱编号；非持续型照明灯地址编码、持续型照明灯地址编码、标志灯地址编码	设计文件规定的系统部件的动作功能	自动控制系统部件动作的触发条件和控制指令

调试单位	施工单位	监理单位
（公章） 项目负责人（签章） 　　　　　年 月 日	（公章） 项目负责人（签章） 　　　　　年 月 日	（公章） 项目负责人（签章） 　　　　　年 月 日

D.0.3 表 D.0.1、表 D.0.2 中带有"☆"标的项目为可选项，当系统部件类型或部件不涉及该项内容时，可不填写。

附录 E 系统调试、工程检测、工程验收记录

E.0.1 调试人员、监理工程师、检测或验收的主检工程师应按表 E.0.1-1、表 E.0.1-2 的规定，对系统部件主要功能和性能、系统功能进行检查，逐项填写调试、工程检测、工程验收记录。

根据系统部件主要功能和性能、系统功能的检查情况，调试人员、监理工程师、检测或验收的主检工程师应在对应记录框中勾选相应的记录项□（☑），对不符合规定的子项，应对不合格现象做出完整的描述。

表 E.0.1-l、表 E.0.1-2 中检测、验收记录中不合格项的判定结论，是按本标准第 6.0.4 条规定的项目类别划分准则确定的。

表 E.0.1-1、表 E.0.1-2 中带有"☆"标的项目和子项内容为可选项，当现场部件的调试、工程检测、工程验收不涉及此项目或子项时，调试、检测、验收记录不包括此项目或子项。

E.0.2 调试人员、施工单位项目负责人、监理工程师、检测或验收的主检工程师应对检查结果确认签章。

E.0.3 附录 D 的记录表格应作为附件一并归档。

E.0.4 具有打印功能的控制器，调试、工程检测、工程验收过程中打印机的打印记录应作为附件一并归档。

E.0.5 调试过程中若用到其他表格、文件，应作为附件一并归档。

表 E.0.1-1　文件资料、系统形式选择、系统线路设计、布线工程检测和验收记录　　编号：

工程名称				子分部工程名称			□检测　□验收		
施工单位		项目负责人		调试单位		监理单位		监理工程师	
执行规范名称及编号	《电气装置安装工程 爆炸和火灾危险环境电气装置施工及验收规范》GB 50257—2014、《建筑电气工程施工质量验收规范》GB 50303—2015								
防火分区、楼层、隧道区间、地铁站台和站厅数量	Z		检测数量	全部区域		验收数量	应符合本标准表 6.0.2 的规定		

编号	项目	条款	子项（检测、验收内容）		检测、验收结果		
			调试、检测、验收要求	调试、检测、验收方法	合格	不合格	说明
1	文件资料						
—	文件资料的齐全、符合性	6.0.3	1　竣工验收申请报告、设计变更通知书、竣工图 ☆2　工程质量事故处理报告 3　施工现场质量管理检查记录 4　系统安装过程质量检查记录 5　系统部件的现场设置情况记录 6　系统控制逻辑编程记录 7　系统调试记录 8　系统设备的检验报告、合格证及相关材料	逐一对施工单位提供的文件资料进行齐备性、符合性核查	□	B	
2	系统类型选择						
—	系统形式和功能	3.1.2	☆1　具有消防控制室的场所应选择集中控制型系统 ☆1　设置火灾自动报警系统，但未设置消防控制室的场所宜选择集中控制型系统 ☆1　其他场所可选择非集中控制型系统	对照设计文件，核查消防控制室、火灾自动报警系统的设置情况，核查系统的类型	□	C	
		3.1.6	☆住宅建筑中，灯具采用自带蓄电池供电方式时，消防应急照明可以兼用日常照明	对照设计文件，核查灯具的供电方式、灯具的照明功能	□	C	
3	系统线路设计						
区域编号	Ⅰ 灯具配电线路设计				□	C	
区域编号	1 一般规定	3.3.1	☆1　灯具采用集中电源供电时，灯具的主电源和蓄电池电源均由集中电源提供，灯具主电源和蓄电池电源应在集中电源内部实现输出转换，并由同一配电回路为灯具供电 ☆1　灯具采用自带蓄电池供电时，灯具的主电源通过应急照明配电箱为灯具供电，切断应急照明配电箱的主电源输出后，灯具自动转入自带蓄电池电源供电	对照设计文件，核查灯具蓄电池电源的供电方式、灯具配电回路的设计原则	□	C	

续表E.0.1-1

编号	项目	条款	子项（检测、验收内容）		检测、验收结果		说明
			调试、检测、验收要求	调试、检测、验收方法	合格	不合格	
区域编号	1 一般规定	3.3.2	2 应急照明配电箱或集中电源的输入及输出回路中不应装设剩余电流动作脱扣保护装置，输出回路严禁接入系统以外的配电回路、开关装置、插座及其他负载	对照设计文件，检查应急照明配电箱或集中电源的输入及输出回路中是否装设剩余电流动作脱扣保护装置，是否接入系统以外的配电回路、开关装置、插座及其他负载	□	C	
	2 平面疏散区域灯具配电回路设计	3.3.3	1 应按防火分区、同一防火分区的楼层、隧道区间、站台和站厅为单元设置配电回路	对照设计文件，核查该区域配电回路的设置情况	□	C	
			2 除住宅建筑外，不同的防火分区、隧道区间、站台和站厅不能共用同一配电回路		□	C	
			☆3 避难走道应单独设置配电回路		□	C	
			☆4 防烟楼梯间前室及合用前室应由灯具所在楼层的配电回路供电		□	C	
			☆5 配电室、消防控制室、消防水泵房、自备发电机房等发生火灾时仍需工作、值守的区域和相关疏散通道，应单独设置配电回路		□	C	
	3 竖向疏散区域灯具配电回路设计	3.3.4	1 封闭楼梯间、防烟楼梯间、室外疏散楼梯应单独设置配电回路	对照设计文件，核查该区域配电回路的设置情况	□	C	
			2 敞开楼梯间设置的灯具应由灯具所在楼层或就近楼层的配电回路供电		□	C	
			3 避难层和避难层连接的下行楼梯间应单独设置配电回路		□	C	
	4 配电回路配接灯具的数量	3.3.5	1 配接灯具的数量不宜超过60	对照设计文件，核查每一配电回路配接灯具的数量和范围	□	C	
			☆2 道路交通隧道内，配接灯具的范围不宜超过1000m		□	C	
			☆3 地铁隧道内，配接灯具的范围不应超过一个区间的1/2		□	C	
	5 配电回路功率、电流	3.3.6	配接灯具的额定功率总和不应大于配电回路额定功率的80%；A型灯具配电回路的额定电流不应大于6A；B型灯具配电回路的额定电流不应大于10A	对照设计文件核算每一配电回路配接灯具的总功率、额定电流	□	C	
	☆Ⅱ 系统类型为集中控制型系统时，系统通信线路设计						
	系统通信线路设计	3.4.8	集中电源或应急照明配电箱应按灯具配电回路设置灯具通信回路，且灯具配电回路和灯具通信回路配接的灯具应一致	对照设计文件，核查系统通信线路的设计	□	C	
4 布线检测、验收							
区域编号	1 施工工艺	4.1.7	☆ 在有爆炸危险性场所，系统的布线应符合GB 50257的相关规定	检查施工工艺是否符合GB 50257的规定	□	C	
	2 系统线路的防护方式	4.3.1	☆1 线路暗敷时，应采用金属管、可弯曲金属电气导管或B_1级以上的刚性塑料管保护	对照设计文件核查线缆的种类、敷设方式、管路和槽盒的材质	□	C	
			☆2 系统线路明敷时，应采用金属管、可弯曲金属电气导管或槽盒保护		□	C	
			☆3 矿物绝缘类不燃性电缆可明敷		□	C	
	3 管路敷设	4.3.2	☆1 明敷时，应在下列部位设置吊点或支点，吊杆直径不应小于6mm：1)管路始端、终端及接头处；2)距接线盒 0.2m处；3)管路转角或分支处；4)直线段不大于3m处	明敷时，检查管路的敷设情况，用卡尺测量吊杆的直径、用尺测量吊点或支点距接线盒的距离、直线段吊点或支点的间距；暗敷时，检查隐蔽工程的检验记录	□	C	
		4.3.3	☆1 暗敷时，应敷设在不燃结构内，且保护层厚度不应小于30mm		□	C	
		4.3.4	2 管路经过建筑物的沉降缝、伸缩缝、抗震缝等变形处，应采取补偿措施	检查管路的敷设情况，检查隐蔽工程的检验记录	□	C	
		4.3.5	3 敷设在地面上、多尘或潮湿场所管路的管口和管子连接处，均应做防腐蚀、密封处理	检查管口和管子连接处防腐蚀、密封处理情况	□	C	
	4 管路接线盒安装	4.3.6	1 符合下列条件时，应在管路便于接线处装设接线盒：1)管子长度每超过30m，无弯曲时；2)管子长度每超过20m，有1个弯曲时；3)管子长度每超过10m，有2个弯曲时；4)管子长度每超过8m，有3个弯曲时	检查管路的敷设情况，用尺测量管路的长度	□	C	
		4.3.7	2 金属管子入盒，盒外侧应套锁母，内侧应装护口；在吊顶内敷设时，盒的内外侧均应套锁母；塑料管入盒应采取相应固定措施	施工过程中检查管路的敷设情况，用手感检查管路的固定情况，检查隐蔽工程的检验记录	□	C	

续表 E.0.1-1

编号	项目	条款	子项（检测、验收内容）		检测、验收结果		
			调试、检测、验收要求	调试、检测、验收方法	合格	不合格	说明
区域编号	5 槽盒敷设	4.3.8	1 槽盒敷设时，应在下列部位设置吊点或支点，吊杆直径不应小于6mm：1）槽盒始端、终端及接头处；2）槽盒转角或分支处；3）直线段不大于3m处	检查槽盒吊点、支点设置情况，用卡尺测量吊杆的直径、用尺测量直线段吊点或支点的间距	□	C	
		4.3.9	2 槽盒接口应平直、严密，槽盖应齐全、平整、无翘角，并列安装时，槽盖应便于开启	检查槽盒安装情况，用手感检查槽盖开启情况	□	C	
	6 系统线路的选择						
	6.1 导体材质	3.5.1	应选择铜芯导线或铜芯电缆	对照设计文件，核查线路导体的材质	□	C	
	6.2 电压等级	3.5.2	☆电压等级为 50V 以下时，应选择电压等级不低于交流 300/500V 的电线电缆	对照设计文件，核查线路的电压等级和线缆的电压等级	□	C	
			☆电压等级为 220/380V 时，应选择电压等级不低于交流 450/750V 的电线电缆		□	C	
	6.3 外护套材质	3.5.3	1 地面上设置的标志灯的配电线路和通信线路应选择耐腐蚀橡胶电缆	对照设计文件，核查线缆导体和外护套的材质	□	C	
			☆系统类型为集中控制型系统时，除地面上设置的灯具外：				
		3.5.4	1 系统的通信线路应采用耐火线缆或耐火光纤	对照设计文件，核查线缆导体和外护套的材质	□	C	
			2 灯具的配电线路应采用耐火线缆		□	C	
			☆系统类型为非集中控制型系统时，除地面上设置的灯具外：				
		3.5.5	☆灯具采用自带蓄电池供电时，灯具配电线路应采用阻燃或耐火线缆	对照设计文件，核查灯具蓄电池电源的供电方式、线缆导体和外护套的材质	□	C	
			☆灯具采用集中电源供电时，灯具配电线路应采用耐火线缆		□	C	
	6.4 线缆的颜色	3.5.6	同一工程中相同用途电线电缆的颜色应一致；线路正极"+"应为红色，负极"−"应为蓝色或黑色，接地线应为黄色绿色相间	对照设计文件，核查不同用途线缆的颜色是否一致	□	C	
	7 导线敷设	4.3.11	1 在管内或槽盒内的布线，应在建筑抹灰及地面工程结束后进行，管内或槽盒内不应有积水及杂物	施工过程中观察管内或槽盒内的情况，宜留有照片、视频等检验记录	□	C	
		4.3.12	2 系统应单独布线，除设计要求以外，不同回路、不同电压等级、交流与直流的线路，不应布在同一管内或槽盒的同一槽孔内	对照设计文件，核查线路的电压等级，检查线路的敷设情况	□	C	
		4.3.13	3.1 线缆在管内或槽盒内，不应有接头或扭结	施工过程中观察线路的敷设情况，检查导线接头的连接情况，宜留有照片、视频等检验记录	□	C	
			3.2 导线应在接线盒内采用焊接、压接、接线端子可靠连接		□	C	
			4.1 在地面上、多尘或潮湿场所，接线盒和导线的接头应做防腐蚀和防潮处理		□	C	
		4.3.14	4.2 具有 IP 防护等级要求的系统部件，其线路中接线盒、管路接头等均应达到与系统部件相同的 IP 防护等级要求	检查接线盒、管路接头等处的防护情况	□	C	
		4.3.15	5 从接线盒、槽盒等处引到系统部件的线路，当采用可弯曲金属导管保护时，其长度不应大于 2m，且金属导管应入盒并固定	观察线路的敷设情况，用尺测量可弯曲金属导管的长度，观察可弯曲金属导管的敷设情况，用手感检查管路的固定情况	□	C	
		4.3.16	6 线缆跨越建、构筑物的沉降缝、伸缩缝、抗震缝等变形缝的两侧应固定，并留有适当余量	检查线缆跨越变形缝的敷设情况	□	C	
		4.3.17	7 系统的布线，尚应符合 GB 50303 的相关规定	按 GB 50303 规定检查线路的敷设质量	□	C	
		4.3.18	8 回路导线对地的绝缘电阻值不应小于 20MΩ	线缆敷设结束后，用 500V 兆欧表测量每个回路导线对地绝缘电阻	□	C	
□检测、验收结论			□合格		□不合格：yyB+zzC		

建设单位	设计单位	监理单位	施工单位	检测、验收单位
（公章） 项目负责人 （签章） 年 月 日	（公章） 项目负责人 （签章） 年 月 日	（公章） 项目负责人 （签章） 年 月 日	（公章） 项目负责人 （签章） 年 月 日	（公章） 项目负责人 （签章） 年 月 日

表 E.0.1-2 系统部件功能和性能、系统控制功能调试、检测、验收记录 编号：

工程名称				子分部工程名称				□调试 □检测 □验收		
施工单位			项目负责人			调试单位		监理单位		监理工程师
执行规范名称及编号		《电气装置安装工程 爆炸和火灾危险环境电气装置施工及验收规范》GB 50257—2014、《建筑电气工程施工质量验收规范》GB 50303—2015、《消防应急照明和疏散指示系统》GB 17945								
☆控制器型号规格		编号		设置部位		配接回路数	M	配接灯具数量	$A=\sum A_1 + \cdots + A_N$	配接集中电源、应急照明配电箱数量 N
☆集中电源型号规格		编号	1~N	设置部位		配接灯具数量			A_1~A_N	回路数量 M
☆应急照明配电箱型号规格		编号	1~N	设置部位		配接灯具数量			A_1~A_N	回路数量 M
系统设备数量			A、N	检测数量		配接现场部件的全部数量 A、N		验收数量		应符合本标准表 6.0.2 的规定
防火分区、楼层、隧道区间、地铁站台和站厅数量			Z	检测数量		配接现场部件的全部数量 Z		验收数量		应符合本标准表 6.0.2 的规定

设备、区域编号	项目	条款	子项（调试、检测、验收内容）		施工单位调试记录			监理单位检查记录			检测、验收结果		
			调试、检测、验收要求	调试、检测、验收方法	符合	不符合	说明	符合	不符合	说明	合格	不合格	说明
1 系统部件调试、检测、验收													
	Ⅰ 部件类型：☆照明灯、☆出口标志灯、☆方向标志灯、☆楼层标志灯、☆多信息复合标志灯												
	1 设备选型												
区域编号	1.1 规格型号	4.1.6	灯具规格型号应符合设计文件的规定	对设计文件核查灯具的规格型号	—	—	—	—	—	—	□		A
	1.2 灯具光源		1 应选择采用节能光源的灯具，照明灯的光源色温不应低于 2700K	对照产品使用说明书等技术资料，核查灯具光源的技术指标	—	—	—	—	—	—	□		C
			2 不应采用蓄光型指示标志替代标志灯		—	—	—	—	—	—	□		C
	1.3 蓄电池电源		宜优先选择安全性高、不含重金属等对环境有害物质的蓄电池	对照产品使用说明书等技术资料，核查灯具的蓄电池类别	—	—	—	—	—	—	□		C
	☆1.4 距地面 8m 及以下的灯具的电压等级和供电方式		1 应选择 A 型灯具	对设计文件核查系统的类型、灯具的电压等级和供电方式	—	—	—	—	—	—	□		C
			☆2 地面上设置的标志灯应选择集中电源 A 型灯具		—	—	—	—	—	—	□		C
			☆3 未设置消防控制室的住宅建筑中，疏散走道、楼梯间等场所可选择自带电源 B 型灯具		—	—	—	—	—	—	□		C
	1.5 灯具面板或灯罩的材质	3.2.1	☆1 除地面上设置的标志灯具的面板可以采用厚度 4mm 及以上的钢化玻璃外，设置在距地面 1m 及以下的标志灯的面板或灯罩不应采用易碎材料或玻璃材质	对照设计文件、产品使用说明书等技术资料核查灯具面板、灯罩的材质	—	—	—	—	—	—	□		C
			☆2 在顶棚、疏散走道或路径上方设置的灯具的面板或灯罩不应采用玻璃材质		—	—	—	—	—	—	□		C
	☆1.6 标志灯具的规格		☆1 展览厅、商场、候车（船）室、民航候机厅、营业厅等人员密集场所，室内高度大于 4.5m 时，应选择特大型或大型标志灯；室内高度为 3.5m~4.5m 时，应选择大型或中型标志灯	对照设计文件、产品使用说明书等技术资料核查灯具的设置场所和灯具的规格	—	—	—	—	—	—	□		C
			☆2 室内高度小于 3.5m 的场所，应选择中型或小型标志灯		—	—	—	—	—	—	□		C

续表 E.0.1-2

设备、区域编号	项目	条款	子项（调试、检测、验收内容）		施工单位调试记录			监理单位检查记录			检测、验收结果		
			调试、检测、验收要求	调试、检测、验收方法	符合	不符合	说明	符合	不符合	说明	合格	不合格	说明
区域编号	1.7 灯具及连接附件的防护等级	3.2.1	☆1 室外或地面上设置的灯具及其连接附件的防护等级不应低于IP67	对照设计文件、产品使用说明书等技术资料核查灯具的设置场所、灯具的电压等级、灯具及其连接附件的防护等级	—	—	—	—	—	—	□	C	
			☆2 隧道或潮湿场所内设置的灯具及其连接附件的防护等级不应低于IP65		—	—	—	—	—	—	□	C	
			☆3 B型灯具的防护等级不应低于IP34		—	—	—	—	—	—	□	C	
	☆1.8 工作方式		标志灯应选择持续型灯具	对照设计文件核查系统的类型和灯具的类型	—	—	—	—	—	—	□	C	
	☆1.9 距离标识		交通隧道和地铁隧道宜选择带有米标的方向标志灯	对照设计文件、产品使用说明书等技术资料核查灯具的功能	—	—	—	—	—	—	□	C	
	2 设备设置												
	2.1 设置数量	4.1.6	灯具的设置数量应符合设计文件的规定	对照设计文件核查灯具的设置数量	—	—	—	—	—	—	□	C	
	2.2 照明灯的设置部位	3.2.5	Ⅰ-1 病房楼或手术部的避难间	对照设计文件，核查建、构筑物上述部位照明灯的设置情况	—	—	—	—	—	—	□	C	
			Ⅰ-2 老年人照料设施		—	—	—	—	—	—	□	C	
			Ⅰ-3 人员密集场所、老年人照料设施、病房楼或手术部内的楼梯间、前室或合用前室、避难走道		—	—	—	—	—	—	□	C	
			Ⅰ-4 逃生辅助装置存放处等特殊区域		—	—	—	—	—	—	□	C	
			Ⅰ-5 屋顶直升机停机坪		—	—	—	—	—	—	□	C	
			Ⅱ-1 除Ⅰ-3规定的敞开楼梯间、封闭楼梯间、防烟楼梯间及其前室，室外楼梯		—	—	—	—	—	—	□	C	
			Ⅱ-2 消防电梯间的前室或合用前室		—	—	—	—	—	—	□	C	
			Ⅱ-3 除Ⅰ-3规定的避难走道		—	—	—	—	—	—	□	C	
			Ⅱ-4 寄宿制幼儿园和小学的寝室、医院手术室及重症监护室等病人行动不便的病房及需要救援人员协助疏散的区域		—	—	—	—	—	—	□	C	
			Ⅲ-1 除Ⅰ-1规定避难层（间）		—	—	—	—	—	—	□	C	
			Ⅲ-2 观众厅，展览厅，电影院，多功能厅，建筑面积大于200m²的营业厅、餐厅、演播厅，建筑面积超过400m²的办公大厅、会议室等人员密集场所		—	—	—	—	—	—	□	C	
			Ⅲ-3 人员密集厂房内的生产场所		—	—	—	—	—	—	□	C	
			Ⅲ-4 室内步行街两侧的商铺		—	—	—	—	—	—	□	C	
			Ⅲ-5 建筑面积大于100m²的地下或半地下公共活动场所		—	—	—	—	—	—	□	C	
			Ⅳ-1 除Ⅰ-2、Ⅱ-4、Ⅲ-2～Ⅲ-5规定场所的疏散走道、疏散通道		—	—	—	—	—	—	□	C	
			Ⅳ-2 室内步行街		—	—	—	—	—	—	□	C	
			Ⅳ-3 城市交通隧道两侧、人行横通道和人行疏散通道		—	—	—	—	—	—	□	C	

续表 E.0.1-2

设备、区域编号	项目	条款	子项（调试、检测、验收内容）		施工单位调试记录			监理单位检查记录			检测、验收结果		
			调试、检测、验收要求	调试、检测、验收方法	符合	不符合	说明	符合	不符合	说明	合格	不合格	说明
区域编号	2.2 照明灯的设置部位	3.2.5	Ⅳ-4 宾馆、酒店的客房	对照设计文件，核查建、构筑物上述部位照明灯的设置情况	—	—	—	—	—	—	□	C	
			Ⅳ-5 自动扶梯上方或侧上方		—	—	—	—	—	—	□	C	
			Ⅳ-6 安全出口外面及附近区域、连廊的连接处两端		—	—	—	—	—	—	□	C	
			Ⅳ-7 进入屋顶直升机停机坪的途径		—	—	—	—	—	—	□	C	
			Ⅳ-8 配电室、消防控制室、消防水泵房、自备发电机房等发生火灾时仍需工作、值守的区域		—	—	—	—	—	—	□	C	
	☆2.3 疏散手电	3.2.6	宾馆客房内宜设置疏散用手电筒及充电插座	对照设计文件，检查疏散用手电筒及充电插座的设置情况	—	—	—	—	—	—	□	C	
	2.4 标志灯的设置	3.2.7	标志灯应设在醒目位置，应保证人员在疏散走道或通道的任何位置、在人员密集场所的任何位置都能看到标志灯	对照设计文件，检查标志灯的设置情况	—	—	—	—	—	—	□	C	
			部件类型：☆出口标志灯										
		3.2.8	1 应设置在敞开楼梯间、封闭楼梯间、防烟楼梯间、防烟楼梯间前室入口上方	对照设计文件，核查建、构筑物上述部位出口标志灯的设置情况	—	—	—	—	—	—	□	C	
			2 地下或半地下部分与地上部分共用楼梯间时，应设置在地下或半地下楼梯通向地面层疏散门的上方		—	—	—	—	—	—	□	C	
			3 应设置在室外疏散楼梯出口的上方		—	—	—	—	—	—	□	C	
			4 应设置在直通室外疏散门的上方		—	—	—	—	—	—	□	C	
			5 在首层采用扩大的封闭楼梯间或防烟楼梯间时，应设置在通向楼梯间疏散门的上方		—	—	—	—	—	—	□	C	
			6 应设置在直通上人屋面、平台、天桥、连廊出口的上方		—	—	—	—	—	—	□	C	
			7 地下或半地下建筑（室）采用直通室外的金属竖向梯疏散时，应设置在金属竖向梯开口的上方		—	—	—	—	—	—	□	C	
			8 借用其他防火分区疏散的防火分区中，应设置在通向被借用防火分区甲级防火门的上方		—	—	—	—	—	—	□	C	
			9 应设置在步行街两侧商铺通向步行街疏散门的上方		—	—	—	—	—	—	□	C	
			10 应设置在避难层、避难间、避难走道防烟前室、避难走道入口的上方		—	—	—	—	—	—	□	C	
			11 应设置在观众厅、展览厅、多功能厅和建筑面积大于400m²的营业厅、餐厅、演播厅等人员密集场所疏散门的上方		—	—	—	—	—	—	□	C	

续表E.0.1-2

设备、区域编号	项目	条款	子项（调试、检测、验收内容）		施工单位调试记录			监理单位检查记录			检测、验收结果		
			调试、检测、验收要求	调试、检测、验收方法	符合	不符合	说明	符合	不符合	说明	合格	不合格	说明
区域编号	2.4 标志灯的设置		部件类型：☆方向标志灯										
			1 方向标志灯箭头的指示方向应按照疏散指示方案指向疏散方向，并导向安全出口	对照设计文件、疏散指示方案，核查标志灯的箭头指示方向	—	—	—	—	—	—	□	C	
			☆有围护结构疏散走道、楼梯		—	—	—	—	—	—			
			2 应设置在走道、楼梯两侧距地面、楼面高度1m以下的墙面、柱面上方	对照设计文件核查建、构筑物方向标志灯的设置情况、用尺测量灯具的间距							□	C	
			3 当安全出口或疏散门在疏散走道侧边时，应在疏散走道上增设指向安全出口的方向标志灯		—	—	—	—	—	—	□	C	
			4 标志灯的标志面与疏散方向垂直时，灯具的设置间距不应大于20m；标志灯的标志面与疏散方向平行，灯具的设置间距不应大于10m		—	—	—	—	—	—	□	C	
		3.2.9	☆展览厅、商店、候车（船）室、民航候机厅、营业厅等开敞空间场所的疏散通道										
			2 当疏散通道两侧设置了墙、柱等结构时，方向标志灯应设置在距地面高度1m以下的墙面、柱面上；当疏散通道两侧无墙、柱等结构时，方向标志灯应设置在疏散通道的上方	对照设计文件核查建、构筑物方向标志灯的规格和设置情况、用尺测量灯具的间距	—	—	—	—	—	—	□	C	
			3 标志灯的标志面与疏散方向垂直时，特大型或大型标志灯的设置间距不应大于30m，中型或小型标志灯的设置间距不应大于20m；标志灯的标志面与疏散方向平行时，特大型或大型标志灯的设置间距不应大于15m，中型或小型方向标志灯的设置间距不应大于10m		—	—	—	—	—	—	□	C	
			☆保持视觉连续的方向标志灯										
			2 应设置在疏散走道、通道地面的中心位置	对照设计文件核查建、构筑物方向标志灯的设置情况、用尺测量灯具的间距	—	—	—	—	—	—	□	C	
			3 灯具的设置间距不应大于3m		—	—	—	—	—	—	□	C	
			部件类型：☆楼层标志灯										
		3.2.10	楼梯间每层应设置指示该楼层的楼层标志灯	对照设计文件核查建、构筑物楼层标志灯的设置情况	—	—	—	—	—	—	□	C	
			部件类型：☆多信息复合标志灯										
		3.2.11	人员密集场所的安全出口、疏散出口附近应增设多信息复合标志灯具	对照设计文件核查建、构筑物多信息复合标志灯的设置情况	—	—	—	—	—	—	□	C	
	3 消防产品准入制度												
	认证证书和标识	3.1.5	应有与其相符合的、有效的认证证书和认证标识	核查产品的认证证书和认证标识							□	A	
	4 安装质量												
	4.1 安装工艺	4.1.7	☆在有爆炸危险性场所的安装，应符合GB 50257的相关规定	检查施工工艺是否符合GB 50257的规定	—	—	—	—	—	—	□	C	

续表 E.0.1-2

设备、区域编号	项目	条款	子项（调试、检测、验收内容）		施工单位调试记录			监理单位检查记录			检测、验收结果		
			调试、检测、验收要求	调试、检测、验收方法	符合	不符合	说明	符合	不符合	说明	合格	不合格	说明
区域编号	4.2 部件安装	4.5.1	1 灯具应固定安装在不燃性墙体或不燃性装修材料上，不应安装在门、窗或其他可移动的物体上	对照设计文件，核查灯具的安装位置，用手感检查灯具固定是否牢固	—	—	—	—	—	—	□	C	
		4.5.2	2 灯具安装后不应对人员正常通行产生影响，灯具周围应无遮挡物，并应保证灯具上的各种状态指示灯易于观察	检查灯具是否影响人员通行、周围是否存在遮挡物、指示灯是否易于观察	—	—	—	—	—	—	□	C	
		4.5.4	☆3 灯具在侧面墙或柱上安装时，可采用壁挂式或嵌入式安装；安装高度距地面不大于1m，灯具表面凸出墙面或柱面的部分不应有尖锐角、毛刺等突出物，凸出墙面或柱面最大水平距离不应超过20mm	核查灯具的安装部位，用尺测量灯具的安装高度，用卡尺测量安装高度距地面不大于1m灯具凸出墙面或柱面的最大水平距离，并检查灯具表面是否有尖锐角、毛刺等突出物	—	—	—	—	—	—	□	C	
		4.5.5	4 非集中控制型系统中，自带电源型灯具采用插头连接时，应采用专用工具方可拆卸	对照设计文件核查系统的类型，检查灯具电源线的连接情况	—	—	—	—	—	—	□	C	
			部件类型：☆照明灯										
		4.5.6	5 照明灯宜安装在顶棚上	对照设计文件核查灯具的安装位置、用尺测量灯具的安装高度，检查灯具的安装方式；在距地面1m以下侧面墙上安装时，观察灯具的照射情况	—	—	—	—	—	—	□	C	
		4.5.3	6 灯具在顶棚、疏散走道或通道的上方安装时，可采用嵌顶、吸顶和吊装式安装		—	—	—	—	—	—	□	C	
		4.5.7	7 当条件限制时，照明灯可安装在走道侧面墙上，并应符合下列规定：安装高度不应在距地面1m～2m之间；在距地面1m以下侧面墙上安装时，应保证光线照射在灯具的水平线以下		—	—	—	—	—	—	□	C	
		4.5.8	8 照明灯不应安装在地面上		—	—	—	—	—	—	□	C	
			部件类型：☆标志灯										
		4.5.3	5 灯具在顶棚、疏散走道或路径的上方安装时，可采用吸顶和吊装式安装	检查灯具的安装方式，用手感检查吊杆或吊链固定是否牢固	—	—	—	—	—	—	□	C	
			☆6 室内高度大于3.5m的场所，特大型、大型、中型标志灯宜采用吊装式安装，灯具采用吊装式安装时，应采用金属吊杆或吊链，吊杆或吊链上端应固定在建筑构件上		—	—	—	—	—	—	□	C	
		4.5.9	7 标志灯的标志面宜与疏散方向垂直	对照设计文件观察灯具的安装情况	—	—	—	—	—	—	□	C	
			部件类型：☆出口标志灯										
			8 应安装在安全出口或疏散门内侧上方居中的位置		—	—	—	—	—	—	□	C	
		4.5.10	9 室内高度不大于3.5m的场所，标志灯底边离门框距离不应大于200mm；受安装条件限制标志灯无法安装在门框上侧时，可安装在门的两侧，但门完全开启时标志灯不能被遮挡；采用吸顶或吊装式安装时，标志灯距安全出口或疏散门所在墙面的距离不宜大于50mm	检查灯具的安装情况，用尺测量灯具的安装高度、底边离门框的距离、距安全出口或疏散门所在墙面的距离	—	—	—	—	—	—	□	C	

续表 E.0.1-2

设备、区域编号	项目	条款	子项（调试、检测、验收内容）		施工单位调试记录			监理单位检查记录			检测、验收结果		
			调试、检测、验收要求	调试、检测、验收方法	符合	不符合	说明	符合	不符合	说明	合格	不合格	说明
区域编号	4.2 部件安装	4.5.10	10 室内高度大于 3.5m 的场所，特大型、大型、中型标志灯底边距地面高度不宜小于 3m，且不宜大于 6m；标志灯距安全出口或疏散门所在墙面的距离不宜大于 50mm	检查灯具的安装情况，用尺测量灯具的安装高度、底边离门框的距离、距安全出口或疏散门所在墙面的距离	—	—	—	—	—	—	□		C
			部件类型：☆方向标志灯										
		4.5.11	8 应保证标志灯的箭头指示方向与疏散指示方案一致	对照疏散指示方案，核查灯具的箭头指示方向	—	—	—	—	—	—	□		C
			9 安装高度										
			☆1）在疏散走道或路径上方安装时：室内高度不大于 3.5m 的场所，标志灯底边距地面的高度宜为 2.2m～2.5m；室内高度不大于 3.5m 的场所，特大型、大型、中型标志灯底边距地面高度不宜小于 3m，且不宜大于 6m	对照设计文件，核查设置场所的高度，用尺测量灯具的安装高度	—	—	—	—	—	—	□		C
			☆2）在疏散走道的侧面墙上安装：标志灯底边距地面的高度应小于 1m		—	—	—	—	—	—	□		C
			10 安装在疏散走道拐弯处的上方或两侧时，标志灯与拐弯处边墙的距离不应大于 1m	对照设计文件，核查灯具的设置部位，用尺测量标志灯与拐弯处边墙的距离	—	—	—	—	—	—	□		C
			☆11 当安全出口或疏散门在疏散走道侧边时，在疏散走道增设的方向标志灯应安装在疏散走道的顶部，且标志灯的标志面应与疏散方向垂直	对照设计文件，核查安全出口的位置、疏散走道和标志灯的设置情况	—	—	—	—	—	—	□		C
			☆12 在疏散走道、路径地面上安装时										
			12.1 标志灯应安装在疏散走道、路径的中心位置	对照设计文件，检查灯具的设置情况	—	—	—	—	—	—	□		C
			12.2 标志灯的所有金属构件应采用耐腐蚀构件或做防腐处理，标志灯配电、通信线路的连接应采用密封胶密封	核查灯具安装的隐蔽工程检验记录	—	—	—	—	—	—	□		C
			12.3 标志灯表面应与地面平行，高于地面距离不应大于 3mm，标志灯边缘与地面垂直距离高度不应大于 1mm	检查灯具的安装情况，用卡尺测量灯具高于地面的距离、标志灯边缘与地面的垂直距离	—	—	—	—	—	—	□		C
			部件类型：☆楼层标志灯										
		4.5.12	8 楼层标志灯应安装在楼梯间内朝向楼梯的正面墙上，标志灯底边距地面的高度宜为 2.2m～2.5m	检查楼层标志灯的安装位置，用尺测量灯具的安装高度	—	—	—	—	—	—	□		C
			部件类型：☆多信息复合标志灯										
		4.5.13	8 多信息复合标志灯应安装在疏散走道、疏散通道的顶部，且标志灯的标志面应与疏散方向垂直、指示疏散方向的箭头应指向安全出口、疏散出品	对照设计文件，核查安全出口的位置、疏散走道和标志灯的设置情况	—	—	—	—	—	—	□		C

续表 E.0.1-2

设备、区域编号	项目	条款	子项（调试、检测、验收内容）		施工单位调试记录			监理单位检查记录			检测、验收结果		
			调试、检测、验收要求	调试、检测、验收方法	符合	不符合	说明	符合	不符合	说明	合格	不合格	说明
设备编号	1.1 控制器控制、显示功能		Ⅱ 部件类型：☆应急照明控制器、☆集中电源、☆应急照明配电箱										
			☆1 系统类型为集中控制型时，应急照明控制器设计										
		3.4.3	1 应能接收、显示、保持火灾报警控制器的火灾报警输出信号、消防联动控制器发出的火灾报警区域信号或联动控制信号	对照设计文件、产品使用说明书，核查控制器的功能	—	—	—	—	—	—	□	C	
			2 应能按预设逻辑自动、手动控制系统的应急启动		—	—	—	—	—	—	□	C	
			3 应能接收、显示、保持其配接的灯具、集中电源或应急照明配电箱的工作状态信息		—	—	—	—	—	—	□	C	
			部件类型：☆系统设置多台应急照明控制器时，起集中控制功能的应急照明控制器										
		3.4.4	1 应能按预设逻辑自动、手动控制其他控制器配接的系统设备的应急启动	对照设计文件、产品使用说明书，核查控制器的功能	—	—	—	—	—	—	□	C	
			2 应能接收、显示、保持其他控制器配接的灯具、集中电源或应急照明配电箱的工作状态信息		—	—	—	—	—	—	□	C	
			☆借用其他防火分区疏散的防火分区和需要采用不同疏散预案的交通隧道、地铁隧道、地铁站台和站厅等场所										
		3.4.5	疏散指示方案、系统部件的工作状态应在应急照明控制器或专用消防控制室图形显示装置上以图形方式显示	对照设计文件、产品使用说明书，核查控制器或图形显示装置的显示功能	—	—	—	—	—	—	□	C	
	1.2 控制器容量	3.4.2	直接控制灯具的总数量不应大于3200	对照设计文件核查控制器配接灯具的数量	—	—	—	—	—	—	□	C	
	2 设备选型												
	2.1 规格型号	4.1.6	规格、型号应符合设计文件的要求	对照设计文件核查设备的规格型号	—	—	—	—	—	—	□	A	
	2.2 防护等级	3.4.1 3.3.7 3.3.8	1 在隧道或潮湿场所设置时，防护等级不应低于IP65	对照设计文件核查设备的设置部位和防护等级	—	—	—	—	—	—	□	C	
			2 在电气竖井内设置时，防护等级不应低于IP33		—	—	—	—	—	—	□	C	
			部件类型：☆应急照明控制器										
	2.3 蓄电池电源		宜优先选择安全性高、不含重金属等对环境有害物质的蓄电池（组）	核查控制器内置蓄电池（组）的规格型号	—	—	—	—	—	—	□	C	
	2.4 通信接口	3.4.1	应具有能接收火灾报警控制器或消防联动控制器干接点信号或DC24V信号接口	对照产品使用说明书核查应急照明控制器的信号接口	—	—	—	—	—	—	□	C	
	☆2.5 通信协议		应急照明控制器与消防联动控制器的通信接口和通信协议的兼容性应符合GB 22134的有关规定	应急照明控制器采用通信协议与消防联动控制器之间通信时，核查应急照明控制器与消防联动控制器的兼容性检验报告	—	—	—	—	—	—	□	C	

230

续表E.0.1-2

设备、区域编号	项目	条款	子项（调试、检测、验收内容）		施工单位调试记录			监理单位检查记录			检测、验收结果		
			调试、检测、验收要求	调试、检测、验收方法	符合	不符合	说明	符合	不符合	说明	合格	不合格	说明
设备编号	部件类型：☆集中电源选型												
	2.3 蓄电池电源		宜优先选择安全性高、不含重金属等对环境有害物质的蓄电池（组）	核查集中电源内置蓄电池（组）的规格型号	—	—	—	—	—	—	□	C	
	2.4 输出功率	3.3.8	集中电源的额定输出功率不应大于5kW	核查集中电源的额定输出功率	—	—	—	—	—	—	□	C	
			☆设置在电缆竖井中的集中电源的额定输出功率不应大于1kW	对照设计文件核查集中电源的设置部位和额定输出功率	—	—	—	—	—	—	□	C	
	部件类型：☆应急照明配电箱												
	2.4 进出线方式	3.3.7	应选择进出线口设置在箱体下部的应急照明配电箱	对照产品使用说明书核查应急照明配电箱进出线口设置情况	—	—	—	—	—	—	□	C	
	3 设备设置												
	3.1 设置数量	4.1.6	设备的数量应符合设计文件的规定	对照设计文件核查设备的数量	—	—	—	—	—	—	□	C	
	3.2 设置部位		部件类型：☆应急照明控制器、☆集中电源										
			☆设置在消防控制室地面上时										
		3.4.6	1) 设备面盘前的操作距离，单列布置时不应小于1.5m；双列布置时不应小于2m；2) 在值班人员经常工作的一面，设备面盘至墙的距离不应小于3m；3) 设备面盘后的维修距离不宜小于1m；4) 设备面盘的排列长度大于4m时，其两端应设置宽度不小于1m的通道	用尺测量设备的操作距离、设备面盘至墙的距离、设备面盘后的维修距离、设备面盘的排列长度、设备两端通道的宽度	—	—	—	—	—	—	□	C	
			☆设置在消防控制室墙面上时										
			其主显示屏高度宜为1.5m～1.8m，靠近门轴的侧面距墙不应小于0.5m，正面操作距离不应小于1.2m	用尺测量设备主显示屏的高度、设备侧面至墙的距离、设备的操作距离	—	—	—	—	—	—	□	C	
			部件类型：☆应急照明控制器										
		3.4.6	1 控制器应设置在消防控制室内或有人值班的场所	对照设计文件核查设备的设置部位	—	—	—	—	—	—	□	C	
			☆2 设置多台控制器时，起集中控制功能的控制器应设置在消防控制室内，其他控制器可设置在电气竖井、配电间等无人值班的场所		—	—	—	—	—	—	□	C	
			部件类型：☆集中电源										
		3.3.8	1 应按防火分区的划分情况设置集中电源；灯具总功率大于5kW的系统，应分散设置集中电源	对照设计文件核算灯具的功率，核查集中电源的设置情况	—	—	—	—	—	—	□	C	
			2 应设置在消防控制室、低压配电室或配电间内；容量不大于1kW时，可设置在电气竖井内	对照设计文件核查集中电源的容量、设置部位	—	—	—	—	—	—	□	C	
			3 设置场所不应有可燃气管道、易燃物、腐蚀性气体或蒸气	对照设计文件核查设置场所的环境条件	—	—	—	—	—	—	□	C	

续表 E.0.1-2

设备、区域编号	项目	条款	子项（调试、检测、验收内容）		施工单位调试记录			监理单位检查记录			检测、验收结果		
			调试、检测、验收要求	调试、检测、验收方法	符合	不符合	说明	符合	不符合	说明	合格	不合格	说明
设备编号	3.2 设置部位	3.3.8	4 酸性电池（组）设置场所不应存放带有碱性介质的物质；碱性电池（组）设置场所不应存放带有酸性介质的物质	对照设计文件核查设置场所的环境条件	—	—	—	—	—	—	□	C	
			5 设置场所应通风良好，设置场所的环境温度不应超出电池标称的工作温度范围		—	—	—	—	—	—	□	C	
		部件类型：☆应急照明配电箱											
		3.3.7	☆1 人员密集场所，每个防火分区设置独立的应急照明配电箱	对照设计文件核对设备的设置部位	—	—	—	—	—	—	□	C	
			☆1 非人员密集场所，多个相邻防火分区可设置一个共用的应急照明配电箱		—	—	—	—	—	—	□	C	
			☆1 防烟楼梯间应设置独立的应急照明配电箱，封闭楼梯间宜设置独立的应急照明配电箱		—	—	—	—	—	—	□	C	
			2 宜设置于值班室、设备机房、配电间或电气竖井内		—	—	—	—	—	—	□	C	
	4 消防产品准入制度												
	认证证书和标识	3.1.5	应有与其相符合的、有效的认证证书和认证标识	核查产品的认证证书和认证标识	—	—	—	—	—	—	□	A	
	5 设备供配电												
	部件类型：☆应急照明控制器												
	5.1 设备供电	3.4.7	应急照明控制器的主电源应由消防电源供电；控制器的自带蓄电池备用电源应至少使控制器在主电源中断后工作3h	核查控制器的主电源供电情况，核算控制器蓄电池电源的功率	—	—	—	—	—	—	□	C	
	部件类型：☆集中电源												
	5.1 设备供电	3.3.8	☆集中控制型系统中，集中设置的集中电源应由消防电源的专用应急回路供电，分散设置的集中电源应由所在防火分区的消防电源配电箱供电	对照设计文件核查系统类型的选择情况、集中电源的供电情况	—	—	—	—	—	—	□	C	
			☆非集中控制型系统中，集中统一设置的集中电源应由正常照明线路供电，分散设置的集中电源应由防火分区内的正常照明配电箱供电		—	—	—	—	—	—	□	C	
	5.2 输出回路		1 集中电源的输出回路不应超过8路	对照设计文件、产品使用说明书，核查集中电源输出回路数量	—	—	—	—	—	—	□	C	
			☆2 沿电缆管井垂向不同楼层的灯具供电时，公共建筑的供电范围不宜超过8层，住宅建筑的供电范围不宜超过18层	对照设计文件核查集中电源的供电范围	—	—	—	—	—	—	□	C	

续表 E.0.1-2

设备、区域编号	项目	条款	子项（调试、检测、验收内容）		施工单位调试记录			监理单位检查记录			检测、验收结果		
			调试、检测、验收要求	调试、检测、验收方法	符合	不符合	说明	符合	不符合	说明	合格	不合格	说明
设备编号	部件类型：☆应急照明配电箱												
	5.1 设备供电	3.3.7	☆1 集中控制型系统中，应由消防电源的专用应急回路或所在防火分区内的消防电源配电箱供电	对照设计文件核查系统类型的选择情况、应急照明配电箱的供电情况	—	—	—	—	—	—	□	C	
			☆1 非集中控制型系统中，应由防火分区内的正常照明配电箱供电		—	—	—	—	—	—	□	C	
			☆2 A型应急照明配电箱的变压装置可设置在应急照明配电箱内或附近	对照设计文件核查应急照明配电箱的电压等级、变压装置设置情况	—	—	—	—	—	—	□	C	
	5.2 输出回路		1 A型应急照明配电箱的输出回路不应超过8路；B型应急照明配电箱的输出回路不应超过12路	对照设计文件、产品使用说明书，核查应急照明配电箱的电压等级、输出回路数量	—	—	—	—	—	—	□	C	
			2 应急照明配电箱沿电气竖井垂直向不同楼层的灯具供电时，公共建筑的供电范围不宜超过8层，住宅建筑的供电范围不宜超过18层	对照设计文件核查应急照明配电箱的供电范围	—	—	—	—	—	—	□	C	
	6 安装质量												
	6.1 安装工艺	4.1.7	☆在有爆炸危险性场所的安装，应符合GB 50257的相关规定	检查施工工艺是否符合GB 50257的规定	—	—	—	—	—	—	□	C	
	部件类型：☆集中电源												
	6.2 安装位置	4.4.4	集中电源前、后部应适当留出更换蓄电池（组）的作业空间	检查集中电源的安装位置	—	—	—	—	—	—	□	C	
	6.3 设备安装	4.4.1	1 设备应安装牢固，不得倾斜	用手感检查设备的固定情况，落地安装时，用尺测量设备底边距地（楼）面的距离	—	—	—	—	—	—	□	C	
			☆2 安装在轻质墙上时，应采取加固措施		—	—	—	—	—	—	□	C	
			☆2 落地安装时，其底边宜高出地（楼）面100mm～200mm		—	—	—	—	—	—	□	C	
			☆3 设备在电气竖井内安装时，应采用下出口进线方式	对照设计文件核查设备的安装部位，检查设备的进线方式	—	—	—	—	—	—	□	C	
			4 设备的接地应牢固，并应设置明显的永久性标识	用专用设备检查设备接地线的连接情况，检查设备接地标识	—	—	—	—	—	—	□	C	
	6.4 设备引入线缆	4.4.5	1 配线应整齐，不宜交叉，并应固定牢靠	检查设备内部配线情况	—	—	—	—	—	—	□	C	
			2 线缆芯线的端部，均应标明编号，并与图纸一致，字迹应清晰且不易褪色	对照设计文件检查逐一线缆的标号	—	—	—	—	—	—	□	C	
			3 端子板的每个接线端，接线不得超过2根	检查端子接线情况	—	—	—	—	—	—	□	C	
			4 线缆应留有不小于200mm的余量	用尺测量线缆的余量长度	—	—	—	—	—	—	□	C	
			5 线缆应绑扎成束	检查线缆的布置情况	—	—	—	—	—	—	□	C	
			6 线缆穿管、槽盒后，应将管口、槽口封堵	检查管口、槽口封堵情况	—	—	—	—	—	—	□	C	

续表 E.0.1-2

设备、区域编号	项目	条款	子项（调试、检测、验收内容）		施工单位调试记录			监理单位检查记录			检测、验收结果		
			调试、检测、验收要求	调试、检测、验收方法	符合	不符合	说明	符合	不符合	说明	合格	不合格	说明
设备编号	☆6.5 蓄电池安装	4.4.2	应急照明控制器、集中电源自带蓄电池（组）需进行现场安装时：蓄电池（组）规格、型号、容量应符合设计文件的规定，蓄电池（组）安装应符合产品使用说明书的要求	对照设计文件核对蓄电池（组）的规格、型号、容量；检查蓄电池（组）的安装情况	—	—	—	—	—	—	□		C
	☆6.6 应急照明控制器电源连接	4.4.3	控制器的主电源应设置明显永久性标识，并应直接与消防电源连接，严禁使用电源插头；设备与其外接备用电源之间应直接连接	检查设备主电源标识设置情况，与消防电源的连接情况，与外接备用电源的连接情况							□		C
	7 系统部件基本功能												
	部件类型：☆应急照明控制器												
	调试准备	5.2.2	按照附录D的规定进行地址设置，控制器地址注释信息录入		□	□		□	□		—	—	
		5.3.1	将应急照明控制器与配接的应急照明配电箱、集中电源、灯具相连接后，接通电源，使控制器处于正常监视状态		□	□		□	□		—	—	
	7.1 自检功能		控制器应能对指示灯、显示器和音响器件进行功能自检	操作控制器的自检机构，检查控制器指示灯、显示器和音响器的动作情况	□	□		□	□		□		C
	7.2 操作级别		控制器应能防止非专业人员操作	检查控制器是否具有防止非专业人员操作的措施	□	□		□	□		□		C
	7.3 主、备电自动转换功能		控制器主电断电后，备电应能自动投入；主电恢复后，主电应能自动投入；主电、备电工作指示灯应能正确指示控制器主、备电的工作状态	切断主电源，检查备用电源应自动投入情况，观察工作指示灯显示情况；恢复主电源，检查主电源自动投入情况，观察工作指示灯显示情况	□	□		□	□		□		C
	7.4 故障报警功能	5.3.2	1 与备用电源之间连线断路、短路时，控制器应在100s内发出故障声、光信号，显示故障类型	分别使控制器与备用电源之间连线断路、短路，观察控制器故障信息显示情况	□	□		□	□		□		C
			2 控制器与应急照明配电箱或集中电源通信故障时，控制器应显示故障部件地址注释信息，且显示的地址注释信息应与附录D一致	使控制器处于备电工作工作状态，使控制器与任一配接的应急照明配电箱或集中电源通信故障；检查控制器故障信息显示情况	□	□		□	□		□		C
			3 灯具与应急照明配电箱或集中电源之间连线短路、断路时，控制器应显示故障部件地址注释信息，显示的地址注释信息应与附录D一致	分别使应急照明配电箱或集中电源与任一灯具之间的连线短路、断路；观察控制器故障信息显示情况	□	□		□	□		□		C
	7.5 消音功能		控制器应能手动消除报警声信号	手动操作控制器的消音键，检查控制器声信号消除情况	□	□		□	□		□		C
	7.6 一键检查功能		应急照明控制器应能采用一键式操作方式，手动检查其配接所有系统设备工作状态信息	手动操作控制器的一键检查按钮，对照设计文件核查应急照明控制器的显示情况	□	□		□	□		□		C

续表 E.0.1-2

设备、区域编号	项目	条款	子项（调试、检测、验收内容）		施工单位调试记录			监理单位检查记录			检测、验收结果		
			调试、检测、验收要求	调试、检测、验收方法	符合	不符合	说明	符合	不符合	说明	合格	不合格	说明
设备编号	调试恢复	5.1.3	恢复控制器的正常连接，使控制器处于正常监视状态		□	□		□	□		—	—	
	部件类型：☆集中电源												
	调试准备	5.3.3	将集中电源与灯具相连接后，接通电源，使集中电源处于正常工作状态		□	□		□	□		—	—	
	7.1 操作级别		集中电源应能防止非专业人员操作	检查集中电源是否具有防止非专业人员操作的措施	□	□		□	□		□	C	
	7.2 故障报警功能	5.3.4	1 集中电源的充电器与电池组之间连线断路时，集中电源应发出故障声、光信号，显示故障类型	使集中电源的充电器与电池组之间连线断路，观察集中电源故障信息显示情况	□	□		□	□		□	C	
			2 集中电源应急输出回路开路时，集中电源应发出故障声、光信号，显示故障类型	操作集中电源应急输出启动按钮，使集中电源转入蓄电池电源输出，使任一输出回路断开，观察集中电源故障信息显示情况	□	□		□	□				
	7.3 消音功能		集中电源应能手动消除报警声信号	手动操作集中电源消音键，检查控制器声信号消除情况	□	□		□	□		□	C	
	7.4 分配电输出功能	5.3.4	集中电源处于主电或蓄电池电源输出时，各配电回路的输出电压应符合设计文件的规定	集中电源处于主电输出或蓄电池电源输出状态时，分别用万用表测量各回路输出电压，对照设计文件核对电压测量值	□	□		□	□		□	A	
	部件类型：☆集中控制型集中电源												
	7.5 电源转换手动测试		应能手动控制应急照明集中电源实现主电源和蓄电池电源的输出转换	手动操作应急照明集中电源的主电源和蓄电池电源转换测试按键（钮）或开关，检查集中电源的输出转换情况	□	□		□	□		□	A	
	7.6 通信故障连锁控制功能	5.3.4	应急照明控制器与集中电源通信中断时，集中电源配接的所有非持续型照明灯的光源应应急点亮、所有非持续型灯具的光源由节电模式转入应急点亮模式	使控制器与集中电源通信故障，对照设计文件和疏散指示方案检查灯具光源点亮情况	□	□		□	□		□	A	
	7.7 灯具应急状态保持功能		集中电源配接的灯具处于应急工作状态时，任一灯具回路的短路、断路不应影响其他回路灯具的应急工作状态	使集中电源配接的灯具处于应急工作状态，任意选取一个回路，分别使该回路短路、断路，观察其他回路灯具的工作状态	□	□		□	□		□	A	
	调试恢复	5.1.4	恢复集中电源的正常连接，使集中电源处于主电输出状态		□	□		□	□		—	—	
	部件类型：☆应急照明配电箱												
	调试准备	5.3.5	接通应急照明配电箱的主电源，使应急照明配电箱处于正常工作状态		□	□		□	□		—	—	
	7.1 主电源分配输出功能	5.3.6	应急照明配电箱的各配电回路的输出电压应符合设计文件的规定	用万用表测量应急照明配电箱各回路输出电压，对照设计文件核对电压测量值	□	□		□	□		□	A	
	部件类型：☆集中控制型应急照明配电箱												

续表 E.0.1-2

设备、区域编号	项目	条款	子项（调试、检测、验收内容）		施工单位调试记录			监理单位检查记录			检测、验收结果		
			调试、检测、验收要求	调试、检测、验收方法	符合	不符合	说明	符合	不符合	说明	合格	不合格	说明
设备编号	7.2 主电源输出关断测试功能	5.3.6	应能手动控制应急照明配电箱切断主电源输出，并能手动控制应急照明配电箱恢复主电源输出	分别手动操作应急照明配电箱的主电源输出关断测试按键（钮）或开关和主电源输出恢复按键（钮）或开关检查应急照明配电箱主电源输出的状态	□	□		□	□		□	A	
	7.3 通信故障连锁控制功能		应急照明控制器与应急照明配电箱通信中断时，应急照明配电箱配接的所有非持续型照明灯的光源应应急点亮、所有非持续型灯具的光源由节电模式转入应急点亮模式	使控制器与应急照明配电箱通信故障，对照设计文件和疏散指示方案检查灯具光源点亮情况	□	□		□	□		□	A	
	7.4 灯具应急状态保持功能		应急照明配电箱配接的灯具处于应急工作状态时，任一灯具回路的短路、断路不应影响该回路和其他回路灯具的应急工作状态	使应急照明配电箱配接的灯具处于应急工作状态，任意选取一个回路，分别使该回路短路、断路，观察灯具的工作状态	□	□		□	□		□	A	
	调试恢复	5.1.3	恢复应急照明配电箱主电输出		□			□			—	—	
2 系统功能调试、检测、验收													
☆Ⅰ 集中控制型系统功能调试、检测、验收													
Ⅰ-1 非火灾状态下系统控制功能调试、检测、验收													
区域编号	调试准备	5.2.3	1 按照系统控制逻辑设计文件的规定，进行灯具应急启动、B型灯具蓄电池电源转换控制逻辑编程，并录入控制器中		□	□		□	□		—	—	
		5.4.1	2 使集中电源的蓄电池组、灯具自带的蓄电池连续充电24h		□	□		□	□		—	—	
	1 系统正常工作模式	5.4.2	☆1 灯具采用集中电源供电时，集中电源应保持主电源输出	对照设计文件，核对灯具蓄电池电源的供电方式，检查集中电源或应急照明配电箱的工作状态	□	□		□	□		□	C	
			☆1 灯具采用自带蓄电池供电时，应急照明配电箱应保持主电源输出		□	□		□	□		□	C	
			2 该区域内非持续型照明灯的光源应保持熄灭状态，持续型照明灯的光源应保持节电点亮模式	对照设计文件，核对照明灯的类型，对照疏散指示方案检查该区域灯具的工作状态	□	□		□	□		□	C	
			3 该区域内持续型标志灯的光源应按疏散指示方案保持节电点亮模式；该区域需要采用不同疏散预案时，区域内相关标志灯的光源应按该区域默认疏散指示方案保持节电点亮模式		□	□		□	□		□	C	
	2 系统主电源断电控制功能	5.4.3	1 消防电源断电后，该区域内所有非持续型照明灯的光源应应急点亮、持续型灯具的光源由节电点亮模式转入应急点亮模式；灯具持续点亮时间应符合设计文件的规定，且不应大于0.5h	切断建、构筑物的消防电源，对照设计文件和疏散指示方案检查该区域灯具的工作状态，用秒表计时灯具持续点亮的时间	□	□		□	□		□	A	
			2 消防电源恢复后，集中电源或应急照明配电箱应连锁其配接灯具的光源恢复原工作状态	恢复集中电源或应急照明配电箱的主电源供电，对照设计文件和疏散指示方案检查灯具的工作状态	□	□		□	□		□	A	
			3 灯具持续点亮时间达到设计文件规定的时间后，集中电源或应急照明配电箱应连锁其配接灯具的光源熄灭	再次切断建、构筑物的消防电源，并保持至设计文件规定的持续应急时间，检查灯具光源的工作状态	□	□		□	□		□	A	

续表 E.0.1-2

设备、区域编号	项目	条款	子项（调试、检测、验收内容）		施工单位调试记录			监理单位检查记录			检测、验收结果		
			调试、检测、验收要求	调试、检测、验收方法	符合	不符合	说明	符合	不符合	说明	合格	不合格	说明
区域编号	3 系统正常照明断电控制功能	5.4.4	1 该区域正常照明电源断电后，非持续型照明灯的光源应应急点亮、持续型灯具的光源应由节电点亮模式转入应急点亮模式	切断该区域正常照明配电箱的电源输出，对照设计文件和疏散指示方案检查该区域灯具的点亮情况	□	□		□	□		□	A	
			2 恢复正常照明的电源供电后，该区域所有灯具的光源应恢复原工作状态	恢复该区域正常照明的供电，对照设计文件和疏散指示方案检查灯具的工作状态	□	□		□	□		□	C	
	Ⅰ-2 火灾状态系统控制功能调试、检测、验收												
	调试准备	5.4.5	将应急照明控制器与火灾报警控制器或消防联动控制器相连，使应急照明控制器处于正常监视状态		□	□		□	□		—	—	
	1 系统自动应急启动功能	5.4.6	1 应急照明控制器接收到火灾报警控制器发送的火灾报警输出信号后，应发出启动信号，显示启动时间	按照系统控制逻辑设计文件的规定，使火灾报警控制器发出火灾报警输出信号，检查应急照明控制器发出启动信号的情况	□	□		□	□		□	A	
			2 系统内所有的非持续型照明灯的光源应应急点亮、持续型灯具的光源应由节电点亮模式转入应急点亮模式，高危场所灯具光源点亮的响应时间不应大于0.25s，其他场所灯具光源点亮的响应时间不应大于5s	对照疏散指示方案，检查该区域灯具光源的点亮情况，用秒表计时灯具光源点亮的响应时间	□	□		□	□		□	A	
			3 系统配接的B型集中电源应转入蓄电池电源输出、B型应急照明配电箱应切断主电源输出	检查系统中配接B型集中电源、B型应急照明配电箱的工作状态	□	□		□	□		□	A	
			4 系统中配接的A型应急照明配电箱、A型应急照明集中电源应保持主电源输出；系统主电源断电后，A型应急照明集中电源应转入蓄电池电源输出、A型应急照明配电箱应切断主电源输出	检查A型集中电源、A型应急照明配电箱的工作状态，切断系统的主电源供电，再次检查A型集中电源、A型应急照明配电箱的工作状态	□	□		□	□		□	A	
	☆2 借用相邻防火分区疏散的防火分区，标志灯具指示状态改变功能	5.4.7	同一平面层中存在任一防火分区需要借用相邻防火分区疏散的场所										
			1 应急照明控制器接收到消防联动控制器发送的被借用防火分区的火灾报警区域信号后，应发送控制标志灯指示状态改变的启动信号，显示启动时间	按照系统控制逻辑设计文件的规定，使消防联动控制器发出被借用防火分区火灾报警的火灾报警区域信号，检查应急照明控制器发出启动信号的情况	□	□		□	□		□	A	
			2 该防火分区内，按照不可借用相邻防火分区疏散工况条件对应的疏散指示方案，需要变换指示方向的方向标志灯应改变箭头指示方向，通向被借用防火分区入口的出口标志"出口指示标志"的光源应熄灭、"禁止入内"指示标志的光源应点亮，其他标志灯的工作状态应保持不变，灯具改变指示状态的响应时间不应大于5s	对照疏散指示方案，检查该防火分区内灯具的工作状态，用秒表测量灯具指示状态改变的响应时间	□	□		□	□		□	A	

— 237 —

续表 E.0.1-2

设备、区域编号	项目	条款	子项（调试、检测、验收内容）		施工单位调试记录			监理单位检查记录			检测、验收结果		
			调试、检测、验收要求	调试、检测、验收方法	符合	不符合	说明	符合	不符合	说明	合格	不合格	说明
区域编号	☆3 需要采用不同疏散预案的交通隧道、地铁隧道、站台和站厅等场所，标志灯具指示状态改变功能	5.4.7	需要采用不同疏散预案的交通隧道、地铁隧道、站台和站厅等场所										
			1 应急照明控制器接收到消防联动控制器发送的代表非默认疏散预案的消防联动控制信号后，应发出控制标志灯指示状态改变的启动信号，显示启动时间	按照系统控制逻辑设计文件的规定，使消防联动控制器发出代表相应疏散预案的消防联动控制信号，检查应急照明控制器发出启动信号的情况	□	□		□	□		□	A	
			2 该区域内按照对应指示方案，需要变换指示方向的方向标志灯应改变箭头指示方向，通向需要关闭的疏散出口处设置的出口标志灯"出口指示标志"的光源应熄灭，"禁止入内"指示标志的光源应应急点亮，其他标志灯的工作状态应保持不变，灯具改变指示状态的响应时间不应大于5s	对照疏散指示方案，检查该区域内应灯具的工作状态，用秒表测量灯具指示状态改变的响应时间	□	□		□	□		□	A	
	4 系统手动应急启动功能		1 手动操作应急照明控制器的一键启动按钮后，应急照明控制器应发出手动应急启动信号，显示启动时间	手动操作控制器的一键启动按钮，检查应急照明控制器发出启动信号的情况	□	□		□	□		□	A	
			2 系统内所有的非持续型照明灯的光源应应急点亮、持续型灯具的光源应由节电点亮模式转入应急点亮模式	对照疏散指示方案，检查该区域灯具光源的点亮情况	□	□		□	□		□	A	
			3 集中电源应转入蓄电池电源输出、应急照明配电箱应切断主电源的输出	检查集中电源或应急照明配电箱的工作状态	□	□		□	□		□	·A	
设备编号	5 地面最低水平照度	3.2.5	Ⅰ-1 病房楼或手术部的避难间	保持灯具的应急工作状态，用照度计测量该区域上述部位地面的水平照度，核查测量值是否低于规定指标				□	□		□	C	
			Ⅰ-2 老年人照料设施					□	□		□	C	
			Ⅰ-3 人员密集场所、老年人照料设施、病房楼或手术部内的楼梯间、前室或合用前室、避难走道					□	□		□	C	
			Ⅰ-4 逃生辅助装置存放处等特殊区域					□	□		□	C	
			Ⅰ-5 屋顶直升机停机坪					□	□		□	C	
			Ⅱ-1 除Ⅰ-3规定的敞开楼梯间、封闭楼梯间、防烟楼梯间及其前室，室外楼梯					□	□		□	C	
			Ⅱ-2 消防电梯间的前室或合用前室					□	□		□	C	
			Ⅱ-3 除Ⅰ-3规定的避难走道					□	□		□	C	
			Ⅱ-4 寄宿制幼儿园和小学的寝室、医院手术室及重症监护室等病人行动不便的病房等需要救援人员协助疏散的区域					□	□		□	C	
			Ⅲ-1 除Ⅰ-1规定避难层（间）					□	□		□	C	
			Ⅲ-2 观众厅，展览厅，电影院，多功能厅，建筑面积大于200m²的营业厅、餐厅、演播厅，建筑面积超过400m²的办公大厅、会议室等人员密集场所					□	□		□	C	
			Ⅲ-3 人员密集厂房内的生产场所					□	□		□	C	
			Ⅲ-4 室内步行街两侧的商铺					□	□		□	C	
			Ⅲ-5 建筑面积大于100m²的地下或半地下公共活动场所					□	□		□	C	

续表 E.0.1-2

设备、区域编号	项目	条款	子项（调试、检测、验收内容）		施工单位调试记录			监理单位检查记录			检测、验收结果		
			调试、检测、验收要求	调试、检测、验收方法	符合	不符合	说明	符合	不符合	说明	合格	不合格	说明
设备编号	5 地面最低水平照度	3.2.5	Ⅳ-1 除Ⅰ-2、Ⅱ-4、Ⅲ-2～Ⅲ-5规定场所的疏散走道、疏散通道	保持灯具的应急工作状态，用照度计测量该区域上述部位地面的水平照度，核查测量值是否低于规定指标	□	□		□	□		□	□	C
			Ⅳ-2 室内步行街		□	□		□	□		□	□	C
			Ⅳ-3 城市交通隧道两侧、人行横通道和人行疏散通道		□	□		□	□		□	□	C
			Ⅳ-4 宾馆、酒店的客房		□	□		□	□		□	□	C
			Ⅳ-5 自动扶梯上方或侧上方		□	□		□	□		□	□	C
			Ⅳ-6 安全出口外面及附近区域、连廊的连接处两端		□	□		□	□		□	□	C
			Ⅳ-7 进入屋顶直升机停机坪的途径		□	□		□	□		□	□	C
			Ⅳ-8 配电室、消防控制室、消防水泵房、自备发电机房等发生火灾时仍需工作、值守的区域		□	□		□	□		□	□	C
	6 灯具蓄电池电源持续工作时间	3.2.4	☆1 建筑高度大于100m的民用建筑，不应小于1.5h	保持灯具的应急工作状态，灯具蓄电池电源供电，对照设计文件核查灯具的设置场所，用秒表开始计时，采用巡查方式观察该区域内灯具光源熄灭情况，任一只灯具光源熄灭停止计时或持续工作时间满足规定指标后停止计时，核查灯具光源应急点亮的持续工作时间是否低于规定指标	□	□		□	□		□	□	B
			☆2 医疗建筑、老年人建筑、总建筑面积大于100000m²的公共建筑和总建筑面积大于20000m²的地下、半地下建筑，不应少于1.0h		□	□		□	□		□	□	B
			☆3 其他建筑，不应少于0.5h		□	□		□	□		□	□	B
			☆4 一、二类隧道不应小于1.5h，隧道端口外接的站房不应小于2.0h		□	□		□	□		□	□	B
			☆5 三、四类隧道不应小于1.0h，隧道端口外接的站房不应小于1.5h		□	□		□	□		□	□	B
			6 系统初装容量应为☆1～☆5规定持续工作时间的3倍		□	□		□	□		□	□	B
区域编号	☆Ⅱ 非集中控制型系统应急启动功能调试、检测、验收												
	Ⅱ-1 非火灾状态下系统控制功能调试、检测、验收												
	调试准备	5.5.1	使集中电源的蓄电池组、灯具自带的蓄电池连续充电24h		□	□					—	—	
	1 系统正常工作模式	5.5.2	☆1 灯具采用集中电源供电时，集中电源应保持主电源输出	对照设计文件，核查灯具蓄电池电源的供电方式，检查集中电源或应急照明配电箱的工作状态	□	□		□	□		□	□	C
			☆1 灯具采用自带蓄电池供电时，应急照明配电箱应保持主电源输出		□	□		□	□		□	□	C
			2 系统灯具的工作状态应符合设计文件的规定	对照设计文件，核对照明灯的类型，对照疏散指示方案检查该区域灯具的工作状态	□	□		□	□		□	□	C
	2 灯具感应点亮功能	5.5.3	非持续型照明灯具有人体、声控等感应方式点亮功能时，灯具设置场所满足灯具点亮条件时，灯具应自动点亮	选取任一只非持续型照明灯，按照产品使用说明书的规定，使灯具的设置场所满足灯具的点亮条件，观察灯具光源的点亮情况	□	□		□	□		□	□	C

239

续表 E.0.1-2

设备、区域编号	项目	条款	子项（调试、检测、验收内容）		施工单位调试记录			监理单位检查记录			检测、验收结果		
			调试、检测、验收要求	调试、检测、验收方法	符合	不符合	说明	符合	不符合	说明	合格	不合格	说明
	☆Ⅱ-2 火灾状态下系统控制功能调试、检测、验收												
	调试准备	5.5.4	使集中电源或应急照明配电箱与火灾报警控制器相连		□	□		□	□		—	—	
区域编号	1 设置区域火灾报警系统的场所，系统自动应急启动功能	5.5.4	☆灯具采用集中电源供电时，集中电源收到火灾报警控制器发出的火灾报警输出信号后，应转入蓄电池电源输出，并控制其所配接的非持续型照明灯光源应应急点亮、持续型灯具的光源应由节电点亮模式转入应急点亮模式，高危场所灯具点亮的响应时间不应大于0.25s，其他场所灯具点亮的响应时间不应大于5s	按照设计文件的规定，使火灾报警控制器发出火灾报警信号，对照疏散指示方案，检查该区域灯具的点亮情况，用秒表计时灯具光源点亮的响应时间	□	□		□	□		□	A	
		5.5.4	☆灯具采用自带蓄电池供电时，应急照明配电箱收到火灾报警控制器发出的火灾报警输出信号后，应切断主电源输出，并控制其所配接的非持续型照明灯光源应应急点亮、持续型灯具的光源应由节电点亮模式转入应急点亮模式，高危场所灯具点亮的响应时间不应大于0.25s，其他场所灯具点亮的响应时间不应大于5s										
	2 系统手动应急启动功能	5.5.5	☆灯具采用集中电源供电时，应能手动控制集中电源转入蓄电池电源输出，并控制其所配接的非持续型照明灯光源应应急点亮、持续型灯具的光源应由节电点亮模式转入应急点亮模式，高危场所灯具点亮的响应时间不应大于0.25s，其他场所灯具点亮的响应时间不应大于5s	手动操作集中电源或应急照明配电箱的应急启动按钮，检查集中电源或应急照明配电箱的工作状态，检查该区域灯具光源的点亮情况，用秒表计时灯具光源点亮的响应时间	□	□		□	□		□	A	
		5.5.5	☆灯具采用自带蓄电池供电时，应能手动控制应急照明配电箱切断电源输出，并控制其所配接的非持续型照明灯光源应应急点亮、持续型灯具的光源应由节电点亮模式转入应急点亮模式，高危场所灯具点亮的响应时间不应大于0.25s，其他场所灯具点亮的响应时间不应大于5s										
	3 照明灯具地面最低水平照度	3.2.5	Ⅰ-1 病房楼或手术部的避难间	保持灯具的应急工作状态，用照度计测量该区域上述部位地面的水平照度，核查测量值是否低于规定指标	□	□		□	□		□	C	
			Ⅰ-4 逃生辅助装置存放处等特殊区域		□	□		□	□		□	C	
			Ⅱ-1 除Ⅰ-3规定的敞开楼梯间、封闭楼梯间、防烟楼梯间及其前室，室外楼梯		□	□		□	□		□	C	
			Ⅱ-3 除Ⅰ-3规定的避难走道		□	□		□	□		□	C	
			Ⅲ-1 除Ⅰ-1规定避难层（间）		□	□		□	□		□	C	
			Ⅳ-1 除Ⅰ-2、Ⅱ-4、Ⅲ-2～Ⅲ-5规定场所的疏散走道、疏散通道		□	□		□	□		□	C	
			Ⅳ-2 室内步行街		□	□		□	□		□	C	
			Ⅳ-3 城市交通隧道两侧、人行横通道和人行疏散通道		□	□		□	□		□	C	

续表 E.0.1-2

设备、区域编号	项目	条款	子项（调试、检测、验收内容）		施工单位调试记录			监理单位检查记录			检测、验收结果		
			调试、检测、验收要求	调试、检测、验收方法	符合	不符合	说明	符合	不符合	说明	合格	不合格	说明
区域编号	3 照明灯具地面最低水平照度	3.2.5	Ⅳ-4 宾馆、酒店的客房	保持灯具的应急工作状态，用照度计测量该区域上述部位地面的水平照度，核查测量值是否低于规定指标	□	□		□	□		□	C	
			Ⅳ-5 自动扶梯上方或侧上方		□	□		□	□		□	C	
			Ⅳ-6 安全出口外面及附近区域、连廊的连接处两端		□	□		□	□		□	C	
			Ⅳ-8 配电室、自备发电机房等发生火灾时仍需工作、值守的区域		□	□		□	□		□	C	
	4 灯具蓄电池供电持续工作时间	3.2.4	1 医疗建筑不应少于1.0h	保持灯具的应急工作状态、灯具蓄电池电源供电，对照设计文件核查灯具的设置场所，用秒表开始计时，采用巡查方式观察该区域灯具光源熄灭情况，任一只灯具光源熄灭停止计时或持续工作时间满足规定指标后停止计时，核查灯具的持续工作时间是否低于规定指标	□	□		□	□		□	B	
			2 其他建筑不应少于0.5h		□	□		□	□		□	B	
			3 三、四类隧道不应小于1.0h，隧道端口外接的站房不应小于1.5h		□	□		□	□		□	B	
			4 系统初装容量应为1～3规定持续工作时间的3倍		□	□		□	□		□	B	
	☆Ⅲ 系统备用照明功能调试、检测、验收												
	系统功能	5.6.1	为灯具供电的正常照明电源断电后，应能自动投入消防电源专用应急回路供电	按照设计文件的规定，切断为备用照明灯具供电的正常照明电源，检查消防电源专用应急回路投入情况	□	□		□	□		□	C	

□调试结论		□合格		□不合格	
□检测、验收结论		□合格		□不合格：xxA＋yyB＋zzC	
建设单位	设计单位	监理单位	施工单位	调试单位	检测、验收单位
（公章） 项目负责人 （签章）	（公章） 项目负责人 （签章）	（公章） 项目负责人 （签章）	（公章） 项目负责人 （签章）	（公章） 项目负责人 （签章）	（公章） 项目负责人 （签章）
年 月 日	年 月 日	年 月 日	年 月 日	年 月 日	年 月 日

附录 F 系统日常巡查记录

F.0.1 表F.0.1中带有"☆"标的项目和子项内容为可选项，当不涉及此项目或子项时，检测、验收试记录不包括此项目或子项。

设备数量应为巡查区域设置的系统设备的数量；设备的外观、运行状况正常时，在对应正常记录表格框中勾选相应的记录项□（☑）；设备的外观破损、设备运行异常时，应描述故障现象，并填写现场处理情况及保修情况记录。

表 F.0.1 系统日常巡查记录　　　　　　编号：

项目名称			使用单位		巡查类别		□每日 □每周		
巡查区域、部位	巡查项目		巡查内容	设备数量	正常	异常情况描述	当场处理情况	报修情况	
	1 应急照明控制器								
		1 设备外观	控制器的外观应完好，无明显的机械损伤		□				
		2 运行状况	控制器应处于正常监视状态，指示灯、显示器无异常显示		□				
	2 集中电源								
		1 设备外观	电源的外观应完好，无明显的机械损伤		□				
		2 运行状况	电源应处于主电输出状态，主电电压、电池电压、输出电压和输出电流显示正常		□				
	3 应急照明配电箱								
		设备外观	设备的外观应完好，无明显的机械损伤		□				
	4 ☆照明灯、☆出口标志灯、☆方向标志灯、☆楼层标志灯								
		1 设备外观	灯具的外观应完好，无明显的机械损伤		□				
		2 运行状况	灯具周围应无遮挡，持续型标志灯具的光源均应处于点亮状态，灯具的指示灯显示正常		□				
巡查人： （签名） 年 月 日				消防安全责任人、消防安全管理人： （签名） 年 月 日					

12. 《消防控制室通用技术要求》GB 25506—2010

3 一般要求

3.1 消防控制室内设置的消防设备应包括火灾报警控制器、消防联动控制器、消防控制室图形显示装置、消防电话总机、消防应急广播控制装置、消防应急照明和疏散指示系统控制装置、消防电源监控器等设备，或具有相应功能的组合设备。

3.2 消防控制室内设置的消防设备应能监控并显示建筑消防设施运行状态信息，并应具有向城市消防远程监控中心（以下简称监控中心）传输这些信息的功能。建筑消防设施运行状态信息见附录 A。

3.3 消防控制室内应保存 4.1 规定的资料和附录 B 规定的消防安全管理信息，并可具有向监控中心传输消防安全管理信息的功能。

3.4 具有两个或两个以上消防控制室时，应确定主消防控制室和分消防控制室。主消防控制室内的消防设备应对系统内共用的消防设备进行控制，并显示其状态信息；主消防控制室内的消防设备应能显示各分消防控制室内消防设备的状态信息，并可对分消防控制室内的消防设备及其控制的消防系统和设备进行控制；各分消防控制室之间的消防设备之间可以互相传输、显示状态信息，但不应互相控制。

3.5 消防控制室内设置的消防设备应为符合国家市场准入制度的产品。消防控制室的设计、建设和运行应符合国家现行有关标准的规定。

3.6 消防设备组成系统时，各设备之间应满足系统兼容性要求。

4 资料和管理要求

4.1 消防控制室资料

消防控制室内应保存下列纸质和电子档案资料：

a) 建（构）筑物竣工后的总平面布局图、建筑消防设施平面布置图、建筑消防设施系统图及安全出口布置、重点部位位置图等；

b) 消防安全管理规章制度、应急灭火预案、应急疏散预案等；

c) 消防安全组织结构图，包括消防安全责任人、管理人、专职、义务消防人员等内容；

d) 消防安全培训记录、灭火和应急疏散预案的演练记录；

e) 值班情况、消防安全检查情况及巡查情况的记录；

f) 消防设施一览表，包括消防设施的类型、数量、状态等内容；

g) 消防系统控制逻辑关系说明、设备使用说明书、系统操作规程、系统和设备维护保养制度等；

h) 设备运行状况、接报警记录、火灾处理情况、设备检修检测报告等资料，这些资料应能定期保存和归档。

4.2 消防控制室管理及应急程序

4.2.1 消防控制室管理应符合下列要求：

a) 应实行每日 24h 专人值班制度，每班不应少于 2 人，值班人员应持有消防控制室操作职业资格证书；

b) 消防设施日常维护管理应符合 GB 25201 的要求；

c) 应确保火灾自动报警系统、灭火系统和其他联动控制设备处于正常工作状态，不得将应处于自动状态的设在手动状态；

d) 应确保高位消防水箱、消防水池、气压水罐等消防储水设施水量充足，确保消防泵出水管阀门、自动喷水灭火系统管道上的阀门常开；确保消防水泵、防排烟风机、防火卷帘等消防用电设备的配电柜启动开关处于自动位置（通电状态）。

4.2.2 消防控制室的值班应急程序应符合下列要求：

a) 接到火灾警报后，值班人员应立即以最快方式确认；

b) 火灾确认后，值班人员应立即确认火灾报警联动控制开关处于自动状态，同时拨打"119"报警，报警时应说明着火单位地点、起火部位、着火物种类、火势大小、报警人姓名和联系电话；

c) 值班人员应立即启动单位内部应急疏散和灭火预案，并同时报告单位负责人。

5 控制和显示要求

5.1 消防控制室图形显示装置

消防控制室图形显示装置应符合下列要求：

a) 应能显示 4.1 规定的资料内容及附录 B 规定的其他相关信息；

b) 应能用同一界面显示建（构）筑物周边消防车道、消防登高车操作场地、消防水源位置，以及相邻建筑的防火间距、建筑面积、建筑高度、使用性质等情况；

c) 应能显示消防系统及设备的名称、位置和 5.2～5.7 规定的动态信息；

d) 当有火灾报警信号、监管报警信号、反馈信号、屏蔽信号、故障信号输入时，应有相应状态的专用总指示，在总平面布局图中应显示输入信号所在的建（构）筑物的位置，在建筑平面图上应显示输入信号所在的位置和名称，并记录时间、信号类别和部位等信息；

e) 应在 10s 内显示输入的火灾报警信号和反馈信号的状态信息，100s 内显示其他输入信号的状态信息；

f) 应采用中文标注和中文界面，界面对角线长度不应小于 430mm；

g) 应能显示可燃气体探测报警系统、电气火灾监控系统的报警信息、故障信息和相关联动反馈信息。

5.2 火灾报警控制器

火灾报警控制器应符合下列要求：

a) 应能显示火灾探测器、火灾显示盘、手动火灾报警按钮的正常工作状态、火灾报警状态、屏蔽状态及故障状态等相关信息；

b) 应能控制火灾声光警报器启动和停止。

5.3 消防联动控制器

5.3.1 应能将 5.3.2～5.3.10 消防系统及设备的状态信息传输到消防控制室图形显示装置。

5.3.2 对自动喷水灭火系统的控制和显示应符合下列要求：

a) 应能显示喷淋泵电源的工作状态；

b) 应能显示喷淋泵（稳压或增压泵）的启、停状态和故障状态，并显示水流指示器、信号阀、报警阀、压力开关等设备的正常工作状态和动作状态、消防水箱（池）最低水位信息和管网最低压力报警信息；

c) 应能手动控制喷淋泵的启、停，并显示其手动启、停和自动启动的动作反馈信号。

5.3.3 对消火栓系统的控制和显示应符合下列要求：

a) 应能显示消防水泵电源的工作状态；

b) 应能显示消防水泵（稳压成增压泵）的启、停和故障状态，并显示消火栓按钮的正常工作状态和动作状态及位置等信息、消防水箱（池）最低水位信息和管网最低压力报警信息；

c) 应能手动和自动控制消防水泵启、停，并显示其动作反馈信号。

5.3.4 对气体灭火系统的控制和显示应符合下列要求：

a) 应能显示系统的手动、自动工作状态及故障状态；

b) 应能显示系统的驱动装置的正常工作状态和动作状态，并能显示防护区域中的防火门（窗）、防火阀、通风空调等设备的正常工作状态和动作状态；

c) 应能手动控制系统的启、停，并显示延时状态信号、紧急停止信号和管网压力信号。

5.3.5 对水喷雾、细水雾灭火系统的控制和显示应符合下列要求：

a) 水喷雾灭火系统、采用水泵供水的细水雾灭火系统应符合 5.3.2 的要求；

b) 采用压力容器供水的细水雾灭火系统应符合 5.3.4 的要求。

5.3.6 对泡沫灭火系统的控制和显示应符合下列要求：

a) 应能显示消防水泵、泡沫液泵电源的工作状态；

b) 应能显示系统的手动、自动工作状态及故障状态；

c) 应能显示消防水泵、泡沫液泵的启、停状态和故障状态，并显示消防水池（箱）最低水位和泡沫液罐最低液位信息；

d) 应能手动控制消防水泵和泡沫液泵的启、停，并显示其动作反馈信号。

5.3.7 对干粉灭火系统的控制和显示应符合下列要求：

a) 应能显示系统的手动、自动工作状态及故障状态；

b) 应能显示系统的驱动装置的正常工作状态和动作状态，并能显示防护区域中的防火门窗、防火阀、通风空调等设备的正常工作状态和动作状态；

c) 应能手动控制系统的启动和停止，并显示延时状态信号、紧急停止信号和管网压力信号。

5.3.8 对防烟排烟系统及通风空调系统的控制和显示应符合下列要求：

a) 应能显示防烟排烟系统风机电源的工作状态；

b) 应能显示防烟排烟系统的手动、自动工作状态及防烟排烟系统风机的正常工作状态和动作状态；

c) 应能控制防烟排烟系统及通风空调系统的风机和电动排烟防火阀、电控挡烟垂壁、电动防火阀、常闭送风口、排烟阀（口）、电动排烟窗的动作，并显示其反馈信号。

5.3.9 对防火门及防火卷帘系统的控制和显示应符合下列要求：

a) 应能显示防火门控制器、防火卷帘控制器的工作状态和故障状态等动态信息；

b) 应能显示防火卷帘、常开防火门、人员密集场所中因管理需要平时常闭的疏散门及具有信号反馈功能的防火门的工作状态；

c) 应能关闭防火卷帘和常开防火门，并显示其反馈信号。

5.3.10 对电梯的控制和显示应符合下列要求：

a) 应能控制所有电梯全部回降首层，非消防电梯应开门停用，消防电梯应开门待用，并显示反馈信号及消防电梯运行时所在楼层；

b) 应能显示消防电梯的故障状态和停用状态。

5.4 消防电话总机

消防电话总机应符合下列要求：

a) 应能与各消防电话分机通话，并具有插入通话功能；

b) 应能接收来自消防电话插孔的呼叫，并能通话；

c) 应有消防电话通话录音功能；

d) 应能显示各消防电话的故障状态，并能将故障状态信息传输给消防控制室图形显示装置。

5.5 消防应急广播控制装置

消防应急广播控制装置应符合下列要求：

a) 应能显示处于应急广播状态的广播分区、预设广播信息；

b) 应能分别通过手动和按照预设控制逻辑自动控制选择广播分区、启动或停止应急广播，并在扬声器进行应急广播时自动对广播内容进行录音；

c) 应能显示应急广播的故障状态，并能将故障状态信息传输给消防控制室图形显示装置。

5.6 消防应急照明和疏散指示系统控制装置

消防应急照明和疏散指示系统控制装置应符合下列要求：

a) 应能手动控制自带电源型消防应急照明和疏散指示系统的主电工作状态和应急工作状态的转换；

b) 应能分别通过手动和自动控制集中电源型消防应急照明和疏散指示系统、集中控制型消防应急照明和疏散指示系统从主电工作状态切换到应急工作状态；
c) 受消防联动控制器控制的系统应能将系统的故障状态和应急工作状态信息传输给消防控制室图形显示装置；
d) 不受消防联动控制器控制的系统应能将系统的故障状态和应急工作状态信息传输给消防控制室图形显示装置。

5.7 消防电源监控器

消防电源监控器应符合下列要求：
a) 应能显示消防用电设备的供电电源和备用电源的工作状态和故障报警信息；
b) 应能将消防用电设备的供电电源和备用电源的工作状态和欠压报警信息传输给消防控制室图形显示装置。

6 消防控制室图形显示装置的信息记录要求

6.1 应记录附录 A 中规定的建筑消防设施运行状态信息，记录容量不应少于 10000 条，记录备份后方可被覆盖。
6.2 应具有产品维护保养的内容和时间、系统程序的进入和退出时间、操作人员姓名或代码等内容的记录，存储记录容量不应少于 10000 条，记录备份后方可被覆盖。
6.3 应记录附录 B 中规定的消防安全管理信息及系统内各个消防设备（设施）的制造商、产品有效期，记录容量不应少于 10000 条，记录备份后方可被覆盖。
6.4 应能对历史记录打印归档或刻录存盘归档。

7 信息传输要求

7.1 消防控制室图形显示装置应能在接收到火灾报警信号或联动信号后 10s 内将相应信息按规定的通讯协议格式传送给监控中心。
7.2 消防控制室图形显示装置应能在接收到建筑消防设施运行状态信息后 100s 内将相应信息按规定的通讯协议格式传送给监控中心。
7.3 当具有自动向监控中心传输消防安全管理信息功能时，消防控制室图形显示装置应能在发出传输信息指令后 100s 内将相应信息按规定的通讯协议格式传送给监控中心。
7.4 消防控制室图形显示装置应能接收监控中心的查询指令并按规定的通讯协议格式将附录 A、附录 B 规定的信息传送给监控中心。
7.5 消防控制室图形显示装置应有信息传输指示灯，在处理和传输信息时，该指示灯应闪亮，在得到监控中心的正确接收确认后，该指示灯应常亮并保持直至该状态复位。当信息传送失败时应有声、光指示。
7.6 火灾报警信息应优先于其他信息传输。
7.7 信息传输不应受保护区域内消防系统及设备任何操作的影响。

附录 A
（规范性附录）
建筑消防设施运行状态信息

建筑消防设施运行状态信息内容应符合表 A.1 要求。

表 A.1 建筑消防设施运行状态信息

设施名称		内容
火灾探测报警系统		火灾报警信息、可燃气体探测报警信息、电气火灾监控报警信息、屏蔽信息、故障信息
消防联动控制系统	消防联动控制器	动作状态、屏蔽信息、故障信息
	消火栓系统	消防水泵电源的工作状态，消防水泵的启、停状态和故障状态，消防水箱（池）水位、管网压力报警信息及消火栓按钮的报警信息
	自动喷水灭火系统、水喷雾（细水雾）灭火系统（泵供水方式）	喷淋泵电源工作状态，喷淋泵的启、停状态和故障状态，水流指示器、信号阀、报警阀、压力开关的正常工作状态和动作状态
	气体灭火系统、细水雾灭火系统（压力容器供水方式）	系统的手动、自动工作状态及故障状态，阀驱动装置的正常工作状态和动作状态，防护区域中的防火门（窗）、防火阀、通风空调等设备的正常工作状态和动作状态，系统的启、停信息，紧急停止信号和管网压力信号
	泡沫灭火系统	消防水泵、泡沫液泵电源的工作状态，系统的手动、自动及故障状态，消防水泵、泡沫液泵的正常工作状态和动作状态
	干粉灭火系统	系统的手动、自动工作状态及故障状态，阀驱动装置的正常工作状态和动作状态，系统的启、停信息，紧急停止信号和管网压力信号
	防烟排烟系统	系统的手动、自动工作状态，防烟排烟风机电源的工作状态，风机、电动防火阀、电动排烟防火阀、常闭送风口、排烟阀（口）、电动排烟窗、电动挡烟垂壁的正常工作状态和动作状态
	防火门及卷帘系统	防火卷帘控制器、防火门控制器的工作状态和故障状态；卷帘门的工作状态，具有反馈信号的各类防火门、疏散门的工作状态和故障状态等动态信息
	消防电梯	消防电梯的停用和故障状态
	消防应急广播	消防应急广播的启动、停止和故障状态
	消防应急照明和疏散指示系统	消防应急照明和疏散指示系统的故障状态和应急工作状态信息
	消防电源	系统内各消防用电设备的供电电源和备用电源工作状态和欠压报警信息

附录 B
（规范性附录）
消防安全管理信息

消防安全管理信息内容应符合表 B.1 要求。

表 B.1 消防安全管理信息

序号	名称		内容
1	基本情况		单位名称、编号、类别、地址、联系电话、邮政编码，消防控制室电话；单位职工人数、成立时间、上级主管（或管辖）单位名称、占地面积、总建筑面积、单位总平面图（含消防车道、毗邻建筑等）；单位法人代表、消防安全责任人、消防安全管理人及专兼职消防管理人的姓名、身份证号码、电话
2	主要建（构）筑物等信息	建（构）筑	建筑物名称、编号、使用性质、耐火等级、结构类型、建筑高度、地上层数及建筑面积、地下层数及建筑面积、隧道高度及长度等，建造日期、主要储存物名称及数量、建筑物内最大容纳人数、建筑立面图及消防设施平面布置图；消防控制室位置，安全出口的数量、位置及形式（指疏散楼梯）；毗邻建筑的使用性质、结构类型、建筑高度、与本建筑的间距
		堆场	堆场名称、主要堆放物品名称、总储量、最大堆高、堆场平面图（含消防车道、防火间距）
		储罐	储罐区名称、储罐类型（指地上、地下、立式、卧式、浮顶、固定顶等）、总容积、最大单罐容积及高度、储存物名称、性质和形态、储罐区平面图（含消防车道、防火间距）
		装置	装置区名称、占地面积、最大高度、设计日产量、主要原料、主要产品、装置区平面图（含消防车道、防火间距）
3	单位（场所）内消防安全重点部位信息		重点部位名称、所在位置、使用性质、建筑面积、耐火等级、有无消防设施、责任人姓名、身份证号码及电话
4	室内外消防设施信息	火灾自动报警系统	设置部位、系统形式、维保单位名称、联系电话；控制器（含火灾报警、消防联动、可燃气体报警、电气火灾监控等）、探测器（含火灾探测、可燃气体探测、电气火灾探测等）、手动报警按钮、消防电气控制装置等的类型、型号、数量、制造商；火灾自动报警系统图

续表 B.1

序号	名称		内容
4	室内外消防设施信息	消防水源	市政给水管网形式（指环状、支状）及管径、市政管网向建（构）筑物供水的进水管数量及管径、消防水池位置及容量、屋顶水箱位置及容量、其他水源形式及供水量、消防泵房设置位置及水泵数量、消防给水系统平面布置图
		室外消火栓	室外消火栓管网形式（指环状、支状）及管径、消火栓数量、室外消火栓平面布置图
		室内消火栓系统	室内消火栓管网形式（指环状、支状）及管径、消火栓数量、水泵接合器位置及数量、有无与本系统相连的屋顶消防水箱
		自动喷水灭火系统（含雨淋、水幕）	设置部位、系统形式（指湿式、干式、预作用、开式、闭式等）、报警阀位置及数量、水泵接合器位置及数量、有无与本系统相连的屋顶消防水箱、自动喷水灭火系统图
		水喷雾（细水雾）灭火系统	设置部位、报警阀位置及数量、水喷雾（细水雾）灭火系统图
		气体灭火系统	系统形式（指有管网、无管网、组合分配、独立式、高压、低压等）、系统保护的防护区数量及位置、手动控制装置的位置、钢瓶间位置、灭火剂类型、气体灭火系统图
		泡沫灭火系统	设置部位、泡沫种类（指低倍、中倍、高倍，抗溶、氟蛋白等）、系统形式（指液上、液下，固定、半固定等）、泡沫灭火系统图
		干粉灭火系统	设置部位、干粉储罐位置、干粉灭火系统图
		防烟排烟系统	设置部位、风机安装位置、风机数量、风机类型、防烟排烟系统图
		防火门及卷帘	设置部位、数量
		消防应急广播	设置部位、数量、消防应急广播系统图
		应急照明和疏散指示系统	设置部位、数量、应急照明和疏散指示系统图
		消防电源	设置部位、消防主电源在配电室是否有独立配电柜供电、备用电源形式（市电、发电机、EPS 等）
		灭火器	设置部位、配置类型（指手提式、推车式等）、数量、生产日期、更换药剂日期

续表 B.1

序号	名称		内容
5	消防设施定期检查及维护保养信息		检查人姓名、检查日期、检查类别（指日检、月检、季检、年检等）、检查内容（指各类消防设施相关技术规范规定的内容）及处理结果，维护保养日期、内容
6	日常防火巡查记录	基本信息	值班人员姓名、每日巡查次数、巡查时间、巡查部位
		用火用电	用火、用电、用气有无违章情况
		疏散通道	安全出口、疏散通道、疏散楼梯是否畅通，是否堆放可燃物；疏散走道、疏散楼梯、顶棚装修材料是否合格

续表 B.1

序号	名称		内容
6	日常防火巡查记录	防火门、防火卷帘	常闭防火门是否处于正常工作状态，是否被锁闭；防火卷帘是否处于正常工作状态，防火卷帘下方是否堆放物品影响使用
		消防设施	疏散指示标志、应急照明是否处于正常完好状态；火灾自动报警系统探测器是否处于正常完好状态；自动喷水灭火系统喷头、末端放（试）水装置、报警阀是否处于正常完好状态；室内、室外消火栓系统是否处于正常完好状态；灭火器是否处于正常完好状态
7	火灾信息		起火时间、起火部位、起火原因、报警方式（指自动、人工等）、灭火方式（指气体、喷水、水喷雾、泡沫、干粉灭火系统，灭火器，消防队等）

13.《城市消防远程监控系统技术规范》GB 50440—2007

1 总 则

1.0.2 本规范适用于远程监控系统的设计、施工、验收及运行维护。

1.0.3 远程监控系统的设计和施工,应与城市消防通信指挥系统及公用通信网络系统等相适应,做到安全可靠、技术先进、经济合理。

2 术 语

2.0.1 城市消防远程监控系统 remote-monitoring system for urban fire protection

对联网用户的火灾报警信息、建筑消防设施运行状态信息、消防安全管理信息进行接收、处理和管理,向城市消防通信指挥中心或其他接处警中心发送经确认的火灾报警信息,为公安消防部门提供查询,并为联网用户提供信息服务的系统。

2.0.2 监控中心 monitoring centre

对远程监控系统的信息进行集中管理的节点。

2.0.3 联网用户 network users

将火灾报警信息、建筑消防设施运行状态信息和消防安全管理信息传送到监控中心,并能接收监控中心发送的相关信息的单位。

2.0.4 报警传输网络 alarm transmission network

利用公用通信网或专用通信网传输联网用户的火灾报警信息、建筑消防设施运行状态信息的网络。

2.0.5 用户信息传输装置 user information transmission device

设置在联网用户端,通过报警传输网络与监控中心进行信息传输的装置。

2.0.6 报警受理系统 alarm receiving and handling system

设置在监控中心,接收、处理联网用户按规定协议发送的火灾报警信息、建筑消防设施运行状态信息,并能向城市消防通信指挥中心或其他接处警中心发送火灾报警信息的系统。

2.0.7 信息查询系统 information inquiry system

为公安消防部门提供信息查询的系统。

2.0.8 用户服务系统 user service system

为联网用户提供信息服务的系统。

3 基本规定

3.0.2 远程监控系统的监控中心应符合下列要求:
  1 为城市消防通信指挥中心或其他接处警中心的火警信息终端提供确认的火灾报警信息。
  2 为公安消防部门提供火灾报警信息、建筑消防设施运行状态信息及消防安全管理信息查询。
  3 为联网用户提供自身的火灾报警信息、建筑消防设施运行状态信息查询和消防安全管理信息服务。

3.0.3 远程监控系统的联网用户应符合下列要求:
  1 设置火灾自动报警系统的单位,应列为系统的联网用户;未设置火灾自动报警系统的单位,宜列为系统的联网用户。
  2 联网用户应按附录 A 的内容将建筑消防设施运行状态信息实时发送至监控中心。
  3 联网用户应按附录 B 的内容将消防安全管理信息发送至监控中心。其中,日常防火巡查信息和消防设施定期检查信息应在检查完毕后的当日内发送至监控中心,其他发生变化的消防安全管理信息应在 3 日内发送至监控中心。

4 系 统 设 计

4.1 一般规定

4.1.1 监控中心应设置在耐火等级为一、二级的建筑中,并宜设置在火灾危险性较小的部位;监控中心周围不应设置电磁场干扰较强或其他影响监控中心正常工作的设备。

4.1.2 用户信息传输装置应设置在联网用户的消防控制室内。联网用户未设置消防控制室时,用户信息传输装置宜设置在有人值班的部位。

4.1.3 远程监控系统的联网用户容量和监控中心的通信传输信道容量、信息存储能力等,应留有一定的余量。

4.1.4 远程监控系统使用的设备、材料及配件应选用符合国家有关标准和市场准入制度的产品。

4.1.5 远程监控系统的通信协议和数据格式等应符合国家的有关标准要求。

4.2 系统功能和性能要求

4.2.1 远程监控系统应具有下列功能:
  1 接收联网用户的火灾报警信息,向城市消防通信指挥中心或其他接处警中心传送经确认的火灾报警信息。
  2 接收联网用户发送的建筑消防设施运行状态信息。
  3 为公安消防部门提供查询联网用户的火灾报警信息、建筑消防设施运行状态信息及消防安全管理信息。
  4 为联网用户提供自身的火灾报警信息、建筑消防设施运行状态信息查询和消防安全管理信息。
  5 对联网用户发送的建筑消防设施运行状态和消防安全管理信息进行数据实时更新。

4.2.2 远程监控系统的性能指标应符合下列要求:
  1 监控中心应能同时接收和处理不少于 3 个联网用户的

火灾报警信息。

2 从用户信息传输装置获取火灾报警信息到监控中心接收显示的响应时间不应大于20s。

3 监控中心向城市消防通信指挥中心或其他接处警中心转发经确认的火灾报警信息的时间不应大于3s。

4 监控中心与用户信息传输装置之间通信巡检周期不应大于2h，并能动态设置巡检方式和时间。

5 监控中心的火灾报警信息、建筑消防设施运行状态信息等记录应备份，其保存周期不应小于1年。当按年度进行统计处理时，应保存至光盘、磁带等存储介质中。

6 录音文件的保存周期不应少于6个月。

7 远程监控系统应有统一的时钟管理，累计误差不应大于5s。

4.3 系统构成

4.3.1 远程监控系统应由用户信息传输装置、报警传输网络、报警受理系统、信息查询系统、用户服务系统及相关终端和接口构成（图4.3.1）。

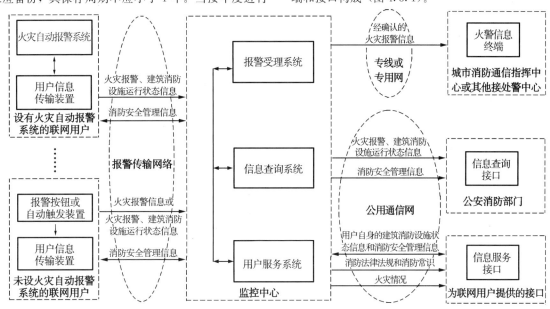

图4.3.1 城市消防远程监控系统构成

4.3.2 报警受理系统、信息查询系统、用户服务系统应设置在监控中心。

4.5 系统连接与信息传输

4.5.1 联网用户的火灾报警和建筑消防设施运行状态信息的传输应符合下列要求：

1 设有火灾自动报警系统的联网用户应采用火灾自动报警系统向用户信息传输装置提供火灾报警和建筑消防设施运行状态信息。

2 未设火灾自动报警系统的联网用户应采用报警按钮向用户信息传输装置提供火灾报警信息，或通过自动触发装置向用户信息传输装置提供火灾报警和建筑消防设施运行状态信息。

3 用户信息传输装置与监控中心的信息传输应通过报警监控传输网络进行。

4.5.3 火警信息终端应设置在城市消防通信指挥中心或其他接处警中心，并应通过专线（网）与监控中心进行信息传输。

4.5.4 监控中心与信息查询接口、信息服务接口的火灾报警、建筑消防设施运行状态信息和消防安全管理信息传输应通过公用通信网进行。

4.6 系统安全

4.6.1 远程监控系统的网络安全应符合下列要求：

1 各类系统接入远程监控系统时，应保证网络连接安全。

2 对远程监控系统资源的访问应有身份认证和授权。

3 建立网管系统，设置防火墙，对计算机病毒进行实时监控和报警。

4.6.2 远程监控系统的应用安全应符合下列要求：

1 数据库服务器应有备份功能。

2 监控中心应有火灾报警信息接收的应急备份功能。

3 应有防止修改火灾报警信息、建筑消防设施运行状态信息和消防安全管理信息等原始数据的功能。

4 应有系统运行记录。

5 系统配置和设备功能要求

5.1 系统配置

5.1.1 远程监控系统配置应符合表5.1.1的要求。

表5.1.1 远程监控系统配置表

序号	名称	配置地点	单位	配置数量
1	用户信息传输装置	联网用户	台	≥1
2	系统的联网用户	—	个	≥5
3	报警受理系统	监控中心	套	≥1
4	受理坐席	监控中心	个	≥3
5	信息查询系统	监控中心	套	≥1

续表 5.1.1

序号	名称	配置地点	单位	配置数量
6	用户服务系统	监控中心	套	≥1
7	火警信息终端	消防通信指挥中心、其他接处警中心	台	≥1
8	信息查询接口	公安消防部门	个	≥1
9	信息服务接口	—	个	≥5
10	网络设备	监控中心	台/套	≥1
11	电源设备	监控中心	台/套	≥1
12	数据库服务器	监控中心	台	≥1

5.2 主要设备功能要求

5.2.1 用户信息传输装置应具有下列功能：

1 接收联网用户的火灾报警信息，并将信息通过报警传输网络发送给监控中心。

2 接收建筑消防设施运行状态信息，并将信息通过报警传输网络发送给监控中心。

3 优先传送火灾报警信息和手动报警信息。

4 具有设备自检和故障报警功能。

5 具有主、备用电源自动转换功能，备用电源的容量应能保证用户信息传输装置连续正常工作时间不小于 8h。

5.2.2 报警受理系统应具有下列功能：

1 接收、处理用户信息传输装置发送的火灾报警信息。

2 显示报警联网用户的报警时间、名称、地址、联系电话、内部报警点位置、地理信息等。

3 对火灾报警信息进行核实和确认，确认后应将报警联网用户的名称、地址、联系电话、内部报警点位置、监控中心接警员等信息向城市消防通信指挥中心或其他接处警中心的火警信息终端传送，并显示火警信息终端的应答信息。

4 接收、存储用户信息传输装置发送的建筑消防设施运行状态信息，对建筑消防设施的故障信息进行跟踪、记录、查询和统计，并发送至相应联网用户。

5 自动或人工对用户信息传输装置进行巡检测试，并显示巡检测试结果。

6 显示、查询报警信息的历史记录和相关信息。

7 与联网用户进行语音、数据或图像通信。

8 实时记录报警受理的语音及相应时间，且原始记录信息不能被修改。

9 具有系统自检及故障报警功能。

10 具有系统启、停时间的记录和查询功能。

11 具有消防地理信息系统基本功能。

5.2.3 信息查询系统应具有下列功能：

1 查询联网用户的火灾报警信息。

2 按附录 A 所列内容查询联网用户的建筑消防设施运行状态信息。

3 按附录 B 所列内容查询联网用户的消防安全管理信息。

4 查询联网用户的日常值班、在岗等信息。

5 对本条第 1～4 款的信息，能按日期、单位名称、单位类型、建筑物类型、建筑消防设施类型、信息类型等检索项进行检索和统计。

5.2.4 用户服务系统应具有下列功能：

1 为联网用户提供查询其自身的火灾报警、建筑消防设施运行状态信息及消防安全管理信息的服务平台。

2 对联网用户的建筑消防设施日常维护保养情况进行管理。

3 为联网用户提供消防安全管理信息的数据录入、编辑服务。

4 通过随机查岗，实现联网用户的消防安全负责人对值班人员日常值班工作的远程监督。

5 为联网用户提供使用权限。

6 为联网用户提供消防法律法规、消防常识和火灾情况等信息。

5.2.5 火警信息终端应具有下列功能：

1 接收监控中心发送的联网用户火灾报警信息，向其反馈接收确认信号，并发出明显的声、光提示信号。

2 显示报警联网用户的名称、地址、联系电话、内部报警点位置、监控中心接警员、火警信息终端警情接收时间等信息。

3 具有设备自检及故障报警功能。

5.3 系统电源要求

5.3.1 监控中心的电源应按所在建筑物的最高等级配置，且不应低于二级负荷，并应保证不间断供电。

5.3.2 用户信息传输装置的主电源应有明显标识，并应直接与消防电源连接，不应使用电源插头；用户信息传输装置与其外接备用电源之间应直接连接。

6 系统施工

6.1 一般规定

6.1.1 远程监控系统的施工单位应有消防、计算机网络、通信、机房安装等相应技术人员。

6.1.2 远程监控系统施工应按照工程设计文件和施工技术标准进行。

6.1.3 远程监控系统施工前，应具备系统图、设备布置平面图、网络拓扑图、网络布线连接图、防雷接地与防静电接地布线连接图及火灾自动报警系统等建筑消防设施的对外输出接口技术参数、通信协议、系统调试方案等必要的技术文件。

6.1.4 远程监控系统施工前，应对设备、材料及配件进行进场检查，检查不合格者不得使用。设备、材料及配件进入施工现场应有清单、使用说明书、产品合格证书、国家法定检验机构的检验报告等文件，且规格、型号应符合设计要求。

6.1.5 远程监控系统施工过程中，施工单位应做好设计变更、安装调试等相关记录。

6.1.6 远程监控系统的施工过程质量控制应符合下列要求：

1 各工序应按施工技术标准进行质量控制，每道工序完成并检查合格后，方可进行下道工序。检查不合格，应进行整改。

2 隐蔽工程在隐蔽前应进行验收，并形成验收文件。

3 相关各专业工种之间，应进行交接检验，并经监理工程师签字确认后方可进行下道工序。

4 安装完成后，施工单位应对远程监控系统的安装质量进行全数检查，并按有关专业调试规定进行调试。

5 施工过程质量检查记录应按附录C填写"城市消防远程监控系统施工过程质量检查记录"。

6.2 安　　装

6.2.1 远程监控系统安装环境应符合下列要求：

1 远程监控系统的室内布线应符合现行国家标准《建筑电气工程施工质量验收规范》GB 50303 的有关要求。

2 远程监控系统的防雷接地应符合现行国家标准《建筑物电子信息系统防雷技术规范》GB 50343 的有关要求。

6.2.2 远程监控系统设备的安装应符合下列要求：

1 远程监控系统设备应根据实际工作环境合理摆放，安装牢固，便于人员操作，并留有检查、维护的空间。

2 远程监控系统设备和线缆应设永久性标识，且标识应正确、清晰。

3 远程监控系统设备连线应连接可靠、捆扎固定、排列整齐，不得有扭绞、压扁和保护层断裂等现象。

4 远程监控系统的用户信息传输装置采用壁挂方式安装时，应符合现行国家标准《火灾自动报警系统设计规范》GB 50116 对火灾报警控制器类设备的安装要求。

6.2.3 远程监控系统使用的操作系统、数据库系统等平台软件应具有软件使用（授权）许可证，并宜采用技术成熟的商业化软件产品。

6.3 调　　试

6.3.1 远程监控系统正式投入使用前应对系统进行调试。

6.3.2 远程监控系统调试前应具备下列条件：

1 各设备和平台软件按设计要求安装完毕。

2 远程监控系统的安装环境符合本规范第6.2.1条的有关要求。

3 对系统中的各用电设备分别进行单机通电检查。

4 制定调试和试运行方案。

5 备齐本规范第 6.1.3 条和第 6.1.4 条规定的技术文件。

6.3.3 用户信息传输装置的调试应符合下列要求：

1 模拟一起火灾报警，检查用户信息传输装置接收火灾报警信息的完整性，用户信息传输装置应按照规定的通信协议和数据格式将信息通过报警传输网络传送到监控中心。

2 模拟建筑消防设施的各种状态，检查用户信息传输装置接收信息的完整性，用户信息传输装置应按照规定的通信协议和数据格式将信息通过报警传输网络传送到监控中心。

3 同时模拟一起火灾报警和建筑消防设施运行状态，检查监控中心接收信息的顺序是否体现火警优先原则。

4 模拟手动报警，检查监控中心接收火灾报警信息的完整性。

5 进行自检操作，检查自检情况。

6 模拟用户信息传输装置故障，检查故障声、光信号提示情况。

7 模拟主电断电，检查主、备电源自动转换功能。

6.3.4 报警受理系统的调试应符合下列要求：

1 模拟一起火灾报警，检查报警受理系统接收用户信息传输装置发送的火灾报警信息的正确性，检查报警受理系统接收并显示火灾报警信息的完整性，检查报警受理系统与发出模拟火灾报警信息的联网用户进行警情核实和确认的功能，并检查城市消防通信指挥中心接收经确认的火灾报警信息的内容完整性。

2 模拟各种建筑消防设施的运行状态变化，检查报警受理系统接收并存储建筑消防设施运行状态信息的完整性，检查对建筑消防设施故障的信息跟踪、记录和查询功能，并检查故障报警信息是否能够发送到联网用户的相关人员。

3 向用户信息传输装置发送巡检测试指令，检查用户信息传输装置接收巡检测试指令的完整性。

4 检查报警信息的历史记录查询功能。

5 检查报警受理系统与联网用户进行语音、数据或图像通信功能。

6 检查报警受理系统报警受理的语音和相应时间记录功能。

7 模拟报警受理系统故障，检查声、光提示功能。

8 检查报警受理系统启、停时间记录查询功能。

9 检查消防地理信息系统是否具有显示城市行政区域、道路、建筑、水源、联网用户、消防站及责任区等地理信息及其属性信息，并对信息提供编辑、修改、放大、缩小、移动、导航、全屏显示、图层管理等功能。

6.3.5 信息查询系统的调试应符合下列要求：

1 选择联网用户，查询该用户的火灾报警信息。

2 选择联网用户，查询该用户的建筑消防设施运行状态信息。

3 选择联网用户，查询该用户的消防安全管理信息。

4 选择联网用户，查询该用户的日常值班、在岗等信息。

5 按照日期、单位名称、单位类型、建筑物类型、建筑消防设施类型、信息类型等检索项查询、统计本条第1~4款的信息。

6.3.6 用户管理服务系统的调试应符合下列要求：

1 选择联网用户，检查该用户登录系统使用权限的正确性。

2 模拟一起火灾报警，查询该用户火灾报警、建筑消防设施运行状态等信息是否与报警受理系统的报警信息相同。

3 检查建筑消防设施日常管理功能，检查对消防设施日常维护保养情况执行录入、修改、删除、查看等操作是否正常。

4 检查联网用户的消防安全重点单位信息系统数据录入、编辑功能。

5 检查随机查岗功能，检查联网用户值班人员是否在岗，并检查是否收到在岗应答。

6.3.7 火警信息终端的调试应符合下列要求：

1 模拟一起火灾报警，由报警受理系统向火警信息终端发送联网用户火灾报警信息，检查火警信息终端的声、光提示情况。

2 检查火警信息终端显示的火灾报警信息完整性。

3 进行自检操作，检查自检情况。

4 模拟火警信息终端故障，检查声、光报警情况。

6.3.8 远程监控系统在各项功能调试后应进行试运行，试运行时间不应少于1个月。

6.3.9 远程监控系统的设计文件和调试记录等文件应形成技术文档，存储备查。

7 系统验收

7.1 一般规定

7.1.1 远程监控系统竣工后必须进行工程验收。工程验收前接入的测试联网用户数量不应少于5个，验收不合格不得投入使用。

7.1.2 远程监控系统应由建设单位组织设计、施工、监理等单位进行验收。

7.1.3 远程监控系统验收应包括主要设备的验收和系统集成验收，并应符合下列要求：

　1 远程监控系统中各设备功能均应检查、试验1次，并应满足要求。

　2 远程监控系统中各软件功能均应检查、试验1次，并应满足要求。

　3 远程监控系统各项通信功能均应进行3次通信试验，每次试验均应正常。

　4 远程监控系统集成功能应检查、试验2次，并应满足要求。

7.1.4 远程监控系统验收时，施工单位应提供下列技术文件：

　1 竣工验收申请报告；

　2 系统设计文件、施工技术标准、工程合同、设计变更通知书、竣工图、隐蔽工程验收文件；

　3 施工现场质量管理检查记录；

　4 系统施工过程质量检查记录；

　5 系统的检验报告、合格证及相关材料；

　6 系统设备清单。

7.1.5 系统验收应按附录D填写"城市消防远程监控系统验收记录"，验收记录应由建设单位填写，验收结论由参加验收的各方共同商定并签章。

7.2 主要设备和系统集成验收

7.2.1 应对远程监控系统中下列主要设备的功能进行验收：

　1 用户信息传输装置应符合本规范第5.2.1条的要求。

　2 报警受理系统应符合本规范第5.2.2条的要求。

　3 信息查询系统应符合本规范第5.2.3条的要求。

　4 用户服务系统应符合本规范第5.2.4条的要求。

　5 火警信息终端应符合本规范第5.2.5条的要求。

7.2.2 远程监控系统集成验收应包括：

　1 远程监控系统主要功能应符合本规范第4.2.1条的要求。

　2 远程监控系统主要性能指标应符合本规范第4.2.2条的要求。

　3 远程监控系统网络安全性应符合本规范第4.6.1条的要求。

　4 远程监控系统应用安全性应符合本规范第4.6.2条的要求。

　5 远程监控系统安装环境应符合本规范第6.2.1条的要求。

　6 远程监控系统技术文件应符合本规范第7.1.4条的要求。

7.3 系统验收判定条件

7.3.1 远程监控系统验收合格判定条件应为：本规范第4.2.1的第1、2、3、5款、第4.2.2、4.6.1、4.6.2、5.2.1、5.2.2、5.2.3、5.2.5、5.3.1、5.3.2、6.2.1、7.1.4条中的所有款项不合格数量为0项，否则为不合格。

7.3.2 远程监控系统验收不合格的，应进行整改。整改完毕后应进行试运行，试运行时间不应少于1个月，复验合格后，方可通过验收。

8 系统的运行及维护

8.1 一般规定

8.1.1 远程监控系统的运行及维护应由具有独立法人资格的单位承担，该单位的主要技术人员应由从事火灾报警、消防设备、计算机软件、网络通信等专业5年以上（含5年）经历的人员构成。

8.1.2 远程监控系统的运行操作人员上岗前应具备熟练操作设备的能力。

8.1.3 远程监控系统的检查应按本章相关规定进行，并应按附录E表E.0.1填写。

8.2 监控中心的运行及维护

8.2.1 监控中心应有下列技术文档：

　1 机房管理制度；

　2 操作人员管理制度；

　3 值班日志；

　4 交接班登记表；

　5 接、处警登记表；

　6 值班人员工作通话录音录时电子文档；

　7 设备运行、巡检及故障记录；

　8 系统操作与运行安全制度；

　9 应急管理制度；

　10 网络安全管理制度；

　11 数据备份与恢复方案。

8.2.2 监控中心应按下列要求定期进行检查和测试：

　1 每日进行1次与设置在城市消防通信指挥中心或其他接处警中心的火警信息终端之间的通信测试。

　2 每日检查1次各设备的时钟。

　3 定期进行系统运行日志整理。

　4 定期检查数据库使用情况，必要时对硬盘进行扩充。

　5 每半年应按照本规范第7.2.2条的要求进行系统集成功能检查、测试。

　6 定期向联网用户采集消防安全管理信息。

8.2.3 远程监控系统的城市消防地理信息应及时更新。

8.3 用户信息传输装置的运行及维护

8.3.1 用户信息传输装置应按下列要求定期进行检查和测试：

    1 每日进行1次自检功能检查。

    2 每半年现场断开设备电源，进行设备检查与除尘。

    3 由火灾自动报警系统等建筑消防设施模拟生成火警，进行火灾报警信息发送试验，每个月试验次数不应少于2次。

    4 对用户信息传输装置的主电源和备用电源进行切换试验，每半年的试验次数不应少于1次。

8.3.2 监控中心通过用户服务系统向远程监控系统的联网用户提供该单位火灾报警和建筑消防设施故障情况统计月报表。

8.3.3 联网用户人为停止火灾自动报警系统等建筑消防设施运行时，应提前通知监控中心；联网用户的建筑消防设施故障造成误报警超过5次/日，且不能及时修复时，应与监控中心协商处理办法。

附录 A 建筑消防设施运行状态信息

A.0.1 联网用户的建筑消防设施运行状态信息内容应符合表A.0.1的要求。

表 A.0.1 建筑消防设施运行状态信息表

设施名称		内 容
火灾探测报警系统		火灾报警信息、可燃气体探测报警信息、电气火灾监控报警信息、屏蔽信息、故障信息
消防联动控制系统	消防联动控制器	动作状态、屏蔽信息、故障信息
	消火栓系统	消防水泵电源的工作状态，消防水泵的启、停状态和故障状态，消防水箱（池）水位、管网压力报警信息及消火栓按钮的报警信息
	自动喷水灭火系统、水喷雾（细水雾）灭火系统（泵供水方式）	喷淋泵电源工作状态，喷淋泵的启、停状态和故障状态，水流指示器、信号阀、报警阀、压力开关的正常工作状态和动作状态
	气体灭火系统、细水雾灭火系统（压力容器供水方式）	系统的手动、自动工作状态及故障状态，阀驱动装置的正常工作状态和动作状态，防护区域中的防火门（窗）、防火阀、通风空调等设备的正常工作状态和动作状态，系统的启、停信息，紧急停止信号和管网压力信号
	泡沫灭火系统	消防水泵、泡沫液泵电源的工作状态，系统的手动、自动工作状态及故障状态，消防水泵、泡沫液泵的正常工作状态和动作状态

续表 A.0.1

设施名称		内 容
消防联动控制系统	干粉灭火系统	系统的手动、自动工作状态及故障状态，阀驱动装置的正常工作状态和动作状态，系统的启、停信息，紧急停止信号和管网压力信号
	防烟排烟系统	系统的手动、自动工作状态，防烟排烟风机电源的工作状态，风机、电动防火阀、电动排烟防火阀、常闭送风口、排烟阀（口）、电动排烟窗、电动挡烟垂壁的正常工作状态、动作状态
	防火门及卷帘系统	防火卷帘控制器、防火门控制器的工作状态和故障状态。卷帘门的工作状态，具有反馈信号的各类防火门、疏散门的工作状态和故障状态等动态信息
	消防电梯	消防电梯的停用和故障状态
	消防应急广播	消防应急广播的启动、停止和故障状态
	消防应急照明和疏散指示系统	消防应急照明和疏散指示系统的故障状态和应急工作状态信息
	消防电源	系统内各消防用电设备的供电电源和备用电源工作状态信息、欠压报警信息

附录 B 消防安全管理信息

B.0.1 联网用户的消防安全管理信息的内容应符合表B.0.1的要求。

表 B.0.1 消防安全管理信息表

序号	名 称	内 容
1	基本情况	单位名称、编号、类别、地址、联系电话、邮政编码、消防控制室电话；单位职工人数、成立时间、上级主管（或管辖）单位名称、占地面积、总建筑面积、单位总平面图（含消防车道、毗邻建筑等）； 单位法人代表、消防安全责任人、消防安全管理人及专兼职消防管理人的姓名、身份证号码、电话

续表 B.0.1

序号	名称		内容
2	主要建（构）筑物等信息	建（构）筑物	建（构）筑物名称、编号、使用性质、耐火等级、结构类型、建筑高度、地上层数及建筑面积、地下层数及建筑面积、隧道高度及长度等、建造日期、主要储存物名称及数量、建筑物内最大容纳人数、建筑立面图及消防设施平面布置图、消防控制室位置，安全出口的数量、位置及形式（指疏散楼梯）；毗邻建筑的使用性质、结构类型、建筑高度、与本建筑的间距
		堆场	堆场名称、主要堆放物品名称、总储量、最大堆高、堆场平面图（含消防车道、防火间距）
		储罐	储罐区名称、储罐类型（指地上、地下、立式、卧式、浮顶、固定顶等）、总容积、最大单罐容积及高度、储存物名称、性质和形态、储罐区平面图（含消防车道、防火间距）
		装置	装置区名称、占地面积、最大高度、设计日产量、主要原料、主要产品、装置区平面图（含消防车道、防火间距）
3	单位（场所）内消防安全重点部位信息		重点部位名称、所在位置、使用性质、建筑面积、耐火等级、有无消防设施、责任人姓名、身份证号码及电话
4	室内外消防设施信息	火灾自动报警系统	设置部位、系统形式、维保单位名称、联系电话；控制器（含火灾报警、消防联动、可燃气体报警、电气火灾监控等）、探测器（含火灾探测、可燃气体探测、电气火灾探测等）、手动报警按钮、消防电气控制装置等的类型、型号、数量、制造商；火灾自动报警系统图
		消防水源	市政给水管网形式（指环状、支状）及管径、市政管网向建（构）筑物供水的进水管数量及管径、消防水池位置及容量、屋顶水箱位置及容量、其他水源形式及供水量、消防泵房设置位置及水泵数量、消防给水系统平面布置图
		室外消火栓	室外消火栓管网形式（指环状、支状）及管径、消火栓数量、室外消火栓平面布置图
4	室内外消防设施信息	室内消火栓系统	室内消火栓管网形式（指环状、支状）及管径、消火栓数量、水泵接合器位置及数量、有无与本系统相连的屋顶消防水箱
		自动喷水灭火系统（含雨淋、水幕）	设置部位、系统形式（指湿式、干式、预作用、开式、闭式等）、报警阀位置及数量、水泵接合器位置及数量、有无与本系统相连的屋顶消防水箱、自动喷水灭火系统图
		水喷雾（细水雾）灭火系统	设置部位、报警阀位置及数量、水喷雾（细水雾）灭火系统图
		气体灭火系统	系统形式（指有管网、无管网，组合分配，独立式，高压，低压等）、系统保护的防护区数量及位置、手动控制装置的位置、钢瓶间位置、灭火剂类型、气体灭火系统图
		泡沫灭火系统	设置部位、泡沫种类（指低倍、中倍、高倍，抗溶、氟蛋白等）、系统形式（指液上、液下，固定、半固定等）、泡沫灭火系统图
		干粉灭火系统	设置部位、干粉储罐位置、干粉灭火系统图
		防烟排烟系统	设置部位、风机安装位置、风机数量、风机类型、防烟排烟系统图
		防火门及卷帘	设置部位、数量
		消防应急广播	设置部位、数量、消防应急广播系统图
		应急照明及疏散指示系统	设置部位、数量、应急照明及疏散指示系统图
		消防电源	设置部位、消防主电源在配电室是否有独立配电柜供电、备用电源形式（市电、发电机、EPS等）
		灭火器	设置部位、配置类型（指手提式、推车式等）、数量、生产日期、更换药剂日期
5	消防设施定期检查及维护保养信息		检查人姓名、检查日期、检查类别（指日检、月检、季检、年检等）、检查内容（指各类消防设施相关技术规范规定的内容）及处理结果，维护保养日期、内容

续表 B.0.1

序号	名称		内容
6	日常防火巡查记录	基本信息	值班人员姓名、每日巡查次数、巡查时间、巡查部位
		用火用电	用火、用电、用气有无违章情况
		疏散通道	安全出口、疏散通道、疏散楼梯是否畅通,是否堆放可燃物; 疏散走道、疏散楼梯、顶棚装修材料是否合格
		防火门、防火卷帘	常闭防火门是否处于正常状态,是否被锁闭; 防火卷帘是否处于正常状态,防火卷帘下方是否堆放物品影响使用
		消防设施	疏散指示标志、应急照明是否处于正常完好状态; 火灾自动报警系统探测器是否处于正常完好状态; 自动喷水灭火系统喷头、末端放(试)水装置、报警阀是否处于正常完好状态; 室内、室外消火栓系统是否处于正常完好状态; 灭火器是否处于正常完好状态
7	火灾信息		起火时间、起火部位、起火原因、报警方式(指自动、人工等)、灭火方式(指气体、喷水、水喷雾、泡沫、干粉灭火系统,灭火器,消防队等)

附录 C 城市消防远程监控系统施工过程质量检查记录

C.0.1 城市消防远程监控系统施工过程质量检查记录应由施工单位质量检查员按表 C.0.1 填写,监理工程师进行检查,并做出检查结论。

表 C.0.1 城市消防远程监控系统施工过程质量检查记录

工程名称		施工单位	
施工执行规范名称及编号		监理单位	
项目	《规范》章节条款	施工单位检查评定记录	监理单位验收记录
结论	施工单位项目负责人: (签章) 年 月 日		监理工程师(建设单位项目负责人): (签章) 年 月 日

附录 D 城市消防远程监控系统验收记录

D.0.1 城市消防远程监控系统验收记录应由建设单位按表 D.0.1填写,综合验收结论由参加验收的各方共同商定并签章。

表 D.0.1 城市消防远程监控系统验收记录

工程名称			
施工单位		项目负责人	
监理单位		监理工程师	
序号	检查项目名称	检查内容记录	检查评定结果
1			
2			
3			
4			
5			
6			
综合验收结论			
验收单位	施工单位:(单位印章)	项目负责人:(签章) 年 月 日	
	监理单位:(单位印章)	监理工程师:(签章) 年 月 日	
	设计单位:(单位印章)	项目负责人:(签章) 年 月 日	
	建设单位:(单位印章)	项目负责人:(签章) 年 月 日	

附录 E 城市消防远程监控系统检查测试记录

E.0.1 城市消防远程监控系统的检查和测试记录应按表 E.0.1 填写。

表 E.0.1 城市消防远程监控系统检查测试记录

日期	检查类别 （日检、月检、半年检）	检查测试内容	结论	操作人员
审批人： 审批日期：				

14.《消防通信指挥系统设计规范》GB 50313—2013

2 术 语

2.0.1 消防通信指挥中心 fire communication and command center

设在消防指挥机构,能与公安机关指挥中心、政府相关部门互联互通,具有受理火灾及其他灾害事故报警、灭火救援调度指挥、情报信息支持等功能的部分。

2.0.2 移动消防指挥中心 mobile fire communication and command center

设在消防通信指挥车等移动载体上,具有在火场及其他灾害事故现场或消防勤务现场进行通信组网、指挥通信、情报信息支持等功能的部分,是消防通信指挥中心的延伸。

2.0.3 火警受理子系统 fire alarm acceptance sub-system

消防通信指挥系统中,通过通信网络,接收、处理火灾及其他灾害事故报警和相关信息的部分。主要设备有火警受理终端、消防站火警终端等。

2.0.4 跨区域调度指挥子系统 cross-zone command and dispatch sub-system

消防通信指挥系统中,通过通信网络,进行跨区域灭火救援调度指挥的部分。主要设备有调度指挥终端等。

2.0.5 现场指挥子系统 fireground command sub-system

消防通信指挥系统中,通过通信网络,在火灾及其他灾害事故现场进行灭火救援指挥、情报信息支持的部分。主要设备有现场指挥终端、便携式消防作战指挥平台等。

2.0.6 指挥模拟训练子系统 command simulation drill sub-system

消防通信指挥系统中,利用系统资源对消防指挥人员进行灭火救援模拟指挥训练的部分。

2.0.7 消防图像管理子系统 graphical fire information sub-system

消防通信指挥系统中,综合应用与灭火救援有关的图像信息资源,实施可视指挥的部分。

2.0.8 消防车辆管理子系统 fire vehicle management sub-system

消防通信指挥系统中,对消防车辆的位置、运行及作战状态、上装、车载器材等信息进行动态管理的部分。主要设备有车载终端等。

2.0.9 消防指挥决策支持子系统 fire command and decision-making supporting sub-system

消防通信指挥系统中,综合集成数据、模型、知识等信息,通过预案、辅助决策专家系统,为灭火救援指挥提供决策支持的部分。

2.0.10 指挥信息管理子系统 command information management sub-system

消防通信指挥系统中,对灭火救援信息进行采集、存储、处理,提供信息查询、分析、共享的部分。

2.0.11 消防地理信息子系统 geographical fire information sub-system

消防通信指挥系统中,利用地理信息技术的空间分析和可视化平台,将灭火救援指挥数据信息与空间信息关联,并对地图数据、属性数据等进行统一管理及维护的部分。

2.0.12 消防信息显示子系统 fire information display sub-system

消防通信指挥系统中,对汇集到消防通信指挥中心的图像、数据及文字等进行组合选取和显示的部分。

2.0.13 消防有线通信子系统 fire wire communication sub-system

消防通信指挥系统中,利用有线通信网络和设备,传输消防语音、数据和图像等信息的部分。主要设备有接警调度程控交换机等。

2.0.14 消防无线通信子系统 fire wireless communication sub-system

消防通信指挥系统中,利用无线通信网络和设备,传输消防语音、数据和图像等信息的部分。

2.0.15 消防卫星通信子系统 fire satellite communication sub-system

消防通信指挥系统中,利用卫星通信网络和设备,传输消防语音、数据和图像等信息的部分。

3 系统技术构成

3.0.2 消防通信指挥系统的技术构成可由通信指挥业务、信息支撑、基础通信网络等三部分组成(图3.0.2),应符合下列要求:

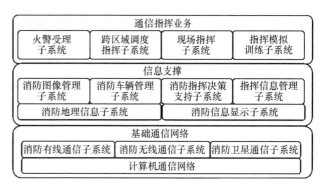

图3.0.2 消防通信指挥系统的技术构成

1 通信指挥业务部分主要包括火警受理子系统、跨区域调度指挥子系统、现场指挥子系统、指挥模拟训练子系统等,分别实现接收和处理火灾及其他灾害事故报警、消防力量调度、灭火救援指挥以及训练培训等通信指挥业务功能;

2 信息支撑部分主要包括消防图像管理子系统、消防车辆管理子系统、消防指挥决策支持子系统、指挥信息管理子系统、消防地理信息子系统、消防信息显示子系统等，为通信指挥业务提供信息支持；

3 基础通信网络部分主要包括消防有线通信子系统、消防无线通信子系统、消防卫星通信子系统等，以计算机通信网络为基础，构成集语音、数据和图像等为一体的消防综合信息传输网络。

4 系统功能与主要性能要求

4.1 系统功能

4.1.1 消防通信指挥系统应具有下列基本功能：
1 责任辖区和跨区域灭火救援调度指挥；
2 火场及其他灾害事故现场指挥通信；
3 通信指挥信息管理；
4 通信指挥业务模拟训练；
5 城市消防通信指挥系统应能集中接收和处理责任辖区火灾及以抢救人员生命为主的危险化学品泄漏、道路交通事故、地震及其次生灾害、建筑坍塌、重大安全生产事故、空难、爆炸及恐怖事件和群众遇险事件等灾害事故报警。

4.2 系统接口

4.2.1 消防通信指挥系统应具有下列通信接口：
1 公安机关指挥中心的系统通信接口；
2 政府相关部门的系统通信接口；
3 灭火救援有关单位通信接口；
4 公网移动无线数据通信接口。

4.2.2 城市消防通信指挥系统应具有下列接收报警通信接口：
1 公网报警电话通信接口；
2 城市消防远程监控系统等专网报警通信接口；
3 固定报警电话装机地址和移动报警电话定位地址数据传输接口。

4.3 系统主要性能

4.3.1 消防通信指挥系统的主要性能应符合下列要求：
1 能同时对 2 起以上火灾及以抢救人员生命为主的危险化学品泄漏、道路交通事故、地震及其次生灾害、建筑坍塌、重大安全生产事故、空难、爆炸及恐怖事件和群众遇险事件等灾害事故进行灭火救援调度指挥；
2 能实时接收所辖下级消防通信指挥中心或消防站发送的信息，并保持数据同步；
3 工作界面设计合理，操作简单、方便；
4 具有良好的共享性和可扩展性；
5 采用北京时间计时，计时最小量度为秒，系统内保持时钟同步；
6 城市消防通信指挥系统应能同时受理 2 起以上火灾及以抢救人员生命为主的危险化学品泄漏、道路交通事故、地震及其次生灾害、建筑坍塌、重大安全生产事故、空难、爆炸及恐怖事件和群众遇险事件等灾害事故报警；
7 城市消防通信指挥系统从接警到消防站收到第一出动指令的时间不应超过 45s。

4.4 系统安全

4.4.1 消防通信指挥系统的物理安全应符合下列要求：
1 系统设备运行环境具有防雷、防火、防静电、防尘、防腐蚀等措施；
2 能提供稳定的供电环境；
3 符合国家现行有关电磁兼容技术标准。

4.4.2 消防通信指挥系统的信息安全应符合下列要求：
1 分级设置操作权限；
2 设置防火墙等安全隔离系统；
3 安装防病毒软件，并能定期升级；
4 具有计算机终端漏洞扫描、修补和系统补丁升级、分发功能；
5 对信息数据进行备份和恢复。

4.4.3 消防通信指挥系统的运行安全应符合下列要求：
1 重要设备或重要设备的核心部件应有备份；
2 指挥通信网络应相对独立、常年畅通；
3 能实时监控系统运行情况，并能故障告警；
4 系统软件不能正常运行时，能保证电话接警和调度指挥畅通；
5 火警电话呼入线路或设备出现故障时，能切换到火警应急接警电话线路或设备接警；
6 火警调度电话专用线路或设备出现故障时，能利用其他有线、无线通信方式进行调度指挥。

5 子系统功能及其设计要求

5.1 火警受理子系统

5.1.1 火警受理子系统的基本工作流程（图 5.1.1）应符合下列要求：

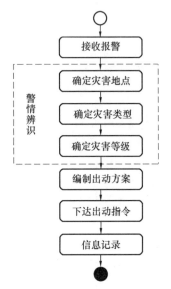

图 5.1.1 火警受理子系统基本工作流程

1 通过公用或专用报警通信网，接收火灾及其他灾害事故报警；
2 辨别火警真伪，定位火灾及其他灾害事故地点，确定火灾及其他灾害事故类型和等级；

　　3　自动或人工编制灭火救援力量出动方案；

　　4　将第一出动力量的出动指令下达到消防站，向灭火救援有关单位发出灾情通报和联合作战要求；

　　5　建立火灾及其他灾害事故档案，生成报表。

5.1.2　火警受理子系统的接收报警功能应符合下列要求：

　　1　能接收公网固定或移动电话报警；

　　2　能接收城市消防远程监控系统等设备的报警；

　　3　能接收其他专网电话报警；

　　4　可接收公网发送的短信或彩信报警。

5.1.3　火警受理子系统的警情辨识功能应符合下列要求：

　　1　能接收并显示固定报警电话的主叫号码、用户名称、装机地址；

　　2　能接收并显示移动报警电话的主叫号码、定位地址；

　　3　通过报警电话装机地址或定位地址能进行火场及其他灾害事故现场的快速定位；

　　4　通过输入单位名称、地址、街道、目标物、电话号码等能进行火场及其他灾害事故现场的快速定位；

　　5　能判除误报警或假报警；

　　6　重复报警能给出提示信息，确认后可合并到同一个事件处理；

　　7　能确定火灾及其他灾害事故类型；

　　8　能确定火灾及其他灾害事故等级。

5.1.4　火警受理子系统的编制出动方案功能应符合下列要求：

　　1　能检索相应的火灾及其他灾害事故出动方案，并可进行编辑调整；

　　2　能根据消防实力及各种加权因素、升级要素等编制等级出动方案；

　　3　能人工编制随机出动方案。

5.1.5　火警受理子系统应能提供辖区消防站和消防车辆位置信息，能显示消防车辆的待命、出动、到场、执勤、检修等状态，能按消防站序号、距现场地点的距离、车辆类型等对相关消防车辆进行排序，供编制出动方案时快速选择。

5.1.6　火警受理子系统的下达出动指令功能应符合下列要求：

　　1　能以语音、数据形式将出动指令下达到消防站；

　　2　能对消防站警灯、警铃、火警广播、车库门等的联动控制装置发出控制指令；

　　3　能向供水、供电、供气、医疗、救护、交通、环卫等灭火救援有关单位发出灾情通报和联合作战要求。

5.1.7　火警受理子系统应能建立每起火灾及其他灾害事故档案，实时记录火警受理全过程的文字、语音、图像等信息，生成有关的统计报表。

5.1.8　火警受理全过程的录音录时功能应符合下列要求：

　　1　应能自动识别有线电话、无线电台的通话状态，启动录音和结束录音；

　　2　录音录时路数不应少于同时并行的通话路数；

　　3　录音记录应与接处警记录相关联；

　　4　可在授权终端上选择回放录音，并应能进行数据转储和备份；

　　5　录音文件的保存不应少于6个月，记录的原始信息不能被修改；

　　6　应能显示录音通道的状态和存储介质的剩余容量。当记录信息超过设定的存储容量的阈值时，应能给出提示信息。

5.1.9　火警受理终端应符合下列要求：

　　1　火警受理终端可设置在城市消防通信指挥中心或公安机关指挥中心。设置在公安机关指挥中心的火警受理终端应与设置在城市消防通信指挥中心的跨区域调度指挥终端互联，保持接处警数据同步并能信息共享；

　　2　火警受理终端设置数量不应少于2套；

　　3　日接警量大的城市，可将火警受理终端分为接警和处警终端，同时进行接警和处理；

　　4　每套火警受理终端坐席可设置多个显示屏，能分别显示本规范第5.1.10条规定的工作界面；

　　5　火警受理终端坐席之间能进行警情转移，多个终端可协同处警；

　　6　具有明显的火警电话呼入信号提示。

5.1.10　火警受理终端应具有下列工作界面：

　　1　接警和调度电话、无线电台操作窗口；

　　2　录音和回放操作窗口；

　　3　火灾及其他灾害事故编号、报警时间、报警主叫号码、报警人姓名、报警地址录入窗口；

　　4　火场及其他灾害事故现场的单位名称、地址及责任消防站录入窗口；

　　5　火灾及其他灾害事故具体情况录入窗口；

　　6　火灾及其他灾害事故类型选择录入窗口；

　　7　火灾及其他灾害事故等级选择录入窗口；

　　8　编制出动方案和下达出动指令操作窗口；

　　9　消防车辆属地、类型、状态显示窗口；

　　10　火灾及其他灾害事故事件列表和处理状态显示窗口；

　　11　日期、时钟和气象信息显示窗口；

　　12　本规范第5.9.1条规定的消防地理信息显示窗口；

　　13　本规范第5.7节规定的消防指挥决策支持功能操作窗口；

　　14　火警受理信息记录管理操作窗口；

　　15　上岗、离岗等值班管理操作窗口。

5.1.11　消防站火警终端应符合下列要求：

　　1　每个消防站应设置消防站火警终端；

　　2　应能以语音和图文形式接收出动指令，并应打印出车单；

　　3　应能自动或手动启动警灯、警铃、火警广播、车库门等的联动控制装置；

　　4　应能录入或更新本站的消防实力、灭火救援装备器材、灭火剂等消防资源信息数据；

　　5　应能检索查询本规范第5.8.3条～第5.8.7条规定的信息；

　　6　录音录时功能应符合本规范第5.1.8条的规定。

5.2　跨区域调度指挥子系统

5.2.1　跨区域调度指挥子系统的基本工作流程（图5.2.1）应符合下列要求：

　　1　接收下级消防通信指挥中心和现场报告的灾情信息，接收上级消防通信指挥中心、公安机关指挥中心和政府相关部门发送的灾情通报和力量调度指令；

2 对火灾及其他灾害事故类型、等级、发展趋势进行判断；

3 按预案、等级调度方案、随机调度方案进行消防力量调度；

4 依据决策支持信息，综合分析制订灭火救援方案，并实施指挥；

5 对调度指挥全过程的文字、语音、图像等信息进行实时记录。

图 5.2.1 跨区域调度指挥子系统基本工作流程

5.2.2 跨区域调度指挥子系统的灾情接收功能应符合下列要求：

1 能接收下级通信指挥中心和本级现场指挥子系统报送的火灾及其他灾害事故信息、出动力量和处置情况等相关信息；

2 能接收上级消防通信指挥中心、公安机关指挥中心和政府相关部门发送的灾情通报和力量调度指令。

5.2.3 跨区域调度指挥子系统的灾情判断功能应符合下列要求：

1 能检索火灾及其他灾害事故类型和等级数据库；

2 能对接收的灾情作出类型、等级及发展趋势判断。

5.2.4 跨区域调度指挥子系统的力量调度功能应符合下列要求：

1 能依据消防安全重点单位的预案、火灾及其他灾害事故等级、消防实力数据库，随机编制消防力量调度方案；

2 能以语音、数据及指挥视频形式下达跨区域调度命令；

3 能向医疗、救护、交通、安监等灭火救援有关单位发出灾情通报和联合作战要求。

5.2.5 跨区域调度指挥子系统的决策指挥功能应符合下列要求：

1 能依据消防安全重点单位的预案、决策支持数据库，随机编制灭火救援作战方案；

2 能以语音、数据及指挥视频形式下达跨区域作战指挥命令。

5.2.6 跨区域调度指挥子系统应能实时记录调度指挥全过程的文字、语音、图像等信息，并应自动存入相应的火灾及其他灾害事故档案中，生成有关的统计报表。

5.2.7 跨区域调度指挥终端应具有下列工作界面：

1 力量调度电话、无线电台操作窗口；

2 录音和回放操作窗口；

3 火灾及其他灾害事故信息、出动力量和处置情况信息显示窗口；

4 灾情判断信息显示窗口；

5 上级消防通信指挥中心、公安机关指挥中心和政府相关部门传输的灾情通报和力量调度指令显示窗口；

6 编制和下达力量调度方案操作窗口；

7 指挥决策支持信息显示窗口；

8 编制灭火救援作战方案和下达跨区域作战指挥命令操作窗口；

9 调度指挥信息记录管理显示窗口。

5.3 现场指挥子系统

5.3.1 现场指挥子系统的基本工作流程（图5.3.1）应符合下列要求：

1 接收有关火灾及灾害事故情况通报和现场灭火救援行动指令；

2 采集火灾及灾害事故数据、现场环境信息、现场灭火救援力量装备等信息；

3 制订现场灭火救援行动方案，下达灭火救援行动命令；

4 将火灾及灾害事故态势、现场环境、现场灭火救援行动等信息报送消防通信指挥中心；

5 将现场灭火救援全过程的文字、语音、图像等信息进行实时记录。

图 5.3.1 现场指挥子系统基本工作流程

5.3.2 现场指挥子系统的接收指令功能应符合下列要求：

1 能接收消防通信指挥中心的灾情通报和灭火救援行动指令；

2 能接收公安机关指挥中心、政府相关部门的灾情通报和灭火救援行动指令。

5.3.3 现场指挥子系统采集的现场信息应包括下列内容：

1 火灾及其他灾害事故态势信息；

2 到达现场的消防车辆、人员、灭火救援装备器材、灭火剂等信息；

3 现场气象、道路、消防水源、建（构）筑物等环境信息；

4 现场实况图像信息。

5.3.4 现场指挥子系统的作战指挥功能应符合下列要求：
1 能对灾情作出类型、等级及发展趋势判断；
2 能依据消防安全重点单位的预案、决策支持数据库，随机编制灭火救援作战方案；
3 能以语音、数据及指挥视频形式下达灭火救援行动命令。

5.3.5 现场指挥子系统报送的现场信息应包括下列内容：
1 火场及其他灾害事故现场态势信息；
2 现场气象、道路、消防水源、建(构)筑物等环境信息；
3 现场灭火救援行动信息；
4 现场实况图像信息。

5.3.6 现场指挥子系统应能实时记录现场指挥通信全过程的文字、语音、图像等信息，并应存入相应的火灾及其他灾害事故档案中，生成有关的统计报表。

5.3.7 现场指挥全过程的录音录时功能应符合本规范第5.1.8条的规定。

5.3.8 现场指挥子系统的现场通信组网功能应符合下列要求：
1 能通过外接电话接口或卫星通信链路，在现场开通市话等有线电话；
2 可通过车载电话交换机和有线电话通信线路，开通现场有线电话指挥通信网络；
3 能接入多种通信系统或设备，进行不同通信网络的语音、数据通信交换；
4 能通过图像传输设备传输现场实况图像；
5 具有现场指挥广播扩音功能；
6 现场无线通信组网功能应符合本规范第5.12节的规定；
7 卫星通信组网功能应符合本规范第5.13节的规定。

5.3.9 现场指挥子系统的图像信息应用功能应符合下列要求：
1 能接入消防通信指挥中心传输的消防图像监控信息、公安图像监控信息；
2 能召开现场视音频指挥会议，并能参加公安机关、政府相关部门召开的视音频会议；
3 具有现场图像预显、存储、检索、回放等功能。

5.3.10 现场指挥子系统的现场通信控制功能应符合下列要求：
1 能显示呼入电话号码；
2 能进行电话呼叫、应答、转接；
3 能显示无线通信信道的收发状态及使用单位、工作频率等属性，能显示无线电台用户的通话状态及身份码，具有无线通信信道保护及多种控发方式功能；
4 能进行无线电台用户的呼叫、应答、转接，重点用户的呼叫应有明显的声光指示；
5 能进行有线、无线会议式指挥通话，具有指挥预案编辑及频率配置等功能；
6 能进行卫星通信链路的建立和撤收；
7 能进行现场图文信息的切换显示；
8 能进行交互式多媒体作战会议操作；
9 具有撤退、遇险等紧急呼叫信号的发送功能；
10 能进行现场指挥广播扩音操作；
11 可对各种电气设备进行集中控制和监测。

5.3.11 现场指挥终端等设备应具有下列工作界面：
1 本规范第5.3.2条～第5.3.10条规定的信息显示和功能操作窗口；
2 消防地理信息显示窗口；
3 各种电气设备控制操作和状态监测显示窗口。

5.3.12 便携式消防作战指挥平台应符合下列要求：
1 具有位置定位、导航功能；
2 具有现场消防地理信息显示窗口；
3 具有本规范第5.7.3条规定的消防指挥决策支持功能操作窗口；
4 具有现场作战指挥信息录入窗口，录入的信息不可更改；
5 具有一键快速进入火灾扑救、抢险救援、信息查询功能窗口；
6 能基于现场消防地理信息、消防水源和灭火救援预案等进行灭火救援作战部署标绘、临机灾害处置方案编制；
7 具有灭火救援数据关联、信息查询、语音提示功能；
8 能与移动消防指挥中心进行实时数据传输；
9 具有测风、测温度、测距离、望远、夜视、扩音、警示等功能。

5.3.13 现场指挥子系统的消防信息显示应符合本规范第5.10节的规定。

5.3.14 现场指挥设备的装载体及必要的保障设施应符合国家现行有关标准的规定。

5.4 指挥模拟训练子系统

5.4.1 指挥模拟训练子系统的模拟训练功能应符合下列要求：
1 能根据灭火救援预案进行三维动态仿真演练；
2 能对重特大火灾及灾害事故跨区域作战、多层次现场指挥进行模拟训练；
3 能依据灭火救援指挥评价体系，对指挥效果进行三维动态仿真评估。

5.4.2 指挥模拟训练子系统的虚拟仿真功能应符合下列要求：
1 能建立火灾及灾害事故、灭火救援车辆、人员、装备器材、场景等三维动态模型；
2 能将灭火救援二维文字预案转换为三维动态的数字化预案；
3 能依据灭火救援指挥方案，编辑设计灭火救援指挥三维动态的数字化预案。

5.5 消防图像管理子系统

5.5.1 消防图像管理子系统应能接入现场指挥子系统采集、传输的火场及其他灾害事故现场实况图像信息。

5.5.2 消防图像管理子系统应能接收在城市消防重点区域、消防重点建（构）筑物、消防重点部位设置的消防监控图像信息采集点采集、传输的实况图像信息。

5.5.3 消防图像管理子系统应能与公安图像监控系统联网，获取重点区域、重点部位、重点道路图像信息。

5.5.4 消防图像管理子系统应能接收在辖区消防站设置的远

程监控图像信息采集点采集、传输的执勤备战、接警和火警出动等实况图像信息。

5.5.5 消防图像管理子系统应能接收消防车辆实时上传的实况图像信息。

5.5.6 消防图像管理子系统应能接入消防指挥视音频会议，并应能参加公安机关、政府相关部门召开的视音频会议。

5.5.7 消防图像管理子系统应能集中管理和按权限调配控制各类图像信息资源。

5.5.8 消防图像管理子系统应能对各类图像信息进行存储和检索回放。

5.6 消防车辆管理子系统

5.6.1 消防车辆管理子系统的车辆监控功能应符合下列要求：

1 能接收并显示车载终端发送的消防车辆位置、运行（速度、行驶方向）、底盘、上装、车载器材、视音频、大气环境等实时状态信息；

2 能显示消防车辆动态轨迹，并具有历史轨迹回放功能；

3 具有分级、分区域和特定消防车辆监控管理功能。

5.6.2 消防车辆管理子系统的灭火救援信息传输功能应符合下列要求：

1 能接收并显示车载终端发送的待命、出动、途中、到场、出水、运水、停水、返队、执勤、检修等作战状态；

2 能向车载终端发送出动指令、行进目的地、行车路线；

3 能向车载终端发送与灭火救援有关的简要文字信息，并能实现群发；

4 能接收并显示车载终端发送的与灭火救援有关的简要文字信息。

5.6.3 消防车辆管理子系统的车载终端应符合下列要求：

1 能定位本车的位置；

2 能将本车位置、运行、底盘、上装、车载器材、视音频、大气环境等信息实时发送给消防通信指挥中心；

3 能将本车待命、出动、途中、到场、出水、运水、停水、返队、执勤、检修等作战状态等信息实时发送给消防通信指挥中心；

4 能接收、显示或语音播报消防通信指挥中心发送的出动指令、行进目的地、行车路线；

5 能接收、显示或语音播报消防通信指挥中心发送的与灭火救援有关的简要信息；

6 能向消防通信指挥中心发送与灭火救援有关的简要文字信息；

7 能查询显示常用目的地、重点目标以及水源分布等地理信息；

8 能人工设定或接收消防通信指挥中心发送的行车目的地；

9 能自动生成行车路线，显示行车距离和时间；

10 具有语音提示引导车辆行进功能；

11 偏离导航路线时能自动重新计算行进路线。

5.6.4 消防车辆管理子系统的性能应符合下列要求：

1 消防车辆定位允许水平偏差应为±15m；

2 车载终端系统启动时间不应大于90s；

3 车载终端定位功能启动时间不应大于180s；

4 应能同时监控不少于2个灭火救援现场的消防车辆位置、状态。

5.7 消防指挥决策支持子系统

5.7.1 消防指挥决策支持子系统应能检索查询本规范第5.8.3条～第5.8.7条规定的信息。

5.7.2 消防指挥决策支持子系统的预案管理功能应符合下列要求：

1 能提供制作模板，编制辖区或跨区域各类灭火救援预案，建立预案库；

2 能根据灾害事故类型、等级等输入条件，进行比对匹配，查找相应的预案；

3 能在一个预案的基础上做编辑修改，形成新的预案；

4 能按预案制作归属或访问控制权限，提供预案的增加、修改、删除等功能；

5 具有预案下载、打印等输出功能。

5.7.3 消防指挥决策支持子系统的辅助决策功能应符合下列要求：

1 能采集录入火灾及其他灾害事故数据和现场环境信息；

2 能应用灭火救援模型、专家知识、典型案例等对火灾及其他灾害事故的发展趋势和后果进行评估；

3 能提供相应的火灾及其他灾害事故处置对策；

4 能计算现场需要的消防车辆、灭火救援装备器材、灭火剂；

5 能提供现场消防车辆、灭火救援装备器材、灭火剂差额增补方案；

6 能编制火灾及其他灾害事故处置方案，方案内容包括文字、态势图、表格等要素；

7 能标绘火灾及其他灾害事故影响范围及趋势、灭火救援态势、临机灾害处置方案、灭火救援作战部署等；

8 具有灾害处置方案的推演和编辑修订功能。

5.8 指挥信息管理子系统

5.8.1 指挥信息管理子系统的信息管理功能应符合下列要求：

1 能对本规范第5.8.3条～第5.8.7条规定的信息进行录入、编辑、更新；

2 能对各类信息进行分类汇总、归档存储；

3 能与公安机关指挥中心、政府相关部门等相关业务信息交互、共享；

4 能在消防基础数据平台层面上与消防监督、部队管理、社会公众服务等业务信息系统相关信息交互、共享；

5 能实现不同数据库管理系统之间的数据移植、转换、关联、整合；

6 能根据应用需求对各类信息进行检索查询、统计分析，并能以图表方式展现；

7 能根据应用需求对重要、敏感的信息实行关联、跟踪和预警；

8 能通过信息网络发布各类信息及其统计分析结果；

9 能对数据进行备份和恢复;
10 具有用户管理、权限管理、版本管理功能。

5.8.2 指挥信息管理子系统的信息分类与编码、数据结构、信息交换标准等应符合国家现行有关标准的规定。

5.8.3 火灾及其他灾害事故类信息应包括接收报警情况、火灾及其他灾害事故类型、火灾及其他灾害事故等级等。

5.8.4 消防资源类信息应包括消防实力、消防车辆状态、灭火救援装备器材、消防水源、灭火剂、灭火救援有关单位、灭火救援专家、战勤保障等信息。

5.8.5 消防指挥决策支持类信息应包括消防安全重点单位、危险化学品、各类火灾与灾害事故特性、灭火救援技战术以及气象等信息。

5.8.6 灭火救援行动类信息应包括各类灭火救援预案信息、力量调度和灭火救援行动情况等。

5.8.7 灭火救援记录和统计类信息内容应包括接处警录音录时信息、灭火救援作战记录信息、灭火救援统计信息等。

5.9 消防地理信息子系统

5.9.1 消防地理信息子系统应能与火警受理子系统关联应用,并应显示下列内容:
1 定位显示固定报警电话和移动报警电话的地理位置;
2 定位显示火灾及其他灾害事故现场的地理位置;
3 显示火灾及其他灾害事故现场的道路、消防水源、建(构)筑物等信息;
4 检索显示消防实力、灭火救援装备器材、灭火剂、公安警力、灭火救援有关单位等分布信息;
5 显示消防车辆到达现场的最佳行车路线、行车距离和时间。

5.9.2 消防地理信息子系统应能与跨区域调度指挥子系统和现场指挥子系统关联应用,并应显示下列内容:
1 定位显示火灾及其他灾害事故现场的地理位置;
2 显示火灾及其他灾害事故现场的道路、消防水源、建(构)筑物、力量部署等信息;
3 检索显示消防实力、灭火救援装备器材、灭火剂、公安警力、灭火救援有关单位等分布信息;
4 显示消防车辆到达现场的最佳行车路线、行车距离和时间。

5.9.3 消防地理信息子系统应能与消防车辆管理子系统关联应用,并应显示出动消防车辆的实时位置和动态轨迹。

5.9.4 消防地理信息子系统应能与消防指挥决策支持子系统关联应用,标绘火灾及其他灾害事故影响范围及趋势、灭火救援态势、临机灾害处置方案、灭火救援作战部署等。

5.9.6 地理信息的采集和使用应符合国家现行有关标准的规定。

5.9.7 消防地理信息子系统的地图数据应符合下列要求:
1 基础信息包括行政区、建(构)筑物、道路、水系、地形、植被等;
2 警用信息包括人员、案(事)件、公共场所、城市交通、门牌号码、单位、公安机关、公共基础设施等;
3 消防专业信息包括消防水源、消防站、消防企业、消防安全重点单位、重大危险源、灭火救援有关单位等。

5.9.9 消防地理信息子系统的地图数据显示控制功能应符合下列要求:
1 地图数据的显示应包括街路名称、起点、终点、街路级别、长度、宽度、交叉路口、路面情况等;
2 广域消防地图能显示行政区及道路、消防水源、消防站分布等;
3 接警消防地图能显示消防站辖区及道路、消防水源、消防安全重点单位等;
4 灭火战区地图能显示以火灾及其他灾害事故地点为中心的作战区域及道路、消防水源、建(构)筑物、力量部署等相关信息;
5 具有地图的放大、缩小、平移、漫游功能;
6 能注记设置地图要素显示的符号、文字;
7 能按显示范围和比例尺,自动切换图层或区域;
8 能支持影像图叠加显示。

5.9.10 消防地理信息子系统的地址匹配分析与定位功能应符合下列要求:
1 能设定组合条件进行模糊查询;
2 能根据道路、小区、单位、水源、消火栓、消防站的名称或地址等,在地图上进行精确或模糊定位。

5.9.11 消防地理信息子系统的量测分析功能应符合下列要求:
1 能对道路、消防水源、建(构)筑物等目标进行距离测量;
2 能对道路、消防水源、建(构)筑物等目标进行面积测量;
3 能对指定的目标集合中的地理目标进行周边分析;
4 具有最佳行车路径分析功能。

5.9.12 消防地理信息子系统的制图输出功能应符合下列要求:
1 能制作地图输出模板并予以存储;
2 能设置地图的图廓、标题、图例、指北针、比例尺等各种地图要素整饰;
3 能提供点、线、面和文字等地图标注工具;
4 能打印输出地图;
5 能将地图以网络方式发布。

5.10 消防信息显示子系统

5.10.1 消防信息显示子系统应能接入和集中控制管理本规范第5.10.3条规定的信息。

5.10.2 消防信息显示子系统的切换控制功能应符合下列要求:
1 能对视频信息进行显示控制,对音频信息进行播放控制;
2 具有多种组合显示模式,能实现不同模式的切换;
3 具有多个视频图像和计算机画面的同屏混合显示功能;
4 能通过网络进行远程切换控制;
5 具有交互式电子白板功能。

5.10.3 消防信息显示子系统应能显示下列内容:
1 辖区消防队站、值班信息;
2 辖区消防车辆类型、数量和待命、出动、到场、执勤、检修等状态;

3 日期、时钟；
4 当前天气、温度、湿度、风向、风力；
5 当前火灾及其他灾害事故信息；
6 灭火救援统计数据；
7 本规范第5.5.1条～第5.5.7条规定的图像信息；
8 火警受理、调度指挥、现场指挥等业务应用系统的信息。

5.10.4 消防信息显示子系统的软硬件设备应符合国家现行有关标准的规定。

5.10.5 消防信息显示子系统的技术性能应符合下列要求：
1 应能支持从640×480到1600×1200的各种分辨率信号；
2 屏幕亮度能适应高照度环境，亮度均匀性应大于90%；
3 屏幕水平视角180°，垂直视角不应小于80°；
4 能支持控制协议/因特网互联协议（TCP/IP）等协议，网络接口应为10M/100M以太网；
5 应具有模块式结构，易于检修；
6 大屏幕投影组合墙的拼缝间隙不应大于1mm；
7 应采用全中文图形界面，操作控制简单。

5.11 消防有线通信子系统

5.11.1 消防有线通信子系统应具有下列火警电话呼入线路：
1 与城市公用电话网相连的语音通信线路；
2 与专用电话网相连的语音通信线路；
3 与城市消防远程监控系统报警终端相连的语音、数据通信线路；
4 查询固定报警电话装机地址和移动报警电话定位信息的数据通信线路。

5.11.2 消防有线通信子系统应具有下列火警调度专用通信线路：
1 连通上级消防通信指挥中心的语音、数据、图像通信线路；
2 连通辖区消防站的语音、数据、图像通信线路；
3 连通公安机关指挥中心和政府相关部门的语音、数据通信线路；
4 连通供水、供电、供气、医疗、救护、交通、环卫等灭火救援有关单位的语音通信线路。

5.11.3 消防有线通信子系统应具有下列日常联络通信线路：
1 内部电话通信线路；
2 对外联络电话通信线路；
3 公安专网电话通信线路。

5.11.4 与城市公用电话网相连的火警电话中继应符合下列要求：
2 火警电话中继线路应采用双路由方式与城市公用电话网相连；
3 采用数字中继方式入网时，应具有火警应急接警电话线路；
4 火警电话呼入应设置为被叫控制方式；
5 本地电话网应在火警电话呼叫接续过程中提供主叫电话号码；
6 本地电话网应提供主叫电话用户信息（用户名称和装机地址等），通过专用数据传输线路在火警应答后5s内送达火警受理终端。

5.11.5 各类火警电话中继线路数量应符合表5.11.5的规定。

表5.11.5 城市火警电话中继线路数量

类别	数字中继	模拟中继	火警应急接警电话线路
特大城市	不少于8个PCM基群	—	不少于8路
大城市	不少于4个PCM基群	—	不少于4路
中等城市	不少于2个PCM基群	每个电话端（支）局不少于2路	不少于2路
小城市	不少于1个PCM基群	每个电话端（支）局不少于2路	不少于2路
独立接警的县级城市消防站	—	每个电话端（支）局不少于2路	—

注："类别"栏内的城市规模根据国家有关城市规模划分标准和城市的规划情况确定。

5.11.6 火警调度语音专线和数据专线宜采用直达专线的形式，数据专线带宽不应小于2M。

5.11.7 接警调度程控交换机应符合下列要求：
1 提供计算机与电话集成（CTI）接口；
2 具有基本呼叫接续功能，能对公网、专网电话进行呼叫接续和转接；
3 具有双向通话的组呼功能，组呼用户数不应少于8方，能实现任一方的加入和拆除；
4 具有实现广播会议电话功能，会议方不应少于16方，能实现任一方的加入和拆除；
5 能对预先设置的多个电话进行轮询呼叫；
6 具有监听、强插、强拆和挂机回叫功能；
7 能在坐席间相互转接，完成呼叫转接、代接功能，在此过程中呼叫数据同步转移；
8 具有话务统计功能，能统计呼入次数、接通次数、排队次数、早释次数和平均通话时长等数据；
9 电话报警接续中具有第四位拦截功能；
10 接收通信网局间信令中送来的报警电话号码。

5.11.8 火警电话呼入排队方式应符合下列要求：
1 坐席全忙时应能将火警电话呼入进行排队，并应向排队用户发送语音提示或回铃音；
2 重点单位报警可优先分配；
4 坐席离席时可不分配火警电话呼入。

5.12 消防无线通信子系统

5.12.1 消防无线通信网络应符合下列要求：

1 应能设置独立的消防专用无线通信网，或加入公安集群无线通信系统，并在系统中设置消防分调度台和一定数量的独立编队（通话组），建立灭火救援调度指挥网；

2 省（自治区）消防无线通信子系统应有跨区域联合作战指挥通信的能力，地区（州、盟）消防无线通信子系统应有全地区（州、盟）灭火救援指挥通信的能力；

3 城市消防无线通信子系统应能保障城市消防辖区覆盖通信、现场指挥通信、灭火救援战斗通信；

4 应能在发生自然灾害或突发技术故障造成大范围通信中断时，通过卫星电话、短波电台等设备，提供应急通信保障；

5 与地方专职消防队等其他灭火救援力量在灾害事故现场的协同通信时，应临时配发参战指挥员无线电台，加入现场指挥网内通信，参战队数量很大时，应另行组建现场协同通信网；

6 参与灭火救援联合作战时，应能保持独立的消防通信体系，消防指挥员（联络员）加入负责现场全面指挥单位的通信网；

7 在无线电通信盲区，可通过移动通信基站，采用通信中继等方式，保证无线通信不间断；

8 在地铁、隧道、地下室等地下空间内，可采用地下无线中继等方式，实现无线通信。

5.12.2 城市消防无线通信网应由以下三级网组成：

1 消防一级网（城市消防辖区覆盖网），适用于保障城市消防通信指挥中心与移动消防指挥中心和辖区消防站固定电台、车载电台之间的通信联络，在使用车载电台的条件下，可靠通信覆盖区不应小于城市辖区地理面积的80%；

2 消防二级网（现场指挥网），适用于保障火场及其他灾害事故现场范围内各级消防指挥人员之间的通信联络；

3 消防三级网（灭火救援战斗网），适用于火场及其他灾害事故现场范围内各参战消防队内部的指挥员、战斗班班长、驾驶员、特勤抢险班战斗员之间的通信联络。

5.12.3 消防无线通信子系统的数据通信功能应符合下列要求：

1 应能建立火场及其他灾害事故现场与消防通信指挥中心的移动数据通信链路；

2 在火场及其他灾害事故现场应能实现情报信息、火灾及其他灾害事故处置方案、现场灭火救援行动方案、指挥决策数据等信息的查询、传输；

3 通过公网进行数据通信时应具有移动接入安全措施；

4 数据通信的传输速率、误码率等应能满足灭火救援作战指挥的需求。

5.12.4 消防无线通信子系统的工作频率应符合下列要求：

1 应能充分利用消防专用频率组网；

2 应能根据需求和当地情况申请背景噪声小、传输特性好、不与民用大功率发射设备同频段的民用频率；

3 消防跨区域联合作战通信专用频点不得设任何控制信令；

4 每个消防站应有一个专用信道，或通过无支援关系消防站的频率复用，达到每个消防站有一个专用信道；

5 无线电台的预置信道数量不应小于16。

5.12.5 消防无线通信子系统设备的工作环境应符合下列要求：

1 发射机的最大输出功率、固定天线的架设高度应符合当地无线电管理部门规定的要求；

3 通信基站应有防雷与接地设施。

5.12.6 消防无线通信子系统的通信天线杆塔的架设应符合下列要求：

1 城市消防通信指挥中心应设置永久性无线通信天线杆塔，距离城市消防通信指挥中心较远的消防站也应设永久性天线杆塔；

2 通信天线杆塔的天线平台应设高度不低于1.20m的栏杆，塔身应设检修爬梯和安全护栏，塔身较高时应加设休息平台；

3 通信天线杆塔设计应按照永久荷载、可变荷载和偶然荷载最不利的组合考虑。

5.13 消防卫星通信子系统

5.13.1 消防卫星通信子系统的基本功能应符合下列要求：

1 应根据需求设置固定卫星站、移动（车载、便携）卫星站，建立与消防通信指挥中心之间点对点通信；

2 应能与地面有线和无线通信网络相结合，互为补充；

3 应具有双向通信能力，能以透明方式实现语音、数据、图像等传输；

4 应提供以太网接口（IP），能与各种通信终端设备连接，传输符合控制协议/因特网互联协议（TCP/IP）的信息；

5 数据通信速率应能满足业务需求，并具有动态的按需分配带宽功能；

6 卫星站应具备电动捕星或快速自动捕星（程序引导）功能；

7 移动卫星站架设和开通时间不应大于15min。

5.13.2 消防卫星通信子系统的传输质量应符合下列要求：

1 语音传输速率不应小于8Kbit/s；

2 数据传输速率不应小于64Kbit/s；

3 图像传输速率不应小于384Kbit/s。

5.13.3 消防卫星通信子系统应采用Ku频段卫星转发器。

5.13.4 消防卫星通信子系统的建站和使用应符合国家有关法律、法规的规定，卫星通信设备应具有国家主管部门颁发的产品许可证。

6 系统的基础环境要求

6.1 计算机通信网络

6.1.1 计算机通信网络构成应符合下列要求：

3 局域网主干网络线路速率不应低于1000Mbit/s，到各终端计算机网络接口不应低于100Mbit/s；

4 应能根据系统内各不同组成部分功能及数据处理流向适当划分虚拟局域网（VLAN）。

6.1.2 计算机通信网络性能应符合下列要求：

1 能满足语音、数据和图像的多业务应用需求；

2 具有全统一的安全策略、服务质量（QoS）策略、流量管理策略和系统管理策略；

3 能保证各类业务数据流的高效传输，时效性强，延时小；
  4 具有良好的扩展性能，能支持未来扩充需求。

6.2 系统的供电

6.2.1 系统的供电应符合下列要求：
  1 消防通信指挥中心的供电应按一级负荷设计；
  2 省（自治区）、大中型城市消防通信指挥中心的主电源应由两个稳定可靠的独立电源供电，并应设置应急电源，其他城市消防通信指挥中心的主电源不应低于两回路供电；
  3 系统配电线路应与其他配电线路分开，并应在最末一级配电箱处设自动切换装置；
  4 系统由市电直接供电时，电源电压变动、频率变化及波形失真率应符合计算机电源电能质量参数表的规定（表6.2.1-1），超出此规定时，应加调压设备；

表6.2.1-1 计算机电源电能质量参数表

参数项目 \ 级别	A级	B级	C级
稳态电压偏移范围（%）	±5	±10	−13～7
稳态频率偏移范围（Hz）	±0.2	±0.5	±1.0
电压波形畸变率（%）	5	7	10
允许断电持续时间（ms）	0～4	4～200	200～1500

  5 通信设备的直流供电系统应由整流配电设备和蓄电池组组成，可采用分散或集中供电方式供电，其中整流设备应采用开关电源，蓄电池应采用阀控式密封铅酸蓄电池；
  6 通信设备的直流供电系统应采用在线充电方式以全浮充制运行，直流基础电源电压应为−48V。基础电源电压变动范围和杂音电压要求应符合表6.2.1-2的规定；

表6.2.1-2 基础电源电压变动范围和杂音电压要求

电压（V）	电信设备受电端子上电压变动范围（V）	电源杂音电压		
		衡重杂音（mV）	峰—峰值杂音	
			频段（kHz）	指标（mV）
−48	−40～−57	≤2	0～20	≤200

  7 系统供电线路导线应采用经阻燃处理的铜芯电缆，交流中性线应采用与相线截面相等的同类型的电缆；
  8 系统配备的发电机组应具有自动投入功能；
  9 消防站应设置通信专用交流配电箱，其电源容量不应小于5kV·A。

6.2.2 不间断电源应符合下列要求：
  2 接警、调度系统采用在线式不间断电源供电时，在外部市电断电后应能保证所有设备正常供电时间不小于12h；有后备发电系统时，不间断电源应能保证正常供电时间不小于2h。

6.4 系统的综合布线

6.4.2 控制线路及通信线路采用暗敷设时，宜采用金属管或经阻燃处理的硬质塑料管保护，并应敷设在不燃烧体的结构层内，其保护层厚度不宜小于30mm。当采用明敷设时，应采用金属管或金属线槽保护，并应在金属管或金属线槽上采取防火保护措施。

6.5 系统的设备用房

6.5.3 消防通信指挥中心和消防站的设备用房的净高要求应符合表6.5.3的规定。

表6.5.3 设备用房的净高要求

设备用房		房屋净高（m）
消防通信指挥中心	接警调度大厅 标准结构	≥3.0
	接警调度大厅 2层通高结构	≥7.0
	指挥室	≥3.0
消防站	通信室	≥3.0

6.5.5 消防通信指挥中心的室内温度、相对湿度要求应符合表6.5.5的规定。

表6.5.5 消防通信指挥中心的室内温度、相对湿度要求

名称	温度（℃）		相对湿度（%）	
	长期工作条件	短期工作条件	长期工作条件	短期工作条件
指挥中心通信机房	18～25	15～30	45～65	40～70
指挥中心指挥室	15～30	10～35	40～70	30～80
消防站通信室	15～30	10～35	30～80	20～90

6.5.7 消防通信指挥中心和消防站的设备用房照度应符合下列要求：
  1 距地板面0.75m的水平工作面为200lx～500lx；
  2 距地板面1.40m的垂直工作面为50lx～200lx。

6.5.9 机房内设备的间距和通道应符合下列要求：
  1 机柜正面相对排列时，其净距离不应小于1.5m；
  2 背后开门的设备，背面距墙面不应小于0.8m；
  3 机柜侧面距墙不应小于0.5m，机柜侧面距其他设备净距不应小于0.8m，当需要维修测试时，距墙不应小于1.2m；
  4 并排布置的设备总长度大于4m时，两侧均应设置通道；
  5 机房内通道净宽不应小于1.2m。

6.5.10 消防通信指挥中心和消防站的设备用房应避开强电磁场干扰，或采取有效的电磁屏蔽措施。室内电磁干扰场强在频率范围为1MHz～1GHz时，不应大于10V/m。

7 系统通用设备和软件要求

7.1 系统通用设备

7.1.1 消防通信指挥系统使用的计算机、输入设备、输出设

备、数据存储与数据备份设备以及不间断电源等硬件设备应为通过中国强制性产品质量认证的产品。

7.1.2 消防通信指挥系统使用的电信终端设备、无线通信设备、卫星通信设备和涉及网间互联的网络设备等产品应具有国家主管部门颁发的进网许可证。

7.1.3 消防通信指挥系统使用的开关插座、接线端子（盒）、电线电缆、线槽桥架等电器材料应采用符合国家现行有关标准的产品，实行生产许可证或安全认证制度的产品应具有许可证编号或安全认证标志。

8 系统设备配置要求

8.1 消防通信指挥中心系统设备配置

8.1.1 国家、省（自治区）、地区（州、盟）消防通信指挥中心系统设备配置应符合表8.1.1的规定。

表8.1.1 国家、省（自治区）、地区（州、盟）消防通信指挥中心系统设备

序号	设备名称	描述	配置 国家、省（自治区）	配置 地区（州、盟）
1	调度指挥终端	一机多屏，通信控制、调度指挥、地理信息支持等操作显示	≥2套	≥2套
2	指挥信息管理终端	指挥信息管理、图像显示等集中控制、消防车辆管理等操作显示	3台	2台
3	电话机	调度指挥语音通信	≥3部	≥3部
4	打印、传真机	图文打印输出、收发传真	1台	1台
5	无线一级网固定电台	调度指挥语音通信	≥2台	≥2台
6	大屏幕显示设备	可选择DLP、投影、液晶、LED等组合	1套	1套
7	指挥大厅音响设备	调音台、功放机、音箱	1套	1套
8	火警广播设备	话筒、功放机、各楼层（房间）扬声器	1套	1套
9	指挥会议设备	视频会议终端、数字会议设备（控制主机、主席机、代表机）、音响设备、交互电子白板等	1套	1套

续表8.1.1

序号	设备名称	描述	配置 国家、省（自治区）	配置 地区（州、盟）
10	视频设备	视频解码器、分配器、切换矩阵、硬盘录像机等	1套	1套
11	集中控制设备	控制主机、无线触摸屏等	1套	选配
12	应用服务器	调度指挥业务服务，双工配置工作	2台	2台
13	数据库服务器	数据库服务，双工配置工作	2台	选配
14	综合业务服务器	视频服务、安全管理、系统管理等	2台	2台
15	数据存储设备	磁盘阵列、虚拟磁带库等	1套	1套
16	录音录时设备	记录调度指挥语音信息	1台	1台
17	接警调度程控交换机	调度指挥通信	1台	1台
18	无线一级网通信基站	保证辖区无线通信网80%覆盖	选配	选配
19	卫星固定站	Ku频段天线、室外单元、室内单元	1套	—
20	网络设备	汇聚交换机	1台	1台
21	网络安全设备	防火墙和入侵检测等	1套	1套
22	消防移动接入平台	外网信息安全接入	1套	—
23	UPS电源	不间断供电	1台	1台
24	短波电台	应急语音通信，车载或便携	选配	选配

注：1 "配置"栏内标"选配"的表示可根据有关规定或实际需求选择配置；
2 数据库服务器、数据存储设备、程控交换机、网络安全设备、移动接入平台设备是消防业务信息系统共用设备；
3 外网交换机、服务器、数据存储设备可根据有关规定或实际需求选择配置。

8.1.2 城市消防通信指挥中心系统设备配置应符合表8.1.2的规定。

表 8.1.2 城市消防通信指挥中心系统设备

序号	设备名称	描述	配置 Ⅰ类	配置 Ⅱ类	配置 Ⅲ类
1	火警受理终端（或接警终端和调度终端）	一机多屏，通信控制、接警与调度、地理信息支持等操作显示	≥4套	≥2套	2套
2	指挥信息管理终端	指挥信息管理、图像显示等集中控制、消防车辆管理等操作显示	3台	2台	1台
3	电话机	调度指挥语音通信	≥5部	≥3部	≥2部
4	打印、传真机	图文打印输出、收发传真	1台	1台	1台
5	无线一级网固定电台	调度指挥语音通信	≥2台	≥2台	1台
6	大屏幕显示设备	可选择DLP、投影、液晶、LED等组合	1套	1套	1套
7	指挥大厅音响设备	调音台、功放机、音箱	1套	1套	选配
8	火警广播设备	话筒、功放机、各楼层（房间）扬声器	1套	1套	选配
9	指挥会议设备	视频会议终端、数字会议设备（控制主机、主席机、代表机）、音响设备、交互电子白板等	1套	1套	选配
10	视频设备	视频解码器、分配器、切换矩阵、录像机等	1套	选配	选配
11	集中控制设备	控制主机、无线触摸屏等	1套	选配	—
12	应用服务器	调度指挥业务服务	2台	2台	1台
13	数据库服务器	数据库服务，双工配置工作	2台	选配	选配
14	综合业务服务器	视频服务、安全管理、系统管理等	2台	2台	选配
15	数据存储设备	磁盘阵列、虚拟磁带库等	1套	1套	选配
16	录音录时设备	记录调度指挥语音信息	1台	1台	1台
17	接警调度程控交换机	调度指挥通信	1台	1台	选配
18	无线一级网通信基站	保证辖区无线通信网80%覆盖	选配	选配	选配

续表8.1.2

序号	设备名称	描述	配置 Ⅰ类	配置 Ⅱ类	配置 Ⅲ类
19	卫星固定站	Ku频段天线、室外单元、室内单元	直辖市1套	—	—
20	网络设备	汇聚交换机	1台	1台	1台
21	网络安全设备	防火墙和入侵检测等	1套	1套	选配
22	通信组网管理设备	语音通信交换、管理、集中控制	选配	选配	选配
23	不间断电源	不间断供电	1台	1台	1台
24	短波电台	应急语音通信，车载或便携	选配	选配	—

注：1 直辖市、省会市及国家计划单列市应按Ⅰ类标准配置；地级市应按Ⅱ类标准配置；县级市应按Ⅲ类标准配置；
2 "配置"栏内标"选配"的表示可根据有关规定或实际需求选配配置；
3 数据库服务器、数据存储设备、程控交换机、网络安全设备是消防业务信息系统共用设备。

8.2 移动消防指挥中心系统设备配置

8.2.1 以车辆为载体的移动消防指挥中心系统设备配置应符合表8.2.1的规定。

表 8.2.1 以车辆为载体的移动消防指挥中心系统设备

项目	设备名称	描述	配置 Ⅰ类	配置 Ⅱ类	配置 Ⅲ类
通信组网	电话交换设备	电话交换机（集团电话）、语音网关等	1套	选配	—
	电话机	总机和作战指挥室、通信控制室、火场其他分指挥部语音通信	≥5部	选配	—
	车外广播扩音设备	麦克、功放、高音喇叭等	1套	1套	选配
	无线一级网移动通信基站	无线盲区通信覆盖	选配	选配	—
	无线一级网车载电台	调度指挥语音通信	≥1部	≥1部	≥1部
	无线二级网手持电台	现场指挥语音通信	≥5部	≥5部	≥2部
	无线地下中继设备	地下空间通信	选配	选配	—
	无线数据网设备	数据终端、无线网络等设备	选配	选配	—

续表8.2.1

项目	设备名称	描述	配置 Ⅰ类	配置 Ⅱ类	配置 Ⅲ类
通信组网	无线图像传输设备	接收机、发射机、便携式摄像机等	≥1套	1套	1套
	短波电台	应急语音通信，车载或便携	1套	选配	—
	移动卫星站	车载或便携	1套	选配	—
	卫星电话终端	车载或便携，语音及数据通信	≥2部	≥1部	—
	网络交换机	根据需要选定技术参数	1套	1套	—
	紧急信号发送设备	撤退、遇险等紧急呼叫信号的发送通信	1套	1套	1套
	通信组网管理设备	语音通信接入、交接、管理、集中控制	1套	选配	—
指挥通信与情报信息	现场指挥终端	含显示屏、通信卡等	≥1套	≥1套	—
	便携式计算机	含通信卡等	≥1台	≥1台	—
	便携式消防作战指挥平台	集成多种功能的灭火救援指挥箱	1套	1套	1套
	视音频编解码器	视音频编解码	选配	选配	—
	视音频会议系统终端	含会议摄像头等	1套	选配	—
	车内音响系统	麦克、调音台、功放、音箱等	1套	选配	—
	打印、复印、传真机	多功能一体机	1台	选配	—
	现场图像采集设备	车顶（外）摄像机等	≥1台	≥1台	—
	气象采集设备	小型气象站	选配	选配	—
	标准时钟	全球定位系统（GPS）时钟、显示屏	1套	1套	—
	综合显示屏及附件	LED或LCD或投影机等	1套	1套	—
	显示控制设备	视音频矩阵切换器、视音频分配器、图像分割器	1套	1套	—
	视音频存储设备	硬盘录像机、录音录时设备	1套	1套	—

续表8.2.1

项目	设备名称	描述	配置 Ⅰ类	配置 Ⅱ类	配置 Ⅲ类
装载体	定制车厢	作战指挥室、通信控制室、附属设备仓、附属卫生间、车顶平台、车梯等	选配	选配	—
	会议桌、椅	会议桌可电动或手动折叠	选配	选配	—
	现场指挥终端、通信机柜等	含操作坐席、工作椅	1套	1套	—
	储物柜	根据实际需要配置	选配	选配	—
	外接口面板仓和接口	电源、网络、光纤、电话、视音频	1套	1套	—
	升降杆	电（气）动折叠（伸缩）式，可安装云台、摄像机、强光灯等	选配	选配	—
	电缆盘、盘架、线缆	电源、网络、电话、视音频等	选配	选配	—
	综合布线	电源、网络、电话、视音频、照明、防雷接地等布线、多功能插座组	1套	1套	—
	行车设备	车辆导航终端、倒车后视器等	选配	选配	选配
	警示设备	警灯、警报器等	1套	1套	1套
保障设备	供电设备	车载发电机或取力发电机，20%裕量，发电机静音及减震处理	1套	1套	—
	配电盘柜	配电控制，内外电源切换	1套	1套	—
	隔离变压器	根据需要选定技术参数	1台	1台	—
	不间断电源	支持30min	1台	1台	—
	驻车空调	驻车制冷、制热专用空调	1台	选配	—
	车内照明	各仓室、台面照明	1套	选配	—
	车外照明	车外环境照明、强光照明	选配	选配	—
	卫生间设备	洗手池、坐（蹲）便器、淋浴器、清/污水箱	选配	选配	—

续表8.2.1

项目	设备名称	描述	配置		
			Ⅰ类	Ⅱ类	Ⅲ类
保障设备	饮用水设备	车载饮水机	选配	选配	—
	食品加热设备	车载微波炉	选配	选配	—
	食品冷藏设备	车载专用冰箱	选配	选配	—

注：1 省（自治区）、直辖市、省会市及国家计划单列市应按Ⅰ类标准配置；地区、地级市应按Ⅱ类标准配置；县级市应按Ⅲ类标准配置；
2 "配置"栏内标"选配"的表示可根据有关规定或实际需求选择配置。

8.3 消防站系统设备配置

8.3.1 消防站系统设备配置应符合表8.3.1的规定。

表8.3.1 消防站系统设备

序号	设备名称	描述	配置
1	消防站火警终端	接收火警信息和调度指挥指令、情报信息管理	1台
2	电话机	接收火警和调度指挥指令语音通信	≥1部
3	打印、传真机	打印出动指令、收发传真	1台
4	无线一级网固定电台	调度指挥语音通信	1台
5	无线一级网车载台	现场消防车与指挥中心语音通信	1部/车

续表8.3.1

序号	设备名称	描述	配置
6	无线二级网手持台	现场消防指挥员语音通信	≥2部
7	无线三级网手持台	现场指挥（通信）员、班长、特勤抢险战斗员、驾驶员灭火救援行动语音通信	1部/人
8	紧急信号接收机	现场战斗员紧急呼叫信号接收通信	1部/人
9	火警广播设备	话筒、功放机、各楼层（房间）扬声器	1套
10	录音录时设备	记录接收火警语音信息	1台
11	联动控制设备	警灯、警铃、火警广播、车库门等控制	1台
12	视频监控设备	防护罩、摄像机、镜头、支架、编码器等	选配
13	指挥会议设备	视频会议终端、音响、投影机等	1套
14	网络设备	路由器、网络交换机等	1套
15	UPS电源	不间断供电	1台
16	车载终端	信息通信	1套

注：1 "配置"栏内标"选配"的表示可根据有关规定或实际需求选择配置；
2 网络设备、指挥视频设备、视频监控设备是消防业务信息系统共用设备。

15. 《消防通信指挥系统施工及验收规范》GB 50401—2007

1 总 则

1.0.2 本规范适用于各类新建、扩建、改建的消防通信指挥系统的施工、验收及维护管理。

2 施工前准备

2.1 一般规定

2.1.1 消防通信指挥系统的分部、分项工程应按附录 A 划分。

2.1.2 消防通信指挥系统设备及配件等产品应齐全并能保证正常施工。

2.1.3 通信基础、网络平台等施工现场环境应满足施工要求。

2.1.4 设计单位应提供消防通信指挥系统技术构成图、系统性能指标、系统明细（含硬件、软件、接口、配件等）、设备布置平面图、子系统功能说明等必要的设计文件和有关施工技术标准，并应进行技术交底和说明。

2.1.5 建设单位应提供消防通信指挥系统所需的基础数据资料。

2.2 系统的基础环境

2.2.1 系统的设备用房和供配电应符合国家标准《消防通信指挥系统设计规范》GB 50313 的有关要求。

2.2.2 综合布线应符合国家标准《建筑与建筑群综合布线系统工程验收规范》GB/T 50312 的有关要求。

2.2.3 接地及防雷应符合国家标准《建筑物电子信息系统防雷技术规范》GB 50343 的有关要求。

2.3 产品进场检查

2.3.1 消防通信指挥系统设备及配件等产品进入施工现场时应有设备清单、主要技术（性能）指标、安装使用说明书、产品合格证书。

检查数量及方法：全数检查有关资料。

2.3.2 消防通信指挥系统设备及配件等产品的表面应无明显凹陷、划痕、毛刺等机械损伤，紧固部位应无松动，包装应完好。

检查数量及方法：全数观察检查。

2.3.3 消防通信指挥系统使用的计算机、服务器、显示器、打印设备、数据终端等信息技术设备应为通过中国强制性产品质量认证的产品。消防通信指挥系统使用的电信终端设备、无线通信设备和涉及网间互联的网络设备等产品应具有国家信息产业主管部门电信设备进网许可证。

检查数量及方法：全数查验产品合格证和随带技术文件；查验产品的认证标志和许可证编号。

2.3.4 消防通信指挥系统使用的卫星通信设备等产品应具有国家信息产业主管部门产品许可证。消防通信指挥系统使用的各种车载通信系统设备等应采用符合国家有关技术规范和标准的系统或设备。

检查数量及方法：全数查验许可证、检测报告及随带技术文件。

2.3.5 消防通信指挥系统使用的开关插座、接线端子（盒）、电线电缆、线槽桥架等电器材料应采用符合国家有关标准的产品，实行生产许可证或安全认证制度的产品应有许可证编号或安全认证标志。

检查数量及方法：查验产品的许可证编号或安全认证标志。同一类产品按 20% 抽样检查。同一类产品数量少于 5 时，全数检查。

2.3.6 消防通信指挥系统使用的操作系统、数据库管理系统、地理信息系统、安全管理系统（信息安全、网络安全等）和网络管理系统等平台软件应具有软件使用（授权）许可证。

检查数量及方法：全数查验许可证及随带技术文件。

2.3.7 消防通信指挥系统的用户应用信息系统等专业应用软件应具有安装程序和程序结构说明、安装使用维护手册等技术文件；用户应用信息系统等专业应用软件应由国家相关产品质量监督检验机构按照有关标准的技术要求检测。

检查数量及方法：全数检查检测报告、技术文件等有关资料。

2.3.8 设备及配件、材料、软件等产品进场时应按附录 B 填写"消防通信指挥系统施工产品进场质量检查记录"。

3 系 统 施 工

3.1 一般规定

3.1.1 消防通信指挥系统的施工应按设计文件和施工技术标准进行，不得随意修改。当确需更改设计时，应由原设计单位负责更改，并应经过建设单位确认。

3.1.2 消防通信指挥系统的施工应由具有相应资质的专业施工单位承担。

3.1.3 消防通信指挥系统施工过程中，施工单位应做好安装、调试等相关记录；当有设计变更时，应做好设计变更记录。

3.1.4 消防通信指挥系统的施工过程质量控制应按下列规定进行：

    1 各工序应按施工技术标准进行质量控制，每道工序检查合格后，方可进行下道工序。检查不合格，应进行整改。

    2 隐蔽工程在隐蔽前应验收合格，并应形成验收文件。

    3 相关各专业工种之间，应进行交接检验，并应经监理工程师签字后方可进行下道工序。

4 安装工程完工后，施工单位应按有关专业调试规定进行调试。

5 施工过程质量检查记录应按附录C填写"消防通信指挥系统施工过程质量检查记录"。

3.2 设备的安装

3.2.1 计算机网络设备、消防有线通信设备、消防无线通信设备、卫星通信设备、车载通信系统设备、消防信息显示装置、UPS电源设备以及信息技术设备、火警受理终端设备、消防站终端设备的安装应符合下列基本要求：

1 设备应根据实际工作环境合理摆放、安装牢固、适宜操作，并应留有人员检查、维护的空间。

2 设备和线缆应有永久性标识，标识应准确清晰。

3 设备连线应连接可靠、捆扎牢固、排列整齐，不得有扭绞、压扁和保护层断裂等现象，长度应留有余量。

检查数量及方法：全数观察检查和模拟操作检查。

3.2.3 消防有线通信设备应根据国家有关电信技术要求安装，网间配合接口、信令等应符合国家有关技术标准。

检查数量及方法：全数对照设计文件和有关技术要求检查。

3.2.4 消防无线通信设备的安装应符合下列要求：

1 无线通信设备应根据国家无线电管理有关规定和行业有关技术要求安装。

2 天线安装的最佳位置及高度应根据实地情况确定，并应满足组网要求的覆盖区。

3 定向天线安装时，天线与铁塔的距离不应小于工作频段平均值的半个波长；全向天线安装时，天线与铁塔的距离不应小于工作频段平均值的1个波长。

4 多天线共塔时，天线的垂直隔离度不应小于工作频段平均值的3个波长。

5 室外天线抗风能力不应小于9级。

6 天馈系统的驻波比不应大于2。

检查数量及方法：全数估算、尺量检查及对照有关技术要求检查。

3.2.5 卫星通信设备的安装应符合下列要求：

1 卫星通信设备安装应执行与其配套的国家技术标准和规范。

2 固定天线宜安装在楼顶平台等视野开阔的地方，并应做天线基础底座。

3 固定天线到卫星接收设备的馈线不应超过30m。

检查数量及方法：全数尺量和观察检查。

3.2.6 车载通信系统设备的安装应符合下列要求：

1 天线应安装在车顶合适位置，采用低损耗馈线。

2 多天线共车时，各天线之间应有良好的隔离，不得相互影响。

3 各种通信系统设备的安装应适应车载和灾害现场通信的环境要求，不得相互影响。

检查数量及方法：全数测试和观察检查。

3.2.7 消防信息显示装置的安装应符合下列要求：

1 投影设备安装时应保证一定的视角。

2 投影屏的表面涂层应平滑、均匀、色调一致，投影墙的整体拼接应整齐、无变形。

3 LED显示屏的边框应具有支撑屏幕的足够强度。

检查数量及方法：全数观察检查。

3.3 系统接口的连接

3.3.1 消防通信指挥系统的设备安装完成后，应通过硬件或软件设置连接以下接口：

1 火警电话通信接口。

2 110、122、119"三台合一"接处警系统传输接口。

3 其他报警设备传输接口。

4 固定报警电话装机地址和移动报警电话定位地址系统传输接口。

5 火警调度专线通信接口。

6 消防站话音、数据、图像通信接口。

7 录音录时控制接口。

8 现场指挥车（移动消防指挥中心）的话音、数据、图像通信接口。

9 卫星通信传输接口。

10 公用移动网、专用集群网、无线宽带网等各种公网和专网的通信接入接口。

11 消防车辆动态管理装置控制接口。

12 外部显示装置管理终端通信接口。

13 警灯、警铃、火警广播等外部装置联动控制接口。

14 城市公共安全应急联动机构的话音、数据通信接口。

15 建筑消防设施及消防安全管理远程监控系统终端通信接口。

16 供水、供电、供气、通信、医疗、救护、交通、环卫等灭火救援有关单位的话音通信接口。

17 公安信息网数据通信接口。

18 远程数据查询通信接口。

检查数量及方法：全数模拟测试检查。

3.4 系统调试和试运行

3.4.1 消防通信指挥系统正式投入使用前必须对系统进行调试和试运行。

3.4.2 消防通信指挥系统调试前应符合以下条件：

1 各子系统按设计要求安装完毕。

2 系统的基础环境符合本规范第2.2节的有关要求。

3 开通系统调试电话中继引示号码。

4 制定调试和试运行方案。

5 备齐相关的技术文件。

3.4.3 火警受理子系统的调试应符合下列要求：

1 分别模拟火警电话、110、122、119"三台合一"接处警系统和其他报警设备的报警呼入，报警呼入数不应小于火警受理终端数；报警电话能自动呼入排队分配，火警受理终端能接收并显示报警电话号码、固定报警电话装机地址、移动报警电话定位地址、重点单位报警地址等报警信息。

2 模拟不同灾害类型、灾害等级、各种加权因素和升级要素等，系统能自动或人工编制不同等级的第一出动方案和增援出动方案。

3 模拟不同灾害类型，系统能对各种类型消防车辆进行排序选择。

4 消防通信指挥中心发送出动命令，消防站能接收出动命令并打印出车单，并记录从发送到打印完出车单的时间。

5 模拟出动命令，系统能同时调度多个消防队。

6 模拟出动命令或人工设置车辆状态，系统能实时更新消防车辆状态。

7 修改系统时钟，观察火警受理终端时钟是否自动调整，同时观察其他终端的时钟是否同步。

8 在电子地图上手工或自动定位灾害地点，消防地理信息系统能进行地图功能操作及编辑操作。

9 消防站的警灯、警铃及火警广播等联动控制装置能自动或手动启动响应。

10 模拟报警接收设备通信故障、服务器通信故障、火警受理终端通信故障、消防站终端通信故障、录音录时系统通信故障、显示管理终端通信故障、联动控制装置连接故障等，系统能报警。

3.4.4 消防有线通信子系统的调试应符合下列要求：

1 分别模拟火警电话、火警调度专线、普通电话中继、内部专线电话的呼入、呼出通话，系统能正常通话。

2 火警受理终端能进行应答、监听、插入、转接等电话交换操作。

3 火警受理终端能通过计算机界面进行"一键呼"等调度电话操作。

3.4.5 消防无线通信子系统的调试应符合下列要求：

1 进行消防一级网无线话音通信。

2 进行消防二级网无线话音通信。

3 进行消防三级网无线话音通信。

3.4.6 火场通信指挥子系统的调试应符合下列要求：

1 进行现场指挥车（移动消防指挥中心）与消防通信指挥中心之间的话音、数据、图像通信。

2 进行现场指挥车（移动消防指挥中心）与消防通信指挥中心之间的卫星话音、数据、图像通信。

3 进行现场通信的管理与控制操作。

4 进行跨频段、跨网络通信交换操作。

5 进行灭火救援指挥辅助决策支持系统的实时检索查询、现场指挥功能操作。

6 模拟灾害事故现场摄录像、图像监控显示、移动终端使用过程。

3.4.7 消防信息综合管理子系统的调试应符合下列要求：

1 根据管理权限，对消防信息数据库的数据进行增、删、改等操作。

2 对火警受理信息、消防地理信息及其属性数据库进行检索查询，并生成相关统计报表。

3 根据备份方案进行数据的备份与恢复调试。

4 模拟报警呼入并进行接警和调度，查询受理过程的录音及相关信息，并能在授权终端进行录音播放。

5 进行消防信息显示和管理控制操作。

6 进行远程数据检索和信息发布操作。

3.4.8 消防通信指挥系统在调试后进行试运行，试运行时间不应少于1个月。

4 系统验收

4.1 一般规定

4.1.1 系统竣工后必须进行工程验收，验收不合格不得投入使用。

4.1.2 消防通信指挥系统工程验收应包括各子系统功能测试验收和系统集成验收。

4.1.3 消防通信指挥系统工程验收应由建设单位组织设计、施工、监理等单位进行。

4.1.4 消防通信指挥系统工程验收应准备下列技术文件：

1 系统竣工报告。

2 系统监理报告。

3 系统设计文件、施工技术标准、工程合同、设计变更通知书。

4 系统施工产品进场质量检查记录。

5 系统施工过程质量检查记录。

4.1.5 消防通信指挥系统工程验收时应符合下列条件：

1 系统基础环境应符合本规范第2.2节的有关要求。

2 系统施工产品进场质量检查应符合本规范第2.3节的有关要求。

3 系统设备的安装应符合本规范第3.2节的有关要求。

4 系统接口的连接应符合本规范第3.3节的有关要求。

5 系统按设计文件安装、调试完毕，系统整体已通过试运行。

6 维护工具和备件已按适应系统运行基本要求配齐。

7 使用、维护管理人员应适应系统运行需要。

8 其他相关要求。

4.1.6 消防通信指挥系统工程验收应按附录D填写"消防通信指挥系统工程验收记录"，验收记录应由建设单位填写。

4.2 火警受理子系统验收

4.2.1 火警受理子系统验收应包括消防通信指挥中心火警受理功能的测试验收和消防站火警受理功能的测试验收。

4.2.2 测试检验消防通信指挥中心火警受理功能，应符合下列要求：

1 接收火警电话和110、122、119"三台合一"接处警系统及其他报警设备的报警信息。

2 集中受理不少于2起报警信息。

3 接收显示固定报警电话的电话号码及装机地址。

4 接收显示移动报警电话的电话号码及定位地址。

5 通过输入单位名称、地址、街路、目标物、电话号码等进行灾害地点的定位。

6 通过电子地图点击、固定报警电话装机地址、移动报警电话定位地址等方式进行灾害地点的定位。

7 根据灾害单位性质、周边环境情况、燃烧物性质、火势发展状态、灾害事故性质、建（构）筑物情况、有无被困人员、爆炸、倒塌、有害气体（液体）泄漏等报警信息进行灾害类型、灾害等级的确认。

8 根据灾害信息、消防实力及各种加权因素和升级要素等自动或人工编制不同等级的第一出动方案。

9 启动相应的灾害预警预案系统等。

10 具有有线、无线、卫星等话音数字录音录时功能，并能在授权终端进行检索、录音播放。

11 具有灭火救援指挥辅助决策支持系统功能。

12 将灾害地点、灾害类型、灾害等级、出动方案等下达到相应的消防站。

13 根据灾害信息对各种类型消防车辆进行排序选择，编制联合作战增援出动方案。

14 与消防站及灭火救援有关单位进行话音、数据、图像通信。

15 接收消防车辆的状态信息或位置信息。

16 与现场指挥车（移动消防指挥中心）进行话音、数据、图像通信。

17 与建筑消防设施及消防安全管理远程监控系统终端进行数据通信。

18 显示消防队（站）名称、值班领导姓名、通信员姓名、战斗员人数、车辆数量、车辆编号、车辆类型、车辆状态、车辆位置等消防实力信息。

19 具有消防地理信息系统的放大、缩小、移动、导航、全屏显示、图层管理等基本功能，以及对图形数据和属性数据的编辑和修改功能。

20 对火警受理和调度指挥全过程的信息数据实时记录、检索、显示、备份。

21 对有关数据库进行统一管理、维护。

22 具有值班信息管理和日志记录功能。

23 具有火警受理终端、消防站终端、录音录时系统等设备统一时钟管理功能。

24 具有系统管理权限的设定功能。

25 具有故障报警功能。

26 具有接处警模拟训练功能。

测试检验方法：模拟灾害报警呼入，启动火警受理指令流程工作状态，逐项检验本条第1～18款功能。进入系统日常管理工作状态，按本条第19～26款逐项进行实际功能操作检验。

4.2.3 测试检验消防站火警受理功能，应符合下列要求：

1 接收消防通信指挥中心的话音、数据信息。

2 接收消防通信指挥中心下达的出动命令并打印出车单。

3 自动或手动启动相应的警灯、警铃、火警广播等联动控制装置。

4 提供本站火警受理、消防实力、图像等信息。

5 具有消防车辆状态信息自动反馈功能。

测试检验方法：在进行本规范第4.2.2条测试检验的同时，随机抽测一台系统挂接的消防站火警受理终端设备，在火警受理指令流程工作状态下逐项检验本条第1～5款功能。

4.3 消防有线、无线通信子系统验收

4.3.1 消防有线、无线通信子系统验收应包括火警电话的接入、火警调度专线的接入；公用电话网、内部电话网、公安电话网的接入；有线调度指挥通信网络；无线调度指挥通信网络的测试验收。

4.3.2 测试检验消防有线通信子系统，应符合下列要求：

1 与公用电话网及其他专用通信网相连；能接收火警电话或其他报警电话。

2 具有火警应急接警电话。

3 具有与各消防站的话音、数据、图像通信线路。

4 具有与城市公共安全应急联动机构的话音、数据通信线路。

5 具有与建筑消防设施及消防安全管理远程监控系统终端的通信线路。

6 具有与供水、供电、供气、通信、医疗、救护、交通、环卫等灭火救援有关单位的话音通信线路。

7 具有能满足日常和突发情况下通信的内部专线电话。

8 具有在火警受理终端进行调度电话操作及电话交换操作等功能。

9 火警电话电路和火警调度专线的线路容量满足本地消防通信的需求。

10 火警电话电路和火警调度专线等重要通信线路具有故障报警和突发情况应急通信能力。

测试检验方法：按本条第1～10款逐项进行实际通信操作检验。

4.3.3 测试检验消防无线通信子系统，应符合下列要求：

1 能以三级组网为基本方式组织消防无线调度指挥通信网络。

2 消防一级网（城市消防管区覆盖网）能满足城市消防通信指挥中心与在城市消防管区内的固定和移动中的消防力量之间的无线通信联络；消防二级网（火场指挥网）能满足灭火作战现场范围内，总队指挥员、支（大）队指挥员、中队指挥员之间的无线通信联络；消防三级网（灭火战斗网）能满足消防中队指挥员、战斗班长、消防车、水枪手、消防战斗车辆驾驶员之间的无线通信联络，并以建制消防中队为单位分别组网，通过无支援关系中队间的频率复用，达到每个中队有一个专用信道。

3 能加入城市公安无线集群通信系统，并在系统中设置消防分调度系统和一定数量的独立编队（通话组）。

4 能与企事业单位专职消防队、其他多种形式消防队进行协同通信。

5 能在通信盲区、易燃易爆等特殊环境下进行通信联络。

测试检验方法：在消防无线调度指挥通信网络中，按本条第1～5款逐项进行实际通信操作检验。

4.4 火场通信指挥子系统验收

4.4.1 火场通信指挥子系统验收应包括现场决策指挥和实力调度通信、现场通信管理控制等功能的测试验收。

4.4.2 测试检验火场通信指挥子系统功能，应符合下列要求：

1 与消防通信指挥中心进行话音、数据、图像通信。

2 与消防通信指挥中心进行卫星话音、数据、图像通信。

3 对现场无线通信进行管理和控制，实现无线常规通信用户终端的快速入网、信道频率和用户终端的自动配置、动态分组、收发状态的控制等。

4 进行无线常规、无线集群、公用移动、卫星通信、微波通信、无线宽带等话音交换、数据通信；进行跨频段、跨网络的通信交换。

5 在现场进行消防实力调度。

6 记录现场的话音、数据、图像并存档。

7 显示灾害信息及其出动方案，在现场应用灭火救援指挥辅助决策支持系统等。

8 火场图像采集传输系统能摄录制火灾及灾害事故现场图像,并将图像传输到现场指挥车(移动消防指挥中心)和消防通信指挥中心。

9 消防车辆动态管理系统能实时传输消防车辆的状态信息或位置信息。

测试检验方法:模拟灾害现场环境,按本条第1~9款逐项进行实际功能操作检验。

4.5 消防信息综合管理子系统验收

4.5.1 消防信息综合管理子系统验收应包括消防信息类型及主要内容的检验验收和消防信息显示管理、远程数据检索、信息发布等功能的测试验收。

4.5.2 按照附录E划分的消防信息类型逐项检验其主要内容,每个信息类型抽查数据量不应小于2条。

4.5.3 测试检验消防信息显示管理功能,应符合下列要求:

1 显示消防站名称及其当前值班人员姓名、人数等值班信息。

2 显示消防车辆的编号、类型、状态、位置等信息。

3 显示日期、时钟。

4 按日、月、年显示各种统计信息。

5 显示当前的火灾及灾害事故地点、出动方案。

6 显示气象、温度、湿度、风向、风力等气象信息。

7 接收、录制和切换显示火场及灾害事故现场图像、道路监视图像、消防站图像以及各类多媒体信息。声音和图像的播放、显示、控制的效果满足设计要求。

测试检验方法:通过现场演示的方式,按本条第1~7款逐项进行显示管理功能操作检验。

4.5.4 测试检验远程数据检索和信息发布功能,应符合下列要求:

1 在授权终端实时检索本规范第4.5.2条的有关信息。

2 通过信息网络发布火警受理和灭火救援的有关信息。

测试检验方法:通过现场演示的方式,按本条第1~2款逐项进行数据检索和信息发布功能操作检验。

4.6 消防通信指挥系统集成验收

4.6.1 消防通信指挥系统集成验收应包括以下内容:

1 按照系统设计文件和工程合同规定的全部通信指挥工作流程,在消防通信指挥中心、消防站和现场指挥车(移动消防指挥中心)进行系统集成的通信指挥功能和整体技术性能的测试验收,以及系统的安全性和可靠性的测试验收。

2 检查系统技术文件是否完整、正确、规范。

4.6.2 测试检验系统集成的通信指挥功能和整体技术性能,应符合下列要求:

1 火警受理指令流程应包括:报警接收、火警辨识、出动方案编制、出动命令下达、现场通信、灭火救援指挥辅助决策、联合出动方案编制、信息采集传输、灭火救援作战记录等。

2 从接收火警信号到显示报警号码、地址等信息的时间不应超过2s。

3 从受理火警到消防站接到出动命令的时间不应超过45s。

4 重大及以上火灾及其灾害事故录音文件应永久保存,其他灾害事故的录音文件保存时间不应少于6个月。

5 火警受理终端数量不应少于2个。

测试检验方法:模拟灾害报警呼入,启动火警受理指令流程工作状态,按本条第1~5款逐项进行功能和性能指标的操作检验。

4.6.3 测试检验系统的安全性和可靠性,应符合下列要求:

1 网络应设置防火墙、网闸等,内网与外网连接应进行物理隔离。

2 系统应安装防病毒软件,并能定期升级。

3 系统应及时安装操作系统的补丁程序。

4 系统运行不得随意退出。当系统程序发生重大故障不能正常运行时,应能保证接警调度的话音畅通。

5 系统程序未经授权不能进入和修改。

6 录音录时数据不能更改。

7 火警电话电路的路由不应少于2路,当其中一条路由出现故障时,应能切换到另一条路由。

8 系统不应少于2路火警应急接警电话,当火警电话电路全部出现故障时,应能将报警呼入切换到火警应急接警电话上。

9 当火警调度专线出现故障时,应能切换到无线通信调度等方式上。

10 重要设备或重要设备的核心部件应有备份。

测试检验方法:通过现场演示的方式,按本条第1~6款逐项进行安全性和可靠性要求的操作检验。模拟火警电话电路和火警调度专线故障,按本条第7~10款逐项进行故障处置的操作检验。

4.7 系统验收判定条件

4.7.1 系统工程质量验收主控项应按附录F要求划分。

4.7.2 系统工程验收合格判定条件应为:主控项不合格数量为0项,否则为不合格。

5 系统使用和维护

5.1 使用前的准备

5.1.1 消防通信指挥系统的使用单位应由经过培训的专人负责系统的使用操作和维护管理。

5.1.2 消防通信指挥系统正式启用时,应具有下列技术文件:

1 系统设计文件和施工技术标准。

2 系统施工产品进场质量检查记录。

3 系统施工过程质量检查记录。

4 消防通信指挥系统工程验收记录。

5.2 使用和维护

5.2.1 使用单位应建立消防通信指挥系统的技术档案,并应对系统的各种变更作详细记录。

5.2.2 消防通信指挥系统的数据应定期更新。

5.2.3 消防通信指挥系统应保持连续正常运行,不得中断。

5.2.4 每日应检查消防通信指挥系统的下列功能,并应按附录G的格式填写"消防通信指挥系统每日检查记录表"。

1 检查火警电话、火警调度专线、火警应急接警电话等线路。

2 检查报警接收、应答和各种信息显示的功能。

3 检查有线、无线等录音录时功能。

4 检查消防通信指挥中心与消防站的话音、数据或图像通信。

5 检查消防通信指挥系统与110、122、119"三台合一"接处警系统及其他报警设备的通信。

6 检查火警受理终端、消防站终端、录音录时系统的时钟。

5.2.5 每月应检查消防通信指挥系统的下列功能，并应按附录 H 的格式填写"消防通信指挥系统每月检查记录表"。

1 随机抽查两天的录音录时信息备份和灭火救援作战记录数据备份。

2 检查出车单打印机、警灯、警铃、火警广播等联动控制装置的动作。

3 检查消防通信指挥中心与灭火救援有关单位或系统的话音、数据通信。

4 检查消防通信指挥中心与现场指挥车（移动消防指挥中心）进行话音、数据、图像通信。

5 检查无线通信设备。

6 检查车载通信系统。

7 检查卫星话音、数据、图像通信。

8 检查网络防火墙、网闸、防病毒软件、操作系统。

9 检查系统的防火、防雷、防鼠等措施。

5.2.6 每半年应检查消防通信指挥系统的下列功能，并应按附录 J 的格式填写"消防通信指挥系统每半年检查记录表"。

1 检查系统故障报警功能、信号显示功能。主要包括：报警接收设备通信故障、服务器通信故障、火警受理终端通信故障、消防站通信故障、录音录时系统通信故障、显示管理终端通信故障、联动控制装置连接故障。

2 检查投影、LED 等外部显示装置的动作和显示功能。

3 检查消防通信指挥系统与建筑消防设施及消防安全管理远程监控系统终端的数据通信功能。

4 按本规范第 4.6.2 条和第 4.6.3 条的有关要求模拟测试检查系统集成功能和整体技术性能，并测试检查系统的安全性和可靠性要求。

附录 A 消防通信指挥系统分部、分项工程划分

消防通信指挥系统分部、分项工程应按表 A 划分。

表 A 消防通信指挥系统分部、分项工程划分

单位工程	序号	分部工程	分项工程
消防通信指挥系统	1	系统基础环境	1. 设备用房 2. 供配电 3. 综合布线 4. 接地及防雷

续表 A

单位工程	序号	分部工程	分项工程
消防通信指挥系统	2	设备的安装	1. 计算机网络设备 2. 信息技术设备 3. 消防有线通信设备 4. 消防无线通信设备 5. 卫星通信设备 6. 车载通信系统设备 7. 火警受理终端设备 8. 消防站终端设备 9. 消防信息显示设备 10. UPS 电源设备
	3	系统接口的连接	消防通信指挥系统在硬件或软件上连接的接口
	4	系统验收	1. 火警受理子系统功能测试 2. 消防有线、无线通信子系统功能测试 3. 火场通信指挥子系统功能测试 4. 消防信息综合管理子系统功能测试 5. 消防通信指挥系统集成验收

附录 B 消防通信指挥系统施工产品进场质量检查记录

消防通信指挥系统施工产品进场质量检查记录应由施工单位质量检查员按表 B 填写，监理工程师进行检查，并作出检查结论。

表 B 消防通信指挥系统施工产品进场质量检查记录

项目	产品名称	型号、规格	数量	安装使用说明书	产品合格证或许可证或检测报告	包装和外观	检查结论
信息技术设备							
电信终端设备							

续表 B

项目	产品名称	型号、规格	数量	安装使用说明书	产品合格证或许可证或检测报告	包装和外观	检查结论
无线通信设备							
网络设备							
卫星通信设备							
车载通信系统设备							
电器材料							
系统平台软件							
专业应用软件							

施工单位项目负责人：（签章）

年 月 日

监理工程师：（签章）

年 月 日

建设单位项目负责人：（签章）

年 月 日

附录 C 消防通信指挥系统施工过程质量检查记录

消防通信指挥系统施工过程质量检查记录应由施工单位质量检查员按表 C 填写，监理工程师进行检查，并作出检查结论。

表 C 消防通信指挥系统施工过程质量检查记录

工程名称		施工单位	
施工执行规范名称及编号		监理单位	
分部工程名称		分项工程名称	
项目	《规范》章节条款	施工单位检查评定记录	监理单位验收记录
结论	施工单位项目负责人：（签章） 年 月 日		监理工程师：（签章） 年 月 日

附录 D 消防通信指挥系统工程验收记录

消防通信指挥系统工程验收记录应由建设单位按表 D 填写，综合验收结论由参加验收的各方共同商定并签章。

表 D 消防通信指挥系统工程验收记录

工程名称				
施工单位			项目负责人	
监理单位			监理工程师	
序号	检查项目名称		检查内容记录	检查评定结果
1	产品进场质量检查			
2	施工过程质量检查（基础环境、设备的安装、接口连接）			
3	火警受理子系统功能测试			
4	消防有线、无线通信子系统功能测试			
5	火场通信指挥子系统功能测试			
6	消防信息综合管理子系统功能测试			
7	消防通信指挥系统集成功能和整体技术性能测试			
8	系统的安全性和可靠性检查			
9	系统技术文件检查			
综合验收结论				
验收单位	施工单位：（单位印章）		项目负责人：（签章） 年 月 日	
	监理单位：（单位印章）		监理工程师：（签章） 年 月 日	
	设计单位：（单位印章）		项目负责人：（签章） 年 月 日	
	建设单位：（单位印章）		项目负责人：（签章） 年 月 日	

附录 E 消防信息类型和主要内容

消防信息类型和主要内容应按表 E 要求划分。

表 E 消防信息类型和主要内容

序号	类型	主要内容
1	录音录时信息	通道号、主叫电话号码、时间（开始录音时间、结束录音时间、录音时长）、通道模式（有线、无线）、录音文件名、附加信息等
2	出车单信息	灾害地点、报警电话、报警人、灾害类型、灾害等级、报警时间、下达命令时间、行车路线、出动车辆数量、出动车辆属性（编号、牌号、类型）、区域范围内的消防水源、地图信息（可选）等
3	常用电话号码信息	各级指挥机关及负责人和相关救援单位等的电话号码
4	火灾类型信息	普通建筑火灾、高层建筑火灾、地下空间火灾、油类火灾、气体火灾、露天堆场火灾、交通工具火灾、一般性火灾等
5	灾害事故类型信息	交通事故、倒塌事故、市政公用设施故障事故、危险化学品泄漏事故、爆炸事故、自然灾害、恐怖事件等
6	消防地理信息	道路、消防水源、消防站、消防安全重点单位、灭火救援有关单位（政府部门、救灾相关单位、城市公共安全应急联动机构）等地图信息及其属性数据
7	气象信息	气象、温度、湿度、风向、风力等
8	消防水源信息	消火栓的编号、名称、位置、状态、管网形式、口径、压力、流量（或储水量）、使用方法，天然水源及供水码头，缺水区域等
9	消防实力信息	消防队（站）名称及属性、值班领导姓名、通信员姓名、战斗员人数、车辆数量、车辆编号、车辆类型、车辆状态、车辆位置等
10	车辆状态信息	待命、出动、执勤、检修、途中、到场等

续表 E

序号	类型	主要内容
11	灭火救援器材信息	器材类别、名称、放置地点、数量、状态等
12	危险化学品信息	名称标识（中文名、英文名、分子式等）、理化性质（外观与形状、主要用途、闪点、熔点、沸点、相对密度、溶解性、爆炸极限等）、包装与储运（危险性类别、危险货物包装标志、储运注意事项等）、危害特点（燃烧爆炸危险性、扩散性、毒性及健康危害性、带电性等）、灭火处置方法等
13	灭火作战预案信息	单位（区域）概况、火灾特点、力量部署、扑救对策、供水方案、注意事项、战斗保障及各种图形、图片、图像信息等
14	抢险救援预案信息	灾害特点、情况设定、力量调集、处置程序、处置方法、注意事项、战斗保障及各种图形、图片、图像信息等
15	消防勤务预案信息	活动概况、指挥机构、重点目标、力量部署、注意事项、勤务保障及各种图形、图片、图像信息等
16	跨区域灭火救援预案信息	灭火救援区域、力量编成、调集程序、增援路线、指挥机构、任务分工、战斗保障及各种图形、图片、图像信息等
17	灭火救援作战记录信息	编号、灾害地点、报警人、灾害类型、灾害等级、有无人员被困或伤亡、报警时间、第一出动时间及到场时间、出水时间、增援出动时间及到场时间、控制时间、结束时间、各级指挥员姓名、出动队别及数量、出动人数、出动车辆类型及数量、使用消防水源情况、使用灭火剂情况、使用灭火救援器材情况、损失情况、伤亡情况、灭火救援作战图像和图表资料等
18	值班信息	调度员值班、战训值班、领导值班等
19	统计信息	火警报警次数、出动次数、出水次数、出动队次、出动人数等；抢险救援的报警次数、出动次数、出动队次、出动人数等；一般救助及勤务的报警次数、出动次数、出动队次、出动人数等数据的日统计、月统计、季度统计和年统计

附录 F 消防通信指挥系统工程质量验收主控项

消防通信指挥系统工程质量验收主控项应按表 F 划分。

表 F 消防通信指挥系统工程质量验收主控项

	主控项
条款编号	2.3.3 条
	2.3.6 条
	3.3.1 条
	4.2.2 条
	4.3.2 条第 1 款
	4.3.2 条第 2 款
	4.3.3 条
	4.4.2 条第 1 款
	4.4.2 条第 7 款
	4.6.2 条
	4.6.3 条

附录 G 消防通信指挥系统每日检查记录表

消防通信指挥系统每日检查记录应按表 G 填写。

表 G 消防通信指挥系统每日检查记录表

单位名称：　　　　　　　　　　　　年　月　日

项目\子项	火警线路	报警接收应答	录音录时	消防站通信	报警设备通信	时钟
1	火警电话	1	1	1	1	火警受理终端
2	火警调度专线	2	2	2	2	消防站终端
3	火警应急接警电话	3	3	3	3	录音录时系统
		…	…	…	…	
		n	n	n	n	
检查人						
备注						

注：正常划"√"，有问题注明。

附录 H 消防通信指挥系统每月检查记录表

消防通信指挥系统每月检查记录应按表 H 填写。

表 H 消防通信指挥系统每月检查记录表

单位名称：　　　　　　　　　　　　年　月

项目\子项	备份	联动控制装置	与有关单位话音、数据通信	与现场指挥车话音、数据通信	无线通信设备	车载通信系统	卫星通信	网络防火墙、网闸、防病毒软件、操作系统	防火、防雷、防鼠措施
	录音录时信息备份	打印机						网络防火墙	
	灭火救援作战记录数据备份	警灯						防病毒软件	
		警铃						操作系统	
		火警广播							
检查人									
备注									

注：正常划"√"，有问题注明。

附录 J 消防通信指挥系统每半年检查记录表

消防通信指挥系统每半年检查记录应按表 J 填写。

表 J 消防通信指挥系统每半年检查记录表

单位名称： 年 半年

项目\子项	故障报警功能		显示装置		与建筑消防设施及消防安全管理远程监控系统终端的通信	系统集成功能和整体技术性能
	报警接收设备通信故障		投影			
	服务器通信故障		LED			
	火警受理终端通信故障					
	消防站终端通信故障					
	录音录时系统设备通信故障					
	显示管理终端通信故障					
	联动控制装置连接故障					
检查人						
备注						

注：正常划"√"，有问题注明。

16.《建筑电气工程施工质量验收规范》GB 50303—2015

13 电缆敷设

13.2 一般项目

13.2.2 电缆敷设应符合下列规定：

8 电缆出入电缆沟，电气竖井，建筑物，配电（控制）柜、台、箱处以及管子管口处等部位应采取防火或密封措施。

19 专用灯具安装

19.1 主控项目

19.1.3 应急灯具安装应符合下列规定：

1 消防应急照明回路的设置除应符合设计要求外，尚应符合防火分区设置的要求，穿越不同防火分区时应采取防火隔堵措施；

2 对于应急灯具、运行中温度大于60℃的灯具，当靠近可燃物时，应采取隔热、散热等防火措施；

3 EPS供电的应急灯具安装完毕后，应检验EPS供电运行的最少持续供电时间，并应符合设计要求；

4 安全出口指示标志灯设置应符合设计要求；

5 疏散指示标志灯安装高度及设置部位应符合设计要求；

6 疏散指示标志灯的设置不应影响正常通行，且不应在其周围设置容易混同疏散标志灯的其他标志牌等；

7 疏散指示标志灯工作应正常，并应符合设计要求；

8 消防应急照明线路在非燃烧体内穿钢导管暗敷时，暗敷钢导管保护层厚度不应小于30mm。

检查数量：第2款全数检查；第1款、第3款～第7款按每检验批的灯具型号各抽查10%，且均不得少于1套；第8款按检验批数量抽查10%，且不得少于1个检验批。

检查方法：第1款、第2款、第4款～第7款观察检查，第3款试验检验并核对设计文件，第8款尺量检查、查阅隐蔽工程检查记录。

17.《综合布线系统工程验收规范》GB/T 50312—2016

3 环境检查

3.0.1 工作区、电信间、设备间等建筑环境检查应符合下列规定：

11 电信间、设备间、进线间的位置、面积、高度、通风、防火及环境温、湿度等因素应符合设计要求。

6 缆线的敷设和保护方式检验

6.2 保护措施

6.2.1 配线子系统缆线敷设保护应符合下列规定：

4 设置桥架保护应符合下列规定：
　　7）桥架穿过防火墙体或楼板时，缆线布放完成后应采取防火封堵措施。

10 工程验收

10.0.1 竣工技术文件应按下列规定进行编制：

1 工程竣工后，施工单位应在工程验收以前，将工程竣工技术资料交给建设单位。

2 综合布线系统工程的竣工技术资料应包括下列内容：
　　1）竣工图纸；
　　2）设备材料进场检验记录及开箱检验记录；
　　3）系统中文检测报告及中文测试记录；
　　4）工程变更记录及工程洽商记录；
　　5）随工验收记录，分项工程质量验收记录；
　　6）隐蔽工程验收记录及签证；
　　7）培训记录及培训资料。

3 竣工技术文件应保证质量，做到外观整洁，内部齐全，数据准确。

10.0.2 综合布线系统工程，应按本规范附录A所列项目、内容进行检验。检验应作为工程竣工资料的组成部分及工程验收的依据之一，并应符合下列规定：

1 系统工程安装质量检查，各项指标符合设计要求，被检项检查结果应为合格；被检项的合格率为100%，工程安装质量应为合格。

附录A 综合布线系统工程检验项目及内容

表A 检验项目及内容

阶段	验收项目	验收内容	验收方式
施工前检查	施工前准备资料	1. 已批准的施工图； 2. 施工组织计划； 3. 施工技术措施	施工前检查
	环境要求	1. 土建施工情况：地面、墙面、门、电源插座及接地装置； 2. 土建工艺：机房面积、预留孔洞； 3. 施工电源； 4. 地板铺设； 5. 建筑物入口设施检查	
	器材检验	1. 按工程技术文件对设备、材料、软件进行进场验收； 2. 外观检查； 3. 品牌、型号、规格、数量； 4. 电缆及连接器件电气性能测试； 5. 光纤及连接器件特性测试； 6. 测试仪表和工具的检验	
	安全、防火要求	1. 施工安全措施； 2. 消防器材； 3. 危险物的堆放； 4. 预留孔洞防火措施	

18.《建筑电气照明装置施工与验收规范》GB 50617—2010

4 灯 具

4.1 一般规定

4.1.4 灯具表面及其附件等高温部位靠近可燃物时，应采取隔热、散热等防火保护措施。以卤钨灯或额定功率大于等于100W的白炽灯泡为光源时，其吸顶灯、槽灯、嵌入灯应采用瓷质灯头，引入线应采用瓷管、矿棉等不燃材料作隔热保护。

4.3 专用灯具

4.3.2 霓虹灯的安装应符合下列规定：

3 霓虹灯灯管长度不应超过允许最大长度。专用变压器在顶棚内安装时，应固定可靠，有防火措施，并不宜被非检修人员触及；在室外安装时，应有防雨措施；

4 霓虹灯专用变压器的二次侧电线和灯管间的连接线应采用额定电压不低于15kV的高压绝缘电线。二次侧电线与建筑物、构筑物表面的距离不应小于20mm；

5 霓虹灯托架及其附着基面应用难燃或不燃材料制作，固定可靠。室外安装时，应耐风压，安装牢固。

19.《建筑电气工程电磁兼容技术规范》GB 51204—2016

5 建筑智能化系统电磁兼容性设计

5.2 系统设计

5.2.3 火灾自动报警系统的电磁兼容性设计应符合下列规定：

1 电磁兼容性防护性能应符合现行国家标准《消防电子产品环境试验方法及严酷等级》GB 16838 的有关规定；

5 消防控制室与城市消防报警指挥中心之间的联网线路应装设适配的信号电涌保护器。

9 工程施工

9.1 一般规定

9.1.3 柜（箱）式不间断电源（UPS）、应急电源（EPS）和滤波器的安装应符合现行国家标准《建筑电气工程施工质量验收规范》GB 50303 和《电气安装工程 盘、柜及二次回路接线施工及验收规范》GB 50171 的有关规定。

9.2 供配电系统

9.2.1 柜（箱）式不间断电源装置（UPS）、应急电源（EPS）和滤波器的安装除应符合现行国家标准《建筑电气工程施工质量验收规范》GB 50303 和《电气安装工程 盘、柜及二次回路接线施工及验收规范》GB 50171 的有关规定外，尚应符合下列规定：

8 UPS 及 EPS 柜间电缆的燃烧性能不应低于 B_2 级。

20.《综合布线系统工程设计规范》GB 50311—2016

7 安装工艺要求

7.2 电信间

7.2.8 电信间应采用外开防火门，房门的防火等级应按建筑物等级类别设定。房门的高度不应小于2.0m，净宽不应小于0.9m。

7.3 设备间

7.3.4 设备间的设计应符合下列规定：

9 设备间应采用外开双扇防火门。房门净高不应小于2.0m，净宽不应小于1.5m。

7.4 进线间

7.4.4 进线间宜设置在建筑物地下一层临近外墙、便于管线引入的位置，其设计应符合下列规定：

4 进线间应采用相应防火级别的外开防火门，门净高不应小于2.0m，净宽不应小于0.9m。

7.5 导管与桥架安装

7.5.1 布线导管或桥架的材质、性能、规格以及安装方式的选择应考虑敷设场所的温度、湿度、腐蚀性、污染以及自身耐水性、耐火性、承重、抗挠、抗冲击等因素对布线的影响，并应符合安装要求。

7.5.3 布线导管或槽盒在穿越防火分区楼板、墙壁、天花板、隔墙等建筑构件时，其空隙或空闲的部位应按等同于建筑构件耐火等级的规定封堵。塑料导管或槽盒及附件的材质应符合相应阻燃等级的要求。

9 防 火

9.0.1 根据建筑物的防火等级对缆线燃烧性能的要求，综合布线系统在缆线选用、布放方式及安装场地等方面应采取相应的措施。

9.0.2 综合布线工程设计选用的电缆、光缆应从建筑物的高度、面积、功能、重要性等方面加以综合考虑，选用相应等级的阻燃缆线。

21.《通用用电设备配电设计规范》GB 50055—2011

3 起重运输设备

3.3 电梯和自动扶梯

3.3.6 向电梯供电的电源线路不得敷设在电梯井道内。除电梯的专用线路外,其他线路不得沿电梯井道敷设。在电梯井道内的明敷电缆应采用阻燃型。明敷线路的空线管、槽应是阻燃的。消防电梯的供电尚应符合现行国家标准《建筑设计防火规范》GB 50016 和《高层民用建筑设计防火规范》GB 50045 的有关规定。

7 静电滤清器电源

7.0.2 户内式整流设备宜装设在靠近静电滤清器的单独房间内,并应按现行国家标准《建筑灭火器配置设计规范》GB 50140 的有关规定配置灭火器。每套整流设备的高压整流器、变压器和转换开关应装设在单独的隔间内。整流隔间遮栏宜采用金属网制作,网孔尺寸不应大于 40mm×40mm,高度不应低于 2.5m。

22.《建筑照明设计标准》GB 50034—2013

3 基本规定

3.1 照明方式和种类

3.1.2 照明种类的确定应符合下列规定：
2 当下列场所正常照明电源失效时，应设置应急照明：
   2）需确保处于潜在危险之中的人员安全的场所，应设置安全照明；
   3）需确保人员安全疏散的出口和通道，应设置疏散照明。

3.2 照明光源选择

3.2.3 应急照明应选用能快速点亮的光源。

3.3 照明灯具及其附属装置选择

3.3.4 灯具选择应符合下列规定：
8 有爆炸或火灾危险场所应符合国家现行有关标准的规定。

7 照明配电及控制

7.3 照明控制

7.3.4 住宅建筑共用部位的照明，应采用延时自动熄灭或自动降低照度等节能措施。当应急疏散照明采用节能自熄开关时，应采取消防时强制点亮的措施。

23.《古建筑防雷工程技术规范》GB 51017—2014

4 设 计

4.5 防雷装置

4.5.2 接闪器应符合下列规定：

3 不应在由易燃材料构成的屋顶上直接安装接闪器。在可燃材料构成的屋顶上安装接闪器时，接闪器的支撑架应采用隔热层与可燃材料之间隔离。

5 施 工

5.1 一般规定

5.1.4 防雷装置现场安装施工时，古建筑内部严禁采用容易引起火灾的施工方法。古建筑外部附近施工应采取防火安全措施。

5.3 防雷装置的施工

5.3.2 引下线安装应符合下列规定：

3 在木结构上敷设引下线时，引下线的金属支撑架应采用隔热层与木结构之间隔离。

24.《电动汽车充电站设计规范》GB 50966—2014

3 规模及站址选择

3.2 站址选择

3.2.4 充电站应满足环境保护和消防安全的要求。充电站的建（构）筑物火灾危险性分类应符合现行国家标准《火力发电厂与变电站设计防火规范》GB 50229 和《建筑设计防火规范》GB 50016 的有关规定。充电站内的充电区和配电室的建（构）筑物与站内外建筑之间的防火间距应符合现行国家标准《建筑设计防火规范》GB 50016 和《高层民用建筑设计防火规范》GB 50045 的有关规定，充电站建（构）筑物相应厂房类别划分应符合表 3.2.4 的规定。

表 3.2.4 充电站建（构）筑物相应厂房类别划分

充电站建设条件	建（构）筑物厂房类别
当采用油浸变压器时	丙类
当采用干式变压器时	丁类
当采用低压供电时	戊类

注：干式变压器包括 SF6 气体变压器和环氧树脂浇铸变压器等。

3.2.5 充电站不应靠近有潜在火灾或爆炸危险的地方，当与有爆炸危险的建筑物毗邻时，应符合现行国家标准《爆炸危险环境电力装置设计规范》GB 50058 的有关规定。

4 总平面布置

4.3 道路

4.3.1 充电站内道路的设置应满足消防及服务车辆通行的要求。充电站的出入口不宜少于 2 个，当充电站的车位不超过 50 个时，可设置 1 个出入口。入口和出口宜分开设置，并应明确指示标识。

10 土建

10.1 建筑物

10.1.3 充电站内建（构）筑物的耐火等级应符合现行国家标准《建筑设计防火规范》GB 50016 的有关规定。当罩棚顶棚的承重构件为钢结构时，其耐火极限可为 0.25h，顶棚其他部分不得采用可燃烧体建造。

10.3 采暖、通风与空气调节

10.3.3 位于采暖区的充电站宜采用分散电采暖方式。当采用电采暖时，应满足房间用途和安全防火的要求。

10.4 土建电气

10.4.2 充电站内的建（构）筑物应设置防直击雷的装置，并宜采用避雷带（网）作接闪器。当彩钢屋面的金属板厚度不小于 0.5mm、搭接长度不小于 100mm 且紧邻金属板的下方无易燃物品时，彩钢屋面可直接作为接闪器。

10.4.7 监控室、配电室宜装设事故应急照明装置。疏散通道应设置疏散照明装置，疏散通道及出入口应设置疏散指示标志灯。

11 消防给水和灭火设施

11.0.1 电动汽车充电站内的建筑物满足耐火等级低于二级、体积大于 3000m³ 且火灾危险性为非戊类的，充电站应设置消防给水系统。消防水源应有可靠的保证。

11.0.2 电动汽车充电站消防给水系统的设计应符合现行国家标准《建筑设计防火规范》GB 50016 的有关规定，同一时间内的火灾次数应按一次确定。

11.0.3 电动汽车充电站内的建筑物满足下列条件时可不设置室内消火栓：

1 耐火等级为一、二级且可燃物较少的丁、戊类建筑物。

2 耐火等级为三、四级且建筑物体积不超过 3000m³ 的丁类建筑物和建筑物体积不超过 5000m³ 的戊类建筑物。

3 室内没有生产、生活给水管道，室外消防用水取自贮水池且建筑物体积不超过 5000m³ 的建筑物。

11.0.4 电动汽车充电站建筑物灭火器的配置应符合现行国家标准《建筑灭火器配置设计规范》GB 50140 的有关规定。室外充电区灭火器的配置应符合下列要求：

1 不考虑插电式混合动力汽车进入时，充电站应按轻危险级配置灭火器。

2 考虑插电式混合动力汽车进入时，充电站应按严重危险级配置灭火器。

25.《电动汽车电池更换站设计规范》GB/T 51077—2015

3 站址选择

3.0.5 电池更换站选址应满足环境保护和消防安全的要求。电池更换站内的建（构）筑物与站外建筑之间的防火间距应符合现行国家标准《建筑设计防火规范》GB 50016 的有关规定。

4 站区规划和总布置

4.2 总平面布置

4.2.3 电池更换站应设有在紧急情况下人员安全撤离的通道。

4.4 围墙、出入口及行车道

4.4.4 站内行车道除应满足电动汽车进出要求外，还应满足设备运输、设备安装、检修、消防的要求。当站内无法形成环形道路时，站内行车道应与站外行车道形成环形。

4.4.5 站内单行车道宽度不应小于 3.5m，双行车道宽度不应小于 6m。当站内道路有消防车进出要求时，道路宽度不应小于 4m，转弯半径不应小于 9m。

5 供配电系统

5.7 电气照明

5.7.1 电气照明应符合下列要求：
  2 充换电间、配电室、监控室等场所应设置应急照明；
  3 应急照明的连续供电时间不应少于 30min。

5.7.2 照明光源应满足下列要求：
  2 应急照明应选用快速点燃光源。

11 土建部分

11.1 建筑及结构

11.1.4 电池更换站内建筑物的装修风格宜简洁、实用。建筑内装修宜采用耐久、易清洁的环保材料，并应便于施工和维修。内装修材料应符合现行国家标准《建筑内部装修设计防火规范》GB 50222 的有关规定。

11.2 采暖通风

11.2.6 电池更换站的排烟系统设计，应符合现行国家标准《建筑设计防火规范》GB 50016 的有关规定。

12 消防

12.0.1 电池更换站的消防设计，应贯彻"预防为主，防消结合"的方针，防止和减少火灾危害，保障人身和财产安全。

12.0.2 建筑物的火灾危险性分类及其耐火等级应符合表 12.0.2 的规定。

表 12.0.2 电池更换站建（构）筑物的火灾危险性分类及其耐火等级

建筑物名称		火灾危险性分类	耐火等级
配电室	当采用油浸变压器时	丙类	二级
	当采用干式变压器时	丁类	
	当采用低压供电时	戊类	
充换电间		丁类	二级
监控室		戊类	二级
电池检测与维护间		丁类	二级
值班室等附属用房		戊类	二级

12.0.3 建筑物构件的燃烧性能和耐火极限，应符合现行国家标准《火力发电厂与变电站设计防火规范》GB 50229 和《建筑设计防火规范》GB 50016 的有关规定。

12.0.4 室内装修材料应采用不燃材料和难燃材料。建筑物的室内装修设计应符合现行国家标准《建筑内部装修设计防火规范》GB 50222 的有关规定。

12.0.5 电池更换站建筑室内外的消防给水系统，应根据建筑物火灾危险性类别、耐火等级及建筑物体积确定，并应符合现行国家标准《火力发电厂与变电站设计防火规范》GB 50229 和《建筑设计防火规范》GB 50016 的有关规定。

电池更换站的消防给水应利用城市或企业已建的消防给水系统。如已有的消防给水系统不能满足消防给水的要求时，应自建消防给水系统。

12.0.6 电池更换站应按表 12.0.6 确定火灾类别及危险等级，并配置灭火器。灭火器的配置设计应符合现行国家标准《建筑灭火器配置设计规范》GB 50140 的有关规定。

表 12.0.6 建筑物火灾类别及危险等级

配置场所	火灾类别	危险等级
配电室	E（A）	中
充换电间	C（A）	中
监控室	E（A）	中
电池检测与维护间	C（A）	中
值班室等附属用房	A	轻

12.0.7 电池更换站宜设置消防沙箱或沙坑，沙坑的各边尺寸不应小于电池箱的最长边尺寸，并应有不小于 0.3m 的余量。

12.0.8 电缆的防火设计应采取防止电缆火灾蔓延的阻燃及分隔措施。

12.0.9 站内应设置火灾探测报警系统。火灾探测报警区域应包括主要设备用房和设备区域。火灾探测报警系统的设计，应符合现行国家标准《火灾自动报警系统设计规范》GB 50116 的有关规定。

26.《电动汽车分散充电设施工程技术标准》GB/T 51313—2018

3 规划选址

3.0.4 分散充电设施的选址应符合下列规定：

3 选址不应靠近有潜在火灾或爆炸危险的地方；当与有爆炸或火灾危险的建筑物毗连时，应符合现行国家标准《爆炸危险环境电力装置设计规范》GB 50058 的规定。

6 配置设施

6.1 消防

6.1.1 汽车库和停车场的分类、耐火等级、安全疏散和消防设施的设置应符合现行国家标准《建筑设计防火规范》GB 50016 和《汽车库、修车库、停车场设计防火规范》GB 50067 的有关规定。

6.1.2 分散充电设施供电系统的消防安全应符合现行行业标准《电力设备典型消防规程》DL 5027 的有关规定。

6.1.3 电缆防火与阻止延燃应符合现行国家标准《电力工程电缆设计规范》GB 50217 的有关规定。

6.1.4 充电设备及供电装置应在明显位置设置电源切断装置。

6.1.5 新建汽车库内配建的分散充电设施在同一防火分区内应集中布置，并应符合下列规定：

1 布置在一、二级耐火等级的汽车库的首层、二层或三层。当设置在地下或半地下时，宜布置在地下车库的首层，不应布置在地下建筑四层及以下。

2 设置独立的防火单元，每个防火单元的最大允许建筑面积应符合表 6.1.5 的规定。

表 6.1.5 集中布置的充电设施区防火单元最大允许建筑面积（m²）

耐火等级	单层汽车库	多层汽车库	地下汽车库或高层汽车库
一、二级	1500	1250	1000

3 每个防火单元应采用耐火极限不小于 2.0h 的防火隔墙或防火卷帘、防火分隔水幕等与其他防火单元和汽车库其他部位分隔。当采用防火分隔水幕时，应符合现行国家标准《自动喷水灭火系统设计规范》GB 50084 的有关规定。

4 当防火隔墙上需开设相互连通的门时，应采用耐火等级不低于乙级的防火门。

5 当地下、半地下和高层汽车库内配建分散充电设施时，应设置火灾自动报警系统、排烟设施、自动喷水灭火系统、消防应急照明和疏散指示标志。

6.1.6 既有建筑内配建分散充电设施宜符合本标准第 6.1.5 条的规定。未设置火灾自动报警系统、排烟设施、自动喷水灭火系统、消防应急照明和疏散指示标志的地下、半地下和高层汽车库内不得配建分散充电设施。

6.1.7 集中布置的充电设施区域应按现行国家标准《建筑灭火器配置设计规范》GB 50140 的规定配置灭火器，并宜选用干粉灭火器。

27.《供配电系统设计规范》GB 50052—2009

2 术 语

2.0.1 一级负荷中特别重要的负荷 vital load in first grade load

中断供电将发生中毒、爆炸和火灾等情况的负荷,以及特别重要场所的不允许中断供电的负荷。

2.0.2 双重电源 duplicate supply

一个负荷的电源是由两个电路提供的,这两个电路就安全供电而言被认为是互相独立的。

2.0.3 应急供电系统(安全设施供电系统) electric supply systems for safety services

用来维持电气设备和电气装置运行的供电系统,主要是:为了人体和家畜的健康和安全,和/或为避免对环境或其他设备造成损失以符合国家规范要求。

注:供电系统包括电源和连接到电气设备端子的电气回路。在某些场合,它也可以包括设备。

2.0.4 应急电源(安全设施电源) electric source for safety services

用作应急供电系统组成部分的电源。

2.0.5 备用电源 stand-by electric source

当正常电源断电时,由于非安全原因用来维持电气装置或其某些部分所需的电源。

3 负荷分级及供电要求

3.0.1 电力负荷应根据对供电可靠性的要求及中断供电在对人身安全、经济损失上所造成的影响程度进行分级,并应符合下列规定:

1 符合下列情况之一时,应视为一级负荷。
　　1)中断供电将造成人身伤害时。
　　2)中断供电将在经济上造成重大损失时。
　　3)中断供电将影响重要用电单位的正常工作。

2 在一级负荷中,当中断供电将造成人员伤亡或重大设备损坏或发生中毒、爆炸和火灾等情况的负荷,以及特别重要场所的不允许中断供电的负荷,应视为一级负荷中特别重要的负荷。

3 符合下列情况之一时,应视为二级负荷。
　　1)中断供电将在经济上造成较大损失时。
　　2)中断供电将影响较重要用电单位的正常工作。

4 不属于一级和二级负荷者应为三级负荷。

3.0.2 一级负荷应由双重电源供电,当一电源发生故障时,另一电源不应同时受到损坏。

3.0.3 一级负荷中特别重要的负荷供电,应符合下列要求:

1 除应由双重电源供电外,尚应增设应急电源,并严禁将其他负荷接入应急供电系统。

2 设备的供电电源的切换时间,应满足设备允许中断供电的要求。

3.0.4 下列电源可作为应急电源:

1 独立于正常电源的发电机组。
2 供电网络中独立于正常电源的专用的馈电线路。
3 蓄电池。
4 干电池。

3.0.5 应急电源应根据允许中断供电的时间选择,并应符合下列规定:

1 允许中断供电时间为15s以上的供电,可选用快速自启动的发电机组。

2 自投装置的动作时间能满足允许中断供电时间的,可选用带有自动投入装置的独立于正常电源之外的专用馈电线路。

3 允许中断供电时间为毫秒级的供电,可选用蓄电池静止型不间断供电装置或柴油机不间断供电装置。

3.0.6 应急电源的供电时间,应按生产技术上要求的允许停车过程时间确定。

3.0.8 各级负荷的备用电源设置可根据用电需要确定。

3.0.9 备用电源的负荷严禁接入应急供电系统。

4 电源及供电系统

4.0.2 应急电源与正常电源之间,应采取防止并列运行的措施。当有特殊要求,应急电源向正常电源转换需短暂并列运行时,应采取安全运行的措施。

4.0.3 供配电系统的设计,除一级负荷中的特别重要负荷外,不应按一个电源系统检修或故障的同时另一电源又发生故障进行设计。

4.0.5 同时供电的两回及以上供配电线路中,当有一回路中断供电时,其余线路应能满足全部一级负荷及二级负荷。

28. 《低压配电设计规范》GB 50054—2011

4 配电设备的布置

4.2 配电设备布置中的安全措施

4.2.2 同一配电室内相邻的两段母线,当任一段母线有一级负荷时,相邻的两段母线之间应采取防火措施。

4.2.3 高压及低压配电设备设在同一室内,且两者有一侧柜顶有裸露的母线时,两者之间的净距不应小于2m。

4.2.4 成排布置的配电屏,其长度超过6m时,屏后的通道应2个出口,并宜布置在通道的两端;当两出口之间的距离超过15m时,其间尚应增加出口。

4.3 对建筑物的要求

4.3.1 配电室屋顶承重构件的耐火等级不应低于二级,其他部分不应低于三级。当配电室与其他场所毗邻时,门的耐火等级应按两者中耐火等级高的确定。

4.3.2 配电室长度超过7m时,应设2个出口,并宜布置在配电室两端。当配电室双层布置时,楼上配电室的出口应至少设一个通向该层走廊或室外的安全出口。配电室的门均应向外开启,但通向高压配电室的门应为双向开启门。

6 配电线路的保护

6.2 短路保护

6.2.4 当短路保护电器为断路器时,被保护线路末端的短路电流不应小于断路器瞬时或短延时过电流脱扣器整定电流的1.3倍。

6.2.5 短路保护电器应装设在回路首端和回路导体载流量减小的地方。当不能设置在回路导体载流量减小的地方时,应采用下列措施:

　　3 该段线路不应靠近可燃物。

6.2.6 导体载流量减小处回路的短路保护,当离短路点最近的绝缘导体的热稳定和上一级短路保护电器符合本规范第6.2.3条、第6.2.4条的规定时,该段回路可不装短路保护电器,但应敷设在不燃或难燃材料的管、槽内。

6.2.7 下列连接线或回路,当在布线时采取了防止机械损伤等保护措施,且布线不靠近可燃物时,可不装设短路保护电器:

　　1 发电机、变压器、整流器、蓄电池与配电控制屏之间的连接线;

　　2 断电比短路导致的线路烧毁更危险的旋转电机励磁回路、起重电磁铁的供电回路、电流互感器的二次回路等;

　　3 测量回路。

6.2.8 并联导体组成的回路,任一导体在最不利的位置处发生短路故障时,短路保护电器应能立即可靠切断该段故障线路,其短路保护器的装设,应符合下列规定:

　　1 当符合下列条件时,可采用一个短路保护电器:

　　　　1) 布线时所有并联导体采用了防止机械损伤等保护措施;

　　　　2) 导体不靠近可燃物。

6.3 过负荷保护

6.3.4 过负荷保护电器,应装设在回路首端或导体载流量减小处。当过负荷保护电器与回路导体载流量减小处之间的这一段线路没有引出分支线路或插座回路,且符合下列条件之一时,过负荷保护电器可在该段回路任意处装设:

　　1 过负荷保护电器与回路导体载流量减小处的距离不超过3m,该段线路采取了防止机械损伤等保护措施,且不靠近可燃物。

6.4 配电线路电气火灾防护

6.4.1 当建筑物配电系统符合下列情况时,宜设置剩余电流监测或保护电器,其应动作于信号或切断电源:

　　1 配电线路绝缘损坏时,可能出现接地故障;

　　2 接地故障产生的接地电弧,可能引起火灾危险。

6.4.2 剩余电流监测或保护电器的安装位置,应能使其全面监视有起火危险的配电线路的绝缘情况。

6.4.3 为减少接地故障引起的电气火灾危险而装设的剩余电流监测或保护电器,其动作电流不应大于300mA;当动作于切断电源时,应断开回路的所有带电导体。

7 配电线路的敷设

7.1 一般规定

7.1.5 电缆敷设的防火封堵,应符合下列规定:

　　1 布线系统通过地板、墙壁、屋顶、天花板、隔墙等建筑构件时,其孔隙应按等同建筑构件耐火等级的规定封堵;

　　2 电缆敷设采用的导管和槽盒材料,应符合现行国家标准《电气安装用电缆槽管系统 第1部分:通用要求》GB/T 19215.1、《电气安装用电缆槽管系统 第2部分:特殊要求 第1节:用于安装在墙上或天花板上的电缆槽管系统》GB/T 19215.2和《电气安装用导管系统 第1部分:通用要求》GB/T 20041.1规定的耐燃试验要求,当导管和槽盒内部截面积等于大于710mm²时,应从内部封堵;

　　3 电缆防火封堵的材料,应按耐火等级要求,采用防火胶泥、耐火隔板、填料阻火包或防火帽;

　　4 电缆防火封堵的结构,应满足按等效工程条件下标准试验的耐火极限。

7.2 绝缘导线布线

（Ⅲ）金属导管和金属槽盒布线

7.2.8 在建筑物闷顶内有可燃物时，应采用金属导管、金属槽盒布线。

7.5 封闭式母线布线

7.5.2 封闭式母线敷设时，应符合下列规定：
　　7 母线在穿过防火墙及防火楼板时，应采取防火隔离措施。

7.6 电缆布线

（Ⅰ）一般规定

7.6.4 电缆不应在有易燃、易爆及可燃的气体管道或液体管道的隧道或沟道内敷设。当受条件限制需要在这类隧道或沟道内敷设电缆时，应采取防爆、防火的措施。

（Ⅱ）电缆在屋内敷设

7.6.21 电缆托盘和梯架在穿过防火墙及防火楼板时，应采取防火封堵。

7.6.28 电缆沟在进入建筑物处应设防火墙。电缆隧道进入建筑物处以及在进入变电所处，应设带门的防火墙。防火门应装锁。电缆的穿墙处保护管两端应采用难燃材料封堵。

7.6.32 当电缆隧道长度大于 7m 时，电缆隧道两端应设出口；两个出口间的距离超过 75m 时，尚应增加出口。人孔井可作为出口，人孔井直径不应小于 0.7m。

7.7 电气竖井布线

7.7.4 电气竖井的位置和数量，应根据用电负荷性质、供电半径、建筑物的沉降缝设置和防火分区等因素确定，并应符合下列规定：
　　1 应靠近用电负荷中心；
　　2 应避免邻近烟囱、热力管道及其他散热量大或潮湿的设施；
　　3 不应和电梯、管道间共用同一电气竖井。

7.7.5 电气竖井的井壁应采用耐火极限不低于 1h 的非燃烧体。电气竖井在每层楼应设维护检修门并应开向公共走廊，检修门的耐火极限不应低于丙级。楼层间应采用防火密封隔离。电缆和绝缘线在楼层间穿钢管时，两端管口空隙应做密封隔离。

29.《矿物绝缘电缆敷设技术规程》JGJ 232—2011

3 设 计

3.1 型号规格选择

3.1.7 有耐火要求的线路，矿物绝缘电缆中间连接附件的耐火等级不应低于电缆本体的耐火等级。

3.2 电缆敷设

3.2.2 当火灾自动报警系统采用矿物绝缘电缆时，电缆的敷设应采用明敷设或在吊顶内敷设。

30. 《民用建筑电气设计标准》GB 51348—2019

3 供配电系统

3.2 负荷分级及供电要求

3.2.2 民用建筑中各类建筑物或场所的主要用电负荷级别，可按本标准附录 A 选定。

3.2.3 150m 及以上的超高层公共建筑的消防负荷应为一级负荷中的特别重要负荷。

3.2.10 一级负荷应由双重电源的两个低压回路在末端配电箱处切换供电，另有规定者除外。

4 变电所

4.2 所址选择

4.2.2 变电所可设置在建筑物的地下层，但不宜设置在最底层。变电所设置在建筑物地下层时，应根据环境要求降低湿度及增设机械通风等。当地下只有一层时，尚应采取预防洪水、消防水或积水从其他渠道浸泡变电所的措施。

4.3 配电变压器选择

4.3.6 设置在民用建筑物室外的变电所，当单台变压器油量为 100kg 以上时，应有储油或挡油、排油等防火措施。

4.5 变电所型式和布置

4.5.3 内设可燃性油浸变压器的室外独立变电所与其他建筑物之间的防火间距，应符合现行国家标准《建筑设计防火规范》GB 50016 的要求，并应符合下列规定：

1 变压器应分别设置在单独的房间内，变电所宜为单层建筑，当为两层布置时，变压器应设置在底层；
2 可燃性油浸电力电容器应设置在单独房间内；
3 变压器在正常运行时应能方便和安全地对油位、油温等进行观察，并易于抽取油样；
4 变压器的进线可采用电缆，出线可采用母线槽或电缆；
5 变压器门应向外开启；变压器室内可不考虑吊芯检修，但门前应有运输通道；
6 变压器室应设置储存变压器全部油量的事故储油设施。

4.5.4 由同一变电所供给一级负荷用电设备的两个回路电源的配电装置宜分列设置，当不能分列设置时，其母线分段处应设置防火隔板或有门洞的隔墙。

4.10 对土建专业的要求

4.10.1 可燃油油浸变压器室以及电压为 35kV、20kV 或 10kV 的配电装置室和电容器室的耐火等级不得低于二级。

4.10.3 民用建筑内的变电所对外开的门应为防火门，并应符合下列规定：

1 变电所位于高层主体建筑或裙房内时，通向其他相邻房间的门应为甲级防火门，通向过道的门应为乙级防火门；
2 变电所位于多层建筑物的二层或更高层时，通向其他相邻房间的门应为甲级防火门，通向过道的门应为乙级防火门；
3 变电所位于多层建筑物的首层时，通向相邻房间或过道的门应为乙级防火门；
4 变电所位于地下层或下面有地下层时，通向相邻房间或过道的门应为甲级防火门；
5 变电所通向汽车库的门应为甲级防火门；
6 当变电所设置在建筑首层，且向室外开门的上层有窗或非实体墙时，变电所直接通向室外的门应为丙级防火门。

4.10.4 变电所的通风窗，应采用不燃材料制作。

4.10.9 变压器室、配电装置室、电容器室的门应向外开，并应装锁。相邻配电装置室之间设有防火隔墙时，隔墙上的门应为甲级防火门，并向低电压配电室开启，当隔墙仅为管理需求设置时，隔墙上的门应为双向开启的不燃材料制作的弹簧门。

4.10.11 长度大于 7m 的配电装置室，应设 2 个出口，并宜布置在配电室的两端；长度大于 60m 的配电装置室宜设 3 个出口，相邻安全出口的门间距离不应大于 40m。独立式变电所采用双层布置时，位于楼上的配电装置室应至少设一个通向室外的平台或通道的出口。

6 自备电源

6.1 自备柴油发电机组

6.1.7 控制室的布置应符合下列规定：

4 当控制室的长度大于 7m 时，应设有两个出口，出口宜在控制室两端。控制室的门应向外开启。

6.1.10 储油设施的设置应符合下列规定：

2 机房内应设置储油间，其总储存量不应超过 $1m^3$，并应采取相应的防火措施；
5 储油设施除应符合本规定外，尚应符合现行国家标准《建筑设计防火规范》GB 50016 的相关规定。

6.1.11 柴油发电机房设计应符合下列规定：

2 机房面积在 $50m^2$ 及以下时宜设置不少于一个出入口，在 $50m^2$ 以上时宜设置不少于两个出入口，其中一个应满足搬运机组的需要；门应为向外开启的甲级防火门；发电机间与控制室、配电室之间的门和观察窗应采取防火、隔声措施，门应为甲级防火门，并应开向发电机间；
3 储油间应采用防火墙与发电机间隔开；当必须在防火

墙上开门时，应设置能自行关闭的甲级防火门；

7 机房各工作房间的耐火等级与火灾危险性类别应符合表6.1.11的规定。

表6.1.11 机房各工作房间耐火等级与火灾危险性类别

名称	火灾危险性类别	耐火等级
发电机间	丙	一级
控制室与配电室	戊	二级
储油间	丙	一级

6.1.12 柴油发电机房接地与通信应符合下列规定：

3 控制室与值班室应设通信电话，并应设消防专用电话分机。

6.1.14 柴油发电机房供暖通风专业应符合下列要求：

2 当机房设置在高层民用建筑的地下层时，应设置防烟、排烟、防潮及补充新风的设施。

6.2 应急电源

6.2.2 EPS的选择和配电设计应符合下列规定：

6 EPS的切换时间，应满足下列要求：

2）用作人员密集场所的疏散照明电源装置时，不应大于0.25s，其他场所不应大于5s。

7 低压配电

7.2 低压配电系统

7.2.2 高层民用建筑的低压配电系统应符合下列规定：

1 照明、电力、消防及其他防灾用电负荷应分别自成系统。

3 高层民用建筑的垂直供电干线，可根据负荷重要程度、负荷大小及分布情况，采用下列方式供电：

1）高层公共建筑配电箱的设置和配电回路应根据负荷性质按防火分区划分。

7.2.4 供避难场所使用的用电设备，应从变电所采用放射式专用线路配电。

7.5 低压电器的选择

7.5.4 自动转换开关电器（ATSE）的选用应符合下列规定：

4 当采用CB级ATSE为消防负荷供电时，所选用的ATSE应具有短路保护和过负荷报警功能，其保护选择性应与上下级保护电器相配合。

8 配电线路布线系统

8.1 一般规定

8.1.6 在有可燃物的闷顶和封闭吊顶内明敷的配电线路，应采用金属导管或金属槽盒布线。

8.1.7 明敷设用的塑料导管、槽盒、接线盒、分线盒应采用阻燃性能分级为B_1级的难燃制品。

8.1.10 布线用各种电缆、导管、电缆桥架及母线槽在穿越防火分区楼板、隔墙及防火卷帘上方的防火隔板时，其空隙应采用相当于建筑构件耐火极限的不燃烧材料填塞密实。

8.7 电力电缆布线

8.7.3 电缆在电缆沟、隧道或共同沟内敷设时，应符合下列规定：

9 电缆沟在进入建筑物处应设防火墙。电缆隧道进入建筑物及配变电所处，应设带门的防火墙，此门应为甲级防火门并应装锁。

8.9 耐火电缆和矿物绝缘电缆布线

8.9.1 耐火电缆和矿物绝缘电缆布线可适用于民用建筑中有耐火要求的场所。耐火电缆和矿物绝缘电缆应具有不低于B_1级的难燃性能。

8.9.7 耐火电缆和矿物绝缘电缆在穿过墙、楼板时，应采取防止机械损伤措施和防火封堵措施。

8.11 电气竖井内布线

8.11.8 非消防负荷与消防负荷的配电线路共井敷设时，应提高消防负荷配电线路的耐火等级或非消防负荷的配电线路阻燃等级。

9 常用设备电气装置

9.3 电梯、自动扶梯和自动人行道

9.3.5 机房配电应符合下列规定：

6 机房内配线应采用电线导管或槽盒保护，严禁使用可燃性材料制成的电线导管或槽盒。

9.3.6 电梯井道配电应符合下列规定：

4 井道内敷设的线缆应是阻燃型，并应使用难燃型电线导管或槽盒保护，严禁使用可燃性材料制成的电线导管或槽盒。

9.3.7 当二类高层住宅中的客梯兼作消防电梯时，应符合消防装置设置标准，并应采用下列相应的应急操作。其供电应符合本标准第13.7.13条的规定。

1 客梯应具有消防工作程序的转换装置；

2 正常电源转换为消防电源时，消防电梯应能及时投入；

3 发现灾情后，客梯应能迅速停落至首层或事先规定的楼层。

9.3.9 客梯及客货兼用电梯的轿厢内宜设置与安防控制室、值班室的直通电话；消防电梯应设置与消防控制室的直通电话。

9.4 自动旋转门、电动门、电动卷帘门和电动伸缩门窗

9.4.7 电动开启窗应满足下列要求：

3 具有消防排烟功能的电动开启窗，供电电源应满足消防电源的要求，应具有自检及消防优先功能，应能在接收到来自消防控制系统或感烟感温探测器的动作信号后自动开启电动窗，并输出反馈信号；

4 在电动开启窗附近容易接触的地方应设置手动紧急启动装置，启动按钮应为红色，并具有正常、开窗和故障三种

9.8 其他用电设备

9.8.6 厨房设备的电气设计应符合下列规定：

　　1 厨房设备的配电线路应装设过负荷保护、短路保护及剩余电流动作保护；

　　3 厨房内电缆槽盒、设备电源管线，应避开明火 2.0m 以外敷设。

10 电气照明

10.2 照明方式与种类

10.2.4 下列场所应设置应急照明：

　　1 需确保正常工作或活动继续进行的场所，应设置备用照明；

　　2 需确保处于潜在危险之中的人员安全的场所，应设置安全照明。

10.4 应急照明

10.4.3 备用照明的照度标准值应符合下列规定：

　　1 供消防作业及救援人员在火灾时继续工作场所的备用照明，应符合现行国家标准《建筑设计防火规范》GB 50016 的规定。

10.5 照明光源与灯具

10.5.12 灯具的结构和材质应便于维护、清洁和更换光源。灯具表面以及灯用附件等高温部位靠近可燃物时，应采取隔热、散热等防火保护措施。

10.5.14 室内装修遮光隔栅的反射表面应选用难燃材料，其反射比不应低于 0.7。

10.6 照明供电与控制

10.6.6 应急照明的供电应符合下列规定：

　　1 疏散照明、备用照明供电应符合本标准第 13.7.15 条的规定；

　　2 安全照明的备用电源应与该场所的供电线路分别接自不同变压器或不同馈电干线，必要时可采用蓄电池组供电。

10.6.14 不应将线路敷设在贴近高温灯具的上部。接入高温灯具的线路应采用耐热导线或采取其他隔热措施。

11 民用建筑物防雷

11.7 引下线

11.7.5 建筑物的钢梁、钢柱、消防梯等金属构件，以及幕墙的金属立柱等宜作为引下线，其所有部件之间均应连成电气通路，各金属构件可覆有绝缘材料。

13 建筑电气防火

13.1 一般规定

13.1.1 本章可适用于民用建筑内火灾自动报警系统、电气火灾监控系统、消防应急照明系统、消防电源及配电系统、配电线路布线系统的防火设计。

13.1.2 在建筑电气防火设计中，应合理设置火灾自动报警系统、消防应急照明系统、消防负荷供配电系统，并应合理选择非消防负荷配电线缆和通信线缆的燃烧性能等级，防止火灾蔓延。

13.1.3 建筑电气防火设计，除应符合本标准外，尚应符合现行国家标准《火灾自动报警系统设计规范》GB 50116、《建筑设计防火规范》GB 50016 的有关规定。

13.2 系统设置

13.2.1 除现行国家标准《建筑设计防火规范》GB 50016 规定的建筑或场所外，下列民用建筑应设置火灾自动报警系统：

　　1 住宅建筑附设的商业服务网点设置火灾自动报警系统的条件，应符合现行国家标准《建筑设计防火规范》GB 50016 的规定；

　　3 座位数超过 1500 个的电影院、剧场，座位数超过 3000 个的体育馆，座位数超过 2000 个的会堂，座位数超过 20000 个的体育场；

　　4 老年人照料设施，幼儿园的儿童用房等场所，任一层建筑面积大于 1500m² 或总建筑面积大于 3000m² 的其他儿童活动场所；

　　5 民航机场的综合交通换乘中心；

　　6 单层主体建筑高度超过 24m 的体育馆。

13.2.2 除现行国家标准《建筑设计防火规范》GB 50016 规定的建筑或场所外，下列民用建筑或场所的非消防负荷的配电回路应设置电气火灾监控系统：

　　1 民用机场航站楼，一级、二级汽车客运站，一级、二级港口客运站；

　　2 建筑总面积大于 3000m² 的旅馆建筑、商场和超市；

　　3 座位数超过 1500 个的电影院、剧场，座位数超过 3000 个的体育馆，座位数超过 2000 个的会堂，座位数超过 20000 个的体育场；

　　4 藏书超过 50 万册的图书馆；

　　5 省级及以上博物馆、美术馆、文化馆、科技馆等公共建筑；

　　6 三级乙等及以上医院的病房楼、门诊楼；

　　7 省市级及以上电力调度楼、电信楼、邮政楼、防灾指挥调度楼、广播电视楼、档案楼；

　　8 城市轨道交通、一类交通隧道工程；

　　9 设置在地下、半地下或地上四层及以上的歌舞娱乐放映游艺场所，设置在首层、二层和三层且任一层建筑面积大于 300m² 歌舞娱乐放映游艺场所；

　　10 幼儿园，中、小学的寄宿宿舍，老年人照料设施。

13.2.3 消防应急照明系统包括疏散照明和备用照明。消防疏散通道应设置疏散照明，火灾时供消防作业及救援人员继续工作的场所，应设置备用照明。其设置应符合下列规定：

　　1 下列民用建筑及场所应设置疏散照明：

　　　　1）开敞式疏散楼梯间；

　　　　2）歌舞娱乐、放映游艺厅等场所；

　　　　3）建筑面积超过 400m² 的办公场所、会议场所。

2 设置疏散照明的民用建筑，应沿疏散走道和在安全出口、人员密集场所的疏散门正上方设置灯光疏散指示标志，并应符合下列规定：

1) 安全出口和疏散门的正上方应采用"安全出口"作为指示标识；
2) 沿疏散走道设置的灯光疏散指示标志，应设置在疏散走道及其转角处距地面高度 1.0m 以下的墙面上，且灯光疏散指示标志间距不应大于 10m；对于袋形走道，不应大于 10m；在走道转角区，不应大于 1.0m；
3) 室内最远点至通向疏散走道的门直线距离超过 15m 的场所，应设置安全出口疏散指示标志灯。

3 下列建筑或场所应在其内疏散走道和主要疏散路线的地面上增设能保持视觉连续的灯光疏散指示标志，当设置蓄光疏散标志时，只能作为灯光疏散指示标志的补充：

1) 座位数超过 1500 个的电影院、剧院，座位数超过 3000 个的体育馆，座位数超过 2000 个的会馆或礼堂，座位数超过 20000 个的体育场；
2) 地铁站、火车站、长途客运站、船运码头和机场航站楼中大于 3000m² 的候车、候船、候机大厅。

4 民用建筑设置的消防备用照明照度不应低于正常工作的照度。下列部位应设置备用照明：

1) 消防控制室、消防水泵房、自备发电机房、变电所、总配电室、防排烟机房以及发生火灾时仍需正常工作的房间；
2) A 级、B 级电子计算机机房、信息网络机房、建筑设备管理系统机房、安防监控中心等重要机房；
3) 建筑高度超过 100m 的高层民用建筑的避难层及屋顶直升机停机坪。

13.3 火灾自动报警系统设计

13.3.1 火灾自动报警系统设计原则应符合下列要求：

1 设有火灾自动报警系统及联动控制的单体建筑或群体建筑，应设置消防控制室；消防控制室宜设置在建筑物首层或地下一层，宜选择在便于通向室外的部位。

2 民用建筑内由于管理需求，设置多个消防控制室时，宜选择靠近消防水泵房的消防控制室作为主消防控制室，其余为分消防控制室。分消防控制室应负责本区域火灾报警、疏散照明、消防应急广播和声光警报装置、防排烟系统、防火卷帘、消火栓泵、喷淋消防泵等联动控制和转输泵的连锁控制。

4 集中报警系统和控制中心报警系统中的区域火灾报警控制器在满足下列条件时，可设置在值班室或无人值班的场所：

1) 本区域的火灾自动报警控制器（联动型）在火灾时不需要人工介入，且所有信息已传至消防控制室；
2) 区域火灾报警控制器的所有信息在集中火灾报警控制器上均有显示。

5 主消防控制室与分消防控制室的集中报警控制器应组成对等式网络。主消防控制室应能自动或手动控制分消防控制室所辖消防设备。设备运行状态及报警信息除在各分消防控制室的图形显示装置上显示外，尚应在主消防控制室图形显示装置上显示。

6 超高层建筑设置的转输水泵，应由设置在避难层的转输水箱上的液位控制器控制，转输水泵的控制应自成系统，均由主消防控制室控制。各转输水箱上的液位、转输泵的运行信号应在主消防控制室显示。

7 主控制室火灾报警控制器接到区域报警控制器的报警后，应自动或手动启动消防设备，并向其他未发生火灾的区域发出指令点亮疏散照明、启动应急广播和警报装置。

13.3.2 居住区火灾自动报警系统设计，应根据现行国家标准《建筑设计防火规范》GB 50016 和本标准第 13.2.1 条的要求设置，并应符合下列规定：

1 当住宅公共门厅有人值班时，宜采用集中报警系统和区域报警系统组成的火灾自动报警系统，且在住宅公共门厅设置区域火灾报警控制器；当住宅公共门厅无人值班时，应按本标准第 13.3.1 条第 8 款要求，在住宅公共门厅设置区域火灾报警控制器；

2 当居住区规模大，设有多个消防水泵房时，宜采用消防控制中心报警系统；

3 住宅户内设置的家用感烟探测器可直接接入火灾报警控制器的报警总线；当采用家用火灾报警控制器与家用感烟探测器组合探测报警时，每户按一个探测区域划分。

13.3.3 高度超过 100m 的高层公共建筑，火灾自动报警系统设计应符合下列规定：

2 高度超过 100m 的高层建筑，区域报警控制器的分支回路不应跨越避难层；

3 各避难层内的消防应急广播应采用独立的广播分路；

4 各避难层与消防控制室之间应设置独立的有线和无线呼救通信。

13.3.5 设有可燃气体探测器场所，应在探测器报警后自动关闭可燃气体阀门。

13.3.6 消防应急广播系统设计应符合下列规定：

1 设置消防控制室的建筑物应设置消防应急广播系统，并应按疏散楼层或报警区域划分分路配线；各输出分路应设有输出显示信号和保护、控制装置；

2 当任一分路有故障时，不应影响其他分路的正常广播；

3 消防应急广播用扬声器不宜加开关；当加开关或设有音量调节器时，应采用三线式配线，火灾时强制消防应急广播播放；

5 电梯前室、疏散楼梯间内应设置应急广播扬声器；

6 消防应急广播系统设计除应执行本条规定外，尚应符合本标准第 16.2.9 条、第 16.2.10 条的规定。

13.3.7 消防专用电话网络应符合下列规定：

1 消防专用电话网络应为独立的消防通信系统；
2 消防电话总机应有消防电话通话录音功能；
3 消防通信系统应采用不间断电源供电。

13.3.8 设有消防控制室的建筑物应设置消防电源监控系统，其设置应符合下列要求：

1 消防电源监控器应设置在消防控制室内，用于监控消防电源的工作状态，故障时发出报警信号。

13.3.9 消防控制室的防雷与接地应符合本标准第 23.5 节的有关规定。

13.4 消防设施联动控制设计

13.4.1 灭火设施的联动控制设计应符合下列规定：

1 消火栓灭火系统的控制应符合下列要求：
  1) 消火栓泵的联锁控制，应由消火栓泵出口干管的压力开关与高位水箱出口流量开关的动作信号"或"逻辑直接联锁启动消防泵，同时向消防控制室报警时，应选择带两对触点的压力开关和流量开关；否则，控制信号与报警信号之间应采取隔离措施；作用在压力开关和流量开关上的电压应采用24V安全电压；
  2) 消火栓泵的联动控制应由消火栓按钮的动作信号启动消火栓泵；
  3) 消火栓泵手动控制，应将消火栓泵控制箱的启动、停止按钮直接连接至消防控制室手动控制盘上；
  4) 显示功能，用控制回路接触器辅助动合触点或消火栓泵出口干管的流量开关信号作为消火栓泵的工作状态显示，用控制回路热继电器动作信号或消火栓泵出口干管的流量开关（水系统设置时）信号作为故障状态显示。

2 湿式自动喷水灭火系统的控制应符合下列要求：
  1) 湿式自动喷水灭火系统的连锁控制，应由喷淋消防泵出口干管的湿式报警阀压力开关信号作为触发信号，作用在压力开关上的电压应采用24V安全电压，并直接接于喷淋消防泵控制回路，当压力开关同时向消防控制室报警时，控制信号与报警信号之间应采取隔离措施；
  2) 喷淋消防泵的联动控制，应由湿式报警阀压力开关信号与一个火灾探测器或一个手动报警按钮的报警信号的"与"逻辑信号启动喷淋消防泵；
  3) 喷淋消防泵手动控制与本条第1款第3)项相同；
  4) 系统中设置的水流指示器，不应作自动启动喷淋消防泵的控制设备；气压罐压力开关应控制加压泵自动启动；
  5) 显示功能，用控制回路接触器辅助动合触点作为喷淋消防泵的工作状态显示，用控制回路热继电器动作信号或喷淋消防泵出口干管的流量开关信号作为故障状态显示。

3 预作用自动喷水灭火系统的控制应符合下列要求：
  1) 预作用自动喷水灭火系统的联动控制，应由同一报警区域内两只感烟火灾探测器或一只感烟火灾探测器和一个手动报警按钮的"与"逻辑控制信号作为预作用阀组开启的触发信号，由消防联动控制器控制预作用阀组的开启，压力开关动作启动喷淋消防泵，系统由干式转变为湿式；当系统设有快速排气阀和压缩空气机时，应联动开启快速排气阀和关闭压缩空气机；
  2) 预作用自动喷水灭火系统的手动控制，将预作用阀组控制箱手动控制按钮、压缩空气机控制箱启停按钮和喷淋消防泵控制箱的启停按钮采用耐火控制电缆直接引至消防控制室手动控制盘上；
  3) 显示功能，应将预作用自动喷水灭火系统中的水流指示器、信号阀、压力开关、喷淋消防泵工作状态、有压气体管道压力信号、快速排气阀前电动阀动作信号与压缩空气机工作状态反馈至联动控制器。

13.4.2 电动防火卷帘的联动控制与手动控制设计，应符合下列规定：

1 疏散通道上的防火卷帘的联动控制，应由防火分区内任意两只感烟探测器或一只感烟探测器和一只防火卷帘专用感烟探测器的报警信号，联动控制防火卷帘下落至1.8m；任一只防火卷帘专用感温探测器的报警信号联动防火卷帘下落到底。

2 非疏散通道上的防火卷帘的联动控制，应由防火分区内任意两只感烟探测器的报警信号联动防火卷帘一次下落到底。

3 手动控制，疏散通道上的防火卷帘两侧应设置手动控制按钮，控制防火卷帘的升降。非疏散通道上的防火卷帘应根据安装地点不同，在一侧或两侧安装手动控制按钮，并应能在消防控制室联动控制器上手动控制防火卷帘的降落。

4 当电动防火卷帘采用水幕保护时，应用定温探测器与防火卷帘到底信号开启水幕电磁阀，再用水幕电磁阀开启信号启动水幕泵。

13.4.3 常开防火门的联动控制设计，应符合下列规定：

1 应由常开防火门所在防火分区任意两只感烟探测器或一只感烟探测器和一只手动报警按钮的报警信号作为触发信号，通过火灾报警控制器（联动型）、联动控制器或防火门监控器控制常开防火门关闭；常开防火门的关闭及故障信号应反馈至防火门监控器。

13.4.4 防烟、排烟设施的联动控制设计应符合下列规定：

1 常闭加压送风口应由防火分区内任意两只感烟探测器或一只感烟探测器和一只手动报警按钮的报警信号由联动控制器控制火灾层和上下层加压送风口同时开启。送风口开启后，由联动控制器控制加压送风机启动，运行、故障信号应返回联动控制器。

2 常闭排烟阀或排烟口应由同一防火分区两只感烟探测器的报警信号，由联动控制器控制火灾层排烟阀（排烟口、排烟窗）开启，常闭排烟阀开启后，由联动控制器控制相应的排烟风机、补风机启动，运行、故障信号应返回联动控制器。

3 排烟风机、补风机启动的同时停止该防烟分区的空气调节系统，送风口、排烟阀动作信号反馈至联动控制器，其中排烟阀可采用接力控制方式开启，且不宜多于5个。

4 设在排烟风机入口处的防火阀在280℃关断后，应联锁停止排烟风机；运行、故障信号应返回联动控制器。

5 电动挡烟垂壁应由其附近的两只感烟探测器的动作信号，通过联动控制器控制电动挡烟垂壁放下。

6 设于空调通风管道出口的防火阀，应采用定温保护装置，并应在风温达到70℃时直接动作，阀门关闭；关闭信号应反馈至消防控制室，并应停止相关部位空调机组。

7 消防控制室应能对防烟、排烟风机进行手动、自动控制。

13.4.5 火灾自动报警系统与安全技术防范系统的联动，应符合下列规定：

1 火灾确认后，应自动打开疏散通道上由门禁系统控制的门，并应自动开启门厅的电动旋转门和打开庭院的电动大门；

2 火灾确认后，应自动打开收费汽车库的电动栅杆。

13.4.6 疏散照明应在消防控制室集中手动、自动控制。不得利用切断消防电源的方式直接强启疏散照明灯。

13.4.7 消火栓按钮的设置应符合下列规定：

1 设置消防控制室的公共建筑，消火栓旁应设置消火栓按钮；

2 设置消防控制室的 54m 及以上住宅建筑，消火栓旁应设置消火栓按钮；当住宅建筑群有 54m 及以上住宅建筑，亦有 27m 以下住宅建筑时，27m 以下住宅建筑可不设消火栓按钮。

13.4.8 非消防电源及电梯的联动控制应符合下列规定：

1 火灾确认后，应能在消防控制室切断火灾区域及相关区域的非消防电源；

2 火灾发生后，除超高层建筑中参与疏散人员的电梯外，其他客梯应依次停于首层或电梯转换层，并切断电源。

13.5 电气火灾监控系统设计

13.5.1 电气火灾监控系统应由下列部分或全部设备组成：

1 电气火灾监控器、接口模块；
2 剩余电流式电气火灾探测器；
3 测温式电气火灾探测器；
4 故障电弧探测器。

13.5.2 TN-C-S 系统、TN-S 系统或 TT 系统中的非消防负荷的配电回路中设置电气火灾监控系统时，应符合下列规定：

1 电气火灾监控系统应独立设置，设有火灾自动报警系统的场所，电气火灾监控系统应作为其子系统；

2 电气火灾监控系统应检测配电线路的剩余电流和温度，当超过限定值时应报警；

3 电气火灾监控系统应具备图形显示装置接入功能，实时传送监控信息，显示监控数值和报警部位。

13.5.4 已设置直接及间接接触电击防护的剩余电流保护器的配电回路，不应重复设置剩余电流式电气火灾监控器。

13.5.5 设置了电气火灾监控系统的档口式家电商场、批发市场等场所的末端配电箱应设置电弧故障火灾探测器或限流式电气防火保护器。储备仓库、电动车充电等场所的末端回路应设置限流式电气防火保护器。

13.5.7 电气火灾监控系统应采用具备门槛电平连续可调的剩余电流动作报警器；测温式火灾探测器的动作报警值应具备 0℃～150℃ 连续可调功能。

13.5.8 采用独立式电气火灾监控设备的监控点数不超过 8 个时，可自行组成系统，也可采用编码模块接入火灾自动报警系统。报警点位号在火灾报警器上显示应区别于火灾探测器编号。

13.5.9 电气火灾监控系统的控制器应安装在建筑物的消防控制室内，宜由消防控制室统一管理。

13.5.10 电气火灾监控系统的导线选择、线路敷设、供电电源及接地，应与火灾自动报警系统要求相同。

13.6 消防应急照明系统设计

13.6.1 灯具在地面设置时，每个回路不超过 64 盏灯；灯具在墙壁或顶棚设置时，每个回路不宜超过 25 盏灯。

13.6.2 消防应急疏散照明的蓄电池组在非点亮状态下，不得中断蓄电池的充电电源。疏散标志灯平时应处于点亮状态，疏散照明灯可工作在非点亮状态。

13.6.3 消防应急疏散照明系统的配电线路应穿热镀锌金属管保护敷设在不燃烧体内，在吊顶内敷设的线路应采用耐火导线穿采取防火措施的金属导管保护。

13.6.4 在机房或消防控制中心等场所设置的备用照明，当电源满足负荷分级要求时，不应采用蓄电池组供电。

13.6.5 消防疏散照明灯及疏散指示标志灯设置应符合下列规定：

1 消防应急（疏散）照明灯应设置在墙面或顶棚上，设置在顶棚上的疏散照明灯不应采用嵌入式安装方式。灯具选择、安装位置及灯具间距以满足地面水平最低照度为准；疏散走道、楼梯间的地面水平最低照度，按中心线对称 50% 的走廊宽度为准；大面积场所疏散走道的地面水平最低照度，按中心线对称疏散走道宽度均匀满足 50% 范围为准。

2 疏散指示标志灯在顶棚安装时，不应采用嵌入式安装方式。安全出口标志灯，应安装在疏散口的内侧上方，底边距地不宜低于 2.0m；疏散走道的疏散指示标志灯具，应在走道及转角处离地面 1.0m 以下墙面上、柱上或地面上设置，采用顶装方式时，底边距地宜为 2.0m～2.5m。

设在墙面上、柱上的疏散指示标志灯具间距在直行段为垂直视觉时不应大于 20m，侧向视觉时不应大于 10m；对于袋形走道，不应大于 10m。

交叉通道及转角处宜在正对疏散走道的中心的垂直视觉范围内安装，在转角处安装时距角边不应大于 1m。

4 一个防火分区中，标志灯形成的疏散指示方向应满足最短距离疏散原则，标志灯设计形成的疏散途径不应出现循环转圈而找不到安全出口。

6 疏散照明灯的设置，不应影响正常通行，不得在其周围存放有容易混同以及遮挡疏散标志灯的其他标志牌等。

7 疏散标志灯的设置位置可按图 13.6.5-1 和图 13.6.5-2 布置。

13.6.6 备用照明及疏散照明的最少持续供电时间及最低照度，应符合表 13.6.6 的规定。

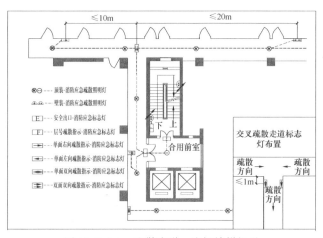

图 13.6.5-1 疏散走道、防烟楼梯间及前室疏散照明布置示意

— 303 —

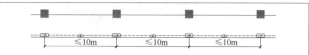

图 13.6.5-2 直行疏散走道疏散照明布置示意

表 13.6.6 消防应急照明最少持续供电时间及最低水平和垂直照度

区域类别	场所举例	最少持续供电时间（min）		照度（lx）	
		备用照明	疏散照明	备用照明	疏散照明
平面疏散区域	建筑高度 100m 及以上的住宅建筑疏散走道	—	≥90	—	≥1
	建筑高度 100m 及以上公共建筑的疏散走道			—	≥3
	人员密集场所、老年人照料设施、病房楼或手术部内的前室或合用前室、避难间、避难走道	—	≥60	—	≥10
	医疗建筑、10000m² 以上的公共建筑、20000m² 以上的地下及半地下公共建筑			—	≥3
	建筑高度 27m 及以上的住宅建筑疏散走道	—	≥30	—	≥1
	除另有规定外，建筑高度 100m 以下的公共建筑			—	≥3
竖向疏散区域	人员密集场所、老年人照料设施、病房楼或手术部内的疏散楼梯间	—	应满足以上 3 项要求	—	≥10
	疏散楼梯			—	≥5
航空疏散场所	屋顶消防救护用直升机停机坪	≥90	—	正常照明照度 50%	—
避难疏散区域	避难层		—	正常照明照度 50%	—
消防工作区域	消防控制室、电话总机房	≥180 或 ≥120	—	正常照明照度	—
	配电室、发电站		—	正常照明照度	—
	消防水泵房、防排烟风机房		—	正常照明照度	—

注：1 当消防性能化有时间要求时，最少持续供电时间应满足消防性能化要求；
2 120min 为建筑火灾延续时间为 2h 的建筑物。

13.7 系统供电

13.7.1 火灾自动报警系统，应由主电源和直流备用电源供电。当系统的负荷等级为一级或二级负荷供电时，主电源应由消防双电源配电箱引来，直流备用电源宜采用火灾报警控制器的专用蓄电池组或集中设置的蓄电池组。当直流备用电源为集中设置的蓄电池时，火灾报警控制器应采用单独的供电回路，并应保证在消防系统处于最大负载状态下不影响报警控制器的正常工作。

13.7.2 消防联动控制设备的直流电源电压，应采用 24V 安全电压。

13.7.3 消防设备供电负荷等级应符合本标准附录 A 民用建筑中各类建筑物的主要用电负荷分级的规定。

13.7.4 建筑物（群）的消防用电设备供电，应符合下列规定：

2 消防用电负荷等级为一级负荷中特别重要负荷时，应由一段或两段消防配电干线与自备应急电源的一个或两个低压回路切换，再由两段消防配电干线各引一路在最末一级配电箱自动转换供电；

3 消防用电负荷等级为一级负荷时，应由双重电源的两个低压回路或一路市电和一路自备应急电源的两个低压回路在最末一级配电箱自动转换供电；

4 消防用电负荷等级为二级负荷时，应由一路 10kV 电源的两台变压器的两个低压回路或一路 10kV 电源的一台变压器与主电源不同变电系统的两个低压回路在最末一级配电箱自动切换供电；

5 消防用电负荷等级为三级负荷时，消防设备电源可由一台变压器的一路低压回路供电或一路低压进线的一个专用分支回路供电；

6 消防末端配电箱应设置在消防水泵房、消防电梯机房、消防控制室和各防火分区的配电小间内；各防火分区内的防排烟风机、消防排水泵、防火卷帘等可分别由配电小间内的双电源切换箱放射式、树干式供电。

13.7.5 消防水泵、消防电梯、消防控制室等的两个供电回路，应由变电所或总配电室放射式供电。

13.7.6 消防水泵、防烟风机和排烟风机不得采用变频调速器控制。

13.7.8 消防系统配电装置，应设置在建筑物的电源进线处或配变电所处，其应急电源配电装置宜与主电源配电装置分开设置。当分开设置有困难，需要与主电源并列布置时，其分界处应设防火隔断。消防系统配电装置应有明显标志。

13.7.9 当一级消防应急电源由低压发电机组提供时，应设自动启动装置，并应在 30s 内供电。当采用高压发电机组时，应在 60s 内供电。当二级消防应急电源由低压发电机组提供，且自动启动有困难时，可手动启动。

13.7.11 除消防水泵、消防电梯、消防控制室的消防设备外，各防火分区的消防用电设备，应由消防电源中的双电源或双回路电源供电，并应满足下列要求：

1 末端配电箱应安装于防火分区的配电小间或电气竖井内；

2 由末端配电箱配出引至相应设备或其控制箱，宜采用放射式供电。对于作用相同、性质相同且容量较小的消防设备，可视为一组设备并采用一个分支回路供电。每个分支回路所供设备不应超过 5 台，总计容量不宜超过 10kW。

13.7.12 公共建筑物顶层，除消防电梯外的其他消防设备，可采用一组消防双电源供电。由末端配电箱引至设备控制箱，应采用放射式供电。

13.7.13 当不大于 54m 的普通住宅消防电梯兼作客梯且两类电梯共用前室时，可由一组消防双电源供电。末端双电源自动切换配电箱，应设置在消防电梯机房间，由配电箱至相应设备应采用放射式供电。

13.7.14 除防火卷帘的控制箱外，消防用电设备的配电箱和控制箱应安装在机房或配电小间内与火灾现场隔离。

13.7.15 消防应急照明电源供电应符合下列规定：

1 疏散照明应由主电源和蓄电池组供电，当疏散照明为二级负荷及以上时，主电源由双电源自动转换箱供给，蓄电池组（EPS）可分区集中设置，也可分散附设于灯具内；为疏散照明供电的双电源自动转换箱、配电箱和 EPS 箱应安装于防火分区的配电小间内或电气竖井内。

2 当楼层有多个防火分区时，宜由楼层配电室或变电所引双回路电源树干式为各防火分区内的疏散照明双电源配电箱供电。在各防火分区配电间设置疏散照明配电箱，电源由双电源配电箱供给，疏散照明配电箱配出的分支回路不宜跨越防火分区。

6 疏散照明除按负荷分级供电外，尚应在灯具内或集中设置蓄电池组供电。

7 备用照明可与疏散照明共用双电源配电箱或疏散照明配电箱。当市电满足供电要求时，不应采用蓄电池组供电；当市电不能满足供电要求设有发电机组时，消防设备机房可设内附蓄电池的过渡照明灯。

8 同一防火分区内的备用照明和疏散照明，不应由应急照明配电箱的同一分支回路供电；疏散照明灯和疏散标志灯可共管敷设，严禁在应急照明灯具供电的分支回路上连接插座。

13.7.16 各类消防用电设备在火灾发生期间，最少持续供电时间应符合表 13.7.16 的规定。

表 13.7.16 消防用电设备在火灾发生期间的最少持续供电时间

消防用电设备名称	持续供电时间(min)
火灾自动报警装置	≥180(120)
消火栓、消防泵及水幕泵	≥180(120)
自动喷水系统	≥60
水喷雾和泡沫灭火系统	≥30
CO_2 灭火和干粉灭火系统	≥30
防、排烟设备	≥90、60、30
火灾应急广播	≥90、60、30
消防电梯	≥180(120)

注：1 防、排烟设备火灾时应大于等于疏散照明时间，不同场所的应急照明时间见本标准表 13.6.6。
2 表中 120min 为建筑火灾延续时间 2h 的参数。

13.8 线缆选择及敷设

13.8.1 火灾自动报警系统的导线选择及其敷设，应满足火灾时连续供电或传输信号的需要。所有消防线路，应采用铜芯电线或电缆。

13.8.2 火灾自动报警系统的传输线路和 50V 以下供电的控制线路，应采用耐压不低于交流 300V/500V 的多股绝缘电线或电缆。采用交流 220V/380V 供电或控制的交流用电设备线路，应采用耐压不低于交流 450V/750V 的电线或 0.6kV/1.0kV 的电缆。

13.8.3 火灾自动报警系统传输线路的线芯截面积选择，除应满足自动报警装置技术条件的要求外，尚应满足机械强度的要求，电线、电缆的最小面积不应小于表 13.8.3 的规定。

表 13.8.3 铜芯绝缘电线、电缆线芯的最小截面积

类别	线芯的最小截面积(mm²)
穿管敷设的绝缘电线	1.00
槽盒内敷设的绝缘电线	0.75
多芯电缆	0.50

13.8.4 消防配电线路的选择与敷设，应满足消防用电设备火灾时持续运行时间的要求，并应符合下列规定：

1 在人员密集场所疏散通道采用的火灾自动报警系统的报警总线，应选择燃烧性能 B_1 级的电线、电缆；其他场所的报警总线应选择燃烧性能不低于 B_2 级的电线、电缆。消防联动总线及联动控制线应选择耐火铜芯电线、电缆。电线、电缆的燃烧性能应符合现行国家标准《电缆及光缆燃烧性能分级》GB 31247 的规定。

2 消防控制室、消防电梯、消防水泵、水幕泵及建筑高度超过 100m 民用建筑的疏散照明系统和防排烟系统的供电干线，其电能传输质量在火灾延续时间内应保证消防设备可靠运行。

4 消防用电设备火灾时持续运行的时间应符合国家现行有关标准的规定。

6 超高层建筑避难层（间）与消控中心的通信线路、消防广播线路、监控摄像的视频和音频线路应采用耐火电线或耐火电缆。

7 当建筑物内设有总变电所和分变电所时，总变电所至分变电所的 35kV、20kV 或 10kV 的电缆应采用耐火电缆和矿物绝缘电缆。

8 消防负荷的应急电源采用 10kV 柴油发电机组时，其输出的配电线路应采用耐压不低于 10kV 的耐火电缆和矿物绝缘电缆。

9 电压等级超过交流 50V 以上的消防配电线路在吊顶内或室内接驳时，应采用防火防水接线盒，不应采用普通接线盒接线。

13.8.5 线路敷设应符合下列规定：

1 除有特殊规定外，相同电压等级的双电源回路可在同一专用电缆桥架内敷设，当采用槽盒布线时，应采用金属隔板分隔；

2 对于综合管廊大型布线场所，当消防配电线路与非消防配电线路布置在同侧时，消防配电线路应敷设在非消防配电线路的下方，并应保持 300mm 及以上的净间距；

3 当水平敷设的火灾自动报警系统传输线路采用穿导管布线时，不同防火分区的线路不应穿入同一根导管内；

5 火灾自动报警系统线路暗敷时，应采用穿金属导管或 B_1 级阻燃刚性塑料管保护并应敷设在不燃性结构内且保护层厚度不应小于 30mm；消防用电设备、消防联动控制、自动灭火控制、通信、应急照明及应急广播等线路暗敷设时，应采用穿金属导管保护；

6 消防应急广播线路、消防专用电话、报警总线、联动控制总线及其子系统的总线等线路敷设应符合本标准第26章表26.1.7的规定。

13.9 非消防负荷线缆与通信电缆的选择

13.9.1 为防止火灾蔓延，应根据建筑物的使用性质，发生火灾时的扑救难度，选择相应燃烧性能等级的电力电缆、通信电缆和光缆。民用建筑中的电力电缆选择除应符合本标准第7章的要求外，尚应符合下列规定：

1 建筑高度超过100m的公共建筑，应选择燃烧性能B_1级及以上、产烟毒性为t0级、燃烧滴落物/微粒等级为d0级的电线和电缆；

2 避难层（间）明敷的电线和电缆应选择燃烧性能不低于B_1级、产烟毒性为t0级、燃烧滴落物/微粒等级为d0级的电线和A级电缆；

3 一类高层建筑中的金融建筑、省级电力调度建筑、省（市）级广播电视、电信建筑及人员密集的公共场所，电线电缆燃烧性能应选用燃烧性能B_1级、产烟毒性为t1级、燃烧滴落物/微粒等级为d1级；

4 其他一类公共建筑应选择燃烧性能不低于B_2级、产烟毒性为t2级、燃烧滴落物/微粒等级为d2级的电线和电缆；

5 长期有人滞留的地下建筑应选择烟气毒性为t0级、燃烧滴落物/微粒等级为d0级的电线和电缆；

13.9.2 当配电线路在桥架内或竖井内成束敷设受非金属含量限制不能满足阻燃要求时，应选择敷设不受非金属含量限制的电缆，并应符合现行国家标准《电缆和光缆在火焰条件下的燃烧试验》GB/T 18380.33～GB/T 18380.36的有关规定。

13.9.3 综合布线系统的通信电缆和光缆应根据建筑物的重要性，选择相应燃烧性能等级的通信电缆和光缆，并应符合表13.9.3的规定。

表13.9.3 建筑物类型及通信电缆的阻燃级别

建筑物类型	敷设方式	通信电缆阻燃级别
1 建筑高度大于或等于100m的公共建筑；2 建筑高度小于100m大于或等于50m且面积超过100000m²的公共建筑；3 B级及以上数据中心	水平敷设	应采用通过水平燃烧试验要求的通信电缆或光缆
	垂直敷设	应采用不低于B_1级的通信电缆或光缆
重要公共建筑	水平敷设	应采用不低于B_1级的通信电缆或光缆，宜采用通过水平燃烧试验要求的通信电缆或光缆
	垂直敷设	应采用不低于B_2级的通信电缆或光缆
其他公共建筑	水平及垂直敷设	宜采用B_2级的通信电缆或光缆

注：1 B_1、B_2、B_3级为《电缆及光缆燃烧性能分级》GB 31247—2014规定的通信电缆及光缆的燃烧性能分级。
  2 重要公共建筑见条文说明。

14 安全技术防范系统

14.4 出入口控制系统

14.4.3 疏散通道上设置的出入口控制装置必须与火灾自动报警系统联动，在火灾或紧急疏散状态下，出入口控制装置应处于开启状态。

14.6 停车库（场）管理系统

14.6.12 停车库（场）管理系统应与火灾自动报警系统联动，在火灾等紧急情况下联动打开电动栏杆机。

14.11 应急响应系统

14.11.2 应急响应系统应能对所管理范围内的火灾、自然灾害、安全事故等突发公共事件实时报警与分级响应，及时掌握事件情况向上级报告，启动相应的应急预案，实行现场指挥调度、事件紧急处置、组织疏散及接收上级指令等。

14.11.3 应急响应系统宜利用建筑信息模型（BIM）的可视化分析决策支持系统，应配置有线或无线通信、指挥调度系统、紧急报警系统、消防与安防联动控制、消防与建筑设备联动控制、应急广播与信息发布联动播放等。

16 公共广播与厅堂扩声系统

16.1 一般规定

16.1.1 公共广播系统的设置应符合下列规定：
  3 有应对突发公共事件要求的建筑物应设置应急广播或紧急广播。

16.2 公共广播系统

16.2.4 公共广播系统应按播音控制、广播线路路由等进行分区，宜符合下列规定：
  5 消防应急广播的分区应与建筑防火分区相适应。

16.2.9 多用途公共广播系统，在发生火灾时，应强制切换至消防应急广播状态，并应符合下列规定：

1 消防应急广播系统设置专用功放设备与控制设备，仅利用公共广播系统的传输线路和扬声器时，应由消防控制室切换传输线路，实施消防应急广播；

2 消防应急广播系统全部利用公共广播系统，只在消防控制室设应急播放装置时，应强制公共广播系统进行消防应急广播；按预设程序自动或手动控制相应的广播分区进行消防应急广播，并监视系统的工作状态；

3 在发生火灾时，应将客房背景广播强切至消防应急广播。

16.3 厅堂扩声系统

16.3.6 扩声系统兼作消防应急广播时，应满足消防应急广播的控制要求。

18 建筑设备监控系统

18.1 一般规定

18.1.6 当工程有智能建筑集成要求时，BAS应提供与火灾自动报警系统（FAS）及安全技术防范系统（SAS）的通信接口，构成建筑设备管理系统（BMS）。

20 通信网络系统

20.4 数字无线对讲系统

20.4.4 数字无线对讲系统在民用建筑用地红线内使用的专用频段应符合表20.4.4的规定。

表20.4.4 数字无线对讲系统在民用建筑用地红线内使用的专用频段

频率范围(MHz) 使用部门	频段(MHz) 150 上下行频段	350 上行频段	350 下行频段	400 上下行频段
物业管理部门	137～167	—	—	403～423.5
消防部门	—	351～358	361～368	—
公安部门	—	351～358	361～368	—
频点指配部门	当地无线电管理部门	国家工业和信息化部无线电管理局		当地无线电管理部门

注：消防部门与公安部门共用350MHz频段，其中消防部门使用了上下频段中多个频点。

20.4.6 固定数字中继台设计应符合下列要求：
   6 中继台或信号源引入设备的设置应符合下列要求：
   1）物业管理部门的中继台设备应设置在消防控制室或安防监控中心内；
   2）消防部门可根据建筑规模及重要性，在建筑内配置1台～2台消防备份专用中继台，并设在消防控制室或安防监控中心内；
   3）当公安部门在建筑内需配置备份专用中继台时，可设在安防监控或消防和安防合设控制室内。

20.4.9 室内天馈线分布系统的缆线设计应符合下列要求：
   7 当物业管理、消防或公安等多部门有对讲信号覆盖要求时，应符合下列要求：
   1）主干路由采用光缆传输时，应采用单模光缆路由和近端光信号发射器和远端光接收射频放大器冗余结构方式；
   2）各对讲覆盖信号应先合路后，再引至室内多频段天馈线分布系统；
   3）有多频段信号交叉覆盖区域时，可采用多频段合路设备（POI）进行合路覆盖；
   4）有消防部门对讲信号覆盖时，合路多频段天馈线分布系统缆线应采用无卤低烟阻燃耐火型缆线。

23 智能化系统机房

23.2 机房设置

23.2.3 大型公共建筑宜按使用功能和管理职能分类集中设置机房，并应符合下列规定：
   6 信息化应用系统机房宜集中设置，当火灾自动报警系统、安全技术防范系统、建筑设备管理系统、公共广播系统等的中央控制设备集中设在智能化总控室内时，不同使用功能或分属不同管理职能的系统应有独立的操作区域。

23.6 消防与安全

23.6.1 机房的耐火等级不应低于二级。

23.6.2 弱电间墙体应为耐火极限不低于1.0h的不燃烧体，门应采用丙级防火门。

23.6.3 机房出口应设置向疏散方向开启且能自动关闭的门，并应保证在任何情况下都能从机房内打开。

26 弱电线路布线系统

26.1 一般规定

26.1.9 弱电线路布线系统电缆、电气导管、金属桥架（槽盒）在穿越每层楼板、隔墙及防火卷帘上方的防火分隔时，其孔隙应采用不低于建筑构件耐火极限的不燃材料或防火封堵材料封堵。

26.3 园区配线设施

26.3.5 园区地下综合管道、电缆沟内线缆应满足防水、防雷击、抗电磁干扰等基本要求，重要的信息通信、安防、消防等系统主干线缆应具有防啮齿动物进入等要求。

26.5 建筑物内配线管网

26.5.2 建筑室内正常环境下，弱电配线管网中线缆暗敷设时，可选用穿金属导管、可弯曲金属导管、燃烧性能B_1级且中等机械应力的刚性塑料导管；明敷设时，可选用金属导管、可弯曲金属导管或金属槽盒保护。

26.5.4 弱电线缆穿金属导管、可弯曲金属导管暗敷设时，应符合下列规定：
   1 导管在墙体、楼板内暗敷时，其保护层厚度不应小于15mm，消防导管除外。

26.5.16 除住宅建筑的楼梯间前室外，弱电配线管网金属管及槽盒不应穿越建筑楼梯间、前室和合用前室内墙。当导管及槽盒必须局部穿越前室或合用前室的内墙或楼板时，应对金属导管及槽盒采取防火措施，并应在穿越段的管槽外加设与建筑构件耐火等级相同的装饰材料进行包封。

26.5.17 弱电配线管网明敷设穿越楼层（含避难层）防火墙、防火分区的梁板墙、顶棚、屋顶板、弱电间（电信间）及弱电竖井楼板与隔墙孔洞等建筑构件时，应符合下列规定：

1 金属导管或槽盒穿越后，其孔隙应按照等同建筑构件耐火等级的材料封堵；

2 金属导管或槽盒内部截面积大于或等于710mm²时，应在线缆敷设后进行管槽内部防火封堵；

3 导管或槽盒内外防火封堵的材料应按照耐火等级要求，可采用防火胶泥、耐火隔板、填料阻火包或防火帽。

26.5.18 弱电配线管网在避难层和避难区域（间）内敷设时，应符合下列规定：

1 避难层非避难区域和避难区域（间）应采用金属导管、金属槽盒、金属终端出线盒和过路盒；

2 金属导管或槽盒明敷设时，不应直接由非避难区域穿越防火墙至避难区域（间）内；

3 公共建筑各避难层的避难区域（间）与非避难区域防火墙交接处，根据应急防灾设备情况可设置一个专用弱电间，其净面积不宜小于2m²；专用弱电间的门应采用甲级防火门；

4 高度100m及以上的建筑物中，由消防和安防控制室直接引至各个避难区域（间）专用弱电间的应急防灾专用线路应选用耐火等级不低于750℃、90min耐火型线缆；

5 高度250m及以上的建筑物中，各应急防灾系统的专用物理双链路线路，应由消防控制室和安防监控中心分别经由弱电竖井和备用竖井引至避难区域（间），竖向或水平管槽应采取防火保护措施；

6 避难区域（间）内金属导管或终端出线盒及过路盒应暗敷设，当受条件限制金属导管或槽盒需要在避难区域（间）内明敷设时，其管槽应采取防火保护措施。

附录 A 民用建筑中各类建筑物的主要用电负荷分级

表 A 民用建筑中各类建筑物的主要用电负荷分级

序号	建筑物名称	用电负荷名称	负荷级别
1	国家级会堂、国宾馆、国家级国际会议中心	主会场、接见厅、宴会厅照明，电声、录像、计算机系统用电	一级*
		客梯、总值班室、会议室、主要办公室、档案室用电	一级
2	国家及省部级政府办公建筑	客梯、主要办公室、会议室、总值班室、档案室用电	一级
		省部级行政办公建筑主要通道照明用电	二级
3	国家及省部级数据中心	计算机系统用电	一级*
4	国家及省部级防灾中心、电力调度中心、交通指挥中心	防灾、电力调度及交通指挥计算机系统用电	一级*

续表 A

序号	建筑物名称	用电负荷名称	负荷级别
5	办公建筑	建筑高度超过100m的高层办公建筑主要通道照明和重要办公室用电	一级
		一类高层办公建筑主要通道照明和重要办公室用电	二级
6	地、市级及以上气象台	气象业务用计算机系统用电	一级*
		气象雷达、电报及传真收发设备、卫星云图接收机及语言广播设备、气象绘图及预报照明用电	一级
7	电信枢纽、卫星地面站	保证通信不中断的主要设备用电	一级*
8	电视台、广播电台	国家及省、市、自治区电视台、广播电台的计算机系统用电，直接播出的电视演播厅、中心机房、录像室、微波设备及发射机房用电	一级*
		语音播音室、控制室的电力和照明用电	一级
		洗印室、电视电影室、审听室、通道照明用电	二级
9	剧场	特大型、大型剧场的舞台照明、贵宾室、演员化妆室、舞台机械设备、电声设备、电视转播、显示屏和字幕系统用电	一级
		特大型、大型剧场的观众厅照明、空调机房用电	二级
10	电影院	特大型电影院的消防用电和放映用电	一级
		特大型电影院放映厅照明、大型电影院的消防用电负荷、放映用电	二级
11	会展建筑、博展建筑	特大型会展建筑的应急响应系统用电；珍贵展品展室照明及安全防范系统用电	一级*
		特大型会展建筑的客梯、排污泵、生活水泵用电；大型会展建筑的客梯用电；甲等、乙等展厅安全防范系统、备用照明用电	一级
		特大型会展建筑的展厅照明，主要展览、通风机、闸口机用电；大型及中型会展建筑的展厅照明，主要展览、排污泵、生活水泵、通风机、闸口机用电；中型会展建筑的客梯用电；小型会展建筑的主要展览、客梯、排污泵、生活水泵用电；丙等展厅备用照明及展览用电	二级

续表 A

序号	建筑物名称	用电负荷名称	负荷级别
12	图书馆	藏书量超过100万册及重要图书馆的安防系统、图书检索用计算机系统用电	一级
		藏书量超过100万册的图书馆阅览室及主要通道照明和珍本、善本书库照明及空调系统用电	二级
13	体育建筑	特级体育建筑的主席台、贵宾室及其接待室、新闻发布厅等照明用电；计时记分、现场影像采集及回放、升旗控制等系统及其机房用电；网络机房、固定通信机房、扩声及广播机房等的用电；电台和电视转播设备用电；应急照明用电（含TV应急照明）；消防和安防设备等的用电	一级*
		特级体育建筑的临时医疗站、兴奋剂检查室、血样收集室等设备的用电；VIP办公室、奖牌储存室、运动员及裁判员用房、包厢、观众席等照明用电；场地照明用电；建筑设备管理系统、售检票系统等用电；生活水泵、污水泵等用电；直接影响比赛的空调系统、泳池水处理系统、冰场制冰系统等的用电；甲级体育建筑的主席台、贵宾室及其接待室、新闻发布厅等照明用电；计时记分、现场影像采集及回放、升旗控制等系统及其机房用电；网络机房、固定通信机房、扩声及广播机房等的用电；电台和电视转播设备用电；场地照明用电；应急照明用电；消防和安防设备等的用电	一级
		特级体育建筑的普通办公用房、广场照明等的用电；甲级体育建筑的临时医疗站、兴奋剂检查室、血样收集室等设备的用电；VIP办公室、奖牌储存室、运动员及裁判员用房、包厢、观众席等照明用电；建筑设备管理系统、售检票系统等用电；生活水泵、污水泵等用电；直接影响比赛的空调系统、泳池水处理系统、冰场制冰系统等的用电；乙级及丙级体育建筑（含相同级别的学校风雨操场）的主席台、贵宾室及其接待室、新闻发布厅等照明用电；计时记分、现场影像采集及回放、升旗控制等系统及其机房用电；网络机房、固定通信机房、扩声及广播机房等的用电；电台和电视转播设备用电；应急照明用电；消防和安防设备等的用电；临时医疗站、兴奋剂检查室、血样收集室等设备的用电；VIP办公室、奖牌储存室、运动员及裁判员用房、包厢、观众席等照明用电；场地照明用电；建筑设备管理系统、售检票系统等用电；生活水泵、污水泵等用电	二级
14	商场、百货商店、超市	大型百货商店、商场及超市的经营管理用计算机系统用电	一级
		大中型百货商店、商场、超市营业厅、门厅公共楼梯及主要通道的照明及乘客电梯、自动扶梯及空调用电	二级
15	金融建筑（银行、金融中心、证交中心）	重要的计算机系统和安防系统用电；特级金融设施用电	一级*
		大型银行营业厅备用照明用电；一级金融设施用电	一级
		中小型银行营业厅备用照明用电；二级金融设施用电	二级
16	民用机场	航空管制、导航、通信、气象、助航灯光系统设施和台站用电；边防、海关的安全检查设备用电；航班信息、显示及时钟系统用电；航站楼、外航住机场办事处中不允许中断供电的重要场所的用电	一级*
		Ⅲ类及以上民用机场航站楼中的公共区域照明、电梯、送排风系统设备、排污泵、生活水泵、行李处理系统用电；航站楼、外航住机场航站楼办事处、机场宾馆内与机场航班信息相关的系统用电、综合监控系统及其他信息系统；站坪照明、站坪勤务；飞行区内雨水泵站等用电	一级
		航站楼内除一级负荷以外的其他主要负荷，包括公共场所空调系统设备、自动扶梯、自动人行道用电；Ⅳ类及以下民用机场航站楼的公共区域照明、电梯、送排风系统设备、排水泵、生活水泵等用电	二级
17	铁路旅客车站综合交通枢纽站	特大型铁路旅客车站、集大型铁路旅客车站及其他车站等为一体的大型综合交通枢纽站中不允许中断供电的重要场所的用电	一级*
		特大型铁路旅客车站、国境站和集大型铁路旅客车站及其他车站等为一体的综合交通枢纽站的旅客站房、站台、天桥、地道用电、防灾报警设备用电；特大型铁路旅客车站、国境站的公共区域照明；售票系统设备、安防及安全检查设备、通信系统用电	一级

续表 A

序号	建筑物名称	用电负荷名称	负荷级别
17	铁路旅客车站 综合交通枢纽站	大、中型铁路旅客车站、集铁路旅客车站（中型）及其他车站等为一体的综合交通枢纽站的旅客站房、站台、天桥、地道、防灾报警设备用电；特大和大型铁路旅客车站、国境站的列车到发预报告显示系统、旅客用电梯、自动扶梯、国际换装设备、行包用电梯、皮带输送机、送排风机、排污水设备用电；特大型铁路旅客车站的冷热源设备用电；大、中型铁路旅客车站的公共区域照明、管理用房照明及设备用电；铁路旅客车站的驻站警务室用电	二级
18	城市轨道交通车站 磁浮列车站 地铁车站	专用通信系统设备、信号系统设备、环境与设备监控系统设备、地铁变电所操作电源等车站内不允许中断供电的其他重要场所的用电	一级*
		牵引设备用电负荷；自动售票系统设备用电；车站中作为事故疏散用的自动扶梯、电动屏蔽门（安全门）、防护门、防淹门、排水泵、雨水泵用电；信息设备管理用房照明、公共区域照明用电；地铁电力监控系统设备、综合监控系统设备、门禁系统设备、安防设施及自动售检票设备、站台门设备、地下站厅站台等公共区照明、地下区间照明、供暖区的锅炉房设备等用电	一级
		非消防用电梯及自动扶梯和自动人行道、地上站厅站台等公共区照明、附属房间照明、普通风机、排污泵用电；乘客信息系统、变电所检修电源用电	二级
19	港口客运站	一级港口客运站的通信、监控系统设备、导航设施用电	一级
		港口重要作业区、一级及二级客运站主要用电负荷，包括公共区域照明、管理用房照明及设备、电梯、送排风系统设备、排污水设备、生活水泵用电	二级
20	汽车客运站	一级、二级汽车客运站主要用电负荷，包括公共区域照明、管理用房照明及设备、电梯、送排风系统设备、排污水设备、生活水泵用电	二级
21	旅游饭店	四星级及以上旅游饭店的经营及设备管理用计算机系统用电	一级*
		四星级及以上旅游饭店的宴会厅、餐厅、厨房、康乐设施用房、门厅及高级客房、主要通道等场所的照明用电；厨房、排污泵、生活水泵、主要客梯用电；计算机、电话、电声和录像设备、新闻摄影用电	一级

续表 A

序号	建筑物名称	用电负荷名称	负荷级别
21	旅游饭店	三星级旅游饭店的宴会厅、餐厅、厨房、康乐设施用房、门厅及高级客房、主要通道等场所的照明用电；厨房、排污泵、生活水泵、主要客梯用电；计算机、电话、电声和录像设备、新闻摄影用电	二级
22	科研院所及教育建筑	四级生物安全实验室用电；对供电连续性要求很高的国家重点实验室用电	一级*
		三级生物安全实验室用电；对供电连续性要求较高的国家重点实验室用电；学校特大型会堂主要通道照明用电	一级
		对供电连续性要求较高的其他实验室用电；学校大型会堂主要通道照明、乙等会堂舞台照明及电声设备用电；学校教学楼、学生宿舍等主要通道照明用电；学校食堂冷库及厨房主要设备用电以及主要操作间、备餐间照明用电	二级
23	三级、二级医院	急诊抢救室、血液病房的净化室、产房、烧伤病房、重症监护室、早产儿室、血液透析室、手术室、术前准备室、术后复苏室、麻醉室、心血管造影检查室等场所中涉及患者生命安全的设备及其照明用电；大型生化仪器、重症呼吸道感染区的通风系统用电	一级*
		急诊抢救室、血液病房的净化室、产房、烧伤病房、重症监护室、早产儿室、血液透析室、手术室、术前准备室、术后复苏室、麻醉室、心血管造影检查室等场所中的除一级负荷中特别重要负荷外的其他用电	
		下列场所的诊疗设备及照明用电：急诊诊室、急诊观察室及处置室、分娩室、婴儿室、内镜检查室、影像科、放射治疗室、核医学室等；高压氧舱、血库及配血室、培养箱、恒温箱用电；病理科的取材室、制片室、镜检室设备用电；计算机网络系统用电；门诊部、医技部及住院部30%的走道照明用电；配电室照明用电；医用气体供应系统中的真空泵、压缩机、制氧机及其控制与报警系统设备用电	一级

续表 A

序号	建筑物名称	用电负荷名称	负荷级别
23	三级、二级医院	电子显微镜、影像科诊断设备用电；肢体伤残康复病房照明用电；中心（消毒）供应室、空气净化机组用电；贵重药品冷库、太平柜用电；客梯、生活水泵、采暖锅炉及换热站等的用电	二级
24	一级医院	急诊室用电	二级
25	住宅建筑	建筑高度大于54m的一类高层住宅的航空障碍照明、走道照明、值班照明、安防系统、电子信息设备机房、客梯、排污泵、生活水泵用电	一级
25	住宅建筑	建筑高度大于27m但不大于54m的二类高层住宅的走道照明、值班照明、安防系统、客梯、排污泵、生活水泵用电	二级
26	一类高层民用建筑	消防用电；值班照明；警卫照明；障碍照明用电；主要业务和计算机系统用电；安防系统用电；电子信息设备机房用电；客梯用电；排水泵；生活水泵用电	一级
26	一类高层民用建筑	主要通道及楼梯间照明用电	二级
27	二类高层民用建筑	消防用电；主要通道及楼梯间照明用电；客梯用电；排水泵、生活水泵用电	二级
28	建筑高度大于150m的超高层公共建筑	消防用电	一级*
29	体育场（馆）及游泳馆	特级体育场（馆）及游泳馆的应急照明	一级*
29	体育场（馆）及游泳馆	甲级体育场（馆）及游泳馆的应急照明	一级
30	剧场	特大型、大型剧场的消防用电	一级
30	剧场	中小型剧场消防用电	二级

续表 A

序号	建筑物名称	用电负荷名称	负荷级别
31	交通建筑	地下车站及区间的应急照明、火灾自动报警系统设备用电	一级*
31	交通建筑	Ⅲ类及以上民用机场航站楼、特大型和大型铁路旅客车站、集民用机场航站楼或铁路及城市轨道交通车站为一体的大型综合交通枢纽站、城市轨道交通地下站以及具有一级耐火等级的交通建筑的消防用电；地铁消防水泵及消防水管电保温设备、防排烟风机及各类防火排烟阀、防火（卷帘）门、消防疏散用自动扶梯、消防电梯、应急照明等消防设备及发生火灾或其他灾害时仍需使用的设备用电；Ⅰ、Ⅱ类飞机库的消防用电；Ⅰ类汽车库的消防用电及其机械停车设备、采用升降梯作车辆疏散出口的升降梯用电；一类、二类隧道的消防用电	一级
31	交通建筑	Ⅲ类以下机场航站楼、铁路旅客车站、城市轨道交通地面站、地上站、港口客运站、汽车客运站及其他交通建筑等的消防用电；Ⅲ类飞机库的消防用电；Ⅱ、Ⅲ类汽车库和Ⅰ类修车库的消防用电及其机械停车设备、采用升降梯作车辆疏散出口的升降梯用电；三类隧道的消防用电	二级

注：1 负荷分级表中"一级*"为一级负荷中特别重要负荷；
  2 当本表序号1~25中的各类建筑物与一类、二类高层建筑的用电负荷级别以及消防用电负荷级别不相同时，负荷级别应按其中高者确定；
  3 本表中未列出的负荷分级可结合各类民用建筑的实际情况，根据本标准第3.2.1条的负荷分级原则参照本表确定。

31.《住宅建筑电气设计规范》JGJ 242—2011

4 配变电所

4.2 所址选择

4.2.3 当配变电所设在住宅建筑外时,配变电所的外侧与住宅建筑的外墙间距,应满足防火、防噪声、防电磁辐射的要求,配变电所宜避开住户主要窗户的水平视线。

5 自备电源

5.0.3 应急电源装置(EPS)可作为住宅建筑应急照明系统的备用电源,应急照明连续供电时间应满足国家现行有关防火标准的要求。

6 低压配电

6.2 低压配电系统

6.2.4 每栋住宅建筑的照明、电力、消防及其他防灾用电负荷,应分别配电。

6.4 导体及线缆选择

6.4.3 高层住宅建筑中明敷的线缆应选用低烟、低毒的阻燃类线缆。

6.4.4 建筑高度为100m或35层及以上的住宅建筑,用于消防设施的供电干线应采用矿物绝缘电缆;建筑高度为50m~100m且19层~34层的一类高层住宅建筑,用于消防设施的供电干线应采用阻燃耐火线缆,宜采用矿物绝缘电缆;10层~18层的二类高层住宅建筑,用于消防设施的供电干线应采用阻燃耐火类线缆。

6.4.5 19层及以上的一类高层住宅建筑,公共疏散通道的应急照明应采用低烟无卤阻燃的线缆。10层~18层的二类高层住宅建筑,公共疏散通道的应急照明宜采用低烟无卤阻燃的线缆。

7 配电线路布线系统

7.4 电气竖井布线

7.4.3 电气竖井的井壁应为耐火极限不低于1h的不燃烧体。电气竖井应在每层设维护检修门,并宜加门锁或门控装置。维护检修门的耐火等级不应低于丙级,并应向公共通道开启。

7.4.5 电气竖井内竖向穿越楼板和水平穿过井壁的洞口应根据主干线缆所需的最大路由进行预留。楼板处的洞口应采用不低于楼板耐火极限的不燃烧体或防火材料作封堵,井壁上的洞口应采用防火材料封堵。

7.4.6 电气竖井内应急电源和非应急电源的电气线路之间应保持不小于0.3m的距离或采取隔离措施。

8 常用设备电气装置

8.2 电梯

8.2.2 高层住宅建筑的消防电梯应由专用回路供电,高层住宅建筑的客梯宜由专用回路供电。

8.3 电动门

8.3.3 对于设有火灾自动报警系统的住宅建筑,疏散通道上安装的电动门,应能在发生火灾时自动开启。

9 电气照明

9.2 公共照明

9.2.2 应急照明的回路上不应设置电源插座。

9.2.3 住宅建筑的门厅、前室、公共走道、楼梯间等应设人工照明及节能控制。当应急照明采用节能自熄开关控制时,在应急情况下,设有火灾自动报警系统的应急照明应自动点亮;无火灾自动报警系统的应急照明可集中点亮。

9.3 应急照明

9.3.1 高层住宅建筑的楼梯间、电梯间及其前室和长度超过20m的内走道,应设置应急照明;中高层住宅建筑的楼梯间、电梯间及其前室和长度超过20m的内走道,宜设置应急照明。应急照明应由消防专用回路供电。

9.3.2 19层及以上的住宅建筑,应沿疏散走道设置灯光疏散指示标志,并应在安全出口和疏散门的正上方设置灯光"安全出口"标志;10层~18层的二类高层住宅建筑,宜沿疏散走道设置灯光疏散指示标志,并宜在安全出口和疏散门的正上方设置灯光"安全出口"标志。建筑高度为100m或35层及以上住宅建筑的疏散标志灯应由蓄电池组作为备用电源;建筑高度50m~100m且19层~34层的一类高层住宅建筑的疏散标志灯宜由蓄电池组作为备用电源。

12 信息化应用系统

12.5 家居管理系统

12.5.4 家居管理系统应能接收公安部门、消防部门、社区发布的社会公共信息,并应能向公安、消防等主管部门传送报警信息。

14 公共安全系统

14.2 火灾自动报警系统

14.2.1 住宅建筑火灾自动报警系统的设计、保护对象的分级及火灾探测器设置部位等，应符合现行国家标准《火灾自动报警系统设计规范》GB 50116 的规定。

14.2.2 当10层～18层住宅建筑的消防电梯兼作客梯且两类电梯共用前室时，可由一组消防双电源供电。末端双电源自动切换配电箱应设置在消防电梯机房内，由双电源自动切换配电箱至相应设备时，应采用放射式供电，火灾时应切断客梯电源。

14.2.3 建筑高度为100m 或35 层及以上的住宅建筑，应设消防控制室、应急广播系统及声光警报装置。其他需设火灾自动报警系统的住宅建筑设置应急广播困难时，应在每层消防电梯的前室、疏散通道设置声光警报装置。

15 机房工程

15.2 控制室

15.2.1 控制室应包括住宅建筑内的消防控制室、安全防范监控中心、建筑设备管理控制室等。

32. 《交通建筑电气设计规范》JGJ 243—2011

2 术语和代号

2.1 术　语

2.1.3 电气火灾监控系统　alarm and control system for electric fire prevention

由电气火灾监控设备、电气火灾监控探测器及相关线路等组成，当被保护线路中的被探测参数超过报警设定值时，能发出报警信号并能指示报警部位的系统。

2.2 代　号

FAS——火灾自动报警系统　fire alarm system

5 应急电源设备

5.2 应急柴油发电机组

5.2.3 当发电机组同时担负市电中断和火灾条件下的应急供电时，应配备火灾时自动切换和切除该发电机组所带的非消防设备（特殊设备除外）供电的装置。

5.3 应急电源装置（EPS）

5.3.1 应急电源装置（EPS）可作为交通建筑应急照明系统的备用电源，且EPS的连续供电时间应满足国家现行有关防火标准的要求。

6 低压配电及线路布线

6.2 低压配电系统

6.2.1 交通建筑中的工艺设备、专用设备、消防及其他防灾用电负荷，应分别自成配电系统或回路。

6.4 配电线路选择及布线

6.4.2 配电线路不应造成下列有害影响：
1 火焰蔓延对建筑物和消防系统的影响；
2 燃烧产生含卤烟雾对人身的伤害；

6.4.3 交通建筑中除直埋敷设的电缆和穿管暗敷的电线电缆外，其他成束敷设的电线电缆应采用阻燃电线电缆；用于消防负荷的应采用阻燃耐火电线电缆或矿物绝缘（MI）电缆。

6.4.6 阻燃电缆的敷设通道在穿越防火分区时，应进行防火封堵。

6.4.7 Ⅱ类及以上民用机场航站楼、特大型和大型铁路旅客车站、集民用机场航站楼或铁路及城市轨道交通车站等为一体的大型综合交通枢纽站、地铁车站、磁浮列车站及具有一级耐火等级的交通建筑内，成束敷设的电线电缆应采用绝缘及护套为低烟无卤阻燃的电线电缆。

6.4.8 具有二级耐火等级的交通建筑内成束敷设的电线电缆，宜采用绝缘及护套为低烟无卤阻燃的电线电缆，但在人员密集场所明敷的电线电缆应采用绝缘及护套为低烟无卤阻燃的电线电缆。

6.4.10 与建筑内应急发电机组或EPS装置连接、用于消防设施的配电线路，应采用阻燃耐火电线电缆或封闭母线，其火灾条件下通电时间应满足相应的消防供电时间要求；由EPS装置配出的线路，其在火灾条件下的连续工作时间应满足EPS持续工作时间要求。

6.4.11 消防设施用电线电缆与非消防设施用电线电缆宜分开敷设，当需在同一电缆桥架内敷设时，应采取防火分隔措施。

7 常用设备电气装置

7.3 行李处理系统

7.3.9 BHS的控制管理应符合下列规定：
3 对火灾自动报警系统（FAS）发出的火灾信号，行李设备控制系统（BECS）应具有优先响应及消防联动功能；
5 处在公共区域的行李设备启动前，应具备声光报警提醒功能。

7.4 电梯、自动扶梯和自动人行道

7.4.1 电梯、自动扶梯和自动人行道的负荷分级，应符合本规范第3.2节及现行国家标准《供配电系统设计规范》GB 50052、《低压配电设计规范》GB 50054的规定。消防电梯及消防用自动扶梯的供电要求应符合国家现行有关防火标准的规定。

7.4.4 自动扶梯和自动人行道的电源宜由专用回路供电；用于消防疏散的自动扶梯电源应由符合消防要求的专用回路供电。

7.5 自动门　屏蔽门（安全门）

7.5.3 火灾发生时，相关疏散区域的自动门应能强制打开，并应锁定在开启状态。

8 电气照明

8.3 大空间、公共场所照明及标识、引导照明

8.3.2 大空间及公共场所的照明种类应按下列规定确定：
2 各场所下列情况应设置应急照明：
1）正常照明因故障熄灭后，需确保正常工作或活动继续进行的场所，应设置备用照明；

2) 正常照明因故障熄灭后,需确保各类人员安全疏散的出口和通道,应设置疏散照明;
3) 应急照明设置部位可按表8.3.2选择。

表8.3.2 应急照明的设置部位

应急照明种类	设 置 部 位
备用照明	消防控制室、自备电源室、变配电室、消防水泵房、防烟及排烟机房、电话总机房、电子信息机房、建筑设备监控系统控制室、安全防范控制中心、监控机房、机场塔台、售(办)票厅、候机(车)厅、出发到达大厅、站厅、安检、检票、行李托运、行李认领处以及在火灾、事故时仍需要坚持工作的其他场所,指挥中心、急救中心等
疏散照明	疏散楼梯间、防烟楼梯间前室、疏散通道、消防电梯间及其前室、合用前室、售(办)票厅、候机(车)厅、出发到达大厅、站厅、安检、行李托运、行李认领、长度超过20m的内走道、安全出口等

8.3.3 大空间及公共场所的照明光源应按下列规定选择:
4 应急照明应选用紧凑型荧光灯、荧光灯、LED灯等能快速点燃的光源,疏散指示标志照明宜选用LED疏散指示灯。

8.4 照明配电及控制

8.4.2 应急照明的配电应按相应建筑的最高级别负荷电源供给,且应能自动投入。
8.4.3 照明控制应符合下列规定:
2 有条件的场所应采用下列控制方式:
4) 设有火灾自动报警系统及消防控制室的交通建筑内,当正常照明电源出现故障时,消防控制中心应能集中强行开启相应场所的火灾应急照明。
8.4.4 设有照明管理系统的场所,系统的设计应符合下列规定:
3 系统应具有事故断电自锁功能;
5 火灾时,消防控制室应能联动强制开启相关区域的火灾应急照明,并应符合国家现行有关防火标准的规定。

8.5 火灾应急照明

8.5.1 火灾应急照明应包括备用照明、疏散照明,其设置应符合现行行业标准《民用建筑电气设计规范》JGJ 16 的有关规定。
8.5.2 火灾应急照明的照度标准应符合下列规定:
1 备用照明的照度值不应低于该场所一般照明正常照度值的20%;
2 疏散通道的疏散照明地面最低照度值不应低于2lx,且主要出入口、楼梯间及人员密集场所内的疏散照明地面最低照度值不应低于5lx;
3 消防控制室、消防水泵房、消防电梯机房、防烟排烟设施机房、自备发电机房、配电室以及发生火灾时仍需正常工作的其他房间的消防应急照明,应能保证正常照明时的照度值。

8.5.3 疏散走道的疏散指示标志灯具,宜设置在走道及转角处离地面1.0m以下墙面上、柱上或地面上;设置在墙面上、柱上的疏散指示标志灯间距直行走道不应大于20m、袋形走道不应大于10m;设置在地面上的疏散指示标志灯间距不宜大于5m。
8.5.4 设置消防安全疏散指示时,应采用消防应急标志灯或消防应急照明标志灯;非灯具类疏散指示标志可作为辅助标志。
8.5.7 装设在地面上的疏散标志灯,应防止被重物或受外力损坏;防尘、防水性能应符合防护等级IP65的规定;标志灯表面应与地面平行,高出地面不宜大于1mm。
8.5.11 应急照明、疏散指示灯具与供电线路之间的连接不得使用插头连接,应在预埋盒或接线盒内连接。
8.5.12 用于应急照明的灯具应选用能快速点亮的光源并采取措施使光源不熄灭。
8.5.13 交通建筑内设置的消防疏散指示标志和消防应急照明灯具应符合现行国家标准《消防安全标志》GB 13495 和《消防应急照明和疏散指示系统》GB 17945 的有关规定。

11 信息设施系统

11.2 通信网络系统

11.2.9 民用机场航站楼中通信网络系统设置应符合下列规定:
3 有线调度对讲系统的主机和终端应支持 ITU-TG.722 标准要求;终端音频(包括终端语音和中继语音)应满足宽带语音要求,音频带宽应达到 300Hz~10kHz;有线调度对讲系统应支持与广播系统的互联,实现本地的广播功能;应与视频监控系统、出入口控制系统、建筑设备监控系统、消防报警系统联动;应具有与无线对讲等设备的接口,实现有线设备与无线设备的互联。

11.4 综合布线系统

11.4.3 综合布线系统选用的缆线宜采用低烟无卤阻燃环保型产品,电子信息核心机房应采用阻燃级(CMP)电缆或增强型阻燃级(OFNP或OFCP)光缆。

11.5 广 播 系 统

11.5.1 交通建筑中广播系统应具有旅客服务广播和应急广播的功能,并应设置独立的消防广播控制台,广播输出回路的划分应满足防火分区划分的要求,并应符合现行国家标准《火灾自动报警系统设计规范》GB 50116 的有关规定。
11.5.8 广播的优先级应以火灾应急广播为最高优先级,其次应依次为应急指挥中心广播、自动多分区广播、本地广播、背景音乐。

12 信息化应用系统

12.3 公共信息显示系统

12.3.6 公共信息显示系统应具有在发生火灾等紧急情况下

人工或自动触发预编程的紧急疏散信息显示的功能。各类显示屏宜具有在异常情况下强切显示旅客疏散指示信息、灾害信息的功能。

12.5 售检票系统

12.5.14 售检票系统应设置与消防系统、防灾告警系统联动的紧急模式；当车站处于灾害紧急状态和失电状态时，自动检票机应能自动或手动控制，使其处于开放状态。

13 建筑设备监控系统

13.3 系统功能要求

13.3.7 建筑设备监控系统与火灾自动报警系统（FAS）分别设置时，相互间应设置通信接口互联，防排烟系统与正常送排风系统合用的设备平时宜由 BAS 监控，火灾时应由 FAS 强制执行相应的火灾控制程序。

13.3.11 城市轨道交通地铁车站的建筑设备监控系统应符合下列规定：

  4 应能接收火灾自动报警系统的火灾信息，执行车站防烟、排烟模式控制；

  5 应能接收列车区间停车位置信号，并应根据列车火灾部位信息，执行隧道防排烟模式控制；

  6 应能接收列车区间阻隔信息，执行阻塞通风模式；

  7 应能监测或接收火灾自动报警系统的火灾指令；

  8 应能监视各排水泵房及集水井的警戒水位，并发出报警信号；

  9 应配备车控室紧急控制盘（ISP 盘），作为火灾工况自动控制的后备措施，其操作权限应高于车站和中央工作站。

14 公共安全系统

14.1 一般规定

14.1.1 交通建筑中的火灾自动报警系统及安全技术防范系统设计应根据各类交通建筑的使用功能、规模、性质、火灾保护对象的特点、安防管理要求及建设标准，构成安全可靠、技术先进、经济适用、灵活有效的公共安全体系。

14.1.4 火灾自动报警系统的设计应符合国家现行标准《火灾自动报警系统设计规范》GB 50116、《高层民用建筑设计防火规范》GB 50045、《建筑设计防火规范》GB 50016 和《民用建筑电气设计规范》JGJ 16 的规定。

14.2 火灾自动报警系统

14.2.1 交通建筑火灾自动报警系统的设计，应结合不同保护对象的特点及相关的智能化系统配置，做到安全适用、技术先进、经济合理、管理维护方便。

14.2.2 交通建筑火灾自动报警系统保护对象分级及报警、探测区域的划分，应符合现行国家标准《火灾自动报警系统设计规范》GB 50116 的规定，并应符合下列规定：

  1 下列交通建筑火灾自动报警系统的保护对象应定为一级：

   1) Ⅴ类及以上民用机场航站楼；

   2) 集民用机场航站楼或铁路、城市轨道交通车站等为一体的大型综合交通枢纽；

   3) 特大型、大型铁路旅客车站；

   4) 城市轨道交通地下车站、磁浮列车站；

   5) 一级港口客运站及汽车客运站。

  2 下列交通建筑火灾自动报警系统的保护对象不应低于二级：

   1) 中小型铁路旅客车站；

   2) 城市轨道交通地面和地上高架车站；

   3) 二级和三级汽车客运站及港口客运站。

14.2.4 交通建筑火灾自动报警系统的各类系统之间的系统兼容性应符合国家现行有关标准的规定。

14.2.5 交通建筑中的高大空间，应划分为独立的火灾探测区域。

14.2.7 消火栓灭火系统、自动喷水灭火系统、气体（泡沫）灭火系统、防烟排烟系统、电梯、防火门及防火卷帘系统、火灾警报器和应急广播系统、消防应急照明和疏散指示标志系统的联动控制设计，应符合现行国家标准《火灾自动报警系统设计规范》GB 50116 的规定，并应符合下列规定：

  1 各受控设备接口的特性参数应与消防联动控制器发出的联动控制信号的特性参数相匹配；

  2 消防控制室应能显示消防应急照明系统的正常电源工作状态，并应分别手动或自动控制消防应急照明系统从正常电源工作状态转入应急工作状态；

  3 火灾报警确认后，应自动打开与疏散有关的自动门、屏蔽门（安全门）、自动检票闸机及电动栅杆，并宜联动相关层安全技术防范系统的摄像机监视火灾现场；

  4 火灾报警确认后，应自动打开疏散通道上由出入口控制系统控制的门，自动开启疏散通道上的自动门；

  5 火灾报警确认后，应在消防控制室自动或手动切除相关区域的非消防电源；

  6 消防专用电话网络应为独立的消防通信系统；对于一级保护对象宜设置火灾报警录音受警电话。

14.2.8 应急广播系统的扬声器宜采用与公共广播系统的扬声器兼用的方式，当需播放应急广播时，消防联动控制信号应能强制性自动切除规定区域内的一般广播信号，并强制启动应急广播信号播放，作局部区域或全区域应急疏散广播使用。

14.2.9 交通建筑内设置有自动消防炮灭火系统时，应符合现行国家标准《固定消防炮灭火系统设计规范》GB 50338 的有关规定。

14.2.10 民用机场航站楼、特大型铁路旅客车站等区域内建立应急联动指挥中心时，应将火灾自动报警系统纳入应急联动指挥中心。

14.2.11 城市公共轨道交通建筑的火灾自动报警系统应设中央级和车站级二级监控方式，对城市公共轨道交通全线进行火灾探测报警与消防联动控制。其信息传输网络宜利用公共通信网络，但现场级网络应独立配置，并应符合国家现行有关标准的规定。

14.2.13 设有建筑设备管理系统时，火灾自动报警系统应预留数据通信接口以实现与其相关的联动控制，接口界面的各项技术指标应符合国家现行有关标准的规定。

14.2.15 对于Ⅰ类民用机场航站楼、特大型铁路旅客车站、集机场航站楼或铁路及城市轨道交通车站等为一体的大型综合交通枢纽站等重要交通建筑，火灾自动报警系统的主机宜设有热备份，当系统的主用主机出现故障时，备份主机应能及时投入运行。

14.2.17 当火灾自动报警系统设置需进行性能化设计时，设计前应对保护对象的建筑特性、使用性质和发生火灾的可能性进行分析，设计后应进行评估和/或试验验证。

14.3 电气火灾监控系统

14.3.1 交通建筑的电气火灾监控系统应根据建筑的性质、发生电气火灾危险性、保护对象等级等进行设置。

14.3.2 剩余电流式电气火灾监控探测器的设置应符合下列规定：

 1 火灾自动报警系统保护对象分级为一级的交通建筑配电线路，应设置电气火灾监控系统；除消防动力配电回路外，其他电力、照明区域或楼层配电箱电源进线处应设置防电气火灾的剩余电流动作报警器；

 3 当采用剩余电流互感器型探测器或总线型剩余电流动作报警器组成较大系统时，应采用总线式报警系统；

 4 防电气火灾剩余电流动作报警值的设定应符合国家现行有关标准的规定。

14.3.3 电气火灾监控系统的设置不应影响供电系统的正常工作。

15 机房工程

15.4 环境要求

15.4.1 机房对土建、电气、空调、给排水专业及对消防、安防的要求除应符合《电子信息系统机房设计规范》GB 50174 的规定外，尚应符合下列规定：

 5 机房内安装有自动喷雾灭火系统、空调机和加湿器的房间时，地面应设置挡水和排水设施；宜设漏水检测报警装置，并应在管道入口处装设切断阀，漏水时自动切断给水。

15.4.2 弱电间的环境要求应符合下列规定：

 3 弱电间的墙壁应为耐火极限不低于1.00h的不燃烧体，检修门应采用不低于丙级的防火门；检修门应往外开，门的高度宜与同层其他房间门的高度一致，但不宜低于2.0m，宽度不宜小于0.9m；

附录 A 交通建筑规模的划分

A.0.1 民用机场航站楼建筑等级的分类应符合表 A.0.1 的规定。

表 A.0.1 民用机场航站楼建筑等级的分类

等级分类	年旅客吞吐量
Ⅰ类	1000万人次及以上
Ⅱ类	500万人次～1000万人次
Ⅲ类	100万人次～500万人次
Ⅳ类	50万人次～100万人次
Ⅴ类	10万人次～50万人次
Ⅵ类	10万人次以下

A.0.2 铁路旅客车站的建筑规模的划分，应符合表 A.0.2 的规定。

表 A.0.2 铁路旅客车站建筑规模的划分

铁路旅客车站建筑规模	最高聚集人数 H（人）
特大型	$H \geqslant 10000$
大型	$2000 \leqslant H < 10000$
中型	$400 < H < 2000$
小型	$50 \leqslant H \leqslant 400$

A.0.3 港口客运站的站级分级应符合表 A.0.3 的规定。

表 A.0.3 港口客运站站级分级

分级	年平均日旅客发送量（人/d）
一级	≥3000
二级	2000～2999
三级	1000～1999
四级	≤999

注：1 重要的港口客运站的站级分级，可按实际需要确定，并报主管部门批准；
2 国际航线港口客运站的站级分级，可按实际需要确定，并报主管部门批准。

A.0.4 汽车客运站的站级分级应符合表 A.0.4 的规定。

表 A.0.4 汽车客运站站级分级

分级	发车位（个）	年平均日旅客发送量（人/d）
一级	≥20	≥10000
二级	13～19	5000～9999
三级	7～12	2000～4999
四级	≤6	300～1999
五级	—	≤299

注：1 重要的汽车客运站，其站级分级可按实际需要确定，报主管部门批准；
2 当年平均日旅客发送量超过 25000 人次时，宜另建汽车客运站分站。

33. 《教育建筑电气设计规范》JGJ 310—2013

4 供配电系统

4.2 负荷分级

4.2.3 教育建筑中的消防负荷分级应符合国家现行有关标准的规定。安全技术防范系统和应急响应系统的负荷级别宜与该建筑的最高负荷级别相同。

4.3 供配电系统

4.3.3 附设在教育建筑内的变电所，不应与教室、宿舍相贴邻。

4.5 自备电源

4.5.3 发电机组的设置及启动应符合下列规定：
5 机房内应设置储油间，其总储存量不应超过8h的燃油量，并应采取相应的防火措施。

5 低压配电

5.3 导体选择

5.3.1 教育建筑的低压配电线缆应符合下列规定：
3 线缆绝缘材料及护套应避免火焰蔓延对建筑物和消防系统的影响，并应避免燃烧产生含卤烟雾对人身的伤害。

5.3.3 对于重要实验室特殊区域负荷的配电线路，当需要在火灾发生时继续维持工作时，应根据负荷特性要求采取耐火配线措施，并应满足相应的供电时间要求。

6 配电线路布线系统

6.3 特殊场所布线要求

6.3.5 可能存在爆炸和火灾危险环境的电气线路的安装敷设应符合现行国家标准《爆炸和火灾危险环境电力装置设计规范》GB 50058的有关规定。

6.4 电气竖井

6.4.3 电气竖井内应有阻火分隔和封堵措施。

8 电气照明

8.4 照明光源、灯具及附件

8.4.5 教育建筑的灯具选择应符合下列规定：
3 直接安装在可燃材料表面的灯具，应采用标有适用于直接安装在普通可燃材料表面标志的灯具。

8.6 应急照明

8.6.1 教育建筑应根据场所的特点和需要，设置疏散照明、备用照明、安全照明等应急照明。

8.6.2 教育建筑的疏散照明除应符合国家现行防火设计标准的相关规定外，还应符合下列规定：
1 中小学和幼儿园的疏散场所地面的照度不应低于5lx；
2 高等学校的防烟楼梯间前室、消防电梯前室、楼梯间、室外楼梯的疏散照明的地面水平照度不应低于5lx，其他场所水平疏散通道的照度不应低于3lx；
4 应采用蓄电池作疏散照明自备电源，且连续供电时间不应小于30min。

8.6.3 教育建筑的备用照明除应符合国家现行防火设计标准的相关规定外，还应符合下列规定：
1 二级至四级生物安全实验室及实验工艺有要求的场所应设置备用照明，且备用照明的照度值不应小于该场所正常照明照度值的10%；
2 火灾时仍需继续工作的场所应设置备用照明，并应保证正常照明的照度。

12 校园公共安全系统

12.2 火灾自动报警系统

12.2.1 教育建筑的火灾自动报警系统应符合现行国家标准《火灾自动报警系统设计规范》GB 50116的规定。

12.2.2 当教育建筑内设有火灾自动报警系统时，下列场所火灾探测器的选择应符合以下规定：
3 食堂内燃气表间、灶台等存在可燃气体的场所，应选择燃气探测器。

12.2.3 消防控制室宜单独设置，当火灾自动报警系统需与安全技术防范系统、建筑设备管理系统等合用控制室时，可集中设置在智能化系统集成总控室内，各系统设备在室内应占有独立的区域，且相互间不应产生干扰。

12.2.4 教育建筑设有火灾自动报警系统时，宜根据学校的管理模式和单体建筑的具体情况，设置消防值班室、消防控制室或学校消防总控制室，并应确定各自的功能及各级系统之间的从属和联动关系。

12.4 应急响应系统

12.4.3 火灾等紧急情况发生时，出入口控制系统应能解锁相关疏散通道。

34.《会展建筑电气设计规范》JGJ 333—2014

3 供配电系统

3.2 负荷分级及供电要求

3.2.1 会展建筑用电负荷的分级可根据会展建筑规模进行划分,并应符合下列规定:

4 会展建筑中消防用电的负荷等级应符合国家现行标准《供配电系统设计规范》GB 50052、《建筑设计防火规范》GB 50016 和《民用建筑电气设计规范》JGJ 16 的有关规定。

6 低压配电

6.2 低压配电系统

6.2.2 会展建筑中配电箱(柜)的设置和配电回路的划分,应根据防火分区、负荷性质、负荷密度、管理维护方便等条件确定。

6.3 线缆的选择

6.3.1 会展建筑下列系统和场所应选用铜芯电线电缆:
1 所有消防线路。

6.3.2 会展建筑中除直埋敷设的电缆和穿导管暗敷的电线电缆外,成束敷设的电缆应采用阻燃型或阻燃耐火型电缆,在人员密集场所明敷的配电电缆应采用无卤低烟的阻燃或阻燃耐火型电缆。

8 常用设备电气装置

8.2 闸口机

8.2.2 当发生紧急疏散时,闸口机应能被强制打开。

9 电气照明

9.4 应急照明

9.4.1 登录厅、观众厅、展厅、多功能厅、宴会厅、大会议厅、餐厅等人员密集场所应设置应急疏散照明和安全照明。展厅安全照明的照度值不宜低于一般照明照度值的10%。应急疏散照明应设自备电源装置。

9.4.2 疏散指示标志及疏散导向标志的设置应符合下列规定:

1 高大无柱空间宜在地面设置灯光疏散指示标志,甲等展厅灯光疏散指示标志间距不应大于5m,乙等、丙等展厅灯光疏散指示标志间距不应大于10m;

2 高大空间区域应明确划分出主要消防疏散通道,且主要消防疏散通道的地面上应设置能保持视觉连续的灯光疏散指示标志或蓄光疏散指示标志;

3 装设在地面上的疏散指示标志灯承载能力应能满足所在区域的最大荷载要求;

5 地面安装的疏散指示标志灯应采取防水措施。

9.4.3 应急电源装置(EPS)的选择应符合下列规定:

2 用于应急疏散照明的EPS蓄电池初装容量应保证备用时间不小于90min;

9.5 照明控制

9.5.1 登录厅、公共大厅、展厅等大空间场所的照明控制应符合下列规定:

5 消防控制室、消防分控室应能联动开启相关区域的应急照明。

13 信息化应用系统

13.6 物业管理系统

13.6.2 物业管理系统应预留与设备管理系统、车辆管理系统、安全防范系统、消防系统等的接口。

14 建筑设备管理系统

14.2 系统设计及配置

14.2.2 会展建筑设备管理系统除应对常规机电设备进行监控外,还应预留与下列系统进行通信的接口条件:

5 火灾自动报警系统。

15 公共安全系统

15.1 一般规定

15.1.1 会展建筑的公共安全系统应具有应对火灾、非法侵入、自然灾害、重大安全事故和公共卫生事故等突发事件的功能,宜包括火灾自动报警系统、安全防范系统和应急响应系统,并应建立应急及长效技术防范保障体系。

15.2 火灾自动报警系统

15.2.2 会展建筑的室内高大空间应根据其功能特点和使用需求,选择火灾探测器。

15.2.3 消防联动控制应能在火灾确认后,自动打开疏散通道上的闸口机。

15.2.6 火灾自动报警系统的设计应符合现行国家标准《建

筑设计防火规范》GB 50016、《高层民用建筑设计防火规范》GB 50045、《火灾自动报警系统设计规范》GB 50116 的有关规定。

15.3 安全防范系统

15.3.3 出入口控制系统的设计应符合下列规定：
 3 应满足紧急逃生时人员疏散的要求，且闸口机、疏散门均应联动开启。

15.4 应急响应系统

15.4.2 应急响应系统应以火灾自动报警系统、安全技术防范系统等为基础，用以应对自然灾害、事故灾难、公共卫生和社会安全事件等突发事件。

35.《体育建筑电气设计规范》JGJ 354—2014

6 应急、备用电源

6.1 应急、备用柴油发电机组

6.1.7 体育建筑内的应急电源严禁采用燃气发电机组和汽油发电机组。

7 低压配电

7.1 低压配电系统

7.1.2 体育建筑的低压配电系统设计应将照明、电力、消防及其他防灾用电负荷、体育工艺负荷、临时性负荷等分别自成配电系统。当体育建筑兼有文艺演出功能时,宜在场地四周预留配电箱或配电间。

7.1.5 体育建筑配电箱的设置和配电回路的划分,应根据防火分区、负荷性质及密度、功能分区、管理维护的便利性及适宜的供电半径等条件综合确定。

7.3 导体及线缆选择

7.3.1 体育建筑的导体材料选择应符合下列规定:
1 消防设备的电线或电缆应采用铜材质导体。

7.3.2 体育建筑的导体绝缘类型应按敷设方式及环境条件进行选择,并应符合下列规定:
1 体育建筑中除直埋敷设的电缆和穿管暗敷的电线电缆外,其他成束敷设的电线电缆应采用阻燃型电线电缆;用于消防设备的应采用阻燃耐火型电线电缆或矿物绝缘电缆;
2 消防设备供电干线或分支干线的耐火等级应符合表7.3.2-1的规定;消防设备的分支线路和控制线路,宜选用与消防供电干线或分支干线耐火等级相同或降一级的电线或电缆;

表 7.3.2-1 消防设备供电干线或分支干线的耐火等级

体育建筑等级	消防设备干线或分支干线
特级体育建筑或特大型体育场馆	应采用矿物绝缘电缆;当线路的敷设保护措施满足防火要求时,可采用阻燃耐火型电缆
甲级、乙级体育建筑或大、中型体育场馆	宜采用矿物绝缘电缆或阻燃耐火型电缆
丙级体育建筑或小型体育场馆	宜采用阻燃耐火型电缆

3 非消防设备供电干线或分支干线的阻燃要求不应低于表7.3.2-2的规定;

表 7.3.2-2 非消防设备供电干线或分支干线的阻燃要求

体育建筑等级	阻燃级别	阻燃要求
特级和甲级体育建筑,或特大型、大型体育场馆	A 级	低烟低毒
乙级和丙级体育建筑,或中型体育场馆	B 级	低烟低毒
其他等级的体育建筑	C 级	低烟低毒

5 配电线缆应采用绝缘及护套为低烟低毒阻燃型线缆,当采用交联聚乙烯电缆时宜采用辐照交联型。

7.6 防火剩余电流动作报警系统

7.6.1 体育建筑的配电线路应按下列规定设置防火剩余电流动作报警系统:
1 特级体育建筑或特大型的体育场馆,应设置防火剩余电流动作报警系统。

7.6.4 防火剩余电流动作报警系统的主机应安装在体育建筑的消防控制室内,并应由消防控制室统一管理,报警信号应同时发送到配变电所值班室。

9 应急照明及附属用房照明

9.1 照明标准

9.1.4 体育建筑的应急照明应符合下列规定:
2 体育场馆出口及其通道、场外疏散平台的疏散照明地面最低水平照度值不应低于5lx。

11 配电线路布线系统

11.2 导管布线和电缆布线

11.2.2 电缆在室内、电缆沟、电缆隧道和电气竖井内明敷时,不应采用易延燃的外护层。

11.3 电气竖井布线

11.3.1 体育建筑的电气竖井不应邻近烟道、热力管道及其他散热量大或潮湿的设施。乙级及以上等级体育建筑的强电、弱电竖井宜分开设置。

13 设备管理系统

13.3 火灾自动报警系统

13.3.1 体育建筑火灾自动报警系统的设置应符合现行国家标准《火灾自动报警系统设计规范》GB 50116 的规定。
13.3.2 体育建筑室内高大空间场所可选用火焰探测器、红外光束感烟探测器、图像型火灾探测器、吸气式感烟探测器或其组合；特级体育建筑和甲级特大型体育建筑的比赛大厅应采用两种及以上不同类型的火灾探测器。

13.3.3 体育建筑群应设消防控制中心，各单体建筑宜设单独的消防控制室。消防控制中心可兼作单体建筑的消防控制室。

13.3.4 体育建筑群火灾自动报警系统宜构建统一的管理平台，并应能集中显示、记录和存储各类信息。

15 专用设施系统

15.3 场地扩声系统

15.3.6 体育建筑的场地扩声系统应设置音频接口。发生火灾或其他紧急突发事件时，消防控制室和公安应急处理中心应具有强制切换扩声系统广播的功能。

36.《商店建筑电气设计规范》JGJ 392—2016

2 术 语

2.0.6 应急照明 emergency lighting

因正常照明的电源失效而启用的照明，应急照明包括疏散照明、安全照明、备用照明。

3 供配电系统

3.3 负荷分级

3.3.3 商店建筑中消防用电的负荷等级应符合现行国家标准《供配电系统设计规范》GB 50052、《建筑设计防火规范》GB 50016 和《民用建筑电气设计规范》JGJ 16 的有关规定。

3.5 电源及供配电系统

3.5.4 大型超级市场应设置自备电源。

3.6 配变电所

3.6.2 商店建筑配变电所宜设在地面一层。当地面无法建设配变电所或建设配变电所较困难时，可设置在建筑物地下层，并应符合下列规定：

2 当地下有多层时，不应设置在地下层的最底层。当地下只有一层时，应采取预防洪水、消防水或积水等措施，防止对配变电所浸渍。

3 不应设置在顾客可以接触到的区域，且不应靠近商店建筑主出入口等人流密集场所。

4 不应贴邻水产品或位于其正下方，且不应贴邻易燃、易爆商品存放区域或位于其正上方、正下方。

4 低压配电

4.1 一般规定

4.1.1 商店建筑低压配电系统的设计应根据下列因素综合确定：

2 建筑的功能分区和防火分区。

4.1.3 商店建筑低压配电及配电线路布线应符合现行国家标准《低压配电设计规范》GB 50054《建筑设计防火规范》GB 50016 和《民用建筑电气设计规范》JGJ 16 的有关规定。

4.4 电气火灾监控系统

4.4.1 大、中型商店建筑应设置剩余电流式电气火灾监控系统，小型商店建筑宜设置剩余电流式电气火灾监控系统。

4.4.2 任一层建筑面积大于 1500m² 或总建筑面积大于 3000m² 的商店建筑及总建筑面积大于 500m² 的地下或半地下商店建筑的营业区、存放具有火灾或爆炸危险性大的商品的商店建筑仓储区，其非消防用电负荷配电干线应设置剩余电流式电气火灾监控探测器。

4.4.3 商店建筑内单个剩余电流式电气火灾监控探测器的保护范围不应跨越不同防火分区。

4.5 常用设备电气装置

4.5.2 商店建筑的自动门和电动卷帘门的配电应符合下列规定：

1 自动门及非用于防火分区分隔的电动卷帘门应由邻近配电箱（柜）专用回路供电，供电回路应装设短路、过载保护装置，并应在附近装设隔离器和手动控制开关或按钮。

2 在疏散通道上安装的自动门及非用于防火分区分隔的电动卷帘门，应能在发生火灾时自动开启。

4.5.3 商店建筑的配电箱设置应符合下列规定：

2 配电箱不应直接安装在可燃材料上，且不应设置于母婴室、卫生间和试衣间等私密场所。

5 电气照明

5.1 一般规定

5.1.3 商店建筑电气照明设计应符合现行国家标准《消防安全标志 第1部分：标志》GB 13495.1、《消防应急照明和疏散指示系统》GB 17945、《建筑设计防火规范》GB 50016、《建筑照明设计标准》GB 50034 和《民用建筑电气设计规范》JGJ 16 的有关规定。

5.3 消防应急照明与疏散指示标志

5.3.1 商店建筑的下列部位应设置疏散照明：

1 封闭楼梯间、防烟楼梯间及其前室、消防电梯间的前室或合用前室、避难走道、避难层（间）、疏散走道。

2 建筑面积大于 200m² 的营业区域。

3 建筑面积大于 100m² 的地下或半地下商店。

5.3.2 商店建筑内疏散照明的地面最低水平照度应符合下列规定：

1 地面商店建筑疏散走道不应低于 1.0lx。地下或半地下商店建筑疏散走道不应低于 5.0lx。

2 中、小型商店建筑营业区等人员密集场所不应低于 3.0lx。大型、地下或半地下商店建筑营业区等人员密集场所不应低于 5.0lx。

3 楼梯间、前室或合用前室、避难走道不应低于 5.0lx。

5.3.3 商店建筑中消防控制室、消防水泵房、发电机房、智能化系统机房、配变电所、防排烟机房、电梯机房以及发生火灾时仍需正常工作的其他场所应设置备用照明，其作业面的最低照度不应低于正常照明的照度。

5.3.4 商店建筑灯光疏散指示标志的设置应符合下列规定：
  1 应设置在安全出口和人员密集场所的疏散门正上方。
  2 应设置在疏散走道及其转角处距地面高度 1.0m 以下的墙面或地面上。灯光疏散指示标志的间距不应大于 20m；地下或半地下商店不应大于 15m；袋形走道不应大于 10m；走道转角区不应大于 1.0m。

5.3.5 大型商店建筑的疏散通道、安全出口和营业厅应设置自带电源集中控制型系统或集中电源集中控制型系统，中型商店建筑的疏散通道和安全出口宜设置自带电源集中控制型系统或集中电源集中控制型系统。

5.3.6 大（中）型商店建筑、总建筑面积大于 500m² 的地下和半地下商店应在通往安全出口的疏散走道地面上增设能保持视觉连续的灯光或蓄光疏散指示标志。

5.3.7 大型商店、地下或半地下商店建筑内应急照明及疏散指示标志的备用电源应采用自备电源。

6 配电线路布线系统

6.1 一般规定

6.1.2 商店建筑电线电缆的选择和敷设应符合现行国家标准《建筑设计防火规范》GB 50016、《电力工程电缆设计规范》GB 50217 和《民用建筑电气设计规范》JGJ 16 的有关规定。

6.2 电线电缆的选择

6.2.1 大、中型商店建筑营业区内敷设的线缆应选用低烟低毒阻燃型线缆。

6.2.2 大型商店建筑内消防设备配电线路的干线及分支干线应采用矿物绝缘类不燃性电缆。

6.2.3 商店建筑物内配变电所之间的电力电缆联络线应采用耐火电缆。

6.3 电线电缆的敷设

6.3.5 电气竖井的位置和数量应根据零售业态的用电负荷及供电距离、建筑物的沉降缝设置和防火分区等因素确定，电气竖井应避免邻近烟道、热力管道和其他散热量大或潮湿的区域。

6.3.7 电气竖井内应采取与建筑物同等防火等级的防火密封隔离和防火封堵措施。

9 智能化系统

9.4 信息设施系统

9.4.3 综合布线系统应满足商店建筑内语音、数据、图像和多媒体业务对信息传输的要求，并应符合下列规定：
  3 大、中型商店建筑营业区的线缆应采用低烟低毒阻燃型。

9.7 公共安全系统

9.7.2 大型商店建筑火灾自动报警系统应向智能化集成系统提供互联的信息通信接口，并可实现与建筑设备管理系统、公共安全系统和智能卡应用等系统的集成与联动。

9.7.10 出入口控制系统应符合下列规定：
  2 应具有与火灾自动报警系统、视频安防监控系统、入侵报警系统、电子巡查系统等联动的信息通信接口。

9.7.13 商店建筑的应急响应系统应符合下列规定：
  2 应具有与视频监控系统、火灾自动报警系统、公共广播系统、消防应急照明等联动的信息通信接口，并应满足应急通信需求。

9.8 机房工程

9.8.2 大型商店建筑的安防监控中心、消防控制室、应急响应中心合用时，宜设置在一层或地下一层，并应符合《智能建筑设计标准》GB 50314 和《建筑设计防火规范》GB 50016 的有关规定。

37.《金融建筑电气设计规范》JGJ 284—2012

2 术语和代号

2.1 术 语

2.1.3 数据监控中心 enterprise command center (ECC)

数据中心中用于对电源、空调、消防设备等辅助设备实施集中监测、集中操作和集中管理的场所。

2.2 代 号

2.2.1 EPS——应急电源装置，emergency power supply。

4 供配电系统

4.2 负荷分级与供电要求

4.2.4 消防用电负荷及非金融设施用电负荷的等级应符合国家现行相关标准的规定。

5 配变电所

5.2 所址选择

5.2.1 配变电所位置选择应符合下列规定：

2 特级、一级金融设施的专用配变电所不宜设置在地下室的最底层，当设在地下室的最底层时，应采取预防洪水及消防用水淹渍配变电所的措施。

6 应急电源

6.1 应急发电机组

6.1.5 当采用柴油发电机组时，其储油设施的设置应符合下列规定：

2 发电机房内应设置日用储油间，其总储存量不应超过机组 8h 的耗油量，并应采取防火措施；

6.2 不间断电源装置（UPS）

6.2.10 UPS设备房布置应符合下列规定：

3 UPS设备房应满足结构荷载、消防、环境温湿度等的要求。

8 配电线路

8.1 一般规定

8.1.2 一般配电线路与消防设备配电线路的设计与选型应符合现行行业标准《民用建筑电气设计规范》JGJ 16 的有关规定。

8.2 线缆选择与敷设

8.2.1 特级金融设施的应急发电机组至主机房的供电干线应采用AⅠ级耐火电缆或采取性能相当的防护措施。

8.2.2 一级金融设施的应急发电机组至主机房的供电干线应采用AⅡ级耐火电缆或采取性能相当的防护措施。

8.2.3 除直埋和穿管暗敷的电缆外，特级和一级金融设施主机房、辅助区和支持区的配电干线应采用低烟无卤阻燃 A 类电缆或母线槽。

8.2.5 除全程穿管暗敷的电线外，特级和一级金融设施主机房、辅助区和支持区的分支配电线路应采用低烟无卤阻燃 A 类的电线。

9 照明与控制

9.4 应急照明

9.4.1 应急照明设计应符合下列规定：

1 正常照明因故障熄灭后仍须维持正常工作的场所，应设置备用照明；

2 疏散通道及出口应设置疏散照明。

9.4.2 应急照明的设置部位应符合表9.4.2的规定。

表 9.4.2 应急照明的设置部位

应急照明种类	设 置 部 位
备用照明	营业厅、交易厅、理财室、离行式自助银行、保管库等金融服务场所；数据中心、银行客服中心的主机房；消防控制室、安防监控中心（室）、电话总机房、配变电所、发电机房、气体灭火设备房等重要辅助设备机房
疏散照明	大堂、营业厅、交易厅等人员密集场所；疏散楼梯间及其前室、疏散通道、消防电梯前室等部位

9.4.3 应急照明的照度标准值应符合下列规定：

1 现金交易柜台工作面上的备用照明照度标准值不应低于其正常照明照度标准值的50%；

2 营业厅、交易厅等人员密集公共场所的疏散通道、疏散出入口、疏散楼梯间的疏散照明照度标准值不应低于5lx；其他部位的疏散照明照度标准值不应低于2lx。

9.5 照明控制

9.5.3 安防监控中心（室）应能遥控开启相关区域的应急照明和警卫照明。

10 节能与监测

10.4 能耗计量与监测

10.4.7 电能计量应符合下列规定：
   2 应按下列分类方法对电能消耗进行分类计量：
      1) 照明插座用电，包括室内外照明（含应急照明、室外景观照明等）及插座用电。

15 建筑设备管理系统

15.2 数据监控中心（ECC）监控系统的设计

15.2.1 数据监控中心监控系统应对数据中心主机房及其辅助区内的空调系统、供配电系统、火灾自动报警系统、安全技术防范系统等机电设施实施监控与管理。

16 安全技术防范系统

16.3 系统设计

16.3.4 安全技术防范系统应预留与火灾自动报警系统、建筑设备监控系统、智能照明控制系统等相关系统联网的接口。

17 电气防火

17.1 一般规定

17.1.1 金融建筑的电气防火设施应包括火灾自动报警系统、漏电火灾报警系统及其他电气防火措施等。

17.1.2 金融建筑物和建筑群的防火设计应根据金融设施和非金融设施的不同功能，分别采取针对性技术措施。

17.1.3 金融设施应设置火灾自动报警系统。

17.1.5 金融建筑的电气防火设计应符合现行国家标准《高层民用建筑设计防火规范》GB 50045、《建筑设计防火规范》GB 50016、《火灾自动报警系统设计规范》GB 50116 的有关规定。

17.2 火灾自动报警系统

17.2.1 金融建筑火灾自动报警系统保护对象的等级可按表 17.2.1 划分。

表 17.2.1 金融建筑火灾自动报警系统保护对象的等级划分

等级	保护对象
特级防火金融建筑	拥有特级金融设施的金融建筑；拥有二级及以上金融设施且高度大于100m 的其他金融建筑
一级防火金融建筑	拥有一级金融设施的建筑；一类高层金融建筑；建筑高度不大于 24m，单层建筑面积大于 3000m² 的金融建筑；使用面积大于 1000m² 的地下金融建筑

续表 17.2.1

等级	保护对象
二级防火金融建筑	拥有二级金融设施的金融建筑；二类高层金融建筑；建筑高度不大于 24m，设有集中式空气调节系统的金融建筑；建筑高度不大于 24m，单层建筑面积大于 2000m² 但不大于 3000m² 的金融建筑；使用面积不大于 1000m² 的地下金融建筑

17.2.2 特级金融设施数据中心主机房及其不间断电源室应设置管路吸气式火灾探测报警系统，一级金融设施数据中心主机房及其不间断电源室宜设置管路吸气式火灾探测报警系统。

17.2.3 数据中心主入口、数据监控中心（ECC）、消防及安防监控中心（室）、警卫值班室内应设置区域火灾报警控制箱或区域报警显示器。

17.2.4 数据监控中心（ECC）、消防及安防监控中心（室）、警卫值班室内应设置消防专用电话机。

17.2.5 金融设施区域火灾报警控制器除应显示本区域火灾信息外，还应能显示金融设施所在建筑物其他区域的火灾信息。

17.3 消防联动控制系统

17.3.1 数据监控中心（ECC）内应设置本区域的消防联动控制柜。

17.3.2 特级、一级金融设施数据中心主机房电源不得由火灾自动报警系统联动跳闸。

17.3.3 数据中心主机房、保管库等部位的电子门锁，在发生火灾报警后不得自动联动释放，应由主机房工作人员、数据监控中心值班人员或消防人员根据现场情况进行人工控制。

17.4 电气火灾监控系统

17.4.1 特级、一级防火金融建筑的下列部位应设置电气火灾监控探测器：
   1 金融设施专用空调电源干线、动力末端配电箱、照明与插座末端配电箱；
   2 弱电机房、值班室、商场、厨房及餐厅、观影设施、娱乐设施、展览设施等区域的照明与插座配电箱。

17.4.2 二级防火金融建筑的金融设施专用空调电源干线、动力末端配电箱、照明与插座末端配电箱，应设置电气火灾监控探测器。

17.5 重要场所的电气防火措施

17.5.1 特级、一级金融设施数据中心主机房的密闭式吊顶内及高度大于 300mm 的架空地板内，应设置火灾探测器；二级金融设施数据中心主机房的密闭式吊顶内及高度大于 300mm 的架空地板内宜设置火灾探测器。

17.5.2 特级金融设施的数据中心主机房应采用气体灭火系统，严禁采用水介质灭火系统。

17.5.4 特级、一级金融设施中的纸币和票据类库房内应采用气体灭火系统；二级金融设施中的纸币和票据类库房内宜设气体灭火系统。

17.5.5 金融设施电线电缆的选型应符合本规范第 8 章的规定。

18 机房工程

18.2 土建设计条件

18.2.1 数据中心主机房平面布局应符合下列规定：

2 当采用水冷空调系统时，空调机房与生产区域之间应采用防火防水隔墙进行分隔，其他设备机房与生产区域之间宜采用防火防水隔墙进行分隔；

18.2.5 管道竖井布置应符合下列规定：

4 应设置气体灭火系统排风管道。

18.4 消防设计条件

18.4.1 特级、一级金融设施数据中心主机房、电源室、数据监控中心（ECC）机房和金融设施总配电间应设置气体灭火系统。

18.4.2 设有管网式气体灭火系统的机房内均应设置就地手动启动的事故排风系统。

18.6 防静电措施

18.6.1 架空地板宜采用由钢、铝或其他有足够机械强度的阻燃性材料制成的拼装式地板，地板面层及其构造均应采取防静电措施，且不应暴露金属构造。

38.《太阳能光伏玻璃幕墙电气设计规范》JGJ/T 365—2015

3 光伏幕墙系统设计

3.5 光伏幕墙方阵

3.5.1 光伏幕墙方阵的设计,应符合下列规定:
6 应满足消防要求和防雷要求。

4 光伏并网

4.1 一般规定

4.1.6 光伏幕墙系统不应作为应急电源。

5 布线系统

5.2 电缆选择

5.2.2 直流电缆选型除符合本规范第5.2.1条的规定外,还应符合下列规定:

4 直流电缆应为阻燃电缆,阻燃等级及发烟特性应根据建筑的类别、人流密度及建筑物的重要性等综合考虑。

7 安全防护

7.7 防火要求

7.7.1 光伏幕墙系统的防火设计,应符合国家现行标准《建筑设计防火规范》GB 50016和《玻璃幕墙工程技术规范》JGJ 102的规定。

7.7.4 线缆穿越防火分区、楼板、墙体的洞口等处应进行防火封堵,并应选用无机防火堵料。

39.《体育建筑智能化系统工程技术规程》JGJ/T 179—2009

4 设备管理系统

4.1 一般规定

4.1.3 设备管理系统应满足相应的管理需求,并应对火灾自动报警系统、安全技术防范系统等进行监视及联动控制。

4.2 建筑设备监控系统

4.2.12 建筑设备监控系统在贵宾区应符合下列要求:
   1 应监控贵宾接待区、服务区和随行人员用房等的照明、配电、空调和通风系统。

4.3 火灾自动报警系统

4.3.1 火灾自动报警系统的设置,应符合现行国家标准《智能建筑设计标准》GB/T 50314 和《火灾自动报警系统设计规范》GB 50116 的规定。

4.3.6 火灾自动报警系统应符合下列要求:
   1 系统设置应完整。
   2 应具有独立完成火灾报警及消防联动控制的功能。
   3 应具有标准的通信接口和协议。
   4 应具有向建筑设备监控系统、安全技术防范系统等发出联动控制信号的功能。

4.3.7 火灾自动报警系统的报警与联动控制回路的地址点数量应留有不少于 15% 的余量。

4.3.9 火灾自动报警系统在竞赛区应符合下列要求:
   1 室内比赛大厅应设置火灾探测器。
   2 应急广播应与场地扩声系统互联,发生火警时,应强行切换到应急广播。

4.3.10 火灾自动报警系统在运动员区应符合下列要求:
   1 接待区、休息室、检录处、赛前准备室和兴奋剂检查室等应设置火灾探测器。

4.3.11 火灾自动报警系统在观众区应符合下列要求:
   1 观众接待区和服务区应设置火灾探测器,应急广播宜与公共广播系统合用。
   2 体育馆和游泳馆看台区应设置火灾探测器,应急广播应与场地扩声系统互联。

4.3.12 火灾自动报警系统在竞赛管理区应符合下列要求:
   1 竞赛管理用房、服务用房和技术用房等应设置火灾探测器。

4.3.13 火灾自动报警系统在新闻媒体区应符合下列要求:
   1 媒体接待区、服务区、工作区和技术支持区等应设置火灾探测器,应急广播宜与公共广播系统合用。
   2 当发布应急广播时,新闻发布厅和大型会议室等应切断专用会议扩声系统。

4.3.14 火灾自动报警系统在贵宾区应符合下列要求:
   1 贵宾接待区、服务区和随行人员用房等应设置火灾探测器。

4.3.15 火灾自动报警系统在场馆运营区应符合下列要求:
   1 管理办公室及停车库等应设置火灾探测器。

4.3.16 火灾自动报警系统在机房和监控中心应符合下列要求:
   1 设备机房、通信机房、信息网络机房、建筑设备监控中心、消防控制室、安防监控中心及赛事应急(安保)指挥中心应设置火灾探测器,应急广播宜与公共广播系统合用。
   2 当以上机房和监控中心设置专用火灾报警和灭火系统时,应将其报警输出信号及动作信号传送至消防控制室。

4.4 安全技术防范系统

4.4.8 出入口控制系统应符合下列要求:
   3 系统应与视频安防监控系统、入侵报警系统联动;在突发性事故发生时,应能自动打开疏散通道上的安全门。
   6 系统的设计应符合现行国家标准《出入口控制系统工程设计规范》GB 50396 和《建筑设计防火规范》GB 50016 的规定。

4.4.21 设备机房、通信机房、信息网络机房、建筑设备监控中心、消防控制室、安防监控中心及赛事应急(安保)指挥中心应设视频监视摄像机,并宜设读卡器、入侵报警系统和紧急求助按钮。

4.5 建筑设备集成管理系统

4.5.1 建筑设备集成管理系统应将建筑设备监控系统、火灾自动报警系统和安全技术防范系统通过信息交换和共享,实现联动控制、综合监视和优化运行,并提供统一的、开放的数据接口。

5 信息设施系统

5.2 综合布线系统

5.2.8 综合布线系统的电气防护、接地和防火应符合现行国家标准《综合布线系统工程设计规范》GB 50311 的规定。

5.2.17 安保区应根据安保部门在赛事期间的要求,在相关区域和用房设置数据信息点和语音信息点,满足安保、交通、消防及应急指挥的使用要求。

5.3 语音通信系统

5.3.15 安保区应提供有线通信、移动通信和无线对讲通信服务,满足安保、交通、消防及应急指挥的使用要求,并宜根据需求,在安保区提供公安专线通信服务。

5.4 信息网络系统

5.4.18 安保区应提供有线信息网络和无线信息网络服务,

满足安保、交通、消防及应急指挥的使用要求，并宜根据需求，提供公安专网通信服务。

5.6 公共广播系统

5.6.3 公共广播系统的用户回路应根据体育建筑的功能分区、防火分区、竞赛信息广播分区、应急广播控制、广播线路路由等因素确定。

5.6.4 公共广播系统应符合下列要求：
   1 场馆内的公共广播系统宜包含场馆竞赛信息广播、应急广播、背景音乐广播；当应急广播系统独立设置时，应与公共广播系统互联。

5.6.5 应急广播系统应符合下列要求：
   1 当发生紧急事件时，公共广播系统应能自动或手动切换到应急广播，保证应急广播具有最高优先级。
   2 应急广播系统独立设置时，应符合现行国家标准《火灾自动报警系统设计规范》GB 50116 的有关规定。
   3 应急广播系统和公共广播系统合用一套系统设备时，应设置应急广播备用系统，并符合现行国家标准《火灾自动报警系统设计规范》GB 50116 的有关规定。

6 专用设施系统

6.1 一般规定

6.1.3 专用设施系统应满足场馆运营管理的需要，并应与建筑设备监控系统、火灾自动报警系统和安全技术防范系统等实现系统集成或预留技术接口。

6.3 场地扩声系统

6.3.4 信息显示及控制系统和公共广播系统应设置音频接口。当发生火灾或其他紧急突发事件时，消防控制室和公安应急处理中心应具有强制切换场地扩声系统广播内容的能力。

6.8 售检票系统

6.8.7 售检票系统的检票通道应满足公安及消防对通道的要求，可通过网络对每个通道闸机实行远程开启或关闭控制。观众入口处应至少设置一个残疾人专用检票通道。

6.8.9 售检票系统应与体育建筑的安全技术防范、火灾自动报警等系统实现系统集成。

8 机房工程

8.2 建筑设计

8.2.1 机房位置的选择应符合现行国家标准《电子信息系统机房设计规范》GB 50174 的规定，并应符合下列要求：
   1 建筑设备监控中心、安防监控中心宜设在场馆首层；消防监控中心应设在场馆首层，并应能直通室外。
   2 公共广播和紧急广播控制室应设在消防监控中心附近或合设。

8.2.3 机房的建筑和结构设计应符合下列要求：
   1 建筑设计应满足各类机房对室内高度、地面、顶棚、墙面材料、门窗尺寸、防水、防尘、防火等方面的要求。

8.2.4 机房的采暖和空调设计应符合下列要求：
   1 数据网络中心、通信机房、安防监控中心、消防监控中心等连续运行的机房应设置独立空调系统。
   2 除数据网络中心、通信机房、安防监控中心、消防监控中心以外的机房应设置空调系统。

8.2.9 机房的信息设施系统应符合下列要求：
   4 消防专用电话的设置应符合现行国家标准《火灾自动报警系统设计规范》GB 50116 的规定。

8.2.11 机房火灾自动报警系统应符合下列要求：
   1 机房火灾自动报警系统设计应符合现行国家标准《火灾自动报警系统设计规范》GB 50116 的规定。
   2 机房应使用气体灭火装置，严禁使用水喷射和对人体有害的灭火装置。

9 验　收

9.2 验 收 要 求

9.2.7 售检票系统应按表 9.2.7-1、表 9.2.7-2 进行验收。

表 9.2.7-1　售检票系统的技术构成验收表

技术名称	要求	实际情况
智能卡技术	√	
信息安全技术	√	
软件技术	√	
网络技术	√	
机械技术	√	

注：√ 表示应采用。

表 9.2.7-2　售检票系统功能验收表

系统部位	功能要求	要求	实际情况
整个系统	生产门票数据	√	
	多种门票模板、生产多种类型的门票	√	
	同时出售及预售多个不同体育赛事的门票	√	
	本地销售和远程联网销售	√	
	通道控制终端独立进行门票的有效性验证	√	
	网络恢复后，自动进行数据交换	√	
	监控门票销售、通道运行状态、网络状况	√	
	票务信息处理、票务清算、报表	√	
	在场馆出现紧急事件时，所有进出通道的闸机能全部打开	√	
	与场馆安全防范、火灾自动报警等系统实现系统集成	√	
	残疾人专用验票通道	√	
售票系统	门票的制作和打印	√	
验票系统	体育馆采用联网型手持验票机验票	○	
	体育场采用联网型通道闸机验票	○	
	门票识读时间	≤5s	
	通过网络对每个通道闸机实行远程开启或关闭控制	—	

注：√ 表示应采用；○ 表示宜采用。

2.3

结构与构造专业领域

40.《建筑钢结构防火技术规范》GB 51249—2017

2 术语和符号

2.1 术 语

2.1.1 耐火钢 fire-resisant steel

在600℃温度时的屈服强度不小于其常温屈服强度2/3的钢材。

2.1.2 钢管混凝土柱 concrete-filled steel tubular column

在钢管中填充混凝土而形成且钢管及其核心混凝土能共同承受外荷载作用的结构构件。

2.1.3 钢与混凝土组合梁 composite steel and concrete beam

由混凝土翼板和钢梁通过抗剪连接件组合而成,并能整体受力的梁。

2.1.4 压型钢板组合楼板 steel deck-concrete composite slab

在压型钢板上浇筑混凝土,并能共同受力的楼板。

2.1.5 截面形状系数 section factor

钢构件的受火表面积与其相应的体积之比。

2.1.6 标准火灾升温曲线 standard fire temperature-time curve

在标准耐火试验中,耐火试验炉内的空气平均温度随时间变化的曲线。

2.1.7 标准火灾 standard fire

热烟气温度按标准火灾升温曲线确定的火灾。

2.1.8 等效曝火时间 equivalent time of fire exposure

钢构件受标准火灾作用后的温度与其受实际火灾作用时达到相同温度的时间。

2.1.9 温度效应 temperature effects on structural behavior

结构(构件)因其温度变化所产生的结构内力和变形。

2.1.10 耐火承载力极限状态 fire limit state

结构或构件受火灾作用达到不能承受外部作用或不适于继续承载的变形的状态。

2.1.11 荷载比 load ratio

火灾下结构或构件的荷载效应设计值与其常温下的承载力设计值的比值。

2.1.12 临界温度 critical temperature

钢构件受火灾作用达到其耐火承载力极限状态时的温度。

3 基 本 规 定

3.1 防火要求

3.1.1 钢结构构件的设计耐火极限应根据建筑的耐火等级,按现行国家标准《建筑设计防火规范》GB 50016 的规定确定。柱间支撑的设计耐火极限应与柱相同,楼盖支撑的设计耐火极限应与梁相同,屋盖支撑和系杆的设计耐火极限应与屋顶承重构件相同。

3.1.2 钢结构构件的耐火极限经验算低于设计耐火极限时,应采取防火保护措施。

3.1.3 钢结构节点的防火保护应与被连接构件中防火保护要求最高者相同。

3.1.4 钢结构的防火设计文件应注明建筑的耐火等级、构件的设计耐火极限、构件的防火保护措施、防火材料的性能要求及设计指标。

3.1.5 当施工所用防火保护材料的等效热传导系数与设计文件要求不一致时,应根据防火保护层的等效热阻相等的原则确定保护层的施用厚度,并应经设计单位认可。对于非膨胀型钢结构防火涂料、防火板,可按本规范附录 A 确定防火保护层的施用厚度;对于膨胀型防火涂料,可根据涂层的等效热阻直接确定其施用厚度。

3.2 防 火 设 计

3.2.1 钢结构应按结构耐火承载力极限状态进行耐火验算与防火设计。

3.2.2 钢结构耐火承载力极限状态的最不利荷载(作用)效应组合设计值,应考虑火灾时结构上可能同时出现的荷载(作用),且应按下列组合值中的最不利值确定:

$$S_m = \gamma_{0T}(\gamma_G S_{Gk} + S_{Tk} + \phi_f S_{Qk}) \quad (3.2.2-1)$$

$$S_m = \gamma_{0T}(\gamma_G S_{Gk} + S_{Tk} + \phi_q S_{Qk} + \phi_w S_{Wk}) \quad (3.2.2-2)$$

式中:S_m——荷载(作用)效应组合的设计值;

S_{Gk}——按永久荷载标准值计算的荷载效应值;

S_{Tk}——按火灾下结构的温度标准值计算的作用效应值;

S_{Qk}——按楼面或屋面活荷载标准值计算的荷载效应值;

S_{Wk}——按风荷载标准值计算的荷载效应值;

γ_{0T}——结构重要性系数;对于耐火等级为一级的建筑,$\gamma_{0T}=1.1$;对于其他建筑,$\gamma_{0T}=1.0$;

γ_G——永久荷载的分项系数,一般可取 $\gamma_G=1.0$;当永久荷载有利时,取 $\gamma_G=0.9$;

ϕ_w——风荷载的频遇值系数,取 $\phi_w=0.4$;

ϕ_f——楼面或屋面活荷载的频遇值系数,应按现行国家标准《建筑结构荷载规范》GB 50009 的规定取值;

ϕ_q——楼面或屋面活荷载的准永久值系数,应按现行国家标准《建筑结构荷载规范》GB 50009 的规定取值。

3.2.3 钢结构的防火设计应根据结构的重要性、结构类型和荷载特征等选用基于整体结构耐火验算或基于构件耐火验算的防火设计方法,并应符合下列规定:

  2 预应力钢结构和跨度不小于 120m 的大跨度建筑中的钢结构,应采用基于整体结构耐火验算的防火设计方法。

3.2.4 基于整体结构耐火验算的钢结构防火设计方法应符合下列规定:

  1 各防火分区应分别作为一个火灾工况并选用最不利火

灾场景进行验算；

2 应考虑结构的热膨胀效应、结构材料性能受高温作用的影响，必要时，还应考虑结构几何非线性的影响。

3.2.5 基于构件耐火验算的钢结构防火设计方法应符合下列规定：

1 计算火灾下构件的组合效应时，对于受弯构件、拉弯构件和压弯构件等以弯曲变形为主的构件，可不考虑热膨胀效应，且火灾下构件的边界约束和在外荷载作用下产生的内力可采用常温下的边界约束和内力，计算构件在火灾下的组合效应；对于轴心受拉、轴心受压等以轴向变形为主的构件，应考虑热膨胀效应对内力的影响。

2 计算火灾下构件的承载力时，构件温度应取其截面的最高平均温度，并应采用结构材料在相应温度下的强度与弹性模量。

3.2.6 钢结构构件的耐火验算和防火设计，可采用耐火极限法、承载力法或临界温度法，且应符合下列规定：

1 耐火极限法。在设计荷载作用下，火灾下钢结构构件的实际耐火极限不应小于其设计耐火极限，并应按下式进行验算。其中，构件的实际耐火极限可按现行国家标准《建筑构件耐火试验方法　第1部分：通用要求》GB/T 9978.1、《建筑构件耐火试验方法　第5部分：承重水平分隔构件的特殊要求》GB/T 9978.5、《建筑构件耐火试验方法　第6部分：梁的特殊要求》GB/T 9978.6、《建筑构件耐火试验方法　第7部分：柱的特殊要求》GB/T 9978.7通过试验测定，或按本规范有关规定计算确定。

$$t_m \geq t_d \quad (3.2.6\text{-}1)$$

2 承载力法。在设计耐火极限时间内，火灾下钢结构构件的承载力设计值不应小于其最不利的荷载（作用）组合效应设计值，并应按下式进行验算。

$$R_d \geq S_m \quad (3.2.6\text{-}2)$$

3 临界温度法。在设计耐火极限时间内，火灾下钢结构构件的最高温度不应高于其临界温度，并应按下式进行验算。

$$T_d \geq T_m \quad (3.2.6\text{-}3)$$

式中：t_m——火灾下钢结构构件的实际耐火极限；

t_d——钢结构构件的设计耐火极限，应按本规范第3.1.1条规定确定；

S_m——荷载（作用）效应组合的设计值，应按本规范第3.2.2条的规定确定；

R_d——结构构件抗力的设计值，应根据本规范第7章、第8章的规定确定；

T_m——在设计耐火极限时间内构件的最高温度，应根据本规范第6章的规定确定；

T_d——构件的临界温度，应根据本规范第7章、第8章的规定确定。

4 防火保护措施与构造

4.1 防火保护措施

4.1.1 钢结构的防火保护措施应根据钢结构的结构类型、设计耐火极限和使用环境等因素，按照下列原则确定：

1 防火保护施工时，不产生对人体有害的粉尘或气体；

2 钢构件受火后发生允许变形时，防火保护不发生结构性破坏与失效；

3 施工方便且不影响前续已完工的施工及后续施工；

4 具有良好的耐久、耐候性能。

4.1.2 钢结构的防火保护可采用下列措施之一或其中几种的复（组）合：

1 喷涂（抹涂）防火涂料；

2 包覆防火板；

3 包覆柔性毡状隔热材料；

4 外包混凝土、金属网抹砂浆或砌筑砌体。

4.1.3 钢结构采用喷涂防火涂料保护时，应符合下列规定：

3 室外、半室外钢结构采用膨胀型防火涂料时，应选用符合环境对其性能要求的产品；

4 非膨胀型防火涂料涂层的厚度不应小于10mm；

5 防火涂料与防腐涂料应相容、匹配。

4.1.4 钢结构采用包覆防火板保护时，应符合下列规定：

1 防火板应为不燃材料，且受火时不应出现炸裂和穿透裂缝等现象；

2 防火板的包覆应根据构件形状和所处部位进行构造设计，并应采取确保安装牢固稳定的措施；

3 固定防火板的龙骨及黏结剂应为不燃材料。龙骨应便于与构件及防火板连接，黏结剂在高温下应能保持一定的强度，并应能保证防火板的包敷完整。

4.1.5 钢结构采用包覆柔性毡状隔热材料保护时，应符合下列规定：

1 不应用于易受潮或受水的钢结构；

2 在自重作用下，毡状材料不应发生压缩不均的现象。

5 材料特性

5.1 钢　　材

5.1.1 高温下钢材的物理参数应按表5.1.1确定。

表5.1.1　高温下钢材的物理参数

参数	符号	数值	单位
热膨胀系数	α_s	1.4×10^{-5}	m/(m·℃)
热传导系数	λ_s	45	W/(m·℃)
比热容	c_s	600	J/(kg·℃)
密度	ρ_s	7850	kg/m³

5.1.2 高温下结构钢的强度设计值应按下列公式计算。

$$f_T = \eta_{sT} f \quad (5.1.2\text{-}1)$$

$$\eta_{sT} = \begin{cases} 1.0 & 20℃ \leq T_s \leq 300℃ \\ 1.24 \times 10^{-8} T_s^3 - 2.096 \times 10^{-5} T_s^2 + 9.228 \times 10^{-3} T_s - 0.2168 & 300℃ < T_s < 800℃ \\ 0.5 - T_s/2000 & 800℃ \leq T_s \leq 1000℃ \end{cases}$$

(5.1.2-2)

式中：T_s——钢材的温度（℃）；

f_T——高温下钢材的强度设计值（N/mm²）；

f——常温下钢材的强度设计值（N/mm²），应按现行国家标准《钢结构设计标准》GB 50017 的规定取值；

η_{sT}——高温下钢材的屈服强度折减系数。

5.1.3 高温下结构钢的弹性模量应按下列公式计算。

$$E_{sT} = \chi_{sT} E_s \quad (5.1.3-1)$$

$$\chi_{sT} = \begin{cases} \dfrac{7T_s - 4780}{6T_s - 4760} & 20℃ \leqslant T_s < 600℃ \\ \dfrac{1000 - T_s}{6T_s - 2800} & 600℃ \leqslant T_s < 1000℃ \end{cases}$$

$$(5.1.3-2)$$

式中：E_{sT}——高温下钢材的弹性模量（N/mm²）；

E_s——常温下钢材的弹性模量（N/mm²），应按照现行国家标准《钢结构设计标准》GB 50017 的规定取值；

χ_{sT}——高温下钢材的弹性模量折减系数。

5.1.4 高温下耐火钢的强度可按本规范第 5.1.2 条式（5.1.2-1）确定。其中，屈服强度折减系数 η_{sT} 应按下式计算。

$$\eta_{sT} = \begin{cases} \dfrac{6(T_s - 768)}{5(T_s - 918)} & 20℃ \leqslant T_s < 700℃ \\ \dfrac{1000 - T_s}{8(T_s - 600)} & 700℃ \leqslant T_s < 1000℃ \end{cases} \quad (5.1.4)$$

5.1.5 高温下耐火钢的弹性模量可按本规范第 5.1.3 条式（5.1.3-1）确定。其中，弹性模量折减系数 χ_{sT} 应按下式计算。

$$\chi_{sT} = \begin{cases} 1 - \dfrac{T_s - 20}{2520} & 20℃ \leqslant T_s < 650℃ \\ 0.75 - \dfrac{7(T_s - 650)}{2500} & 650℃ \leqslant T_s < 900℃ \\ 0.5 - 0.0005 T_s & 900℃ \leqslant T_s < 1000℃ \end{cases}$$

$$(5.1.5)$$

5.2 混凝土

5.2.1 高温下普通混凝土的热工参数应按下列规定确定：

1 热膨胀系数 α_c 应为 1.8×10^{-5} m/(m·℃)，密度 ρ_c 应为 2300kg/m³；

2 热传导系数 λ_c 应按下式计算：

$$\lambda_c = 1.68 - 0.19 \dfrac{T_c}{100} + 0.0082 \left(\dfrac{T_c}{100}\right)^2 \quad (5.2.1-1)$$

3 比热容 c_c 应按下式计算：

$$c_c = 890 + 56.2 \dfrac{T_c}{100} - 3.4 \left(\dfrac{T_c}{100}\right)^2 \quad (5.2.1-2)$$

式中：T_c——混凝土的温度（℃）；

λ_c——混凝土的热传导系数[W/(m·℃)]；

c_c——混凝土的比热容[J/(kg·℃)]。

5.2.2 高温下普通混凝土的轴心抗压强度、弹性模量应分别按下列公式计算确定。

$$f_{cT} = \eta_{cT} f_c \quad (5.2.2-1)$$

$$E_{cT} = \chi_{cT} E_c \quad (5.2.2-2)$$

式中：f_{cT}——温度为 T_c 时混凝土的轴心抗压强度设计值（N/mm²）；

f_c——常温下混凝土的轴心抗压强度设计值（N/mm²），应按现行国家标准《混凝土结构设计规范》GB 50010 取值；

E_{cT}——高温下混凝土的弹性模量（N/mm²）；

E_c——常温下混凝土的弹性模量（N/mm²），应按现行国家标准《混凝土结构设计规范》GB 50010 取值；

η_{cT}——高温下混凝土的轴心抗压强度折减系数；对于强度等级低于或等于 C60 的混凝土，应按表 5.2.2 取值；其他温度下的值，可采用线性插值方法确定；

χ_{cT}——高温下混凝土的弹性模量折减系数；对于强度等级低于或等于 C60 的混凝土，应按表 5.2.2 取值；其他温度下的值，可采用线性插值方法确定。

表 5.2.2　高温下普通混凝土的轴心抗压强度折减系数 η_{cT} 及弹性模量折减系数 χ_{cT}

T_c(℃)	20	100	200	300	400	500	600	700	800	900	1000	1100	1200
η_{cT}	1.00	1.00	0.95	0.85	0.75	0.60	0.45	0.30	0.15	0.08	0.04	0.01	0
χ_{cT}	1.000	0.625	0.432	0.304	0.188	0.100	0.045	0.030	0.015	0.008	0.004	0.001	0

5.2.3 高温下轻骨料混凝土的热工性能应符合下列规定确定：

1 热膨胀系数 α_c 应为 0.8×10^{-5} m/(m·℃)，密度 ρ_c 应在 1600kg/m³～2300k/m³ 间取值；

2 热传导系数 λ_c 应按下式计算：

$$\begin{cases} \lambda_c = 1.0 - \dfrac{T_c}{1600} & 20℃ \leqslant T_c < 800℃ \\ \lambda_c = 0.5 & 800℃ \leqslant T_c < 1200℃ \end{cases} \quad (5.2.3)$$

3 比热容 c_c 应为 840J/(kg·℃)。

5.2.5 高温下其他类型混凝土的热工性能与力学性能，应通过试验确定。

5.3 防火保护材料

5.3.3 膨胀型防火涂料应给出最大使用厚度、最小使用厚度的等效热阻以及防火涂料使用厚度按最大使用厚度与最小使用厚度之差的 1/4 递增的等效热阻，其他厚度下的等效热阻可采用线性插值方法确定。

5.3.4 其他防火保护材料的等效热阻或等效热传导系数，应通过试验确定。

6 钢结构的温度计算

6.1 火灾升温曲线

6.1.2 当能准确确定建筑的火灾荷载、可燃物类型及其分布、几何特征等参数时，火灾升温曲线可按其他有可靠依据的火灾模型确定。

6.2 钢构件升温计算

6.2.3 在标准火灾下，采用轻质防火保护层的钢构件的温度可按下式近似计算；在非标准火灾下，计算采用轻质防火保护层的钢构件的温度时，火灾时间 t 应采用按本规范第6.1.3条确定的等效曝火时间 t_e。

$$T_s = \left(\sqrt{0.044 + 5.0 \times 10^{-5} \alpha \frac{F_i}{V}} - 0.2\right) t + T_{s0} \quad T_s \leqslant 700℃ \quad (6.2.3)$$

式中：t——火灾持续时间（s）。

7 钢结构耐火验算与防火保护设计

7.1 承 载 力 法

Ⅰ 基本钢构件

7.1.1 火灾下轴心受拉钢构件或轴心受压钢构件的强度应按下式验算：

$$\frac{N}{A_n} \leqslant f_T \quad (7.1.1)$$

式中：N——火灾下钢构件的轴拉（压）力设计值；
A_n——净截面面积；
f_T——高温下钢材的强度设计值，按本规范第5.1节规定确定。

7.1.2 火灾下轴心受压钢构件的稳定性应按下列公式验算：

$$\frac{N}{\varphi_T A} \leqslant f_T \quad (7.1.2-1)$$

$$\varphi_T = \alpha_c \varphi \quad (7.1.2-2)$$

式中：N——火灾下钢构件的轴向压力设计值；
A——毛截面面积；
φ_T——高温下轴心受压钢构件的稳定系数；
φ——常温下轴心受压钢构件的稳定系数，应按现行国家标准《钢结构设计标准》GB 50017的规定确定；
α_c——高温下轴心受压钢构件的稳定验算参数，应根据构件长细比和构件温度按表7.1.2确定。

表7.1.2 高温下轴心受压钢构件的稳定验算参数 α_c

构件材料		结构钢构件						耐火钢构件					
$\lambda \sqrt{f_y/235}$		≤10	50	100	150	200	250	≤10	50	100	150	200	250
温度（℃）	≤50	1.000	1.000	1.000	1.000	1.000	1.000	1.000	1.000	1.000	1.000	1.000	1.000
	100	0.998	0.995	0.988	0.983	0.982	0.981	0.999	0.997	0.993	0.989	0.989	0.988
	150	0.997	0.991	0.979	0.970	0.968	0.968	0.998	0.995	0.989	0.984	0.983	0.983
	200	0.995	0.986	0.968	0.955	0.952	0.951	0.998	0.994	0.987	0.980	0.979	0.979
	250	0.993	0.980	0.955	0.937	0.933	0.932	0.998	0.994	0.986	0.979	0.978	0.977
	300	0.990	0.973	0.939	0.915	0.910	0.909	0.998	0.994	0.987	0.980	0.979	0.979
	350	0.989	0.970	0.933	0.906	0.902	0.900	0.998	0.996	0.990	0.986	0.985	0.985
	400	0.991	0.977	0.947	0.926	0.922	0.920	1.000	0.999	0.998	0.997	0.996	0.996
	450	0.996	0.990	0.977	0.967	0.965	0.965	1.001	1.008	1.012	1.014	1.015	1.015
	500	1.001	1.002	1.013	1.019	1.023	1.024	1.001	1.004	1.023	1.035	1.041	1.045
	550	1.002	1.007	1.046	1.063	1.075	1.081	1.002	1.008	1.054	1.073	1.087	1.094
	600	1.002	1.007	1.050	1.069	1.082	1.088	1.004	1.014	1.105	1.136	1.164	1.179
	650	0.996	0.989	0.976	0.965	0.963	0.962	1.006	1.023	1.188	1.250	1.309	1.341
	700	0.995	0.986	0.969	0.955	0.952	0.952	1.008	1.030	1.245	1.350	1.444	1.497
	750	1.000	1.001	1.005	1.008	1.009	1.009	1.011	1.044	1.345	1.589	1.793	1.921
	800	1.000	1.000	1.000	1.000	1.000	1.000	1.012	1.050	1.378	1.722	1.970	2.149

注：1 表中 λ 为构件的长细比，f_y 为常温下钢材强度标准值；
2 温度小于或等于50℃时，α_c 可取1.0；温度大于50℃时，表中未规定温度时的 α_c 应按线性插值方法确定。

7.1.3 火灾下单轴受弯钢构件的强度应按下式验算：

$$\frac{M}{\gamma W_n} \leqslant f_T \quad (7.1.3)$$

式中：M——火灾下构件的最不利截面处的弯矩设计值；
W_n——钢构件最不利截面的净截面模量；
γ——截面塑性发展系数。

7.1.4 火灾下单轴受弯钢构件的稳定性应按下列公式验算：

$$\frac{M}{\varphi_{bT} W} \leqslant f_T \quad (7.1.4-1)$$

$$\varphi_{bT} = \begin{cases} \alpha_b \varphi_b & \alpha_b \varphi_b \leqslant 0.6 \\ 1.07 - \dfrac{0.282}{\alpha_b \varphi_b} \leqslant 1.0 & \alpha_b \varphi_b > 0.6 \end{cases}$$

$$(7.1.4-2)$$

式中：M——火灾下构件的最大弯矩设计值；
W——按受压最大纤维确定的构件毛截面模量；
φ_{bT}——高温下受弯钢构件的稳定系数；
φ_b——常温下受弯钢构件的稳定系数，应按现行国家标准《钢结构设计标准》GB 50017的规定确定；当 $\varphi_b>0.6$ 时，φ_b 不作修正；

α_b——高温下受弯钢构件的稳定验算参数，应按表 7.1.4 确定。

表 7.1.4 高温下受弯钢构件的稳定验算参数 α_b

材料 \ 温度（℃）	20	100	150	200	250	300	350	400
结构钢构件	1.000	0.980	0.966	0.949	0.929	0.905	0.896	0.917
耐火钢构件	1.000	0.988	0.982	0.978	0.977	0.978	0.984	0.996
材料 \ 温度（℃）	450	500	550	600	650	700	750	800
结构钢构件	0.962	1.027	1.094	1.101	0.961	0.950	1.011	1.000
耐火钢构件	1.017	1.052	1.111	1.214	1.419	1.630	2.256	2.640

7.1.5 火灾下拉弯或压弯钢构件的强度应按下式验算：

$$\frac{N}{A_n} \pm \frac{M_x}{\gamma_x W_{nx}} \pm \frac{M_y}{\gamma_y W_{ny}} \leqslant f_T \quad (7.1.5)$$

式中：M_x、M_y——火灾下最不利截面处对应于强轴 x 轴和弱轴 y 轴的弯矩设计值；

W_{nx}、W_{ny}——绕 x 轴和 y 轴的净截面模量；

γ_x、γ_y——绕强轴和弱轴弯曲的截面塑性发展系数。

7.1.6 火灾下压弯钢构件绕强轴 x 轴弯曲和绕弱轴 y 轴弯曲时的稳定性应分别按下列公式验算：

$$\frac{N}{\varphi_{xT} A} + \frac{\beta_{mx} M_x}{\gamma_x W_x (1-0.8 N/N'_{ExT})} + \eta \frac{\beta_{ty} M_y}{\varphi_{byT} W_y} \leqslant f_T \quad (7.1.6\text{-}1)$$

$$N'_{ExT} = \pi^2 E_{sT} A/(1.1 \lambda_x^2) \quad (7.1.6\text{-}2)$$

$$\frac{N}{\varphi_{yT} A} + \eta \frac{\beta_{tx} M_x}{\varphi_{bxT} W_x} + \frac{\beta_{my} M_y}{\gamma_y W_y (1-0.8 N/N'_{EyT})} \leqslant f_T \quad (7.1.6\text{-}3)$$

$$N'_{EyT} = \pi^2 E_{sT} A/(1.1 \lambda_y^2) \quad (7.1.6\text{-}4)$$

式中：N——火灾下钢构件的轴向压力设计值；

M_x、M_y——火灾下所计算钢构件段范围内对强轴和弱轴的最大弯矩设计值；

A——毛截面面积；

W_x、W_y——对强轴和弱轴按其最大受压纤维确定的毛截面模量；

N'_{ExT}、N'_{EyT}——高温下绕强轴和弱轴弯曲的参数；

λ_x、λ_y——对强轴和弱轴的长细比；

φ_{xT}、φ_{yT}——高温下轴心受压钢构件对应于强轴和弱轴失稳的稳定系数，应按本规范第 7.1.2 条式（7.1.2-2）计算；

φ_{bxT}、φ_{byT}——高温下均匀弯曲受弯钢构件对应于强轴和弱轴失稳的稳定系数，应按本规范第 7.1.4 条式（7.1.4-2）计算；

η——截面影响系数，对于闭口截面，取 0.7；对于其他截面，取 1.0；

β_{mx}、β_{my}——弯矩作用平面内的等效弯矩系数，应按下列规定采用（β_m 表示 β_{mx}、β_{my}）：

1) 框架柱和两端支承的构件：
① 无横向荷载作用时：取 $\beta_m = 0.65 + 0.35 M_2/M_1$，$M_1$ 和 M_2 为端弯矩，使构件产生同向曲率（无反弯点）时取同号；使构件产生反向曲率（有反弯点）时取异号，$|M_1| \geqslant |M_2|$；
② 有端弯矩和横向荷载同时作用时：使构件产生同向曲率时，$\beta_m = 1.0$；使构件产生反向曲率时，$\beta_m = 0.85$；
③ 无端弯矩但有横向荷载作用时：$\beta_m = 1.0$。

2) 悬臂构件和分析内力未考虑二阶效应的无支撑纯框架和弱支撑框架柱，$\beta_m = 1.0$。

β_{tx}、β_{ty}——弯矩作用平面外的等效弯矩系数，应按下列规定采用（β_t 表示 β_{tx}、β_{ty}）：

1) 在弯矩作用平面外有支承的构件，应根据两相邻支承点间构件段内的荷载和能力情况确定：
① 所考虑构件段无横向荷载作用时：$\beta_t = 0.65 + 0.35 M_2/M_1$，$M_1$ 和 M_2 为在弯矩作用平面内的端弯矩，使构件产生同向曲率（无反弯点）时取同号；使构件产生反向曲率（有反弯点）时取异号，$|M_1| \geqslant |M_2|$；
② 所考虑构件段有端弯矩和横向荷载同时作用时：使构件产生同向曲率时，$\beta_t = 1.0$；使构件产生反向曲率时，$\beta_t = 1.0$；
③ 所考虑构件段无端弯矩但有横向荷载作用时：$\beta_t = 1.0$。

2) 弯矩作用平面外为悬臂的构件，$\beta_t = 1.0$。

7.2 临界温度法

Ⅰ 基本钢构件的临界温度

7.2.1 轴心受拉钢构件的临界温度 T_d 应根据截面强度荷载比 R 按表 7.2.1 确定，R 应按下式计算：

$$R = \frac{N}{A_n f} \quad (7.2.1)$$

式中：N——火灾下钢构件的轴拉力设计值；

A_n——钢构件的净截面面积；

f——常温下钢材的强度设计值。

表 7.2.1 按截面强度荷载比 R 确定的钢构件的临界温度 T_d（℃）

R	0.30	0.35	0.40	0.45	0.50	0.55	0.60	0.65	0.70	0.75	0.80	0.85	0.90
结构钢构件	663	641	621	601	581	562	542	523	502	481	459	435	407
耐火钢构件	718	706	694	679	661	641	618	590	557	517	466	401	313

7.2.2 轴心受压钢构件的临界温度 T_d，应取临界温度 T'_d、T''_d 中的较小者。临界温度 T'_d 应根据截面强度荷载比 R 按本规范第 7.2.1 条表 7.2.1 确定，R 应按式（7.2.2-1）计算；临界温度 T''_d 应根据构件稳定荷载比 R' 和构件长细比 λ 按表 7.2.2 确定，R' 应按下列公式计算：

$$R = \frac{N}{A_n f} \quad (7.2.2\text{-}1)$$

$$R' = \frac{N}{\varphi A f} \quad (7.2.2\text{-}2)$$

式中：N——火灾下钢构件的轴压力设计值；

A——钢构件的毛截面面积；
φ——常温下轴心受压钢构件的稳定系数。

表 7.2.2 根据稳定荷载比 R' 确定的轴心受压钢构件的临界温度 T'_d（℃）

构件材料		结构钢构件					耐火钢构件				
	$\lambda\sqrt{f_y/235}$	≤50	100	150	200	≥250	≤50	100	150	200	≥250
R'	0.30	661	660	658	658	658	721	743	761	776	786
	0.35	640	640	640	640	640	709	727	743	758	767
	0.40	621	623	624	625	625	697	715	727	740	750
	0.45	602	608	610	611	611	682	704	713	724	732
	0.50	582	590	594	596	597	666	692	702	710	717
	0.55	563	571	575	577	578	646	678	690	699	703
	0.60	544	553	556	559	560	623	661	675	686	691
	0.65	524	531	534	537	539	596	638	655	669	676
	0.70	503	507	510	512	513	562	600	623	644	655
	0.75	480	481	480	481	482	521	548	567	586	596
	0.80	456	450	443	442	441	468	481	492	498	504
	0.85	428	412	394	390	388	399	397	395	393	393
	0.90	393	362	327	318	315	302	288	272	270	268

注：表中 λ 为构件的长细比，f_y 为常温下钢材强度标准值。

7.2.3 单轴受弯钢构件的临界温度 T_d 应取下列临界温度 T'_d、T''_d 中的较小者：

1 临界温度 T'_d 应根据截面强度荷载比 R 按本规范第 7.2.1 条表 7.2.1 确定，R 应按下式计算：

$$R = \frac{M}{\gamma W_n f} \quad (7.2.3-1)$$

式中：M——火灾下钢构件最不利截面处的弯矩设计值；
W_n——钢构件最不利截面的净截面模量；
γ——截面塑性发展系数。

2 临界温度 T''_d 应根据构件稳定荷载比 R' 和常温下受弯构件的稳定系数 φ_b 按表 7.2.3 确定 T''_d，R' 应按下式计算：

$$R' = \frac{M}{\varphi_b M f} \quad (7.2.3-2)$$

式中：M——火灾下钢构件的最大弯矩设计值；
W——钢构件的毛截面模量；
φ_b——常温下受弯钢构件的稳定系数，应根据现行国家标准《钢结构设计标准》GB 50017 的规定计算。

表 7.2.3 根据构件稳定荷载比 R' 确定的受弯钢构件的临界温度 T''_d（℃）

构件材料		结构钢构件					耐火钢构件				
	φ_b	≤0.5	0.6	0.7	0.8	0.9	1.0	≤0.5	0.6	0.7	0.8	0.9	1.0
R'	0.30	657	657	661	662	663	664	764	750	740	732	726	718
	0.35	640	640	641	642	642	642	748	734	724	717	712	706
	0.40	626	625	624	623	623	621	733	720	712	706	701	694
	0.45	612	610	608	606	604	601	721	709	701	694	683	679
	0.50	599	594	591	588	585	582	709	698	688	680	672	661
	0.55	581	576	572	569	566	562	699	685	673	663	653	641
	0.60	563	557	553	549	547	543	688	670	655	642	631	618
	0.65	542	536	532	528	525	523	673	650	631	615	603	590
	0.70	515	511	508	504	502	500	655	621	594	580	569	557
	0.75	482	482	483	483	482	482	625	572	547	535	526	517
	0.80	439	448	452	456	458	459	525	496	483	476	471	466
	0.85	384	384	417	426	431	434	393	393	397	399	400	400
	0.90	302	302	371	389	399	405	267	267	290	299	306	311

7.2.4 拉弯钢构件的临界温度 T_d，应根据截面强度荷载比 R 按本规范第 7.2.1 条表 7.2.1 确定，R 应按下式计算：

$$R = \frac{1}{f}\left[\frac{N}{A_n} \pm \frac{M_x}{\gamma_x W_{nx}} \pm \frac{M_y}{\gamma_y W_{ny}}\right] \quad (7.2.4)$$

式中：N——火灾下钢构件的轴拉力设计值；
M_x、M_y——火灾下钢构件最不利截面处对应于强轴和弱轴的弯矩设计值；
A_n——钢构件最不利截面的净截面面积；
W_{nx}、W_{ny}——对强轴和弱轴的净截面模量；
γ_x、γ_y——绕强轴和绕弱轴弯曲的截面塑性发展系数。

7.2.5 压弯钢构件的临界温度 T_d 应取下列临界温度 T'_d、T''_{dx}、T''_{dy} 中的最小者：

1 临界温度 T'_d 应根据截面强度荷载比 R 按表 7.2.1 确定，R 应按下式计算：

$$R = \frac{1}{f}\left[\frac{N}{A_n} \pm \frac{M_x}{\gamma_x W_{nx}} \pm \frac{M_y}{\gamma_y W_{ny}}\right] \quad (7.2.5-1)$$

式中：N——火灾下钢构件的轴压力设计值。

2 临界温度 T''_{dx} 应根据绕强轴 x 轴弯曲的构件稳定荷载比 R'_x 和长细比 λ_x 分别按表 7.2.5-1 和表 7.2.5-2 确定，R'_x 应按下列公式计算：

$$R'_x = \frac{1}{f}\left[\frac{N}{\varphi_x A} + \frac{\beta_{mx} M_x}{\gamma_x W_x(1-0.8N/N'_{Ex})} + \eta\frac{\beta_{ty} M_y}{\varphi_{by} W_y}\right]$$
$$(7.2.5-2)$$

$$N'_{Ex} = \pi^2 E_s A/(1.1\lambda_x^2) \quad (7.2.5-3)$$

式中：M_x、M_y——火灾下所计算构件段范围内对强轴和弱轴的最大弯矩设计值；
W_x、W_y——对强轴和弱轴的毛截面模量；
N'_{Ex}——绕强轴弯曲的参数；
E_s——常温下钢材的弹性模量；
λ_x——对强轴的长细比；

φ_x——常温下轴心受压构件对强轴失稳的稳定系数；

φ_by——常温下均匀弯曲受弯构件对弱轴失稳的稳定系数，应按现行国家标准《钢结构设计标准》GB 50017 的规定计算；

γ_x——绕强轴弯曲的截面塑性发展系数；

η——截面影响系数，对于闭口截面，$\eta=0.7$；对于其他截面，$\eta=1.0$；

β_mx——弯矩作用平面内的等效弯矩系数，应按本规范第 7.1.6 条的规定计算；

β_ty——弯矩作用平面外的等效弯矩系数，应按本规范第 7.1.6 条的规定计算。

3 临界温度 T''_dy 应根据绕强轴 y 轴弯曲的构件稳定荷载比 R'_y 和长细比 λ_y 分别按表 7.2.5-1 和表 7.2.5-2 确定，R'_y 应按下列公式计算。

$$R'_\mathrm{y} = \frac{1}{f}\left[\frac{N}{\varphi_\mathrm{y}A} + \eta\frac{\beta_\mathrm{tx}M_\mathrm{x}}{\varphi_\mathrm{bx}W_\mathrm{x}} + \frac{\beta_\mathrm{my}M_\mathrm{y}}{\gamma_\mathrm{y}W_\mathrm{y}(1-0.8N/N'_\mathrm{Ex})}\right]$$
(7.2.5-4)

$$N'_\mathrm{Ey} = \pi^2 E_\mathrm{s} A / (1.1\lambda_\mathrm{y}^2)$$
(7.2.5-5)

式中：N'_Ey——绕强轴弯曲的参数；

λ_y——钢构件对弱轴的长细比；

φ_y——常温下轴心受压构件对弱轴失稳的稳定系数；

φ_bx——常温下均匀弯曲受弯构件对强轴失稳的稳定系数，应按现行国家标准《钢结构设计标准》GB 50017 的规定计算；

γ_y——绕弱轴弯曲的截面塑性发展系数。

表 7.2.5-1 压弯结构钢构件按稳定荷载比 R'_x（或 R'_y）确定的临界温度 T''_dx（或 T''_dy）（℃）

R'_x（或 R'_y）		0.30	0.35	0.40	0.45	0.50	0.55	0.60	0.65	0.70	0.75	0.80	0.85	0.90
$\lambda_\mathrm{x}\sqrt{\frac{f_\mathrm{y}}{235}}$ 或 $\lambda_\mathrm{y}\sqrt{\frac{f_\mathrm{y}}{235}}$	≤50	657	636	616	597	577	558	538	519	498	477	454	431	408
	100	648	628	610	592	573	553	533	513	491	468	443	416	390
	150	645	625	608	591	572	552	532	510	487	462	434	404	374
	≥200	643	624	607	590	571	552	531	509	486	459	430	400	370

表 7.2.5-2 压弯耐火钢构件按稳定荷载比 R'_x（或 R'_y）确定的临界温度 T''_dx（或 T''_dy）（℃）

R'_y		0.30	0.35	0.40	0.45	0.50	0.55	0.60	0.65	0.70	0.75	0.80	0.85	0.90
$\lambda_\mathrm{y}\sqrt{\frac{f_\mathrm{y}}{235}}$	≤50	717	705	692	677	660	640	616	587	553	511	459	403	347
	100	722	708	696	682	666	647	622	590	552	504	442	375	308
	150	728	714	701	688	673	655	630	598	555	502	434	360	286
	≥200	731	716	703	690	676	658	635	601	557	501	430	353	276

Ⅱ 钢框架梁、柱的临界温度

7.2.6 受楼板侧向约束的钢框架梁的临界温度 T_d 可根据截面强度荷载比 R 按本规范第 7.2.1 条表 7.2.1 确定，R 应按下式计算：

$$R = \frac{M}{W_\mathrm{p}f}$$
(7.2.6)

式中：M——钢框架梁上荷载产生的最大弯矩设计值，不考虑温度内力；

W_p——钢框架梁截面的塑性截面模量。

7.2.7 钢框架柱的临界温度 T_d 可根据稳定荷载比 R' 按本规范第 7.2.2 条表 7.2.2 确定，R' 应按下式计算：

$$R' = \frac{N}{0.7\varphi A f}$$
(7.2.7)

式中：N——火灾时钢框架柱所受的轴压力设计值；

A——钢框架柱的毛截面面积；

φ——常温下轴心受压构件的稳定系数。

Ⅲ 防火保护层的设计厚度

7.2.9 钢构件采用非轻质防火保护层时，防火保护层的设计厚度应按本规范第 6.2.2 条的规定经计算确定。

8 组合结构耐火验算与防火保护设计

8.1 钢管混凝土柱

8.1.2 钢管混凝土柱应根据其荷载比 R、火灾下的承载力系数 k_T 按下列规定采取防火保护措施。荷载比 R 应按本规范第 8.1.3 条计算，圆钢管混凝土柱、矩形钢管混凝土柱火灾下的承载力系数 k_T 应分别按本规范第 8.1.6 条、第 8.1.7 条的规定计算，且应符合下列规定：

2 当 $R \geqslant 0.75 k_\mathrm{T}$ 时，应采取防火保护措施。对于圆钢管混凝土柱，按第 8.1.8 条计算防火保护层厚度；对于矩形钢管混凝土柱，按第 8.1.9 条计算防火保护层厚度。

8.1.3 钢管混凝土柱的荷载比应按下式计算：

$$R = \frac{N}{N^*}$$
(8.1.3)

式中：R——钢管混凝土柱的荷载比；

N——火灾下钢管混凝土柱的轴压力设计值；

N^*——常温下钢管混凝土柱的抗压承载力设计值，可按本规范第 8.1.4、8.1.5 条的规定确定。

8.1.4 常温下圆钢管混凝土柱的抗压承载力设计值 N^*，当 $M/M_\mathrm{u} \leqslant 1$ 时，应按式（8.1.4-1）计算确定；当 $M/M_\mathrm{u} > 1$ 时，应按式（8.1.4-2）计算确定：

$$\begin{cases} \dfrac{N^*}{\varphi N_\mathrm{u}} + \dfrac{1-2\varphi^2\eta_0}{1-0.4N^*/N_\mathrm{E}}\dfrac{\beta_\mathrm{m}M}{M_\mathrm{u}} = 1 \\ 2\varphi^3\eta_0 \leqslant \dfrac{N^*}{N_\mathrm{u}} \leqslant 1 \end{cases}$$
(8.1.4-1)

$$\begin{cases} \dfrac{0.18}{\varphi^3\eta_0^2}\left(\dfrac{A_\mathrm{s}f}{A_\mathrm{c}f_\mathrm{c}}\right)^{-1.15}\dfrac{N^{*2}}{N_\mathrm{u}^2} - \dfrac{0.36}{\eta_0}\left(\dfrac{A_\mathrm{s}f}{A_\mathrm{c}f_\mathrm{c}}\right)^{-1.15}\dfrac{N^*}{N_\mathrm{u}} \\ + \dfrac{1}{1-0.4N^*/N_\mathrm{E}}\dfrac{\beta_\mathrm{m}M}{M_\mathrm{u}} = 1 \\ \varphi^3\eta_0 \leqslant \dfrac{N^*}{N_\mathrm{u}} < 2\varphi^3\eta_0 \end{cases}$$
(8.1.4-2)

其中：

$$N_u = \left(1.14 + 1.02 \frac{A_s f}{A_c f_c}\right)(A_s + A_c) f_c \quad (8.1.4-3)$$

$$M_u = \left(1.14 + 1.02 \frac{A_s f}{A_c f_c}\right)\left[1.1 + 0.48\ln\left(\frac{A_s f_y}{A_c f_c} + 0.1\right)\right] W_{sc} f_c$$
$$(8.1.4-4)$$

$$N_E = \frac{\pi^2 (E_s A_s + E_c A_c)}{\lambda^2} \quad (8.1.4-5)$$

$$\eta_0 = \begin{cases} 0.5 - 0.245 \dfrac{A_s f_y}{A_c f_{ck}} & \dfrac{A_s f_y}{A_c f_{ck}} \leq 0.4 \\ 0.1 + 0.14 \left(\dfrac{A_s f_y}{A_c f_{ck}}\right)^{-0.84} & \dfrac{A_s f_y}{A_c f_{ck}} > 0.4 \end{cases}$$
$$(8.1.4-6)$$

$$\varphi = \begin{cases} 1 & \lambda \leq \lambda_0 \\ 1 + a(\lambda^2 - 2\lambda_p \lambda + 2\lambda_p \lambda_0 - \lambda_0^2) - \dfrac{b(\lambda - \lambda_0)}{(\lambda_p + 35)^3} & \lambda_0 < \lambda \leq \lambda_p \\ \dfrac{b}{(\lambda + 35)^2} & \lambda > \lambda_p \end{cases}$$
$$(8.1.4-7)$$

$$a = \frac{(\lambda_p + 35)^3 - b(35 + 2\lambda_p - \lambda_0)}{(\lambda_p - \lambda_0)^2 (\lambda_p + 35)^3} \quad (8.1.4-8)$$

$$b = \left(13000 + 4657 \ln \frac{235}{f_y}\right)\left(\frac{25}{f_{ck} + 5}\right)^{0.3}\left(\frac{10 A_s}{A_c}\right)^{0.05}$$
$$(8.1.4-9)$$

$$\lambda = \frac{4 l_0}{D} \quad (8.1.4-10)$$

$$\lambda_p = \frac{1743}{\sqrt{f_y}} \quad (8.1.4-11)$$

$$\lambda_0 = \pi \sqrt{\frac{1}{f_{ck}} \times \frac{420 \dfrac{A_s f_y}{A_c f_{ck}} + 550}{1.02 \dfrac{A_s f_y}{A_c f_{ck}} + 1.14}} \quad (8.1.4-12)$$

式中：N^*——常温下钢管混凝土柱的抗压承载力设计值；
M——常温下所计算构件段范围内的最不利组合下的弯矩值；
N_u——常温下轴心受压钢管混凝土短柱的抗压承载力设计值；
N_E——欧拉临界力；
M_u——常温下钢管混凝土柱受纯弯时的抗弯承载力设计值；
f——常温下钢材的强度设计值；
f_y——常温下钢材的屈服强度；
f_c——常温下混凝土的轴心抗压强度设计值；
f_{ck}——常温下混凝土的轴心抗压强度标准值；
A_c——钢管混凝土柱中混凝土的截面面积；
A_s——钢管混凝土柱中钢管的截面面积；
E_c——常温下混凝土的弹性模量；
E_s——常温下钢材的弹性模量；
D——截面高度，取柱截面外直径；

l_0——计算长度；
W_{sc}——截面抗弯模量，取柱截面外直径计算；
a、b、η_0——计算参数；
β_m——等效弯矩系数，按现行国家标准《钢结构设计规范》GB 50017 确定；
φ——轴心受压稳定系数；
λ——长细比；
λ_p——弹性失稳的界限长细比；
λ_0——弹塑性失稳的界限长细比。

8.1.5 常温下矩形钢管混凝土柱的抗压承载力设计值 N^*，应取其平面外和平面内失稳承载力的较小值。其中，平面外失稳承载力应按式（8.1.5-1）计算确定；当 $M/M_u \leq 1$ 时，平面内失稳承载力应按式（8.1.5-2）计算确定；当 $M/M_u > 1$ 时，平面内失稳承载力应按式（8.1.5-3）计算确定：

$$\frac{N^*}{\varphi N_u} + \frac{\beta_m M}{1.4 M_u} = 1 \quad (8.1.5-1)$$

$$\begin{cases} \dfrac{N^*}{\varphi N_u} + \dfrac{1 - 2\varphi^2 \eta_0}{1 - 0.4 N^*/N_E} \dfrac{\beta_m M}{M_u} = 1 \\ 2\varphi^3 \eta_0 \leq \dfrac{N^*}{N_u} \leq 1 \end{cases} \quad (8.1.5-2)$$

$$\begin{cases} \dfrac{0.14}{\varphi^3 \eta_0^2}\left(\dfrac{A_s f_y}{A_c f_{ck}}\right)^{-1.3} \dfrac{N^{*2}}{N_u^2} - \dfrac{0.28}{\eta_0}\left(\dfrac{A_s f_y}{A_c f_{ck}}\right)^{-1.3} \dfrac{N^*}{N_u} \\ + \dfrac{1}{1 - 0.25 N^*/N_E} \dfrac{\beta_m M}{M_u} = 1 \\ \varphi^3 \eta_0 \leq \dfrac{N^*}{N_u} < 2\varphi^3 \eta_0 \end{cases} \quad (8.1.5-3)$$

其中：

$$N_u = \left(1.18 + 0.85 \frac{A_s f}{A_c f_c}\right)(A_s + A_c) f_c \quad (8.1.5-4)$$

$$M_u = \left[1.04 + 0.48 \ln\left(\frac{A_s f_y}{A_c f_{ck}} + 0.1\right)\right]\left(1.18 + 0.85 \frac{A_s f}{A_c f_c}\right) W_{sc} f_c$$
$$(8.1.5-5)$$

$$N_E = \frac{\pi^2 (E_s A_s + E_c A_c)}{\lambda^2} \quad (8.1.5-6)$$

$$\eta_0 = \begin{cases} 0.5 - 0.318 \dfrac{A_s f_y}{A_c f_{ck}} & \dfrac{A_s f_y}{A_c f_{ck}} \leq 0.4 \\ 0.1 + 0.13 \left(\dfrac{A_s f_y}{A_c f_{ck}}\right)^{-0.81} & \dfrac{A_s f_y}{A_c f_{ck}} > 0.4 \end{cases}$$
$$(8.1.5-7)$$

$$\varphi = \begin{cases} 1 & \lambda \leq \lambda_0 \\ 1 + a(\lambda^2 - 2\lambda_p \lambda + 2\lambda_p \lambda_0 - \lambda_0^2) - \dfrac{b(\lambda - \lambda_0)}{(\lambda_p + 35)^3} & \lambda_0 < \lambda \leq \lambda_p \\ \dfrac{b}{(\lambda + 35)^2} & \lambda > \lambda_p \end{cases}$$
$$(8.1.5-8)$$

$$a = \frac{(\lambda_p + 35)^3 - b(35 + 2\lambda_p - \lambda_0)}{(\lambda_p - \lambda_0)^2 (\lambda_p + 35)^3} \quad (8.1.5-9)$$

$$b = \left(13500 + 4810 \ln \frac{235}{f_y}\right)\left(\frac{25}{f_{ck} + 5}\right)^{0.3}\left(\frac{10 A_s}{A_c}\right)^{0.05}$$
$$(8.1.5-10)$$

$$\lambda = \frac{2\sqrt{3}l_0}{D} \quad (8.1.5\text{-}11)$$

$$\lambda_p = \frac{1811}{\sqrt{f_y}} \quad (8.1.5\text{-}12)$$

$$\lambda_0 = \pi\sqrt{\frac{1}{f_{ck}} \times \frac{220\frac{A_s f_y}{A_c f_{ck}} + 450}{0.85\frac{A_s f_y}{A_c f_{ck}} + 1.18}} \quad (8.1.5\text{-}13)$$

式中：D——截面高度，当弯矩作用于截面强轴方向时，取柱截面长边长度；当弯矩作用于截面弱轴方向时，取柱短边长度。

W_{sc}——弯矩作用平面内的截面抗弯模量，取柱截面外边尺寸计算。

8.1.6 标准火灾下受火时间小于或等于3.0h的无防火保护圆钢管混凝土柱，其火灾下的承载力系数 k_T 可按式（8.1.6-1）计算，也可按本规范附录B查表确定；对于非标准火灾，式（8.1.6-1）中的受火时间 t 应取等效曝火时间。

$$k_T = \begin{cases} \dfrac{1}{1+at_0^{2.5}} & t_0 \leqslant t_1 \\[2mm] \dfrac{1}{1+at_1^{2.5}+b(t_0-t_1)} & t_1 < t_0 \leqslant t_2 \\[2mm] \dfrac{1}{1+at_1^{2.5}+b(t_2-t_1)} + k(t_0-t_2) & t_0 > t_2 \end{cases}$$

$$(8.1.6\text{-}1)$$

其中：

$$a = (-0.13\bar{\lambda}^3 + 0.92\bar{\lambda}^2 - 0.39\bar{\lambda} + 0.74)$$
$$\times (-2.85\bar{C} + 19.45) \quad (8.1.6\text{-}2)$$

$$b = (-1.59\bar{\lambda}^2 + 13.0\bar{\lambda} - 3.0)\bar{C}^{-0.46} \quad (8.1.6\text{-}3)$$

$$k = (-0.1\bar{\lambda}^2 + 1.36\bar{\lambda} + 0.04) \times (0.0034\bar{C}^3 - 0.0465\bar{C}^2 + 0.21\bar{C} - 0.33) \quad (8.1.6\text{-}4)$$

$$t_1 = (-0.0131\bar{\lambda}^3 + 0.17\bar{\lambda}^2 - 0.72\bar{\lambda} + 1.49) \times (0.0072\bar{C}^2 - 0.02\bar{C} + 0.27) \quad (8.1.6\text{-}5)$$

$$t_2 = (0.007\bar{\lambda}^3 + 0.209\bar{\lambda}^2 - 1.035\bar{\lambda} + 1.868) \times (0.006\bar{C}^2 - 0.009\bar{C} + 0.362) \quad (8.1.6\text{-}6)$$

$$t_0 = \frac{3t}{5} \quad (8.1.6\text{-}7)$$

$$\bar{\lambda} = \frac{\lambda}{40} \quad (8.1.6\text{-}8)$$

$$\bar{C} = \frac{C}{400\pi} \quad (8.1.6\text{-}9)$$

式中：k_T——火灾下钢管混凝土柱的承载力系数；

t——受火时间（h）；

C——钢管混凝土柱截面周长（mm）；

λ——长细比；

a、b、k、t_1、t_2、t_0、$\bar{\lambda}$、$\bar{C}$——计算参数。

8.1.7 标准火灾下受火时间小于或等于3.0h的无防火保护矩形钢管混凝土柱，其火灾下的承载力系数 k_T 可按式（8.1.7-1）计算，也可按本规范附录B查表确定；对于非标准火灾，式（8.1.7-1）中的受火时间 t 应取等效曝火时间。

$$k_T = \begin{cases} \dfrac{1}{1+at_0^2} & t_0 \leqslant t_1 \\[2mm] \dfrac{1}{bt_0^2+1+(a-b)t_1^2} & t_1 < t_0 \leqslant t_2 \\[2mm] \dfrac{1}{bt_2^2+1+(a-b)t_1^2} + k(t_0-t_2) & t_0 > t_2 \end{cases}$$

$$(8.1.7\text{-}1)$$

其中：

$$a = (0.015\bar{\lambda}^2 - 0.025\bar{\lambda} + 1.04) \times (-2.56\bar{C} + 16.08)$$
$$(8.1.7\text{-}2)$$

$$b = (-0.19\bar{\lambda}^3 + 1.48\bar{\lambda}^2 - 0.95\bar{\lambda} + 0.86) \times (-0.19\bar{C}^2 + 0.15\bar{C} + 9.05) \quad (8.1.7\text{-}3)$$

$$k = 0.042(\bar{\lambda}^3 - 3.08\bar{\lambda}^2 - 0.21\bar{\lambda} + 0.23) \quad (8.1.7\text{-}4)$$

$$t_1 = 0.38(0.02\bar{\lambda}^3 - 0.13\bar{\lambda}^2 + 0.05\bar{\lambda} + 0.95) \quad (8.1.7\text{-}5)$$

$$t_2 = (0.03\bar{\lambda}^2 - 0.29\bar{\lambda} + 1.21) \times (0.022\bar{C}^2 - 0.105\bar{C} + 0.696) \quad (8.1.7\text{-}6)$$

$$t_0 = \frac{3t}{5} \quad (8.1.7\text{-}7)$$

$$\bar{\lambda} = \frac{\lambda}{40} \quad (8.1.7\text{-}8)$$

$$\bar{C} = \frac{C}{1600} \quad (8.1.7\text{-}9)$$

式中符号含义与本规范式（8.1.6）相同。

8.1.8 标准火灾下受火时间小于或等于3.0h的圆钢管混凝土柱，其防火保护层的设计厚度可按下列公式计算，也可按本规范附录C查表确定；对于非标准火灾，公式中的受火时间 t 应取等效曝火时间。

1 当防火保护层采用金属网抹M5水泥砂浆时，防火保护层的设计厚度应按下列公式计算：

$$d_i = k_{LR}(135 - 1.12\lambda)(1.85t - 0.5t^2 + 0.07t^3)C^{0.0045\lambda - 0.396}$$
$$(8.1.8\text{-}1)$$

$$k_{LR} = \begin{cases} \dfrac{R - k_T}{0.77 - k_T} & R < 0.77 \\[2mm] \dfrac{1}{3.618 - 0.15t - (3.4 - 0.2t)R} & R \geqslant 0.77 \text{ 且 } k_T < 0.77 \\[2mm] (2.5t + 2.3)\dfrac{R - k_T}{1 - k_T} & k_T \geqslant 0.77 \end{cases}$$

$$(8.1.8\text{-}2)$$

2 当防火保护层采用非膨胀型钢结构防火涂料时，防火保护层的设计厚度应按下列公式计算：

$$d_i = k_{LR}(19.2t + 9.6)C^{0.0019\lambda - 0.28} \quad (8.1.8\text{-}3)$$

$$k_{LR} = \begin{cases} \dfrac{R - k_T}{0.77 - k_T} & R < 0.77 \\[2mm] \dfrac{1}{3.695 - 3.5R} & R \geqslant 0.77 \text{ 且 } k_T < 0.77 \\[2mm] 7.2t\dfrac{R - k_T}{1 - k_T} & k_T \geqslant 0.77 \end{cases}$$

$$(8.1.8\text{-}4)$$

式中：d_i——防火保护层厚度（mm）；

k_T——钢管混凝土柱火灾下的承载力系数;
R——荷载比;
t——受火时间（h）;
C——钢管混凝土柱截面周长（mm）;
λ——长细比;
k_{LR}——计算参数,当计算值大于 1.0 时,取 $k_{LR}=1.0$;
当计算值小于 0 时,取 $k_{LR}=0$。

8.1.9 标准火灾下受火时间小于或等于 3.0h 的矩形钢管混凝土柱,其防火保护层的设计厚度可按下列公式计算,也可按本规范附录 C 查表确定;对于非标准火灾,公式中的受火时间 t 应取等效曝火时间。

1 当防火保护层采用金属网抹 M5 水泥砂浆时,防火保护层的设计厚度可按下列公式计算:

$$d_i = k_{LR}(220.8t + 123.8)C^{3.25 \times 10^{-4}\lambda - 0.3075} \quad (8.1.9-1)$$

$$k_{LR} = \begin{cases} \dfrac{R-k_T}{0.77-k_T} & R < 0.77 \\ \dfrac{1}{3.464 - 0.15t - (3.2 - 0.2t)R} & R \geqslant 0.77 \text{ 且 } k_T < 0.77 \\ 5.7t\dfrac{R-k_T}{1-k_T} & k_T \geqslant 0.77 \end{cases}$$

(8.1.9-2)

2 当防火保护层采用非膨胀型钢结构防火涂料时,防火保护层的设计厚度可按下列公式计算:

$$d_i = k_{LR}(149.6t + 22)C^{2 \times 10^{-5}\lambda^2 - 0.0017\lambda - 0.42} \quad (8.1.9-3)$$

$$k_{LR} = \begin{cases} \dfrac{R-k_T}{0.77-k_T} & R < 0.77 \\ \dfrac{1}{3.695 - 3.5R} & R \geqslant 0.77 \text{ 且 } k_T < 0.77 \\ 10t\dfrac{R-k_T}{1-k_T} & k_T \geqslant 0.77 \end{cases}$$

(8.1.9-4)

式中符号含义与本规范式（8.1.8）相同。

8.1.10 钢管混凝土柱应在每个楼层设置直径为 20mm 的排气孔。排气孔宜在柱与楼板相交位置的上、下方 100mm 处各布置 1 个,并应沿柱身反对称布置。当楼层高度大于 6m 时,应增设排气孔,且排气孔沿柱高度方向间距不宜大于 6m。

8.2 压型钢板组合楼板

8.2.1 压型钢板组合楼板应按下列规定进行耐火验算与防火设计:

1 不允许发生大挠度变形的组合楼板,标准火灾下的实际耐火时间 t_d 应按下式计算。当组合楼板的实际耐火时间 t_d 小于其设计耐火极限 t_m 时,组合楼板应采取防火保护措施;当组合楼板的实际耐火时间 t_d 大于或等于其设计耐火极限 t_m 时,可不采取防火保护措施。

$$t_d = 114.06 - 26.8\dfrac{M}{f_t W} \quad (8.2.1-1)$$

式中:t_d——无防火保护的组合楼板的设计耐火极限（min）;
M——火灾下单位宽度组合楼板的最大正弯矩设计值;
f_t——常温下混凝土的抗拉强度设计值;
W——常温下素混凝土板的截面正弯矩抵抗矩。

2 允许发生大挠度变形的组合楼板的耐火验算可考虑组合楼板的薄膜效应。当火灾下组合楼板考虑薄膜效应时的承载力不满足下式时,组合楼板应采取防火保护措施;满足时,可不采取防火保护措施。

$$q_r \geqslant q \quad (8.2.1-2)$$

式中:q_r——火灾下组合楼板考虑薄膜效应时的承载力设计值（kN/m²）,应按本规范附录 D 确定;
q——火灾下组合楼板的荷载设计值（kN/m²）,应按本规范第 3.2.2 条确定。

8.2.2 组合楼板的防火保护措施应根据耐火试验结果确定,耐火试验应符合现行国家标准《建筑构件标准耐火试验》GB/T 9978 的规定。

8.3 钢与混凝土组合梁

Ⅰ 承载力法

8.3.1 火灾下钢与混凝土组合梁的承载力验算,两端铰接时,应按式（8.3.1-1）进行;两端刚接时,应按式（8.3.1-2）进行。

$$M \leqslant M_T^+ \quad (8.3.1-1)$$
$$M \leqslant M_T^+ + M_T^- \quad (8.3.1-2)$$

式中:M——火灾下组合梁的正弯矩设计值;
M_T^+——火灾下组合梁的正弯矩承载力;
M_T^-——火灾下组合梁的负弯矩承载力。

8.3.2 火灾下钢与混凝土组合梁的正弯矩承载力应按下列规定计算:

1 当塑性中和轴在混凝土翼板内（图 8.3.2-1）,即 $b_e h_{cb} f_{cT} \geqslant F_{bf} + F_w + F_{tf}$ 时,正弯矩承载力应按下列公式计算:

$$M_T^+ = (F_{tf} + F_w + F_{bf})y - F_{tf}y_1 - F_w y_2 \quad (8.3.2-1)$$
$$F_{tf} = b_{tf} t_{tf} f_T \quad (8.3.2-2)$$
$$F_w = h_w t_w f_T \quad (8.3.2-3)$$
$$F_{bf} = b_{bf} t_{bf} f_T \quad (8.3.2-4)$$
$$y = h - \dfrac{1}{2}\left(t_{bf} + \dfrac{F_{bf} + F_w + F_{tf}}{b_e f_{cT}}\right) \quad (8.3.2-5)$$
$$y_1 = h_w + \dfrac{1}{2}(t_{bf} + t_{tf}) \quad (8.3.2-6)$$
$$y_2 = \dfrac{1}{2}(t_{bf} + h_w) \quad (8.3.2-7)$$

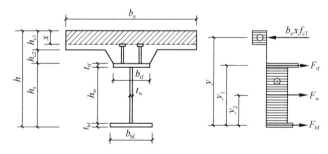

图 8.3.2-1 塑性中和轴在混凝土翼板内时组合梁截面的应力分布

式中:f_{cT}——高温下混凝土的抗压强度,应按本规范第 5.2 节确定,混凝土板的温度应按本规范第 8.3.4 条确定;
f_T——高温下钢材的强度设计值,应按钢梁相应部分

的温度根据本规范第5.1节规定确定,其中钢梁各部分的温度应按本规范第8.3.4条确定;

F_{tf}——高温下钢梁上翼缘的承载力;

F_w——高温下钢梁腹板的承载力;

F_{bf}——高温下钢梁下翼缘的承载力;

b_e——混凝土翼板的有效宽度,应按现行国家标准《钢结构设计标准》GB 50017的规定确定;

b_{tf}——钢梁上翼缘的宽度;

b_{bf}——钢梁下翼缘的宽度;

h——组合梁的高度;

h_{c1}——混凝土翼板的厚度;

h_{c2}——压型钢板托板的高度;

h_{cb}——混凝土翼板的等效厚度,按本规范第8.3.5条确定;

h_s——钢梁的高度;

h_w——钢梁腹板的高度;

t_{tf}——钢梁上翼缘的厚度;

t_w——钢梁腹板的厚度;

t_{bf}——钢梁下翼缘的厚度;

x——混凝土翼板受压区高度;

y——混凝土翼板受压区中心到钢梁下翼缘中心的距离;

y_1——钢梁上翼缘中心到下翼缘中心的距离;

y_2——钢梁腹板中心到下翼缘中心的距离。

2 当塑性中和轴在钢梁上翼缘内(图8.3.2-2),即 $F_{bf} + F_w - F_{tf} < b_e h_{cb} f_{cT} < F_{bf} + F_w + F_{tf}$ 时,正弯矩承载力应按下式计算:

$$M_T^+ = b_e h_{cb} f_{cT} y + F_{tf,c} y_3 - F_{tf,t} y_4 - F_w y_2$$

(8.3.2-8)

$$F_{tf} = b_{tf} t_{tf} f_T \quad (8.3.2-9)$$

$$F_w = h_w t_w f_T \quad (8.3.2-10)$$

$$F_{bf} = b_{bf} t_{bf} f_T \quad (8.3.2-11)$$

$$F_{tf,c} = \frac{1}{2}(F_{tf} + F_w + F_{bf} - b_e h_{cb} f_{cT}) \quad (8.3.2-12)$$

$$F_{tf,t} = \frac{1}{2}(F_{tf} - F_w - F_{bf} + b_e h_{cb} f_{cT}) \quad (8.3.2-13)$$

$$y = h - 0.5 h_{cb} - 0.5 t_{bf} \quad (8.3.2-14)$$

$$y_2 = \frac{1}{2}(t_{bf} + h_w) \quad (8.3.2-15)$$

$$y_3 = \frac{1}{2} t_{bf} + h_w + t_{tf} - \frac{F_{tf} + F_w + F_{bf} - b_e h_{cb} f_{cT}}{4 b_{tf} f_T}$$

(8.3.2-16)

$$y_4 = \frac{1}{2} t_{bf} + h_w + \frac{F_{tf} - F_w - F_{bf} + b_e h_{cb} f_{cT}}{4 b_{tf} f_T}$$

(8.3.2-17)

式中:$F_{tf,c}$——钢梁上翼缘受压区的承载力;

$F_{tf,t}$——钢梁上翼缘受拉区的承载力;

y——混凝土翼板受压区中心到钢梁下翼缘中心的距离;

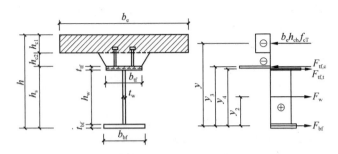

图8.3.2-2 正弯矩作用下塑性中和轴在钢梁上翼缘内时的组合梁截面及应力分布

y_2——钢梁腹板中心到下翼缘中心的距离;

y_3——钢梁上翼缘受压区中心到下翼缘中心的距离;

y_4——钢梁上翼缘受拉区中心到下翼缘中心的距离。

3 当塑性中和轴在钢梁腹板内(图8.3.2-3),即 $b_e h_{cb} f_{cT} \leqslant F_{bf} + F_w - F_{tf}$ 时,正弯矩承载力应按下列公式计算:

$$M_T^+ = b_e h_{cb} f_{cT} y + F_{tf} y_1 + F_{w,c} y_5 - F_{w,t} y_6$$

(8.3.2-18)

$$F_{tf} = b_{tf} t_{tf} f_T \quad (8.3.2-19)$$

$$F_w = h_w t_w f_T \quad (8.3.2-20)$$

$$F_{bf} = b_{bf} t_{bf} f_T \quad (8.3.2-21)$$

$$F_{w,c} = \frac{1}{2}(F_w + F_{bf} - F_{tf} - b_e h_{cb} f_{cT})$$

(8.3.2-22)

$$F_{w,t} = \frac{1}{2}(F_w - F_{bf} + F_{tf} + b_e h_{cb} f_{cT})$$

(8.3.2-23)

$$y = h - 0.5 h_{cb} - 0.5 t_{bf} \quad (8.3.2-24)$$

$$y_1 = h_w + \frac{1}{2}(t_{bf} + t_{tf}) \quad (8.3.2-25)$$

$$y_5 = \frac{1}{2} t_{bf} + h_w - \frac{F_w + F_{bf} - F_{tf} - b_e h_{cb} f_{cT}}{4 t_w f_T}$$

(8.3.2-26)

$$y_6 = \frac{1}{2} t_{bf} + \frac{F_w - F_{bf} + F_{tf} + b_e h_{cb} f_{cT}}{4 t_w f_T}$$

(8.3.2-27)

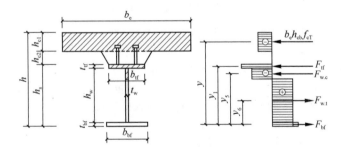

图8.3.2-3 塑性中和轴在钢梁腹板内时组合梁截面的应力分布

式中:$F_{w,c}$——钢梁腹板受压区的承载力;

$F_{w,t}$——钢梁腹板受拉区的承载力;

y——混凝土翼板受压区中心到钢梁下翼缘中心的距离;

y_1——钢梁上翼缘中心到下翼缘中心的距离;

y_5——钢梁腹板受压区中心到下翼缘中心的距离;

y_6——钢梁腹板受拉区中心到下翼缘中心的距离。

8.3.3 火灾下钢与混凝土组合梁的负弯矩承载力应按下式计算，计算时可不考虑楼板的作用（图 8.3.3）。

$$M_T = F_{tf} y_1 + F_{w,t} y_6 - F_{w,c} y_5 \quad (8.3.3-1)$$
$$F_{tf} = b_{tf} t_{tf} f_T \quad (8.3.3-2)$$
$$F_w = h_w t_w f_T \quad (8.3.3-3)$$
$$F_{bf} = b_{bf} t_{bf} f_T \quad (8.3.3-4)$$
$$F_{w,c} = \frac{1}{2}(F_w - F_{bf} + F_{tf}) \quad (8.3.3-5)$$
$$F_{w,t} = \frac{1}{2}(F_w + F_{bf} - F_{tf}) \quad (8.3.3-6)$$
$$y_1 = h_w + \frac{1}{2}(t_{bf} + t_{tf}) \quad (8.3.3-7)$$
$$y_5 = \frac{1}{2} t_{bf} + \frac{F_w - F_{bf} + F_{tf}}{4 t_w f_T} \quad (8.3.3-8)$$
$$y_6 = \frac{1}{2} t_{bf} + h_w - \frac{F_w + F_{bf} - F_{tf}}{4 t_w f_T} \quad (8.3.3-9)$$

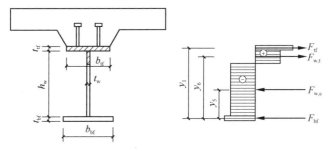

图 8.3.3 负弯矩作用下组合梁截面的应力分布

8.3.4 火灾下钢与混凝土组合梁的温度应按下列规定确定：

1 标准火灾下混凝土翼板的平均温升可按表 8.3.4 确定；对于非标准火灾，受火时间应采用等效曝火时间。

2 H 型钢梁的温度，对于下翼缘与腹板组成的倒 T 型构件，应按四面受火计算截面形状系数；对于上翼缘，可按三面受火计算截面形状系数。

表 8.3.4 标准火灾下钢与混凝土组合梁中混凝土翼板的平均温升（℃）

受火时间(h)		0.5	1.0	1.5	2.0
板厚 (mm)	50	405	635	805	910
	100	265	400	510	600

注：1 表中板厚是指压型钢板肋高以上混凝土板厚度；
  2 当混凝土板厚为 50mm～100mm 时，升温可按表线性插值确定。

8.3.5 混凝土翼板的等效厚度 h_{cb}，对于板肋垂直于钢梁的钢与混凝土组合梁，h_{cb} 应取肋以上的混凝土板厚；对于板肋平行于钢梁的钢与混凝土组合梁，h_{cb} 应取 1/2 肋高以上的混凝土板厚。

Ⅱ 临界温度法

8.3.6 火灾下钢与混凝土组合梁中钢梁腹板与下翼缘的临界温度 T_d，应根据其设计耐火极限 t_m、荷载比 R 和混凝土翼板的等效厚度 h_{cb} 经计算确定。其中，两端铰接组合梁的临界温度应按表 8.3.6-1 确定，两端刚接组合梁的临界温度应按表 8.3.6-2 确定。

表 8.3.6-1 两端铰接组合梁的临界温度 T_d（℃）

t_m (h)		1.0			1.5			2.0		
h_{cb} (mm)		50	70	100	50	70	100	50	70	100
R	0.30	668	682	688	609	669	686	588	620	682
	0.35	630	656	663	575	631	661	550	583	656
	0.40	597	632	640	541	592	636	505	546	631
	0.45	562	608	617	504	556	611	447	508	605
	0.50	528	582	591	455	520	588	339	463	579
	0.55	494	556	567	387	481	564	227	408	553
	0.60	455	524	544	319	431	537	—	353	523
	0.65	406	486	517	250	379	508	—	298	492
	0.70	345	442	489	—	326	477	—	—	454
	0.75	285	396	458	—	273	444	—	—	405
	0.80	—	350	426	—	—	411	—	—	355

注：1 表中"—"表示在该条件下组合梁的耐火验算不适合采用临界温度法；
  2 对于其他设计耐火极限、荷载比和混凝土翼板等效厚度，组合梁的临界温度可线性插值确定。

表 8.3.6-2 两端刚接组合梁的临界温度 T_d（℃）

t_m (h)		1.00			1.50			2.00		
h_{cb} (mm)		50	70	100	50	70	100	50	70	100
R	0.30	614	630	643	596	609	638	588	594	633
	0.35	587	603	617	566	578	612	556	565	606
	0.40	557	575	591	535	549	585	518	532	573
	0.45	525	543	564	499	514	557	472	495	540
	0.50	492	511	537	452	476	526	412	452	508
	0.55	452	478	505	388	434	492	350	388	464
	0.60	405	429	469	324	379	451	289	324	418
	0.65	336	374	430	261	324	397	—	261	352
	0.70	268	319	364	—	269	323	—	—	286
	0.75	—	264	272	—	—	250	—	—	—
	0.80	—	—	—	—	—	—	—	—	—

注：1 表中"—"表示在该条件下组合梁的耐火验算不适合采用临界温度法；
  2 对于其他设计耐火极限、荷载比和混凝土翼板等效厚度，组合梁的临界温度可线性插值确定。

8.3.7 火灾下钢与混凝土组合梁的荷载比 R，两端铰接时，应按式（8.3.7-1）计算；两端刚接时，应按式（8.3.7-2）计算：

$$R = \frac{M}{M^+} \quad (8.3.7-1)$$
$$R = \frac{M}{M^+ + M^-} \quad (8.3.7-2)$$

式中：M——火灾下组合梁的正弯矩设计值；
  M^+——常温下组合梁的正弯矩承载力，应按现行国家标准《钢结构设计标准》GB 50017 的规定计算；
  M^-——常温下组合梁的负弯矩承载力，可按钢梁的负弯矩承载力确定，不考虑混凝土楼板的作用。

8.3.8 钢与混凝土组合梁的防火保护设计，应根据组合梁的临界温度 T_d、无防火保护的钢梁腹板与下翼缘组成的倒 T 型构件在设计耐火极限 t_m 内的最高温度 T_m 经计算确定。其中，最高温度 T_m 应按本规范第 6.2.1 条计算确定。

当临界温度 T_d 小于或等于最高温度 T_m 时，组合梁应采取防火保护措施。防火保护层的设计厚度应按本规范第

7.2.8条、第7.2.9条的规定计算确定；其中，截面形状系数 F_i/V 应取腹板、下翼缘组成的倒T型构件作为验算截面计算。钢梁上翼缘的防火保护层厚度可与腹板及下翼缘的防火保护层厚度相同。当临界温度 T_d 大于最高温度 T_m 时，组合梁可不采取防火保护措施。

9 防火保护工程的施工与验收

9.1 一般规定

9.1.1 施工现场应具有健全的质量管理体系、相应的施工技术标准和施工质量检验制度。施工现场质量管理可按本规范附录E的要求进行检查记录。

9.1.2 钢结构防火保护工程施工的承包合同、工程技术文件对施工质量的要求不得低于本规范的规定。

9.1.3 钢结构防火保护工程的施工，应按照批准的工程设计文件及相应的施工技术标准进行。当需要变更设计、材料代用或采用新材料时，必须征得设计部门的同意、出具设计变更文件。

9.1.4 钢结构防火保护工程施工前应具备下列条件：
1 相应的工程设计技术文件、资料齐全；
2 设计单位已向施工、监理单位进行技术交底；
3 施工现场及施工中使用的水、电、气满足施工要求，并能保证连续施工；
4 钢结构安装工程检验批质量检验合格；
5 施工现场的防火措施、管理措施和灭火器材配备符合消防安全要求；
6 钢材表面除锈、防腐涂装检验批质量检验合格。

9.1.5 钢结构防火保护工程的施工过程质量控制应符合下列规定：
1 采用的主要材料、半成品及成品应进行进场检查验收；凡涉及安全、功能的原材料、半成品及成品应按本规范和设计文件等的规定进行复验，并应经监理工程师检查认可；
2 各工序应按施工技术标准进行质量控制，每道工序完成后，经施工单位自检符合规定后，才可进行下道工序施工；
3 相关专业工种之间应进行交接检验，并应经监理工程师检查认可。

9.1.6 钢结构防火保护工程施工质量的验收，必须采用经计量检定、校准合格的计量器具。

9.1.7 钢结构防火保护工程应作为钢结构工程的分项工程，分成一个或若干个检验批进行质量验收。检验批可按钢结构制作或钢结构安装工程检验批划分成一个或若干个检验批，一个检验批内应采用相同的防火保护方式、同一批次的材料、相同的施工工艺，且施工条件、养护条件等相近。

9.1.8 钢结构防火保护分项工程的质量验收，应在所含检验批质量验收合格的基础上检查质量验收记录。钢结构防火保护分项工程质量验算合格应符合下列规定：
1 所含检验批的质量均应验收合格；
2 所含检验批的质量验收记录应完整。

9.1.9 检验批的质量验收应包括下列内容：
1 实物检查：对采用的主要材料、半成品、成品和构配件应进行进场复验，进场复验应按进场的批次和产品的抽样检验方案执行；

2 资料检查：包括主要材料、成品和构配件的产品合格证（中文产品质量合格证明文件、规格、型号及性能检测报告等）及进场复验报告、施工过程中重要工序的自检和交接检记录、抽样检验报告、见证检测报告、隐蔽工程验收记录等。

9.1.10 检验批质量验收合格应符合下列规定：
1 主控项目的质量经抽样检验应合格；
2 一般项目的质量经抽样检验应合格；当采用计数检验时，除有专门要求外，一般项目的合格点率应达到80%及以上，且不得有严重缺陷（最大偏差值不应大于其允许偏差值的1.2倍）；
3 应具有完整的施工操作依据和质量验收记录。

9.1.11 钢结构防火保护检验批、分项工程质量验收的程序和组织，应符合现行国家标准《建筑工程施工质量验收统一标准》GB 50300 的规定：
1 检验批应由专业监理工程师组织施工单位项目专业质量检查员、专业工长等进行验收；
2 分项工程应由专业监理工程师组织施工单位项目专业技术负责人等进行验收。

9.2 防火保护材料进场

Ⅰ 主控项目

9.2.1 防火涂料、防火板、毡状防火材料等防火保护材料的质量，应符合国家现行产品标准的规定和设计要求，并应具备产品合格证、国家权威质量监督检验机构出具的检验合格报告和型式认可证书。

检查数量：全数检查。

检验方法：查验产品合格证、检验合格报告和型式认可证书。

9.2.2 预应力钢结构、跨度大于或等于60m的大跨度钢结构、高度大于或等于100m的高层建筑钢结构所采用的防火涂料、防火板、毡状防火材料等防火保护材料，在材料进场后，应对其隔热性能进行见证检验。非膨胀型防火涂料和防火板、毡状防火材料等实测的等效热传导系数不应大于等效热传导系数的设计取值，其允许偏差为+10%；膨胀型防火涂料实测的等效热阻不应小于等效热阻的设计取值，其允许偏差为-10%。

检查数量：按施工进货的生产批次确定，每一批次应抽检一次。

检验方法：按现行国家标准《建筑构件耐火试验方法 第1部分：通用要求》GB/T 9978.1、《建筑构件耐火试验方法 第7部分》GB/T 9978.7 规定的耐火性能试验方法测试，试件采用I36b工字钢，长度500mm，数量3个，试件应四面受火且不加载。对于非膨胀型防火涂料，试件的防火保护层厚度取20mm，并应按式（5.3.1）计算等效热传导系数；对于防火板、毡状防火材料，试件的防火保护层厚度取防火板、毡状防火材料的厚度，并应按式（5.3.1）计算等效热传导系数；对于膨胀型防火涂料，试件的防火保护厚度取涂料的最小使用厚度、最大使用厚度的平均值，并应按式（5.3.2）计算等效热阻。

9.2.3 防火涂料的黏结强度应符合现行国家标准的规定，其允许偏差为-10%。

检查数量：按施工进货的生产批次确定，每一进货批次应抽检一次。

检查方法：应符合现行国家标准《钢结构防火涂料》GB 14907的规定。

9.2.4 防火板的抗折强度应符合产品标准的规定和设计要求，其允许偏差为－10%。

检查数量：按施工进货的生产批次确定，每一进货批次应抽检一次。

检查方法：按产品标准进行抗折试验。

9.2.5 混凝土、砂浆、砌块的抗压强度应符合本规范第4.1.6条的规定，其允许偏差为－10%。

检查数量：混凝土按现行国家标准《混凝土结构工程施工质量验收规范》GB 50204的规定，砂浆和砌块按现行国家标准《砌体结构工程施工质量验收规范》GB 50203的规定。

检查方法：混凝土应符合现行国家标准《混凝土结构工程施工质量验收规范》GB 50204的规定；砂浆和砌块应符合现行国家标准《砌体结构工程施工质量验收规范》GB 50203的规定。

Ⅱ 一般项目

9.2.6 防火涂料的外观、在容器中的状态等，应符合产品标准的要求。

检查数量：按防火涂料施工进货批次确定，每一进货批次应抽检一次。

检查方法：应符合现行国家标准《钢结构防火涂料》GB 14907的规定。

9.2.7 防火板表面应平整，无孔洞、凸出物、缺损、裂痕和泛出物。有装饰要求的防火板，表面应色泽一致、无明显划痕。

检查数量：全数检查。

检查方法：直观检查。

9.3 防火涂料保护工程

Ⅰ 主控项目

9.3.1 防火涂料涂装时的环境温度和相对湿度应符合涂料产品说明书的要求。当产品说明书无要求时，环境温度宜为5℃～38℃，相对湿度不应大于85%。涂装时，构件表面不应有结露，涂装后4.0h内应保护免受雨淋、水冲等，并应防止机械撞击。

检查数量：全数检查。

检验方法：直观检查。

9.3.2 防火涂料的涂装遍数和每遍涂装的厚度均应符合产品说明书的要求。防火涂料涂层的厚度不得小于设计厚度。非膨胀型防火涂料涂层最薄处的厚度不得小于设计厚度的85%；平均厚度的允许偏差应为设计厚度的±10%，且不应大于±2mm。膨胀型防火涂料涂层最薄处厚度的允许偏差为设计厚度的±5%，且不应大于±0.2mm。

检查数量：按同类构件基数抽查10%，且均不应少于3件。

检查方法：每一构件选取至少5个不同的涂层部位，用测厚仪分别测量其厚度。

9.3.3 膨胀型防火涂料涂层表面的裂纹宽度不应大于0.5mm，且1m长度内均不得多于1条；当涂层厚度小于或等于3mm时，不应大于0.1mm。非膨胀型防火涂料涂层表面的裂纹宽度不应大于1mm，且1m长度内不得多于3条。

检查数量：按同类构件基数抽查10%，且均不应少于3件。

检验方法：直观和用尺量检查。

Ⅱ 一般项目

9.3.4 防火涂料涂装基层不应有油污、灰尘和泥沙等污垢。

检查数量：全数检查。

检验方法：直观检查。

9.3.5 防火涂层不应有误涂、漏涂，涂层应闭合无脱层、空鼓、明显凹陷、粉化松散和浮浆等外观缺陷，乳突应剔除。

检查数量：全数检查。

检验方法：直观检查。

9.4 防火板保护工程

Ⅰ 主控项目

9.4.1 防火板保护层的厚度不应小于设计厚度，其允许偏差应为设计厚度的±10%，且不大于±2mm。

检查数量：按同类构件基数抽查10%，且均不应少于3件。

检查方法：每一构件选取至少5个不同的部位，用游标卡尺分别测量其厚度；防火板保护层厚度为测点厚度的平均值。

9.4.2 防火板的安装龙骨、支撑固定件等应固定牢固，现场拉拔强度应符合设计要求，其允许偏差应为设计值的－10%。

检查数量：按同类构件基数抽查10%，且均不应少于3个。

检查方法：现场手搿检查；查验进场验收记录、现场拉拔检测报告。

9.4.3 防火板安装应牢固稳定、封闭良好。

检查数量：按同类构件基数抽查10%，且均不应少于3件。

检查方法：直观检查。

Ⅱ 一般项目

9.4.4 防火板的安装允许偏差应符合表9.4.4的规定。

检查数量：全数检查。

检查方法：用2m垂直检测尺、2m靠尺、塞尺、直角检测尺、钢直尺实测。

表9.4.4 防火板的安装允许偏差（mm）

检查项目	允许偏差	检查仪器
立面垂直度	±4	2m垂直检测尺
表面平整度	±2	2m靠尺、塞尺
阴阳角正方	±2	直角检测尺
接缝高低差	±1	钢直尺、塞尺
接缝宽厚	±2	钢直尺

9.4.5 防火板分层安装时，应分层固定、相互压缝。

检查数量：全数检查。

检查方法：查验隐蔽工程记录和施工记录。

9.4.6 防火板的安装接缝应严密、顺直，接缝边缘应整齐。

检查数量：全数检查。
检查方法：直观和用尺量检查。

9.5 柔性毡状材料防火保护工程

Ⅰ 主 控 项 目

9.5.1 柔性毡状材料防火保护层的厚度应符合设计要求。厚度允许偏差为±10%，且不应大于±3mm。

检查数量：按同类构件基数抽查10%，且均不应少于3件。

检查方法：每一构件选取至少5个不同的涂层部位，用针刺、尺量检查。

9.5.2 柔性毡状材料防火保护层的厚度大于100mm时，应分层施工。

检查数量：按同类构件基数抽查10%，且均不应少于3件。

检查方法：直观和用尺量检查。

Ⅱ 一 般 项 目

9.5.3 毡状隔热材料的捆扎应牢固、平整，捆扎间距应符合设计要求，且间距应均匀。

检查数量：按同类构件基数抽查10%，且均不应少于3件。

检查方法：直观和用尺量检查。

9.5.4 柔性毡状材料防火保护层应拼缝严实、规则；同层错缝、上下层压缝；表面应平整、错缝整齐，并应作严缝处理。

检查数量：按同类构件基数抽查10%，且均不应少于3件。

检查方法：直观和用尺量检查。

9.5.5 柔性毡状材料防火保护层的固定支撑件应垂直于钢构件表面牢固安装，安装间距符合设计要求，且间距应均匀。

检查数量：按同类构件基数抽查10%，且均不应少于3件。

检查方法：直观和用尺量检查、手掰检查。

9.6 混凝土、砂浆和砌体防火保护工程

Ⅰ 主 控 项 目

9.6.1 混凝土保护层、砂浆保护层和砌体保护层的厚度不应小于设计厚度。混凝土保护层、砌体保护层的允许偏差为±10%，且不应大于±5mm。砂浆保护层的允许偏差为±10%，且不应大于±2mm。

检查数量：按同类构件基数抽查10%，且均不应少于3件。

检查方法：每一构件选取至少5个不同的部位，用尺量检查。

Ⅱ 一 般 项 目

9.6.2 混凝土保护层的表面应平整，无明显的孔洞、缺损、裂痕等缺陷。

检查数量：全数检查。

检验方法：直观检查。

9.6.3 砂浆保护层表面的裂纹宽度不应大于1mm，且1m长度内不得多于3条。

检查数量：按同类构件基数抽查10%，且均不应少于3件。

检查方法：直观和用尺量检查。

9.6.4 砌体保护层应同层错缝、上下层压缝，边缘应整齐。

检查数量：按同类构件基数抽查10%，且均不应少于3件。

检查方法：直观和用尺量检查。

9.7 复合防火保护工程

Ⅰ 主 控 项 目

9.7.1 采用复合防火保护时，后一种防火保护的施工应在前一种防火保护检验批的施工质量检验合格后进行。

检查数量：全数检查。

检查方法：查验施工记录和验收记录。

9.7.2 采用复合防火保护时，单一防火保护主控项目的施工质量检查应符合本规范第9.2节～第9.6节的规定。

Ⅱ 一 般 项 目

9.7.3 采用复合防火保护时，单一防火保护一般项目的施工质量检查应符合本规范第9.2节～第9.6节的规定。

9.8 防火保护分项工程验收

9.8.1 钢结构防火保护工程施工质量验收时，应提供下列文件和记录：

1 工程竣工图纸和相关设计文件、设计变更文件；
2 施工现场质量管理检查记录；
3 原材料出厂合格证与检验报告，材料进场复验报告；
4 防火保护施工、安装记录；
5 防火保护层厚度检查记录；
6 观感质量检验项目检查记录；
7 分项工程所含各检验批质量验收记录；
8 强制性条文检验项目检查记录及证明文件；
9 隐蔽工程检验项目检查记录；
10 分项工程验收记录；
11 不合格项的处理记录及验收记录；
12 重大质量、技术问题处理及验收记录；
13 其他必要的文件和记录。

9.8.2 隐蔽工程验收项目应包括下列内容：

1 吊顶内、夹层内、井道内等隐蔽部位的防火保护；
2 防火板保护中龙骨、连接固定件的安装；
3 多层防火板、多层柔性毡状隔热材料保护中面层以下各层的安装；
4 复合防火保护中的基层防火保护。

9.8.3 钢结构防火保护分项工程质量验收记录可按下列规定填写：

1 施工现场的质量管理检查记录可按本规范附录E的规定填写；
2 检验批质量验收记录可按本规范附录F的规定填写，填写时应具有现场验收检查原始记录；
3 分项工程质量验收记录可按本规范附录G的规定填写。

9.8.4 当钢结构防火保护分项工程施工质量不符合规定时，应按下列规定进行处理：

1 经返工重做的检验批，应重新进行验收；通过返修或重做仍不能满足结构防火要求的钢结构防火保护分项工程，严禁验收；
2 经有资质的检测单位检测鉴定能够达到设计要求的检验批，可视为合格；

3 经有资质的检测单位检测鉴定达不到设计要求,但经原设计单位核算认可能够满足结构防火要求的检验批,可视为合格。

9.8.5 钢结构防火保护分项工程施工质量验收合格后,应将所有验收文件存档备案。

附录 A 防火保护层的施用厚度

当工程实际使用的非膨胀型防火涂料(防火板)的等效热传导系数与设计要求不一致时,可按下式确定防火保护层的施用厚度:

$$d_{i2} = d_{i1} \frac{\lambda_{i2}}{\lambda_{i1}} \quad (A-1)$$

式中:d_{i1}——钢结构防火设计技术文件规定的防火保护层的厚度(mm);
d_{i2}——防火保护层实际施用厚度(mm);
λ_{i1}——钢结构防火设计技术文件规定的非膨胀型防火涂料、防火板的等效热传导系数[W/(m·℃)];
λ_{i2}——施工采用的非膨胀型防火涂料、防火板的等效热传导系数[W/(m·℃)]。

附录 B 标准火灾下钢管混凝土柱的承载力系数

表 B 标准火灾下钢管混凝土柱的承载力系数

长细比	截面直径或短边宽度(mm)	圆钢管混凝土柱 受火时间(h)						矩形钢管混凝土柱 受火时间(h)					
		0.5	1.0	1.5	2.0	2.5	3.0	0.5	1.0	1.5	2.0	2.5	3.0
10	200	0.62	0.52	0.49	0.46	0.44	0.41	0.42	0.22	0.18	0.18	0.18	0.18
	400	0.64	0.55	0.53	0.51	0.49	0.48	0.44	0.23	0.20	0.20	0.20	0.20
	600	0.66	0.58	0.56	0.55	0.54	0.53	0.47	0.24	0.21	0.21	0.21	0.21
	800	0.68	0.59	0.59	0.58	0.57	0.56	0.49	0.26	0.23	0.23	0.23	0.23
	1000	0.70	0.61	0.60	0.60	0.59	0.59	0.53	0.27	0.25	0.25	0.25	0.25
	1200	0.73	0.62	0.61	0.61	0.61	0.60	0.56	0.29	0.26	0.26	0.26	0.26
	1400	0.75	0.62	0.62	0.62	0.61	0.61	0.60	0.32	0.27	0.27	0.27	0.27
	1600	0.78	0.63	0.62	0.62	0.62	0.62	0.65	0.35	0.28	0.28	0.28	0.28
	1800	0.81	0.64	0.63	0.63	0.63	0.62	0.70	0.39	0.29	0.29	0.29	0.29
	2000	0.85	0.65	0.64	0.64	0.64	0.64	0.77	0.44	0.29	0.29	0.29	0.29
20	200	0.60	0.38	0.33	0.28	0.23	0.18	0.42	0.22	0.18	0.18	0.17	0.16
	400	0.62	0.43	0.40	0.36	0.33	0.30	0.44	0.23	0.20	0.20	0.19	0.18
	600	0.64	0.46	0.45	0.42	0.40	0.38	0.47	0.24	0.22	0.22	0.21	0.20
	800	0.66	0.49	0.48	0.47	0.45	0.44	0.50	0.26	0.24	0.24	0.23	0.22
	1000	0.68	0.51	0.50	0.49	0.48	0.48	0.53	0.27	0.26	0.25	0.25	0.24
	1200	0.71	0.52	0.52	0.51	0.51	0.50	0.56	0.29	0.27	0.27	0.26	0.25
	1400	0.74	0.53	0.53	0.52	0.52	0.52	0.60	0.32	0.28	0.28	0.27	0.27
	1600	0.77	0.54	0.54	0.53	0.53	0.53	0.65	0.35	0.29	0.29	0.28	0.27
	1800	0.80	0.56	0.54	0.54	0.54	0.53	0.70	0.38	0.30	0.30	0.29	0.28
	2000	0.84	0.59	0.56	0.55	0.55	0.55	0.77	0.44	0.31	0.31	0.30	0.29
40	200	0.44	0.25	0.16	0.07	0	0	0.42	0.18	0.15	0.13	0.10	0.07
	400	0.49	0.32	0.26	0.20	0.13	0.07	0.44	0.20	0.17	0.15	0.12	0.09
	600	0.52	0.37	0.33	0.29	0.25	0.21	0.47	0.22	0.19	0.16	0.14	0.11
	800	0.55	0.41	0.38	0.36	0.33	0.30	0.50	0.23	0.21	0.18	0.16	0.13
	1000	0.58	0.43	0.42	0.40	0.38	0.37	0.53	0.25	0.22	0.20	0.17	0.15
	1200	0.61	0.45	0.44	0.43	0.42	0.41	0.56	0.26	0.24	0.21	0.18	0.16
	1400	0.64	0.46	0.46	0.45	0.44	0.43	0.60	0.27	0.25	0.22	0.19	0.17
	1600	0.68	0.47	0.47	0.46	0.45	0.45	0.65	0.28	0.25	0.23	0.20	0.17
	1800	0.73	0.48	0.48	0.47	0.46	0.46	0.70	0.31	0.26	0.23	0.20	0.18
	2000	0.77	0.49	0.49	0.48	0.47	0.47	0.77	0.35	0.26	0.24	0.21	0.19
60	200	0.31	0.17	0.04	0	0	0	0.42	0.15	0.10	0.06	0.01	0
	400	0.36	0.27	0.18	0.09	0.04	0	0.44	0.16	0.12	0.07	0.03	0
	600	0.40	0.33	0.27	0.21	0.15	0.09	0.47	0.18	0.14	0.09	0.04	0
	800	0.42	0.38	0.34	0.30	0.27	0.23	0.49	0.20	0.15	0.11	0.07	0.03
	1000	0.44	0.41	0.39	0.37	0.34	0.32	0.53	0.21	0.17	0.12	0.07	0.03
	1200	0.47	0.44	0.42	0.40	0.39	0.38	0.56	0.22	0.17	0.13	0.08	0.04
	1400	0.51	0.45	0.44	0.43	0.42	0.41	0.60	0.23	0.18	0.13	0.09	0.04
	1600	0.54	0.46	0.45	0.44	0.43	0.42	0.65	0.23	0.18	0.14	0.09	0.04
	1800	0.58	0.47	0.46	0.45	0.44	0.43	0.70	0.23	0.18	0.14	0.09	0.05
	2000	0.64	0.48	0.47	0.46	0.45	0.44	0.77	0.24	0.19	0.14	0.10	0.05

附录 C 标准火灾下钢管混凝土柱防火保护层的设计厚度

表 C-1 标准火灾下钢管混凝土柱防火保护层的设计厚度（mm）：荷载比 0.3

长细比	截面直径或短边宽度（mm）	金属网抹M5普通水泥砂防火保护层										非膨胀型防火涂料防火保护层									
		圆钢管混凝土柱					矩形钢管混凝土柱					圆钢管混凝土柱					矩形钢管混凝土柱				
		1.0	1.5	2.0	2.5	3.0	1.0	1.5	2.0	2.5	3.0	1.0	1.5	2.0	2.5	3.0	1.0	1.5	2.0	2.5	3.0
10	200	0	0	0	0	0	25	25	25	25	25	0	0	0	0	0	10	10	10	10	10
	400	0	0	0	0	0	25	25	25	25	25	0	0	0	0	0	10	10	10	10	10
	600	0	0	0	0	0	25	25	25	25	25	0	0	0	0	0	10	10	10	10	10
	800	0	0	0	0	0	25	25	25	25	25	0	0	0	0	0	10	10	10	10	10
	1000	0	0	0	0	0	25	25	25	25	25	0	0	0	0	0	10	10	10	10	10
	1200	0	0	0	0	0	25	25	25	25	25	0	0	0	0	0	10	10	10	10	10
	1400	0	0	0	0	0	0	25	25	25	25	0	0	0	0	0	0	10	10	10	10
	1600	0	0	0	0	0	0	25	25	25	25	0	0	0	0	0	0	10	10	10	10
	1800	0	0	0	0	0	0	25	25	25	25	0	0	0	0	0	0	10	10	10	10
	2000	0	0	0	0	0	0	25	25	25	25	0	0	0	0	0	0	10	10	10	10
20	200	0	0	25	25	25	25	25	25	25	25	0	0	10	10	10	10	10	10	10	10
	400	0	0	0	0	25	25	25	25	25	25	0	0	0	0	10	10	10	10	10	10
	600	0	0	0	0	0	25	25	25	25	25	0	0	0	0	0	10	10	10	10	10
	800	0	0	0	0	0	25	25	25	25	25	0	0	0	0	0	10	10	10	10	10
	1000	0	0	0	0	0	25	25	25	25	25	0	0	0	0	0	10	10	10	10	10
	1200	0	0	0	0	0	25	25	25	25	25	0	0	0	0	0	10	10	10	10	10
	1400	0	0	0	0	0	0	25	25	25	25	0	0	0	0	0	0	10	10	10	10
	1600	0	0	0	0	0	0	25	25	25	25	0	0	0	0	0	0	10	10	10	10
	1800	0	0	0	0	0	0	0	25	25	25	0	0	0	0	0	0	0	10	10	10
	2000	0	0	0	0	0	0	0	0	25	25	0	0	0	0	0	0	0	0	10	10
40	200	25	25	25	25	26	25	25	25	29	36	10	10	10	10	10	10	10	10	10	10
	400	0	25	25	25	25	25	25	25	25	28	0	10	10	10	10	10	10	10	10	10
	600	0	0	25	25	25	25	25	25	25	25	0	0	10	10	10	10	10	10	10	10
	800	0	0	0	0	0	25	25	25	25	25	0	0	0	0	0	10	10	10	10	10
	1000	0	0	0	0	0	25	25	25	25	25	0	0	0	0	0	10	10	10	10	10
	1200	0	0	0	0	0	25	25	25	25	25	0	0	0	0	0	10	10	10	10	10
	1400	0	0	0	0	0	0	25	25	25	25	0	0	0	0	0	0	10	10	10	10
	1600	0	0	0	0	0	0	25	25	25	25	0	0	0	0	0	0	10	10	10	10
	1800	0	0	0	0	0	0	25	25	25	25	0	0	0	0	0	0	10	10	10	10
	2000	0	0	0	0	0	0	25	25	25	25	0	0	0	0	0	0	10	10	10	10
60	200	25	25	27	31	35	25	25	29	38	45	10	10	10	10	10	10	10	10	10	10
	400	25	25	25	28	32	25	25	25	30	37	10	10	10	10	10	10	10	10	10	10
	600	0	25	25	25	25	25	25	25	26	33	0	10	10	10	10	10	10	10	10	10
	800	0	0	0	25	25	25	25	25	25	30	0	0	0	10	10	10	10	10	10	10
	1000	0	0	0	0	0	25	25	25	25	27	0	0	0	0	0	10	10	10	10	10
	1200	0	0	0	0	0	25	25	25	25	25	0	0	0	0	0	10	10	10	10	10
	1400	0	0	0	0	0	0	25	25	25	25	0	0	0	0	0	0	10	10	10	10
	1600	0	0	0	0	0	0	25	25	25	25	0	0	0	0	0	0	10	10	10	10
	1800	0	0	0	0	0	0	25	25	25	25	0	0	0	0	0	0	10	10	10	10
	2000	0	0	0	0	0	25	25	25	25	25	0	0	0	0	0	10	10	10	10	10

表 C-2 标准火灾下钢管混凝土柱防火保护层的设计厚度 (mm)：荷载比 0.4

长细比	截面直径或短边宽度 (mm)	设计耐火极限(h)																			
		金属网抹 M5 普通水泥砂防火保护层										非膨胀型防火涂料防火保护层										
		圆钢管混凝土柱					矩形钢管混凝土柱					圆钢管混凝土柱					矩形钢管混凝土柱				
		1.0	1.5	2.0	2.5	3.0	1.0	1.5	2.0	2.5	3.0	1.0	1.5	2.0	2.5	3.0	1.0	1.5	2.0	2.5	3.0
10	200	0	0	0	0	0	25	25	28	34	39	0	0	0	0	0	10	10	10	10	10
	400	0	0	0	0	0	25	25	25	26	30	0	0	0	0	0	10	10	10	10	10
	600	0	0	0	0	0	25	25	25	25	25	0	0	0	0	0	10	10	10	10	10
	800	0	0	0	0	0	25	25	25	25	25	0	0	0	0	0	10	10	10	10	10
	1000	0	0	0	0	0	25	25	25	25	25	0	0	0	0	0	10	10	10	10	10
	1200	0	0	0	0	0	25	25	25	25	25	0	0	0	0	0	10	10	10	10	10
	1400	0	0	0	0	0	25	25	25	25	25	0	0	0	0	0	10	10	10	10	10
	1600	0	0	0	0	0	25	25	25	25	25	0	0	0	0	0	10	10	10	10	10
	1800	0	0	0	0	0	25	25	25	25	25	0	0	0	0	0	10	10	10	10	10
	2000	0	0	0	0	0	0	25	25	25	25	0	0	0	0	0	0	10	10	10	10
20	200	25	25	25	25	25	25	25	29	35	41	10	10	10	10	10	10	10	10	10	10
	400	0	25	25	25	25	25	25	25	27	32	0	10	10	10	10	10	10	10	10	10
	600	0	0	0	0	25	25	25	25	25	27	0	0	0	0	0	10	10	10	10	10
	800	0	0	0	0	0	25	25	25	25	25	0	0	0	0	0	10	10	10	10	10
	1000	0	0	0	0	0	25	25	25	25	25	0	0	0	0	0	10	10	10	10	10
	1200	0	0	0	0	0	25	25	25	25	25	0	0	0	0	0	10	10	10	10	10
	1400	0	0	0	0	0	25	25	25	25	25	0	0	0	0	0	10	10	10	10	10
	1600	0	0	0	0	0	25	25	25	25	25	0	0	0	0	0	10	10	10	10	10
	1800	0	0	0	0	0	25	25	25	25	25	0	0	0	0	0	10	10	10	10	10
	2000	0	0	0	0	0	0	25	25	25	25	0	0	0	0	0	0	10	10	10	10
40	200	25	25	25	31	35	25	26	34	43	52	10	10	10	10	10	10	10	10	10	11
	400	25	25	25	25	27	25	25	27	34	41	10	10	10	10	10	10	10	10	10	10
	600	25	25	25	25	25	25	25	25	29	35	10	10	10	10	10	10	10	10	10	10
	800	0	25	25	25	25	25	25	25	25	31	0	10	10	10	10	10	10	10	10	10
	1000	0	0	0	25	25	25	25	25	25	28	0	0	0	0	0	10	10	10	10	10
	1200	0	0	0	0	0	25	25	25	25	26	0	0	0	0	0	10	10	10	10	10
	1400	0	0	0	0	0	25	25	25	25	25	0	0	0	0	0	10	10	10	10	10
	1600	0	0	0	0	0	25	25	25	25	25	0	0	0	0	0	10	10	10	10	10
	1800	0	0	0	0	0	25	25	25	25	25	0	0	0	0	0	10	10	10	10	10
	2000	0	0	0	0	0	25	25	25	25	25	0	0	0	0	0	10	10	10	10	10
60	200	25	28	36	41	46	25	30	40	51	60	10	10	10	11	12	10	10	10	11	13
	400	25	25	29	38	43	25	25	32	41	49	10	10	10	10	11	10	10	10	10	10
	600	25	25	25	28	35	25	25	28	36	44	10	10	10	10	10	10	10	10	10	10
	800	25	25	25	25	25	25	25	25	32	40	10	10	10	10	10	10	10	10	10	10
	1000	0	25	25	25	25	25	25	25	30	37	0	10	10	10	10	10	10	10	10	10
	1200	0	0	0	25	25	25	25	25	28	34	0	0	0	0	10	10	10	10	10	10
	1400	0	0	0	0	0	25	25	25	26	33	0	0	0	0	0	10	10	10	10	10
	1600	0	0	0	0	0	25	25	25	25	31	0	0	0	0	0	10	10	10	10	10
	1800	0	0	0	0	0	25	25	25	25	30	0	0	0	0	0	10	10	10	10	10
	2000	0	0	0	0	0	25	25	25	25	29	0	0	0	0	0	10	10	10	10	10

表 C-3 标准火灾下钢管混凝土柱防火保护层的设计厚度（mm）：荷载比 0.5

长细比	截面直径或短边宽度 (mm)	设计耐火极限(h)																			
		金属网抹 M5 普通水泥砂防火保护层										非膨胀型防火涂料防火保护层									
		圆钢管混凝土柱					矩形钢管混凝土柱					圆钢管混凝土柱					矩形钢管混凝土柱				
		1.0	1.5	2.0	2.5	3.0	1.0	1.5	2.0	2.5	3.0	1.0	1.5	2.0	2.5	3.0	1.0	1.5	2.0	2.5	3.0
10	200	0	25	25	25	25	25	33	41	49	57	0	10	10	10	10	10	10	10	12	15
	400	0	0	0	25	25	25	26	32	38	45	0	0	0	10	10	10	10	10	10	11
	600	0	0	0	0	0	25	25	28	33	38	0	0	0	0	0	10	10	10	10	10
	800	0	0	0	0	0	25	25	25	29	34	0	0	0	0	0	10	10	10	10	10
	1000	0	0	0	0	0	25	25	25	27	31	0	0	0	0	0	10	10	10	10	10
	1200	0	0	0	0	0	25	25	25	25	28	0	0	0	0	0	10	10	10	10	10
	1400	0	0	0	0	0	25	25	25	25	27	0	0	0	0	0	10	10	10	10	10
	1600	0	0	0	0	0	25	25	25	25	25	0	0	0	0	0	10	10	10	10	10
	1800	0	0	0	0	0	25	25	25	25	25	0	0	0	0	0	10	10	10	10	10
	2000	0	0	0	0	0	25	25	25	25	25	0	0	0	0	0	10	10	10	10	10
20	200	25	25	25	25	26	25	33	42	50	59	10	10	10	10	10	10	10	10	12	14
	400	25	25	25	25	25	25	26	33	40	47	10	10	10	10	10	10	10	10	10	10
	600	25	25	25	25	25	25	25	28	34	40	10	10	10	10	10	10	10	10	10	10
	800	25	25	25	25	25	25	25	25	30	36	10	10	10	10	10	10	10	10	10	10
	1000	0	0	25	25	25	25	25	25	27	32	0	0	10	10	10	10	10	10	10	10
	1200	0	0	0	25	25	25	25	25	25	30	0	0	0	10	10	10	10	10	10	10
	1400	0	0	0	0	0	25	25	25	25	28	0	0	0	0	10	10	10	10	10	10
	1600	0	0	0	0	0	25	25	25	25	26	0	0	0	0	0	10	10	10	10	10
	1800	0	0	0	0	0	25	25	25	25	25	0	0	0	0	0	10	10	10	10	10
	2000	0	0	0	0	0	25	25	25	25	25	0	0	0	0	0	10	10	10	10	10
40	200	25	25	32	38	43	26	36	46	57	68	10	10	10	11	12	10	10	10	12	14
	400	25	25	25	29	35	25	29	37	46	54	10	10	10	10	10	10	10	10	10	10
	600	25	25	25	25	28	25	25	32	40	47	10	10	10	10	10	10	10	10	10	10
	800	25	25	25	25	25	25	25	29	36	43	10	10	10	10	10	10	10	10	10	10
	1000	25	25	25	25	25	25	25	26	33	39	10	10	10	10	10	10	10	10	10	10
	1200	25	25	25	25	25	25	25	25	30	37	10	10	10	10	10	10	10	10	10	10
	1400	25	25	25	25	25	25	25	25	29	35	10	10	10	10	10	10	10	10	10	10
	1600	25	25	25	25	25	25	25	25	27	33	10	10	10	10	10	10	10	10	10	10
	1800	25	25	25	25	25	25	25	25	26	32	10	10	10	10	10	10	10	10	10	10
	2000	25	25	25	25	25	25	25	25	25	30	10	10	10	10	10	10	10	10	10	10
60	20	25	36	45	51	58	29	40	52	64	75	10	10	11	13	15	10	10	10	13	16
	400	25	29	38	47	53	25	32	42	52	61	10	10	10	12	14	10	10	10	10	12
	600	25	25	31	39	47	25	28	37	46	55	10	10	10	10	12	10	10	10	10	10
	800	25	25	25	31	38	25	26	33	41	50	10	10	10	10	10	10	10	10	10	10
	1000	25	25	25	25	30	25	25	31	38	46	10	10	10	10	10	10	10	10	10	10
	1200	25	25	25	25	25	25	25	29	36	44	10	10	10	10	10	10	10	10	10	10
	1400	25	25	25	25	25	25	25	28	35	42	10	10	10	10	10	10	10	10	10	10
	1600	25	25	25	25	25	25	25	27	33	40	10	10	10	10	10	10	10	10	10	10
	1800	25	25	25	25	25	25	25	26	32	39	10	10	10	10	10	10	10	10	10	10
	2000	25	25	25	25	25	25	25	25	31	37	10	10	10	10	10	10	10	10	10	10

表 C-4 标准火灾下钢管混凝土柱防火保护层的设计厚度（mm）：荷载比 0.6

长细比	截面直径或短边宽度(mm)	金属网抹M5普通水泥砂防火保护层										非膨胀型防火涂料防火保护层									
		圆钢管混凝土柱					矩形钢管混凝土柱					圆钢管混凝土柱					矩形钢管混凝土柱				
		1.0	1.5	2.0	2.5	3.0	1.0	1.5	2.0	2.5	3.0	1.0	1.5	2.0	2.5	3.0	1.0	1.5	2.0	2.5	3.0
10	200	25	25	25	25	25	32	43	53	64	74	10	10	10	10	10	10	10	13	16	19
	400	25	25	25	25	25	25	34	43	51	59	10	10	10	10	10	10	10	10	12	14
	600	25	25	25	25	25	25	30	37	44	52	10	10	10	10	10	10	10	10	10	12
	800	25	25	25	25	25	25	27	34	40	47	10	10	10	10	10	10	10	10	10	10
	1000	0	0	25	25	25	25	25	31	37	43	0	0	10	10	10	10	10	10	10	10
	1200	0	0	0	0	0	25	25	29	35	40	0	0	0	0	0	10	10	10	10	10
	1400	0	0	0	0	0	25	25	27	33	38	0	0	0	0	0	10	10	10	10	10
	1600	0	0	0	0	0	25	25	26	31	36	0	0	0	0	0	10	10	10	10	10
	1800	0	0	0	0	0	25	25	25	30	35	0	0	0	0	0	10	10	10	10	10
	2000	0	0	0	0	0	25	25	25	29	33	0	0	0	0	0	10	10	10	10	10
20	200	25	25	25	28	33	32	44	54	65	76	10	10	10	10	11	10	10	12	15	18
	400	25	25	25	25	25	26	35	44	52	61	10	10	10	10	10	10	10	10	11	13
	600	25	25	25	25	25	25	31	38	46	53	10	10	10	10	10	10	10	10	10	11
	800	25	25	25	25	25	25	28	34	41	48	10	10	10	10	10	10	10	10	10	10
	1000	25	25	25	25	25	25	26	32	38	45	10	10	10	10	10	10	10	10	10	10
	1200	25	25	25	25	25	25	25	30	36	42	10	10	10	10	10	10	10	10	10	10
	1400	25	25	25	25	25	25	25	28	34	39	10	10	10	10	10	10	10	10	10	10
	1600	25	25	25	25	25	25	25	27	32	37	10	10	10	10	10	10	10	10	10	10
	1800	25	25	25	25	25	25	25	26	31	36	10	10	10	10	10	10	10	10	10	10
	2000	25	25	25	25	25	25	25	25	29	34	10	10	10	10	10	10	10	10	10	10
40	200	25	31	39	46	52	35	47	59	71	83	10	10	10	13	15	10	10	12	15	17
	400	25	25	31	37	43	28	38	47	57	68	10	10	10	10	12	10	10	10	11	13
	600	25	25	26	31	37	25	33	42	50	59	10	10	10	10	11	10	10	10	10	11
	800	25	25	25	27	32	25	30	38	46	54	10	10	10	10	10	10	10	10	10	10
	1000	25	25	25	25	27	25	28	35	43	50	10	10	10	10	10	10	10	10	10	10
	1200	25	25	25	25	25	25	26	33	40	47	10	10	10	10	10	10	10	10	10	10
	1400	25	25	25	25	25	25	25	31	38	45	10	10	10	10	10	10	10	10	10	10
	1600	25	25	25	25	25	25	25	30	36	43	10	10	10	10	10	10	10	10	10	10
	1800	25	25	25	25	25	25	25	29	35	41	10	10	10	10	10	10	10	10	10	10
	2000	25	25	25	25	25	25	25	28	34	40	10	10	10	10	10	10	10	10	10	10
60	200	31	44	54	61	69	37	50	63	77	90	10	11	13	16	18	10	10	13	16	19
	400	26	38	47	56	64	30	41	52	63	74	10	10	12	14	17	10	10	10	12	14
	600	25	33	42	50	58	27	36	46	55	66	10	10	10	12	15	10	10	10	10	12
	800	25	29	37	44	52	25	33	42	51	60	10	10	10	11	13	10	10	10	10	10
	1000	25	26	33	39	46	25	31	39	47	56	10	10	10	10	12	10	10	10	10	10
	1200	25	25	29	35	41	25	29	37	45	53	10	10	10	10	10	10	10	10	10	10
	1400	25	25	27	32	37	25	27	35	43	51	10	10	10	10	10	10	10	10	10	10
	1600	25	25	26	30	35	25	26	34	41	49	10	10	10	10	10	10	10	10	10	10
	1800	25	25	25	29	34	25	26	33	40	47	10	10	10	10	10	10	10	10	10	10
	2000	25	25	25	28	32	25	25	31	38	46	10	10	10	10	10	10	10	10	10	10

表 C-5 标准火灾下钢管混凝土柱防火保护层的设计厚度(mm)：荷载比 0.7

长细比	截面直径或短边宽度(mm)	金属网抹 M5 普通水泥砂防火保护层										非膨胀型防火涂料防火保护层									
		圆钢管混凝土柱					矩形钢管混凝土柱					圆钢管混凝土柱					矩形钢管混凝土柱				
		1.0	1.5	2.0	2.5	3.0	1.0	1.5	2.0	2.5	3.0	1.0	1.5	2.0	2.5	3.0	1.0	1.5	2.0	2.5	3.0
10	200	25	25	25	27	31	40	53	66	79	91	10	10	10	10	11	10	12	16	20	23
	400	25	25	25	25	25	32	43	53	63	74	10	10	10	10	10	10	10	12	15	17
	600	25	25	25	25	25	28	38	47	56	65	10	10	10	10	10	10	10	10	12	14
	800	25	25	25	25	25	26	34	43	51	59	10	10	10	10	10	10	10	10	11	13
	1000	25	25	25	25	25	25	32	40	47	55	10	10	10	10	10	10	10	10	10	12
	1200	25	25	25	25	25	25	30	37	45	52	10	10	10	10	10	10	10	10	10	11
	1400	25	25	25	25	25	25	29	36	43	49	10	10	10	10	10	10	10	10	10	10
	1600	25	25	25	25	25	25	28	34	41	47	10	10	10	10	10	10	10	10	10	10
	1800	25	25	25	25	25	25	27	33	39	46	10	10	10	10	10	10	10	10	10	10
	2000	25	25	25	25	25	25	26	32	38	44	10	10	10	10	10	10	10	10	10	10
20	200	25	25	31	36	41	41	54	67	80	93	10	10	10	11	13	10	12	15	18	22
	400	25	25	25	28	32	33	44	54	65	76	10	10	10	10	11	10	10	12	13	16
	600	25	25	25	25	28	29	39	48	57	67	10	10	10	10	10	10	10	10	11	13
	800	25	25	25	25	25	27	35	44	52	61	10	10	10	10	10	10	10	10	10	12
	1000	25	25	25	25	25	25	33	41	49	57	10	10	10	10	10	10	10	10	10	11
	1200	25	25	25	25	25	25	31	38	46	53	10	10	10	10	10	10	10	10	10	10
	1400	25	25	25	25	25	25	29	37	44	51	10	10	10	10	10	10	10	10	10	10
	1600	25	25	25	25	25	25	28	35	42	49	10	10	10	10	10	10	10	10	10	10
	1800	25	25	25	25	25	25	27	34	40	47	10	10	10	10	10	10	10	10	10	10
	2000	25	25	25	25	25	25	26	33	39	45	10	10	10	10	10	10	10	10	10	10
40	200	28	38	46	53	60	43	57	71	85	99	10	10	12	15	17	10	11	14	17	21
	400	25	32	39	45	52	35	46	58	69	81	10	10	10	12	15	10	10	10	13	15
	600	25	29	35	40	46	31	41	51	61	71	10	10	10	11	13	10	10	10	11	13
	800	25	26	32	37	42	28	37	47	56	65	10	10	10	10	12	10	10	10	10	11
	1000	25	25	30	34	39	26	35	44	52	61	10	10	10	10	11	10	10	10	10	11
	1200	25	25	28	32	37	25	33	41	50	58	10	10	10	10	11	10	10	10	10	10
	1400	25	25	27	31	35	25	32	39	47	55	10	10	10	10	10	10	10	10	10	10
	1600	25	25	26	29	33	25	30	38	45	53	10	10	10	10	10	10	10	10	10	10
	1800	25	25	25	28	32	25	29	36	44	51	10	10	10	10	10	10	10	10	10	10
	2000	25	25	25	28	31	25	28	35	42	50	10	10	10	10	10	10	10	10	10	10
60	200	38	52	62	71	81	45	60	75	90	105	10	12	15	18	21	10	11	15	18	22
	400	34	46	56	66	74	37	49	61	74	86	10	11	14	17	19	10	10	11	13	16
	600	32	43	52	61	70	33	44	54	65	76	10	10	12	15	18	10	10	10	11	13
	800	30	40	49	57	65	30	40	50	60	70	10	10	12	14	16	10	10	10	10	12
	1000	29	38	46	54	62	28	37	47	56	66	10	10	11	13	15	10	10	10	10	11
	1200	27	37	44	51	59	27	35	44	53	62	10	10	10	12	15	10	10	10	10	10
	1400	27	36	43	49	56	26	34	42	51	60	10	10	10	12	14	10	10	10	10	10
	1600	26	35	42	48	55	25	33	41	49	57	10	10	10	12	14	10	10	10	10	10
	1800	25	34	41	47	54	25	32	39	47	56	10	10	10	11	13	10	10	10	10	10
	2000	25	33	40	46	53	25	31	38	46	54	10	10	10	11	13	10	10	10	10	10

表 C-6 标准火灾下钢管混凝土柱防火保护层的设计厚度（mm）：荷载比 0.8

长细比	截面直径或短边宽度(mm)	金属网抹M5普通水泥砂防火保护层										非膨胀型防火涂料防火保护层									
		圆钢管混凝土柱					矩形钢管混凝土柱					圆钢管混凝土柱					矩形钢管混凝土柱				
		1.0	1.5	2.0	2.5	3.0	1.0	1.5	2.0	2.5	3.0	1.0	1.5	2.0	2.5	3.0	1.0	1.5	2.0	2.5	3.0
10	200	25	25	30	34	38	46	60	74	89	103	10	10	10	11	13	10	14	18	22	26
	400	25	25	25	27	30	37	49	60	72	84	10	10	10	10	11	10	10	13	16	20
	600	25	25	25	25	26	33	43	53	64	74	10	10	10	10	10	10	10	11	14	16
	800	25	25	25	25	25	30	40	49	58	68	10	10	10	10	10	10	10	10	12	15
	1000	25	25	25	25	25	28	37	46	55	64	10	10	10	10	10	10	10	10	11	13
	1200	25	25	25	25	25	27	35	43	52	60	10	10	10	10	10	10	10	10	10	12
	1400	25	25	25	25	25	25	33	41	49	57	10	10	10	10	10	10	10	10	10	12
	1600	25	25	25	25	25	25	32	40	47	55	10	10	10	10	10	10	10	10	10	11
	1800	25	25	25	25	25	25	31	38	46	53	10	10	10	10	10	10	10	10	10	10
	2000	25	25	25	25	25	25	30	37	44	52	10	10	10	10	10	10	10	10	10	10
20	200	25	30	36	41	47	47	61	76	91	106	10	10	11	13	15	10	13	17	21	24
	400	25	25	29	33	38	38	50	62	74	86	10	10	10	11	12	10	10	12	15	18
	600	25	25	26	30	33	34	44	55	65	76	10	10	10	10	11	10	10	10	13	15
	800	25	25	25	27	31	31	41	50	60	70	10	10	10	10	10	10	10	10	11	13
	1000	25	25	25	25	29	29	38	47	56	65	10	10	10	10	10	10	10	10	10	12
	1200	25	25	25	25	27	27	36	45	53	62	10	10	10	10	10	10	10	10	10	11
	1400	25	25	25	25	26	26	34	43	51	59	10	10	10	10	10	10	10	10	10	11
	1600	25	25	25	25	25	25	33	41	49	57	10	10	10	10	10	10	10	10	10	10
	1800	25	25	25	25	25	25	32	40	47	55	10	10	10	10	10	10	10	10	1.0	10
	2000	25	25	25	25	25	25	31	38	46	53	10	10	10	10	10	10	10	10	10	10
40	200	32	43	51	59	66	49	64	79	95	110	10	11	13	16	19	10	12	16	19	23
	400	28	37	44	51	57	40	52	65	77	90	10	10	12	14	16	10	10	12	14	17
	600	26	34	40	46	53	35	46	58	69	80	10	10	11	13	15	10	10	10	12	14
	800	25	32	38	44	49	32	43	53	63	73	10	10	10	12	14	10	10	10	11	12
	1000	25	30	36	42	47	30	40	50	59	69	10	10	10	12	13	10	10	10	10	11
	1200	25	29	35	40	45	29	38	47	56	65	1	10	10	11	13	10	10	10	10	10
	1400	25	28	34	39	44	28	36	45	54	62	10	10	10	11	13	10	10	10	10	10
	1600	25	27	33	38	43	27	35	43	52	60	10	10	10	11	12	10	10	10	10	10
	1800	25	27	32	37	42	26	34	42	50	58	10	10	1	10	12	10	10	10	10	10
	2000	25	26	31	36	41	25	33	41	48	56	10	10	10	10	12	10	10	10	10	10
60	200	43	57	69	79	89	51	67	83	99	115	10	14	17	20	24	10	13	16	20	24
	400	40	53	63	72	82	42	55	68	81	94	10	12	15	18	21	10	12	15	18	18
	600	38	50	60	68	78	37	49	61	72	84	10	11	14	17	20	10	10	12	15	15
	800	36	48	58	66	75	34	45	56	67	77	10	11	14	16	19	10	10	11	13	13
	1000	35	47	56	64	73	32	42	52	62	73	10	11	13	16	18	10	10	10	11	12
	1200	35	46	55	63	71	30	40	50	59	69	10	11	13	15	18	10	10	10	10	11
	1400	34	45	54	62	70	29	38	48	57	66	10	10	12	15	17	10	10	10	10	10
	1600	33	44	53	61	69	28	37	46	55	64	10	10	12	14	17	10	10	10	10	10
	1800	33	44	52	60	68	27	36	44	53	61	1.0	10	12	14	16	10	10	10	10	10
	2000	32	43	51	59	67	26	35	43	51	60	10	10	12	14	16	10	10	10	10	10

附录 D 火灾下组合楼板考虑薄膜效应时的承载力

D.0.1 火灾下考虑组合楼板的薄膜效应时，应按下列要求将组合楼板划分为板块设计单元：

1 板块四周应有梁支承，且板块内不得有柱（由主梁围成的板块）；

2 板块应为矩形，且长宽比不应大于2；

3 板块应布置双向钢筋网；

4 板块内可有1根以上次梁，但次梁的方向应一致；

5 板块内开洞尺寸不应大于 300mm×300mm。

当划分的板块单元不符合以上要求时，本附录不适用于火灾下组合楼板的承载力计算。

D.0.2 火灾下组合楼板考虑薄膜效应时的承载力应按式 (D.0.2) 计算：

$$q_r = k_T q_a + q_{b,T} \quad (D.0.2)$$

式中：q_r——火灾下板块考虑薄膜效应时的极限承载力（kN/mm²）；

q_a——火灾下组合楼板的承载力（kN/m²），加肋以上部分混凝土板并考虑该部分混凝土板中双向钢筋网的作用计算。其中，混凝土板的温度按本规范表8.3.4中受火时间为1.5h的数值确定，钢筋的温度按本附录第D.0.4条确定；

k_T——火灾下组合楼板考虑薄膜效应时的承载力增大系数，应按本附录第D.0.3条确定；

$q_{b,T}$——火灾下组合楼板内次梁的承载力（kN/m²）。

D.0.3 火灾下组合楼板考虑薄膜效应时的承载力增大系数k_T，应根据板块短跨方向配筋率与长跨方向配筋率的比值μ、板块长宽比L/B、混凝土板的有效高度h_0（混凝土翼板的厚度减去钢筋保护层厚度）、板块中心的最大竖向位移w按图D.0.3确定。板块中心的最大竖向位移w应按本附录第D.0.4条确定。

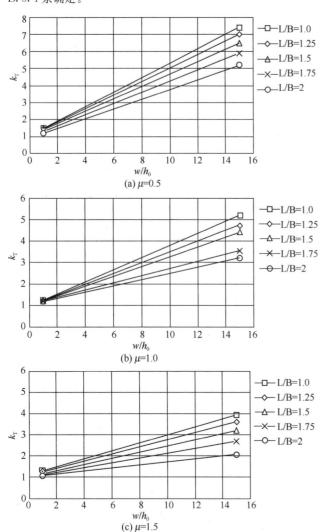

图 D.0.3 火灾下组合楼板考虑薄膜效应时的承载力增大系数 k_T

[μ——板块短跨方向配筋率与长跨方向配筋率的比值；
L/B——板块长宽比；h_0——楼板的有效高度（板的厚度减去钢筋保护层厚度）；w——板块中心的竖向位移]

D.0.4 板块中心的竖向位移w，可按下式计算（图D.0.4）：

$$w = \frac{B}{10}(\sqrt{0.15 + 6\alpha_s \Delta T} + 0.15 - 0.064\lambda) \quad (D.0.4)$$

式中：B——板块短跨尺寸(m)；

α_s——钢筋热膨胀系数[m/(m·℃)]，应按本规范第5.1.1条确定；

λ——单位宽度组合楼板内负筋与温度钢筋的面积比；

ΔT——温度钢筋的温升(℃)，按表D.0.4确定；

T_0——室温(℃)，可取20℃；

d——温度钢筋中心到受火面的距离(m)；

h_{c1}——组合梁中混凝土翼板的厚度(m)。

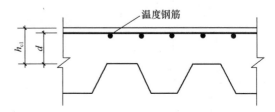

图 D.0.4 组合楼板的几何参数

表 D.0.4 楼板钢筋在受火 1.5h 时的温度（℃）

d(mm)	10	20	30	40	50	60	80	100
普通混凝土	790	650	540	430	370	271	220	160
轻质混凝土	720	580	460	360	280	225	185	135

附录 E 施工现场质量管理检查记录

施工现场质量管理检查记录应由施工单位按表E填写，总监理工程师进行检查，并做出检查结论。

表 E 施工现场质量管理检查记录　开工日期：

工程名称		施工许可证号	
建设单位		项目负责人	
设计单位		项目负责人	
监理单位		总监理工程师	
施工单位		项目负责人	项目技术负责人

序号	项目	主要内容
1	项目部质量管理体系	
2	现场质量责任制	
3	主要专业工种操作岗位证书	
4	分包单位管理制度	
5	图纸会审记录	
6	施工技术标准	
7	施工组织设计、施工方案编制及审批	
8	物资采购管理制度	
9	施工设施和机械设备管理制度	
10	计量设备配备	
11	检测试验管理制度	
12	工程质量检查验收制度	

自检结果： 施工单位项目负责人：（签章） 年 月 日	检查结论： 总监理工程师：（签章） 年 月 日

附录 F 钢结构防火保护检验批质量验收记录

F.0.1 钢结构防火保护检验批的质量验收记录应由施工项目专业质量检查员填写,专业监理工程师组织项目专业质量检查员、专业工长等进行验收并记录。

F.0.2 钢结构防火涂料保护检验批的质量验收应按表F.0.2进行记录。

表 F.0.2 钢结构防火涂料保护检验批质量验收记录

单位(子单位) 工程名称			分部(子分部) 工程名称		分项工程 名称	
施工单位			项目负责人		检验批容量	
分包单位			分包单位 项目负责人		检验批部位	
施工依据				验收依据		
验收项目		设计要求 及规范规定	最小/实际 抽样数量	检查记录		检查结果
主控项目	1 材料产品进场	第9.2.1条				
	2 隔热性能试验	第9.2.2条				
	3 黏结强度试验	第9.2.3条				
	4 涂装环境条件	第9.3.1条				
	5 保护层厚度	第9.3.2条				
	6 表面裂纹	第9.3.3条				
	7					
一般项目	1 产品进场	第9.2.6条				
	2 涂装基层表观	第9.3.4条				
	3 涂层表面质量	第9.3.5条				
	4					
施工单位 检查结果			专业工长: 项目专业质量检查员: 　　　　　　　　年　月　日			
监理单位 验收结论			专业监理工程师: 　　　　　　　　年　月　日			

F.0.3 钢结构防火板保护检验批的质量验收应按表F.0.3进行记录。

表 F.0.3 钢结构防火板保护检验批质量验收记录

单位(子单位) 工程名称			分部(子分部) 工程名称		分项工程 名称	
施工单位			项目负责人		检验批容量	
分包单位			分包单位 项目负责人		检验批部位	
施工依据				验收依据		
验收项目		设计要求 及规范规定	最小/实际 抽样数量	检查记录		检查结果
主控项目	1 材料产品进场	第9.2.1条				
	2 隔热性能试验	第9.2.2条				
	3 抗折强度试验	第9.2.4条				
	4 保护层厚度	第9.4.1条				
	5 支撑件抗拔强度	第9.4.2条				
	6 防火板密闭性	第9.4.3条				
	7					
一般项目	1 产品进场	第9.2.7条				
	2 安装允许偏差	第9.3.3条				
	3 分层与接缝	第9.3.5条、 第9.3.6条				
	4					
施工单位 检查结果			专业工长: 项目专业质量检查员: 　　　　　　　　年　月　日			
监理单位 验收结论			专业监理工程师: 　　　　　　　　年　月　日			

F.0.4 钢结构柔性毡状材料防火保护检验批的质量验收应按表F.0.4进行记录。

表 F.0.4 钢结构柔性毡状材料防火保护检验批质量验收记录

单位(子单位) 工程名称			分部(子分部) 工程名称		分项工程 名称	
施工单位			项目负责人		检验批容量	
分包单位			分包单位 项目负责人		检验批部位	
施工依据				验收依据		
验收项目		设计要求 及规范规定	最小/实际 抽样数量	检查记录		检查结果
主控项目	1 材料产品进场	第9.2.1条				
	2 隔热性能试验	第9.2.2条				
	3 保护层厚度	第9.5.1条				
	4 分层施工	第9.5.2条				
	5					
	6					
	7					
一般项目	1 捆扎、拼缝	第9.5.3条、 第9.5.4条				
	2 支撑固定件安装	第9.5.5条				
	3 金属保护壳安装	第9.5.6条、 第9.5.7条				
	4					
施工单位 检查结果			专业工长: 项目专业质量检查员: 　　　　　　　　年　月　日			
监理单位 验收结论			专业监理工程师: 　　　　　　　　年　月　日			

F.0.5 钢结构混凝土（砂浆或砌体）防火保护检验批的质量验收应按表F.0.5进行记录。

表 F.0.5 钢结构混凝土（砂浆或砌体）防火保护检验批质量验收记录

单位(子单位)工程名称			分部(子分部)工程名称		分项工程名称	
施工单位			项目负责人		检验批容量	
分包单位			分包单位项目负责人		检验批部位	
施工依据				验收依据		
	验收项目		设计要求及规范规定	最小/实际抽样数量	检查记录	检查结果
主控项目	1	抗压强度试验	第9.2.5条			
	2	保护层厚度	第9.4.1条			
	3					
	4					
	5					
	6					
	7					
一般项目	1	保护层外观（适用于混凝土保护）	第9.6.2条			
	2	表面裂纹（适用于砂浆保护）	第9.6.3条			
	3	错缝接缝（适用于砌体保护）	第9.6.4条			
	4					
施工单位检查结果				专业工长： 项目专业质量检查员： 年 月 日		
监理单位验收结论				专业监理工程师： 年 月 日		

F.0.6 钢结构复合防火保护检验批的质量验收，应根据保护种类参照本附录第F.0.2条～第F.0.5条进行记录。

附录 G 钢结构防火保护分项工程质量验收记录

钢结构防火保护分项工程质量应由专业监理工程师组织施工单位项目专业技术负责人等进行验收，并应按表G记录。

表 G 钢结构防火保护分项工程质量验收记录

单位(子单位)工程名称			分部(子分部)工程名称		
分项工程数量			检验批数量		
施工单位			项目负责人		项目技术负责人
分包单位			分包单位单位负责人		分包内容
序号	检验批名称	检验批容量	部位/区段	施工单位检查结果	监理单位验收结论
1					
2					
3					
4					
5					
6					
7					
8					
9					
10					
11					
12					
说明：					
施工单位检查结果		专业工长： 项目专业质量检查员： 年 月 日			
监理单位验收结论		专业监理工程师： 年 月 日			

41.《防火卷帘、防火门、防火窗施工及验收规范》GB 50877—2014

1 总 则

1.0.2 本规范适用于新建、扩建、改建工程中设置的防火卷帘、防火门、防火窗的施工、验收及维护管理。

1.0.3 防火卷帘、防火门、防火窗的施工及验收中采用的工程技术文件、承包合同文件等文件中对施工及验收的要求,不应低于本规范的规定。

2 术 语

2.0.1 防火卷帘 fire resistant shutter

在一定时间内,连同框架能满足耐火完整性、隔热性等要求的卷帘。

2.0.2 钢质防火卷帘 steel fire resistant shutter

用钢质材料做帘板、导轨、座板、门楣、箱体等,并配以卷门机和控制箱的防火卷帘。

2.0.3 无机纤维复合防火卷帘 mineral fiber composites fire resistant shutter

用无机纤维材料做帘面(内配不锈钢丝或不锈钢丝绳),用钢质材料做夹板、导轨、座板、门楣、箱体等,并配以卷门机和控制箱的防火卷帘。

2.0.4 防火门 fire resistant doorset

在一定时间内,连同框架能满足耐火完整性、隔热性等要求的门。

2.0.5 防火窗 fire resistant window

在一定时间内,连同框架能满足耐火完整性、隔热性等要求的窗。

2.0.6 固定式防火窗 fixed style fire window

无可开启窗扇的防火窗。

2.0.7 活动式防火窗 automatic-controlled fire window

有可开启窗扇,且装配有窗扇启闭控制装置的防火窗。

2.0.8 温控释放装置 thermal release device

利用动作温度为 $73℃±0.5℃$ 的感温元件控制防火卷帘或防火窗依靠自重下降或关闭的装置。

3 基 本 规 定

3.0.1 施工现场管理应具有相应的施工技术标准、工艺规程及实施方案、质量管理体系、施工质量控制及检查制度。施工现场质量管理应按本规范附录A的要求进行检查并记录。

3.0.2 防火卷帘、防火门、防火窗施工前应具备下列技术资料:

1 经批准的施工图、设计说明书、设计变更通知单等设计文件;

2 主、配件的产品出厂合格证和符合市场准入制度规定的有效证明文件。

3 主、配件使用、维护说明书。

3.0.3 防火卷帘、防火门、防火窗施工应具备下列条件:

1 现场施工条件满足连续作业的要求。

2 主、配件齐全,其品种、规格、型号符合设计要求。

3 施工所需的预埋件和孔洞等基建条件符合设计要求。

4 施工现场相关条件与设计相符。

5 设计单位向施工单位技术交底。

3.0.4 防火卷帘、防火门、防火窗的分部工程、子分部工程、分项工程的划分,可按本规范附录B执行。

3.0.5 防火卷帘、防火门、防火窗施工过程质量控制及验收,应符合本规范第4章~第7章的规定。

3.0.6 检查、验收合格判定应符合下列规定:

1 施工现场质量管理检查结果应全部合格。

2 资料核查结果应全部合格。

3 施工过程检查结果应全部合格。

4 工程验收结果应全部合格。

5 工程验收记录应齐全。

6 相关文件、记录、资料清单等应齐全。

3.0.7 系统竣工后,必须进行工程验收,验收不合格不得投入使用。

4 进场检验

4.1 一般规定

4.1.1 防火卷帘,防火门,防火窗主、配件进场应进行检验。检验应由施工单位负责,并应由监理单位监督。需要抽样复验时,应由监理工程师抽样,并应送市场准入制度规定的法定检验机构进行复检检验,不合格者不应安装。

4.1.2 防火卷帘,防火门,防火窗主、配件的进场检验,应按本规范附录C表C.0.1-1填写检查记录。检查合格后,应经监理工程师签证再进行安装。

4.2 防火卷帘检验

4.2.1 防火卷帘及与其配套的感烟和感温火灾探测器等应具有出厂合格证和符合市场准入制度规定的有效证明文件,其型号、规格及耐火性能等应符合设计要求。

检查数量:全数检查。

检查方法:核查产品的名称、型号、规格及耐火性能等是否与符合市场准入制度规定的有效证明文件和设计要求相符。

4.2.2 每樘防火卷帘及配套的卷门机、控制器、手动按钮盒、温控释放装置,均应在其明显部位设置永久性标牌,并应标明产品名称、型号、规格、耐火性能及商标、生产单位(制造商)名称、厂址、出厂日期、产品编号或生产批号、执行标准等。

检查数量：全数检查。

检查方法：直观检查。

4.2.3 防火卷帘的钢质帘面及卷门机、控制器等金属零部件的表面不应有裂纹、压坑或明显的凹凸、锤痕、毛刺等缺陷。

检查数量：全数检查。

检查方法：直观检查。

4.2.4 防火卷帘无机纤维复合帘面，不应有撕裂、缺角、挖补、倾斜、跳线、断线、经纬纱密度明显不匀及色差等缺陷。

检查数量：全数检查。

检查方法：直观检查。

4.3 防火门检验

4.3.1 防火门应具有出厂合格证和符合市场准入制度规定的有效证明文件，其型号、规格及耐火性能应符合设计要求。

检查数量：全数检查。

检查方法：核查产品名称、型号、规格及耐火性能是否与符合市场准入制度规定的有效证明文件和设计要求相符。

4.3.2 每樘防火门均应在其明显部位设置永久性标牌，并应标明产品名称、型号、规格、耐火性能及商标、生产单位（制造商）名称和厂址、出厂日期及产品生产批号、执行标准等。

检查数量：全数检查。

检查方法：直观检查。

4.3.3 防火门的门框、门扇及各配件表面应平整、光洁，并应无明显凹痕或机械损伤。

检查数量：全数检查。

检查方法：直观检查。

4.4 防火窗检验

4.4.1 防火窗应具有出厂合格证和符合市场准入制度规定的有效证明文件，其型号、规格及耐火性能应符合设计要求。

检查数量：全数检查。

检查方法：核查产品名称、型号、规格及耐火性能是否与符合市场准入制度规定的有效证明文件和设计要求相符。

4.4.2 每樘防火窗均应在其明显部位设置永久性标牌，并应标明产品名称、型号、规格、生产单位（制造商）名称和地址、产品生产日期或生产编号、出厂日期、执行标准等。

检查数量：全数检查。

检查方法：直观检查。

4.4.3 防火窗表面应平整、光洁，并应无明显凹痕或机械损伤。

检查数量：全数检查。

检查方法：直观检查。

5 安 装

5.1 一 般 规 定

5.1.1 防火卷帘、防火门、防火窗的安装，应符合施工图、设计说明书及设计变更通知单等技术文件的要求。

5.1.2 防火卷帘、防火门、防火窗的安装过程应进行质量控制。每道工序结束后应进行质量检查，检查应由施工单位负责，并应由监理单位监督。隐蔽工程在隐蔽前应由施工单位通知有关单位进行验收。

5.1.3 防火卷帘、防火门、防火窗安装过程的检查，应按本规范附录C表C.0.1-2填写安装过程检查记录，按表C.0.1-3填写隐蔽工程验收记录。检查合格后，应经监理工程师签证后再进行调试。

5.2 防火卷帘安装

5.2.1 防火卷帘帘板（面）安装应符合下列规定：

1 钢质防火卷帘相邻帘板串接后应转动灵活，摆动90°不应脱落。

检查数量：全数检查。

检查方法：直观检查；直角尺测量。

2 钢质防火卷帘的帘板装配完毕后应平直，不应有孔洞或缝隙。

检查数量：全数检查。

检查方法：直观检查。

3 钢质防火卷帘帘板两端挡板或防窜机构应装配牢固，卷帘运行时，相邻帘板窜动量不应大于2mm。

检查数量：全数检查。

检查方法：直观检查；直尺或钢卷尺测量。

4 无机纤维复合防火卷帘帘面两端应安装防风钩。

检查数量：全数检查。

检查方法：直观检查。

5 无机纤维复合防火卷帘帘面应通过固定件与卷轴相连。

检查数量：全数检查。

检查方法：直观检查。

5.2.2 导轨安装应符合下列规定：

1 防火卷帘帘板或帘面嵌入导轨的深度应符合表5.2.2的规定。导轨间距大于表5.2.2的规定时，导轨间距每增加1000mm，每端嵌入深度应增加10mm，且卷帘安装后不应变形。

检查数量：全数检查。

检查方法：直观检查；直尺测量，测量点为每根导轨距其底部200mm处，取最小值。

表5.2.2 帘板或帘面嵌入导轨的深度

导轨间距 B（mm）	每端最小嵌入深度（mm）
$B<3000$	>45
$3000 \leq B<5000$	>50
$5000 \leq B<9000$	>60

2 导轨顶部应成圆弧形，其长度应保证卷帘正常运行。

检查数量：全数检查。

检查方法：直观检查。

3 导轨的滑动面应光滑、平直。帘片或帘面、滚轮在导轨内运行时应平稳顺畅，不应有碰撞和冲击现象。

检查数量：全数检查。

检查方法：直观检查；手动试验。

4 单帘面卷帘的两根导轨应互相平行，双帘面卷帘不同帘面的导轨也应互相平行，其平行度误差均不应大于5mm。

检查数量：全数检查。

检查方法：直观检查；钢卷尺测量，测量点为距导轨顶部200mm处、导轨长度的1/2处及距导轨底部200mm处3点，取最大值和最小值之差。

5 卷帘的导轨安装后相对于基础面的垂直度误差不应大于1.5mm/m，全长不应大于20mm。

检查数量：全数检查。

检查方法：直观检查；采用吊线方法，用直尺或钢卷尺测量。

6 卷帘的防烟装置与帘面应均匀紧密贴合，其贴合面长度不应小于导轨长度的80%。

检查数量：全数检查。

检查方法：直观检查；塞尺测量，防火卷帘关闭后用0.1mm的塞尺测量帘板或帘面表面与防烟装置之间的缝隙，塞尺不能穿透防烟装置时，表明帘板或帘面与防烟装置紧密贴合。

7 防火卷帘的导轨应安装在建筑结构上，并应采用预埋螺栓、焊接或膨胀螺栓连接。导轨安装应牢固，固定点间距应为600mm～1000mm。

检查数量：全数检查。

检查方法：直观检查；对照设计图纸检查；钢卷尺测量。

5.2.3 座板安装应符合下列规定：

1 座板与地面应平行，接触应均匀。座板与帘板或帘面之间的连接应牢固。

检查数量：全数检查。

检查方法：直观检查。

2 无机复合防火卷帘的座板应保证帘面下降顺畅，并应保证帘面具有适当悬垂度。

检查数量：全数检查。

检查方法：直观检查。

5.2.4 门楣安装应符合下列规定：

1 门楣安装牢固，固定点间距应为600mm～1000mm。

检查数量：全数检查。

检查方法：直观检查；对照设计、施工文件检查；钢卷尺测量。

2 门楣内的防烟装置与卷帘帘板或帘面表面应均匀紧密贴合，其贴合面长度不应小于门楣长度的80%，非贴合部位的缝隙不应大于2mm。

检查数量：全数检查。

检查方法：直观检查；塞尺测量，防火卷帘关闭后用0.1mm的塞尺测量帘板或帘面表面与防烟装置之间的缝隙，塞尺不能穿透防烟装置时，表明帘板或帘面与防烟装置紧密贴合，非贴合部分采用2.0mm的塞尺测量。

5.2.5 传动装置安装应符合下列规定：

1 卷轴与支架板应牢固地安装在混凝土结构或预埋钢件上。

检查数量：全数检查。

检查方法：直观检查。

2 卷轴在正常使用时的挠度应小于卷轴的1/400。

检查数量：同一工程同类卷轴抽查1件～2件。

检查方法：直观检查；用试块、挠度计检查。

5.2.6 卷门机安装应符合下列规定：

1 卷门机应按产品说明书要求安装，且应牢固可靠。

检查数量：全数检查。

检查方法：直观检查；对照产品说明书检查。

2 卷门机应设有手动拉链和手动速放装置，其安装位置应便于操作，并应有明显标志。手动拉链和手动速放装置不应加锁，且应采用不燃或难燃材料制作。

检查数量：全数检查。

检查方法：直观检查。

5.2.7 防护罩（箱体）安装应符合下列规定：

1 防护罩尺寸的大小应与防火卷帘洞口宽度和卷帘卷起后的尺寸相适应，并应保证卷帘卷满后与防护罩仍保持一定的距离，不应相互碰撞。

检查数量：全数检查。

检查方法：直观检查。

2 防护罩靠近卷门机处，应留有检修口。

检查数量：全数检查。

检查方法：直观检查。

3 防护罩的耐火性能应与防火卷帘相同。

检查数量：全数检查。

检查方法：直观检查；查看防护罩的检查报告。

5.2.8 温控释放装置的安装位置应符合设计和产品说明书的要求。

检查数量：全数检查。

检查方法：直观检查；对照设计图纸和产品说明书检查。

5.2.9 防火卷帘、防护罩等与楼板、梁和墙、柱之间的空隙，应采用防火封堵材料等封堵，封堵部位的耐火极限不应低于防火卷帘的耐火极限。

检查数量：全数检查。

检查方法：直观检查；查看封堵材料的检查报告。

5.2.10 防火卷帘控制器安装应符合下列规定：

1 防火卷帘的控制器和手动按钮盒应分别安装在防火卷帘内外两侧的墙壁上，当卷帘一侧为无人场所时，可安装在一侧墙壁上，且应符合设计要求。控制器和手动按钮盒应安装在便于识别的位置，且应标出上升、下降、停止等功能。

检查数量：全数检查。

检查方法：直观检查。

2 防火卷帘控制器及手动按钮盒的安装应牢固可靠，其底边距地面高度宜为1.3m～1.5m。

检查数量：全数检查。

检查方法：直观检查；尺量检查。

3 防火卷帘控制器的金属件应有接地点，且接地点应有明显的接地标志，连接地线的螺钉不应作其他紧固用。

检查数量：全数检查。

检查方法：直观检查。

5.2.11 与火灾自动报警系统联动的防火卷帘，其火灾探测器和手动按钮盒的安装应符合下列规定：

1 防火卷帘两侧均应安装火灾探测器组和手动按钮盒。当防火卷帘一侧为无人场所时，防火卷帘有人侧应安装火灾探测器组和手动按钮盒。

检查数量：全数检查。

检查方法：直观检查。

2 用于联动防火卷帘的火灾探测器的类型、数量及其间距应符合现行国家标准《火灾自动报警系统设计规范》GB 50116 的有关规定。

检查数量：全数检查。

检查方法：检查设计、施工文件；尺量检查。

5.2.12 用于保护防火卷帘的自动喷水灭火系统的管道、喷头、报警阀等组件的安装，应符合现行国家标准《自动喷水灭火系统施工及验收规范》GB 50261 的有关规定。

检查数量：全数检查。

检查方法：对照设计、施工图纸检查；尺量检查。

5.2.13 防火卷帘电气线路的敷设安装，除应符合设计要求外，尚应符合现行国家标准《建筑设计防火规范》GB 50016 的有关规定。

检查数量：全数检查。

检查方法：对照有关设计、施工文件检查。

5.3 防火门安装

5.3.1 除特殊情况外，防火门应向疏散方向开启，防火门在关闭后应从任何一侧手动开启。

检查数量：全数检查。

检查方法：直观检查。

5.3.2 常闭防火门应安装闭门器等，双扇和多扇防火门应安装顺序器。

检查数量：全数检查。

检查方法：直观检查。

5.3.3 常开防火门，应安装火灾时能自动关闭门扇的控制、信号反馈装置和现场手动控制装置，且应符合产品说明书要求。

检查数量：全数检查。

检查方法：直观检查。

5.3.4 防火门电动控制装置的安装应符合设计和产品说明书要求。

检查数量：全数检查。

检查方法：直观检查；按设计图纸、施工文件检查。

5.3.5 防火插销应安装在双扇门或多扇门相对固定一侧的门扇上。

检查数量：全数检查。

检查方法：直观检查；查看设计图纸。

5.3.6 防火门门框与门扇、门扇与门扇的缝隙处嵌装的防火密封件应牢固、完好。

检查数量：全数检查。

检查方法：直观检查。

5.3.7 设置在变形缝附近的防火门，应安装在楼层数较多的一侧，且门扇开启后不应跨越变形缝。

检查数量：全数检查。

检查方法：直观检查。

5.3.8 钢质防火门门框内应充填水泥砂浆。门框与墙体应用预埋钢件或膨胀螺栓等连接牢固，其固定点间距不宜大于 600mm。

检查数量：全数检查。

检查方法：对照设计图纸、施工文件检查；尺量检查。

5.3.9 防火门门扇与门框的搭接尺寸不应小于 12mm。

检查数量：全数检查。

检查方法：使门扇处于关闭状态，用工具在门扇与门框相交的左边、右边和上边的中部画线作出标记，用钢板尺测量。

5.3.10 防火门门扇与门框的配合活动间隙应符合下列规定：

1 门扇与门框有合页一侧的配合活动间隙不应大于设计图纸规定的尺寸公差。

2 门扇与门框有锁一侧的配合活动间隙不应大于设计图纸规定的尺寸公差。

3 门扇与上框的配合活动间隙不应大于 3mm。

4 双扇、多扇门的门扇之间缝隙不应大于 3mm。

5 门扇与下框或地面的活动间隙不应大于 9mm。

6 门扇与门框贴合面间隙、门扇与门框有合页一侧、有锁一侧及上框的贴合面间隙，均不应大于 3mm。

检查数量：全数检查。

检查方法：使门扇处于关闭状态，用塞尺测量其活动间隙。

5.3.11 防火门安装完成后，其门扇应启闭灵活，并应无反弹、翘角、卡阻和关闭不严现象。

检查数量：全数检查。

检查方法：直观检查；手动试验。

5.3.12 除特殊情况外，防火门门扇的开启力不应大于 80N。

检查数量：全数检查。

检查方法：用测力计测试。

5.4 防火窗安装

5.4.1 有密封要求的防火窗，其窗框密封槽内镶嵌的防火密封件应牢固、完好。

检查数量：全数检查。

检查方法：直观检查。

5.4.2 钢质防火窗窗框内应充填水泥砂浆。窗框与墙体应用预埋钢件或膨胀螺栓等连接牢固，其固定点间距不宜大于 600mm。

检查数量：全数检查。

检查方法：对照设计图纸、施工文件检查；尺量检查。

5.4.3 活动式防火窗窗扇启闭控制装置的安装应符合设计和产品说明书要求，并应位置明显，便于操作。

检查数量：全数检查。

检查方法：直观检查；手动试验。

5.4.4 活动式防火窗应装配火灾时能控制窗扇自动关闭的温控释放装置。温控释放装置的安装应符合设计和产品说明书要求。

检查数量：全数检查。

检查方法：直观检查；按设计图纸、施工文件检查。

6 功 能 调 试

6.1 一 般 规 定

6.1.1 防火卷帘、防火门、防火窗安装完毕后应进行功能调试，当有火灾自动报警系统时，功能调试应在有关火灾自动报警系统及联动控制设备调试合格后进行。功能调试应由施工单位负责，监理单位监督。

6.1.2 防火卷帘、防火门、防火窗的功能调试应符合下列规定：

1 调试前应具有本规范第3.0.2条规定的技术资料和施工过程检查记录及调试必需的其他资料。

2 调试前应根据本规范规定的调试内容和调试方法，制订调试方案，并应经监理单位批准。

3 调试人员应根据批准的调试方案按程序进行调试。

6.1.3 防火卷帘、防火门、防火窗的功能调试应按本规范附录C表C.0.1-4填写调试过程检查记录。施工单位应在调试合格后向建设单位申请验收。

6.2 防火卷帘调试

6.2.1 防火卷帘控制器应进行通电功能、备用电源、火灾报警功能、故障报警功能、自动控制功能、手动控制功能和自重下降功能调试，并应符合下列要求：

1 通电功能调试时，应将防火卷帘控制器分别与消防控制室的火灾报警控制器或消防联动控制设备、相关的火灾探测器、卷门机等连接并通电，防火卷帘控制器应处于正常工作状态。

检查数量：全数检查。

检查方法：直观检查。

2 备用电源调试时，设有备用电源的防火卷帘，其控制器应有主、备电源转换功能。主、备电源的工作状态应有指示，主、备电源的转换不应使防火卷帘控制器发生误动作。备用电源的电池容量应保证防火卷帘控制器在备用电源供电条件下能正常可靠工作1h，并应提供控制器控制卷门机速放控制装置完成卷帘自重垂降、控制卷帘降至下限位所需的电源。

检查数量：全数检查。

检查方法：切断防火卷帘控制器的主电源，观察电源工作指示灯变化情况和防火卷帘是否发生误动作。再切断卷门机主电源，使用备用电源供电，使防火卷帘控制器工作1h，用备用电源启动速放控制装置，观察防火卷帘动作、运行情况。

3 火灾报警功能调试时，防火卷帘控制器应直接或间接地接收来自火灾探测器组发出的火灾报警信号，并应发出声、光报警信号。

检查数量：全数检查。

检查方法：使火灾探测器组发出火灾报警信号，观察防火卷帘控制器的声、光报警情况。

4 故障报警功能调试时，防火卷帘控制器的电源缺相或相序有误，以及防火卷帘控制器与火灾探测器之间的连接线断线或发生故障，防火卷帘控制器均应发出故障报警信号。

检查数量：全数检查。

检查方法：任意断开电源一相或对调电源的任意两相，手动操作防火卷帘控制器按钮，观察防火卷帘动作情况及防火卷帘控制器报警情况。断开火灾探测器与防火卷帘控制器的连接线，观察防火卷帘控制器报警情况。

5 自动控制功能调试时，当防火卷帘控制器接收到火灾报警信号后，应输出控制防火卷帘完成相应动作的信号，并应符合下列要求：

1）控制分隔防火分区的防火卷帘由上限位自动关闭至全闭。

2）防火卷帘控制器接到感烟火灾探测器的报警信号后，控制防火卷帘自动关闭至中位（1.8m）处停止，接到感温火灾探测器的报警信号后，继续关闭至全闭。

3）防火卷帘半降、全降的动作状态信号应反馈到消防控制室。

检查数量：全数检查。

检查方法：分别使火灾探测器组发出半降、全降信号，观察防火卷帘控制器声、光报警和防火卷帘动作、运行情况以及消防控制室防火卷帘动作状态信号显示情况。

6 手动控制功能调试时，手动操作防火卷帘控制器上的按钮和手动按钮盒上的按钮，可控制防火卷帘的上升、下降、停止。

检查数量：全数检查。

检查方法：手动试验。

7 自重下降功能调试时，应将卷门机电源设置于故障状态，防火卷帘应在防火卷帘控制器的控制下，依靠自重下降至全闭。

检查数量：全数检查。

检查方法：切断卷门机电源，按下防火卷帘控制器下降按钮，观察防火卷帘动作、运行情况。

6.2.2 防火卷帘用卷门机的调试应符合下列规定：

1 卷门机手动操作装置（手动拉链）应灵活、可靠，安装位置应便于操作。使用手动操作装置（手动拉链）操作防火卷帘启、闭运行时，不应出现滑行撞击现象。

检查数量：全数检查。

检查方法：直观检查，拉动手动拉链，观察防火卷帘动作、运行情况。

2 卷门机应具有电动启闭和依靠防火卷帘自重恒速下降（手动速放）的功能。启动防火卷帘自重下降（手动速放）的臂力不应大于70N。

检查数量：全数检查。

检查方法：手动试验，拉动手动速放装置，观察防火卷帘动作情况，用弹簧测力计或砝码测量其启动下降臂力。

3 卷门机应设有自动限位装置，当防火卷帘启、闭至上、下限位时，应自动停止，其重复定位误差应小于20mm。

检查数量：全数检查。

检查方法：启动卷门机，运行一定时间后，关闭卷门机，用直尺测量重复定位误差。

6.2.3 防火卷帘运行功能的调试应符合下列规定：

1 防火卷帘装配完成后，帘面在导轨内运行应平稳，不应有脱轨和明显的倾斜现象。双帘面卷帘的两个帘面应同时升降，两个帘面之间的高度差不应大于50mm。

检查数量：全数检查。

检查方法：手动检查；用钢卷尺测量双帘面卷帘的两个帘面之间的高度差。

2 防火卷帘电动启、闭的运行速度应为2m/min～7.5m/min，其自重下降速度不应大于9.5m/min。

检查数量：全数检查。

检查方法：用秒表、钢卷尺测量。

3 防火卷帘启、闭运行的平均噪声不应大于85dB。

检查数量：全数检查。

检查方法：在防火卷帘运行中，用声级计在距卷帘表面的垂直距离1m、距地面的垂直距离1.5m处，水平测量三次，取其平均值。

4 安装在防火卷帘上的温控释放装置动作后，防火卷帘应自动下降至全闭。

检查数量：同一工程同类温控释放装置抽检1个~2个。

检查方法：防火卷帘安装并调试完毕后，切断电源，加热温控释放装置，使其感温元件动作，观察防火卷帘动作情况。试验前，应准备备用的温控释放装置，试验后，应重新安装。

6.3 防火门调试

6.3.1 常闭防火门，从门的任意一侧手动开启，应自动关闭。当装有信号反馈装置时，开、关状态信号应反馈到消防控制室。

检查数量：全数检查。

检查方法：手动试验。

6.3.2 常开防火门，其任意一侧的火灾探测器报警后，应自动关闭，并应将关闭信号反馈至消防控制室。

检查数量：全数检查。

检查方法：用专用测试工具，使常开防火门一侧的火灾探测器发出模拟火灾报警信号，观察防火门动作情况及消防控制室信号显示情况。

6.3.3 常开防火门，接到消防控制室手动发出的关闭指令后，应自动关闭，并应将关闭信号反馈至消防控制室。

检查数量：全数检查。

检查方法：在消防控制室启动防火门关闭功能，观察防火门动作情况及消防控制室信号显示情况。

6.3.4 常开防火门，接到现场手动发出的关闭指令后，应自动关闭，并应将关闭信号反馈至消防控制室。

检查数量：全数检查。

检查方法：现场手动启动防火门关闭装置，观察防火门动作情况及消防控制室信号显示情况。

6.4 防火窗调试

6.4.1 活动式防火窗，现场手动启动防火窗窗扇启闭控制装置时，活动窗扇应灵活开启，并应完全关闭，同时应无启闭卡阻现象。

检查数量：全数检查。

检查方法：手动试验。

6.4.2 活动式防火窗，其任意一侧的火灾探测器报警后，应自动关闭，并应将关闭信号反馈至消防控制室。

检查数量：全数检查。

检查方法：用专用测试工具，使活动式防火窗任一侧的火灾探测器发出模拟火灾报警信号，观察防火窗动作情况及消防控制室信号显示情况。

6.4.3 活动式防火窗，接到消防控制室发出的关闭指令后，应自动关闭，并应将关闭信号反馈至消防控制室。

检查数量：全数检查。

检查方法：在消防控制室启动防火窗关闭功能，观察防火窗动作情况及消防控制室信号显示情况。

6.4.4 安装在活动式防火窗上的温控释放装置动作后，活动式防火窗应在60s内自动关闭。

检查数量：同一工程同类温控释放装置抽检1个~2个。

检查方法：活动式防火窗安装并调试完毕后，切断电源，加热温控释放装置，使其热敏感元件动作，观察防火窗动作情况，用秒表测试关闭时间。试验前，应准备备用的温控释放装置，试验后，应重新安装。

7 验 收

7.1 一般规定

7.1.1 防火卷帘、防火门、防火窗调试完毕后，应在施工单位自行检查评定合格的基础上进行工程质量验收。验收应由施工单位提出申请，并应由建设单位组织监理、设计、施工等单位共同实施。

7.1.2 防火卷帘、防火门、防火窗工程质量验收前，施工单位应提供下列文件资料，并应按本规范附录D表D.0.1-1填写资料核查记录：

1 工程质量验收申请报告。

2 本规范第3.0.1条规定的施工现场质量管理检查记录。

3 本规范第3.0.2条规定的技术资料。

4 竣工图及相关文件资料。

5 施工过程（含进场检验、安装及调试过程）检查记录。

6 隐蔽工程验收记录。

7.1.3 防火卷帘、防火门、防火窗工程质量验收前，应根据本规范规定的验收内容和验收方法，制订验收方案，验收人员应根据验收方案按程序进行，并应按本规范附录D表D.0.1-2填写工程质量验收记录。

7.2 防火卷帘验收

7.2.1 防火卷帘的型号、规格、数量、安装位置等应符合设计要求。

检查数量：全数检查。

检查方法：直观检查。

7.2.2 防火卷帘施工安装质量的验收应符合本规范第5.2节的规定。

7.2.3 防火卷帘系统功能验收应符合本规范第6.2节的规定。

7.3 防火门验收

7.3.1 防火门的型号、规格、数量、安装位置等应符合设计要求。

检查数量：全数检查。

检查方法：直观检查；对照设计文件查看。

7.3.2 防火门安装质量的验收应符合本规范第5.3节的规定。

7.3.3 防火门控制功能验收应符合本规范第6.3节的规定。

7.4 防火窗验收

7.4.1 防火窗的型号、规格、数量、安装位置等应符合设计要求。

检查数量：全数检查。

检查方法：直观检查；对照设计文件查看。

7.4.2 防火窗安装质量的验收应符合本规范第5.4节的规定。

7.4.3 活动式防火窗控制功能的验收应符合本规范第6.4节的规定。

8 使用与维护

8.0.1 防火卷帘、防火门、防火窗投入使用时，应具备下列文件资料：

1 工程竣工图及主要设备、零配件的产品说明书。
2 设备工作流程图及操作规程。
3 设备检查、维护管理制度。
4 设备检查、维护管理记录。
5 操作员名册及相应的工作职责。

8.0.2 使用单位应配备经过消防专业培训并考试合格的专门人员负责防火卷帘、防火门、防火窗的定期检查和维护管理工作。

8.0.3 使用单位应建立防火卷帘、防火门、防火窗的维护管理档案，其中应包括本规范第8.0.1条规定的文件资料，并应有电子备份档案。

8.0.4 防火卷帘、防火门、防火窗及其控制设备应定期检查、维护，并应按本规范附录E表E填写设备检查、使用和管理记录。

8.0.5 每日应对防火卷帘下部、常开式防火门门口处、活动式防火窗窗口处进行一次检查，并应清除妨碍设备启闭的物品。

8.0.6 每季度应对防火卷帘、防火门和活动式防火窗的下列功能进行一次检查：

1 手动启动防火卷帘内外两侧控制器或按钮盒上的控制按钮，检查防火卷帘上升、下降、停止功能。
2 手动操作防火卷帘手动速放装置，检查防火卷帘依靠自重恒速下降功能。
3 手动操作防火卷帘的手动拉链，检查防火卷帘升、降功能，且无滑哈撞击现象。
4 手动启动常闭式防火门，检查防火门开关功能，且无卡阻现象。
5 手动启动活动式防火窗上的控制装置，检查防火窗开关功能且无卡阻现象。

8.0.7 每年应对防火卷帘、防火门、防火窗的下列功能进行一次检查：

1 防火卷帘控制器的火灾报警功能、自动控制功能、手动控制功能、故障报警功能、备用电源转换功能。
2 常开式防火门火灾报警联动控制功能、消防控制室手动控制功能、现场手动控制功能。
3 活动式防火窗火灾报警联动控制功能、消防控制室手动控制功能、现场手动控制功能。

8.0.8 对检查和试验中发现的问题应及时解决，对损坏或不合格的设备、零配件应立即更换，并应恢复正常状态。

附录A 施工现场质量管理检查记录

A.0.1 施工现场质量管理检查记录应由施工单位质量检查员按表A.0.1填写，应由监理工程师进行检查，并应作出检查结论。

表A.0.1 施工现场质量管理检查记录

工程名称		施工许可证	
建设单位		项目负责人	
设计单位		项目负责人	
监理单位		项目负责人	
施工单位		项目负责人	

序号	项目	内容
1	现场质量管理制度	
2	质量责任制	
3	操作上岗证书	
4	施工图审查情况	
5	施工组织设计、施工方案及审批	
6	施工技术标准	
7	工程质量检查制度	
8	现场材料、设备管理	
9	其他	

检查结论	

施工单位项目负责人：（签章） 年 月 日	监理工程师：（签章） 年 月 日	建设单位项目负责人：（签章） 年 月 日

附录B 防火卷帘、防火门、防火窗工程划分

附录B 防火卷帘、防火门、防火窗分部工程、子分部工程、分项工程划分

分部工程	子分部工程	分项工程
防火卷帘、防火门、防火窗	进场检验	防火卷帘及相关配件等进场检验
		防火门及相关配件等进场检验
		防火窗及相关配件等进场检验
	安装	防火卷帘及相关配件安装
		防火门及相关配件安装
		防火窗及相关配件安装
	调试	防火卷帘功能调试
		防火门功能调试
		防火窗功能调试
	验收	防火卷帘验收
		防火门验收
		防火窗验收

附录 C 防火卷帘、防火门、防火窗施工过程检查记录

C.0.1 施工过程检查记录应由施工单位质量检查员按表 C.0.1-1～表 C.0.1-4 填写，应由监理工程师进行检查，并应作出检查结论。

表 C.0.1-1 防火卷帘、防火门、防火窗主配件进场检验记录

工程名称	防火卷帘、防火门、防火窗		施工单位	
施工执行规范名称及编号			监理单位	
子分部工程名称		进场检验		
分项工程名称		质量规定	施工单位检查记录	监理单位检查记录
防火卷帘	产品符合市场准入制度规定的有效证明文件	本规范第4.2.1条		
	产品标志	本规范第4.2.2条		
	产品外观	本规范第4.2.3、4.2.4条		
防火门	产品符合市场准入制度规定的有效证明文件	本规范第4.3.1条		
	产品标志	本规范第4.3.2条		
	产品外观	本规范第4.3.3条		
防火窗	产品符合市场准入制度规定的有效证明文件	本规范第4.4.1条		
	产品标志	本规范第4.4.2条		
	产品外观	本规范第4.4.3条		
检查结论				
施工单位项目负责人：（签章） 年 月 日			监理工程师：（签章） 年 月 日	

注：施工过程用到其他表格时，应作为附件一并归档。

表 C.0.1-2 防火卷帘、防火门、防火窗安装过程检查记录

工程名称			施工单位	
施工执行规范名称及编号			监理单位	
子分部工程名称		装置安装		
分项工程名称		质量规定	施工单位检查记录	监理单位检查记录
防火卷帘安装	帘板（面）安装	本规范第5.2.1条		
	导轨安装	本规范第5.2.2条		
	座板安装	本规范第5.2.3条		
	门楣安装	本规范第5.2.4条		
	传动装置安装	本规范第5.2.5条		

续表 C.0.1-2

分项工程名称		质量规定	施工单位检查记录	监理单位检查记录
防火卷帘安装	卷门机安装	本规范第5.2.6条		
	防护罩（箱体）安装	本规范第5.2.7条		
	温控释放装置安装	本规范第5.2.8条		
	防火卷帘封堵	本规范第5.2.9条		
	卷帘控制器安装	本规范第5.2.10条		
	探测器组安装	本规范第5.2.11条		
	保护防火卷帘的自动喷水灭火系统安装	本规范第5.2.12条		
防火门安装	防火门开启方向	本规范第5.3.1条		
	闭门器、顺序器	本规范第5.3.2条		
	自动关闭门扇装置	本规范第5.3.3条		
	电动控制装置	本规范第5.3.4条		
	防火插销安装	本规范第5.3.5条		
	防火门密封件安装	本规范第5.3.6条		
	变形缝附近防火门安装	本规范第5.3.7条		
	门框安装	本规范第5.3.8条		
	门扇与门框搭接尺寸	本规范第5.3.9条		
	门扇与门框活动间隙	本规范第5.3.10条		
	门扇启闭状况	本规范第5.3.11条		
	门扇开启力	本规范第5.3.12条		
防火窗安装	防火窗密封件安装	本规范第5.4.1条		
	窗框安装	本规范第5.4.2条		
	手动启闭装置	本规范第5.4.3条		
	温控释放装置安装	本规范第5.4.4条		
检查结论				
施工单位项目负责人：（签章） 年 月 日			监理工程师（建设单位项目负责人）：（签章） 年 月 日	

注：施工过程用到其他表格时，应作为附件一并归档。

表 C.0.1-3 防火卷帘、防火门、防火窗隐蔽工程质量验收记录

工程名称		建设单位		
设计单位		施工单位		
监理单位		隐蔽部位	防火卷帘卷轴与卷门机安装	
验收项目	质量规定	验收结果		
卷轴与支架板安装质量	本规范第5.2.5条第1款			
垂直卷轴挠度	本规范第5.2.5条第2款			
卷门机安装质量	本规范第5.2.6第1款			
卷门机手动装置安装质量	本规范第5.2.6第2款			
施工过程检查记录				
验收结论				
验收单位	施工单位	监理单位	建设单位	
	（公章）	（公章）	（公章）	
	项目负责人：（签章） 年 月 日	监理工程师：（签章） 年 月 日	项目负责人：（签章） 年 月 日	

表 C.0.1-4 防火卷帘、防火门、防火窗调试过程检查记录

工程名称			施工单位	
施工执行规范名称及编号			监理单位	
子分部工程名称		功能调试		
分项工程名称		质量规定	施工单位检查记录	监理单位检查记录
防火卷帘	控制器功能调试	本规范第6.2.1条		
	卷门机功能调试	本规范第6.2.2条		
	卷帘运行功能调试	本规范第6.2.3条		
防火门	常闭门启动关闭功能	本规范第6.3.1条		
	常开门联动控制功能	本规范第6.3.2条		
	常开门远程控制功能	本规范第6.3.3条		
	常开门现场控制功能	本规范第6.3.4条		
防火窗	手动控制功能	本规范第6.4.1条		
	联动控制功能	本规范第6.4.2条		
	远程控制功能	本规范第6.4.3条		
	温控释放功能	本规范第6.4.4条		
检查结论				
施工单位项目负责人：（签章） 年 月 日			监理工程师：（签章） 年 月 日	

注：施工过程用到其他表格时，应作为附件一并归档。

附录 D 防火卷帘、防火门、防火窗工程验收记录

D.0.1 防火卷帘、防火门、防火窗工程质量验收应由建设单位项目负责人组织监理工程师、施工单位项目负责人和设计单位负责人等进行，并应按表 D.0.1-1、表 D.0.1-2 记录。

表 D.0.1-1 防火卷帘、防火门、防火墙工程质量控制资料核查记录

工程名称				
建设单位			设计单位	
监理单位			施工单位	
序号	资料名称	数量	核查结果	核查人
1	经批准的施工图、设计说明书及设计变更通知书			
	竣工图等相关文件			
2	防火卷帘、防火门、防火窗及与其配套的卷门机、控制器、手动按钮盒、感烟和感温探测器、防火闭门器、温控释放装置等的产品出厂合格证和符合市场准入制度规定的有效证明文件			
	成套设备及主要零配件的产品说明书			
3	施工过程检查记录，隐蔽工程验收记录			
核查结论				
验收单位	设计单位	施工单位	监理单位	建设单位
	（公章）	（公章）	（公章）	（公章）
	项目负责人：（签章） 年 月 日	项目负责人：（签章） 年 月 日	监理工程师：（签章） 年 月 日	项目负责人：（签章） 年 月 日

表 D.0.1-2 防火卷帘、防火门、防火窗工程质量验收记录

工程名称		施工单位	
施工执行规范名称及编号		监理单位	
子分部工程名称		工程质量验收	
分项工程名称	质量规定	验收内容	验收评定结果
防火卷帘验收	本规范第7.2.1条		
	本规范第7.2.2条		
	本规范第7.2.3条		

续表 D.0.1-2

分项工程名称	质量规定	验收内容	验收评定结果
防火门验收	本规范第7.3.1条		
	本规范第7.3.2条		
	本规范第7.3.3条		
防火窗验收	本规范第7.4.1条		
	本规范第7.4.2条		
	本规范第7.4.3条		
验收结论			

验收单位	设计单位	施工单位	监理单位	建设单位
	（公章）项目负责人：（签章）年 月 日	（公章）项目负责人：（签章）年 月 日	（公章）项目负责人：（签章）年 月 日	（公章）项目负责人：（签章）年 月 日

附录 E 防火卷帘、防火门、防火窗检查、使用和管理

表 E 防火卷帘、防火门、防火窗每日（季、年）检查、使用和管理记录

单位名称				检查时间	
设备类别	具体部位	检查项目	问题处理	检查人	负责人
防火卷帘					
防火门					
防火窗					

42.《钢结构设计标准》GB 50017—2017

3 基本设计规定

3.1 一般规定

3.1.1 钢结构设计应包括下列内容:
   6 制作、运输、安装、防腐和防火等要求。

3.1.11 钢结构设计时,应合理选择材料、结构方案和构造措施,满足结构构件在运输、安装和使用过程中的强度、稳定性和刚度要求并应符合防火、防腐蚀要求。宜采用通用和标准化构件,当考虑结构部分构件替换可能性时应提出相应的要求。钢结构的构造应便于制作、运输、安装、维护并使结构受力简单明确,减少应力集中,避免材料三向受拉。

5 结构分析与稳定性设计

5.1 一般规定

5.1.8 当对结构进行连续倒塌分析、抗火分析或在其他极端荷载作用下的结构分析时,可采用静力直接分析或动力直接分析。

5.5 直接分析设计法

5.5.6 当结构采用直接分析设计法进行连续倒塌分析时,结构材料的应力-应变关系宜考虑应变率的影响;进行抗火分析时,应考虑结构材料在高温下的应力-应变关系对结构和构件内力产生的影响。

12 节点

12.1 一般规定

12.1.5 节点构造应便于制作、运输、安装、维护,防止积水、积尘,并应采取防腐与防火措施。

18 钢结构防护

18.1 抗火设计

18.1.1 钢结构防火保护措施及其构造应根据工程实际,考虑结构类型、耐火极限要求、工作环境等因素,按照安全可靠、经济合理的原则确定。

18.1.2 建筑钢构件的设计耐火极限应符合现行国家标准《建筑设计防火规范》GB 50016 中的有关规定。

18.1.3 当钢构件的耐火时间不能达到规定的设计耐火极限要求时,应进行防火保护设计,建筑钢结构应按现行国家标准《建筑钢结构防火技术规范》GB 51249 进行抗火性能验算。

18.1.4 在钢结构设计文件中,应注明结构的设计耐火等级、构件的设计耐火极限、所需要的防火保护措施及其防火保护材料的性能要求。

18.1.5 构件采用防火涂料进行防火保护时,其高强度螺栓连接处的涂层厚度不应小于相邻构件的涂层厚度。

18.3 隔热

18.3.4 钢结构的隔热保护措施在相应的工作环境下应具有耐久性,并与钢结构的防腐、防火保护措施相容。

43.《钢结构工程施工规范》GB 50755—2012

1 总 则

1.0.2 本规范适用于工业与民用建筑及构筑物钢结构工程的施工。

5 材 料

5.6 涂装材料

5.6.3 钢结构防火涂料的品种和技术性能,应符合设计文件和现行国家标准《钢结构防火涂料》GB 14907等的有关规定。

5.6.4 钢结构防火涂料的施工质量验收应符合现行国家标准《钢结构工程施工质量验收规范》GB 50205的有关规定。

13 涂 装

13.1 一般规定

13.1.3 钢结构防火涂料涂装施工应在钢结构安装工程和防腐涂装工程检验批施工质量验收合格后进行。当设计文件规定构件可不进行防腐涂装时,安装验收合格后可直接进行防火涂料涂装施工。

13.1.4 钢结构防腐涂装工程和防火涂装工程的施工工艺和技术应符合本规范、设计文件、涂装产品说明书和国家现行有关产品标准的规定。

13.6 防火涂装

13.6.1 防火涂料涂装前,钢材表面除锈及防腐涂装应符合设计文件和国家现行有关标准的规定。

13.6.2 基层表面应无油污、灰尘和泥沙等污垢,且防锈层应完整、底漆无漏刷。构件连接处的缝隙应采用防火涂料或其他防火材料填平。

13.6.3 选用的防火涂料应符合设计文件和国家现行有关标准的规定,具有抗冲击能力和粘结强度,不应腐蚀钢材。

13.6.4 防火涂料可按产品说明书要求在现场进行搅拌或调配。当天配置的涂料应在产品说明书规定的时间内用完。

13.6.7 防火涂料涂装施工应分层施工,应在上层涂层干燥或固化后,再进行下道涂层施工。

13.6.8 厚涂型防火涂料有下列情况之一时,应重新喷涂或补涂:

1 涂层干燥固化不良,粘结不牢或粉化、脱落;
2 钢结构接头和转角处的涂层有明显凹陷;
3 涂层厚度小于设计规定厚度的85%;
4 涂层厚度未达到设计规定厚度,且涂层连续长度超过1m。

13.6.9 薄涂型防火涂料面层涂装施工应符合下列规定:

1 面层应在底层涂装干燥后开始涂装;
2 面层涂装应颜色均匀、一致,接槎应平整。

16 施工安全和环境保护

16.3 安全通道

16.3.2 钢结构施工的平面安全通道宽度不宜小于600mm,且两侧应设置安全护栏或防护钢丝绳。

16.7 消防安全措施

16.7.1 钢结构施工前,应有相应的消防安全管理制度。

16.7.2 现场施工作业用火应经相关部门批准。

16.7.3 施工现场应设置安全消防设施及安全疏散设施,并应定期进行防火巡查。

16.7.4 气体切割和高空焊接作业时,应清除作业区危险易燃物,并应采取防火措施。

16.7.5 现场油漆涂装和防火涂料施工时,应按产品说明书的要求进行产品存放和防火保护。

44.《钢管混凝土结构技术规范》GB 50936—2014

8 防 火 设 计

8.0.4 每个楼层的柱钢管壁均应设置直径不小于12mm的排气孔,其位置宜位于柱与楼板相交位置上方及下方100mm处,并应沿柱身反对称布设。

45.《木结构设计标准》GB 50005—2017

10 防火设计

10.1 一般规定

10.1.1 木结构建筑的防火设计和防火构造除应符合本章的规定外,尚应符合现行国家标准《建筑设计防火规范》GB 50016 的有关规定。

10.1.2 本章规定的防火设计方法适用于耐火极限不超过 2.00h 的构件防火设计。防火设计应采用下列设计表达式:

$$S_k \leqslant R_f \quad (10.1.2)$$

式中:S_k——火灾发生后验算受损木构件的荷载偶然拼合的效应设计值,永久荷载和可变荷载均应采用标准值;

R_f——按耐火极限燃烧后残余木构件的承载力设计值。

10.1.3 残余木构件的承载力设计值计算时,构件材料的强度和弹性模量应采用平均值。材料强度平均值应为材料强度标准值乘以表 10.1.3 规定的调整系数。

表 10.1.3 防火设计强度调整系数

构件材料种类	抗弯强度	抗拉强度	抗压强度
目测分级木材	2.36	2.36	1.49
机械分级木材	1.49	1.49	1.20
胶合木	1.36	1.36	1.36

10.1.4 木构件燃烧 t 小时后,有效炭化层厚度应按下式计算:

$$d_{ef} = 1.2\beta_n t^{0.813} \quad (10.1.4)$$

式中:d_{ef}——有效炭化层厚度(mm);

β_n——木材燃烧 1.00h 的名义线性炭化速率(mm/h);采用针叶材制作的木构件的名义线性炭化速率为 38mm/h;

t——耐火极限(h)。

10.1.5 当验算燃烧后的构件承载能力时,应按本标准第 5 章的各项相关规定进行验算,并应符合下列规定:

  1 验算构件燃烧后的承载能力时,应采用构件燃烧后的剩余截面尺寸;

  2 当确定构件强度值需要考虑尺寸调整系数或体积调整系数时,应按构件燃烧前的截面尺寸计算相应调整系数。

10.1.6 构件连接的耐火极限不应低于所连接构件的耐火极限。

10.1.7 三面受火和四面受火的木构件燃烧后剩余截面(图 10.1.7)的几何特征应根据构件实际受火面和有效炭化厚度进行计算。单面受火和相邻两面受火的木构件燃烧后剩余截面可按本标准第 10.1.4 条进行确定。

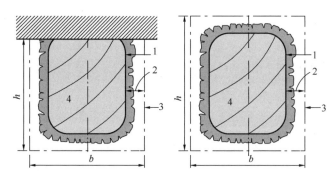

图 10.1.7 三面受火和四面受火构件截面
1—构件燃烧后剩余截面边缘;2—有效炭化厚度 d_{ef};
3—构件燃烧前截面边缘;4—剩余截面;
h—燃烧前截面高度(mm);b—燃烧前截面宽度(mm)

10.1.8 木结构建筑构件的燃烧性能和耐火极限不应低于表 10.1.8 的规定。常用木构件的燃烧性能和耐火极限可按本标准附录 R 的规定确定。

表 10.1.8 木结构建筑中构件的燃烧性能和耐火极限

构件名称	燃烧性能和耐火极限(h)
防火墙	不燃性 3.00
电梯井墙体	不燃性 1.00
承重墙、住宅建筑单元之间的墙和分户墙、楼梯间的墙	难燃性 1.00
非承重外墙、疏散走道两侧的隔墙	难燃性 0.75
房间隔墙	难燃性 0.50
承重柱	可燃性 1.00
梁	可燃性 1.00
楼板	难燃性 0.75
屋顶承重构件	可燃性 0.50
疏散楼梯	难燃性 0.50
吊顶	难燃性 0.15

注:1 除现行国家标准《建筑设计防火规范》GB 50016 另有规定外,当同一座木结构建筑存在不同高度的屋顶时,较低部分的屋顶承重构件和屋面不应采用可燃性构件;当较低部分的屋顶承重构件采用难燃性构件时,其耐火极限不应小于 0.75h;

2 轻型木结构建筑的屋顶,除防水层、保温层和屋面板外,其他部分均应视为屋顶承重构件,且不应采用可燃性构件,耐火极限不应低于 0.50h;

3 当建筑的层数不超过 2 层、防火墙间的建筑面积小于 600m²,且防火墙间的建筑长度小于 60m 时,建筑构件的燃烧性能和耐火极限应按现行国家标准《建筑设计防火规范》GB 50016 中有关四级耐火等级建筑的要求确定。

10.1.9 木结构采用的建筑材料,其燃烧性能的技术指标应符合现行国家标准《建筑材料及制品燃烧性能分级》GB 8624的规定。

10.2 防火构造

10.2.1 轻型木结构建筑中,下列存在密闭空间的部位应采用连续的防火分隔措施:

1 当层高大于 3m 时,除每层楼、屋盖处的顶梁板或底梁板可作为竖向防火分隔外,应沿墙高每隔 3m 在墙骨柱之间设置竖向防火分隔;当层高小于或等于 3m 时,每层楼、屋盖处的顶梁板或底梁板可作为竖向防火分隔。

2 楼盖和屋盖内应设置水平防火分隔,且水平分隔区的长度或宽度不应大于 20m,分隔的面积不应大于 300m²。

3 屋盖、楼盖和吊顶中的水平构件与墙体竖向构件的连接处应设置防火分隔。

4 楼梯上下第一步踏板与楼盖交接处应设置防火分隔。

10.2.3 当管道穿越木墙体时,应采用防火封堵材料对接触面和缝隙进行密实封堵;当管道穿越楼盖或屋盖时,应采用不燃性材料对接触面和缝隙进行密实封堵。

10.2.4 木结构建筑中的各个构件或空间内需填充吸声、隔热、保温材料时,其材料的燃烧性能不应低于 B_1 级。

10.2.5 当采用厚度为 50mm 以上的锯材或胶合木作为屋面板或楼面板时(图 10.2.5a),楼面板或屋面板端部应坐落在支座上,其防火设计和构造应符合下列规定:

1 当屋面板或楼面板采用单舌或双舌企口板连接时(图 10.2.5b),屋面板或楼面板可作为仅有底面一面受火的受弯构件进行设计。

2 当屋面板或楼面板采用直边拼接时,屋面板或楼面板可作为两侧部分受火而底面完全受火的受弯构件,可按三面受火构件进行防火设计。此时,两侧部分受火的炭化率应为有效炭化率的 1/3。

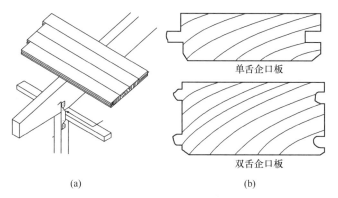

图 10.2.5 锯材或胶合木楼、屋面板示意

10.2.7 木结构建筑中配电线路的敷设应采用下列防火措施:

1 消防配电线路应采用阻燃和耐火电线、电缆或矿物绝缘电缆;

2 用于重要木结构公共建筑的电源主干线路应采用矿物绝缘线缆;

3 电线、电缆直接明敷时应穿金属管或金属线槽保护;当采用矿物绝缘线缆时可直接明敷;

4 电线、电缆穿越墙体、楼盖或屋盖时,应穿金属套管,并应采用防火封堵材料对其空隙进行封堵。

10.2.8 安装在木构件上的开关、插座及接线盒应符合下列规定:

1 当开关、插座及接线盒有金属套管保护时,应采用金属盒体;

2 当开关、插座及接线盒有矿棉保护时,可采用难燃性盒体;

3 安装在木骨架墙体上时,墙体中相邻两根木骨柱之间的两侧面板上,应仅在其中一侧设置开关、插座及接线盒;当设计需要在墙体中相邻两根木骨柱之间的两侧面板上均设置开关、插座及接线盒时,应采取局部的防火分隔措施。

10.2.9 安装在木结构建筑楼盖、屋盖及吊顶上的照明灯具应采用金属盒体,且应采用不低于所在部位墙体或楼盖、屋盖耐火极限的石膏板对金属盒体进行分隔保护。

10.2.10 当管道内的流体造成管道外壁温度达到 120℃ 及以上时,管道及其包覆材料或内衬以及施工时使用的胶粘剂应为不燃材料;对于外壁温度低于 120℃ 的管道及其包覆材料或内衬,其燃烧性能不应低于 B_1 级。

10.2.11 当采用非金属不燃材料制作烟道、烟囱、火炕等采暖或炊事管道时,应符合下列规定:

1 与木构件相邻部位的壁厚不应小于 240mm;

2 与木构件之间的净距不应小于 100mm;

3 与木构件之间的缝隙应具备良好的通风条件,或可采用 70mm 的矿棉保护层隔热。

10.2.12 当采用金属材料制作烟道、烟囱、火炕等采暖或炊事管道时,应采用厚度为 70mm 的矿棉保护层隔热,并应在保护层外部包覆耐火极限不低于 1.00h 的防火保护。

10.2.13 木结构建筑中放置烹饪炉的平台应为不燃材料,烹饪炉上方 750mm 以及周围 400mm 的范围内不应有可燃装饰或可燃装置。

10.2.14 附设在木结构居住建筑内的机动车库应符合下列规定:

3 车库与室内的隔墙耐火极限不应低于 2.00h。

10.2.15 当木结构建筑需要进行防雷设计时,除应满足现行国家标准《建筑防雷设计规范》GB 50057 的相关规定外,还应符合下列规定:

2 木结构建筑宜采用装设在屋顶的避雷网或避雷带作为防直击雷的接闪器,突出屋面的所有金属构件均应与防雷装置可靠焊接。

3 引下线宜沿木结构建筑外墙明卡敷设,并应在距室外地面上 1.8m 处设置断接卡,连接板处应有明显标志。当引下线为墙内暗敷时,应采用绝缘套管进行保护。

4 地面上 1.7m 以下至地面下 0.3m 的一段接地线应采用改性塑料管或橡胶管等进行保护。

5 室内电缆、导线与防雷引下线之间的距离不应小于 2.0m。

10.2.16 当胶合木构件考虑耐火极限的要求时,其层板组坯除应符合构件强度设计的规定外,还应符合下列防火构造规定:

1 对于耐火极限为 1.00h 的胶合木构件,当构件为非对称异等组合时,应在受拉边减去一层中间层板,并应增加一层表面抗拉层板。当构件为对称异等组合时,应在上下两边各减去一层中间层板,并应各增加一层表面抗拉层板。构件设计时，强度设计值应按未改变层板组合的情况取值。

2 对于耐火极限为1.50h或2.00h的胶合木构件，当构件为非对称异等组合时，应在受拉边减去两层中间层板，并应增加两层表面抗拉层板。当构件为对称异等组合时，应在上下两边各减去两层中间层板，并应各增加两层表面抗拉层板。构件设计时，强度设计值应按未改变层板组合的情况取值。

46.《门式刚架轻型房屋钢结构技术规范》GB 51022—2015

12 钢结构防护

12.1 一般规定

12.1.1 门式刚架轻型房屋钢结构应进行防火与防腐设计。钢结构防腐设计应按结构构件的重要性、大气环境侵蚀性分类和防护层设计使用年限确定合理的防腐涂装设计方案。

12.2 防火设计

12.2.1 钢结构的防火设计、钢结构构件的耐火极限应符合现行国家标准《建筑设计防火规范》GB 50016 的规定,合理确定房屋的防火类别与防火等级。

12.2.2 防火涂料施工前,钢结构构件应按本规范第 12.3 节的规定进行除锈,并进行防锈底漆涂装。防火涂料应与底漆相容,并能结合良好。

12.2.3 应根据钢结构构件的耐火极限确定防火涂层的形式、性能及厚度等要求。

12.2.4 防火涂料的粘结强度、抗压强度应满足设计要求,检查方法应符合现行国家标准《建筑构件耐火试验方法》GB/T 9978 的规定。

12.2.5 采用板材外包防火构造时,钢结构构件应按本规范第 12.3 节的规定进行除锈,并进行底漆和面漆涂装保护;板材外包防火构造的耐火性能,应符合现行国家标准《建筑设计防火规范》GB 50016 的有关规定或通过试验确定。

12.2.6 当采用混凝土外包防火构造时,钢结构构件应进行除锈,不应涂装防锈漆;其混凝土外包厚度及构造要求应符合现行国家标准《建筑设计防火规范》GB 50016 的有关规定。

12.2.7 对于直接承受振动作用的钢结构构件,采用防火厚型涂层或外包构造时,应采取构造补强措施。

47.《冷弯薄壁型钢结构技术规范》GB 50018—2002

1 总 则

1.0.5 设计冷弯薄壁型钢结构时，应结合工程实际，合理选用材料、结构方案和构造措施，保证结构在运输、安装和使用过程中满足强度、稳定性和刚度要求，符合防火、防腐要求。

11 制作、安装和防腐蚀

11.1 制作和安装

11.1.9 冷弯薄壁型钢结构制作和安装质量除应符合本规范规定外，尚应符合现行国家标准《钢结构工程施工质量验收规范》GB 50205的规定。当喷涂防火涂料时，应符合现行国家标准《钢结构防火涂料通用技术条件》GB 14907的规定。

48.《建筑结构可靠性设计统一标准》GB 50068—2018

2 术语和符号

2.1 术 语

2.1.20 结构整体稳固性 structural integrity; structural robustness

当发生火灾、爆炸、撞击或人为错误等偶然事件时，结构整体能保持稳固且不出现与起因不相称的破坏后果的能力。

3 基本规定

3.1 基本要求

3.1.2 结构应满足下列功能要求：

4 当发生火灾时，在规定的时间内可保持足够的承载力。

4 极限状态设计原则

4.2 设计状况

4.2.1 建筑结构设计应区分下列设计状况：

3 偶然设计状况，适用于结构出现的异常情况，包括结构遭受火灾、爆炸、撞击时的情况等。

附录 A 既有结构的可靠性评定

A.5 抵抗偶然作用能力的评定

A.5.1 既有建筑结构的偶然作用包括其可能遭受的罕遇地震、洪水、爆炸、非正常撞击、火灾等。

A.5.8 对于发生在建筑内部的火灾，可进行下列评定：

1 对于未设置喷淋设施的建筑，可评价可燃物全部燃烧的持续时间与结构构件耐火极限的关系；

2 对于设置喷淋设施的建筑，应评价烟感和喷淋设施的有效性；

3 建筑内的排烟措施和疏散措施。

A.5.9 在具有较多可燃物附近的建筑结构，应进行下列评定：

1 建筑的防火间距；

2 建筑的结构和外围护结构的可燃性和防火能力；

3 人员疏散的通道。

附录 B 结构整体稳固性

B.1 一般规定

B.1.1 本附录适用于偶然荷载引起的结构整体稳固性的设计。对于与火灾、极度腐蚀等非荷载相关的结构整体稳固性，可按相关标准的规定执行；对于设计、施工、使用中可能出现的错误和疏忽，应通过严格管理控制。

49.《建筑施工安全技术统一规范》GB 50870—2013

6 建筑施工安全技术控制

6.1 一般规定

6.1.6 建筑施工现场的布置应保障疏散通道、安全出口、消防通道畅通，防火防烟分区、防火间距应符合有关消防技术标准。

6.1.7 施工现场存放易燃易爆危险品的场所不得与居住场所设置在同一建筑物内，并应与居住场所保持安全距离。

6.2 材料及设备的安全技术控制

6.2.2 建筑构件、建筑材料和室内装修、装饰材料的防火性能应符合国家现行有关标准的规定。

50.《屋面工程质量验收规范》GB 50207—2012

1 总　则

1.0.2 本规范适用于房屋建筑屋面工程的质量验收。

1.0.4 屋面工程的施工应遵守国家有关环境保护、建筑节能和防火安全等有关规定。

5 保温与隔热工程

5.1 一般规定

5.1.1 本章适用于板状材料、纤维材料、喷涂硬泡聚氨酯、现浇泡沫混凝土保温层和种植、架空、蓄水隔热层分项工程的施工质量验收。

5.1.3 保温材料在施工过程中应采取防潮、防水和防火等措施。

5.1.7 保温材料的导热系数、表观密度或干密度、抗压强度或压缩强度、燃烧性能，必须符合设计要求。

51.《建筑装饰装修工程质量验收标准》GB 50210—2018

3 基本规定

3.1 设 计

3.1.2 建筑装饰装修设计应符合城市规划、防火、环保、节能、减排等有关规定。建筑装饰装修耐久性应满足使用要求。

3.1.5 建筑装饰装修工程的防火、防雷和抗震设计应符合现行国家标准的规定。

3.2 材 料

3.2.2 建筑装饰装修工程所用材料的燃烧性能应符合现行国家标准《建筑内部装修设计防火规范》GB 50222 和《建筑设计防火规范》GB 50016 的规定。

3.2.8 建筑装饰装修工程所使用的材料应按设计要求进行防火、防腐和防虫处理。

3.3 施 工

3.3.6 施工单位应建立有关施工安全、劳动保护、防火和防毒等管理制度,并应配备必要的设备、器具和标识。

6 门 窗 工 程

6.1 一 般 规 定

6.1.1 本章适用于木门窗、金属门窗、塑料门窗和特种门安装,以及门窗玻璃安装等分项工程的质量验收。金属门窗包括钢门窗、铝合金门窗和涂色镀锌钢板门窗等;特种门包括自动门、全玻门和旋转门等;门窗玻璃包括平板、吸热、反射、中空、夹层、夹丝、磨砂、钢化、防火和压花玻璃等。

6.2 木门窗安装工程

Ⅰ 主控项目

6.2.3 木门窗的防火、防腐、防虫处理应符合设计要求。
检验方法:观察;检查材料进场验收记录。

7 吊 顶 工 程

7.1 一 般 规 定

7.1.4 吊顶工程应对下列隐蔽工程项目进行验收:
1 吊顶内管道、设备的安装及水管试压、风管严密性检验;
2 木龙骨防火、防腐处理;
3 埋件;
4 吊杆安装;
5 龙骨安装;
6 填充材料的设置;
7 反支撑及钢结构转换层。

7.1.8 吊顶工程的木龙骨和木面板应进行防火处理,并应符合有关设计防火标准的规定。

7.2 整体面层吊顶工程

Ⅱ 一 般 项 目

7.2.7 面板上的灯具、烟感器、喷淋头、风口箅子和检修口等设备设施的位置应合理、美观,与面板的交接应吻合、严密。
检验方法:观察。

7.3 板块面层吊顶工程

Ⅰ 主 控 项 目

7.3.4 吊杆和龙骨的材质、规格、安装间距及连接方式应符合设计要求。金属吊杆和龙骨应进行表面防腐处理;木龙骨应进行防腐、防火处理。
检验方法:观察;尺量检查;检查产品合格证书、性能检验报告、进场验收记录和隐蔽工程验收记录。

Ⅱ 一 般 项 目

7.3.7 面板上的灯具、烟感器、喷淋头、风口箅子和检修口等设备设施的位置应合理、美观,与面板的交接应吻合、严密。
检验方法:观察。

7.4 格栅吊顶工程

Ⅰ 主 控 项 目

7.4.3 吊杆和龙骨的材质、规格、安装间距及连接方式应符合设计要求。金属吊杆和龙骨应进行表面防腐处理;木龙骨应进行防腐、防火处理。
检验方法:观察;尺量检查;检查产品合格证书、性能检验报告、进场验收记录和隐蔽工程验收记录。

Ⅱ 一 般 项 目

7.4.6 吊顶的灯具、烟感器、喷淋头、风口箅子和检修口等设备设施的位置应合理、美观,与格栅的套割交接处应吻合、严密。
检验方法:观察。

8 轻质隔墙工程

8.1 一般规定

8.1.4 轻质隔墙工程应对下列隐蔽工程项目进行验收：
1 骨架隔墙中设备管线的安装及水管试压；
2 木龙骨防火和防腐处理；
3 预埋件或拉结筋；
4 龙骨安装；
5 填充材料的设置。

8.2 板材隔墙工程

Ⅰ 主控项目

8.2.1 隔墙板材的品种、规格、颜色和性能应符合设计要求。有隔声、隔热、阻燃和防潮等特殊要求的工程，板材应有相应性能等级的检验报告。

检验方法：观察；检查产品合格证书、进场验收记录和性能检验报告。

8.3 骨架隔墙工程

Ⅰ 主控项目

8.3.1 骨架隔墙所用龙骨、配件、墙面板、填充材料及嵌缝材料的品种、规格、性能和木材的含水率应符合设计要求。有隔声、隔热、阻燃和防潮等特殊要求的工程，材料应有相应性能等级的检验报告。

检验方法：观察；检查产品合格证书、进场验收记录、性能检验报告和复验报告。

8.3.4 木龙骨及木墙面板的防火和防腐处理应符合设计要求。

检验方法：检查隐蔽工程验收记录。

8.4 活动隔墙工程

Ⅰ 主控项目

8.4.1 活动隔墙所用墙板、轨道、配件等材料的品种、规格、性能和人造木板甲醛释放量、燃烧性能应符合设计要求。

检验方法：观察；检查产品合格证书、进场验收记录、性能检验报告和复验报告。

9 饰面板工程

9.1 一般规定

9.1.4 饰面板工程应对下列隐蔽工程项目进行验收：
1 预埋件（或后置埋件）；
2 龙骨安装；
3 连接节点；
4 防水、保温、防火节点；
5 外墙金属板防雷连接节点。

9.4 木板安装工程

Ⅰ 主控项目

9.4.1 木板的品种、规格、颜色和性能应符合设计要求及国家现行标准的有关规定。木龙骨、木饰面板的燃烧性能等级应符合设计要求。

检验方法：观察；检查产品合格证书、进场验收记录、性能检验报告和复验报告。

9.6 塑料板安装工程

Ⅰ 主控项目

9.6.1 塑料板的品种、规格、颜色和性能应符合设计要求及国家现行标准的有关规定。塑料饰面板的燃烧性能等级应符合设计要求。

检验方法：观察；检查产品合格证书、进场验收记录和性能检验报告。

11 幕墙工程

11.1 一般规定

11.1.3 幕墙工程应对下列材料及其性能指标进行复验：
1 铝塑复合板的剥离强度；
2 石材、瓷板、陶板、微晶玻璃板、木纤维板、纤维水泥板和石材蜂窝板的抗弯强度；严寒、寒冷地区石材、瓷板、陶板、纤维水泥板和石材蜂窝板的抗冻性；室内用花岗石的放射性；
3 幕墙用结构胶的邵氏硬度、标准条件拉伸粘结强度、相容性试验、剥离粘结性试验；石材用密封胶的污染性；
4 中空玻璃的密封性能；
5 防火、保温材料的燃烧性能；
6 铝材、钢材主受力杆件的抗拉强度。

11.1.4 幕墙工程应对下列隐蔽工程项目进行验收：
1 预埋件或后置埋件、锚栓及连接件；
2 构件的连接节点；
3 幕墙四周、幕墙内表面与主体结构之间的封堵；
4 伸缩缝、沉降缝、防震缝及墙面转角节点；
5 隐框玻璃板块的固定；
6 幕墙防雷连接节点；
7 幕墙防火、隔烟节点；
8 单元式幕墙的封口节点。

11.1.11 幕墙的防火应符合设计要求和现行国家标准《建筑设计防火规范》GB 50016 的规定。

11.2 玻璃幕墙工程主控项目和一般项目

11.2.1 玻璃幕墙工程主控项目应包括下列项目：
1 玻璃幕墙工程所用材料、构件和组件质量；
2 玻璃幕墙的造型和立面分格；
3 玻璃幕墙主体结构上的埋件；
4 玻璃幕墙连接安装质量；

5 隐框或半隐框玻璃幕墙玻璃托条；
6 明框玻璃幕墙的玻璃安装质量；
7 吊挂在主体结构上的全玻璃幕墙吊夹具和玻璃接缝密封；
8 玻璃幕墙节点、各种变形缝、墙角的连接点；
9 玻璃幕墙的防火、保温、防潮材料的设置；
10 玻璃幕墙防水效果；
11 金属框架和连接件的防腐处理；
12 玻璃幕墙开启窗的配件安装质量；
13 玻璃幕墙防雷。

11.3 金属幕墙工程主控项目和一般项目

11.3.1 金属幕墙工程主控项目应包括下列项目：
1 金属幕墙工程所用材料和配件质量；
2 金属幕墙的造型、立面分格、颜色、光泽、花纹和图案；
3 金属幕墙主体结构上的埋件；
4 金属幕墙连接安装质量；
5 金属幕墙的防火、保温、防潮材料的设置；
6 金属框架和连接件的防腐处理；
7 金属幕墙防雷；
8 变形缝、墙角的连接节点；
9 金属幕墙防水效果。

11.4 石材幕墙工程主控项目和一般项目

11.4.1 石材幕墙工程主控项目应包括下列项目：
1 石材幕墙工程所用材料质量；
2 石材幕墙的造型、立面分格、颜色、光泽、花纹和图案；
3 石材孔、槽加工质量；
4 石材幕墙主体结构上的埋件；
5 石材幕墙连接安装质量；
6 金属框架和连接件的防腐处理；
7 石材幕墙的防雷；
8 石材幕墙的防火、保温、防潮材料的设置；
9 变形缝、墙角的连接节点；
10 石材表面和板缝的处理；
11 有防水要求的石材幕墙防水效果。

11.5 人造板材幕墙工程主控项目和一般项目

11.5.1 人造板材幕墙工程主控项目应包括下列项目：
1 人造板材幕墙工程所用材料、构件和组件质量；
2 人造板材幕墙的造型、立面分格、颜色、光泽、花纹和图案；
3 人造板材幕墙主体结构上的埋件；
4 人造板材幕墙连接安装质量；
5 金属框架和连接件的防腐处理；
6 人造板材幕墙防雷；
7 人造板材幕墙的防火、保温、防潮材料的设置；
8 变形缝、墙角的连接节点；
9 有防水要求的人造板材幕墙防水效果。

13 裱糊与软包工程

13.2 裱 糊 工 程

Ⅰ 主控项目

13.2.1 壁纸、墙布的种类、规格、图案、颜色和燃烧性能等级应符合设计要求及国家现行标准的有关规定。

检验方法：观察；检查产品合格证书、进场验收记录和性能检验报告。

13.3 软 包 工 程

Ⅰ 主控项目

13.3.2 软包边框所选木材的材质、花纹、颜色和燃烧性能等级应符合设计要求及国家现行标准的有关规定。

检验方法：观察；检查产品合格证书、进场验收记录、性能检验报告和复验报告。

13.3.3 软包衬板材质、品种、规格、含水率应符合设计要求。面料及内衬材料的品种、规格、颜色、图案及燃烧性能等级应符合国家现行标准的有关规定。

检验方法：观察；检查产品合格证书、进场验收记录、性能检验报告和复验报告。

14 细 部 工 程

14.2 橱柜制作与安装工程

Ⅰ 主控项目

14.2.1 橱柜制作与安装所用材料的材质、规格、性能、有害物质限量及木材的燃烧性能等级和含水率应符合设计要求及国家现行标准的有关规定。

检验方法：观察；检查产品合格证书、进场验收记录、性能检验报告和复验报告。

14.3 窗帘盒和窗台板制作与安装工程

Ⅰ 主控项目

14.3.1 窗帘盒和窗台板制作与安装所使用材料的材质、规格、性能、有害物质限量及木材的燃烧性能等级和含水率应符合设计要求及国家现行标准的有关规定。

检验方法：观察；检查产品合格证书、进场验收记录、性能检验报告和复验报告。

14.4 门窗套制作与安装工程

Ⅰ 主控项目

14.4.1 门窗套制作与安装所使用材料的材质、规格、花纹、颜色、性能、有害物质限量及木材的燃烧性能等级和含水率应符合设计要求及国家现行标准的有关规定。

检验方法：观察；检查产品合格证书、进场验收记录、性能检验报告和复验报告。

14.5 护栏和扶手制作与安装工程

Ⅰ 主控项目

14.5.1 护栏和扶手制作与安装所使用材料的材质、规格、数量和木材、塑料的燃烧性能等级应符合设计要求。

检验方法：观察；检查产品合格证书、进场验收记录和性能检验报告。

14.6 花饰制作与安装工程

Ⅰ 主控项目

14.6.1 花饰制作与安装所使用材料的材质、规格、性能、有害物质限量及木材的燃烧性能等级和含水率应符合设计要求及国家现行标准的有关规定。

检验方法：观察；检查产品合格证书、进场验收记录、性能检测报告和复验报告。

52.《通用安装工程工程量计算规范》GB 50856—2013

2 术 语

2.0.2 安装工程 building services works

安装工程是指各种设备、装置的安装工程。

通常包括：工业、民用设备，电气、智能化控制设备，自动化控制仪表，通风空调，工业、消防、给排水、采暖燃气管道以及通信设备安装等。

4 工程量清单编制

4.2 分部分项工程

4.2.7 项目安装高度若超过基本高度时，应在"项目特征"中描述。本规范安装工程各附录基本安装高度为：附录A机械设备安装工程10m；附录D电气设备安装工程5m；附录E建筑智能化工程5m；附录G通风空调工程6m；附录J消防工程5m；附录K给排水、采暖、燃气工程3.6m；附录M刷油、防腐蚀、绝热工程6m。

附录F 自动化控制仪表安装工程

F.12 相关问题及说明

F.12.5 火灾报警及消防控制等，应按本规范附录J消防工程相关项目编码列项。

附录J 消 防 工 程

J.1 水灭火系统

水灭火系统工程量清单项目设置、项目特征描述的内容、计量单位及工程量计算规则，应按表J.1的规定执行。

表J.1 水灭火系统（编码：030901）

项目编码	项目名称	项目特征	计量单位	工程量计算规则	工作内容
030901001	水喷淋钢管	1. 安装部位 2. 材质、规格 3. 连接形式 4. 钢管镀锌设计要求 5. 压力试验及冲洗设计要求 6. 管道标识设计要求	m	按设计图示管道中心线以长度计算	1. 管道及管件安装 2. 钢管镀锌 3. 压力试验 4. 冲洗 5. 管道标识
030901002	消火栓钢管				
030901003	水喷淋（雾）喷头	1. 安装部位 2. 材质、型号、规格 3. 连接形式 4. 装饰盘设计要求	个	按设计图示数量计算	1. 安装 2. 装饰盘安装 3. 严密性试验
030901004	报警装置	1. 名称 2. 型号、规格	组		1. 安装 2. 电气接线 3. 调试
030901005	温感式水幕装置	1. 型号、规格 2. 连接形式			
030901006	水流指示器	1. 型号、规格 2. 连接形式	个		
030901007	减压孔板	1. 材质、规格 2. 连接形式			
030901008	末端试水装置	1. 规格 2. 组装形式	组		
030901009	集热板制作安装	1. 材质 2. 支架形式	个		1. 制作、安装 2. 支架制作、安装
030901010	室内消火栓	1. 安装方式 2. 型号、规格 3. 附件材质、规格	套		1. 箱体及消火栓安装 2. 配件安装
030901011	室外消火栓				1. 安装 2. 配件安装
030901012	消防水泵接合器	1. 安装部位 2. 型号、规格 3. 附件材质、规格	套		1. 安装 2. 附件安装
030901013	灭火器	1. 形式 2. 规格、型号	具（组）		设置

续表 J.1

项目编码	项目名称	项目特征	计量单位	工程量计算规则	工作内容
030901014	消防水炮	1. 水炮类型 2. 压力等级 3. 保护半径	台	按设计图示数量计算	1. 本体安装 2. 调试

注：1 水灭火管道工程量计算，不扣除阀门、管件及各种组件所占长度以延长米计算。
  2 水喷淋（雾）喷头安装部位应区分有吊顶、无吊顶。
  3 报警装置适用于湿式报警装置、干湿两用报警装置、电动雨淋报警装置、预作用报警装置等报警装置安装。报警装置安装包括装配管（除水力警铃进水管）的安装，水力警铃进水管并入消防管道工程量。其中：
    1）湿式报警装置包括内容：湿式阀、蝶阀、装配管、供水压力表、装置压力表、试验阀、泄放试验阀、泄放试验管、试验管流量计、过滤器、延时器、水力警铃、报警截止阀、漏斗、压力开关等。
    2）干湿两用报警装置包括内容：两用阀、蝶阀、装配管、加速器、加速器压力表、供水压力表、试验阀、泄放试验阀（湿式、干式）、挠性接头、泄放试验管、试验管流量计、排气阀、截止阀、漏斗、过滤器、延时器、水力警铃、压力开关等。
    3）电动雨淋报警装置包括内容：雨淋阀、蝶阀、装配管、压力表、泄放试验阀、流量表、截止阀、注水阀、止回阀、电磁阀、排水阀、手动应急球阀、报警试验阀、漏斗、压力开关、过滤器、水力警铃等。
    4）预作用报警装置包括内容：报警阀、控制蝶阀、压力表、流量表、截止阀、排放阀、注水阀、止回阀、泄放阀、报警试验阀、液压切断阀、装配管、供水检验管、气压开关、试压电磁阀、空压机、应急手动试压器、漏斗、过滤器、水力警铃等。
  4 温感式水幕装置，包括给水三通至喷头、阀门间的管道、管件、阀门、喷头等全部内容的安装。
  5 末端试水装置，包括压力表、控制阀等附件安装。末端试水装置安装中不含连接管及排水管安装，其工程量并入消防管道。
  6 室内消火栓，包括消火栓箱、消火栓、水枪、水龙头、水龙带接扣、自救卷盘、挂架、消防按钮；落地消火栓箱包括箱内手提灭火器。
  7 室外消火栓，安装方式分地上式、地下式；地上式消火栓安装包括地上式消火栓、法兰接管、弯管底座；地下式消火栓安装包括地下式消火栓、法兰接管、弯管底座或消火栓三通。
  8 消防水泵接合器，包括法兰接管及弯头安装，接合器井内阀门、弯管底座、标牌等附件安装。
  9 减压孔板若在法兰盘内安装，其法兰计入组价中。
  10 消防水炮：分普通手动水炮、智能控制水炮。

J.2 气体灭火系统

气体灭火系统工程量清单项目设置、项目特征描述的内容、计量单位及工程量计算规则，应按表 J.2 的规定执行。

表 J.2 气体灭火系统（编码：030902）

项目编码	项目名称	项目特征	计量单位	工程量计算规则	工作内容
030902001	无缝钢管	1. 介质 2. 材质、压力等级 3. 规格 4. 焊接方法 5. 钢管镀锌设计要求 6. 压力试验及吹扫设计要求 7. 管道标识设计要求	m	按设计图示管道中心线以长度计算	1. 管道安装 2. 管件安装 3. 钢管镀锌 4. 压力试验 5. 吹扫 6. 管道标识
030902002	不锈钢管	1. 材质、压力等级 2. 规格 3. 焊接方法 4. 充氩保护方式、部位 5. 压力试验及吹扫设计要求 6. 管道标识设计要求	m	按设计图示管道中心线以长度计算	1. 管道安装 2. 焊口充氩保护 3. 压力试验 4. 吹扫 5. 管道标识
030902003	不锈钢管管件	1. 材质、压力等级 2. 规格 3. 焊接方法 4. 充氩保护方式、部位	个	按设计图示数量计算	1. 管件安装 2. 管件焊口充氩保护
030902004	气体驱动装置管道	1. 材质、压力等级 2. 规格 3. 焊接方法 4. 压力试验及吹扫设计要求 5. 管道标识设计要求	m	按设计图示管道中心线以长度计算	1. 管道安装 2. 压力试验 3. 吹扫 4. 管道标识
030902005	选择阀	1. 材质 2. 型号、规格 3. 连接形式	个	按设计图示数量计算	1. 安装 2. 压力试验
030902006	气体喷头				喷头安装

续表 J.2

项目编码	项目名称	项目特征	计量单位	工程量计算规则	工作内容
030902007	贮存装置	1. 介质、类型 2. 型号、规格 3. 气体增压设计要求	套	按设计图示数量计算	1. 贮存装置安装 2. 系统组件安装 3. 气体增压
030902008	称重检漏装置	1. 型号 2. 规格			1. 安装 2. 调试
030903009	无管网气体灭火装置	1. 类型 2. 型号、规格 3. 安装部位 4. 调试要求			

注：1 气体灭火管道工程量计算，不扣除阀门、管件及各种组件所占长度以延长米计算。
2 气体灭火介质，包括七氟丙烷灭火系统、IG541灭火系统、二氧化碳灭火系统等。
3 气体驱动装置管道安装，包括卡、套连接件。
4 贮存装置安装，包括灭火剂存储器、驱动气瓶、支框架、集流阀、容器阀、单向阀、高压软管和安全阀等贮存装置和阀驱动装置、减压装置、压力指示仪等。
5 无管网气体灭火系统由柜式预制灭火装置、火灾探测器、火灾自动报警灭火控制器等组成，具有自动控制和手动控制两种启动方式。无管网气体灭火装置安装，包括气瓶柜装置(内设气瓶、电磁阀、喷头)和自动报警控制装置(包括控制器、烟、温感、声光报警器，手动报警器，手/自动控制按钮)等。

J.3 泡沫灭火系统

泡沫灭火系统工程量清单项目设置、项目特征描述的内容、计量单位及工程量计算规则，应按表J.3的规定执行。

表 J.3 泡沫灭火系统（编码：030903）

项目编码	项目名称	项目特征	计量单位	工程量计算规则	工作内容
030903001	碳钢管	1. 材质、压力等级 2. 规格 3. 焊接方法 4. 无缝钢管镀锌设计要求 5. 压力试验、吹扫设计要求 6. 管道标识设计要求	m	按设计图示管道中心线以长度计算	1. 管道安装 2. 管件安装 3. 无缝钢管镀锌 4. 压力试验 5. 吹扫 6. 管道标识
030903002	不锈钢管	1. 材质、压力等级 2. 规格 3. 焊接方法 4. 充氩保护方式、部位 5. 压力试验、吹扫设计要求 6. 管道标识设计要求			1. 管道安装 2. 焊口充氩保护 3. 压力试验 4. 吹扫 5. 管道标识
030903003	铜管	1. 材质、压力等级 2. 规格 3. 焊接方法 4. 压力试验、吹扫设计要求 5. 管道标识设计要求			1. 管道安装 2. 压力试验 3. 吹扫 4. 管道标识
030903004	不锈钢管管件	1. 材质、压力等级 2. 规格 3. 焊接方法 4. 充氩保护方式、部位	个	按设计图示数量计算	1. 管件安装 2. 管件焊口充氩保护
030903005	铜管管件	1. 材质、压力等级 2. 规格 3. 焊接方法			管件安装
030903006	泡沫发生器	1. 类型 2. 型号、规格 3. 二次灌浆材料	台		1. 安装 2. 调试 3. 二次灌浆
030903007	泡沫比例混合器				
030903008	泡沫液贮罐	1. 质量/容量 2. 型号、规格 3. 二次灌浆材料			

注：1 泡沫灭火管道工程量计算，不扣除阀门、管件及各种组件所占长度以延长米计算。
2 泡沫发生器、泡沫比例混合器安装，包括整体安装、焊法兰、单体调试及配合管道试压时隔离本体所消耗的工料。
3 泡沫液贮罐内如需充装泡沫液，应明确描述泡沫灭火剂品种、规格。

J.4 火灾自动报警系统

火灾自动报警系统工程量清单项目设置、项目特征描述的内容、计量单位及工程量计算规则，应按表J.4的规定执行。

表J.4 火灾自动报警系统（编码：030904）

项目编码	项目名称	项目特征	计量单位	工程量计算规则	工作内容
030904001	点型探测器	1. 名称 2. 规格 3. 线制 4. 类型	个	按设计图示数量计算	1. 底座安装 2. 探头安装 3. 校接线 4. 编码 5. 探测器调试
030904002	线型探测器	1. 名称 2. 规格 3. 安装方式	m	按设计图示长度计算	1. 探测器安装 2. 接口模块安装 3. 报警终端安装 4. 校接线
030904003	按钮	1. 名称 2. 规格	个	按设计图示数量计算	1. 安装 2. 校接线 3. 编码 4. 调试
030904004	消防警铃				
030904005	声光报警器				
030904006	消防报警电话插孔（电话）	1. 名称 2. 规格 3. 安装方式	个（部）		
030904007	消防广播（扬声器）	1. 名称 2. 功率 3. 安装方式	个		
030904008	模块（模块箱）	1. 名称 2. 规格 3. 类型 4. 输出形式	个（台）		
030904009	区域报警控制箱	1. 多线制 2. 总线制 3. 安装方式 4. 控制点数量 5. 显示器类型	台		1. 本体安装 2. 校接线、摇测绝缘电阻 3. 排线、绑扎、导线标识 4. 显示器安装 5. 调试
030904010	联动控制箱				
030904011	远程控制箱（柜）	1. 规格 2. 控制回路			
030904012	火灾报警系统控制主机	1. 规格、线制 2. 控制回路 3. 安装方式			1. 安装 2. 校接线 3. 调试
030904013	联动控制主机				
030904014	消防广播及对讲电话主机（柜）				

续表 J.4

项目编码	项目名称	项目特征	计量单位	工程量计算规则	工作内容
030904015	火灾报警控制微机(CRT)	1. 规格 2. 安装方式	台	按设计图示数量计算	1. 安装 2. 调试
030904016	备用电源及电池主机(柜)	1. 名称 2. 容量 3. 安装方式	套		1. 安装 2. 调试
030904017	报警联动一体机	1. 规格、线制 2. 控制回路 3. 安装方式	台		1. 安装 2. 校接线 3. 调度

注：1 消防报警系统配管、配线、接线盒均应按本规范附录D电气设备安装工程相关项目编码列项。
    2 消防广播及对讲电话主机包括功放、录音机、分配器、控制柜等设备。
    3 点型探测器包括火焰、烟感、温感、红外光束、可燃气体探测器等。

J.5 消防系统调试

消防系统调试工程量清单项目设置、项目特征描述的内容、计量单位及工程量计算规则，应按表J.5的规定执行。

表 J.5 消防系统调试（编码：030905）

项目编码	项目名称	项目特征	计量单位	工程量计算规则	工作内容
030905001	自动报警系统调试	1. 点数 2. 线制	系统	按系统计算	系统调试
030905002	水灭火控制装置调试	系统形式	点	按控制装置的点数计算	调试
030905003	防火控制装置调试	1. 名称 2. 类型	个（部）	按设计图示数量计算	
030905004	气体灭火系统装置调试	1. 试验容器规格 2. 气体试喷	点	按调试、检验和验收所消耗的试验容器总数计算	1. 模拟喷气试验 2. 备用灭火器贮存容器切换操作试验 3. 气体试喷

注：1 自动报警系统，包括各种探测器、报警器、报警按钮、报警控制器、消防广播、消防电话等组成的报警系统；按不同点数以系统计算。
    2 水灭火控制装置，自动喷洒系统按水流指示器数量以点(支路)计算；消火栓系统按消火栓启泵按钮数量以点计算；消防水炮系统按水炮数量以点计算。
    3 防火控制装置，包括电动防火门、防火卷帘门、正压送风阀、排烟阀、防火控制阀、消防电梯等防火控制装置；电动防火门、防火卷帘门、正压送风阀、排烟阀、防火控制阀等调试以个计算，消防电梯以部计算。
    4 气体灭火系统调试，是由七氟丙烷、IG541、二氧化碳等组成的灭火系统；按气体灭火系统装置的瓶头阀以点计算。

J.6 相关问题及说明

J.6.1 管道界限的划分：

1 喷淋系统水灭火管道：室内外界限应以建筑物外墙皮1.5m为界，入口处设阀门者应以阀门为界；设在高层建筑物内的消防泵间管道应以泵间外墙皮为界。

2 消火栓管道：给水管道室内外界限划分应以外墙皮1.5m为界，入口处设阀门者应以阀门为界。

3 与市政给水管道的界限：以与市政给水管道碰头点（井）为界。

J.6.2 消防管道如需进行探伤，应按本规范附录H工业管道工程相关项目编码列项。

J.6.3 消防管道上的阀门、管道及设备支架、套管制作安装，应按本规范附录K给排水、采暖、燃气工程相关项目编码列项。

J.6.4 本章管道及设备除锈、刷油、保温除注明者外，均应按本规范附录M刷油、防腐蚀、绝热工程相关项目编码列项。

53.《硬泡聚氨酯保温防水工程技术规范》GB 50404—2017

2 术　语

2.0.1 硬泡聚氨酯　rigid polyurethane foam

采用异氰酸酯、多元醇及发泡剂等添加剂，经反应形成的硬质泡沫体。本规范中按其材料（产品）的成型工艺分为喷涂硬泡聚氨酯和硬泡聚氨酯板。

2.0.2 喷涂硬泡聚氨酯　spraying rigid polyurethane foam

现场使用专用喷涂设备在屋面或外墙基层上连续多遍喷涂发泡聚氨酯后形成的无接缝硬质泡沫体。

2.0.5 硬泡聚氨酯板　prefabricated rigid polyurethane foam panel

在专用生产线上制作的以硬泡聚氨酯为芯材，并具有界面层的保温板材。

3 基本规定

3.0.2 硬泡聚氨酯保温防水工程，喷涂硬泡聚氨酯和硬泡聚氨酯板的燃烧性能等级不得低于 B_2 级，并应符合现行国家标准《建筑设计防火规范》GB 50016 的有关规定。

3.0.11 硬泡聚氨酯保温防水工程施工现场防火安全管理应符合现行国家标准《建设工程施工现场消防安全技术规范》GB 50720 的规定；施工单位应建立施工现场消防安全责任制度，确定消防安全负责人。加强对施工人员的消防教育培训，落实动火、用电、易燃可燃材料等消防管理制度和操作规程。

3.0.13 硬泡聚氨酯板应按计划限量进场，进场后宜堆放在库房内；露天存放时，应分类成垛堆放，垛高不应超过2m，单垛体积不应超过 $50m^3$，垛与垛之间的安全间距不应小于2m，且应采用不燃材料完全覆盖。与外墙和屋顶相贴邻的竖井、凹槽、平台等，不得堆放保温、防水材料。

3.0.14 硬泡聚氨酯保温防水工程应加强施工过程防火管理，严禁与其他施工工种同时交叉作业，当遇下列情况之一时，严禁电焊、切割等动火作业：

1 硬泡聚氨酯材料进入施工现场过程中；

2 硬泡聚氨酯保温层喷涂或安装施工过程中；

3 硬泡聚氨酯保温层未进行保护层施工前或无保护层保护时。

3.0.15 硬泡聚氨酯保温层上无可靠防火构造措施时，不得在其上进行防水材料的热熔、热粘结法施工。

3.0.16 电气线路不应穿越或敷设在硬泡聚氨酯保温材料中。如确需穿越或敷设时应外套金属管，采用不燃隔热材料对金属管周围进行防火隔离保护。开关、插座等电器配件周围应采取不燃隔热材料进行防火隔离保护。

4 屋面工程

4.4 细部构造

4.4.4 变形缝保温防水构造应符合下列要求：

1 应直接连续喷涂硬泡聚氨酯至变形缝顶部；

2 变形缝内应预填不燃保温材料，上部应采用防水卷材封盖，并放置衬垫材料，再在其上干铺一层防水卷材。

5 外墙外保温工程

5.4 细部构造

5.4.4 变形缝的保温构造（图5.4.4）应符合下列要求：

1 变形缝处应采用不燃保温材料填充，填塞深度应大于缝宽的3倍且不应小于墙体厚度；

3 采用硬泡聚氨酯板时，变形缝处应做翻包处理，翻包宽度不得小于150mm。

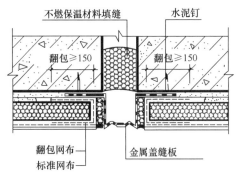

图5.4.4　变形缝保温构造

54.《民用建筑可靠性鉴定标准》GB 50292—2015

2 术语和符号

2.1 术 语

2.1.10 应急鉴定 emergency appraisal

为应对突发事件，在接到预警通知时，对建筑物进行的以消除安全隐患为目标的紧急检查和鉴定；同时也指突发事件发生后，对建筑物的破坏程度及其危险性进行的以排险为目标的紧急检查和鉴定。

3 基本规定

3.1 一般规定

3.1.1 民用建筑可靠性鉴定，应符合下列规定：
1 在下列情况下，应进行可靠性鉴定：
   1）建筑物大修前；
   2）建筑物改造或增容、改建或扩建前；
   3）建筑物改变用途或使用环境前；
   4）建筑物达到设计使用年限拟继续使用时；
   5）遭受灾害或事故时；
   6）存在较严重的质量缺陷或出现较严重的腐蚀、损伤、变形时。

3.5 民用建筑抗灾及灾后鉴定

3.5.1 对抗震或其他抗灾设防区的民用建筑，其抗灾及灾后恢复重建前的检测与鉴定均应与本标准的结构可靠性鉴定相结合。房屋建筑灾后鉴定可按本标准附录G的规定进行。

3.5.2 对加油站、加气站和储存可燃、易爆危险源的建筑物以及邻近的建筑物，其安全性鉴定应包括结构整体牢固性的鉴定。

3.5.3 对必须防范人为破坏的重要建筑物，其安全性鉴定应包括结构构件抗爆能力的鉴定。

4 调查与检测

4.2 使用条件和环境的调查与检测

4.2.2 结构上作用的调查项目，可根据建筑物的具体情况以及鉴定的内容和要求，按表4.2.2选择。

表 4.2.2 结构上作用的调查项目

作用类别	调查项目
永久作用	1 结构构件、建筑配件、楼、地面装修等自重 2 土压力、水压力、地基变形、预应力等作用
可变作用	1 楼面活荷载 2 屋面活荷载 3 工业区内民用建筑屋面积灰荷载 4 雪、冰荷载 5 风荷载 6 温度作用 7 动力作用
灾害作用	1 地震作用 2 爆炸、撞击、火灾 3 洪水、滑坡、泥石流等地质灾害 4 飓风、龙卷风等

4.2.4 建筑物的使用环境应包括周围的气象环境、地质环境、结构工作环境和灾害环境，可按表4.2.4进行调查。

表 4.2.4 建筑物的使用环境调查

项次	环境类别	调查项目
1	气象环境	大气温度变化、大气湿度变化、降雨量、降雪量、霜冻期、风作用、土壤冻结深度等
2	地质环境	地形、地貌、工程地质、地下水位深度、周围高大建筑物的影响等
3	建筑结构工作环境	潮湿环境、滨海大气环境、邻近工业区大气环境、建筑或其周围的振动环境等
4	灾害环境	地震、冰雪、飓风、洪水；可能发生滑坡、泥石流等地质灾害的地段；建筑周围存在的爆炸、火灾、撞击源

6 构件使用性鉴定评级

6.3 钢结构构件

6.3.7 当钢结构构件的使用性按防火涂层的检测结果评定时，应按表6.3.7的规定评级。

表 6.3.7 钢结构构件的使用性按防火涂层的检测结果评定

基本项目	a_s	b_s	c_s
外观质量	涂膜无空鼓、开裂、脱落、霉变、粉化等现象	涂膜局部开裂，薄型涂料涂层裂纹宽度不大于0.5mm；厚型涂料涂层裂纹宽度不大于1.0mm；边缘局部脱落；对防火性能无明显影响	防水涂膜开裂，薄型涂料涂层裂纹宽度大于0.5mm；厚型涂料涂层裂纹宽度大于1.0mm；重点防火区域涂层局部脱落；对结构防火性能产生明显影响

续表 6.3.7

基本项目	a_s	b_s	c_s
涂层附着力	涂层完整	涂层完整程度达到70%	涂层完整程度低于70%
涂膜厚度	厚度符合设计或国家现行规范规定	厚度小于设计要求，但小于设计厚度的测点数不大于10%，且测点处实测厚度不小于设计厚度的90%；厚涂型防火涂料涂膜，厚度小于设计厚度的面积不大于20%，且最薄处厚度不小于设计厚度的85%，厚度不足部位的连续长度不大于1m，并在5m范围内无类似情况	达不到b_s级的要求

55.《岩土工程勘察安全标准》GB/T 50585—2019

3 基本规定

3.0.2 勘察安全生产管理应符合下列规定：

7 勘察作业前，应对危险源进行辨识和评价，危险源辨识和评价可按本标准附录 A 执行；危险源危险等级可分为轻微、一般、较大、重大、特大五级，编写勘察纲要时，应根据不同危险等级制定相应的安全生产防护措施；

7 室内试验

7.1 一般规定

7.1.1 试验室应具备通风条件，需要时应设置通风、除尘、消防和防爆设施；应有废水、废气和废弃固体处置设施。

11 勘察用电

11.2 勘察现场临时用电

11.2.15 勘察作业现场照明器具选型应符合下列规定：

5 有爆破和火灾危险的井探、洞探作业照明，应按危险场所等级选用防爆型照明灯具。照明灯具的金属外壳应与保护导体（PE）连接。

11.3 用电设备的维护与使用

11.3.4 发电机组安装与使用应符合下列规定：

1 发电机房应配置电气火灾相适宜的消防设施，室内不得存储易燃易爆物；

12 安全防护和作业环境保护

12.1 一般规定

12.1.3 勘探作业现场存在易燃易爆气体时，勘探设备应采取防火防爆措施。

12.2 危险物品储存和使用

12.2.1 危险物品应按其不同的物理、化学性质分别采用相应的包装容器和储存方法，储存量不得超过规定限额。理化性质相抵触、灭火方法不同的危险物品应分库储存并定期检查。储存危险物品的场所应设置防火、防爆、防毒、防潮、防泄漏、防盗和通风等安全设施。

12.3 防火

12.3.1 存放易燃易爆危险物品的场所和勘察作业现场、临时用房应配备与其火灾性质相适宜的消防器材。消防器材应合理摆放、标志明显，并应有专人负责保管。灭火器材配备应符合现行国家标准《建筑灭火器配置设计规范》GB 50140的规定，每个作业场所、临时用房不得少于 2 具。

12.3.2 临时用房内不得使用火盆或无保护罩电炉取暖，在无人值守情况下不得使用电热毯取暖。

12.3.3 作业现场取暖装置的烟囱和内燃机排气管应穿过塔布，机房壁板处应安装隔热板或防火罩。排气口距可燃物不得小于 2.5m。

12.3.4 寒冷季节作业时，不得使用明火烘烤柴油机或其他设备油底壳。

12.3.5 当油料着火时，应使用砂土、泡沫灭火器或干粉灭火器灭火，不得用水扑救。当用电设备和供电线路着火时，应先切断电源再实施扑救。

12.3.6 在含易燃易爆气体的地层勘探作业时，除应对孔口溢出气体加强监测外，尚应符合下列规定：

1 勘探设备的动力设备应配防火罩，现场不得使用明火或存放易燃易爆物品；

2 勘探时应观察孔内泥浆气泡和异常声音，发现返浆异常或勘探孔内有爆破声时，应立即停止作业，测量孔口可燃气体浓度，在确认无危险后方可恢复勘探作业；

3 当勘探孔内有气体逸出或燃烧时，应立即关停所有机械和电器设备、设立警戒线和疏散附近人员，并应立即报警；

4 勘探孔经封堵处理后，再次测定的易燃易爆气体浓度符合本标准表 12.6.2 的规定后方可恢复勘探作业，并应保持作业现场通风。

12.3.7 在油气管道附近勘探作业时，应先核查管道的具体位置。在发生钻穿管道事故时，应立即关停所有机械电器设备，立即报警，并设立警戒线和疏散附近人员。

12.3.8 焊接与切割作业除应按现行国家标准《焊接与切割安全》GB 9448 的规定执行外，尚应符合下列规定：

1 电气焊作业区 10.0m 范围内不得存放易燃易爆物品，并应配备相应的消防器材；

2 高压气瓶不应放置在易遭受物理打击、阳光暴晒、热源辐射的位置；

3 作业现场氧气瓶与乙炔瓶、明火或热源的安全距离应大于 5.0m；乙炔瓶应安装防止回火装置，乙炔瓶及其他易燃物品与焊炬或明火的安全距离应大于 10.0m；

4 氧气瓶及其专用工具不得与油类接触，作业人员不得穿戴有油脂的工作服、手套进行作业；

5 焊割距点火时不得指向人或易燃物品，正在燃烧的焊割炬不得放在工件或地面上，作业人员不得手持焊割炬爬梯、登高；

6 焊割作业结束后，应将气瓶气阀关闭，拧上安全罩，确认作业现场无火灾隐患后方可离开。

13 勘察现场临时用房

13.1 一般规定

13.1.1 勘察现场临时生活区与作业区应分开设置,生活区与作业点的安全距离应大于 25.0m。

13.1.2 临时用房选址应符合下列规定:

1 不得在洪水淹没区、沼泽地、潮汐影响滩涂区、风口、旋风区、雷击区、雪崩区、滚石区、悬崖和高切坡以及不良地质作用影响的场地内选址;

2 与公路、铁路和存放少量易燃易爆物品仓库的安全距离不应小于 30.0m,与油罐及加油站的安全距离不应小于 50.0m;

3 与架空输电线路边线的最小安全距离应符合本标准表 3.0.6 的有关规定;

4 与变配电室、锅炉房的安全距离不应小于 15.0m;

5 与在建建(构)筑物的安全距离不应小于 20.0m;

6 不得设置在吊装机械回转半径区域内及作业设备倾覆影响区域内。

13.1.3 临时用房应采用阻燃或难燃材料,并应满足环保、消防要求;安装电气设施应符合本标准第 11 章的有关规定。

13.1.5 临时用房应有防震、防火、防雷设施和抗风雪能力,寒冷季节应有取暖设施,并应符合本标准第 12 章的有关规定。

13.2 居住临时用房

13.2.1 居住临时用房不得存放柴油、汽油、氧气瓶、乙炔气瓶、液化气罐等易燃易爆液体或气体容器,不得使用电炉、煤油炉、液化气炉。

13.2.2 居住临时用房室内净高度不得小于 2.5m,层铺搭设不应超过两层,应有良好的采光、排气和通风设施,门窗不得向内开启;应按规定配备相应的灭火器材。

13.2.4 城镇内勘察临时用房之间的安全距离不应小于 5.0m,城镇外勘察临时用房之间的安全距离不应小于 7.0m。

13.3 非居住临时用房

13.3.1 非居住临时用房存放易燃易爆和有毒物品时应分类和分专库存放,与居住临时用房的距离应大于 30.0m。

13.3.2 存放易燃易爆物品临时用房,不得使用明火和携带火种,电器设备、开关、灯具、线路防爆性能应符合现行国家标准《爆炸性环境 第 1 部分:设备 通用要求》GB 3836.1 的有关规定。

13.3.3 存放易燃易爆物品的非居住临时用房应保持通风并配备足够数量相应类型的灭火器材,且应悬挂安全标志,不得靠近烟火。

附录 A 勘察作业危险源辨识和评价

A.0.1 勘察作业前,应根据勘察项目特点、场地条件、勘察方案、勘察手段等对作业过程中的危险源进行辨识。危险源辨识应包括下列环境因素和作业条件:

7 作业现场防火、防雷、防爆、防毒。

56. 《装配式混凝土建筑技术标准》GB/T 51231—2016

4 建筑集成设计

4.1 一般规定

4.1.5 装配式混凝土建筑应满足国家现行标准有关防火、防水、保温、隔热及隔声等要求。

6 外围护系统设计

6.2 预制外墙

6.2.2 露明的金属支撑件及外墙板内侧与主体结构的调整间隙，应采用燃烧性能等级为 A 级的材料进行封堵，封堵构造的耐火极限不得低于墙体的耐火极限，封堵材料在耐火极限内不得开裂、脱落。

6.2.3 防火性能应按非承重外墙的要求执行，当夹芯保温材料的燃烧性能等级为 B_1 或 B_2 级时，内、外叶墙板应采用不燃材料且厚度均不应小于 50mm。

6.2.5 预制外墙接缝应符合下列规定：
  4 宜避免接缝跨越防火分区；当接缝跨越防火分区时，接缝室内侧应采用耐火材料封堵。

6.3 现场组装骨架外墙

6.3.5 木骨架组合外墙应符合下列规定：
  2 木骨架组合外墙与主体结构之间应采用金属连接件进行连接；
  6 填充材料的燃烧性能等级应为 A 级。

57.《装配式钢结构建筑技术标准》GB/T 51232—2016

3 基本规定

3.0.10 装配式钢结构建筑防火、防腐应符合国家现行相关标准的规定,满足可靠性、安全性和耐久性的要求。

4 建筑设计

4.2 建筑性能

4.2.2 装配式钢结构建筑的耐火等级应符合现行国家标准《建筑设计防火规范》GB 50016 的有关规定。

5 集成设计

5.2 结构系统

5.2.22 钢结构应进行防火和防腐设计,并应按国家现行标准《建筑设计防火规范》GB 50016 及《建筑钢结构防腐蚀技术规程》JGJ/T 251 的规定执行。

5.3 外围护系统

5.3.5 外围护系统应根据建筑所在地区的气候条件、使用功能等综合确定抗风性能、抗震性能、耐撞击性能、防火性能、水密性能、气密性能、隔声性能、热工性能和耐久性能等要求,屋面系统还应满足结构性能要求。

5.3.11 预制外墙应符合下列规定:
  1 预制外墙用材料应符合下列规定:
    1)预制混凝土外墙板用材料应符合现行行业标准《装配式混凝土结构技术规程》JGJ 1 的规定;
    2)拼装大板用材料包括龙骨、基板、面板、保温材料、密封材料、连接固定材料等,各类材料应符合国家现行有关标准的规定;
    3)整体预制条板和复合夹芯条板应符合国家现行相关标准的规定。
  2 露明的金属支撑件及外墙板内侧与主体结构的调整间隙,应采用燃烧性能等级为 A 级的材料进行封堵,封堵构造的耐火极限不得低于墙体的耐火极限,封堵材料在耐火极限内不得开裂、脱落。
  3 防火性能应按非承重外墙的要求执行,当夹芯保温材料的燃烧性能等级为 B_1 或 B_2 级时,内、外叶墙板应采用不燃材料且厚度均不应小于 50mm。
  5 预制外墙板接缝应符合下列规定:
    4)宜避免接缝跨越防火分区;当接缝跨越防火分区时,接缝室内侧应采用耐火材料封堵。

5.3.12 现场组装骨架外墙应符合下列规定:

  5 木骨架组合墙体应符合下列规定:
    6)填充材料的燃烧性能等级应为 A 级。

5.5 内装系统

5.5.1 内装部品设计与选型应符合国家现行有关抗震、防火、防水、防潮和隔声等标准的规定,并满足生产、运输和安装等要求。

5.5.4 梁柱包覆应与防火防腐构造结合,实现防火防腐包覆与内装系统的一体化,并应符合下列规定:
  1 内装部品安装不应破坏防火构造。
  3 使用膨胀型防火涂料应预留膨胀空间。
  4 设备与管线穿越防火保护层时,应按钢构件原耐火极限进行有效封堵。

7 施工安装

7.2 结构系统施工安装

7.2.8 钢结构现场涂装应符合下列规定:
  3 防火涂料应符合国家现行有关标准的规定。
  4 现场防腐和防火涂装应符合现行国家标准《钢结构工程施工规范》GB 50755 和《钢结构工程施工质量验收规范》GB 50205 的规定。

7.4 设备与管线系统安装

7.4.4 在有防腐防火保护层的钢结构上安装管道或设备支(吊)架时,宜采用非焊接方式固定;采用焊接时应对被损坏的防腐防火保护层进行修补。

7.5 内装系统安装

7.5.5 对钢梁、钢柱的防火板包覆施工应符合下列规定:
  1 支撑件应固定牢固,防火板安装应牢固稳定,封闭良好。
  2 防火板表面应洁净平整。
  3 分层包覆时,应分层固定,相互压缝。
  4 防火板接缝应严密、顺直,边缘整齐。
  5 采用复合防火保护时,填充的防火材料应为不燃材料,且不得有空鼓、外露。

8 质量验收

8.2 结构系统验收

8.2.5 钢结构防火涂料的粘结强度、抗压强度应符合现行国家标准《钢结构工程施工质量验收规范》GB 50205 的规定,试验方法应符合现行国家标准《建筑构件耐火试验方法》

GB/T 9978 的规定；防火板及其他防火包覆材料的厚度应符合现行国家标准《建筑设计防火规范》GB 50016 关于耐火极限的设计要求。

8.4 设备与管线系统验收

8.4.2 自动喷水灭火系统的施工质量要求和验收标准应按现行国家标准《自动喷水灭火系统施工及验收规范》GB 50261 的规定执行。

8.4.3 消防给水系统及室内消火栓系统的施工质量要求和验收标准应按现行国家标准《消防给水及消火栓系统技术规范》GB 50974 的规定执行。

8.4.6 火灾自动报警系统的施工质量要求和验收标准应按现行国家标准《火灾自动报警系统施工及验收规范》GB 50166 的规定执行。

58.《装配式木结构建筑技术标准》GB/T 51233—2016

3 材 料

3.3 其他材料

3.3.3 隔墙用保温隔热材料的燃烧性能应符合现行国家标准《建筑设计防火规范》GB 50016 的规定。

3.3.4 防火封堵材料应符合现行国家标准《防火封堵材料》GB 23864 和《建筑用阻燃密封胶》GB/T 24267 的规定。

3.3.5 装配式木结构采用的防火产品应经国家认可的检测机构检验合格,并应符合现行国家标准《建筑设计防火规范》GB 50016 的规定。

3.3.7 装配式木结构采用的装饰装修材料应符合现行国家标准《民用建筑工程室内环境污染控制规范》GB 50325、《建筑内部装修设计防火规范》GB 50222、《建筑设计防火规范》GB 50016 和《建筑装饰装修工程质量验收规范》GB 50210 的规定。

4 基本规定

4.0.13 装配式木结构建筑的防火设计应符合现行国家标准《建筑设计防火规范》GB 50016 和《多高层木结构建筑技术标准》GB/T 51226 的规定。

5 建筑设计

5.1 一般规定

5.1.2 建筑的布局应按当地的气候条件、地理条件进行设计,选址应具备良好工程地质条件,并应满足国家现行标准对建筑防火、防涝的要求。

5.2 建筑平面与空间

5.2.5 装配式木结构建筑立面设计应满足建筑类型和使用功能的要求,建筑高度应符合现行国家标准《木结构设计规范》GB 50005、《建筑设计防火规范》GB 50016 和《多高层木结构建筑技术标准》GB/T 51226 的规定。

5.2.6 当木构件符合防火要求和耐久性要求时,可直接作为内饰面。

5.3 围护系统

5.3.2 建筑外围护系统应采用支承构件与保温材料、饰面材料、防水隔汽层等材料的一体化集成系统,应符合结构、防火、保温、防水、防潮以及装饰的设计要求。

5.3.8 当建筑外围护系统采用外挂装饰板时,应符合下列规定:
3 外挂装饰板与主体结构宜采用柔性连接,连接节点应安全可靠,应与主体结构变形协调,并应采取防腐、防锈和防火措施。

5.4 集成化设计

5.4.9 建筑电气设计应符合下列规定:
2 预制木结构组件或部品中内置电气设备时,应采取满足隔声及防火要求的措施。

6 结构设计

6.4 墙体、楼盖、屋盖设计

6.4.6 墙板、楼面板和屋面板应采用合理的连接形式,并应进行抗震设计。连接节点应具有足够的承载力和变形能力,并应采取可靠的防腐、防锈、防虫、防潮和防火措施。

59.《木骨架组合墙体技术标准》GB/T 50361—2018

1 总 则

1.0.2 本标准适用于住宅建筑、办公建筑和现行国家标准《建筑设计防火规范》GB 50016中规定的丁、戊类厂房（仓库）的非承重木骨架组合墙体的设计、制作和施工、验收及维护。

4 材 料

4.5 材料的防火性能

4.5.1 木骨架组合墙体所采用的各种防火产品应为检验合格的产品。

4.5.2 木骨架组合墙体的防火材料宜采用纸面石膏板。采用其他材料时，材料的燃烧性能应符合现行国家标准《建筑材料及制品燃烧性能分级》GB 8624中对A级材料的规定。

4.5.3 木骨架组合墙体填充材料的燃烧性能应为A级。

4.5.4 墙体采用的防火封堵材料应符合现行国家标准《防火封堵材料》GB 23864和《建筑用阻燃密封胶》GB/T 24267的规定。

4.6 墙面材料

4.6.1 分户墙、房间隔墙和外墙内侧的墙面材料宜采用纸面石膏板。纸面石膏板应根据墙体的性能要求分别采用普通型、耐火型或耐水型。

5 墙体设计

5.5 防火设计

5.5.1 木骨架组合墙体的使用范围应符合下列规定：

1 6层及6层以下的住宅建筑和办公建筑的房间隔墙和非承重外墙；

2 丁、戊类厂房（库房）的房间隔墙和非承重外墙；

3 房间建筑面积不超过100m²，建筑高度不大于54m的普通住宅的房间隔墙；

4 房间建筑面积不超过100m²，建筑高度不大于50m的办公建筑的房间隔墙。

5.5.2 木骨架组合墙体的耐火极限应符合现行国家标准《建筑设计防火规范》GB 50016的有关规定。

5.5.3 木骨架组合墙体覆面材料的燃烧性能应符合表5.5.3的规定。

表5.5.3 木骨架组合墙体覆面材料的燃烧性能

构件名称	建筑分类			
	一级耐火等级或高度不大于54m的一、二级耐火等级的普通住宅	二级耐火等级	三级耐火等级	四级耐火等级
外墙覆面材料	A级材料	A级材料	A级材料	可燃材料
房间隔墙覆面材料	A级材料	A级材料	纸面石膏板或难燃材料	可燃材料

注：纸面石膏板的燃烧性能可按A级材料确定。

5.5.4 墙体内设管道、电气线路、接线箱、接线盒或管道、电气线路穿过墙体时，应对管道和电气线路进行绝缘保护。管道、电气线路与墙体之间的缝隙应采用防火封堵材料填塞密实。

5.6 墙面设计

5.6.2 当要求墙体防潮、防水、挡风时，墙面板应采用耐水型纸面石膏板。

60.《胶合木结构技术规范》GB/T 50708—2012

2 术语和符号

2.1 术　语

2.1.1 胶合木　structural laminated timber (glulam)

以厚度为 20mm～45mm 的板材，沿顺纹方向叠层胶合而成的木制品。也称层板胶合木，或称结构用集成材。

7 构件防火设计

7.1 防火设计

7.1.1 胶合木结构构件的防火设计和防火构造除应遵守本章的规定外，还应符合现行国家标准《建筑设计防火规范》GB 50016 的有关规定。

7.1.2 本章规定的设计方法适用于耐火极限不超过 2.00h 的构件防火设计。

7.1.3 在进行胶合木构件的防火设计和验算时，恒载和活载均应采用标准值。

7.1.4 胶合木构件燃烧 t 小时后，有效炭化速率应根据下式计算：

$$\beta_e = \frac{1.2\beta_n}{t^{0.187}} \quad (7.1.4)$$

式中：β_e——根据耐火极限 t 的要求确定的有效炭化速率 (mm/h)；

　　　β_n——木材燃烧 1.00h 的名义线性炭化速率 (mm/h)；采用针叶材制作的胶合木构件的名义线性炭化速率为 38mm/h。根据该炭化速率计算的有效炭化速率和有效炭化层厚度应符合表 7.1.4 的规定；

　　　t——耐火极限 (h)。

表 7.1.4　有效炭化速率和炭化层厚度

构件的耐火极限 t (h)	有效炭化速率 β_e (mm/h)	有效炭化层厚度 T (mm)
0.50	52.0	26
1.00	45.7	46
1.50	42.4	64
2.00	40.1	80

7.1.5 防火设计或验算燃烧后的矩形构件承载能力时，应按本规范第 5 章的规定进行。构件的各种强度值应采用本规范附录 B 规定的强度特征值，并应乘以下列调整系数：

1 抗弯强度、抗拉强度和抗压强度调整系数应取 1.36；验算时，受弯构件稳定系数和受压构件屈曲强度调整系数应取 1.22；

2 受弯和受压构件的稳定计算时，应采用燃烧后的截面尺寸，弹性模量调整系数应取 1.05；

3 当考虑体积调整系数时，应按燃烧前的截面尺寸计算体积调整系数。

7.1.6 构件燃烧后（图 7.1.6）几何特征的计算公式应按表 7.1.6 的规定采用。

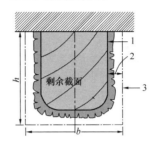
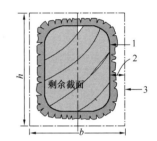

图 7.1.6　三面曝火和四面曝火构件截面简图
1—构件燃烧后剩余截面边缘；2—有效炭化厚度 T；
3—构件燃烧前截面边缘

表 7.1.6　构件燃烧后的几何特征

截面几何特征	三面曝火时	四面曝火时
截面面积 mm²	$A(t)=(b-2\beta_e t)(h-\beta_e t)$	$A(t)=(b-2\beta_e t)(h-2\beta_e t)$
截面抵抗矩（主轴方向）mm³	$W(t)=\dfrac{(b-2\beta_e t)(h-\beta_e t)^2}{6}$	$W(t)=\dfrac{(b-2\beta_e t)(h-\beta_e t)^2}{6}$
截面抵抗矩（次轴方向）mm³	—	$W(t)=\dfrac{(h-2\beta_e t)(b-\beta_e t)^2}{6}$
截面惯性矩（主轴方向）mm⁴	$I(t)=\dfrac{(b-2\beta_e t)(h-\beta_e t)^3}{12}$	$I(t)=\dfrac{(b-2\beta_e t)(h-\beta_e t)^3}{12}$
截面惯性矩（次轴方向）mm⁴	—	$I(t)=\dfrac{(h-2\beta_e t)(b-\beta_e t)^3}{12}$

注：表中，h——燃烧前截面高度 (mm)；b——燃烧前截面宽度 (mm)；t——耐火极限时间 (h)；β_e——有效炭化速率 (mm/h)。

7.2 防火构造

7.2.1 当胶合木构件考虑耐火极限的要求时，其层板组坯除应符合本规范第 9 章的规定外，还应满足以下构造规定：

1 对于耐火极限为 1.00h 的胶合木构件，当构件为非对称异等组合时，应在受拉边减去一层中间层板，并增加一层表面抗拉层板。当构件为对称异等组合时，应在上下两边各减去一层中间层板，并各增加一层表面抗拉层板。构件设计时，按未改变层板组合的情况进行。

2 对于耐火极限为 1.50h 或 2.00h 的胶合木构件，当构件为非对称异等组合时，应在受拉边减去两层中间层板，并增加两层表面抗拉层板。当构件为对称异等组合时，应在上下两边各减去两层中间层板，并各增加两层表面抗拉层板。构件设计时，按未改变层板组合的情况进行。

7.2.2 当采用厚度为50mm以上的木材（锯材或胶合木）作为屋面板或楼面板时（图7.2.2a），楼面板或屋面板端部应坐落在支座上，其防火设计和构造应符合下列要求：

1 当屋面板或楼面板采用单舌或双舌企口板连接时（图7.2.2b），屋面板或楼面板可作为一面曝火受弯构件进行防火设计；

2 当屋面板或楼面板采用直边拼接时，屋面板或楼面板可作为两侧部分曝火而底面完全曝火的受弯构件，可按三面曝火构件进行防火设计。此时，两侧部分曝火的炭化速率应为有效炭化速率的1/3。

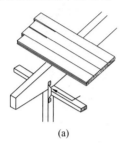 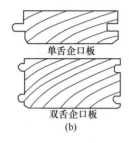

图 7.2.2 锯材或胶合木楼（屋）面板示意图

7.2.3 主、次梁连接时，金属连接件可采用隐藏式连接（图7.2.3）。

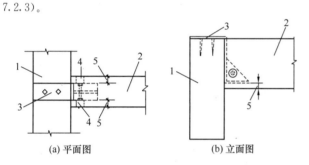

图 7.2.3 主、次梁之间的隐藏式连接示意图
1—主梁；2—次梁；3—金属连接件；4—木塞；5—侧面或底面木材厚度≥40mm

7.2.4 金属连接件表面可采用截面厚度不小于40mm的木材作为连接件表面附加防火保护层（图7.2.4）。

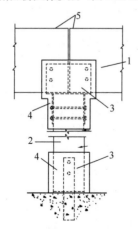

图 7.2.4 连接件附加保护层的防火构造示意图
1—木梁；2—木柱；3—金属连接件；4—厚度≥40mm的木材保护层；5—梁端应设侧向支撑

7.2.5 梁柱连接中，当要求连接处金属连接件不应暴露在火中时，除可采用本规范第7.2.4条规定的方法外，还可采用以下构造措施（图7.2.5）：

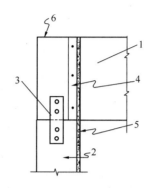

图 7.2.5 梁柱连接件隔离式
防火构造示意图
1—木梁；2—柱；3—金属连接件；
4—50mm厚木条绕梁一周作为垫板；
5—防火石膏板或规格材；6—梁端
应设侧向支撑

1 将梁柱连接处包裹在耐火极限为1.00h的墙体中；

2 采用截面尺寸为40mm×90mm的规格材和厚度大于15mm的防火石膏板在梁柱连接处进行隔离。

7.2.6 梁柱连接中，当外观设计要求构件外露，并且连接处直接暴露在火中时，可将金属连接件嵌入木构件内，固定用的螺栓孔采用木塞封堵，梁柱连接缝采用防火材料填缝（图7.2.6）。

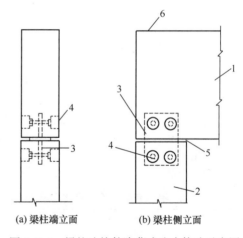

图 7.2.6 梁柱连接件隐藏式防火构造示意图
1—木梁；2—木柱；3—金属连接件；4—木塞；5—腻子或其他防火材料填缝；6—梁端应设侧向支撑

7.2.7 梁柱连接中，当设计对构件连接处无外观要求时，对于直接暴露在火中的连接件，应在连接件表面涂刷耐火极限为1.00h的防火涂料（图7.2.7）。

7.2.8 当设计要求顶棚需满足1.00h耐火极限时，可采用截面尺寸为40mm×90mm的规格材作为衬木，并在底部铺设厚度大于15mm的防火石膏板（图7.2.8）。

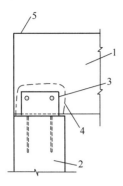

图 7.2.7 梁柱连接件外露式防火
构造示意图
1—木梁；2—柱；3—金属连接件；4—连接件
表面涂刷防火涂料；5—梁端应设侧向支撑

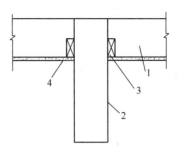

图 7.2.8 顶棚防火构造示意图
1—次梁；2—主梁；3—衬木；
4—防火石膏板

61.《钢结构现场检测技术标准》GB/T 50621—2010

13 防火涂层厚度检测

13.1 一般规定

13.1.1 本章适用于钢结构厚型防火涂层厚度检测。

13.1.2 防火涂层厚度的检测应在涂层干燥后进行。

13.1.3 楼板和墙体的防火涂层厚度检测，可选两相邻纵、横轴线相交的面积为一个构件，在其对角线上，按每米长度选1个测点，每个构件不应少于5个测点。

13.1.4 梁、柱构件的防火涂层厚度检测，在构件长度内每隔3m取一个截面，且每个构件不应少于2个截面。对梁、柱构件的检测截面宜按图13.1.4所示布置测点。

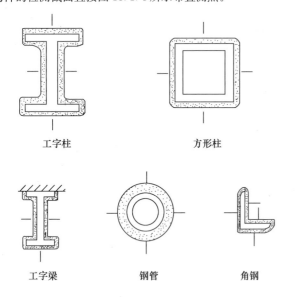

图13.1.4 测点示意图

13.1.5 防火涂层厚度检测，应经外观检查合格后进行。

13.2 检测量具

13.2.1 对防火涂层的厚度可采用探针和卡尺进行检测，用于检测的卡尺尾部应有可外伸的窄片。测量设备的量程应大于被测的防火涂层厚度。

13.2.2 检测设备的分辨率不应低于0.5mm。

13.3 检测步骤

13.3.1 检测前应清除测试点表面的灰尘、附着物等，并应避开构件的连接部位。

13.3.2 在测点处，应将仪器的探针或窄片垂直插入防火涂层直至钢材防腐涂层表面，并记录标尺读数，测试值应精确到0.5mm。

13.4 检测结果的评价

13.4.1 同一截面上各测点厚度的平均值不应小于设计厚度的85%，构件上所有测点厚度的平均值不应小于设计厚度。

62.《村镇住宅结构施工及验收规范》GB/T 50900—2016

6 木 结 构

6.5 防火与防护

6.5.1 当采用防腐、防虫和防火药剂等处理木结构构件时,应采用符合设计要求的药剂及配方。药剂应具有质量合格证明,且不应危及人畜安全和污染环境。

6.5.2 木构件的制作应在药剂处理前进行。木构件作防护处理后,不应再锯切或开孔;确有必要作局部修正时,应对木材暴露表面重新进行防护处理。

63.《古建筑木结构维护与加固技术标准》GB/T 50165—2020

3 基本规定

3.0.4 维护加固设计时应采取防止古建筑木结构遭受火灾和雷击的措施,并应符合本标准附录B和附录C的规定。

4 工程勘查

4.1 一般规定

4.1.1 保护古建筑木结构应具备下列基本资料:
1 所在区域的地震、雷击、洪水、风灾和特大自然灾害等史料;
2 历史上维修、改建、扩建等情况;
3 所在地区的地震基本烈度和场地类别;
4 保护区的火灾隐患分布情况和消防设施、设备;
5 保护区的环境污染源;
6 保护区内存在的其他有害影响因素。

4.2 承重木结构的勘查

4.2.4 对承重结构木材材质及其劣化状况的勘查,应包括下列内容:
1 查明木材的树种及其材质情况;
2 测量木材腐朽、虫蛀、变质的部位、范围和程度;
3 测量对木构件受力有影响的裂缝部位和尺寸;
4 对下列情况,尚应测定木材的强度或弹性模量:
  1) 需做承载能力验算,且树种较为特殊;
  2) 有过度变形或局部损坏,但原因不明;
  3) 拟继续使用火灾后残存的构件;
  4) 需研究木材老化变质的影响。

4.2.9 对需要保护的古建筑,应在每次地震、风灾、水灾、火灾、雷击等较大自然灾害发生后,进行一次全面检查。

4.3 相关工程的勘查

4.3.6 对木结构所处环境的勘查,除应掌握本标准第4.1.1条规定的基础资料外,尚应查清下列情况:
1 古建筑保护范围内排水设施状况和场地排水现状;
2 古建筑保护范围内电线线路安全防护措施和检查维修制度;
3 古建筑与四周道路的距离,当古建筑位于交通要道时,尚应检查防止车辆碰撞的设施;
4 古建筑保护区域内,火源和易燃堆积物情况;
5 消防设施和防雷装置的现状。

5 工程监测

5.0.3 对结构进行监测前,应按下列规定制订监测方案:

1 对结构作用、结构受力特征、结构变形状态、结构残损现况等进行预分析。
2 根据结构特点和鉴定需要,选择并确定监测部位、监测参数与监测周期。
3 应根据其防雷、防火要求选择监测设备。
4 监测系统应设定预警阈值。

6 古建筑木结构的鉴定

6.1 一般规定

6.1.1 对下列情况,古建筑木结构应进行安全性鉴定:
1 年久失修;
2 所处环境显著改变;
3 遭受灾害或事故;
4 发现地基基础有不均匀沉降或结构、构件出现新的腐蚀、损伤、变形;
5 其他需要掌握该建筑安全性水平时。

9 工程验收

9.3 相关工程的验收

9.3.12 防雷、防火、防潮、防腐、防虫害等防护工程的验收,应按设计要求及国家现行有关标准进行。

附录B 古建筑木结构防火措施

B.0.1 以木构架为承重结构的古建筑的耐火等级应按现行国家标准《建筑设计防火规范》GB 50016的规定,定为民用建筑四级。

B.0.2 古建筑木结构修缮时,对顶棚、藻井以上的梁架宜喷涂无色透明的防火涂料;顶棚、吊顶用的苇席和纸、木板墙等应进行阻燃处理,并应达到B_2级以上阻燃要求。阻燃处理应不改变文物原状。

B.0.3 800年以上及其他特别重要的古建筑木结构内严禁敷设电线。当其他古建筑木结构内需要敷设电线时,应经文物管理部门和当地公安消防部门批准。电线应采用铜芯线,并敷设在金属管内,金属管应有可靠的接地。

B.0.4 允许敷设电线的重要古建筑木结构,宜安装火灾自动报警器,当室内情况许可时,尚宜安装自动灭火装置。其设计应符合下列规定:
1 火灾自动报警,宜采用图像式感烟探测器。其具体安装要求,应符合现行国家标准《火灾自动报警系统设计规范》GB 50116的有关规定;
2 有天花的古建筑,应在天花的里外分别设置探头;

3 对需安装自动喷水灭火设备的古建筑，其设计应符合现行国家标准《自动喷水灭火系统设计规范》GB 50084 的规定，并应结合各地古建筑形式安装，不得有损其外观。

B.0.5 国家和省、自治区、直辖市重点保护的古建筑群或独立古建筑物，应根据配置的消防车设置相应的消防车道，但不应破坏古建筑的环境风貌。

B.0.6 在古建筑保护范围内，必须设置消防给水设施，其水量、管网布置、增设等要求应按现行国家标准《建筑设计防火规范》GB 50016 的规定执行。

B.0.7 当古建筑处于偏远地区，无法设置给水设施时，对有天然水源的地方，应修建消防取水码头。对无天然水源的地方，应设消防蓄水设施。

B.0.8 对外开放的古建筑，其防火疏散通道的布置，应符合下列规定：

1 应设两个以上的安全出口，并应按每个出口的紧急疏散能力为 100 人计算所需的安全出口数量，当实际情况不能满足计算要求时，应限制每次进入的人数；

2 作为展览厅的古建筑，应有室内疏散通道，其宽度应按每 100 人不小于 1.0m 计算，每个出口的宽度不应小于 1.0m；

3 游人集中的古建筑，其室外疏散小巷的净宽不应小于 3.0m。

64.《建筑外墙外保温防火隔离带技术规程》JGJ 289—2012

1 总 则

1.0.2 本规程适用于民用建筑外墙外保温工程防火隔离带的设计、施工及验收。

2 术 语

2.0.1 防火隔离带 fire barrier zone

设置在可燃、难燃保温材料外墙外保温工程中,按水平方向分布,采用不燃保温材料制成、以阻止火灾沿外墙面或在外墙外保温系统内蔓延的防火构造。

3 基本规定

3.0.1 采用防火隔离带构造的外墙外保温工程,其基层墙体耐火极限应符合国家现行建筑防火标准的有关规定。

3.0.2 防火隔离带设计应满足国家现行建筑节能设计标准和建筑防火设计标准的要求。选用防火隔离带时,应综合考虑其安全性、保温性能及耐久性能,并应与外墙外保温系统相适应。

3.0.3 防火隔离带组成材料应与外墙外保温系统组成材料配套使用。防火隔离带宜采用工厂预制的制品现场安装。防火隔离带抹面胶浆、玻璃纤维网布应采用与外墙外保温系统相同的材料。

3.0.4 防火隔离带应与基层墙体可靠连接,应能适应外保温系统的正常变形而不产生渗透、裂缝和空鼓;应能承受自重、风荷载和室外气候的反复作用而不产生破坏。

3.0.5 采用防火隔离带构造的外墙外保温工程施工前,应编制施工技术方案,并应采用与施工技术方案相同的材料和工艺制作样板墙。

3.0.6 建筑外墙外保温防火隔离带保温材料的燃烧性能等级应为 A 级。

3.0.7 设置在薄抹灰外墙外保温系统中的粘贴保温板防火隔离带做法宜按表 3.0.7 执行,并宜选用岩棉带防火隔离带。当防火隔离带做法与表 3.0.7 不一致时,除应按国家现行有关标准进行系统防火性能试验外,还应符合国家现行建筑防火设计标准的规定。

表 3.0.7 粘贴保温板防火隔离带做法

序号	防火隔离带保温板及宽度	外墙外保温系统保温材料及厚度	系统抹面层平均厚度
1	岩棉带,宽度≥300mm	EPS板,厚度≤120mm	≥4.0mm
2	岩棉带,宽度≥300mm	XPS板,厚度≤90mm	≥4.0mm
3	发泡水泥板,宽度≥300mm	EPS板,厚度≤120mm	≥4.0mm
4	泡沫玻璃板,宽度≥300mm	EPS板,厚度≤120mm	≥4.0mm

3.0.8 岩棉带应进行表面处理,可采用界面剂或界面砂浆进行涂覆处理,也可采用玻璃纤维网布聚合物砂浆进行包覆处理。

3.0.9 在正常使用和维护的条件下,防火隔离带应满足外墙外保温系统使用年限要求。

4 性能要求

4.0.1 防火隔离带应进行耐候性能试验,且耐候性能指标应符合表 4.0.1 的规定。

表 4.0.1 防火隔离带耐候性能指标

项 目	性 能 指 标
外观	无裂缝,无粉化、空鼓、剥落现象
抗风压性	无断裂、分层、脱开、拉出现象
防护层与保温层拉伸粘结强度(kPa)	≥80

4.0.2 除耐候性能外,防火隔离带其他性能指标应符合表 4.0.2 规定。

表 4.0.2 防火隔离带其他性能指标

项 目		性 能 指 标
抗冲击性		二层及以上部位 3.0J 级冲击合格 首层部位 10.0J 级冲击合格
吸水量(g/m²)		≤500
耐冻融	外观	无可见裂缝,无粉化、空鼓、剥落现象
	拉伸粘结强度(kPa)	≥80
水蒸气透过湿流密度 [g/(m²·h)]		≥0.85

4.0.3 防火隔离带保温板的主要性能指标应符合表 4.0.3 的规定。

表 4.0.3 防火隔离带保温板的主要性能指标

项　目		性　能　指　标		
		岩棉带	发泡水泥板	泡沫玻璃板
密度（kg/m³）		≥100	≤250	≤160
导热系数[W/(m·K)]		≤0.048	≤0.070	≤0.052
垂直于表面的抗拉强度（kPa）		≥80	≥80	≥80
短期吸水量（kg/m²）		≤1.0	—	—
体积吸水率（%）		—	≤10	—
软化系数		—	≥0.8	—
酸度系数		≥1.6	—	—
匀温灼烧性能（750℃，0.5h）	线收缩率（%）	≤8	≤8	≤8
	质量损失率（%）	≤10	≤25	≤5
燃烧性能等级		A	A	A

4.0.4 胶粘剂的主要性能指标应符合表 4.0.4 的规定。

表 4.0.4 胶粘剂的主要性能指标

项　目		性能指标
拉伸粘结强度（kPa）（与水泥砂浆板）	原强度	≥600
	耐水强度（浸水 2d，干燥 7d）	≥600
拉伸粘结强度（kPa）（与防火隔离带保温板）	原强度	≥80
	耐水强度（浸水 2d，干燥 7d）	≥80
可操作时间（h）		1.5～4.0

4.0.5 抹面胶浆的主要性能指标应符合表 4.0.5 的规定。

表 4.0.5 抹面胶浆的主要性能指标

项　目		性能指标
拉伸粘结强度（kPa）（与防火隔离带保温板）	原强度	≥80
	耐水强度（浸水 2d，干燥 7d）	≥80
	耐冻融强度（循环 30 次，干燥 7d）	≥80
压折比		≤3.0
可操作时间（h）		1.5～4.0
抗冲击性		3.0J 级
吸水量（g/m²）		≤500
不透水性		试样抹面层内侧无水渗透

4.0.6 防火隔离带性能试验方法应符合本规程附录 A 的规定。

5 设　计

5.0.1 防火隔离带的基本构造应与外墙外保温系统相同，并宜包括胶粘剂、防火隔离带保温板、锚栓、抹面胶浆、玻璃纤维网布、饰面层等（图 5.0.1）。

5.0.2 防火隔离带的宽度不应小于 300mm。

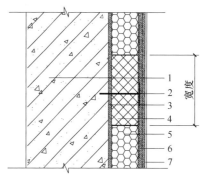

图 5.0.1 防火隔离带基本构造
1—基层墙体；2—锚栓；3—胶粘剂；4—防火隔离带保温板；5—外保温系统的保温材料；6—抹面胶浆+玻璃纤维网布；7—饰面材料

5.0.4 防火隔离带保温板应与基层墙体全面积粘贴。

5.0.5 防火隔离带保温板应使用锚栓辅助连接，锚栓应压住底层玻璃纤维网布。锚栓间距不应大于 600mm，锚栓距离保温板端部不应小于 100mm，每块保温板上的锚栓数量不应少于 1 个。当采用岩棉带时，锚栓的扩压盘直径不应小于 100mm。

5.0.6 防火隔离带和外墙外保温系统应使用相同的抹面胶浆，且抹面胶浆应将保温材料和锚栓完全覆盖。

5.0.7 防火隔离带部位的抹面层应加底层玻璃纤维网布，底层玻璃纤维网布垂直方向超出防火隔离带边缘不应小于 100mm（图 5.0.7-1），水平方向可对接，对接位置离防火隔离带保温板端部接缝位置不应小于 100mm（图 5.0.7-2）。当面层玻璃纤维网布上下有搭接时，搭接位置距离隔离带边缘不应小于 200mm。

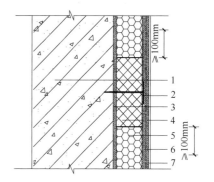

图 5.0.7-1 防火隔离带网格布垂直方向搭接
1—基层墙体；2—锚栓；3—胶粘剂；4—防火隔离带保温板；5—外保温系统的保温材料；6—抹面胶浆+玻璃纤维网布；7—饰面材料

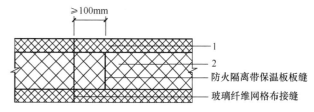

图 5.0.7-2 防火隔离带网格布水平方向对接
1—底层玻纤网格布；2—防火隔离带保温板

5.0.8 防火隔离带应设置在门窗洞口上部，且防火隔离带下边缘距洞口上沿不应超过 500mm。

5.0.9 当防火隔离带在门窗洞口上沿时，门窗洞口上部防火隔离带在粘贴时应做玻璃纤维网布翻包处理，翻包的玻璃纤维网布应超出防火隔离带保温板上沿 100mm（图 5.0.9）。翻包、底层及面层的玻璃纤维网布不得在门窗洞口顶部搭接或对接，抹面层平均厚度不宜小于 6mm。

5.0.10 当防火隔离带在门窗洞口上沿，且门窗框外表面缩进基层墙体外表面时，门窗洞口顶部外露部分应设置防火隔离带，且防火隔离带保温板宽度不应小于 300mm（图 5.0.10）。

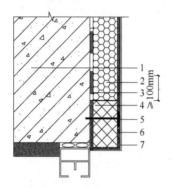

图 5.0.9 门窗洞口上部
防火隔离带做法（一）
1—基层墙体；2—外保温系统的保温材料；3—胶粘剂；4—防火隔离带保温板；5—锚栓；6—抹面胶浆+玻璃纤维网布；7—饰面材料

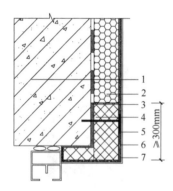

图 5.0.10 门窗洞口上部防火
隔离带做法（二）
1—基层墙体；2—外保温系统的保温材料；3—胶粘剂；4—防火隔离带保温板；5—锚栓；6—抹面胶浆+玻璃纤维网布；7—饰面材料

6 施 工

6.0.1 防火隔离带的施工组织设计应纳入外墙外保温工程的施工组织设计中，并应与外墙外保温工程同步施工。

6.0.2 防火隔离带的施工应按设计要求和施工方案进行，不得擅自改动。施工方案应包括防火隔离带构造、样板墙要求、组成材料及主要指标、施工准备、施工流程、施工要点、主要节点做法、质量控制措施等。

6.0.3 防火隔离带保温层施工应与外墙外保温系统保温层同步进行，不得先在外墙外保温系统保温层中预留位置，然后再粘贴防火隔离带保温板。

6.0.4 防火隔离带保温板与外墙外保温系统保温板之间应拼接严密，宽度超过 2mm 的缝隙应用外墙外保温系统用保温材料填塞。

6.0.5 在门窗洞口，应先做洞口周边的保温层，再做大面保温板和防火隔离带，最后做抹面胶浆抹面层。抹面层应连续施工，并应完全覆盖隔离带和保温层。在门窗角处应连续施工，不应留槎。

7 工程验收

7.1 一般规定

7.1.1 防火隔离带的位置和宽度应符合本规程第 3.0.7 条、第 5.0.2 条、第 5.0.8 条的规定。

7.1.2 防火隔离带的性能指标及所用材料应符合本规程的规定，并应提供防火隔离带外墙外保温系统的耐候性能检验合格报告。

7.1.3 防火隔离带主要组成材料进场后应按表 7.1.3 的规定进行复验，复验应为见证取样检验，同工程、同材料、同施工单位的防火隔离带主要组成材料应至少复验一次。其他相关要求按现行国家标准《建筑节能工程施工质量验收规范》GB 50411 的相关规定进行。

表 7.1.3 材料进场复验项目

材　料	复　验　项　目
防火隔离带保温板	密度、导热系数、垂直于表面的抗拉强度、燃烧性能
胶粘剂	与防火隔离带保温板拉伸粘结强度
抹面胶浆	与防火隔离带保温板拉伸粘结强度
玻璃纤维网布	耐碱断裂强力及保留率
锚栓	抗拉承载力

7.1.4 防火隔离带工程应作为建筑节能工程的分项工程进行验收，且主要验收工序应符合表 7.1.4 的规定。

表 7.1.4 防火隔离带工程主要验收工序

分项工程	主要验收工序
粘结保温板防火隔离带	基层处理、粘钉保温板、抹面层、饰面层

7.2 主控项目

7.2.1 防火隔离带及主要组成材料性能应符合本规程的规定。

检查方法：检查产品质量证明文件、出厂检验报告和进场复验报告。

检查数量：全数检查。

7.2.2 防火隔离带保温板与基层墙体拉伸粘结强度不应小于 80kPa。

检测方法：按现行行业标准《外墙外保温工程技术规程》JGJ 144 的规定进行现场检验。

检查数量：同工程、同材料、同施工单位不少于 3 处。

7.2.3 防火隔离带保温层宽度与厚度应符合设计要求。

检查方法：测量、插针法检查。

检查数量：同工程、同材料、同施工单位不少于10处。

7.2.4 防火隔离带与基层应全面积粘结。

检查方法：破损法检查。

检查数量：同工程、同材料、同施工单位不少于3处。

7.2.5 防火隔离带抹面层厚度应符合设计要求。

检查方法：同工程、同材料、同施工单位破损法检查。

检查数量：同工程、同材料、同施工单位不少于3处。

7.3 一 般 项 目

7.3.1 锚栓数量、位置、锚固深度应符合本规程和设计要求。

检查方法：观察、测量。

检查数量：同工程、同材料、同施工单位不少于5处。

7.3.2 防火隔离带部位底层玻璃纤维网布及搭接宽度应符合本规程和设计要求。

检查方法：观察、测量。

检查数量：同工程、同材料、同施工单位不少于5处。

附录 A 性能试验方法

A.0.1 耐候性试样应由防火隔离带和薄抹灰外墙外保温系统组成，试样试验部分宽度不应小于3m，高度不应小于2m，在距离左侧0.4m处应预留一个宽0.4m、高0.6m的洞口，防火隔离带应位于洞口上方，防火隔离带上边缘距顶部应为0.4m（图 A.0.1）。耐候性试验应按下列步骤进行：

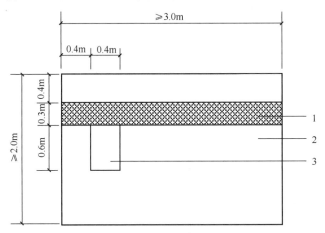

图 A.0.1 防火隔离带外墙外保温系统耐候性试样
1—防火隔离带；2—外墙外保温系统；3—洞口

1 按现行行业标准《外墙外保温工程技术规程》JGJ 144规定的方法进行高温淋水循环和加热冷冻循环。完成所有循环后应先放置7d，再检查防火隔离带部位及防火隔离带与外墙外保温系统接缝处的外观。

2 当外观符合本规程要求时，再按现行行业标准《外墙外保温工程技术规程》JGJ 144规定的方法进行抗风压试验，抗风压值应为8kPa。当工程项目风荷载设计值超过8kPa时，应按实际要求确定抗风压值。

3 抗风压试验完成后，检查防火隔离带部位及防火隔离带与外墙外保温系统接缝处的外观，测定防护层与保温层拉伸粘结强度。

4 拉伸粘结强度试样尺寸应为100mm×100mm。

A.0.2 防火隔离带抗冲击性、吸水量、耐冻融、水蒸气湿流密度应按现行行业标准《外墙外保温工程技术规程》JGJ 144的试验方法进行试验，并应符合下列规定：

1 试样应由保温层和防护层组成；

2 抗冲击性试样应养护14d后，再浸水7d，然后干燥养护7d。

A.0.3 防火隔离带保温板的主要性能试验方法应符合下列规定：

1 密度、吸水率、匀温灼烧性能应按现行国家标准《无机硬质绝热制品试验方法》GB/T 5486的有关规定进行试验，匀温灼烧性能试验的试样应在750℃下恒温0.5h；

2 导热系数应按现行国家标准《绝热材料稳态热阻及有关特性的测定 防护热板法》GB/T 10294、《绝热材料稳态热阻及有关特性的测定 热流计法》GB/T 10295中的有关规定进行试验，当发生争议时应现行国家标准《绝热材料稳态热阻及有关特性的测定 防护热板法》GB/T 10294执行；

3 垂直于表面的抗拉强度应按现行行业标准《外墙外保温工程技术规程》JGJ 144的有关规定进行试验；

4 短期吸水量应按国家标准《建筑外墙外保温用岩棉制品》GB/T 25975的有关规定进行试验；

5 软化系数应按现行行业标准《膨胀玻化微珠轻质砂浆》JG/T 283的有关规定进行试验；

6 酸度系数应按现行国家标准《矿物棉及其制品试验方法》GB/T 5480的有关规定进行试验；

7 燃烧性能应按现行国家标准《建筑材料及制品燃烧性能分级》GB 8624的有关规定进行试验。

A.0.4 胶粘剂拉伸粘结强度、可操作时间应按现行行业标准《外墙外保温工程技术规程》JGJ 144的有关规定进行试验，耐水拉伸粘结强度试样应先浸水2d，再干燥7d。

A.0.5 抹面胶浆拉伸粘结强度、压折比、可操作时间、抗冲击性、不透水性应按现行行业标准《外墙外保温工程技术规程》JGJ 144的有关规定进行试验，并应符合下列规定：

1 耐水拉伸粘结强度试样应先浸水2d，再干燥7d；

2 耐冻融拉伸粘结强度试样应先冻融循环30次，再干燥7d；

3 抗冲击性、吸水量、不透水性试样应由保温层和抹面层组成；

4 抗冲击性试样应先养护14d后，再浸水7d，然后干燥养护7d；

5 吸水量应按现行行业标准《外墙外保温用膨胀聚苯乙烯板抹面胶浆》JC/T 993的有关规定进行试验。

65.《非结构构件抗震设计规范》JGJ 339—2015

2 术语和符号

2.1 术 语

2.1.3 建筑附属设备 attached equipment

建筑中为建筑使用功能服务的附属机械、电气构件、部件和系统，主要包括电梯、照明和应急电源、通信设备，管道系统、采暖和空气调节系统，烟火监测和消防系统，公用天线等。

4 建筑非结构构件

4.1 一般规定

4.1.2 建筑非结构构件的类别系数和功能级别可按表 4.1.2 采用。对下述情况，其功能级别应按下列规定调整：

3 房屋总高度超过 12m 的乙类框架结构的楼电梯间隔墙、天井隔墙和有防火要求的顶棚，应提高一级，一级时不再提高。

表 4.1.2 建筑非结构构件的类别系数和功能级别

构件、部件名称		类别系数	功能级别		
			甲类建筑	乙类建筑	丙类建筑
非承重外墙	围护墙	1.0	一级	一级	二级
非承重内墙	楼梯间隔墙	1.2	一级	一级	一级
	电梯间隔墙	1.2	一级	二级	三级
	天井隔墙	1.2	一级	二级	三级
	到顶防火隔墙	0.9	一级	二级	三级
	其他隔墙	0.6	二级	三级	三级
顶棚	防火顶棚	0.9	一级	二级	二级
	非防火顶棚	0.6	二级	三级	三级
连接	墙体连接件	1.2	一级	一级	二级
	饰面连接件	1.0	一级	二级	三级
	防火顶棚连接件	0.9	一级	二级	二级
	非防火顶棚连接件	0.6	二级	三级	三级
高于2.4m 储物柜连接	货架（柜）文件柜	0.6	二级	三级	三级
	文物柜	1.0	一级	一级	二级
附属构件	女儿墙、小烟囱等	1.2	一级	二级	三级
	标志或广告牌等	1.2	一级	二级	二级
	挑檐、雨篷等	1.0	一级	二级	二级

注：存放重要文物柜的功能级别和类别系数应专门研究确定。

4.3 顶 棚

4.3.6 设置有暖通管道、自动灭火系统的顶棚龙骨，应与主体结构可靠锚固。

5 建筑附属设备构件

5.1 一般规定

5.1.1 本章适用于建筑附属的电梯、照明和应急电气设备、烟火监测和消防系统、采暖和空调系统与建筑结构连接的相关构件、部件的抗震设计。

5.3 照明和应急电气设备

5.3.3 蓄电瓶等应急电源应符合下列规定：
1 设备支架应与主体结构锚固。
2 蓄电瓶应与支架可靠绑扎，避免地震时碰撞移位。
3 8度、9度时应验算支架的抗震承载力。

5.4 烟火监测和消防系统

5.4.1 烟火监测和消防系统与主体结构的连接应在设防烈度地震时能正常工作。

5.4.3 建筑内的高位水箱应与主体结构可靠连接，并应考虑其对主体结构产生的附加地震作用效应。

5.4.4 建筑内的消防器械应有防止倾倒的措施；设置在墙上的消防器械箱应与墙体可靠连接。

66.《采光顶与金属屋面技术规程》JGJ 255—2012

3 材 料

3.1 一般规定

3.1.1 采光顶与金属屋面用材料应符合国家现行标准的有关规定。

3.1.3 面板材料应采用不燃性材料或难燃性材料；防火密封构造应采用防火密封材料。

3.1.6 采光顶与金属屋面工程的隔热、保温材料，应采用不燃性或难燃性材料。

4 建筑设计

4.4 防雷、防火与通风

4.4.3 防火设计应符合现行国家标准《建筑设计防火规范》GB 50016 的有关规定和有关法规的规定。

4.4.4 采光顶或金属屋面与外墙交界处、屋顶开口部位四周的保温层，应采用宽度不小于 500mm 的燃烧性能为 A 级保温材料设置水平防火隔离带。采光顶或金属屋面与防火分隔构件间的缝隙，应进行防火封堵。

4.4.5 防烟、防火封堵构造系统的填充材料及其保护性面层材料，应采用耐火极限符合设计要求的不燃烧材料或难燃烧材料。在正常使用条件下，封堵构造系统应具有密封性和耐久性，并应满足伸缩变形的要求；在遇火状态下，应在规定的耐火时限内，不发生开裂或脱落，保持相对稳定性。

4.4.6 采光顶的同一玻璃面板不宜跨越两个防火分区。防火分区间设置通透隔断时，应采用防火玻璃或防火玻璃制品，其耐火极限应符合设计要求。

4.4.7 对于有通风、排烟设计功能的金属屋面和采光顶，其通风和排烟有效面积应满足建筑设计要求。通风设计可采用自然通风或机械通风，自然通风可采用气动、电动和手动的可开启窗形式，机械通风应与建筑主体通风一并考虑。

67.《倒置式屋面工程技术规程》JGJ 230—2010

2 术 语

2.0.1 倒置式屋面 inversion type roof

将保温层设置在防水层之上的屋面。

2.0.2 挤塑聚苯乙烯泡沫塑料板（XPS） extruded polystyrene foam board

以聚苯乙烯树脂或其共聚物为主要成分，添加少量添加剂，通过加热挤塑成型的具有闭孔结构的硬质泡沫塑料板。

2.0.3 模塑聚苯乙烯泡沫塑料板（EPS） molded polystyrene foam board

采用可发性聚苯乙烯珠粒经加热预发泡后，在模具中加热成型的具有闭孔结构的泡沫塑料板。

2.0.4 喷涂硬泡聚氨酯 polyurethane spray foam

现场使用专用喷涂设备连续多遍喷涂发泡聚氨酯形成的硬质泡体。

2.0.5 硬泡聚氨酯板 prefabricated rigid polyurethane foam board

工厂生产的硬泡聚氨酯制品。通常分为不带面层的硬泡聚氨酯板和双面复合增强材料的硬泡聚氨酯复合板。

2.0.6 硬泡聚氨酯防水保温复合板 composite waterproof and insulation prefabricated rigid polyurethane foam board

工厂生产的以硬泡聚氨酯为芯材，底层为易粘贴界面衬材，面层覆以防水卷材或涂膜，具有防水保温一体化功能的复合板。

4 材 料

4.3 保温材料

4.3.1 保温材料的性能应符合下列规定：

5 对于屋顶基层采用耐火极限不小于 1.00h 的不燃烧体的建筑，其屋顶保温材料的燃烧性能不应低于 B_2 级；其他情况，保温材料的燃烧性能不应低于 B_1 级。

4.3.3 挤塑聚苯乙烯泡沫塑料板的主要物理性能应符合表4.3.3的规定。

表4.3.3 挤塑聚苯乙烯泡沫塑料板主要物理性能

试验项目	性能指标				试验方法
	X150	X250	X350	X600	
压缩强度，kPa	≥150	≥250	≥350	≥600	现行国家标准《硬质泡沫塑料 压缩性能的测定》GB/T 8813
导热系数（25℃），W/(m·K)	≤0.030	≤0.030	≤0.030	≤0.030	现行国家标准《绝热材料稳态热阻及有关特性的测定 防护热板法》GB/T 10294
吸水率（V/V），%	≤1.5	≤1.0	≤1.0	≤1.0	现行国家标准《硬质泡沫塑料 吸水率的测定》GB/T 8810
表观密度，kg/m³	≥20	≥25	≥30	≥40	现行国家标准《泡沫塑料及橡胶 表观密度的测定》GB/T 6343
尺寸稳定性（70℃，48h），%	≤1.5	≤1.5	≤1.5	≤1.5	现行国家标准《硬质泡沫塑料 尺寸稳定性试验方法》GB/T 8811
水蒸气渗透系数（23℃，RH50%），ng/(m·s·Pa)	≤3.5	≤3	≤3	≤2	现行行业标准《硬质泡沫塑料 水蒸气透过性能的测定》QB/T 2411
燃烧性能等级	不低于 B_2 级				现行国家标准《建筑材料及制品燃烧性能分级》GB 8624

4.3.4 模塑聚苯乙烯泡沫塑料板的主要物理性能应符合表4.3.4的规定。

表4.3.4 模塑聚苯乙烯泡沫塑料板主要物理性能

试验项目	性能指标				试验方法
	Ⅲ型	Ⅳ型	Ⅴ型	Ⅵ型	
压缩强度，kPa	≥150	≥200	≥300	≥400	现行国家标准《硬质泡沫塑料 压缩性能的测定》GB/T 8813
导热系数（25℃），W/(m·K)	≤0.039	≤0.039	≤0.039	≤0.039	现行国家标准《绝热材料稳态热阻及有关特性的测定 防护热板法》GB/T 10294
吸水率（V/V），%	≤2.0	≤2.0	≤2.0	≤2.0	现行国家标准《硬质泡沫塑料 吸水率的测定》GB/T 8810
表观密度，kg/m³	≥30	≥40	≥50	≥60	现行国家标准《泡沫塑料及橡胶 表观密度的测定》GB/T 6343

续表 4.3.4

试验项目	性能指标				试验方法
	Ⅲ型	Ⅳ型	Ⅴ型	Ⅵ型	
尺寸稳定性(70℃，48h)，%	≤1.5	≤1.5	≤1.5	≤1.5	现行国家标准《硬质泡沫塑料　尺寸稳定性试验方法》GB/T 8811
水蒸气渗透系数(23℃，RH50%)，ng/(m·s·Pa)	4.5	4	3	2	现行行业标准《硬质泡沫塑料　水蒸气透过性能的测定》QB/T 2411
燃烧性能等级	不低于 B_2 级				现行国家标准《建筑材料及制品燃烧性能分级》GB 8624

4.3.5 喷涂硬泡聚氨酯的主要物理性能应符合表4.3.5-1的规定，硬泡聚氨酯板的主要物理性能应符合表4.3.5-2的规定。

表 4.3.5-1　喷涂硬泡聚氨酯主要物理性能

试验项目	性能指标			试　验　方　法
	Ⅰ型	Ⅱ型	Ⅲ型	
表观密度，kg/m³	≥35	≥45	≥55	现行国家标准《泡沫塑料及橡胶　表观密度的测定》GB/T 6343
导热系数，W/(m·K)	≤0.024	≤0.024	≤0.024	现行国家标准《绝热材料稳态热阻及有关特性的测定　防护热板法》GB/T 10294
压缩强度，kPa	≥150	≥200	≥300	现行国家标准《硬质泡沫塑料　压缩性能的测定》GB/T 8813
断裂延伸率，%	≥7.0			现行国家标准《硬质泡沫塑料　拉伸性能试验方法》GB/T 9641
不透水性（无结皮，0.2MPa，30min)	—	不透水	不透水	现行国家标准《硬泡聚氨酯保温防水工程技术规范》GB 50404
尺寸稳定性(70℃，48h)，%	≤1.5	≤1.5	≤1.0	现行国家标准《硬质泡沫塑料　尺寸稳定性试验方法》GB/T 8811
吸水率（V/V），%	≤3.0	≤2.0	≤1.0	现行国家标准《硬质泡沫塑料　吸水率的测定》GB/T 8810
燃烧性能等级	不低于 B_2 级			现行国家标准《建筑材料及制品燃烧性能分级》GB 8624

表 4.3.5-2　硬泡聚氨酯板主要物理性能

试验项目	性能指标		试　验　方　法
	A型	B型	
表观密度，kg/m³	≥35	≥35	现行国家标准《泡沫塑料及橡胶　表观密度的测定》GB/T 6343
导热系数，W/(m·K)	≤0.024	≤0.024	现行国家标准《绝热材料稳态热阻及有关特性的测定　防护热板法》GB/T 10294
压缩强度，kPa	≥150	≥200	现行国家标准《硬质泡沫塑料　压缩性能的测定》GB/T 8813
不透水性（无结皮，0.2MPa，30min)	不透水	不透水	现行国家标准《硬泡聚氨酯保温防水工程技术规范》GB 50404
尺寸稳定性(70℃，48h)，%	≤1.5	≤1.0	现行国家标准《硬质泡沫塑料　尺寸稳定性试验方法》GB/T 8811
芯材吸水率（V/V），%	≤3.0	≤1.0	现行国家标准《硬质泡沫塑料　吸水率的测定》GB/T 8810
燃烧性能等级	不低于 B_2 级		现行国家标准《建筑材料及制品燃烧性能分级》GB 8624

4.3.6 硬泡聚氨酯防水保温复合板的主要物理性能应符合表4.3.6的规定。

表 4.3.6　硬泡聚氨酯防水保温复合板主要物理性能

试验项目	性能指标	试　验　方　法
表观密度，kg/m³	≥35	现行国家标准《泡沫塑料及橡胶　表观密度的测定》GB/T 6343
导热系数，W/(m·K)	≤0.024	现行国家标准《绝热材料稳态热阻及有关特性的测定　防护热板法》GB/T 10294
压缩强度，kPa	≥200	现行国家标准《硬质泡沫塑料　压缩性能的测定》GB/T 8813

续表 4.3.6

试验项目	性能指标	试验方法
不透水性（无结皮，0.2MPa，30min）	不透水	现行国家标准《硬泡聚氨酯保温防水工程技术规范》GB 50404
尺寸稳定性（70℃，48h），%	≤1.0	现行国家标准《硬质泡沫塑料 尺寸稳定性试验方法》GB/T 8811
芯材吸水率（V/V），%	≤1.0	现行国家标准《硬质泡沫塑料 吸水率的测定》GB/T 8810
燃烧性能等级	不低于 B_2 级	现行国家标准《建筑材料及制品燃烧性能分级》GB 8624
卷材或涂膜性能	满足现行国家标准《屋面工程技术规范》GB 50345 对防水材料的要求	

5 设 计

5.1 一般规定

5.1.11 屋顶与外墙交界处、屋顶开口部位四周的保温层，应采用宽度不小于500mm的A级保温材料设置水平防火隔离带。

8 质量验收

8.4 保温工程

主控项目

8.4.2 保温材料的导热系数、吸水率、密度、压缩强度、燃烧性能应符合设计和本规程规定。

　　检验方法：检查出厂合格证、检验报告和现场见证取样复验报告。

68.《建筑遮阳工程技术规范》JGJ 237—2011

2 术 语

2.0.1 建筑遮阳 solar shading of buildings

采用建筑构件或安置设施以遮挡或调节进入室内的太阳辐射的措施。

7 施工安装

7.2 遮阳工程施工准备

7.2.3 堆放场地应防雨、防火，地面坚实并保持干燥。存储架应有足够的承载能力和防雷措施。储存遮阳产品宜按安装顺序排列，并应有必要的防护措施。

69.《索结构技术规程》JGJ 257—2012

2 术语和符号

2.1 术语

2.1.1 拉索 tension cable
由索体和锚具组成的受拉构件。

2.1.2 索体 cable body
拉索受力的主要部分，可为钢丝束、钢绞线、钢丝绳或钢拉杆。

2.1.3 索结构 cable structure
由拉索作为主要受力构件而形成的预应力结构体系。

7 制作、安装及验收

7.5 防护要求

7.5.1 室外拉索应采取可靠的密封防水、防腐蚀和耐老化措施；室内拉索应采取可靠的防火措施和相应的防腐蚀措施。

7.5.4 索体防火宜采用钢管内布索、钢管外涂敷防火涂料保护的方法，当拉索外露的塑料护套有防火要求时，应在塑料护套中添加阻燃材料或外涂满足防火要求的特殊涂料。

70.《点挂外墙板装饰工程技术规程》JGJ 321—2014

2 术语和符号

2.1 术 语

2.1.1 点挂外墙板装饰系统 dot-hanging exterior wall system

面板通过挂件直接与建筑外墙结构点式连接的外墙装饰系统。

4 建筑设计

4.3 防 火

4.3.1 点挂外墙板装饰工程防火设计除应符合现行国家标准《建筑设计防火规范》GB 50016 的有关规定外，尚应符合下列要求：

  1 外墙系统与每层楼板、防火分区隔墙处的建筑缝隙应采用防火封堵材料封堵，采用岩棉或矿渣棉封堵时，其填充厚度不应小于 100mm。防火封堵的承托材料不得采用铝板，当采用经防腐处理的热镀锌钢板时，其厚度不应小于 1.5mm。

  2 防火封堵用材料和阻燃密封胶应符合现行国家标准《防火封堵材料》GB 23864 和《建筑用阻燃密封胶》GB/T 24267 的规定。

4.3.2 外墙板与基体间的防火封堵构造系统，在正常使用条件下，应具有密封性和耐久性。在遇火状态下，应在规定的耐火极限内，不发生开裂或脱落，应具有相对稳定性。

71.《保温防火复合板应用技术规程》JGJ/T 350—2015

1 总 则

1.0.2 本规程适用于新建、扩建和改建的民用建筑中采用保温防火复合板的外墙外保温工程的设计、施工及质量验收。

2 术 语

2.0.1 保温防火复合板 thermal insulated fireproof composite panels

通过在不燃保温材料表面复合不燃防护面层,或在难燃保温材料表面包覆不燃防护面层,而制成的具有保温隔热及阻燃功能的预制板材,简称复合板。

2.0.2 无机型保温防火复合板 inorganic thermal insulated fireproof composite panels

以岩棉、发泡陶瓷保温板、泡沫玻璃保温板、泡沫混凝土保温板、无机轻集料保温板等不燃无机板材为保温材料的保温防火复合板,简称无机复合板。

2.0.3 有机型保温防火复合板 organic thermal insulated fireproof composite panels

以聚苯乙烯泡沫板、聚氨酯硬泡板、酚醛泡沫板等难燃有机高分子板材为保温材料的保温防火复合板,简称有机复合板。

2.0.4 无饰面保温防火复合板 thermal insulated fireproof composite panels without decoration layer

不带饰面装饰层的保温防火复合板,简称无饰面复合板。

2.0.5 有饰面保温防火复合板 thermal insulated fireproof composite panels with decoration layer

带有饰面装饰层或防护面层自身具有装饰性的保温防火复合板,简称有饰面复合板。

2.0.6 无饰面保温防火复合板薄抹灰外墙外保温系统 external wall thermal insulation system based on thermal insulated fireproof composite panels without decoration layer

由粘结层、无饰面保温防火复合板保温层、薄抹灰抹面层和饰面层构成,并辅以锚栓固定于外墙外表面,起保温、防护和装饰作用的构造系统,简称复合板薄抹灰保温系统。

2.0.7 有饰面保温防火复合板外墙外保温系统 external wall thermal insulation system based on thermal insulated fireproof composite panels with decoration layer

由粘结层和有饰面保温防火复合板构成,并辅以专用锚固件固定于外墙外表面,起保温、防护和装饰作用的构造系统,简称有饰面复合板保温系统。

3 基本规定

3.0.2 复合板的使用高度及其外墙外保温工程的防火要求应符合现行国家标准《建筑设计防火规范》GB 50016 的有关规定。

3.0.8 复合板外墙外保温工程施工现场的防火要求应符合现行国家标准《建设工程施工现场消防安全技术规范》GB 50720 的有关规定。

3.0.9 当有机复合板外墙外保温工程施工区域动用电气焊、砂轮等明火时,应确保复合板防护面层完整无裸露。不得在复合板切割断面和裸露部位处进行电气焊接和明火作业。

3.0.10 施工用照明等发热设备通过有机复合板时,应采取保护措施。电气线路不应穿越或敷设在有机复合板的保温材料中;必须穿越或敷设时,应采取穿金属管并在金属管周围采用不燃隔热材料进行防火隔离等防火保护措施。设置开关、插座等电器配件的部位周围应采取不燃隔热材料进行防火隔离等防火保护措施。

3.0.11 施工现场应配置灭火器材与设施,作业前应对相关施工人员进行防火安全教育培训。

4 材 料

4.1 复 合 板

4.1.2 无机复合板采用的保温材料的燃烧性能等级应为A级,其他性能应符合下列规定:

2 发泡陶瓷保温板的性能指标应符合表4.1.2的规定。

表4.1.2 发泡陶瓷保温板的性能指标

项目	指标				试验方法
	无烧结釉面		有烧结釉面		
体积密度 (kg/m³)	≤180	≤230	≤280	≤330	应按现行国家标准《无机硬质绝热制品试验方法》GB/T 5486 规定的试验方法进行检验。对于有烧结釉面的产品,进行体积密度测试时,应剔除烧结釉面
导热系数 (平均温度25℃) [W/(m·K)]	≤0.065	≤0.080	≤0.085	≤0.10	应按现行国家标准《绝热材料稳态热阻及有关特性的测定 防护热板法》GB/T 10294 或《绝热材料稳态热阻及有关特性的测定 热流计法》GB/T 10295 规定的试验方法进行检验

续表4.1.2

项目	指标		试验方法
	无烧结釉面	有烧结釉面	
垂直于板面方向的抗拉强度（MPa）	≥0.15		应按现行国家标准《模塑聚苯板薄抹灰外墙外保温系统材料》GB/T 29906规定的试验方法进行检验
体积吸水率（%）	≤3.0		应按现行国家标准《无机硬质绝热制品试验方法》GB/T 5486规定的试验方法进行检验
燃烧性能等级	A级		应按现行国家标准《建筑材料及制品燃烧性能分级》GB 8624规定的试验方法进行检验

4.1.3 有机复合板采用的保温材料的燃烧性能等级不应低于B_1级，且垂直于板面方向的抗拉强度不应小于0.10MPa。

4.2 外墙外保温系统配套材料及配件

4.2.9 防火隔离带应符合现行行业标准《建筑外墙外保温防火隔离带技术规程》JGJ 289的有关规定。

4.3 外墙外保温系统

4.3.1 复合板薄抹灰保温系统的性能指标应符合表4.3.1的规定。

表4.3.1 复合板薄抹灰保温系统的性能指标

项 目		指 标	试验方法
耐候性	外观	经耐候性试验后，不得出现空鼓、剥落或脱落等破坏，不得产生渗水裂缝	应按现行行业标准《外墙外保温工程技术规程》JGJ 144规定的试验方法进行检验
	抹面层与复合板拉伸粘结强度（MPa）	与Ⅰ型≥0.10，与Ⅱ型≥0.15	
耐冻融性	外观	30次冻融循环后，系统无空鼓、脱落，无渗水裂缝	
	抹面层与复合板拉伸粘结强度（MPa）	与Ⅰ型≥0.10，与Ⅱ型≥0.15	
抗冲击性（J）		建筑物首层墙面以及门窗口等易受碰撞部位：10J级	
		建筑物二层以上墙面等不易受碰撞部位：3J级	
吸水量（kg/m²）		系统在水中浸泡1h后的吸水量不得大于或等于1.0kg/m²	
热阻（m²·K/W）		符合设计要求	
抹面层不透水性		2h不透水	
保护层水蒸气渗透性能[g/(m²·h)]		符合设计要求	

注：1 当需要检验外墙外保温系统抗风荷载性能时，性能指标和试验方法由供需双方协商确定；
   2 保温系统设计带有防火构造时，应检查防火构造是否符合设计要求和国家现行有关标准要求，并对带有防火构造的系统进行试验。

5 设计与构造

5.1 一般规定

5.1.5 外墙外保温系统采用有机复合板时，应在保温系统中每层设置水平防火隔离带。防火隔离带应采用燃烧性能为A级的材料，防火隔离带的高度不应小于300mm；同时防火隔离带的设置，应符合现行行业标准《建筑外墙外保温防火隔离带技术规程》JGJ 289的有关规定。

5.1.6 外墙外保温系统采用有机复合板时，防护层厚度应符合现行国家标准《建筑设计防火规范》GB 50016的有关规定。

5.2 无饰面复合板外墙外保温工程

5.2.13 复合板用于具有空腔构造的非透明幕墙时，幕墙与基层墙体、窗间墙、窗槛墙及裙墙之间的空间，应在每层楼板处采用防火封堵材料封堵。

5.3 有饰面复合板外墙外保温工程

5.3.8 复合板用于外墙外保温系统，当需设置防火隔离带时，应符合下列规定：
   1 防火隔离带应采用燃烧性能等级为A级的有饰面复合板，防火隔离带厚度应与复合板保温系统的厚度相同；
   2 防火隔离带采用的有饰面复合板应与基层墙体全面积粘贴，并辅以锚固件连接。

6 施 工

6.1 一般规定

6.1.7 需要采取防火构造措施的外墙外保温工程，防火隔离带的施工应与复合板的施工同步进行，并应符合现行行业标准《建筑外墙外保温防火隔离带技术规程》JGJ 289的有关规定。

7 质量验收

7.1 一般规定

7.1.3 复合板外墙外保温工程应对下列部位或内容进行隐蔽工程验收，并应进行文字记录和图像记录：
   1 无饰面复合板外墙外保温工程：
      7）防火隔离带保温材料材质、厚度、宽度、间距；
      8）系统构造节点；
      9）楼层间的防火封堵隔离构造的设置。
   2 有饰面复合板外墙外保温工程：
      7）防火隔离带保温材料材质、厚度、宽度、间距；
      8）楼层间的防火封堵隔离构造的设置。

7.2 无饰面复合板外墙外保温工程

Ⅰ 主控项目

7.2.2 复合板外墙外保温工程所采用的复合板的保温材料的

导热系数、密度、垂直于板面方向的抗拉强度、抗压强度、燃烧性能应符合设计要求。

　　检验方法：核查质量证明文件。
　　检查数量：全数检查。

7.2.9 楼层间的防火封堵隔离层的设置、构造做法及材料性能应符合设计要求。

　　检验方法：对照设计文件观察检查；核查隐蔽工程验收记录；核查复验报告。
　　检查数量：全数检查。

7.3 有饰面复合板外墙外保温工程

Ⅰ 主 控 项 目

7.3.2 复合板外墙外保温工程所采用的复合板的保温材料的导热系数、密度、垂直于板面方向的抗拉强度、抗压强度、燃烧性能应符合设计要求。

　　检验方法：核查质量证明文件。
　　检查数量：全数检查。

72.《交错桁架钢结构设计规程》JGJ/T 329—2015

11 防火及防腐蚀

11.1 防 火

11.1.1 交错桁架钢结构应符合现行国家标准《建筑设计防火规范》GB 50016 的规定，合理确定建筑物的耐火等级、钢构件的设计耐火极限。

11.1.2 钢梁柱宜采用厚涂型钢结构防火涂料，也可采用其他方法对钢梁柱进行防火保护。防火涂料施工前，应对钢构件除锈，进行防锈底漆涂装。底漆漆膜厚度不应小于 $50\mu m$，底漆不应与防火涂料产生化学反应，并应结合良好。质量控制与验收应符合现行国家标准《钢结构工程施工质量验收规范》GB 50205 的规定。

11.1.3 钢桁架可采用将防火涂料涂覆于钢材表面的方法或按防火等级整体包裹，外包防火构造的耐火性能应满足现行国家标准《建筑设计防火规范》GB 50016 的规定。对桁架外包防火材料时、构件的粘贴面应做防锈去污处理，非粘贴面应涂防锈漆。

11.1.5 钢结构设计文件中应注明结构的设计耐火等级、构件的设计耐火极限、需要的防火保护措施、防火保护材料的性能要求。

73.《铝合金结构工程施工规程》JGJ/T 216—2010

3 基本规定

3.0.6 铝合金结构可采用有效的水喷淋系统或消防部门认可的防火喷涂材料进行防护。表面长期受辐射热时,应设置隔热层或采用其他有效的防护措施。

6 铝合金焊接

6.1 一般规定

6.1.3 铝合金结构焊接施工应符合下列规定:

2 焊接场所应保持清洁,并应有防风、防火及防雨雪设施。氩弧焊焊接施工时的相对湿度不宜大于80%,环境温度不应低于5℃。

74.《预制带肋底板混凝土叠合楼板技术规程》JGJ/T 258—2011

6 构造要求

6.1 一般规定

6.1.6 叠合楼板基于耐久性要求的混凝土保护层厚度，应符合现行国家标准《混凝土结构设计规范》GB 50010 的规定；基于耐火极限要求的耐火保护层厚度尚应符合表 6.1.6 的规定。

表 6.1.6 叠合楼板耐火保护层最小厚度

类型	约束条件	1.0h		1.5h	
		板厚(mm)	耐火保护层(mm)	板厚(mm)	耐火保护层(mm)
采用预制预应力带肋底板的叠合楼板	简支	—	22	—	30
	连续	110	15	120	20
采用预制非预应力带肋底板的叠合楼板	简支	—	10	—	20
	连续	90	10	90	10

注：计算耐火保护层时，应包括抹灰粉刷层在内。

75.《轻型木桁架技术规范》JGJ/T 265—2012

2 术语和符号

2.1 术 语

2.1.2 齿板 truss plate

用于轻型木桁架节点连接或杆件接长的经表面镀锌处理的钢板经冲压成带齿的金属板。

2.1.6 轻型木桁架 light wood truss

采用规格材制作桁架杆件,并由齿板在桁架节点处将各杆件连接而形成的木桁架。

7 防 护

7.1 防 火

7.1.1 由轻型木桁架组成的结构构件,其燃烧性能和耐火极限应符合现行国家标准《建筑设计防火规范》GB 50016 的有关规定。

7.1.2 由轻型木桁架组成的楼、屋盖,当其空间的面积超过 300m² 以及宽度或长度超过 20m 时,应设置防火隔断。

7.1.3 房屋分户单元之间的楼、屋盖处应设置连续的防火隔断。

7.1.4 设置防火隔断时,可采用厚度不应小于 12mm 的石膏板、厚度不应小于 12mm 的胶合板或其他满足防火要求的材料。

7.1.5 在管道穿越轻型木桁架楼、屋盖处,应在管道与楼、屋盖接触处进行密封。

7.1.6 轻型木桁架楼、屋盖构件的燃烧性能和耐火极限可按表 7.1.6 确定。

表 7.1.6 轻型木桁架楼、屋盖构件的燃烧性能和耐火极限

构件名称	构件组合描述	耐火极限 (h)	燃烧性能
屋盖轻型木桁架	木桁架中心间距为 600mm,木桁架底部为 1 层 15.9mm 厚防火石膏板	0.75	难燃
楼盖轻型木桁架	① 木桁架中心间距不大于 600mm; ② 楼盖空间有隔声材料; ③ 1 层 15.9mm 厚防火石膏板	0.50	难燃
	① 木桁架中心间距不大于 600mm; ② 楼盖空间有隔声材料,隔声材料的重量为 ≥2.8kg/m² 的岩棉或炉渣材料,且厚度不小于 90mm; ③ 1 层 15.9mm 厚防火石膏板	0.75	难燃
	① 木桁架中心间距不大于 600mm; ② 楼盖空间无隔声材料; ③ 2 层 15.9mm 厚防火石膏板	1.00	难燃
	① 木桁架中心间距不大于 600mm; ② 楼盖空间无隔声材料; ③ 2 层 12.7mm 厚防火石膏板	0.75	难燃

注:桁架构件截面不小于 40mm×90mm,金属齿板厚度不小于 1mm,齿长不小于 8mm,木桁架高度不小于 235mm。

76.《钢板剪力墙技术规程》JGJ/T 380—2015

2 术语和符号

2.1 术　语

2.1.1 钢板剪力墙 steel plate shear walls
承受水平剪力为主的钢板墙体。

10 防火与防腐

10.1 防　火

10.1.1 钢板剪力墙的设计耐火极限不应低于现行国家标准《建筑设计防火规范》GB 50016 的规定。非加劲钢板剪力墙、加劲钢板剪力墙、防屈曲钢板剪力墙、开缝钢板剪力墙的耐火极限可按梁的耐火极限确定。钢板组合剪力墙的耐火极限宜按柱的耐火极限确定。

10.1.2 钢板剪力墙应进行防火保护设计，可采用喷涂防火涂料、外包不燃材料等防火保护措施。

10.1.3 设计文件中应注明钢板剪力墙的设计耐火等级、设计耐火极限，以及防火保护措施及其防火保护材料的性能要求。

10.1.4 采用防火涂料时，钢板剪力墙与周边构件连接节点处的涂层厚度不应小于相邻构件的涂层厚度。

10.1.6 防火涂料施工前钢板表面的除锈应符合现行国家标准《涂覆涂料前钢材表面处理》GB/T 8923 的规定。防火涂料涂装应分层施工，应在前一道涂层干燥或固化后进行后一道涂层施工。

10.1.7 防火保护采用外包不燃材料时，应采取保证不燃材料与钢板剪力墙牢固连接的措施。

77.《铸钢结构技术规程》JGJ/T 395—2017

2 术语和符号

2.1 术 语

2.1.1 铸钢件 cast-steel element

铸钢材料通过铸造工艺形成的零件,可采用单件形式存在的结构构件或节点,或结构构件或节点的组合,是形成铸钢结构的基本单元。

2.1.2 铸钢结构 cast-steel structure

以铸钢材料为主体结构制作的结构。

9 防护和保养

9.1 一般规定

9.1.1 铸钢结构的防护设计应包括防腐与防火,并应同时兼顾平时维护与保养的可实施性。

9.1.3 铸钢结构的防腐涂料和防火涂料涂装应在铸钢件加工质量验收合格后进行,检验批可按铸钢结构制作或钢结构安装工程检验批的划分原则执行。防火涂料涂装应在铸钢结构安装检验批和普通涂料涂装检验批施工质量验收合格后进行。

9.1.4 防腐涂料和防火涂料涂装环境应符合设计要求,并应有良好的通风条件。在雨、雾和灰尘条件下不应施工。无设计要求时,环境温度宜为5℃~38℃,相对湿度不宜大于85%。涂装构件表面温度应高于露点温度3℃以上。

9.1.5 防腐涂料和防火涂料涂装种类、涂装遍数和涂层厚度均应符合设计要求。涂层应均匀,无明显皱皮、流坠、针眼和气泡等,不应误涂、漏涂、脱皮和返锈。涂层干漆膜总厚度的允许负偏差为 $25\mu m$,每遍涂层干漆膜厚度的允许负偏差应为 $5\mu m$。

9.1.6 防腐涂料和防火涂料涂层附着力的测试应按现行国家标准《漆膜附着力测定法》GB/T 1720 或《色漆和清漆 漆膜的划格试验》GB/T 9286 执行。

9.1.7 防腐涂料和防火涂料涂层修补应按涂装工艺分层进行,修补后的涂层应完整一致,色泽均匀,附着力良好。

9.3 防 火

9.3.1 铸钢结构的防火可采用外敷不燃材料或喷涂防火涂料的方式。

9.3.2 铸钢结构的防火设计应符合现行国家标准《建筑设计防火规范》GB 50016 的规定。铸钢件的耐火等级和耐火极限不应低于主体结构。

9.4 维护和保养

9.4.1 铸钢结构施工维护和保养应包括对使用环境、防腐与防火措施的维护和保养。

9.4.3 铸钢结构的耐火等级和耐火极限的核查,应按现行国家标准《建筑设计防火规范》GB 50016 执行。核查结果不符合设计要求时,应按实际耐火等级和耐火极限进行防护。

9.4.4 防腐检查应包括防腐涂层外观、涂层工作性能、涂层厚度和腐蚀量。

9.4.5 防火检查应包括防火涂层外观、涂层工作性能和涂层厚度。

9.4.7 防火涂层的现场修复应符合下列规定:

1 当防腐涂层评定不满足要求时,应先对防腐涂层进行维护保养,达到要求后再进行防火涂层的维护保养;

2 修补防火涂料宜与原涂料配套或相容,并应符合现场施工条件与环境的要求。

78.《开合屋盖结构技术标准》JGJ/T 442—2019

2 术语和符号

2.1 术语

2.1.1 开合屋盖结构 retractable roof structure

通过移动部分或整体屋盖实现屋顶开启或闭合的结构,建筑物可在室内空间与室外环境之间相互转换。

2.1.2 活动屋盖 moving roof structure

开合屋盖结构中屋盖可移动的部分,由一个或多个单元组成。

9 防腐蚀与防火

9.2 防火

9.2.1 开合屋盖结构消防设计应符合现行国家标准《建筑设计防火规范》GB 50016 的有关规定,宜采用活动屋盖开启与消防报警联动的方式,耐火等级、耐火极限及相应的防火措施应结合活动屋盖的基本状态确定。必要时,可通过消防性能化评估确定其相应的防火标准。

9.2.2 开合屋盖结构体系中预应力钢结构部分的防火应符合现行国家标准的有关规定。

9.2.3 防火涂料应符合现行国家标准的有关规定,并应与防腐涂装有较好的相容性。宜选用轻质、强附着性的薄型防火涂料。防火涂料的施工应符合现行国家标准《钢结构工程施工质量验收标准》GB 50205 的有关规定。

9.2.4 驱动控制系统设计时,除应符合相关行业标准外,尚应符合开合屋盖建筑的消防要求。

79.《轻型模块化钢结构组合房屋技术标准》JGJ/T 466—2019

2 术 语

2.0.1 轻型模块化钢结构组合房屋 light steel modular building

在工厂内制作完成，或在现场拼装完成且具有使用功能的轻型钢结构建筑模块单元，通过装配连接而成的单、多层轻型模块化钢结构建筑。简称模块化组合房屋。

2.0.6 模块顶板 top plate and ceiling of modular unit

模块单元的顶板，是模块单元的组成部分。通常采用轻钢龙骨吊顶、夹芯板吊顶或单层或双层钢板复合板吊顶等轻质板材形式。

2.0.7 模块墙板 wall plate of modular unit

指模块单元外立面的围挡物，如墙、门、窗等。墙体通常采用波纹板、衬板、盒式面板、复合板、干挂瓷砖、轻质混凝土板或者木板等材料。

3 建筑设计

3.1 一般规定

3.1.5 建筑功能的设计指标应符合下列规定：

3 防火、疏散、防护、抗震、抗风、防雷击等防灾与安全性设计要求。

3.2 模块选择与布置

3.2.4 建筑平面设计中，楼梯间、电梯间、卫生间和走廊等区域结合模块建筑抗侧力结构布置要求，综合优化布置并应满足其使用功能，并应符合人流、物流通行以及安全疏散等建筑要求。

3.4 模块顶板

3.4.1 模块顶板宜采用轻钢龙骨吊顶、夹芯板吊顶、单层或双层钢板复合板吊顶等轻质板材形式，并应符合现行国家标准《建筑设计防火规范》GB 50016 的规定。

3.5 模块墙板

3.5.13 内隔墙应符合下列功能要求：

1 隔墙应有良好的隔声、防火、气密和保温性能，且应具备足够强度和刚度抵抗室内冲击荷载，确保装修、设备、管线的正常工作；

6 内隔墙与钢结构模块单元的骨架之间应设置变形空间，用轻质防火材料填充，内隔墙上需要设置电器开关或插座时，必须做好隔声处理；内隔墙两侧均需要设置电器开关或插座，两者应错位设置。

3.8 建筑构造

3.8.1 模块单元的结构骨架、地板、顶板和墙体之间应可靠连接，保证其整体性，并应符合保温、隔热、防水、防火和隔声的要求。

5 结构体系与结构计算

5.1 一般规定

5.1.3 设计应明确提出防火和防腐蚀的技术要求与防护措施。

6 建筑设备与建筑防护

6.1 建筑设备设施与电气

6.1.5 供暖、通风、空调及燃气应符合下列规定：

5 供暖、通风、空气调节及防排烟系统的设备宜结合建筑方案整体设计，并预留相关设备基础、吊挂支撑及孔洞位置；设备基础和构件应连接牢固，并按设备技术文件的要求预留地脚螺栓孔洞。

6.1.7 设备管线的布置应符合下列规定：

7 模块化房屋设备与管线穿越楼板和墙体时，应根据需要采取相应的防水、防火、隔声、密封等措施，防火封堵应符合现行国家标准《建筑设计防火规范》GB 50016 的规定。

6.2 防火设计

6.2.1 防火与消防设计应符合现行国家标准《建筑设计防火规范》GB 50016 的规定。

6.2.2 在建筑设计文件中，应注明建筑危险性类别、防火分类、防火分区、耐火等级，构件的设计耐火极限、所需要的防火保护措施及其防火保护材料的性能要求。

6.2.3 防火保护措施及其构造应根据工程实际，按安全可靠、经济合理的原则确定。

6.2.4 连接节点处的防火措施不应低于相邻构件所采用的防火措施。

6.2.5 采用防火涂料进行防火保护时，构件表面应按规定进行除锈与涂装，同时根据钢结构构件的耐火极限等要求，确定防火涂层的形式、性能及厚度。

6.2.6 采用防火板材进行防火保护时，应根据构件形状和所处部位进行包覆构造设计，还应考虑防火板安装的牢固和稳定。

6.2.7 采用柔性毡状隔热材料进行防火防护时，应保证所处部位不易受损、受潮，且应采用一定的构造措施对毡状材料进行保护。

6.2.8 对于轻型组合墙体和轻型组合楼板，应采用耐火板材进行防火保护。

6.2.10 施工过程中，模块与模块之间、模块与核心筒、模块内部等部位的接缝处，应用岩棉等不燃材料进行防火处理，接缝处的防火构造应满足有关规定。

6.2.11 需要设置防火分区的模块化组合房屋应设置防火墙，防火墙宜由模块间的双层墙体构成。防火墙上不宜开设门、窗、洞口，需开设时，应设置不可开启或火灾时能自动关闭的甲级防火门、窗。

6.2.12 模块单元设置防火墙时，其与周边模块间的空腔内应设置屏障或挡火物（图6.2.12）。

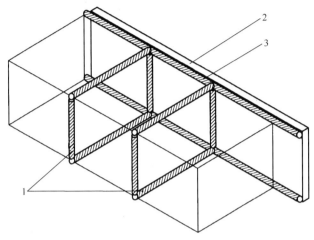

图6.2.12 模块间的空腔防火隔断布置示意
1—防火分区之间的空腔隔断；2—外围护；
3—模块与外围护空腔隔断

6.2.13 当建筑管道穿越楼层、防火墙、管道井井壁时，应根据建筑物性质、管径、设置条件及穿越部位防火等级要求设置阻火装置；模块间管线的衔接不应减弱墙体或楼板的耐火性能。

6.2.14 模块化组合房屋应合理布置用于安全逃生的疏散通道，疏散通道的布置应符合现行国家标准《建筑设计防火规范》GB 50016的规定。

6.2.15 模块化组合房屋的防排烟设计应按现行国家标准《建筑设计防火规范》GB 50016的规定，结合建筑设计综合考虑。

7 制作、运输和安装

7.2 涂装、防护

7.2.3 涂料涂装遍数、涂层厚度均应符合设计要求。涂装完成后，构件的标志、标记和编号应清晰完整。

7.2.4 涂装工程完成并检验合格后，应按设计要求及现行国家标准《钢结构防火涂料》GB 14907的规定进行防火涂料的喷涂。

7.2.5 钢结构防火涂料的品种和技术性能应符合设计文件和现行国家标准《钢结构防火涂料》GB 14907及其他有关标准的规定。

7.2.6 薄涂型防火涂料的涂层厚度应符合有关耐火极限的设计要求。厚涂型防火涂层的厚度，80%及以上面积应符合有关耐火极限的设计要求，且最薄处不应低于设计要求的85%。

7.4 安 装

7.4.12 电线、电缆敷设应符合下列规定：
 3 室内电器线路应采用阻燃材料管暗敷，布线应整齐；
 4 线路不得有绝缘老化及接长使用的情况；
 5 插座间的接地线不得串联连接。

8 验收和运营维护

8.2 运营、维护

8.2.5 建设单位应向业主移交建筑使用说明书和检查与维护更新计划，检查与维护更新计划应包括下列内容：
 1 对主体结构的检查与维护制度，包括主体结构损伤、建筑渗水、钢结构锈蚀、钢结构防火保护损坏等可能影响主体结构安全性和耐久性的事项；
 4 对公共部位及其公共设施的设备与管线的检查与维护制度，包括水泵房、消防泵房、电机房、电梯、电梯机房、中控室、锅炉房、管道设备间、配电间（室）等，并定期巡检和维护。

8.2.7 消防设施的维护，应按现行国家标准《建筑消防设施的维护管理》GB 25201的规定执行。消防控制室的管理，尚应满足国家、行业和地方的有关规定。

80.《轻型钢丝网架聚苯板混凝土构件应用技术规程》JGJ/T 269—2012

2 术语和符号

2.1 术 语

2.1.1 轻型钢丝网架聚苯板 light steel mesh framed expanded polystyrene panel

以模塑聚苯乙烯泡沫塑料（EPS）板为芯材，两侧外覆高强钢丝网片，网片用镀锌钢丝斜插穿过聚苯板，点焊连接而成的三维空间组合板材。简称3D板。

4 建筑设计

4.2 平立面设计

4.2.11 3D板混凝土构件每侧细石混凝土厚度大于或等于35mm时，构件耐火极限可按2.5h取值。

81.《密肋复合板结构技术规程》JGJ/T 275—2013

1 总 则

1.0.3 密肋复合板结构应同时进行节能设计，密肋复合板采用的填充材料宜结合当地材料供应、防火及防水要求、施工条件等综合确定。

2 术语和符号

2.1 术 语

2.1.1 密肋复合板结构 multi-ribbed composite panel structure

由预制密肋复合墙板、楼板及现浇连接构件组合而成的结构体系。

2.1.5 预制密肋复合墙板 precast multi-ribbed composite wall panel

由钢筋或钢骨架形成肋格，填充体做内模，浇筑混凝土而成的预制墙板。

10 施工与验收

10.1 一般规定

10.1.14 密肋复合板结构的施工应满足安全、防火等要求。

10.8 其他专业配合及安全事项

10.8.4 消火栓箱、配电箱、各种分户箱应在预制墙板时准确预留。

10.8.7 墙板节能一体化构件的堆放场地，应远离明火作业和电焊作业的区域，并应设临时遮挡，不应将其暴露在室外。

82.《外墙内保温工程技术规程》JGJ/T 261—2011

2 术 语

2.0.1 外墙内保温系统 interior thermal insulation system on external walls

主要由保温层和防护层组成，用于外墙内表面起保温作用的系统，简称内保温系统。

3 基本规定

3.0.3 内保温工程应防止火灾危害。

5 设计与施工

5.1 设 计

5.1.7 有机保温材料应采用不燃材料或难燃材料做防护层，且防护层厚度不应小于6mm。

5.2 施 工

5.2.3 内保温工程施工现场应采取可靠的防火安全措施，并应符合下列规定：

1 内保温工程施工作业区域，严禁明火作业；

2 施工现场灭火器的配置和消防给水系统，应符合现行国家标准《建设工程施工现场消防安全技术规范》GB 50720的规定；

3 对可燃保温材料的存放和保护，应采取符合消防要求的措施；

4 可燃保温材料上墙后，应及时做防护层，或采取相应保护措施；

5 施工用照明等高温设备靠近可燃保温材料时，应采取可靠的防火措施；

6 当施工电气线路采取暗敷设时，应敷设在不燃烧体结构内，且其保护层厚度不应小于30mm；当采用明敷设时，应穿金属管、阻燃套管或封闭式阻燃线槽。

83.《聚苯模块保温墙体应用技术规程》JGJ/T 420—2017

2 术 语

2.0.1 聚苯模块 polystyrene module

由可发性聚苯乙烯珠粒加热发泡后,再通过工厂标准化生产设备一次加热聚合成型制得的周边均有插接企口或搭接裁口、内外表面有均匀分布燕尾槽和铸印永久性标识的聚苯乙烯泡沫塑料型材或构件。

2.0.2 聚苯模块保温墙体 thermal insulation wall of polystyrene module

将聚苯模块与混凝土结构、钢结构、混合结构、木结构等有机结合,构成保温与结构一体化的建筑外墙。

3 基本规定

3.0.1 夹芯保温系统、外保温系统、空腔聚苯模块混凝土墙体、空心聚苯模块轻钢芯肋墙体和外墙粘贴系统的适用范围应符合下列规定:

1 夹芯保温系统可适用于各类工业与民用建筑的外墙。

2 外保温系统可适用于建筑高度不大于 50m 新建公共建筑和建筑高度不大于 100m 新建住宅建筑。

3 空腔聚苯模块混凝土墙体可适用于耐火等级三级及以下、抗震设防烈度 8 度及以下、地上建筑高度 15m 及以下、地上建筑层数 3 层及以下、无扶墙柱时建筑层高不大于 5.1m 的工业与民用建筑外墙。

4 空心聚苯模块轻钢芯肋墙体可适用于抗震设防烈度 8 度及以下、地上建筑层数 3 层及以下、地上建筑高度 12m 及以下木结构、钢结构、混凝土框架结构民用房屋的非承重外墙;还适用于火灾危险性类别丙类及以下、耐火等级三级及以下、抗震设防烈度 8 度及以下钢结构、混凝土框架结构工业建筑的非承重外墙。

5 外墙粘贴系统适用于建筑高度不大于 50m 新建或既有公共建筑和建筑高度不大于 100m 新建或既有住宅建筑的外墙保温。

5 设 计

5.1 一般规定

5.1.5 聚苯模块无法实现企口插接的"热桥"部位和门窗框周边与墙垛间应预留 10mm～15mm 的缝隙,并应用燃烧性能不低于 B_1 级的聚氨酯发泡封堵。

5.6 粘贴聚苯模块外墙保温系统

5.6.3 外墙外保温粘贴系统点框粘设计应符合下列规定:

4 防火隔离带应沿外墙门窗口上方与聚苯模块竖向企口插接水平交圈设置,高度不应小于 300mm,厚度应与聚苯模块等同,与基层墙体应为满粘,并应用镀锌金属锚栓与基层墙体辅助增强连接,第一个锚栓距防火隔离带的端头不应大于 100mm、间距不应大于 500mm。外墙门窗与墙垛的连接应符合本规程第 5.3.3 条的规定。

5.6.5 外墙内保温粘贴系统设计应符合下列规定:

1 聚苯模块的燃烧性能不应低于 B_1 级;

2 聚苯模块与基层墙体可采用点框粘,胶粘剂与基层墙体有效粘贴面积不应小于聚苯模块面积的 40%;

3 系统内不应设置防火隔离带;

4 应取消锚栓与基层墙体的辅助连接;

5 聚苯模块外表面防护面层厚度不应小于 10mm,且应符合现行行业标准《外墙内保温工程技术规程》JGJ/T 261 的规定。

6 施 工

6.7 施工安全

6.7.6 施工现场的明火作业不应与外保温系统在同一工作面内出现施工交叉,当不可避免时,应制定安全防火和质量保证施工方案。

2.4 其他专业领域

84.《镇规划标准》GB 50188—2007

4 用地分类和计算

4.1 用地分类

4.1.3 镇用地的分类和代号应符合表4.1.3的规定。

表4.1.3 镇用地的分类和代号

类别代号		类别名称	范围
大类	小类		
U		工程设施用地	各类公用工程和环卫设施以及防灾设施用地，包括其建筑物、构筑物及管理、维修设施等用地
	U3	防灾设施用地	各项防灾设施的用地，包括消防、防洪、防风等

7 公共设施用地规划

7.0.6 集贸市场用地应综合考虑交通、环境与节约用地等因素进行布置，并应符合下列规定：

1 集贸市场用地的选址应有利于人流和商品的集散，并不得占用公路、主要干路、车站、码头、桥头等交通量大的地段；不应布置在文体、教育、医疗机构等人员密集场所的出入口附近和妨碍消防车辆通行的地段；影响镇容环境和易燃易爆的商品市场，应设在集镇的边缘，并应符合卫生、安全防护的要求。

8 生产设施和仓储用地规划

8.0.4 仓库及堆场用地的选址和布置应符合下列规定：

4 粮、棉、油类、木材、农药等易燃易爆和危险品仓库严禁布置在镇区人口密集区，与生产建筑、公共建筑、居住建筑的距离应符合环保和安全的要求。

9 道路交通规划

9.2 镇区道路规划

9.2.5 镇区道路应根据用地地形、道路现状和规划布局的要求，按道路的功能性质进行布置，并应符合下列规定：

2 文体娱乐、商业服务等大型公共建筑出入口处应设置人流、车辆集散场地；

3 商业、文化、服务设施集中的路段，可布置为商业步行街，根据集散要求应设置停车场地，紧急疏散出口的间距不得大于160m。

10 公用工程设施规划

10.2 给水工程规划

10.2.2 集中式给水的用水量应包括生活、生产、消防、浇洒道路和绿化用水量，管网漏水量和未预见水量，并应符合下列规定：

3 消防用水量应符合现行国家标准《建筑设计防火规范》GB 50016 的有关规定。

11 防灾减灾规划

11.1 一般规定

11.1.1 防灾减灾规划主要应包括消防、防洪、抗震防灾和防风减灾的规划。

11.2 消防规划

11.2.1 消防规划主要应包括消防安全布局和确定消防站、消防给水、消防通信、消防车通道、消防装备。

11.2.2 消防安全布局应符合下列规定：

1 生产和储存易燃、易爆物品的工厂、仓库、堆场和储罐等应设置在镇区边缘或相对独立的安全地带；

2 生产和储存易燃、易爆物品的工厂、仓库、堆场、储罐以及燃油、燃气供应站等与居住、医疗、教育、集会、娱乐、市场等建筑之间的防火间距不应小于50m；

3 现状中影响消防安全的工厂、仓库、堆场和储罐等应迁移或改造，耐火等级低的建筑密集区应开辟防火隔离带和消防车通道，增设消防水源。

11.2.3 消防给水应符合下列规定：

1 具备给水管网条件时，其管网及消火栓的布置、水量、水压应符合现行国家标准《建筑设计防火规范》GB 50016 的有关规定；

2 不具备给水管网条件时应利用河湖、池塘、水渠等水源规划建设消防给水设施；

3 给水管网或天然水源不能满足消防用水时，宜设置消防水池，寒冷地区的消防水池应采取防冻措施。

11.2.4 消防站的设置应根据镇的规模、区域位置和发展状况等因素确定，并应符合下列规定：

1 特大、大型镇区消防站的位置应以接到报警5min内消防队到辖区边缘为准，并应设在辖区内的适中位置和便于消防车辆迅速出动的地段；消防站的建设用地面积、建筑及装备标准可按《城市消防站建设标准》的规定执行；消防站的主体建筑距离学校、幼儿园、托儿所、医院、影剧院、集贸市场等公共设施的主要疏散口的距离不应小于50m。

11.2.5 消防车通道之间的距离不宜超过160m，路面宽度不得小于4m，当消防车通道上空有障碍物跨越道路时，路面与障碍物之间的净高不得小于4m。

11.2.6 镇区应设置火警电话。特大、大型镇区火警线路不应少于两对，中、小型镇区不应少于一对。

镇区消防站应与县级消防站、邻近地区消防站，以及镇区供水、供电、供气等部门建立消防通信联网。

11.4 抗震防灾规划

11.4.4 生命线工程和重要设施，包括交通、通信、供水、供电、能源、消防、医疗和食品供应等应进行统筹规划，并应符合下列规定：

1 道路、供水、供电等工程应采取环网布置方式；
2 镇区人员密集的地段应设置不同方向的四个出入口；
3 抗震防灾指挥机构应设置备用电源。

11.4.5 生产和贮存具有发生地震的次生灾害源，包括产生火灾、爆炸和溢出剧毒、细菌、放射物等单位，应采取以下措施：

1 次生灾害严重的，应迁出镇区和村庄；
2 次生灾害不严重的，应采取防止灾害蔓延的措施；
3 人员密集活动区不得建有次生灾害源的工程。

附录 B 规 划 图 例

附表 B.0.1 用地图例

代号	项 目	单 色	彩 色
U3	防灾设施用地	加注符号	
	消防站	⑪⑨	⑪⑨

附表 B.0.3 道路交通及工程设施图例

代号	项 目	现状	规划
U11	给水工程		
	消火栓	140	140

85.《公园设计规范》GB 51192—2016

3 基本规定

3.5 设施的设置

3.5.7 公园内的用火场所应设置消防设施,建筑物的消防设施应依据建筑规模进行设置。

4 总体设计

4.2 总体布局

Ⅳ 园路系统与铺装场地布局

4.2.11 园路布局应符合下列规定:
 2 通行养护管理机械或消防车的园路宽度应与机具、车辆相适应;
 3 供消防车取水的天然水源和消防水池周边应设置消防车道。

6 园路及铺装场地设计

6.1 园 路

6.1.13 公园游人出入口宽度应符合下列规定:
 1 单个出入口的宽度不应小于1.8m;
 2 举行大规模活动的公园应另设紧急疏散通道。

7 种植设计

7.1 植物配置

Ⅰ 一般规定

7.1.7 植物与地下管线之间的安全距离应符合下列规定:
 1 植物与地下管线的最小水平距离应符合表7.1.7-1的规定。

表 7.1.7-1 植物与地下管线最小水平距离(m)

名 称	新植乔木	现状乔木	灌木或绿篱
电力电缆	1.5	3.5	0.5
通信电缆	1.5	3.5	0.5
给水管	1.5	2.0	—
排水管	1.5	3.0	—
排水盲沟	1.0	3.0	—
消防龙头	1.2	2.0	1.2
燃气管道(低中压)	1.2	3.0	1.0
热力管	2.0	5.0	2.0

注:乔木与地下管线的距离是指乔木树干基部的外缘与管线外缘的净距离。灌木或绿篱与地下管线的距离是指地表处分蘖枝干中最外的枝干基部外缘与管线外缘的净距离。

8 建筑物、构筑物设计

8.3 驳 岸

8.3.4 人工砌筑或混凝土浇筑的驳岸应符合下列规定:
 2 消防车取水点处的驳岸设计应考虑消防车满载时产生的附加荷载。

9 给水排水设计

9.1 给 水

9.1.1 公园给水管网布置和配套工程设计,应满足公园内灌溉、人工水体喷泉水景、生活、消防等用水需要。

9.1.12 消防用水宜由城市给水管网、天然水源或消防水池供给。无结冰期及无市政条件地区,消防水源可选取景观水体。利用天然水源时,其保证率不应低于97%,且应设置可靠的取水设施。

86.《工业企业总平面设计规范》GB 50187—2012

2 术 语

2.0.20 安全距离 safety distance

各设施之间为确保安全需设置的最小距离，如防火、防爆、防撞、防滑坡距离等。

4 总体规划

4.1 一般规定

4.1.1 工业企业总体规划应结合工业企业所在区域的技术经济、自然条件等进行编制，并应满足生产、运输、防震、防洪、防火、安全、卫生、环境保护、发展循环经济和职工生活的需要，应经多方案技术经济比较后择优确定。

5 总平面布置

5.1 一般规定

5.1.1 总平面布置应在总体规划的基础上，根据工业企业的性质、规模、生产流程、交通运输、环境保护，以及防火、安全、卫生、节能、施工、检修、厂区发展等要求，结合场地自然条件，经技术经济比较后择优确定。

5.1.4 厂区的通道宽度应符合下列规定：

1 应符合通道两侧建筑物、构筑物及露天设施对防火、安全与卫生间距的要求。

5.1.10 工业企业的建筑物、构筑物之间及其与铁路、道路之间的防火间距，以及消防通道的设置，除应符合现行国家标准《建筑设计防火规范》GB 50016 的规定外，尚应符合国家现行有关标准的规定。

5.2 生产设施

5.2.7 易燃、易爆危险品生产设施的布置应保证生产人员的安全操作及疏散方便，并应符合国家现行有关设计标准的规定。

5.5 运输设施

5.5.3 汽车库、停车场的布置应符合现行国家标准《汽车库、修车库、停车场设计防火规范》GB 50067 的有关规定，并宜符合下列规定：

1 宜靠近主要货流出入口或仓库区布置，并应减少空车行程。

2 应避开主要人流出入口和运输繁忙的铁路。

4 洗车装置宜布置在汽车库入口附近便于排水除泥处，应避免对周围环境的影响。

5 汽车停车场的面积应根据车型、停放形式及数量确定。

5.6 仓储设施

5.6.1 仓库与堆场应根据贮存物料的性质、货流出入方向、供应对象、贮存面积、运输方式等因素，按不同类别相对集中布置，并应为运输、装卸、管理创造有利条件，且应符合国家现行有关防火、防爆、安全、卫生等标准的规定。

5.6.4 易燃及可燃材料堆场的布置宜位于厂区边缘，并应远离明火及散发火花的地点。

5.6.5 火灾危险性属于甲、乙、丙类液体罐区的布置，应符合下列规定：

2 应远离明火或散发火花的地点。

3 架空供电线严禁跨越罐区。

5.7 行政办公及其他设施

5.7.3 消防站的设置应根据企业的性质、生产规模、火灾危险程度及其所在地区的消防能力等因素确定。凡有条件与城镇或邻近工业企业消防设施协作时，应统一布设，并应符合下列规定：

1 消防站应布置在责任区的适中位置，应保证消防车能方便、迅速地到达火灾现场。

2 消防站的服务半径应以接警起 5 分钟内消防车能到达责任区最远点确定。

3 消防站布置宜避开厂区主要人流道路，并应远离噪声源。其主体建筑距人员集中的公共建筑的主要疏散口不应小于 50m。

4 消防站车库正门应朝向城市道路（厂区道路），至城镇规划道路红线（或厂区道路边缘）的距离不宜小于 15m。门应避开管廊、栈桥或其他障碍物，其地面应用混凝土或沥青等材料铺筑，并应向道路方向设 1%～2% 的坡度。

6 运输线路及码头布置

6.4 道 路

6.4.1 企业内道路的布置应符合下列规定：

1 应满足生产、运输、安装、检修、消防安全和施工的要求。

7 液化烃、可燃液体、可燃气体的罐区内，任何储罐中心与消防车道的距离应符合现行国家标准《石油化工企业设计防火规范》GB 50160 的有关规定。

6.4.5 厂内道路路面宽度应根据车辆、行人通行和消防需要确定，并宜按现行国家标准《厂矿道路设计规范》GBJ 22 的有关规定执行。

6.4.11 消防车道的布置应符合下列规定：

2 车道宽度不应小于4.0m。

3 应避免与铁路平交。必须平交时，应设备用车道，且两车道之间的距离不应小于进入厂内最长列车的长度。

6.5 企业码头

6.5.5 码头的水域布置应符合下列规定：

4 装卸可燃液体和液化烃的专用码头与其他货种码头的安全距离不应小于表6.5.5的规定。

表6.5.5 可燃液体和液化烃的专用码头与其他货种码头的安全距离

类 别	安全距离（m）
甲（闪点＜28℃）	150
乙（28℃≤闪点＜60℃）	
丙（60℃≤闪点≤120℃）	50

注：1 可燃液体和液化烃的专用码头相邻泊位的船舶间的最小安全距离应按现行国家标准《石油化工企业设计防火规范》GB 50160的有关规定执行；

2 可燃液体和液化烃的专用码头与其他码头或建筑物、构筑物的最小安全距离应按现行行业标准《装卸油品码头防火设计规范》JTJ 237的有关规定执行；

3 液化天然气和液化石油气的专用码头相邻泊位的船舶间的最小安全距离应按现行行业标准《液化天然气码头设计规范》JTS 165-5的有关规定执行。

8 管线综合布置

8.3 地上管线

8.3.2 管架的布置应符合下列规定：

1 管架的净空高度及基础位置不得影响交通运输、消防及检修。

8.3.3 有甲、乙、丙类火灾危险性、腐蚀性及毒性介质的管道，除使用该管线的建筑物、构筑物外，均不得采用建筑物、构筑物支撑式敷设。

8.3.4 架空电力线路的敷设不应跨越用可燃材料建造的屋顶和火灾危险性属于甲、乙类的建筑物、构筑物以及液化烃、可燃液体、可燃气体贮罐区。其布置尚应符合现行国家标准《66kV及以下架空电力线路设计规范》GB 50061和《110kV～750kV架空输电线路设计规范》GB 50545的有关规定。

8.3.8 地上管线与道路平行敷设时，不应敷设在公路型道路路肩范围内；照明电杆、消火栓、跨越道路的地上管线的支架可敷设在公路型道路路肩上，但应满足交通运输和安全的需要，并应符合下列规定：

1 距双车道路面边缘不应小于0.5m。

2 距单车道中心线不应小于3.0m。

9 绿化布置

9.1 一般规定

9.1.2 工业企业绿地率宜控制在20%以内，改建、扩建的工业企业绿化绿地率宜控制在15%范围内。因生产安全等有特殊要求的工业企业可除外，也可根据建设项目的具体情况按当地规划控制要求执行。绿化布置应符合下列规定：

3 应满足生产、检修、运输、安全、卫生、防火、采光、通风的要求，应避免与建筑物、构筑物及地下设施的布置相互影响。

87.《风景名胜区详细规划标准》GB/T 51294—2018

7 基础工程设施规划

7.0.9 综合防灾工程规划应符合下列规定：

1 各类建筑和设施的消防规划应按现行国家标准《建筑设计防火规范》GB 50016执行。森林型景区入口处应设置防火检查站。风景区应配备消防器具和防火通信网络，设立防火瞭望塔。

88.《风景名胜区总体规划标准》GB/T 50298—2018

6 设施规划

6.1 旅游服务设施规划

6.1.6 旅游服务设施与旅游服务基地分级配置应根据风景区的性质特征、布局结构和环境条件确定，旅游服务设施既可配置在各级旅游服务基地中，也可配置在所依托的各级居民点中，其分级配置应符合表6.1.6的规定。

表6.1.6 旅游服务设施与旅游服务基地分级配置

设施类型	设施项目	服务部	旅游点	旅游村	旅游镇	旅游城	备注
一、旅行	1. 非机动交通	▲	▲	▲	▲	▲	步道、马道、自行车道、存车、修理
	2. 邮电通信	△	△	▲	▲	▲	话亭、邮亭、邮电所、邮电局
	3. 机动车船	×	△	▲	▲	▲	车站、车场、码头、油站、道班
	4. 火车站	×	×	×	△	△	对外交通，位于风景区外缘
	5. 机场	×	×	×	×	△	对外交通，位于风景区外缘
二、游览	1. 审美欣赏	▲	▲	▲	▲	▲	景观、寄情、鉴赏、小品类设施
	2. 解说设施	▲	▲	▲	▲	▲	标示、标志、公告牌、解说牌
	3. 游客中心	×	△	△	▲	▲	多媒体、模型、影视、互动设备、纪念品
	4. 休憩庇护	△	▲	▲	▲	▲	座椅桌、风雨亭、避难屋、集散点
	5. 环境卫生	△	▲	▲	▲	▲	废弃物箱、公厕、盥洗处、垃圾站
	6. 安全设施	△	△	△	△	▲	警示牌、围栏、安全网、救生亭
三、餐饮	1. 饮食点	▲	▲	▲	▲	▲	冷热饮料、乳品、面包、糕点、小食品
	2. 饮食店	△	▲	▲	▲	▲	快餐、小吃、茶馆
	3. 一般餐厅	×	△	▲	▲	▲	饭馆、餐馆、酒吧、咖啡厅
	4. 中级餐厅	×	×	△	△	▲	有停车车位
	5. 高级餐厅	×	×	△	△	▲	有停车车位

续表6.1.6

设施类型	设施项目	服务部	旅游点	旅游村	旅游镇	旅游城	备注
四、住宿	1. 简易旅宿点	×	▲	▲	▲	▲	一级旅馆、家庭旅馆、帐篷营地、汽车营地
	2. 一般旅馆	×	△	▲	▲	▲	二级旅馆，团体旅舍
	3. 中级旅馆	×	×	▲	▲	▲	三级旅馆
	4. 高级旅馆	×	×	△	△	▲	四、五级旅馆
五、购物	1. 小卖部、商亭	▲	▲	▲	▲	▲	—
	2. 商摊集市墟场	×	△	▲	▲	▲	集散有时、场地稳定
	3. 商店	×	△	▲	▲	▲	包括商业买卖街、步行街
	4. 银行、金融	×	×	△	▲	▲	取款机、自助银行、储蓄所、银行
	5. 大型综合商场	×	×	×	△	▲	—
六、娱乐	1. 艺术表演	×	×	△	▲	▲	影剧院、音乐厅、杂技场、表演场
	2. 游戏娱乐	×	×	△	▲	▲	游乐场、歌舞厅、俱乐部、活动中心
	3. 体育运动	×	×	△	△	▲	室内外各类体育运动健身竞赛场地
	4. 其他游娱文体	×	×	△	△	△	其他游娱文体台站、团体训练基地
七、文化	1. 文博展览	×	×	△	▲	▲	文化馆、图书馆、博物馆、科技馆、展览馆等
	2. 社会民俗	×	×	△	▲	▲	民俗、节庆、乡土设施
	3. 宗教礼仪	×	×	△	△	△	宗教设施、坛庙堂祠、社交礼制设施
八、休养	1. 度假	×	×	×	×	▲	有床位
	2. 康复	×	×	×	×	▲	有床位
	3. 休疗养	×	×	×	×	▲	有床位
九、其他	1. 出入口	△	△	△	▲	△	收售票、门禁、咨询
	2. 公安设施	×	×	△	▲	▲	警务室、派出所、公安局、消防站、巡警
	3. 救护站	×	▲	▲	▲	▲	无床位，卫生站
	4. 门诊所	×	×	▲	▲	▲	无床位

注：×表示禁止设置；△表示可以设置；▲表示应该设置。

6.2 道路交通规划

6.2.2 风景区道路规划,应符合下列规定:
2 应合理组织风景游赏,有利于引导和疏散游人。

6.3 综合防灾避险规划

6.3.3 综合防灾避险规划应以风景游览区和旅游服务区为重点,梳理防灾避险空间布局,明确地质灾害防治、防洪、森林防火等规划措施,安排防灾工程设施和应急避难设施。坚持平时功能和应急功能的协调共用,统筹规划,综合实施保障。

6.3.6 森林防火规划应针对风景区的特点构建森林防火救灾体系,提出森林防火的管理措施。

89.《住宅性能评定技术标准》GB/T 50362—2005

3 住宅性能认定的申请和评定

3.0.7 终审时应提供以下资料备查：

6 政府部门颁发的该项目计划批文和土地、规划、消防、人防、节能等施工图审查文件。

7 安全性能的评定

7.1 一般规定

7.1.1 住宅安全性能的评定应包括结构安全、建筑防火、燃气及电气设备安全、日常安全防范措施和室内污染物控制 5 个评定项目，满分为 200 分。

7.3 建筑防火

7.3.1 建筑防火的评定应包括耐火等级、灭火与报警系统、防火门（窗）和疏散设施 4 个分项，满分为 50 分。

7.3.2 耐火等级（15 分）的评定内容应为：
建筑实际的耐火等级。
评定方法：审阅认证资料及现场检查。

7.3.3 灭火与报警系统（15 分）的评定应包括下述内容：
1 室外消防给水系统；
2 防火间距、消防交通道路及扑救面质量；
3 消火栓用水量及水柱股数；
4 消火栓箱标识；
5 自动报警系统与自动喷水灭火装置。
评定方法：审阅设计文件及现场检查。

7.3.4 防火门（窗）（5 分）的评定内容应为：
防火门（窗）的设置及功能要求。
评定方法：审阅相关资料及现场检查。

7.3.5 疏散设施（15 分）的评定应包括下述内容：
1 安全出口数量及安全疏散距离、疏散走道和门的净宽；
2 疏散楼梯的形式和数量，高层住宅的消防电梯；
3 疏散楼梯的梯段净宽；
4 疏散楼梯及走道的标识；
5 自救设施的配置。
评定方法：审阅相关文件及现场检查。

90. 《建筑施工脚手架安全技术统一标准》GB 51210—2016

11 安全管理

11.2 安全要求

11.2.4 作业脚手架外侧和支撑脚手架作业层栏杆应采用密目式安全网或其他措施全封闭防护。密目式安全网应为阻燃产品。

11.2.7 在脚手架作业层上进行电焊、气焊和其他动火作业时,应采取防火措施,并应设专人监护。

91.《古建筑修建工程施工与质量验收规范》JGJ 159—2008

1 总 则

1.0.3 古建筑的修缮应按下列程序进行：
1 调查研究、收集资料，确定历史年代和风格特点。
2 现场勘查、拍照、测绘、记录古建筑的现状。
3 进行房屋安全技术鉴定。
4 根据技术鉴定意见，制定修缮设计方案，按相关程序审批后进行施工。

3 土方、地基与基础

3.6 冬雨期施工

3.6.3 在文物保护范围内进行地基、基础冬期施工时，保温覆盖不应使用草帘等易燃材料。应使用岩棉等阻燃材料。

4 大木构架

4.1 一般规定

4.1.2 木架构所用的木材树种、材质应符合设计要求，满足耐久性要求，并符合本规范4.2节的规定。

4.1.11 木构架的防火、防腐、防虫蛀、防白蚁、防潮、防震除应符合本规范第十二章的规定外，尚应符合现行国家标准《木结构工程施工质量验收规范》GB 50206 的规定。

4.22 工程验收

4.22.10 工程验收应提供下列验收资料：
1 木构件配料单。
2 各类构件加工验收记录。
3 草架及各隐蔽工程验收记录。
4 各构件的安装检查验收记录。
5 各种修缮工程验收资料记录。
6 施工中形成各种文字图片资料。
7 木构架制作，安装各分项、分部工程验收资料。
8 施工图及一切设计、变更文件。
9 防腐、防火、防虫蛀施工记录及验收文件。
10 木材含水率测定文件。
11 木材材种、材质认可或试验文件。

8 木装修工程

8.1 一般规定

8.1.8 木装修的防腐、防潮、防白蚁、防火、防虫蛀工作应符合本规范第十二章的规定。

8.13 工程验收

8.13.6 验收时应提供下列资料：
1 工程图纸、施工中涉及的所有变更文件。有关调研资料。
4 防火、防腐、防虫、防蛀处理验收记录。

9 装饰工程

9.1 一般规定

9.1.16 装饰工程的施工安全技术、劳动保护、防火、防毒等的要求应按国家现行的有关规范的规定执行。

9.2 材料调制和质量要求

9.2.3 光油是调制金胶油、广红油等材料的原料，应由苏子油、生桐油、土籽、陀僧熬制而成，其熬制方法应按各地传统做法执行。根据其用途的不同，加入的苏子油和生桐油的比例应不同，可分为净油（不加苏子油）、二八油（二成苏子油、八成生桐油）、三七油、四六油等。所熬制光油的稠度应适宜（试拉有丝），使用前应做样板试验。熬制时应远离建筑物和易燃品，并应采取防火措施。根据季节的不同，熬制光油材料的配比应符合表9.2.3的规定。

表 9.2.3 光油材料配比（重量比）

季节\材料	桐油	土籽	陀僧	研细定粉	松香粉末
春秋	100	4	2.5	5	1%
夏季	100	3	2.5	5	1%
冬季	100	5	2.5	5	1%

11 雕塑工程

11.3 木 雕

11.3.2 木雕件雕作完后，在上色油漆之前，根据设计的要求应进行防腐、防虫、防火处理，并不得对上色油漆带来不良影响。

11.10 工程验收

11.10.6 木材的材种、含水率、防腐、防虫、防火处理应符合设计要求。

12 防潮、防腐、防火、防虫、防震工程

12.2 防 火

12.2.1 在古建筑工程施工中应作好防火规划及消防设计，施工现场应有足够的水量、水压，设置合理的消火栓，配备急需的灭火器。并应符合现行国家标准《建筑设计防火规范》GBJ 16 的规定。

12.2.2 对等级要求高的国家级古建筑、仿古建筑应设置自动报警喷淋系统。

12.2.3 古建筑、仿古建筑建造时，应与有火源的建筑之间设置防火墙或防火幕。厨房烟囱的壁厚不得小于 240mm。木构件与砖烟囱、混凝土烟囱之间净距不得小于 120mm，与金属烟囱的净距不得小于 240mm。其它规定按现行国家标准《建筑设计防火规范》GBJ 16—87（2001 年版）的规定执行。

12.2.4 当有采暖管道通过木构件时，其管外表面与木构件之间净距离不得小于 50mm，或用非燃烧材料隔开。

12.2.5 古建筑周围应设置围墙，在城市中不允许邻围墙搭建耐火等级在三级以下的建筑。还应留出不小于 4m 宽的消防通道。在山区密林中的古建筑围墙应与密林隔开 5～10m 的安全距离。

12.2.6 在远离城市的古建筑应设置水井和消防水池，水池的容量应符合现行国家标准《建筑设计防火规范》GBJ 16—87（2001 年版）的规定，并应配置手动消防水泵。

12.2.7 对新建的仿古建筑，其外围的檐柱（廊柱）应选用石柱或钢筋混凝土柱，对现存的古建筑应通过大修设计，与健全消防设施同步进行设计，同步进行施工与验收，提高古建筑的防火性能。

12.2.8 木结构房屋的吊顶应与承重木构架之间空开大于或等于 100mm 的净距。隔墙应采用抹灰或采用非燃性材料。

12.2.9 对防火要求高的文物古建筑，除了采取上述措施外，在不影响古建风貌的前提下，对重要承重构件还应满涂防火涂料，或作防火浸剂处理进行保护。所选用涂料应对人、环境、油漆、彩画无有害影响。

12.2.10 对国家级、省级文物古建筑在旷野中的古建筑均应设置避雷系统，每幢建筑物接地引下线不应少于两根并保持畅通。接地电阻不得大于 10Ω，每年雨季前都应进行检查。

12.3 电 气

12.3.1 凡不可引入供电的古建工程，就不引入供电，要引入电的，其电线的铺设、电器件的安装都应符合现行国家标准《建筑电气安装工程施工质量规范》GB 50303 的规定。

12.3.2 电源的引入宜采用电缆埋地进线，当有困难时也应从干扰少的建筑物后面架空引入。电缆与电缆之间、电线与电线之间应符合规范规定的安全距离；电线与墙壁、吊顶之间，应进行绝缘处理。导线应明线穿管铺设。导线暗设时应设在非燃材料内，保护层不应小于 30mm。

12.3.3 需安装发电机时，发电机房应远离古建筑单独建附房，电机房内的存油量不应超过 1000kg。

12.3.4 所选用的导线应采用阻燃型或耐火型导线，选用导线截面应比实际负荷提高一级，以降低导线运行时的温度。

12.3.5 从电源到用电设备应采用三级配电、二级保护，选用熔断丝等保护设备应比导线负荷小一级，以保证各项用电设备不会超负荷运行。

12.3.6 消防用电有条件的应采用独立，两回路供电，当仅有一路电源时应设立单独供电回路。在楼梯间主要通道处、大厅、大殿应设立事故照明，保证事故情况下仍可使用。

12.3.7 所有灯具均不得直接安装在木构件上，应采用绝缘导线、瓷管、石棉、玻璃丝等非燃材料作隔热保护。

13 钢筋混凝土、新结构、新材料工程

13.1 一般规定

13.1.7 钢筋混凝土、新结构、新材料工程的施工、安全技术、劳动保护、工程质量、防火要求等必须符合国家现行有关标准的规定。

92.《建筑幕墙工程检测方法标准》JGJ/T 324—2014

3 材料、连接及安装质量检测

3.1 材 料

3.1.2 用于单项性能检测的样品应为相同品种、相同规格，且现场取样应满足检测要求，并应符合国家现行有关标准的规定。

3.1.10 保温与防火材料的密度、导热系数、燃烧性能等，应先按本标准第3.1.2条的规定进行现场取样，再进行实验室检测。保温与防火材料的现场检测项目宜包括外观、尺寸、防火涂料厚度、防火构造等，并应按下列方法进行检测：

  1 外观应在自然光条件下，采用目测的方法进行检查，且检查时应去除保温材料与防火材料的保护层；
  2 尺寸应采用精度为1mm的钢卷尺进行检测；
  3 防火涂料厚度可按本标准附录B的规定进行检测；
  4 防火构造应采用精度为1mm的钢卷尺检测。

附录 B 防火涂料厚度检测

B.0.1 防火涂料厚度应采用测针厚度测量仪（图B.0.1）测量，且测针厚度测量仪应由针杆和可滑动的圆盘组成，圆盘应始终保持与针杆垂直，且其上应装有固定装置，圆盘直径不应大于30mm。

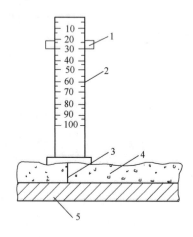

图 B.0.1 测针厚度测量仪
1—标尺；2—刻度；3—测针；4—防火涂层；5—基材

B.0.2 当检测幕墙的钢结构防火涂层厚度时，可在构件长度内每隔3m取一截面，在钢结构的四个侧面中点进行测试（图B.0.2）。

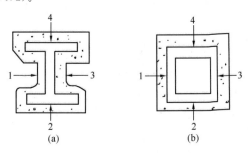

图 B.0.2 测点示意图
(a) 工字柱；(b) 方形柱

B.0.3 当检测防火涂料厚度时，应将测针垂直插入防火涂层直至基材表面上，记录标尺读数。

B.0.4 当检测防火涂料厚度时，应在所选择的面积中至少测出5个点，计算平均值，并精确到0.5mm。